与罗先觉主编《电路》（第6版）配套，提供全书习题解答

电路
高效学习指导（第 2 版）

-助教- -助学- -助记- -助考-

◆ 王竹萍 张 涛 刘申阳 编著

◆ 齐 超 主审

中国教育出版传媒集团

高等教育出版社·北京

内容简介

本书是邱关源原著、罗先觉主编的《电路》(第6版)教材的配套学习辅导书,旨在应用思维导图对电路分析课程知识体系进行梳理、归纳、总结和解题指导。本书强调基本概念、基本理论和基本方法的正确理解和灵活运用,以帮助学生准确掌握电路课程的知识要点和基本的分析方法。主要内容有:电路基本概念、基本定律、电路元件、电路的分析方法、正弦交流电路、电路暂态过程的时域分析与复频域分析、非正弦周期电流电路、二端口网络、网络图论基础知识与电路方程矩阵、非线性电路及均匀传输线。

书后附录B中附有各章的彩色电路思维导图。每章的思维导图呈现了该章知识要点的"全景图"。此图既能帮助学生有效学习、快速记住电路知识要点、提高学习效率、轻松备考;又能辅助教师备课,快速、有效地进行课堂教学。

本书可供高等学校电气类、自动化类、电子信息类、计算机类、仪器类、生物医学工程类等专业师生作为电路课程的参考教材,以及考试、考研的复习用书,也可供有关科技人员参考。

图书在版编目(CIP)数据

电路高效学习指导/王竹萍,张涛,刘申阳编著.
2版. --北京:高等教育出版社,2025.6. --ISBN
978-7-04-064514-9

Ⅰ. TM13

中国国家版本馆CIP数据核字第2025MK2991号

Dianlu Gaoxiao Xuexi Zhidao

策划编辑 王 楠 责任编辑 王 楠 封面设计 李卫青 版式设计 曹鑫怡
责任绘图 邓 超 责任校对 高 歌 责任印制 存 怡

出版发行	高等教育出版社	网 址	http://www.hep.edu.cn
社 址	北京市西城区德外大街4号		http://www.hep.com.cn
邮政编码	100120	网上订购	http://www.hepmall.com.cn
印 刷	三河市潮河印业有限公司		http://www.hepmall.com
开 本	889mm×1194mm 1/16		http://www.hepmall.cn
印 张	20		
字 数	660千字	版 次	2015年9月第1版
插 页	12		2025年6月第2版
购书热线	010-58581118	印 次	2025年6月第1次印刷
咨询电话	400-810-0598	定 价	55.00元

物 料 号 64514-00

第2版前言

编写此书的主要目的是指导学生高效率地学习电路课程。电路课程因为理论性强,常被认为是枯燥、难学的课程。作者改革传统电路教学与学习模式,成功地将思维导图应用于高校电路课程多媒体教学中,是一种全新的尝试,且课堂效果极佳。该教学模式自始至终围绕思维导图进行,倡导学生不要一行一行地作线性笔记,而是画思维导图。作者用思维导图放射性的思维方式去梳理、归纳、总结电路课程的基本内容,使一个一个碎片化的知识点按照一定的关系用图形、公式和关键词相互联系起来,精心设计创作并绘制出彩色电路思维导图——电路知识要点的“全景图”,以帮助学生更有效地学习和更快速地记忆整本书的要点。本书中的电路思维导图全部采用计算机辅助手工绘制,极具个性化。

全书共18章,第1~17章由以下三部分组成(第18章仅给出习题与解答)。

(1) 内容提要:以表格为主、图解说明为辅的形式归纳本章出现的名词术语及其基本内容,知识脉络清晰,突出强化了对概念和方法的理解,且便于查询。

(2) 电路思维导图应用范例:本部分以范例给出常规解题步骤。在应用思维导图求解范例的过程中,帮助学生学会应用思维导图,快速掌握并牢记知识要点,迅速理清解题思路,培养解题能力。在学完每章之后,该章“全景图”已不知不觉地深深印在学生的脑海中。各章电路思维导图附在附录B中。

(3) 本章习题与解答:每章习题均给出详细解答,强调基本概念和常规解题方法,淡化解题技巧。

本书新版保持了原有的编写风格,习题部分参照《电路》(第6版)进行了增补和修改。对电路思维导图进行了补充、完善,使其结构设计更加合理,内容更加充实、可读性更强,在应用和记忆方面更人性化,进而使学生更快掌握电路课程的基础知识要点。

本书由哈尔滨理工大学王竹萍、张涛与刘申阳共同编著及修订。在编写修订过程中,教研室老师黄昆、江东、周伟宏、陈才和陈雯给予了热情的支持和帮助,在此一并表示衷心的感谢。

这里还要特别感谢哈尔滨工业大学齐超教授对本书的认真审阅,针对其提出的宝贵意见,作者对本书做了进一步的修改。由于作者水平有限,书中出现错误或不妥之处在所难免,敬请广大读者批评指正。编者邮箱:wangzhuping@ hrbust.edu.cn。

编　者

2024年12月于哈尔滨

第1版前言

编写此书的主要目的是指导学生高效率地学习电路课程。电路课程因为理论性强，常被认为是枯燥、难学的课程。作者改革传统电路教学与学习模式，成功地将思维导图应用于高校电路课程多媒体教学中，是一种全新的尝试，且课堂效果极佳。该教学模式自始至终围绕思维导图进行，倡导学生不要一行一行地作线性笔记，而是画思维导图。作者用思维导图放射性的思维方式去梳理、归纳、总结电路课程的基本内容，使一个个碎片化的知识点按照一定的关系用图形、公式和关键词相互联系起来，精心设计创作并绘制出彩色电路思维导图——电路知识要点的"全景图"，以帮助学生更有效地学习和更快速地记忆整本书的要点。本书中的电路思维导图全部采用计算机辅助手工绘制，极具个性化。

全书共18章，第1~17章由三部分组成(第18章仅给出习题与解答部分)。

(1) 内容提要：以表格为主、图解说明为辅的形式归纳本章出现的名词术语及其基本内容，知识脉络清晰，突出强化了对概念和方法的理解，且便于查询。

(2) 电路思维导图应用范例：本部分以范例给出常规解题步骤。在应用思维导图求解范例的过程中，帮助学生学会应用思维导图，使学生快速掌握并牢记知识要点，迅速理清解题思路、培养解题能力。在学完每章之后，该章"全景图"已不知不觉地深深印在学生的脑海中。各章电路思维导图均在附录B中。

(3) 本章习题与解答：每章习题均给出详细解答，强调基本概念和常规解题方法，淡化解题技巧。

本书作者从学习邱关源主编的第1版电路教材《电工原理》开始，到讲授《电路》第2~5版教材，见证了西安交通大学"电路"教材整个发展过程。作者根据多年从事电路课程教学实践的经验，结合对该课程教学改革的尝试及自编的教学讲义，编著了《电路高效学习指导》一书。

本书由哈尔滨理工大学王竹萍、张涛、黄昆编著。在编写过程中，承蒙孟大伟、刘胜辉、周美兰教授的指导，吸取了许多宝贵的建议，在此表示由衷的感谢。对教研室其他教师江东、单薏、朱建良、杨平、周伟宏、于平、陈才、陈雯给予的帮助也在此一并致谢。

这里特别要感谢哈尔滨工业大学齐超教授对本书的认真审阅，针对其提出的宝贵意见，作者做了进一步的修改。由于作者水平有限，书中出现不妥之处或错误在所难免，敬请广大读者批评指正。

编　者

2013年12月于哈尔滨

目　　录

第一章　电路模型和电路定律

内容提要

表 1-1　与本课程相关的物理量、国际单位制(SI)的基本单位及其常用词头

基本物理量的名称	量的符号	单位名称	单位符号	导出量的名称	量的符号	单位名称	单位符号	SI 导出单位	导出量的名称	量的符号	单位名称	单位符号	SI 导出单位	导出量的名称	量的符号	单位名称	单位符号	SI 导出单位
长度	l	米	m	频率	f	赫[兹]	Hz	s^{-1}	电荷[量]	$Q(q)$	库[仑]	C	A·s	电阻	R	欧[姆]	Ω	V/A
质量	m	千克	kg	力	F	牛[顿]	N	$kg\cdot m/s^2$	电位	V	伏[特]	V	W/A	电导	G	西[门子]	S	A/V
时间	t	秒	s	能[量]/功	$W(w)$	焦[耳]	J	N·m	电压	$U(u)$	伏[特]	V	W/A	磁通[量]	Φ	韦[伯]	Wb	V·s
电流	$I(i)$	安[培]	A	功率	$P(p)$	瓦[特]	W	J/s	电容	C	法[拉]	F	C/V	电感	L	亨[利]	H	Wb/A
热力学温度	T	开[尔文]	K	说明：物理量的符号一律用斜体字母表示，单位符号用正体字母表示。注意英文或希腊字母符号的大小写、斜体和正体的书写规范														

国际单位制的常用词头	倍率	10^9	10^6	10^3	10^2	10^1	10^{-1}	10^{-2}	10^{-3}	10^{-6}	10^{-9}	10^{-12}
	名称	吉	兆	千	百	十	分	厘	毫	微	纳	皮
	符号	G	M	k	h	da	d	c	m	μ	n	p

表 1-2　电流、电压及其参考方向

电流的定义：单位时间内通过导体横截面的正电荷变化率，即 $i=\dfrac{dq}{dt}$		电压的定义：电场力将单位正电荷由 a 点移至 b 点所做的功，即 $u=\dfrac{dW}{dq}$	
电流参考方向的表示	电压参考方向的表示	同一个二端元件(或二端网络)上的电压与电流参考方向的表示	
		电压与电流取关联的参考方向	电压与电流取非关联的参考方向
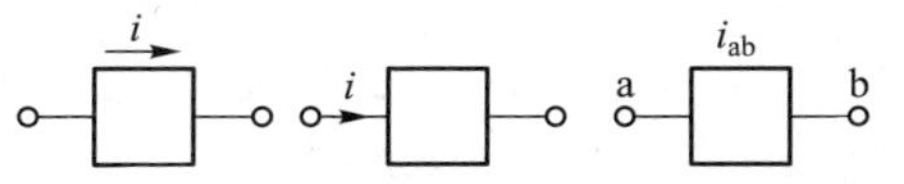	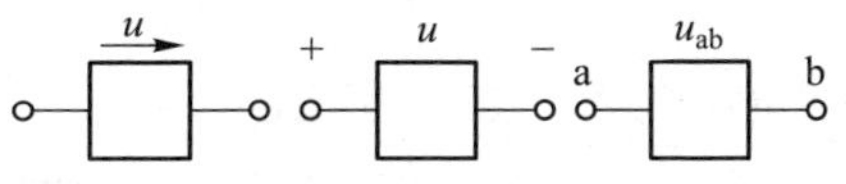	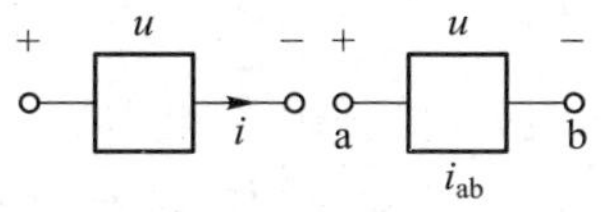	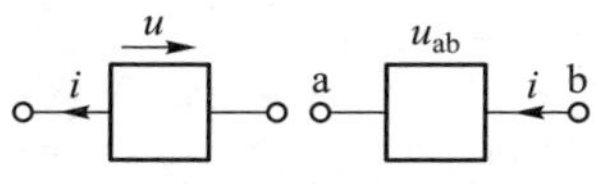
说明：1. 上述方框"∘-□-∘"表示任意一个二端元件或二端网络，其上的电压与电流的参考方向是各自独立、任意选取的。若 $i>0$ 或 $u>0$，表明电流或电压实际方向与参考方向一致；若 $i<0$ 或 $u<0$，表明电流或电压实际方向与参考方向相反。所谓电压与电流选取关联或非关联的参考方向，是针对标注在同一个方框上的电压和电流而言的。 2. 在分析、计算电路时，必须标注相关的电压或电流的变量及其参考方向，不必考虑实际方向(若实际方向已知，可取与实际方向一致或相反的参考方向)			

表 1-3　电功率的计算

电功率的定义：电场力在单位时间内所做的功，即 $p=\dfrac{dW}{dt}$。 任意二端元件或二端网络(用方框"∘-□-∘"表示)，其两个端钮上的电压、电流为 u 和 i，则电功率又可表示为 $p=ui$	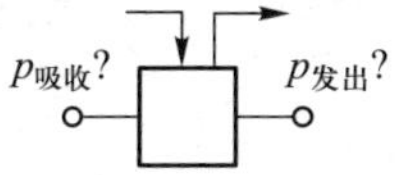 功率的计算 与 判断吸收或发出功率	$p=ui=\begin{cases} u、i\ \text{取关联参考方向}\begin{cases} p>0,\text{吸收正功率(发出负功率)} \\ p<0,\text{发出正功率(吸收负功率)} \end{cases} \\ u、i\ \text{取非关联参考方向}\begin{cases} p>0,\text{发出正功率(吸收负功率)} \\ p<0,\text{吸收正功率(发出负功率)} \end{cases} \end{cases}$

表 1-4　描述电路的术语

名词术语	基本定义	图例说明
支路	有两种定义形式： (1) 每一个二端元件为一条支路。图 1 的支路共 10 个：u_{S1}，u_{S2}，R_1，R_2，R_3，R_4，R_5，R_6，R_7 和 i_S。 (2) 流过同一电流的每一个分支为一条支路。图 1 的支路共 7 个：$u_{S1}-R_1$，R_2-R_3，$u_{S2}-R_4$，R_5，R_6，R_7 和 i_S	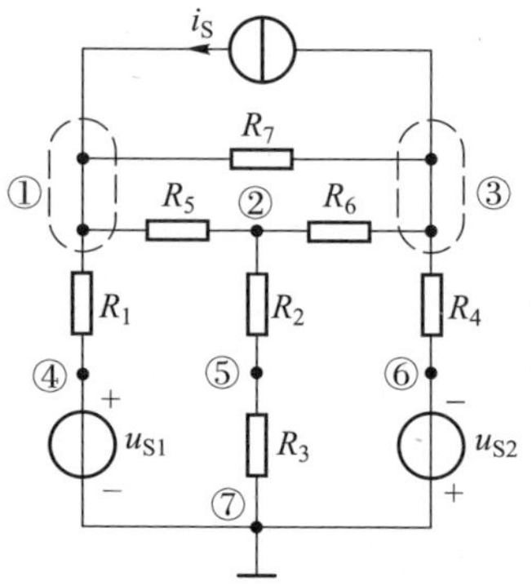 图 1
节点	节点有两种定义形式： (1) 两个或更多个二端元件的连接点（即支路的连接点）。图 1 的节点共 7 个：①，②，③，④，⑤，⑥，⑦。 (2) 三个或更多个二端元件的连接点。图 1 的节点共 4 个：①，②，③，⑦；图 2 的节点共 4 个：①，②，③，④。 注：图 1 中连接点"•"的个数比节点的个数多，若两个连接点间无元件而仅有连线（不是支路）时，则两个连接点视为一个节点。例如，图 1 中 R_1，R_5，R_7 和 i_S 视为连在一个节点①上，R_4，R_6，R_7 和 i_S 视为连在一个节点③上	
路径	从起点到终点连续不重复地经过每个二端元件，这样的一系列元件构成了一条路径。 图 1 中三条路径 $u_{S1}-R_1$，R_2-R_3，$u_{S2}-R_4$ 也是支路；而 $R_1-R_5-R_6$ 和 $u_{S2}-R_3$ 为两条路径但不是支路	
回路	终点和起点是同一个节点的路径。即由一个节点起始（起点），不重复地沿路径经过所有节点，再回到起始点（终点）。 图 1 仅给出了 10 个回路：i_S-R_7，$R_5-R_6-R_7$，$R_5-R_6-i_S$，$u_{S1}-R_1-R_7-R_4-u_{S2}$，$u_{S1}-R_1-i_S-R_4-u_{S2}$，$u_{S2}-R_4-R_7-R_5-R_2-R_3$，$u_{S1}-R_1-R_5-R_2-R_3$，$u_{S2}-R_4-R_6-R_2-R_3$，$u_{S1}-R_1-R_5-R_6-R_4-u_{S2}$，$u_{S1}-R_1-i_S-R_6-R_2-R_3$	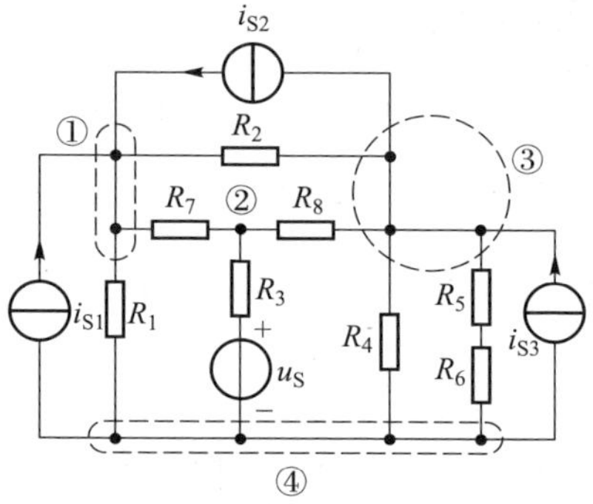 图 2
平面电路	各支路之间可以没有交叉地画在平面上的电路称为平面电路。图 1、图 2 和图 3 均为平面电路，其中图 3 可画为图 4。 注：图 3 中，若在节点①和②、节点③和④之间各接入一个电阻，则图 3 将变为非平面电路	
网孔	在平面电路中，没有包围其他回路的回路（回路中没有其他支路跨接）称为网孔。 如图 1 所示网孔共 4 个：$u_{S1}-R_1-R_5-R_2-R_3$，$u_{S2}-R_4-R_6-R_2-R_3$，$R_5-R_6-R_7$，i_S-R_7	
接地点	表示参考点，电位为零，用图形"⊥"表示。如图 1 中的节点⑦	
串联	将两个或更多个二端元件级联起来，依次相连的各个元件流过同一电流称为串联。因各串联元件中具有相同的电流，所以只需定义一个未知电流。即已知一个元件的电流，也就知道串联的所有元件的电流。例如，图 1 中 $u_{S1}-R_1$，R_2-R_3，$u_{S2}-R_4$ 均为串联。 注：各元件串联时，流过同一电流，各元件电流值一定相等，但两个元件电流值相等不一定是串联	
并联	将两个或更多个二端元件，每个元件的两端都连到同一对节点上称为并联。因各并联元件两端具有相同的电压，所以只需定义一个未知电压。即已知一个元件的电压，也就知道并联所有元件的电压。例如，图 1 中 i_S 与 R_7 为并联，图 3 中 R_6 与 R_7 为并联。 注：各元件并联时，其两端为同一电压，各元件电压值一定相等；但两个元件电压值相等不一定是并联	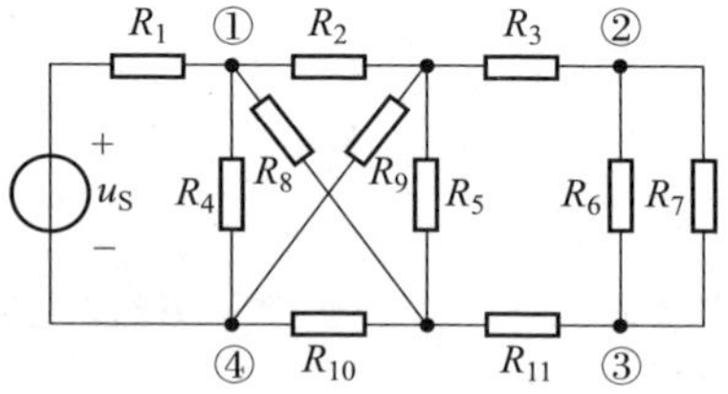 图 3
串-并联（混联）	各二端元件之间既有串联，也有并联。图 3 中 R_6 与 R_7 为并联，R_3 与 R_{11} 为串联。	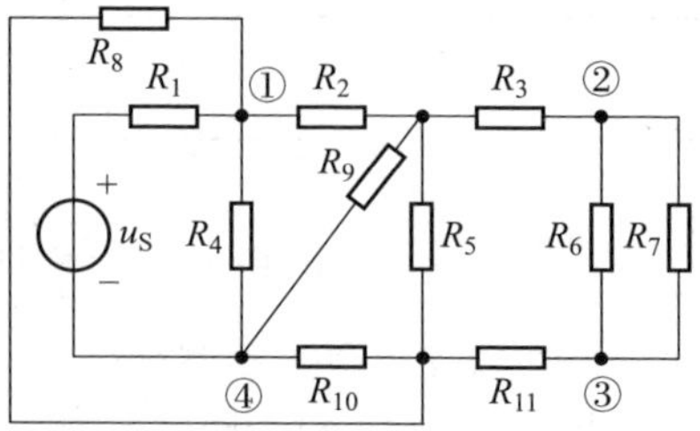 图 4
三角形联结（Δ 形或 Π 形联结）	电路中的三个电阻或三个电压源既不是串联，也不是并联，而是连成三角形（也称 Δ 形或 Π 形联结）。例如，图 1 中 $R_5-R_6-R_7$ 为三角形联结	
星形联结（Y 形或 T 形联结）	电路中的三个电阻或三个电压源既不是串联，也不是并联，而是连成星形（也称 Y 形或 T 形联结）。例如，图 1 中 $R_1-R_5-R_7$，$R_4-R_6-R_7$，$R_2-R_5-R_6$ 均为星形联结	

表 1-5　电路基本元件(理想元件)

元件名称(符号)			元件模型	元件参数值、单位名称/符号	元件定义	元件上的 u-i 关系(伏安关系)(式中±符号由 u、i 参考方向确定)	说明
无源元件		电阻(R)	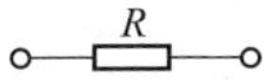	电阻值 R、欧[姆]/Ω 电导值 $G=\dfrac{1}{R}$、西[门子]/S	$R=\dfrac{u}{i}$——伏安特性 (电阻元件为耗能元件)	欧姆定律 $u=\pm Ri$ 或 $i=\pm Gu$	1. 电阻、电感、电容和独立源为二端线性理想元件。 2. 受控源属于二端口元件，其完整模型及伏安关系如下： 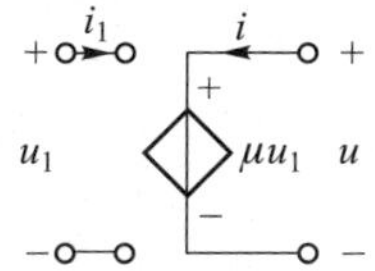 $\begin{cases}u=\mu u_1\\u_1\text{ 方程},i_1=0\end{cases}$ 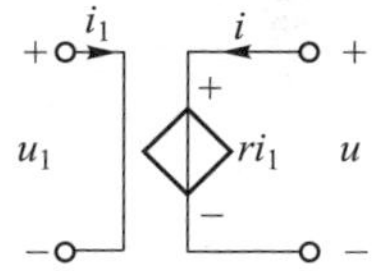 $\begin{cases}u=ri_1\\i_1\text{ 方程},u_1=0\end{cases}$ 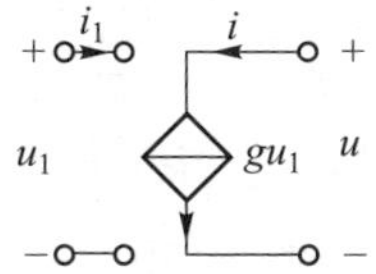 $\begin{cases}i=gu_1\\u_1\text{ 方程},i_1=0\end{cases}$ 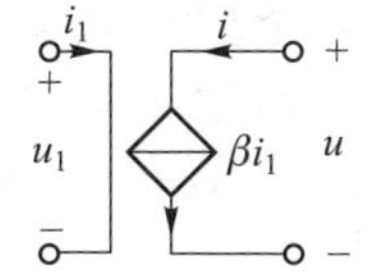 $\begin{cases}i=\beta i_1\\i_1\text{ 方程},u_1=0\end{cases}$ 受控源受 u_1 控制时，$i_1\equiv0$；受 i_1 控制时，$u_1\equiv0$。故其模型只画出被控端口，省略了控制端口
		电感(L)		电感值 L、亨[利]/H	$L=\dfrac{\Psi}{i}$——韦安特性 (电感元件为储能元件)	$u=\pm L\dfrac{di}{dt}$ 或 $i=\pm\dfrac{1}{L}\int_{-\infty}^{t}u(\xi)d\xi$	
		电容(C)	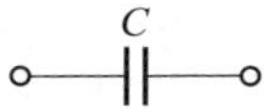	电容值 C、法[拉]/F	$C=\dfrac{q}{u}$——库伏特性 (电容元件为储能元件)	$i=\pm C\dfrac{du}{dt}$ 或 $u=\pm\dfrac{1}{C}\int_{-\infty}^{t}i(\xi)d\xi$	
有源元件	独立源	电压源(u_S)	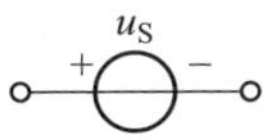	电压值 $u_S(t)$、伏[特]/V 元件模型含电压值及参考极性	端电压 u 总保持为规定的时间函数值 $u_S(t)$，而与该元件本身流过的电流 i 的大小无关。 当 $u_S(t)=U_S$ 时，表示直流电压源。 注：电压源两端不能短接，单独存在时应开路	$u=\pm u_S$ 元件电流 i 由外接电路确定	
			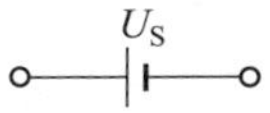 直流电压源	电压值 U_S、伏[特]/V 大写字母表示直流 元件模型含电压值及参考极性	端电压 u 总保持为规定的恒定值 U_S，而与该元件本身流过的电流 i 的大小无关。 注：电压源两端不能短接，单独存在时应开路	$u=\pm U_S$ 元件电流 i 由外接电路确定	
		电流源(i_S)	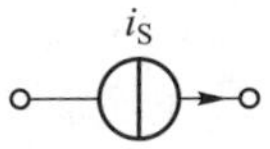	电流值 $i_S(t)$、安[培]/A 元件模型含电流值及参考极性	流过的电流 i 总保持为规定的时间函数值 $i_S(t)$，而与该元件本身的端电压 u 的大小无关。 当 $i_S(t)=I_S$ 时，表示直流电流源。 注：电流源两端不能断开，单独存在时应短路	$i=\pm i_S$ 元件电压 u 由外接电路确定	
	受控源(非独立源)	受电压控制电压源(VCVS)	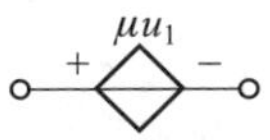 (控制端口省略)	电压值 μu_1、伏[特]/V 元件模型含电压值及参考极性，控制端口处的电压 u_1 为控制量	端电压 u 取决于控制端口处的电压 u_1，即由 u_1 控制，而与该元件本身流过的电流 i 无关	$u=\pm\mu u_1$ 元件电流 i 由外接电路确定	
		受电流控制电压源(CCVS)	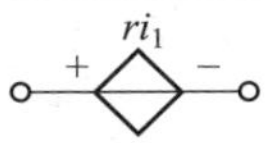 (控制端口省略)	电压值 ri_1、伏[特]/V 元件模型含电压值及参考极性，控制端口处的电流 i_1 为控制量	端电压 u 取决于控制端口处的电流 i_1，即由 i_1 控制，而与该元件本身流过的电流 i 无关	$u=\pm ri_1$ 元件电流 i 由外接电路确定	
		受电压控制电流源(VCCS)	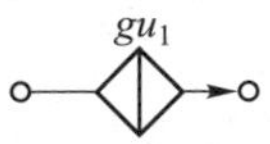 (控制端口省略)	电流值 gu_1、安[培]/A 元件模型含电流值及参考极性，控制端口处的电压 u_1 为控制量	流过的电流 i 取决于控制端口处的电压 u_1，即由 u_1 控制，而与该元件本身的端电压 u 无关	$i=\pm gu_1$ 元件电压 u 由外接电路确定	
		受电流控制电流源(CCCS)	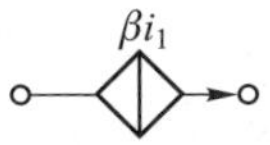 (控制端口省略)	电流值 βi_1、安[培]/A 元件模型含电流值及参考极性，控制端口处的电流 i_1 为控制量	流过的电流 i 取决于控制端口处的电流 i_1，即由 i_1 控制，而与该元件本身的端电压 u 无关	$i=\pm\beta i_1$ 元件电压 u 由外接电路确定	

表 1-6　基尔霍夫定律及应用

基尔霍夫电流定律(KCL)	KCL 的应用		
	应用说明 1	应用说明 2	应用说明 3
在集总电路中,任何时刻,对任一节点,其上连接的所有支路的电流代数和恒等于零,即 $$\sum_{k=1}^{N} i_k = 0$$ 又可表述为:在集总电路中,任何时刻,流入节点的支路电流总和必定等于流出该节点的支路电流总和。它表明电流的连续性	电路中任一节点上连接的各支路电流必须服从 KCL 约束,它仅与元件的连接方式有关,而与元件的性质无关	应用 KCL 时,必须先标出节点上各支路电流的参考方向。 在 $\sum i=0$ 中,若规定流出节点的电流前取"+"号,则流入取"-"号,反之亦然。 对图 5 中节点 a,列 KCL 方程 $$-i_1-i_2+i_3=0$$ 也可表述为 $i_3=i_1+i_2$ 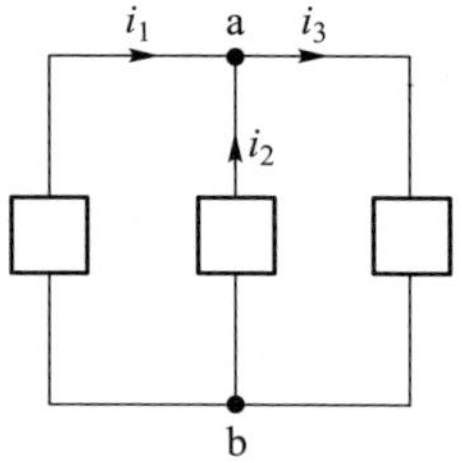 图 5	此定律可将节点推广为封闭面(广义节点)。被封闭面切割的支路即为封闭面上连接的支路。 对图 6 中封闭面 S,列 KCL 方程 $$i_1+i_2-i_3=0$$ 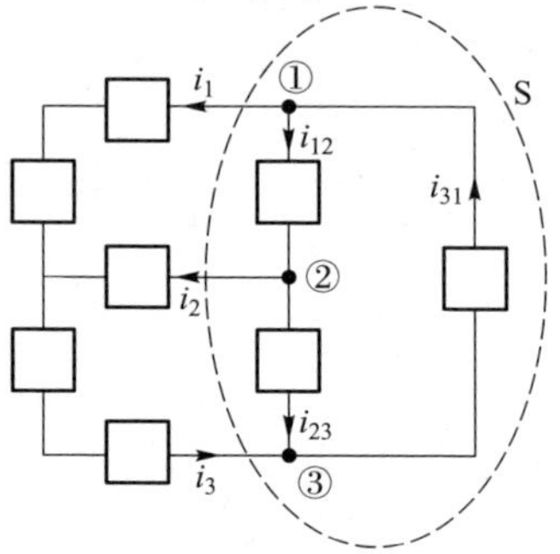 图 6

基尔霍夫电压定律(KVL)	KVL 的应用		
	应用说明 1	应用说明 2	应用说明 3
在集总电路中,任何时刻,沿任一回路,其上连接的所有支路的电压代数和恒等于零,即 $$\sum_{k=1}^{M} u_k = 0$$ 又可表述为:在集总电路中,任何时刻,电路中两点间的电压是确定的,与路径无关	电路中沿任一回路的电压降必须服从 KVL 约束,它仅与元件的连接方式有关,而与元件的性质无关	应用 KVL 时,必须先标出回路中各支路电压的参考方向,然后指定一个回路的绕行方向。在 $\sum u=0$ 中,凡支路电压参考方向与回路绕行方向一致时,u 前取"+",反之,取"-" 对图 7 中回路 I,列 KVL 方程 $$u_1+u_2-u_3+u_4=0$$ 上式 KVL 方程又可写为 $$u_3=u_4+u_1+u_2$$ 对图 8 中回路 II,列 KVL 方程 $$u_{AB}+u_{BC}+u_{CD}+u_{DE}-u_{FE}-u_{AF}=0$$ 上式 KVL 方程又可写为 $$u_{AB}+u_{BC}+u_{CD}+u_{DE}=u_{AF}+u_{FE}$$ 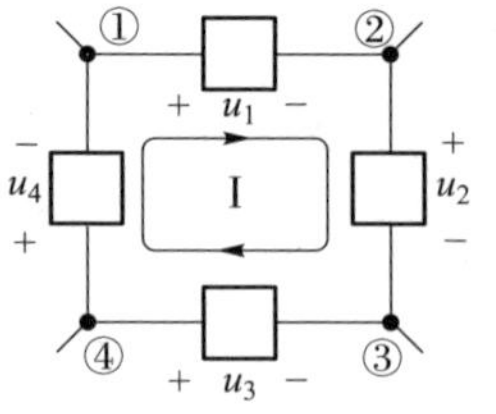 图 7 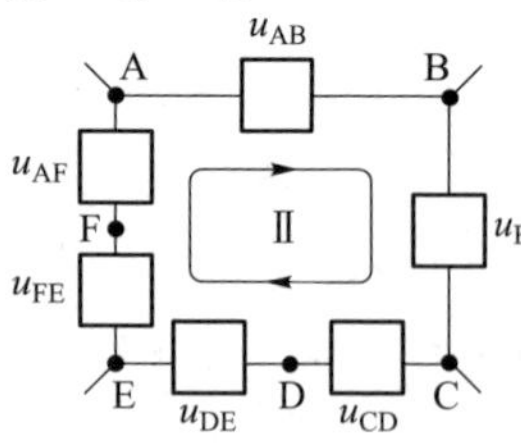 图 8	绕行的路径必须构成闭合路线才能应用 KVL,但被研究的电路不一定是通路。此时可构成广义回路。 对图 9,列 KVL 方程 $$-u_1+u_{ab}+u_2=0$$ 即 $$u_{ab}=u_1-u_2$$ 注意:$u_1 \neq u_2$ 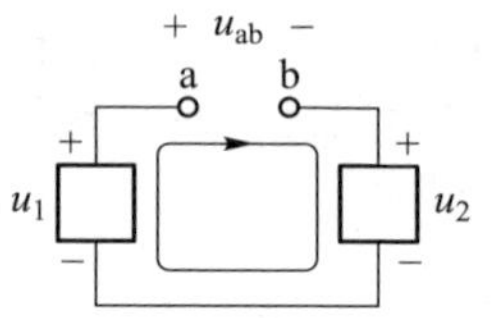 图 9
基尔霍夫定律列写独立方程的个数(设电路中有 n 个节点,b 条支路): ① KCL 的独立方程数为 $n-1$ 个。对任意 $n-1$ 个节点列出 KCL 方程是独立的,这 $n-1$ 个节点称为独立节点,余下一个非独立节点称为参考点,不列方程。 ② KVL 的独立方程数为 $b-(n-1)$ 个。对任意 $b-n+1$ 个独立回路列出的 KVL 方程是独立的。在平面电路中,对 $b-n+1$ 个网孔列出的 KVL 方程也是独立的			

例 1-1 在图 10(a)~(h)方框表示的一段电路中,其标注的电压与电流的参考方向是关联参考方向还是非关联参考方向?

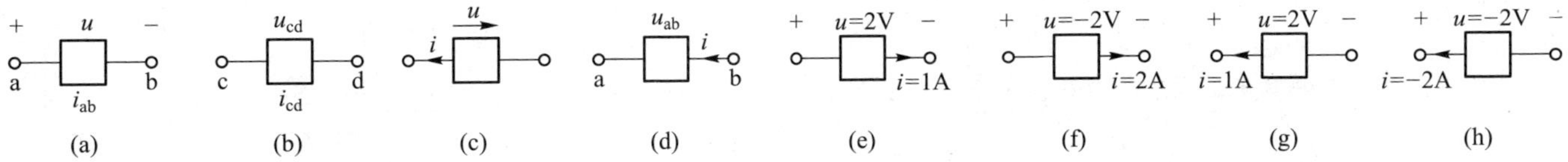

图 10 例 1-1 图

解:图 10(a)(b)(e)和(f)中方框上的电压和电流为关联参考方向,图 10(c)(d)(g)和(h)中方框上的电压和电流为非关联参考方向(不必考虑 u、i 的值)

例 1-2 求图 10(e)(f)(g)和(h)中各段电路的功率。

解:图 10(e)中,$p=ui=2\times1\ \text{W}=2\ \text{W}>0$,$u$ 和 i 取关联参考方向,吸收 2 W 的功率。图 10(f)中,$p=ui=(-2)\times2\ \text{W}=-4\ \text{W}<0$,$u$ 和 i 取关联参考方向,发出 4 W 的功率。图 10(g)中,$p=ui=2\times1\ \text{W}=2\ \text{W}>0$,$u$ 和 i 取非关联参考方向,发出 2 W 的功率。图 10(h)中,$p=ui=(-2)\times(-2)\ \text{W}=4\ \text{W}>0$,$u$ 和 i 取非关联参考方向,发出4 W 的功率

例 1-3 电路如图 11 所示,设 $u_S(t)=U_m\cos(\omega t)$,$i_S(t)=Ie^{-at}$,试求所有元件中的电流和电压。

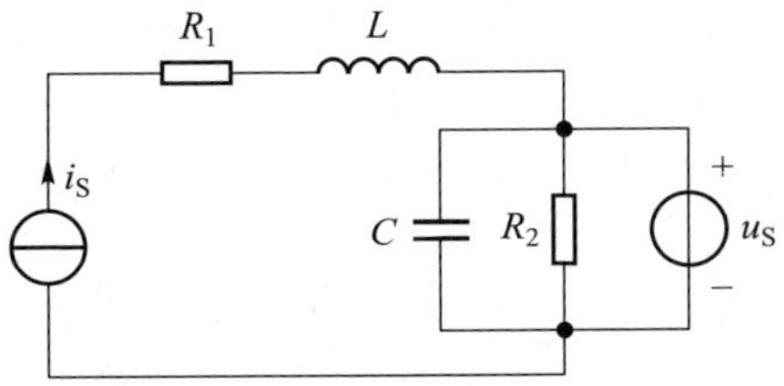

图 11 例 1-3 图

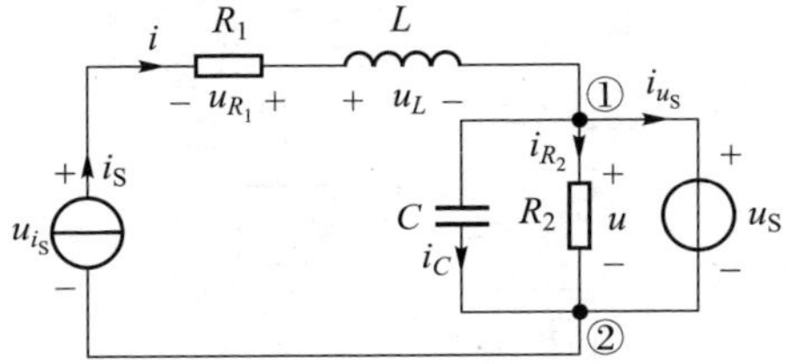

图 12 例 1-3 解图

解:在图 11 中,首先标注各支路的电流、电压变量及其参考方向,如图 12 所示。

在图 12 中,因电流源的电流为 $i=i_S=Ie^{-at}$,而元件 i_S、R_1、L 为串联,其流过的电流均为 i,则

$$u_{R_1}=-R_1i=-R_1i_S=-R_1Ie^{-at},u_L=L\frac{di}{dt}=L\frac{di_S}{dt}=L\frac{d}{dt}(Ie^{-at})=-aLIe^{-at}$$

又元件 C、R_2、u_S 为并联,其两端的电压均为 u,因电压源的电压 $u=u_S=U_m\cos(\omega t)$,则

$$i_C=C\frac{du}{dt}=C\frac{du_S}{dt}=C\frac{d}{dt}[U_m\cos(\omega t)]=-C\omega U_m\sin(\omega t),i_{R_2}=\frac{u}{R_2}=\frac{u_S}{R_2}=\frac{U_m}{R_2}\cos(\omega t)$$

电压源 u_S 中的电流 i_{u_S} 由外电路确定,对节点①列 KCL 方程

$$i_{u_S}=i-i_C-i_{R_2}=i_S-i_C-i_{R_2}=Ie^{-at}+C\omega U_m\sin(\omega t)-\frac{U_m}{R_2}\cos(\omega t)$$

电流源 i_S 的电压 u_{i_S} 由外电路确定,对 i_S-R_1-L-u_S 构成的回路(取逆时针绕行方向)列 KVL 方程

$$u_{i_S}+u_{R_1}-u_L-u=0,得\ u_{i_S}=-u_{R_1}+u_L+u_S=R_1Ie^{-at}-aLIe^{-at}+U_m\cos(\omega t)$$

本章习题与解答

1-1 说明题 1-1 图中：

（1）u、i 的参考方向是否关联；

（2）ui 乘积表示什么功率；

（3）如果在图（a）中 $u>0$、$i<0$，图（b）中 $u>0$、$i>0$，元件实际发出功率还是吸收功率。

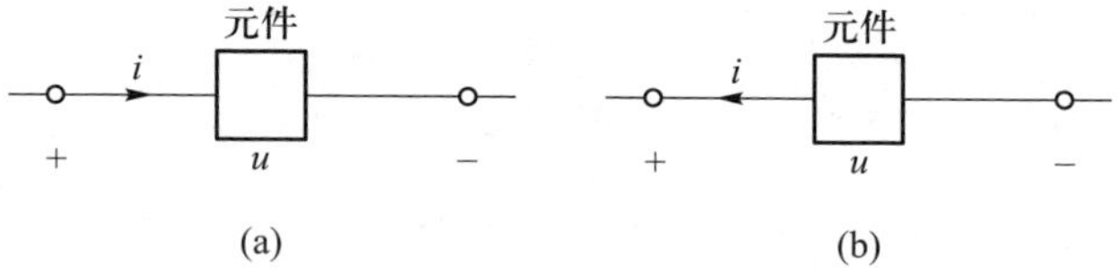

题 1-1 图

解：题 1-1 图（a）中，（1）u、i 的参考方向是关联的；（2）ui 乘积表示吸收功率；（3）因 $u>0$、$i<0$，$p=ui<0$，元件实际发出功率。

题 1-1 图（b）中，（1）u、i 的参考方向是非关联的；（2）ui 乘积表示发出功率；（3）因 $u>0$、$i>0$，$p=ui>0$，元件实际发出功率。

1-2 在题 1-2 图（a）与（b）中，对于 N_A 与 N_B，u、i 的参考方向是否关联？此时乘积 ui 对 N_A 与 N_B 分别意味着什么功率？

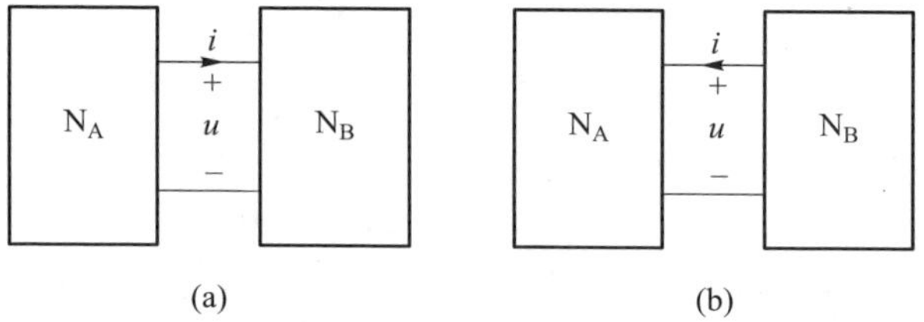

题 1-2 图

解：题 1-2 图（a）中，u、i 的参考方向对 N_A 而言是非关联的；对于 N_B 而言则是关联的。此时乘积 ui 对 N_A 表示发出功率，对 N_B 表示吸收功率。

题 1-2 图（b）中，u、i 的参考方向，对 N_A 而言是关联的；对 N_B 而言则是非关联的。此时乘积 ui 对 N_A 表示吸收功率，对 N_B 表示发出功率。

1-3 在题 1-3 图（a）中，已知 $I_1=500$ mA，$I_S=100$ mA，$U=30$ V。求 N_A 与 N_B 以及电流源所吸收的功率。在图（b）中，已知 $U_2=10$ V，$I_1=2$ A，$U_S=30$ V。求 N_A 与 N_B 以及电压源所吸收的功率。

解：此题中，用公式 $P=UI$ 计算功率，吸收或发出功率判断如下：

$$P=UI=\begin{cases} U、I\text{ 取关联参考方向}\begin{cases}P>0,\text{吸收正功率（发出负功率）}\\ P<0,\text{发出正功率（吸收负功率）}\end{cases} \\ U、I\text{ 取非关联参考方向}\begin{cases}P>0,\text{发出正功率（吸收负功率）}\\ P<0,\text{吸收正功率（发出负功率）}\end{cases}\end{cases}$$

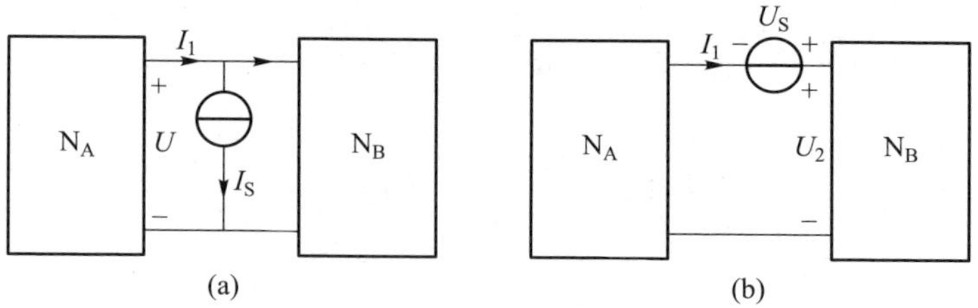

题 1-3 图

在题 1-3 图（a）中，

$P_{N_A}=UI_1=(30\times500\times10^{-3})$ W $=15$ W，N_A 吸收 -15 W 的功率。

（式中，N_A 两端的电压 U 与电流 I_1 取非关联参考方向，$P>0$，N_A 发出 15 W 的功率。）

$P_{N_B}=U(I_1-I_S)=[30\times(500-100)\times10^{-3}]$ W $=12$ W，N_B 吸收 12 W 的功率。

（式中，N_B 两端的电压 U 与电流 $I_2=I_1-I_S$ 取关联参考方向，$P>0$。）

$P_{I_S}=UI_S=(30\times100\times10^{-3})$ W $=3$ W，电流源吸收 3 W 的功率。

（式中，电流源两端的电压 U 与电流 I_S 取关联参考方向，$P>0$。）

在题 1-3 图（b）中，

$P_{N_A}=(U_2-U_S)I_1=[(10-30)\times2]$ W $=-40$ W，N_A 吸收 40 W 的功率。

（式中，N_A 两端的电压 $U_1=U_2-U_S$ 与电流 I_1 取非关联参考方向，$P<0$。）

$P_{N_B}=U_2I_1=(10\times2)$ W $=20$ W，N_B 吸收 20 W 的功率。

（式中，N_B 两端的电压 U_2 与电流 I_1 取关联参考方向，$P>0$。）

$P_{U_S}=U_SI_1=(30\times2)$ W $=60$ W，电压源吸收 -60 W 的功率。

（式中，电压源两端的电压 U_S 与电流 I_1 取非关联参考方向，$P>0$，电压源发出 60 W 功率。）

1-4 求解电路以后，校核所得结果的方法之一是核对电路中所有元件的功率平衡，即一部分元件发出的总功率应等于其他元件吸收的总功率。试校核题 1-4 图中电路所得解答是否正确。

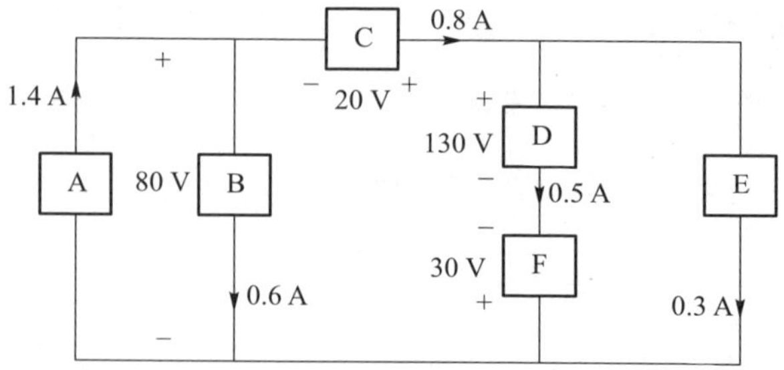

题 1-4 图

解：如题 1-4 图所示，

A、B、C、D、E、F 上的电压与电流在参考方向下均为正值；

A、C、F 上分别标注的电压与电流参考方向均取非关联参考方向，故均发出正功率；

B、D、E 上分别标注的电压与电流参考方向均取关联参考方向，故均吸收正功率。

$P_{A发}=(80\times1.4)\ W=112\ W$，$P_{B吸}=(80\times0.6)\ W=48\ W$，$P_{C发}=(20\times0.8)\ W=16\ W$

$P_{D吸}=(130\times0.5)\ W=65\ W$，$P_{E吸}=[(130-30)\times0.3]\ W=30\ W$，$P_{F发}=(30\times0.5)\ W=15\ W$

元件 A、C 和 F 发出的总功率为 $P_{总发}=P_{A发}+P_{C发}+P_{F发}=(112+16+15)\ W=143\ W$；

元件 B、D 和 E 吸收的总功率为 $P_{总吸}=P_{B吸}+P_{D吸}+P_{E吸}=(48+65+30)\ W=143\ W$。

$P_{总发}=P_{总吸}$，因此，整个电路功率平衡。

1-5　在指定的电压 u 和电流 i 的参考方向下，写出题 1-5 图所示各元件的 u 和 i 的约束方程（即 VCR）。

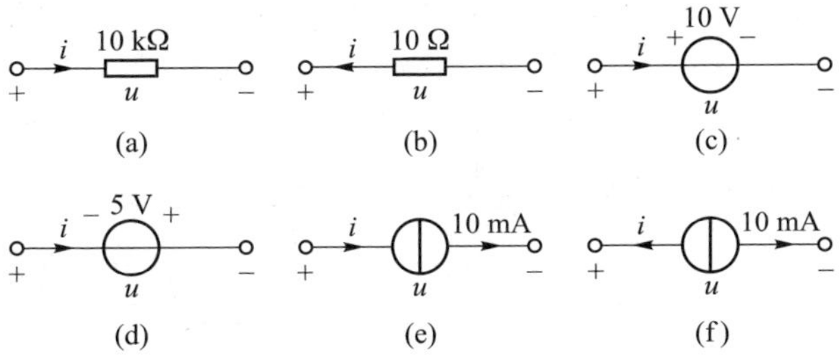

题 1-5 图

解：题 1-5 图（a），$u=10\times10^3 i=10^4 i$；图（b），$u=-10i$；图（c），$u=10\ V$；图（d），$u=-5\ V$；图（e），$i=10\times10^{-3}\ A=10^{-2}\ A$；图（f）$i=-10\times10^{-3}\ A=-10^{-2}\ A$。

1-6　试求题 1-6 图中各电路中电压源、电流源及电阻的功率（须说明是吸收还是发出）。

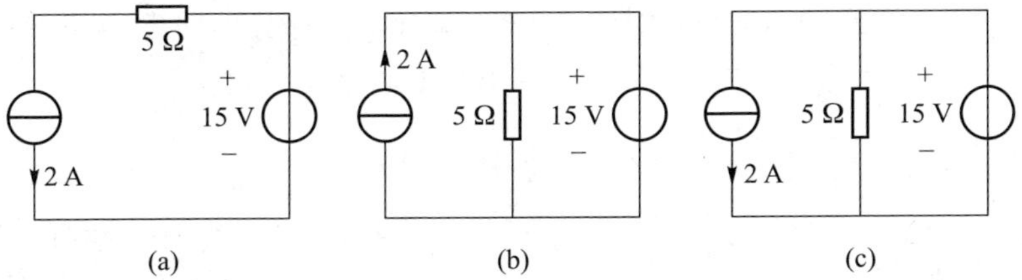

题 1-6 图

解：标注题 1-6 图（a）（b）（c）中各元件上的电压、电流参考方向如题 1-6 解图（a）（b）（c）所示。

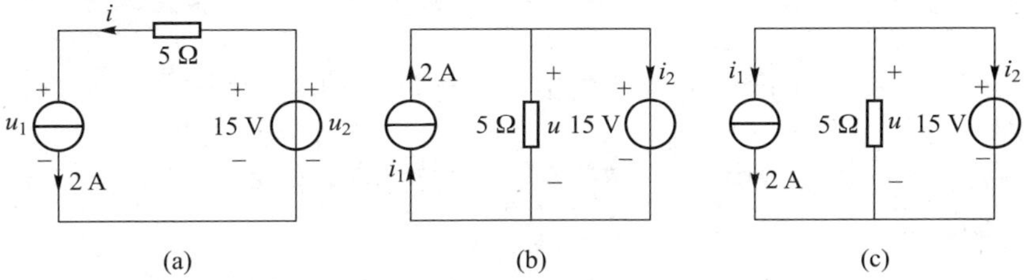

题 1-6 解图

题 1-6 解图（a）中，$p_{电流源}=u_1 i=(-5\ \Omega\cdot i+u_2)\times i=(-5\times2+15)\times2\ W=10\ W>0$（$u_1$ 与 i 取关联参考方向，吸收功率）

$$p_{电阻}=Ri^2=5\times2^2\ W=20\ W\text{（吸收功率）}$$

$p_{电压源}=u_2 i=15\times2\ W=30\ W>0$（$u_2$ 与 i 取非关联参考方向，发出功率）

题 1-6 解图（b）中，$p_{电流源}=ui_1=15\times2\ W=30\ W>0$（$u$ 与 i_1 取非关联参考方向，发出功率）

$$p_{电阻}=\frac{u^2}{R}=\frac{15^2}{5}W=45\ W\text{（吸收功率）}$$

$p_{电压源}=ui_2=u\left(i_1-\dfrac{u}{R}\right)=15\times\left(2-\dfrac{15}{5}\right)W=-15\ W<0$（$u$ 与 i_2 取关联参考方向，发出功率）

题 1-6 解图（c）中，$p_{电流源}=ui_1=15\times2\ W=30\ W>0$（$u$ 与 i_1 取关联参考方向，吸收功率）

$$p_{电阻}=\frac{u^2}{R}=\frac{15^2}{5}W=45\ W\text{（吸收功率）}$$

$p_{电压源}=ui_2=u\left(-i_1-\dfrac{u}{R}\right)=15\times\left(-2-\dfrac{15}{5}\right)W=-75\ W<0$（$u$ 与 i_1 取关联参考方向，发出功率）

1-7　以电压 U 为纵轴，电流 I 为横轴，取适当的电压、电流标尺，在同一坐标上：画出以下元件及支路的电压、电流关系（仅画第一象限）。

（1）$U_S=10\ V$ 的电压源，如题 1-7 图（a）所示；

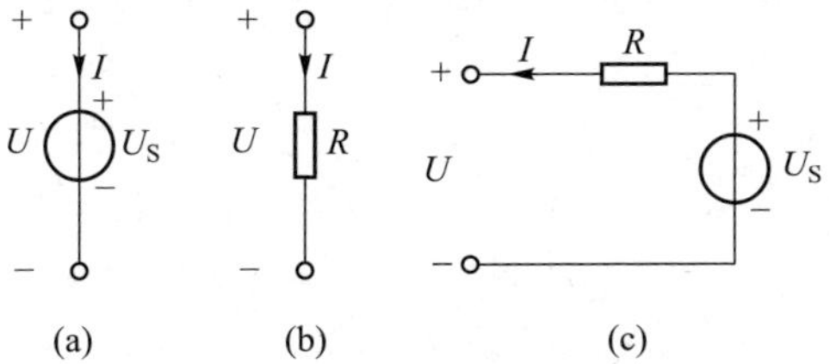

题 1-7 图

（2）$R=5\ \Omega$ 线性电阻，如题 1-7 图（b）所示；

（3）U_S、R 的串联组合，如题 1-7 图（c）所示。

解：（1）题 1-7 图（a）中，$U=U_S=10\ \text{V}$，其元件的电压、电流关系如题 1-7 解图（a）所示；

（2）题 1-7 图（b）中，$U=RI=5\ \Omega\cdot I$，其元件的电压、电流关系如题 1-7 解图（b）所示；

（3）题 1-7 图（c）中，$U=-RI+U_S$，其支路的电压、电流关系如题 1-7 解图（c）所示。

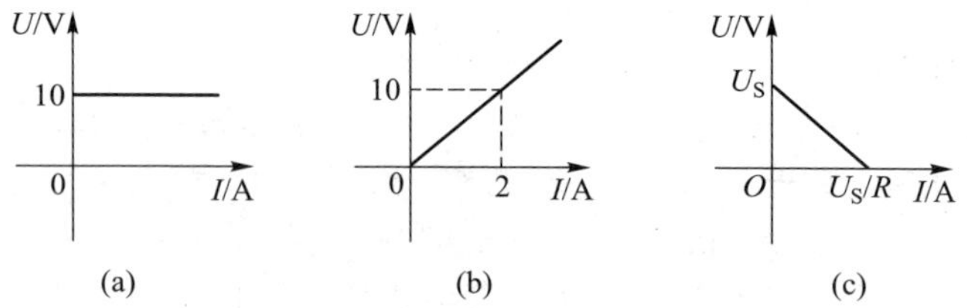

题 1-7 解图

1-8 题 1-8 图中的电流 I 均为 2 A。

（1）求各图中支路电压；

（2）求各图中电源、电阻及支路的功率，并讨论功率平衡关系。

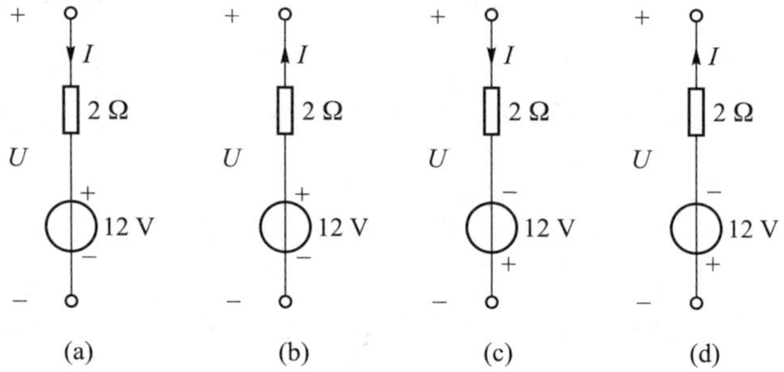

题 1-8 图

解：（1）题 1-8 图（a）中，$U=2\ \Omega\cdot I+12\ \text{V}=(2\times2+12)\ \text{V}=16\ \text{V}$；题 1-8 图（b）中，$U=-2\ \Omega\cdot I+12\ \text{V}=(-2\times2+12)\ \text{V}=8\ \text{V}$；

题 1-8 图（c）中，$U=2\ \Omega\cdot I-12\ \text{V}=(2\times2-12)\ \text{V}=-8\ \text{V}$；题 1-8 图（d）中，$U=-2\ \Omega\cdot I-12\ \text{V}=(-2\times2-12)\ \text{V}=-16\ \text{V}$。

（2）题 1-8 图（a）中，$p_{电压源}=12\ \text{V}\cdot I=12\times2\ \text{W}=24\ \text{W}$（吸收功率），$p_{电阻}=2\ \Omega\cdot I^2=2\times2^2\ \text{W}=8\ \text{W}$（消耗功率），$p_{支路}=UI=16\times2\ \text{W}=32\ \text{W}$（吸收功率）

因 $p_{支路吸}=p_{电阻耗}+p_{电压源吸}=(8+24)\ \text{W}=32\ \text{W}$，即功率平衡。

题 1-8 图（b）中，$p_{电压源}=12\ \text{V}\cdot I=12\times2\ \text{W}=24\ \text{W}$（发出功率），$p_{电阻}=2\ \Omega\cdot I^2=2\times2^2\ \text{W}=8\ \text{W}$（消耗功率），$p_{支路}=UI=8\times2\ \text{W}=16\ \text{W}$（发出功率）

因 $p_{支路发}=p_{电压源发}-p_{电阻耗}=(24-8)\ \text{W}=16\ \text{W}$，即功率平衡。

题 1-8 图（c）中，$p_{电压源}=12\ \text{V}\cdot I=12\times2\ \text{W}=24\ \text{W}$（发出功率），$p_{电阻}=2\ \Omega\cdot I^2=2\times2^2\ \text{W}=8\ \text{W}$（消耗功率），$p_{支路}=UI=-8\times2\ \text{W}=-16\ \text{W}$（发出功率）

因 $p_{支路发}=p_{电压源发}-p_{电阻耗}=(24-8)\ \text{W}=16\ \text{W}$，即功率平衡。

题 1-8 图（d）中，$p_{电压源}=12\ \text{V}\cdot I=12\times2\ \text{W}=24\ \text{W}$（吸收功率），$p_{电阻}=2\ \Omega\cdot I^2=2\times2^2\ \text{W}=8\ \text{W}$（消耗功率），$p_{支路}=UI=-16\times2\ \text{W}=-32\ \text{W}$（吸收功率）

因 $p_{支路吸}=p_{电阻耗}+p_{电压源吸}=(8+24)\ \text{W}=32\ \text{W}$，即功率平衡。

1-9 试求题 1-9 图中各电路的电压 U，并分别讨论其功率平衡。

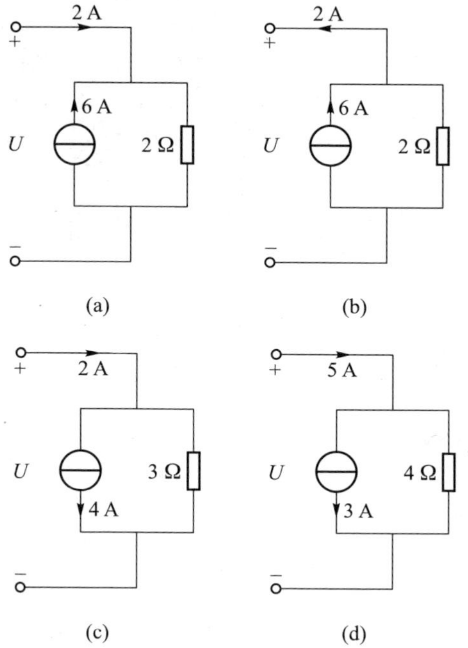

题 1-9 图

解：根据电流源的定义，电流源的端电压 U 要由外电路才能确定，因此可由与之并联的电阻支路求得电压 U。

题 1-9 图（a）中，$U=U_{2\ \Omega}=2\times(2+6)\ \text{V}=16\ \text{V}$

$p_{端口}=U\times2\ \text{A}=16\times2\ \text{W}=32\ \text{W}$（端口左侧部分电路发出功率）

$p_{6\ \text{A}}=U\times6\ \text{A}=16\times6\ \text{W}=96\ \text{W}$（发出功率）

$$p_{2\ \Omega}=\frac{U^2}{2\ \Omega}=\frac{16^2}{2}\text{W}=128\ \text{W}（消耗功率）$$

因 $p_{总发出}=p_{端口}+p_{6\ \text{A}}=128\ \text{W}$，$p_{总吸收}=p_{2\ \Omega(消耗)}=128\ \text{W}$，整个电路功率平衡。

题 1-9 图（b）中，$U=U_{2\ \Omega}=2\times(6-2)\ \text{V}=8\ \text{V}$，$p_{端口}=U\times2\ \text{A}=8\times2\ \text{W}=16\ \text{W}$（端口左侧部分电路吸收功率）

$p_{6\text{ A}}=U\times 6\text{ A}=8\times 6\text{ W}=48\text{ W}$（发出功率）

$p_{2\,\Omega}=\dfrac{U^2}{2\,\Omega}=32\text{ W}$（吸收并消耗功率）。

因 $p_{总发出}=p_{6\text{ A}}=48\text{ W}$，$p_{总吸收}=p_{端口}+p_{2\,\Omega}=48\text{ W}$，整个电路功率平衡。

题 1-9 图(c)中，$U=U_{3\,\Omega}=3\times(2-4)\text{ V}=-6\text{ V}$，$p_{端口}=U\times 2=(-6)\times 2\text{ W}=-12\text{ W}<0$（端口左侧电路吸收功率）

$p_{4\text{A}}=U\times 4\text{ A}=(-6)\times 4\text{ W}=-24\text{ W}$（发出功率），$p_{3\,\Omega}=\dfrac{U^2}{3\,\Omega}=12\text{ W}$（消耗功率）

因 $p_{总发出}=|p_{4\text{ A}}|=24\text{ W}$，$p_{总吸收}=|p_{端口}|+p_{3\,\Omega}=24\text{ W}$，整个电路功率平衡。

题 1-9 图(d)中，$U=U_{4\,\Omega}=4\times(5-3)\text{ V}=8\text{ V}$

$$p_{端口}=U\times 5\text{ A}=40\text{ W}（端口左侧电路发出功率）$$

$p_{3\text{ A}}=U\times 3\text{ A}=8\times 3\text{ W}=24\text{ W}$（吸收功率），$p_{4\,\Omega}=\dfrac{U^2}{4\,\Omega}=16\text{ W}$（消耗功率）

因 $p_{总发出}=p_{端口}=40\text{ W}$，$p_{总吸收}=p_{3\text{ A}}+p_{4\,\Omega}=(24+16)\text{ W}=40\text{ W}$，整个电路功率平衡。

1-10 题 1-10 图中各电路的受控源是否可看为电阻？并求各图中 a、b 端钮的等效电阻。

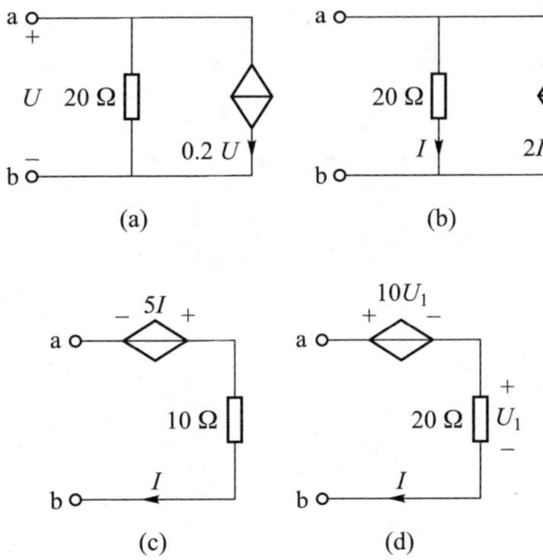

题 1-10 图

解：题 1-10 图(a)中，受控源的电压 U 与电流 $0.2\text{ S}\cdot U$ 取关联参考方向，其比值为$\dfrac{U}{0.2\text{ S}\cdot U}=5\,\Omega$，即受控源可看为一个 5 Ω 的电阻，则

$$R_{ab}=\frac{20\times 5}{20+5}\Omega=4\,\Omega$$

题 1-10 图(b)中，受控源的电压 $20\,\Omega\cdot I$ 与电流 $2I$ 取关联参考方向，其比值为$\dfrac{20\,\Omega\cdot I}{2I}=10\,\Omega$，即受控源可看为 10 Ω 电阻，则

$$R_{ab}=\frac{20\times 10}{20+10}\Omega=\frac{20}{3}\Omega=6.667\,\Omega$$

题 1-10 图(c)中，受控源的电压 $5\,\Omega\cdot I$ 与电流 I 取非关联参考方向，其比值为$-\dfrac{5\,\Omega\cdot I}{I}=-5\,\Omega$，即受控源不可看为电阻元件，则

$$R_{ab}=\frac{U_{ab}}{I}=\frac{-5\,\Omega\cdot I+10\,\Omega\cdot I}{I}=5\,\Omega$$

题 1-10 图(d)中，受控源的电压 $10U_1$ 与电流 I 取关联参考方向，其比值为$\dfrac{10U_1}{I}=\dfrac{10\times 20\,\Omega\cdot I}{I}=200\,\Omega$，即受控源可看成 200 Ω 的电阻，则

$$R_{ab}=(200+20)\,\Omega=220\,\Omega$$

1-11 电路如题 1-11 图所示，试求：(1) 图(a)中，电流 i_1 和电压 u_{ab}；(2) 图(b)中，电压 u_{cb}。

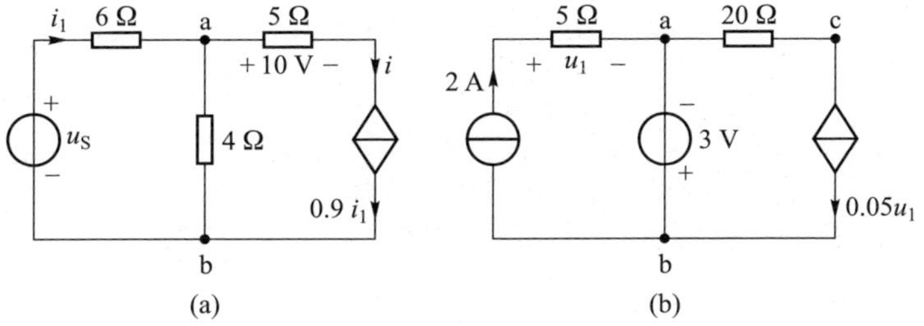

题 1-11 图

解：题 1-11 图(a)中，5 Ω 的电流 $i=\dfrac{10}{5}\text{A}=2\text{ A}$，受控源的电流 $i=0.9i_1$，得

$$i_1=\frac{i}{0.9}=\frac{2}{0.9}\text{A}=2.222\text{ A}$$

$$u_{ab}=4\,\Omega\times(i_1-i)=4\times(2.222-2)\text{ V}=0.889\text{ V}$$

题 1-11 图(b)中，$u_1=5\times 2\text{ V}=10\text{ V}$，受控电流源的电流 $0.05u_1=0.05\text{ S}\times 10\text{ V}=0.5\text{ A}$，得

$$u_{cb}=u_{ca}+u_{ab}=-20\,\Omega\times 0.05\text{ S}\cdot u_1-3\text{ V}=-13\text{ V}$$

1-12 我国自葛洲坝水电站至上海的高压直流输电线示意图如题 1-12 图所示。输电线每根对地耐压为 500 kV，导线额定电流为1 kA。每根导线电阻为 27 Ω（全长 1088 km）。当首端线间电压 U_1 为 1000 kV 时，可传输多少功率到上海？传输效率是多少？

解：题 1-12 图中，依题意，导线容许电流为 $I=1$ kA，每根导线电阻为 $R=27\,\Omega$，$U_1=1000$ kV，如题 1-12 解图所示，有

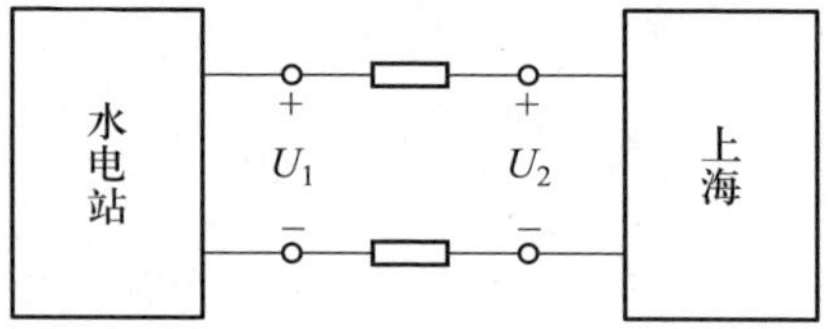

题 1-12 图

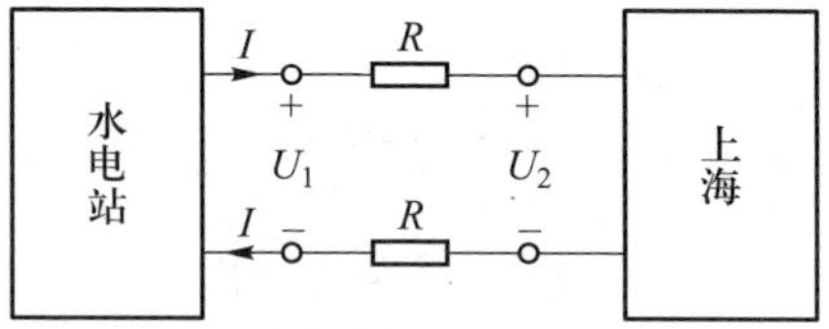

题 1-12 解图

$$p_{上海}=U_2I=(-RI+U_1-RI)I=(-2RI+U_1)I$$
$$=(-2\times27\times1\times10^3+1000\times10^3)\times10^3\ \text{W}$$
$$=946\times10^6\ \text{W}=946\times10^3\ \text{kW}$$
$$p_{水电站}=U_1I=1000\times10^3\times1\times10^3\ \text{W}=10^6\ \text{kW}$$
$$\eta=\frac{p_{上海}}{p_{水电站}}\times100\%=\frac{946\times10^3}{10^6}\times100\%=94.6\%$$

1-13 对题 1-13 图所示电路，若：

（1）R_1，R_2，R_3 不定；

（2）$R_1=R_2=R_3$。

在以上两种情况下，尽可能多地确定各电阻中的未知电流。

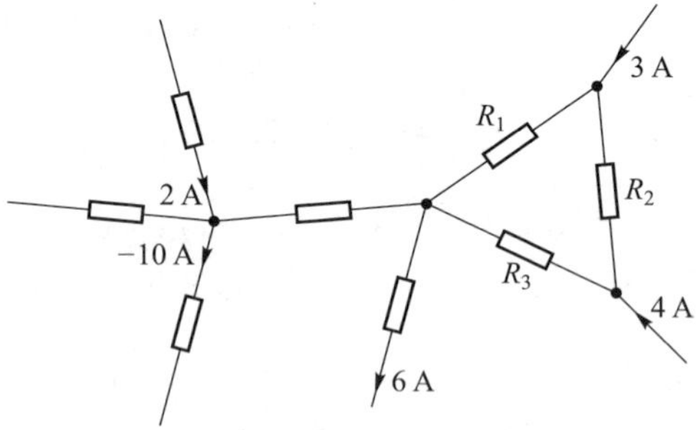

题 1-13 图

解：在题 1-13 图中，标注各支路未知电流为 i_1、i_2、i_3、i_4、i_5 及其参考方向，节点 a、b、c，闭合面 S，回路 Ⅰ 及绕行方向，如题 1-13 解图所示。

（1）对闭合面 S，应用 KCL，有 $i_2=(3+4-6)\ \text{A}=1\ \text{A}$；对节点 a，有 $i_1=2\ \text{A}+i_2-(-10\ \text{A})=13\ \text{A}$，不能确定电流 i_3、i_4、i_5；

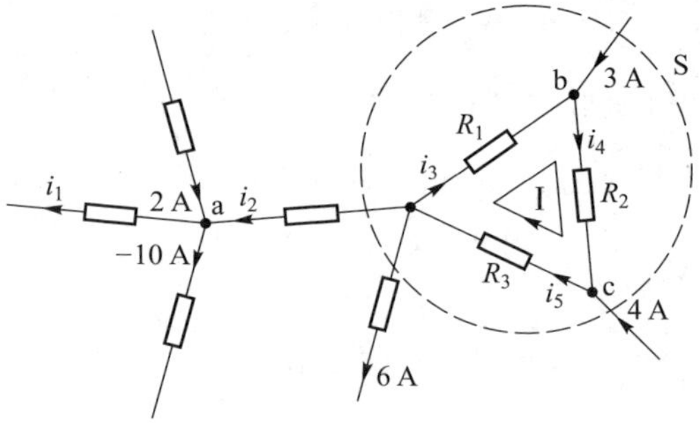

题 1-13 解图

（2）对回路 Ⅰ，应用 KVL，有 $R_1i_3+R_2i_4+R_3i_5=0$，若 $R_1=R_2=R_3$，则

$$i_3+i_4+i_5=0 \qquad \langle 1\rangle$$

对节点 b，应用 KCL，有 $-i_3+i_4=3\ \text{A}$ 〈2〉

对节点 c，应用 KCL，有 $-i_4+i_5=4\ \text{A}$ 〈3〉

联立求解〈1〉〈2〉〈3〉式，解得

$$i_3=-\frac{10}{3}\text{A}=-3.333\ \text{A},\ i_4=-\frac{1}{3}\text{A}=-0.333\ \text{A},\ i_5=\frac{11}{3}\text{A}=3.667\ \text{A}$$

在（1）问中已求得 $i_1=13\ \text{A}$，$i_2=1\ \text{A}$。

1-14 在题 1-14 图所示电路中，已知 $u_{12}=2\ \text{V}$，$u_{23}=3\ \text{V}$，$u_{25}=5\ \text{V}$，$u_{37}=3\ \text{V}$，$u_{67}=1\ \text{V}$，尽可能多地确定其他各元件的电压。

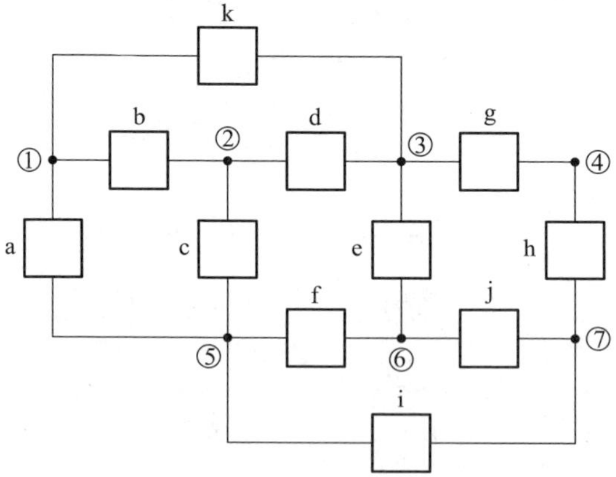

题 1-14 图

解：题 1-14 图中，$u_a=u_{15}=u_{12}+u_{25}=(2+5)\ \text{V}=7\ \text{V}$，$u_b=u_{12}=2\ \text{V}$

$$u_c=u_{25}=5\ \text{V},\quad u_d=u_{23}=3\ \text{V},\quad u_e=u_{36}=u_{37}-u_{67}=(3-1)\ \text{V}=2\ \text{V}$$
$$u_f=u_{56}=u_{52}+u_{23}+u_{36}=-u_{25}+u_{23}+u_{36}=(-5+3+2)\ \text{V}=0\ \text{V}$$
$$u_i=u_{57}=u_{56}+u_{67}=(0+1)\ \text{V}=1\ \text{V}$$
$$u_j=u_{67}=1\ \text{V}$$
$$u_k=u_{13}=u_{12}+u_{23}=(2+3)\ \text{V}=5\ \text{V}$$

不能确定电压 $u_g=u_{34}$，$u_h=u_{47}$。

1-15 电路如题 1-15 图所示，试求每个元件发出或吸收的功率。

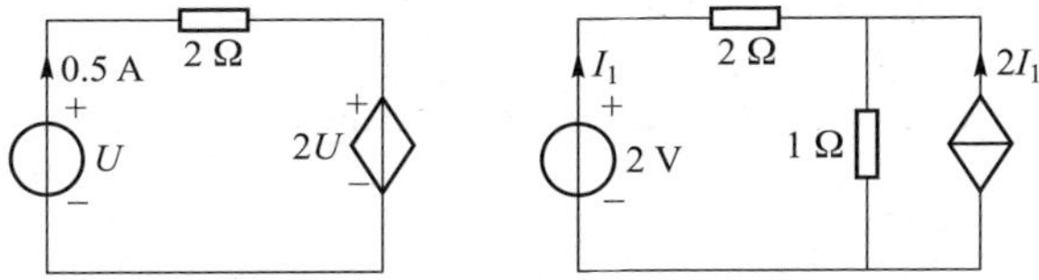

(a) (b)

题 1-15 图

解：题 1-15 图(a)中，$U=2\times0.5\ \text{V}+2U \quad \Rightarrow \quad U=-2\times0.5\ \text{V}=-1\ \text{V}$

$p_{独立电压源}=U\times0.5\ \text{A}=(-1)\times0.5\ \text{W}=-0.5\ \text{W}<0$(吸收 0.5 W 功率)

$p_{电阻}=2\times0.5^2\ \text{W}=0.5\ \text{W}$(消耗 0.5 W 功率)

$p_{受控电压源}=2U\times0.5\ \text{A}=2\times(-1)\times0.5\ \text{W}=-1\ \text{W}<0$(发出 1 W 功率)

题 1-15 图(b)中，对电压源与两个电阻构成的回路列写 KVL 方程，即

$$2I_1+1\times(I_1+2I_1)=2 \quad \Rightarrow \quad 5I_1=2 \quad \Rightarrow \quad I_1=\frac{2}{5}\text{A}=0.4\ \text{A}$$

$p_{2\ \text{V}电压源}=2\ \text{V}\cdot I_1=2\times0.4\ \text{W}=0.8\ \text{W}$(发出功率)

$p_{2\ \Omega}=2\ \Omega\cdot I_1^2=2\times0.4^2\ \text{W}=0.32\ \text{W}$(消耗功率)

$p_{1\ \Omega}=1\ \Omega\times(I_1+2I_1)^2=(3\times0.4)^2\ \text{W}=1.44\ \text{W}$(消耗功率)

$p_{受控电流源}=U_{1\ \Omega}\times2I_1=1\ \Omega\times(I_1+2I_1)\times2I_1=6\times0.4^2\ \text{W}=0.96\ \text{W}$(发出功率)

1-16 利用 KCL 与 KVL 求题 1-16 图中 I(提示：利用 KVL 将 180 V 电源支路电流用 I 来表示，然后在节点①写 KCL 方程求解)。

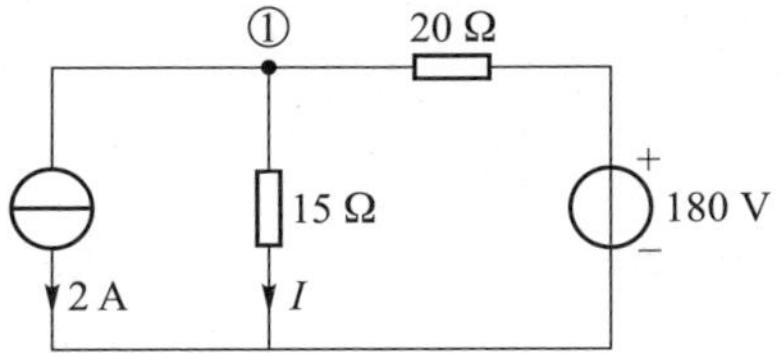

题 1-16 图

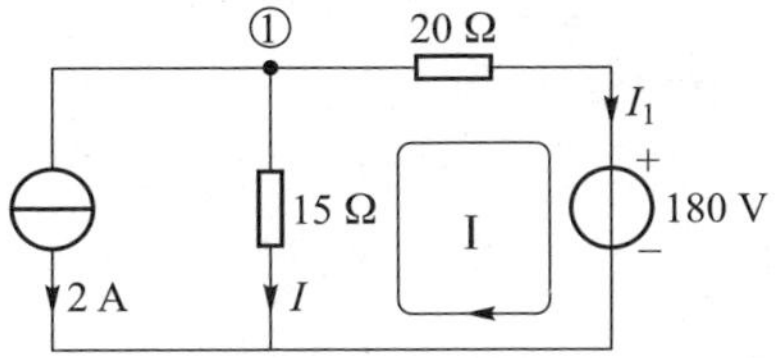

题 1-16 解图

解：题 1-16 图中，设 180 V 电压源中电流为 I_1，其参考方向如题 1-16 解图所示。

对节点①，按 KCL，有 $2+I+I_1=0 \quad \Rightarrow \quad I_1=-I-2$

对回路Ⅰ，按 KVL，有 $15I=20I_1+180$，代入 $I_1=-I-2$，得

$$15I=20(-I-2)+180 \quad \Rightarrow \quad I=\frac{-40+180}{15+20}\text{A}=4\ \text{A}$$

1-17 (1) 已知题 1-17 图(a)中，$R=2\ \Omega$，$i_1=1\ \text{A}$，求电流 i；

(2) 已知题 1-17 图(b)中，$u_S=10\ \text{V}$，$i_1=2\ \text{A}$，$R_1=4.5\ \Omega$，$R_2=1\ \Omega$，求 i_2。

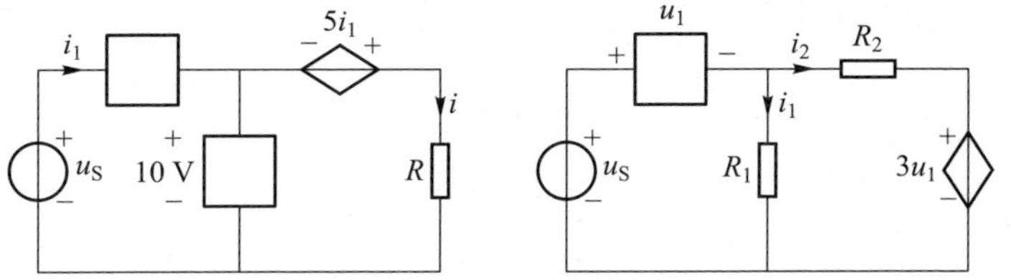

(a) (b)

题 1-17 图

解：(1) 题 1-17 图(a)中，设 R 的端电压 u_R 与 i 取关联参考方向，则 R 的电流为 $i=\dfrac{u_R}{R}=\dfrac{5\ \Omega\cdot i_1+10\ \text{V}}{R}=\dfrac{5\times1+10}{2}\text{A}=7.5\ \text{A}$。

(2) 题 1-17 图(b)中，$u_1=u_S-R_1i_1=(10-4.5\times2)\ \text{V}=1\ \text{V}$

设 R_2 的端电压 u_{R_2} 与 i_2 取关联参考方向，则 R_2 的电流为

$$i_2=\frac{u_{R_2}}{R_2}=\frac{R_1i_1-3u_1}{R_2}=\frac{4.5\times2-3\times1}{1}\text{A}=6\ \text{A}$$

1-18 (1) 试求题 1-18 图(a)所示电路中控制量 I_1 及电压 U_0。

(2) 试求题 1-18 图(b)所示电路中控制量 u_1 及电压 u。

解：(1) 题 1-18 图(a)中，设 6 kΩ 和 5 kΩ 中的电流分别为 I_2、I_3，如题 1-18 解图所示。

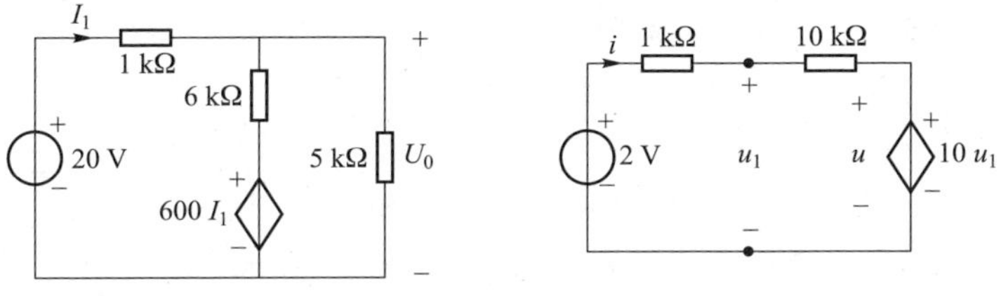

(a) (b)

题 1-18 图

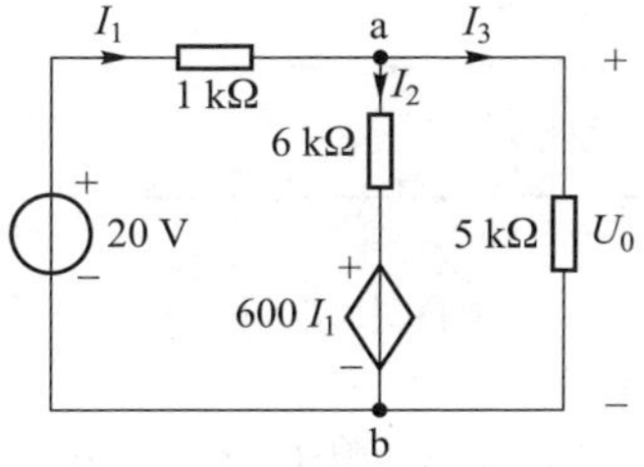

题 1-18 解图

对节点 a 列 KCL 方程，有 $I_1=I_2+I_3$ 〈1〉

对右网孔列 KVL 方程，有 $6\times10^3I_2+600I_1=U_0$，得 $I_2=\dfrac{U_0-600I_1}{6\times10^3}$，又 $I_3=\dfrac{U_0}{5\times10^3}$，

将 I_2、I_3 代入〈1〉式，得 $I_1=\dfrac{U_0-600I_1}{6\times10^3}+\dfrac{U_0}{5\times10^3}\Rightarrow 33\times10^6I_1=11\times10^3U_0\Rightarrow$ $3\times10^3I_1=U_0$ 〈2〉

对外层回路列 KVL 方程，有 $10^3I_1+U_0=20$ 〈3〉

将〈2〉式代入〈3〉式，得 $10^3I_1+3\times10^3I_1=20$，求得 $I_1=\dfrac{20}{4\times10^3}\text{ A}=5\times10^{-3}\text{ A}=5\text{ mA}$，代入〈2〉式，得 $U_0=3\times10^3\times5\times10^{-3}\text{ V}=15\text{ V}$。

（2）题 1-18 图(b)中，设 1 kΩ 中电流为 i。

列 KVL 方程，对 u_1 左侧支路有 $10^3i+u_1=2$ 〈1〉

对 u_1 右侧支路有 $10\times10^3i+10u_1=u_1$ 〈2〉

由〈1〉式，得 $i=\dfrac{2-u_1}{10^3}$，代入〈2〉式，得 $10(2-u_1)+10u_1=u_1\Rightarrow u_1=20\text{ V}$，$u=10u_1=200\text{ V}$。

1-19 某同学用电能监控计量插座（一种可测小功率、电能的数字仪表）测得他家中一些家用电器在待机及正常工作情况下的消耗功率，列表如下：

家用电器用电量表

家用电器	小风扇	台灯	等离子 TV46 寸		液晶 TV42 寸		CRT TV20 寸		手提电脑		台式电脑		Modem（猫）	数字机顶盒
状态	工作	工作	工作	待机	工作	待机	工作	待机	工作	充电	工作	待机	工作	工作
功率/W	4.7	15.4	300	12	197	0.7	60	3.4	68	45	96	45	3	5

家用电器	智能机顶盒		空调 1.5HP		空调 1HP		台式音响	DVD 播放器		数字电子钟	喷墨打印机	Mini-iPad	iPhone
状态	工作	待机	工作	待机	工作	待机	工作	工作	待机	工作	工作	充电	充电
功率/W	5.9	0.3	1000	3.4	770	4	34	7.5	1.7	22	1.8	7.9	11

家用电器	电冰箱	电饭锅	微波炉	抽油烟机	电开水壶	电热水淋浴器	无绳电话底座	传统手机	LED 充电手电筒
状态	工作	工作	工作（平均）	工作	工作	工作	充电	充电	充电
功率/W	140	1210	1200	26—170	1570	1650	1	4.8	0.4

上表中功率均为交流功率，计算电流时，参见主教材 §9-4，可取平均功率因数 $\cos\varphi=0.85$。

（1）在夏天白日，除厨房外，各家用大电器待机状态下，耗电功率为多少？

（2）在夏天晚上，厨房及各家用大电器均在使用时，耗电功率为多少？

（3）求在夏天，所有电器都在待机状态时的耗电功率。由于待机，月消耗电能多少度电？

（4）入户导线，熔断器（或断路器）应如何选用？

（5）估计一下夏天整户月消耗多少度电。

解：（1）在夏天白日，除厨房外，各家用大电器（包括等离子 TV46 寸、液晶 TV42 寸、空调 1.5HP、空调 1HP 等 4 种）待机状态下，耗电功率 P_1 为

$$P_1=(12+0.7+3.4+4)\ \text{W}=20.1\ \text{W}$$

(2) 在夏天晚上，厨房电器(包括电冰箱、电饭锅、微波炉、抽油烟机、电开水壶以及电热水淋浴器等6种)及各家用大电器均在使用时，耗电功率 P_2 为

$$P_2=P_{厨房电器}+P_{大电器}，其中\ P_{厨房电器}=(140+1210+1200+170+1570+1650)\ \text{W}=5940\ \text{W}$$

$$P_{大电器}=(300+197+1000+770)\ \text{W}=2267\ \text{W}，所以\ P_2=(5940+2267)\ \text{W}=8207\ \text{W}$$

(3) 在夏天，所有电器都在待机状态（包括充电电器）时，耗电功率为 P_3

$$P_3=(12+0.7+3.4+45+45+0.3+3.4+4+1.7+7.9+11+1+4.8+0.4)\ \text{W}=140.6\ \text{W}$$

若按每月为30天计算，由于待机，月消耗电能 W_1 为

$$W_1=30\times24\ \text{h}\times P_3/1000=(30\times24\times140.6/1000)度=101.232\ 度$$

(4) 入户导线，熔断器(或断路器)根据所有电器都工作时的最大工作电流来选用。所有电器都工作时，耗电功率 $P_{\max}$ 为

$$\begin{aligned}P_{\max}=(&4.7+15.4+300+197+60+68+96+3+5+5.9+1000+\\&770+34+7.5+22+1.8+7.9+11+140+1210+1200+170+\\&1570+1650+1+4.8+0.4)\ \text{W}=8555.4\ \text{W}\end{aligned}$$

设额定工作电压为220 V，平均功率因数取0.85，则最大工作电流 $I_{\max}$ 为

$$I_{\max}=\sqrt{2}I=\sqrt{2}\frac{P_{\max}}{U\cos\varphi}=\sqrt{2}\frac{8555.4}{220\times0.85}\text{A}\approx64.70\ \text{A}$$

若考虑裕量约为1.25倍，则入户导线，熔断器等最大工作电流约取80 A。

(5) 估计一下，夏天整户月消耗电能 W_2 为

若厨房电器每天工作2小时(电冰箱工作24小时)，除厨房电器外，其他所有电器每天连续工作12小时(数字电子钟工作24小时)。

$$\begin{aligned}W_2=&\{30\times[2\times5940+(24-2)\times140+12\times(8555.4-5940)+(24-12)\times22]/\\&1000\}度\\=&1398.264\ 度\end{aligned}$$

夏天整户月消耗1398.264度电。

1-20 电解铝工业是耗电大户，每吨电解铝耗电10000度电以上。某电解铝工厂通过改革将电解铝的耗电率降低了接近10%，该厂每年生产电解铝近1000万吨。每年可节约电多少度？用电成本(以每度工业用电0.53元来计算)降低多少元？

解：每年可节约电能 W 为

$$W=(1000\times10^4\times10000\times0.1)度=10^{10}度$$

每年降低的用电成本 M 为

$$M=0.53W=(0.53\times10^{10})元=53\ 亿元$$

1-21 某五号可充电电池的规格为：1.2 V，2000 mAh。

(1) 该电池充足电后，电池所含的电能为多少？

(2) 将这一能量能做的功形象化地来表示。

(3) 如果充电效率为50%，当充电电流为250 mA时，充电时间应为多少？

解：(1) 该电池充足电后，电池所含的电能 $W_{电池}$ 为

$$W_{电池}=(1.2\times2000\times10^{-3}/1000)度=2.4\times10^{-3}度$$

(2) 这一能量能作的功 $P_{电池}$ 可形象化地表示为

$$P_{电池}=\frac{1000W_{电池}}{60\times60}=(6.67\times10^{-4})\ \text{W}=0.667\ \text{mW}$$

(3) 如果充电效率为50%，试问当充电电流为250 mA时，充电时间 t 应为

$$t=\frac{2000}{250\times0.5}\text{h}=16\ \text{h}$$

第二章　电阻电路的等效变换

内容提要

表 2-1　描述电路的术语和概念

名词术语	基本定义	举例说明
端口	电路向外引出两个端钮，若一端钮流入的电流与另一端钮流出的电流为同一电流，则此二端钮构成一个口，即端口	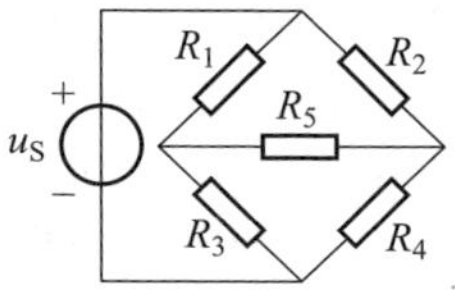 图 1
一端口(N) (二端网络)	引出一个端口的电路，称一端口电路(二端网络)或单口电路，简称一端口或单口。 一端口(可含电阻、电容、电感、受控源和独立源等)的图形符号为“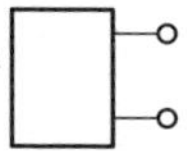”，一般用字母 N 表示。而用 N_S 表示明确含有独立源的一端口，用 N_0 表示不含独立源的一端口	
开路 (断路)	某支路中的电流恒为 0 时(即该支路的电流 $i\equiv0$，但该支路的电压不一定为 0)，则可将该支路两端断开，视为断路，即处于“开路”状态，用图形“—○　○—”表示“开路”。 图 1 中，若 R_5 的电流为 0 时，可将 R_5 开路，如图 2 所示。 另外，“开路”还可以视为在两端钮上接一电阻 $R\to\infty$ 的特殊情况，即“—○—▭—○—($R\to\infty$)”等效为“开路”	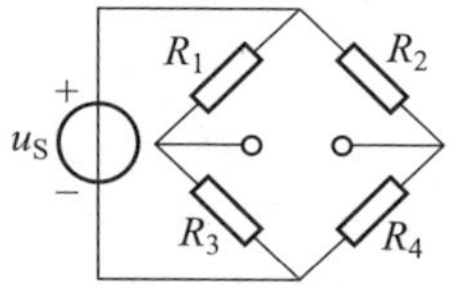 图 2 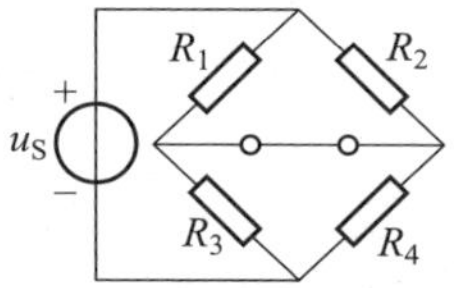 图 3
短路	某支路端电压恒为 0 时(即该支路的电压 $u\equiv0$，但该支路的电流不一定为 0)，则可将该支路两端连接上，视为短接，即处于“短路”状态，用图形“—○—○—”表示“短路”。 图 1 中，当 R_5 两端的电压为 0 时，可将 R_5 短路，如图 3 所示。 另外，“短路”还可以视为在两端钮上接一电阻 $R=0$ 的特殊情况，即“—○—▭—○—($R=0$)”等效为“短路”	 图 4
等效变换	对一端口 N_1 和 N_2，在保持端口上的 u-i 关系不变的情况下，把一端口 N_1 变换为一端口 N_2(或把一端口 N_2 变换为一端口 N_1)，则称为电路的等效变换，如图 4 所示	
等效电路	N_1 和 N_2 为内部结构和参数不相同的两个一端口电路，若二者在端口上 u-i 关系相同，则对 N_1 和 N_2 的端口及外部而言，二者互为等效电路。 两个不同的电路只能是部分等效，即把电路分为内部电路和外部电路两部分考虑，所谓等效是对端口及外电路 N_3 等效，对内部电路 N_1 和 N_2，一般是不等效的，如图 5 所示	 图 5
桥形电路	桥形电路中的各元件既不是串联，也不是并联，含三角形联结和星形联结，如图 1、图 6 所示	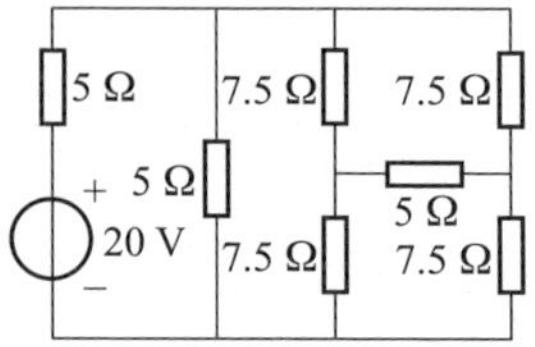 图 6
惠斯通电桥 与 平衡电桥	图 1 为惠斯通电桥，当 $R_1\cdot R_4=R_2\cdot R_3$ 时，电桥处于平衡状态。平衡电桥中 R_5 无电流和电压，则 R_5 既可视为开路，又可视为短路。若图 1 电桥平衡，则可等效为图 2 或图 3	

表 2-2　电阻元件的串联、并联、串-并联(混联)、三角形(Δ形、Π形)联结与星形(Y形、T形)联结及平衡电桥的等效变换

<table>
<tr><th>连接方式</th><th>电路模型</th><th>等效电路</th><th>等效电阻值</th></tr>
<tr><td>串联</td><td>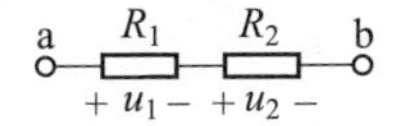</td><td>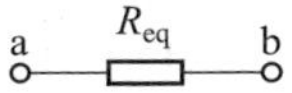</td><td>$R_{eq}=R_1+R_2$　分压公式：$u_1=\frac{R_1}{R_1+R_2}u_{ab}$，$u_2=-\frac{R_2}{R_1+R_2}u_{ab}$
当 n 个电阻串联时，$R_{eq}=R_1+R_2+\cdots+R_n$　分压公式：$u_k=\pm\frac{R_k}{R_{eq}}u_{ab}$，$(k=1,2,\cdots,n)$</td></tr>
<tr><td>并联</td><td>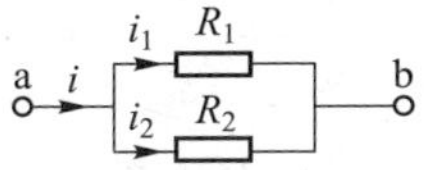</td><td>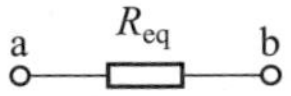</td><td>$G_{eq}=G_1+G_2$，或 $R_{eq}=\frac{R_1R_2}{R_1+R_2}$　分流公式：$i_1=\frac{R_2}{R_1+R_2}i$，$i_2=-\frac{R_1}{R_1+R_2}i$
当 n 个电阻并联时，$G_{eq}=G_1+G_2+\cdots+G_n$　分流公式：$i_k=\pm\frac{G_k}{G_{eq}}i(k=1,2,\cdots,n)$
或 $\frac{1}{R_{eq}}=\frac{1}{R_1}+\frac{1}{R_2}+\cdots+\frac{1}{R_n}$
注：$R_{eq}<R_k(k=1,2,\cdots,n)$　或 $i_k=\pm\frac{R_{eq}}{R_k}i(k=1,2,\cdots,n)$</td></tr>
<tr><td>串-并联
(混联)</td><td>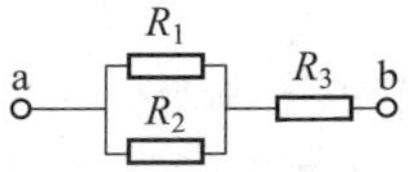</td><td>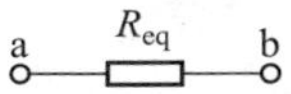</td><td>$R_{eq}=\frac{R_1R_2}{R_1+R_2}+R_3$，其连接关系表示为 $R_{eq}=(R_1/\!/R_2)+R_3$，“//”表并联、“+”表串联</td></tr>
<tr><td>星形联结
(Y形联结)
(T形联结)</td><td>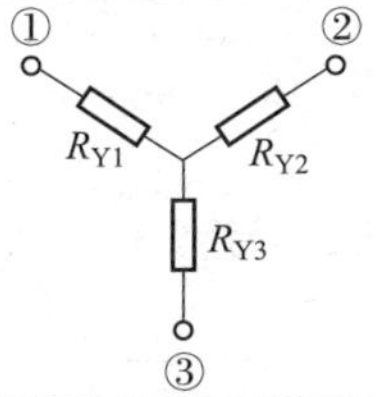</td><td>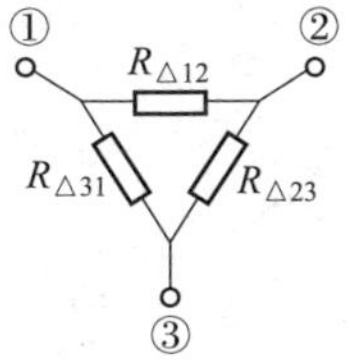</td><td>$R_{\Delta12}=\frac{R_{Y1}R_{Y2}+R_{Y2}R_{Y3}+R_{Y3}R_{Y1}}{R_{Y3}}$，$R_{\Delta23}=\frac{R_{Y1}R_{Y2}+R_{Y2}R_{Y3}+R_{Y3}R_{Y1}}{R_{Y1}}$，$R_{\Delta31}=\frac{R_{Y1}R_{Y2}+R_{Y2}R_{Y3}+R_{Y3}R_{Y1}}{R_{Y2}}$
或 $R_{\Delta12}=R_{Y1}+R_{Y2}+\frac{R_{Y1}R_{Y2}}{R_{Y3}}$，$R_{\Delta23}=R_{Y2}+R_{Y3}+\frac{R_{Y2}R_{Y3}}{R_{Y1}}$，$R_{\Delta31}=R_{Y3}+R_{Y1}+\frac{R_{Y3}R_{Y1}}{R_{Y2}}$</td></tr>
<tr><td>三角形联结
(Δ形联结、
Π形联结)</td><td>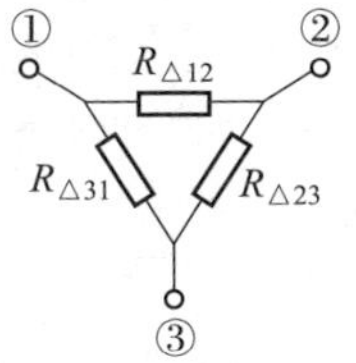</td><td>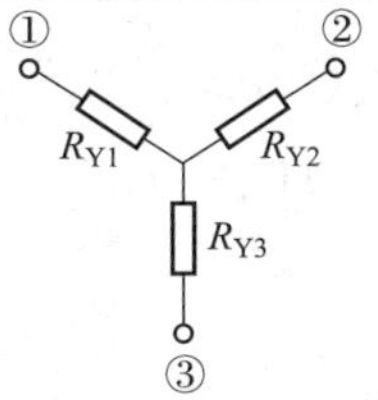</td><td>$R_{Y1}=\frac{R_{\Delta12}R_{\Delta31}}{R_{\Delta12}+R_{\Delta23}+R_{\Delta31}}$，$R_{Y2}=\frac{R_{\Delta12}R_{\Delta23}}{R_{\Delta12}+R_{\Delta23}+R_{\Delta31}}$，$R_{Y3}=\frac{R_{\Delta23}R_{\Delta31}}{R_{\Delta12}+R_{\Delta23}+R_{\Delta31}}$
当 $R_{\Delta12}=R_{\Delta23}=R_{\Delta31}=R_{\Delta}$ 时，有 $R_{Y1}=R_{Y2}=R_{Y3}=R_{Y}$，且 $R_{\Delta}=3R_{Y}$</td></tr>
<tr><td rowspan="2">平衡电桥</td><td rowspan="2">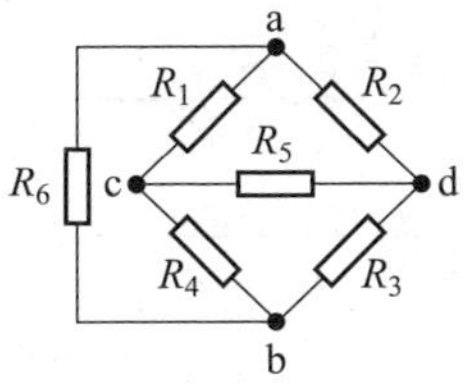
已知：$R_1\cdot R_3=R_2\cdot R_4$，电桥平衡</td><td>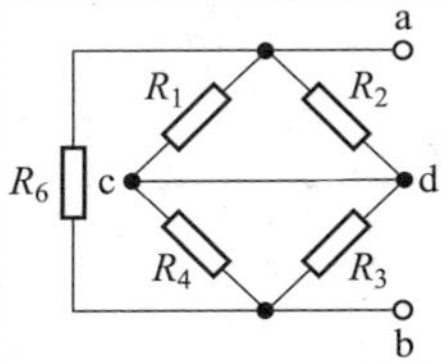 或 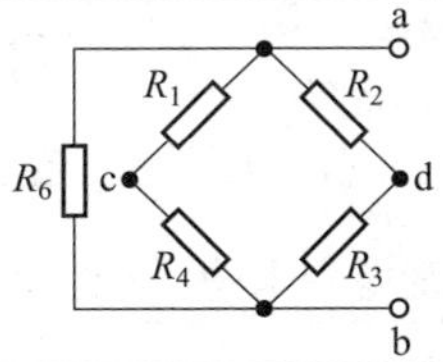</td><td>求 ab 端口的等效电阻 R_{ab} 时，可将 R_5 短路或开路。
R_5 短路时，有 $R_{ab}=(R_1/\!/R_2+R_3/\!/R_4)/\!/R_6$；$R_5$ 开路时，有 $R_{ab}=(R_1+R_4)/\!/(R_2+R_3)/\!/R_6$</td></tr>
<tr><td>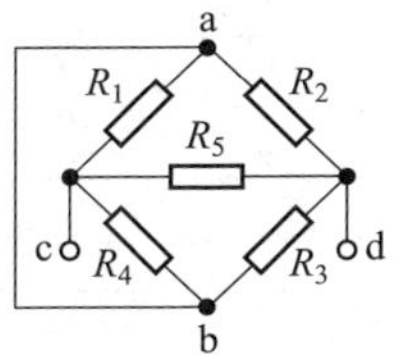 或 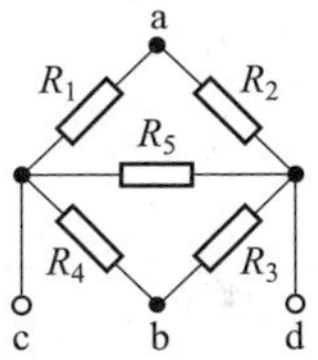</td><td>求 cd 端口的等效电阻 R_{cd} 时，可将 R_6 短路或开路。
R_6 短路时，$R_{cd}=(R_1/\!/R_4+R_2/\!/R_3)/\!/R_5$；$R_6$ 开路时，$R_{cd}=(R_1+R_2)/\!/(R_3+R_4)/\!/R_5$</td></tr>
<tr><td colspan="4">电阻元件的功率：$p=ui$，$p=Ri^2$，$p=Gu^2$。一端口为仅含 n 个电阻的电阻网络，其等效电阻 R_{eq} 的功率：$p=ui$，$p=R_{eq}i^2$，$p=G_{eq}u^2$，$p=p_{R_1}+p_{R_2}+\cdots+p_{R_n}$</td></tr>
</table>

表 2-3 仅含电阻、受控源的一端口电路的等效变换及输入电阻的概念

一端口	等效电路	等效电路输入电阻值计算	
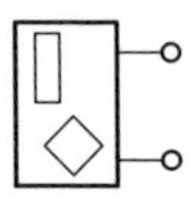	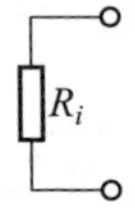	在一端口上接一未知电压源 u_S，其与端口未知电流 i 之比，即为输入电阻 R_i 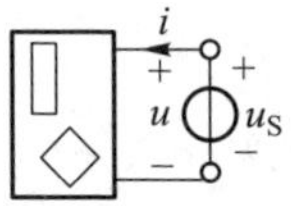 $R_i \overset{\text{def}}{=\!=} \frac{u}{i}=\frac{u_S}{i}$ 注意：u_S、i 参考方向	在一端口上接一未知电流源 i_S，其端口未知电压 u 与 i_S 之比，即为输入电阻 R_i 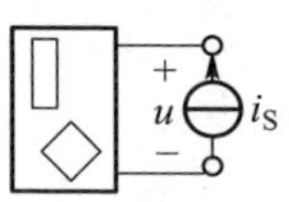 $R_i \overset{\text{def}}{=\!=} \frac{u}{i}=\frac{u}{i_S}$ 注意：u、i_S 参考方向

表 2-4 含电阻、独立电压源、独立电流源的电路等效变换

连接方式	电路模型	等效电路	等效电路电压源值计算	连接方式	电路模型	等效电路	等效电路电流源值计算
电压源串联	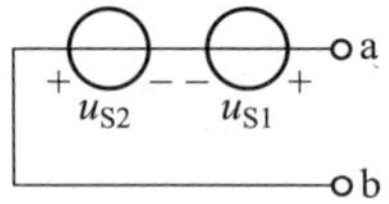	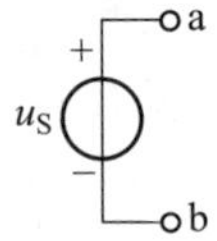	$u_S=u_{S1}-u_{S2}$ 当 n 个电压源串联时：$u_S=\pm u_{S1}\pm u_{S2}\pm\cdots\pm u_{Sn}$	电流源并联	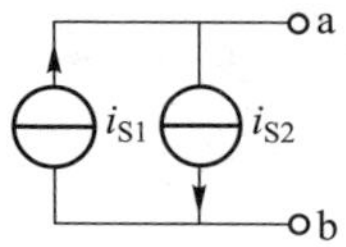	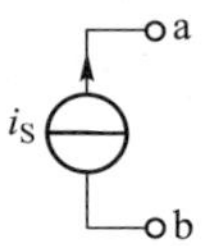	$i_S=i_{S1}-i_{S2}$ 当 n 个电流源并联时：$i_S=\pm i_{S1}\pm i_{S2}\pm\cdots\pm i_{Sn}$
电压源并联	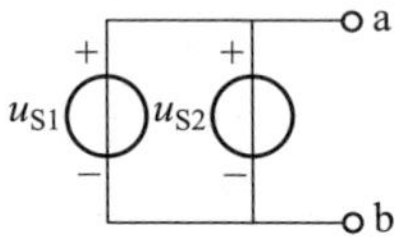	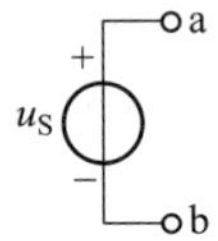	$u_S=u_{S1}=u_{S2}$ 当两电压源极性一致、数值相等时，可并联；否则不允许并联	电流源串联	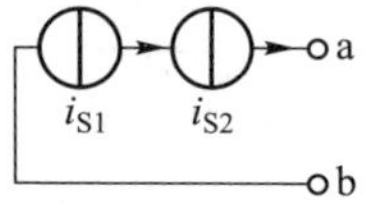	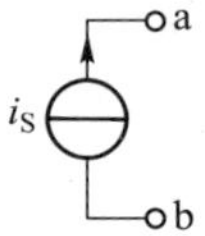	$i_S=i_{S1}=i_{S2}$ 当两电流源极性一致、数值相等时，可串联；否则不允许串联
电压源与电流源并联	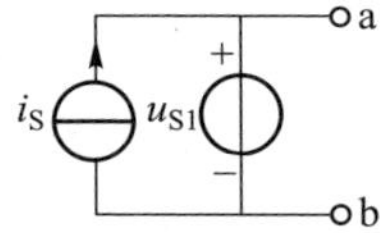	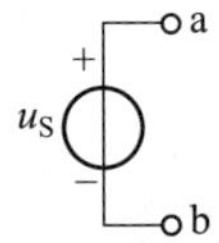	$u_S=u_{S1}$ 注：u_S 与 u_{S1} 中的电流不同	电流源与电压源串联	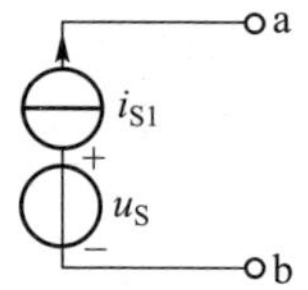	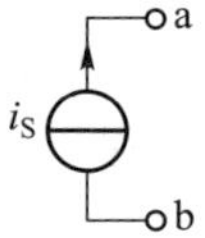	$i_S=i_{S1}$ 注：i_S 与 i_{S1} 的端电压不同
电压源与电阻并联	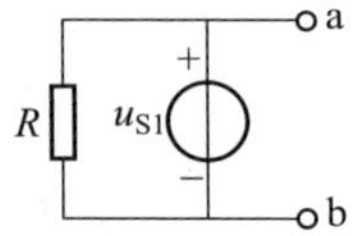	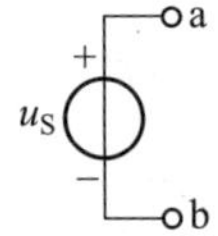	$u_S=u_{S1}$ 注：u_S 与 u_{S1} 中的电流不同	电流源与电阻串联	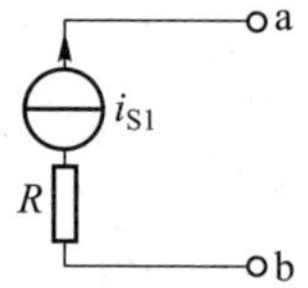	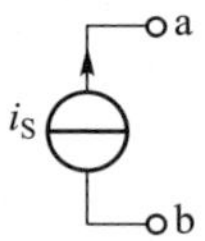	$i_S=i_{S1}$ 注：i_S 与 i_{S1} 的端电压不同
电压源与一端口 N_S 并联	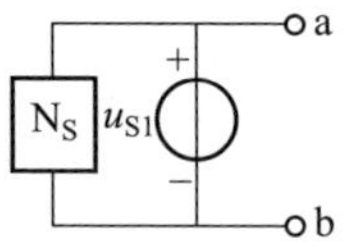	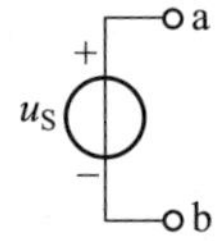	$u_S=u_{S1}$ 注：u_S 与 u_{S1} 中的电流不同，含源一端口 N_S 与其外电路之间不能有电或磁的耦合	电流源与一端口 N_S 串联	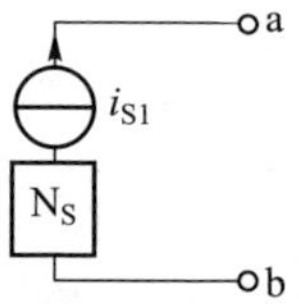	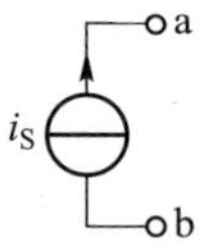	$i_S=i_{S1}$ 注：i_S 与 i_{S1} 的端电压不同，含源一端口 N_S 与其外电路之间不能有电或磁的耦合

表 2-5 有伴电压源与有伴电流源互相等效变换

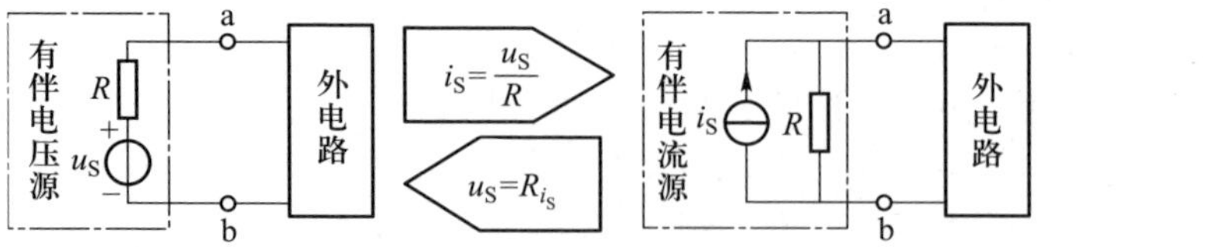 有伴电压源（电压源与电阻串联组合）⟺有伴电流源（电流源与电阻并联组合）	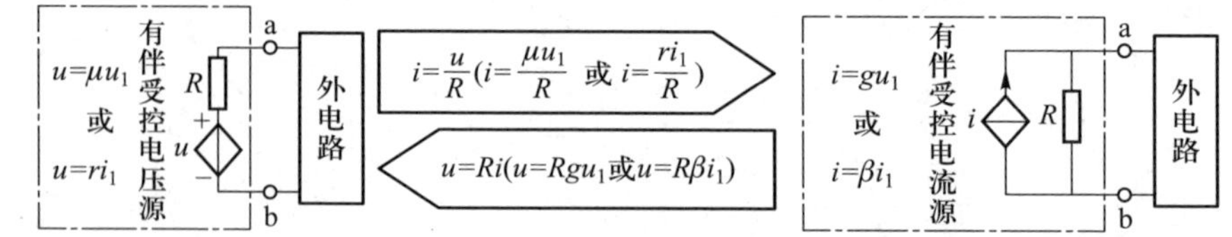 当控制量 u_1 或 i_1 处在 ab 端口右侧外电路时，有伴受控电压源 ⟺ 有伴受控电流源

表 2-6　识别电阻元件的各种连接及电子电路识图

电阻串联

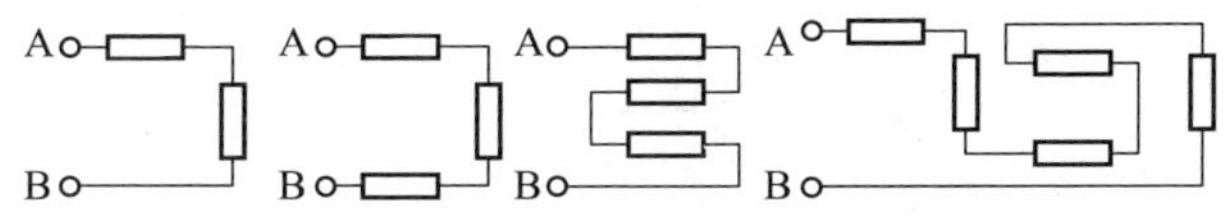

电阻并联

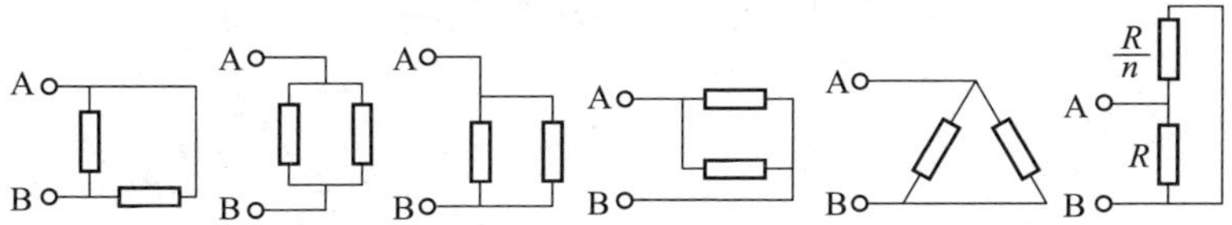

R 与 R/n 二个并联电阻的等效电阻 R_{AB} 速算公式：

$$R_{AB}=\frac{R}{n+1}$$

电阻串-并联（混联）

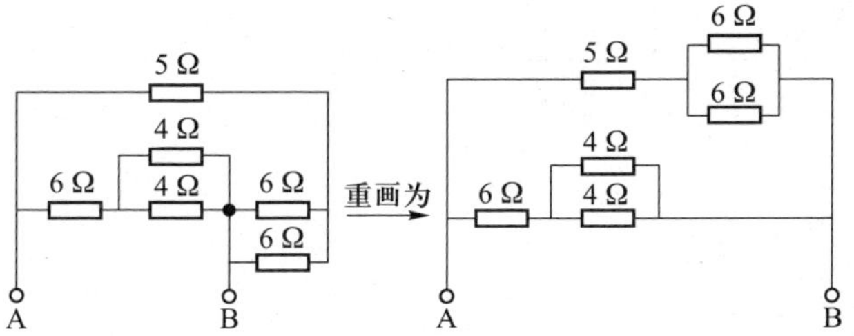

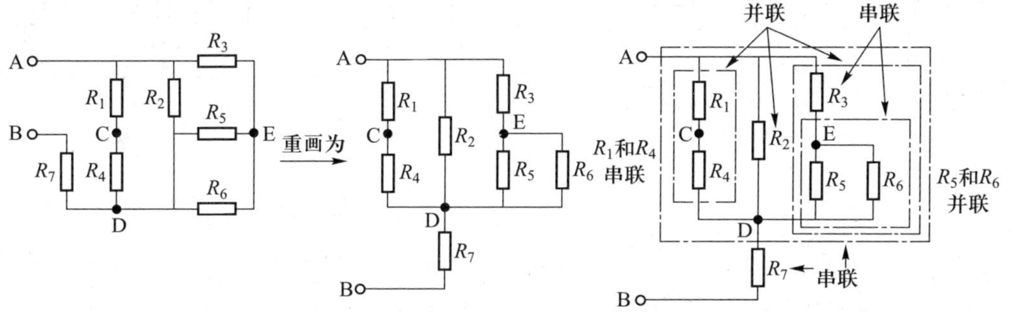

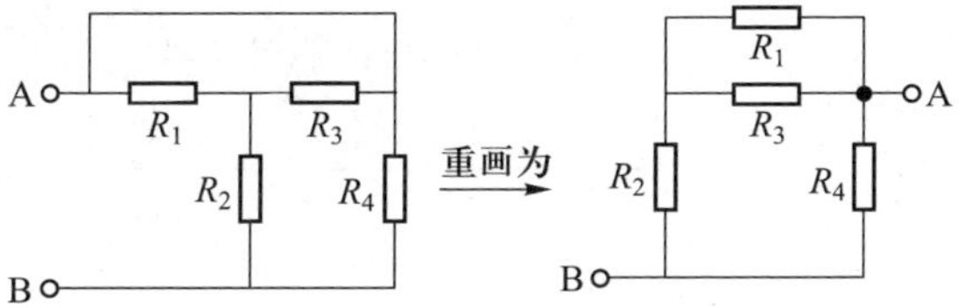

图中看似含有 Y 形、Δ 形联结，实为混联

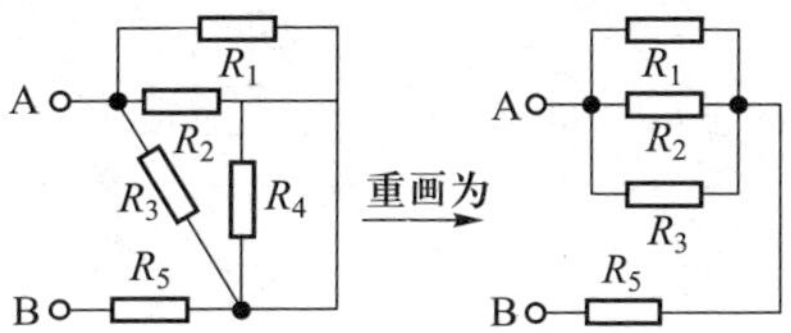

图中 R_4 被短路

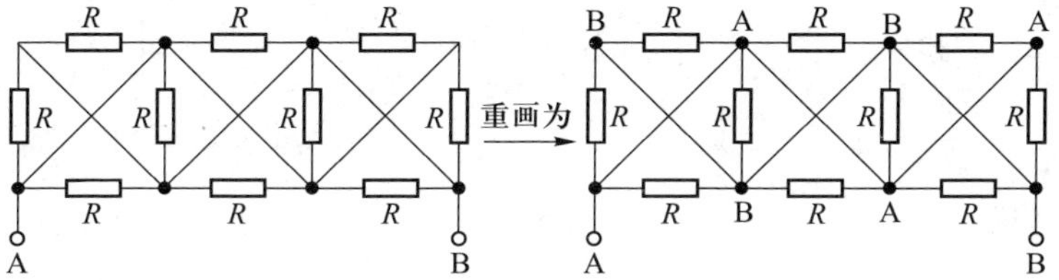

图中 10 个电阻均并联在 AB 之间

平衡电桥的识别

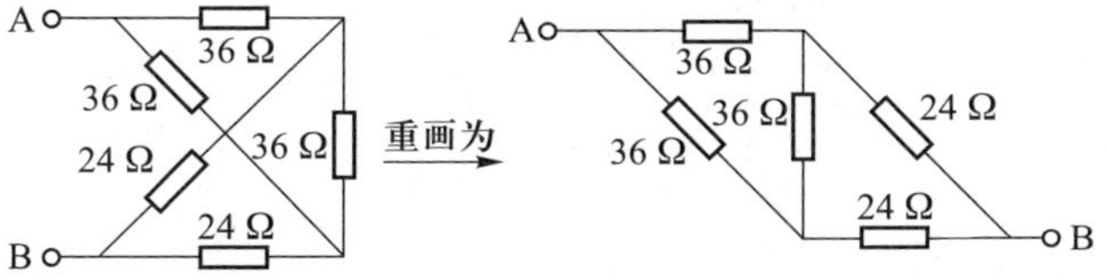

图中 36 Ω、24 Ω、24 Ω、36 Ω 电阻构成的电桥平衡，即有 36×24 = 36×24。此时不需进行三角形与星形间的等效变换。

可将对角线上的 36 Ω 电阻开路或短路后，再求等效电阻 R_{AB}

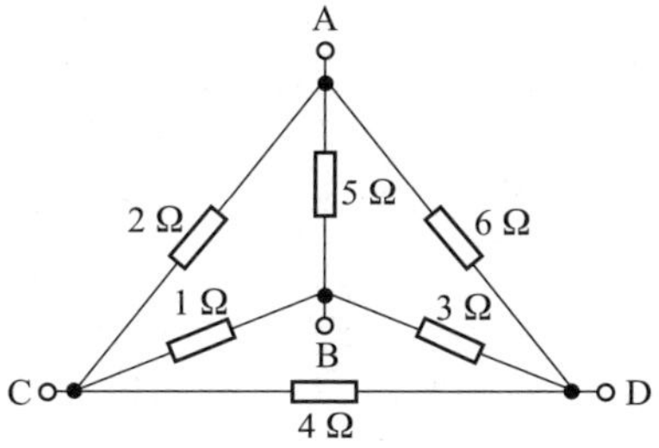

图中 1 Ω、2 Ω、6 Ω、3 Ω 电阻构成的电桥平衡（2×3 = 1×6）。

若求等效电阻 R_{AB}，可将 CD 间的 4 Ω 电阻开路或短路。

若求等效电阻 R_{CD}，可将 AB 间的 5 Ω 电阻开路或短路

电子电路识别

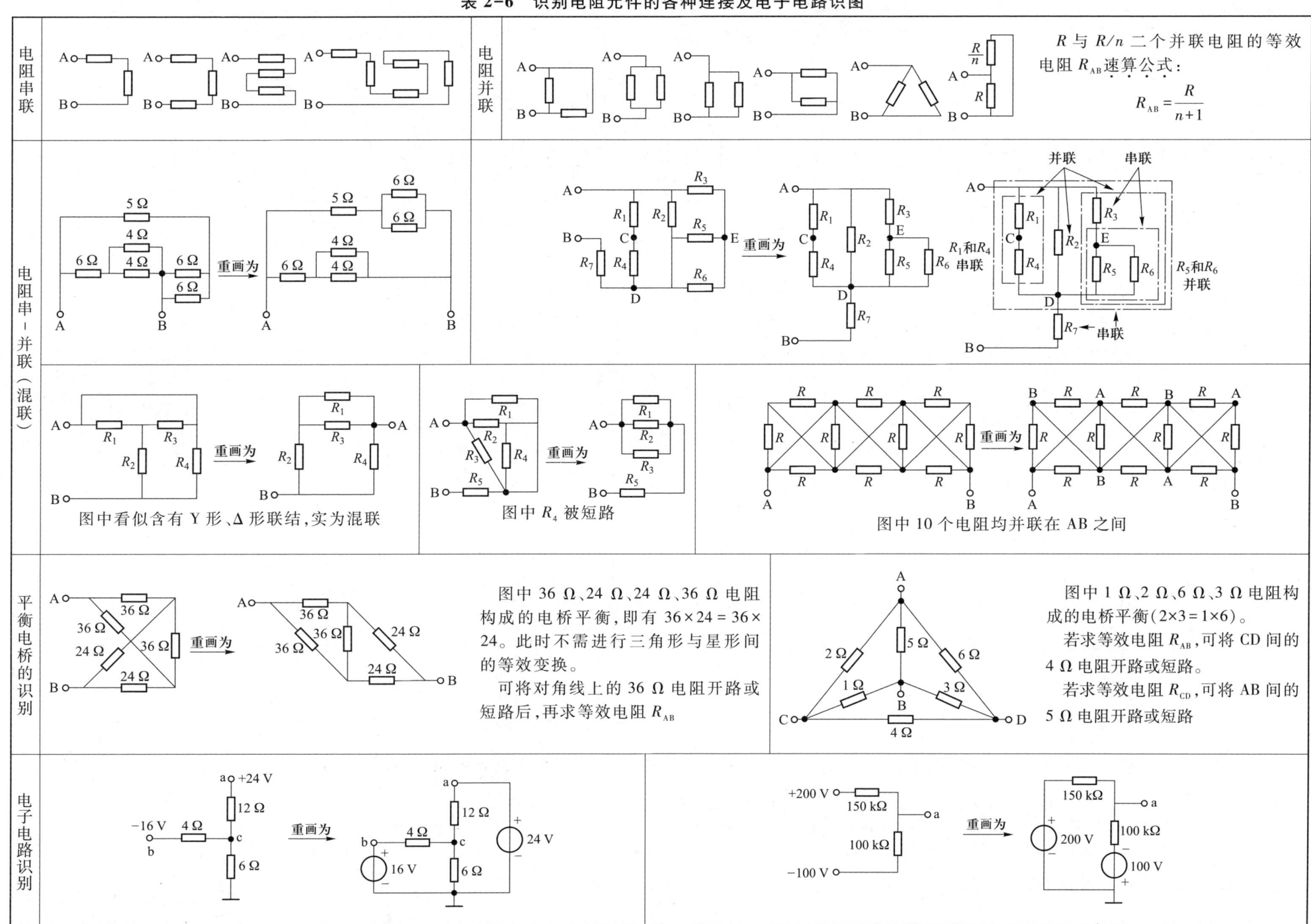

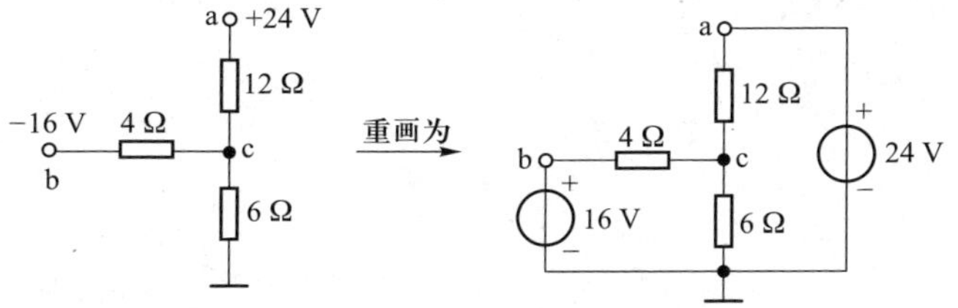

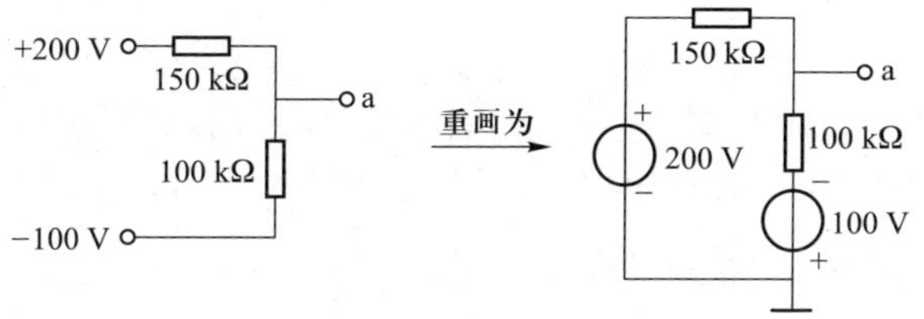

例 2-1 电路如图 7 所示，用等效变换法求 I。

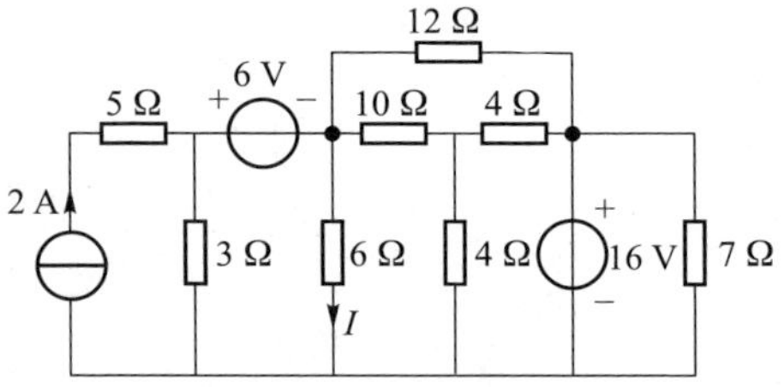

图 7 例 2-1 图

解：第一步：将图 7 重画为图 8(a)，并将图(a)等效为图(b)，图(a)与图(b)变换部分对应圈注为Ⓐ、Ⓑ。

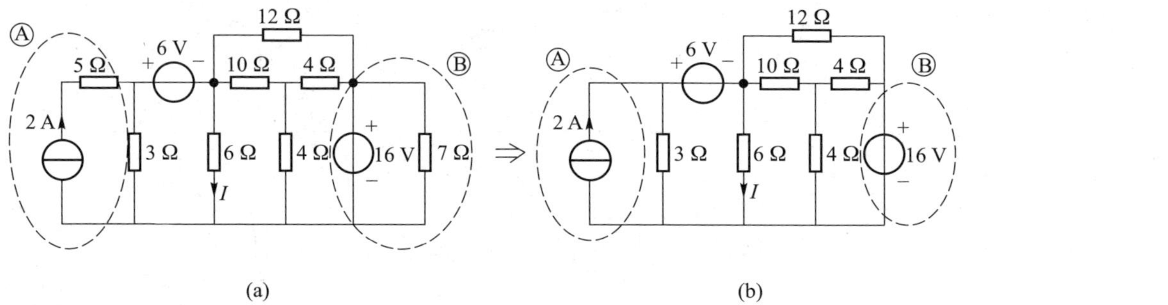

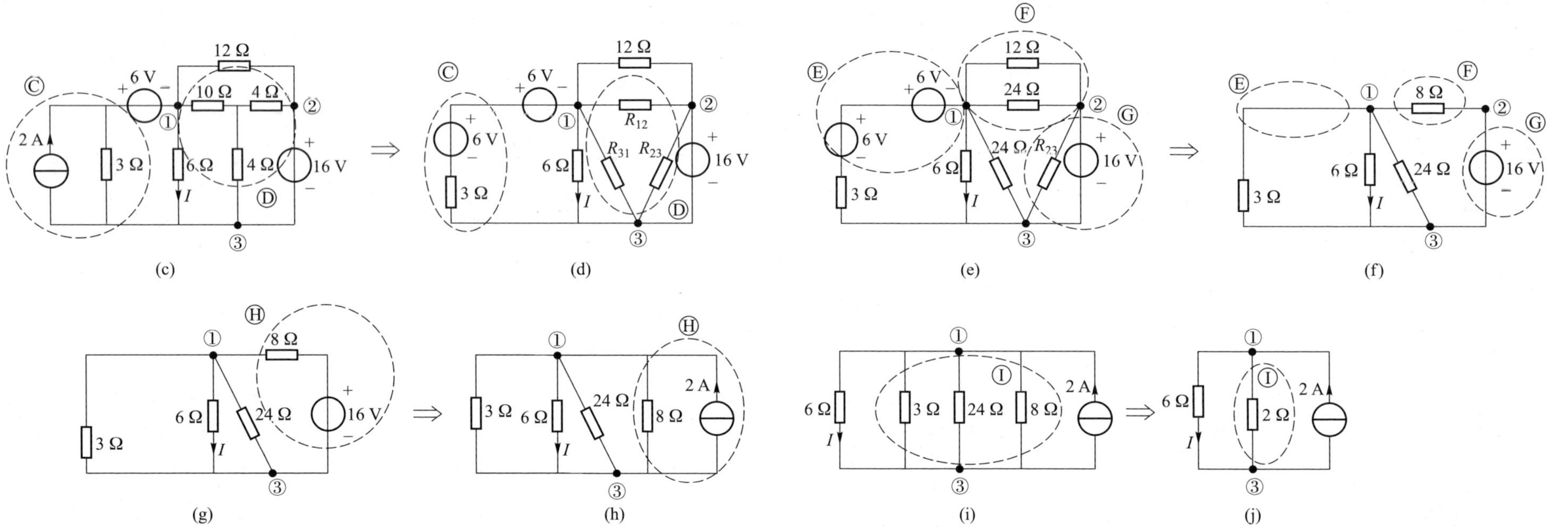

图 8 例 2-1 解图

第二步：在图 8 中，将图(b)重画为图(c)，并将图(c)等效为图(d)，图(c)与图(d)变换部分对应圈注为Ⓒ、Ⓓ，其中 $R_{12}=\left(10+4+\dfrac{10\times4}{4}\right)\ \Omega=24\ \Omega$，$R_{31}=24\ \Omega$。

第三步：将图 8 中的图(d)重画为图(e)，并将图(e)等效为图(f)，图(e)与图(f)变换部分对应圈注为Ⓔ、Ⓕ、Ⓖ。

第四步：将图 8 中的图(f)重画为图(g)，并将图(g)等效为图(h)，图(g)与图(h)变换部分对应圈注为Ⓗ。

第五步：将图 8 中的图(h)重画为图(i)，并将图(i)等效为图(j)，图(i)与图(j)变换部分对应圈注为Ⓘ。

第六步：由图 8 中的图(j)，根据分流公式，得 $I=\dfrac{2}{6+2}\times2\ \text{A}=0.5\ \text{A}$

本章习题与解答

2-1 电路如题 2-1 图所示，已知 $u_S=100\ \text{V}$，$R_1=2\ \text{k}\Omega$，$R_2=8\ \text{k}\Omega$。试求以下 3 种情况下的电压 u_2 和电流 i_2、i_3：

（1）$R_3=8\ \text{k}\Omega$；（2）$R_3\to\infty$（R_3 处开路）；（3）$R_3=0\ \Omega$（R_3 处短路）。

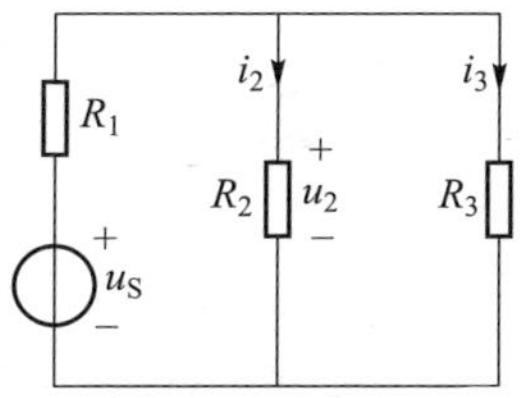

题 2-1 图

解： 题 2-1 图中，(1) $u_2=\dfrac{R_2/\!/R_3}{R_1+R_2/\!/R_3}u_S=\dfrac{\dfrac{8}{2}}{2+\dfrac{8}{2}}\times 100\ \text{V}=66.667\ \text{V}$

因 R_2 与 R_3 并联，且 $R_2=R_3=8\ \text{k}\Omega$，则

$$i_2=i_3=\frac{u_2}{R_3}=\frac{66.667}{8}\text{mA}=8.333\ \text{mA}$$

（2）当 $R_3\to\infty$ 时，将 R_3 支路开路，即有 $i_3=0\ \text{A}$，则

$$u_2=\frac{R_2}{R_1+R_2}u_S=\frac{8}{2+8}\times 100\ \text{V}=80\ \text{V},\quad i_2=\frac{u_2}{R_2}=\frac{80}{8}\text{mA}=10\ \text{mA};$$

（3）当 $R_3=0\ \Omega$ 时，将 R_3 支路短路，即有

$$u_2=0\ \text{V},\text{则 } i_2=0\ \text{A},i_3=\frac{u_S}{R_1}=\frac{100}{2}\text{mA}=50\ \text{mA}$$

2-2 电路如题 2-2 图所示，其中电阻、电压源和电流源均为已知，且为正值。

（1）求电压 u_2 和电流 i_2；

（2）若电阻 R_1 增大，对哪些元件的电压、电流有影响？影响如何？

解： 题 2-2 图中，(1) $u_2=\dfrac{R_2R_3}{R_2+R_3}i_S$，　$i_2=\dfrac{R_3}{R_2+R_3}i_S$

（2）R_2、R_3 的电流、电压与元件值 R_2、R_3、i_S 有关；R_4 的电流、电压与元件值 R_4、u_S 有关；u_S 的电流与元件值 u_S、R_4、i_S 有关，R_1 的电流、电压与元件值 R_1、i_S 有关。

当 R_1 值增大时，对元件 R_2、R_3、R_4、u_S 的电流、电压均无影响，但 R_1 的电压增大，且影响 i_S 的端电压 u_{i_S}。

因有 $u_{i_S}=R_1i_S+u_2-u_S$，所以 i_S 的端电压 u_{i_S} 随 R_1 的增大而增大。

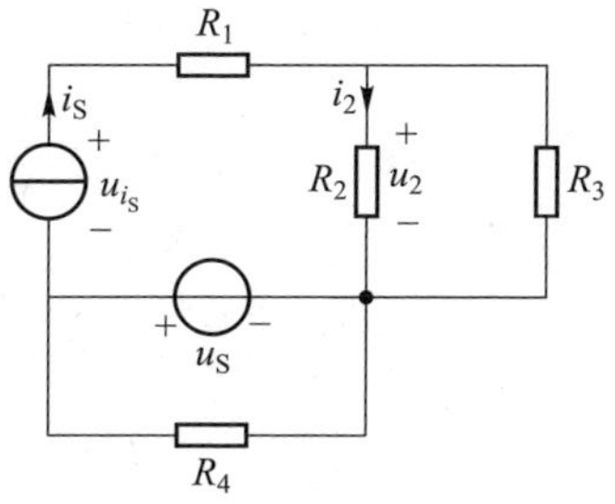

题 2-2 图

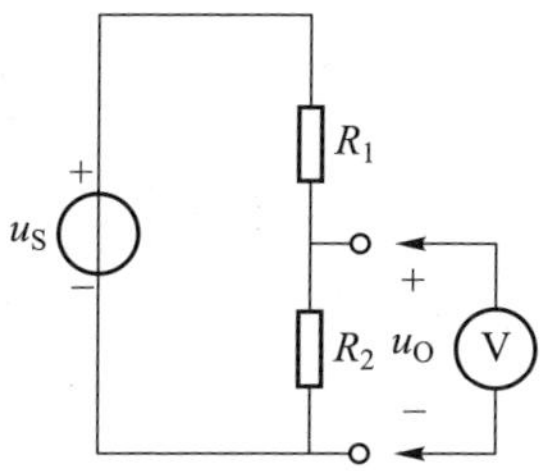

题 2-3 图

2-3 题 2-3 图中，$u_S=50\ \text{V}$，$R_1=2\ \text{k}\Omega$，$R_2=8\ \text{k}\Omega$。现欲测量电压 u_O，所用电压表量程为 50 V，灵敏度为 1000 Ω/V（即每伏量程电压表相当为 1000 Ω 的电阻）。

（1）测量得 u_O 为多少？

（2）u_O 的真值 u_{Ot} 为多少？

（3）如果测量误差以下式表示：

$$\delta(\%)=\frac{u_O-u_{Ot}}{u_{Ot}}\times 100\%$$

问此时测量误差是多少？

解： 题 2-3 图中，由题意，电压表内阻 $R_V=50\ \text{V}\times 1000\ \Omega/\text{V}=50\ \text{k}\Omega$。

（1）由分压公式求 u_O

$$u_O=\frac{R_2/\!/R_V}{R_1+R_2/\!/R_V}u_S=\frac{\dfrac{R_2R_V}{R_2+R_V}}{R_1+\dfrac{R_2R_V}{R_2+R_V}}u_S$$

$$=\frac{\dfrac{8\times 10^3\times 50\times 10^3}{8\times 10^3+50\times 10^3}}{2\times 10^3+\dfrac{8\times 10^3\times 50\times 10^3}{8\times 10^3+50\times 10^3}}\times 50\ \text{V}=\frac{\dfrac{8\times 50}{8+50}}{2+\dfrac{8\times 50}{8+50}}\times 50\ \text{V}$$

$$=\frac{400}{116+400}\times 50\ \text{V}=38.76\ \text{V}$$

（2）由分压公式求 u_O 的真值 u_{Ot}

$$u_{Ot}=\frac{R_2}{R_1+R_2}u_S=\frac{8}{2+8}\times 50\ \text{V}=40\ \text{V}$$

（3）$\delta(\%)=\dfrac{u_O-u_{Ot}}{u_{Ot}}\times 100\%=\dfrac{38.76-40}{40}\times 100\%=-3.1\%$

2-4 求题 2-4 图所示各电路的等效电阻 R_{ab}，其中 $R_1=R_2=1\ \Omega$，$R_3=R_4=2\ \Omega$，$R_5=4\ \Omega$，$G_1=G_2=1\ \text{S}$，$R=2\ \Omega$。

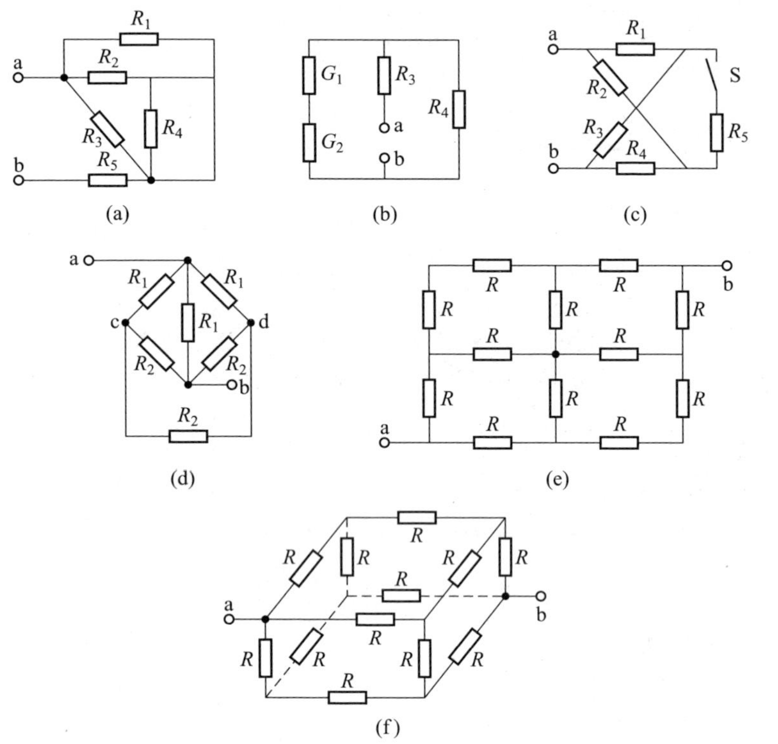

题 2-4 图

解：将题 2-4 图(a)(b)(c)(d)(e)(f)电路重画或等效变换，分别如题 2-4 解图(a)(b)(c)(d)(e)(f)所示。

题 2-4 图(a)中，R_4 被短路，如题 2-4 解图(a)所示，

$$R_{ab}=(R_1/\!/R_2/\!/R_3)+R_5=(0.5/\!/R_3)+R_5$$

$$=\left(\frac{0.5\times2}{0.5+2}+4\right)\Omega=\left(\frac{2}{5}+4\right)\Omega=4.4\ \Omega$$

题 2-4 图(b)中，R_3 翻转到上面，如题 2-4 解图(b)所示，

$$R_{ab}=R_4/\!/\left(\frac{1}{G_1}+\frac{1}{G_2}\right)+R_3=\left[\frac{2\times(1+1)}{2+(1+1)}+2\right]\Omega=3\ \Omega$$

题 2-4 图(c)中，将 b 端翻转到右侧，如题 2-4 解图(c)所示，为电桥电路，因 $R_1\cdot R_4=R_2\cdot R_3$，此电桥平衡。S 闭合时，$R_5$ 相当于短路，

$$R_{ab}=(R_1/\!/R_2)+(R_3/\!/R_4)=\left(\frac{1}{2}+\frac{2}{2}\right)\Omega=1.5\ \Omega$$

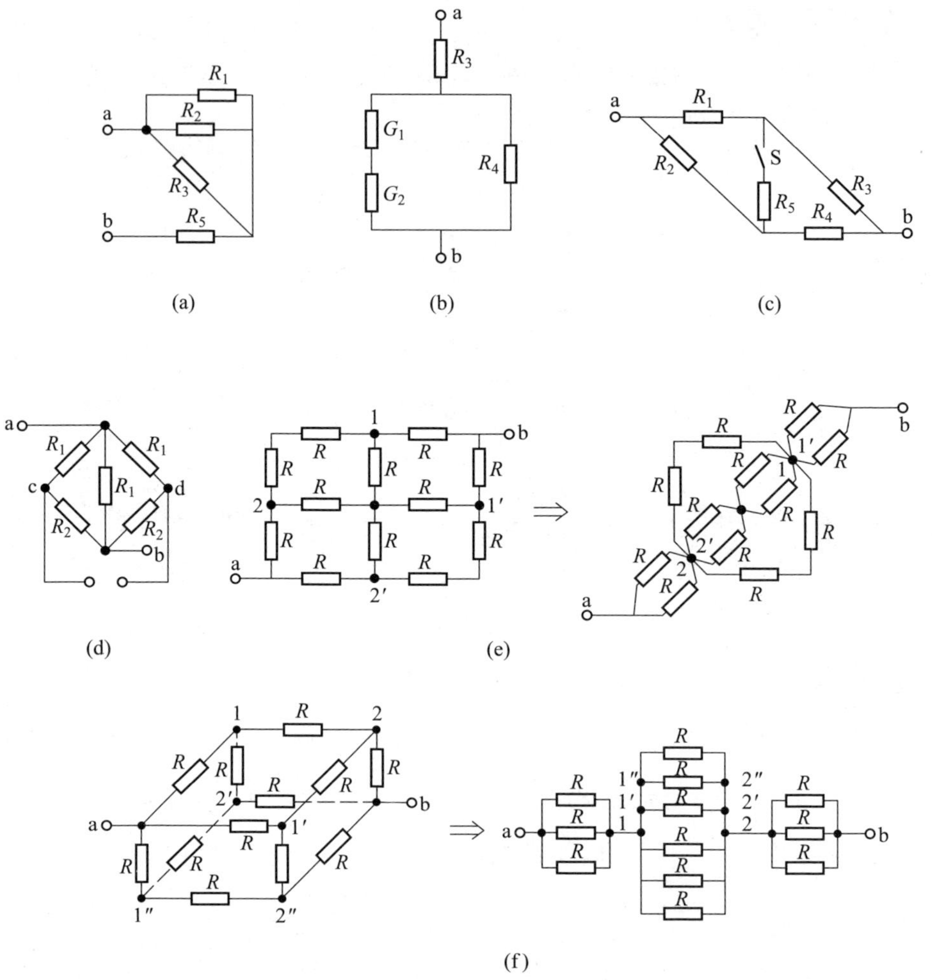

题 2-4 解图

当然 R_5 也可相当于开路，即 S 打开状态（此题开关 S 打开或闭合 R_{ab} 的值不变），

$$R_{ab}=(R_1+R_3)/\!/(R_2+R_4)=\frac{1+2}{2}\Omega=1.5\ \Omega$$

题 2-4 图(d) 中，构成 adbca 回路的 R_1、R_2、R_2、R_1 为平衡电桥，求 R_{ab} 时，c、d 间的 R_2 可用开路替代，如题 2-4 解图(d)所示。

$$R_{ab}=(R_1+R_2)/\!/(R_1+R_2)/\!/R_1=\frac{R_1+R_2}{2}/\!/R_1=\frac{1\times1}{1+1}\Omega=0.5\ \Omega$$

题 2-4 图(e) 中，标注 1、1′、2、2′节点，如题 2-4 解图(e)所示，图中 1 与 1′，2 与 2′为等电位点，可以把等电位点短接，合并为一个节点，

$$R_{ab}=\frac{R}{2}+2R\,/\!/\left(\frac{R}{2}+\frac{R}{2}\right)/\!/\,2R+\frac{R}{2}=\frac{R}{2}+\frac{R}{2}+\frac{R}{2}=\frac{3}{2}R=\frac{3}{2}\times 2\ \Omega=3\ \Omega$$

题 2-4 图(f)中，标注 1、1′、1″、2、2′、2″节点，如题 2-4 解图(f)所示。因各电阻均相等，根据立体电路的空间对称性，节点 a 上连接的三个电阻的另一端 1、1′、1″为等电位点，可以把等电位点短接，合并为一个节点；节点 b 上连接的三个电阻的另一端 2、2′、2″为等电位点，可以把等电位点短接，合并为一个节点，则

$$R_{ab}=2\cdot\frac{R\cdot\frac{R}{2}}{R+\frac{R}{2}}+\frac{\frac{R}{2}\cdot\frac{R}{4}}{\frac{R}{2}+\frac{R}{4}}=\frac{R}{1.5}+\frac{R}{4+2}=\left(\frac{2}{3}+\frac{1}{6}\right)R=\frac{5}{6}R=\frac{5}{6}\times 2\ \Omega=1.667\ \Omega$$

2-5 用 Δ-Y 等效变换法求题 2-5 图中 a，b 端的等效电阻：

（1）将节点①、②、③之间的三个 9 Ω 电阻构成的 Δ 形电路变换为 Y 形电路；

（2）将节点①、③、④与公共节点②之间连接的三个 9 Ω 电阻构成的 Y 形电路变换为 Δ 形电路。

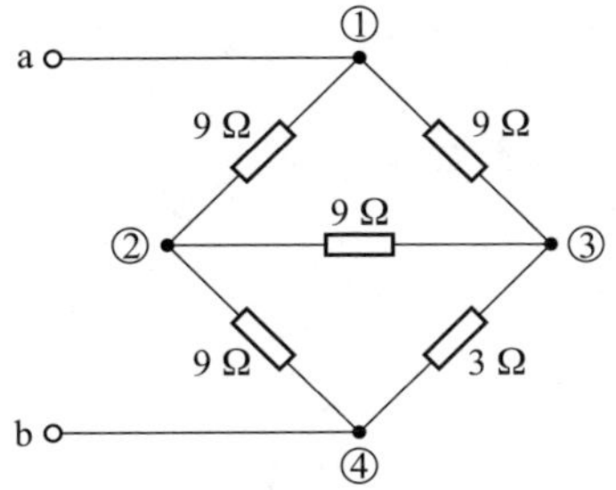

题 2-5 图

解:（1）在题 2-5 图中，将节点①、②、③之间的 Δ 形联结的三个 9 Ω 电阻等效变换为 Y 形联结的三个 3 Ω 电阻，如题 2-5 解图(a)所示。

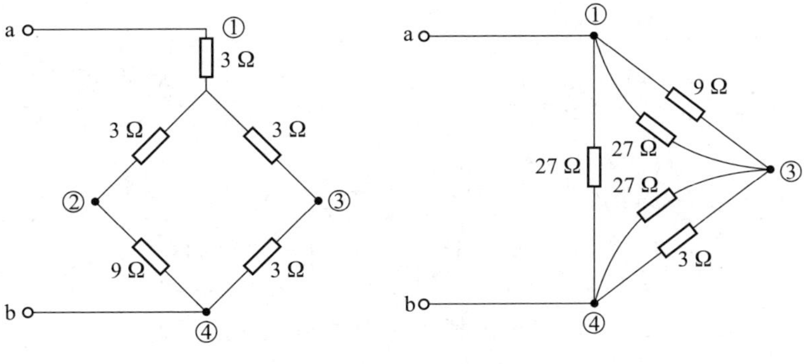

(a)　　(b)

题 2-5 解图

$$R_{ab}=\left[3+\frac{(3+3)(3+9)}{(3+3)+(3+9)}\right]\Omega=\left[3+\frac{6\times 12}{6+12}\right]\Omega=\left[3+\frac{6\times 12}{18}\right]\Omega=7\ \Omega$$

（2）将节点①、③、④构成的 Y 形联结的三个 9 Ω 电阻（中点为②）变换为 Δ 形联结的三个 27 Ω 电阻，如题 2-5 解图(b)所示。

$$R_{ab}=(27\ \Omega/\!/9\ \Omega+27\ \Omega/\!/3\ \Omega)/\!/27\ \Omega=\frac{\left(\frac{27\times 9}{27+9}+\frac{27\times 3}{27+3}\right)\times 27}{\frac{27\times 9}{27+9}+\frac{27\times 3}{27+3}+27}\Omega$$

$$=\frac{\left(\frac{27}{4}+\frac{27}{10}\right)\times 27}{\frac{27}{4}+\frac{27}{10}+27}\Omega=7\ \Omega$$

2-6 利用 Y-Δ 等效变换求题 2-6 图中 a、b 端的等效电阻。

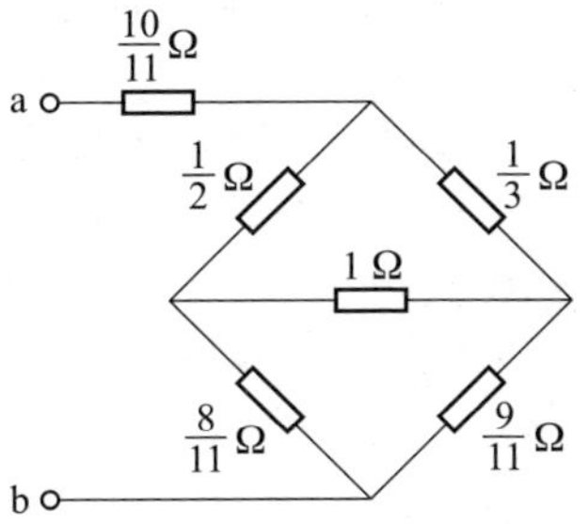

题 2-6 图

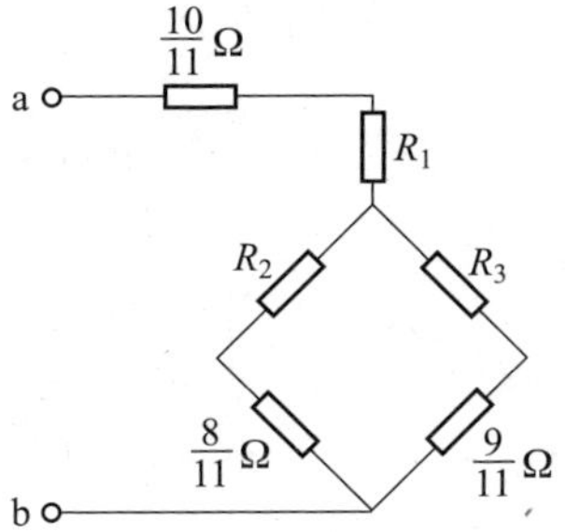

题 2-6 解图

解:将题 2-6 图中$\frac{1}{2}\Omega$、$\frac{1}{3}\Omega$、1 Ω 构成的 Δ 形联结电阻变换为 Y 形联结，如题 2-6 解图所示。

$$R_1=\frac{\frac{1}{2}\times\frac{1}{3}}{\frac{1}{2}+1+\frac{1}{3}}\Omega=\frac{1}{11}\Omega,\quad R_2=\frac{\frac{1}{2}\times 1}{\frac{1}{2}+1+\frac{1}{3}}\Omega=\frac{3}{11}\Omega$$

$$R_3=\frac{1\times\frac{1}{3}}{\frac{1}{2}+1+\frac{1}{3}}\Omega=\frac{2}{11}\Omega$$

$$R_{ab}=\frac{10}{11}\Omega+R_1+\frac{\left(R_2+\frac{8}{11}\Omega\right)\left(R_3+\frac{9}{11}\Omega\right)}{R_2+\frac{8}{11}\Omega+R_3+\frac{9}{11}\Omega}=\left[\frac{10}{11}+\frac{1}{11}+\frac{\left(\frac{3}{11}+\frac{8}{11}\right)\left(\frac{2}{11}+\frac{9}{11}\right)}{\frac{3}{11}+\frac{8}{11}+\frac{2}{11}+\frac{9}{11}}\right]\Omega=1.5\ \Omega$$

2-7 在题 2-7 图(a)所示电路中，$u_{S1}=24\ V$，$u_{S2}=6\ V$，$R_1=12\ k\Omega$，$R_2=6\ k\Omega$，$R_3=2\ k\Omega$。题 2-7 图(b)为经电源变换后的等效电路。

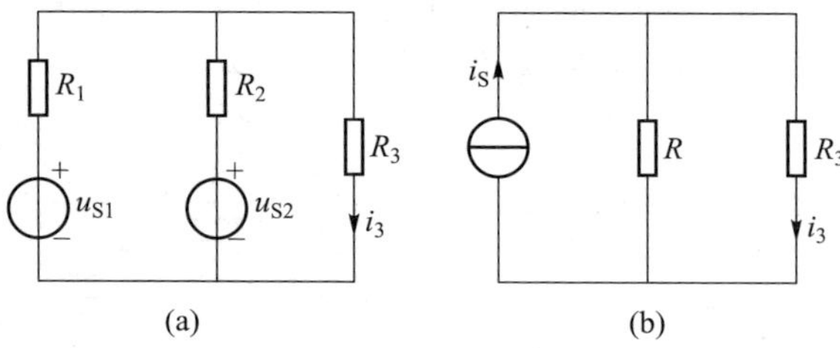

题 2-7 图

(1) 求等效电路的 i_S 和 R；

(2) 根据等效电路求 R_3 中的电流和消耗的功率；

(3) 分别在题 2-7 图(a)(b)中求出 R_1、R_2 及 R_3 消耗的功率；

(4) u_{S1}、u_{S2}发出的功率是否等于 i_S 发出功率？R_1、R_2 消耗的功率是否等于 R 消耗的功率？为什么？

解：(1) 题 2-7 图(a)经电源变换后的等效电路为题 2-7 图(b)，其中

$$i_S=\frac{u_{S1}}{R}+\frac{u_{S2}}{R_2}=\left(\frac{24}{12\times10^3}+\frac{6}{6\times10^3}\right)\ A=3\ mA$$

$$R=\frac{R_1R_2}{R_1+R_2}=\frac{12\times6}{12+6}k\Omega=4\ k\Omega$$

(2) 题 2-7 图(b)中，

$$i_3=\frac{R}{R+R_3}i_S=\frac{4\times10^3}{4\times10^3+2\times10^3}\times3\times10^{-3}\ A=2\ mA$$

$$P_{R_3}=R_3i_3^2=2\times10^3\times(2\times10^{-3})^2\ W=8\ mW$$

(3) 根据等效变换的条件，题 2-7 图(a)中 R_3 的电流 i_3 与题 2-7 图(b)中的 i_3 相等(因 R_3 处在外电路)。题 2-7 图(a)中

$$P_{R_1}=\frac{(u_{S1}-R_3i_3)^2}{R_1}=\frac{(24-2\times2)^2}{12}mW=\frac{20^2}{12}mW=33.3\ mW$$

$$P_{R_2}=\frac{(u_{S2}-R_3i_3)^2}{R_2}=\frac{(6-2\times2)^2}{6}mW=\frac{2^2}{6}mW=0.667\ mW$$

$P_{R_3}=R_3i_3^2=2\times2^2=8\ mW$(与题 2-7 图(b)中 R_3 的功率相同)

(4) 题 2-7 图(a)中，

$$P_{u_{S1}}=u_{S1}\frac{u_{S1}-R_3i_3}{R_1}=24\times\frac{24-2\times2}{12}mW=40\ mW(发出功率)$$

$$P_{u_{S2}}=u_{S2}\frac{u_{S2}-R_3i_3}{R_2}=6\times\frac{6-2\times2}{6}mW=2\ mW(发出功率)$$

题 2-7 图(b)中，

$$P_{i_S}=R_3i_3i_S=2\times2\times3\ mW=12\ mW(发出功率)$$

$$P_R=R\ (i_S-i_3)^2=4\times(3-2)^2\ mW=4\ mW$$

经计算得 u_{S1}、u_{S2}发出的功率不等于 i_S 发出的功率，即

$$P_{u_{S1}}+P_{u_{S2}}\neq P_{i_S}$$

又 R_1、R_2 消耗的功率也不等于 R 消耗的功率，即

$$P_{R_1}+P_{R_2}\neq P_R$$

因为题 2-7 图(a)电路与经等效变换后得到的图(b)电路并不是完全等效，图(a)电路中没有变换的电路部分(称外电路，即 R_3 电路部分)与图(b)电路中 R_3 电路部分是等效的；也就是说，由图(b)电路求解外电路(R_3 电路)中的电流、电压及功率与由图(a)电路求解的结果是一致的；而图(a)电路中变换的电路部分(称内电路，即 R_1、R_2、u_{S1}、u_{S2}构成的电路部分)与图(b)电路中 R、i_S 构成的电路部分(变换后的电路部分)是不等效的。

2-8 求题 2-8 图所示电路中对角线电压 U 及总电压 U_{ab}。

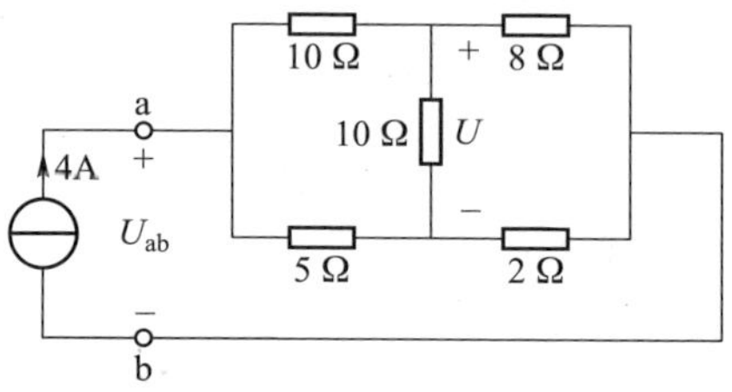

题 2-8 图

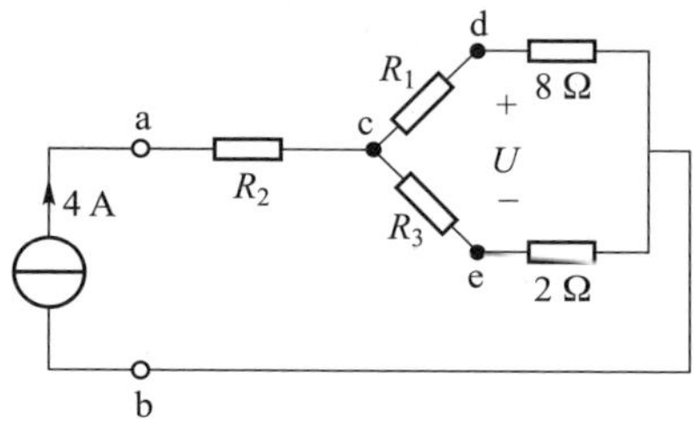

题 2-8 解图

解：将题 2-8 图中 10 Ω、10 Ω、5 Ω 构成的 Δ 形联结电阻变换为 Y 形联结，如题 2-8 解图所示。

$$R_1=\frac{10\times10}{5+10+10}\Omega=4\ \Omega,\quad R_2=\frac{10\times5}{5+10+10}\Omega=2\ \Omega$$

$$R_3=\frac{5\times10}{5+10+10}\Omega=2\ \Omega$$

$$U=U_{db}-U_{eb}=8\ \Omega\times\frac{R_3+2\ \Omega}{R_1+8\ \Omega+R_3+2\ \Omega}\times4\ A-2\ \Omega\times\frac{R_1+8\ \Omega}{R_1+8\ \Omega+R_3+2\ \Omega}\times4\ A$$

$$=\left(8\times\frac{2+2}{4+8+2+2}\times4-2\times\frac{4+8}{4+8+2+2}\times4\right)\ V=(8-6)\ V=2\ V$$

$$U_{ab}=\left[R_2+\frac{(R_1+8\ \Omega)(R_3+2\ \Omega)}{R_1+8\ \Omega+R_3+2\ \Omega}\right]\times4\ A=\left[2+\frac{(4+8)(2+2)}{4+8+2+2}\right]\times4\ V=20\ V$$

2-9 题 2-9 图所示电路为由桥 T 电路构成的衰减器。

(1) 试证明当 $R_2=R_1=R_L$ 时，$R_{ab}=R_L$，且有$\frac{u_o}{u_i}=0.5$；

（2）试证明当 $R_2=\dfrac{2R_1R_L^2}{3R_1^2-R_L^2}$时，$R_{ab}=R_L$，并求此时电压比$\dfrac{u_o}{u_i}$。

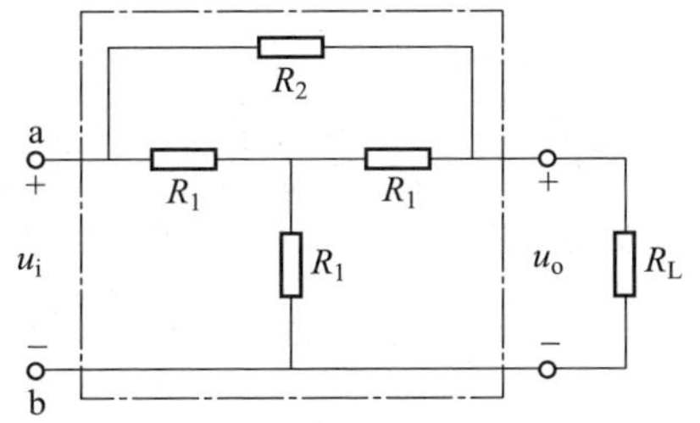

题 2-9 图

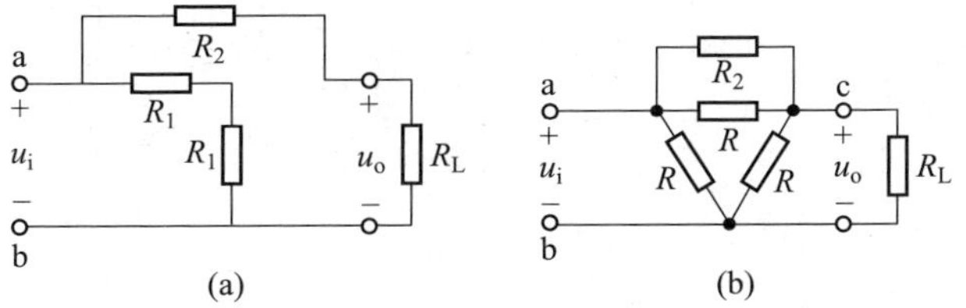

题 2-9 解图

解：(1) 证明：题 2-9 图中，当 $R_2=R_1=R_L$ 时，有 $R_2R_1=R_1R_L$，即 R_2、R_1、R_1、R_L 构成平衡电桥，电路可等效为题 2-9 解图(a)。

$$R_{ab}=2R_1/\!/(R_2+R_L)=\frac{2R_1(R_2+R_L)}{2R_1+R_2+R_L}=R_L$$

$$u_o=\frac{R_L}{R_2+R_L}u_i=\frac{1}{2}u_i$$

得
$$\frac{u_o}{u_i}=0.5$$

（2）证明：将三个 R_1 构成的 T 形联结电阻，变换为由三个 $R(R=3R_1)$ 构成的 Δ 形联结电阻，如题 2-9 解图(b)所示。

当 $R_2=\dfrac{2R_1R_L^2}{3R_1^2-R_L^2}$时，设 $R_{ac}=R/\!/R_2$，$R_{cb}=R/\!/R_L$。

$$R_{ac}=\frac{RR_2}{R+R_2}=\frac{3R_1\times\dfrac{2R_1R_L^2}{3R_1^2-R_L^2}}{3R_1+\dfrac{2R_1R_L^2}{3R_1^2-R_L^2}}=\frac{6R_1R_L^2}{9R_1^2-R_L^2}$$

$$R_{cb}=\frac{RR_L}{R+R_L}=\frac{3R_1R_L}{3R_1+R_L}$$

$$R_{ac}+R_{cb}=\frac{6R_1R_L^2}{9R_1^2-R_L^2}+\frac{3R_1R_L}{3R_1+R_L}=\frac{3R_1R_L}{3R_1-R_L}$$

$$R_{ab}=R/\!/(R_{ac}+R_{cb})=\frac{3R_1\times\dfrac{3R_1R_L}{3R_1-R_L}}{3R_1+\dfrac{3R_1R_L}{3R_1-R_L}}=\frac{9R_1^2R_L}{9R_1^2}=R_L$$

$$u_o=\frac{R_{cb}}{R_{ac}+R_{cb}}u_i=\frac{\dfrac{3R_1R_L}{3R_1+R_L}}{\dfrac{3R_1R_L}{3R_1-R_L}}u_i=\frac{3R_1-R_L}{3R_1+R_L}u_i$$

得
$$\frac{u_o}{u_i}=\frac{3R_1-R_L}{3R_1+R_L}$$

2-10 在题 2-10 图(a)中，$u_{S1}=45\ \text{V}$，$u_{S2}=20\ \text{V}$，$u_{S4}=20\ \text{V}$，$u_{S5}=50\ \text{V}$；$R_1=R_3=15\ \Omega$，$R_2=20\ \Omega$，$R_4=50\ \Omega$，$R_5=8\ \Omega$；在题 2-10 图(b)中，$u_{S1}=20\ \text{V}$，$u_{S5}=30\ \text{V}$，$i_{S2}=8\ \text{A}$，$i_{S4}=17\ \text{A}$，$R_1=5\ \Omega$，$R_3=10\ \Omega$，$R_5=10\ \Omega$。利用电源的等效变换求题 2-10 图(a)(b)中的电压 u_{ab}。

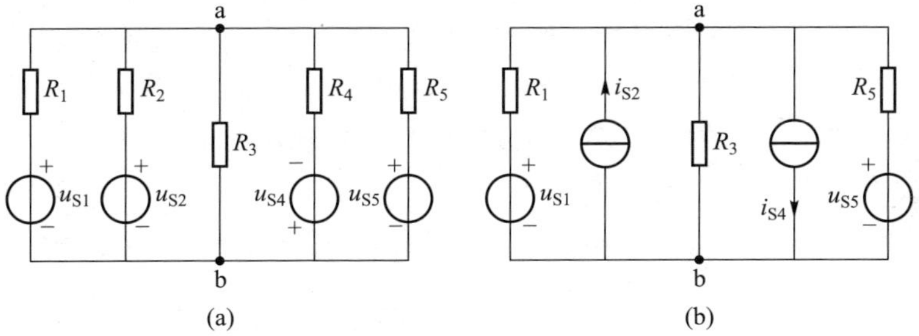

题 2-10 图

解：对题 2-10 图(a)电路进行电源等效变换，可化为题 2-10 解图(a)⇒(a′)。

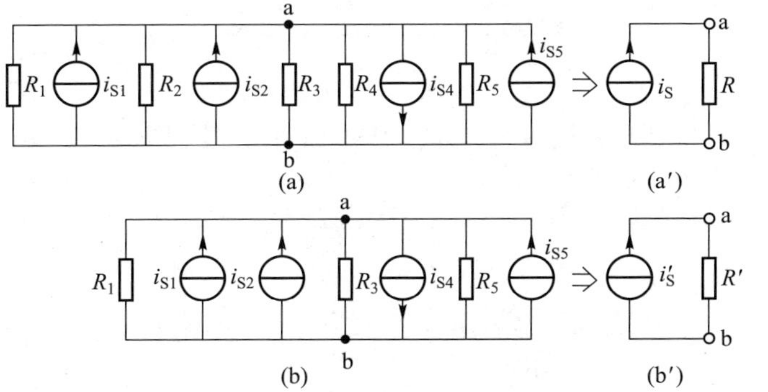

题 2-10 解图

题 2-10 解图(a)中，$i_{S1}=\frac{u_{S1}}{R_1}=\frac{45}{15}\text{A}=3\ \text{A}$，$i_{S2}=\frac{u_{S2}}{R_2}=\frac{20}{20}\text{A}=1\ \text{A}$

$$i_{S4}=\frac{u_{S4}}{R_4}=\frac{20}{50}\text{A}=0.4\ \text{A},\ i_{S5}=\frac{u_{S5}}{R_5}=\frac{50}{8}\text{A}=6.25\ \text{A}$$

题 2-10 解图(a′)中，

$$i_S=i_{S1}+i_{S2}-i_{S4}+i_{S5}=(3+1-0.4+6.25)\text{A}=9.85\ \text{A}$$

$$R=R_1/\!/R_3/\!/R_2/\!/R_4/\!/R_5=\frac{240}{78.8}\Omega$$

$$u_{ab}=Ri_S=\frac{240}{78.8}\times 9.85\ \text{V}=30\ \text{V}$$

由题 2-10 图(b)，进行电源等效变换，其等效变换过程如题 2-10 解图(b)⇒(b′)。

题 2-10 解图(b)中，$i_{S1}=\frac{u_{S1}}{R_1}=\frac{20}{5}\text{A}=4\ \text{A}$，$i_{S5}=\frac{u_{S5}}{R_5}=\frac{30}{10}\text{A}=3\ \text{A}$

题 2-10 解图(b′)中，

$$i_S'=i_{S1}+i_{S2}-i_{S4}+i_{S5}=(4+8-17+3)\text{A}=-2\ \text{A}$$

$$R'=R_1/\!/R_3/\!/R_5=2.5\ \Omega$$

$$u_{ab}=R'i_S'=2.5\times(-2)\text{V}=-5\ \text{V}$$

2-11 利用电源的等效变换，求题 2-11 图所示电路的电流 i。

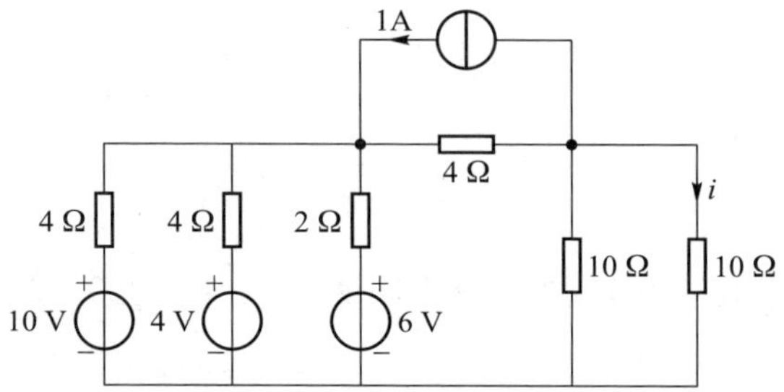

题 2-11 图

解：对题 2-11 图进行等效变换，其等效变换过程如题 2-11 解图(a)⇒(b)⇒(c)⇒(d)⇒(e)⇒(f)所示。

由题 2-11 解图(f)，得

$$i=\frac{\frac{10}{3}}{\frac{10}{3}+10}\times 0.5\ \text{A}=\frac{10}{40}\times 0.5\ \text{A}=0.125\ \text{A}$$

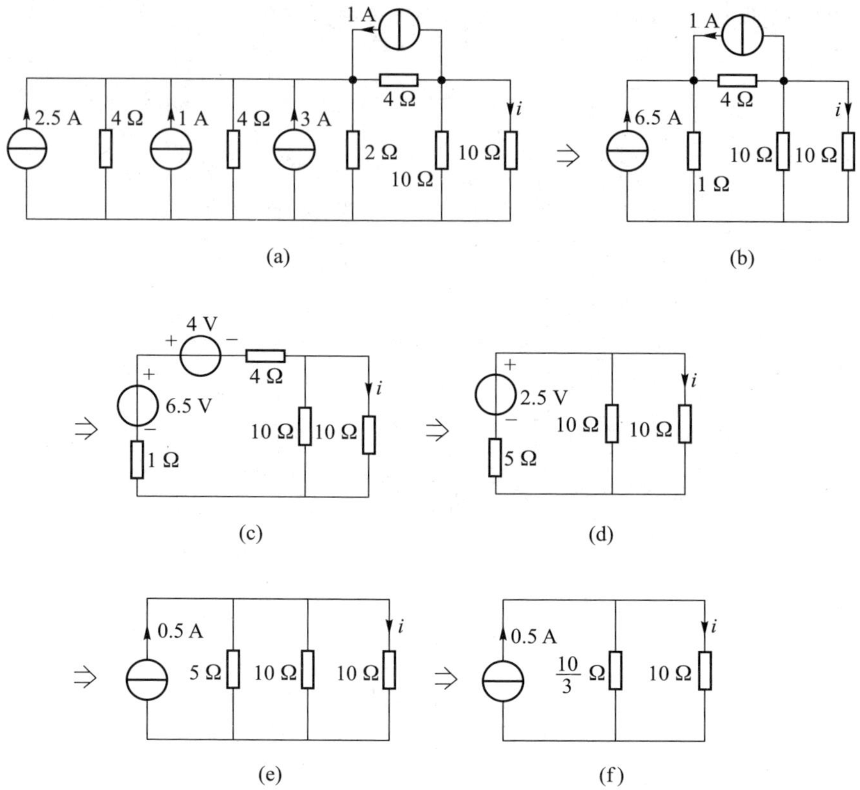

题 2-11 解图

2-12 利用电源的等效变换，求题 2-12 图所示电路中的电压比$\frac{u_o}{u_S}$。已知 $R_1=R_2=2\ \Omega$，$R_3=R_4=1\ \Omega$。

解：对题 2-12 图进行等效变换，其等效变换过程如题 2-12 解图(a)⇒(b)所示。由图 2-12 解图(b)$i=\frac{u_3}{R_3}$，有

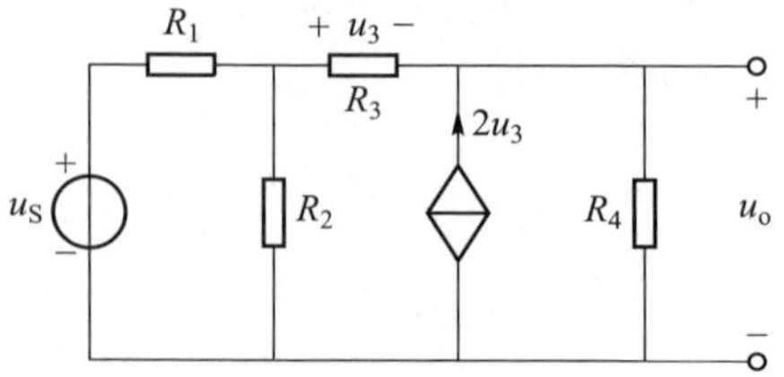

题 2-12 图

$$u_3=\frac{R_2}{R_1+R_2}u_S-\frac{R_1R_2}{R_1+R_2}\cdot\frac{u_3}{R_3}-R_4\frac{u_3}{R_3}-2R_4u_3$$

$$\Rightarrow\quad u_3=\frac{R_2}{R_1+R_2}\cdot\frac{u_S}{\dfrac{R_1R_2}{(R_1+R_2)R_3}+\dfrac{R_4}{R_3}+2R_4+1}=\frac{u_S}{10}$$

由 $u_o=2R_4u_3+R_4i=2R_4u_3+R_4\dfrac{u_3}{R_3}=\left(2R_4+\dfrac{R_4}{R_3}\right)u_3=\left(2\times1+\dfrac{1}{1}\right)\dfrac{u_S}{10}=\dfrac{3}{10}u_S$

得
$$\frac{u_o}{u_S}=\frac{3}{10}=0.3$$

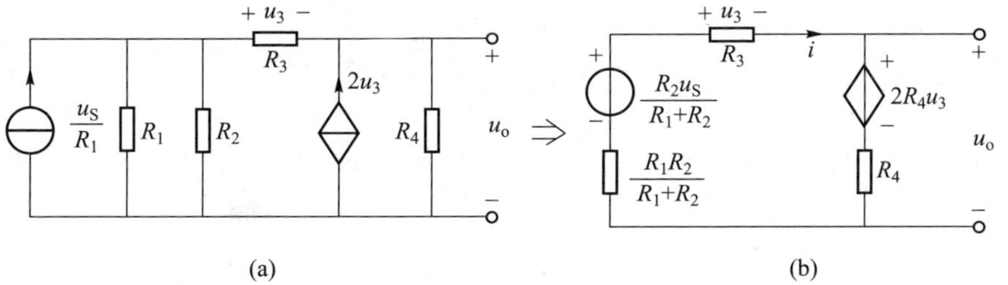

题 2-12 解图

2-13 题 2-13 图所示电路中 $R_1=R_3=R_4$，$R_2=2R_1$，CCVS 的电压 $u_c=4R_1i_1$，利用电源的等效变换求电压 u_{10}。

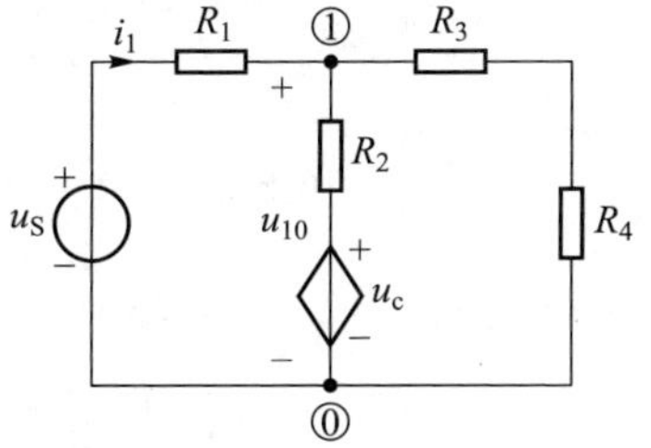

题 2-13 图

解：对题 2-13 图进行等效变换，其等效变换过程如题 2-13 解图(a)⇒(b)⇒(c)所示，令 $R'=(R_3+R_4)/\!/R_2=(R_1+R_1)/\!/2R_1=R_1$。

由题 2-13 解图(c)

$$u_S=R_1i_1+u_{10}=R_1i_1+R'i_1+R'\cdot\frac{u_c}{R_2}=R_1i_1+R_1i_1+R_1\cdot\frac{4R_1i_1}{2R_1}$$
$$=R_1i_1+3R_1i_1=4R_1i_1$$

求得
$$i_1=\frac{u_S}{4R_1}$$

而
$$u_{10}=3R_1i_1=3R_1\cdot\frac{u_S}{4R_1}=\frac{3}{4}u_S=0.75u_S$$

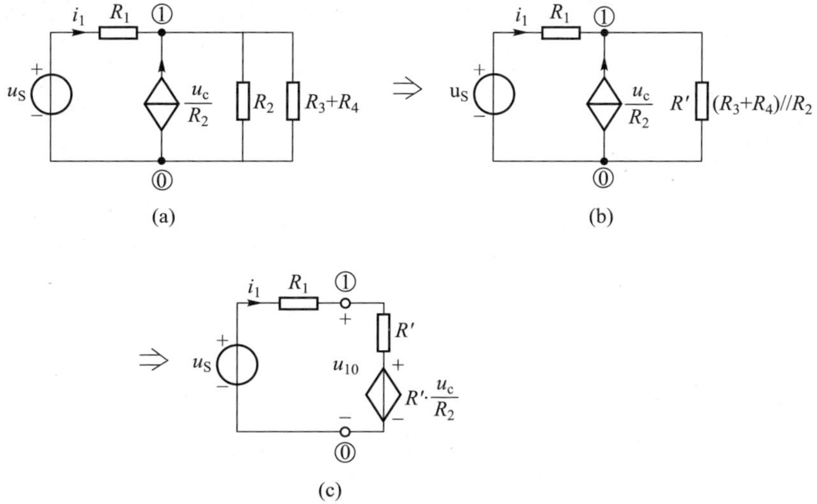

题 2-13 解图

2-14 试求题 2-14 图中的输入电阻。

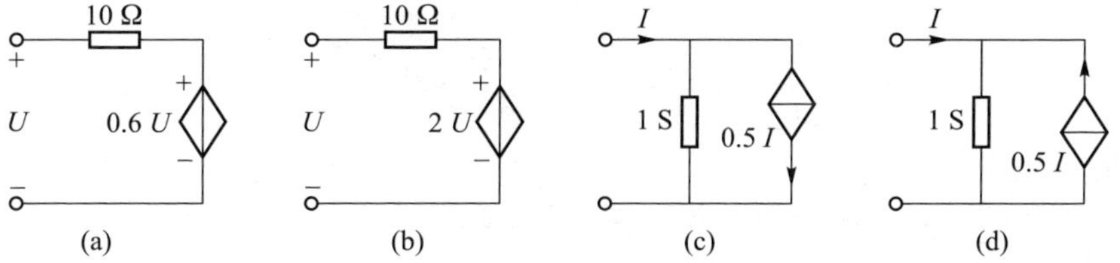

题 2-14 图

解：在题 2-14 图(a)(b)中标注电阻的电流 I 及参考方向，在图(c)(d)中标注电导的电压 U 及参考方向，如题 2-14 解图(a)(b)(c)(d)所示。

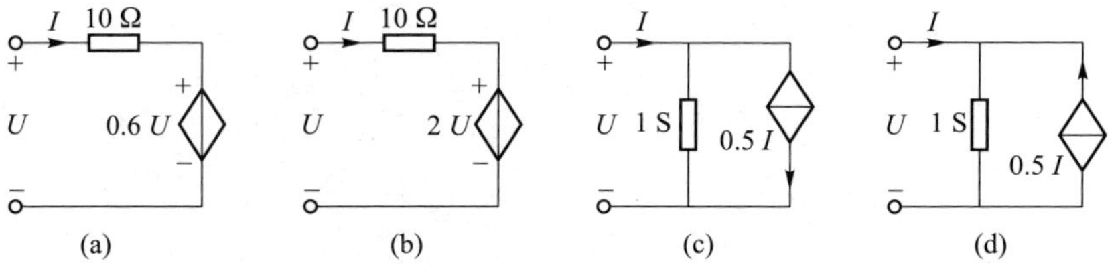

题 2-14 解图

对题 2-14 解图(a)，列 KVL 方程为 $U=10I+0.6U\Rightarrow0.4U=10I$，两端输入电阻为 $R_{i(a)}=\dfrac{U}{I}=\dfrac{10}{0.4}\Omega=25\ \Omega$。

对题 2-14 解图(b)，列 KVL 方程为 $U=10I+2U\Rightarrow U=-10I$，两端输入电阻

为 $R_{i(b)}=\dfrac{U}{I}=-10\ \Omega$。

对题 2-14 解图(c),列 KCL 方程为 $I=1\times U+0.5I \Rightarrow 0.5I=U$,两端输入电阻为 $R_{i(c)}=\dfrac{U}{I}=0.5\ \Omega$。

对题 2-14 解图(d),列 KCL 方程为 $I=1\times U-0.5I \Rightarrow 1.5I=U$,两端输入电阻为 $R_{i(d)}=\dfrac{U}{I}=1.5\ \Omega$。

2-15 试求题 2-15 图的输入电阻 R_{ab}。

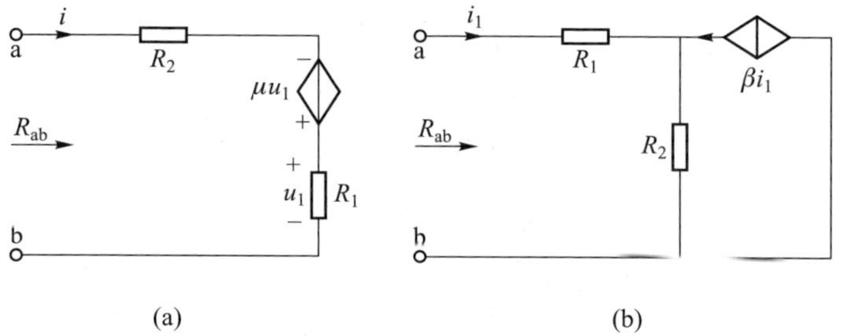

题 2-15 图

解:题 2-15 图(a)中,

$$u_{ab}=R_2 i-\mu u_1+u_1=R_2 i+(1-\mu)u_1=R_2 i+(1-\mu)R_1 i$$

$$R_{ab}=\frac{u_{ab}}{i}=R_2+(1-\mu)R_1;$$

题 2-15 图(b)中,

$$u_{ab}=R_1 i_1+R_2(i_1+\beta i_1)=[R_1+R_2(1+\beta)]i_1$$

$$R_{ab}=\frac{u_{ab}}{i_1}=R_1+R_2(1+\beta)$$

2-16 试求题 2-16 图的输入电阻 R_i。

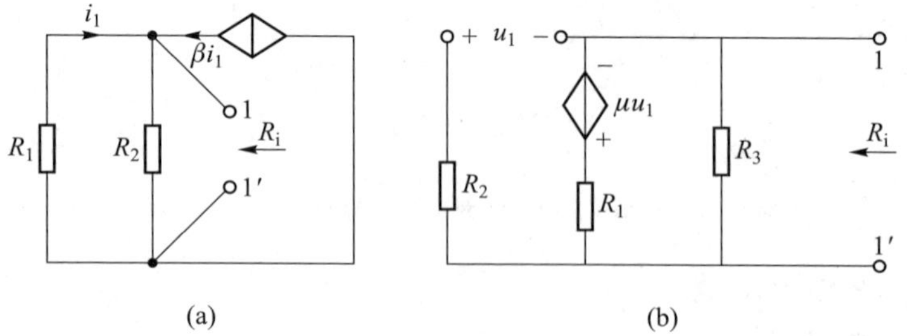

题 2-16 图

解:题 2-16 图(a)中,在 1-1′端施加一电压源 u,其中的电流为 i,如题 2-16 解图(a)所示。

对节点①,按 KCL 有

$$\frac{u}{R_2}=i_1+\beta i_1+i=(1+\beta)i_1+i$$

又 $i_1=-\dfrac{u}{R_1}$,得

$$\frac{u}{R_2}=(1+\beta)\left(-\frac{u}{R_1}\right)+i \quad \Rightarrow \quad \left[\frac{1}{R_2}+(1+\beta)\frac{1}{R_1}\right]u=i$$

则

求得 $$R_i=\frac{u}{i}=\frac{1}{\dfrac{1}{R_2}+(1+\beta)\dfrac{1}{R_1}}=\frac{R_1R_2}{R_1+(1+\beta)R_2}$$

题 2-16 图(b)中,在 1-1′端加一电压源 u,其电流为 i,如题 2-16 解图(b)所示。

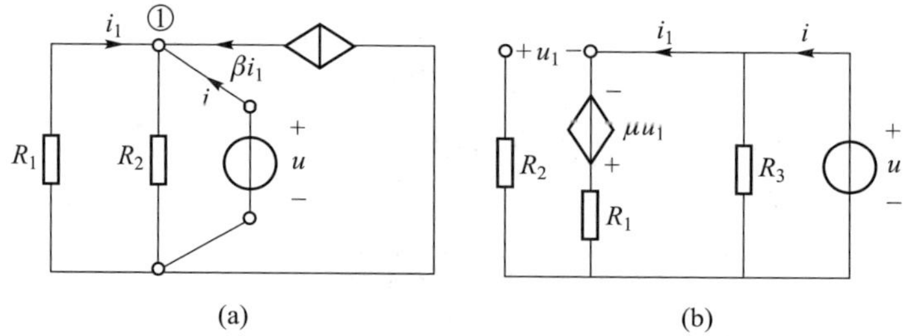

题 2-16 解图

因 $u=R_1 i_1-\mu u_1$,将 $u_1=-u$ 与 $i_1=i-\dfrac{u}{R_3}$ 代入,得

$$u=R_1\left(i-\frac{u}{R_3}\right)+\mu u \quad \Rightarrow \quad \left(1+\frac{R_1}{R_3}-\mu\right)u=R_1 i$$

则

$$R_i=\frac{u}{i}=\frac{R_1}{1+\dfrac{R_1}{R_3}-\mu}=\frac{R_1R_3}{R_1+(1-\mu)R_3}$$

2-17 题 2-17 图所示电路中全部电阻均为 1 Ω,求输入电阻 R_i。

解:题 2-17 图中,右侧的六个电阻构成平衡电桥,所以最右侧的电阻可断开,在端口施加一电压源 u,如题 2-17 解图(a)所示,对解图(a)继续进行等效变换,其等效变换过程如题 2-17 解图(a)⇒(b)⇒(c)⇒(d)⇒(e)所示,由题 2-17 解图(e),得

$u=1\cdot i+0.6i-1.2i=(1+0.6-1.2)i=0.4i$,则 $R_i=\dfrac{u}{i}=0.4\ \Omega$

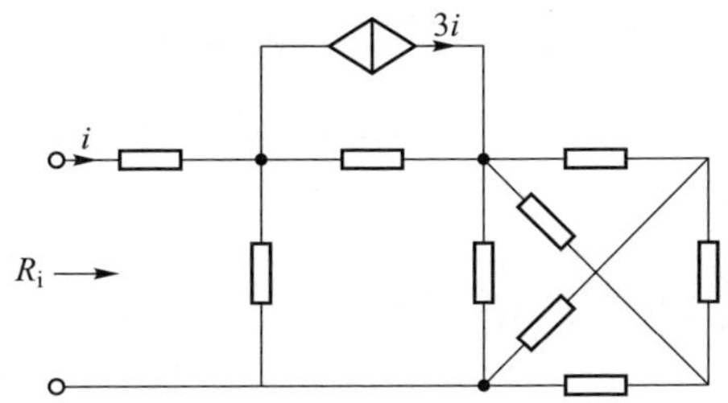

题 2-17 图

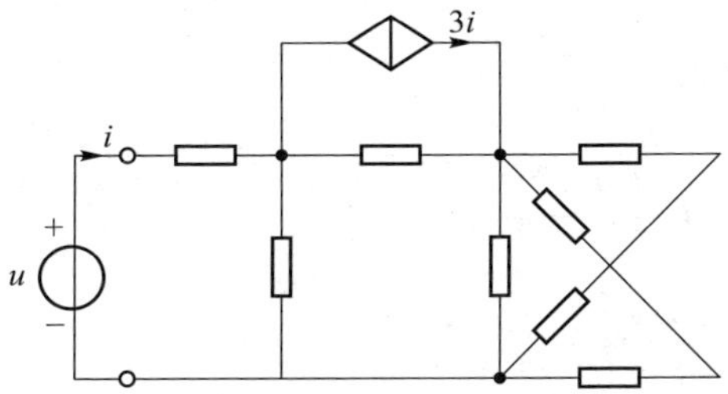

(a)

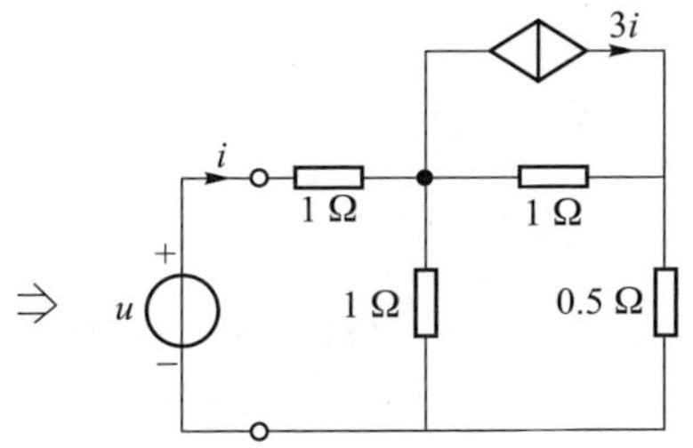

(b)

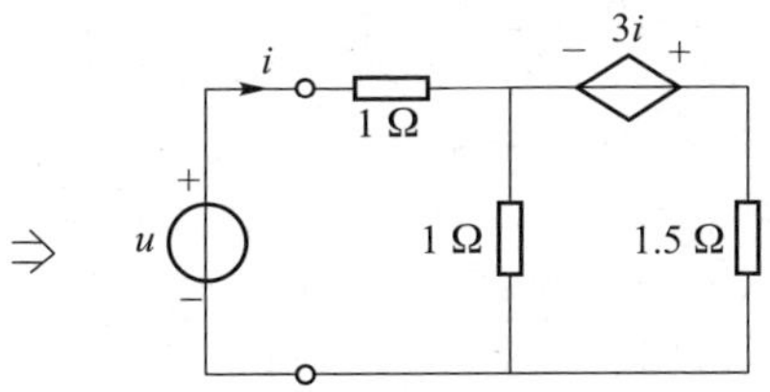

(c)

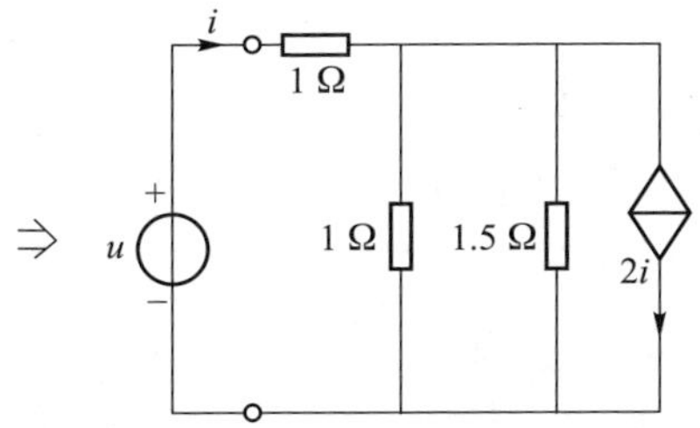

(d)

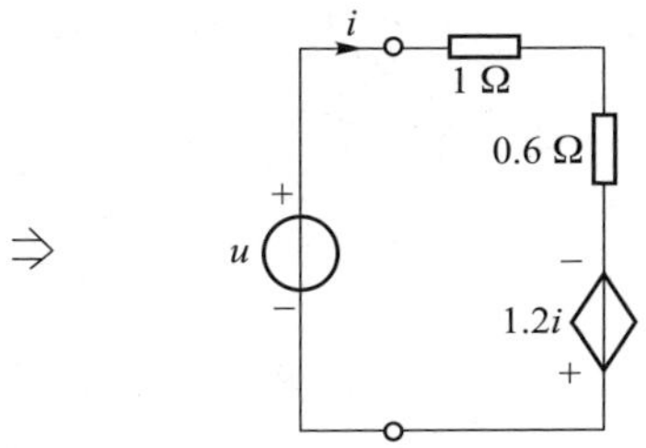

(e)

题 2-17 解图

2-18 题 2-18 图为一个多量程电压表的电路图。表头灵敏度为 50 μA，内阻为 2 kΩ。现将电压量程扩大为 5 V、25 V、50 V 与 100 V 四挡。试根据电压的分压公式求所需的附加电阻 R_1、R_2、R_3与 R_4。

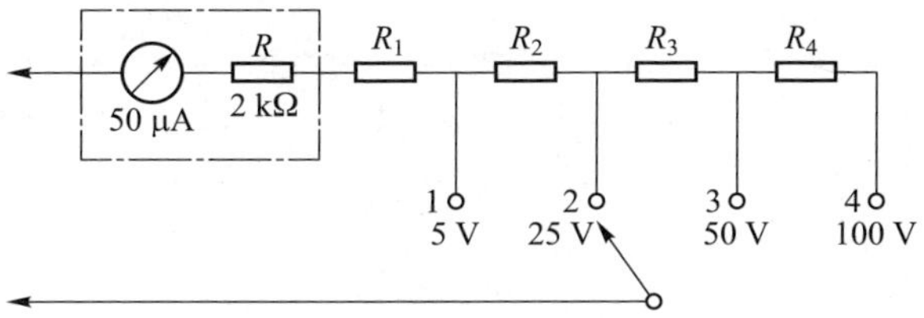

题 2-18 图

解：如题 2-18 图所示，设将电压表的量程扩大为 U_k，所需的附加电阻为 R_k，已知表头灵敏度电流为 I_A = 50 μA，则有

$$\frac{U_k}{I_A}=R+\sum_{j=1}^{k}R_j,\text{得}\sum_{j=1}^{k}R_j=\frac{U_k}{I_A}-R\quad(k=1,2,3,4)$$

若将电压表的量程扩大为 5 V、25 V、50 V 与 100 V 四挡，由上式计算所需的附加电阻分别为

$$k=1,\ \sum_{j=1}^{1}R_j=\frac{U_1}{I_A}-R\quad\Rightarrow\quad R_1=\frac{U_1}{I_A}-R=\left(\frac{5}{50\times10^{-6}}-2\times10^{3}\right)\ \Omega=98\times10^{3}\ \Omega=98\ \text{k}\Omega$$

$$k=2,\ \sum_{j=1}^{2}R_j=\frac{U_2}{I_A}-R\quad\Rightarrow\quad R_2=\frac{U_2}{I_A}-R-R_1=\left(\frac{25}{50\times10^{-6}}-2\times10^{3}-98\times10^{3}\right)\ \Omega=400\ \text{k}\Omega$$

$$k=3,\ \sum_{j=1}^{3}R_j=\frac{U_3}{I_A}-R\quad\Rightarrow\quad R_3=\frac{U_3}{I_A}-R-\sum_{j=1}^{2}R_j$$

$$=\left[\frac{50}{50\times10^{-6}}-2\times10^{3}-(98+400)\times10^{3}\right]\ \Omega=500\ \text{k}\Omega$$

$$k=4,\ \sum_{j=1}^{4}R_j=\frac{U_4}{I_A}-R\quad\Rightarrow\quad R_4=\frac{U_4}{I_A}-R-\sum_{j=1}^{3}R_j$$

$$=\left[\frac{100}{50\times10^{-6}}-2\times10^{3}-(98+400+500)\times10^{3}\right]\ \Omega=1000\ \text{k}\Omega$$

***2-19** 题 2-19 图为实际使用的万用表中多量程电流表的部分电路，n_1至n_5为各挡电流量程对表头电流值的倍数。现在要求各挡电流为：500 μA，1 mA，5 mA，50 mA 及 500 mA。即相应倍数为：$n_1=10$，$n_2=20$，$n_3=100$，$n_4=1000$，$n_5=10000$。请计算 5 个分流电阻 $R_1\sim R_5$的阻值。（提示：这是一个环形分流器。计算时，先从第一挡 $n_1=10$ 来算出五个分流电阻的总值，再从第二挡算出后四个分流电阻的和，直至最后一挡。）

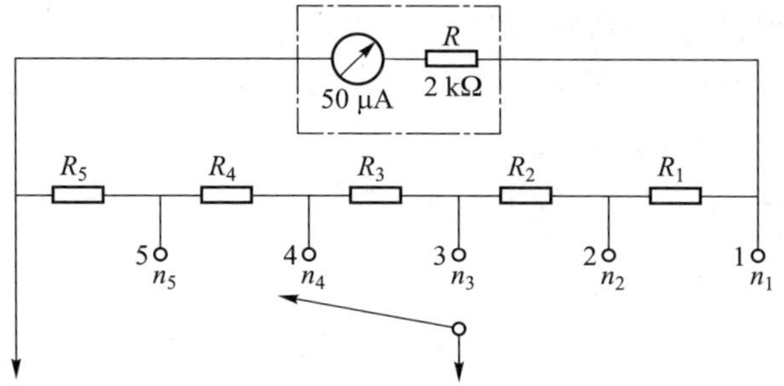

题 2-19 图

解：题 2-19 图中，已知表头电流 $I_A=50\ \mu A$，电流表的内阻 $R=2\ k\Omega$，当 j 分别取 1，2，3，4，5 时，各挡电流量程 I_j 对表头电流 I_A 的相应倍数为：$n_1=10$，$n_2=20$，$n_3=100$，$n_4=1000$，$n_5=10000$。将电流表的量程扩大为 I_j（总电流），所需附加的分流电阻为 R_j，如题 2-19 解图所示。

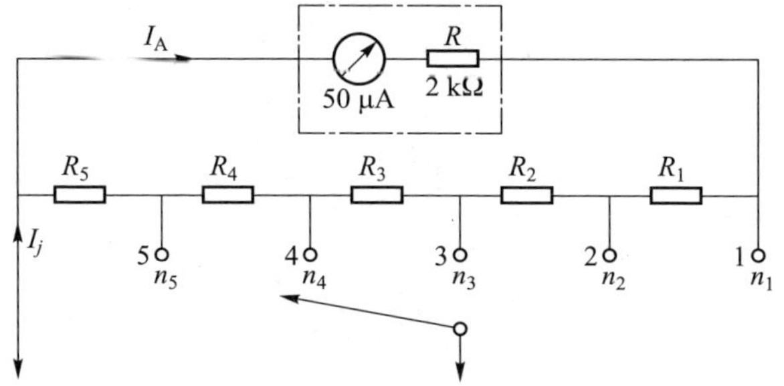

题 2-19 解图

在题 2-19 解图中，当量程在第一挡 $j=1$，$n_1=10$ 时，

应用分流公式，有 $I_A=\dfrac{\sum\limits_{k=1}^{5}R_k}{R+\sum\limits_{k=1}^{5}R_k}I_1$，解得 $\sum\limits_{k=1}^{5}R_k=\dfrac{I_A}{I_1-I_A}R$，代入数据，得

$$\sum_{k=1}^{5}R_k=\left(\frac{50\times10^{-6}}{500\times10^{-6}-50\times10^{-6}}\times2000\right)\Omega=222.22\ \Omega$$

当量程在第 j 挡时，分流公式可写为

$$I_A=\frac{\sum\limits_{k=j}^{5}R_k}{R+\sum\limits_{k=1}^{5}R_k}I_j$$，解得 $\sum\limits_{k=j}^{5}R_k=\dfrac{I_A}{I_j}\left(R+\sum\limits_{k=1}^{5}R_k\right)$，此式可用作通用公式。

当 j 分别取 2，3，4，5 时，数据代入上面的通用公式。

第二挡 $j=2$，$n_2=20$ 时，

$$\sum_{k=2}^{5}R_k=\frac{I_A}{I_2}\left(R+\sum_{k=1}^{5}R_k\right)=\left[\frac{50\times10^{-6}}{1\times10^{-3}}(2000+222.22)\right]\Omega=\frac{10^{-3}\times111.11}{1\times10^{-3}}\Omega=111.11\ \Omega$$

第三挡 $j=3$，$n_3=100$ 时，

$$\sum_{k=3}^{5}R_k=\frac{I_A}{I_3}\left(R+\sum_{k=1}^{5}R_k\right)=\left[\frac{50\times10^{-6}}{5\times10^{-3}}(2000+222.22)\right]\Omega=\frac{10^{-3}\times111.11}{5\times10^{-3}}\Omega=22.22\ \Omega$$

第四挡 $j=4$，$n_4=1000$ 时，

$$\sum_{k=4}^{5}R_k=\frac{I_A}{I_4}\left(R+\sum_{k=1}^{5}R_k\right)=\left[\frac{50\times10^{-6}}{50\times10^{-3}}(2000+222.22)\right]\Omega=\frac{10^{-3}\times111.11}{50\times10^{-3}}\Omega=2.22\ \Omega$$

第五挡 $j=5$，$n_5=10000$ 时，

$$R_5=\sum_{k=5}^{5}R_k=\frac{I_A}{I_5}\left(R+\sum_{k=1}^{5}R_k\right)=\left[\frac{50\times10^{-6}}{500\times10^{-3}}(2000+222.22)\right]\Omega=\frac{10^{-3}\times111.11}{500\times10^{-3}}\Omega=0.22\ \Omega$$

所以 $R_4=\sum\limits_{k=4}^{5}R_k-R_5=(2.22-0.22)\ \Omega=2\ \Omega$

$$R_3=\sum_{k=3}^{5}R_k-\sum_{k=4}^{5}R_k=(22.22-2.22)\ \Omega=20\ \Omega$$

$$R_2=\sum_{k=2}^{5}R_k-\sum_{k=3}^{5}R_k=(111.11-22.22)\ \Omega=88.89\ \Omega$$

$$R_1=\sum_{k=1}^{5}R_k-\sum_{k=2}^{5}R_k=(222.22-111.11)\ \Omega=111.11\ \Omega$$

***2-20**　题 2-20 图为倒 L 形电阻衰减器。如要求负载电阻 $R_L=50\ \Omega$ 能与信号源内阻 $R_S=300\ \Omega$ 匹配。求此时电阻 R_1，R_2 的值，并求衰减量是多少分贝（有关分贝的概念见主教材 § 11-3）。

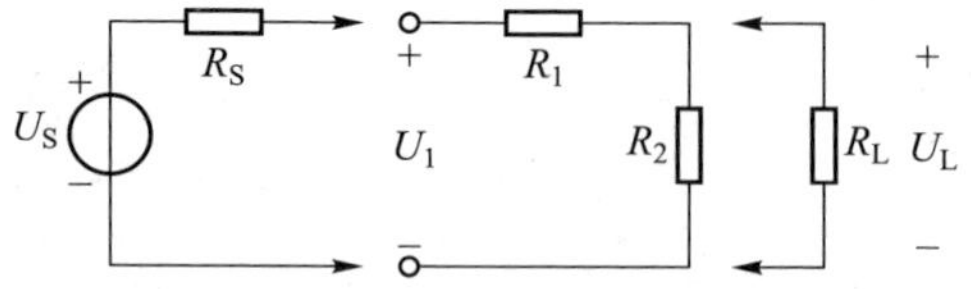

题 2-20 图

解：若要求负载电阻 R_L 与信号源内阻 R_S 匹配，则

$$\begin{cases}R_S=R_1+\dfrac{R_2R_L}{R_2+R_L}\\[2ex] R_L=\dfrac{(R_S+R_1)R_2}{(R_S+R_1)+R_2}\end{cases}$$

联立求解，得$\begin{cases} R_1=\sqrt{R_S(R_S-R_L)} \\ R_2=R_L\sqrt{\dfrac{R_S}{R_S-R_L}} \end{cases}$

代入 R_S和 R_L的值，得

$$\begin{cases} R_1=\sqrt{300\times(300-50)}\ \Omega=273.86\ \Omega \\ R_2=50\times\sqrt{\dfrac{300}{300-50}}\ \Omega=54.77\ \Omega \end{cases}$$

衰减量为 $\alpha=20\ \lg\dfrac{R_S+R_1+R_2}{R_2}=20\ \lg\dfrac{300+273.86+54.77}{54.77}=21.20\ \text{dB}$

第三章　电阻电路的一般分析

内容提要

表 3-1　电路的一般分析法(方程分析法)

2b 法	支路电流法	回路电流法	节点电压法
电路变量： 支路电流 i 支路电压 u 列写方程的规则： (1) 对 $n-1$ 个独立节点列写支路电流的 KCL 方程； (2) 对 $b-n+1$个独立回路列写支路电压的 KVL 方程； (3) 对 b 个支路列写支路方程(支路上的伏安关系)。 列写方程的一般形式： KCL　$\sum i_k=0$ KVL　$\sum u_k=0$ b 个支路方程 $u_k=f(i_k)$ 或 $i_k=g(u_k)$	电路变量：支路电流 i 列写方程的规则： (1) 对 $n-1$ 个独立节点列写 KCL 方程； (2) 对 $b-n+1$ 个独立回路列写 KVL 方程，电阻的电压用支路电流表示； (3) 受控源的控制量用支路电流表示； (4) 含电流源的回路不必列 KVL 方程。 列写支路电流方程的一般形式： KCL　$\sum i_k=0$ KVL　$\sum R_k i_k=\sum u_{Sk}+\sum R_k i_{Sk}$ 上式中： $\sum R_k i_k$——某回路上的所有电阻与其所在支路的电流乘积的代数和，支路电流 i_k 的参考方向与回路绕行方向一致时，$R_k i_k$ 项前取“+”，反之取“-”。 $\sum u_{Sk}$——某回路上的所有电压源的代数和，电压源 u_{Sk}方向与回路绕行方向一致时，u_{Sk}项前取“-”，反之取“+”。 $\sum R_k i_{Sk}$——某回路上的有伴电流源(电流源 i_{Sk}与电阻 R_k 并联支路)变换为有伴电压源(电压源 $R_k i_{Sk}$与电阻 R_k 串联支路)后的等效电压源的代数和，电流源 i_{Sk}的参考方向与回路绕行方向一致时，等效电压源 $R_k i_{Sk}$ 项前取“+”，电流源 i_{Sk} 的参考方向与回路绕向相反时，等效电压源 $R_k i_{Sk}$项前取“-”	电路变量：回路电流 i_l(角标 l 为 loop 的字头) 回路电流定义：沿回路流动的假想电流。 列写回路电流方程的规则： (1) 选一组独立回路，指定 l 个回路电流及绕行方向； (2) 对 $b-n+1$ 个独立回路列写 KVL 方程； (3) 受控源的控制量用回路电流表示； (4) 如无伴电流源只出现在一个回路中，则该回路电流由此电流源的电流确定，不必列写该回路的 KVL 方程。 列写回路电流方程的一般形式： $\text{KVL}\begin{cases}R_{11}i_{l1}+R_{12}i_{l2}+\cdots+R_{1k}i_{lk}+\cdots+R_{1l}i_{ll}=u_{S11}\\ R_{21}i_{l1}+R_{22}i_{l2}+\cdots+R_{2k}i_{lk}+\cdots+R_{2l}i_{ll}=u_{S22}\\ \cdots\cdots\cdots\cdots\\ R_{l1}i_{l1}+R_{l2}i_{l2}+\cdots+R_{lk}i_{lk}+\cdots+R_{ll}i_{ll}=u_{Sll}\end{cases}$ 上式中： R_{kk}——自阻(第 k 个回路的电阻之和)，总为“+”。 R_{jk}——互阻(第 j 与第 k 个回路的公共支路电阻之和)，当 i_{lj}与 i_{lk}同向流过互阻时，互阻 R_{jk}为“+”，当 i_{lj}与 i_{lk}反向流过互阻时，互阻 R_{jk}为“-”。 u_{Skk}——为$\sum u_{Sk}+\sum R_k i_{Sk}$，$\sum u_{Sk}$为第 k 个回路上的电压源代数和，电压源 u_{Sk}方向与回路绕向一致时，u_{Sk}项前取“-”，反之取“+”；$\sum R_k i_{Sk}$为第 k 个回路上的有伴电流源变换为有伴电压源后的等效电压源代数和，电流源 i_{Sk}方向与回路绕向一致时，$R_k i_{Sk}$项前取“+”，反之取“-” **网孔电流法** 电路变量：网孔电流 i_m(角标 m 为 mesh 的字头) 网孔电流定义：沿网孔流动的假想电流。 在平面电路中，所有网孔即为一组独立回路，所以回路电流法涵盖了网孔电流法。 列写电路网孔电流方程可参照回路电流法。 当网孔电流绕行方向都取顺时针或都取逆时针时，则互阻总为“-”	电路变量：节点电压 u_n(角标 n 为 node 的字头) 节点电压定义：独立节点到参考节点的电压，即独立节点的电位。 列写节点电压方程的规则： (1) 选一参考节点，并指定 $n-1$ 个独立节点； (2) 对 $n-1$ 个独立节点列写 KCL 方程； (3) 受控源的控制量用节点电压表示； (4) 如参考节点选在无伴电压源的一端，其另一端的独立节点电压由此电压源的电压确定，不必列写该独立节点的 KCL 方程。 列写节点电压方程的一般形式： $\text{KCL}\begin{cases}G_{11}u_{n1}+G_{12}u_{n2}+\cdots+G_{1k}u_{nk}+\cdots+G_{1(n-1)}u_{n(n-1)}=i_{S11}\\ G_{21}u_{n1}+G_{22}u_{n2}+\cdots+G_{2k}u_{nk}+\cdots+G_{2(n-1)}u_{n(n-1)}=i_{S22}\\ \cdots\cdots\cdots\cdots\\ G_{(n-1)1}u_{n1}+\cdots+G_{(n-1)k}u_{nk}+\cdots+G_{(n-1)(n-1)}u_{n(n-1)}\\ =i_{S(n-1)(n-1)}\end{cases}$ 上式中： G_{kk}——自导(第 k 个节点连接的所有支路上的电导之和)，总为“+”。 G_{jk}——互导(第 j 个节点与第 k 个节点之间连接的所有公共支路的电导之和)，总为“-”。 i_{Skk}——为$\sum i_{Sk}+\sum G_k u_{Sk}$，$\sum i_{Sk}$为第 k 个节点上的所有电流源的代数和，电流源 i_{Sk}方向指向 k 节点时，i_{Sk}项前取“+”，而电流源 i_{Sk}方向背离 k 节点时，i_{Sk}项前取“-”；$\sum G_k u_{Sk}$为第 k 个节点上的有伴电压源变换为有伴电流源后的等效电流源代数和，等效电流源方向指向 k 节点(即有伴电压源 u_{Sk}的“+”极性端靠近 k 节点)时，$G_k u_{Sk}$项前取“+”，反之 $G_k u_{Sk}$项前取“-”

表 3-2　电路的一般分析法(方程分析法)举例对比

一般分析法(方程分析)	电路举例 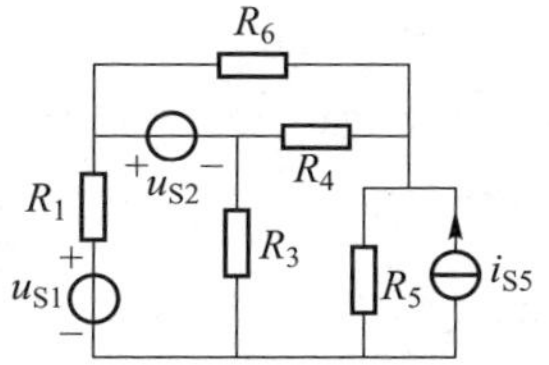	列写方程		
		KCL 方程 ($n-1$ 个独立节点电流方程)	KVL 方程 ($b-n+1$ 个独立回路电压方程)	支路方程 (b 个支路的 $u-i$ 伏安关系)
2b 法	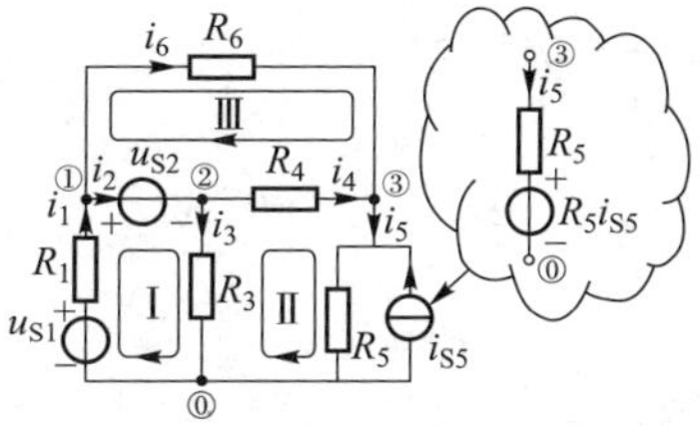	3 个方程,其形式为 $\boxed{\sum i_k=0}$ ①:$-i_1+i_2+i_6=0$ ②:$-i_2+i_3+i_4=0$ ③:$-i_4+i_5-i_6=0$	3 个方程,其形式为 $\boxed{\sum u_k=0}$ Ⅰ:$u_1+u_2+u_3=0$ Ⅱ:$-u_3+u_4+u_5=0$ Ⅲ:$-u_2-u_4+u_6=0$	6 个方程,其形式为 $\boxed{u_k=f(i_k)}$ 或 $\boxed{i_k=g(u_k)}$ $u_1=-u_{S1}+R_1i_1,u_2=u_{S2}$ $u_3=R_3i_3,u_4=R_4i_4$ $u_5=R_5i_5+R_5i_{S5},u_6=R_6i_6$
支路电流法 (支路法)	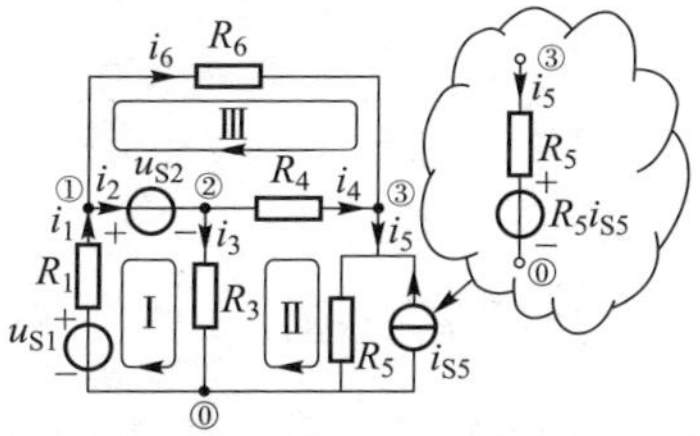	3 个方程(同上),其形式为 $\boxed{\sum i_k=0}$ ①:$-i_1+i_2+i_6=0$ ②:$-i_2+i_3+i_4=0$ ③:$-i_4+i_5-i_6=0$	3 个方程,其形式为 $\boxed{\sum R_ki_k=\sum u_{Sk}+\sum R_ki_{Sk}}$ Ⅰ:$R_1i_1+R_3i_3=u_{S1}-u_{S2}$ Ⅱ:$-R_3i_3+R_4i_4+R_5i_5=-R_5i_{S5}$ Ⅲ:$-R_4i_4+R_6i_6=u_{S2}$	
回路电流法 (回路法)	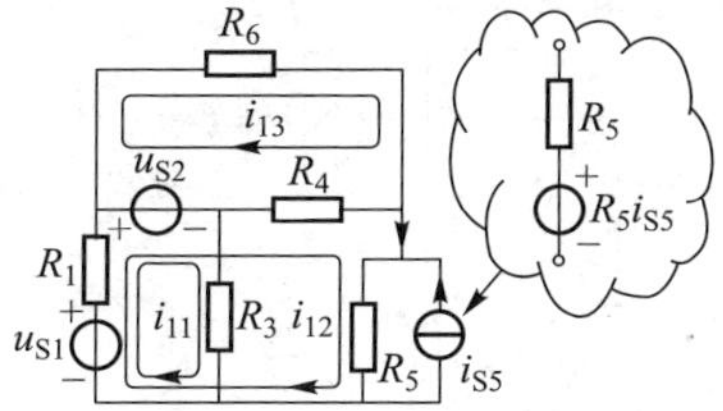		3 个方程,其形式为 $\boxed{R_{k1}i_{l1}+R_{k2}i_{l2}+R_{k3}i_{l3}=\sum u_{Sk}+\sum R_ki_{Sk}}$ l1:$(R_1+R_3)i_{l1}+R_1i_{l2}=u_{S1}-u_{S2}$ l2:$R_1i_{l1}+(R_1+R_4+R_5)i_{l2}-R_4i_{l3}$ $=u_{S1}-u_{S2}-R_5i_{S5}$ l3:$-R_4i_{l2}+(R_4+R_6)i_{l3}=u_{S2}$	
网孔电流法 (网孔法)	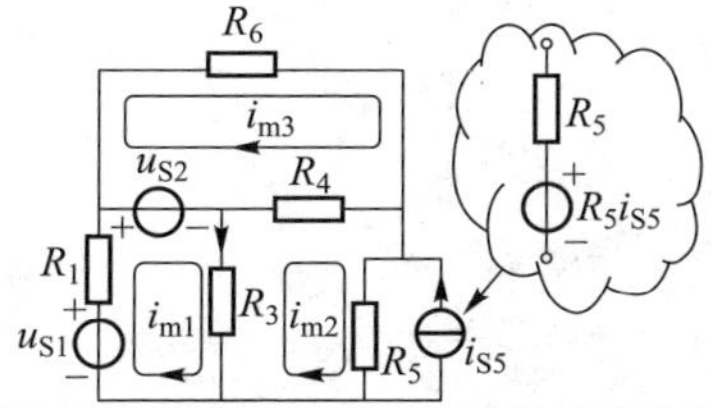		3 个方程,其形式为 $\boxed{R_{k1}i_{m1}+R_{k2}i_{m2}+R_{k3}i_{m3}=\sum u_{Sk}+\sum R_ki_{Sk}}$ m1:$(R_1+R_3)i_{m1}-R_3i_{m2}=u_{S1}-u_{S2}$ m2:$-R_3i_{m1}+(R_3+R_4+R_5)i_{m2}-R_4i_{m3}=-R_5i_{S5}$ m3:$-R_4i_{m2}+(R_4+R_6)i_{m3}=u_{S2}$	
节点电压法 (节点法)	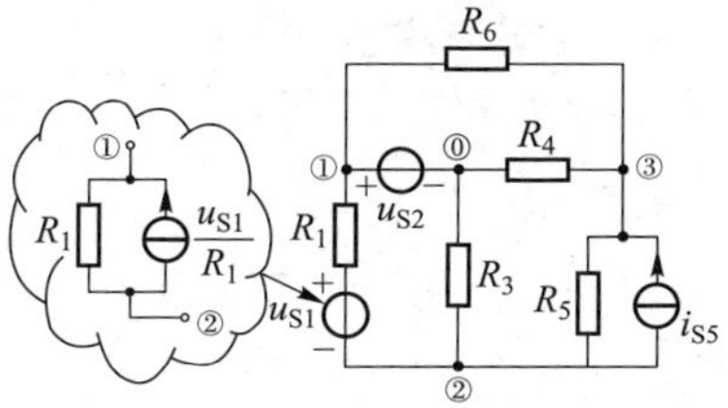	3 个方程,其形式为 $\boxed{G_{k1}u_{n1}+G_{k2}u_{n2}+G_{k3}u_{n3}=\sum i_{Sk}+\sum G_ku_{Sk}}$ $(G_k=1/R_k)$ ①:$u_{n1}=u_{S2}$ ②:$-G_1u_{n1}+(G_1+G_3+G_5)u_{n2}-G_5u_{n3}$ $=-i_{S5}-G_1u_{S1}$ ③:$-G_6u_{n1}-G_5u_{n2}+(G_4+G_5+G_6)u_{n3}=i_{S5}$		

电路思维导图应用范例(参照附录 B 中第三章思维导图助记知识要点)

1. 支路电流-支路电压法(2b 法)

2b 法列写方程的步骤:

第 1 步 首先选 b 个支路电流和 b 个支路电压为未知变量,并在电路中标注 b 个未知支路电流($i_1, i_2, \cdots, i_k, \cdots, i_b$)及其参考方向。

(支路电压与对应支路电流取相同下标及关联的参考方向,为清晰起见,电路中未标注 $u_1, u_2, \cdots, u_k, \cdots, u_b$ 及参考方向)

第 2 步 选定参考点⓪,标注其余 $n-1$ 个独立节点(如①,②,…或 a,b…)。

第 3 步 选取 $b-n+1$ 个独立回路,并在电路中标注回路号(如Ⅰ、Ⅱ、Ⅲ、…)及其回路绕行方向。

第 4 步 分别对 $n-1$ 个独立节点上的支路电流 i_k 列出 KCL 方程,即 $\sum i_k = 0$。

第 5 步 分别对 $b-n+1$ 个独立回路上的支路电压 u_k 列出 KVL 方程,即 $\sum u_k = 0$。

第 6 步 对 b 个支路分别列出支路电压 u_k 与支路电流 i_k 之间伏安关系的支路方程,即

$u_k = f(i_k)$ 或 $i_k = g(u_k)$

第 7 步 联立第 4、5、6 步所列方程解出 $2b$ 个支路电压、电流未知量

例 3-1 如图 1 所示,用 2b 法列写电路方程。

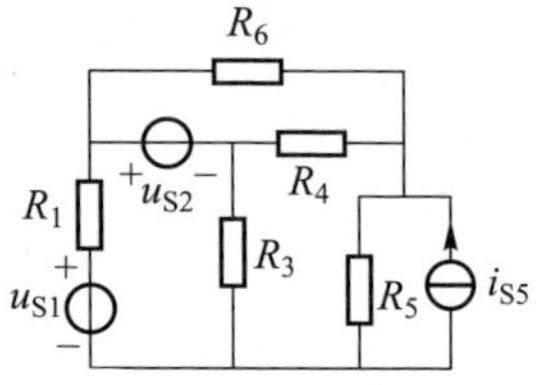

图 1 例 3-1 图

解:$n=4$,$b=6$,独立节点 $n-1=3$,独立回路 $l=b-n+1=3$。

第 1 步 在图 1 中选 $i_1 \sim i_6$ 和 $u_1 \sim u_6$ 变量,并标注参考方向,如图 2 所示($u_1 \sim u_6$ 未标出,其参考方向与电流一致);

第 2 步 在图 2 中标注参考点⓪及独立节点①、②、③;

第 3 步 选 3 个独立回路Ⅰ、Ⅱ、Ⅲ及绕行方向,标注在图 2 中;

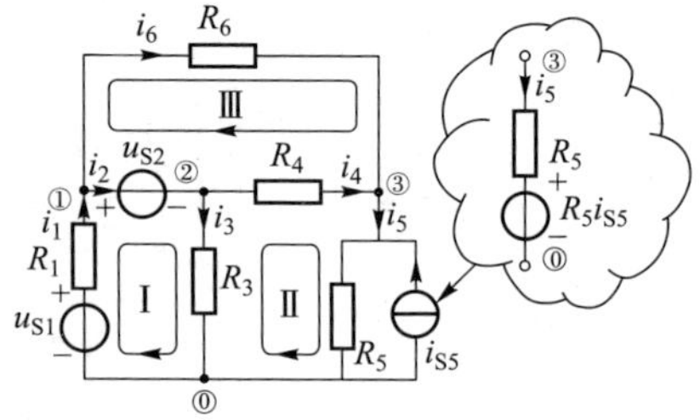

图 2 例 3-1 解图

第 4 步 $n-1=3$ ①:$-i_1+i_2+i_6=0$

②:$-i_2+i_3+i_4=0$

③:$-i_4+i_5-i_6=0$

第 5 步 $b-n+1=3$ Ⅰ:$u_1+u_2+u_3=0$

Ⅱ:$-u_3+u_4+u_5=0$

Ⅲ:$-u_2-u_4+u_6=0$

第 6 步 $b=6$ $u_1=-u_{S1}+R_1 i_1$,$u_2=u_{S2}$,$u_3=R_3 i_3$,

$u_4=R_4 i_4$,$u_5=R_5 i_5+R_5 i_{S5}$,$u_6=R_6 i_6$

第 7 步 略

例 3-2 如图 3 所示,用 2b 法列写电路方程。

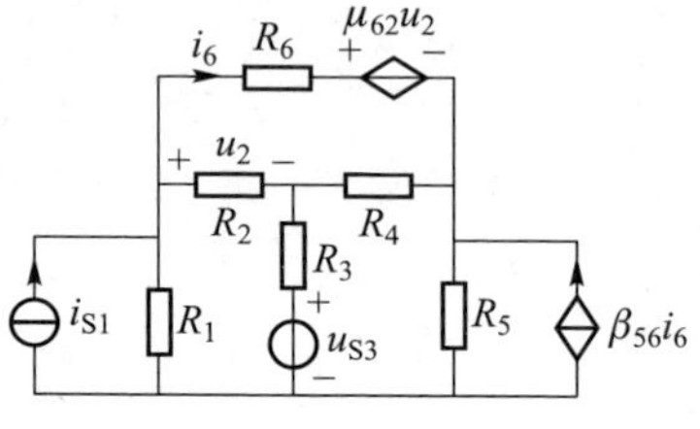

图 3 例 3-2 图

解:$n=4$,$b=6$,独立节点 $n-1=3$,独立回路 $l=b-n+1=3$。

第 1 步 在图 3 中选 $i_1 \sim i_6$ 和 $u_1 \sim u_6$ 变量,并标注参考方向,如图 4 所示($u_1 \sim u_6$ 未标出,其参考方向与电流一致);

第 2 步 在图 4 中标注参考点⓪及独立节点①、②、③;

第 3 步 选 3 个独立回路Ⅰ、Ⅱ、Ⅲ及绕行方向,标注在图 4 中;

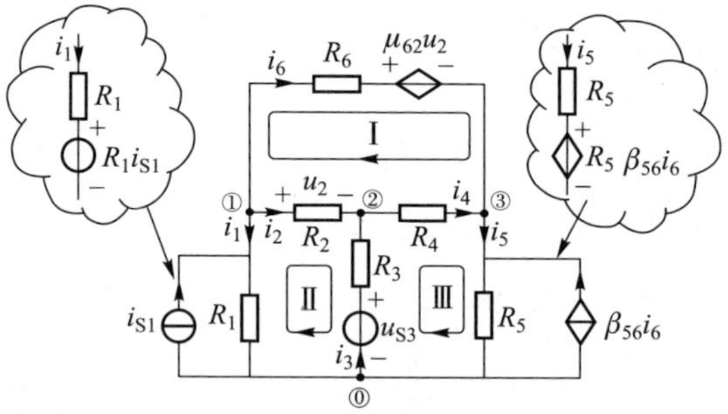

图 4 例 3-2 解图

第 4 步

①:$i_1+i_2+i_6=0$

②:$-i_2-i_3+i_4=0$

③:$-i_4+i_5-i_6=0$

第 5 步

Ⅰ:$-u_2-u_4+u_6=0$

Ⅱ:$-u_1+u_2-u_3=0$

Ⅲ:$u_3+u_4+u_5=0$

第 6 步

$u_1=R_1 i_1+R_1 i_{S1}$,$u_2=R_2 i_2$,$u_3=R_3 i_3-u_{S3}$,

$u_4=R_4 i_4$,$u_5=R_5 i_5+R_5 \beta_{56} i_6$,$u_6=R_6 i_6+\mu_{62} u_2$

第 7 步 略

2. 支路电流法

列写支路电流方程的步骤：

第 1 步 首先选 b 个支路电流为未知变量，并在电路中标注这 b 个支路中的未知电流（i_1，i_2，…，i_k，…，i_b）及其参考方向，有伴电流源（i_{Sk} 与 R_k 并联）若视为一条支路，可以等效变换为有伴电压源（$u_{Sk}=R_k i_{Sk}$ 与 R_k 串联）。

第 2 步 选定参考点⓪，标注其余 $n-1$ 个独立节点（如①，②，…或 a，b，…）。

第 3 步 选取 $b-n+1$ 个独立回路，并在电路中标注回路号（如Ⅰ、Ⅱ、Ⅲ、…）及其绕行方向。

第 4 步 如含受控源，则要将控制量用支路电流 i_k 表示，然后将其仿照独立源列写方程。

第 5 步 分别对 $n-1$ 个独立节点上的支路电流 i_k 列出 KCL 方程，即 $\sum i_k=0$。

第 6 步 分别对 $b-n+1$ 个独立回路列出 KVL 方程，即

$$\sum R_k i_k=\sum u_{Sk}+\sum R_k i_{Sk}$$

$\sum R_k i_k$——某回路上的所有电阻分别与其所在支路的电流 i_k（即纯电阻支路或有伴电流源支路上的电流，不是有伴电流源支路中的电阻的电流）乘积的代数和，支路电流 i_k 的参考方向与回路绕行方向一致时，$R_k i_k$ 项前取“+”，反之取“-”。

$\sum u_{Sk}$——某回路上的所有电压源的代数和，电压源 u_{Sk} 方向与回路绕行方向一致时，u_{Sk} 项前取“-”，反之取“+”。

$\sum R_k i_{Sk}$——某回路上的有伴电流源等效变换得到的等效电压源的代数和，电流源 i_{Sk} 的参考方向与回路绕行方向一致时，等效电压源 $R_k i_{Sk}$ 项前取“+”，反之取“-”。

某回路若含无伴电流源支路时，其支路电流为已知，不必列该回路 KVL 方程。

第 7 步 联立 4、5、6 步解出 b 个未知电流变量

例 3-3 如图 5，用支路电流法列写电路方程。

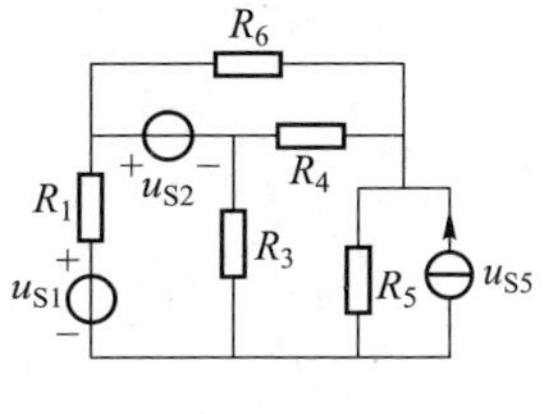

图 5 例 3-3 图

解：$n=4$，$b=6$，独立节点 $n-1=3$，独立回路 $l=b-n+1=3$。

第 1 步 在图 5 中选变量 $i_1\sim i_6$ 和 $u_1\sim u_6$ 及参考方向，如图 6 所示；i_{S5} 与 R_5 并联视为第 5 条支路，其支路电流 i_5 不是 R_5 中的电流（$u_1\sim u_6$ 未标出，其参考方向与电流一致）。

第 2 步 在图 6 中标注参考点⓪及独立节点①、②、③。

第 3 步 选 3 个独立回路Ⅰ、Ⅱ、Ⅲ及绕行方向。

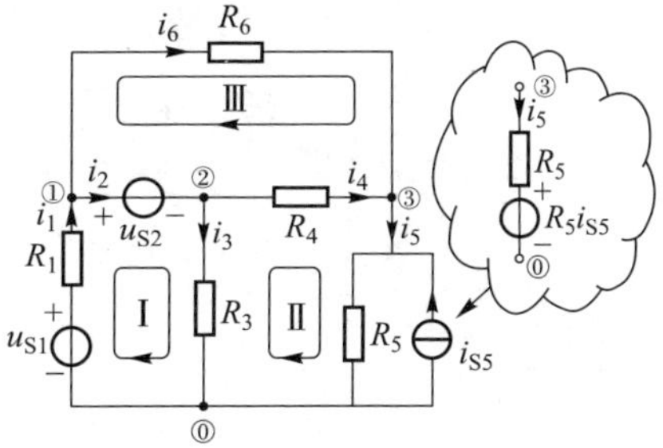

图 6 例 3-3 解图

第 4 步 无。

第 5 步 $n-1=3$ ①：$-i_1+i_2+i_6=0$

②：$-i_2+i_3+i_4=0$

③：$-i_4+i_5-i_6=0$

第 6 步 $b-n+1=3$

Ⅰ：$R_1i_1+R_3i_3=u_{S1}-u_{S2}$

Ⅱ：$-R_3i_3+R_4i_4+R_5i_5=-R_5i_{S5}$

Ⅲ：$-R_4i_4+R_6i_6=u_{S2}$

第 7 步 略

例 3-4 如图 7，用支路电流法列写电路方程。

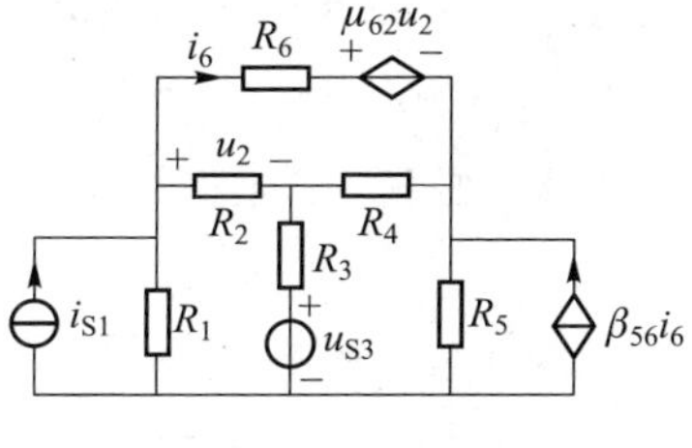

图 7 例 3-4 图

解：$n=4$，$b=6$，独立节点 $n-1=3$，独立回路 $l=b-n+1=3$。

第 1 步 在图 7 中选变量 $i_1\sim i_6$ 和 $u_1\sim u_6$ 及参考方向如图 8 所示；i_{S1} 与 R_1 并联、$\beta_{56}i_6$ 与 R_5 并联视为第 1、第 5 条支路，其支路电流 i_1 不是 R_1 中的电流，i_5 也不是 R_5 中的电流（$u_1\sim u_6$ 未标出，其参考方向与电流一致）。

第 2 步 在图 8 中标注参考点⓪及独立节点①、②、③。

第 3 步 选 3 个独立回路Ⅰ、Ⅱ、Ⅲ及绕行方向。

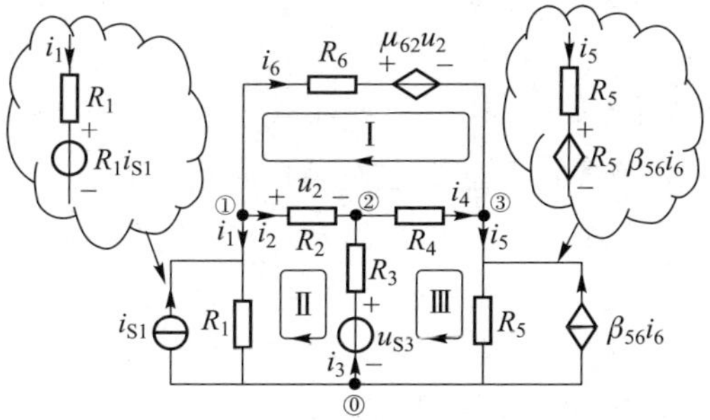

图 8 例 3-4 解图

第 4 步 控制量 $u_2=R_2i_2$

第 5 步 $n-1=3$ ①：$i_1+i_2+i_6=0$

②：$-i_2-i_3+i_4=0$

③：$-i_4+i_5-i_6=0$

第 6 步 $b-n+1=3$ Ⅰ：$-R_2i_2-R_4i_4+R_6i_6=-\mu_{62}u_2$

Ⅱ：$-R_1i_1+R_2i_2-R_3i_3=R_1i_{S1}-u_{S3}$

Ⅲ：$R_3i_3+R_4i_4+R_5i_5=u_{S3}-R_5\beta_{56}i_6$

第 7 步 略

3. 回路电流法

列写回路电流方程的步骤：

第 1 步　首先选取 $l=b-n+1$ 个独立回路电流为未知变量，并在电路中标注未知回路电流（$i_{l1},i_{l2},\cdots i_{lk},\cdots,i_{ll}$）及其绕行方向。

第 2 步　如电路中含受控源，则先将控制量用回路电流 i_{lk} 表示，并仿照独立源列写方程。

第 3 步　若电路中仅含有电阻和电压源（独立、受控），列出 l 个 KVL 方程。其（回路电流）方程的一般形式：

$$R_{11}i_{l1}+R_{12}i_{l2}+\cdots+R_{1k}i_{lk}+\cdots+R_{1l}i_{ll}=u_{S11}$$
$$R_{21}i_{l1}+R_{22}i_{l2}+\cdots+R_{2k}i_{lk}+\cdots+R_{2l}i_{ll}=u_{S22}$$
$$R_{31}i_{l1}+R_{32}i_{l2}+\cdots+R_{3k}i_{lk}+\cdots+R_{3l}i_{ll}=u_{S33}$$
$$\cdots\cdots\cdots\cdots$$
$$R_{l1}i_{l1}+R_{l2}i_{l2}+\cdots+R_{lk}i_{lk}+\cdots+R_{ll}i_{ll}=u_{Sll}$$

式中：R_{kk}——自阻（第 k 个回路上的电阻之和），总为“+”。

R_{jk}——互阻（第 j 与第 k 个回路的公共支路上的电阻之和），当 i_{lj} 与 i_{lk} 同向流过互阻时，互阻 R_{jk} 为“+”；当 i_{lj} 与 i_{lk} 反向流过互阻时，互阻 R_{jk} 为“−”。当所选的回路全部为网孔，且网孔绕行方向都取顺时针或逆时针时，则互阻为“−”。

u_{Skk}——$u_{Skk}=\sum u_{Sk}$，即第 k 个回路上的所有电压源的代数和，电压源 u_{Sk} 方向与绕行方向一致时，u_{Sk} 项前取“−”，反之取“+”。

第 4 步　如含有伴电流源支路（电流源 i_{Sk} 与电阻 R_k 并联组合视为一条支路），可等效为有伴电压源（电压源 R_ki_{Sk} 与电阻 R_k 串联），此时 KVL 方程中

$$u_{Skk}=\sum u_{Sk}+\sum R_ki_{Sk}$$

如含无伴电流源，见第 5 或第 6 步。

第 5 步　用方法一处理无伴电流源支路：若选回路时，只有一个回路电流 i_{lk} 通过该无伴电流源 i_S，则该回路电流 $i_{lk}=\pm i_S$。

因此不必列写该回路 KVL 方程。

第 6 步　用方法二处理无伴电流源支路：若选回路时，有两个以上回路电流通过该无伴电流源，则要设该电流源的端电压为 u_i，并列入 KVL 方程中，同时还要补充与所设未知电压数目相同的方程（即回路电流与无伴电流源间的约束关系方程）。

第 7 步　求解回路电流 i_{lk}，指定支路电流参考方向，求出支路电流（为相关回路电流的代数和），进而求出支路电压。

列写网孔电流方程的步骤：

在平面电路中，所选独立回路全部为网孔。选取 $m=b-n+1$ 个网孔电流 $i_{mk}(k=1,2,\cdots,m)$，参照回路电流方程列写步骤

例 3-5　如图 9，用回路电流法列写电路方程。

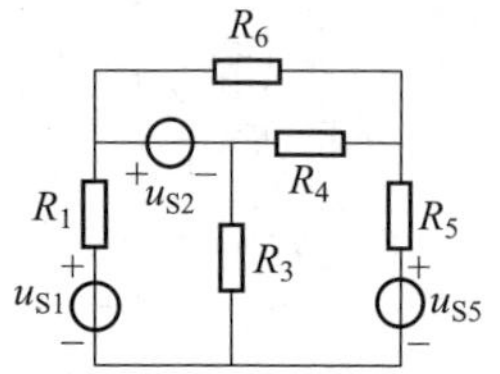

图 9　例 3-5 图

解：$n=4$，$b=6$，独立回路 $l=3$。

第 1 步　在图 9 中选 3 个独立回路电流变量 i_{l1}、i_{l2}、i_{l3} 及绕行方向，如图 10 所示。

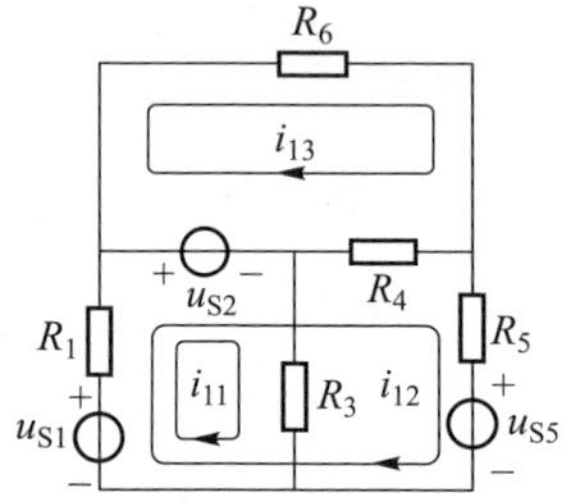

图 10　例 3-5 解图

第 2 步　无。

第 3 步

$l1:(R_1+R_3)i_{l1}+R_1i_{l2}=u_{S1}-u_{S2}$

$l2:R_1i_{l1}+(R_1+R_4+R_5)i_{l2}-R_4i_{l3}$

$=u_{S1}-u_{S2}-u_{S5}$

$l3:-R_4i_{l2}+(R_4+R_6)i_{l3}=u_{S2}$

第 4 步　第 5 步　第 6 步　无。

第 7 步　略

例 3-6　如图 11，用网孔电流法列写电路方程。

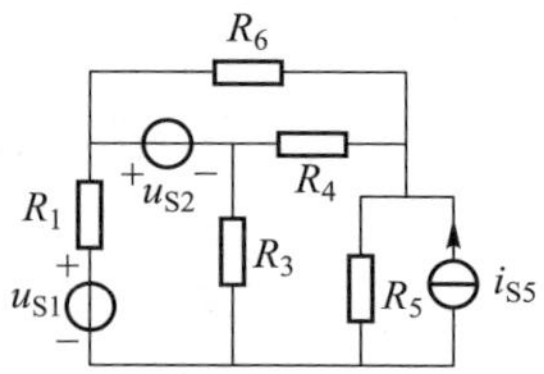

图 11　例 3-6 图

解：$n=4$，$b=6$，网孔 $m=3$。

第 1 步　在图 11 中选 3 个网孔电流变量 i_{m1}、i_{m2}、i_{m3} 及绕行方向，如图 12 所示。

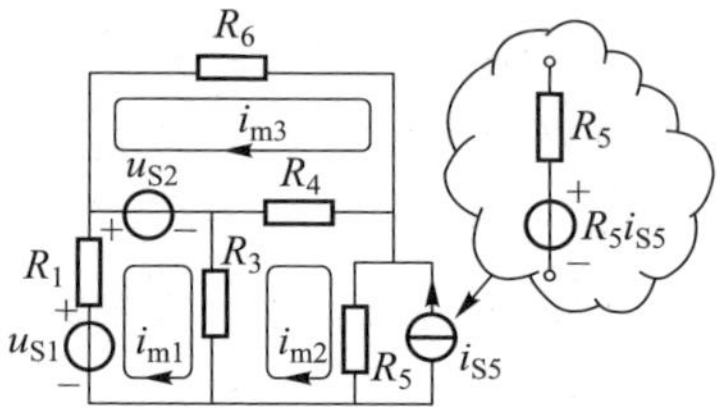

图 12　例 3-6 解图

第 2 步　无。

第 3 步　第 4 步

$m1:(R_1+R_3)i_{m1}-R_3i_{m2}=u_{S1}-u_{S2}$

$m2:-R_3i_{m1}+(R_3+R_4+R_5)i_{m2}-R_4i_{m3}=-R_5i_{S5}$

$m3:-R_4i_{m2}+(R_4+R_6)i_{m3}=u_{S2}$

第 5 步　第 6 步　无。

第 7 步　略

例 3-7 如图 13,用回路法及网孔法列写电路方程。

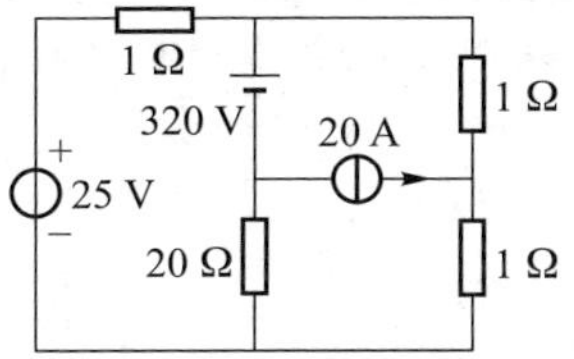

图 13 例 3-7 图

解 1:用回路法列写电路方程。

第 1 步 在图 13 中选 3 个独立回路电流变量 I_{l1}、I_{l2}、I_{l3} 及绕行方向,如图 14 所示。

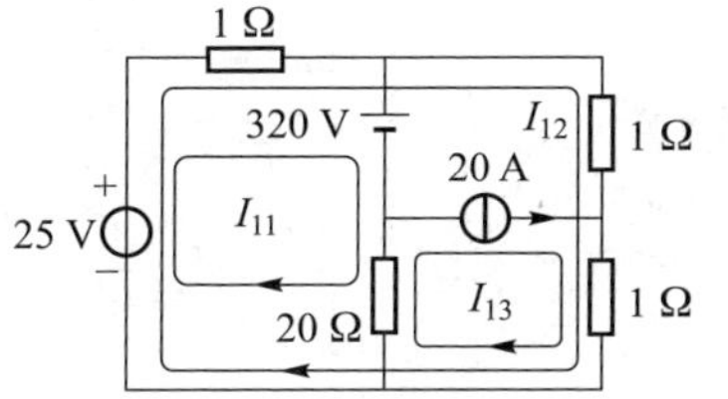

图 14 例 3-7 解图 1

第 2 步 无。

第 3 步

l1:$(1+20)I_{l1}+1\cdot I_{l2}-20I_{l3}=25-320$

l2:$1\cdot I_{l1}+(1+1+1)I_{l2}+1\cdot I_{l3}=25$

第 4 步 无。

第 5 步 l3:$I_{l3}=20$

第 6 步 无。

第 7 步 略

解 2:用网孔法列写电路方程。

第 1 步 在图 13 中选 3 个网孔电流变量 I_{m1}、I_{m2}、I_{m3} 及绕行方向,如图15所示,设无伴电流源的电压为 U_i。

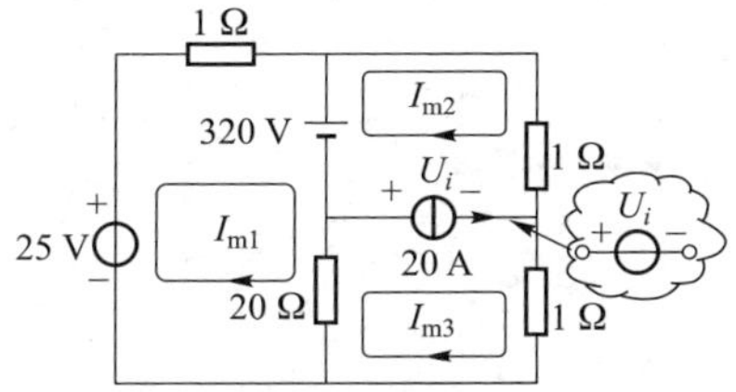

图 15 例 3-7 解图 2

第 2 步 无。

第 3 步 m1:$(1+20)I_{m1}-20I_{m3}=25-320$

第 4 步 第 5 步 无。

第 6 步 m2:$1\cdot I_{m2}=320+U_i$

m3:$-20I_{m1}+(20+1)I_{m3}=-U_i$

补充:$-I_{m2}+I_{m3}=20$

(将电流源想象为电压源 U_i,列入方程)

第 7 步 略

例 3-8 如图 16,用回路法及网孔法列写电路方程。

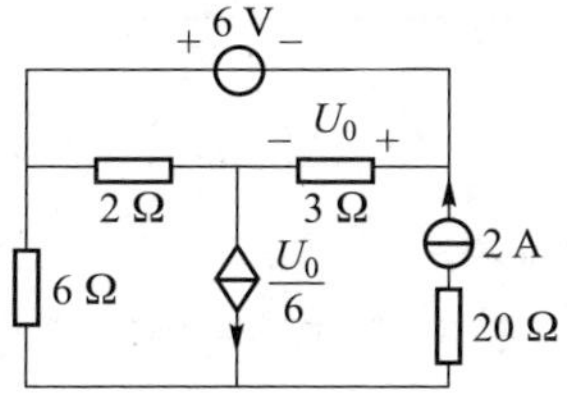

图 16 例 3-8 图

解 1:用回路法列写电路方程。

第 1 步 在图 16 中选 3 个独立回路电流变量 I_{l1}、I_{l2}、I_{l3} 及绕行方向,如图17所示。

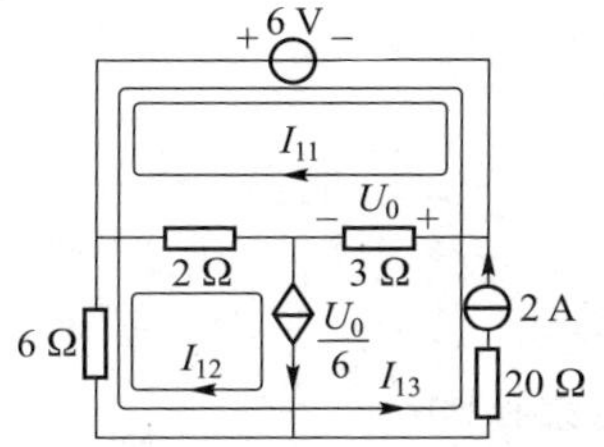

图 17 例 3-8 解图 1

第 2 步 控制量 $U_0=3I_{l1}$

第 3 步 l1:$(2+3)I_{l1}-2I_{l2}=-6$

第 4 步 无。

第 5 步 l2:$I_{l2}=\dfrac{U_0}{6}$

l3:$I_{l3}=2$

第 6 步 无。

第 7 步 略

解 2:用网孔法列写电路方程。

第 1 步 在图 16 中选 3 个网孔电流变量 I_{m1}、I_{m2}、I_{m3} 及绕行方向,如图 18 所示;设无伴电流源的电压为 U_i。

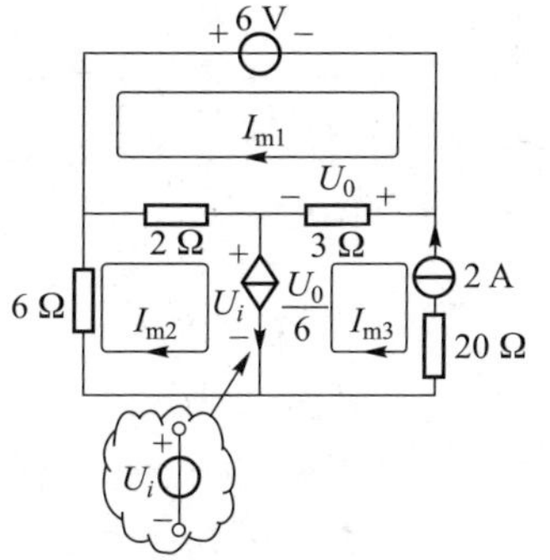

图 18 例 3-8 解图 2

第 2 步 控制量 $U_0=3(I_{m1}-I_{m3})$

第 3 步 m1:$(2+3)I_{m1}-2I_{m2}-3I_{m3}=-6$

m2:$-2I_{m1}+(2+6)I_{m2}=-U_i$

(参见第 6 步)

第 4 步 无。

第 5 步 m3:$I_{m3}=-2$

第 6 步 补充 $I_{m2}-I_{m3}=\dfrac{U_0}{6}$

(将受控电流源想象为电压源 U_i,列入方程。

注意:不要把控制量 U_0 误认为是电压源,U_0 是 3 Ω 电阻的电压,在自阻电压和互阻电压中已反映电压 U_0 了。)

第 7 步 略

列写节点电压方程的步骤：

第 1 步　首先选定参考点⓪，标注其余 $n-1$ 个独立节点（如①、②、…）选取 $n-1$ 个节点电压（$u_{n1}, u_{n2}, \cdots, u_{nk}, \cdots, u_{n(n-1)}$）为未知变量。

第 2 步　如电路中含受控源，则先将控制量用节点电压 u_{nk} 表示，并仿照独立源列写方程。

第 3 步　若电路中仅含有电阻和电流源（独立、受控），列出 $n-1$ 个 KCL 方程。其（节点电压）方程的一般形式：

$$\begin{cases} G_{11}u_{n1}+G_{12}u_{n2}+\cdots+G_{1k}u_{nk}+\cdots+G_{1(n-1)}u_{n(n-1)}=i_{S11} \\ G_{21}u_{n1}+G_{22}u_{n2}+\cdots+G_{2k}u_{nk}+\cdots+G_{2(n-1)}u_{n(n-1)}=i_{S22} \\ G_{31}u_{n1}+G_{32}u_{n2}+\cdots+G_{3k}u_{nk}+\cdots+G_{3(n-1)}u_{n(n-1)}=i_{S33} \\ \vdots \\ G_{(n-1)1}u_{n1}+\cdots+G_{(n-1)k}u_{nk}+\cdots+G_{(n-1)(n-1)}u_{n(n-1)}=i_{S(n-1)(n-1)} \end{cases}$$

式中：G_{kk}——自导（第 k 个节点上所有支路的电导之和），总为“+”。

G_{jk}——互导（第 j 与第 k 个节点间的公共支路的电导之和），总为“-”。

i_{Skk}——$i_{Skk}=\sum i_{Sk}$，第 k 个节点上的所有电流源的代数和，电流源 i_{Sk} 方向指向 k 节点时，i_{Sk} 项前取“+”，反之取“-”。

注：与电流源串联的电阻不出现在自导、互导中。

第 4 步　如含有伴电压源支路（电压源 u_{Sk} 与电阻 R_k 串联组合支路），可等效为有伴电流源（电流源 $G_k u_{Sk}=\dfrac{u_{Sk}}{R_k}$ 与电阻 R_k 并联组合支路）。此时，KCL 方程中

$$i_{Skk}=\sum i_{Sk}+\sum G_k u_{Sk}=\sum i_{Sk}+\sum\frac{u_{Sk}}{R_k}$$

如含无伴电压源，见第 5 或第 6 步。

第 5 步　用方法一处理无伴电压源支路：将该无伴电压源 u_S 的一端定为参考节点，则该无伴电压源另一端 k 的节点电压 $u_{nk}=\pm u_S$，因此不必列写该 k 节点 KCL 方程。

第 6 步　用方法二处理无伴电压源支路：若无伴电压源不接在参考节点上，则设其电流为 i_u，并列入 KCL 方程中，同时还要补充与所设未知电流数目相同的方程（即节点电压与无伴电压源间的约束关系方程）。

第 7 步　求解节点电压，指定支路电流、支路电压参考方向，进而求出支路电压（有关节点电压的代数和）及支路电流

例 3-9　如图 19 所示，用节点电压法列写电路方程。

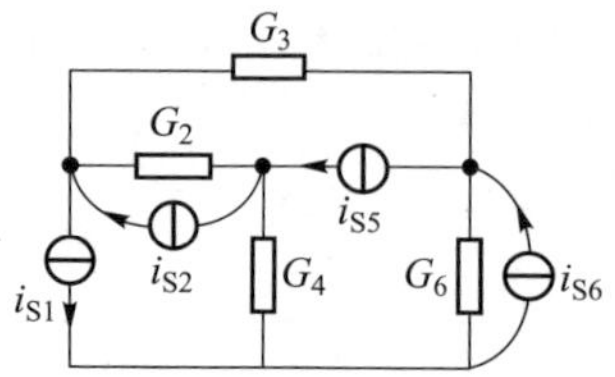

图 19　例 3-9 图

解：$n=4$，独立节点 $n-1=3$。

第 1 步　在图 19 中选参考点⓪及 3 个独立节点①、②、③，如图 20 所示。

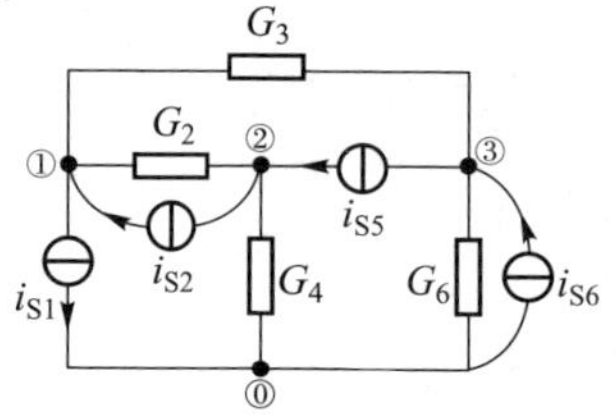

图 20　例 3-9 解图

第 2 步　无。

第 3 步

①：$(G_2+G_3)u_{n1}-G_2u_{n2}-G_3u_{n3}=i_{S2}-i_{S1}$

②：$-G_2u_{n1}+(G_2+G_4)u_{n2}=i_{S5}-i_{S2}$

③：$-G_3u_{n1}+(G_3+G_6)u_{n3}=i_{S6}-i_{S5}$

第 4 步　第 5 步　第 6 步 无。

第 7 步　略

例 3-10　如图 21，列写节点电压方程。

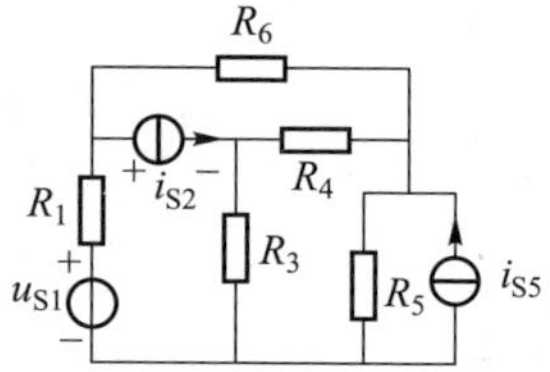

图 21　例 3-10 图

解：$n=4$，独立节点 $n-1=3$。

第 1 步　在图 21 中选参考点⓪及 3 个独立节点①、②、③，如图 22 所示。

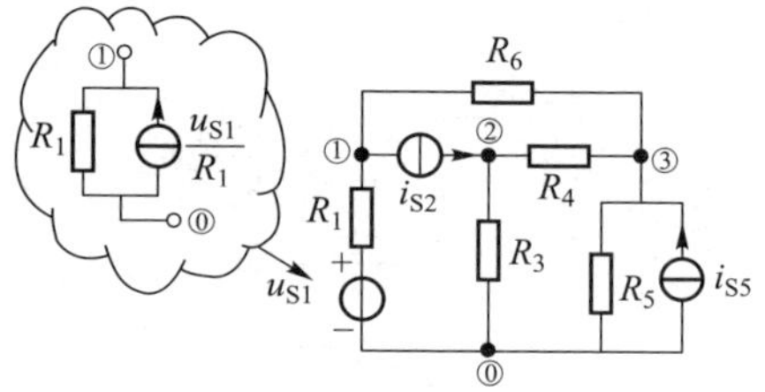

图 22　例 3-10 解图

第 2 步 无。

第 3 步　第 4 步

①：$\left(\dfrac{1}{R_1}+\dfrac{1}{R_6}\right)u_{n1}-\dfrac{1}{R_6}u_{n3}=\dfrac{u_{S1}}{R_1}-i_{S2}$

②：$\left(\dfrac{1}{R_3}+\dfrac{1}{R_4}\right)u_{n2}-\dfrac{1}{R_4}u_{n3}=i_{S2}$

③：$-\dfrac{1}{R_6}u_{n1}-\dfrac{1}{R_4}u_{n2}+\left(\dfrac{1}{R_4}+\dfrac{1}{R_5}+\dfrac{1}{R_6}\right)u_{n3}=i_{S5}$

第 5 步　第 6 步　无。

第 7 步　略

例 3-11 如图 23 所示，用节点法列写电路方程。

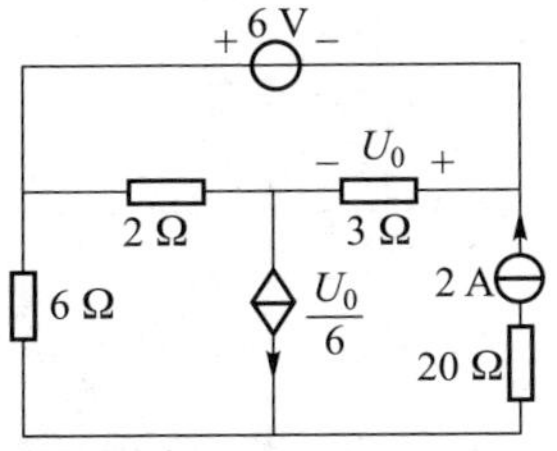

图 23 例 3-11 图

解 1： 第 1 步 在图 23 中选定参考点⓪及 3 个独立节点①、②、③，如图 24 所示。

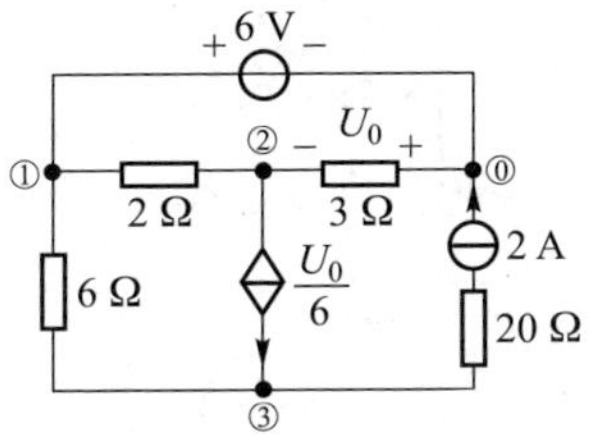

图 24 例 3-11 解图 1

第 2 步 控制量 $U_0=-U_{n2}$

第 3 步 第 5 步

① $U_{n1}=6\ \text{V}$

② $-\frac{1}{2}U_{n1}+\left(\frac{1}{2}+\frac{1}{3}\right)U_{n2}=-\frac{U_0}{6}$

③ $-\frac{1}{6}U_{n1}+\frac{1}{6}U_{n3}=\frac{U_0}{6}-2$

（自导、互导中不要考虑与 2 A 电流源串联的 20 Ω 电阻）

第 4 步 第 6 步 无。

第 7 步 略

解 2： 第 1 步 在图 23 中选定参考点⓪及 3 个独立节点①、②、③，如图 25 所示，设无伴电压源的电流为 I_u。

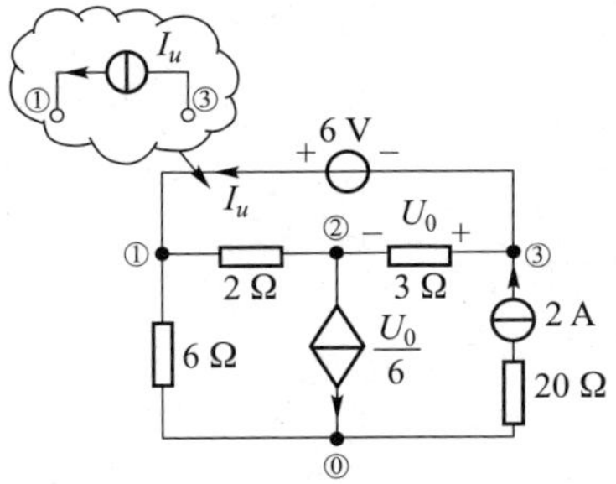

图 25 例 3-11 解图 2

第 2 步 控制量 $U_0=U_{n3}-U_{n2}$

第 3 步 第 6 步 ① $\left(\frac{1}{6}+\frac{1}{2}\right)U_{n1}-\frac{1}{2}U_{n2}=I_u$

② $-\frac{1}{2}U_{n1}+\left(\frac{1}{2}+\frac{1}{3}\right)U_{n2}-\frac{1}{3}U_{n3}=-\frac{U_0}{6}$

③ $-\frac{1}{3}U_{n2}+\frac{1}{3}U_{n3}=2-I_u$

补充 $U_{n1}-U_{n3}=6$

将 6 V 无伴电压源想象为电流源 I_u，列入方程。

第 4 步 第 5 步 无。

第 7 步 略

例 3-12 如图 26 所示，用节点法列写节点电压方程。

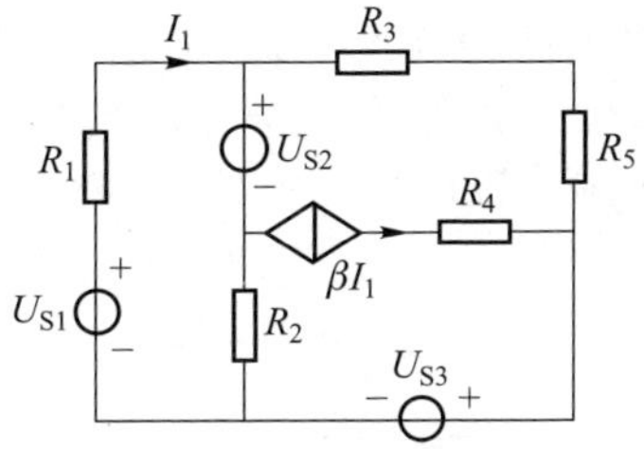

图 26 例 3-12 图

解： 第 1 步 在图 26 中选定参考点⓪及 3 个独立节点①、②、③，如图 27 所示，设无伴电压源 U_{S2} 的电流为 I_u。

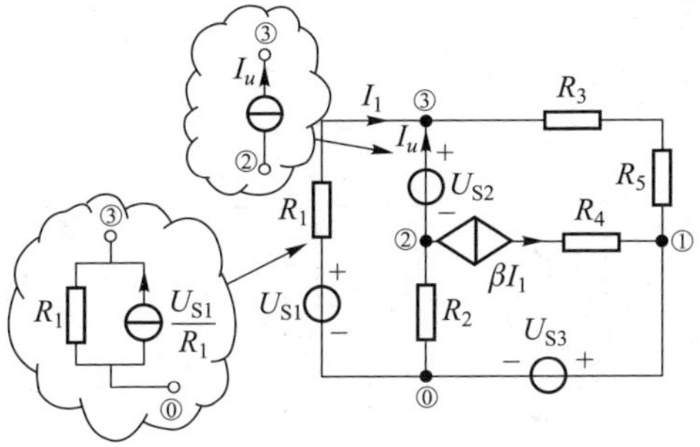

图 27 例 3-12 解图

第 2 步 控制量 $I_1=\frac{U_{S1}-U_{n3}}{R_1}$

第 3 步 第 4 步 第 5 步 第 6 步

① $U_{n1}=U_{S3}$

② $\frac{1}{R_2}U_{n2}=-\beta I_1-I_u$

③ $-\frac{1}{R_3+R_5}U_{n1}+\left(\frac{1}{R_1}+\frac{1}{R_3+R_5}\right)U_{n3}=I_u+\frac{U_{S1}}{R_1}$

补充 $U_{n3}-U_{n2}=U_{S2}$

将无伴电压源 U_{S2} 想象为电流源 I_u，列入方程。

注意：不要把控制量 I_1 误认为是电流源，I_1 是电阻 R_1 的电流，在自导电流和互导电流中已反映电流 I_1 了。

第 7 步 略

本章习题与解答

3-1 在以下两种情况下，画出题 3-1 图所示电路的图，并说明其节点数和支路数：(1) 每个元件作为一条支路处理；(2) 电压源(独立或受控)和电阻的串联组合，电流源和电阻的并联组合作为一条支路处理。

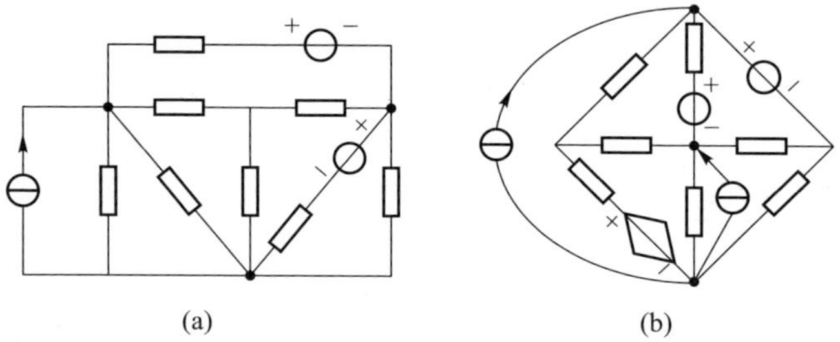

题 3-1 图

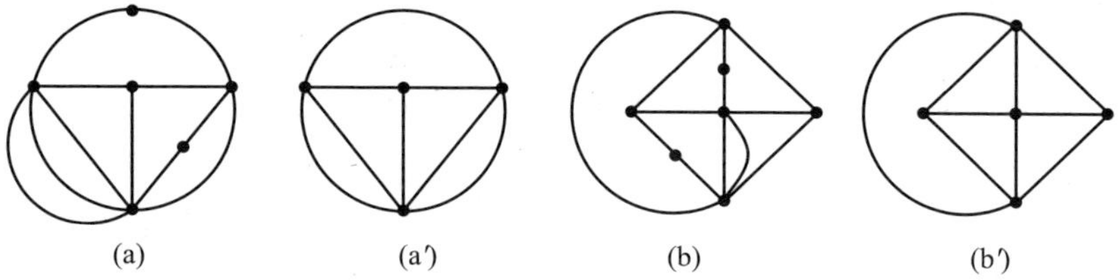

题 3-1 解图

解：由题 3-1 图(a)，(1) 节点数 $n=6$，支路数 $b=11$，电路的图如题 3-1 解图(a)所示；(2) 节点数 $n=4$，支路数 $b=8$，电路的图如题3-1解图(a′)所示。

由题 3-1 图(b)，(1) 节点数 $n=7$，支路数 $b=12$，电路的图如题 3-1 解图(b)所示；(2) 节点数 $n=5$，支路数 $b=9$，电路的图如题 3-1 解图(b′)所示。

3-2 指出题 3-1 中两种情况下，KCL、KVL 独立方程各为多少？

解：(1) 由题 3-1 图(a)，KCL 独立方程为 $n-1=5$ 个，KVL 独立方程为 $b-n+1=6$ 个。由题 3-1 图(b)，KCL 独立方程为 6 个，KVL 独立方程为6 个。

(2) 由题 3-1 图(a)，KCL 独立方程为 3 个，KVL 独立方程为 5 个。由题 3-1图(b)，KCL 独立方程为 4 个，KVL 独立方程为 5 个。

3-3 对题 3-3 图(a)和(b)所示图，各画出 4 个不同的树，树支数各为多少？

解：题 3-3 图(a)的 4 个不同的树如题 3-3 解图(a1)(a2)(a3)(a4)所示，树支数为 $n-1=6-1=5$。

题 3-3 图(b)的 4 个不同的树如题 3-3 解图(b1)(b2)(b3)(b4)所示，树支数为 $n-1=5$。

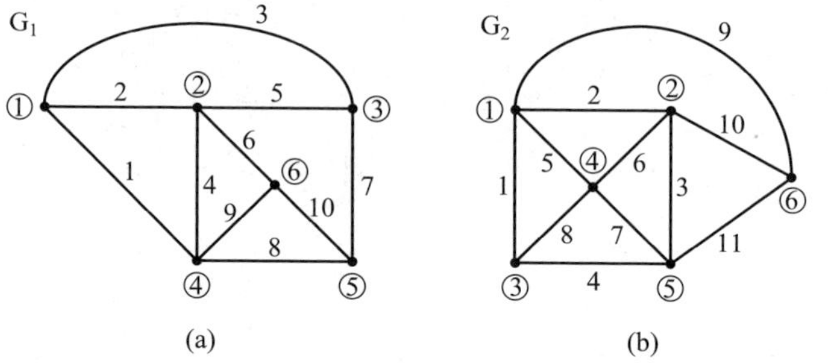

题 3-3 图

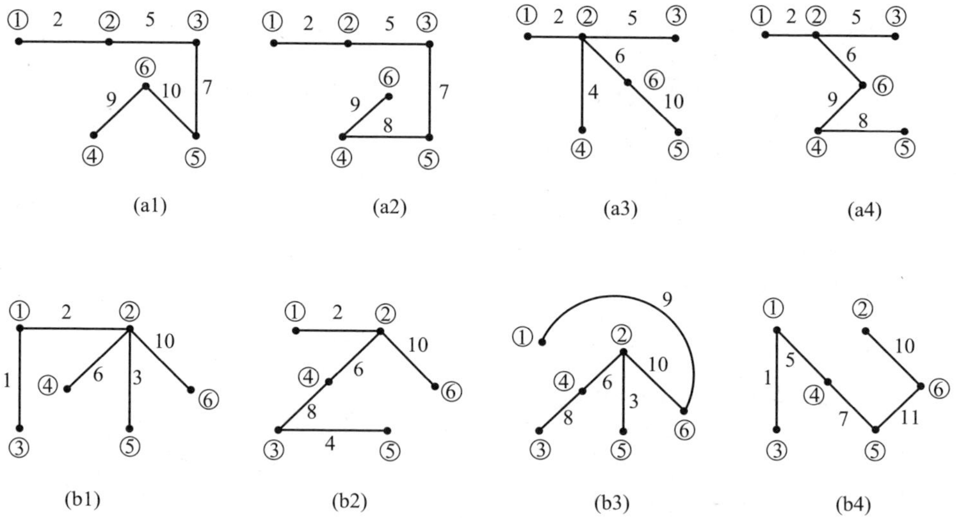

题 3-3 解图

3-4 题 3-4 图所示桥形电路共可画出 16 个不同的树，试一一列出(由于节点数为 4，故树支数为 3，可按支路号递增的穷举方法列出所有可能的组合，如 123，124，…，126，134，135，…，从中选出树)。

解：题 3-4 图示桥形电路共有 16 个不同的树，如题 3-4 解图(a)~(p)所示。

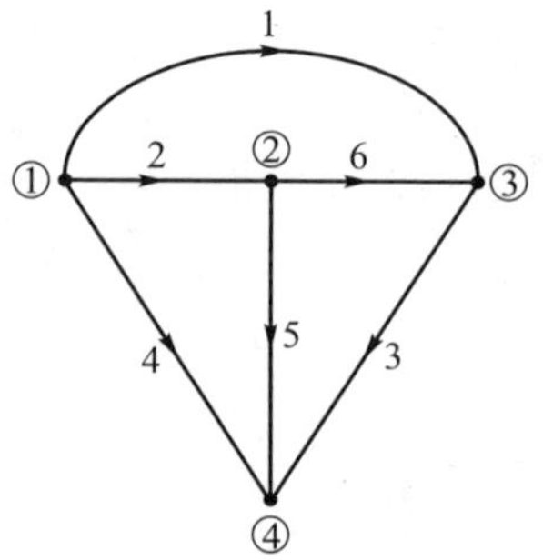

题 3-4 图

3-5 对题 3-3 图所示的 G_1 和 G_2，任选一树并确定其基本回路组，同时指出独立回路数和网孔数各为多少？

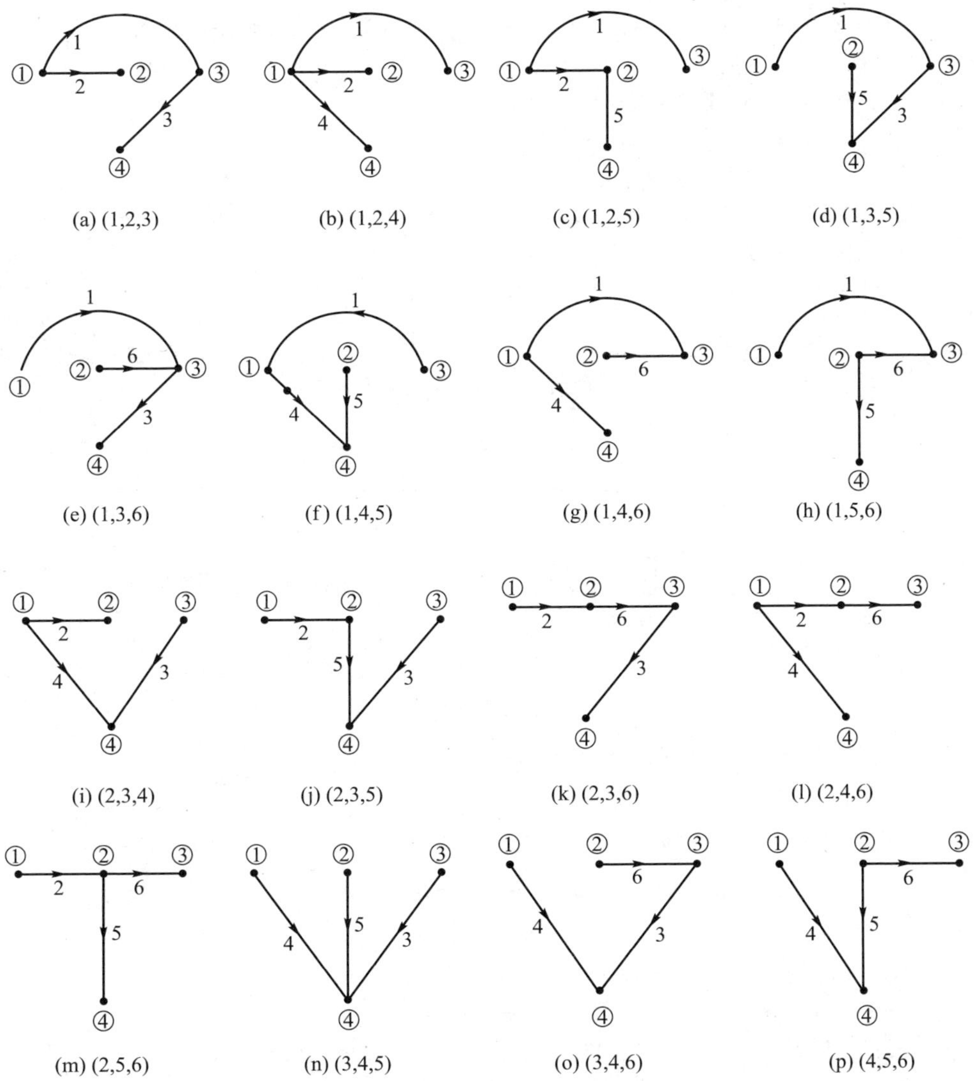

题 3-4 解图

解:题 3-3 图(a)中,任选一树如题 3-5 解图(a1)所示,其基本回路组如题 3-5 解图(a2)(a3)(a4)(a5)(a6)所示,独立回路数 5 个,网孔数为5 个。

题 3-3 图(b)中,任选一树如题 3-5 解图(b1)所示,其基本回路组如题3-5 解图(b2)(b3)(b4)(b5)(b6)(b7)所示,独立回路数及网孔数为6 个。

每个基本回路(单连支回路)含树的一部分树支或全部树支和一条连支(虚线)。基本回路数=独立回路数=网孔数。

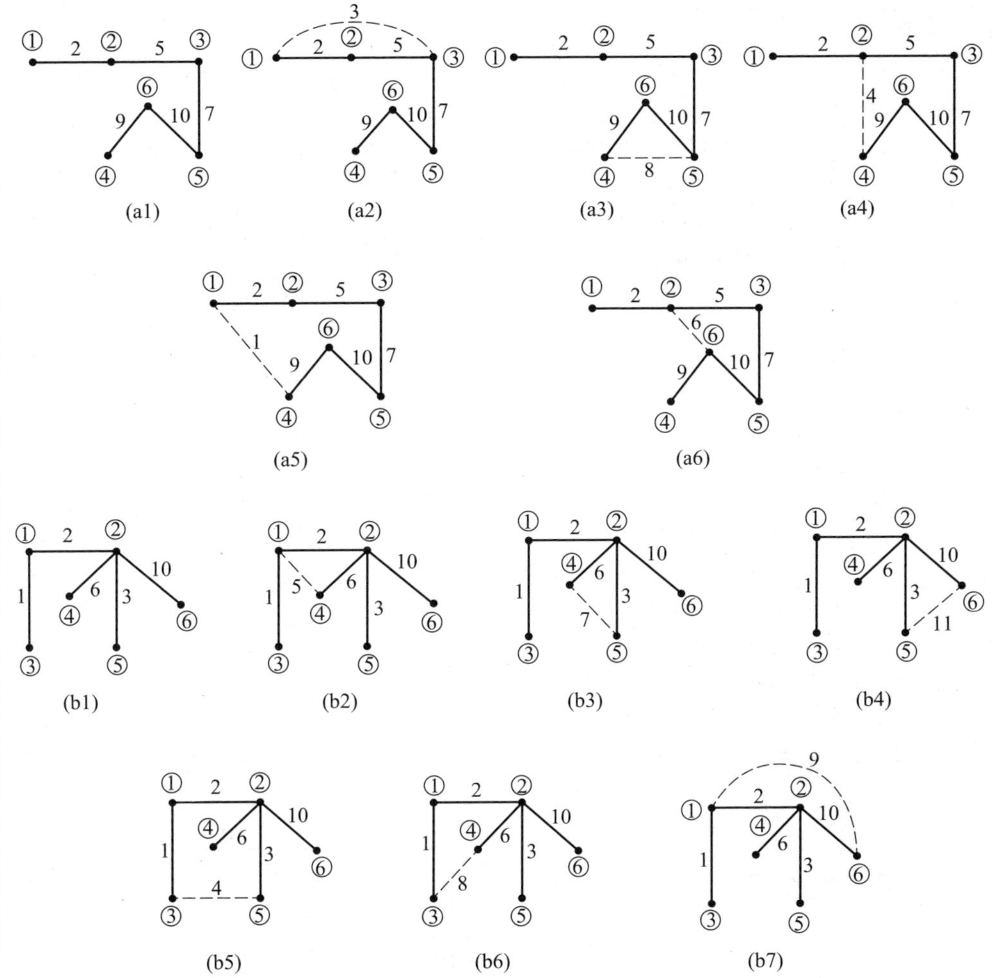

题 3-5 解图

3-6 对题 3-6 图所示非平面图,设:(1) 选择支路(1,2,3,4)为树;(2) 选择支路(5,6,7,8)为树。问独立回路各有多少?求其基本回路组。

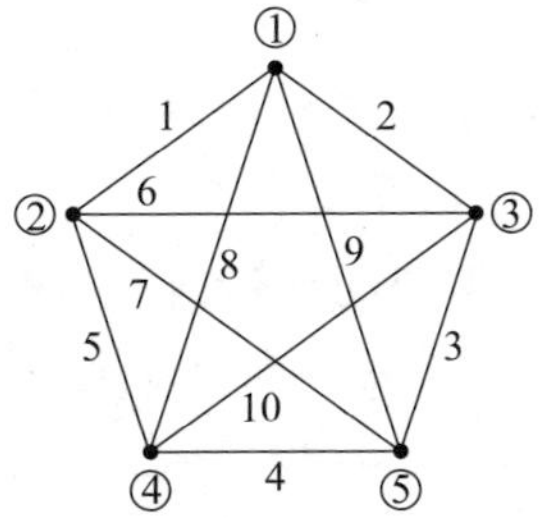

题 3-6 图

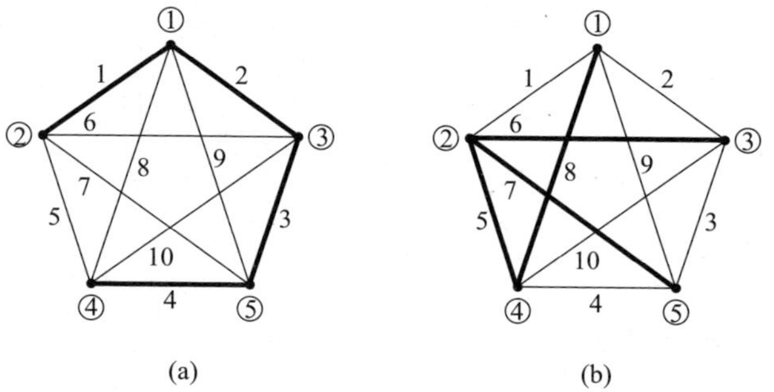

题 3-6 解图

解:题 3-6 图中,选择支路(1,2,3,4)为树时,如题 3-6 解图(a)中粗线所示;选择支路(5,6,7,8)为树时,如题 3-6 解图(b)中粗线所示。

(1) 题 3-6 解图(a)中,独立回路数 $l=b-n+1=10-5+1=6$,基本回路组为$(1,2,3,4,\underline{5})(1,2,\underline{6})(1,2,3,\underline{7})(2,3,\underline{9})(2,3,4,\underline{8})(3,4,\underline{10})$。

(2) 题 3-6 解图(b)中,独立回路数 $l=6$,基本回路组为$(\underline{1},5,8)(\underline{4},5,7)(5,6,\underline{10})(\underline{3},6,7)(\underline{2},6,5,8)(5,7,\underline{9},8)$。

说明:所选基本回路为单连支回路,即由若干个树支和单一连支组成的回路,单一连支对应带下划线的支路号。

3-7 题 3-7 图所示电路中 $R_1=R_2=10\ \Omega$,$R_3=4\ \Omega$,$R_4=R_5=8\ \Omega$,$R_6=2\ \Omega$,$u_{S3}=20\ \text{V}$,$u_{S6}=40\ \text{V}$,用支路电流法求解电流 i_5。

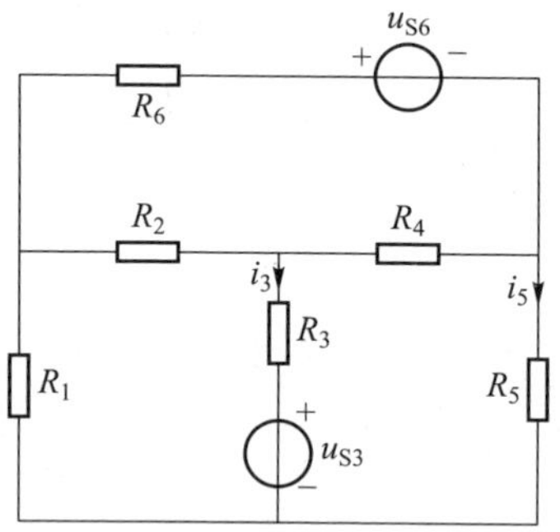

题 3-7 图

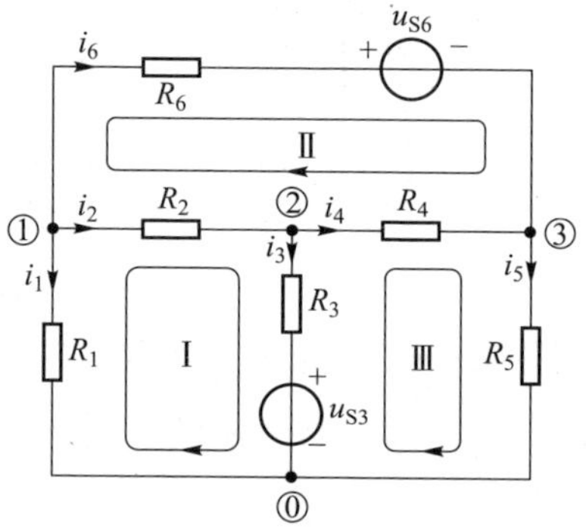

题 3-7 解图

解:题 3-7 图中,选各支路电流为变量,标注支路电流 $i_1\sim i_6$ 及其参考方向,参考点⓪,独立节点①、②、③,独立回路Ⅰ、Ⅱ、Ⅲ及绕行方向,如题3-7解图所示。

根据 KCL,节点① $i_1+i_2+i_6=0$

节点② $-i_2+i_3+i_4=0$

节点③ $-i_4+i_5-i_6=0$

根据 KVL,回路Ⅰ:$-R_1i_1+R_2i_2+R_3i_3=-u_{S3} \Rightarrow -10i_1+10i_2+4i_3=-20$

回路Ⅱ:$-R_2i_2-R_4i_4+R_6i_6=-u_{S6} \Rightarrow -10i_2-8i_4+2i_6=-40$

回路Ⅲ:$-R_3i_3+R_4i_4+R_5i_5=u_{S3} \Rightarrow -4i_3+8i_4+8i_5=20$

上述方程联立求解,得 $i_5=-0.956\ \text{A}$。

3-8 用网孔电流法求解题 3-7 图中的电流 i_5。

解:题 3-7 图中,选网孔电流 i_{m1}、i_{m2}、i_{m3}及绕行方向,如题 3-8 解图所示。用网孔电流法列方程,有

网孔 m1:$(R_2+R_4+R_6)i_{m1}-R_2i_{m2}-R_4i_{m3}=-u_{S6}$

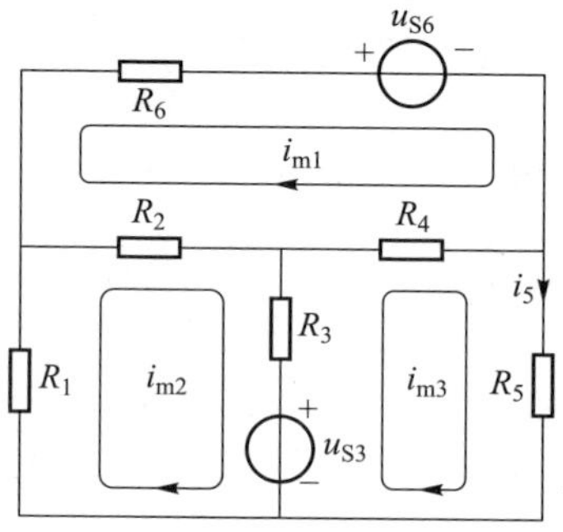

题 3-8 解图

网孔 m2:$-R_2i_{m1}+(R_1+R_2+R_3)i_{m2}-R_3i_{m3}=-u_{S3}$

网孔 m3:$-R_4i_{m1}-R_3i_{m2}+(R_3+R_4+R_5)i_{m3}=u_{S3}$

代入数据整理得 $20i_{m1}-10i_{m2}-8i_{m3}=-40$ 〈1〉

$-10i_{m1}+24i_{m2}-4i_{m3}=-20$ 〈2〉

$-8i_{m1}-4i_{m2}+20i_{m3}=20$ 〈3〉

联立〈1〉〈2〉〈3〉式,解得 $i_5=i_{m3}=-0.956\ \text{A}$。

3-9 用回路电流法求解题 3-7 图中电流 i_3。

解:题 3-7 图中,选取独立回路,设回路电流 i_{l1}、i_{l2}、i_{l3}及绕行方向,如题 3-9 解图所示。用回路电流法列方程,有

$$\begin{cases}(R_1+R_2+R_3)i_{l1}+R_1i_{l2}+(R_1+R_2)i_{l3}=-u_{S3}\\ R_1i_{l1}+(R_1+R_5+R_6)i_{l2}+(R_1+R_5)i_{l3}=-u_{S6}\\ (R_1+R_2)i_{l1}+(R_1+R_5)i_{l2}+(R_1+R_2+R_4+R_5)i_{l3}=0\end{cases}$$

$$\Rightarrow \begin{cases}24i_{l1}+10i_{l2}+20i_{l3}=-20\\ 10i_{l1}+20i_{l2}+18i_{l3}=-40\\ 20i_{l1}+18i_{l2}+36i_{l3}=0\end{cases}$$

联立三式,解得 $i_3=i_{l1}=-1.552\ \text{A}$。

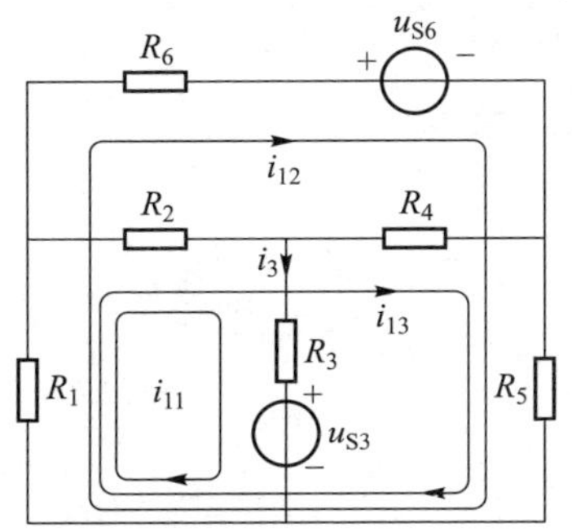

题 3-9 解图

3-10 用回路电流法求解题 3-10 图所示电路中 5 Ω 电阻中的电流 i。

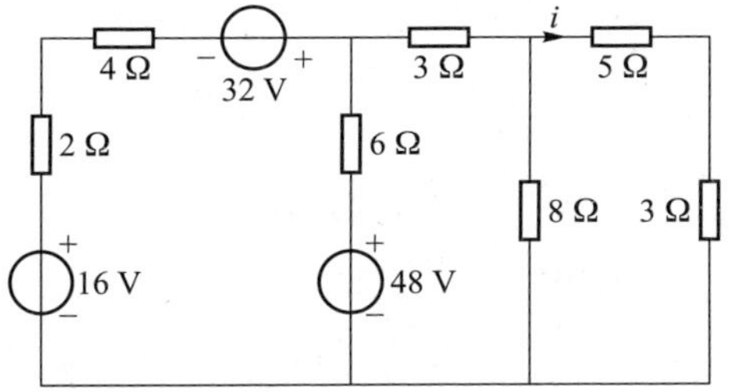

题 3-10 图

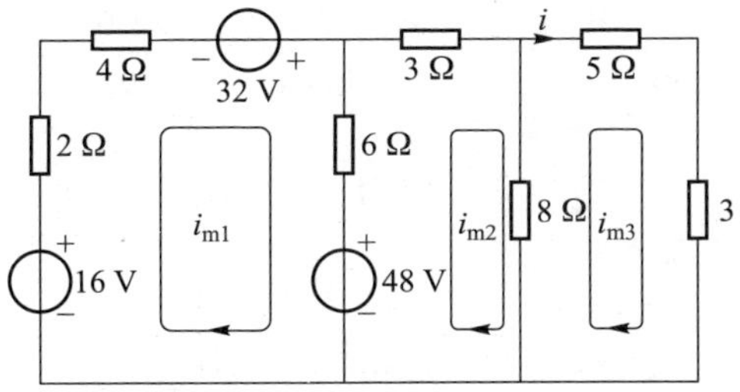

题 3-10 解图

解:对题 3-10 图选网孔为独立回路,其网孔电流 i_{m1}、i_{m2}、i_{m3} 及绕行方向如题 3-10 解图所示。用网孔电流法列方程,有

$$\begin{cases}(2+4+6)i_{m1}-6i_{m2}=16+32-48\\-6i_{m1}+(6+3+8)i_{m2}-8i_{m3}=48\\-8i_{m2}+(8+5+3)i_{m3}=0\end{cases}\Rightarrow\begin{cases}12i_{m1}-6i_{m2}=0 & \langle 1\rangle\\-6i_{m1}+17i_{m2}-8i_{m3}=48 & \langle 2\rangle\\-8i_{m2}+16i_{m3}=0 & \langle 3\rangle\end{cases}$$

将〈1〉式与〈2〉式乘以 2 相加,得

$$28i_{m2}-16i_{m3}=96 \quad\Rightarrow\quad 7i_{m2}-4i_{m3}=24 \qquad \langle 4\rangle$$

由〈3〉式得 $\quad i_{m2}=2i_{m3}$

代入〈4〉式,得

$$14i_{m3}-4i_{m3}=24 \quad\Rightarrow\quad i_{m3}=2.4\ \text{A}$$

则

$$i=i_{m3}=2.4\ \text{A}$$

3-11 用回路电流法求解题 3-11 图所示电路中电流 I。

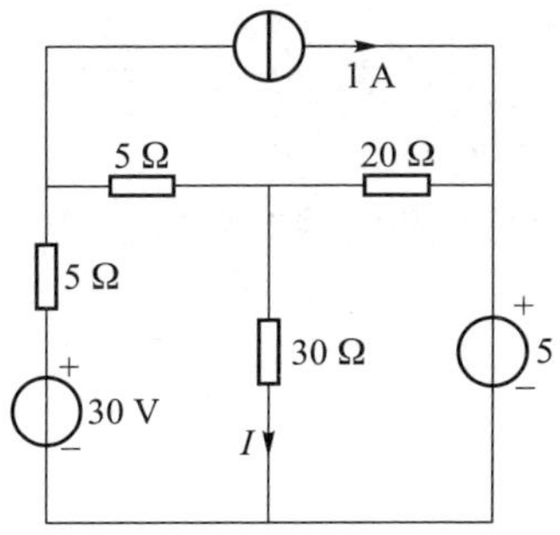

题 3-11 图

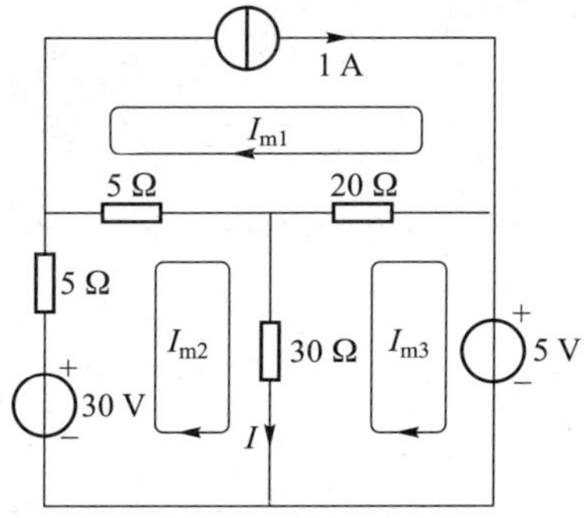

题 3-11 解图

解:题 3-11 图中,选网孔为独立回路,其网孔电流 I_{m1}、I_{m2}、I_{m3} 及绕行方向如题 3-11 解图所示,用网孔电流法列方程为

$$\begin{cases}I_{m1}=1\\-5I_{m1}+(5+5+30)I_{m2}-30I_{m3}=30\\-20I_{m1}-30I_{m2}+(20+30)I_{m3}=-5\end{cases}$$

$$\Rightarrow\begin{cases}I_{m1}=1 & \langle 1\rangle\\-5I_{m1}+40I_{m2}-30I_{m3}=30 & \langle 2\rangle\\-20I_{m1}-30I_{m2}+50I_{m3}=-5 & \langle 3\rangle\end{cases}$$

将〈1〉式代入〈2〉、〈3〉式,得〈4〉、〈5〉式

$$\begin{cases}40I_{m2}-30I_{m3}=35 & \langle 4\rangle\\-30I_{m2}+50I_{m3}=15 & \langle 5\rangle\end{cases}$$

将〈4〉式乘以 3 与〈5〉式乘以 4 再相加,得

$$-90I_{m3}+200I_{m3}=3\times35+60$$

解得

$$I_{m3}=\frac{165}{110}\text{A}=1.5\ \text{A}$$

代入〈5〉式,得

$$I_{m2}=\frac{50I_{m3}-15}{30}=\frac{50\times1.5-15}{30}\text{A}=2\ \text{A}$$

$$I=I_{m2}-I_{m3}=(2-1.5)\text{A}=0.5\ \text{A}$$

3-12 用回路电流法求解题 3-12 图所示电路中电流 I_α 及电压 U_o。

解:题 3-12 图中,选网孔为独立回路,其网孔电流 I_{m1}、I_{m2}、I_{m3} 及绕行方向如题 3-12 解图所示,其网孔电流法列方程为

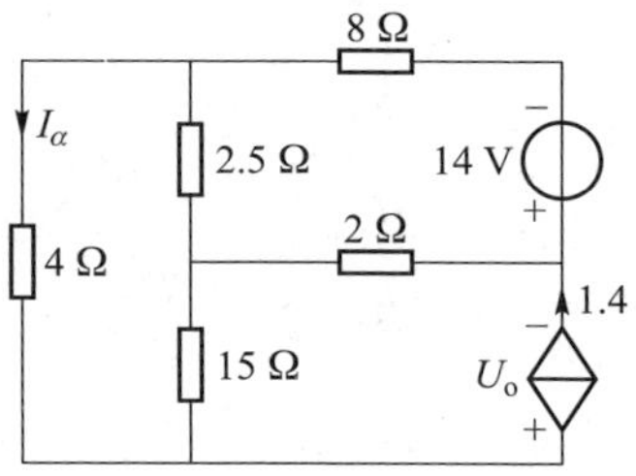

题 3-12 图

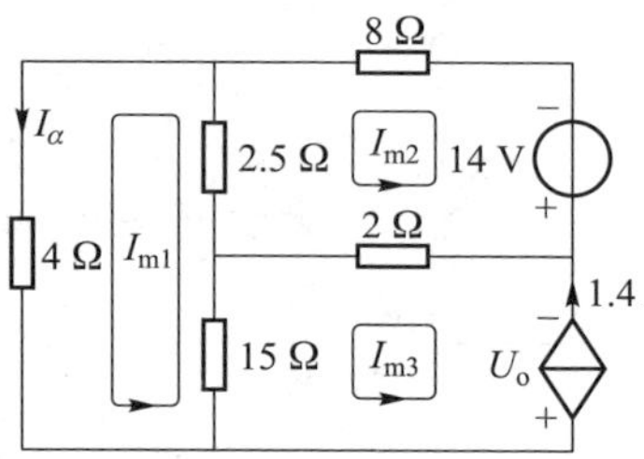

题 3-12 解图

$$\begin{cases}(2.5+4+15)\ I_{m1}-2.5I_{m2}-15I_{m3}=0\\-2.5I_{m1}+(8+2.5+2)\ I_{m2}-2I_{m3}=-14\\I_{m3}=1.4I_\alpha=1.4I_{m1}\end{cases}$$

$$\Rightarrow\begin{cases}21.5I_{m1}-2.5I_{m2}-15I_{m3}=0 & \langle 1\rangle\\-2.5I_{m1}+12.5I_{m2}-2I_{m3}=-14 & \langle 2\rangle\\I_{m3}=1.4I_{m1} & \langle 3\rangle\end{cases}$$

将〈3〉式代入〈1〉、〈2〉式,得

$$\begin{cases}0.5I_{m1}-2.5I_{m2}=0\\-5.3I_{m1}+12.5I_{m2}=-14\end{cases}$$

解得 $I_{m1}=5\ \text{A},I_{m2}=1\ \text{A},I_\alpha=I_{m1}=5\ \text{A}$

$$U_o=-4I_\alpha-8I_{m2}-14=(-4\times5-8\times1-14)\ \text{V}=-42\ \text{V}$$

3-13 用回路电流法求解:

(1) 题 3-13 图(a)中的 U_x;(2) 题 3-13 图(b)中的 I。

(在本题中,应考虑如何选择独立回路,可使解题的工作量最少。)

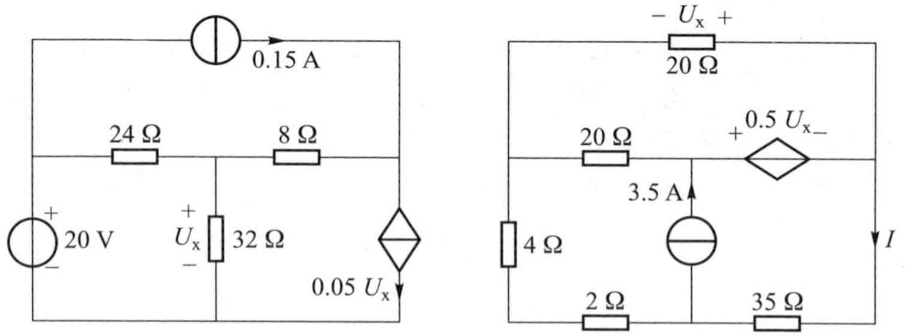

(a) (b)

题 3-13 图

解:(1) 题 3-13 图(a)中,选独立回路电流 I_{l1}、I_{l2}、I_{l3}及绕行方向,如题 3-13 解图(a)所示。其回路电流方程为

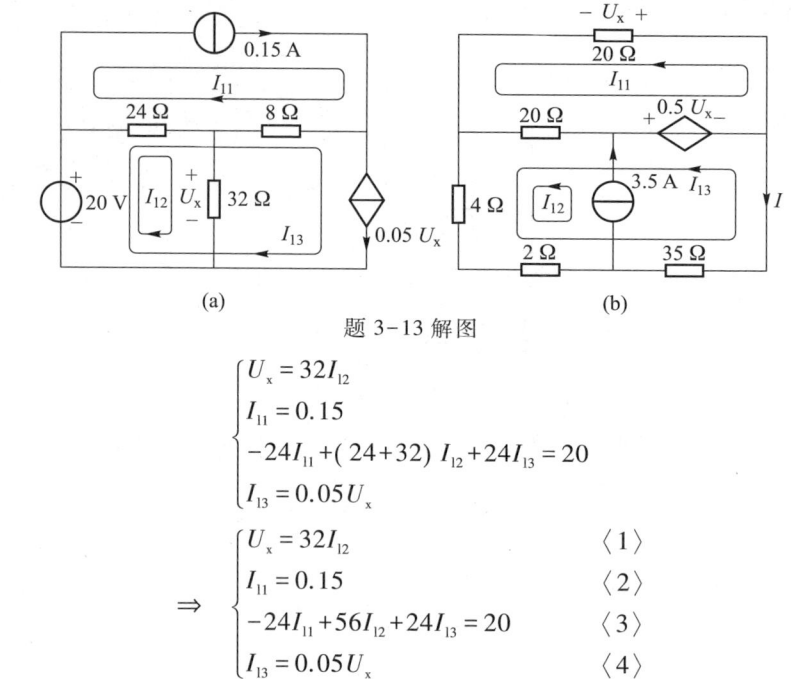

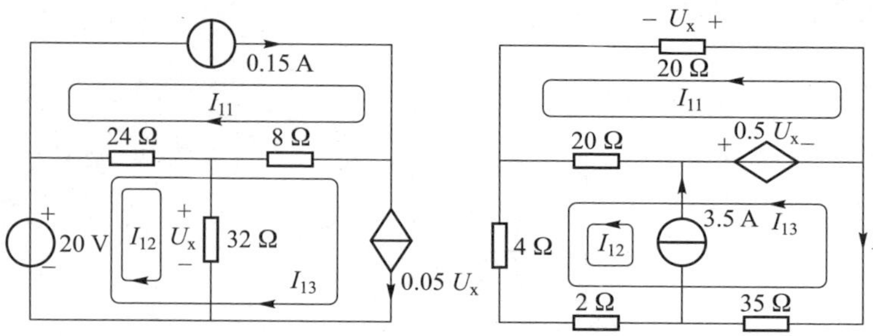

(a) (b)

题 3-13 解图

$$\begin{cases}U_x=32I_{l2}\\I_{l1}=0.15\\-24I_{l1}+(24+32)\ I_{l2}+24I_{l3}=20\\I_{l3}=0.05U_x\end{cases}$$

$$\Rightarrow\begin{cases}U_x=32I_{l2} & \langle 1\rangle\\I_{l1}=0.15 & \langle 2\rangle\\-24I_{l1}+56I_{l2}+24I_{l3}=20 & \langle 3\rangle\\I_{l3}=0.05U_x & \langle 4\rangle\end{cases}$$

由〈1〉式,得 $I_{l2}=\dfrac{U_x}{32}$。将 I_{l2}、〈2〉式、〈4〉式代入〈3〉式,得

$$-24\times0.15+56\times\frac{U_x}{32}+24\times0.05U_x=20$$

$$\Rightarrow U_x=\frac{20+3.6}{\dfrac{56}{32}+24\times0.05}\ \text{V}=\frac{23.6}{1.75+1.2}\ \text{V}=\frac{23.6}{2.95}\ \text{V}=8\ \text{V}$$

(2) 题 3-13 图(b)中,选独立回路电流 I_{l1}、I_{l2}、I_{l3}及绕行方向,如题 3-13 解图(b)所示。其回路电流方程为

$$\begin{cases}U_x=20I_{l1}\\(20+20)\ I_{l1}-20I_{l2}-20I_{l3}=-0.5U_x\\I_{l2}=3.5\\-20I_{l1}+(20+4+2)\ I_{l2}+(20+4+2+35)\ I_{l3}=0.5U_x\\I=-I_{l3}\end{cases}$$

$$\Rightarrow\begin{cases}U_x=20I_{l1} & \langle 1\rangle\\40I_{l1}-20I_{l2}-20I_{l3}=-0.5U_x & \langle 2\rangle\\I_{l2}=3.5 & \langle 3\rangle\\-20I_{l1}+26I_{l2}+61I_{l3}=0.5U_x & \langle 4\rangle\\I=-I_{l3} & \langle 5\rangle\end{cases}$$

将〈1〉式代入〈2〉式和〈4〉式，得

$$\begin{cases}40I_{11}-20I_{12}-20I_{13}=-0.5\times20I_{11}\\-20I_{11}+26I_{12}+61I_{13}=0.5\times20I_{11}\end{cases}$$

$$\Rightarrow\begin{cases}50I_{11}-20I_{12}-20I_{13}=0 & \langle6\rangle\\-30I_{11}+26I_{12}+61I_{13}=0 & \langle7\rangle\end{cases}$$

将〈6〉式乘以 3 与〈7〉式乘以 5 相加，得

$$-60I_{12}+26\times5I_{12}-60I_{13}+61\times5I_{13}=0\quad\Rightarrow\quad70I_{12}+245I_{13}=0\qquad\langle8\rangle$$

将〈3〉式代入〈8〉式，得

$$70\times3.5+245I_{13}=0$$

$$\Rightarrow\quad I_{13}=-\frac{70\times3.5}{245}\text{A}=-1\ \text{A}$$

代入〈5〉式，得

$$I=-I_{13}=1\ \text{A}$$

3-14 用回路电流法求解题 3-14 图所示电路中 I_x 以及 CCVS 的功率。

解：题 3-14 图中，设独立回路电流 I_{11}、I_{12}、I_{13} 及绕行方向，如题3-14解图所示。其回路电流方程为

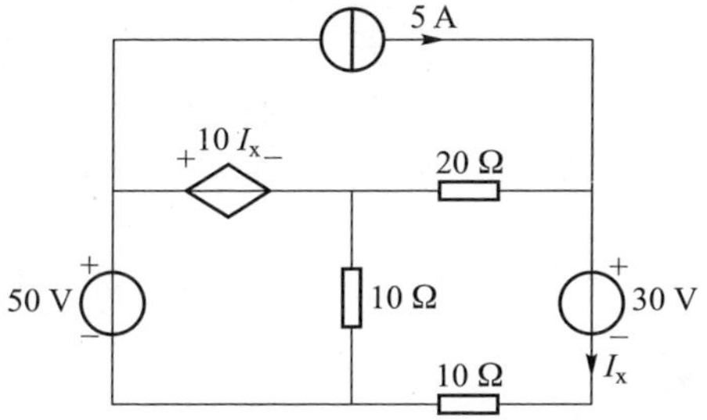

题 3-14 图

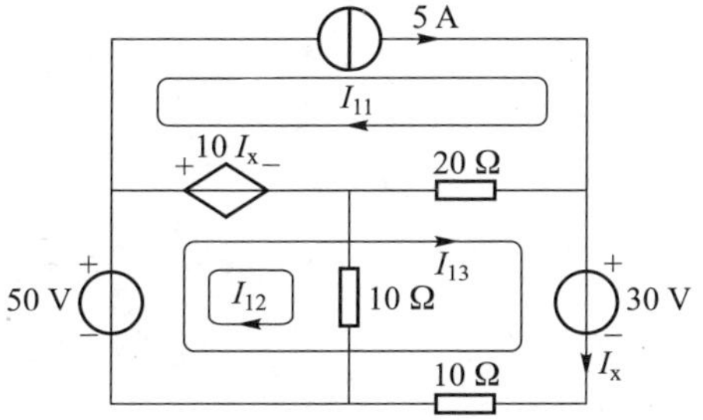

题 3-14 解图

$$\begin{cases}I_{11}=5\\10I_{12}=50-10I_x\\-20I_{11}+(20+10)\ I_{13}=50-30-10I_x\\I_x=I_{13}\end{cases}$$

$$\Rightarrow\begin{cases}I_{11}=5 & \langle1\rangle\\10I_{12}=50-10I_x & \langle2\rangle\\-20I_{11}+30I_{13}=20-10I_x & \langle3\rangle\\I_x=I_{13} & \langle4\rangle\end{cases}$$

将〈1〉和〈4〉式代入〈3〉式，得

$$-20\times5+40I_x=20\quad\Rightarrow\quad I_x=\frac{20+100}{40}\text{A}=3\ \text{A}$$

将 I_x 代入〈2〉和〈4〉式，得

$$I_{12}=\frac{50-10\times3}{10}\text{A}=2\ \text{A}$$

$$I_{13}=3\ \text{A}$$

$$p_{\text{CCVS}}=10I_x(I_{12}+I_{13}-I_{11})=10\times3\times(2+3-5)\ \text{W}=0\ \text{W}$$

3-15 列出题 3-15 图(a)(b)所示电路的节点电压方程。

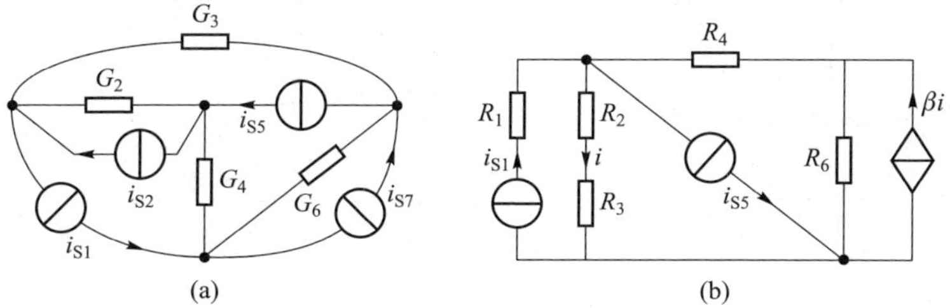

题 3-15 图

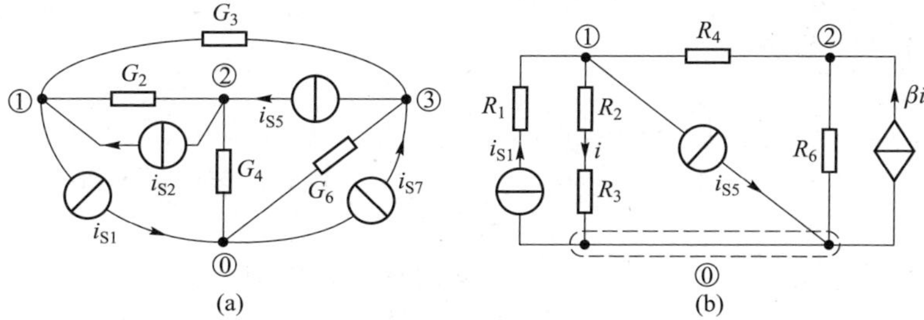

题 3-15 解图

解：题 3-15 图(a)中，选参考点⓪，标注独立节点①、②、③，如题 3-15 解图(a)所示，列节点电压方程为

$$\begin{cases}(G_2+G_3)u_{n1}-G_2u_{n2}-G_3u_{n3}=i_{S2}-i_{S1}\\-G_2u_{n1}+(G_2+G_4)u_{n2}=i_{S5}-i_{S2}\\-G_3u_{n1}+(G_3+G_6)u_{n3}=i_{S7}-i_{S5}\end{cases}$$

题 3-15 图(b)中，选参考点⓪，标注独立节点①、②，如题3-15 解图(b)所示，列节点电压方程为

$$\begin{cases}i=\dfrac{u_{n1}}{R_2+R_3}\\\left(\dfrac{1}{R_2+R_3}+\dfrac{1}{R_4}\right)u_{n1}-\dfrac{1}{R_4}u_{n2}=i_{S1}-i_{S5}\\-\dfrac{1}{R_4}u_{n1}+\left(\dfrac{1}{R_4}+\dfrac{1}{R_6}\right)u_{n2}=\beta i\end{cases}$$

$$\Rightarrow\begin{cases}\left(\dfrac{1}{R_2+R_3}+\dfrac{1}{R_4}\right)u_{n1}-\dfrac{1}{R_4}u_{n2}=i_{S1}-i_{S5}\\-\left(\dfrac{\beta}{R_2+R_3}+\dfrac{1}{R_4}\right)u_{n1}+\left(\dfrac{1}{R_4}+\dfrac{1}{R_6}\right)u_{n2}=0\end{cases}$$

注：与 i_{S1} 串联的 R_1 未出现在方程中。

3-16 列出题 3-16 图(a)(b)所示电路的节点电压方程。

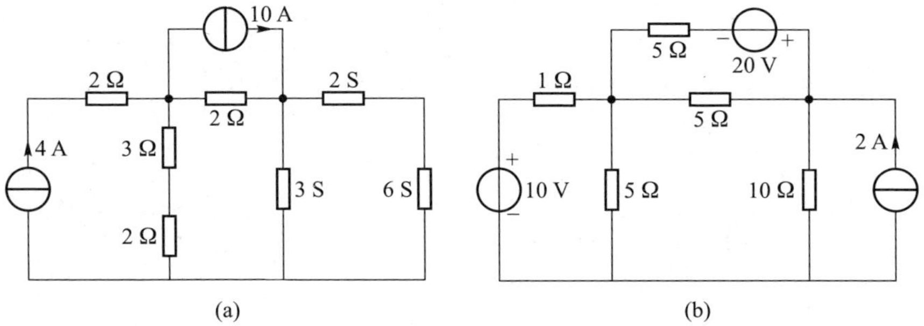

题 3-16 图

解：题 3-16 图(a)中，选参考点⓪，标注独立节点①、②，如题3-16解图(a)所示，列节点电压方程为

$$\begin{cases}\left(\dfrac{1}{2}+\dfrac{1}{3+2}\right)u_{n1}-\dfrac{1}{2}u_{n2}=4-10\\[2mm] -\dfrac{1}{2}u_{n1}+\left(\dfrac{1}{2}+3+\dfrac{2\times 6}{2+6}\right)u_{n2}=10\end{cases}\Rightarrow\begin{cases}0.7u_{n1}-0.5u_{n2}=-6\\ -0.5u_{n1}+5u_{n2}=10\end{cases}$$

注：与 4 A 电流源串联的 2 Ω 电阻未出现在方程中。

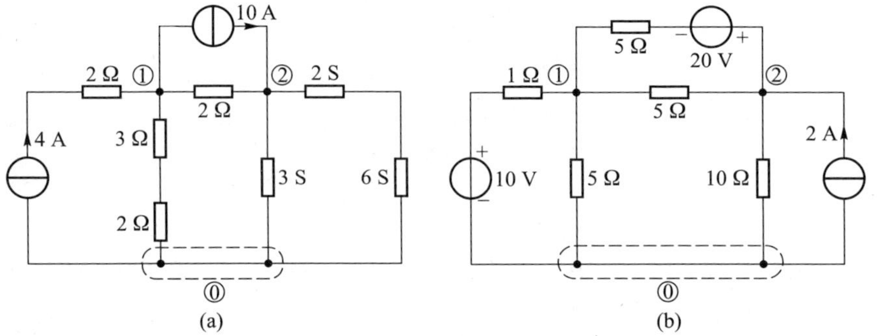

题 3-16 解图

题 3-16 图(b)中，选参考点⓪，标注独立节点①、②，如题3-16 解图(b)所示，列节点电压方程为

$$\begin{cases}\left(\dfrac{1}{1}+\dfrac{1}{5}+\dfrac{1}{5}+\dfrac{1}{5}\right)u_{n1}-\left(\dfrac{1}{5}+\dfrac{1}{5}\right)u_{n2}=\dfrac{10}{1}-\dfrac{20}{5}\\[2mm] -\left(\dfrac{1}{5}+\dfrac{1}{5}\right)u_{n1}+\left(\dfrac{1}{5}+\dfrac{1}{5}+\dfrac{1}{10}\right)u_{n2}=\dfrac{20}{5}+2\end{cases}$$

$$\Rightarrow\begin{cases}1.6u_{n1}-0.4u_{n2}=6\\ -0.4u_{n1}+0.5u_{n2}=6\end{cases}$$

3-17 题 3-17 图所示为由电压源和电阻组成的一个独立节点的电路，用节点电压法证明其节点电压为 $u_{n1}=\dfrac{\sum G_k u_{Sk}}{\sum G_k}$，此式又称为弥尔曼定理。

解：根据电源等效变换的条件，将电压源与电阻的串联变换为电流源与电阻的并联，如题 3-17 解图所示。用节点电压法列方程，

对节点①，有 $$\left(\frac{1}{R_1}+\frac{1}{R_2}+\frac{1}{R_3}+\cdots+\frac{1}{R_n}\right)u_{n1}=i_{S1}+i_{S2}+i_{S3}+\cdots+i_{Sn}$$

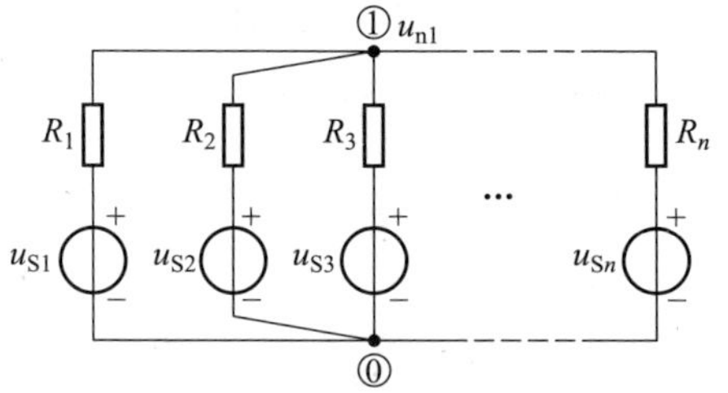

题 3-17 图

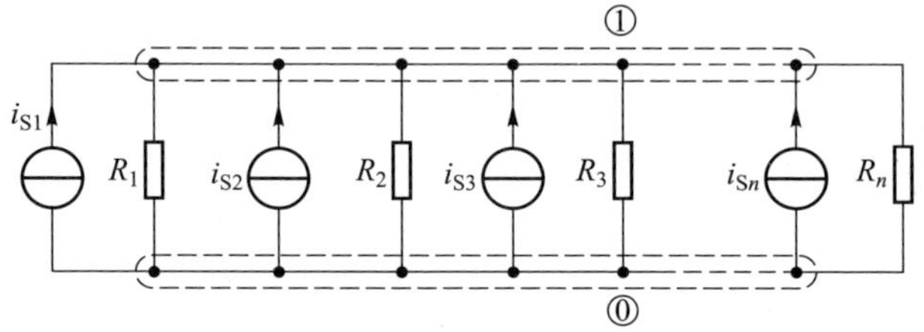

题 3-17 解图

将 $i_{S1}=\dfrac{u_{S1}}{R_1}=G_1u_{S1}$，$i_{S2}=\dfrac{u_{S2}}{R_2}=G_2u_{S2}$，$i_{S3}=\dfrac{u_{S3}}{R_3}=G_3u_{S3}$，…，$i_{Sn}=\dfrac{u_{Sn}}{R_n}=G_nu_{Sn}$

代入上式，则有

$$(G_1+G_2+G_3+\cdots+G_n)u_{n1}=G_1u_{S1}+G_2u_{S2}+G_3u_{S3}+\cdots+G_nu_{Sn}$$

$$\Rightarrow\quad\left(\sum_{k=1}^{n}G_k\right)u_{n1}=\sum_{k=1}^{n}G_ku_{Sk}$$，即得

$$u_{n1}=\frac{\sum\limits_{k=1}^{n}G_ku_{Sk}}{\sum\limits_{k=1}^{n}G_k}$$，证毕。

3-18 列出题 3-18 图(a)(b)所示电路的节点电压方程。

解：题 3-18 图(a)中，选参考点⓪，标注独立节点①、②、③，如题 3-18 解图(a)所示，列节点电压方程为

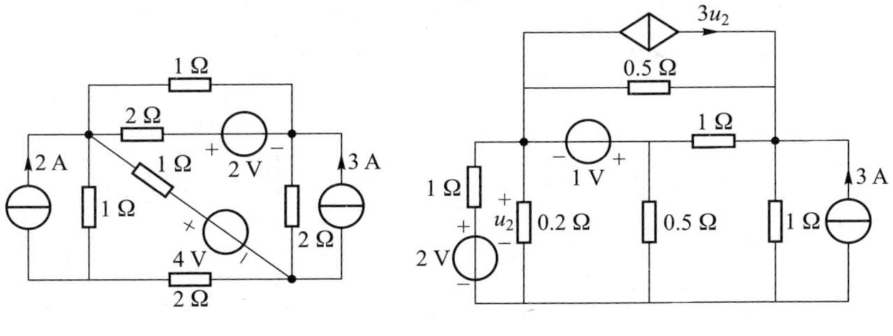

(a) (b)

题 3-18 图

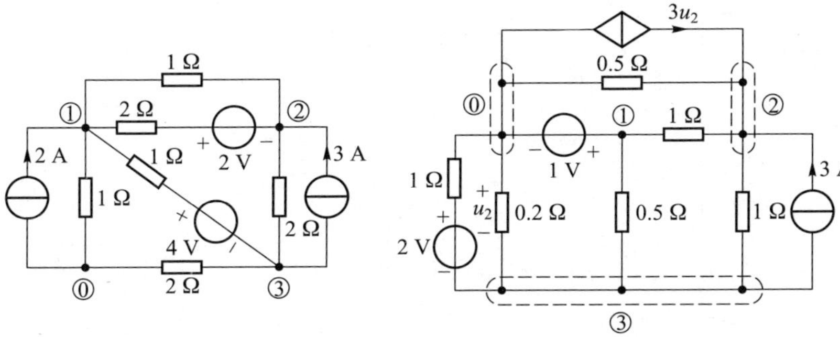

(a) (b)

题 3-18 解图

$$\begin{cases}\left(\dfrac{1}{1}+\dfrac{1}{1}+\dfrac{1}{2}+\dfrac{1}{1}\right)u_{n1}-\left(\dfrac{1}{1}+\dfrac{1}{2}\right)u_{n2}-\dfrac{1}{1}u_{n3}=2+\dfrac{4}{1}+\dfrac{2}{2}\\ -\left(\dfrac{1}{1}+\dfrac{1}{2}\right)u_{n1}+\left(\dfrac{1}{1}+\dfrac{1}{2}+\dfrac{1}{2}\right)u_{n2}-\dfrac{1}{2}u_{n3}=3-\dfrac{2}{2}\\ -\dfrac{1}{1}u_{n1}-\dfrac{1}{2}u_{n2}+\left(\dfrac{1}{2}+\dfrac{1}{1}+\dfrac{1}{2}\right)u_{n3}=-3-\dfrac{4}{1}\end{cases}$$

$$\Rightarrow\begin{cases}3.5u_{n1}-1.5u_{n2}-u_{n3}=7\\ -1.5u_{n1}+2u_{n2}-0.5u_{n3}=2\\ -u_{n1}-0.5u_{n2}+2u_{n3}=-7\end{cases}$$

题 3-18 图(b)中,选参考点⓪,标注独立节点①、②、③,如题3-18解图(b)所示,列节点电压方程为

$$\begin{cases}u_2=-u_{n3}\\ u_{n1}=1\\ -u_{n1}+\left(\dfrac{1}{0.5}+\dfrac{1}{1}+\dfrac{1}{1}\right)u_{n2}-u_{n3}=3+3u_2\\ -\dfrac{1}{0.5}u_{n1}-u_{n2}+\left(\dfrac{1}{1}+\dfrac{1}{0.2}+\dfrac{1}{0.5}+\dfrac{1}{1}\right)u_{n3}=-3-\dfrac{2}{1}\end{cases}$$

$$\Rightarrow\begin{cases}u_{n1}=1\\ -u_{n1}+4u_{n2}+2u_{n3}=3\\ -2u_{n1}-u_{n2}+9u_{n3}=-5\end{cases}$$

3-19 用节点电压法求解题 3-19 图所示电路中各支路电流。

解:题 3-19 图(a)中,选参考点⓪,标注独立节点①、②,如题3-19 解图(a)所示,列节点电压方程为

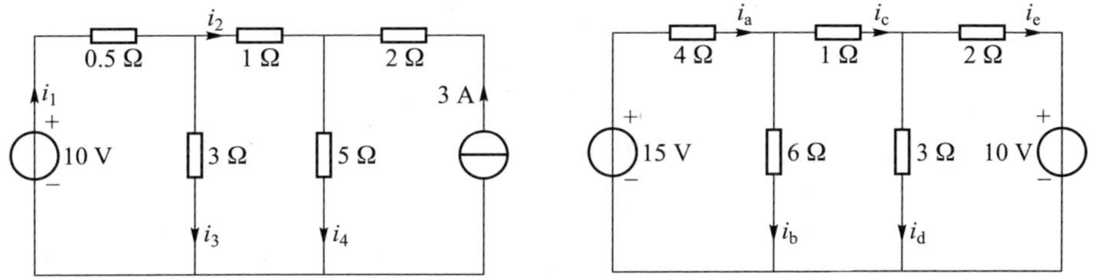

(a) (b)

题 3-19 图

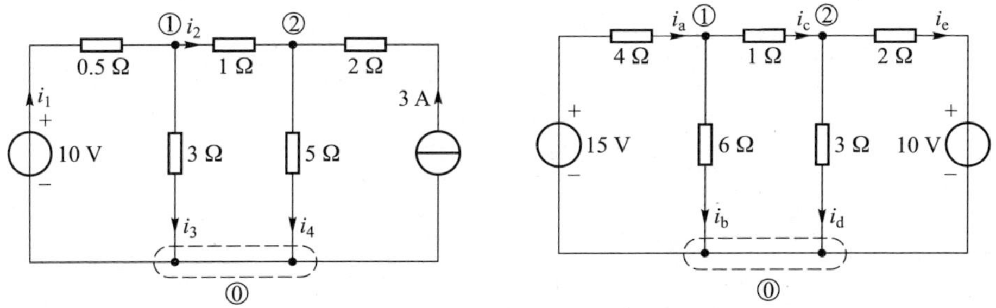

(a) (b)

题 3-19 解图

$$\begin{cases}\left(\dfrac{1}{0.5}+\dfrac{1}{3}+\dfrac{1}{1}\right)u_{n1}-\dfrac{1}{1}u_{n2}=\dfrac{10}{0.5}\\ -\dfrac{1}{1}u_{n1}+\left(\dfrac{1}{1}+\dfrac{1}{5}\right)u_{n2}=3\end{cases}$$

$$\Rightarrow\begin{cases}\dfrac{10}{3}u_{n1}-u_{n2}=20\\ -u_{n1}+1.2u_{n2}=3\end{cases}$$

解得 $u_{n1}=9\ \text{V},u_{n2}=10\ \text{V}$。

$$i_1=\frac{10-u_{n1}}{0.5}=\frac{10-9}{0.5}\text{A}=2\ \text{A},\ i_2=\frac{u_{n1}-u_{n2}}{1}=\frac{9-10}{1}\text{A}=-1\ \text{A}$$

$$i_3=\frac{u_{n1}}{3}=\frac{9}{3}\text{A}=3\ \text{A},\ i_4=\frac{u_{n2}}{5}=\frac{10}{5}\text{A}=2\ \text{A}$$

题 3-19 图(b)中,选参考点⓪,标注独立节点①、②,如题 3-19 解图(b)所示,列节点电压方程为

$$\begin{cases}\left(\dfrac{1}{4}+\dfrac{1}{6}+\dfrac{1}{1}\right)u_{n1}-\dfrac{1}{1}u_{n2}=\dfrac{15}{4}\\ -\dfrac{1}{1}u_{n1}+\left(\dfrac{1}{1}+\dfrac{1}{3}+\dfrac{1}{2}\right)u_{n2}=\dfrac{10}{2}\end{cases}\Rightarrow\begin{cases}\dfrac{17}{12}u_{n1}-u_{n2}=\dfrac{15}{4} & \langle 1\rangle\\ -u_{n1}+\dfrac{11}{6}u_{n2}=5 & \langle 2\rangle\end{cases}$$

由〈1〉式,得

$$u_{n2}=\frac{17}{12}u_{n1}-\frac{15}{4}$$

代入〈2〉式,得

$$-u_{n1}+\frac{11}{6}\left(\frac{17}{12}u_{n1}-\frac{15}{4}\right)=5$$

$$u_{n1}=\frac{5+\dfrac{11}{6}\times\dfrac{15}{4}}{\dfrac{11}{6}\times\dfrac{17}{12}-1}\text{V}=\frac{855}{115}\text{V}=\frac{171}{23}\text{V}$$

$$u_{n2}=\left(\frac{17}{12}\times\frac{171}{23}-\frac{15}{4}\right)\text{V}=\frac{17\times171-15\times3\times23}{12\times23}\text{V}=\frac{156}{23}\text{V}$$

$$i_a=\frac{15\text{ V}-u_{n1}}{4\ \Omega}=\frac{15-\dfrac{171}{23}}{4}\text{A}=\frac{87}{46}\text{A}=1.891\text{ A}$$

$$i_b=\frac{u_{n1}}{6\ \Omega}=\frac{\dfrac{171}{23}}{6}\text{A}=\frac{171}{138}\text{A}=1.239\text{ A}$$

$$i_c=\frac{u_{n1}-u_{n2}}{1\ \Omega}=\left(\frac{171}{23}-\frac{156}{23}\right)\text{A}=0.652\text{ A}$$

$$i_d=\frac{u_{n2}}{3\ \Omega}=\frac{\dfrac{156}{23}}{3}\text{A}=\frac{156}{69}\text{A}=2.261\text{ A}$$

$$i_e=\frac{u_{n2}-10\text{ V}}{2\ \Omega}=\frac{\dfrac{156}{23}-10}{2}\text{A}=\frac{-37}{23}\text{A}=-1.609\text{ A}$$

3-20 题 3-20 图所示电路中电源为无伴电压源,用节点电压法求解电流 I_S 和 I_O。

解:对题 3-20 图选参考点⓪,标注独立节点①、②、③,如题3-20 解图所示,列节点电压方程为

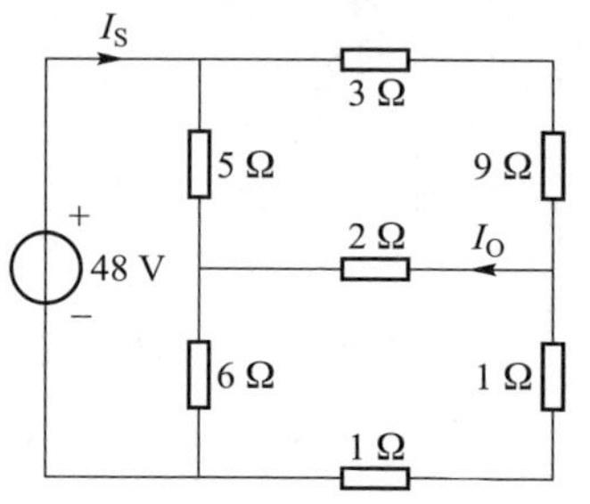

题 3-20 图

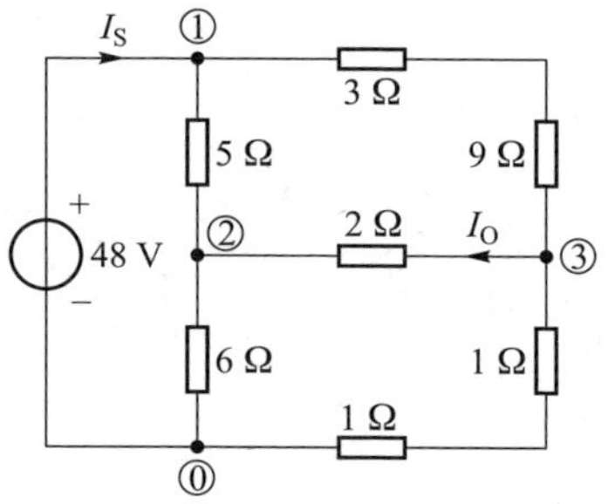

题 3-20 解图

$$\begin{cases}U_{n1}=48\\ -\dfrac{1}{5}U_{n1}+\left(\dfrac{1}{5}+\dfrac{1}{2}+\dfrac{1}{6}\right)U_{n2}-\dfrac{1}{2}U_{n3}=0\\ -\dfrac{1}{3+9}U_{n1}-\dfrac{1}{2}U_{n2}+\left(\dfrac{1}{3+9}+\dfrac{1}{2}+\dfrac{1}{1+1}\right)U_{n3}=0\end{cases}$$

$$\Rightarrow\begin{cases}U_{n1}=48 & \langle 1\rangle\\ -\dfrac{1}{5}U_{n1}+\dfrac{13}{15}U_{n2}-\dfrac{1}{2}U_{n3}=0 & \langle 2\rangle\\ -\dfrac{1}{12}U_{n1}-\dfrac{1}{2}U_{n2}+\dfrac{13}{12}U_{n3}=0 & \langle 3\rangle\end{cases}$$

将〈1〉式代入〈2〉和〈3〉式,整理得

$$-\frac{48}{5}+\frac{13}{15}U_{n2}-\frac{1}{2}U_{n3}=0\Rightarrow 26U_{n2}-15U_{n3}=288\qquad\langle 4\rangle$$

$$-\frac{48}{12}-\frac{1}{2}U_{n2}+\frac{13}{12}U_{n3}=0\Rightarrow -6U_{n2}+13U_{n3}=48\qquad\langle 5\rangle$$

由〈5〉式得

$$U_{n2}=\frac{48-13U_{n3}}{-6}=-8+\frac{13}{6}U_{n3}$$

代入〈4〉式,得

$$26\left(-8+\frac{13}{6}U_{n3}\right)-15U_{n3}=288$$

$$\Rightarrow U_{n3}=\left(\frac{288+26\times8}{26\times\dfrac{13}{6}-15}\right)\text{V}=\frac{1488}{124}\text{V}=12\text{ V}$$

$$U_{n2}=\left(-8+\frac{13}{6}\times12\right)\text{V}=18\text{ V}$$

$$I_S=\frac{U_{n1}-U_{n2}}{5\ \Omega}+\frac{U_{n1}-U_{n3}}{(3+9)\ \Omega}=\left(\frac{48-18}{5}+\frac{48-12}{12}\right)\text{A}=9\text{ A}$$

$$I_O=\frac{U_{n3}-U_{n2}}{2\ \Omega}=\left(\frac{12-18}{2}\right)\ \text{A}=-3\ \text{A}$$

3-21 用节点电压法求解题 3-21 图所示电路中电压 U。（请注意如何使待解的独立方程数为最少。）

解：对题 3-21 图选参考点为⓪，标注独立节点①、②、③，如题 3-21 解图所示，列节点电压方程为

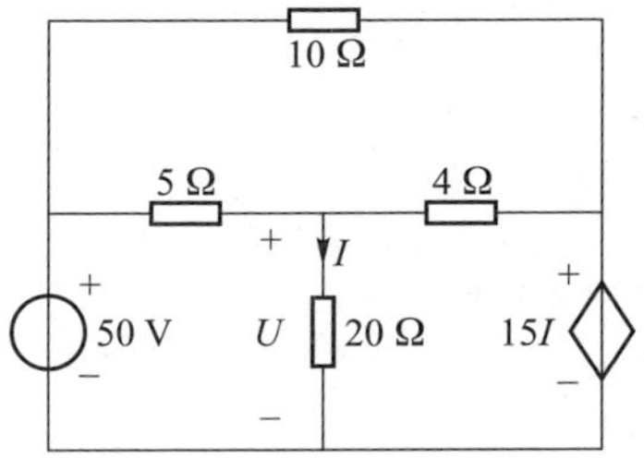

题 3-21 图

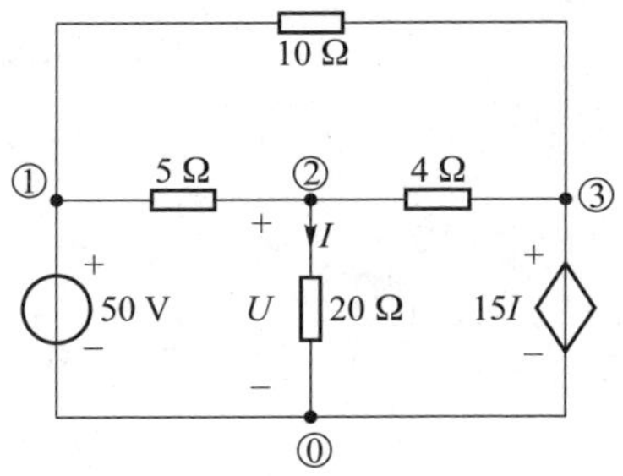

题 3-21 解图

$$\begin{cases} I=\dfrac{U_{n2}}{20} \\ U_{n1}=50 \\ -\dfrac{1}{5}U_{n1}+\left(\dfrac{1}{5}+\dfrac{1}{20}+\dfrac{1}{4}\right)U_{n2}-\dfrac{1}{4}U_{n3}=0 \\ U_{n3}=15I \end{cases}$$

$$\Rightarrow \begin{cases} I=\dfrac{U_{n2}}{20} & \langle 1\rangle \\ U_{n1}=50 & \langle 2\rangle \\ -\dfrac{1}{5}U_{n1}+\dfrac{1}{2}U_{n2}-\dfrac{1}{4}U_{n3}=0 & \langle 3\rangle \\ U_{n3}=15I & \langle 4\rangle \end{cases}$$

将〈1〉式代入〈4〉式，得

$$U_{n3}=15\times\frac{U_{n2}}{20}=\frac{3}{4}U_{n2} \qquad \langle 5\rangle$$

将〈5〉和〈2〉式代入〈3〉式，得

$$-\frac{1}{5}\times 50+\frac{1}{2}U_{n2}-\frac{1}{4}\times\frac{3}{4}U_{n2}=0$$

求得

$$U_{n2}=\frac{10}{\dfrac{1}{2}-\dfrac{3}{16}}\text{V}=32\ \text{V}$$

$$U=U_{n2}=32\ \text{V}$$

3-22 用节点电压法求解题 3-13。

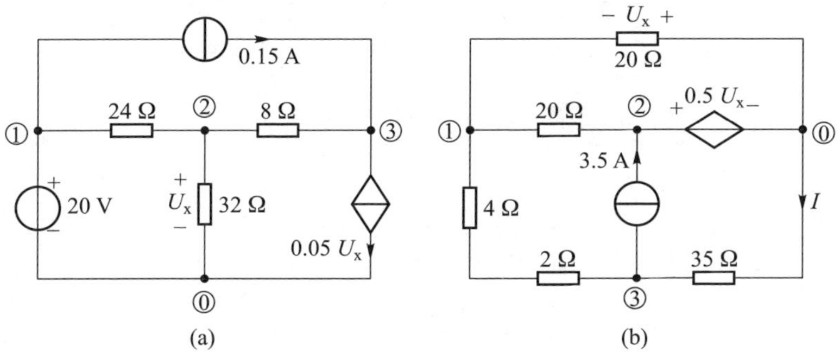

题 3-22 解图

解：在题 3-13 图(a)(b)中选参考点为⓪，标注独立节点①、②、③，如题 3-22 解图(a)(b)所示。对题 3-22 解图(a)，列节点电压方程为

$$\begin{cases} U_x=U_{n2} \\ U_{n1}=20 \\ -\dfrac{1}{24}U_{n1}+\left(\dfrac{1}{24}+\dfrac{1}{32}+\dfrac{1}{8}\right)U_{n2}-\dfrac{1}{8}U_{n3}=0 \\ -\dfrac{1}{8}U_{n2}+\dfrac{1}{8}U_{n3}=0.15-0.05U_x \end{cases}$$

$$\Rightarrow \begin{cases} U_x=U_{n2} & \langle 1\rangle \\ U_{n1}=20 & \langle 2\rangle \\ -\dfrac{1}{24}U_{n1}+\dfrac{19}{96}U_{n2}-\dfrac{1}{8}U_{n3}=0 & \langle 3\rangle \\ -\dfrac{1}{8}U_{n2}+\dfrac{1}{8}U_{n3}=0.15-0.05U_x & \langle 4\rangle \end{cases}$$

将〈3〉式加〈4〉式，整理得

$$-\frac{1}{24}U_{n1}+\frac{7}{96}U_{n2}=0.15-0.05U_x \qquad \langle 5\rangle$$

将〈1〉和〈2〉式 U_{n1}、U_{n2} 代入〈5〉式，得

$$-\frac{1}{24}\times 20+\frac{7}{96}U_x=0.15-0.05U_x$$

$$\Rightarrow \left(\frac{7}{96}+0.05\right)U_x=0.15+\frac{5}{6}$$

$$\Rightarrow U_x=8\ \text{V}$$

对题 3-22 解图(b)，列节点电压方程为

$$\begin{cases} U_x = -U_{n1} \\ \left(\dfrac{1}{4+2}+\dfrac{1}{20}+\dfrac{1}{20}\right)U_{n1} - \dfrac{1}{20}U_{n2} - \dfrac{1}{4+2}U_{n3} = 0 \\ U_{n2} = 0.5U_x \\ -\dfrac{1}{4+2}U_{n1} + \left(\dfrac{1}{4+2}+\dfrac{1}{35}\right)U_{n3} = -3.5 \end{cases}$$

整理得

$$\begin{cases} 16U_{n1} - 3U_{n2} - 10U_{n3} = 0 & \langle 1\rangle \\ U_{n2} = -0.5U_{n1} & \langle 2\rangle \\ -35U_{n1} + 41U_{n3} = -735 & \langle 3\rangle \end{cases}$$

将〈2〉式代入〈1〉式，得

$$16U_{n1} - 3\times(-0.5U_{n1}) - 10U_{n3} = 0$$

$$\Rightarrow \quad 17.5U_{n1} - 10U_{n3} = 0 \qquad \langle 4\rangle$$

将〈4〉式乘 2 加〈3〉式，得

$$(41-2\times 10)U_{n3} = -735$$

$$\Rightarrow \quad U_{n3} = \frac{-735}{21}\text{ V} = -35\ \text{V}$$

所以

$$I = -\frac{U_{n3}}{35\ \Omega} = -\frac{-35}{35}\text{ A} = 1\ \text{A}$$

3-23 用节点电压法求解题 3-14。

解：在题 3-14 图中，选参考点为⓪，标注独立节点①、②、③，如题 3-23 解图所示，列出节点电压方程为

$$\begin{cases} I_x = \dfrac{U_{n2}-30-U_{n3}}{10} \\ U_{n1} = -10I_x \\ -\dfrac{1}{20}U_{n1} + \left(\dfrac{1}{20}+\dfrac{1}{10}\right)U_{n2} - \dfrac{1}{10}U_{n3} = 5 + \dfrac{30}{10} \\ U_{n3} = -50 \end{cases}$$

$$\Rightarrow \begin{cases} I_x = \dfrac{U_{n2}}{10} - 3 - \dfrac{U_{n3}}{10} & \langle 1\rangle \\ U_{n1} = -10I_x & \langle 2\rangle \\ -\dfrac{1}{20}U_{n1} + \dfrac{3}{20}U_{n2} - \dfrac{1}{10}U_{n3} = 8 & \langle 3\rangle \\ U_{n3} = -50 & \langle 4\rangle \end{cases}$$

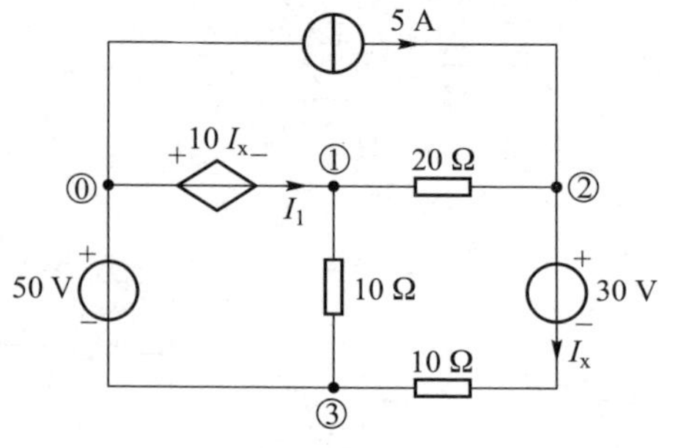

题 3-23 解图

将〈2〉和〈4〉式代入〈3〉式，得

$$-\frac{1}{20}\times(-10I_x) + \frac{3}{20}U_{n2} - \frac{1}{10}\times(-50) = 8 \qquad \langle 5\rangle$$

由〈5〉式，得 $\qquad U_{n2} = 20 - \dfrac{10}{3}I_x$

将 U_{n2}、U_{n3} 代入〈1〉式，得

$$10I_x = 20 - \frac{10}{3}I_x - 30 - (-50) \quad \Rightarrow \quad I_x = 3\ \text{A}$$

求受控电流源 CCVS 中的电流 I_1：

由〈2〉式得 $U_{n1} = -10I_x = -10\times 3\ \text{V} = -30\ \text{V}$

$$U_{n2} = 20 - \frac{10}{3}I_x = \left(20 - \frac{10}{3}\times 3\right)\text{ V} = 10\ \text{V}$$

$$I_1 = \frac{U_{n1}-U_{n2}}{20} + \frac{U_{n1}-U_{n3}}{10} = \left[\frac{-30-10}{20} + \frac{-30-(-50)}{10}\right]\text{ A} = 0\ \text{A}$$

$$P_{\text{受控源}} = 10I_x \cdot I_1 = 0\ \text{W}$$

3-24 用节点电压法求解题 3-24 图所示电路后，求各元件的功率并检验功率是否平衡。

解：题 3-24 图中，选参考点为⓪，标注独立节点①、②、③，如题 3-24 解图所示，控制量

$$I_1 = \frac{U_{n2}}{1} + \frac{1}{3}I_1 \quad \Rightarrow \quad I_1 = \frac{3}{2}U_{n2}$$

列出节点电压方程

$$\begin{cases} I_1 = \dfrac{3}{2}U_{n2} \\ U_{n1} = 6 \\ -\dfrac{1}{2}U_{n1} + \left(\dfrac{1}{2}+\dfrac{1}{1}+\dfrac{1}{3}\right)U_{n2} - \dfrac{1}{3}U_{n3} = 0 \\ -\dfrac{1}{4}U_{n1} - \dfrac{1}{3}U_{n2} + \left(\dfrac{1}{4}+\dfrac{1}{3}\right)U_{n3} = -\dfrac{1}{3}I_1 \end{cases}$$

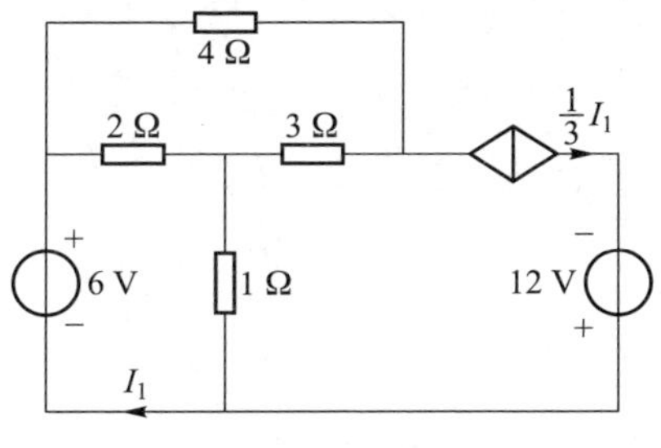

题 3-24 图

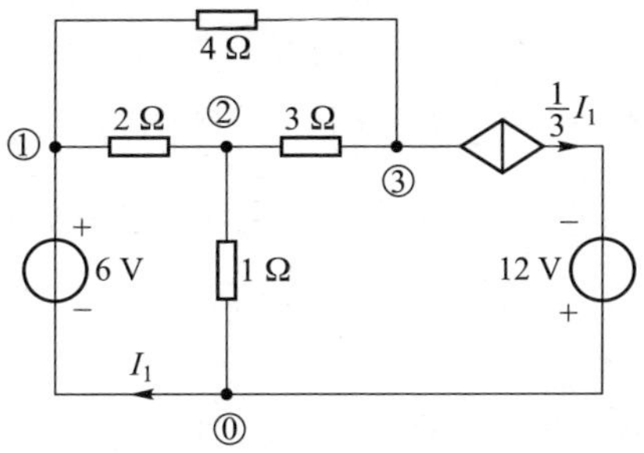

题 3-24 解图

$$\Rightarrow\begin{cases}I_1=\dfrac{3}{2}U_{n2} & \langle 1\rangle\\ U_{n1}=6 & \langle 2\rangle\\ -\dfrac{1}{2}U_{n1}+\dfrac{11}{6}U_{n2}-\dfrac{1}{3}U_{n3}=0 & \langle 3\rangle\\ -\dfrac{1}{4}U_{n1}-\dfrac{1}{3}U_{n2}+\dfrac{7}{12}U_{n3}=-\dfrac{1}{3}I_1 & \langle 4\rangle\end{cases}$$

注:12 V 电压源未出现在上述方程中。

将〈1〉和〈2〉式代入〈3〉和〈4〉式,得

$$\begin{cases}-\dfrac{1}{2}\times 6+\dfrac{11}{6}U_{n2}-\dfrac{1}{3}U_{n3}=0 & \langle 5\rangle\\ -\dfrac{1}{4}\times 6-\dfrac{1}{3}U_{n2}+\dfrac{7}{12}U_{n3}=-\dfrac{1}{3}\times\dfrac{3}{2}U_{n2} & \langle 6\rangle\end{cases}$$

由〈6〉式,得

$$-18-4U_{n2}+7U_{n3}=-6U_{n2}\quad\Rightarrow\quad U_{n2}=\frac{18-7U_{n3}}{2}\qquad\langle 7\rangle$$

将〈7〉式代入〈5〉式,得

$$-3+\frac{11}{6}\left(9-\frac{7}{2}U_{n3}\right)-\frac{1}{3}U_{n3}=0$$

$$\Rightarrow\quad U_{n3}=\frac{-3+\dfrac{11}{6}\times 9}{\dfrac{11\times 7}{6\times 2}+\dfrac{1}{3}}\text{V}=\frac{162}{81}\text{V}=2\ \text{V}$$

将 U_{n3}代入〈7〉式,得

$$U_{n2}=\frac{18-7\times 2}{2}\text{V}=2\ \text{V}$$

$$I_1=\frac{3}{2}\times 2\ \text{A}=3\ \text{A}$$

$$P_{2\,\Omega}=\frac{(U_{n1}-U_{n2})^2}{2}=\frac{(6-2)^2}{2}\text{W}=8\ \text{W}$$

$$P_{4\,\Omega}=\frac{(U_{n1}-U_{n3})^2}{4}=\frac{(6-2)^2}{4}\text{W}=4\ \text{W}$$

$$P_{3\,\Omega}=\frac{(U_{n2}-U_{n3})^2}{3}=\frac{(2-2)^2}{3}\text{W}=0\ \text{W}$$

$$P_{1\,\Omega}=\frac{U_{n2}^2}{1}=\frac{2^2}{1}\text{W}=4\ \text{W}$$

$$P_{受控源}=(U_{n3}-U_{n4})\times\frac{1}{3}I_1=[2-(-12)]\times\frac{1}{3}\times 3\ \text{W}=14\ \text{W}(吸收功率)$$

$$P_{6\,\text{V}}=6I_1=6\times 3\ \text{W}=18\ \text{W}(发出功率)$$

$$P_{12\,\text{V}}=12\times\frac{1}{3}I_1=12\times\frac{1}{3}\times 3\ \text{W}=12\ \text{W}(发出功率)$$

$$P_{总发出}=P_{6\,\text{V}}+P_{12\,\text{V}}=(18+12)\text{W}=30\ \text{W}$$

$$P_{总吸收}=P_{2\,\Omega}+P_{4\,\Omega}+P_{3\,\Omega}+P_{1\,\Omega}+P_{受控源}=(8+4+0+4+14)\text{W}=30\ \text{W}$$

整个电路功率平衡。

3-25 用节点电压法求解题 3-25 图所示电路中 u_{n1}和 u_{n2}。你对此题的求解结果有什么看法?

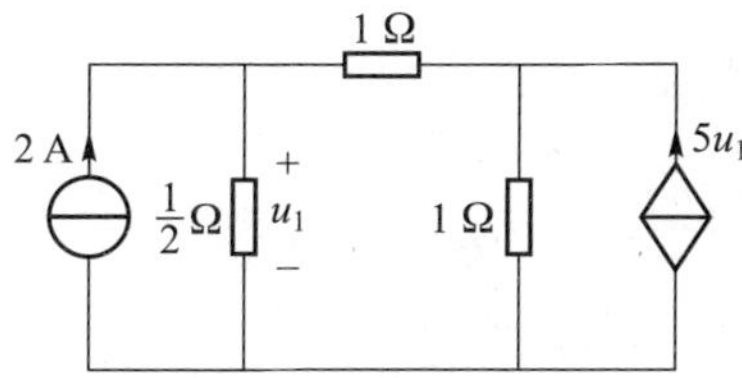

题 3-25 图

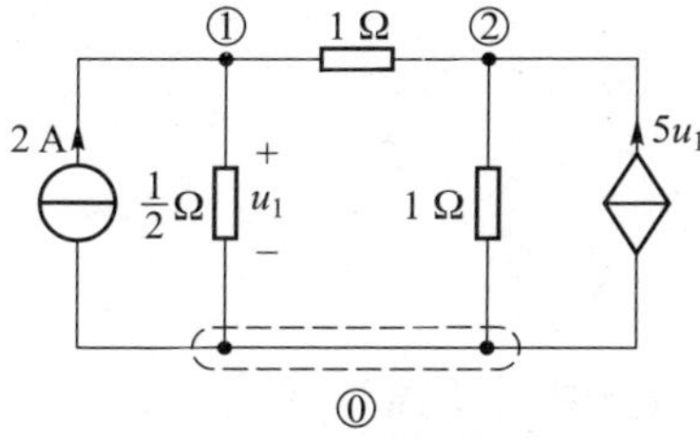

题 3-25 解图

解:对题 3-25 图选参考点为⓪,如题3-25 解图所示,列出节点电压方程

$$\begin{cases}u_1=u_{n1}\\ \left(2+\dfrac{1}{1}\right)u_{n1}-\dfrac{1}{1}u_{n2}=2\\ -\dfrac{1}{1}u_{n1}+\left(\dfrac{1}{1}+\dfrac{1}{1}\right)u_{n2}=5u_1\end{cases}$$

整理得

$$\begin{cases}u_1=u_{n1}\\ 3u_{n1}-u_{n2}=2\\ -u_{n1}+2u_{n2}=5u_1\end{cases}\quad\Rightarrow\quad\begin{cases}3u_{n1}-u_{n2}=2 & \langle 1\rangle\\ 3u_{n1}-u_{n2}=0 & \langle 2\rangle\end{cases}$$

联立〈1〉和〈2〉式,可得

$$3u_{n1}-3u_{n1}=2 \quad \Rightarrow \quad u_{n1}\to\infty$$

$$或-u_{n2}+u_{n2}=2 \quad \Rightarrow \quad u_{n2}\to\infty$$

上述结果说明此电路方程无解，即实际电路的电路模型不应为题 3-25 图。

3-26 列出题 3-26 图所示电路的节点电压方程。如果 $R_S=0$，则方程又如何？（提示：为避免引入过多附加电流变量，对连有无伴电压源的节点部分，可在包含无伴电压源的封闭面 S 上写出 KCL 方程。）

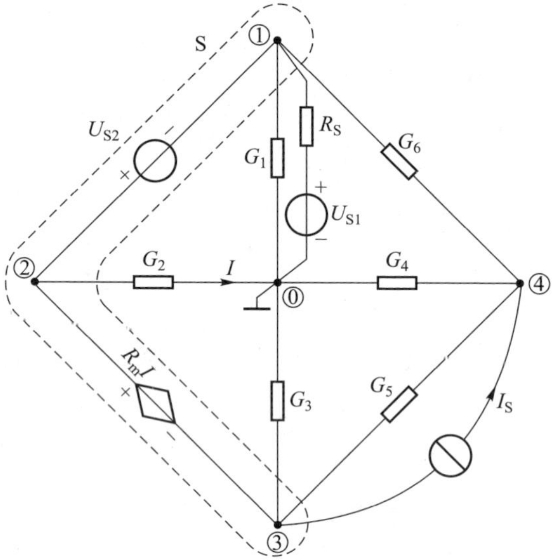

题 3-26 图

解：对封闭面 S，有

$$\left(G_1+\frac{1}{R_S}\right)U_{n1}+G_6(U_{n1}-U_{n4})+G_2U_{n2}+G_3U_{n3}+G_5(U_{n3}-U_{n4})=\frac{U_{S1}}{R_S}-I_S$$

整理得

$$\left(G_1+\frac{1}{R_S}+G_6\right)U_{n1}-G_6U_{n4}+G_2U_{n2}+(G_3+G_5)U_{n3}-G_5U_{n4}=\frac{U_{S1}}{R_S}-I_S \qquad \langle 1\rangle$$

对节点④，有

$$-G_6U_{n1}-G_5U_{n3}+(G_4+G_5+G_6)U_{n4}=I_S \qquad \langle 2\rangle$$

又

$$U_{n2}-U_{n1}=U_{S2} \qquad \langle 3\rangle$$

$$U_{n2}-U_{n3}=R_mI \qquad \langle 4\rangle$$

$$I=G_2U_{n2} \qquad \langle 5\rangle$$

由〈3〉式，得 $\quad U_{n2}=U_{n1}+U_{S2}$

将〈5〉式代入〈4〉式，得

$$U_{n2}-U_{n3}=R_mG_2U_{n2} \quad \Rightarrow \quad U_{n3}=(1-R_mG_2)U_{n2}=(1-R_mG_2)(U_{n1}+U_{S2})$$

将 U_{n2}、U_{n3} 代入〈1〉式，得〈6〉式

$$\left(G_1+\frac{1}{R_S}+G_6\right)U_{n1}-G_6U_{n4}+G_2U_{n1}+G_2U_{S2}+(G_3+G_5)(1-R_mG_2)(U_{n1}+U_{S2})-G_5U_{n4}$$

$$=\frac{U_{S1}}{R_S}-I_S \qquad \langle 6\rangle$$

整理〈6〉和〈2〉式，得

$$\left[G_1+\frac{1}{R_S}+G_2+G_3+G_5+G_6-(G_3+G_5)R_mG_2\right]U_{n1}-(G_5+G_6)U_{n4}$$

$$=\frac{U_{S1}}{R_S}-I_S+(G_3+G_5)(R_mG_2-1)U_{S2} \qquad \langle 7\rangle$$

$$-(G_5+G_6-G_5G_2R_m)U_{n1}+(G_4+G_5+G_6)U_{n4}=I_S+G_5(1-R_mG_2)U_{S2} \qquad \langle 8\rangle$$

当 $R_S=0$ 时，$\qquad U_{n1}=U_{S1}$

代入〈8〉式，则有

$$(G_4+G_5+G_6)U_{n4}=I_S+(G_5+G_6-G_5G_2R_m)U_{S1}+G_5(1-R_mG_2)U_{S2}$$

3-27 用回路电流法求解题 3-27 图所示电路。可将四个电流源支路都取为连支。对基本回路列出方程后求解出各支路的电压或电流，求各支路的功率并验证功率的平衡。

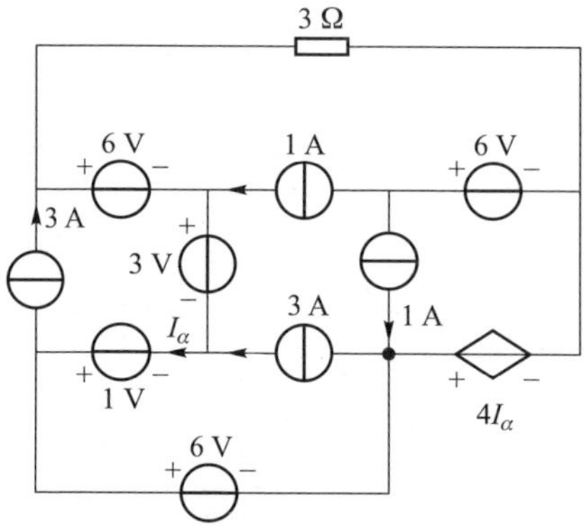

题 3-27 图

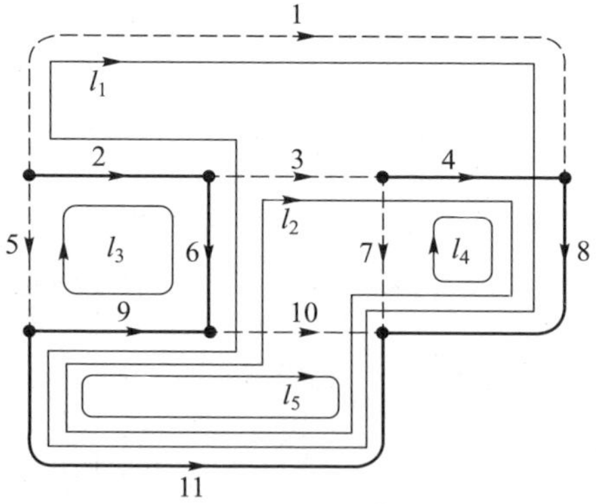

题 3-27 解图

解：画出题 3-27 图对应的有向图，如题 3-27 解图所示，图中标注支路号，并选树，实粗线表示树支(2,4,6,8,9,11)，将 4 个电流源支路以及电阻支路选为连支(1,3,5,7,10)，用虚线表示连支，选取基本回路(单连支回路，即由单一连支和若干个树支组成的回路)，则有 5 个基本回路(单一连支号标记下划线)为：l_1(<u>1</u>,8,11,9,6,2)，l_2(<u>3</u>,4,8,11,9,6)，l_3(<u>5</u>,9,6,2)，l_4(<u>7</u>,8,4)，l_5(<u>10</u>,11,9)。

设各基本回路绕行方向均为顺时针绕行方向，回路电流分别为 I_{l1}、I_{l2}、I_{l3}、I_{l4}、

I_{l5}，则对应的回路电流方程如下。

回路 1：$3I_{l1}=U_2+U_6-U_9+U_{11}-U_8=6+3-1+6+4I_\alpha=14+4I_\alpha$

回路 2：$I_{l2}=I_3=-1\ \text{A}$

回路 3：$I_{l3}=-I_5=-(-3)=3\ \text{A}$

回路 4：$I_{l4}=-I_7=-1\ \text{A}$

回路 5：$I_{l5}=I_{10}=-3\ \text{A}$

补充控制量 $I_\alpha=-I_9=-(-I_{l3}+I_{l1}+I_{l2}+I_{l5})=3-I_{l1}-(-1)-(-3)=7-I_{l1}$

整理得
$$\begin{cases}3I_{l1}=14+4I_\alpha & \langle 1\rangle\\ I_{l2}=-1\ \text{A} & \langle 2\rangle\\ I_{l3}=3\ \text{A} & \langle 3\rangle\\ I_{l4}=-1\ \text{A} & \langle 4\rangle\\ I_{l5}=-3\ \text{A} & \langle 5\rangle\\ I_\alpha=7-I_{l1} & \langle 6\rangle\end{cases}$$

将〈6〉式代入〈1〉式，得 $3I_{l1}=14+4(7-I_{l1})=14+28-4I_{l1}\quad\Rightarrow\quad 7I_{l1}=42$，

则 $I_{l1}=\dfrac{42}{7}\text{A}=6\ \text{A}$，$I_\alpha=7\text{A}-I_{l1}=(7-6)\ \text{A}=1\ \text{A}$。

求各支路电流为

$$I_1=I_{l1}=6\ \text{A}$$
$$I_2=I_{l3}-I_{l1}=(3-6)\ \text{A}=-3\ \text{A}$$
$$I_3=-1\ \text{A}$$
$$I_4=I_{l2}+I_{l4}=(-1-1)\ \text{A}=-2\ \text{A}$$
$$I_5=-3\ \text{A}$$
$$I_6=I_{l3}-I_{l1}-I_{l2}=[3-6-(-1)]\ \text{A}=-2\ \text{A}$$
$$I_7=1\ \text{A}$$
$$I_8=I_{l1}+I_{l2}+I_{l4}=(6-1-1)\ \text{A}=4\ \text{A}$$
$$I_9=I_{l1}+I_{l2}-I_{l3}+I_{l5}=(6-1-3-3)\ \text{A}=-1\ \text{A}$$
$$I_{10}=-3\ \text{A}$$
$$I_{11}=-I_{l1}-I_{l2}-I_{l5}=[-6-(-1)-(-3)]\ \text{A}=-2\ \text{A}$$

求各支路电压为

$$U_1=3I_{l1}=3\times 6\ \text{V}=18\ \text{V}$$
$$U_2=6\ \text{V}$$
$$U_3=U_6-U_9+U_{11}-U_8-U_4=[3-1+6-(-4)-6]\ \text{V}=6\ \text{V}$$
$$U_4=6\ \text{V}$$
$$U_5=U_3+U_6-U_9=(6+3-1)\ \text{V}=8\ \text{V}$$
$$U_6=3\ \text{V}$$
$$U_7=U_4+U_8=[6+(-4)]\ \text{V}=2\ \text{V}$$
$$U_8=-4I_\alpha=(-4\times 1)\ \text{V}=-4\ \text{V}$$
$$U_9=1\ \text{V}$$
$$U_{10}=-U_9+U_{11}=(-1+6)\ \text{V}=5\ \text{V}$$
$$U_{11}=6\ \text{V}$$

有向图中各支路的方向表示该支路的支路电压与支路电流取的参考方向为关联参考方向。

各支路吸收的功率为

$$P_1=U_1I_1=(18\times 6)\ \text{W}=108\ \text{W}$$
$$P_2=U_2I_2=[6\times(-3)]\ \text{W}=-18\ \text{W}$$
$$P_3=U_3I_3=[6\times(-1)]\ \text{W}=-6\ \text{W}$$
$$P_4=U_4I_4=[6\times(-2)]\ \text{W}=-12\ \text{W}$$
$$P_5=U_5I_5=[8\times(-3)]\ \text{W}=-24\ \text{W}$$
$$P_6=U_6I_6=[3\times(-2)]\ \text{W}=-6\ \text{W}$$
$$P_7=U_7I_7=(2\times 1)\ \text{W}=2\ \text{W}$$
$$P_8=U_8I_8=[(-4)\times 4]\ \text{W}=-16\ \text{W}$$
$$P_9=U_9I_9=[1\times(-1)]\ \text{W}=-1\ \text{W}$$
$$P_{10}=U_{10}I_{10}=[5\times(-3)]\ \text{W}=-15\ \text{W}$$
$$P_{11}=U_{11}I_{11}=[6\times(-2)]\ \text{W}=-12\ \text{W}$$

各支路吸收的总功率为

$$P_{总吸}=\sum_{k=1}^{11}P_k=(108-18-6-12-24-6+2-16-1-15-12)\ \text{W}=0$$

因此，整个电路功率平衡。

第四章 电路定理

内容提要

表 4-1 叠加定理、齐性定理、替代定理及应用说明

名称	定理内容	应用说明
叠加定理	在线性电阻电路中，某处电压(或电流)都是电路中各个独立源分别单独作用时，在该处产生的电压(或电流)的叠加 图解举例 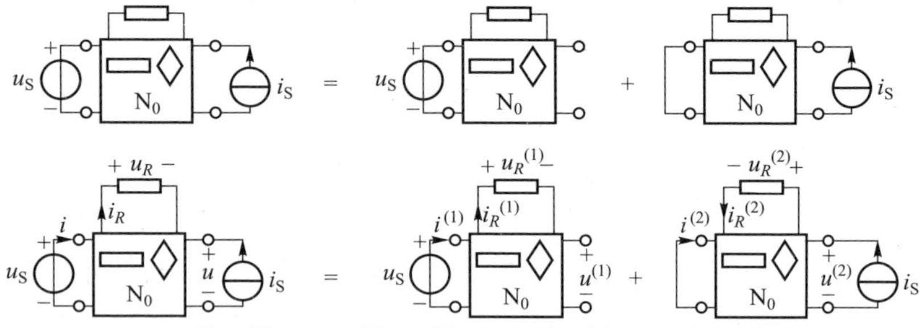 $i=i^{(1)}+i^{(2)}, u_R=u_R^{(1)}-u_R^{(2)}, i_R=i_R^{(1)}-i_R^{(2)}, u=u^{(1)}+u^{(2)}$	1. 该定理仅适用于线性电路。 2. 叠加时注意电流、电压总量与分量的参考方向。 3. 独立源可分别单独作用，或分成几组，各组分别作用。当某个独立源单独作用时，其余独立源均不作用而置零。 所谓电压源 u_S 不作用，即将电压源用“短路”替代(令 $u_S=0$)；所谓电流源 i_S 不作用，即将电流源用“开路”替代(令 $i_S=0$)。 4. 受控源始终保留在电路中，注意控制量分量。 5. 功率计算不能直接叠加
齐性定理	在线性电路中，当所有激励都同时增大(或缩小)k 倍(k 为实常数)时，则响应也将同时增大(或缩小)k 倍 特例：当电路中只有一个激励时，响应与激励成正比。 图解举例 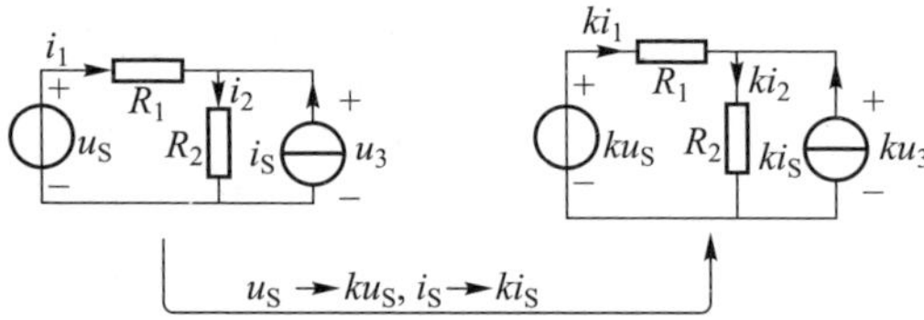 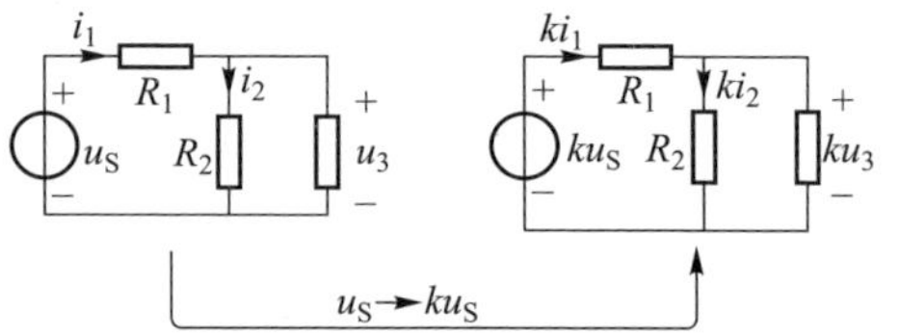	1. 该定理仅适用于线性电路。 2. 齐性定理与叠加定理是线性电路中两个彼此独立的定理，不能用叠加定理代替齐性定理，也不能认为齐性定理是叠加定理的特例
替代定理(置换定理)	给定任意一个电路，其中已知第 k 条支路的电压 u_k 和电流 i_k，那么这条支路就可用一个具有：(1) 电压等于 u_k 的独立电压源替代；(2) 电流等于 i_k 的独立电流源替代；(3) 电阻值等于 $\lvert u_k/i_k \rvert$ 的线性电阻元件替代。而替代后的电路中全部电压、电流均保持原值不变 图解定理 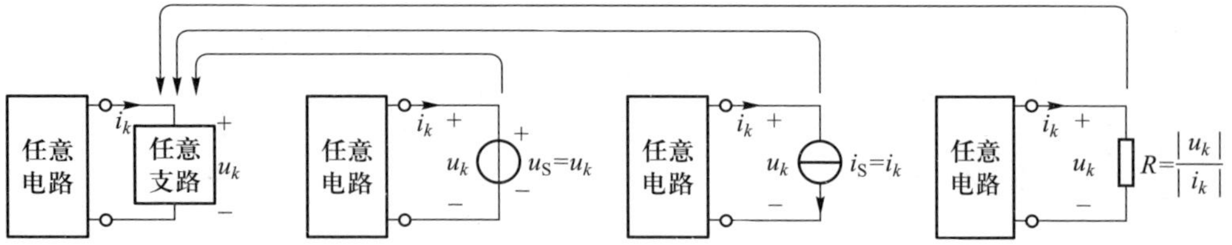 已知电压 u_k 和电流 i_k	1. 该定理不仅适用于线性电路，也适用于非线性电路。 2. 被替代的支路可以是无源的，也可以是含源的，但一般不应含受控源或控制量，且与电路其他部分无磁耦合。 3. 替代前后的电路必须有唯一解

表 4-2　戴维南定理、诺顿定理、最大功率传输定理及应用说明

<table>
<tr><th colspan="2">名称</th><th colspan="3">定理内容</th><th>应用说明</th></tr>
<tr><td rowspan="4">等效电源定理（等效发电机定理）</td><td rowspan="2">戴维南定理</td><td colspan="3">任何一个含独立电源、线性电阻和线性受控源的一端口 N_S，对外电路来说，可以用一个电压源和电阻的串联组合（戴维南等效电路）来等效置换，此电压源的电压等于一端口的开路电压 u_{oc}，其电阻等于一端口的全部独立源置零后的输入电阻 R_i</td><td rowspan="6">1. 含源一端口 N_S 与外电路之间不能有电或磁的耦合。
2. 应用戴维南（或诺顿）定理求解电路中第 k 支路的电流 i_k（或电压 u_k），意思是把原电路中除该 k 支路外其他部分用戴维南（或诺顿）等效电路替代后再去求电流 i_k（或电压 u_k），而不是在原电路中直接求解。
3. 一般来讲，求输入电阻的方法②比方法③的计算容易。另外，当网络仅含电阻和受控源时，只能用方法②求输入电阻。
4. 通常戴维南等效电路和诺顿等效电路同时存在，但是，当 $R_i=0$ 时，诺顿等效电路不存在，其戴维南等效电路为无伴电压源；而当 $R_i\to\infty$ 时，戴维南等效电路不存在，其诺顿等效电路为无伴电流源。
5. 可以利用等效变换求得戴维南等效电路或诺顿等效电路。当网络仅含电阻和独立源时，这种方法最有效。
6. 若已知戴维南等效电路（有伴电压源），则可以应用电源等效变换求得诺顿等效电路（有伴电流源）；反之，若已知诺顿等效电路（有伴电流源），亦可求得戴维南等效电路（有伴电压源）。
7. 求最大功率通常要用戴维南定理对问题进行简化</td></tr>
<tr><td>图解定理
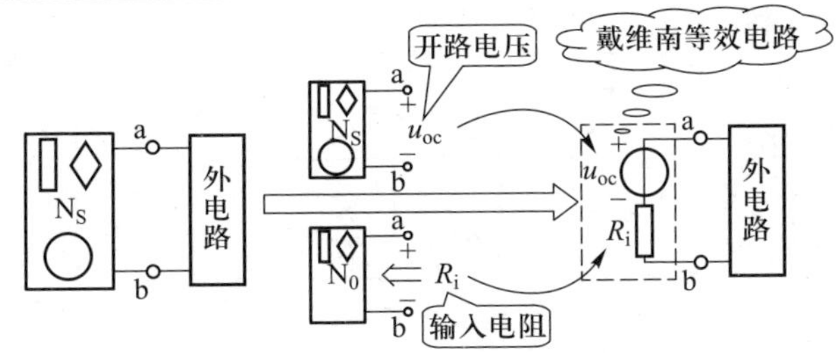</td><td colspan="2">计算输入电阻 R_i 的三种方法
方法①：$R_i=R_{eq}$
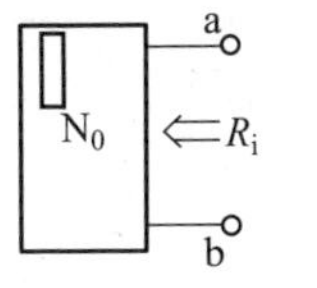
方法②：$R_i=\frac{u}{i}$
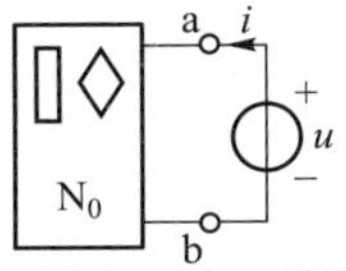
方法③：$R_i=\frac{u_{oc}}{i_{sc}}$
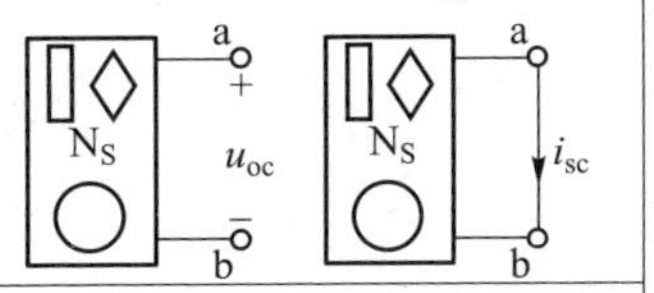</td></tr>
<tr><td rowspan="2">诺顿定理</td><td colspan="3">任何一个含独立电源、线性电阻和线性受控源的一端口 N_S，对外电路来说，可以用一个电流源和电导（或电阻）的并联组合（诺顿等效电路）来等效置换，此电流源的电流等于一端口的短路电流 i_{sc}，其电导（或电阻）等于一端口的全部独立源置零后的输入电导 G_i（或输入电阻 R_i）</td></tr>
<tr><td>图解定理
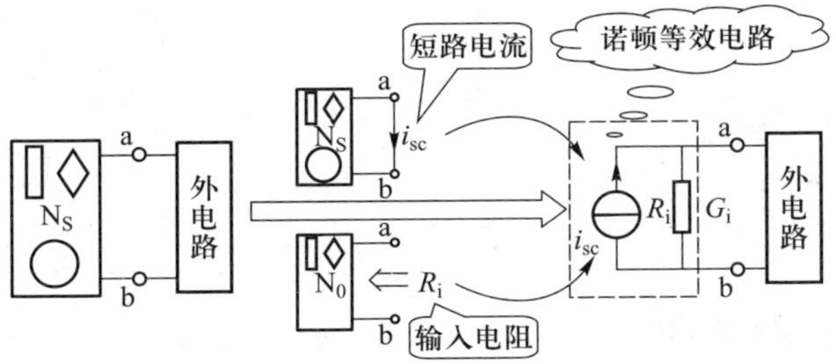</td><td colspan="2">计算输入电导 G_i 的三种方法：
诺顿等效电路的输入电导 G_i 也可以表示为输入电阻 R_i，其计算方法与戴维南定理计算输入电阻 R_i 方法完全相同，求得输入电阻，即可求得输入电导 $G_i=\frac{1}{R_i}$</td></tr>
<tr><td colspan="2" rowspan="2">最大功率传输定理</td><td colspan="3">任何一个含独立电源、线性电阻和线性受控源的一端口 N_S，外接一个可变负载电阻 R_L，当负载电阻 R_L 等于一端口 N_S 的输入电阻 R_i 时，负载电阻 R_L 从一端口 N_S 可获得最大功率</td></tr>
<tr><td>图解定理</td><td>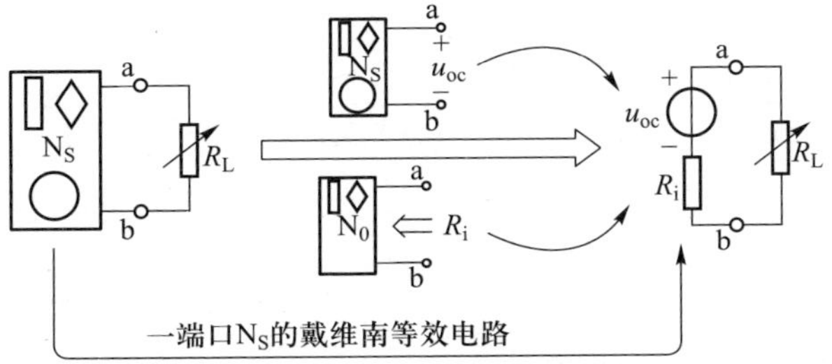
当 $R_L=R_i$ 时，有最大功率 $p_{R_{L\max}}=\frac{u_{oc}^2}{4R_i}$</td><td>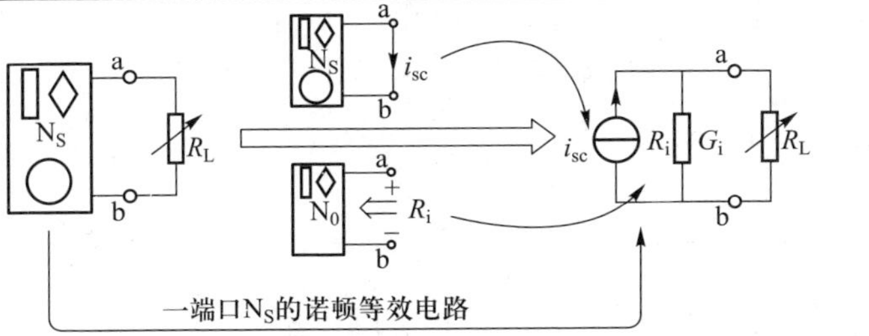
当 $G_L=G_i$ 时（或 $R_L=R_i$ 时），有最大功率
$p_{R_{L\max}}=\frac{i_{sc}^2}{4G_i}=\frac{R_i}{4}i_{sc}^2$</td></tr>
</table>

表 4-3　特勒根定理、互易定理及应用说明

名称	定理内容	应用说明
特勒根定理一	具有 b 条支路的电路，各支路电压 u_k 和支路电流 i_k（u_k、i_k 取关联参考方向）乘积的代数和恒等于零，即 $\sum_{k=1}^{b} u_k i_k = 0$	特勒根定理对线性电路和非线性电路均适用，此定理仅取决于电路的结构（连接方式），而与电路元件的特性无关
特勒根定理二	设有两个网络 N 和 N′，它们的图完全相同，但对应支路上的元件可以不同。若网络 N 各支路电压、电流为 u_k、i_k（取关联参考方向），网络 N′ 中与 N 对应的支路电压、电流为 $\hat{u}_k$、$\hat{i}_k$（取关联参考方向），则对任何时间 t，有 $\sum_{k=1}^{b} u_k \hat{i}_k = 0$ 和 $\sum_{k=1}^{b} \hat{u}_k i_k = 0$ 图解 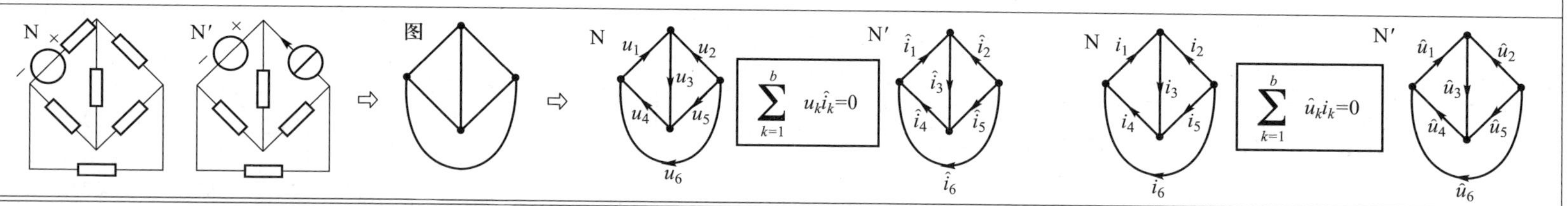	
互易定理	对一个仅含线性电阻的网络 N_0，在单一激励作用下，当激励和响应互换位置时，响应与激励的比值保持不变	由 N 网络变为拓扑结构相同的 N′网络的这种性质称为互易性。 1. 互易定理只适用于线性电路。 2. 表征了线性无源的电路传输信号的双向性，即正向传输与反向传输的效果是一样的。 3. 满足互易定理的电路称为互易电路，也称为互易网络
互易定理一	任何一个仅含线性电阻的网络 N_0，在单一独立电压源 u_S 作用时，将此电压源 u_S 与电路另一处的响应电流 i_2 互换位置，则有 $\frac{i_2}{u_S}=\frac{\hat{i}_1}{\hat{u}_S}$。若 $\hat{u}_S=u_S$，则 $i_2=\hat{i}_1$。注：若 $\hat{u}_S$ 与 i_2 参考方向一致，则 u_S 与 $\hat{i}_1$ 参考方向亦一致 图解 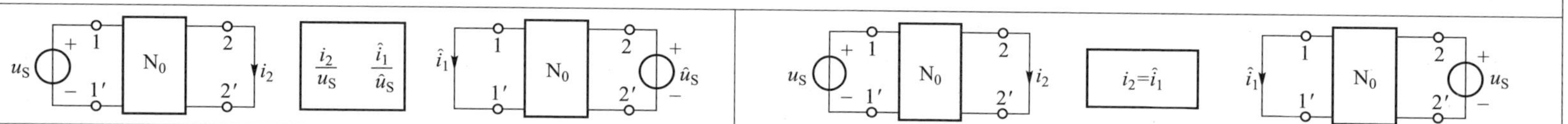	
互易定理二	任何一个仅含线性电阻的网络 N_0，在单一独立电流源 i_S 作用时，将此电流源 i_S 与电路另一处的响应电压 u_2 互换位置，则有 $\frac{u_2}{i_S}=\frac{\hat{u}_1}{\hat{i}_S}$。若 $\hat{i}_S=i_S$，则 $u_2=\hat{u}_1$。注：若 u_2 与 $\hat{i}_S$ 参考方向不一致，则 $\hat{u}_1$ 与 i_S 参考方向也不一致 图解 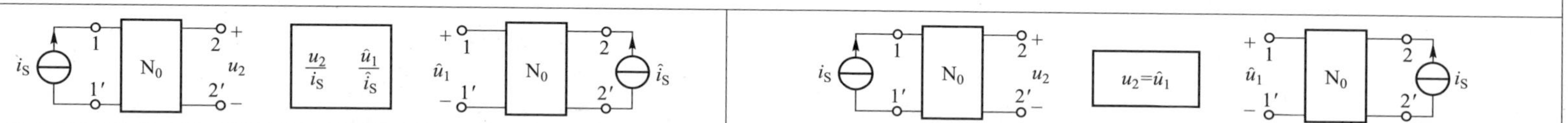	
互易定理三	任何一个仅含线性电阻的网络 N_0，在单一独立电流源 i_S 作用时，将此电流源 i_S 与电路另一处的响应电流 i_2 互换位置，然后用独立电压源 $\hat{u}_S$ 与开路电压 $\hat{u}_1$ 替代，则有 $\frac{i_2}{i_S}=\frac{\hat{u}_1}{\hat{u}_S}$。若在数值上有 $\hat{u}_S=i_S$，则在数值上有 $i_2=\hat{u}_1$。 注：若 $\hat{u}_1$ 与 i_S 参考方向不一致，则 $\hat{u}_S$ 与 i_2 参考方向一致 图解 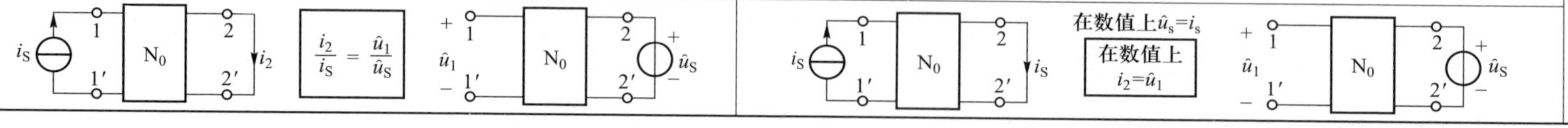	

电路思维导图应用范例(参照附录 B 中第四章思维导图助记知识要点)

1. 应用叠加定理分析电路

例 4-1 如图 1 所示,用叠加定理计算电路中的 i。

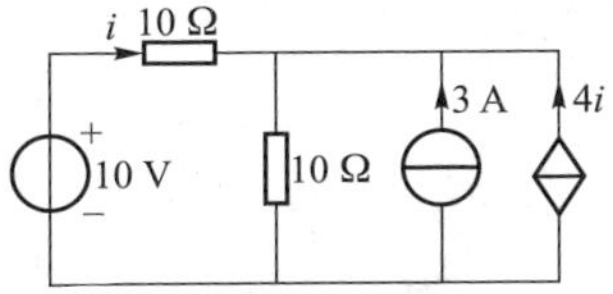

图 1 例 4-1 图

解:将图 1 分解成两个分电路,如图 2(a)和(b)所示。

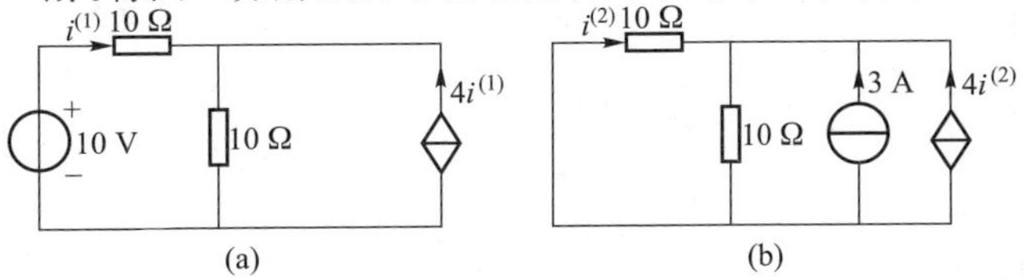

图 2 例 4-1 解图

在图 2(a)中,有

$$10i^{(1)}+10\times[i^{(1)}+4i^{(1)}]=10,得\ i^{(1)}=\frac{1}{6}\text{A}$$

在图 2(b)中,有

$$10i^{(2)}+10[i^{(2)}+4i^{(2)}+3]=0,得\ i^{(2)}=-0.5\ \text{A}$$

根据叠加定理,有

$$i=i^{(1)}+i^{(2)}=\frac{1}{6}+(-0.5)=-\frac{1}{3}\text{A}$$

例 4-2 电路如图 3 所示(N 为线性电阻电路)。

若(1)$u_S=0,i_S=0$ 时,$u=0$;

若(2)$u_S=10\ \text{V},i_S=5\ \text{A}$ 时,$u=8\ \text{V}$;

若(3)$u_S=5\ \text{V},i_S=10\ \text{A}$ 时,$u=6\ \text{V}$。

求 $u_S=5\ \text{V},i_S=5\ \text{A}$ 时 u 的值。

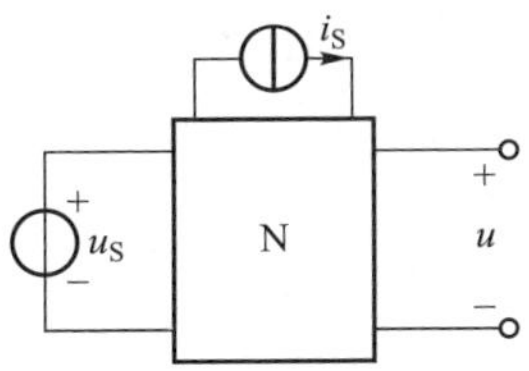

图 3 例 4-2 图

解:图 3 中,设 $u=k_1u_S+k_2i_S+k_3$,由(1)得 $k_3=0$

由(2)和(3)得 $\begin{cases}10k_1+5k_2=8 & \langle 1\rangle\\ 5k_1+10k_2=6 & \langle 2\rangle\end{cases}$

由〈1〉和〈2〉两式解得 $k_1=\frac{2}{3},k_2=\frac{4}{15}$,即 $u=\frac{2}{3}u_S+\frac{4}{15}i_S$ 〈3〉

将 $u_S=5\ \text{V},i_S=5\ \text{A}$ 代入〈3〉式,得 $u=\frac{14}{3}\text{V}$

2. 应用齐性定理分析电路

例 4-3 求图 4 梯形电路中各支路电流及 u_1。

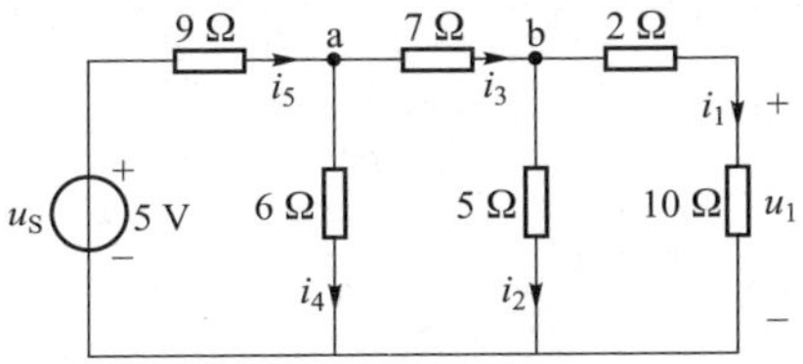

图 4 例 4-3 图

解:图 4 中仅有一个电压源,按齐性定理,响应与激励成正比。

设 $i_1'=1\ \text{A},u_1'=10i_1'=10\ \text{V},u_{b0}'=(2+10)\Omega\cdot i_1'=12\ \text{V},i_2'=\frac{u_{b0}'}{5\ \Omega}=\frac{12}{5}\text{A}=2.4\ \text{A},i_3'=i_1'+i_2'=(1+2.4)\text{A}=3.4\ \text{A}$

$u_{a0}'=7i_3'+u_{b0}'=(7\times3.4+12)\text{V}=35.8\ \text{V},i_4'=\frac{u_{a0}'}{6\ \Omega}=\frac{35.8}{6}\text{A}=\frac{179}{30}\text{A},i_5'=i_3'+i_4'=\left(3.4+\frac{179}{30}\right)\text{A}=\frac{281}{30}\text{A}$

$u_S'=9i_5'+u_{a0}'=\left(9\times\frac{281}{30}+35.8\right)\text{V}=120.1\ \text{V},k=\frac{5\ \text{V}}{u_S'}=\frac{5}{120.1},u_1=ku_1'=\frac{5}{120.1}\times10\ \text{V}=0.416\ \text{V}$

$i_1=ki_1'=0.042\ \text{A},i_2=ki_2'=0.1\ \text{A},i_3=ki_3'=0.142\ \text{A},i_4=ki_4'=0.25\ \text{A},i_5=ki_5'=0.39\ \text{A}$

3. 应用替代定理分析电路

例 4-4 如图 5 中,$g=2\text{S}$,试求电流 I。

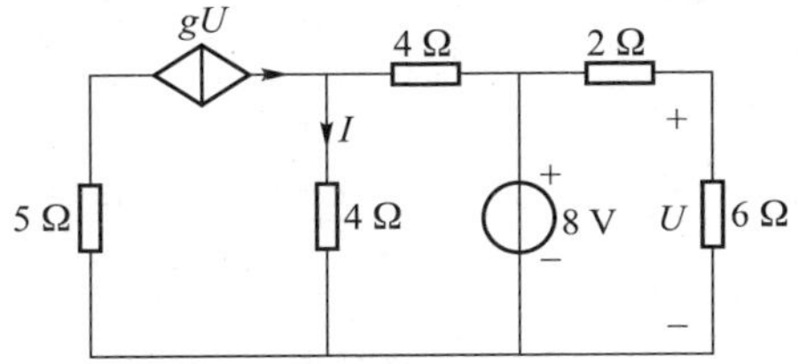

图 5 例 4-4 图

解:在图 5 中,用分压公式求受控电流源的控制量,得 $U=\left(\frac{6}{2+6}\times8\right)\text{V}=6\ \text{V}$

受控电流源的电流为 $gU=2\times6=12\ \text{A}$,用 12 A 的独立电流源替代受控电流源,则电路不再含受控电源,如图 6(a)所示。应用叠加定理得分电路如图 6(b)和(c)所示,求得分电流并叠加得

$$I=I^{(1)}+I^{(2)}=\left(\frac{8}{4+4}+\frac{4}{4+4}\times12\right)\text{A}=7\ \text{A}$$

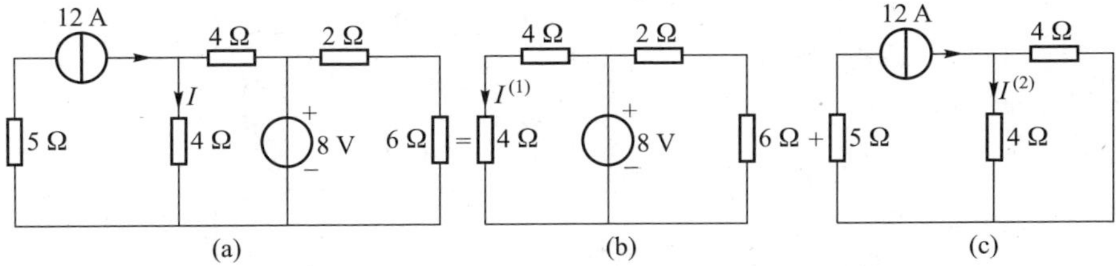

图 6 例 4-4 解图

4. 应用戴维南定理分析电路

应用戴维南定理分析求解一端口 N_S 外电路的步骤，因计算输入电阻 R_i 有三种方法，下面分三种情况介绍。

情况一：N_S 不含受控源。

第 1 步 将 N_S 的外电路用开路替代，求开路电压 u_{oc}。

第 2 步 用方法①求输入电阻 R_i。将 N_S 化为 N_0（N_S 中全部独立源置零），则

$$R_i=R_{eq}=R_{ab}$$

第 3 步 画出 N_S 的戴维南等效电路，并与外电路接上，求解外电路。

图解戴维南定理（情况一）的分析步骤如图 7 所示

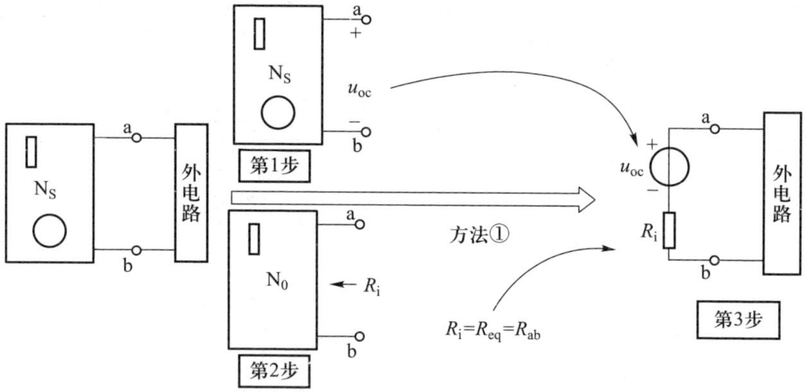

图 7 图解戴维南定理（情况一）的分析步骤

情况二：N_S 含受控源。

第 1 步 将 N_S 的外电路用开路替代，求开路电压 u_{oc}。

第 2 步 用方法②求输入电阻 R_i。将 N_S 化为 N_0，在 ab 端口处施加一未知电压 u，计算 i，则

$$R_i=\frac{u}{i}（注意 u 与 i 的参考方向）$$

第 3 步 画出 N_S 的戴维南等效电路，并与外电路接上，求解外电路。

图解戴维南定理（情况二）的分析步骤如图 8 所示

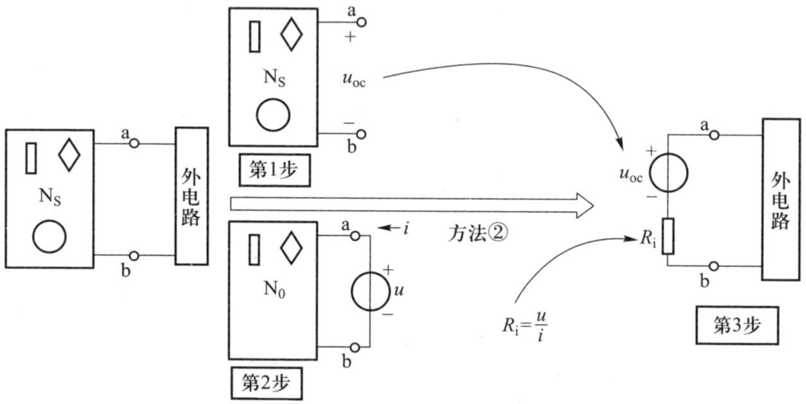

图 8 图解戴维南定理（情况二）的分析步骤

情况三：N_S 含独立源，有无受控源均可。

第 1 步 将 N_S 的外电路用开路替代，求开路电压 u_{oc}。

第 2 步 用方法③求输入电阻 R_i。将 N_S 的外电路用短路替代，求短路电流 i_{sc}，则

$$R_i=\frac{u_{oc}}{i_{sc}}（注意 u_{oc} 与 i_{sc} 的参考方向）$$

第 3 步 画出 N_S 的戴维南等效电路，并与外电路接上，求解外电路。

图解戴维南定理（情况三）的分析步骤如图 9 所示

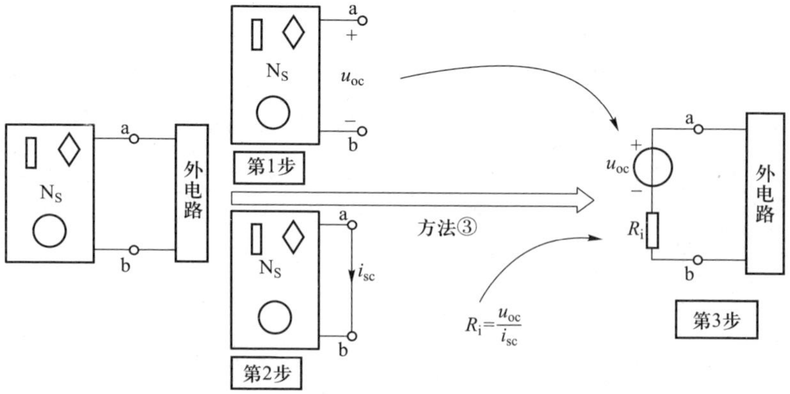

图 9 图解戴维南定理（情况三）的分析步骤

例 4-5 如图 10 所示，用戴维南定理求 R_2 电流 i_2。

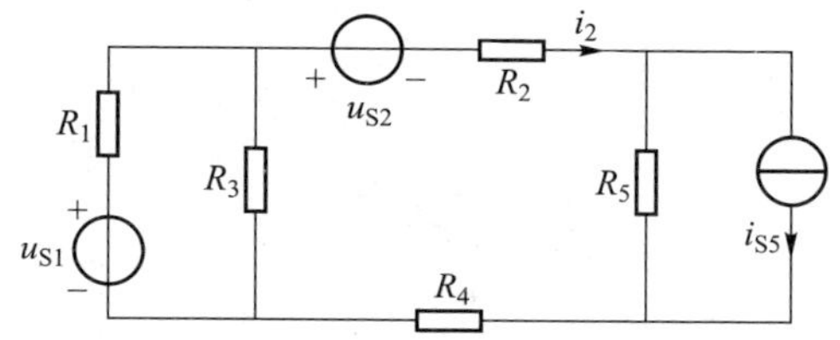

图 10 例 4-5 图

解：按情况一，电流 i_2 所在支路的 R_2 为外电路。

第 1 步 将图 10 外电路 R_2 开路，得一端口 N_S 网络见图 11(a)，求开路电压 u_{oc}。

$$u_{oc}=-u_{S2}+\frac{R_3}{R_1+R_3}u_{S1}+R_5i_{S5}$$

第 2 步 将 N_S 化为 N_0，见图11(b)，求 R_i。

$$R_i=\frac{R_1R_3}{R_1+R_3}+R_4+R_5$$

第 3 步 画出戴维南等效电路见图 11(c)，求 i_2。

$$i_2=\frac{u_{oc}}{R_i+R_2}$$

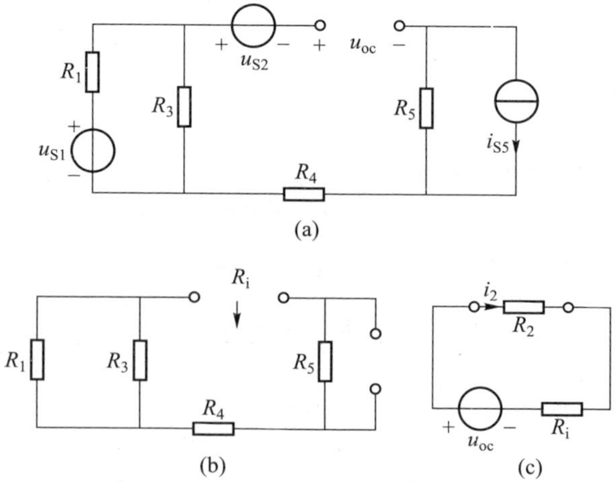

图 11 例 4-5 解图

5. 应用诺顿定理分析电路

应用诺顿定理分析求解一端口 N_S 外电路的步骤，因计算输入电导 G_i 有三种方法，下面分三种情况介绍。

情况一：N_S 不含受控源。

第 1 步 将 N_S 的外电路用短路替代，求短路电流 i_{sc}。

第 2 步 用方法①求输入电导 G_i 或输入电阻 R_i。将 N_S 化为 N_0，则

$$G_i = G_{eq} = G_{ab} \text{或} R_i = R_{eq} = R_{ab}$$

第 3 步 画出 N_S 的诺顿等效电路，并与外电路接上，求解外电路。

图解诺顿定理（情况一）的分析步骤如图 12 所示

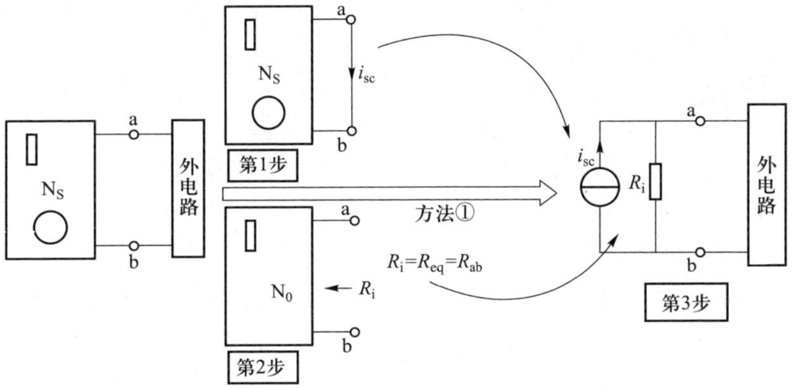

图 12 图解诺顿定理（情况一）的分析步骤

情况二：N_S 含受控源。

第 1 步 将 N_S 的外电路用短路替代，求短路电流 i_{sc}。

第 2 步 用方法②求输入电导 G_i 或求输入电阻 R_i。将 N_S 化为 N_0，在 ab 端口处施加一未知电压 u，计算 i，则

$$G_i = \frac{i}{u} \text{或} R_i = \frac{u}{i} \text{（注意 } u \text{ 与 } i \text{ 的参考方向）}$$

第 3 步 画出 N_S 的诺顿等效电路，并与外电路接上，求解外电路。

图解诺顿定理（情况二）的分析步骤如图 13 所示

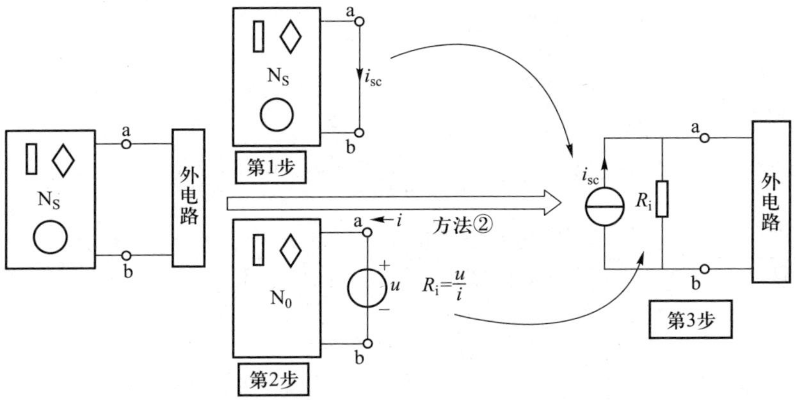

图 13 图解诺顿定理（情况二）的分析步骤

情况三：N_S 含独立源，有无受控源均可。

第 1 步 将 N_S 的外电路用短路替代，求短路电流 i_{sc}。

第 2 步 用方法③求输入电导 G_i 或求输入电阻 R_i。将 N_S 的外电路用开路替代，求开路电压 u_{oc}，则

$$G_i = \frac{i_{sc}}{u_{oc}} \text{或} R_i = \frac{u_{oc}}{i_{sc}} \text{（注意 } u_{oc} \text{ 与 } i_{sc} \text{ 的参考方向）}$$

第 3 步 画出 N_S 的诺顿等效电路，并与外电路接上，求解外电路。

图解诺顿定理（情况三）的分析步骤如图 14 所示

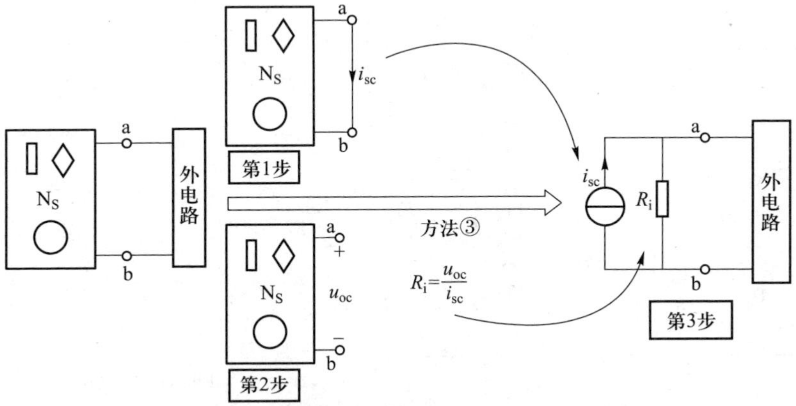

图 14 图解诺顿定理（情况三）的分析步骤

例 4-6 如图 15 所示，$u_{S1} = 120$ V，$i_{S4} = 12$ A，$R_1 = 6\ \Omega$，$R_2 = 3\ \Omega$，$R_3 = 2\ \Omega$，$R_4 = 4\ \Omega$，用诺顿定理求 R_3 电流 i_3。

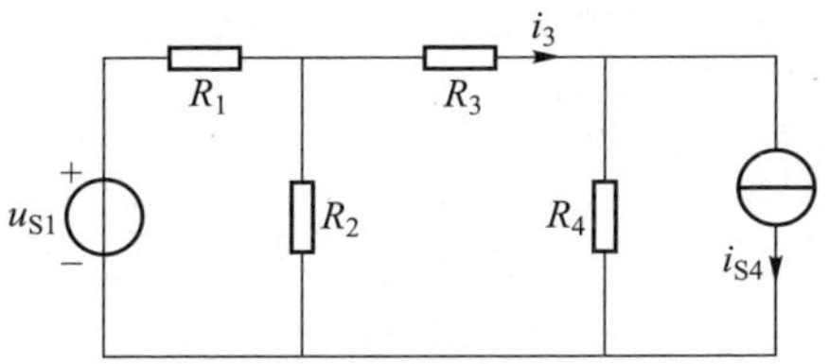

图 15 例 4-6 图

解：按情况一，图 15 中的 R_3 为外电路。

第 1 步 将 R_3 短路见图 16(a) 所示，求短路电流 i_{SC}。

$$u_{n1} = \left(\frac{u_{S1}}{R_1} - i_{S4}\right) \Big/ \left(\frac{1}{R_1} + \frac{1}{R_2} + \frac{1}{R_4}\right) = \frac{32}{3}\ \text{V}$$

$$i_{SC} = \frac{u_{n1}}{R_4} + i_{S4} = \frac{44}{3}\text{A}$$

第 2 步 将 N_S 化为 N_0，见图 16(b)，求 R_i。

$$R_i = \frac{R_1R_2}{R_1+R_2} + R_4 = 6\ \Omega$$

第 3 步 画出诺顿等效电路见图 16(c)，求 i_3。

$$i_3 = \frac{R_i}{R_i+R_3} i_{SC} = 11\ \text{A}$$

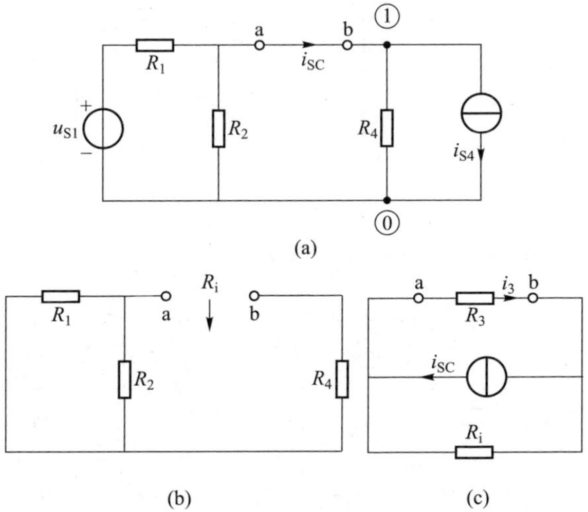

图 16 例 4-6 解图

6. 应用最大功率传输定理、特勒根定理、互易定理分析电路

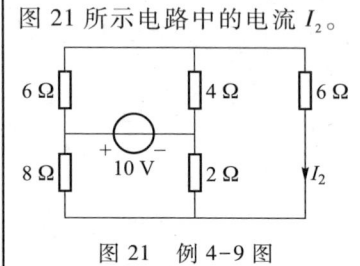

例 4-7 求图 17 中 R_L 的最大功率。

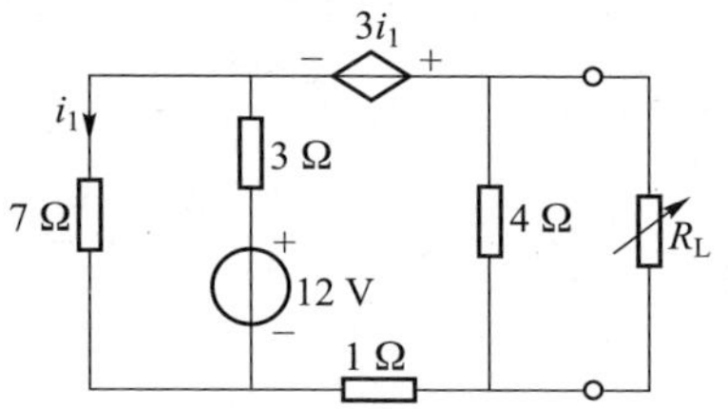

图 17 例 4-7 图

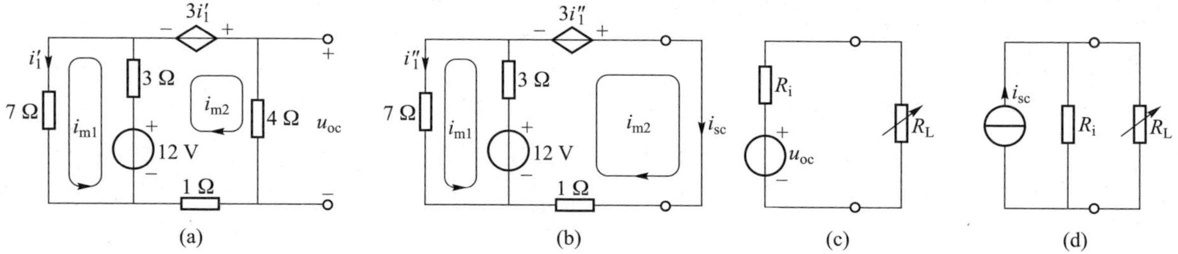

图 18 例 4-7 解图

解:求图 17 中 R_L 左侧电路的开路电压 u_{oc}(将 R_L 开路),短路电流 i_{sc}(将 R_L 短路,则 4 Ω 电阻的电流为零,可将 4 Ω 电阻开路)的电路如图 18(a)和(b)所示。

对图 18(a)列网孔电流方程 $\begin{cases}(7+3)i_{m1}+3i_{m2}=12\\3i_{m1}+(3+4+1)i_{m2}=12+3i_1'=12+3i_{m1}\end{cases}\Rightarrow\begin{cases}10i_{m1}+3i_{m2}=12\\8i_{m2}=12\end{cases}$,解得 $i_{m2}=1.5\ \text{A}$,$u_{oc}=4i_{m2}=6\ \text{V}$

对图 18(b)列网孔电流方程 $\begin{cases}(7+3)i_{m1}+3i_{m2}=12\\3i_{m1}+(3+1)i_{m2}=12+3i''_1=12+3i_{m1}\end{cases}\Rightarrow\begin{cases}10i_{m1}+3i_{m2}=12\\4i_{m2}=12\end{cases}$,解得 $i_{m2}=3\ \text{A}$,$i_{sc}=i_{m2}=3\ \text{A}$

戴维南等效电路和诺顿等效电路分别如图 18(c)和(d)所示。

求输入电阻 $R_i=\dfrac{u_{oc}}{i_{sc}}=\dfrac{6}{3}\ \Omega=2\ \Omega$,则当 $R_L=R_i=2\ \Omega$ 时,R_L 获得最大功率 $p_{L\max}=\dfrac{u_{oc}^2}{4R_i}=\dfrac{6^2}{4\times2}\text{W}=4.5\ \text{W}$ 或 $\left(p_{L\max}=\dfrac{R_i i_{sc}^2}{4}=\dfrac{2\times3^2}{4}\ \text{W}=4.5\ \text{W}\right)$

例 4-8 如图 19 所示,已知 N_0 为无源线性电阻网络,$R_2=2\ \Omega$,$U_1=6\ \text{V}$ 时,测得 $I_1=2\ \text{A}$,$U_2=2\ \text{V}$。当 R_2 改为 4 Ω,U_1 改为 10 V 时,测得$I_1=3\ \text{A}$。试求第二种情况下的 U_2 为多少?

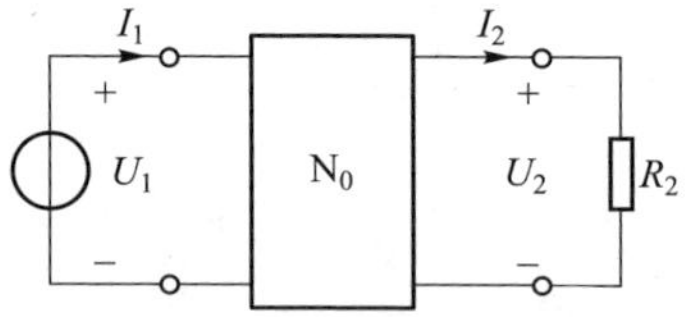

图 19 例 4-8 图

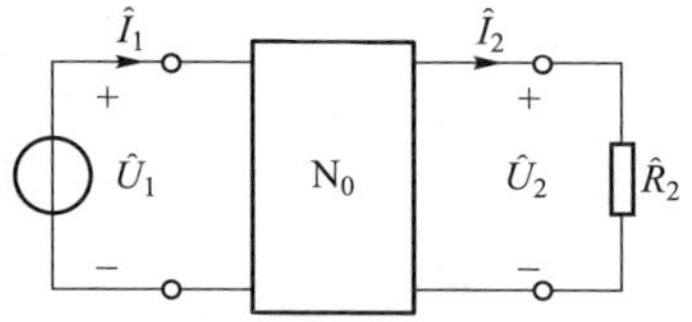

图 20 例 4-8 解图

解:图 19 在题意的第二种情况下,如图 20 所示,因 $\hat{R}_2=4\ \Omega$,$\hat{U}_1=10\ \text{V}$,$\hat{I}_1=3\ \text{A}$,求 $\hat{U}_2=?$ 应用特勒根定理二,由图 19 和图 20 有

$$\begin{cases}-U_1\hat{I}_1+U_2\hat{I}_2+\sum\limits_{k=3}^{b}U_k\hat{I}_k=0 & \langle1\rangle\\-\hat{U}_1I_1+\hat{U}_2I_2+\sum\limits_{k=3}^{b}\hat{U}_kI_k=0 & \langle2\rangle\end{cases}$$

,因 $\sum\limits_{k=3}^{b}U_k\hat{I}_k=\sum\limits_{k=3}^{b}R_kI_k\hat{I}_k$ 和 $\sum\limits_{k=3}^{b}\hat{U}_kI_k=\sum\limits_{k=3}^{b}R_k\hat{I}_kI_k$

〈1〉式减〈2〉式,得

$-U_1\hat{I}_1+U_2\hat{I}_2+\hat{U}_1I_1-\hat{U}_2I_2=0$,则 $-6\times3+2\times\dfrac{\hat{U}_2}{\hat{R}_2}+10\times2-\hat{U}_2\dfrac{U_2}{R_2}=0$,解得 $\hat{U}_2=4\ \text{V}$

例 4-9 试用互易定理求图 21 所示电路中的电流 I_2。

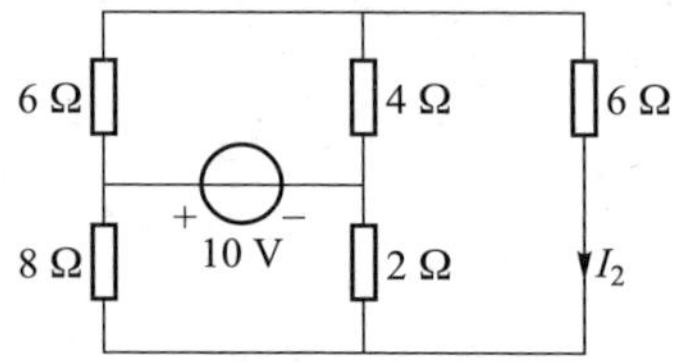

图 21 例 4-9 图

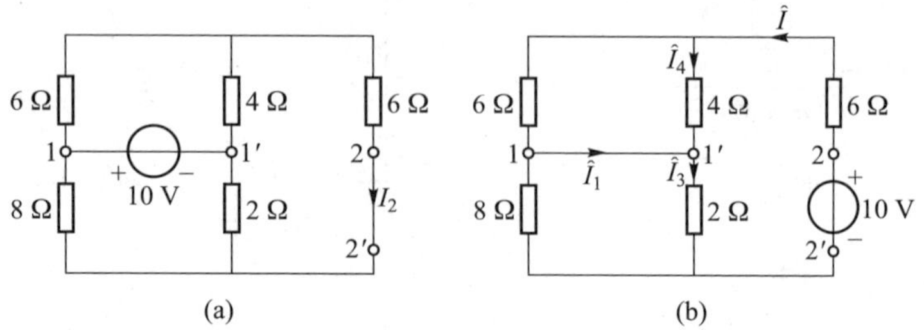

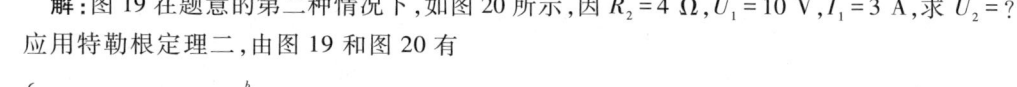

图 22 例 4- 9 解图

解:图 21 为桥形电路,标注出端口 1-1′和 2-2′,如图 22(a)所示,对其应用互易定理一,得简单串-并联电路,如图 22(b)所示。

$\hat{I}=\dfrac{10}{6+\dfrac{4\times6}{4+6}+\dfrac{8\times2}{8+2}}\ \text{A}=1\ \text{A}$,$\hat{I}_3=\dfrac{8}{8+2}\hat{I}=0.8\ \text{A}$,$\hat{I}_4=\dfrac{6}{6+4}\hat{I}=0.6\ \text{A}$,$\hat{I}_1=\hat{I}_3-\hat{I}_4=0.2\ \text{A}$,根据互易定理一,有 $I_2=\hat{I}_1=0.2\ \text{A}$

本章习题与解答

4-1 应用叠加定理求题 4-1 图所示电路中电压 u_{ab}。

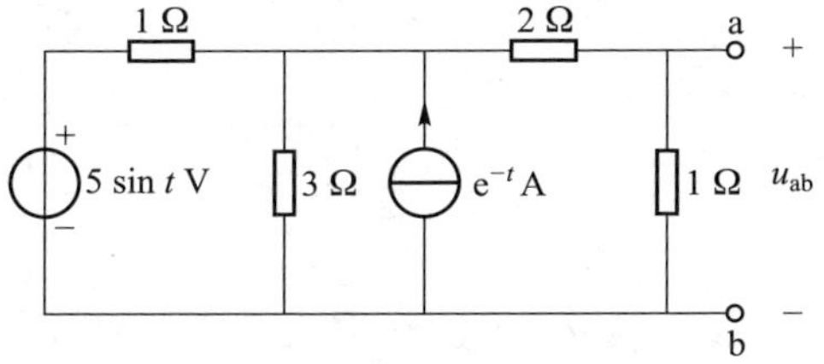

题 4-1 图

解：题 4-1 图中，独立电压源、独立电流源分别单独作用的分电路如题 4-1 解图(a)和(b)所示。

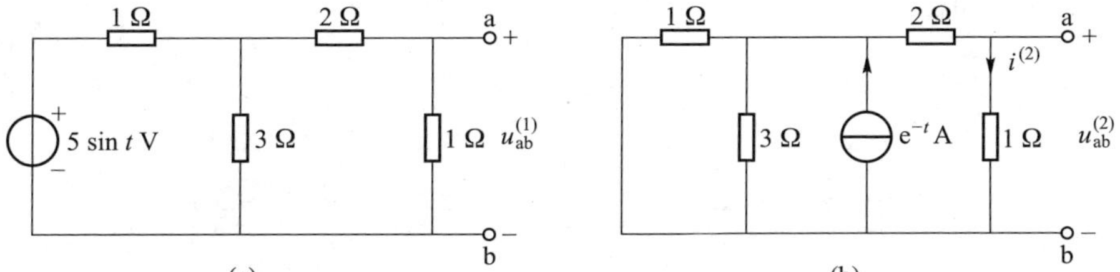

(a) (b)

题 4-1 解图

在题 4-1 解图(a)中，应用两次分压公式，得

$$u_{ab}^{(1)}=\frac{1}{2+1}\left[\frac{3//(2+1)}{1+3//(2+1)}\times 5\sin\ t\right]\ \text{V}=\frac{1}{2+1}\times\frac{1.5}{2.5}\times 5\sin\ t\ \text{V}=\sin\ t\ \text{V}$$

在题 4-1 解图(b)中，应用分流公式求 $i^{(2)}$，则

$$u_{ab}^{(2)}=1\cdot i^{(2)}=\frac{1//3}{1//3+(1+2)}\cdot \mathrm{e}^{-t}\ \text{V}=\frac{\dfrac{1\times 3}{1+3}}{\dfrac{1\times 3}{1+3}+3}\cdot \mathrm{e}^{-t}\ \text{V}=\frac{1}{5}\mathrm{e}^{-t}\ \text{V}=0.2\mathrm{e}^{-t}\ \text{V}$$

根据叠加定理，得 $u_{ab}=u_{ab}^{(1)}+u_{ab}^{(2)}=(\sin\ t+0.2\mathrm{e}^{-t})\ \text{V}$。

4-2 应用叠加定理求题 4-2 图所示电路中电压 u。

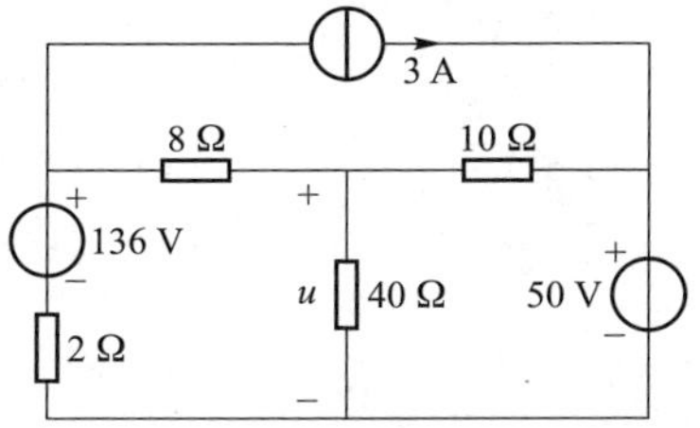

题 4-2 图

解：题 4-2 图中三个独立源分别单独作用的分电路如题 4-2 解图(a)(b)(c)所示。

题 4-2 解图(a)中

$$u^{(1)}=\frac{10//40}{8+10//40+2}\times 136\ \text{V}=\frac{\dfrac{10\times 40}{10+40}}{10+\dfrac{10\times 40}{10+40}}\times 136\ \text{V}=\frac{400}{900}\times 136\ \text{V}=\frac{544}{9}\text{V}$$

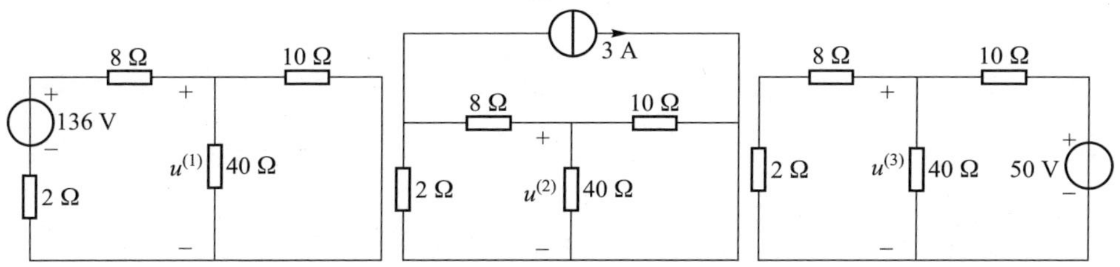

(a) (b) (c)

题 4-2 解图

题 4-2 解图(b)中，8 Ω、10 Ω、40 Ω 的等效电阻与 2 Ω 并联，先求分流，再求电压，得

$$u^{(2)}=\frac{-2}{2+8+10//40}\times 3\times(10//40)\ \text{V}=\frac{-2}{10+\dfrac{10\times 40}{10+40}}\times 3\times\frac{10\times 40}{10+40}\ \text{V}=\frac{-8}{9}\times 3\ \text{V}=-\frac{8}{3}\ \text{V}$$

题 4-2 解图(c)中，

$$u^{(3)}=\frac{(2+8)//40}{10+(2+8)//40}\times 50\ \text{V}=\frac{4}{9}\times 50\ \text{V}=\frac{200}{9}\ \text{V}$$

根据叠加定理，有

$$u=u^{(1)}+u^{(2)}+u^{(3)}=\left(\frac{544}{9}-\frac{8}{3}+\frac{200}{9}\right)\ \text{V}=\frac{720}{9}\text{V}=80\ \text{V}$$

4-3 应用叠加定理求题 4-3 图所示电路中的电流 I。

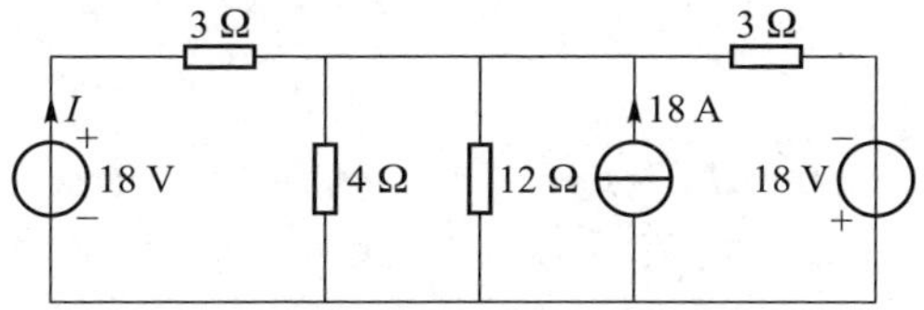

题 4-3 图

解：题 4-3 图中，设三个独立源分别单独作用产生的 I 的分量分别为 $I^{(1)}$、$I^{(2)}$、$I^{(3)}$，对应的分电路如题 4-3 解图(a)(b)(c)所示。

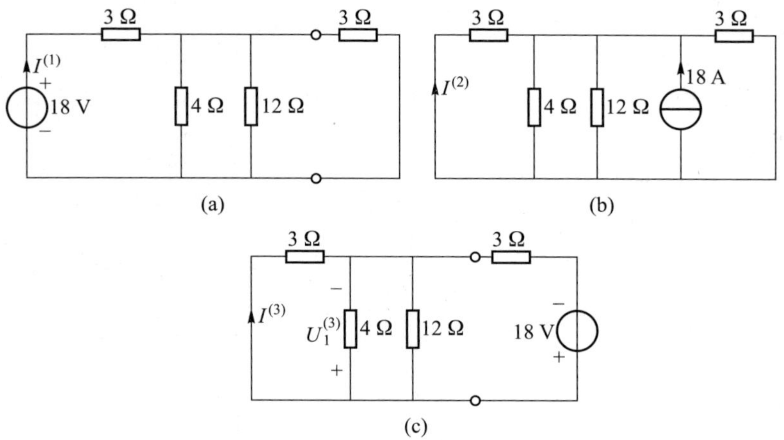

题 4-3 解图

题 4-3 解图(a)中, $I^{(1)}=\dfrac{18}{3+\dfrac{1}{\dfrac{1}{4}+\dfrac{1}{12}+\dfrac{1}{3}}}\text{ A}=\dfrac{18}{4.5}\text{ A}=4\text{ A}$

题 4-3 解图(b)中,根据分流公式,得

$$I^{(2)}=-\frac{\dfrac{1}{3}}{\dfrac{1}{3}+\dfrac{1}{4}+\dfrac{1}{12}+\dfrac{1}{3}}\times 18\text{ A}=-6\text{ A}$$

题 4-3 解图(c)中,根据分压公式,得

$$U_1^{(3)}=\frac{\dfrac{1}{\dfrac{1}{3}+\dfrac{1}{4}+\dfrac{1}{12}}}{3+\dfrac{1}{\dfrac{1}{3}+\dfrac{1}{4}+\dfrac{1}{12}}}\times 18\text{ A}=\frac{1.5}{3+1.5}\times 18\text{ A}=6\text{ V}$$

$$I^{(3)}=\frac{U_1^{(3)}}{3\ \Omega}=\frac{6}{3}\text{A}=2\text{ A}$$

根据叠加定理,有

$$I=I^{(1)}+I^{(2)}+I^{(3)}=[4+(-6)+2]\text{A}=0\text{ A}$$

4-4 应用叠加定理时,将受控源都保留在分电路中。求:(1) 题 4-4 图(a)中的电压 u_2;(2) 题4-4图(b)中的电压 U。

解:(1) 题 4-4 图(a)中,两个独立源分别单独作用的分电路如题 4-4 解图(a1)(a2)所示。

由题 4-4 解图(a1),得 $u_2^{(1)}=-3\times 2i_1^{(1)}+2$。

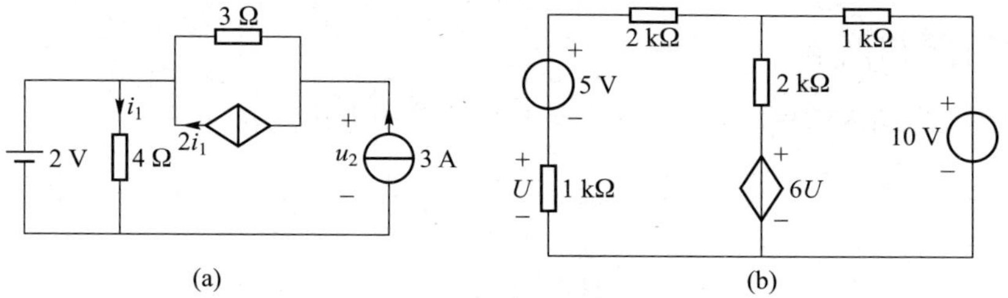

题 4-4 图

因 $i_1^{(1)}=\dfrac{2}{4}\text{A}=0.5\text{ A}$,所以 $u_2^{(1)}=(-6\times 0.5+2)\text{ V}=-1\text{ V}$。

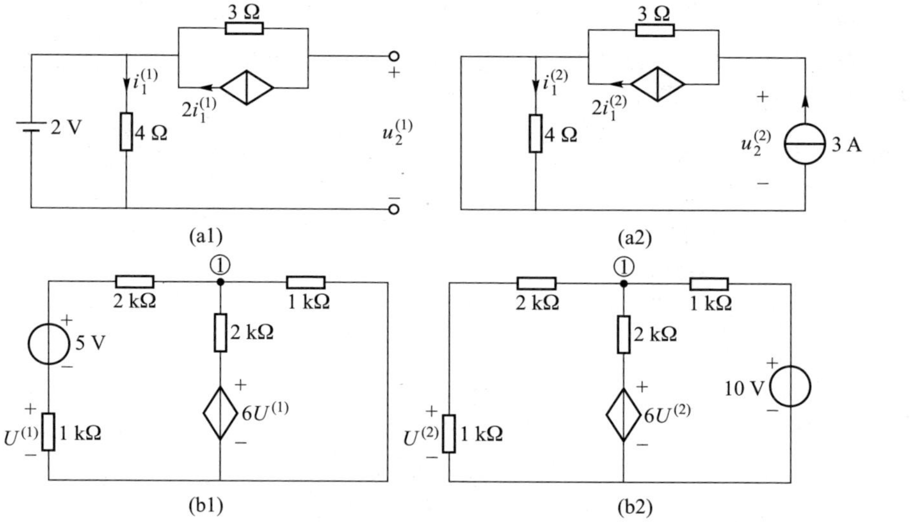

题 4-4 解图

由题 4-4 解图(a2),得 $u_2^{(2)}=3[3-2i_1^{(2)}]$。

因 $i_1^{(2)}=0$ A,所以 $u_2^{(2)}=9$ V。

根据叠加定理,得

$$u_2=u_2^{(1)}+u_2^{(2)}=(-1+9)\text{ V}=8\text{ V}$$

(2) 题 4-4 图(b)中,两个独立电压源分别单独作用的分电路如题 4-4 解图(b1)和(b2)所示。

由题 4-4 解图(b1),列节点电压方程,得

$$\begin{cases}\left(\dfrac{1}{2+1}+\dfrac{1}{2}+\dfrac{1}{1}\right)U_{n1}^{(1)}=\dfrac{5}{1+2}+\dfrac{6U^{(1)}}{2}\\ U^{(1)}=\dfrac{1}{2+1}[U_{n1}^{(1)}-5]\end{cases}\Rightarrow\begin{cases}11U_{n1}^{(1)}=10+18U^{(1)} & \langle 1\rangle\\ 3U^{(1)}=U_{n1}^{(1)}-5 & \langle 2\rangle\end{cases}$$

由〈1〉式,得 $U_{n1}^{(1)}=\dfrac{10+18U^{(1)}}{11}$

代入〈2〉式，得 $$3U^{(1)}=\frac{10+18U^{(1)}}{11}-5$$

解得 $$U^{(1)}=\frac{10-5\times11}{3\times11-18}\ \text{V}=\frac{-45}{15}\ \text{V}=-3\ \text{V}$$

由题 4-4 解图(b2)，列节点电压方程，得

$$\begin{cases}\left(\frac{1}{2+1}+\frac{1}{2}+\frac{1}{1}\right)U_{n1}^{(2)}=\frac{6U^{(2)}}{2}+\frac{10}{1}\\ U^{(2)}=\frac{1}{1+2}U_{n1}^{(2)}\end{cases}\Rightarrow\begin{cases}11U_{n1}^{(2)}=18U^{(2)}+60 & \langle3\rangle\\ 3U^{(2)}=U_{n1}^{(2)} & \langle4\rangle\end{cases}$$

由〈3〉式，得 $$U_{n1}^{(2)}=\frac{18U^{(2)}+60}{11}$$

代入〈4〉式，得 $$U^{(2)}=\frac{1}{3}\times\frac{18U^{(2)}+60}{11}=\frac{6U^{(2)}+20}{11}$$

解得 $$U^{(2)}=\frac{20}{11-6}\ \text{V}=4\ \text{V}$$

根据叠加定理，得

$$U=U^{(1)}+U^{(2)}=(-3+4)\ \text{V}=1\ \text{V}$$

4-5 应用叠加定理，按下列步骤求解题 4-5 图中 I_α。

(1) 将受控源参与叠加，画出三个分电路，在受控源分电路中受控源电压为 $6I_\alpha$，I_α 并非分响应，而为未知总响应。

(2) 求出三个分电路的分响应 I'_α、I''_α 与 I'''_α，I'''_α 中包含未知量 I_α。

(3) 利用 $I_\alpha=I'_\alpha+I''_\alpha+I'''_\alpha$ 解出 I_α。

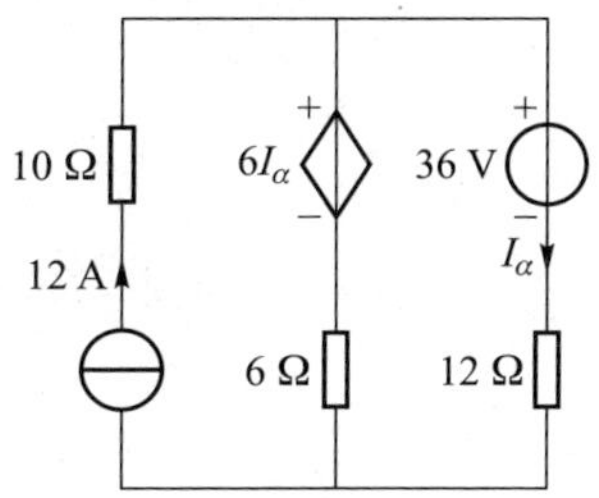

题 4-5 图

解：(1) 画出三个分电路如题 4-5 解图(a)(b)(c)所示，响应 I_α 的分响应分别为 I'_α、I''_α、I'''_α。

(2) 由题 4-5 解图(a)，得 $$I'_\alpha=\frac{6}{6+12}\times12\ \text{A}=4\ \text{A}$$

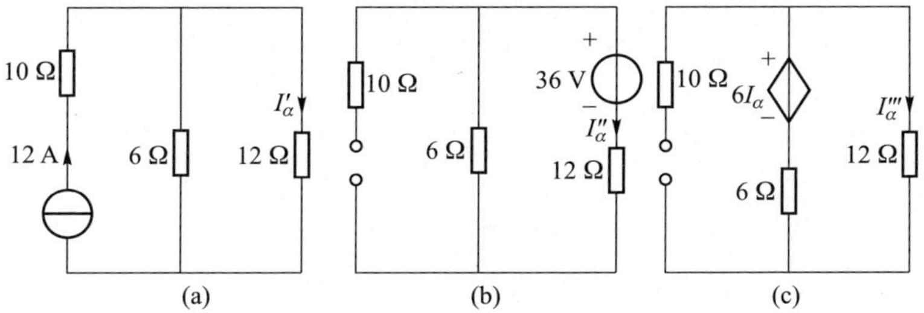

题 4-5 解图

由题 4-5 解图(b)，得 $$I''_\alpha=-\frac{36}{6+12}\text{A}=-2\ \text{A}$$

由题 4-5 解图(c)，得 $$I'''_\alpha=\frac{6I_\alpha}{6+12}=\frac{1}{3}I_\alpha$$

(3) 根据叠加定理，有 $$I_\alpha=I'_\alpha+I''_\alpha+I'''_\alpha=4-2+\frac{1}{3}I_\alpha$$

得 $I_\alpha-\frac{1}{3}I_\alpha=2$，解出 $I_\alpha=2\times\frac{3}{2}\text{A}=3\ \text{A}$。

4-6 (1) 试求题 4-6 图(a)所示梯形电路中各支路电流、节点电压和 $\frac{u_o}{u_S}$。其中 $u_S=10\ \text{V}$。

(2) 用倒退法求解题 4-6 图(b)所示梯形电路中电流 i_o。

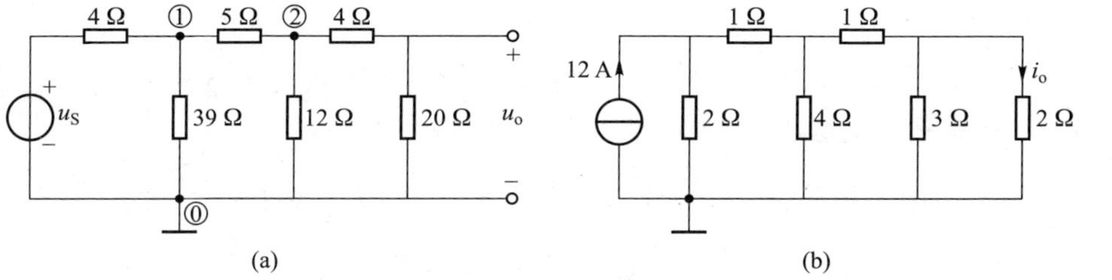

题 4-6 图

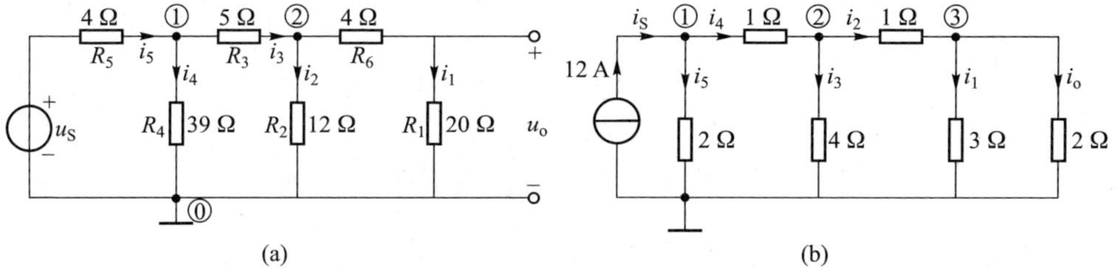

题 4-6 解图

解：(1) 题 4-6 图(a)所示为梯形电路，根据齐性定理，响应与激励成正比。标注各支路电流 $i_1\sim i_5$ 及参考方向，如题 4-6 解图(a)所示。

假设 $i'_1=1\ \text{A}$，则 $u'_o=R_1i'_1=(20\times1)\ \text{V}=20\ \text{V}$，$u'_{n2}=(R_6+R_1)i'_1=[(4+20)\times1]\ \text{V}=24\ \text{V}$

$$i'_2=\frac{u'_{n2}}{R_2}=\frac{24}{12}\ \text{A}=2\ \text{A},\quad i'_3=i'_1+i'_2=(1+2)\ \text{A}=3\ \text{A},\quad u'_{n1}=R_3i'_3+u'_{n2}=(5\times3+24)\ \text{V}=39\ \text{V}$$

$$i'_4=\frac{u'_{n1}}{R_4}=\frac{39}{39}\ \text{A}=1\ \text{A},\quad i'_5=i'_3+i'_4=(3+1)\ \text{A}=4\ \text{A}$$

$$u_S'=R_5i_5'+u_{n1}'=(4\times4+39)\text{ V}=55\text{ V},\quad k=\frac{u_S}{u_S'}=\frac{10}{55}=\frac{2}{11}$$

应用齐性定理,求得 $i_1=ki_1'=\left(\frac{2}{11}\times1\right)\text{ A}=0.182\text{ A}$,$i_2=ki_2'=\left(\frac{2}{11}\times2\right)\text{ A}=0.364\text{ A}$

$$i_3=ki_3'=\left(\frac{2}{11}\times3\right)\text{ A}=0.545\text{ A},\quad i_4=ki_4'=\left(\frac{2}{11}\times1\right)\text{ A}=0.182\text{ A},$$

$$i_5=ki_5'=\left(\frac{2}{11}\times4\right)\text{ A}=0.727\text{ A}$$

$$u_{n1}=ku_{n1}'=\left(\frac{2}{11}\times39\right)\text{ V}=7.091\text{ V},\quad u_{n2}=ku_{n2}'=\left(\frac{2}{11}\times24\right)\text{ V}=4.364\text{ V},$$

$$u_o=ku_o'=\left(\frac{2}{11}\times20\right)\text{ V}=3.636\text{ V}$$

所以 $\frac{u_o}{u_S}=\frac{40}{11}\times\frac{1}{10}=\frac{4}{11}=0.364$。

(2) 标注题 4-6 解图(b)中各节点①②③与各支路电流及参考方向,假设为 $i_o'=1$ A,采用倒退法计算各支路电流。

对右一网孔列 KVL 方程,有 $3i_1'=2i_o'\Rightarrow i_1'=\frac{2}{3}i_o'=\left(\frac{2}{3}\times1\right)\text{ A}=\frac{2}{3}\text{ A}$,

对节点③列 KCL 方程,有 $i_2'=i_1'+i_o'=\left(\frac{2}{3}+1\right)\text{ A}=\frac{5}{3}\text{A}$,

对右二网孔列 KVL 方程,有 $4i_3'=1\cdot i_2'+2i_o'\Rightarrow i_3'=\frac{1}{4}i_2'+\frac{1}{2}i_o'=\left(\frac{1}{4}\times\frac{5}{3}+\frac{1}{2}\times1\right)\text{ A}=\frac{11}{12}\text{ A}$,

对节点②列 KCL 方程,有 $i_4'=i_2'+i_3'=\left(\frac{5}{3}+\frac{11}{12}\right)\text{ A}=\frac{31}{12}\text{ A}$,

对左二网孔列 KVL,有 $2i_5'=1\cdot i_4'+4i_3'\Rightarrow i_5'=\frac{1}{2}i_4'+2i_3'=\left(\frac{1}{2}\times\frac{31}{12}+2\times\frac{11}{12}\right)\text{ A}=\frac{75}{24}\text{ A}=\frac{25}{8}\text{ A}$,

对节点①列 KCL 方程,有 $i_S'=i_4'+i_5'=\left(\frac{31}{12}+\frac{75}{24}\right)\text{ A}=\frac{137}{24}\text{ A}$,

根据齐性定理,有 $\frac{i_o}{i_S}=\frac{i_o'}{i_S'}$,因此 $i_o=\frac{i_o'}{i_S'}i_S=\left(\frac{1}{137/24}\times12\right)\text{ A}=\frac{288}{137}\text{ A}=2.102\text{ A}$。

4-7 题 4-7 图所示电路中,当电流源 i_{S1} 和电压源 u_{S1} 反向时(u_{S2} 不变),电压 u_{ab} 是原来的 0.5 倍;当 i_{S1} 和 u_{S2} 反向时(u_{S1} 不变),电压 u_{ab} 是原来的 0.3 倍。问:仅 i_{S1} 反向(u_{S1}、u_{S2} 均不变)时,电压 u_{ab} 应为原来的几倍?

解:设 i_{S1}、u_{S1}、u_{S2} 分别单独作用时,在 ab 端口产生的电压分量分别为 $u_{ab}^{(1)}$、$u_{ab}^{(2)}$、$u_{ab}^{(3)}$,如题 4-7 解图(a)(b)(c)所示。

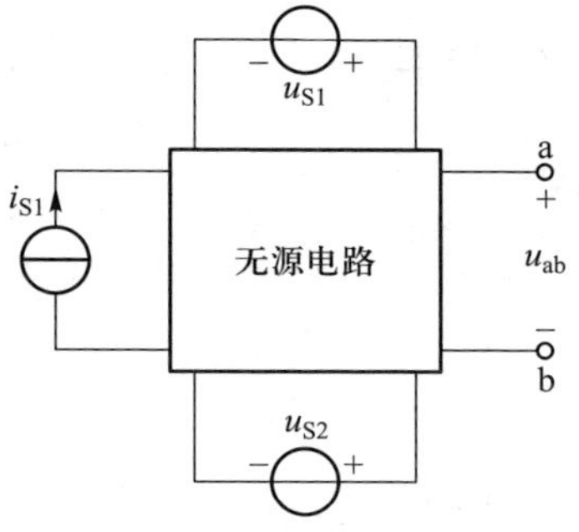

题 4-7 图

在题 4-7 图中,在电源 i_{S1}、u_{S1}、u_{S2} 共同作用下,依叠加定理有

$$u_{ab}=u_{ab}^{(1)}+u_{ab}^{(2)}+u_{ab}^{(3)}\qquad\langle1\rangle$$

当电源 i_{S1}、u_{S1} 反向时(u_{S2} 不变),依叠加定理和齐性定理,有

$$0.5u_{ab}=-u_{ab}^{(1)}-u_{ab}^{(2)}+u_{ab}^{(3)}\qquad\langle2\rangle$$

当电源 i_{S1}、u_{S2} 反向时(u_{S1} 不变),依叠加定理和齐性定理,有

$$0.3u_{ab}=-u_{ab}^{(1)}+u_{ab}^{(2)}-u_{ab}^{(3)}\qquad\langle3\rangle$$

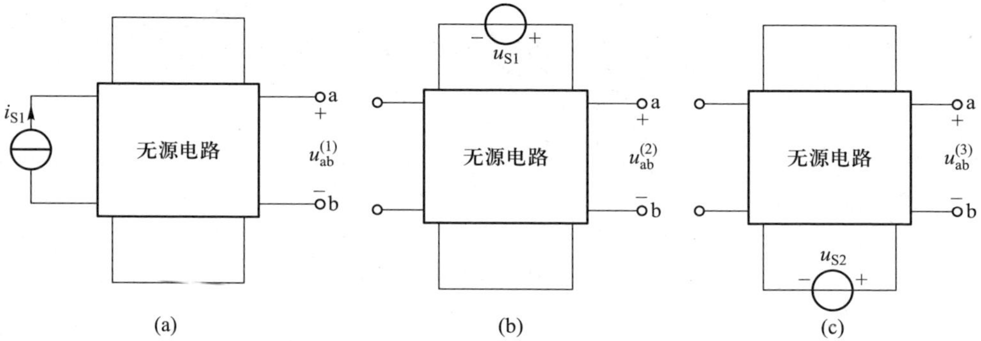

题 4-7 解图

当电源 i_{S1} 反向时(u_{S1}、u_{S2} 均不变),依叠加定理和齐性定理,有

$$ku_{ab}=-u_{ab}^{(1)}+u_{ab}^{(2)}+u_{ab}^{(3)}\qquad\langle4\rangle$$

将〈1〉〈2〉〈3〉式相加,得 $1.8u_{ab}=-u_{ab}^{(1)}+u_{ab}^{(2)}+u_{ab}^{(3)}$

与〈4〉式对照,则得 $k=1.8$ 倍。

4-8 题 4-8 图所示电路中 $U_{S1}=10$ V,$U_{S2}=15$ V,当开关 S 在位置 1 时,毫安表的读数为 $I'=40$ mA;当开关 S 合向位置 2 时,毫安表的读数为 $I''=-60$ mA。如果把开关 S 合向位置 3,则毫安表的读数为多少?

解:题 4-8 图中开关 S 在 1、2、3 不同位置时,设毫安表测读的电流分别为 I'、I''、I''',其参考方向均由上向下流,当电源 I_S、U_{S1}、U_{S2} 分别单独作用时,毫安表的读数分别为 $I^{(1)}$、$I^{(2)}$、$I^{(3)}$,对应的分电路如题 4-8 解图(a)(b)(c)所示。

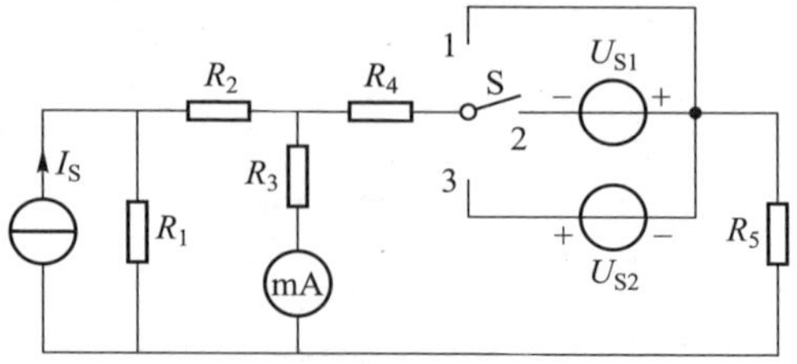

题 4-8 图

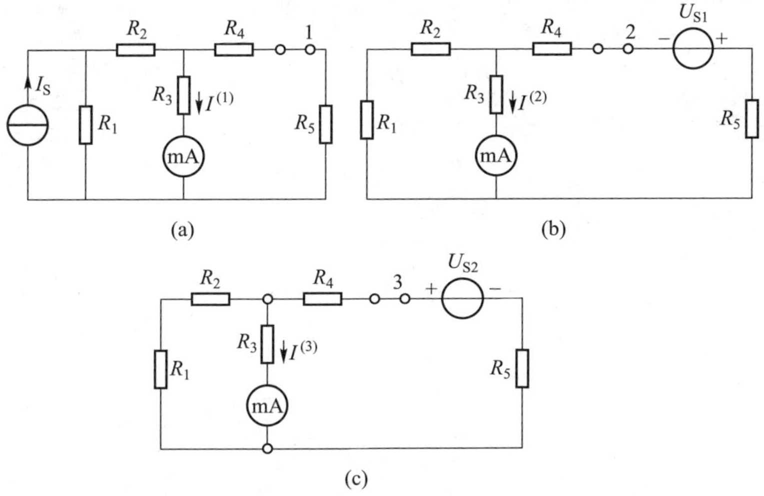

题 4-8 解图

因题 4-8 解图(b)与(c)除电压源处不同外，其余部分均相同，且仅有一个独立源(电压源)。若将题 4-8 解图(b)中的电压源 U_{S1} 增加 k 倍再调换一下参考方向来替代题 4-8 解图(c)中的电压源 U_{S2}，即令 $U_{S2}=-kU_{S1}$，求得

$$k=-\frac{U_{S2}}{U_{S1}}=\frac{15\ \text{V}}{-10\ \text{V}}=-1.5$$

根据齐性定理，对比题 4-8 解图(b)和(c)则有 $I^{(3)}=kI^{(2)}$。

当开关 S 在位置 1 时，I_S 单独作用，如题 4-8 解图(a)所示，依题意，毫安表的读数为 $I'=I^{(1)}=40\ \text{mA}$。

当开关 S 在位置 2 时，I_S 与 U_{S1} 共同作用，依题意，毫安表的读数为

$$I''=I^{(1)}+I^{(2)}=-60\ \text{mA}$$

$$I^{(2)}=I''-I^{(1)}=(-60-40)\ \text{mA}=-100\ \text{mA}$$

当开关 S 在位置 3 时，I_S 与 U_{S2} 共同作用，依题意，毫安表的读数为

$$I'''=I^{(1)}+I^{(3)}=I^{(1)}+kI^{(2)}=[40+(-1.5)\times(-100)]\ \text{mA}=(40+150)\ \text{mA}=190\ \text{mA}$$

4-9 求题 4-9 图所示电路的戴维南或诺顿等效电路。

解：画出求题 4-9 图(a)和(b)的开路电压 u_{oc}、等效电阻 R_{eq} 的电路分别如题 4-9 解图(a1)(a2)和题 4-9 解图(b1)(b2)所示。

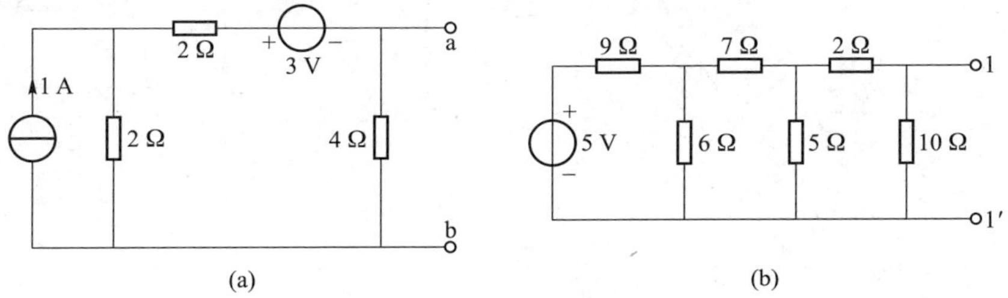

题 4-9 图

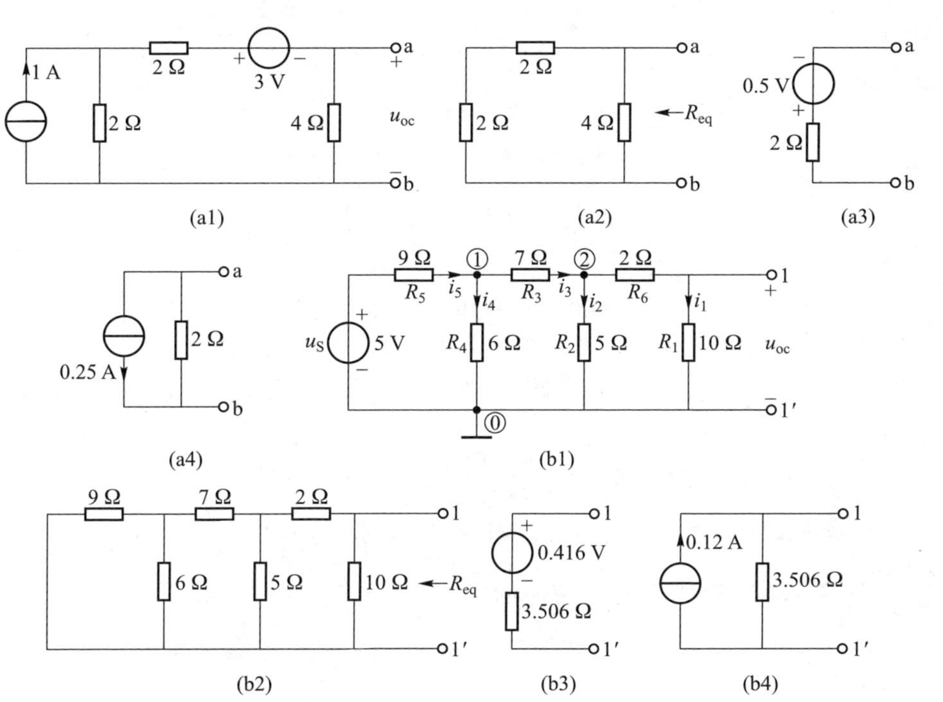

题 4-9 解图

题 4-9 解图(a1)中，将有伴电流源(1 A 和 2 Ω 并联)变为有伴电压源(2×1 V 和 2 Ω 串联)，得 ab 两端的开路电压

$$u_{oc}=u_{ab}=\frac{2\times1-3}{2+2+4}\times4\ \text{V}=\frac{-1}{2}\text{V}=-0.5\ \text{V}$$

题 4-9 解图(a2)中，ab 两端的等效电阻

$$R_{eq}=R_{ab}=4\ \Omega//(2+2)\ \Omega=2\ \Omega$$

其戴维南等效电路如题 4-9 解图(a3)所示，等效变换为诺顿等效电路如题 4-9 解图(a4)所示，其中电流源的值为短路电流 $i_{sc}=\dfrac{u_{oc}}{R_{eq}}=0.25\ \text{A}$。

题 4-9 解图(b1)为梯形电路，且与题 4-6 图的元件和结构完全相同，只是参数值不同，此题仍用与 4-6 题相同的方法求解。

假设 $i_1'=1\ \text{A}$，则 $u_{oc}'=R_1i_1'=10\times1\ \text{V}=10\ \text{V}$

$$u_{n2}'=(R_6+R_1)i_1'=(2+10)\times1\ \text{V}=12\ \text{V}$$

$$i_2'=\frac{u_{n2}'}{R_2}=\frac{12}{5}\text{A}=2.4\ \text{A}$$

$$i_3'=i_1'+i_2'=(1+2.4)\ \text{A}=3.4\ \text{A}$$

$$u_{n1}'=R_3i_3'+u_{n2}'=(7\times3.4+12)\ \text{V}=35.8\ \text{V}$$

$$i_4'=\frac{u_{n1}'}{R_4}=\frac{35.8}{6}\ \text{A}=5.967\ \text{A}$$

$$i_5'=i_3'+i_4'=(3.4+5.967)\ \text{A}=9.367\ \text{A}$$

$$u_S'=R_5i_5'+u_{n1}'=(9\times9.367+35.8)\ \text{V}=120.103\ \text{V}$$

$$k=\frac{u_S}{u_S'}=\frac{5}{120.103}=0.0416$$

应用齐性定理,求得

$$u_{oc}=ku_{oc}'=0.0416\times10\ \text{V}=0.416\ \text{V}$$

题 4-9 解图(b2)中,11′端口的等效电阻为

$$R_{eq}=R_{11'}=\left[2\ \Omega+5\ \Omega//\left(7+\frac{9\times6}{9+6}\right)\Omega\right]//10\ \Omega=(2\ \Omega+5\ \Omega//10.6\ \Omega)//10\ \Omega$$

$$=\left(2+\frac{5\times10.6}{5+10.6}\right)\Omega//10\ \Omega=\frac{5.4\times10}{5.4+10}\Omega=3.506\ \Omega$$

其戴维南等效电路如题 4-9 解图(b3)所示,等效变换为诺顿等效电路如题 4-9 解图(b4)所示,其中电流源的值为短路电流 $i_{sc}=\frac{u_{oc}}{R_{eq}}=0.12\ \text{A}$。

4-10 求题 4-10 图中各电路在 ab 端口的戴维南等效电路或诺顿等效电路。

解:画出求题 4-10 图(a)(b)(c)(d)的开路电压 u_{oc} 与等效电阻 R_{eq} 的电路,分别如题 4-10 解图(a1)(a2)(b1)(b2)(c1)(c2)(d1)(d2)所示。

题 4-10 解图(a1)为梯形电路,且与题 4-6 图的元件和结构完全相同,只是参数值不同,此题仍用与 4-6 题相同的方法求解。

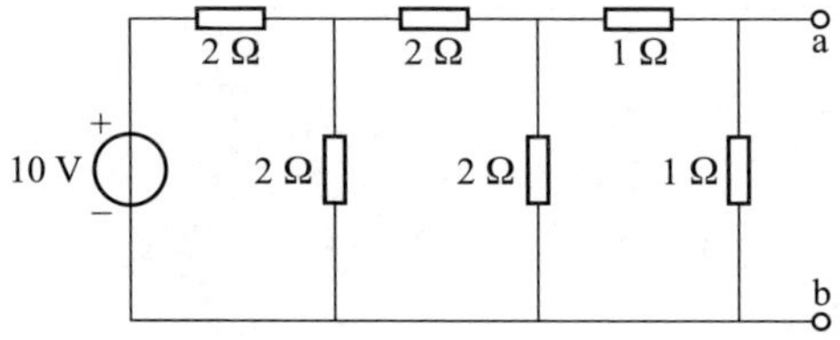

(a)

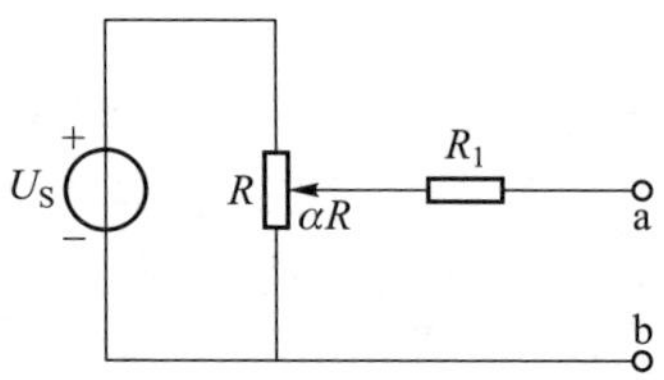

(b)

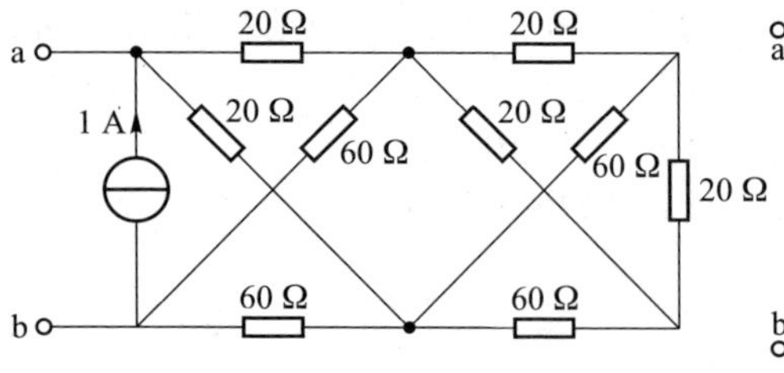

(c)

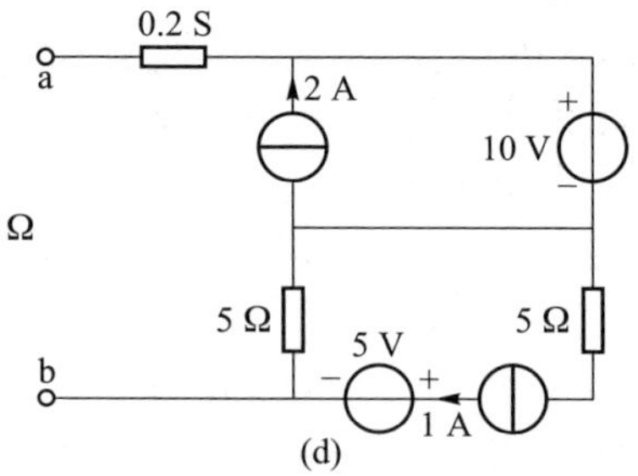

(d)

题 4-10 图

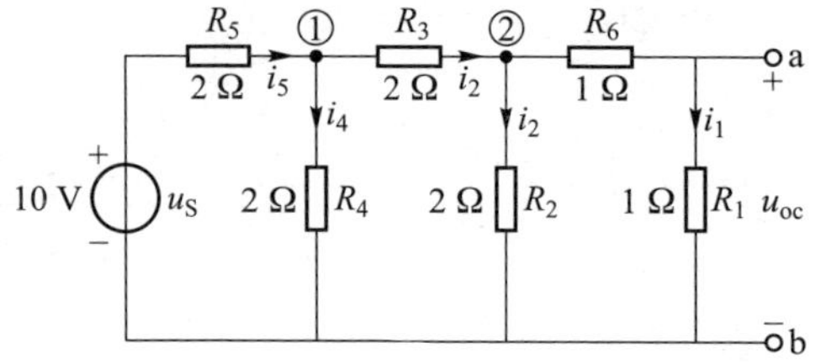

(a1)

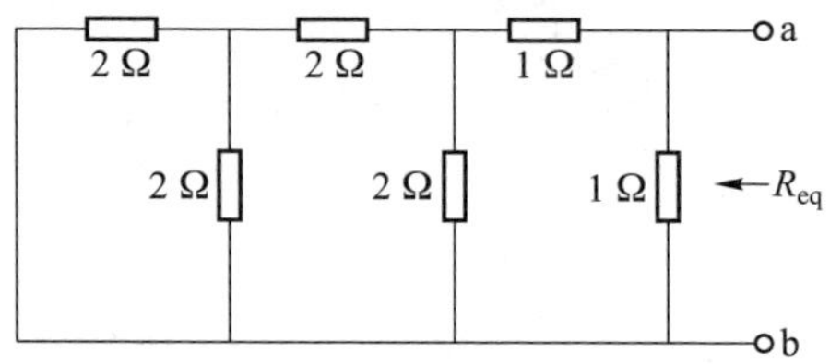

(a2)

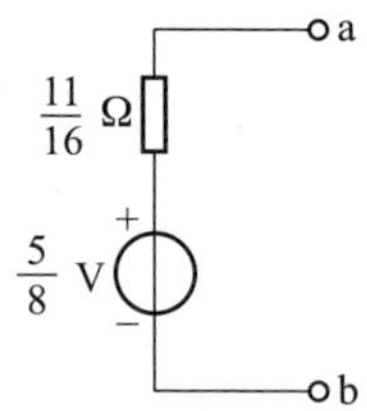

(a3)

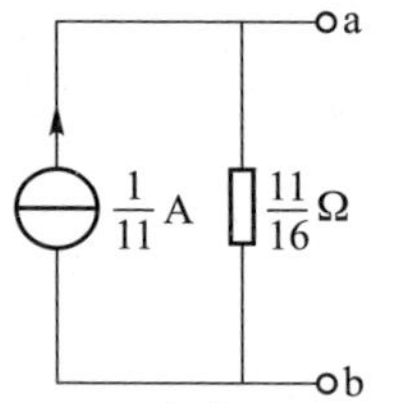

(a4)

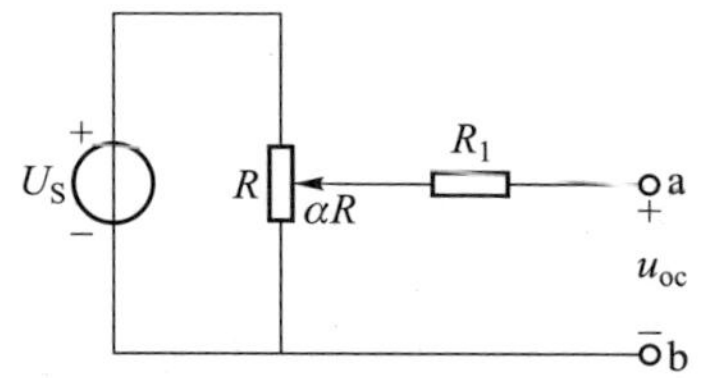

(b1)

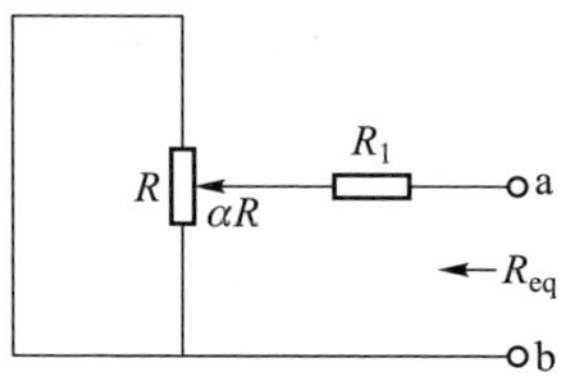

(b2)

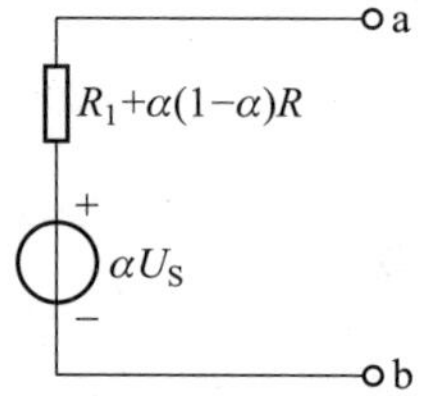

(b3)

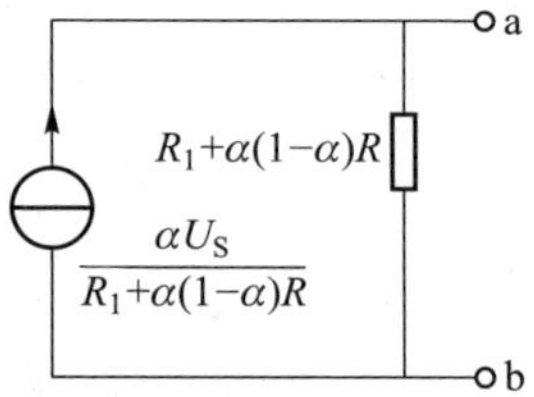

(b4)

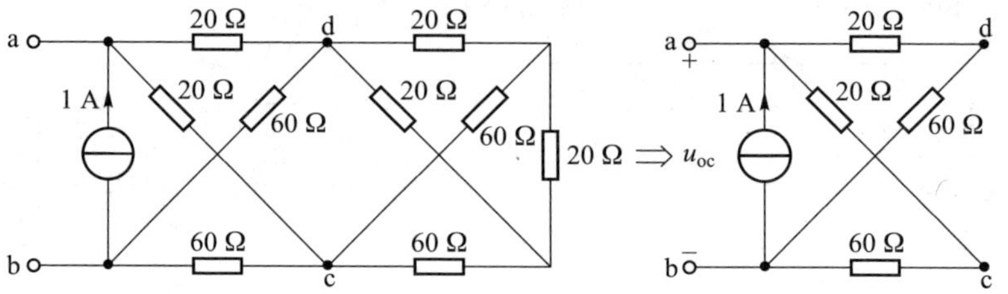

(c1)

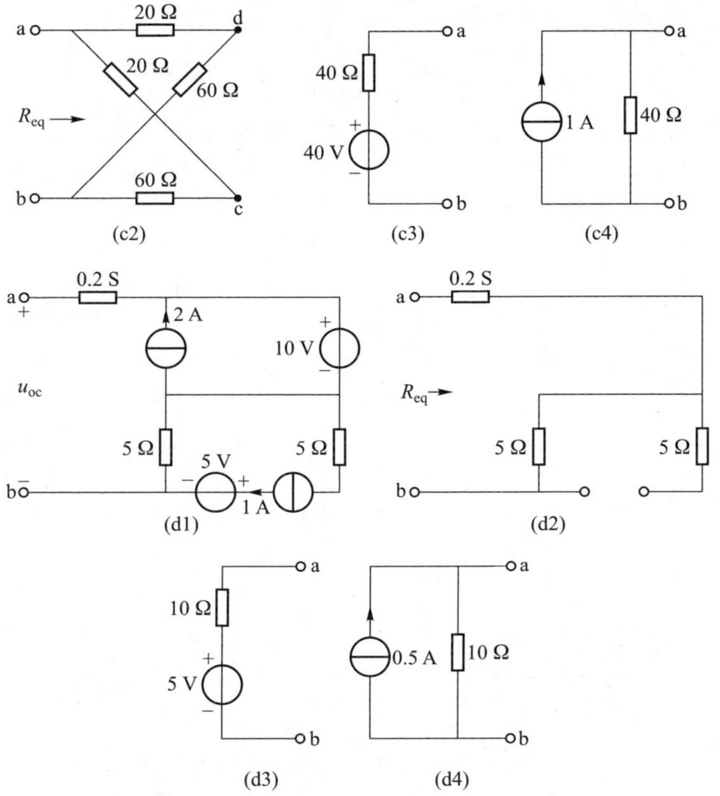

题 4-10 解图

假设 $i'_1 = 1$ A,则

$$u'_{oc} = R_1 i'_1 = 1\times 1\ \text{V} = 1\ \text{V}$$

$$u'_{n2} = (R_6 + R_1)\, i'_1 = (1+1)\times 1\ \text{V} = 2\ \text{V}$$

$$i'_2 = \frac{u'_{n2}}{R_2} = \frac{2}{2}\ \text{A} = 1\ \text{A}$$

$$i'_3 = i'_1 + i'_2 = (1+1)\ \text{A} = 2\ \text{A}$$

$$u'_{n1} = R_3 i'_3 + u'_{n2} = (2\times 2+2)\ \text{V} = 6\ \text{V}$$

$$i'_4 = \frac{u'_{n1}}{R_4} = \frac{6}{2}\ \text{A} = 3\ \text{A}$$

$$i'_5 = i'_3 + i'_4 = (2+3)\ \text{A} = 5\ \text{A}$$

$$u'_S = R_5 i'_5 + u'_{n1} = (2\times 5+6)\ \text{V} = 16\ \text{V}$$

$$k = \frac{u_S}{u'_S} = \frac{10}{16}$$

应用齐性定理,求得 ab 端口的开路电压

$$u_{oc} = k u'_{oc} = \frac{10}{16}\times 1\ \text{V} = 0.625\ \text{V}$$

题 4-10 解图(a2)中,

$$R_{eq} = R_{ab} = [2\ \Omega // 2\ \Omega + 2\ \Omega // 2\ \Omega + 1\ \Omega] // 1\ \Omega = \left(\frac{3\times 2}{3+2} + 1\right)\Omega // 1\ \Omega = \frac{11}{5}\Omega // 1\ \Omega$$

$$= \frac{\frac{11}{5}\times 1}{\frac{11}{5}+1}\Omega = \frac{11}{16}\Omega = 0.6875\ \Omega$$

题 4-10 解图(b1)中,ab 端口的开路电压

$$u_{oc} = u_{ab} = \frac{\alpha R}{R} U_S = \alpha U_S$$

题 4-10 解图(b2)中,ab 端口的等效电阻

$$R_{eq} = R_{ab} = R_1 + \frac{\alpha R\times(1-\alpha)R}{\alpha R + (1-\alpha)R} = R_1 + \alpha(1-\alpha)R$$

题 4-10 解图(c1)中,adcb 部分电阻为平衡电桥($20\times 60 = 20\times 60$),则 cd 右侧的等效电阻 R_{cd} 相当于开路(或短路),$u_{oc} = u_{ab} = [(20+60)\Omega // (20+60)\Omega]\times 1\ \text{A} = 40\ \text{V}$。

题 4-10 解图(c2)中,ab 端口的等效电阻

$$R_{eq} = R_{ab} = (20+60)\Omega // (20+60)\Omega = 40\ \Omega$$

题 4-10 解图(d1)中,ab 端口的开路电压

$$u_{oc} = u_{ab} = [10 + (-5\times 1)]\ \text{V} = 5\ \text{V}$$

题 4-10 解图(d2)中,ab 端口的等效电阻

$$R_{eq} = R_{ab} = \left(\frac{1}{0.2} + 5\right)\Omega = 10\ \Omega$$

求题 4-10 图(a)(b)(c)(d)中 ab 端口的短路电流 $i_{sc} = \dfrac{u_{oc}}{R_{ab}}$。

题 4-10 图(a)中,$i_{sc} = \dfrac{0.625}{0.6875}\text{A} = \dfrac{10}{11}\text{A}$;

题 4-10 图(b)中,$i_{sc} = \dfrac{\alpha U_S}{R_1 + \alpha(1-\alpha)R}$;

题 4-10 图(c)中,$i_{sc} = \dfrac{40}{40}\text{A} = 1\ \text{A}$;

题 4-10 图(d)中,$i_{sc} = \dfrac{5}{10}\text{A} = 0.5\ \text{A}$。

题 4-10 图(a)(b)(c)(d)的戴维南等效电路及诺顿等效电路分别如题 4-10 解图(a3)(a4)(b3)(b4)(c3)(c4)(d3)(d4)所示。

4-11 题 4-11 图(a)所示含源一端口的外特性曲线画于题 4-11 图(b)中,求其等效电路。

解:由题 4-11 图(b),写出 i-u 关系的直线方程为 $i = -\dfrac{10}{10-8}(u-10)$,整理

得 $i=-5u+50$ 或 $u=-\frac{1}{5}i+10$，即有

$$i=-G_{eq}u+i_{sc} \quad 或 \quad u=-R_{eq}i+u_{oc}$$

得 $$G_{eq}=5\text{S},\quad i_{sc}=50\ \text{A}$$

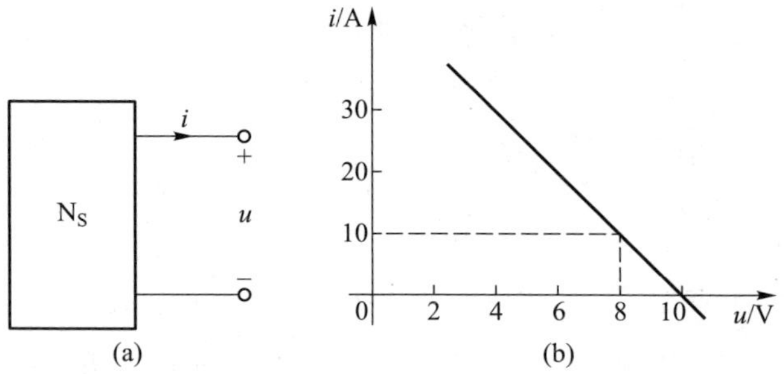

题 4-11 图

或 $\quad R_{eq}=\frac{1}{5}\Omega=0.2\ \Omega,\quad u_{oc}=10\ \text{V}$

等效电路如题 4-11 解图(a)或(b)所示。

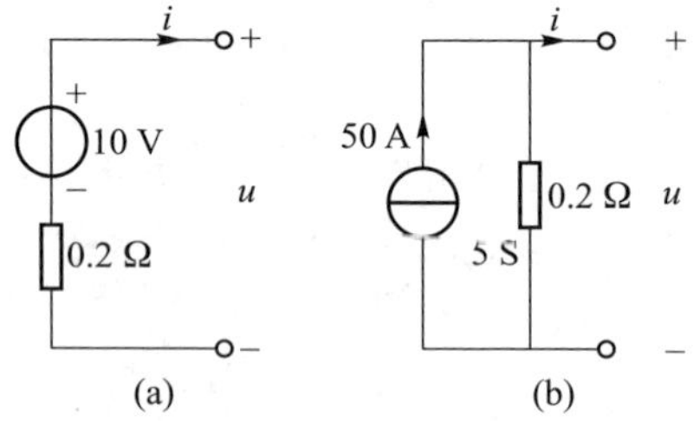

题 4-11 解图

4-12 求题 4-12 图所示各电路的戴维南等效电路或诺顿等效电路。

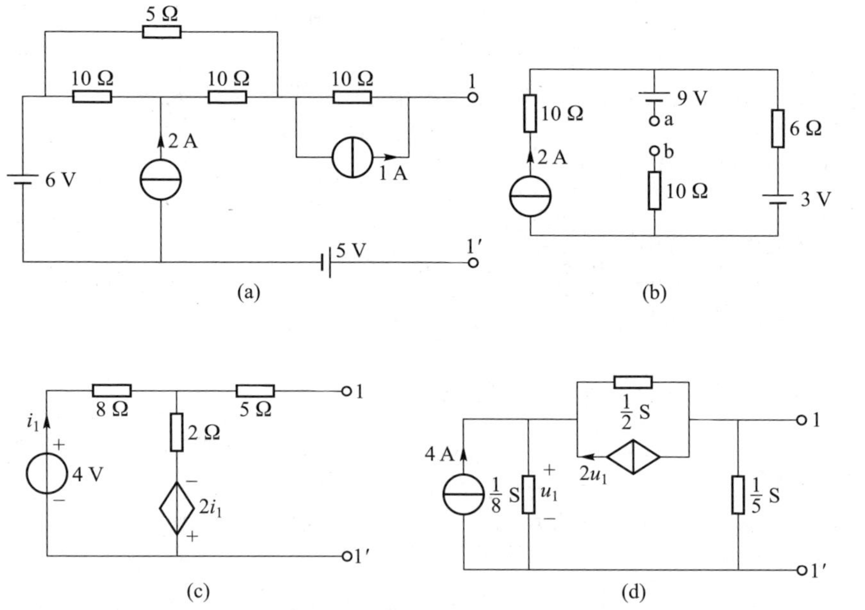

题 4-12 图

解：题 4-12 图(a)中，1-1′端口的开路电压

$$u_{oc}=u_{11'}=\left(10\times1+5\times\frac{10}{5+10+10}\times2+6-5\right)\text{V}=15\ \text{V}$$

说明：1 端钮的电流为 0，2A 电流源上端为两并联电阻支路，一条支路为 2 A 左侧的 10 Ω，另一条支路为 2A 右侧的 10 Ω 与 5 Ω 串联支路，5 Ω 中向左的分流为 $\left(\frac{10}{5+10+10}\times2\right)$ A。

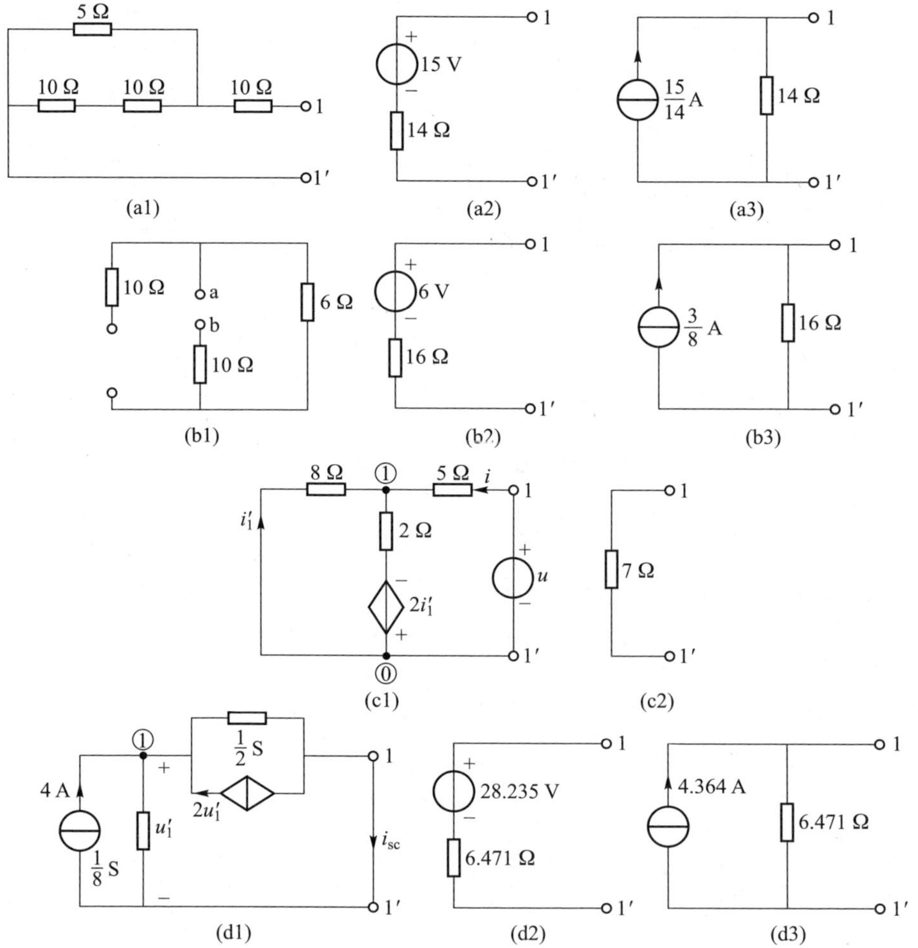

题 4-12 解图

由题 4-12 解图(a1)求等效电阻，$R_{eq}=R_{11'}=\left(10+\frac{20\times5}{20+5}\right)\Omega=14\ \Omega$，题 4-12 图(a)的等效戴维南电路和诺顿电路如题 4-12 解图(a2)和(a3)所示 $\left(其中\ i_{sc}=\frac{u_{oc}}{R_{eq}}=\frac{15}{14}\text{A}\right)$。

题 4-12 图(b)中,因 b 端钮上的电流为 0,其上的 10 Ω 电阻的电压则为 0,ab 端口的开路电压

$$u_{oc}=u_{ab}=(-9+6\times2+3)\ \mathrm{V}=6\ \mathrm{V}$$

由题 4-12 解图(b1)求等效电阻

$$R_{eq}=R_{ab}=(10+6)\ \Omega=16\ \Omega$$

题 4-12 图(b)的等效戴维南电路和诺顿电路如题 4-12 解图(b2)和(b3)所示(其中 $i_{sc}=\dfrac{u_{oc}}{R_{eq}}=\dfrac{6}{16}\mathrm{A}=0.375\ \mathrm{A}$)。

题 4-12 图(c)中,因 1 端钮的电流为 0,列左侧网孔 KVL 方程,有

$$(8+2)i_1-2i_1=4$$

求得

$$i_1=\frac{4}{8}\mathrm{A}=0.5\ \mathrm{A}$$

1-1′端口的开路电压

$$u_{oc}=u_{11'}=-8i_1+4=(-8\times0.5+4)\ \mathrm{V}=0\ \mathrm{V}$$

用方法②求输入电阻 R_i,将题 4-12 图(c)中独立源置 0 后,在端口施加一个电压源 u,如题 4-12 解图(c1)所示。

题 4-12 解图(c1)中,对节点①列节点电压方程与控制量 i_1' 方程及 i 方程联立,得

$$\begin{cases}\left(\dfrac{1}{8}+\dfrac{1}{2}+\dfrac{1}{5}\right)u_{n1}=\dfrac{u}{5}-\dfrac{2i_1'}{2} & \langle 1\rangle\\ i_1'=-\dfrac{u_{n1}}{8} & \langle 2\rangle\\ i=\dfrac{u-u_{n1}}{5} & \langle 3\rangle\end{cases}$$

将〈2〉式代入〈1〉式,得

$$\frac{33}{40}u_{n1}=\frac{u}{5}+\frac{u_{n1}}{8}\quad\Rightarrow\quad 33u_{n1}=8u+5u_{n1}\quad\Rightarrow\quad u_{n1}=\frac{8u}{33-5}=\frac{2}{7}u$$

代入〈3〉式,得

$$i=\frac{u-\dfrac{2}{7}u}{5}=\frac{1}{7}u$$

则输入电阻

$$R_i=\frac{u}{i}=\frac{u}{\dfrac{1}{7}u}=7\ \Omega$$

题 4-12 图(c)的等效戴维南电路与诺顿电路相同(仅有一个电阻),如题 4-12 解图(c2)所示。

题 4-12 图(d)中,因开路电压 $u_{oc}=u_{11'}$,以 1′为参考点,可列节点电压 u_1、$u_{11'}$ 方程

$$\begin{cases}\left(\dfrac{1}{2}+\dfrac{1}{8}\right)u_1-\dfrac{1}{2}u_{11'}=4+2u_1\\ -\dfrac{1}{2}u_1+\left(\dfrac{1}{2}+\dfrac{1}{5}\right)u_{11'}=-2u_1\end{cases}\Rightarrow\begin{cases}-\dfrac{11}{8}u_1-\dfrac{1}{2}u_{11'}=4 & \langle 1\rangle\\ \dfrac{3}{2}u_1+\dfrac{7}{10}u_{11'}=0 & \langle 2\rangle\end{cases}$$

由〈2〉式,得

$$u_1=\frac{2}{3}\times\left(-\frac{7}{10}u_{11'}\right)=-\frac{7}{15}u_{11'}$$

代入〈1〉式,得

$$-\frac{11}{8}\left(-\frac{7}{15}u_{11'}\right)-\frac{1}{2}u_{11'}=4$$

求得

$$u_{oc}=u_{11'}=\frac{480}{17}\mathrm{V}=28.235\ \mathrm{V}$$

用方法③求输入电阻 R_i,即求题 4-12 图(d)中 1-1′端口的短路电流 i_{sc},如题 4-12 解图(d1)所示。以 1′为参考点,列节点①的节点电压 u_1' 的方程,为

$$\left(\frac{1}{2}+\frac{1}{8}\right)u_1'=4+2u_1'$$

求得

$$u_1'=\frac{4}{\dfrac{1}{2}+\dfrac{1}{8}-2}\ \mathrm{V}=-\frac{32}{11}\ \mathrm{V}$$

则

$$i_{sc}=4-\frac{1}{8}u_1'=4-\frac{1}{8}\times\left(-\frac{32}{11}\right)\mathrm{A}=\frac{48}{11}\ \mathrm{A}=4.364\ \mathrm{A}$$

输入电阻 $R_i=\dfrac{u_{oc}}{i_{sc}}=\dfrac{\dfrac{480}{17}}{\dfrac{48}{11}}\ \Omega=\dfrac{110}{17}\ \Omega=6.471\ \Omega$

题 4-12 图(d)的戴维南等效电路和诺顿等效电路如题 4-12 解图(d2)和(d3)所示。

4-13 求题 4-13 图所示两个一端口的戴维南等效电路或诺顿等效电路,并解释所得结果。

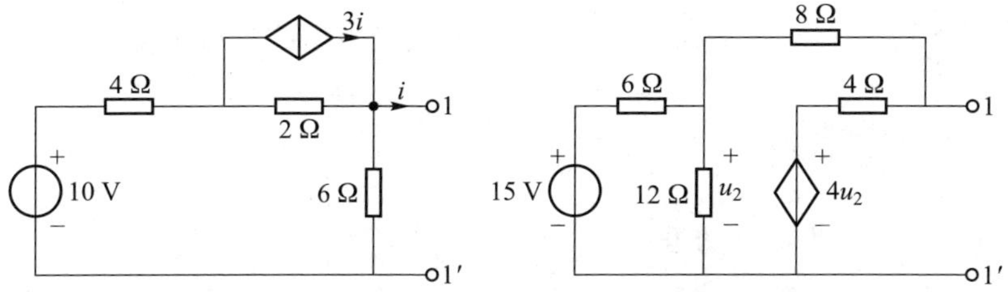

(a) (b)

题 4-13 图

解:此题含受控源和独立源,可用方法③求输入电阻 R_i,求题 4-13 图(a)(b)中 11′端口的短路电流 i_{sc}的电路如题 4-13 解图(a1)(b1)所示。

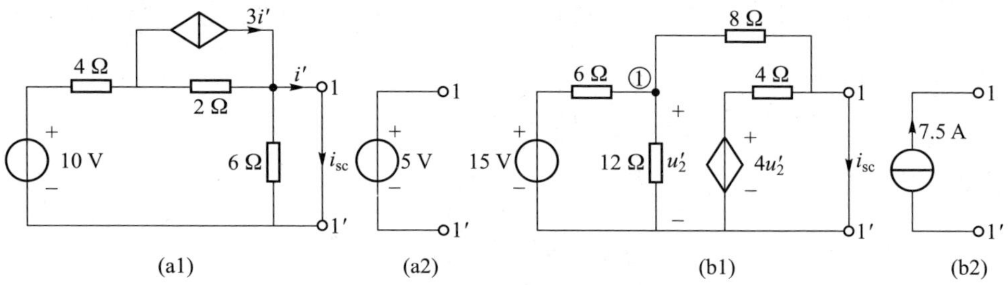

题 4-13 解图

题 4-13 图(a)中,1-1′端口的开路电压

$u_{oc}=u_{11'}=\dfrac{6}{4+2+6}\times 10\ \text{V}=5\ \text{V}$(1-1′端口开路,$i=0$,则受控电流源开路,此时三个电阻串联);

题 4-13 解图(a1)中,列左回路 KVL 方程:

$4i'+2(i'-3i')=10$(此时 6 Ω 的电压和电流均为 0)

整理得

$$4i'-4i'=10 \quad \Rightarrow \quad 0\cdot i'=10,\text{得 } i_{sc}=i'\to\infty$$

输入电阻 $R_i=\dfrac{u_{oc}}{i_{sc}}=\dfrac{5}{\infty}\ \Omega=0\ \Omega$

此题无诺顿等效电路,其戴维南等效电路如题 4-13 解图(a2)所示。

题 4-13 图(b)中,1-1′端口的开路电压 $u_{oc}=u_{11'}$,以 1′端钮为参考点,列节点电压 u_2、$u_{11'}$方程,有

$$\begin{cases}\left(\dfrac{1}{6}+\dfrac{1}{8}+\dfrac{1}{12}\right)u_2-\dfrac{1}{8}u_{11'}=\dfrac{15}{6}\\ -\dfrac{1}{8}u_2+\left(\dfrac{1}{8}+\dfrac{1}{4}\right)u_{11'}=\dfrac{4u_2}{4}\end{cases}\Rightarrow\begin{cases}\dfrac{3}{8}u_2-\dfrac{1}{8}u_{11'}=\dfrac{5}{2} & \langle 1\rangle\\ -\dfrac{3}{8}u_2+\dfrac{1}{8}u_{11'}=0 & \langle 2\rangle\end{cases}$$

将⟨1⟩式加⟨2⟩式,得

$\left(\dfrac{1}{8}-\dfrac{1}{8}\right)u_{11'}=\dfrac{5}{2} \quad \Rightarrow \quad u_{oc}=u_{11'}\to\infty$,此题无戴维南等效电路。

题 4-13 解图(b1)中, $i_{sc}=\dfrac{u_2'}{8}+\dfrac{4u_2'}{4}=\dfrac{9}{8}u_2'$

列节点①的节点电压方程 $\left(\dfrac{1}{6}+\dfrac{1}{12}+\dfrac{1}{8}\right)u_2'=\dfrac{15}{6}$

得 $u_2'=\dfrac{20}{3}\ \text{V}$,$i_{sc}=\dfrac{9}{8}\times\dfrac{20}{3}\text{A}=7.5\ \text{A}$,输入电阻 $R_i=\dfrac{u_{oc}}{i_{sc}}\to\infty$,或 $G_i=0\text{S}$,其诺顿等效电路如题 4-13 解图(b2)所示。

4-14 (1)题 4-14 图(a)中,电压表测量 a、b 点的电压 $U_{abm}=25\ \text{V}$。问电压表的内阻 R_V 是多少?如果要控制测量相对误差 $|\delta(\%)|<1\%$,则 R_V 的最小值为多少?

(2)题 4-14 图(b)中,在 12 Ω 电阻支路中接入内阻 $R_A=3.2\ \Omega$ 的电流表测量 I_α,求测量相对误差 $\delta(\%)$。

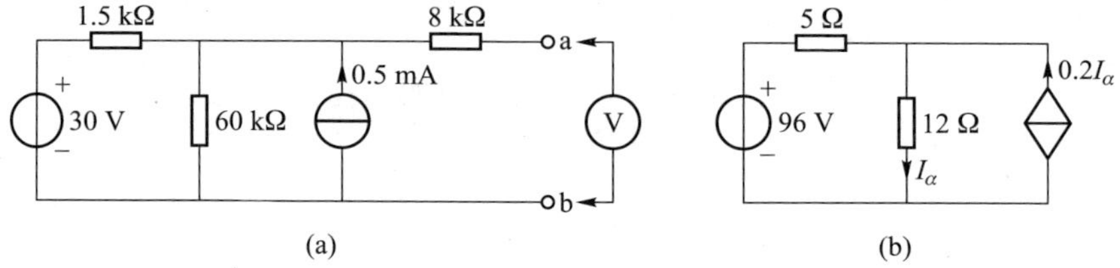

题 4-14 图

解:(1)将题 4-14 图(a)等效变换,其变换过程如题 4-14 解图(a1)⇒(a2)⇒(a3)。

由题 4-14 解图(a3),按分压公式,有

$$U_{abm}=U_V=\frac{R_V}{R_V+9.463}\times 30=25\ \text{V}$$

$$\Rightarrow \quad R_V=47.317\ \text{k}\Omega$$

如果测量相对误差 $|\delta(\%)|<1\%$,则

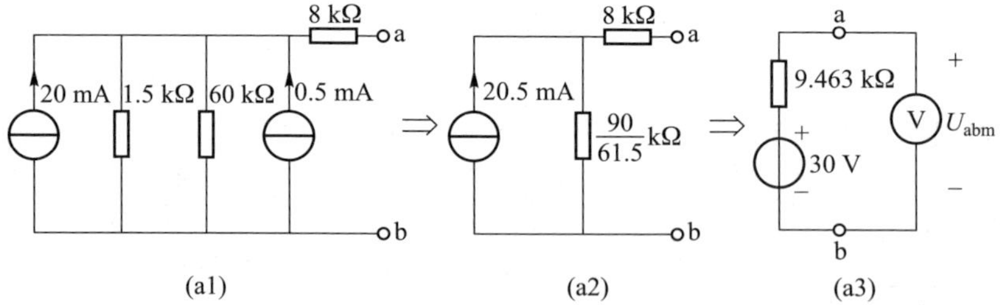

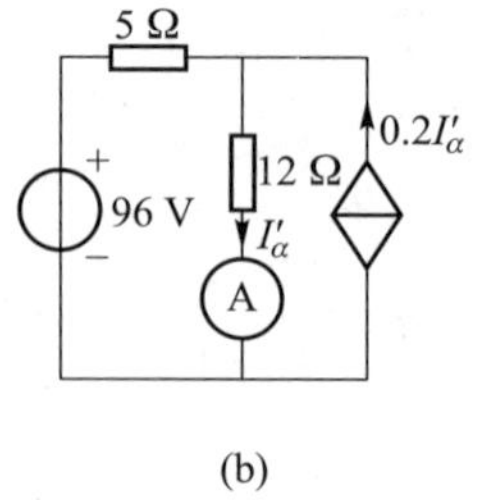

题 4-14 解图

$$|\delta(\%)|=\left|\frac{U_{V}-30}{30}\right|\times100\%=\left|\frac{\dfrac{R_{V}\times30}{R_{V}+9.463}-30}{30}\right|\times100\%<1\%$$

$$\Rightarrow\quad\left|\frac{R_{V}}{R_{V}+9.463}-1\right|<0.01\quad\Rightarrow\quad-0.01<\frac{R_{V}}{R_{V}+9.463}-1<0.01$$

$$\Rightarrow\quad0.99<\frac{R_{V}}{R_{V}+9.463}<1.01$$

即 $0.99<\dfrac{R_{V}}{R_{V}+9.463}\quad\Rightarrow\quad0.99R_{V}+0.99\times9.463<R_{V}$

$$\Rightarrow\quad(1-0.99)R_{V}>0.99\times9.463$$

$$\Rightarrow\quad R_{V}>936.8\ \text{k}\Omega$$

即 R_V 的最小值为 936.8 kΩ。

(2) 题 4-14 图(b)中,未接电流表,12 Ω 支路中的电流用 I_α 表示;当 12 Ω 支路中串联电流表时,电流表测量的电流用 I'_α表示,其内阻 $R_A=3.2\ \Omega$,如题 4-14 解图(b)所示。

题 4-14 解图(b)中,对 96 V、5 Ω、12 Ω 构成的回路列 KVL 方程

$$5(I'_\alpha-0.2I'_\alpha)+(12+R_A)I'_\alpha=96\quad\Rightarrow\quad I'_\alpha=\frac{96}{16+R_A}$$

当$R_A=3.2\ \Omega$ 时,$I'_\alpha=\dfrac{96}{16+3.2}\ \text{A}=5\ \text{A}$,$I_\alpha=\dfrac{96}{16}=6\ \text{A}$。

电流表测量的相对误差 $\delta(\%)=\dfrac{I'_\alpha-I_\alpha}{I_\alpha}\times100\%=\dfrac{5-6}{6}\times100\%=-16.7\%$。

4-15 在题 4-15 图所示电路中,当 R_L 取 0 Ω、2 Ω、4 Ω、6 Ω、10 Ω、18 Ω、24 Ω、42 Ω、90 Ω 和 186 Ω 时,求 R_L 的电压 U_L、电流 I_L 和 R_L 消耗的功率。

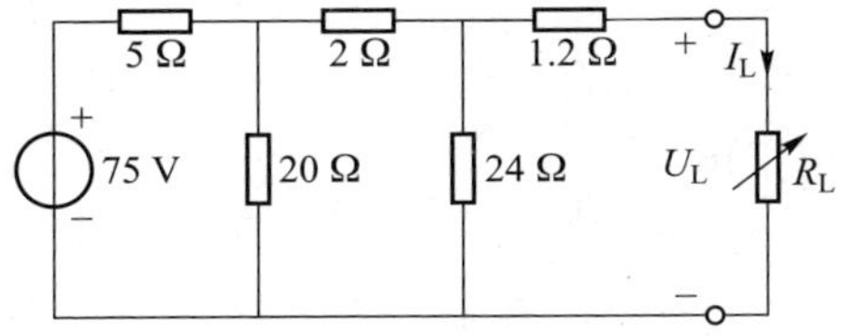

题 4-15 图

解:题 4-15 图中,求 R_L 左侧电路的开路电压(将 R_L 开路)及等效电阻的电路分别如题 4-15 解图(a)(b)所示。

题 4-15 解图(a)中,应用两次分压公式,得开路电压

$$U_{oc}=\frac{24}{2+24}\times\frac{\dfrac{20\times(2+24)}{20+(2+24)}}{5+\dfrac{20\times(2+24)}{20+(2+24)}}\times75\ \text{V}=\frac{12}{13}\times\frac{20\times26}{5\times46+20\times26}\times75\ \text{V}$$

$$=\frac{480}{750}\times75\ \text{V}=48\ \text{V}$$

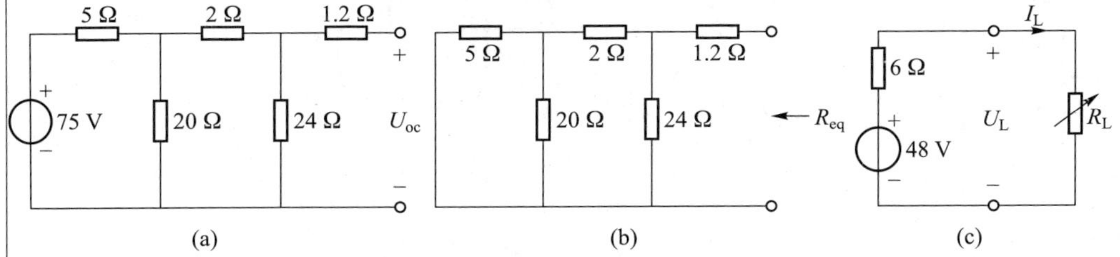

题 4-15 解图

题 4-15 解图(b)中,等效电阻

$$R_{eq}=[1.2+24//(2+5//20)]\ \Omega=\left[1.2+\frac{24\times\left(2+\dfrac{5\times20}{5+20}\right)}{24+\left(2+\dfrac{5\times20}{5+20}\right)}\right]\ \Omega$$

$$=\left(1.2+\frac{24\times6}{24+6}\right)\ \Omega=6\ \Omega$$

题 4-15 图的戴维南等效电路如题 4-15 解图(c)所示。

$$U_L=\frac{R_LU_{oc}}{R_{eq}+R_L}=\frac{48R_L}{6+R_L},\qquad I_L=\frac{U_{oc}}{R_{eq}+R_L}=\frac{48}{6+R_L}$$

$$P_L=R_LI_L^2=\frac{R_LU_{oc}^2}{(R_{eq}+R_L)^2}=\frac{48^2R_L}{(6+R_L)^2},\qquad P_{Lmax}=\frac{U_{oc}^2}{4R_{eq}}=96\ \text{W}$$

当 R_L 取 0 Ω、2 Ω、4 Ω、6 Ω、10 Ω、18 Ω、24 Ω、42 Ω、90 Ω 和 186 Ω 时,R_L 的电压 U_L、电流 I_L 及消耗的功率 P_L 如题 4-15 表所示。

题 4-15 表

R_L/Ω	0	2	4	**6**	10	18	24	42	90	186
U_L/V	0	12	19.2	**24**	30	36	38.4	42	45	46.5
I_L/A	8	6	4.8	**4**	3	2	1.6	1	0.5	0.25
P_L/W	0	72	92.16	**96**	90	72	61.44	42	22.5	11.625

4-16 在题 4-16 图所示电路中,

(1) R 为多大时,它吸收的功率最大?求此最大功率。

(2) 当 R 取得最大功率时,两个 50 V 电压源发出的功率共为多少?

(3) 若 $R=80\ \Omega$,欲使 R 中电流为零,则 a、b 间应并联什么元件?其参数为多少?画出电路图。

解:(1) 先将 R 断开,求 a,b 端的开路电压 u_{oc},如题 4-16 解图(a)所示。

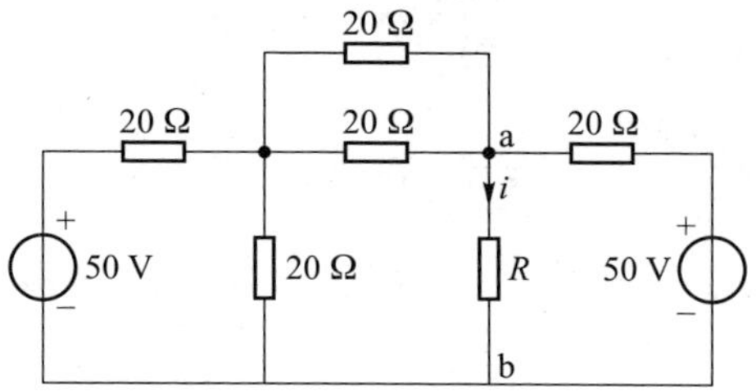

题 4-16 图

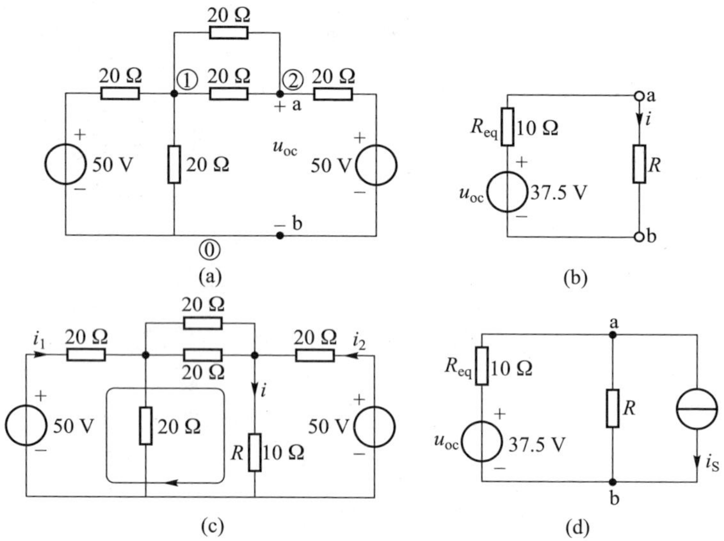

题 4-16 解图

题 4-16 解图(a)中,列写节点①、②的节点电压方程,

$$\begin{cases}\left(\dfrac{1}{20}+\dfrac{1}{20}+\dfrac{1}{20}+\dfrac{1}{20}\right)u_{n1}-\left(\dfrac{1}{20}+\dfrac{1}{20}\right)u_{n2}=\dfrac{50}{20}\\ -\left(\dfrac{1}{20}+\dfrac{1}{20}\right)u_{n1}+\left(\dfrac{1}{20}+\dfrac{1}{20}+\dfrac{1}{20}\right)u_{n2}=\dfrac{50}{20}\end{cases}$$

$$\Rightarrow\begin{cases}4u_{n1}-2u_{n2}=50 & \langle 1\rangle\\ -2u_{n1}+3u_{n2}=50 & \langle 2\rangle\end{cases}$$

〈2〉式乘以 2 加〈1〉式,得

$$4u_{n2}=150,\qquad u_{oc}=u_{n2}=\frac{150}{4}\ \text{V}=37.5\ \text{V}$$

将题 4-16 解图(a)中的两个电压源短路,求 a、b 端的等效电阻 R_{eq}。

$R_{eq}=(20//20+20//20)//20\ \Omega=10\ \Omega$,其戴维南等效电路(接上 R)如题 4-16 解图(b)所示。

当 $R=R_{eq}=10\ \Omega$ 时,p_R 有最大值,即 $p_{R\max}=\dfrac{u_{oc}^2}{4R}=\dfrac{37.5^2}{4\times10}\ \text{W}=35.156\ \text{W}$,此时 $i=\dfrac{u_{oc}}{R_{eq}+R}=\dfrac{37.5}{10+10}\ \text{A}=1.875\ \text{A}$。

(2)当 R 取得最大功率时,$R=10\ \Omega$,设两电压源的电流为 i_1、i_2,如题 4-16 解图(c)所示。

题 4-16 解图(c)中,$i_2=\dfrac{50-Ri}{20}=\dfrac{50-10\times1.875}{20}\ \text{A}=1.5625\ \text{A}$,列出图中标注的回路 KVL 方程

$$20i_1+\frac{20\times20}{20+20}(i-i_2)+10i=50$$

求得

$$i_1=\frac{50-18.75-10\times(1.875-1.5625)}{20}\text{A}=1.406\ \text{A}$$

两电压源发出功率 $p=50i_1+50i_2=50\times(1.406+1.5625)\ \text{W}=148.425\ \text{W}$。

(3)当 $R=80\ \Omega$ 时,欲使 R 中的电流 i 为 0,则应在 a、b 间并接一电流源 i_S,如题 4-16 解图(d)所示,$i_S=\dfrac{u_{oc}}{R_{eq}}=\dfrac{37.5}{10}\text{A}=3.75\ \text{A}$(由 a 流向 b)。

4-17 题 4-17 图所示电路的负载电阻 R_L 可变,R_L 等于何值时可吸收最大功率?求此功率。

解:将 R_L 开路,求开路电压 u_{oc} 的电路如题 4-17 解图(a)所示。将 R_L 短路,求短路电流 i_{sc} 的电路如题 4-17 解图(b)所示。

题 4-17 解图(a)中,对 $2i_1'$、2 Ω、6 V 构成的路径,列 KVL 方程,即得 $u_{oc}=2i_1'-2i_1'+6=6\ \text{V}$;

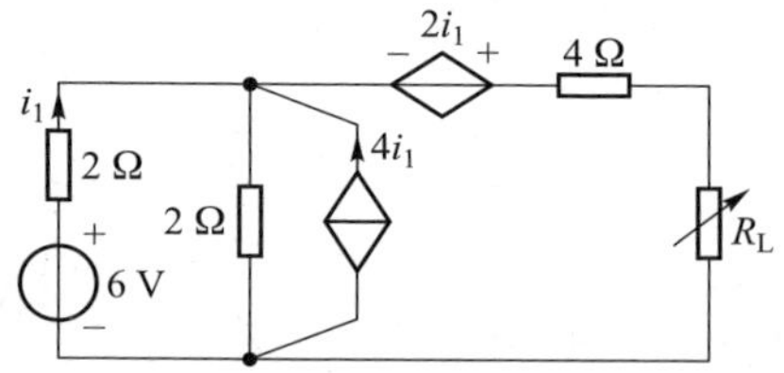

题 4-17 图

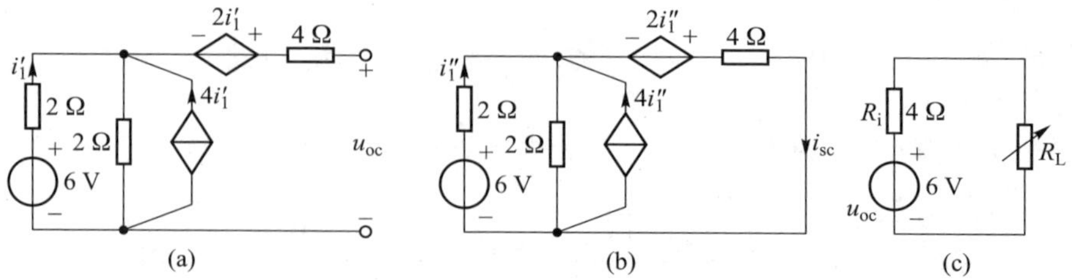

题 4-17 解图

题 4-17 解图(b)中，对 $2i_1''$、2 Ω、6 V、4 Ω 构成的回路，列 KVL 方程

$2i_1''-2i_1''+6=4i_{sc}$，求得 $i_{sc}=\dfrac{6}{4}\ \text{A}=1.5\ \text{A}$。

输入电阻 $R_i=\dfrac{u_{oc}}{i_{sc}}=\dfrac{6}{1.5}\ \Omega=4\ \Omega$，其戴维南等效电路如题 4-17 解图(c)所示。

当 $R_L=R_i=4\ \Omega$ 时，p_{R_L}有最大值，即 $p_{R_{L\max}}=\dfrac{u_{oc}^2}{4R_i}=\dfrac{6^2}{4\times4}\ \text{W}=2.25\ \text{W}$。

4-18 题 4-18 图所示电路中 N 仅由电阻组成。对不同的输入直流电压 U_S 及不同的 R_1、R_2 值进行了两次测量，得到下列数据：

$R_1=R_2=2\ \Omega$ 时，$U_S=8\ \text{V}$，$I_1=2\ \text{A}$，$U_2=2\ \text{V}$；

$R_1=1.4\ \Omega$，$R_2=0.8\ \Omega$ 时，$\hat{U}_S=9\ \text{V}$，$\hat{I}_1=3\ \text{A}$，求 $\hat{U}_2$ 的值。

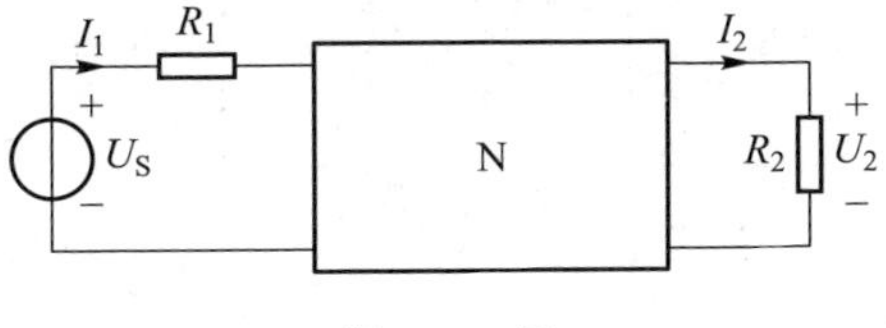

题 4-18 图

解：根据特勒根定理二，有

$$\begin{cases}\displaystyle\sum_{k=1}^{b}u_k\hat{i}_k=0\\ \displaystyle\sum_{k=1}^{b}\hat{u}_k i_k=0\end{cases}\Rightarrow\begin{cases}-U_S\hat{I}_1+R_1I_1\hat{I}_1+U_2\cdot\dfrac{\hat{U}_2}{\hat{R}_2}+\displaystyle\sum_{k=4}^{b}R_kI_k\hat{I}_k=0 & \langle1\rangle\\ -\hat{U}_SI_1+\hat{R}_1\hat{I}_1I_1+\hat{U}_2\cdot\dfrac{U_2}{R_2}+\displaystyle\sum_{k=4}^{b}R_k\hat{I}_kI_k=0 & \langle2\rangle\end{cases}$$

〈1〉式减〈2〉式，得

$$-U_S\hat{I}_1+R_1I_1\hat{I}_1+U_2\cdot\frac{\hat{U}_2}{\hat{R}_2}+\hat{U}_SI_1-\hat{R}_1\hat{I}_1I_1-\hat{U}_2\cdot\frac{U_2}{R_2}=0$$

$$-8\times3+2\times2\times3+\frac{2\times\hat{U}_2}{0.8}+9\times2-1.4\times3\times2-\frac{\hat{U}_2\times2}{2}=0$$

求得 $\hat{U}_2=1.6\ \text{V}$。

4-19 题 4-19 图中网络 N 仅由电阻组成。根据题 4-19 图(a)和(b)的已知情况，求题 4-19 图(c)中电流 I_1 和 I_2。

解：从题 4-19 图(a)(b)(c)N 网络输出端向左看进去，其等效戴维南支路均相同，故三者分别等效为题 4-19 解图(a1)(b1)(c1)。

题 4-19 图(c)中的两个电压源分别单独作用时的分电路如题 4-19 解图(c2)和(c3)所示。

题 4-19 解图(c2)与题 4-19 图(a)相同，所以 $I_1^{(1)}=3\ \text{A}$，$I_2^{(1)}=1\ \text{A}$。

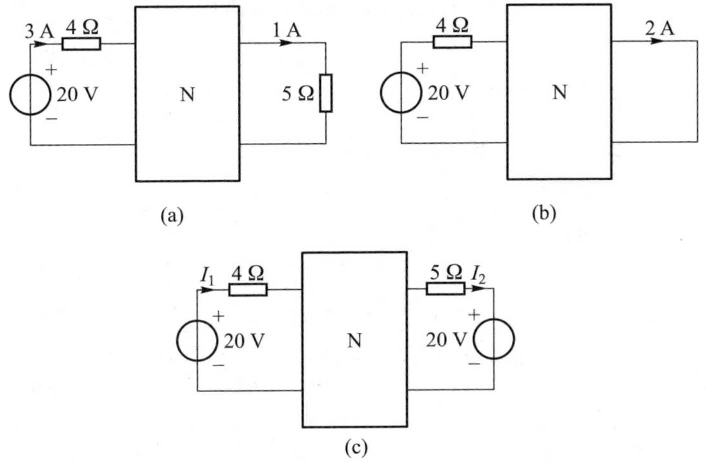

题 4-19 图

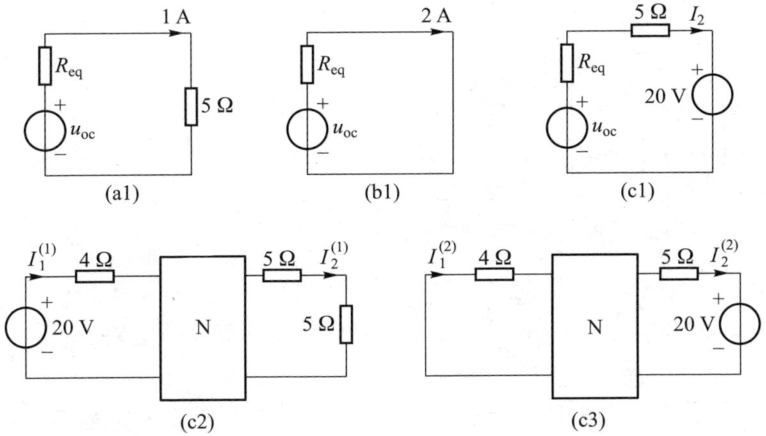

题 4-19 解图

将题 4-19 图(c2)中 20 V 电压源移到右侧与 5 Ω 串联，即响应 $I_2^{(1)}$ 与激励 20 V 互换位置的电路与题 4-19 解图(c3)相同。

按互易定理一，有 $I_1^{(2)}=-I_2^{(1)}=-1\ \text{A}$；

根据叠加定理，有 $I_1=I_1^{(1)}+I_1^{(2)}=(3-1)\ \text{A}=2\ \text{A}$。

由题 4-19 解图(a1)，得 $u_{oc}=(R_{eq}+5)\times1$ 〈1〉

由题 4-19 解图(b1)，得 $u_{oc}=2R_{eq}$ 〈2〉

联立〈1〉和〈2〉式，求得 $R_{eq}=5\ \Omega$，$u_{oc}=10\ \text{V}$。

由题 4-19 解图(c1)，$u_{oc}=(R_{eq}+5)I_2+20$

求得
$$I_2=\frac{u_{oc}-20}{R_{eq}+5}=\frac{10-20}{5+5}\text{A}=-1\ \text{A}$$

4-20 已知题 4-20 图中 N 为电阻网络，在图(a)中 $U_1=30\ \text{V}, U_2=20\ \text{V}$。求图(b)电路中 $\hat{U}_1$。

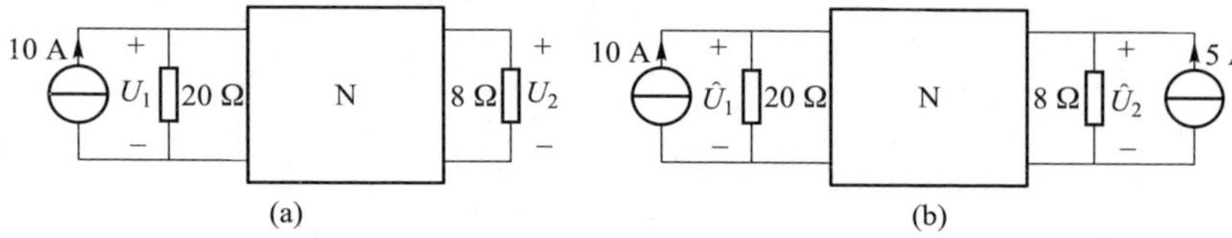

题 4-20 图

解：题 4-20 图(a)中，当 10 A 电流源减少 0.5 倍至 5 A(与题 4-20 图(b)中的电流源值相同)时，如题 4-20 解图(a1)所示，根据齐性定理，有

$$U_1'=0.5U_1=0.5\times30\ \text{V}=15\ \text{V},\quad U_2'=0.5U_2=0.5\times20\ \text{V}=10\ \text{V}$$

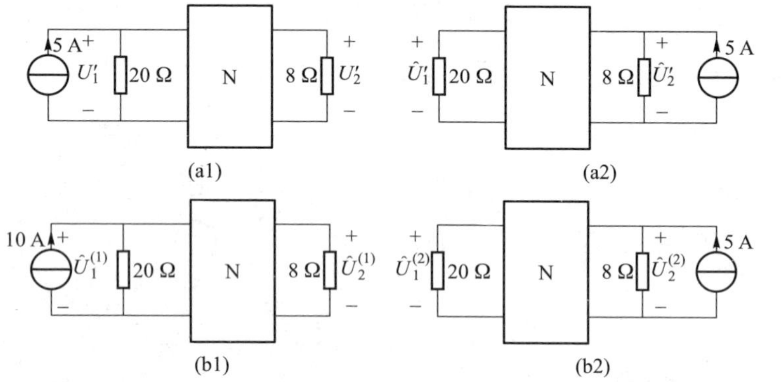

题 4-20 解图

将题 4-20 解图(a1)中响应 U_2' 与激励 5A 互换位置的电路如题 4-20 解图(a2)，根据互易定理二，有 $\hat{U}_1'=U_2'=10\ \text{V}$。

题 4-20 图(b)中的两个电流源分别单独作用时的分电路如题 4-20 解图(b1)和(b2)所示。

题 4-20 解图(b1)与题 4-20 图(a)相同，则 $\hat{U}_1^{(1)}=U_1=30\ \text{V}$。

题 4-20 解图(b2)与题 4-20 解图(a2)相同，即 $\hat{U}_1^{(2)}=\hat{U}_1'=10\ \text{V}$。

根据叠加定理，有 $\hat{U}_1=\hat{U}_1^{(1)}+\hat{U}_1^{(2)}=(30+10)\ \text{V}=40\ \text{V}$。

4-21 题 4-21 图中 N 为电阻网络。已知图(a)中各电压、电流。求图(b)中电流 I。

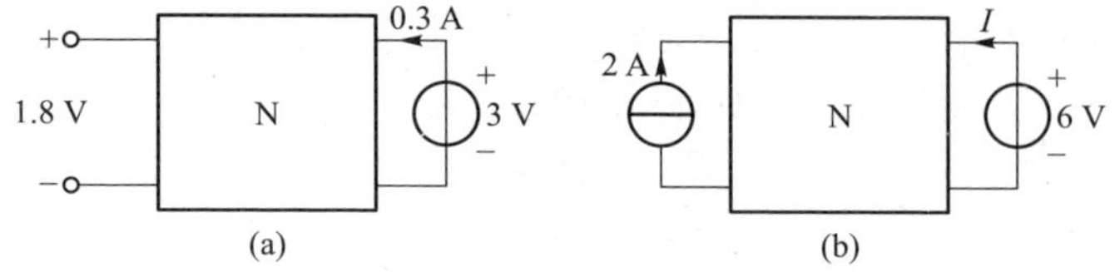

题 4-21 图

解：题 4-21 图(a)中，根据齐性定理，独立源值增加 2 倍，响应也增加 2 倍，如题 4-21 解图(a1)所示，再将独立源值缩小 3 倍，响应也缩小 3 倍，如题 4-21 解图(a2)所示。

题 4-21 图(b)中，应用叠加定理求 I，两独立源分别单独作用的分电路如题 4-21 解图(b1)和(b2)所示。

题 4-21 解图(a1)与题 4-21 图(b1)电路相同，则

$$U^{(1)}=3.6\ \text{V},\quad I^{(1)}=0.6\ \text{A}$$

题 4-21 解图(a2)与题 4-21 解图(b2)对照，题 4-21 解图(a2)中将响应 1.2 V 与激励 2 V 互换位置后，再变为在数值上与之相等的响应 1.2 A 与激励 2 A，其电路如题 4-21 解图(b2)所示。

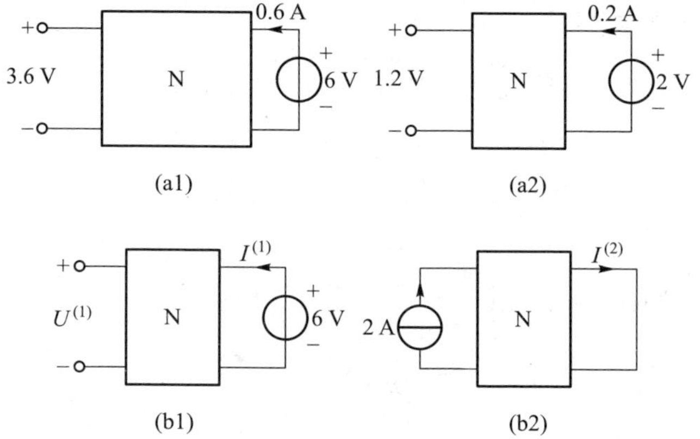

题 4-21 解图

按互易定理三(电压源置换电流源)，题 4-21 解图(a2)中 2 V 电压源与题 4-21 解图(b2)中 2 A 电流源在数值上相等，则有题 4-21 解图(b2)中的响应 $I^{(2)}$ 与题 4-21 解图(a2)中的响应 1.2 V 在数值上应相等，即 $I^{(2)}=1.2\ \text{A}$。

按叠加定理，$I=I^{(1)}-I^{(2)}=(0.6-1.2)\ \text{A}=-0.6\ \text{A}$。

注：应用互易定理三时，响应 1.2 V 与电流源 2 A 参考方向不一致时，则 2 V 电压源与 $I^{(2)}$ 参考方向一致，如题 4-21 解图(b2)所示。

4-22 题 4-22 图所示电路中 N 由电阻组成，图(a)中，$I_2=0.5\ \text{A}$，求图(b)中电压 U_1。

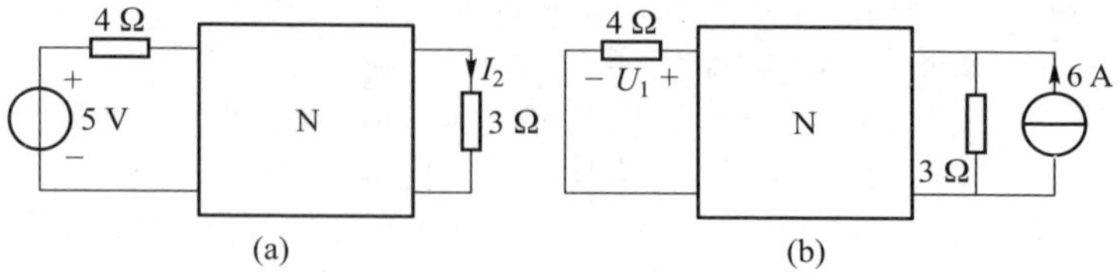

题 4-22 图

解：根据齐性定理，将题 4-22 图(a)中电压源的值 $U_S=5$ V 增加 $\hat{U}_S=6$ V，增加倍数为 $k=\dfrac{\hat{U}_S}{U_S}=\dfrac{6}{5}=1.2$，如题 4-22 解图所示。

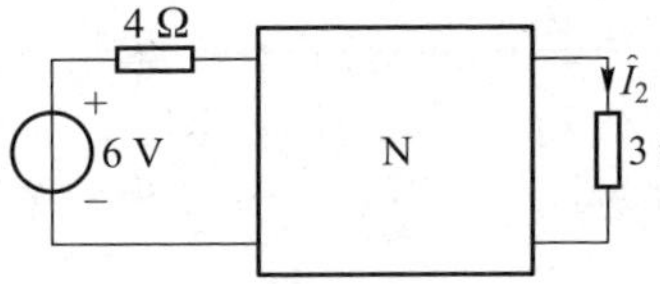

题 4-22 解图

$$\hat{I}_2=kI_2=1.2\times I_2=1.2\times0.5\ \text{A}=0.6\ \text{A}$$

$$\hat{U}_2=3\hat{I}_2=3\times0.6\ \text{V}=1.8\ \text{V}$$

题 4-22 解图中，根据互易定理三（电压源置换电流源），电压源的数值 $\hat{U}_S=6$ V 等于题 4-22 图(b)中电流源的数值 $I_S=6$ A，则题 4-22 解图中3 Ω 的电压响应 $\hat{U}_2$ 的数值应等于题 4-22 图(b)中 4 Ω 的电流响应 I_1 的数值，即$I_1=1.8$ A。

因 $I_1=\dfrac{U_1}{4}$，求得$U_1=4I_1=4\times1.8$ V$=7.2$ V。

此题另解：将题 4-22 图(a)和题 4-22 图(b)中的 4 Ω 和 3 Ω 包含在 N 中，应用特勒根定理二，有

$$5\hat{I}_1+3I_2\times(-6)=0$$

解得$\hat{I}_1=\dfrac{3\times0.5\times6}{5}$ A$=1.8$ A，$U_1=4\hat{I}_1=4\times1.8$ V$=7.2$ V。

4-23 题 4-23 图所示网络 N 仅由电阻组成，端口电压和电流之间的关系可由下式表示：

$$i_1=G_{11}u_1+G_{12}u_2$$
$$i_2=G_{21}u_1+G_{22}u_2$$

试证明 $G_{12}=G_{21}$。如果 N 内部含独立电源或受控源，上述结论是否成立？为什么？

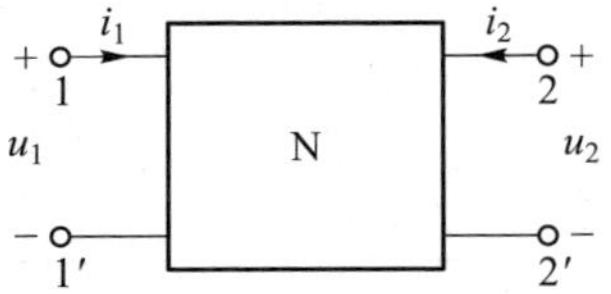

题 4-23 图

解：题 4-23 图中，当 $u_2=0$ 时，见题 4-23 解图(a)，$G_{21}=\left.\dfrac{i_2}{u_1}\right|_{u_2=0}$；

当$u_1=0$ 时，见题 4-23 解图(b)，$G_{12}=\left.\dfrac{i_1}{u_2}\right|_{u_1=0}$。

因网络 N 仅由电阻组成，对比题 4-23 解图(a)和(b)，根据互易定理一，有 $\left.\dfrac{i_2}{u_1}\right|_{u_2=0}=\left.\dfrac{i_1}{u_2}\right|_{u_1=0}$，因此 $G_{12}=G_{21}$。

如果 N 内部含独立源或受控源，一般情况下，N 不再具有互易性，且 $G_{12}\neq G_{21}$。

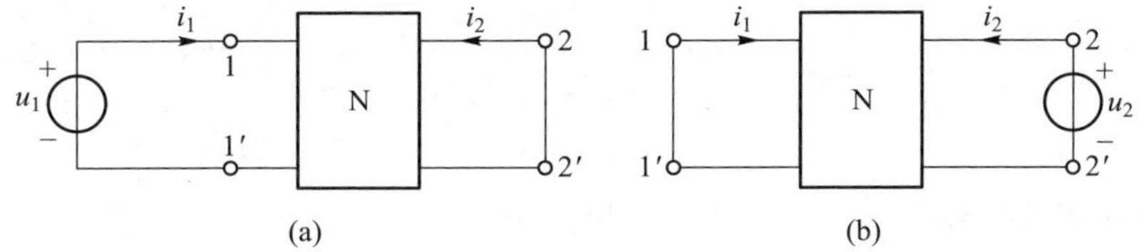

题 4-23 解图

4-24 请判断题 4-24 图(b)(c)(d)中哪一个是题 4-24 图(a)所示电路的对偶电路。叙述其理由，试决定其参数值并指出哪些物理量和方程具有对偶关系。

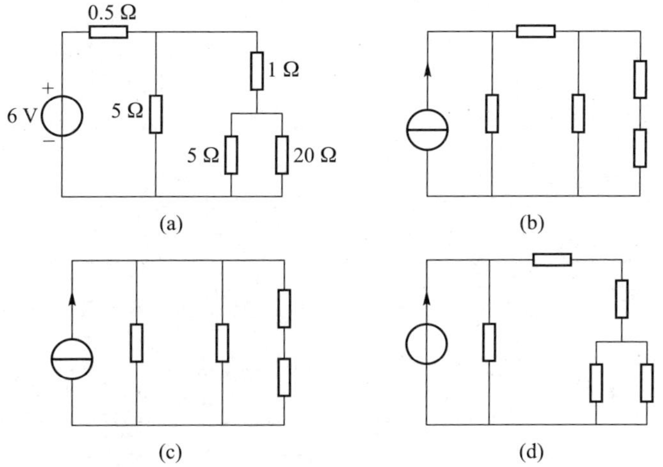

题 4-24 图

解：题 4-24 图(a)所示电路的对偶电路为题 4-24 图(b)。分别在图(a)中标注回路电流及绕行方向，在图(b)中标注节点及各元件参数值，如题 4-24 解图(a)(b)所示。

对题 4-24 解图(a)，列写回路电流方程，有

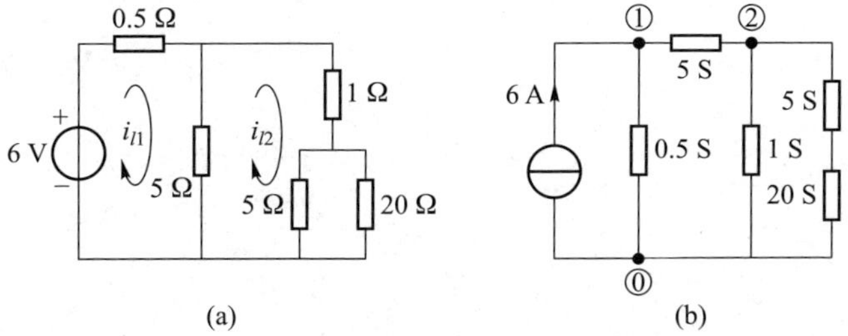

题 4-24 解图

$$\begin{cases}(0.5+5)i_{l1}-5i_{l2}=6\\ -5i_{l1}+\left(5+1+\dfrac{1}{\dfrac{1}{5}+\dfrac{1}{20}}\right)i_{l2}=0\end{cases}$$

对题 4-24 解图(b),列写节点电压方程,有

$$\begin{cases}(0.5+5)u_{n1}-5u_{n2}=6\\ -5u_{n1}+\left(5+1+\dfrac{1}{\dfrac{1}{5}+\dfrac{1}{20}}\right)u_{n2}=0\end{cases}$$

如果把上述回路电流方程中的自阻、互阻、电压源电压、回路电流等与节点电压方程中的对应元素自导、互导、电流源电流、节点电压等互换,则上面两个方程也可以彼此互换,因此,回路电流与节点电压是对偶元素,题 4-24 图(a)电路和题 4-24 图(b)电路为对偶电路。

第五章　含有运算放大器的电阻电路

内容提要

表 5-1　运算放大器

运算放大器 （运放）	一般放大器的作用是把输入电压放大一定倍数后再输送出去，其输出电压与输入电压的比值称为电压放大倍数或电压增益。 运算放大器（简称运放）是一种高增益（可达几万倍或更高）、高输入电阻、低输出电阻的放大器。由于它能完成加减、积分、微分等数学运算而被称为运算放大器。 运放是一种多端器件，获得广泛的应用，是内部包含许多晶体管的集成电路。运放虽有多种型号，其内部结构也不相同，但进行电路分析时，我们感兴趣的仅仅是电路模型及其外部特性
运放的 图形符号 及简化 图形符号	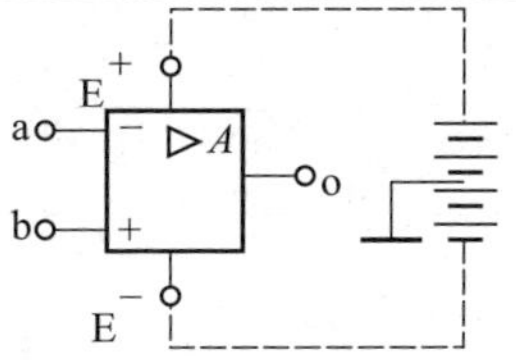 图 1　运放的图形符号 图 1 为运放电路图形符号，有两个输入端和一个输出端。图 1 中电源端子 E^+ 和 E^- 接有直流偏置电压源，以维持运放内部晶体管正常工作。通常分析运放的放大作用时可以不考虑偏置电压源，一般不必画出来，其简化图形符号如图 2 所示。 a 端——倒向输入端（反向输入端） b 端——非倒向输入端（同向输入端） o 端——输出端 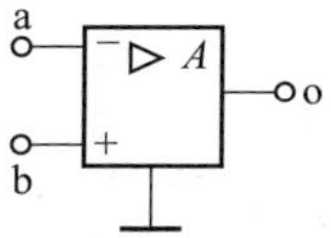 图 2　运放简化图形符号
运放的 输出与输入 电压关系	输出与输入电压关系：$u_o=A(u^+-u^-)=Au_d$ 其中，A—开环放大倍数，u_d—差分输入电压，$u_d=u^+-u^-$，u_o—输出电压。 标注运算放大器的输出与输入电压及其参考方向的三种常见形式如下： a、b、o 与公共端的电压分别为 u^-、u^+、u_o，其参考方向如图 3、图 4、图 5 所示 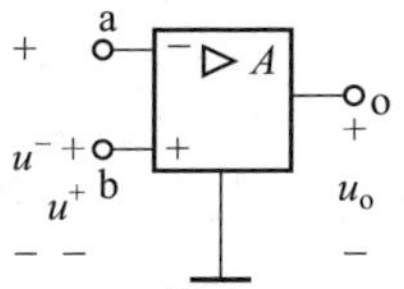 图 3 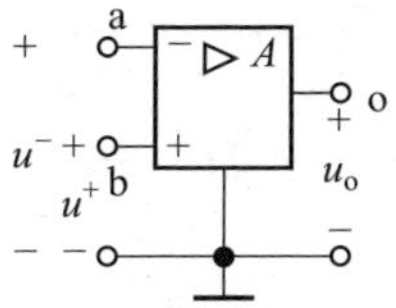 图 4 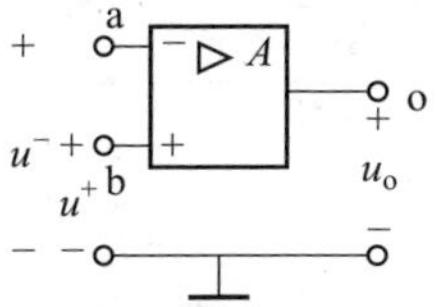 图 5 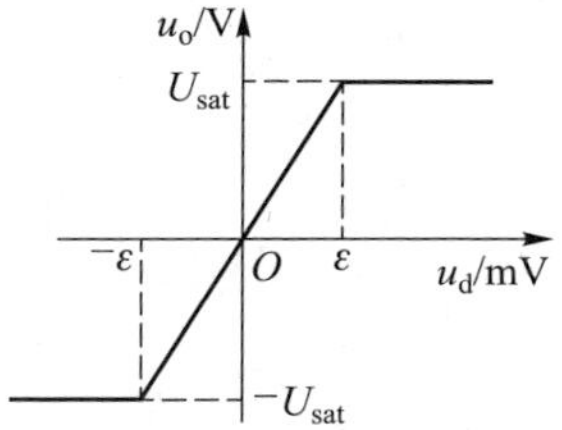 图 6　运算放大器的 u_o-u_d 曲线 运算放大器是一种单向工作的器件，其饱和电压值 U_{sat} 略低于直流偏置电压，两输入电流通常小于 1 mA，将运放的工作范围限制在线性段，即 $-U_{sat}<u_o<U_{sat}$，$A\geqslant 10^5$，而 U_{sat} 为正负十几或几伏，这样输入电压必须很小。此种工作状态为“开环运行”。实际上，运放以一定方式将输出的一部分反馈到输入中，如图 6 所示
运放的 电路模型	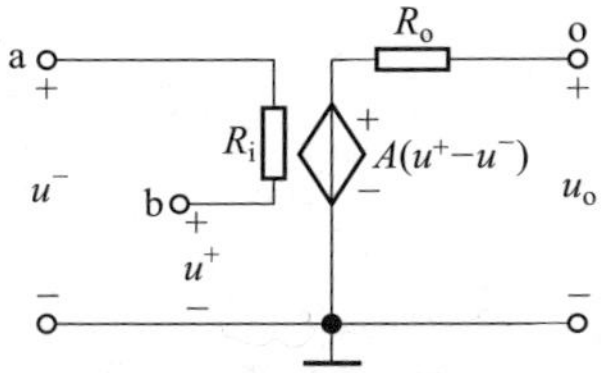 图 7　运算放大器电路模型 如图 7 所示，其中，R_i—运放的输入电阻，R_o—运放的输出电阻，A—开环放大倍数，u^+、u^-—同向输入端电压、反向输入端电压，u_o—输出电压，$u_o=A(u^+-u^-)=Au_d$
理想运算 放大器 （理想运放）	当 $-U_{sat}<u_o<U_{sat}$ 时，假设运算放大器的电路模型中，$R_i\to\infty$，$R_o=0$，且认为 $A\to\infty$，则称运放为理想的运算放大器，简称理想运放（运放或理想运放图形符号中的方框右上角分别标记为 ▷A 或 ▷∞，见图 8、图 9）。 在理想化情况下，每一输入端电流均为零，因 $A\to\infty$，而 u_o 为有限值，则 u_d 被强制为零，$u_d=u^+-u^-=0$，即 $u^+=u^-$。 如非倒向端（或倒向端）接地，即 $u^+=0$（或 $u^-=0$），则 u^-（或 u^+）将被强制为零 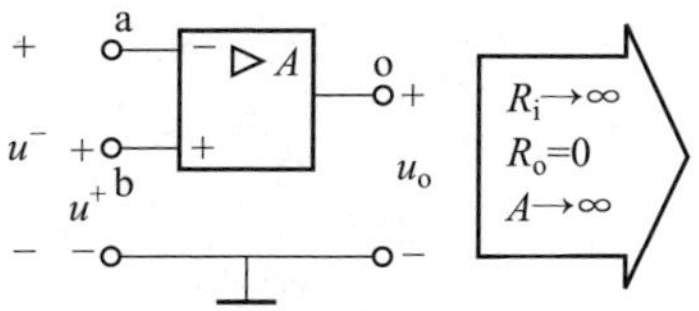 图 8　运放图形符号 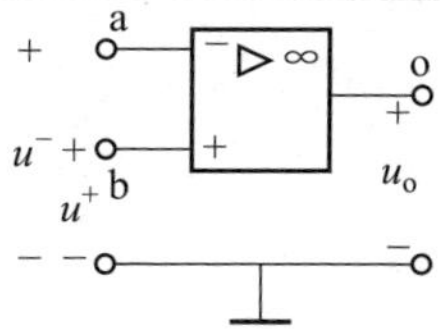 图 9　理想运放图形符号
注意：u^- 或 u^+ 的右上角标“-”或“+”仅表示与 u_o 的实际方向相对公共端恰好相反或相同，u^- 为 u_{na}，u^+ 为 u_{nb}。此处“-、+”上角标不是电压参考方向	

表 5-2 含理想运算放大器的电路分析方法与常见的基本运算电路

含理想运算放大器的电路分析方法

（1）用节点法分析，列写节点电压方程。

（2）合理运用分析理想运放的两条规则，即“虚断路”和“虚短路”，即可使理想运放电路的分析大为简化。

分析理想运放的两条规则如下：

规则 1：倒向端与非倒向端的输入电流均为零——“虚断路”（见图 10）。

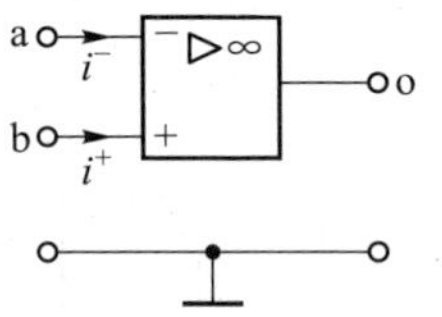

$i^+=i^-=0$

图 10 理想运放输入电流—“虚断路”

规则 2：倒向端与非倒向端对公共端的输入电压相等——“虚短路”（见图 11）。

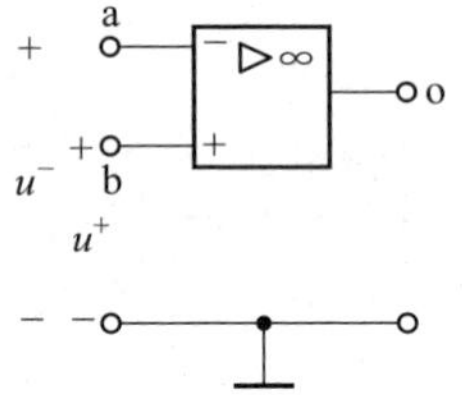

$u^+=u^-$

（注：$u^+-u^-=0$，但 $u^+=u^-\neq0$）

图 11 理想运放输入电压—“虚短路”

如有一输入端接地，则另一输入端称“虚地”，此时 $u^+=u^-=0$

常见的基本运算电路

运算电路名称	基本运算电路	输出电压与输入电压的传输关系	
倒向放大器	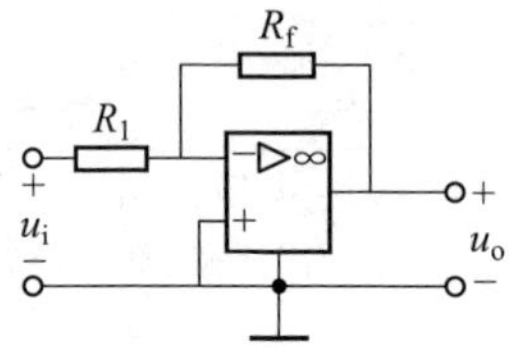	$u_o=-\frac{R_f}{R_1}u_i$	当 $R_1=R_f$ 时，则 $u_o=-u_i$
非倒向放大器（同向放大器）（比例器）	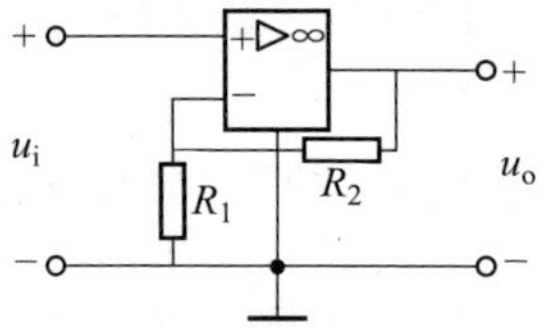	$u_o=\left(1+\frac{R_2}{R_1}\right)u_i$	将 R_1 开路、R_2 短路，则 $u_o=u_i$ 变成电压跟随器
电压跟随器	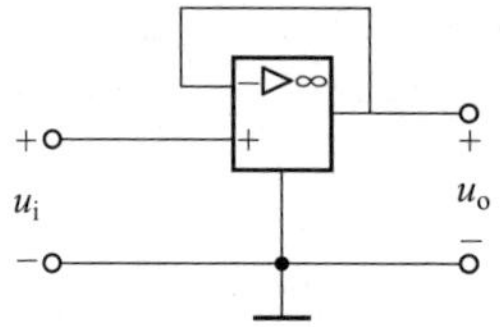	$u_o=u_i$	由于 $R_i\to\infty$，跟随器起“隔离作用”
加法器	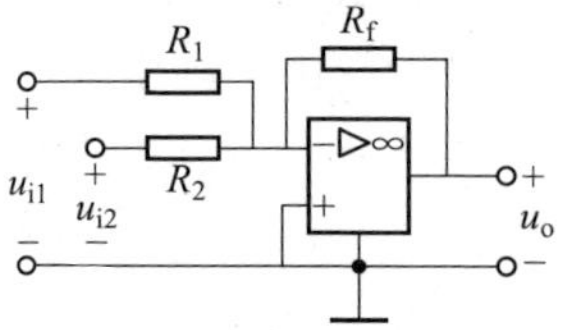	$u_o=-\left(\frac{R_f}{R_1}u_{i1}+\frac{R_f}{R_2}u_{i2}\right)$	当 $R_1=R_2=R_f$ 时，则 $u_o=-(u_{i1}+u_{i2})$
减法器	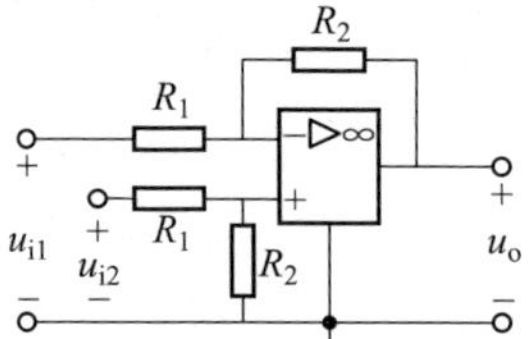	$u_o=\frac{R_2}{R_1}(u_{i2}-u_{i1})$	当 $R_1=R_2$ 时，则 $u_o=u_{i2}-u_{i1}$
积分电路	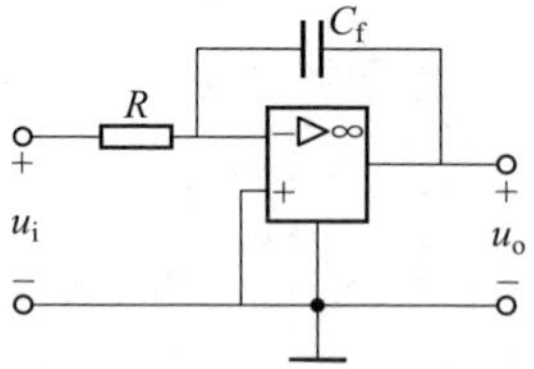	$u_o=-\frac{1}{RC_f}\int_{-\infty}^{t}u_i(\xi)\mathrm{d}\xi$	
微分电路	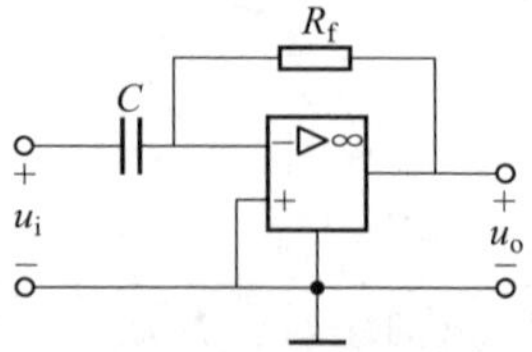	$u_o=-R_fC\frac{\mathrm{d}u_i}{\mathrm{d}t}$	

理想运算放大器电路的分析步骤:

第 1 步 选取必要的节点和支路电流变量及其参考方向标注在电路中。

第 2 步 对理想运放的输入端及输出端的节点列 KCL 方程。

电流 $\sum i=0$

第 3 步 应用规则 1,将理想运放的输入端“虚断路”,可用“×”标记。即

$$i^+=i^-=0$$

将其代入 KCL 方程中。

第 4 步 应用节点法,将 KCL 方程中的电流改用节点电压表示。

第 5 步 应用规则 2,将理想运放输入端“虚短路”,即 $u^+=u^-$,将其代入第 4 步得到的节点电压表示的 KCL 方程中。

如理想运放有一输入端接地,则另一输入端也“虚接地”。此时

$$u^+=u^-=0$$

第 6 步 整理方程,得出理想运放电路的输出电压与输入电压的关系

例 5-1 如图 12 所示比例器,试求 $\dfrac{u_o}{u_i}$。

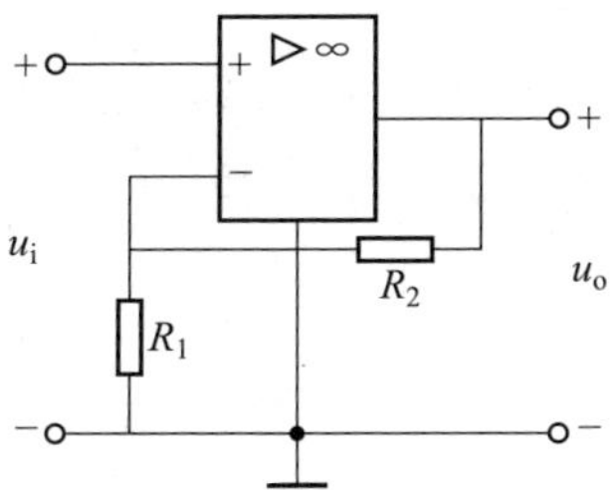

图 12 例 5-1 图

解: 第 1 步 在图 12 中选取节点①,变量 i_1、i_2 及参考方向并标在电路中,如图 13 所示。

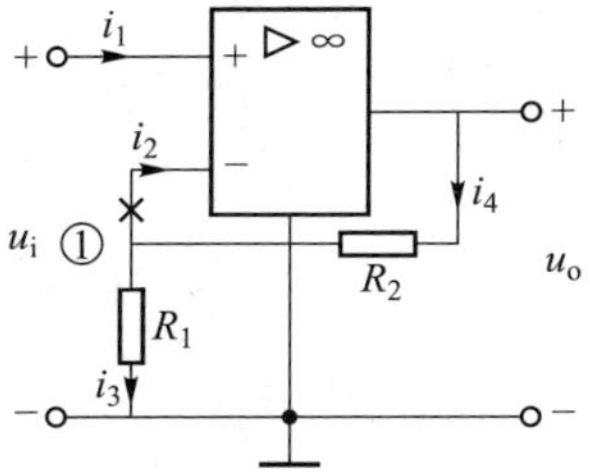

图 13 例 5-1 解图

第 2 步 对节点①列 KCL 方程

$$i_2+i_3=i_4 \qquad \langle 1\rangle$$

输入端有 $i_1=i^+$,$i_2=i^-$

第 3 步 按规则 1,$i^+=i^-=0$,则 $i_1=i_2=0$,将倒向输入端“虚断路”,用“×”标记。由⟨1⟩式得

$$i_3=i_4 \qquad \langle 2\rangle$$

第 4 步 将⟨2⟩式用节点电压表示为

$$\frac{u^-}{R_1}=\frac{u_o}{R_1+R_2},$$

第 5 步 按规则 2,$u^+=u^-$,又 $u^+=u_i$,则

$$\frac{u^-}{R_1}=\frac{u_i}{R_1}=\frac{u_o}{R_1+R_2},$$

第 6 步 整理得 $\dfrac{u_i}{u_o}=\dfrac{R_1}{R_1+R_2}$

例 5-2 试分析图 14 所示的加法器。

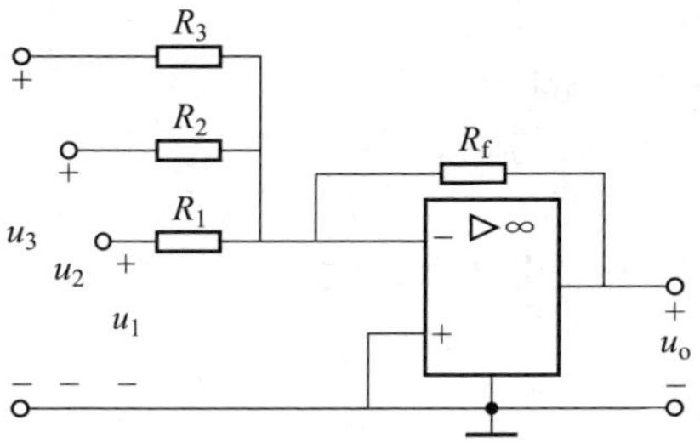

图 14 例 5-2 图

解: 第 1 步 在图 14 中选取节点①,变量 i_1、i_2、i_3、i、i^-、u^- 及参考方向并标在电路中,如图 15 所示。

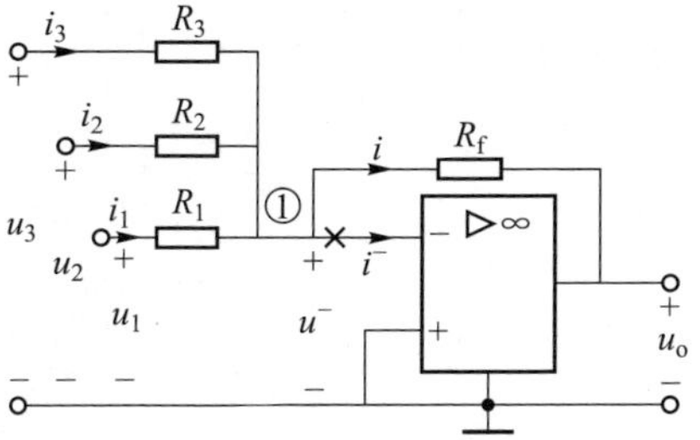

图 15 例 5-2 解图

第 2 步 对节点①列 KCL 方程,有

$$i_1+i_2+i_3=i+i^- \qquad \langle 1\rangle$$

第 3 步 按规则 1,$i^+=i^-=0$,将倒向输入端“虚断路”,用“×”标记。由⟨1⟩式,得

$$i=i_1+i_2+i_3 \qquad \langle 2\rangle$$

第 4 步 将⟨2⟩式用节点电压表示为

$$\frac{u^--u_o}{R_f}=\frac{u_1-u^-}{R_1}+\frac{u_2-u^-}{R_2}+\frac{u_3-u^-}{R_3}$$

第 5 步 按规则 2,$u^+=u^-=0$,

则 $$-\frac{u_o}{R_f}=\frac{u_1}{R_1}+\frac{u_2}{R_2}+\frac{u_3}{R_3}$$

第 6 步 如 $R_1=R_2=R_3=R_f$,则得

$$u_o=-(u_1+u_2+u_3)$$

例 5-3 试分析图 16 所示的微分电路。

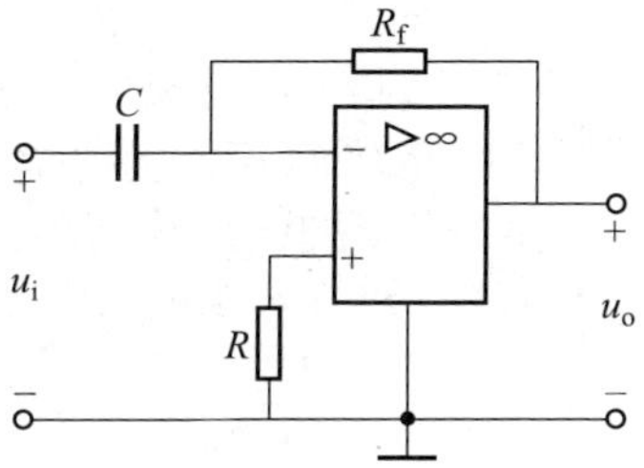

图 16 例 5-3 图

解: 第 1 步 在图 16 电路中选取节点①,变量 i_1、i_2、i^+、i^-、u^+ 及参考方向并标在电路中,如图 17 所示。

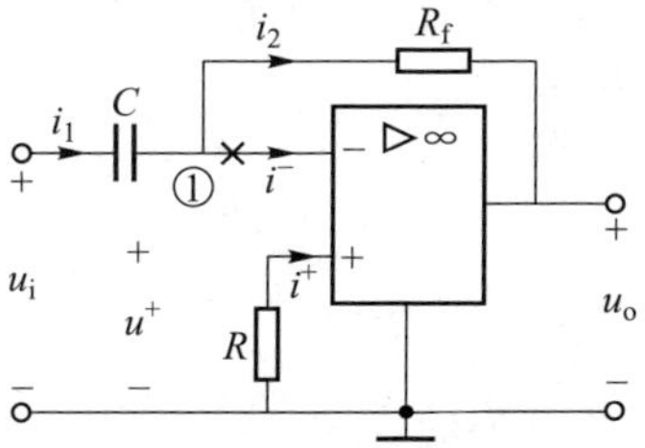

图 17 例 5-3 解图

第 2 步 对节点①列 KCL 方程,有

$$i_1=i_2+i^- \qquad \langle 1\rangle$$

第 3 步 按规则 1,$i^+=i^-=0$,将倒向输入端“虚断路”,用“×”标记。由⟨1⟩式,有

$$i_1=i_2 \qquad \langle 2\rangle$$

第 4 步 将⟨2⟩式用节点电压表示为

$$C\frac{\mathrm{d}(u_i-u^-)}{\mathrm{d}t}=\frac{u^--u_o}{R_f}$$

第 5 步 按规则 2,$u^+=u^-$,又

$$u^+=-Ri^+=0,\text{则 } u^-=0$$

$$C\frac{\mathrm{d}u_i}{\mathrm{d}t}=\frac{-u_o}{R_f}$$

第 6 步 整理得

$$u_o=-R_fC\frac{\mathrm{d}u_i}{\mathrm{d}t}$$

本章习题与解答

5-1　设题 5-1 图所示电路的输出 u_o 为 $u_o=-3u_1-0.2u_2$，已知 $R_3=10\ \text{k}\Omega$，求 R_1 和 R_2。

解：标注节点①，其上的支路电流为 i_1、i_2、i_3，如题 5-1 解图所示。

应用分析理想运放的两条规则，有 $i^-=i^+=0$（理想运放的输入端"虚断路"，用"×"标记），$u^+=u^-$（理想运放输入端"虚短路"）。

题 5-1 解图中，列节点①的 KCL 方程 $i_1+i_2=i_3$，用节点电压表示为

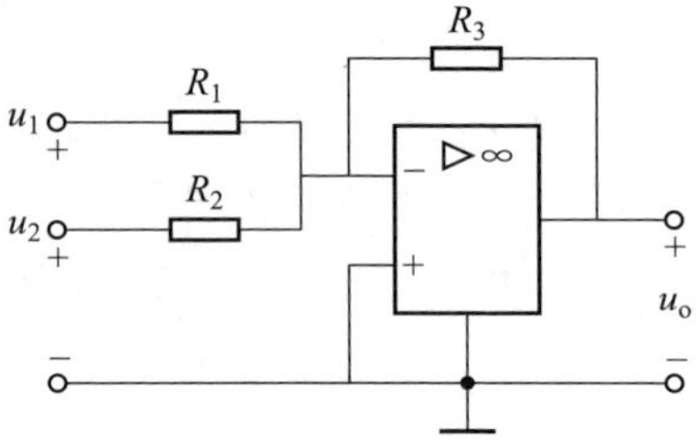

题 5-1 图

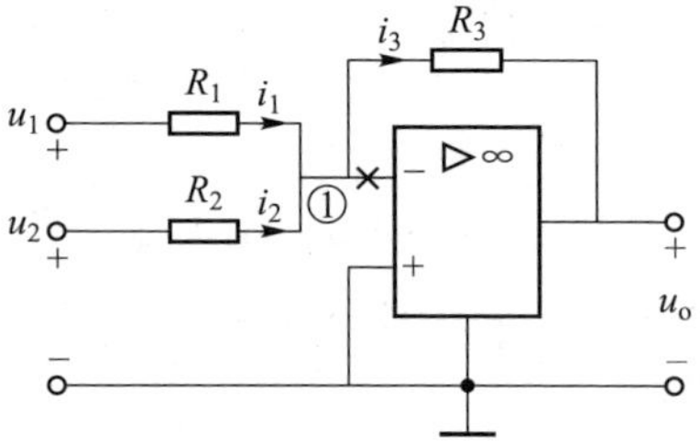

题 5-1 解图

$$\frac{u_1-u_{n1}}{R_1}+\frac{u_2-u_{n1}}{R_2}=\frac{u_{n1}-u_o}{R_3} \qquad \langle 1\rangle$$

将 $u_{n1}=u^-=u^+=0$ 代入〈1〉式，得 $\dfrac{u_1}{R_1}+\dfrac{u_2}{R_2}=\dfrac{-u_o}{R_3}$，则

$u_o=-\dfrac{R_3}{R_1}u_1-\dfrac{R_3}{R_2}u_2$，依题意，有

$$\frac{R_3}{R_1}=3,\quad \frac{R_3}{R_2}=0.2$$

求得 $R_1=\dfrac{R_3}{3}=3.33\ \text{k}\Omega$，　$R_2=\dfrac{R_3}{0.2}=50\ \text{k}\Omega$。

5-2　题 5-2 图所示电路起减法作用，求输出电压 u_o 和输入电压 u_1、u_2 之间的关系。

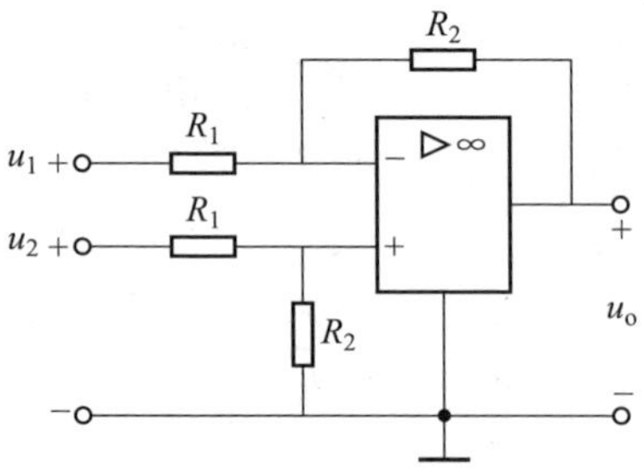

题 5-2 图

解：标注节点①、②，其上的支路电流为 i_1、i_2、i_3、i_4，如题 5-2 解图所示。

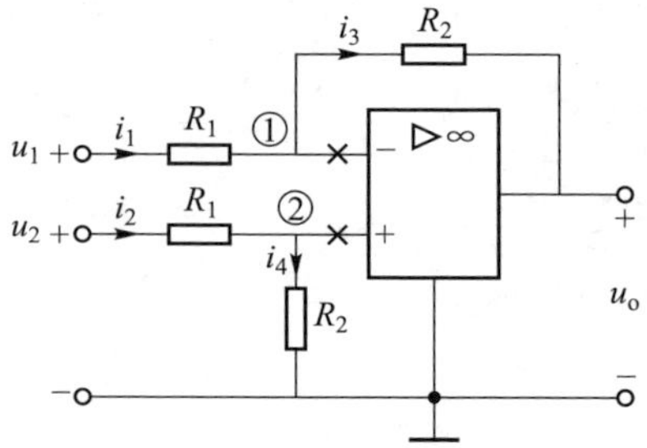

题 5-2 解图

应用分析理想运放的两条规则，有 $i^-=i^+=0$（理想运放的输入端"虚断路"，用"×"标记），$u^+=u^-$（理想运放输入端"虚短路"）。

题 5-2 解图中，列节点①、②的 KCL 方程 $i_1=i_3$，$i_2=i_4$，用节点电压表示为

$$\begin{cases}\dfrac{u_1-u_{n1}}{R_1}=\dfrac{u_{n1}-u_o}{R_2} & \langle 1\rangle \\[2ex] \dfrac{u_2}{R_1+R_2}=\dfrac{u_{n2}}{R_2} & \langle 2\rangle\end{cases}$$

因 $u_{n1}=u^-=u^+=u_{n2}$，代入〈1〉和〈2〉式，得

$$\frac{u_1}{R_1}-\frac{1}{R_1}\cdot\frac{R_2}{R_1+R_2}u_2=\frac{1}{R_2}\cdot\frac{R_2}{R_1+R_2}u_2-\frac{u_o}{R_2}$$

$$\Rightarrow\quad u_o=R_2\left[-\frac{u_1}{R_1}+\left(\frac{1}{R_1}+\frac{1}{R_2}\right)\frac{R_2}{R_1+R_2}u_2\right]$$

求得

$$u_o=\frac{R_2}{R_1}(u_2-u_1)$$

5-3　求题 5-3 图所示电路的输出电压与输入电压之比 $\dfrac{u_2}{u_1}$。

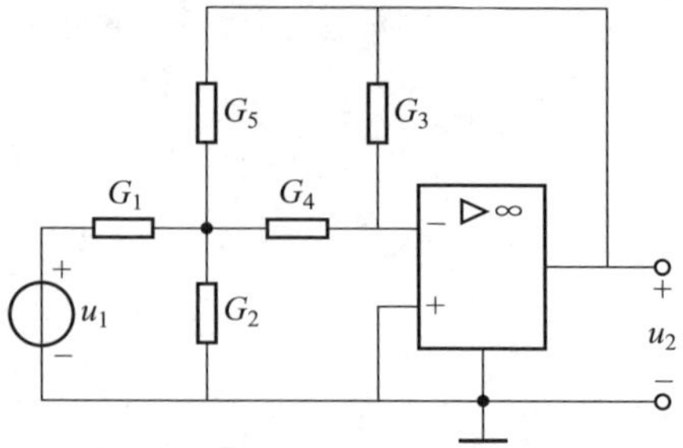

题 5-3 图

解：标注节点①、②，其上的支路电流为 i_1、i_2、i_3、i_4、i_5，如题 5-3 解图所示。

应用分析理想运放的两条规则，有 $i^-=i^+=0$（理想运放的输入端“虚断路”，用“×”标记），$u^+=u^-$（理想运放输入端“虚短路”）。

题 5-3 解图中，列节点①、②的 KCL 方程

$$i_1=i_2+i_4+i_5,\quad i_4=i_3$$

用节点电压表示为

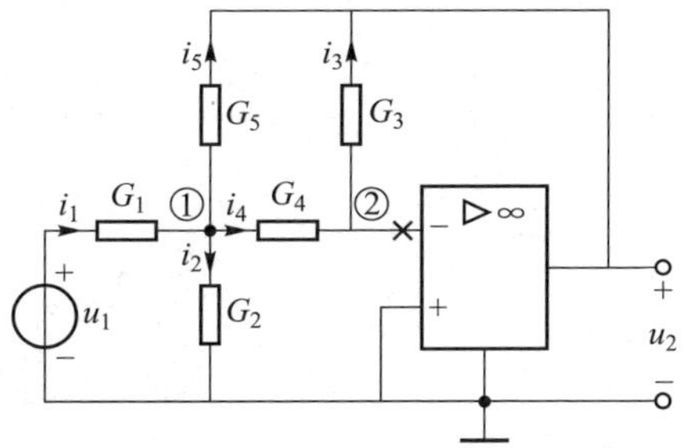

题 5-3 解图

$$\begin{cases}G_1(u_1-u_{n1})=G_2u_{n1}+G_4(u_{n1}-u_{n2})+G_5(u_{n1}-u_2)\\ G_4(u_{n1}-u_{n2})=G_3(u_{n2}-u_2)\end{cases}$$

因 $u_{n2}=u^-=u^+=0$，代入上两式，得

$$\begin{cases}G_1u_1+G_5u_2=(G_1+G_2+G_4+G_5)u_{n1} & \langle 1\rangle\\ u_{n1}=-\dfrac{G_3}{G_4}u_2 & \langle 2\rangle\end{cases}$$

将〈2〉式代入〈1〉式，得

$$\left[G_5+\frac{G_3}{G_4}(G_1+G_2+G_4+G_5)\right]u_2=-G_1u_1$$

求出

$$\frac{u_2}{u_1}=-\frac{G_1G_4}{G_3(G_1+G_2+G_4+G_5)+G_4G_5}$$

5-4 求题 5-4 图所示电路的电压比值 $\dfrac{u_o}{u_1}$。

解：标注节点①、②，其上的支路电流为 i_1、i_2、i_3、i_4、i_5，如题 5-4 解图所示。

应用分析理想运放的两条规则，有 $i^-=i^+=0$（理想运放的输入端“虚断路”，用“×”标记），$u^+=u^-$（理想运放输入端“虚短路”）。

题 5-4 解图中，列节点①、②的 KCL 方程

$$i_1=i_2+i_3,\quad i_4=i_5$$

用节点电压表示为

$$\begin{cases}\dfrac{u_1-u_{n1}}{R_1}=\dfrac{u_{n1}-u_{n2}}{R_2}+\dfrac{u_{n1}-u_o}{R_3}\\ \dfrac{u^+_{运放2}}{R_4}=\dfrac{u_o}{R_4+R_5}\end{cases}$$

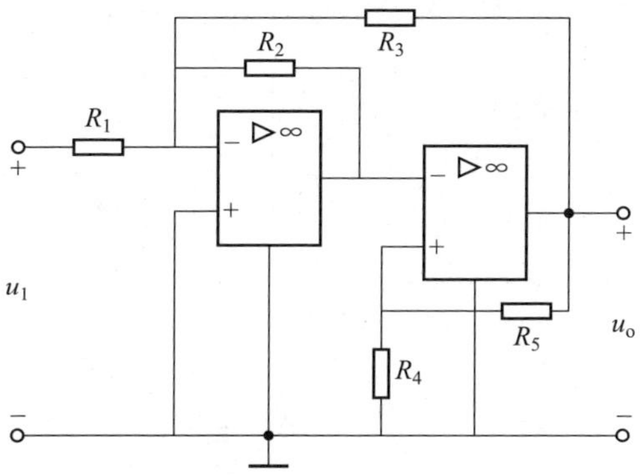

题 5-4 图

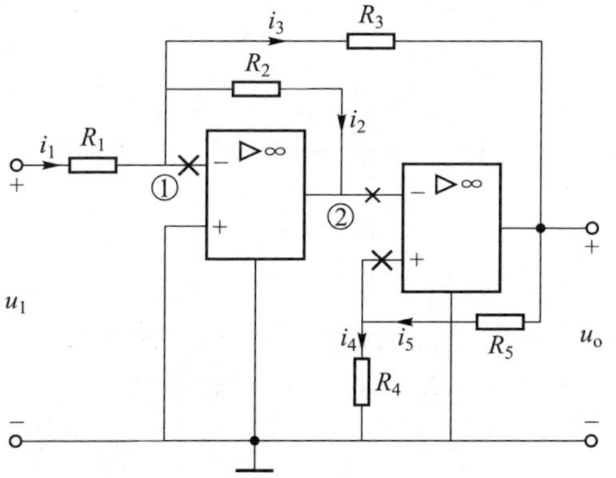

题 5-4 解图

将 $u_{n1}=u^-_{运放1}=u^+_{运放1}=0$，$u_{n2}=u^-_{运放2}=u^+_{运放2}$ 代入上两式，整理得

$$\begin{cases}\dfrac{u_1}{R_1}=\dfrac{-u_{n2}}{R_2}+\dfrac{-u_o}{R_3} & \langle 1\rangle\\ \dfrac{u_{n2}}{R_4}=\dfrac{u_o}{R_4+R_5} & \langle 2\rangle\end{cases}$$

将〈2〉式代入〈1〉式，得

$$\frac{u_1}{R_1}=-\frac{1}{R_2}\cdot\frac{R_4}{R_4+R_5}u_o-\frac{1}{R_3}u_o$$

$$\Rightarrow\frac{u_o}{u_1}=-\frac{1}{R_1}\cdot\frac{1}{\dfrac{1}{R_2}\cdot\dfrac{R_4}{R_4+R_5}+\dfrac{1}{R_3}}$$

$$\Rightarrow\frac{u_o}{u_1}=-\frac{R_2R_3(R_4+R_5)}{R_1(R_2R_4+R_2R_5+R_3R_4)}$$

5-5 求题 5-5 图所示电路的电压比 $\dfrac{u_O}{u_S}$。

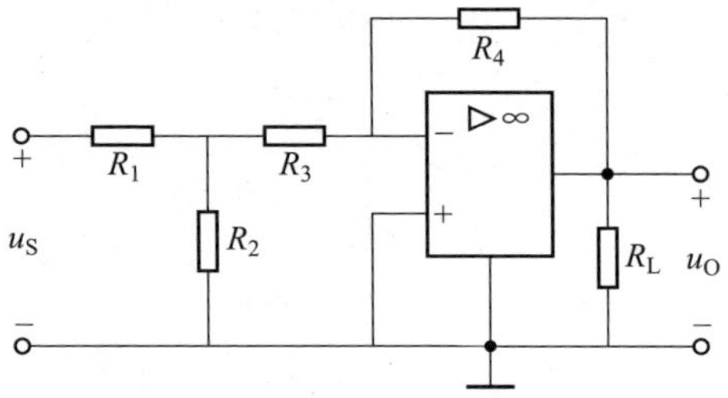

题 5-5 图

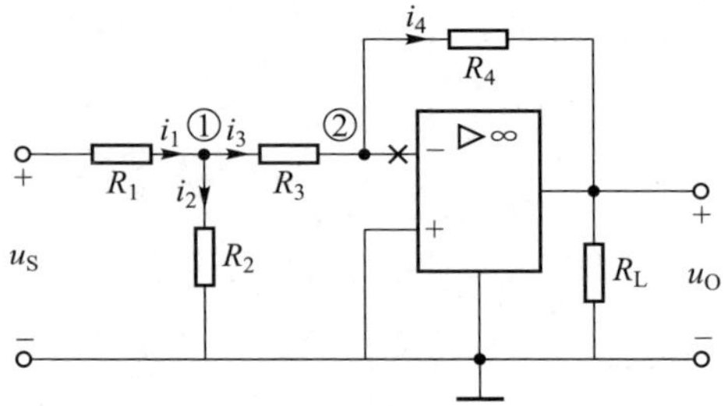

题 5-5 解图

解:标注节点①、②,其上的支路电流为 i_1、i_2、i_3、i_4,如题 5-5 解图所示。

应用分析理想运放的两条规则,有 $i^-=i^+=0$(理想运放的输入端"虚断路",用"×"标记),$u^+=u^-$(理想运放输入端"虚短路")。

题 5-5 解图中,列节点①、②的 KCL 方程

$$i_1=i_2+i_3,\quad i_3=i_4$$

用节点电压表示为

$$\begin{cases}\dfrac{u_S-u_{n1}}{R_1}=\dfrac{u_{n1}}{R_2}+\dfrac{u_{n1}-u_{n2}}{R_3}\\[2ex]\dfrac{u_{n1}-u_{n2}}{R_3}=\dfrac{u_{n2}-u_O}{R_4}\end{cases}$$

将 $u_{n2}=u^-=u^+=0$ 代入上式,得

$$\begin{cases}\dfrac{u_S-u_{n1}}{R_1}=\dfrac{u_{n1}}{R_2}+\dfrac{u_{n1}}{R_3}\\[2ex]\dfrac{u_{n1}}{R_3}=-\dfrac{u_O}{R_4}\end{cases}\Rightarrow\begin{cases}\dfrac{u_S}{R_1}=\left(\dfrac{1}{R_1}+\dfrac{1}{R_2}+\dfrac{1}{R_3}\right)u_{n1} & \langle 1\rangle\\[2ex]u_{n1}=-\dfrac{R_3}{R_4}u_O & \langle 2\rangle\end{cases}$$

将〈2〉式代入〈1〉式,得

$$\frac{u_S}{R_1}=\left(\frac{1}{R_1}+\frac{1}{R_2}+\frac{1}{R_3}\right)\left(-\frac{R_3}{R_4}\right)u_O$$

$$\Rightarrow\quad\frac{u_O}{u_S}=-\frac{R_2R_4}{R_1R_2+R_2R_3+R_1R_3}$$

5-6 试证明题 5-6 图所示电路若满足 $R_1R_4=R_2R_3$,则电流 i_L 仅决定于 u_1 而与负载电阻 R_L 无关。

解:标注节点①、②、③,其上的支路电流为 i_1、i_2、i_3、i_4、i_L,如题 5-6 解图所示。

应用分析理想运放的两条规则,有 $i^-=i^+=0$(理想运放的输入端"虚断路",用"×"标记),$u^+=u^-$(理想运放输入端"虚短路")。

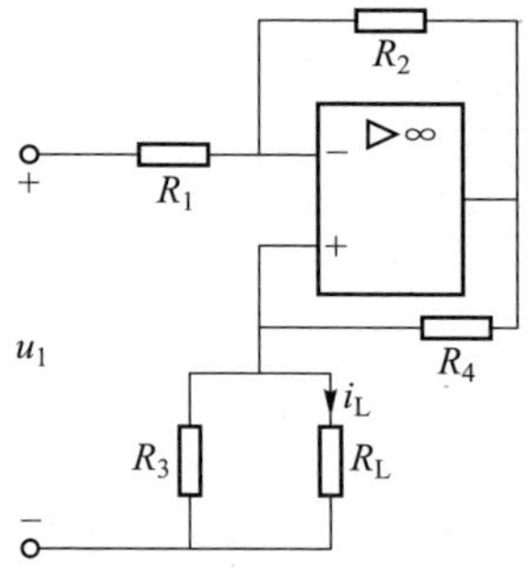

题 5-6 图

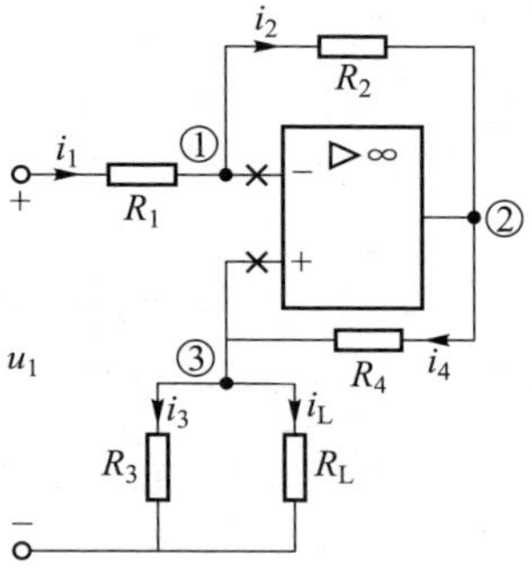

题 5-6 解图

题 5-6 解图中,列节点①、③的 KCL 方程,有

$i_1=i_2$, $i_4=i_3+i_L$,用节点电压表示为

$$\begin{cases}\dfrac{u_1-u_{n1}}{R_1}=\dfrac{u_{n1}-u_{n2}}{R_2}\\[2ex]\dfrac{u_{n2}-u_{n3}}{R_4}=\left(\dfrac{1}{R_3}+\dfrac{1}{R_L}\right)u_{n3}\end{cases}$$

$u_{n1}=u^-=u^+=u_{n3}$,将 $u_{n3}=u_{n1}$ 代入上式,整理得

$$\begin{cases}\dfrac{u_1}{R_1}=\left(\dfrac{1}{R_1}+\dfrac{1}{R_2}\right)u_{n1}-\dfrac{1}{R_2}u_{n2} & \langle 1\rangle\\[2ex]\dfrac{u_{n2}}{R_4}=\left(\dfrac{1}{R_3}+\dfrac{1}{R_4}+\dfrac{1}{R_L}\right)u_{n1} & \langle 2\rangle\end{cases}$$

将〈2〉式代入〈1〉式,得

$$\frac{u_1}{R_1}=\left(\frac{1}{R_1}+\frac{1}{R_2}\right)u_{n1}-\frac{R_4}{R_2}\left(\frac{1}{R_3}+\frac{1}{R_4}+\frac{1}{R_L}\right)u_{n1}$$

$$\Rightarrow\quad u_{n1}=\frac{u_1}{R_1\left[\dfrac{1}{R_1}+\dfrac{1}{R_2}-\dfrac{R_4}{R_2}\left(\dfrac{1}{R_3}+\dfrac{1}{R_4}+\dfrac{1}{R_L}\right)\right]}=\frac{u_1}{1+\dfrac{R_1}{R_2}-\dfrac{R_1R_4}{R_2R_3}-\dfrac{R_1}{R_2}-\dfrac{R_1R_4}{R_2R_L}}$$

$$=\frac{u_1}{1-\dfrac{R_1R_4}{R_2R_3}-\dfrac{R_1R_4}{R_2R_L}}=\frac{R_2R_3R_Lu_1}{R_2R_3R_L-R_1R_4R_L-R_1R_4R_3}$$

因为 $R_1R_4=R_2R_3$,所以

$$u_{n1}=\frac{R_2R_3R_L}{-R_1R_4R_3}u_1=-\frac{R_L}{R_3}u_1,\ i_L=\frac{u_{n3}}{R_L}=\frac{u_{n1}}{R_L}=\frac{1}{R_L}\left(-\frac{R_L}{R_3}u_1\right)=-\frac{1}{R_3}u_1$$

电流 i_L 与 R_L 无关，只与 u_1、R_3 有关。

5-7 求题 5-7 图所示电路的 u_O 与 u_{S1}、u_{S2}之间的关系。

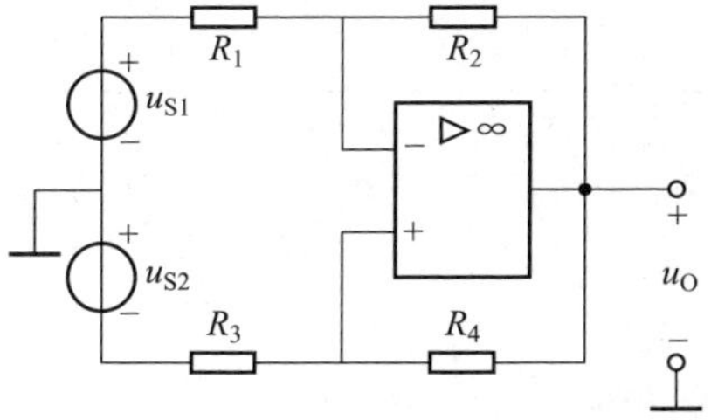

题 5-7 图

解：标注节点①、②，其上的支路电流为 i_1、i_2、i_3、i_4，如题 5-7 解图所示。

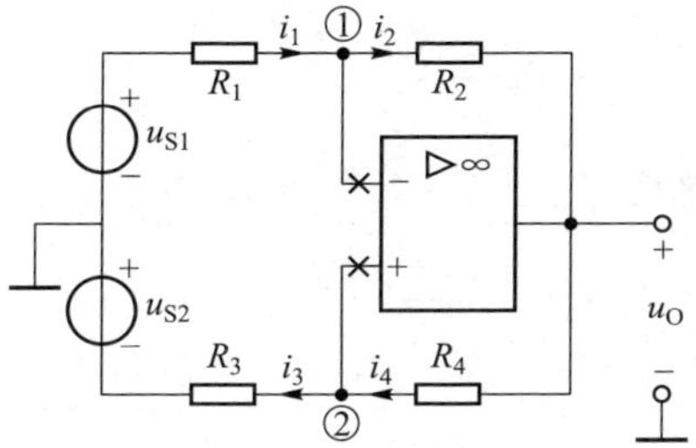

题 5-7 解图

应用分析理想运放的两条规则，有 $i^-=i^+=0$（理想运放的输入端"虚断路"，用"×"标记），$u^+=u^-$（理想运放输入端"虚短路"）。

题 5-7 解图中，列节点①、②的 KCL 方程，有

$$i_1=i_2,\quad i_3=i_4$$

用节点电压表示为

$$\begin{cases}\dfrac{u_{S1}-u_{n1}}{R_1}=\dfrac{u_{n1}-u_O}{R_2}\\[2ex]\dfrac{u_{n2}+u_{S2}}{R_3}=\dfrac{u_O-u_{n2}}{R_4}\end{cases}$$

$u_{n1}=u^-=u^+=u_{n2}$，将 $u_{n2}=u_{n1}$代入上式，整理得

$$\begin{cases}\dfrac{u_{S1}}{R_1}-\left(\dfrac{1}{R_1}+\dfrac{1}{R_2}\right)u_{n1}=-\dfrac{u_O}{R_2} & \langle 1\rangle\\[2ex]\dfrac{u_{S2}}{R_3}+\left(\dfrac{1}{R_3}+\dfrac{1}{R_4}\right)u_{n1}=\dfrac{u_O}{R_4} & \langle 2\rangle\end{cases}$$

将〈1〉式乘以$\dfrac{R_1R_2}{R_1+R_2}$加上〈2〉式乘以$\dfrac{R_3R_4}{R_3+R_4}$，得

$$\frac{R_2}{R_1+R_2}u_{S1}+\frac{R_4}{R_3+R_4}u_{S2}=\left(\frac{R_3}{R_3+R_4}-\frac{R_1}{R_1+R_2}\right)u_O$$

$$\Rightarrow\quad u_O=\frac{R_2(R_3+R_4)u_{S1}+R_4(R_1+R_2)u_{S2}}{R_2R_3-R_1R_4}$$

***5-8** 电路如题 5-8 图所示，设 $R_f=16R$，验证该电路的输出 u_O 与输入 u_1~u_4 之间的关系为 $u_O=-(8u_1+4u_2+2u_3+u_4)$。[注：该电路为 4 位数字-模拟转换器，常用在信息处理、自动控制领域。该电路可将一个 4 位二进制数字信号转换成模拟信号。例如当数字信号为**1101**时，令 $u_1=u_2=u_4=\mathbf{1}$，$u_3=\mathbf{0}$，则由关系式 $u_O=-(8u_1+4u_2+2u_3+u_4)$得模拟信号 $u_O=-(8+4+0+1)=-13$。]

解：将题 5-8 图等效变换，其等效电压源 $u_S=\dfrac{u_4}{16}+\dfrac{u_3}{8}+\dfrac{u_2}{4}+\dfrac{u_1}{2}$，等效电阻为 $R_{eq}=R$，标注节点①，如题 5-8 解图所示。

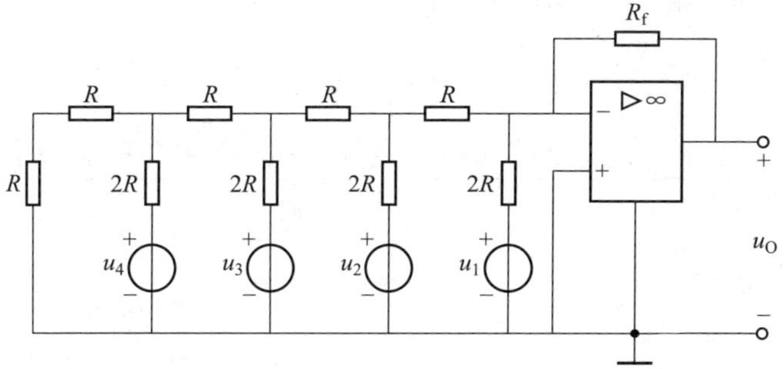

题 5-8 图

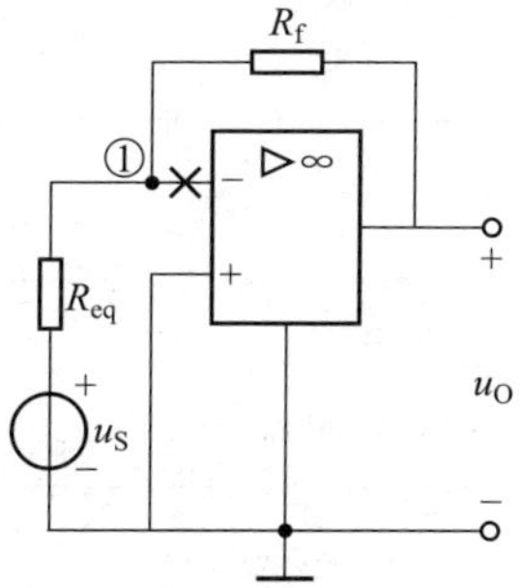

题 5-8 解图

应用分析理想运放的两条规则，有 $i^-=i^+=0$（理想运放的输入端"虚断路"，用"×"标记），$u^+=u^-$（理想运放输入端"虚短路"）。

题 5-8 解图中，列节点①的节点电压方程，有

$$\frac{u_S-u_{n1}}{R_{eq}}=\frac{u_{n1}-u_O}{R_f}$$

将 $u_{n1}=u^-=u^+=0$ 代入上式，得

$$\frac{u_S}{R_{eq}}=\frac{-u_O}{R_f}\quad\Rightarrow\quad u_O=-\frac{R_f}{R_{eq}}u_S=-\frac{16R}{R}u_S=-16u_S$$

代入 u_S，得

$$u_O=-16\left(\frac{u_4}{16}+\frac{u_3}{8}+\frac{u_2}{4}+\frac{u_1}{2}\right)$$

所以 $u_O=-(8u_1+4u_2+2u_3+u_4)$，验证毕。

第六章 储能元件

内容提要

表 6-1 储能元件

元件名称（符号）	元件模型	元件参数值、单位名称/符号	元件定义	元件上 u-i 关系（伏安关系）（式中±符号由 u、i 参考方向确定）		直流稳态电路中元件特性
电感（L）		电感值 L、亨[利]/H	$L=\dfrac{\Psi}{i}$—韦安特性	$u=\pm L\dfrac{\mathrm{d}i}{\mathrm{d}t}$	$i(t)=\pm\dfrac{1}{L}\int_{-\infty}^{t}u(\xi)\,\mathrm{d}\xi$ 或 $i(t)=i(t_0)\pm\dfrac{1}{L}\int_{t_0}^{t}u(\xi)\,\mathrm{d}\xi$	相当于“短路”，可用“—o—o—”等效短路
电容（C）		电容值 C、法[拉]/F	$C=\dfrac{q}{u}$—库伏特性	$i=\pm C\dfrac{\mathrm{d}u}{\mathrm{d}t}$	$u(t)=\pm\dfrac{1}{C}\int_{-\infty}^{t}i(\xi)\,\mathrm{d}\xi$ 或 $u(t)=u(t_0)\pm\dfrac{1}{C}\int_{t_0}^{t}i(\xi)\,\mathrm{d}\xi$	相当于“开路”，可用“—o o—”等效开路

表 6-2 电感元件的串联、并联、混联（串-并联）及电容元件的串联、并联、混联（串-并联）的等效变换

连接方式	电路模型	等效电路	等效电路元件值计算	
电感串联			$L_{eq}=L_1+L_2$	当 n 个电感串联时：$L_{eq}=L_1+L_2+\cdots+L_n$
电感并联	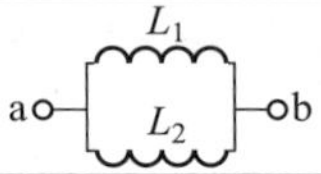		$L_{eq}=\dfrac{L_1L_2}{L_1+L_2}$	当 n 个电感并联时：$\dfrac{1}{L_{eq}}=\dfrac{1}{L_1}+\dfrac{1}{L_2}+\cdots+\dfrac{1}{L_n}$
电感串-并联（电感混联）	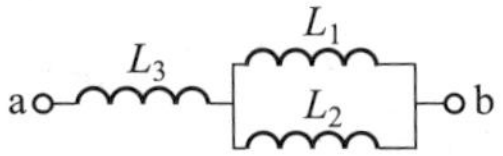		$L_{eq}=\dfrac{L_1L_2}{L_1+L_2}+L_3$	
	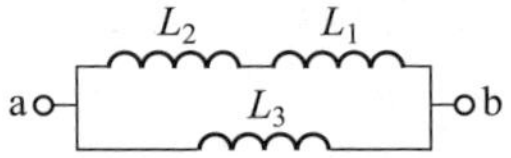		$L_{eq}=\dfrac{(L_1+L_2)L_3}{(L_1+L_2)+L_3}$	
电容串联	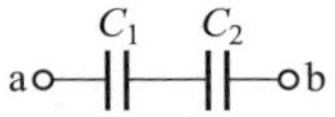	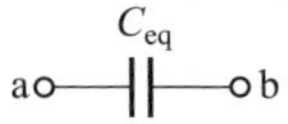	$C_{eq}=\dfrac{C_1C_2}{C_1+C_2}$	当 n 个电容串联时：$\dfrac{1}{C_{eq}}=\dfrac{1}{C_1}+\dfrac{1}{C_2}+\cdots+\dfrac{1}{C_n}$
电容并联	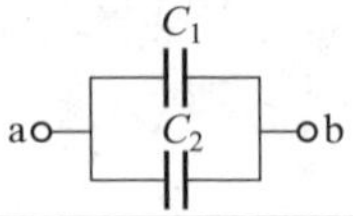	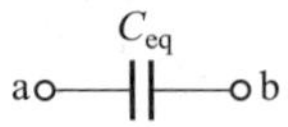	$C_{eq}=C_1+C_2$	当 n 个电容并联时：$C_{eq}=C_1+C_2+\cdots+C_n$
电容串-并联（电容混联）	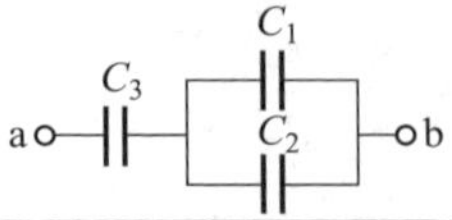	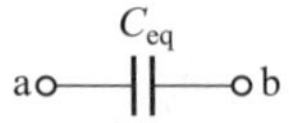	$C_{eq}=\dfrac{(C_1+C_2)C_3}{(C_1+C_2)+C_3}$	
	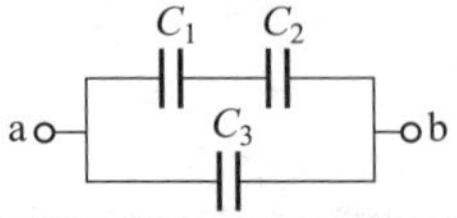	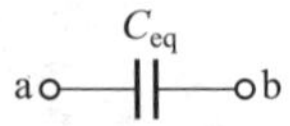	$C_{eq}=\dfrac{C_1C_2}{C_1+C_2}+C_3$	

表 6-3　储能元件的功率、储能及能量计算

元件名称（符号）	功率 $p=u(t)i(t)$ 单位：瓦［特］/W	储能 $w(t)=\int_{t_0}^{t}p(\xi)\mathrm{d}\xi$ 单位：焦［耳］/J	吸收的能量 $W(t)=w(t_2)-w(t_1)$ 单位：焦［耳］/J	
			在 $(t_0\sim t)$ 时间内吸收的能量	在 $(t_1\sim t_2)$ 时间内吸收的能量
电感（L）	$p=Li(t)\dfrac{\mathrm{d}i(t)}{\mathrm{d}t}$（$u$、$i$ 取关联参考方向）	磁场能量 w_L、焦［耳］/J $w_L(t)=\dfrac{1}{2}Li^2(t)$	$W_L(t)=w_L(t)-w_L(t_0)=\dfrac{1}{2}Li^2(t)-\dfrac{1}{2}Li^2(t_0)$ 当 $i(t_0)=0$ 时，$w_L(t)=W_L(t)=\dfrac{1}{2}Li^2(t)$	$W_L(t)=w_L(t_2)-w_L(t_1)=\dfrac{1}{2}Li^2(t_2)-\dfrac{1}{2}Li^2(t_1)$
电容（C）	$p=Cu(t)\dfrac{\mathrm{d}u(t)}{\mathrm{d}t}$（$u$、$i$ 取关联参考方向）	电场能量 w_C、焦［耳］/J $w_C(t)=\dfrac{1}{2}Cu^2(t)$	$W_C(t)=w_C(t)-w_C(t_0)=\dfrac{1}{2}Cu^2(t)-\dfrac{1}{2}Cu^2(t_0)$ 当 $u(t_0)=0$ 时，$w_C(t)=W_C(t)=\dfrac{1}{2}Cu^2(t)$	$W_C(t)=w_C(t_2)-w_C(t_1)=\dfrac{1}{2}Cu^2(t_2)-\dfrac{1}{2}Cu^2(t_1)$

电路思维导图应用范例（参照附录 B 中第六章思维导图助记知识要点）

例 6-1　如图 1 所示电感元件的磁通链 Ψ 与电流 i 取右手螺旋参考方向。若 $i=0.5$ A，电感 $L=30$ mH，求 Ψ。

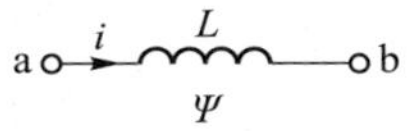

图 1　例 6-1 图

解：$\Psi=Li=30\times10^{-3}\times0.5$ Wb $=15\times10^{-3}$ Wb

例 6-2　如图 2 所示电感元件的电流 $i(t)=100$ mA，储能 $w_L(t)=4\times10^{-3}$ J，求 L。

图 2　例 6-2 图

解：$w_L(t)=\dfrac{1}{2}Li^2(t)$

$$L=\frac{2w_L(t)}{i^2(t)}=\frac{2\times4\times10^{-3}}{(100\times10^{-3})^2}\text{ H}=0.8\text{ H}$$

例 6-3　求图 3 所示电路 ab 端的等效电感。

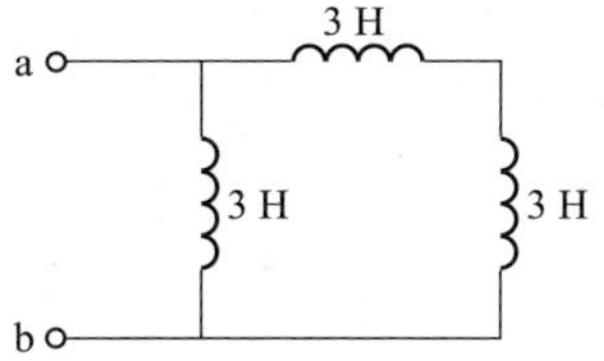

图 3　例 6-3 图

解：$L_{\text{eq}}=\dfrac{3\times(3+3)}{3+(3+3)}$ H $=2$ H

例 6-4　求图 4 所示电路中 ab 端的等效电容。

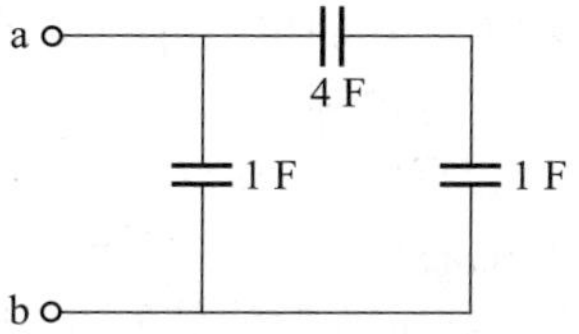

图 4　例 6-4 图

解：$C_{\text{eq}}=\left(1+\dfrac{4\times1}{4+1}\right)$ F $=1.8$ F

例 6-5　如图 5 所示，求等效电容。

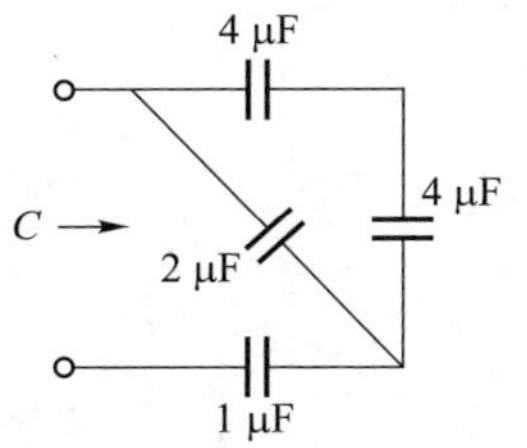

图 5　例 6-5 图

解：两 4 μF 串联 ⇒ 2 μF，再与 2 μF 并联 ⇒ 4 μF，4 μF 与 1 μF 串联得 $C_{\text{eq}}=0.8$ μF

例 6-6　如图 6 所示电容元件的储能 $w_C(t)=16$ J，求 $u(t)$。

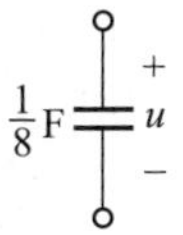

图 6　例 6-6 图

解：$w_C(t)=\dfrac{1}{2}Cu^2(t)$，则

$$u(t)=\pm\sqrt{\frac{2w_C(t)}{C}}=\pm\sqrt{2\times16\times8}\text{ V}=\pm16\text{ V}$$

例 6-7　电感电路如图 7 所示，求等效电感。

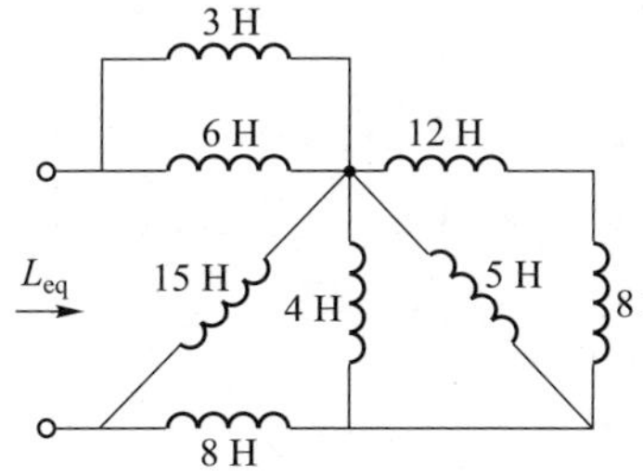

图 7　例 6-7 图

解：$L_{\text{eq}}=3/\!/6+15/\!/\{[4/\!/5/\!/(12+8)]+8\}$ H $=8$ H

例 6-8　如图 8，若已知通过元件的电流 $i(t)=30\mathrm{e}^{-3t}$ A，$t>0$；$q(t)=0$，$t\leqslant0$。求电荷 $q(t)$ 的表达式。

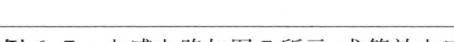

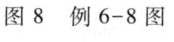

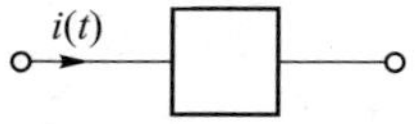

图 8　例 6-8 图

解：$q(t)=\int_0^t i(\xi)\mathrm{d}\xi=\int_0^t 30\mathrm{e}^{-3\xi}\mathrm{d}\xi=\dfrac{30}{-3}\mathrm{e}^{-3\xi}\Big|_0^t=10(1-\mathrm{e}^{-3t})\,C$，$t>0$

本章习题与解答

6-1 电容元件与电感元件中电压、电流参考方向如题 6-1 图所示，且知 $u_C(0)=0, i_L(0)=0$。

（1）写出电压用电流表示的约束方程；（2）写出电流用电压表示的约束方程。

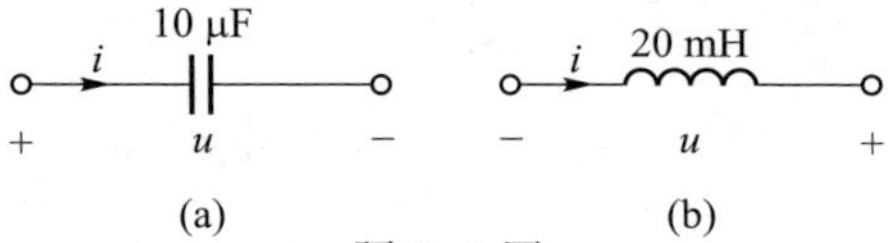

题 6-1 图

解：题 6-1 图（a）中，（1）$u=u_C(0)+\dfrac{1}{C}\displaystyle\int_0^t i(\xi)\,\mathrm{d}\xi=10^5\int_0^t i(\xi)\,\mathrm{d}\xi$；

（2）$i=C\dfrac{\mathrm{d}u}{\mathrm{d}t}=10\times10^{-6}\dfrac{\mathrm{d}u}{\mathrm{d}t}=10^{-5}\dfrac{\mathrm{d}u}{\mathrm{d}t}$。

题 6-1 图（b）中，（1）$u=-L\dfrac{\mathrm{d}i}{\mathrm{d}t}=-20\times10^{-3}\dfrac{\mathrm{d}i}{\mathrm{d}t}=-2\times10^{-2}\dfrac{\mathrm{d}i}{\mathrm{d}t}$；（2）$i=-\dfrac{1}{L}\displaystyle\int_0^t u(\xi)\,\mathrm{d}\xi=-\dfrac{1}{20\times10^{-3}}\int_0^t u(\xi)\,\mathrm{d}\xi=-50\int_0^t u(\xi)\,\mathrm{d}\xi$。

6-2 2 μF 的电容上所加电压 u 的波形如题6-2 图所示。求：

（1）电容电流 i；

（2）电容电荷 q；

（3）电容吸收的功率 p。

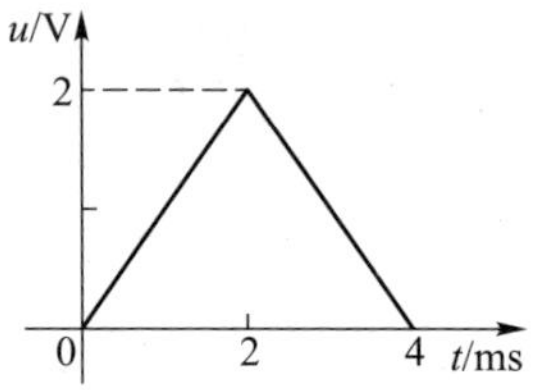

题 6-2 图

解：由电压波形曲线写出其数学表达式为

$$u(t)=\begin{cases}0\ \text{V}, & t\leqslant 0\ \text{ms}\\ 10^3t\ \text{V}, & 0\ \text{ms}<t\leqslant 2\ \text{ms}\\ (4-10^3t)\,\text{V}, & 2\ \text{ms}<t\leqslant 4\ \text{ms}\\ 0\ \text{V}, & t>4\ \text{ms}\end{cases}$$

（1）电容电流为 $i(t)=C\dfrac{\mathrm{d}u(t)}{\mathrm{d}t}=2\times10^{-6}\dfrac{\mathrm{d}u(t)}{\mathrm{d}t}$

$$=\begin{cases}0\ \text{A}, & t\leqslant 0\ \text{ms}\\ 2\times10^{-3}\ \text{A}, & 0\ \text{ms}<t\leqslant 2\ \text{ms}\\ -2\times10^{-3}\ \text{A}, & 2\ \text{ms}<t\leqslant 4\ \text{ms}\\ 0\ \text{A}, & t>4\ \text{ms}\end{cases}$$

（2）电容电荷为

$$q(t)=Cu(t)=\begin{cases}0\ \text{C}, & t\leqslant 0\ \text{ms}\\ 2\times10^{-3}t\ \text{C}, & 0\ \text{ms}<t\leqslant 2\ \text{ms}\\ 2\times10^{-6}(4-10^3t)\,\text{C}, & 2\ \text{ms}<t\leqslant 4\ \text{ms}\\ 0\ \text{C}, & t>4\ \text{ms}\end{cases}$$

（3）电容元件吸收的功率为

$$p(t)=u(t)i(t)=\begin{cases}0\ \text{W}, & t\leqslant 0\ \text{ms}\\ 2t\ \text{W}, & 0\ \text{ms}<t\leqslant 2\ \text{ms}\\ (2t-8\times10^{-3})\,\text{W}, & 2\ \text{ms}<t\leqslant 4\ \text{ms}\\ 0\ \text{W}, & t>4\ \text{ms}\end{cases}$$

6-3 题 6-3 图（a）所示电容中电流 i 的波形如题 6-3 图（b）所示，现已知 $u(0)=0$，试求 $t=1$ s，$t=2$ s 和 $t=4$ s 时电容电压 $u(t)$。

解：由题 6-3 图（b），写出电流 i 的数学表达式为

$$i(t)=\begin{cases}0\ \text{A}, & t<0\\ 5t\ \text{A}, & 0\leqslant t\leqslant 2\ \text{s}\\ -10\ \text{A}, & t>2\ \text{s}\end{cases}$$

电容电压 $u(t)=u(t_0)+\dfrac{1}{C}\displaystyle\int_{t_0}^t i(\xi)\,\mathrm{d}\xi$；

当 $0\leqslant t\leqslant 2$ s 时，$u(t)=u(0)+\dfrac{1}{C}\displaystyle\int_0^t 5\xi\,\mathrm{d}\xi=0+\dfrac{5}{2}\left(\dfrac{1}{2}t^2\right)=\dfrac{5}{4}t^2\ \text{V}$；

在 $t=1$ s 时，$u(1)=\dfrac{5}{4}t^2\Big|_{t=1\ \text{s}}=\dfrac{5}{4}\text{V}=1.25\ \text{V}$；

在 $t=2$ s 时，$u(2)=\dfrac{5}{4}t^2\Big|_{t=2\ \text{s}}=\dfrac{5}{4}\times2^2\ \text{V}=5\ \text{V}$；

当 $t>2$ s 时，$u(t)=u(2)+\dfrac{1}{C}\displaystyle\int_2^t(-10)\,\mathrm{d}\xi=5+\dfrac{1}{2}(-10\xi)\Big|_2^t$

$=(5-5t+10)\,\text{V}=(15-5t)\,\text{V}$；

在 $t=4$ s 时，$u(4)=(15-5t)\big|_{t=4\ \text{s}}=(15-5\times4)\,\text{V}=-5\ \text{V}$。

6-4 题 6-4 图（a）中 $L=4$ H，且 $i(0)=0$，电压的波形如题 6-4 图（b）所示。试求当 $t=1$ s，$t=2$ s，$t=3$ s 和 $t=4$ s 时电感电流 $i(t)$。

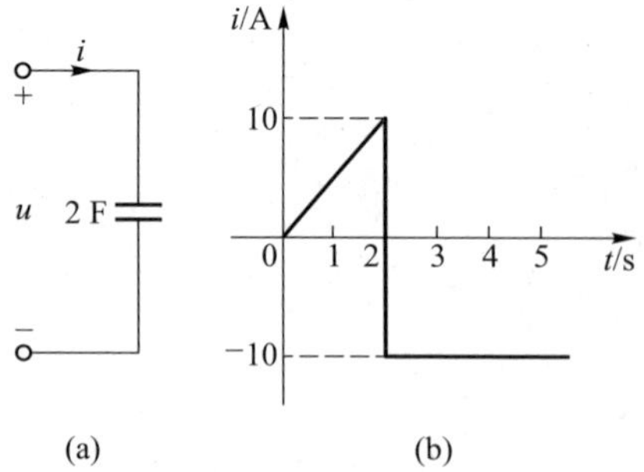

题 6-3 图

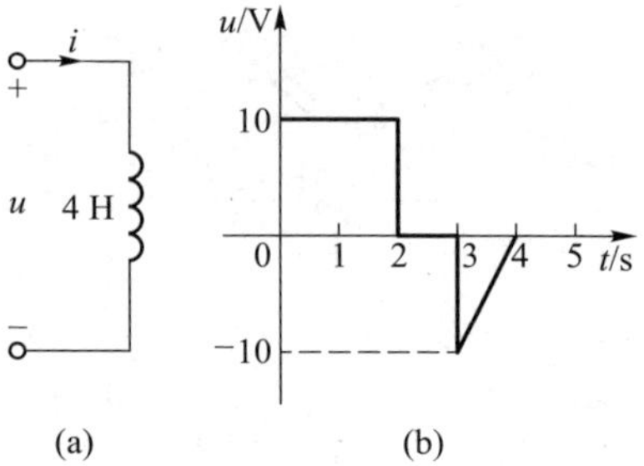

题 6-4 图

解：由题 6-4 图(b)中电压 u 的波形曲线写出其数学表达式为

$$u(t)=\begin{cases}0\ \text{V}, & t<0\ \text{s}\\ 10\ \text{V}, & 0\ \text{s}\leqslant t\leqslant 2\ \text{s}\\ 0\ \text{V}, & 2\ \text{s}<t\leqslant 3\ \text{s}\\ (10t-40)\ \text{V}, & 3\ \text{s}<t\leqslant 4\ \text{s}\\ 0\ \text{V}, & t>4\ \text{s}\end{cases}$$

电感电流 $i(t)$ 为 $i(t)=i(t_0)+\dfrac{1}{L}\displaystyle\int_{t_0}^{t}u(\xi)\,\mathrm{d}\xi$；

当 $0\leqslant t\leqslant 2$ s 时，$i(t)=i(0)+\dfrac{1}{4}\displaystyle\int_0^t 10\mathrm{d}\xi=0+\dfrac{1}{4}\times 10\xi\Big|_0^t=\dfrac{5}{2}t$ A；

在 $t=1$ s 时，$i(1)=\dfrac{5}{2}t\Big|_{t=1\ \text{s}}=2.5$ A；

在 $t=2$ s 时，$i(2)=\dfrac{5}{2}t\Big|_{t=2\ \text{s}}=5$ A；

当 2 s$<t\leqslant$3 s 时，$i(t)=i(2)+\dfrac{1}{4}\displaystyle\int_2^t 0\mathrm{d}\xi=i(2)=5$ A；

在 $t=3$ s 时，$i(3)=i(2)=5$ A；

当 3 s$<t\leqslant$4 s 时，$i(t)=i(3)+\dfrac{1}{4}\displaystyle\int_3^t(10\xi-40)\mathrm{d}\xi$

$$=5+\frac{1}{4}\left(10\frac{\xi^2}{2}-40\xi\right)\Big|_3^t=\left[5+\frac{1}{4}(5t^2-40t-45+120)\right]\text{A}$$

$$=\left(\frac{5}{4}t^2-10t+\frac{95}{4}\right)\text{A};$$

在 $t=4$ s 时，$i(4)=\left(\dfrac{5}{4}t^2-10t+\dfrac{95}{4}\right)\Big|_{t=4\ \text{s}}=\left(20-40+\dfrac{95}{4}\right)\text{A}=\dfrac{15}{4}\text{A}=3.75$ A。

6-5 若已知显像管行偏转线圈中的周期性行扫描电流如题6-5图所示，现已知线圈电感为 0.01 H，电阻忽略不计，试求电感线圈所加电压的波形。

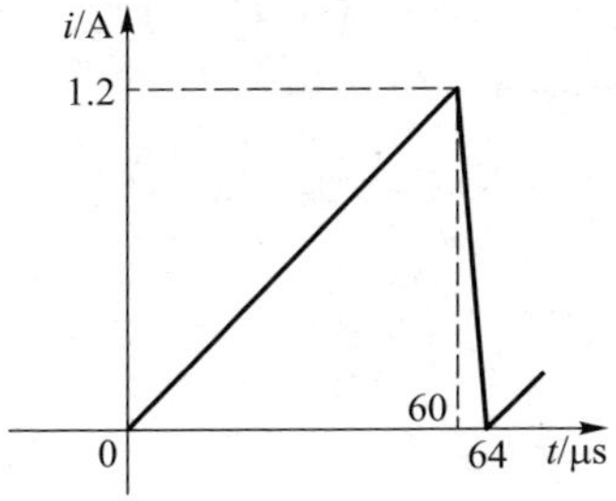

题 6-5 图

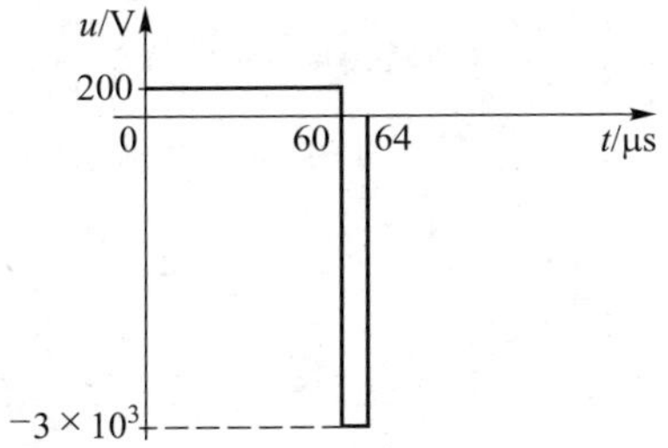

题 6-5 解图

解：写出电流 i 波形曲线在第一个周期内的数学表达式

$$i(t)=\begin{cases}\dfrac{1.2}{60}\times 10^6 t=2\times 10^4 t\ \text{A}, & 0\ \mu\text{s}<t<60\ \mu\text{s}\\ \dfrac{1.2}{4}\times 10^6(64\times 10^{-6}-t)=(19.2-3\times 10^5 t)\ \text{A}, & 60\ \mu\text{s}<t<64\ \mu\text{s}\end{cases}$$

电感电压 $u(t)=L\dfrac{\mathrm{d}i(t)}{\mathrm{d}t}=0.01\dfrac{\mathrm{d}i(t)}{\mathrm{d}t}=\begin{cases}2\times 10^2\ \text{V}, & 0\ \mu\text{s}<t<60\ \mu\text{s}\\ -3\times 10^3\ \text{V}, & 60\ \mu\text{s}<t<64\ \mu\text{s}\end{cases}$

电感线圈所加电压的波形如题 6-5 解图所示。

6-6 电路如题 6-6 图所示，其中 $R=2\ \Omega$，$L=1$ H，$C=0.01$ F，$u_C(0)=0$。若电路的输入电流为(1) $i=2\sin\left(2t+\dfrac{\pi}{3}\right)$ A；(2) $i=\mathrm{e}^{-t}$ A。试求两种情况下，当 $t>0$ 时的 u_R、u_L 和 u_C 值。

解：(1) $u_R(t)=Ri(t)=2\times 2\sin\left(2t+\dfrac{\pi}{3}\right)=4\sin\left(2t+\dfrac{\pi}{3}\right)$ V

$$u_L(t)=L\frac{\mathrm{d}i(t)}{\mathrm{d}t}=1\times 2\times\cos\left(2t+\frac{\pi}{3}\right)\times 2=4\cos\left(2t+\frac{\pi}{3}\right)\text{V}$$

$$u_C(t)=u_C(0)+\frac{1}{C}\int_0^t i(\xi)\,\mathrm{d}\xi=0+\frac{1}{0.01}\int_0^t 2\sin\left(2\xi+\frac{\pi}{3}\right)\mathrm{d}\xi$$

$$=\frac{2}{0.01}\times\left(-\frac{1}{2}\right)\cos\left(2\xi+\frac{\pi}{3}\right)\Big|_0^t=-10^2\left[\cos\left(2t+\frac{\pi}{3}\right)-\cos\frac{\pi}{3}\right]$$

$$=\left[50-100\cos\left(2t+\frac{\pi}{3}\right)\right]\text{V}$$

(2) $u_R(t)=Ri(t)=2\mathrm{e}^{-t}$V，$u_L(t)=L\dfrac{\mathrm{d}i(t)}{\mathrm{d}t}=1\times(-\mathrm{e}^{-t})=-\mathrm{e}^{-t}$ V

$u_C(t)=u_C(0)+\dfrac{1}{C}\displaystyle\int_0^t i(\xi)\,\mathrm{d}\xi=\dfrac{1}{C}\displaystyle\int_0^t\mathrm{e}^{-\xi}\mathrm{d}\xi=-\dfrac{1}{0.01}\mathrm{e}^{-\xi}\Big|_0^t=100(1-\mathrm{e}^{-t})$ V

6-7 电路如题 6-7 图所示，其中 $L=1$ H，$C_2=1$ F。设 $u_S(t)=U_m\cos(\omega t)$，$i_S(t)=I\mathrm{e}^{-at}$，试求 $u_L(t)$ 和 $i_{C_2}(t)$。

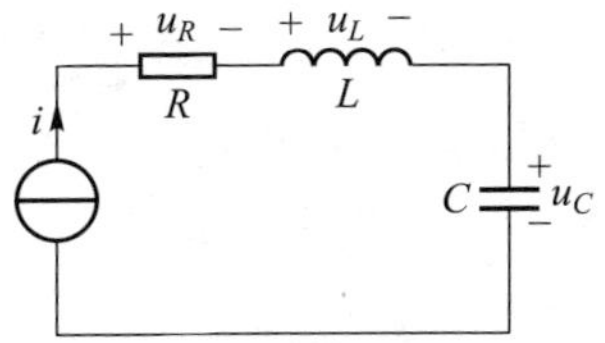

题 6-6 图

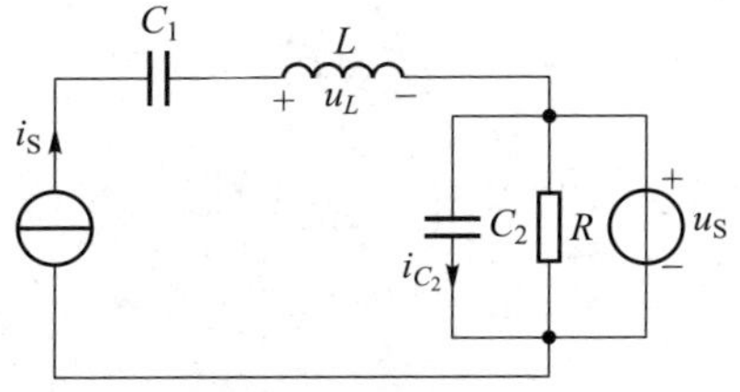

题 6-7 图

解：$u_L(t)=L\dfrac{\mathrm{d}i_S(t)}{\mathrm{d}t}=LI(-a)\mathrm{e}^{-at}=-aI\mathrm{e}^{-at}$

$$i_{C_2}=C_2\frac{\mathrm{d}u_S(t)}{\mathrm{d}t}=C_2U_m\omega[-\sin(\omega t)]=-U_m\omega\sin(\omega t)$$

6-8 求题 6-8 图所示电路中 a、b 端的等效电容与等效电感。

解：题 6-8 图(a)中，a、b 端的等效电容

$$C_{eq}=\frac{5\left[1+\dfrac{20\times(3+2)}{20+3+2}\right]}{5+\left[1+\dfrac{20\times(3+2)}{20+3+2}\right]}\mathrm{F}=\frac{5\times5}{5+5}\mathrm{F}=2.5\ \mathrm{F}$$

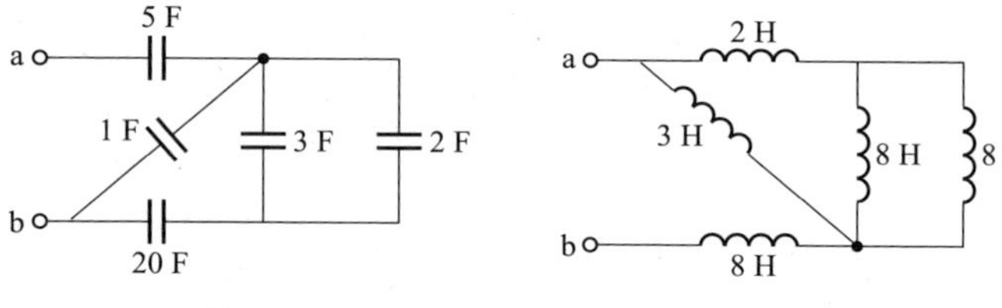

(a) (b)

题 6-8 图

题 6-8 图(b)中，a、b 端的等效电感

$$L_{eq}=\left[\frac{3\times\left(2+\dfrac{8\times8}{8+8}\right)}{3+\left(2+\dfrac{8\times8}{8+8}\right)}+8\right]\mathrm{H}=\left(\frac{3\times6}{3+6}+8\right)\mathrm{H}=10\ \mathrm{H}$$

6-9 题 6-9 图中 $C_1=2\ \mu\mathrm{F}$，$C_2=8\ \mu\mathrm{F}$；$u_{C_1}(0)=u_{C_2}(0)=-5\ \mathrm{V}$。现已知 $i=120\mathrm{e}^{-5t}\ \mu\mathrm{A}$，求：

(1) 等效电容 C 及 u_C 的表达式；

(2) 分别求 u_{C_1} 与 u_{C_2}，并核对 KVL。

解：(1) 等效电容 $C=\dfrac{C_1C_2}{C_1+C_2}=\dfrac{2\times10^{-6}\times8\times10^{-6}}{2\times10^{-6}+8\times10^{-6}}\mathrm{F}=1.6\ \mu\mathrm{F}$

$u_C(0)=u_{C_1}(0)+u_{C_1}(0)=[-5+(-5)]\mathrm{V}=-10\ \mathrm{V}$

$$u_C(t)=u_C(0)+\frac{1}{C}\int_0^t i(\xi)\,\mathrm{d}\xi=-10+\frac{1}{1.6\times10^{-6}}\int_0^t 120\mathrm{e}^{-5\xi}\times10^{-6}\mathrm{d}\xi$$

$$=-10+75\times\left(-\frac{1}{5}\mathrm{e}^{-5\xi}\right)\Bigg|_0^t=(-10-15\mathrm{e}^{-5t}+15)\mathrm{V}$$

$$=(5-15\mathrm{e}^{-5t})\mathrm{V}$$

(2) $u_{C_1}(t)=u_{C_1}(0)+\dfrac{1}{C_1}\displaystyle\int_0^t i(\xi)\,\mathrm{d}\xi=-5+\dfrac{1}{2\times10^{-6}}\int_0^t 120\mathrm{e}^{-5\xi}\times10^{-6}\mathrm{d}\xi$

$$=-5+60\times\left(-\frac{1}{5}\mathrm{e}^{-5\xi}\right)\Bigg|_0^t$$

$$=(-5-12\mathrm{e}^{-5t}+12)\mathrm{V}=(7-12\mathrm{e}^{-5t})\mathrm{V}$$

$$u_{C_2}(t)=u_{C_2}(0)+\frac{1}{C_2}\int_0^t i(\xi)\mathrm{d}\xi=-5+\frac{1}{8\times10^{-6}}\int_0^t 120\mathrm{e}^{-5\xi}\times10^{-6}\mathrm{d}\xi$$

$$=-5+15\left(-\frac{1}{5}\mathrm{e}^{-5\xi}\right)\Bigg|_0^t=(-5-3\mathrm{e}^{-5t}+3)\mathrm{V}=-(2+3\mathrm{e}^{-5t})\mathrm{V}$$

核对 KVL，即

$u_{C_1}(t)+u_{C_2}(t)=[(7-12\mathrm{e}^{-5t})+(-2-3\mathrm{e}^{-5t})]\mathrm{V}=(5-15\mathrm{e}^{-5t})\mathrm{V}=u_C(t)$

6-10 题 6-10 图中 $L_1=6\mathrm{H}$，$i_1(0)=2\ \mathrm{A}$；$L_2=1.5\mathrm{H}$，$i_2(0)=-2\ \mathrm{A}$，$u=6\mathrm{e}^{-2t}\ \mathrm{V}$，求：

(1) 等效电感 L 及 i 的表达式；

(2) 分别求出 i_1 到 i_2，并核对 KCL。

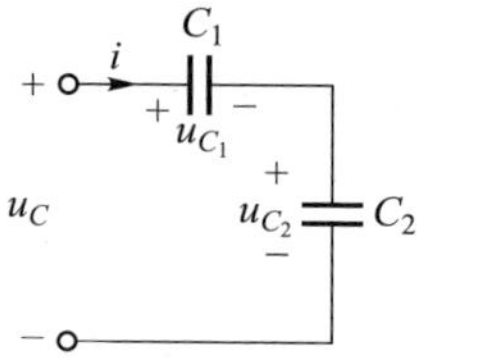

题 6-9 图

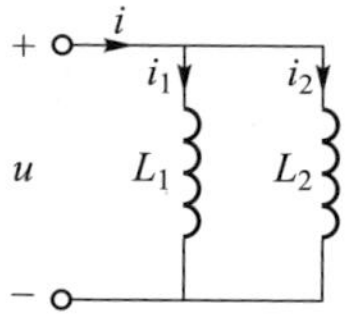

题 6-10 图

解：(1) 等效电感 $L=\dfrac{L_1L_2}{L_1+L_2}=\dfrac{6\times1.5}{6+1.5}\mathrm{H}=1.2\ \mathrm{H}$

$i(0)=i_1(0)+i_2(0)=2+(-2)=0$

$$i(t)=i(0)+\frac{1}{L}\int_0^t u(\xi)\,\mathrm{d}\xi=0+\frac{1}{1.2}\int_0^t 6\mathrm{e}^{-2\xi}\mathrm{d}\xi=5\times\left(-\frac{1}{2}\mathrm{e}^{-2\xi}\right)\Bigg|_0^t$$

$$=\left(-\frac{5}{2}\mathrm{e}^{-2t}+\frac{5}{2}\right)\mathrm{A}=2.5(1-\mathrm{e}^{-2t})\mathrm{A}$$

(2) $i_1(t)=i_1(0)+\dfrac{1}{L_1}\displaystyle\int_0^t u(\xi)\mathrm{d}\xi=2+\dfrac{1}{6}\int_0^t 6\mathrm{e}^{-2\xi}\mathrm{d}\xi=2+\left(-\dfrac{1}{2}\mathrm{e}^{-2\xi}\right)\Bigg|_0^t$

$$=(2-0.5\mathrm{e}^{-2t}+0.5)\mathrm{A}=(2.5-0.5\mathrm{e}^{-2t})\mathrm{A}$$

$$i_2(t)=i_2(0)+\frac{1}{L_2}\int_0^t u(\xi)\mathrm{d}\xi=-2+\frac{1}{1.5}\int_0^t 6\mathrm{e}^{-2\xi}\mathrm{d}\xi=-2+4\left(-\frac{1}{2}\mathrm{e}^{-2\xi}\right)\Bigg|_0^t$$

$$=(-2-2\mathrm{e}^{-2t}+2)\mathrm{A}=-2\mathrm{e}^{-2t}\mathrm{A}$$

核对 KCL，即

$i_1(t)+i_2(t)=2.5-0.5\mathrm{e}^{-2t}-2\mathrm{e}^{-2t}=2.5-2.5\mathrm{e}^{-2t}=i(t)$

第七章　一阶电路和二阶电路的时域分析

内容提要

表 7-1　描述动态电路的术语和概念

名词术语	基本定义
换路	电路结构或参数变化所引起的电路变化（如电路中开关打开或闭合，元件的断开或接入，信号的突然注入等）统称为“换路”。通常换路在 $t=0$（或 $t=t_0$）时发生，换路前的最终时刻记为 $t=0_-$（或 $t=t_{0-}$），换路后的最初时刻记为 $t=0_+$（或 $t=t_{0+}$），换路经历的时间为 0_- 到 0_+（或 t_{0-} 到 t_{0+}）
电压、电流跃变（电压、电流突变）	在换路前后瞬间，即 0_- 到 0_+ 瞬间，电压值 $u(0_+)\neq u(0_-)$，电流值 $i(0_+)\neq i(0_-)$，则称电压、电流在换路前后瞬间发生了跃变。若 $u(0_+)=u(0_-)$，$i(0_+)=i(0_-)$，则称电压 u、电流 i 在换路前后瞬间没有发生跃变
过渡过程（暂态过程）	当电路发生换路时，使电路从原来的工作状态转变到另一个工作状态，这种转变往往需要经历一个动态的变化过程，在工程上称为“过渡过程”
动态元件	引起电路的动态过渡过程的原因是由于储能元件的存在，故储能元件又称为动态元件
动态电路	含动态元件的电路
一阶电路	仅含一个储能元件（动态元件）的电路，其电路方程可用一阶微分方程描述。 电路中仅含一个电容元件 C（或等效为一个电容 C_{eq}）或仅含一个电感元件 L（或等效为一个电感 L_{eq}）的电路，其电路方程为一阶微分方程
二阶电路	含二个独立的储能元件（动态元件）的电路，其电路方程可用二阶微分方程描述
初始条件（初始值）	用经典法求常微分方程的定解时，必须根据电路的初始条件确定通解中的积分常数。设描述电路动态过程的微分方程为 n 阶，所谓初始条件就是指电路中所求变量（电压或电流）及其 $(n-1)$ 阶导数在 $t=0_+$（或 $t=t_{0+}$）时的值，也称初始值
一阶电路的三要素求解法	响应 $f(t)=f_p(t)+[f(0_+)-f_p(0_+)]e^{\frac{-t}{\tau}}, t\geqslant 0$，用此式求得一阶电路响应的方法称为三要素法。初始值 $f(0_+)$，特解 $f_p(t)$ 和时间常数 τ 称为三要素。 当一阶电路在开关控制的直流激励或阶跃激励作用下，响应又可表示为 $f(t)=f(\infty)+[f(0_+)-f(\infty)]e^{\frac{-t}{\tau}}, t\geqslant 0$ 或 $f(t)=\{f(\infty)+[f(0_+)-f(\infty)]e^{\frac{-t}{\tau}}\}\varepsilon(t)$。 式中三要素：$f(\infty)$ 为 $t\to\infty$ 时的稳态值（作为特解）；$f(0_+)$ 为 $t=0_+$ 时的初始值，τ 为 $t>0$ 时（电路换路后）的时间常数 全响应 $f(t)$ 的三种形式：(1) $f(t)=\underbrace{f_p(t)}_{强制分量}+\underbrace{[f(0_+)-f_p(0_+)]e^{\frac{-t}{\tau}}}_{自由分量}, t\geqslant 0$；(2) $f(t)=\underbrace{f(\infty)}_{稳态分量}+\underbrace{[f(0_+)-f(\infty)]e^{\frac{-t}{\tau}}}_{暂态分量}, t\geqslant 0$；(3) $f(t)=\underbrace{f(0_+)e^{\frac{-t}{\tau}}}_{零输入响应}+\underbrace{f(\infty)(1-e^{\frac{-t}{\tau}})}_{零状态响应}, t\geqslant 0$
零输入响应	电路换路后，无激励（独立电源）作用，仅由初始储能（初始状态）引起的响应
零状态响应	电路的初始储能为零，仅由激励（独立电源）作用引起的响应。即电容初始电压 $u_C(0_-)=0$ 和电感初始电流 $i_L(0_-)=0$ 的电路，称零状态电路
全响应	电路换路后，由激励（独立电源）和初始储能（初始状态）共同作用下引起的响应
阶跃响应	仅由阶跃电源作用引起的响应。对单位阶跃电源引起的零状态响应称为单位阶跃响应，用 $s(t)$ 表示
冲激响应	仅由冲激电源作用引起的响应。对单位冲激电源引起的零状态响应称为单位冲激响应，用 $h(t)$ 表示
状态变量	电路的一组独立的动态变量。它们在任何时刻的值组成了该时刻的状态，比如在一阶、二阶电路中的变量 $u_C(q_C)$、$i_L(\psi_L)$
状态方程	对状态变量列出的一阶微分方程称为状态方程。如果已知状态变量在 t_0 时的值，且已知自 t_0 开始的外施激励，就能唯一确定 $t>t_0$ 后电路的全部状态

表 7-2　动态电路常用的电信号

信号名称	信号函数表达式	信号函数定义	信号波形	电压信号 $f(t)=u_S(t)$ V	电流信号 $f(t)=i_S(t)$ A
直流信号	$f(t)=A$	$f(t)=A(-\infty<t<+\infty)$	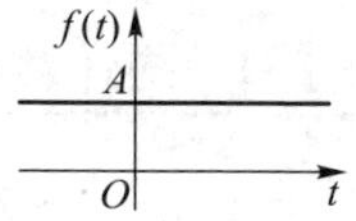	$u_S(t)=U_S$ V	$i_S(t)=I_S$ A
阶跃信号	$f(t)=A\varepsilon(t)$	$A\varepsilon(t)=\begin{cases}0, & t<0\\ A, & t>0\end{cases}$ $\varepsilon(0_-)=0,\varepsilon(0_+)=A,\varepsilon(0_+)\neq\varepsilon(0_-)$	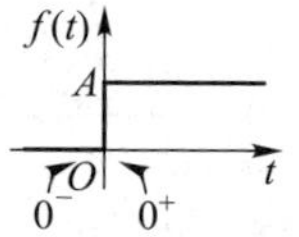	$u_S(t)=U_S\varepsilon(t)$ V	$i_S(t)=I_S\varepsilon(t)$ A
单位阶跃信号	$f(t)=\varepsilon(t)$	$\varepsilon(t)=\begin{cases}0, & t<0\\ 1, & t>0\end{cases}$ $\varepsilon(0_-)=0,\varepsilon(0_+)=1,\varepsilon(0_+)\neq\varepsilon(0_-)$	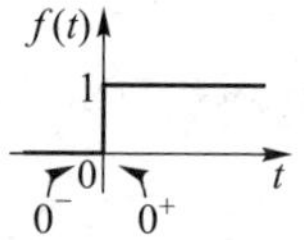	$u_S(t)=\varepsilon(t)$ V	$i_S(t)=\varepsilon(t)$ A
延迟单位阶跃信号	$f(t)=\varepsilon(t-t_0)$	$\varepsilon(t-t_0)=\begin{cases}0, & t<t_0\\ 1, & t>t_0\end{cases}$ $\varepsilon(t_{0-})=0,\varepsilon(t_{0+})=1,\varepsilon(t_{0+})\neq\varepsilon(t_{0-})$	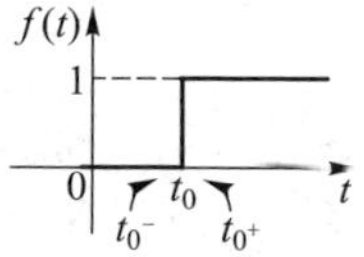	$u_S(t)=\varepsilon(t-t_0)$ V	$i_S(t)=\varepsilon(t-t_0)$ A
单位矩形脉冲信号	$f(t)=$ $\varepsilon(t)-\varepsilon(t-t_0)$	$f(t)=\begin{cases}0, & t<0\\ 1, & 0<t<t_0\\ 0, & t>t_0\end{cases}$	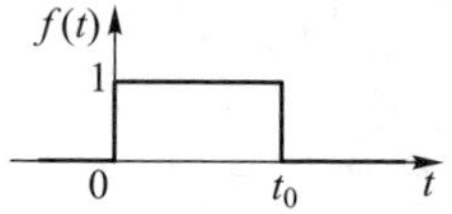	$u_S(t)=[\varepsilon(t)-\varepsilon(t-t_0)]$ V	$i_S(t)=[\varepsilon(t)-\varepsilon(t-t_0)]$ A
冲激信号	$f(t)=A\delta(t)$	$\begin{cases}A\delta(t)=\begin{cases}0, & t\neq 0\\ \text{奇异}, & t=0\end{cases}\\ \int_{-\infty}^{\infty}A\delta(t)\mathrm{d}t=A, \quad t=0\end{cases}$ $A\delta(t)$为波形面积或冲激强度为 A 的冲激函数	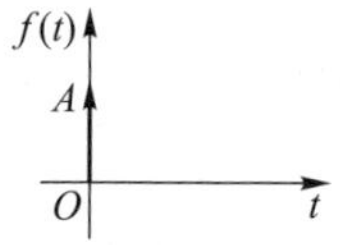	$u_S(t)=\Psi\delta(t)$ V 注：此冲激电压源的强度为 Ψ，冲激强度 Ψ 的单位为韦伯(Wb)	$i_S(t)=Q\delta(t)$ A 注：此冲激电流源的强度为 Q，冲激强度 Q 的单位为库仑(C)
单位冲激信号	$f(t)=\delta(t)$	$\begin{cases}\delta(t)=\begin{cases}0, & t\neq 0\\ \text{奇异}, & t=0\end{cases}\\ \int_{-\infty}^{\infty}\delta(t)\mathrm{d}t=1, \quad t=0\end{cases}$ $\delta(t)$为波形面积或强度为 1 的单位冲激函数	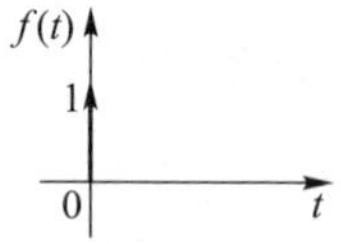	$u_S(t)=\delta(t)$ V 注：冲激强度为 1Wb	$i_S(t)=\delta(t)$ A 注：冲激强度为 1C
正弦信号	$f(t)=$ $A_m\cos(\omega t+\phi)$	$f(t)=A_m\cos(\omega t+\phi)$ $(-\infty<t<+\infty)$	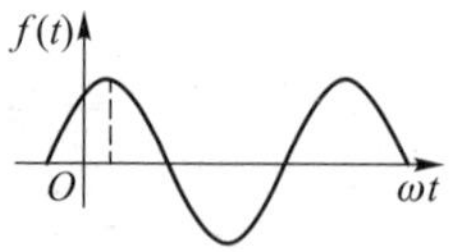	$u_S(t)=U_m\cos(\omega t+\phi_u)$ V	$i_S(t)=I_m\cos(\omega t+\phi_i)$ A

表 7-3　常用的电信号函数的性质及作用

<table>
<tr><td>阶跃函数的性质</td><td colspan="3">对所有 t 都有定义的任意函数 $f(t)$，如右图中虚线所示。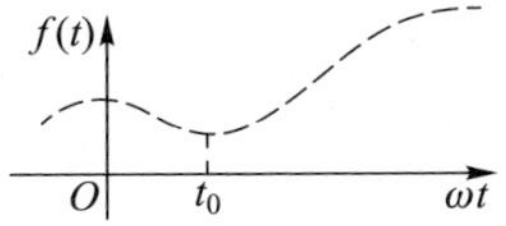</td><td colspan="3">若在 $t\geqslant t_0$ 时“起始”$f(t)$，则
$f(t)\varepsilon(t-t_0)=\begin{cases}0, & t<0\\ f(t), & t\geqslant 0\end{cases}$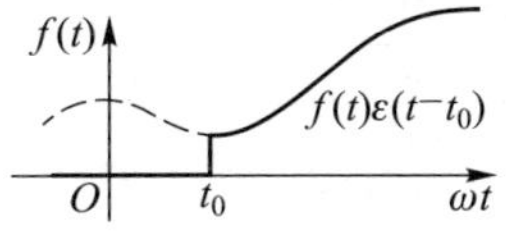</td><td>例：用阶跃函数表示单位矩形脉冲函数
$f(t)=\varepsilon(t)-\varepsilon(t-t_0)$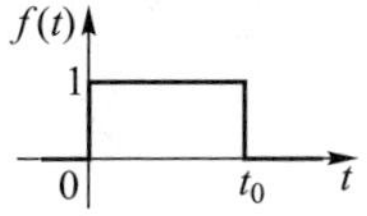</td></tr>
<tr><td rowspan="4">阶跃函数开关作用</td><td colspan="3">阶跃电压源⇔“直流电压源+开关”组合</td><td colspan="4">阶跃电流源⇔“直流电流源+开关”组合</td></tr>
<tr><td>阶跃电压源
$u_S(t)=U_S\varepsilon(t)$ V</td><td>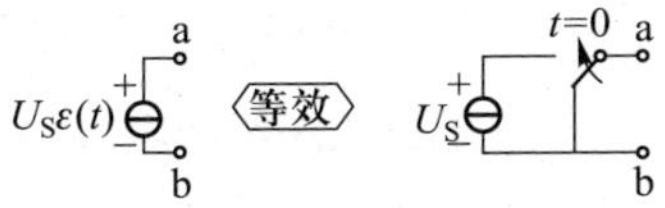</td><td>直流电压源与开关组合
$u_S(t)=U_S$ V</td><td>阶跃电流源
$i_S(t)=I_S\varepsilon(t)$ A</td><td colspan="2">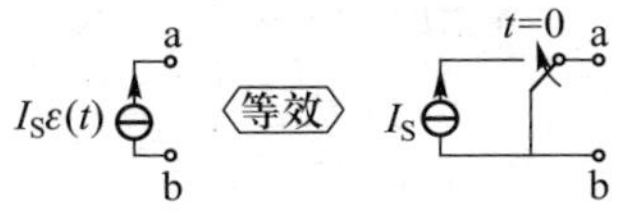</td><td>直流电流源与开关组合
$i_S(t)=I_S$ A</td></tr>
<tr><td>单位阶跃电压源
$u_S(t)=\varepsilon(t)$ V</td><td>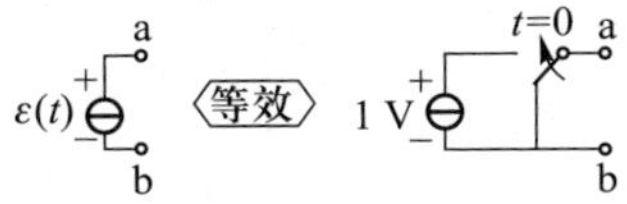</td><td>1 伏电压源与开关组合
$u_S(t)=1$ V</td><td>单位阶跃电流源
$i_S(t)=\varepsilon(t)$ A</td><td colspan="2">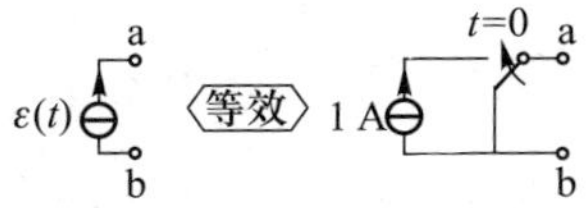</td><td>1 安电流源与开关组合
$i_S(t)=1$ A</td></tr>
<tr><td>延迟单位阶跃电压源
$u_S(t)=\varepsilon(t-t_0)$ V</td><td>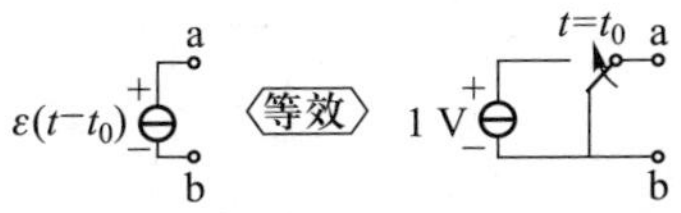</td><td>1 伏电压源与开关组合
$u_S(t)=1$ V</td><td>延迟单位阶跃电流源
$i_S(t)=\varepsilon(t-t_0)$ A</td><td colspan="2">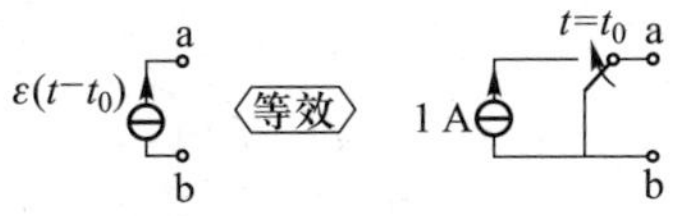</td><td>1 安电流源与开关组合
$i_S(t)=1$ A</td></tr>
<tr><td>冲激函数的性质</td><td colspan="7">1. “筛分”性质：在 $t=0$ 时连续的任意函数 $f(t)$，有 $\int_{-\infty}^{\infty} f(t)\delta(t)\mathrm{d}t=f(0)$；在 $t=t_0$ 时连续的任意函数 $f(t)$，有 $\int_{-\infty}^{\infty} f(t)\delta(t-t_0)\mathrm{d}t=f(t_0)$。
2. $\varepsilon(t)$ 与 $\delta(t)$ 关系：$\varepsilon(t)=\int_{-\infty}^{t}\delta(t)\mathrm{d}t$ 或 $\dfrac{\mathrm{d}\varepsilon(t)}{\mathrm{d}t}=\delta(t)$。通常电路的单位冲激响应用 $h(t)$ 表示、单位阶跃响应用 $s(t)$ 表示，则有 $s(t)=\int_{-\infty}^{t}h(t)\mathrm{d}t$ 或 $\dfrac{\mathrm{d}s(t)}{\mathrm{d}t}=h(t)$</td></tr>
</table>

表 7-4　一阶电路（直流或阶跃输入激励作用下）的分析

<table>
<tr><td rowspan="2">换路定则</td><td colspan="3">直流激励（开关控制的电路）或阶跃激励作用下的一阶电路的分析方法</td></tr>
<tr><td>一阶电路经典分析法</td><td colspan="2">一阶电路分析的三要素法</td></tr>
<tr><td>1. 如电容电流为有限值，此时电容上的电荷和电压不会发生跃变，即
$u_C(0_+)=u_C(0_-)$
$q_C(0_+)=q_C(0_-)$
2. 如电感电压为有限值，此时电感磁通链和电流不会发生跃变，即
$i_L(0_+)=i_L(0_-)$
$\Psi_L(0_+)=\Psi_L(0_-)$</td><td>一阶电路微分方程的一般形式：
$\tau\dfrac{\mathrm{d}f(t)}{\mathrm{d}t}+f(t)=F_S(t\geqslant 0_+)$
$f(0_+)=F_0$
其中：τ、F_S、F_0 为实常数。
求解一阶微分方程，得
$f(t)=F_S+(F_0-F_S)\mathrm{e}^{\frac{-t}{\tau}}$
$(t\geqslant 0)$</td><td>1. 一阶电路在直流激励作用下的全响应 $f(t)$ 为：
$f(t)=f(\infty)+[f(0_+)-f(\infty)]\mathrm{e}^{\frac{-t}{\tau}}(t\geqslant 0)$
2. 一阶电路阶跃响应 $f(t)$（零状态）为：
$f(t)=f(\infty)(1-\mathrm{e}^{\frac{-t}{\tau}})\varepsilon(t)$
三要素：初始值 $f(0_+)$、稳态解 $f(\infty)$、时间常数 τ。
一阶 RC 电路：$\tau=R_iC$
一阶 RL 电路：$\tau=\dfrac{L}{R_i}$</td><td>时间常数 τ 的几何意义
τ 的单位：秒(s)
零输入响应为
$f(t)=F_0\mathrm{e}^{\frac{-t}{\tau}}$，$(t\geqslant 0)$
响应曲线如右图所示。
过 $t=t_0$ 点作响应曲线 $f(t)$ 的切线，它与曲线的渐近线（横轴）的交点为 $t_0+\tau$，$f(t_0+\tau)=0.368f(t_0)$，次切距即为时间常数 τ 的值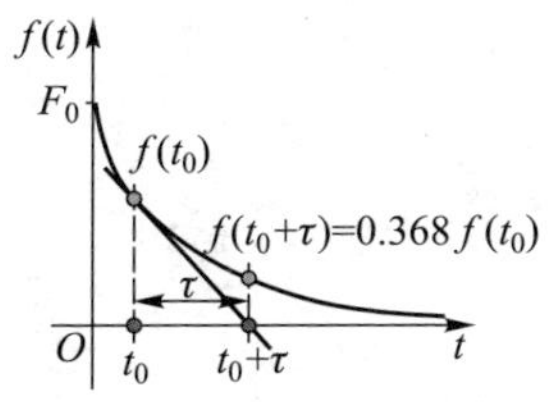</td></tr>
</table>

表 7-5　一阶电路直流输入响应与阶跃响应比较

	电路模型(开关控直流输入)	直流输入响应	电路模型(阶跃输入)	阶跃响应
一阶 RC 电路	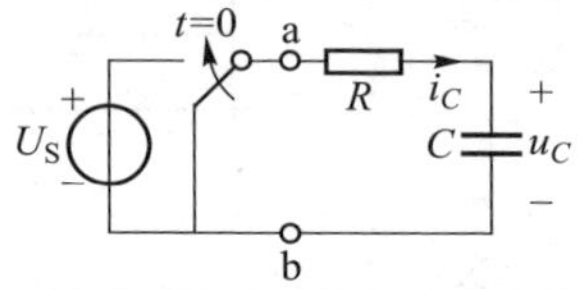	响应 $u_C(t)=U_S(1-\mathrm{e}^{\frac{-t}{\tau}}),i_C(t)=\frac{U_S}{R}\mathrm{e}^{\frac{-t}{\tau}},t\geqslant 0$ 或 $u_C(t)=U_S(1-\mathrm{e}^{\frac{-t}{\tau}})\varepsilon(t),i_C(t)=\frac{U_S}{R}\mathrm{e}^{\frac{-t}{\tau}}\varepsilon(t)$	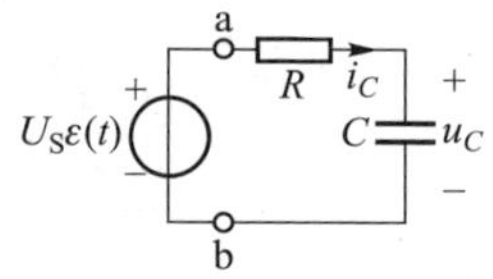	阶跃输入 $u_S(t)=U_S\varepsilon(t)$ 时, 阶跃响应 $u_C(t)=U_S(1-\mathrm{e}^{\frac{-t}{\tau}})\varepsilon(t),i_C(t)=\frac{U_S}{R}\mathrm{e}^{\frac{-t}{\tau}}\varepsilon(t)$
	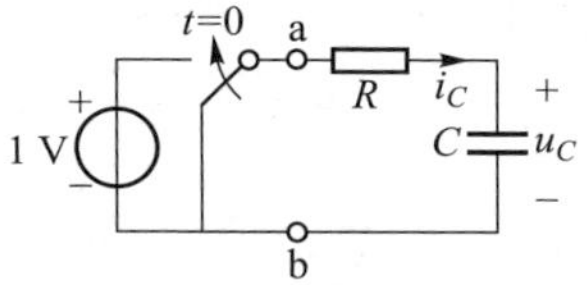	响应 $u_C(t)=(1-\mathrm{e}^{\frac{-t}{\tau}}),i_C(t)=\frac{1}{R}\mathrm{e}^{\frac{-t}{\tau}},t\geqslant 0$ 或 $u_C(t)=(1-\mathrm{e}^{\frac{-t}{\tau}})\varepsilon(t),i_C(t)=\frac{1}{R}\mathrm{e}^{\frac{-t}{\tau}}\varepsilon(t)$	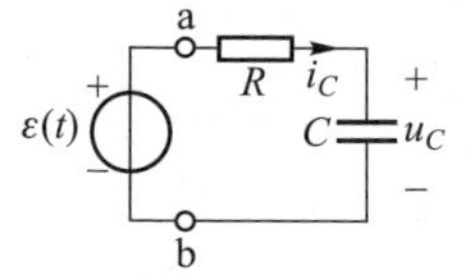	单位阶跃输入 $u_S(t)=\varepsilon(t)$ 时, 单位阶跃响应 $u_C(t)=(1-\mathrm{e}^{\frac{-t}{\tau}})\varepsilon(t),i_C(t)=\frac{1}{R}\mathrm{e}^{\frac{-t}{\tau}}\varepsilon(t)$
	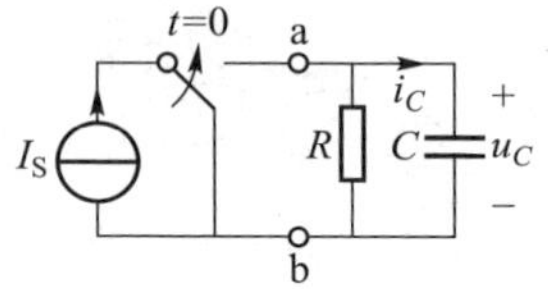	响应 $u_C(t)=RI_S(1-\mathrm{e}^{\frac{-t}{\tau}}),i_C(t)=I_S\mathrm{e}^{\frac{-t}{\tau}},t\geqslant 0$ 或 $u_C(t)=RI_S(1-\mathrm{e}^{\frac{-t}{\tau}})\varepsilon(t),i_C(t)=I_S\mathrm{e}^{\frac{-t}{\tau}}\varepsilon(t)$	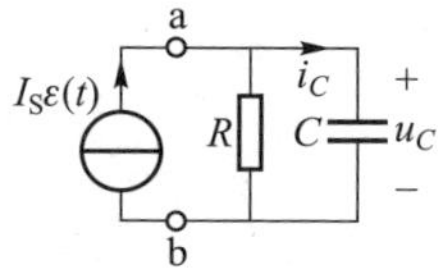	阶跃输入 $i_S(t)=I_S\varepsilon(t)$ 时, 阶跃响应 $u_C(t)=RI_S(1-\mathrm{e}^{\frac{-t}{\tau}})\varepsilon(t),i_C(t)=I_S\mathrm{e}^{\frac{-t}{\tau}}\varepsilon(t)$
	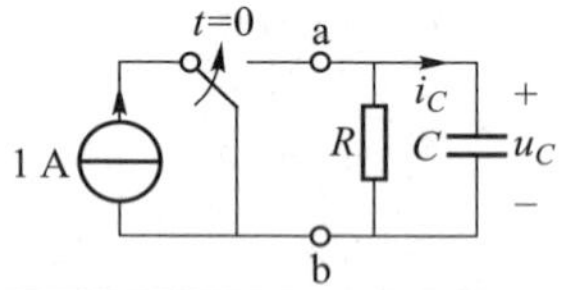	响应 $u_C(t)=R(1-\mathrm{e}^{\frac{-t}{\tau}}),i_C(t)=\mathrm{e}^{\frac{-t}{\tau}},t\geqslant 0$ 或 $u_C(t)=R(1-\mathrm{e}^{\frac{-t}{\tau}})\varepsilon(t),i_C(t)=\mathrm{e}^{\frac{-t}{\tau}}\varepsilon(t)$	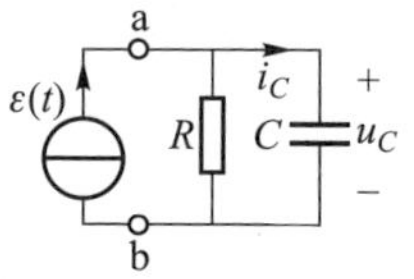	单位阶跃输入 $i_S(t)=\varepsilon(t)$ 时, 单位阶跃响应 $u_C(t)=R(1-\mathrm{e}^{\frac{-t}{\tau}})\varepsilon(t),i_C(t)=\mathrm{e}^{\frac{-t}{\tau}}\varepsilon(t)$
一阶 RL 电路	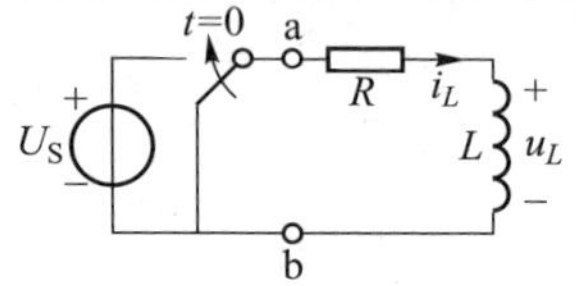	响应 $u_L(t)=U_S\mathrm{e}^{\frac{-t}{\tau}},i_L(t)=\frac{U_S}{R}(1-\mathrm{e}^{\frac{-t}{\tau}}),t\geqslant 0$ 或 $u_L(t)=U_S\mathrm{e}^{\frac{-t}{\tau}}\varepsilon(t),i_L(t)=\frac{U_S}{R}(1-\mathrm{e}^{\frac{-t}{\tau}})\varepsilon(t)$	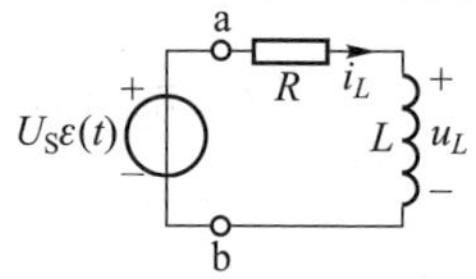	阶跃输入 $u_S(t)=U_S\varepsilon(t)$ 时, 阶跃响应 $u_L(t)=U_S\mathrm{e}^{\frac{-t}{\tau}}\varepsilon(t),i_L(t)=\frac{U_S}{R}(1-\mathrm{e}^{\frac{-t}{\tau}})\varepsilon(t)$
	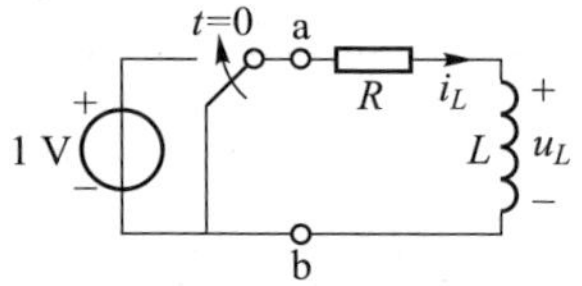	响应 $u_L(t)=\mathrm{e}^{\frac{-t}{\tau}},i_L(t)=\frac{1}{R}(1-\mathrm{e}^{\frac{-t}{\tau}}),t\geqslant 0$ 或 $u_L(t)=\mathrm{e}^{\frac{-t}{\tau}}\varepsilon(t),i_L(t)=\frac{1}{R}(1-\mathrm{e}^{\frac{-t}{\tau}})\varepsilon(t)$	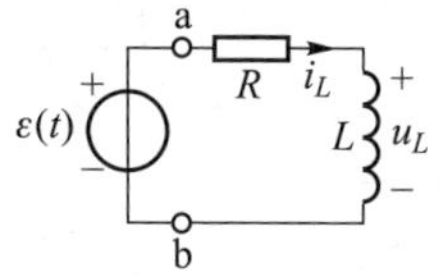	单位阶跃输入 $u_S(t)=\varepsilon(t)$ 时, 单位阶跃响应 $u_L(t)=\mathrm{e}^{\frac{-t}{\tau}}\varepsilon(t),i_L(t)=\frac{1}{R}(1-\mathrm{e}^{\frac{-t}{\tau}})\varepsilon(t)$
	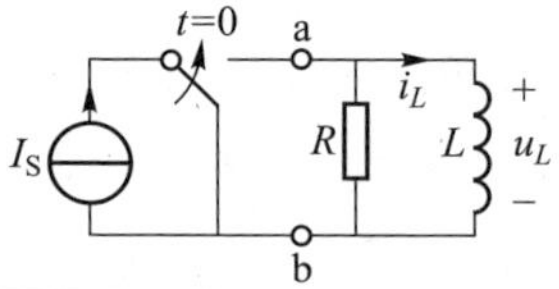	响应 $u_L(t)=RI_S(1-\mathrm{e}^{\frac{-t}{\tau}}),i_L(t)=I_S\mathrm{e}^{\frac{-t}{\tau}},t\geqslant 0$ 或 $u_L(t)=RI_S\mathrm{e}^{\frac{-t}{\tau}}\varepsilon(t),i_L(t)=I_S(1-\mathrm{e}^{\frac{-t}{\tau}})\varepsilon(t)$	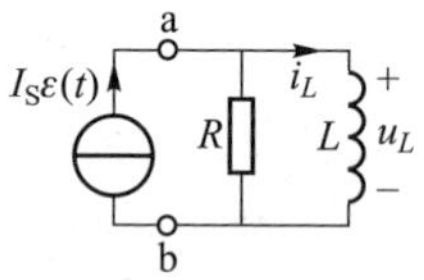	阶跃输入 $i_S(t)=I_S\varepsilon(t)$ 时, 阶跃响应 $u_L(t)=RI_S\mathrm{e}^{\frac{-t}{\tau}}\varepsilon(t),i_L(t)=I_S(1-\mathrm{e}^{\frac{-t}{\tau}})\varepsilon(t)$
	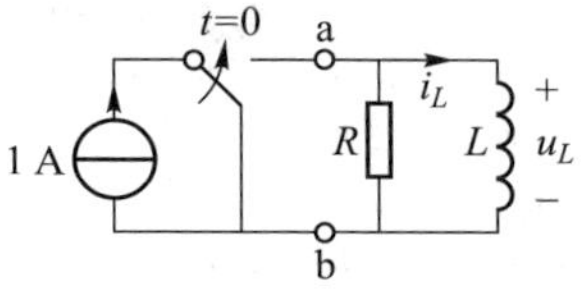	响应 $u_L(t)=R(1-\mathrm{e}^{\frac{-t}{\tau}}),i_L(t)=\mathrm{e}^{\frac{-t}{\tau}},t\geqslant 0$ 或 $u_L(t)=R\mathrm{e}^{\frac{-t}{\tau}}\varepsilon(t),i_L(t)=(1-\mathrm{e}^{\frac{-t}{\tau}})\varepsilon(t)$	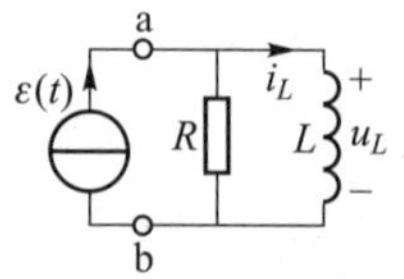	单位阶跃输入 $i_S(t)=\varepsilon(t)$ 时, 单位阶跃响应 $u_L(t)=R\mathrm{e}^{\frac{-t}{\tau}}\varepsilon(t),i_L(t)=(1-\mathrm{e}^{\frac{-t}{\tau}})\varepsilon(t)$
注:对比同一行左右栏电路,左栏电路中的开关与直流源的组合所起的作用与右栏电路的阶跃电源是等效的,所以相应的响应是一样的				

表 7-6　一阶电路的阶跃响应和冲激响应

	电路模型	阶跃响应、单位阶跃响应 $s(t)$	阶跃响应波形	冲激响应、单位冲激响应 $h(t)$	冲激响应波形
一阶 RC 电路	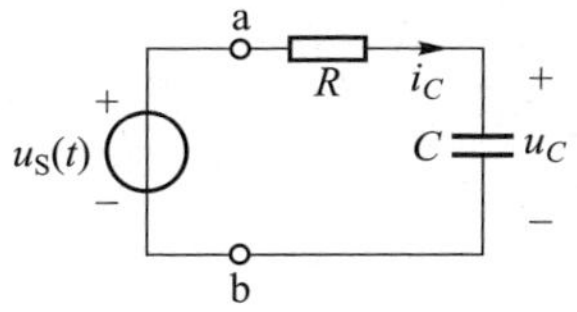	阶跃输入 $u_s(t)=U_s\varepsilon(t)$ 时， 阶跃响应 $u_C(t)=U_s(1-e^{\frac{-t}{\tau}})\varepsilon(t)$， $i_C(t)=\dfrac{U_s}{R}e^{\frac{-t}{\tau}}\varepsilon(t)$	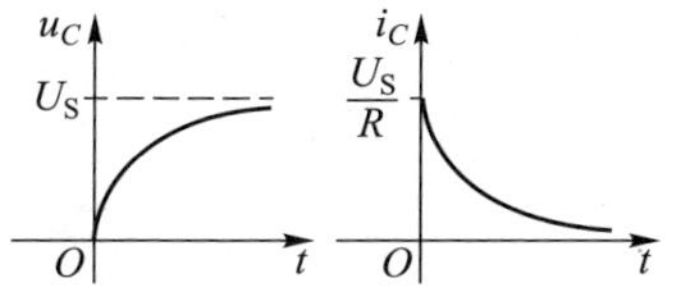	冲激输入 $u_s(t)=\Psi\delta(t)$ 冲激响应 $u_C(t)=\dfrac{\Psi}{RC}e^{\frac{-t}{\tau}}\varepsilon(t)$	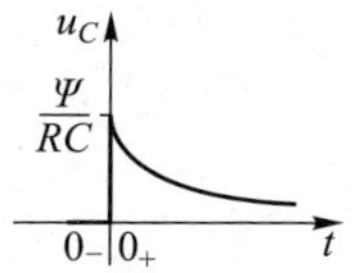
		单位阶跃响应 $u_C(t)=(1-e^{\frac{-t}{\tau}})\varepsilon(t)$， $i_C(t)=\dfrac{1}{R}e^{\frac{-t}{\tau}}\varepsilon(t)$	响应波形同上，此时 $U_s=1$ V	单位冲激响应 $u_C(t)=\dfrac{1}{RC}e^{\frac{-t}{\tau}}\varepsilon(t)$	响应波形同上，此时 $\Psi=1$ Wb
	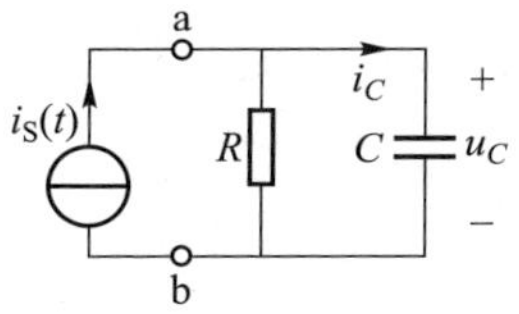	阶跃输入 $i_s(t)=I_s\varepsilon(t)$ 时， 阶跃响应 $u_C(t)=RI_s(1-e^{\frac{-t}{\tau}})\varepsilon(t)$， $i_C(t)=I_se^{\frac{-t}{\tau}}\varepsilon(t)$	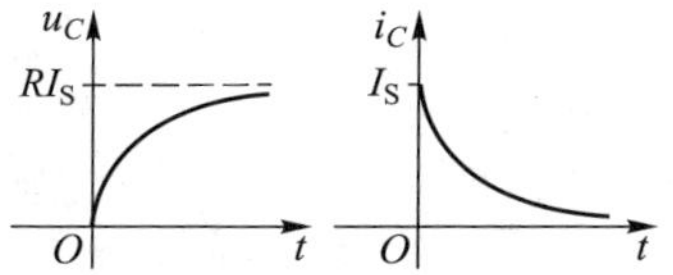	冲激输入 $i_s(t)=Q\delta(t)$ 冲激响应 $u_C(t)=\dfrac{Q}{C}e^{\frac{-t}{\tau}}\varepsilon(t)$	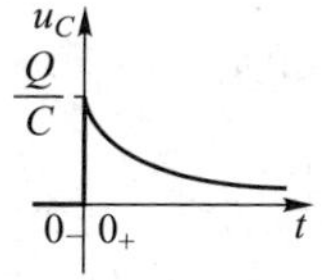
		单位阶跃响应 $u_C(t)=R(1-e^{\frac{-t}{\tau}})\varepsilon(t)$， $i_C(t)=e^{\frac{-t}{\tau}}\varepsilon(t)$	响应波形同上，此时 $I_s=1$ A	单位冲激响应 $u_C(t)=\dfrac{1}{C}e^{\frac{-t}{\tau}}\varepsilon(t)$	响应波形同上，此时 $Q=1$ C
一阶 RL 电路	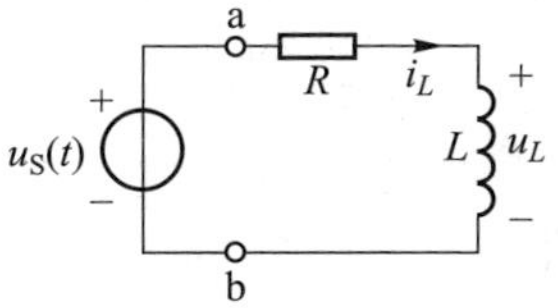	阶跃输入 $u_s(t)=U_s\varepsilon(t)$ 时， 阶跃响应 $u_L(t)=U_se^{\frac{-t}{\tau}}\varepsilon(t)$， $i_L(t)=\dfrac{U_s}{R}(1-e^{\frac{-t}{\tau}})\varepsilon(t)$	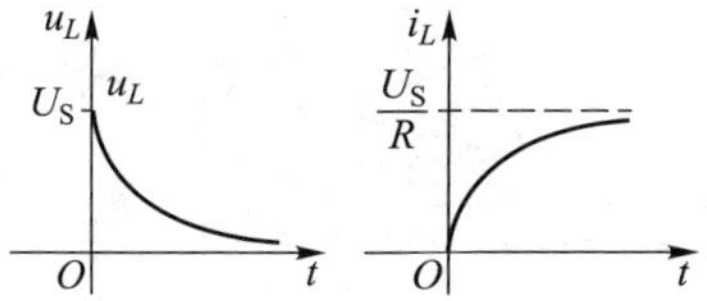	冲激输入 $u_s(t)=\Psi\delta(t)$ 冲激响应 $i_L(t)=\dfrac{\Psi}{L}e^{\frac{-t}{\tau}}\varepsilon(t)$	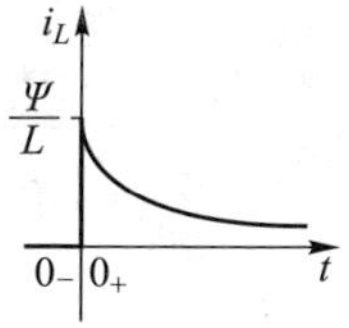
		单位阶跃响应 $u_L(t)=e^{\frac{-t}{\tau}}\varepsilon(t)$， $i_L(t)=\dfrac{1}{R}(1-e^{\frac{-t}{\tau}})\varepsilon(t)$	响应波形同上，此时 $U_s=1$ V	单位冲激响应 $i_L(t)=\dfrac{1}{L}e^{\frac{-t}{\tau}}\varepsilon(t)$	响应波形同上，此时 $\Psi=1$ Wb
	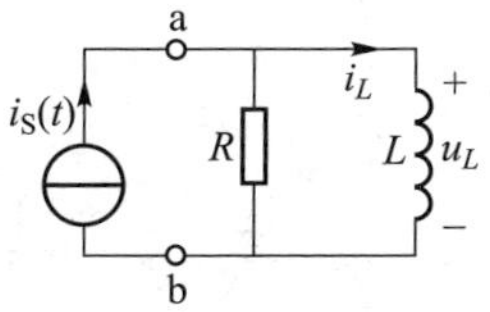	阶跃输入 $i_s(t)=I_s\varepsilon(t)$ 时， 阶跃响应 $u_L(t)=RI_se^{\frac{-t}{\tau}}\varepsilon(t)$， $i_L(t)=I_s(1-e^{\frac{-t}{\tau}})\varepsilon(t)$	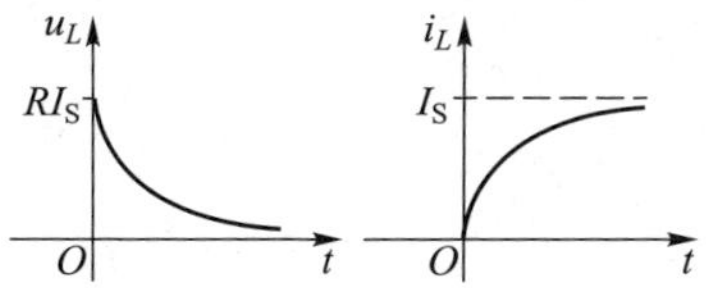	冲激输入 $i_s(t)=Q\delta(t)$ 冲激响应 $i_L(t)=\dfrac{RQ}{L}e^{\frac{-t}{\tau}}\varepsilon(t)$	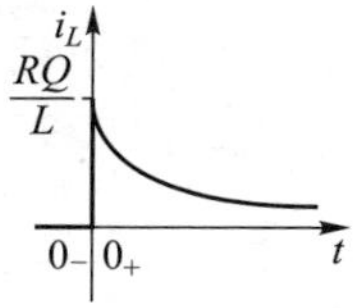
		单位阶跃响应 $u_L(t)=Re^{\frac{-t}{\tau}}\varepsilon(t)$， $i_L(t)=(1-e^{\frac{-t}{\tau}})\varepsilon(t)$	响应波形同上，此时 $I_s=1$ A	单位冲激响应 $i_L(t)=\dfrac{R}{L}e^{\frac{-t}{\tau}}\varepsilon(t)$	响应波形同上，此时 $Q=1$ C

表 7-7　一阶电路在正弦激励下的零状态响应

一阶 RC 电路在正弦激励下的零状态响应

已知：$u_S(t)=U_m\cos(\omega t+\phi_u)$，$u_C(0_+)=u_C(0_-)=0$。

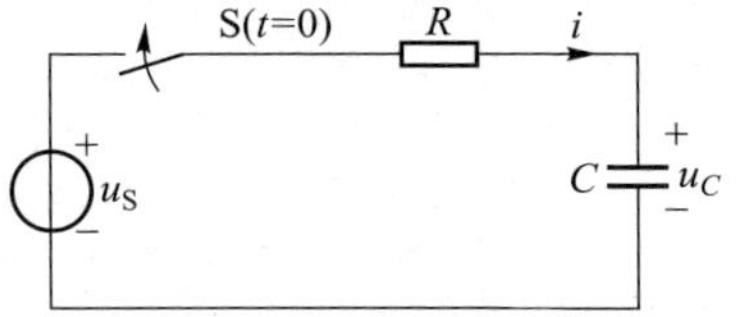

电路的微分方程为 $RC\dfrac{du_C(t)}{dt}+u_C(t)=U_m\cos(\omega t+\phi_u)$

通解 $u_C(t)=u_C'(t)+u_C''(t)=u_C'(t)+Ae^{\frac{-t}{\tau}}$，$\tau=RC$

设特解 $u_C'(t)=U_m'\cos(\omega t+\theta)$，则有 $RC\dfrac{du_C'(t)}{dt}+u_C'(t)=U_m\cos(\omega t+\phi_u)$，即有

$U_m'\omega C|Z|\cos(\omega t+\theta+\varphi)=U_m\cos(\omega t+\phi_u)$

解出 $\begin{cases} U_m'=\dfrac{1}{\omega C}\cdot\dfrac{U_m}{|Z|}=\dfrac{U_m}{\sqrt{1+(\omega RC)^2}} \\ \theta=\phi_u-\varphi=\phi_u-\tan^{-1}(\omega RC) \\ A=-\dfrac{1}{\omega C}\cdot\dfrac{U_m}{|Z|}\cos(\phi_u-\varphi) \end{cases}$

其中 $|Z|=\sqrt{R^2+\left(\dfrac{1}{\omega C}\right)^2}$，$\tan\varphi=\omega RC$，$\cos\varphi=\dfrac{1}{\sqrt{1+(\omega RC)^2}}$，$\sin\varphi=\dfrac{\omega RC}{\sqrt{1+(\omega RC)^2}}$。

定解 $u_C(t)=\left\{\dfrac{U_m}{\sqrt{1+(\omega RC)^2}}\cos(\omega t+\phi_u-\varphi)-\dfrac{U_m}{\sqrt{1+(\omega RC)^2}}\cos(\phi_u-\varphi)e^{\frac{-t}{\tau}}\right\}\varepsilon(t)$

注：上述特解 u_C' 可用第九章正弦稳态电路的求解方法求得。

一阶 RL 电路在正弦激励下的零状态响应

已知：$u_S(t)=U_m\cos(\omega t+\phi_u)$，$i(0_+)=i_L(0_+)=i_L(0_-)=0$。

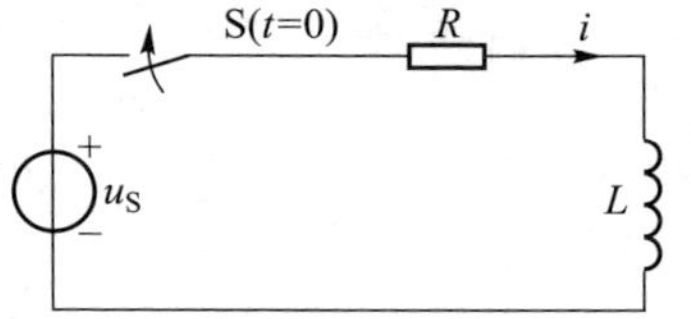

电路的微分方程为 $L\dfrac{di(t)}{dt}+Ri(t)=U_m\cos(\omega t+\phi_u)$

通解 $i(t)=i'(t)+i''(t)=i'(t)+Ae^{\frac{-t}{\tau}}$，$\tau=\dfrac{L}{R}$

设特解 $i'(t)=I_m\cos(\omega t+\theta)$，得 $L\dfrac{di'(t)}{dt}+Ri'(t)=U_m\cos(\omega t+\phi_u)$，即有

$I_m|Z|\cos(\omega t+\theta+\varphi)=U_m\cos(\omega t+\phi_u)$

解出 $\begin{cases} I_m=\dfrac{U_m}{|Z|}=\dfrac{U_m}{\sqrt{R^2+(\omega L)^2}} \\ \theta=\phi_u-\varphi=\phi_u-\tan^{-1}\dfrac{\omega L}{R} \\ A=-\dfrac{U_m}{|Z|}\cos(\phi_u-\varphi) \end{cases}$

其中 $|Z|=\sqrt{R^2+(\omega L)^2}$，$\tan\varphi=\dfrac{\omega L}{R}$，$\cos\varphi=\dfrac{R}{\sqrt{R^2+(\omega L)^2}}$，$\sin\varphi=\dfrac{\omega L}{\sqrt{R^2+(\omega L)^2}}$

定解 $i(t)=\left[\dfrac{U_m}{|Z|}\cos(\omega t+\phi_u-\varphi)-\dfrac{U_m}{|Z|}\cos(\phi_u-\varphi)e^{\frac{-t}{\tau}}\right]\varepsilon(t)$。

当 $\phi_u=\varphi-\dfrac{\pi}{2}$，$i=i'=\dfrac{U_m}{|Z|}\cos\left(\omega t-\dfrac{\pi}{2}\right)\varepsilon(t)$；

当 $\phi_u=\varphi$，$i=\left[\dfrac{U_m}{|Z|}\cos(\omega t)-\dfrac{U_m}{|Z|}e^{\frac{-t}{\tau}}\right]\varepsilon(t)$。

电流 $i(t)$ 的波形：

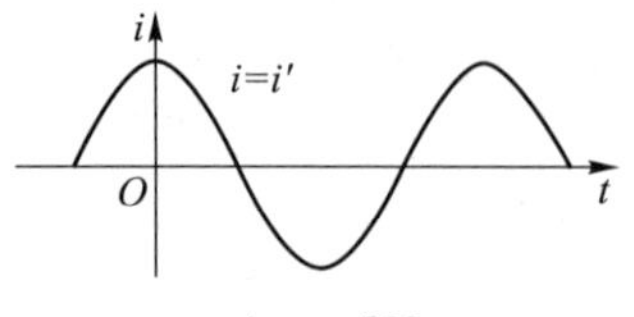

$\phi_u=\varphi-90°$

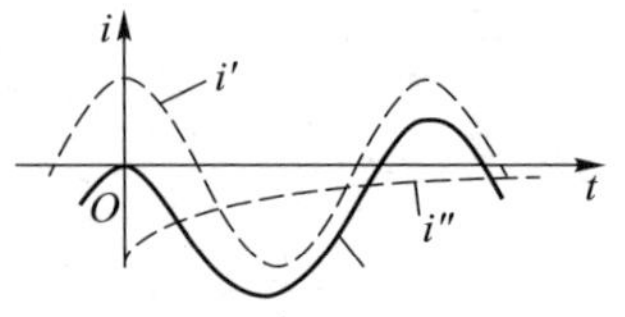

$\phi_u=\varphi$

表 7-8　卷积积分在求解一阶电路响应中的应用

已知线性无源网络 N_0 电路在任意激励 $e(t)$ 作用下，其零状态响应 $r(t)$ 等于 $e(t)$ 与单位冲激响应 $h(t)$ 的卷积积分，即 $r(t)=e(t)*h(t)=h(t)*e(t)$ 应用卷积积分分析一阶电路的步骤： 第 1 步 在单位冲激激励 $\delta(t)$ 作用下，求零状态时的单位冲激响应 $h(t)$； 第 2 步 将已知激励 $e(t)$ 和所求响应 $h(t)$ 代入上述卷积公式 $r(t)=\int_0^t e(t-\xi)h(\xi)\mathrm{d}\xi$ 或 $r(t)=\int_0^t h(t-\xi)e(\xi)\mathrm{d}\xi$ 中，求得响应 $r(t)$	图解分析步骤 给定激励 $e(t)$ 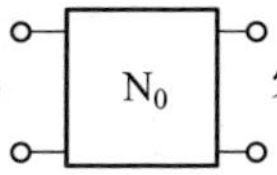 零状态响应 $r(t)=?$ 第 1 步 输入单位冲激激励 $\delta(t)$ 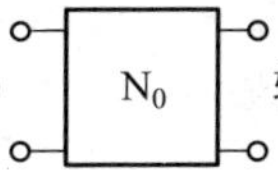 输出单位冲激响应 $h(t)=?$ 第 2 步 求得 $r(t)=\int_0^t e(t-\xi)h(\xi)\mathrm{d}\xi$ 或 $r(t)=\int_0^t h(t-\xi)e(\xi)\mathrm{d}\xi$

表 7-9　二阶 *RLC* 串联电路的零输入响应

二阶 *RLC* 串联电路的零输入方程	特征根	参数条件	零输入响应	响应性质
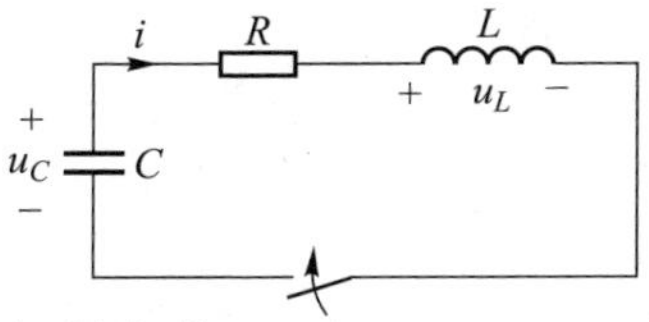 初始条件 $\begin{cases}u_C(0_+)=u_C(0_-)=U_0,\\ i(0_+)=i(0_-)=I_0\end{cases}$ 二阶电路为齐次微分方程 $\begin{cases}LC\dfrac{\mathrm{d}^2u_C}{\mathrm{d}t^2}+RC\dfrac{\mathrm{d}u_C}{\mathrm{d}t}+u_C=0\\ u_C(0_+)=U_0\\ \left.\dfrac{\mathrm{d}u_C}{\mathrm{d}t}\right\|_{t=0_+}=-\dfrac{I_0}{C}\end{cases}$ 特征方程 $LCp^2+RCp+1=0$ 特征根 $p_{1,2}=-\dfrac{R}{2L}\pm\sqrt{\left(\dfrac{R}{2L}\right)^2-\dfrac{1}{LC}}$ 又 $p_{1,2}=-\delta\pm\sqrt{\delta^2-\omega_0^2}$ 其中，$\delta=\dfrac{R}{2L}$，$\omega_0=\dfrac{1}{\sqrt{LC}}$	$p_1\neq p_2<0$ （两不等负实根）	$R>2\sqrt{\dfrac{L}{C}}$	通解 $u_C(t)=A_1\mathrm{e}^{p_1t}+A_2\mathrm{e}^{p_2t}$，$\begin{cases}u_C(0_+)=A_1+A_2=U_0\\ \left.\dfrac{\mathrm{d}u_C}{\mathrm{d}t}\right\|_{0_+}=p_1A_1+p_2A_2=-\dfrac{I_0}{C}\end{cases}$ 当 $I_0=0$ 时，定解为 $u_C(t)=\dfrac{U_0}{p_2-p_1}(p_2\mathrm{e}^{p_1t}-p_1\mathrm{e}^{p_2t})\varepsilon(t)$，$i(t)=-\dfrac{U_0}{L(p_2-p_1)}(\mathrm{e}^{p_1t}-\mathrm{e}^{p_2t})\varepsilon(t)$	非振荡放电 （过阻尼放电）
	$p_1=p_2=-\delta<0$ （相等负实根）	$R=2\sqrt{\dfrac{L}{C}}$	通解 $u_C(t)=(A_1+A_2t)\mathrm{e}^{p_1t}$，$\begin{cases}u_C(0_+)=A_1=U_0\\ \left.\dfrac{\mathrm{d}u_C}{\mathrm{d}t}\right\|_{0_+}=A_2+p_1A_1=-\dfrac{I_0}{C}\end{cases}$ 当 $I_0=0$ 时，定解为 $u_C(t)=U_0(1+\delta t)\mathrm{e}^{-\delta t}\varepsilon(t)$，$i(t)=\dfrac{U_0}{L}t\mathrm{e}^{-\delta t}\varepsilon(t)$	临界阻尼放电
	$p_{1,2}=-\delta\pm\mathrm{j}\omega$ （共轭复根） $\omega_0=\sqrt{\delta^2+\omega^2}$ $\beta=\arctan\dfrac{\omega}{\delta}$ 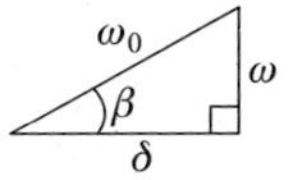	$R<2\sqrt{\dfrac{L}{C}}$	通解 $u_C(t)=A\mathrm{e}^{-\delta t}\sin(\omega t+\theta)$，$\begin{cases}u_C(0_+)=A\sin\theta=U_0\\ \left.\dfrac{\mathrm{d}u_C}{\mathrm{d}t}\right\|_{0_+}=A(-\delta\sin\theta+\omega\cos\theta)=-\dfrac{I_0}{C}\end{cases}$，即 $\begin{cases}A=\dfrac{U_0}{\sin\theta}\\ \tan\theta=\dfrac{\omega}{\delta-\dfrac{I_0}{U_0C}}\end{cases}$ 当 $I_0=0$ 时，$\theta=\beta$。通解 $u_C(t)=A\mathrm{e}^{-\delta t}\sin(\omega t+\beta)$ $\begin{cases}u_C(0_+)=A\sin\beta=U_0\\ \left.\dfrac{\mathrm{d}u_C}{\mathrm{d}t}\right\|_{0+}=A(-\delta\sin\beta+\omega\cos\beta)=0\end{cases}\Rightarrow\begin{cases}A=\dfrac{U_0}{\sin\beta}\\ \tan\beta=\dfrac{\omega}{\delta}\end{cases}$ 当 $I_0=0$ 时，定解 $u_C(t)=\dfrac{U_0\omega_0}{\omega}\mathrm{e}^{-\delta t}\sin(\omega t+\beta)\varepsilon(t)$，$i(t)=\dfrac{U_0}{\omega L}\mathrm{e}^{-\delta t}\sin(\omega t)\varepsilon(t)$	振荡放电
	$p_1=p_2=\pm\mathrm{j}\omega$ （共轭虚根）	$R=0$	当 $I_0=0$ 时，定解 $u_C(t)=U_0\cos(\omega_0t)$，$i(t)=\dfrac{U_0}{\omega_0L}\cos(\omega_0t-90°)\varepsilon(t)$	等幅振荡

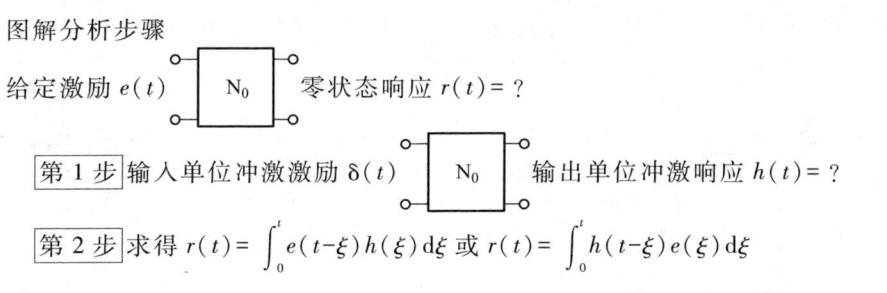

表 7-10 二阶 *RLC* 串联电路直流输入的全响应、零状态响应、单位冲激响应与二阶 *GLC* 并联电路直流输入的全响应、单位阶跃响应

二阶 *RLC* 串联电路的全响应	二阶 *RLC* 串联电路的零状态响应	二阶 *RLC* 串联电路的单位冲激响应	二阶 *GLC* 并联电路的全响应	二阶 *GLC* 并联电路的单位阶跃响应
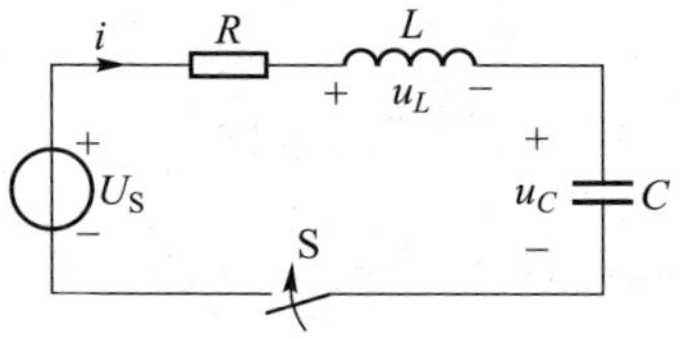 初始条件 $\begin{cases}u_C(0_+)=u_C(0_-)=U_0\\ i(0_+)=i(0_-)=I_0\end{cases}$ 二阶电路为非齐次微分方程 $\begin{cases}LC\frac{d^2u_C}{dt^2}+RC\frac{du_C}{dt}+u_C=U_S\\ u_C(0_+)=U_0\\ \left.\frac{du_C}{dt}\right\rvert_{t=0_+}=\frac{I_0}{C}\end{cases}$ 非齐次方程的通解 $u_C(t)=u_C'(t)+u_C''(t)$， 求非齐次方程的特解 $u_C'=U_S$， 求齐次微分方程的通解 u_C''，即 $LC\frac{d^2u_C''}{dt^2}+RC\frac{du_C''}{dt}+u_C''=0$ 特征方程 $LCp^2+RCp+1=0$ 特征根 $p_{1,2}=-\frac{R}{2L}\pm\sqrt{\left(\frac{R}{2L}\right)^2-\frac{1}{LC}}$ 又 $p_{1,2}=-\delta\pm\sqrt{\delta^2-\omega_0^2}$ 其中，$\delta=\frac{R}{2L}$，$\omega_0=\frac{1}{\sqrt{LC}}$	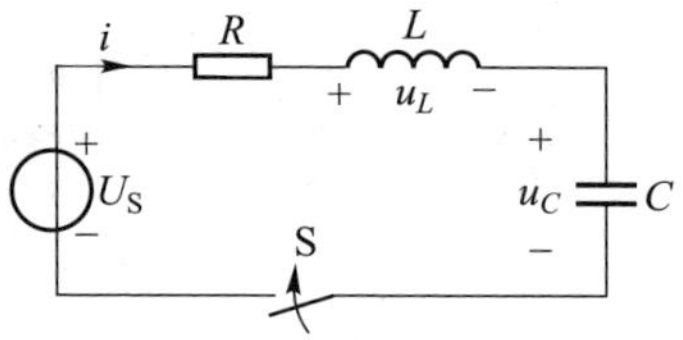 初始条件 $\begin{cases}u_C(0_+)=u_C(0_-)=0\\ i(0_+)=i(0_-)=0\end{cases}$ 二阶电路为非齐次微分方程 $\begin{cases}LC\frac{d^2u_C}{dt^2}+RC\frac{du_C}{dt}+u_C=U_S\\ u_C(0_+)=0\\ \left.\frac{du_C}{dt}\right\rvert_{t=0_+}=0\end{cases}$ 非齐次方程的通解 $u_C(t)=u_C'(t)+u_C''(t)$， 求非齐次方程的特解 $u_C'=U_S$， 求齐次微分方程的通解 u_C''，即 $LC\frac{d^2u_C''}{dt^2}+RC\frac{du_C''}{dt}+u_C''=0$ 特征方程 $LCp^2+RCp+1=0$ 特征根 $p_{1,2}=-\frac{R}{2L}\pm\sqrt{\left(\frac{R}{2L}\right)^2-\frac{1}{LC}}$ 又 $p_{1,2}=-\delta\pm\sqrt{\delta^2-\omega_0^2}$ 其中，$\delta=\frac{R}{2L}$，$\omega_0=\frac{1}{\sqrt{LC}}$	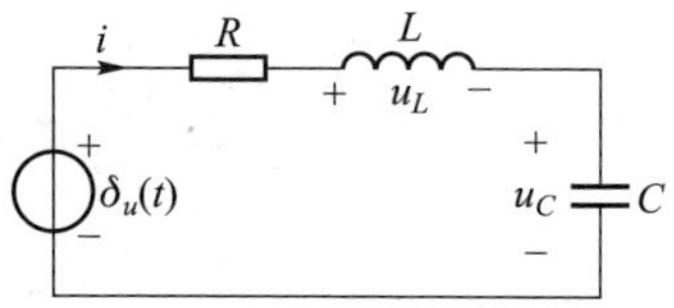 初始条件 $\begin{cases}u_C(0_-)=0\\ i_L(0_-)=0\end{cases}$ 二阶电路为非齐次微分方程 $\begin{cases}LC\frac{d^2u_C}{dt^2}+RC\frac{du_C}{dt}+u_C=\delta_u(t)\\ u_C(0_-)=0\\ \left.\frac{du_C}{dt}\right\rvert_{t=0_-}=0\end{cases}$ 当 $0_-\leqslant t\leqslant 0_+$ 时，对非齐次微分方程两边求积分，求得 $u_C(0_+)$，$\left.\frac{du_C}{dt}\right\rvert_{t=0_+}$ 当 $t\geqslant 0_+$ 时，为齐次微分方程，求齐次微分方程的通解 u_C''，即 $LC\frac{d^2u_C''}{dt^2}+RC\frac{du_C''}{dt}+u_C''=0$ 特征方程 $LCp^2+RCp+1=0$ 特征根 $p_{1,2}=-\frac{R}{2L}\pm\sqrt{\left(\frac{R}{2L}\right)^2-\frac{1}{LC}}$ 又 $p_{1,2}=-\delta\pm\sqrt{\delta^2-\omega_0^2}$ 其中，$\delta=\frac{R}{2L}$，$\omega_0=\frac{1}{\sqrt{LC}}$	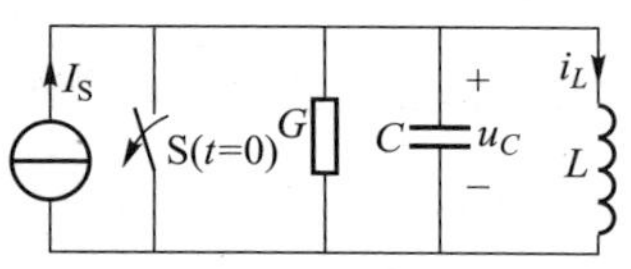 初始条件 $\begin{cases}u_C(0_+)=u_C(0_-)=U_0\\ i_L(0_+)=i_L(0_-)=I_0\end{cases}$ 二阶电路为非齐次微分方程 $\begin{cases}LC\frac{d^2i_L}{dt^2}+GL\frac{di_L}{dt}+i_L=I_S\\ i_L(0_+)=I_0\\ \left.\frac{di_L}{dt}\right\rvert_{t=0_+}=\frac{U_0}{L}\end{cases}$ 非齐次方程的通解 $i_L(t)=i_L'(t)+i_L''(t)$， 求非齐次方程的特解 $i_L'=I_S$， 求齐次微分方程的通解 i_L''，即 $LC\frac{d^2i_L''}{dt^2}+GL\frac{di_L''}{dt}+i_L''=0$ 特征方程 $LCp^2+GLp+1=0$ 特征根 $p_{1,2}=-\frac{G}{2C}\pm\sqrt{\left(\frac{G}{2C}\right)^2-\frac{1}{LC}}$ 又 $p_{1,2}=-\delta\pm\sqrt{\delta^2-\omega_0^2}$ 其中，$\delta=\frac{G}{2C}$，$\omega_0=\frac{1}{\sqrt{LC}}$	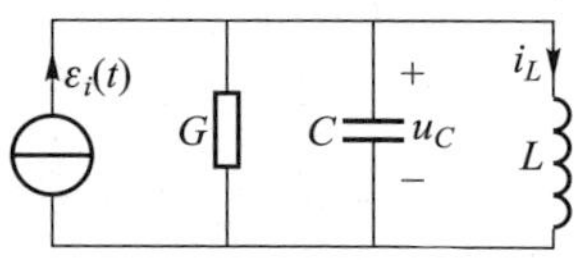 初始条件 $\begin{cases}u_C(0_+)=u_C(0_-)=0\\ i_L(0_+)=i_L(0_-)=0\end{cases}$ 二阶电路为非齐次微分方程 $\begin{cases}LC\frac{d^2i_L}{dt^2}+GL\frac{di_L}{dt}+i_L=\varepsilon_i(t)\\ i_L(0_+)=0\\ \left.\frac{di_L}{dt}\right\rvert_{t=0_+}=0\end{cases}$ 非齐次方程的通解 $i_L(t)=i_L'(t)+i_L''(t)$， 求非齐次方程的特解 $i_L'=1$ A， 求齐次微分方程的通解 i_L''，即 $LC\frac{d^2i_L''}{dt^2}+GL\frac{di_L''}{dt}+i_L''=0$ 特征方程 $LCp^2+GLp+1=0$ 特征根 $p_{1,2}=-\frac{G}{2C}\pm\sqrt{\left(\frac{G}{2C}\right)^2-\frac{1}{LC}}$ 又 $p_{1,2}=-\delta\pm\sqrt{\delta^2-\omega_0^2}$ 其中，$\delta=\frac{G}{2C}$，$\omega_0=\frac{1}{\sqrt{LC}}$
根据以上特征根的四种情况，即 $p_1\neq p_2<0$（两不等负实根），$p_1=p_2=-\delta<0$（相等负实根），$p_{1,2}=-\delta\pm j\omega$（共轭复根），$p_1=p_2=\pm j\omega$（共轭虚根），参见表 7-9 求得各响应				

电路思维导图应用范例(参照附录 B 中第七章思维导图助记知识要点)

1. 直流输入下的电路变量的初始值计算

计算在 $t=0$ 时发生换路的初始值的步骤

第 1 步　画 $t=0_-$ 电路,求 $u_C(0_-)$ 和 $i_L(0_-)$。

第 2 步　求初始值 $u_C(0_+)$ 和 $i_L(0_+)$。

当电容电流和电感电压为有限值时,根据换路定则,

$u_C(0_+)=u_C(0_-)$　和　$i_L(0_+)=i_L(0_-)$

第 3 步　画 $t=0_+$ 电路,求其他初始值电压 $u(0_+)$ 和电流 $i(0_+)$。

根据　KCL $\sum i_k(0_+)=0$

KVL $\sum u_k(0_+)=0$

R　$u_R(0_+)=\pm R_k i_k(0_+)$

C　$u_C(0_+)=u_C(0_-)$

L　$i_L(0_+)=i_L(0_-)$

例 7-1　如图 1 所示电路原已处于稳态,$t=0$ 时开关打开,求开关打开后的 $u_o(0_+)$。

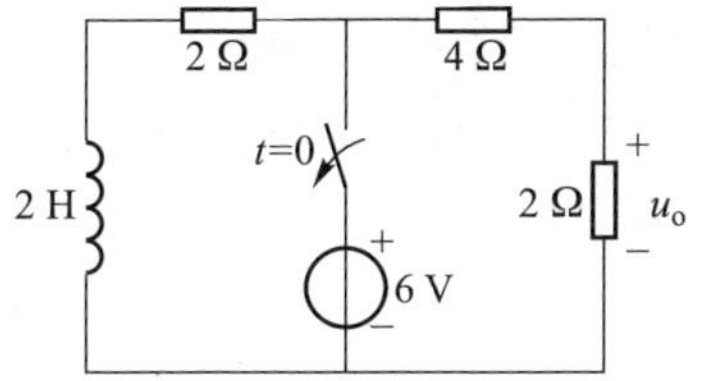

图 1　例 7-1 图

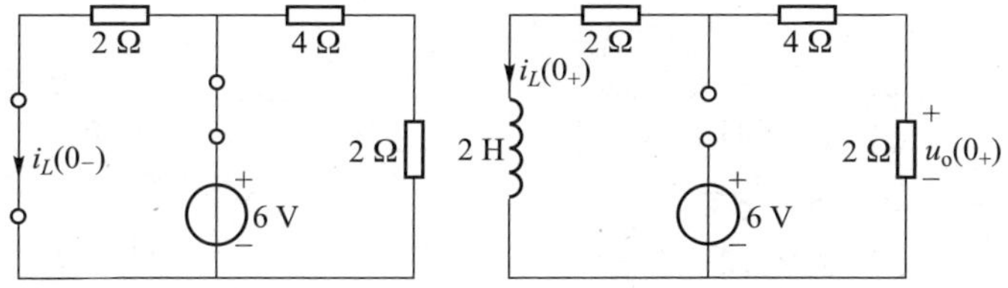

$t=0_-$电路
(a)

$t=0_+$电路
(b)

图 2　例 7-1 解图

解: 第 1 步　由图 1,画出在 $t=0_-$ 时的电路如图 2(a)所示,$i_L(0_-)=\frac{6}{2}\text{A}=3\ \text{A}$。

第 2 步　根据换路定则,有 $i_L(0_+)=i_L(0_-)=3\ \text{A}$。

第 3 步　由图 1,画出在 $t=0_+$ 时的电路如图 2(b)所示,$u_o(0_+)=-2i_L(0_+)=-2\times3\ \text{V}=-6\ \text{V}$

计算在 $t=t_0$ 时发生换路的初始值的步骤

第 1 步　画 $t=t_{0-}$ 电路,求 $u_C(t_{0-})$ 和 $i_L(t_{0-})$。

第 2 步　求初始值 $u_C(t_{0+})$ 和 $i_L(t_{0+})$。

当电容电流和电感电压为有限值时,根据换路定则,

$u_C(t_{0+})=u_C(t_{0-})$ 和 $i_L(t_{0+})=i_L(t_{0-})$

第 3 步　画 $t=t_{0+}$ 电路,求其他初始值电压 $u(t_{0+})$ 和电流 $i(t_{0+})$。

根据 KCL $\sum i_k(t_{0+})=0$

KVL $\sum u_k(t_{0+})=0$

R　$u_R(t_{0+})=\pm R_k i_k(t_{0+})$

C　$u_C(t_{0+})=u_C(t_{0-})$

L　$i_L(t_{0+})=i_L(t_{0-})$

例 7-2　如图 3 所示,已知在某时刻 t_0,$u(t_0)=2\ \text{V}$,$\left.\frac{\mathrm{d}u}{\mathrm{d}t}\right|_{t_0}=-10\ \text{V/s}$,求 C。

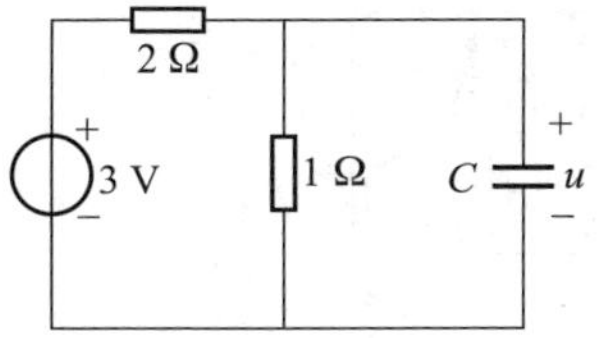

图 3　例 7-2 图

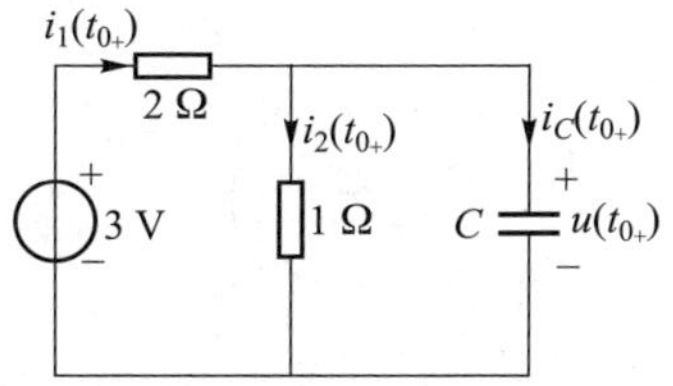

图 4　例 7-2 解图

解: 第 1 步　已知 $u_C(t_{0-})=u(t_{0-})=2\text{V}$。

第 2 步　根据换路定则,有 $u(t_{0+})=u_C(t_{0+})=u_C(t_{0-})=2\text{V}$。

第 3 步　由图 3,画出在 $t=t_{0+}$ 时的电路,如图 4 所示,$i_C(t_{0+})=i_1(t_{0+})-i_2(t_{0+})$。

$$i_C(t_{0+})=\frac{3-u(t_{0+})}{2}-\frac{u(t_{0+})}{1}=\left(\frac{3-2}{2}-\frac{2}{1}\right)\text{A}=-1.5\ \text{A}$$

$$i_C(t_{0+})=C\left.\frac{\mathrm{d}u}{\mathrm{d}t}\right|_{t_0},\left.\frac{\mathrm{d}u}{\mathrm{d}t}\right|_{t_0}=\frac{i_C(t_{0+})}{C}=\frac{-1.5}{C}=-10\ \text{V/s},\text{求得 }C=\frac{-1.5}{-10}\text{F}=0.15\ \text{F}$$

2. 三要素法求一阶 RC 电路直流激励作用下的全响应

三要素法求解一阶线性 RC 电路的步骤

已知一阶 RC 电路如图 5 所示，在直流激励作用下，当 $t<0$ 时已达稳态（换路前），当 $t=0$ 时发生换路，求 $t>0$ 时某全响应 $f(t)$。［注：$f(t)$ 可为一阶电路中的 $u_C(t)$ 或 $i_L(t)$ 及任何电压 $u(t)$、电流 $i(t)$。］

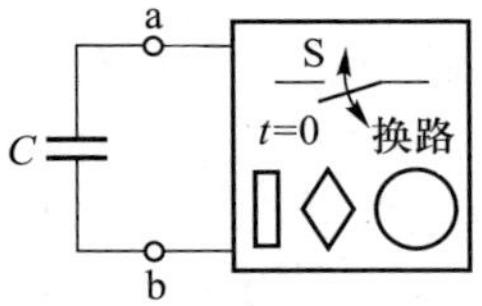

图 5　$-\infty<t<0$ 时的一阶 RC 电路

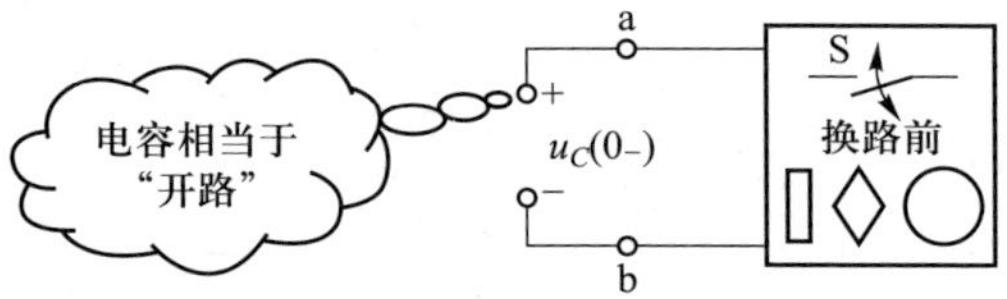

图 6　$t=0_-$ 时的电路

第 1 步　求电容电压在 $t=0_-$ 时的值 $u_C(0_-)$，如图 6 所示。

第 2 步　求 $u_C(0_+)$，应用换路定则 $u_C(0_+)=u_C(0_-)$。

第 3 步　求其他初始值 $f(0_+)$，如图 7（当 $t=0_+$ 时）所示。

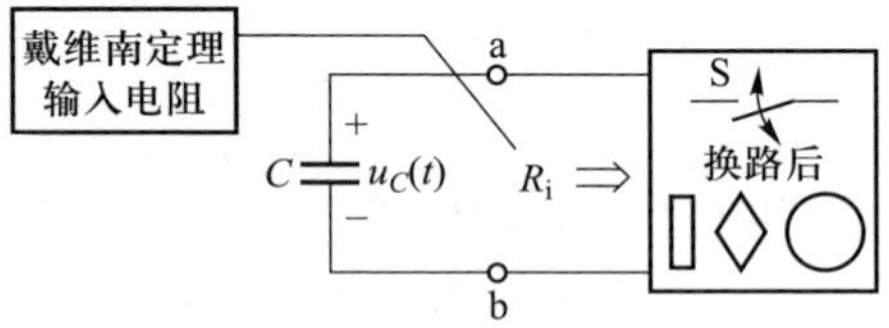

图 7　$t\geqslant 0_+$ 时的电路

第 4 步　求时间常数 τ。如图 7 所示，求 R_i，则 $\tau=R_iC$。

第 5 步　求 $f(\infty)$，如图 8 所示。

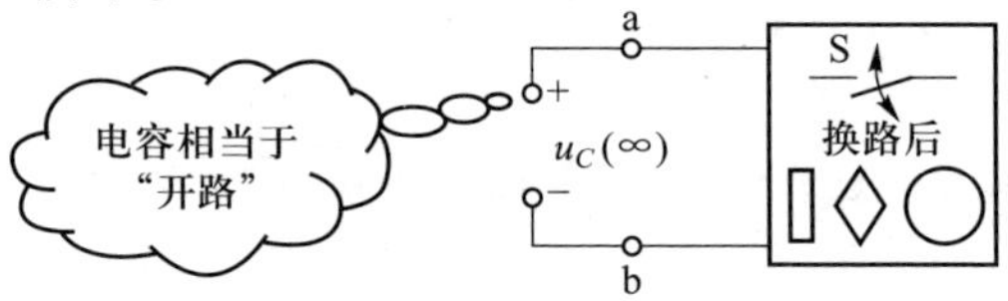

图 8　$t\to\infty$ 时的电路

第 6 步　求全响应 $f(t)$。应用三要素公式 $f(t)=f(\infty)+[f(0_+)-f(\infty)]e^{\frac{-t}{\tau}}, t\geqslant 0$。

第 7 步　画出全响应 $f(t)$ 的曲线，有两种形式，如图 9（单调上升）、图 10（单调下降）所示。

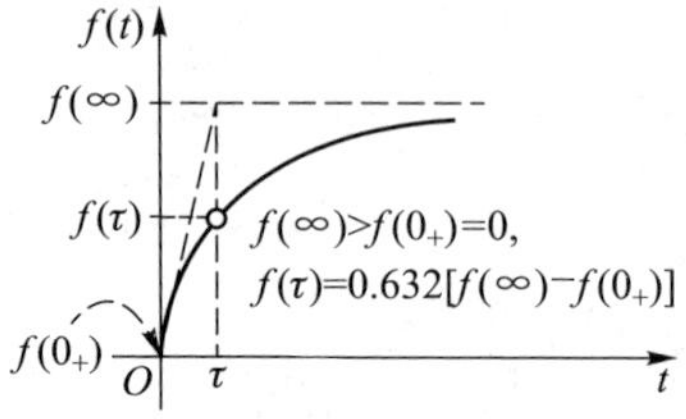

图 9　全响应曲线（单调上升）

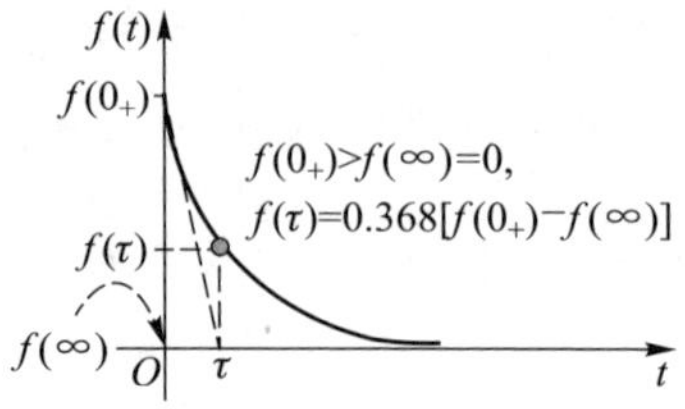

图 10　全响应曲线（单调下降）

图 9 与图 10 中，横轴（时间轴）沿纵轴上下平移，可画出 $f(0_+)\neq 0$ 及 $f(\infty)\neq 0$ 的全响应曲线

例 7-3　如图 11 所示电路在换路前已达稳态。当 $t=0$ 时开关接通，求 $t>0$ 时的 $u_C(t)$。

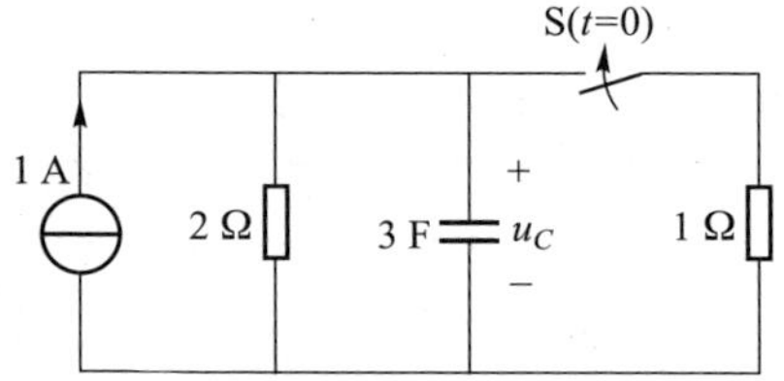

图 11　例 7-3 图

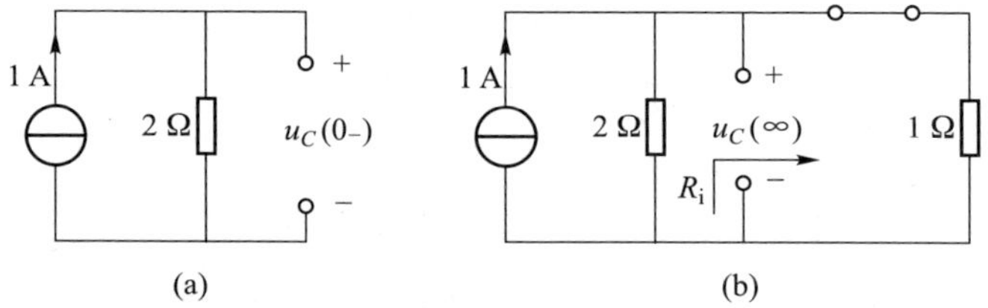

图 12　例 7-3 解图

解： 第 1 步　图 11 在 $t=0_-$ 时的电路如图 12(a) 所示。

$$u_C(0_-)=2\times 1\ \text{V}=2\ \text{V}$$

第 2 步　$u_C(0_+)=u_C(0_-)=2\ \text{V}$

第 3 步　略。

第 4 步　图 11 在 $t\to\infty$ 时的电路如图 12(b) 所示。

$$R_i=\frac{2\times 1}{2+1}\Omega=\frac{2}{3}\Omega,\tau=R_iC=\frac{2}{3}\times 3\ \text{s}=2\ \text{s}$$

第 5 步　如图 12(b) 所示。

$$u_C(\infty)=\frac{2\times 1}{2+1}\times 1\ \text{V}=\frac{2}{3}\text{V}$$

第 6 步　求得全响应为

$$u_C(t)=u_C(\infty)+[u_C(0_+)-u_C(\infty)]e^{\frac{-t}{\tau}}, t\geqslant 0$$

$$u_C(t)=\left[\frac{2}{3}+\left(2-\frac{2}{3}\right)e^{\frac{-t}{2}}\right]\text{V}=\left(\frac{2}{3}+\frac{4}{3}e^{\frac{-t}{2}}\right)\text{V}, t\geqslant 0$$

第 7 步　略

3. 三要素法求一阶 RL 电路直流激励作用下的全响应

三要素法求解一阶线性 RL 电路的步骤

已知一阶 RL 电路如图 13 所示，在直流激励作用下，当 $t<0$ 时已达稳态（换路前），当 $t=0$ 时发生换路。求 $t>0$ 时某全响应 $f(t)$。[注：$f(t)$ 可为一阶电路中的 $u_C(t)$ 或 $i_L(t)$ 及任何电压 $u(t)$、电流 $i(t)$。]

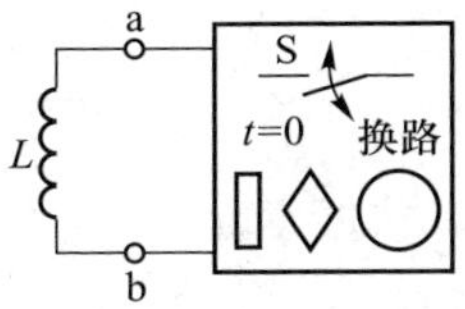

图 13　$-\infty<t<0$ 时的一阶 RL 电路

第 1 步　求电感电流在 $t=0_-$ 时的值 $i_L(0_-)$，如图 14 所示。

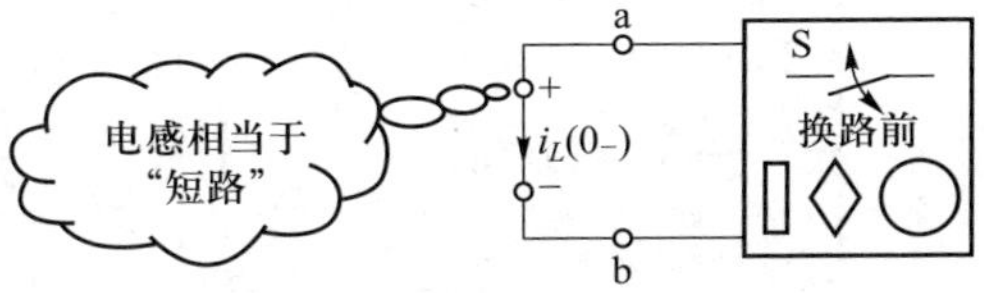

图 14　$t=0_-$ 时的电路

第 2 步　求 $i_L(0_+)$，应用换路定则 $i_L(0_+)=i_L(0_-)$。

第 3 步　求其他初始值 $f(0_+)$，如图 15 所示（当 $t=0_+$ 时）。

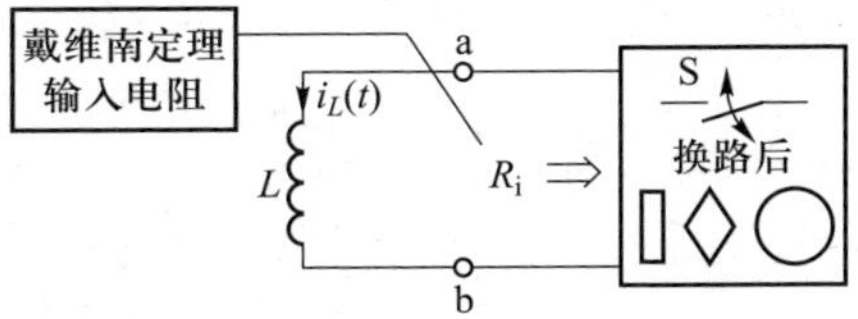

图 15　$t\geqslant 0_+$ 时的电路

第 4 步　求时间常数 τ。如图 15 所示，求 R_i，则 $\tau=L/R_i$。

第 5 步　求 $f(\infty)$，如图 16 所示。

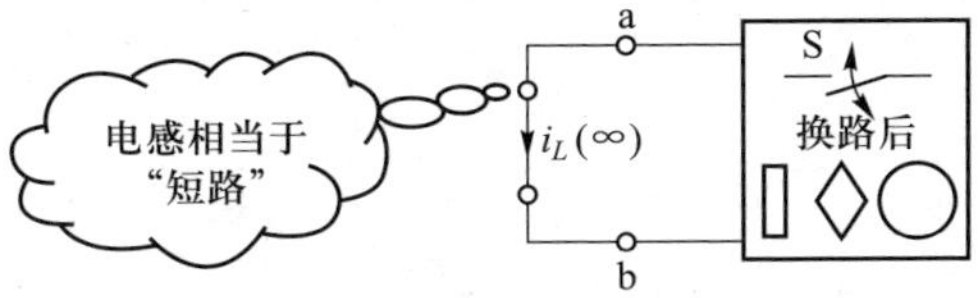

图 16　$t\to\infty$ 时的电路

第 6 步　求全响应 $f(t)$。应用三要素公式 $f(t)=f(\infty)+[f(0_+)-f(\infty)]e^{\frac{-t}{\tau}}, t\geqslant 0$。

第 7 步　画出全响应 $f(t)$ 的曲线，有两种形式，见一阶线性 RC 电路响应曲线如图 9、图 10 所示。两图中，横轴沿纵轴上下平移，可画出 $f(0_+)\neq 0$ 及 $f(\infty)\neq 0$ 的全响应曲线

例 7-4　电路如图 17 所示，$t=0$ 时开关断开，则 $t\geqslant 0$ 时，求 8 Ω 电阻电流 i。

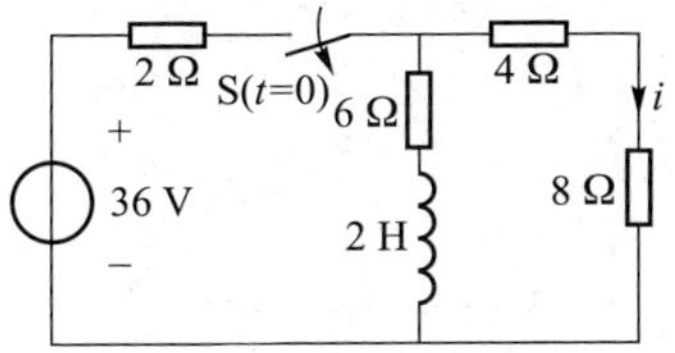

图 17　例 7-4 图

解： 第 1 步　图 17 在 $t=0_-$ 时的电路如图 18(a) 所示。

$$i_L(0_-)=\frac{36}{2+\dfrac{6\times(4+8)}{6+4+8}}\times\frac{4+8}{6+4+8}\text{ A}=4\text{ A}$$

第 2 步　$i_L(0_+)=i_L(0_-)=4$ A

第 3 步　图 17 在 $t=0_+$ 时的电路如图 18(b) 所示。

$$i(0_+)=-i_L(0_+)=-4\text{ A}$$

第 4 步　图 17 在 $t\to\infty$ 时的电路如图 18(c) 所示，$R_i=(6+4+8)\,\Omega=18\,\Omega$

$$\tau=\frac{L}{R_i}=\frac{2}{18}\text{s}=\frac{1}{9}\text{s}$$

第 5 步　如图 18(c) 所示。

$$i(\infty)=0$$

第 6 步　求得电流响应为

$$i(t)=i(\infty)+[i(0_+)-i(\infty)]e^{\frac{-t}{\tau}}, t\geqslant 0$$

$$i(t)=-4e^{-9t}\text{ A}, t\geqslant 0$$

第 7 步　略

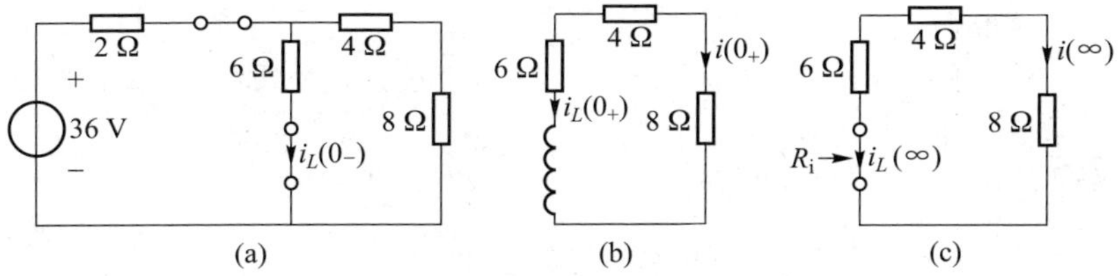

图 18　例 7-4 解图

4. 求一阶电路阶跃响应和冲激响应

利用三要素法求一阶电路在零状态下的单位阶跃响应的步骤

已知一阶 RC 或 RL 电路分别在单位阶跃激励 $\varepsilon(t)$ 作用下，如图 19(a) ~ (d)所示。求 $t>0$ 时的单位阶跃响应 $s(t)$。

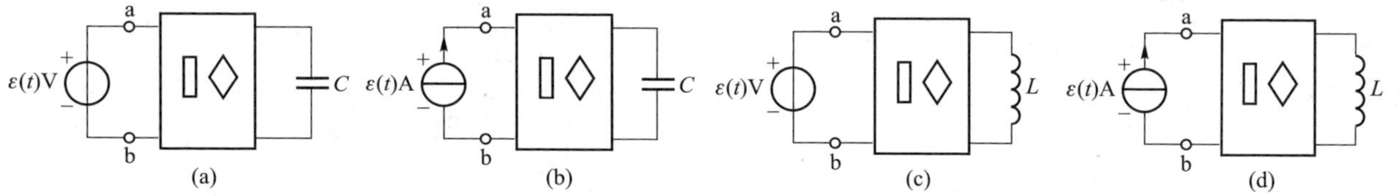

图 19　单位阶跃激励作用下一阶 RC 或 RL 电路

第 1 步　当 $t>0$ 时，将图 19(a) ~ (d)所示激励用单位直流激励替代，如图 20(a) ~ (d)所示。

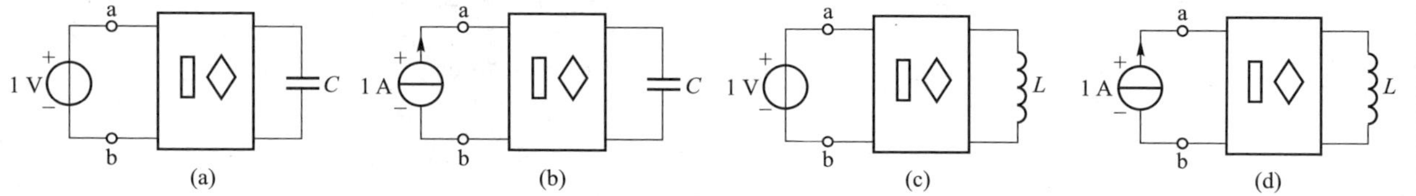

图 20　单位直流激励作用下一阶 RC 或 RL 电路

根据换路定则，有 $u_C(0_+)=u_C(0_-)=0$ 或 $i_L(0_+)=i_L(0_-)=0$。

用三要素法求图 20 所示单位直流激励的零状态响应 $f(t)=f(\infty)(1-e^{\frac{-t}{\tau}})$。

第 2 步　求一阶电路的单位阶跃响应 $s(t)$，即 $s(t)=[f(\infty)(1-e^{\frac{-t}{\tau}})]\varepsilon(t)$

利用单位阶跃响应求一阶电路的单位冲激响应的步骤

若将上述图 19(a) ~ (d)所示电路中的单位阶跃激励 $\varepsilon(t)$ 用单位冲激激励 $\delta(t)$ 替代。求 $t>0$ 时的单位冲激响应 $h(t)$。

第 1 步　先求一阶电路的单位阶跃响应 $s(t)$。

第 2 步　求单位阶跃响应 $s(t)$ 的一阶导数可得单位冲激响应 $h(t)$，即 $h(t)=\mathrm{d}s(t)/\mathrm{d}t$。

注：$A\varepsilon(t)$ 作用下的阶跃响应为 $As(t)=A[f(\infty)(1-e^{\frac{-t}{\tau}})]\varepsilon(t)$，冲激响应 $Ah(t)=A\dfrac{\mathrm{d}s}{\mathrm{d}t}=A\dfrac{\mathrm{d}}{\mathrm{d}t}\{[f(\infty)(1-e^{\frac{-t}{\tau}})]\varepsilon(t)\}$

经典法求一阶电路单位冲激响应 $h(t)$ 的步骤

第 1 步　在 $0_-\leqslant t<0_+$ 时，冲激激励 $\delta(t)\neq 0$，且 $u_C(0_-)=0$ 或 $i_L(0_-)=0$，求冲激响应 $h(t)$（即 $u_C(t)$ 或 $i_L(t)$）。

列方程 $\begin{cases}\tau\dfrac{\mathrm{d}h(t)}{\mathrm{d}t}+h(t)=\delta(t)\ (0_-\leqslant t<0_+)\\ h(0_-)=0\end{cases}$，对上述方程两边积分，求得 $h(0_+)$。

第 2 步　在 $0_+\leqslant t<\infty$ 时，$\delta(t)=0$，$h(t)$ 为零输入响应。

方程为 $\begin{cases}\tau\dfrac{\mathrm{d}h(t)}{\mathrm{d}t}+h(t)=0\quad(0_+\leqslant t<\infty)\\ h(0_+)=\dfrac{1}{\tau}\end{cases}$，单位冲激响应：$h(t)=\dfrac{1}{\tau}e^{\frac{-t}{\tau}}\varepsilon(t)$

例 7-5　求图 21 所示电路的单位阶跃响应 $u(t)$。

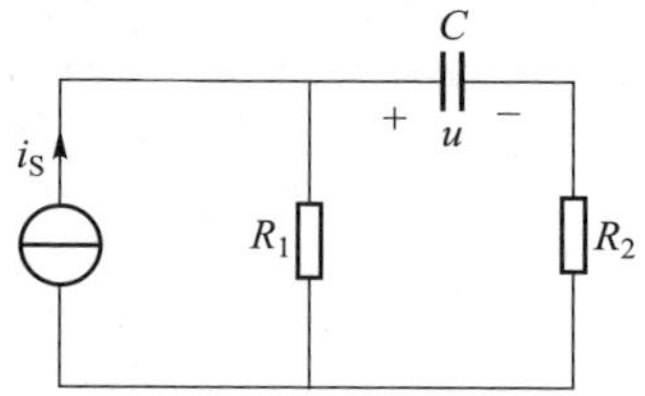

图 21　例 7-5 图

解：按题意，$i_S(t)=\varepsilon(t)\,\mathrm{A}$，$u(t)=u_C(t)$。

第 1 步　图 22(a)中，$i_S(t)=1\ \mathrm{A}$，$u(0_+)=u_C(0_+)=u_C(0_-)=0$，用三要素法求电流源 $i_S(t)=1\ \mathrm{A}$ 所引起的零状态响应。

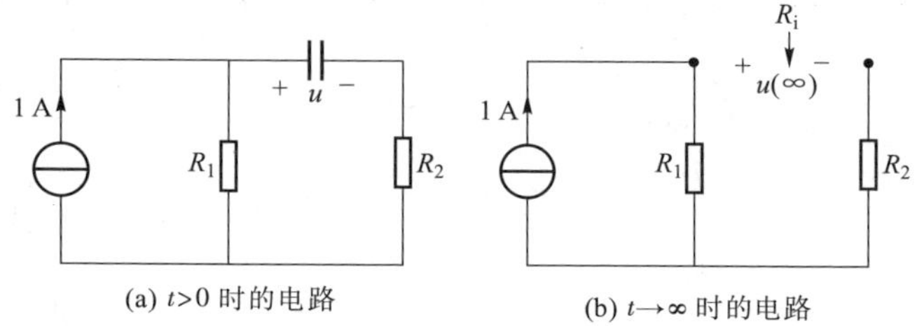

图 22　例 7-5 解图

第 2 步　图 22(b)中，

$$\tau=R_iC=(R_1+R_2)C,\quad u(\infty)=1\times R_1=R_1$$

$$u(t)=\{u(\infty)+[u(0_+)-u(\infty)]e^{\frac{-t}{\tau}}\}\varepsilon(t)$$

$$=[R_1+(0-R_1)e^{\frac{-t}{(R_1+R_2)C}}]\varepsilon(t)=R_1[1-e^{\frac{-t}{(R_1+R_2)C}}]\varepsilon(t)$$

例 7-6　求图 23 所示电路的单位冲激响应 $u(t)$。

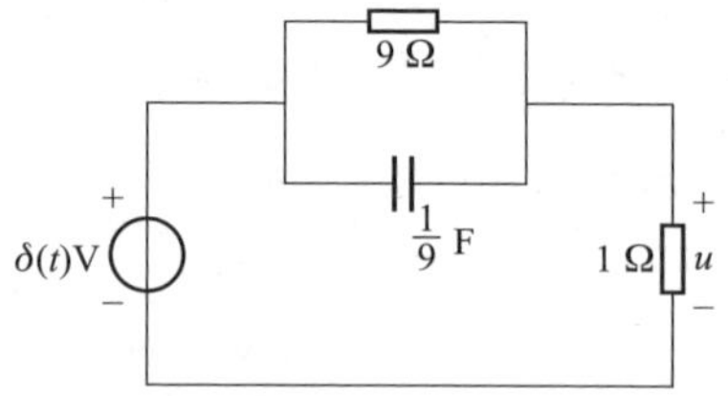

图 23　例 7-6 图

解：第 1 步　在 $0_-\leqslant t<0_+$ 时，$u_C(0_-)=0$，$u(t)=\delta(t)-u_C(t)$

列方程 $0.1\dfrac{\mathrm{d}u_C(t)}{\mathrm{d}t}+u_C(t)=0.9\delta(t)$

第 2 步　得 $u_C(t)=\dfrac{0.9}{0.1}e^{\frac{-t}{0.1}}\varepsilon(t)\,\mathrm{V}$，$u(t)=[\delta(t)-9e^{-10t}\varepsilon(t)]\,\mathrm{V}$

本章习题与解答

7-1 列写题 7-1 图所示电路的微分方程。

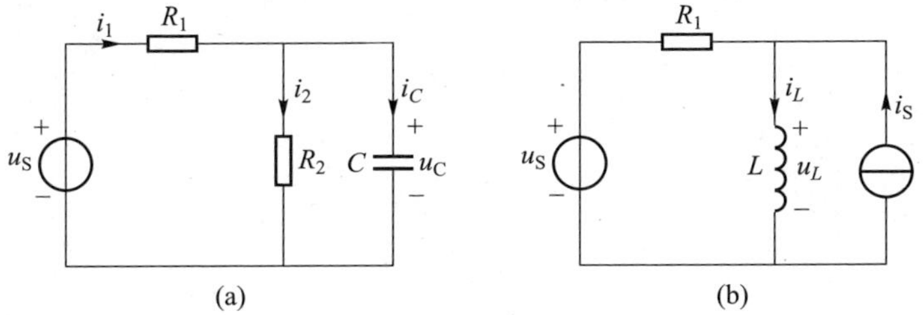

题 7-1 图

解: 如题 7-1 图(a),列 KCL 方程 $i_1=i_2+i_C$,其中 $i_2=\dfrac{u_C}{R_2}$,$i_C=C\dfrac{\mathrm{d}u_C}{\mathrm{d}t}$,

得 $i_1=\dfrac{u_C}{R_2}+C\dfrac{\mathrm{d}u_C}{\mathrm{d}t}$

列 KVL 方程 $u_S=R_1i_1+u_C=R_1\left(\dfrac{u_C}{R_2}+C\dfrac{\mathrm{d}u_C}{\mathrm{d}t}\right)+u_C=\left(\dfrac{R_1}{R_2}+1\right)u_C+R_1C\dfrac{\mathrm{d}u_C}{\mathrm{d}t}$,

整理得微分方程 $R_1C\dfrac{\mathrm{d}u_C}{\mathrm{d}t}+\dfrac{R_1+R_2}{R_2}u_C=u_S$。

如题 7-1 图(b),列 KVL 方程 $u_S=R(i_L-i_S)+u_L$,代入 $u_L=L\dfrac{\mathrm{d}i_L}{\mathrm{d}t}$,

得 $u_S=Ri_L-Ri_S+L\dfrac{\mathrm{d}i_L}{\mathrm{d}t}$,

整理得微分方程 $L\dfrac{\mathrm{d}i_L}{\mathrm{d}t}+Ri_L=u_S+Ri_S$。

7-2 列写题 7-2 图所示电路在开关 S 闭合后的微分方程。

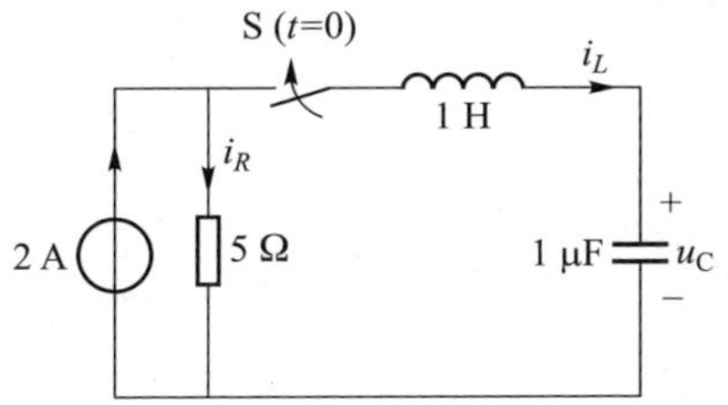

题 7-2 图

解: 如题 7-2 图所示,当 $t=0$ 时,开关 S 闭合,设电感电压 u_L 与电流 i_L 取关联参考方向,有

$$u_L=L\frac{\mathrm{d}i_L}{\mathrm{d}t},\text{又 } i_L=C\frac{\mathrm{d}u_C}{\mathrm{d}t},\text{得 } u_L=LC\frac{\mathrm{d}u_C^2}{\mathrm{d}t^2}。$$

列 KCL 方程 $i_R=i_S-i_L$,

列 KVL 方程 $Ri_R-u_L-u_C=0 \Rightarrow R(i_S-i_L)-LC\dfrac{\mathrm{d}u_C^2}{\mathrm{d}t^2}-u_C=0 \Rightarrow Ri_L+LC\dfrac{\mathrm{d}u_C^2}{\mathrm{d}t^2}+u_C=$
$Ri_S \Rightarrow RC\dfrac{\mathrm{d}u_C}{\mathrm{d}t}+LC\dfrac{\mathrm{d}u_C^2}{\mathrm{d}t^2}+u_C=Ri_S \Rightarrow 1\times10^{-6}\dfrac{\mathrm{d}u_C^2}{\mathrm{d}t^2}+5\times10^{-6}\dfrac{\mathrm{d}u_C}{\mathrm{d}t}+u_C=5\times2$,

整理得微分方程 $\dfrac{\mathrm{d}u_C^2}{\mathrm{d}t^2}+5\dfrac{\mathrm{d}u_C}{\mathrm{d}t}+10^6u_C=10^7$。(此题的 u_C 为待求变量,以 i_L 为变量略去推导)

7-3 题 7-3 图所示各电路中开关 S 在 $t=0$ 时动作,试求电路在 $t=0_+$ 时刻的电压、电流值。

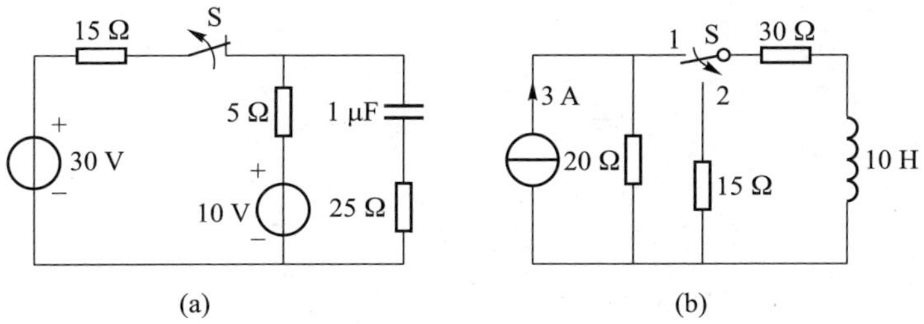

题 7-3 图

解: 题 7-3 图(a)(b)在 $t=0_-$ 和 $t=0_+$ 时刻的电路分别如题 7-3 解图(a1)和(a2)及(b1)和(b2)所示。

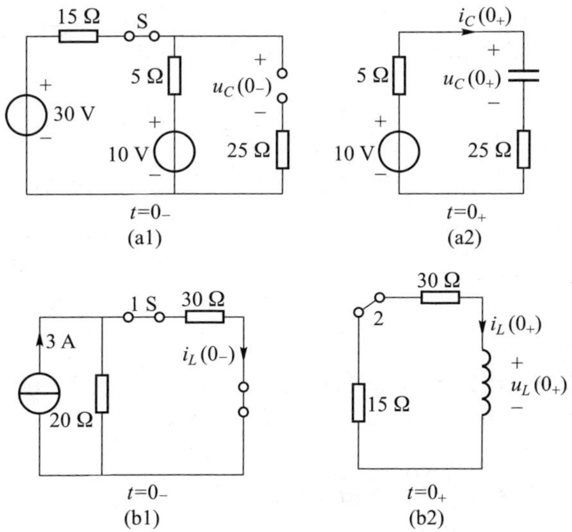

题 7-3 解图

在题 7-3 解图(a1)中，$u_C(0_-)=\left(\dfrac{5}{15+5}(30-10)+10\right)\text{ V}=15\text{ V}$，

在题 7-3 解图(a2)中，根据换路定则，有 $u_C(0_+)=u_C(0_-)=15\text{ V}$，

$$i_C(0_+)=\frac{10-u_C(0_+)}{5+25}=\frac{10-15}{30}\text{A}=-\frac{1}{6}\text{A}=-0.167\text{ A}。$$

在题 7-3 解图(b1)中，根据分流公式，有 $i_L(0_-)=\dfrac{20}{20+30}\times 3\text{ A}=1.2\text{ A}$，

在题 7-3 解图(b2)中，根据换路定则，有 $i_L(0_+)=i_L(0_-)=1.2\text{ A}$，

$u_L(0_+)=-(30+15)i_L(0_+)=-45\times1.2\text{ V}=-54\text{ V}$。

7-4 电路如题 7-4 图所示，开关未动作前电路已达到稳态，$t=0$时开关 S 打开。求 $u_C(0_+)$、$i_L(0_+)$、$\dfrac{du_C}{dt}\bigg|_{0_+}$、$\dfrac{di_L}{dt}\bigg|_{0_+}$、$\dfrac{di_R}{dt}\bigg|_{0_+}$。

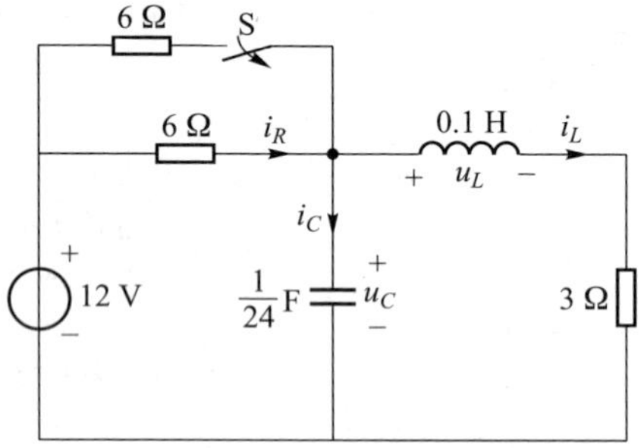

题 7-4 图

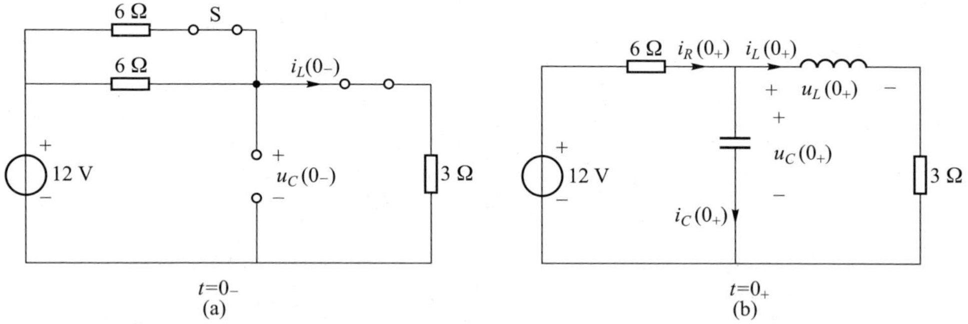

题 7-4 解图

解：题 7-4 图中，开关 S 未打开时，电路已达稳态。当 $t=0_-$时，电容相当于"开路"，电感相当于"短路"，如题 7-4 解图(a)所示。

$$i_L(0_-)=\frac{12}{6//6+3}\text{A}=\frac{12}{3+3}\text{A}=2\text{ A}$$

$$u_C(0_-)=3\times i_L(0_-)=3\times2\text{ V}=6\text{ V}$$

当开关 S 打开时，$t=0_+$时的电路如题7-4解图(b)所示。根据换路定则，有

$$u_C(0_+)=u_C(0_-)=6\text{ V},\quad i_L(0_+)=i_L(0_-)=2\text{ A}$$

$$i_R(0_+)=\frac{12-u_C(0_+)}{6}=\frac{12-6}{6}\text{A}=1\text{ A}$$

由 $i_C(0_+)=C\dfrac{du_C(t)}{dt}\bigg|_{t=0_+}$ 可知

$$\frac{du_C}{dt}\bigg|_{0_+}=\frac{i_C(0_+)}{C}=\frac{i_R(0_+)-i_L(0_+)}{C}=\frac{1-2}{\frac{1}{24}}\text{V/s}=-24\text{ V/s}$$

由 $u_L(0_+)=L\dfrac{di_L(t)}{dt}\bigg|_{t=0_+}$ 可知

$$\frac{di_L}{dt}\bigg|_{0_+}=\frac{u_L(0_+)}{L}=\frac{u_C(0_+)-3\times i_L(0_+)}{L}=\frac{6-3\times2}{L}=0$$

$$\frac{di_R}{dt}\bigg|_{0_+}=\frac{d}{dt}\left[\frac{12-u_C(t)}{6}\right]_{t=0_+}=-\frac{1}{6}\frac{du_C}{dt}\bigg|_{0_+}=-\frac{1}{6}\times(-24)\text{ A/s}=4\text{ A/s}$$

7-5 电路如题 7-5 图所示，开关 S 原在位置 1 已久，$t=0$ 时合向位置 2，求 $u_C(t)$和 $i(t)$。

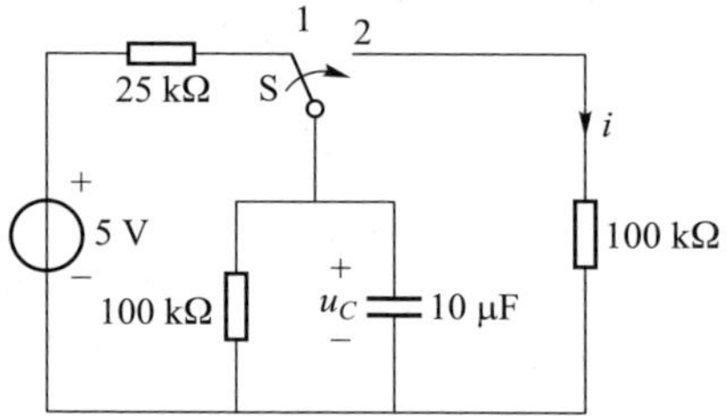

题 7-5 图

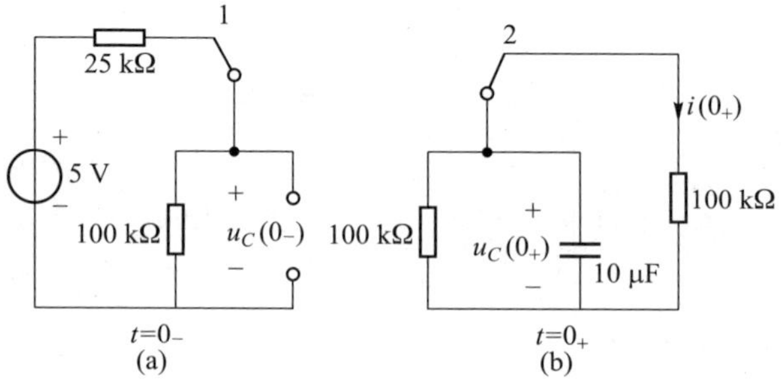

题 7-5 解图

解：题 7-5 图中，开关 S 在位置 1 已久，电路为直流稳态电路，$t=0_-$时刻，电容相当于"开路"，如题 7-5 解图(a)所示。

$$u_C(0_-)=\frac{100}{25+100}\times 5\ \text{V}=4\ \text{V}$$

换路后，开关 S 合向位置 2，u_C、i 为零输入响应，$t=0_+$ 时刻，如题 7-5 解图（b）所示。根据换路定则，有

$$u_C(0_+)=u_C(0_-)=4\ \text{V}$$

$$i(0_+)=\frac{u_C(0_+)}{100\times 10^3}=\frac{4}{10^5}\text{A}=0.04\ \text{mA}$$

电容两端看进去的等效电阻 $R_{eq}=100\times 10^3 // 100\times 10^3\ \Omega=50\times 10^3\ \Omega$，时间常数 $\tau=R_{eq}C=50\times 10^3\times 10\times 10^{-6}\ \text{s}=0.5\ \text{s}$。

由三要素公式，求得

$$u_C(t)=u_C(0_+)\text{e}^{\frac{-t}{\tau}}=4\text{e}^{-2t}\ \text{V},t\geqslant 0$$

$$i(t)=i(0_+)\text{e}^{\frac{-t}{\tau}}=0.04\text{e}^{-2t}\ \text{mA},t\geqslant 0$$

7-6 题 7-6 图中开关 S 在位置 1 已久，$t=0$ 时合向位置 2，求换路后的 $i(t)$ 和 $u_L(t)$。

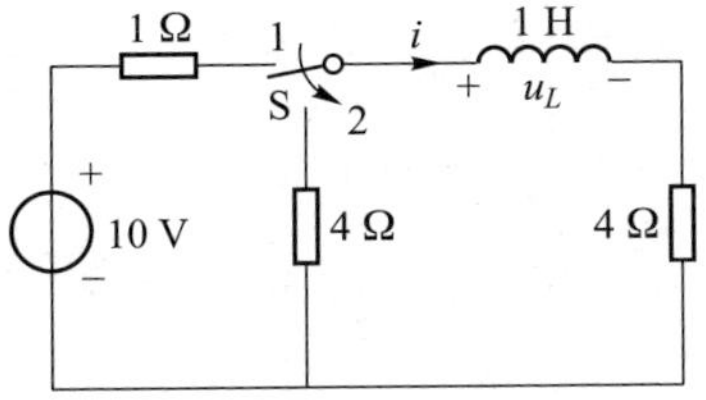

题 7-6 图

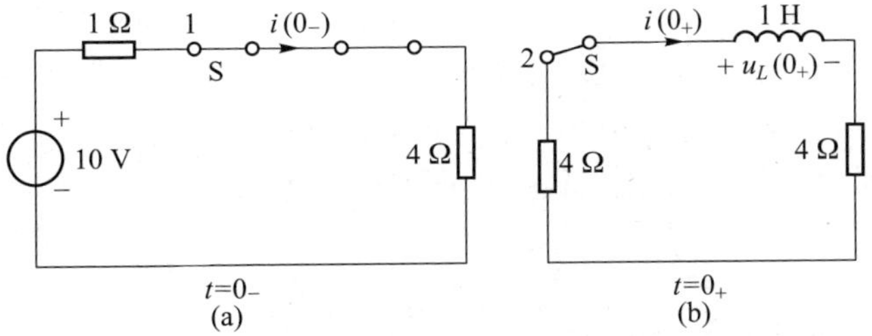

题 7-6 解图

解：题 7-6 图中，开关 S 在位置 1 已久，电路处于稳态，$t=0_-$ 时刻，电感相当于"短路"，如题 7-6 解图（a）所示，$i(0_-)=\frac{10}{1+4}\text{A}=2\ \text{A}$。

换路后，开关 S 合向位置 2，$i(t)$、$u_L(t)$ 为零输入响应，$t=0_+$ 时刻，如题图 7-6 解图（b）所示，根据换路定则，有

$$i(0_+)=i(0_-)=2\ \text{A}$$

$$u_L(0_+)=-(4+4)\,i(0_+)=-8\times 2\ \text{V}=-16\ \text{V}$$

电感两端看进去的等效电阻为

$$R_{eq}=(4+4)\,\Omega=8\ \Omega$$

$$\tau=\frac{L}{R_{eq}}=\frac{1}{8}\text{s}=0.125\ \text{s}$$

由三要素公式，求出

$$i(t)=i(0_+)\text{e}^{\frac{-t}{\tau}}=2\text{e}^{-8t}\text{A}$$

$$u_L(t)=u_L(0_+)\text{e}^{\frac{-t}{\tau}}=-16\text{e}^{-8t}\ \text{V}$$

7-7 题 7-7 图所示电路中，若 $t=0$ 时开关 S 闭合，求电流 i。

解：题 7-7 图中，换路前，开关 S 打开，电路处于稳态，$t=0_-$ 时刻，电感相当于"短路"，电容相当于"开路"，如题 7-7 解图（a）所示。

$$i_L(0_-)=\frac{60}{100+150}\text{A}=0.24\ \text{A}$$

$$u_C(0_-)=100i_L(0_-)=24\ \text{V}$$

换路后，如题 7-7 解图（b）所示，i_L、u_C 为零输入响应，根据换路定则，有

$$i_L(0_+)=i_L(0_-)=0.24\ \text{A}$$

$$u_C(0_+)=u_C(0_-)=24\ \text{V}$$

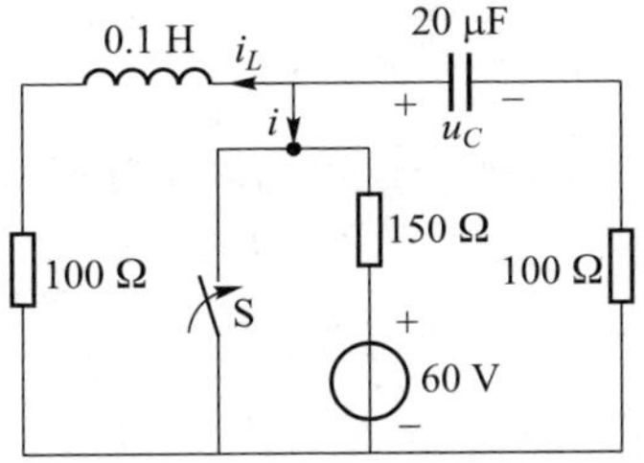

题 7-7 图

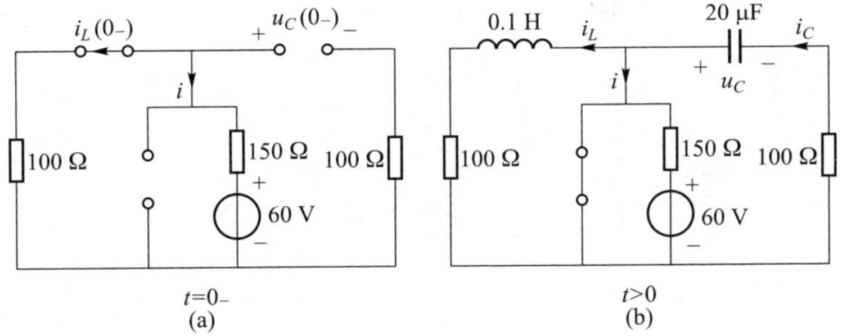

题 7-7 解图

题 7-7 解图（b）中，$i_C(0_+)=\frac{u_C(0_+)}{100}=\frac{24}{100}\text{A}=0.24\ \text{A}$

RL 回路的时间常数 $\tau_1=\frac{L}{R}=\frac{0.1}{100}\text{s}=10^{-3}\ \text{s}$

RC 回路的时间常数 $\tau_2=RC=100\times 20\times 10^{-6}\ \text{s}=2\times 10^{-3}\ \text{s}$

由三要素公式，求出

$$i_L(t)=i_L(0_+)e^{\frac{-t}{\tau_1}}=0.24e^{-10^3 t}\ \text{A}$$

$$u_C(t)=u_C(0_+)e^{\frac{-t}{\tau_2}}=24e^{-500t}\ \text{V}$$

$$i_C(t)=i_C(0_+)e^{\frac{-t}{\tau_2}}=0.24e^{-500t}\ \text{A}$$

$$i(t)=i_C(t)-i_L(t)=0.24(e^{-500t}-e^{-1000t})\ \text{A}$$

7-8 题 7-8 图所示电路中，已知电容电压 $u_C(0_-)=10$ V，$t=0$时开关 S 闭合，求 $t\geqslant 0$ 时电流 $i(t)$。

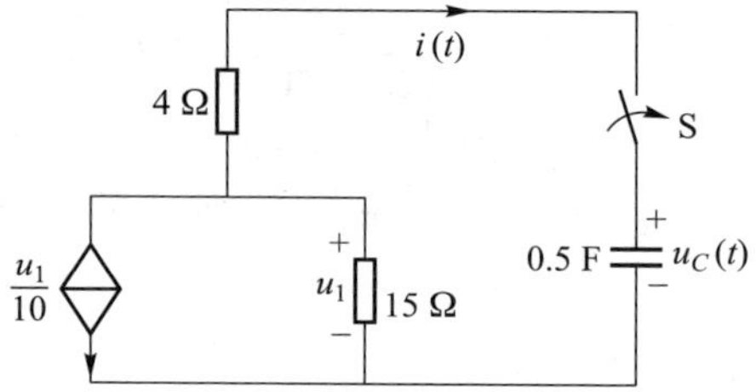

题 7-8 图

解：题 7-8 图中，开关 S 闭合后，根据换路定则，有 $u_C(0_+)=u_C(0_-)=10$ V。

对右网孔（元件 4 Ω、15 Ω、0.5 F 构成），列 KVL 方程，有

$$u_C=u_1-4i \qquad \langle 1\rangle$$

对元件 4 Ω、$\frac{u_1}{10}$、15 Ω 连接的节点列 KCL 方程，有

$$i=-\frac{u_1}{10}-\frac{u_1}{15}=-\frac{25}{10\times 15}u_1 \quad\Rightarrow\quad i=-\frac{1}{6}u_1 \qquad \langle 2\rangle$$

将〈2〉式代入〈1〉式，得 $u_C=u_1-4\times\left(-\frac{1}{6}u_1\right)=\frac{5}{3}u_1 \quad\Rightarrow\quad u_1=0.6\ u_C$ 〈3〉

将〈3〉式代入〈2〉式，得

$$i=\left(-\frac{1}{6}\right)\times 0.6u_C=-0.1u_C,\ u_C=-10i \qquad \langle 4\rangle$$

将 $i=C\frac{\mathrm{d}u_C}{\mathrm{d}t}$代入〈4〉式，得

$$u_C=-10C\frac{\mathrm{d}u_C}{\mathrm{d}t} \quad\Rightarrow\quad 10C\frac{\mathrm{d}u_C}{\mathrm{d}t}+u_C=0 \qquad \langle 5\rangle$$

将〈4〉代入〈5〉式，得 $10C\frac{\mathrm{d}i}{\mathrm{d}t}+i=0 \quad\Rightarrow\quad \tau\frac{\mathrm{d}i}{\mathrm{d}t}+i=0$ 〈6〉

〈6〉式为一阶齐次微分方程的标准形式，则 $\tau=10C=10\times 0.5\ \text{s}=5\ \text{s}$，解得 $i(t)=i(0_+)e^{\frac{-t}{\tau}}$，由〈4〉式得

$$i(0_+)=-\frac{1}{10}u_C(0_+)=-\frac{1}{10}\times 10\ \text{A}=-1\ \text{A}$$

所以 $i(t)=-e^{\frac{-t}{5}}$A。

7-9 电路如题 7-9 图所示，开关 S 闭合时电路已达稳态。若 $t=0$ 时将开关 S 打开，求开关打开后的电流 i。

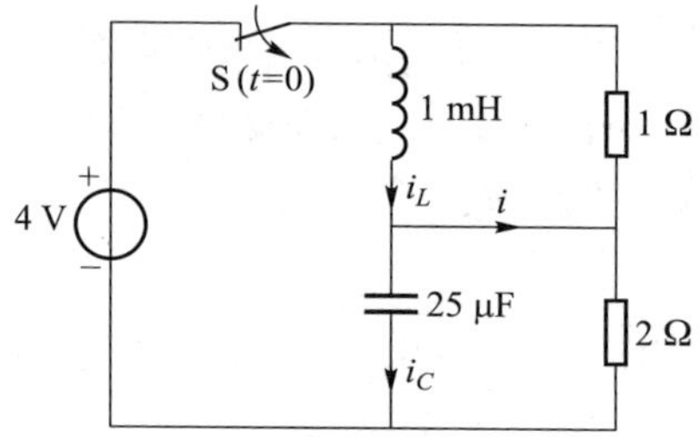

题 7-9 图

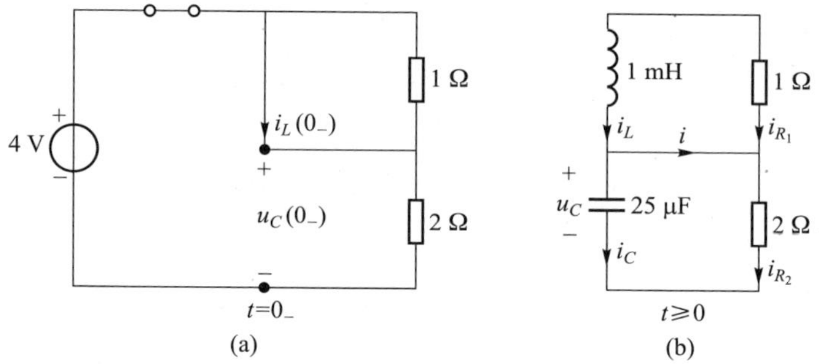

题 7-9 解图

解：对题 7-9 图，已知 $t<0$ 时，开关 S 闭合，电路已达稳态。

当 $t=0_-$时，换路前的电路如题 7-9 解图(a)所示，

$$u_C(0_-)=4\ \text{V},\quad i_L(0_-)=\frac{4}{2}\text{A}=2\ \text{A}$$

当换路后，根据换路定则，有

$$u_C(0_+)=u_C(0_-)=4\ \text{V}$$

$$i_L(0_+)=i_L(0_-)=2\ \text{A}$$

当 $t\geqslant 0$ 时，换路后的电路如题 7-9 解图(b)所示，

$$i_C(t)=-i_{R_2} \quad\Rightarrow\quad C\frac{\mathrm{d}u_C}{\mathrm{d}t}=-\frac{u_C}{R_2} \quad\Rightarrow\quad R_2C\frac{\mathrm{d}u_C}{\mathrm{d}t}+u_C=0$$

$2\times 25\times 10^{-6}\frac{\mathrm{d}u_C}{\mathrm{d}t}+u_C=0$，整理微分方程，得 $5\times 10^{-5}\frac{\mathrm{d}u_C}{\mathrm{d}t}+u_C=0$，解得

$$u_C(t)=u_C(0_+)e^{-\frac{t}{R_2C}}=4e^{-\frac{t}{5\times 10^{-5}}}\ \text{V}=4e^{-20000t}\ \text{V}$$

$$i_C(t)=C\frac{\mathrm{d}u_C}{\mathrm{d}t}=25\times10^{-6}\frac{\mathrm{d}}{\mathrm{d}t}(4\mathrm{e}^{-20000t})\ \mathrm{A}=[25\times10^{-6}\times4\times(-20000)\mathrm{e}^{-20000t}]\ \mathrm{A}$$
$$=-2\mathrm{e}^{-20000t}\ \mathrm{A}$$

$i_L(t)=-i_{R_1}=-\dfrac{u_L(t)}{R_1}$，代入 $u_L(t)=L\dfrac{\mathrm{d}i_L}{\mathrm{d}t}$，得 $i_L=-\dfrac{L}{R_1}\dfrac{\mathrm{d}i_L}{\mathrm{d}t}\ \Rightarrow\ \dfrac{10^{-3}}{1}\dfrac{\mathrm{d}i_L}{\mathrm{d}t}+i_L=0$，

整理微分方程，得 $10^{-3}\dfrac{\mathrm{d}i_L}{\mathrm{d}t}+i_L=0$，解得

$$i_L(t)=i_L(0_+)\mathrm{e}^{-\frac{t}{L/R_1}}=2\mathrm{e}^{-\frac{t}{10^{-3}}}\ \mathrm{A}=2\mathrm{e}^{-1000t}\ \mathrm{A}$$

求得 $i(t)=i_L-i_C=[2\mathrm{e}^{-1000t}-(-2\mathrm{e}^{-20000t})]\ \mathrm{A}=(2\mathrm{e}^{-1000t}+2\mathrm{e}^{-20000t})\ \mathrm{A}$。

7-10 题 7-10 图所示电路中，若 $t=0$ 时开关 S 打开，求 u_C 和电流源发出的功率。

解： 题 7-10 图中，换路前，开关 S 合上时，电路已处于稳态，$t=0_-$ 时刻，电容相当于“开路”，如题 7-10 解图(a)所示，$u_C(0_-)=0$。

换路后，开关 S 打开，根据换路定则，有 $u_C(0_+)=u_C(0_-)=0$。

$t>0$ 时，如题 7-10 解图(b)所示。

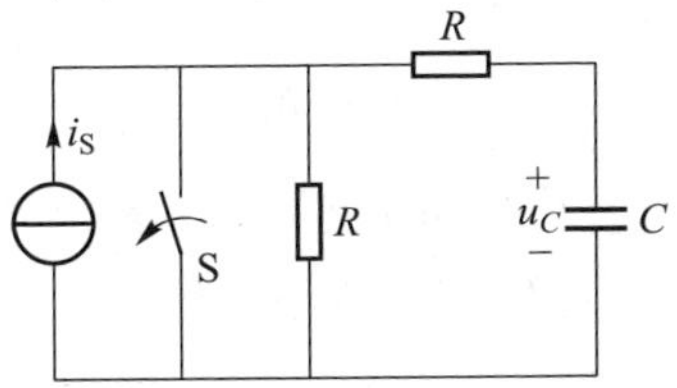

题 7-10 图

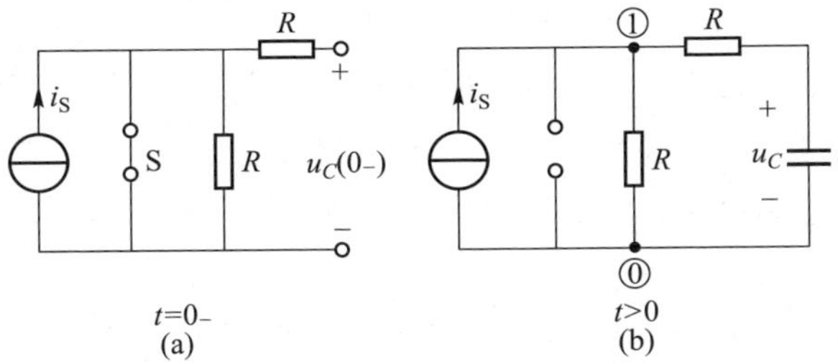

题 7-10 解图

$$\tau=R_{\mathrm{eq}}C=(R+R)C=2RC,\ u_C(\infty)=Ri_S$$

由三要素公式，求出

$$u_C(t)=u_C(\infty)(1-\mathrm{e}^{\frac{-t}{\tau}})=Ri_S(1-\mathrm{e}^{\frac{-t}{2RC}})$$

列节点①的节点电压方程，有

$$\frac{u_{n1}}{R}+\frac{u_{n1}-u_C}{R}=i_S\ \Rightarrow\ u_{n1}=\frac{Ri_S+u_C}{2}$$

电流源的功率为 $p_{i_S}=u_{n1}i_S=\dfrac{1}{2}(Ri_S+u_C)i_S=\dfrac{1}{2}[Ri_S+Ri_S(1-\mathrm{e}^{\frac{-t}{2RC}})]i_S$

$$=\frac{R}{2}i_S^2\ (2-\mathrm{e}^{\frac{-t}{2RC}})=Ri_S^2(1-0.5\mathrm{e}^{\frac{-t}{2RC}})$$

7-11 题 7-11 图所示电路中开关 S 打开前已处稳定状态。$t=0$ 开关 S 打开，求 $t>0$ 时的 $u_L(t)$ 和电压源发出的功率。

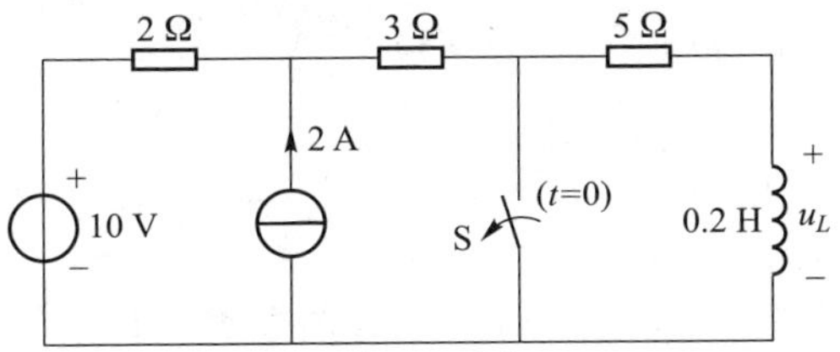

题 7-11 图

解： 题 7-11 图所示电路在 $t=0_-$、$t=0_+$、$t\to\infty$ 时的等效电路如题 7-11 解图(a)(b)(c)所示。

直流稳态电路中，当 $t<0$ 时，电路已处于稳定状态，则 $t=0_-$ 时刻及 $t\to\infty$ 时，电感相当于“短路”。

题 7-11 解图(a)中，$i_L(0_-)=0$。

题 7-11 解图(b)中，根据换路定则，有

$$i_L(0_+)=i_L(0_-)=0$$
$$u_L(0_+)=-(3+5)i_L(0_+)+2[2-i_L(0_+)]+10=14\ \mathrm{V}$$
$$i_1(0_+)=i_L(0_+)-2=-2\ \mathrm{A}。$$

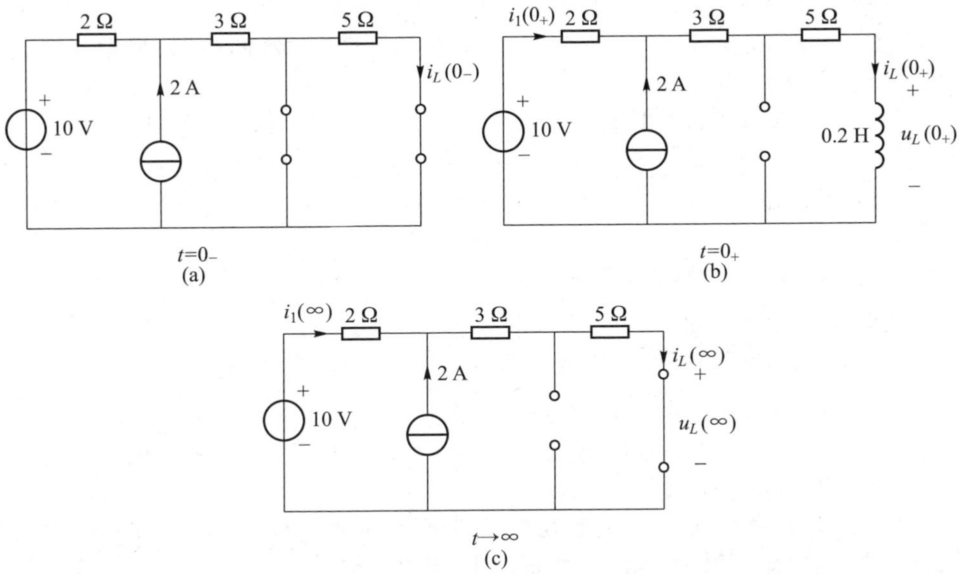

题 7-11 解图

题 7-11 解图(c)中，$u_L(\infty)=0, 2i_1(\infty)+8[2+i_1(\infty)]=10$

$$\Rightarrow \quad i_1(\infty)=\frac{-6}{10}\text{A}=-0.6\ \text{A}$$

$$R_{eq}=(5+3+2)\ \Omega=10\ \Omega$$

$$\tau=\frac{L}{R_{eq}}=\frac{0.2}{10}\text{s}=0.02\ \text{s}$$

由三要素公式，得 $u_L(t)=u_L(0_+)\text{e}^{\frac{-t}{\tau}}=14\text{e}^{-50t}\ \text{V}$

$$i_1(t)=i_1(\infty)+[i_1(0_+)-i_1(\infty)]\text{e}^{\frac{-t}{\tau}}$$
$$=[-0.6+(-2+0.6)\text{e}^{-50t}]\ \text{A}=(-0.6-1.4\text{e}^{-50t})\ \text{A}$$

$p_{10\ \text{V}}=10i_1(t)=10\times(-0.6-1.4\text{e}^{-50t})\ \text{W}=(-6-14\text{e}^{-50t})\ \text{W}$

7-12　题 7-12 图所示电路中开关闭合前电容无初始储能，$t=0$时开关 S 闭合，求 $t\geqslant0$ 时的电容电压 $u_C(t)$。

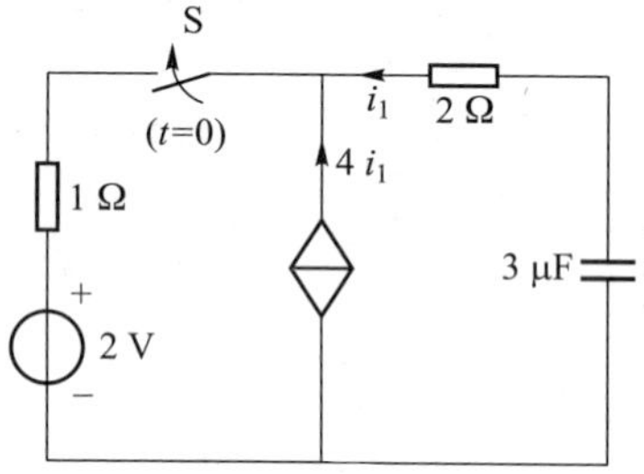

题 7-12 图

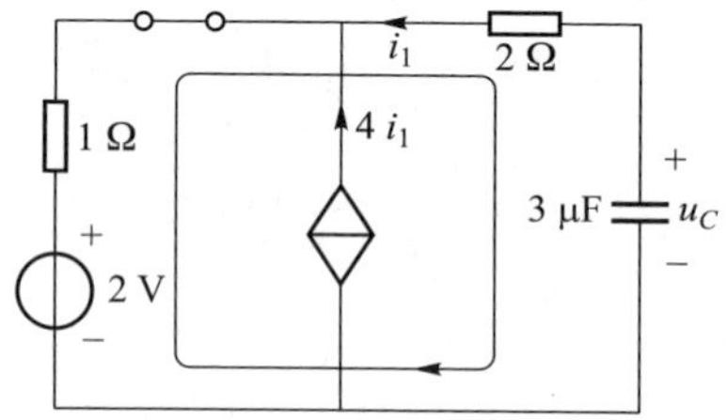

题 7-12 解图

解：题 7-12 图在 $t<0$ 时，开关 S 打开，已知 $u_C(0_-)=0$。

题 7-12 图在 $t>0$ 时，开关 S 闭合，电路如题 7-12 解图所示，根据换路定则，有 $u_C(0_+)=u_C(0_-)=0$。

题 7-12 解图中，列回路 KVL 方程

$$u_C-2i_1=1\cdot(i_1+4i_1)+2 \quad \Rightarrow \quad u_C=7i_1+2$$

又 $i_1=-C\dfrac{\text{d}u_C}{\text{d}t}$，则

$$u_C=-7C\frac{\text{d}u_C}{\text{d}t}+2 \quad \Rightarrow \quad 7C\frac{\text{d}u_C}{\text{d}t}+u_C=2$$

由微分方程可得出

$$\tau=7C=7\times3\times10^{-6}\ \text{s}=21\times10^{-6}\ \text{s}, \qquad u_C(\infty)=2\ \text{V}$$

解得 $u_C(t)=u_C(\infty)(1-\text{e}^{\frac{-t}{\tau}})=2(1-\text{e}^{-\frac{10^6}{21}t})\ \text{V}$。

7-13　题 7-13 图所示电路，已知 $i_L(0_-)=0$，$t=0$ 时开关闭合，求 $t\geqslant0$ 时的电流 $i_L(t)$ 和电压 $u_L(t)$。

解：题 7-13 图开关闭合后，按换路定则，有 $i_L(0_+)=i_L(0_-)=0$。当 $t\to\infty$，电路达到稳态时，电感相当于"短路"，如题 7-13 解图所示。

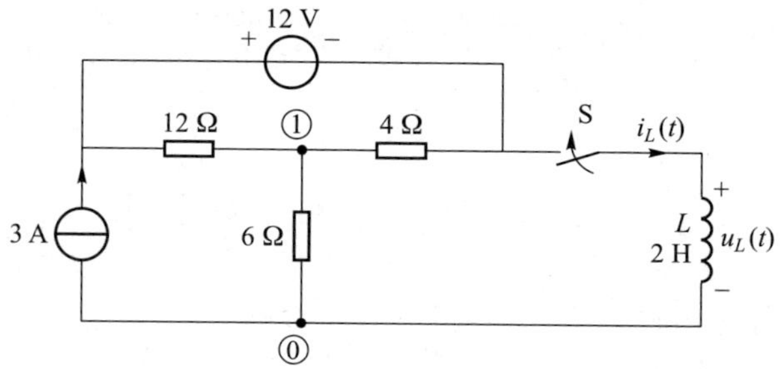

题 7-13 图

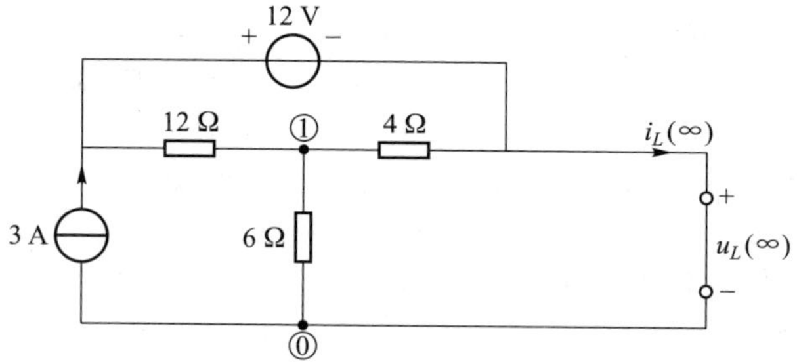

$t\to\infty$

题 7-13 解图

$$i_L(\infty)=3\ \text{A}-\frac{u_{n1}}{6\ \Omega}=3\ \text{A}-\frac{1}{6\ \Omega}\times\frac{4\ \Omega/\!/6\ \Omega}{12+4\ \Omega/\!/6\ \Omega}\times12\ \text{V}=\left(3-\frac{48}{144}\right)\text{A}=\frac{384}{144}\text{A}=\frac{8}{3}\text{A}$$

$$R_{eq}=\left(\frac{12\times4}{12+4}+6\right)\Omega=9\ \Omega\text{（将电压源短路、电流源开路）}$$

$$\tau=\frac{L}{R_{eq}}=\frac{2}{9}\text{s}$$

由三要素法得

$$i_L(t)=i_L(\infty)+[i_L(0_+)-i_L(\infty)]\ \text{e}^{\frac{-t}{\tau}}=\frac{8}{3}(1-\text{e}^{-4.5t})\ \text{A}$$

$$u_L(t)=2\frac{\text{d}i_L(t)}{\text{d}t}=\left(2\times\frac{8}{3}\times4.5\text{e}^{-4.5t}\right)\text{V}=24\text{e}^{-4.5t}\ \text{V}$$

7-14　题 7-14 图所示电路，开关 S 原打开，已达到稳定状态。$t=0$ 时闭合 S，求开关闭合后的电流 $i(t)$。

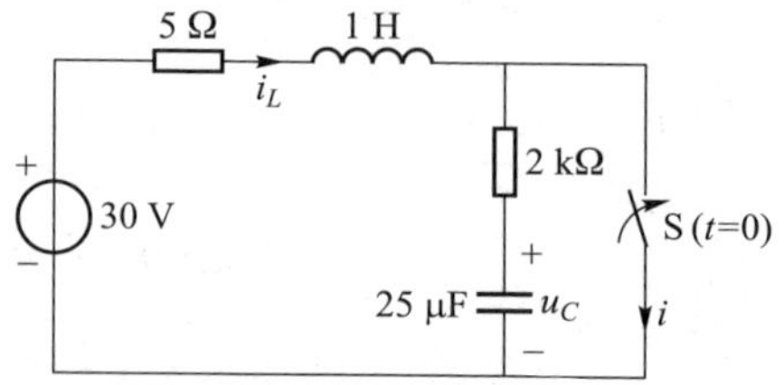

题 7-14 图

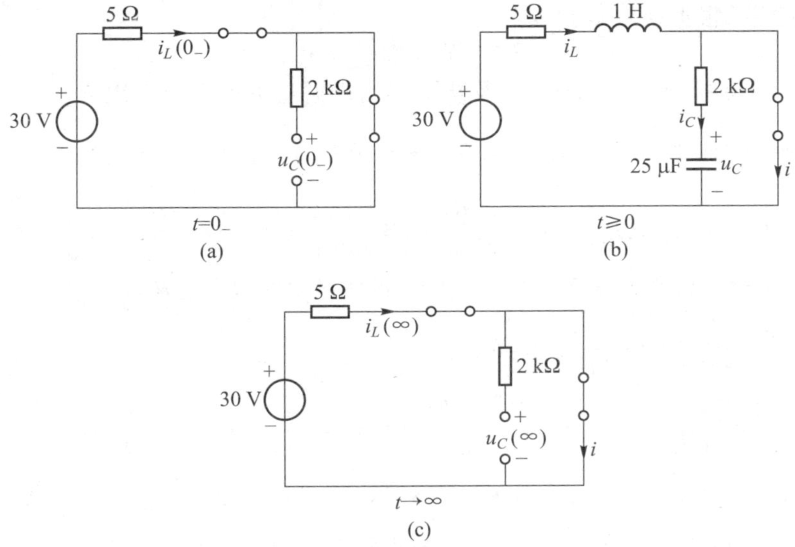

题 7-14 解图

解：已知开关 S 动作前，电路已稳定，

当 $t=0_-$ 时，电路如题 7-14 解图(a)所示。

$$i_L(0_-)=0,\ u_C(0_-)=30\ \mathrm{V}$$

当 $t\geqslant 0$ 时，开关 S 闭合，电路如题 7-14 解图(b)所示。

根据换路定则，有 $i_L(0_+)=i_L(0_-)=0,\quad u_C(0_+)=u_C(0_-)=30\ \mathrm{V}$。

电路中 RC 串联支路被短路，电路视为一阶 RL 电路（求零状态响应）和一阶 RC 电路（求零输入响应）两部分，电路有两个时间常数。

$$\tau_L=\frac{L}{R_1}=\frac{1}{5}\mathrm{s}=0.2\ \mathrm{s},\quad \tau_C=R_2C=(2\times10^3\times25\times10^{-6})\ \mathrm{s}=5\times10^{-2}\ \mathrm{s}$$

当 $t\to\infty$ 时，电路如题 7-14 解图(c)所示。

$$i_L(\infty)=\frac{30}{5}\mathrm{A}=6\ \mathrm{A},\quad u_C(\infty)=0$$

$$i_L(t)=i_L(\infty)(1-\mathrm{e}^{-\frac{t}{\tau_L}})=6(1-\mathrm{e}^{-\frac{t}{0.2}})\ \mathrm{A}=6(1-\mathrm{e}^{-5t})\ \mathrm{A}$$

$$u_C(t)=u_C(0_+)\mathrm{e}^{-\frac{t}{\tau_C}}=30\mathrm{e}^{-\frac{t}{5\times10^{-2}}}\ \mathrm{V}=30\mathrm{e}^{-20t}\ \mathrm{V}$$

$$i_C(t)=C\frac{\mathrm{d}u_C}{\mathrm{d}t}=25\times10^{-6}\frac{\mathrm{d}}{\mathrm{d}t}(30\mathrm{e}^{-20t})\ \mathrm{A}=[25\times10^{-6}\times30\times(-20)\mathrm{e}^{-20t}]\ \mathrm{A}$$

$$=-15\times10^{-3}\mathrm{e}^{-20t}\ \mathrm{A}$$

$$i(t)=i_L(t)-i_C(t)=[6(1-\mathrm{e}^{-5t})-(-15\times10^{-3}\mathrm{e}^{-20t})]\ \mathrm{A}$$

$$=[6(1-\mathrm{e}^{-5t})+15\times10^{-3}\mathrm{e}^{-20t}]\ \mathrm{A}$$

7-15 题 7-15 图所示电路中开关打开以前电路已达稳态，$t=0$时开关 S 打开。求 $t\geqslant 0$ 时的 $i_C(t)$，并求 $t=2$ ms 时电容的能量。

解：题 7-15 图所示电路在 $t=0_-$、$t=0_+$、$t=\infty$ 时的等效电路如题 7-15 解图(a)(b)(c)所示。

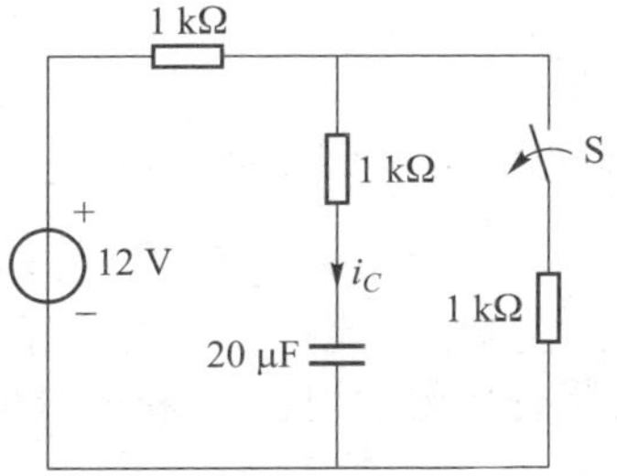

题 7-15 图

题 7-15 解图(a)中，$u_C(0_-)=\dfrac{1}{1+1}\times12\ \mathrm{V}=6\ \mathrm{V}$。

题 7-15 解图(b)中，按换路定则，有 $u_C(0_+)=u_C(0_-)=6\ \mathrm{V}$

$$i_C(0_+)=\frac{12-u_C(0_+)}{1+1}=\frac{12-6}{2}\mathrm{mA}=3\ \mathrm{mA}$$

题 7-15 解图(c)中，$u_C(\infty)=12\ \mathrm{V}$，$i_C(\infty)=0$

$R_{\mathrm{eq}}=(1+1)\times10^3\ \Omega=2\times10^3\ \Omega$（将电压源视为短路）

$$\tau=R_{\mathrm{eq}}C=2\times10^3\times20\times10^{-6}\ \mathrm{s}=0.04\ \mathrm{s}$$

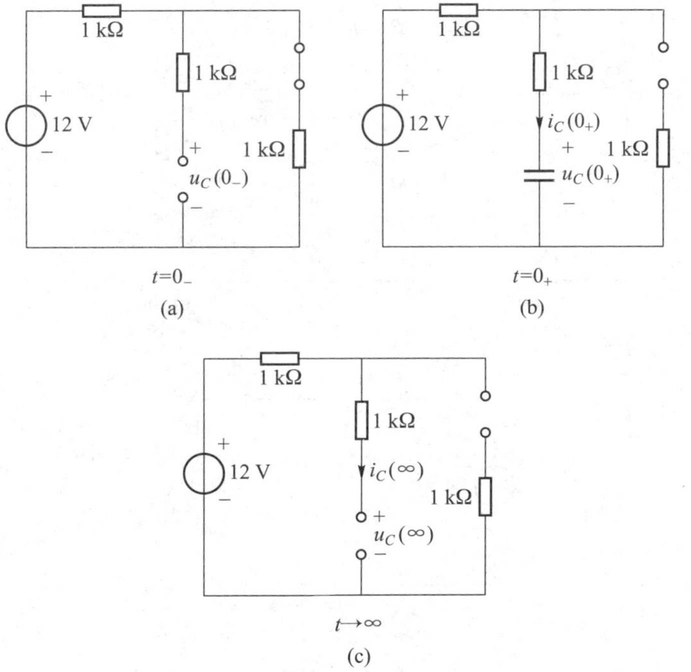

题 7-15 解图

按三要素法，有 $i_C(t)=i_C(0_+)e^{\frac{-t}{\tau}}=3e^{-25t}$ mA

$$u_C(t)=u_C(\infty)+[u_C(0_+)-u_C(\infty)]e^{\frac{-t}{\tau}}=[12+(6-12)e^{-25t}]\text{V}$$
$$=(12-6e^{-25t})\text{V}$$

$$W_C(t)=\frac{1}{2}Cu_C^2(t)=\frac{1}{2}\times20\times10^{-6}\times(12-6e^{-25t})\text{J}=6\times10^{-5}(2-e^{-25t})\text{J}$$

$$W_C(2\text{ ms})=W_C(t)\big|_{t=2\text{ ms}}=6\times10^{-5}(2-e^{-25\times2\times10^{-3}})\text{J}=396\times10^{-6}\text{ J}$$

7-16　题 7-16 图所示电路中直流电压源的电压为 24 V，且电路已达稳态。$t=0$ 时闭合开关 S，求开关闭合后电感电流 i_L 和直流电压源发出的功率。

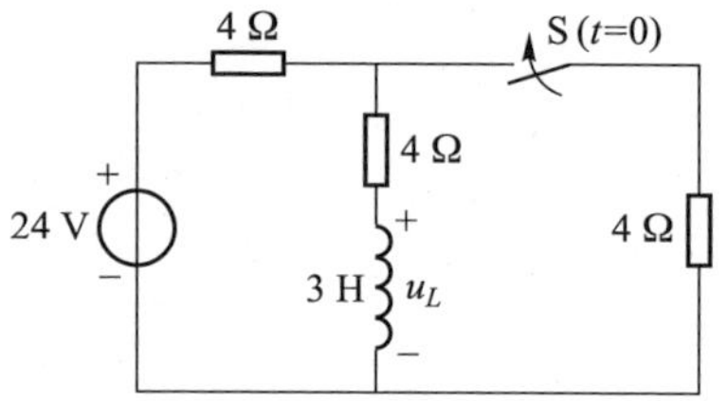

题 7-16 图

解：如题 7-16 图所示，开关 S 闭合前，电路已达稳态。

当 $t=0_-$、$t=0_+$、$t\to\infty$ 时，电路分别如题 7-16 解图(a)(b)(c)所示。

由题 7-16 解图(a)，求得 $i_L(0_-)=\dfrac{24}{R_1+R_2}=\dfrac{24}{4+4}\text{A}=3\text{ A}$。

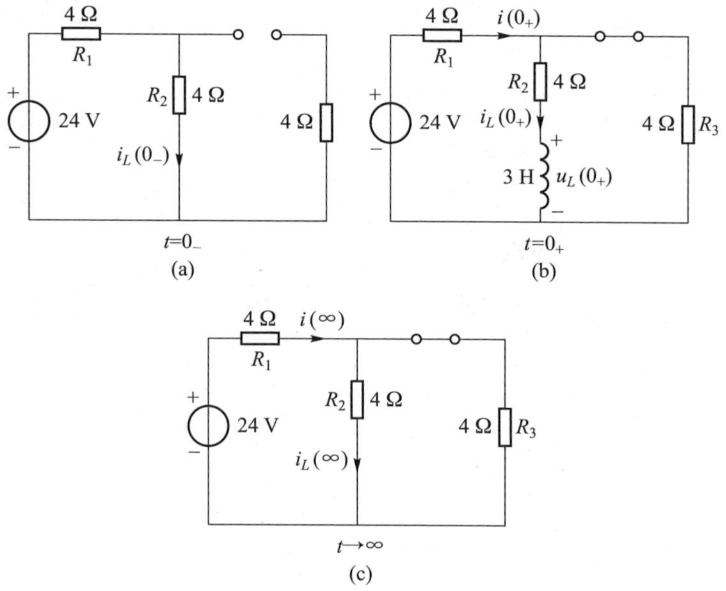

题 7-16 解图

开关闭合后，根据换路定则，有

$$i_L(0_+)=i_L(0_-)=3\text{ A}$$

由题 7-16 解图(b)，求 $i(0_+)$ 以及从电感两端看进去的等效电阻 R_{eq1}。

对外层回路，列 KVL，有 $24=4i(0_+)+4[i(0_+)-i_L(0_+)]\Rightarrow i(0_+)=\dfrac{i_L(0_+)}{2}+3=\left(\dfrac{3}{2}+3\right)\text{A}=4.5\text{ A}$，$R_{eq1}=R_2+\dfrac{R_1R_3}{R_1+R_3}=\left(4+\dfrac{4\times4}{4+4}\right)\Omega=6\ \Omega$，$\tau=\dfrac{L}{R_{eq1}}=\dfrac{3}{6}\text{s}=0.5\text{ s}$

由题 7-16 解图(c)，求电源两端向右看去的等效电阻 R_{eq2} 及 $i(\infty)$、$i_L(\infty)$。

$$R_{eq2}=R_1+\frac{R_2R_3}{R_2+R_3}=\left(4+\frac{4\times4}{4+4}\right)\Omega=6\ \Omega,$$

$$i(\infty)=\frac{24}{R_{eq2}}=\frac{24}{6}\text{A}=4\text{ A},\quad i_L(\infty)=\frac{R_3}{R_2+R_3}i(\infty)=\frac{4}{4+4}i(\infty)=\left(\frac{4}{4+4}\times4\right)\text{A}=2\text{ A}$$

所以，$i_L(t)=i_L(\infty)+[i_L(0_+)-i_L(\infty)]e^{-\frac{t}{\tau}}=[2+(3-2)e^{\frac{-t}{0.5}}]\text{A}=(2+e^{-2t})\text{A}$

$i(t)=i(\infty)+[i(0_+)-i(\infty)]e^{-\frac{t}{\tau}}=[4+(4.5-4)e^{\frac{-t}{0.5}}]\text{A}=(4+0.5e^{-2t})\text{A}$

直流电压源的功率为

$$P=u_Si=[24\times(4+0.5e^{-2t})]\text{W}=(96+12e^{-2t})\text{W}$$

7-17　题 7-17 图所示电路中，$e(t)=220\sqrt{2}\cos(314t+30°)$ V，$u_C(0_-)=U_0$，$t=0$ 时合上开关 S。(1) 求 u_C；(2) $u_C(0_-)$为何值时，瞬态分量为零？

解：(1) 题 7-17 图换路后，开关 S 合上，当 $t>0$ 时，列写电路的微分方程

$$RC\frac{du_C(t)}{dt}+u_C(t)=e(t)，其中\ \tau=RC=200\times100\times10^{-6}\text{ s}=0.02\text{ s}$$

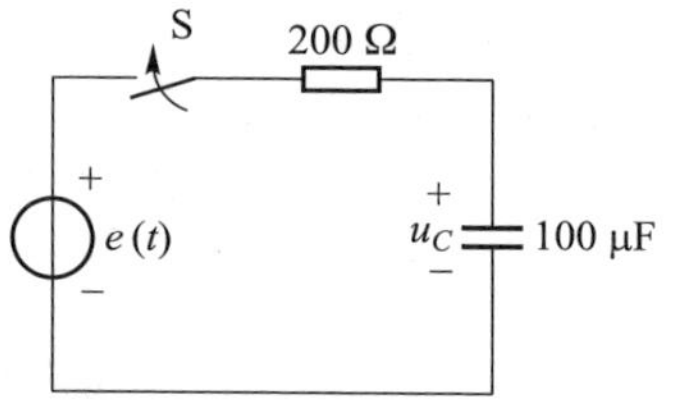

题 7-17 图

其微分方程的通解为 $u_C(t)=u_C'(t)+u_C''(t)$，其中 u_C''为微分方程化为齐次方程的通解，即

$$u_C''(t)=Ae^{-\frac{t}{\tau}}$$

$u_C'(t)$为微分方程的特解，即 $RC\dfrac{du_C'(t)}{dt}+u_C'(t)=e(t)$

设特解 $u_C'(t)=U_m\cos(\omega t+\theta)$，代入微分方程，得

$$-RCU_m\omega\sin(\omega t+\theta)+U_m\cos(\omega t+\theta)=220\sqrt{2}\cos(314t+30°)\quad\langle1\rangle$$

〈1〉式的左边为：$U_m[\cos(\omega t+\theta)-\omega RC\sin(\omega t+\theta)]$

$$= U_m\sqrt{1+(\omega RC)^2}\left[\frac{1}{\sqrt{1+(\omega RC)^2}}\cos(\omega t+\theta)-\frac{\omega RC}{\sqrt{1+(\omega RC)^2}}\sin(\omega t+\theta)\right]$$

$$= U_m\omega C|Z|[\cos\varphi\cos(\omega t+\theta)-\sin\varphi\sin(\omega t+\theta)] = U_m\omega C|Z|\cos(\omega t+\theta+\varphi)$$

其中，$|Z|=\sqrt{R^2+\left(\frac{1}{\omega C}\right)^2}$，$\cos\varphi=\frac{1}{\sqrt{1+(\omega RC)^2}}$，$\sin\varphi=\frac{\omega RC}{\sqrt{1+(\omega RC)^2}}$

〈1〉式整理后为 $U_m\omega C|Z|\cos(\omega t+\theta+\varphi)=220\sqrt{2}\cos(314t+30°)$ 〈2〉

在〈2〉式中，有$\begin{cases}U_m\omega C|Z|=220\sqrt{2}\\ \theta+\varphi=30°\end{cases}$ ⇒

$$\begin{cases}U_m=\dfrac{220\sqrt{2}}{\omega C|Z|}=\dfrac{220\sqrt{2}}{\sqrt{1+(\omega RC)^2}}=\dfrac{220\sqrt{2}}{\sqrt{1+(314\times0.02)^2}}\text{ V}=\dfrac{220\sqrt{2}}{\sqrt{1+6.28^2}}\text{ V}=48.93\text{ V}\\ \theta=30°-\varphi=30°-\tan^{-1}\omega RC=30°-\tan^{-1}6.28=30°-80.95°=-50.95°\end{cases}$$

求得特解为 $u'_C(t)=48.93\cos(314t-50.95°)$ V，则通解为

$$u_C(t)=48.93\cos(314t-50.95°)+Ae^{\frac{-t}{\tau}},$$
$$u_C(0_+)=u_C(t)|_{t=0_+}=48.93\cos 50.95°+A$$
$$\Rightarrow\quad A=u_C(0_+)-48.93\cos 50.95°=u_C(0_+)-30.825$$

按换路定则，有

$$u_C(0_+)=u_C(0_-),A=u_C(0_-)-30.825$$
$$u_C(t)=\{[u_C(0_-)-30.825]e^{-50t}+48.93\cos(314t-50.95°)\}\text{ V}$$

（2）当 $u_C(0_-)=30.825$ V 时，瞬态分量为零，此时

$$u_C(t)=48.93\cos(314t-50.95°)\text{ V}$$

7-18 题 7-18 图所示电路中各参数已给定，开关 S 打开前电路为稳态。$t=0$ 时开关 S 打开，求开关打开后电压 $u(t)$。

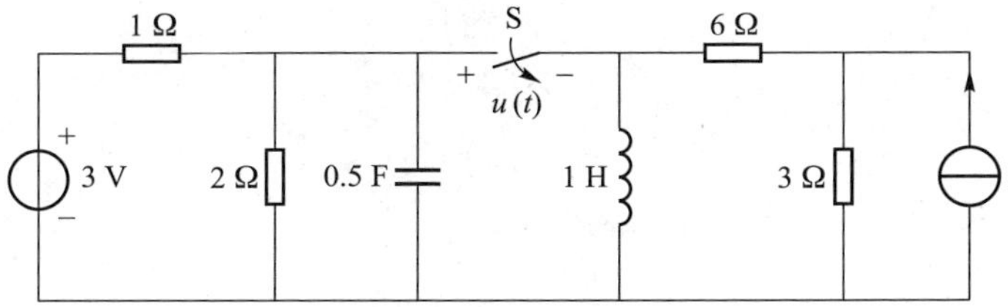

题 7-18 图

解：题 7-18 图所示电路在 $t=0_-$、$t=0_+$、$t>0$、$t\to\infty$ 时的等效电路如题 7-18 解图(a)(b)(c)(d)所示。

题 7-18 解图(a)中，$u_C(0_-)=0$，$i_L(0_-)=\left(\frac{3}{6+3}\times9+\frac{3}{1}\right)$ A $=6$ A

题 7-18 解图(b)中，按换路定则

$$u_C(0_+)=u_C(0_-)=0,i_L(0_+)=i_L(0_-)=6\text{ A}$$
$$u_L(0_+)=-6i_L(0_+)+3[9-i_L(0_+)]=[-6\times6+3(9-6)]\text{ A}=-27\text{ A}$$

题 7-18 解图(c)中，$u(t)=u_C(t)-u_L(t)$，因电路分为左、右两部分，需求左侧的一阶 RC 电路的 $u_C(t)$ 及右侧的一阶 RL 电路的 $u_L(t)$。

左侧的一阶 RC 电路的时间常数 $\tau_1=R_{eq1}C=\frac{1\times2}{1+2}\times0.5\text{ s}=\frac{1}{3}\text{s}$

右侧的一阶 RL 电路的时间常数 $\tau_2=\frac{L}{R_{eq2}}=\frac{1}{6+3}\text{s}=\frac{1}{9}\text{s}$

题 7-18 解图(d)中，$u_C(\infty)=\frac{2}{1+2}\times3\text{ V}=2\text{ V}$，$u_L(\infty)=0$

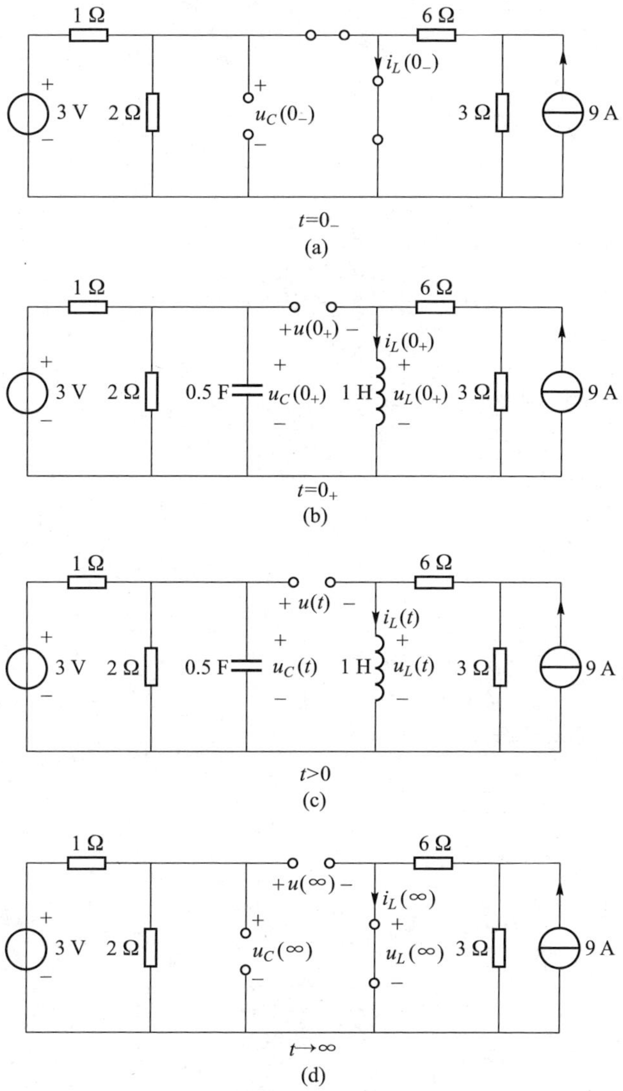

题 7-18 解图

按三要素法，有

$$u_L(t)=u_L(0_+)e^{\frac{-t}{\tau_2}}=-27e^{-9t}\text{ V}$$

$$u_C(t)=u_C(\infty)+[u_C(0_+)-u_C(\infty)]e^{\frac{-t}{\tau_1}}=2+(0-2)e^{-3t}=2(1-e^{-3t})\text{ A}$$

所以$u(t)=u_C(t)-u_L(t)=(2-2e^{-3t}+27e^{-9t})$ V

7-19 电路如题 7-19 图所示，开关 S_1 原闭合在位置 a，开关 S_2 闭合，电路已达稳定状态。$t=0$ 时开关 S_1 由位置 a 合至位置 b，若在 $t=t_1=4$ s 时将开关 S_2 打开，求 $t>0$ 时的后电容电压 u_{C2}。

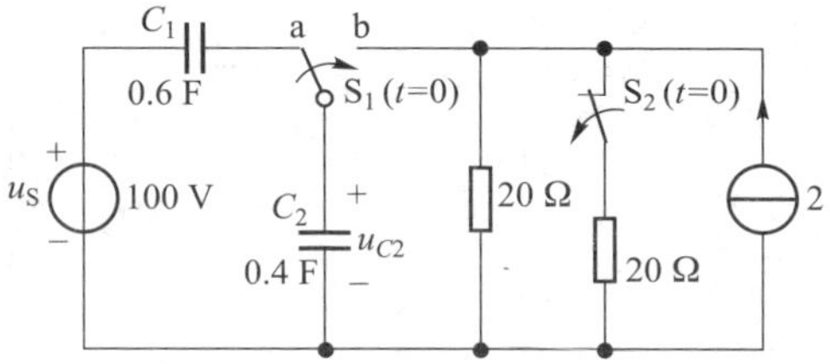

题 7-19 图

解：如题 7-19 图所示，开关 S_1 原闭合在位置 a，开关 S_2 闭合，电路已达稳态，当 $t=0_-$、$0\leqslant t<t_1$、$t\to\infty$ 时，电路分别如题 7-19 解图(a)(b)(c)所示。

在题 7-19 解图(a)中，$q_{C1}(0_-)=C_1u_{C1}(0_-)=q_{C2}(0_-)=C_2u_{C2}(0_-)\quad\Rightarrow\quad u_{C1}(0_-)=\dfrac{C_2}{C_1}u_{C2}(0_-)$，又 $u_{C1}(0_-)+u_{C2}(0_-)=u_S\quad\Rightarrow\quad\dfrac{C_2}{C_1}u_{C2}(0_-)+u_{C2}(0_-)=u_S\quad\Rightarrow\quad u_{C2}(0_-)=\dfrac{C_1u_S}{C_2+C_1}=\dfrac{0.6\times100}{0.4+0.6}\text{V}=60\text{ V}$

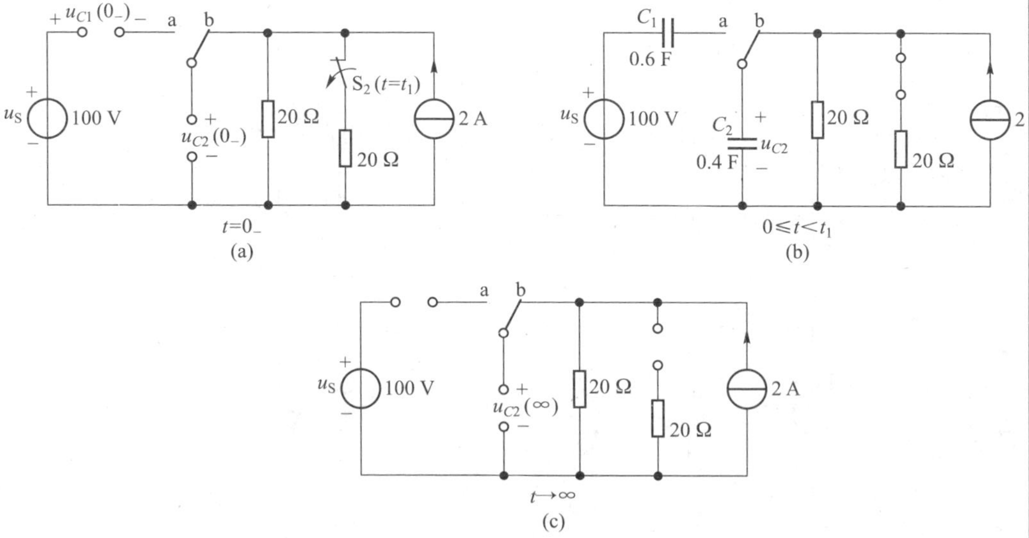

题 7-19 解图

根据换路定则，有 $u_{C2}(0_+)=u_{C2}(0_-)=60$ V

在题 7-19 解图(b)中，

$$\tau_1=R_{eq}C_2=\left(\frac{20\times20}{20+20}\times0.4\right)\text{ s}=4\text{ s}$$

当 $0\leqslant t<t_1$ 时，$\lim\limits_{t_1\to\infty}u_{C2}(t_1)=\dfrac{20\times20}{20+20}i_S=\left(\dfrac{20\times20}{20+20}\times2\right)\text{ V}=20\text{ V}$

$$u_{C2}(t)=\lim_{t_1\to\infty}u_{C2}(t_1)+[u_{C2}(0_+)-\lim_{t_1\to\infty}u_{C2}(t_1)]e^{-\frac{t}{\tau_1}}=[20+(60-20)e^{-\frac{t}{4}}]\text{ V}=$$

$$(20+40e^{-\frac{t}{4}})\text{ V}(0\leqslant t<t_1)$$

当 $t=t_1=4$ s 时，根据换路定则，有 $u_{C2}(t_{1+})=u_{C2}(t_{1-})=20+40e^{-\frac{t_1}{4}}\quad\Rightarrow$

$u_{C2}(4_+)=(20+40e^{-\frac{4}{4}})\text{ V}=(20+40e^{-1})\text{ V}=34.72$ V

在 $t\to\infty$ 时，电路如题 7-19 解图(c)，

$$u_{C2}(\infty)=Ri_S=(20\times2)\text{ V}=40\text{ V},\quad\tau_2=RC_2=(20\times0.4)\text{ s}=8\text{ s}$$

当 $t_1\leqslant t<\infty$ 时，

$$\begin{aligned}u_{C2}(t)&=\left\{u_{C2}(\infty)+[u_{C2}(t_{1+})-u_{C2}(\infty)]e^{-\frac{t-t_1}{\tau_2}}\right\}\varepsilon(t-t_1)\\&=\left[40+(34.72-40)e^{-\frac{t-4}{8}}\right]\varepsilon(t-4)\text{ V}\\&=[40-5.28e^{-0.125(t-4)}]\varepsilon(t-4)\text{ V}\end{aligned}$$

7-20 题 7-20 图所示电路，开关合在位置 1 时已达稳定状态，$t=0$ 时开关由位置 1 合向位置 2，求 $t>0$ 时的电压 u_L。

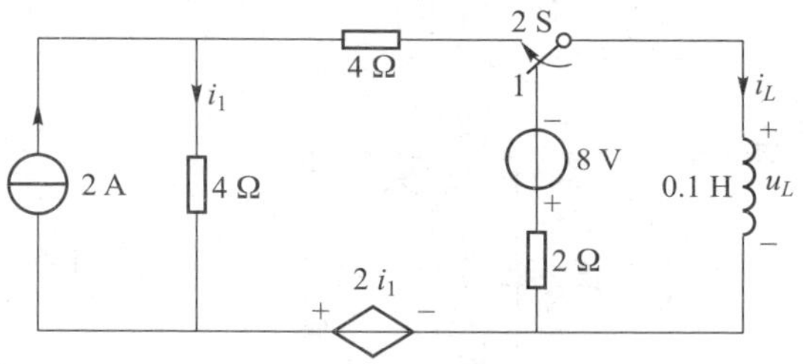

题 7-20 图

解：题 7-20 图中，开关在位置 1 时，电路已达稳定状态，在 $t=0_-$时刻，电感相当于"短路"，$i_L(0_-)=-\dfrac{8}{2}\text{A}=-4$ A。

换路后，开关合向位置 2，如题 7-20 解图所示，按换路定则，有

$$i_L(0_+)=i_L(0_-)=-4\text{ A}$$

题 7-20 解图中，对右网孔列 KVL 方程，有

$$-4i_1+4i_L+u_L-2i_1=0$$

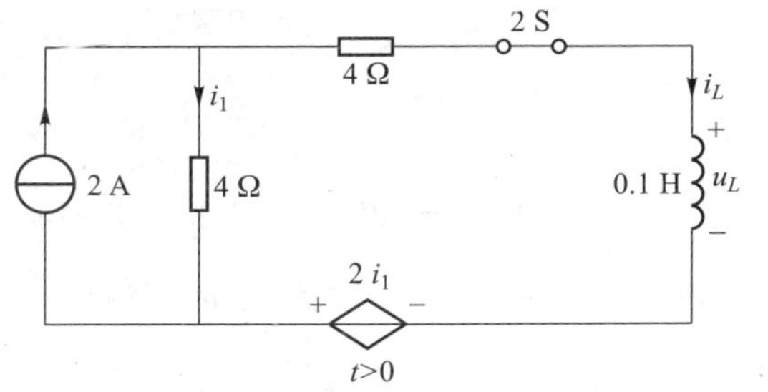

题 7-20 解图

将$i_1=2-i_L$和 $u_L=0.1\dfrac{\mathrm{d}i_L}{\mathrm{d}t}$代入,有

$$-6(2-i_L)+4i_L+0.1\frac{\mathrm{d}i_L}{\mathrm{d}t}=0 \quad\Rightarrow\quad 0.01\frac{\mathrm{d}i_L}{\mathrm{d}t}+i_L=1.2$$

由微分方程式得

$$\tau=0.01\mathrm{s},i_L(\infty)=1.2\ \mathrm{A}$$

按三要素法,有

$$\begin{aligned}i_L(t)&=i_L(\infty)+[i_L(0_+)-i_L(\infty)]\mathrm{e}^{\frac{-t}{\tau}}=[1.2+(-4-1.2)\mathrm{e}^{\frac{-t}{0.01}}]\mathrm{A}\\&=(1.2-5.2\mathrm{e}^{-100t})\mathrm{A}\end{aligned}$$

求得 $u_L(t)=0.1\dfrac{\mathrm{d}i_L(t)}{\mathrm{d}t}=0.1\times(-5.2)\times(-100)\mathrm{e}^{-100t}\ \mathrm{V}=52\mathrm{e}^{-100t}\ \mathrm{V}$

7-21 题 7-21 图所示电路中,电容原先已充电,$u_C(0_-)=6\ \mathrm{V}$,$R=2.5\ \Omega$,$L=0.25\ \mathrm{H}$,$C=0.25\ \mathrm{F}$。

(1) 试求开关闭合后的 $u_C(t)$、$i(t)$;

(2) 使电路在临界阻尼下放电,当 L 和 C 不变时,电阻 R 应为何值?

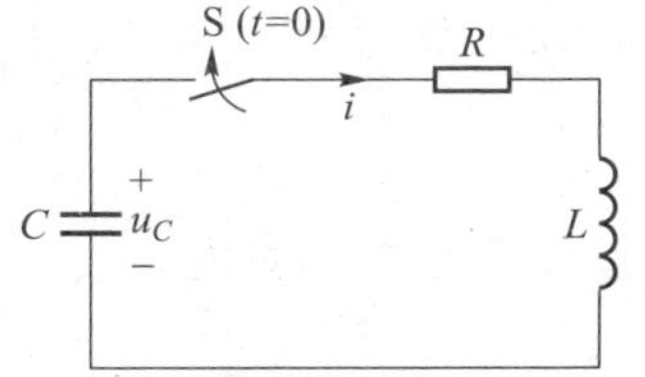

题 7-21 图

解:(1) 题 7-21 图中,开关闭合后,列 KVL 方程

$$-u_C+Ri+L\frac{\mathrm{d}i}{\mathrm{d}t}=0$$

将$i=-C\dfrac{\mathrm{d}u_C}{\mathrm{d}t}$代入,得

$$LC\frac{\mathrm{d}^2u_C}{\mathrm{d}t^2}+RC\frac{\mathrm{d}u_C}{\mathrm{d}t}+u_C=0$$

按换路定则,有

$$u_C(0_+)=u_C(0_-)=6\ \mathrm{V}$$

$$i(0_+)=i_C(0_+)=i_L(0_+)=i_L(0_-)=0$$

由 $i(0_+)=-C\left.\dfrac{\mathrm{d}u_C}{\mathrm{d}t}\right|_{0_+}$,得$\left.\dfrac{\mathrm{d}u_C}{\mathrm{d}t}\right|_{0_+}=-\dfrac{i(0_+)}{C}=0$

$$\text{求解微分方程}\begin{cases}LC\dfrac{\mathrm{d}^2u_C}{\mathrm{d}t^2}+RC\dfrac{\mathrm{d}u_C}{\mathrm{d}t}+u_C=0 & \langle 1\rangle\\ u_C(0_+)=6\ \mathrm{V}\\ \left.\dfrac{\mathrm{d}u_C}{\mathrm{d}t}\right|_{0_+}=0\end{cases}$$

其中,〈1〉式为二阶齐次微分方程,其特征方程为 $LCp^2+RCp+1=0$。特征根为 $p_{1,2}=-\dfrac{R}{2L}\pm\sqrt{\left(\dfrac{R}{2L}\right)^2-\dfrac{1}{LC}}=-\dfrac{2.5}{2\times0.25}\pm\sqrt{\left(\dfrac{2.5}{2\times0.25}\right)^2-\dfrac{1}{0.25\times0.25}}=-5\pm3$ 即 $p_1=-5+3=-2$,$p_2=-5-3=-8$ 为两个不等实根。

则通解为 $u_C(t)=A_1\mathrm{e}^{p_1t}+A_2\mathrm{e}^{p_2t}$,由初始条件确定通解中的待定系数 A_1、A_2。

$$u_C(0_+)=u_C(t)\big|_{t=0_+}=A_1+A_2=6,\left.\frac{\mathrm{d}u_C}{\mathrm{d}t}\right|_{0_+}=A_1p_1\mathrm{e}^{p_1t}+A_2p_2\mathrm{e}^{p_2t}\big|_{0_+}$$

$$=A_1p_1+A_2p_2=A_1(-2)+A_2(-8)=0$$

联立$\begin{cases}A_1+A_2=6\\-2A_1-8A_2=0\end{cases}\quad\Rightarrow\quad A_1=8,A_2=-2$

因此

$$u_C(t)=(8\mathrm{e}^{-2t}-2\mathrm{e}^{-8t})\mathrm{V}$$

$$i(t)=-C\frac{\mathrm{d}u_C}{\mathrm{d}t}=-0.25\times[-2\times8\mathrm{e}^{-2t}-2\times(-8)\mathrm{e}^{-8t}]\mathrm{A}=4(\mathrm{e}^{-2t}-\mathrm{e}^{-8t})\mathrm{A}$$

(2) 使电路在临界阻尼下放电,应满足特征根为

$$p_{1,2}=-\frac{R}{2L}\pm\sqrt{\left(\frac{R}{2L}\right)^2-\frac{1}{LC}}=-\frac{R}{2L},\text{即}\left(\frac{R}{2L}\right)^2-\frac{1}{LC}=0$$

求得 $R=2\sqrt{\dfrac{L}{C}}=2\sqrt{\dfrac{0.25}{0.25}}\Omega=2\ \Omega$

7-22 题 7-22 图所示电路中开关 S 闭合已久,$t=0$ 时 S 打开。求 u_C、i_L。

解:题 7-22 图所示电路,开关 S 闭合已久,电路达到稳态,$t=0_-$时刻,电容相当于"开路",电感相当于"短路",$u_C(0_-)=0\ \mathrm{V}$,$i_L(0_-)=\dfrac{1}{1}\mathrm{A}=1\ \mathrm{A}$。

开关 S 打开后,如题 7-22 解图所示,按换路定则,有 $u_L(0_+)=u_C(0_+)=u_C(0_-)=0\ \mathrm{V}$,$i_L(0_+)=i_L(0_-)=1\ \mathrm{A}$。

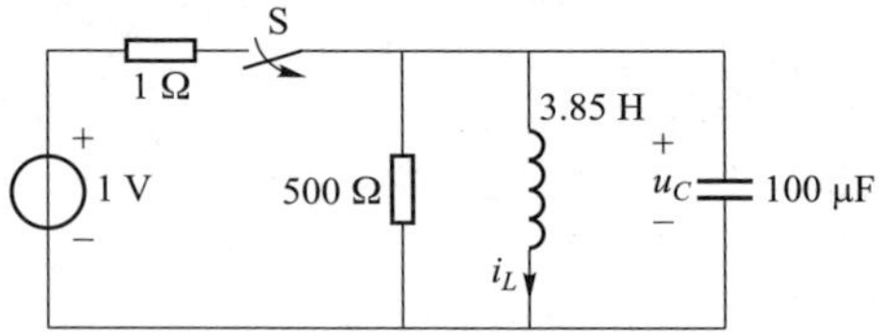

题 7-22 图

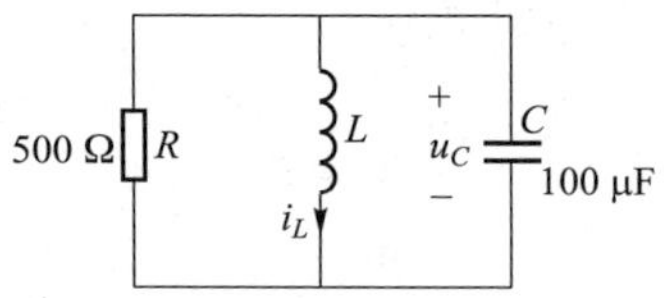

题 7-22 解图

题 7-22 解图中，由 $u_C(0_+)=L\dfrac{\mathrm{d}i_L}{\mathrm{d}t}\Big|_{0_+}$，得 $\dfrac{\mathrm{d}i_L}{\mathrm{d}t}\Big|_{0_+}=\dfrac{u_C(0_+)}{L}=0$

列 KCL 方程，有 $\qquad \dfrac{u_C}{R}+i_L+C\dfrac{\mathrm{d}u_C}{\mathrm{d}t}=0$

代入 $u_C(t)=u_L(t)=L\dfrac{\mathrm{d}i_L}{\mathrm{d}t}$，则得 $LC\dfrac{\mathrm{d}^2i_L}{\mathrm{d}t^2}+\dfrac{L}{R}\dfrac{\mathrm{d}i_L}{\mathrm{d}t}+i_L=0$

上述整理后，得微分方程 $\begin{cases} LC\dfrac{\mathrm{d}^2i_L}{\mathrm{d}t^2}+\dfrac{L}{R}\dfrac{\mathrm{d}i_L}{\mathrm{d}t}+i_L=0 \\ i_L(0_+)=1 \\ \dfrac{\mathrm{d}i_L}{\mathrm{d}t}\Big|_{0_+}=0 \end{cases}$

微分方程的特征方程为 $LCp^2+\dfrac{L}{R}p+1=0$

特征根为 $p_{1,2}=-\dfrac{1}{2RC}\pm\sqrt{\left(\dfrac{1}{2RC}\right)^2-\dfrac{1}{LC}}$

$$=-\frac{1}{2\times500\times100\times10^{-6}}\pm\sqrt{\left(\frac{1}{2\times500\times10^{-4}}\right)^2-\frac{1}{3.85\times10^{-4}}}$$

$$=-10\pm\mathrm{j}49.974=-\delta\pm\mathrm{j}\omega$$

特征根为一对共轭复根，其方程的通解为 $i_L(t)=A\mathrm{e}^{-\delta t}\sin(\omega t+\theta)$

根据初始条件确定待定常数 A 和 θ。即

$$\begin{cases} i_L(0_+)=A\sin\theta=1 \\ \dfrac{\mathrm{d}i_L}{\mathrm{d}t}\Big|_{0_+}=A(-\delta)\sin\theta+A\omega\cos\theta=0 \end{cases} \Rightarrow \begin{cases} A=\dfrac{1}{\sin\theta} & \langle 1\rangle \\ \tan\theta=\dfrac{\omega}{\delta} & \langle 2\rangle \end{cases}$$

因有 $\tan\beta=\dfrac{\omega}{\delta}$，由〈2〉式，得 $\theta=\beta$。

所以 $\sin\theta=\sin\beta=\dfrac{\omega}{\sqrt{\delta^2+\omega^2}}$，代入〈1〉式，得

$$A=\frac{1}{\sin\theta}=\frac{\sqrt{\delta^2+\omega^2}}{\omega}=\frac{\sqrt{10^2+49.974^2}}{49.974}=1.02$$

$$\Rightarrow\quad \theta=\arctan\frac{\omega}{\delta}=\arctan\frac{49.974}{10}=78.68°$$

$$i_L(t)=A\mathrm{e}^{-\delta t}\sin(\omega t+\theta)=A\mathrm{e}^{-\delta t}\sin(\omega t+\beta)=1.02\mathrm{e}^{-10t}\sin(49.974t+78.68°)\ \mathrm{A}$$

$$u_C(t)=u_L(t)=L\frac{\mathrm{d}i_L}{\mathrm{d}t}=-200.1\mathrm{e}^{-10t}\sin(49.974t)\ \mathrm{V}$$

7-23 题 7-23 图所示电路在开关 S 打开之前已达稳定；$t=0$ 时，开关 S 打开，求 $t>0$ 时的 u_C。

解：题 7-23 图中，开关 S 合上时，电路已达稳态，$t=0_-$ 时刻，电容相当于"开路"，电感相当于"短路"，如题 7-23 解图(a)所示。

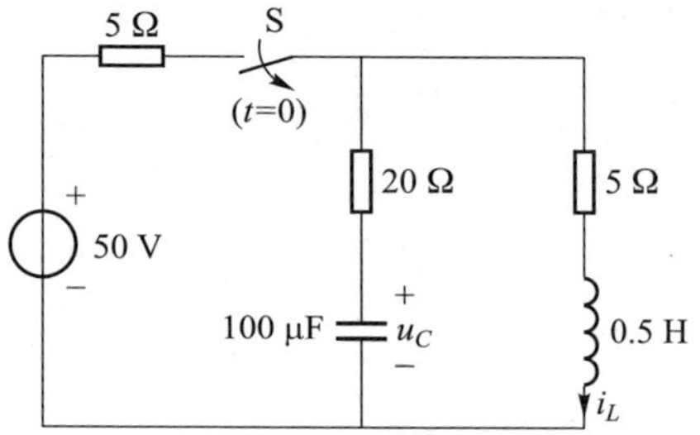

题 7-23 图

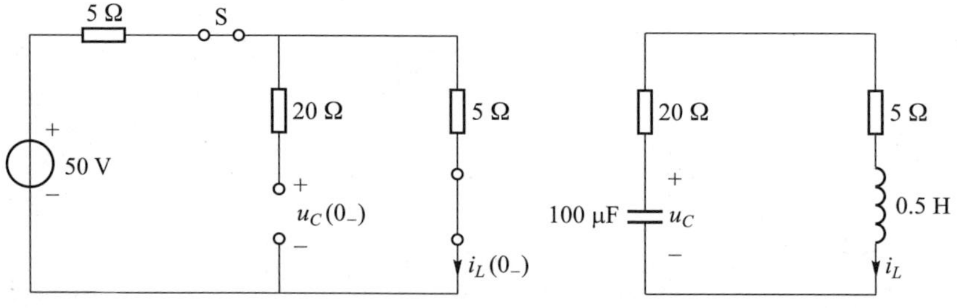

$t=0_-$
(a)

$t>0$
(b)

题 7-23 解图

$$i_L(0_-)=\frac{50}{5+5}\mathrm{A}=5\ \mathrm{A},\ u_C(0_-)=5\times i_L(0_-)=5\times5\ \mathrm{V}=25\ \mathrm{V}$$

开关 S 打开后，$t>0$ 时，如题 7-23 解图(b)所示，按换路定则，有

$$u_C(0_+)=u_C(0_-)=25\ \mathrm{V}=U_0$$

$$i_L(0_+)=i_L(0_-)=5\ \mathrm{A}=I_0$$

$$i_L=i_C=-C\frac{\mathrm{d}u_C}{\mathrm{d}t}\ \Rightarrow\ \frac{\mathrm{d}u_C}{\mathrm{d}t}=-\frac{i_L}{C}$$

$$\frac{\mathrm{d}u_C}{\mathrm{d}t}\Big|_{0_+}=-\frac{i_L(0_+)}{C}=-\frac{5}{100\times10^{-6}}\mathrm{V/s}=-5\times10^4\ \mathrm{V/s}。$$

根据 KVL，有

$$-u_C+R_{eq}i_L+L\frac{di_L}{dt}=0$$

其中 $R_{eq}=(20+5)\Omega=25\ \Omega$，$i_L=-C\frac{du_C}{dt}$，代入上式，整理后得微分方程

$$\begin{cases}LC\frac{d^2u_C}{dt^2}+R_{eq}C\frac{du_C}{dt}+u_C=0\\ u_C(0_+)=25\ V\\ \left.\frac{du_C}{dt}\right|_{0_+}=-5\times10^4\ V/s\end{cases}$$

微分方程的特征根为

$$p_{1,2}=-\frac{R_{eq}}{2L}\pm\sqrt{\left(\frac{R_{eq}}{2L}\right)^2-\frac{1}{LC}}=-\frac{25}{2\times0.5}\pm\sqrt{\left(\frac{25}{2\times0.5}\right)^2-\frac{1}{0.5\times100\times10^{-6}}}$$

$$=-25\pm j139.19=-\delta\pm j\omega$$

其中，$\delta=25$，$\omega=139.19$。

特征根为一对共轭复根，$p_1=-25+j139.19$，$p_2=-25-j139.19$，其方程的通解为 $u_C(t)=Ae^{-\delta t}\sin(\omega t+\theta)$。

根据初始条件确定待定常数 A 和 θ，即

$$\begin{cases}u_C(0_+)=A\sin\theta=U_0\\ \left.\frac{du_C}{dt}\right|_{0_+}=A(-\delta)\sin\theta+A\omega\cos\theta=-\frac{I_0}{C}\end{cases}\Rightarrow\begin{cases}A=\frac{U_0}{\sin\theta} & \langle1\rangle\\ A(-\delta\sin\theta+\omega\cos\theta)=-\frac{I_0}{C} & \langle2\rangle\end{cases}$$

将〈1〉式代入〈2〉式，得

$$\frac{U_0}{\sin\theta}(-\delta\sin\theta+\omega\cos\theta)=-\frac{I_0}{C}\Rightarrow-\delta+\frac{\omega}{\tan\theta}=-\frac{I_0}{U_0C}\Rightarrow\tan\theta=\frac{\omega}{\delta-\frac{I_0}{U_0C}}$$

解得

$$\begin{cases}\theta=\arctan\frac{\omega}{\delta-\frac{I_0}{U_0C}}=\arctan\frac{139.19}{25-\frac{5}{25\times100\times10^{-6}}}=\arctan(-0.07)=-4.03°\\ A=\frac{25}{\sin\theta}=\frac{25}{\sin(-4.03°)}=-355.61\end{cases}$$

即 $u_C(t)=-355.61e^{-25t}\sin(139.19t-4.03°)$ V。

7-24 电路如题 7-24 图所示，$t=0$ 时开关 S 闭合，设 $u_C(0_-)=0$，$i(0_-)=0$，$L=1$ H，$C=1$ μF，$U=100$ V。若(1) 电阻 $R=3$ kΩ；(2) $R=2$ kΩ；(3) $R=200$ Ω，试分别求在上述电阻值时电路中的电流 i 和电压 u_C。

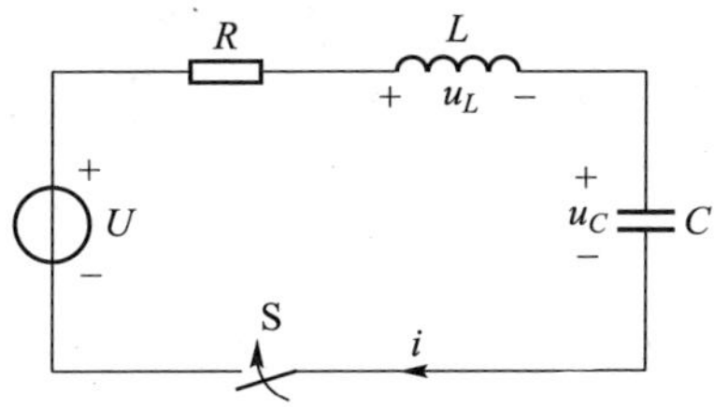

题 7-24 图

解：题 7-24 图中，开关 S 闭合时，按换路定则有

$$u_C(0_+)=u_C(0_-)=0$$

$$i(0_+)=i(0_-)=0$$

$$i(t)=C\frac{du_C}{dt}\Rightarrow\left.\frac{du_C}{dt}\right|_{0_+}=\frac{i(0_+)}{C}=0$$

换路后，根据 KVL，有 $Ri+u_L+u_C=U$

将 $i(t)=C\frac{du_C}{dt}$ 和 $u_L(t)=L\frac{di}{dt}$ 代入，得 $LC\frac{d^2u_C}{dt^2}+RC\frac{du_C}{dt}+u_C=U$

上述整理后，解二阶非齐次微分方程

$$\begin{cases}LC\frac{d^2u_C}{dt^2}+RC\frac{du_C}{dt}+u_C=U\\ u_C(0_+)=0\\ \left.\frac{du_C}{dt}\right|_{0_+}=0\end{cases}$$

设其方程的通解为 $u_C(t)=u'_C(t)+u''_C$，其中 $u'_C(t)$ 为微分方程的特解，有

$$u'_C=U=100\ V$$

$u''_C(t)$ 为微分方程化为齐次方程后的通解，即 $LC\frac{d^2u''_C}{dt^2}+RC\frac{du''_C}{dt}+u''_C=0$

其特征方程为 $LCp^2+RCp+1=0$，其特征根为 $p_{1,2}=-\frac{R}{2L}\pm\sqrt{\left(\frac{R}{2L}\right)^2-\frac{1}{LC}}$。

(1) 当 $R=3$ kΩ 时，有

$$p_{1,2}=-\frac{3000}{2\times1}\pm\sqrt{\left(\frac{3000}{2\times1}\right)^2-\frac{1}{1\times10^{-6}}}=-1500\pm1118.03$$

特征根为两个不等实根 $p_1=-381.97$，$p_2=-2618.03$。

所以 $u''_C=A_1e^{p_1t}+A_2e^{p_2t}$，代入方程通解，得

$$u_C=U+u''_C=U+A_1e^{p_1t}+A_2e^{p_2t}$$

由初始条件 $\begin{cases}u_C(0_+)=U+A_1+A_2=0\\ \left.\frac{du_C}{dt}\right|_{0_+}=p_1A_1+p_2A_2=0\end{cases}$

$$\Rightarrow \begin{cases}100+A_1+A_2=0\\ -381.97A_1-2618.03A_2=0\end{cases} \Rightarrow \begin{cases}A_1=-117.08\\ A_2=17.08\end{cases}$$

因此 $u_C(t)=(100-117.08e^{-381.97t}+17.08e^{-2618.03t})\text{ V}$

$$i(t)=C\frac{du_C}{dt}$$

$$=10^{-6}[-117.08\times(-381.97)e^{-381.97t}+17.08\times(-2618.03)e^{-2618.03t}]\text{ A}$$

$$=(44.72e^{-382t}-44.71e^{-2618t})\text{ mA}$$

（2）当 $R=2\text{ k}\Omega$ 时，有 $p_{1,2}=-\dfrac{2000}{2\times1}\pm\sqrt{\left(\dfrac{2000}{2\times1}\right)^2-\dfrac{1}{1\times10^{-6}}}=-1000$

特征根为二重实根，则 $u''_C=(A_1+A_2t)e^{p_1t}$，$u_C=u'_C+u''_C=U+(A_1+A_2t)e^{p_1t}$

$$\text{由初始条件}\begin{cases}u_C(0_+)=100+A_1=0\\ \left.\dfrac{du_C}{dt}\right|_{0_+}=A_2e^{p_1t}+(A_1+A_2t)p_1e^{p_1t}\big|_{0_+}=A_2+p_1A_1=A_2-1000A_1=0\end{cases}$$

$$\Rightarrow \begin{cases}A_1=-100\\ A_2=1000\times(-100)=-10^5\end{cases}$$

因此 $u_C(t)=u'_C+u''_C=[100-(100+10^5t)e^{-1000t}]\text{ V}$

$$i(t)=C\frac{du_C}{dt}=10^{-6}\times[-10^5e^{-1000t}-(100+10^5t)\times(-1000)e^{-1000t}]\text{ A}$$

$$=100e^{-1000t}\text{ A}$$

（3）当 $R=200\ \Omega$ 时，有

$$p_{1,2}=-\frac{200}{2\times1}\pm\sqrt{\left(\frac{200}{2\times1}\right)^2-\frac{1}{1\times10^{-6}}}=-100\pm j995\quad p_1=-100+j995$$

$p_2=-100-j995$，$\delta=100$，$\omega=995$

特征根为一对共轭复数，则

$$u''_C=Ae^{-\delta t}\sin(\omega t+\theta)$$

$$u_C=u'_C+u''_C=U+Ae^{-\delta t}\sin(\omega t+\theta)$$

$$\text{由初始条件}\begin{cases}u_C(0_+)=U+A\sin\theta=0\\ \left.\dfrac{du_C}{dt}\right|_{0_+}=A(-\delta)\sin\theta+A\omega\cos\theta=0\end{cases}\Rightarrow\begin{cases}A=-\dfrac{U}{\sin\theta} & \langle1\rangle\\ \tan\theta=\dfrac{\omega}{\delta} & \langle2\rangle\end{cases}$$

因 $\tan\beta=\dfrac{\omega}{\delta}$，由〈2〉式得

$$\theta=\beta=\arctan\frac{\omega}{\delta}=\arctan\frac{995}{100}=84.26°,\ \sin\theta=\frac{\omega}{\sqrt{\delta^2+\omega^2}}$$

代入〈1〉式，得

$$A=-\frac{U}{\sin\theta}=-\frac{U}{\dfrac{\omega}{\sqrt{\delta^2+\omega^2}}}=-\frac{U\sqrt{\delta^2+\omega^2}}{\omega}=-\frac{100\times\sqrt{100^2+995^2}}{995}=-100.5$$

因此 $u_C(t)=[U+Ae^{-\delta t}\sin(\omega t+\beta)]=[100-100.5e^{-100t}\sin(995t+84.26°)]\text{ V}$

$$i(t)=C\frac{du_C}{dt}=CA[-\delta e^{-\delta t}\sin(\omega t+\beta)+e^{-\delta t}\omega\cos(\omega t+\beta)]$$

$$=-CAe^{-\delta t}\sqrt{\delta^2+\omega^2}\left[\frac{\delta}{\sqrt{\delta^2+\omega^2}}\sin(\omega t+\beta)-\frac{\omega}{\sqrt{\delta^2+\omega^2}}\cos(\omega t+\beta)\right]$$

$$=-CAe^{-\delta t}\sqrt{\delta^2+\omega^2}[\cos\beta\sin(\omega t+\beta)-\sin\beta\cos(\omega t+\beta)]$$

$$=-CAe^{-\delta t}\sqrt{\delta^2+\omega^2}\sin\omega t$$

$$=-10^{-6}\times(-100.5)\times e^{-100t}\sqrt{100^2+995^2}\sin\omega t\text{ A}$$

$$=(0.1e^{-100t}\sin 995t)\text{ A}$$

7-25 试求题 7-25 图所示电路的零状态响应 i_L、u_C。（设开关 S 在 $t=0$ 时闭合。）

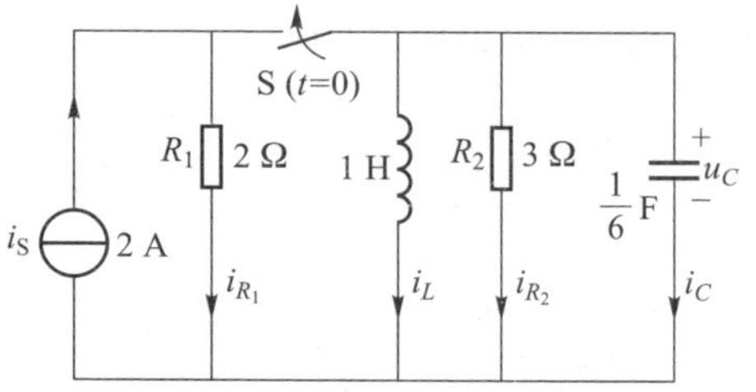

题 7-25 图

解：由题 7-25 图，已知 $i_L(0_-)=0$，$u_C(0_-)=0$

根据换路定则，有 $i_L(0_+)=i_L(0_-)=0$，$u_C(0_+)=u_C(0_-)=0$

开关闭合后，

$$i_C=C\frac{du_C}{dt}=C\frac{du_L}{dt}=C\frac{d}{dt}\left(L\frac{di_L}{dt}\right)=CL\frac{di_L^2}{dt^2}$$

$$i_{R_1}=\frac{u_L}{R_1}=\frac{L\dfrac{di_L}{dt}}{R_1}=\frac{L}{R_1}\frac{di_L}{dt},\quad i_{R_2}=\frac{u_L}{R_2}=\frac{L\dfrac{di_L}{dt}}{R_2}=\frac{L}{R_2}\frac{di_L}{dt}$$

列电路的 KCL 方程，为

$$i_C+i_{R_1}+i_{R_2}+i_L=i_S\quad\Rightarrow\quad CL\frac{di_L^2}{dt^2}+\frac{L}{R_1}\frac{di_L}{dt}+\frac{L}{R_2}\frac{di_L}{dt}+i_L=i_S\quad\Rightarrow$$

$$CL\frac{di_L^2}{dt^2}+\left(\frac{L}{R_1}+\frac{L}{R_2}\right)\frac{di_L}{dt}+i_L=i_S\quad\Rightarrow\quad\frac{1}{6}\times1\times\frac{di_L^2}{dt^2}+\left(\frac{1}{2}+\frac{1}{3}\right)\frac{di_L}{dt}+i_L=2$$

得 $\dfrac{di_L^2}{dt^2}+5\dfrac{di_L}{dt}+6i_L=12$

由于 $u_C=u_L=L\dfrac{di_L}{dt} \Rightarrow \dfrac{di_L}{dt}=\dfrac{u_C}{L} \Rightarrow \left.\dfrac{di_L}{dt}\right|_{0_+}=\dfrac{u_C(0_+)}{L}=0$

整理微分方程，得$\begin{cases}\dfrac{di_L^2}{dt^2}+5\dfrac{di_L}{dt}+6i_L=12\\ i_L(0_+)=0\\ \left.\dfrac{di_L}{dt}\right|_{0_+}=0\end{cases}$

特征方程为 $p^2+5p+6=0$

求得特征根，$p_1=-2, p_2=-3$

微分方程方程的解为 $i_L=i_L'+i_L''$

其中，i_L'为特解，$i_L'=I_S=2$ A

i_L''为微分方程化为齐次方程的通解，

$$i_L''=A_1e^{p_1t}+A_2e^{p_2t}=A_1e^{-2t}+A_2e^{-3t}$$

求得 $i_L(t)=2+A_1e^{-2t}+A_2e^{-3t}$

根据初始条件 $i_L(0_+)=2+A_1+A_2=0$

$$\left.\frac{di_L}{dt}\right|_{0_+}=-2A_1-3A_2=0$$

解得 $A_1=-6$

$A_2=4$

所以 $i_L(t)=(2-6e^{-2t}+4e^{-3t})$ A

$$u_C(t)=L\frac{di_L}{dt}=1\times\frac{d}{dt}(2-6e^{-2t}+4e^{-3t})=(12e^{-2t}-12e^{-3t})\text{ V}$$

7-26 题 7-26 图所示电路在开关 S 动作前已达到稳态；$t=0$ 时 S 由位置 1 接至位置 2，求 $t>0$ 时的 i_L。

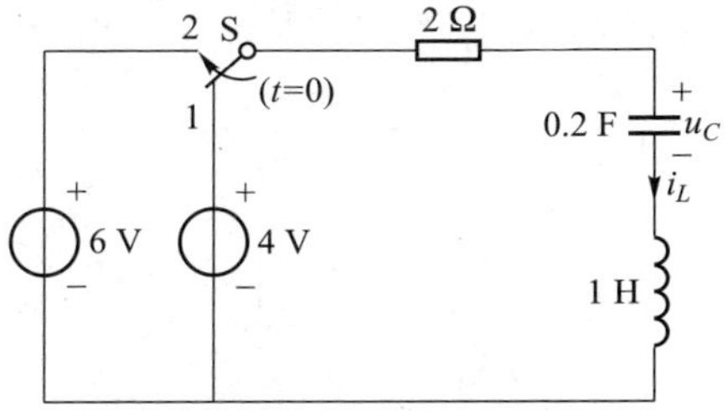

题 7-26 图

解：开关 S 接 1 端时，电路已达稳态，$t=0_-$时刻，电感相当于"短路"，电容相当于"开路"，则 $i_L(0_-)=0, u_C(0_-)=4$ V。

当开关 S 接 2 端时，如题 7-26 解图所示，根据换路定则，有

$$u_C(0_+)=u_C(0_-)=4\text{ V}, i_L(0_+)=i_L(0_-)=0$$

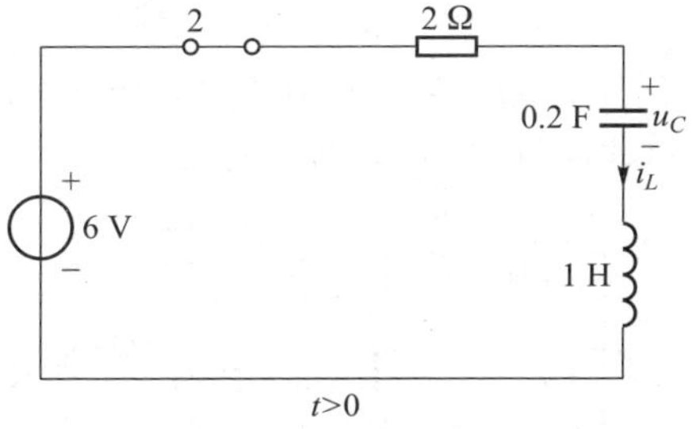

题 7-26 解图

又$i_L(0_+)=C\left.\dfrac{du_C}{dt}\right|_{0_+}=0 \Rightarrow \left.\dfrac{du_C}{dt}\right|_{0_+}=0$

按 KVL，有 $Ri_L+u_C+u_L=6$

将 $u_L=L\dfrac{di_L}{dt}, i_L=C\dfrac{du_C}{dt}$代入，即得 $LC\dfrac{d^2u_C}{dt^2}+RC\dfrac{du_C}{dt}+u_C=6$

微分方程的解为 $u_C=u_C'+u_C''$，其中，微分方程的特解 $u_C'=6$，u_C''是方程化为齐次微分方程后的通解，即

$$LC\frac{d^2u_C''}{dt^2}+RC\frac{du_C''}{dt}+u_C''=0$$

求得特征根 $p_{1,2}=-\dfrac{R}{2L}\pm\sqrt{\left(\dfrac{R}{2L}\right)^2-\dfrac{1}{LC}}=-\dfrac{2}{2\times1}\pm\sqrt{\left(\dfrac{2}{2\times1}\right)^2-\dfrac{1}{1\times0.2}}=-1\pm j2$ 即 $\delta=1$，$\omega=2$，则有

$u_C''=Ae^{-\delta t}\sin(\omega t+\theta)$，$u_C=6+Ae^{-\delta t}\sin(\omega t+\theta)$，确定待定常数 A 和 θ。

$$\begin{cases}u_C(0_+)=6+A\sin\theta=4\\ \left.\dfrac{du_C}{dt}\right|_{0_+}=A(-\delta)\sin\theta+A\omega\cos\theta=0\end{cases} \Rightarrow \begin{cases}A=-\dfrac{2}{\sin\theta} & \langle 1\rangle\\ \tan\theta=\dfrac{\omega}{\delta} & \langle 2\rangle\end{cases}$$

因有 $\tan\beta=\dfrac{\omega}{\delta}=\dfrac{2}{1}=2$，由⟨2⟩式，得 $\theta=\beta=\arctan 2=64.43°$。

而 $\sin\theta=\sin\beta=\dfrac{\omega}{\sqrt{\delta^2+\omega^2}}=\dfrac{2}{\sqrt{1^2+2^2}}=\dfrac{2}{\sqrt{5}}$

代入⟨1⟩式，得 $A=-\sqrt{5}$，因此

$$u_C(t)=[6-2.236e^{-t}\sin(2t+63.43°)]\text{ V}$$

$$i_L(t)=i_C(t)=C\frac{du_C}{dt}=C\frac{d}{dt}[6+Ae^{-\delta t}\sin(\omega t+\theta)]=CA\frac{d}{dt}[e^{-\delta t}\sin(\omega t+\theta)]$$
$$=CA[-\delta e^{-\delta t}\sin(\omega t+\theta)+\omega e^{-\delta t}\cos(\omega t+\theta)]$$

$$=-CA\sqrt{\delta^2+\omega^2}\,e^{-\delta t}[\cos\beta\sin(\omega t+\beta)-\sin\beta\cos(\omega t+\beta)]$$

$$=-CA\sqrt{\delta^2+\omega^2}\,e^{-\delta t}\sin\omega t=-0.2\times(-\sqrt{5})\sqrt{5}\,e^{-t}\sin 2t\ \text{A}$$

$$=e^{-t}\sin 2t\ \text{A}$$

7-27 题 7-27 图所示电路中直流电压源 $U_S=6$ V，开关动作前电路已达稳定状态，$t=0$ 时开关 S 闭合，求换路后的电流 i_1。

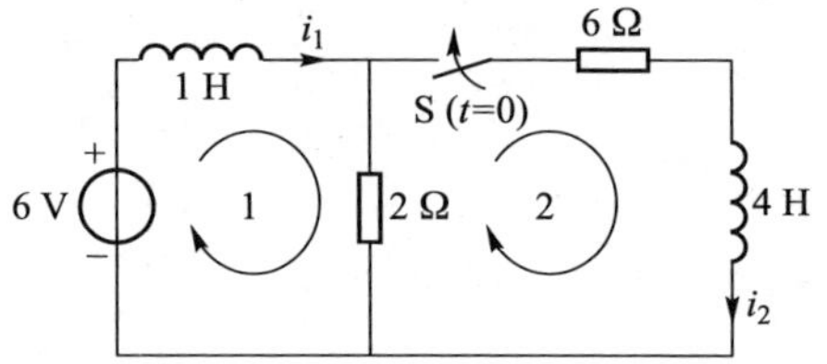

题 7-27 图

解：如题 7-27 图所示，由开关 S 动作前的电路可求得

$$i_1(0_-)=\frac{6}{2}\text{A}=3\ \text{A},\quad i_2(0_-)=0$$

换路后，开关 S 闭合，根据换路定则，有

$$i_1(0_+)=i_1(0_-)=3\ \text{A},\quad i_2(0_+)=i_2(0_-)=0$$

列电路的网孔电流方程为

网孔 1：$L_1\dfrac{di_1}{dt}+2(i_1-i_2)=U_S \Rightarrow \dfrac{di_1}{dt}+2i_1-2i_2=6 \Rightarrow i_2=\dfrac{1}{2}\dfrac{di_1}{dt}+i_1-3$

网孔 2：$L_2\dfrac{di_2}{dt}+2(i_2-i_1)+6i_2=0 \Rightarrow 4\dfrac{di_2}{dt}-2i_1+8i_2=0$

上两式联立可求得

$$4\frac{d}{dt}\left(\frac{1}{2}\frac{di_1}{dt}+i_1-3\right)-2i_1+8\left(\frac{1}{2}\frac{di_1}{dt}+i_1-3\right)=0 \Rightarrow 2\frac{d^2i_1}{dt^2}+4\frac{di_1}{dt}-2i_1+4\frac{di_1}{dt}+8i_1-24=0 \Rightarrow 2\frac{d^2i_1}{dt^2}+8\frac{di_1}{dt}+6i_1-24=0 \Rightarrow \frac{d^2i_1}{dt^2}+4\frac{di_1}{dt}+3i_1=12$$

由网孔 1 方程，得 $\dfrac{di_1}{dt}+2i_1-2i_2=6 \Rightarrow \dfrac{di_1}{dt}=-2i_1+2i_2+6$

$$\left.\frac{di_1}{dt}\right|_{0_+}=-2i_1(0_+)+2i_2(0_+)+6=-2\times3+0+6=0$$

整理得微分方程 $\begin{cases}\dfrac{d^2i_1}{dt^2}+4\dfrac{di_1}{dt}+3i_1=12\\ i_1(0_+)=3\ \text{A}\\ \left.\dfrac{di_1}{dt}\right|_{0_+}=0\end{cases}$

特征方程为 $p^2+4p+3=0$

特征根 $p_1=-1, p_1=-3$

当 $t\to\infty$ 时，电感相当于短路，特解 $i_1'=\dfrac{U_S}{2}+\dfrac{U_S}{6}=\left(\dfrac{6}{2}+\dfrac{6}{6}\right)\text{A}=4\ \text{A}$

齐次方程的通解 $i_1''=A_1e^{p_1t}+A_2e^{p_2t}=A_1e^{-t}+A_2e^{-3t}$

$$i_1=i_1'+i_1''=4+A_1e^{-t}+A_2e^{-3t}$$

初始条件 $i_1(0_+)=4+A_1+A_2=3$

$$\left.\frac{di_1}{dt}\right|_{0_+}=-A_1-3A_2=0$$

联立 $\begin{cases}4+A_1+A_2=3\\ -A_1-3A_2=0\end{cases}$

从而解得 $A_1=-1.5,\quad A_2=0.5$

所以 $i_1(t)=(4-1.5e^{-t}+0.5e^{-3t})$ A

7-28 电路如题 7-28 图所示，已知电压源 U_S 为直流，且 $U_S=10$ V，$u_C(0_-)=-2$ V，$i_L(0_-)=1$ A，$t=0$ 时开关 S 闭合，求开关 S 闭合后电容电压 $u_C(t)$。

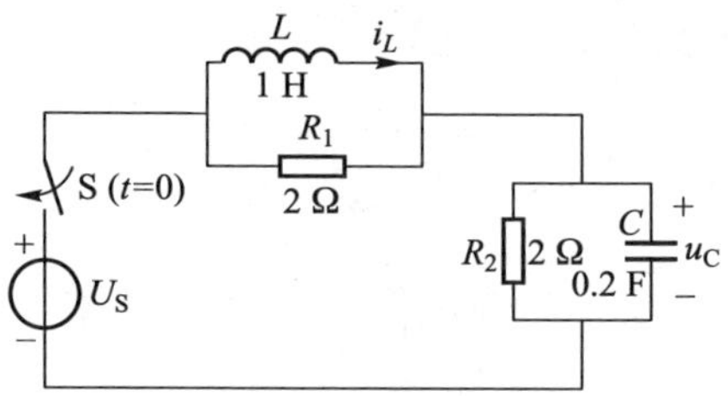

题 7-28 图

解：如题 7-28 图所示，开关 S 闭合后，列写 KCL 方程

$$i_L+\frac{U_S-u_C}{R_1}=C\frac{du_C}{dt}+\frac{u_C}{R_2} \Rightarrow i_L=C\frac{du_C}{dt}+\left(\frac{1}{R_2}+\frac{1}{R_1}\right)u_C-\frac{U_S}{R_1} \Rightarrow$$

$$i_L=0.2\frac{du_C}{dt}+\left(\frac{1}{2}+\frac{1}{2}\right)u_C-\frac{10}{2} \Rightarrow i_L=0.2\frac{du_C}{dt}+u_C-5$$

列写 KVL 方程 $L\dfrac{di_L}{dt}+u_C=U_S$，代入 i_L，得

$$L\frac{d}{dt}\left[0.2\frac{du_C}{dt}+u_C-5\right]+u_C=U_S$$

$$0.2L\frac{d^2u_C}{dt^2}+L\frac{du_C}{dt}+u_C=10$$

代入参数，$0.2\times1\dfrac{d^2u_C}{dt^2}+1\times\dfrac{du_C}{dt}+u_C=10$

得 $$\frac{d^2u_C}{dt^2}+5\frac{du_C}{dt}+5u_C=50$$

根据换路定则，有 $u_C(0_+)=u_C(0_-)=-2\ V, i_L(0_+)=i_L(0_-)=1\ A$

由于 $i_L=0.2\frac{du_C}{dt}+u_C-5 \Rightarrow \frac{du_C}{dt}=5i_L-5u_C+25 \Rightarrow$

$$\left.\frac{du_C}{dt}\right|_{0_+}=5i_L(0_+)-5u_C(0_+)+25=5\times1-5\times(-2)+25=40$$

整理得微分方程 $$\begin{cases}\frac{d^2u_C}{dt^2}+5\frac{du_C}{dt}+5u_C=50\\ u_C(0_+)=-2\ V\\ \left.\frac{du_C}{dt}\right|_{0_+}=40\end{cases}$$

特征方程为 $p^2+5p+5=0$

特征根为 $p_1=-1.4,\quad p_2=-3.6$

电容电压为 $u_C(t)=u_C'(t)+u_C''(t)$

其中 $u_C'=U_S=10\ V,\quad u_C''(t)=A_1e^{p_1t}+A_2e^{p_2t}$

所以 $u_C(t)=10+A_1e^{-1.4t}+A_2e^{-3.6t}$

初始条件 $u_C(0_+)=10+A_1e^{-1.4t}+A_2e^{-3.6t}|_{t=0_+}=10+A_1+A_2=-2$

$$\left.\frac{du_C}{dt}\right|_{0_+}=\left.\frac{d}{dt}(10+A_1e^{-1.4t}+A_2e^{-3.6t})\right|_{0_+}$$
$$=A_1(-1.4)e^{-1.4t}+A_2(-3.6)e^{-3.6t}|_{t=0_+}$$
$$=-1.4A_1-3.6A_2=40$$

联立 $$\begin{cases}10+A_1+A_2=-2\\ -1.4A_1-3.6A_2=40\end{cases}$$

解得 $A_1=-1.5,\quad A_2=-10.5$

所以 $u_C(t)=(10-1.5e^{-1.4t}-10.5e^{-3.6t})\ V$

7-29 题 7-29 图所示电路中 $R=3\ \Omega, L=6\ mH, C=1\ \mu F, U_0=12\ V$，电路已处稳态。设开关 S 在 $t=0$ 时打开，试求 $u_L(t)$。

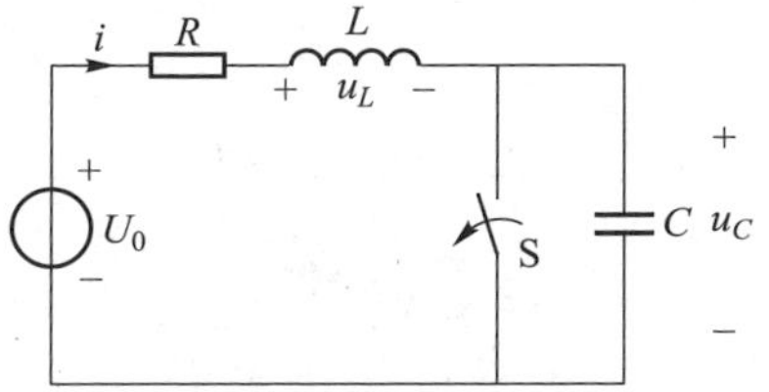

题 7-29 图

解：题 7-29 图中，开关 S 合上时，电路已处于稳态，$t=0_-$ 时刻，电容被短路，$u_C(0_-)=0$，电感相当于"短路"，$i(0_-)=\frac{U_0}{R}=\frac{12}{3}A=4\ A$。

$t>0$ 时，开关 S 打开后，如题 7-29 解图所示，按换路定则，有

$$u_C(0_+)=u_C(0_-)=0\ V,\qquad i(0_+)=i(0_-)=I_0=4\ A$$

又 $\left.\frac{du_C}{dt}\right|_{0_+}=\frac{i(0_+)}{C}=\frac{I_0}{C}=\frac{4}{C}$，按 KVL，有

$$Ri+u_L+u_C=U_0$$

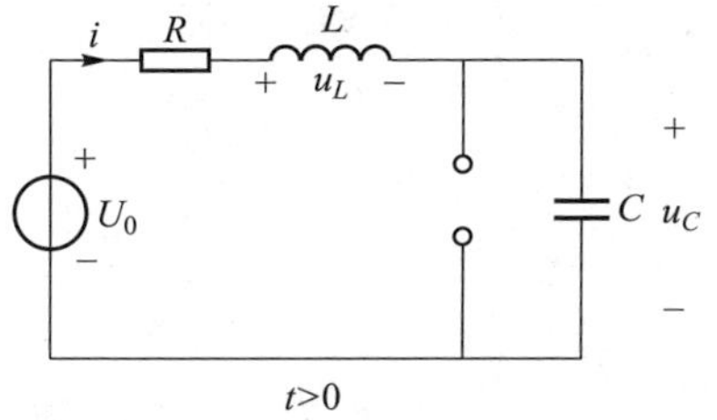

题 7-29 解图

得二阶非齐次微分方程

$$\begin{cases}LC\frac{d^2u_C}{dt^2}+RC\frac{du_C}{dt}+u_C=U_0\\ u_C(0_+)=0\\ \left.\frac{du_C}{dt}\right|_{0_+}=\frac{I_0}{C}=\frac{4}{C}\end{cases}$$

方程的通解为 $u_C=u_C'+u_C''$，其中，u_C' 为微分方程的特解 $u_C'=U_0=12\ V$，u_C'' 为微分方程化为齐次方程后的通解，即

$LC\frac{d^2u_C''}{dt^2}+RC\frac{du_C''}{dt}+u_C''=0$，其特征方程为 $LCp^2+RCp+1=0$

特征根 $$p_{1,2}=-\frac{R}{2L}\pm\sqrt{\left(\frac{R}{2L}\right)^2-\frac{1}{LC}}=-\frac{3}{2\times6\times10^{-3}}\pm\sqrt{\left(\frac{3}{2\times6\times10^{-3}}\right)^2-\frac{1}{6\times10^{-3}\times10^{-6}}}$$
$$=-250\pm j12.91\times10^3$$

$p_1=-250+j12.91\times10^3, p_2=-250-j12.91\times10^3, \delta=250, \omega=12.91\times10^3$

因特征根为一对共轭复数，故 u'' 为正弦量，设 $u_C''=Ae^{-\delta t}\sin(\omega t+\theta)$，则非齐次微分方程通解为 $u_C=U_0+Ae^{-\delta t}\sin(\omega t+\theta)$

由初始条件 $$\begin{cases}u_C(0_+)=U_0+A\sin\theta=0\\ \left.\frac{du_C}{dt}\right|_{0_+}=A(-\delta)\sin\theta+A\omega\cos\theta=\frac{4}{C}\end{cases}$$

$$\Rightarrow \begin{cases} A=-\dfrac{U_0}{\sin\theta} & \langle 1\rangle \\ A(-\delta\sin\theta+\omega\cos\theta)=\dfrac{4}{C} & \langle 2\rangle \end{cases}$$

将〈1〉式代入〈2〉式，得

$$-\frac{U_0}{\sin\theta}(-\delta\sin\theta+\omega\cos\theta)=\frac{4}{C} \quad\Rightarrow\quad \delta U_0-\frac{\omega U_0}{\tan\theta}=\frac{4}{C} \quad\Rightarrow\quad \tan\theta=\frac{\omega U_0}{\delta U_0-\dfrac{4}{C}}$$

解得 $\theta=\arctan\dfrac{\omega U_0}{\delta U_0-\dfrac{4}{C}}=\arctan\dfrac{12.91\times10^3\times12}{250\times12-4\times10^6}=\arctan(-0.0388)=-2.22°$ 代入〈1〉式，得 $A=\dfrac{-12}{\sin(-2.22°)}=309.84$

$$\text{因 } i(t)=C\frac{du_C}{dt}=C\frac{d}{dt}[U_0+Ae^{-\delta t}\sin(\omega t+\theta)]=CA\frac{d}{dt}[e^{-\delta t}\sin(\omega t+\theta)]$$
$$=CA[-\delta e^{-\delta t}\sin(\omega t+\theta)+\omega e^{-\delta t}\cos(\omega t+\theta)]$$
$$=-CAe^{-\delta t}[\delta\sin(\omega t+\theta)-\omega\cos(\omega t+\theta)]$$
$$=-CAe^{-\delta t}\sqrt{\delta^2+\omega^2}\left[\frac{\delta}{\sqrt{\delta^2+\omega^2}}\sin(\omega t+\theta)-\frac{\omega}{\sqrt{\delta^2+\omega^2}}\cos(\omega t+\theta)\right]$$
$$=-CAe^{-\delta t}\sqrt{\delta^2+\omega^2}[\cos\beta\sin(\omega t+\theta)-\sin\beta\cos(\omega t+\theta)]$$
$$=-CA\sqrt{\delta^2+\omega^2}\,e^{-\delta t}\sin(\omega t+\theta-\beta)$$

其中，$\beta=\arctan\dfrac{\omega}{\delta}=\arctan\dfrac{12.91\times10^3}{250}=\arctan 51.64=88.9°$

$$u_L(t)=L\frac{di}{dt}=L\frac{d}{dt}[-CA\sqrt{\delta^2+\omega^2}\,e^{-\delta t}\sin(\omega t+\theta-\beta)]$$
$$=-LCA\sqrt{\delta^2+\omega^2}\frac{d}{dt}[e^{-\delta t}\sin(\omega t+\theta-\beta)]$$
$$=-LCA\sqrt{\delta^2+\omega^2}\,e^{-\delta t}[-\delta\sin(\omega t+\theta-\beta)+\omega\cos(\omega t+\theta-\beta)]$$
$$=LCA\sqrt{\delta^2+\omega^2}\,e^{-\delta t}\sqrt{\delta^2+\omega^2}\left[\frac{\delta}{\sqrt{\delta^2+\omega^2}}\sin(\omega t+\theta-\beta)-\frac{\omega}{\sqrt{\delta^2+\omega^2}}\cos(\omega t+\theta-\beta)\right]$$
$$=LCA(\delta^2+\omega^2)e^{-\delta t}[\cos\beta\sin(\omega t+\theta-\beta)-\sin\beta\cos(\omega t+\theta-\beta)]$$
$$=LCA(\delta^2+\omega^2)e^{-\delta t}\sin(\omega t+\theta-2\beta)$$
$$=6\times10^{-3}\times10^{-6}\times309.84[250^2+(12.91\times10^3)^2]e^{-250t}\sin(12.91\times10^3t-2.22°-2\times88.9°)\text{ V}$$
$$=6\times10^{-3}\times10^{-6}\times309.84\times1.6667\times10^8\times e^{-250t}\sin(12.91\times10^3t-180°)$$
$$=-309.85e^{-250t}\sin(12.91\times10^3t)\text{ V}$$

7-30 试用阶跃函数分别表示题 7-30 图所示的电流、电压的波形。

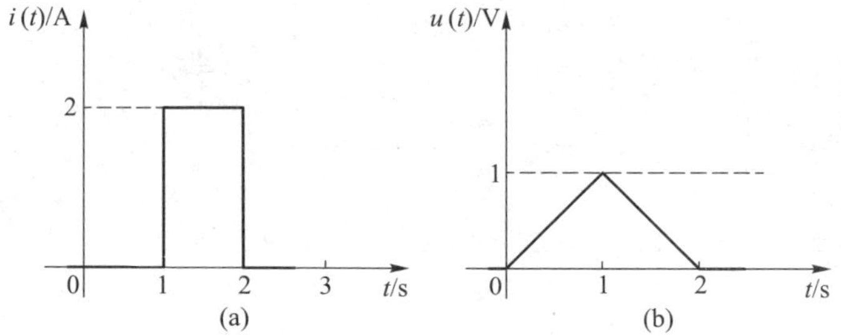

题 7-30 图

解：对题 7-30 图所示的波形，可用阶跃函数来表示。

对题 7-30 图(a)所示的电流表示为

$$i(t)=[2\varepsilon(t-1)-2\varepsilon(t-2)]\text{ A}$$

对题 7-30 图(b)所示的电压波形表示为

$$u(t)=\{t[\varepsilon(t)-\varepsilon(t-1)]+(2-t)[\varepsilon(t-1)-\varepsilon(t-2)]\}\text{ V}$$

7-31 题 7-31 图(a)所示电路中的电压 $u(t)$ 的波形如题7-31 图(b)所示，试求电流 $i(t)$。

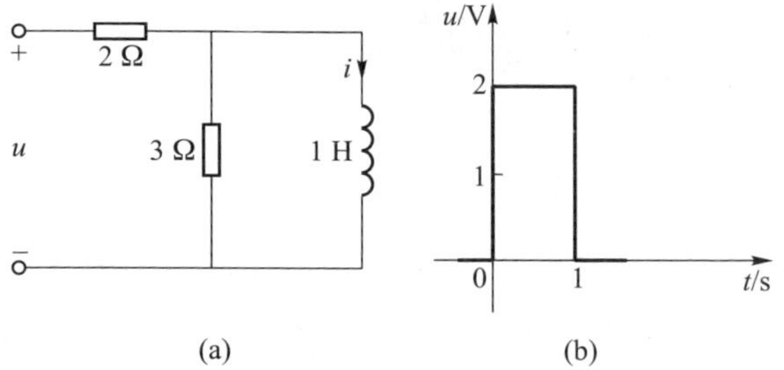

题 7-31 图

解：根据题 7-31 图(a)和(b)，当 $t<0$ 时，$i_L(0_-)=0$ 和 $u(0_-)=0$。

题 7-31 图(b)中，$u(t)$ 波形用阶跃函数表示的数学表达式为

$$u(t)=[2\varepsilon(t)-2\varepsilon(t-1)]\text{ V}$$

将 $u(t)$ 分解为 $u(t)=u^{(1)}(t)+u^{(2)}(t)$。

当 $t>0$ 时，题 7-31 图(a)在 $u^{(1)}(t)$ 和 $u^{(2)}(t)$ 单独作用时的分电路如题 7-31 解图(a1)(a2)所示。按换路定则，有

$$i(0_+)=i(0_-)=0$$

由题 7-31 解图(a1)，当 $t>0$ 时，

$$u^{(1)}(t)=2\text{ V},\ i^{(1)}(0_+)=0$$

当 $t\to\infty$ 时，电路达到稳态，电感相当于"短路"，有

$$i^{(1)}(\infty)=\frac{u^{(1)}(t)}{2}=\frac{2}{2}\text{A}=1\text{ A}$$

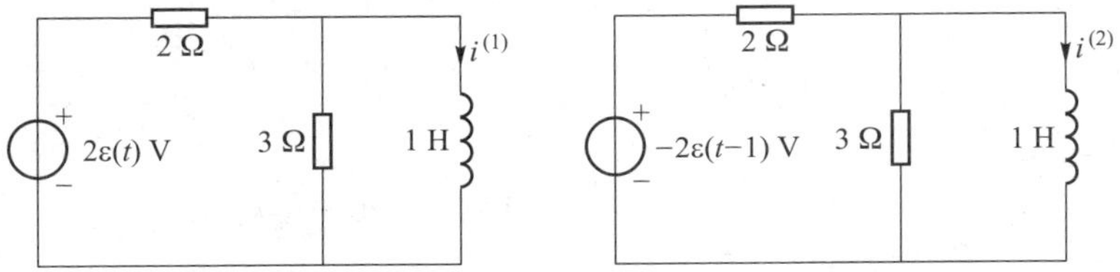

(a1) (a2)

题 7-31 解图

将电压源短路，求电感左侧等效电阻

$$R_{eq}=\frac{2\times3}{2+3}\Omega=\frac{6}{5}\Omega,\quad \tau=\frac{L}{R_{eq}}=\frac{5}{6}\text{s}$$

根据三要素法，有

$$i^{(1)}(t)=i^{(1)}(\infty)\left(1-e^{\frac{-t}{\tau}}\right)=(1-e^{-1.2t})\varepsilon(t)\ \text{A}$$

由题 7-31 解图(a2)，当 $t>0$ 时，根据齐性定理，其延迟的阶跃响应为

$$\begin{aligned}i^{(2)}(t)&=-i^{(1)}(\xi)\big|_{\xi=t-1}=-(1-e^{-1.2\xi})\varepsilon(\xi)\big|_{\xi=t-1}\\&=-[1-e^{-1.2(t-1)}]\varepsilon(t-1)\ \text{A}\end{aligned}$$

根据叠加定理，有

$$i=i^{(1)}+i^{(2)}=\{(1-e^{-1.2t})\varepsilon(t)-[1-e^{-1.2(t-1)}]\varepsilon(t-1)\}\ \text{A}$$

7-32 RC 电路中电容 C 原未充电，所加 $u(t)$ 的波形如题 7-32 图所示，其中 $R=1000\ \Omega$，$C=10\ \mu\text{F}$。求电容电压 u_C，并把 u_C：(1) 用分段形式写出；(2) 用一个表达式写出。

解：(1) 用分段形式写出题 7-32 图中 $u(t)$ 波形的数学表达式为

$$u(t)=\begin{cases}0, & t<0\\10\ \text{V}, & 0\ \text{s}\leqslant t<2\ \text{s}\\-20\ \text{V}, & 2\ \text{s}\leqslant t<3\ \text{s}\\0, & t\geqslant3\ \text{s}\end{cases}$$

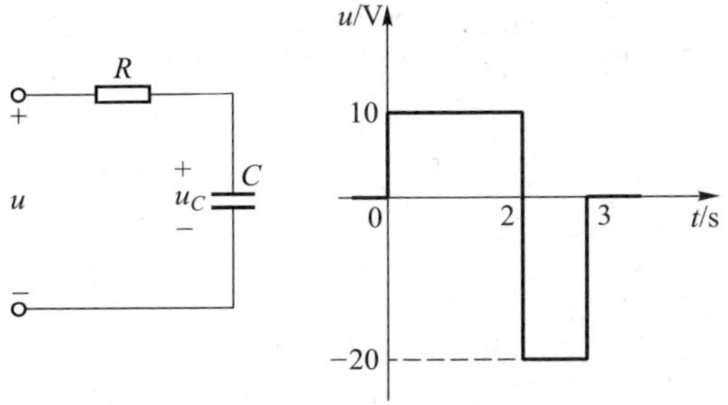

(a) (b)

题 7-32 图

在 $0\leqslant t<2$ s 区间，按换路定则，有 $u_C(0_+)=u_C(0_-)=0$，$u_C(\infty)=10$ V，$\tau=RC=1000\times10\times10^{-6}=0.01$ s，RC 电路为零状态响应。

根据三要素法，$u_C(t)=u_C(\infty)(1-e^{\frac{-t}{\tau}})=10\left(1-e^{\frac{-t}{0.01}}\right)=10(1-e^{-100t})$ V

在 2 s$\leqslant t<3$ s 区间，按换路定则，有

$$\begin{aligned}u_C(2_+)&=u_C(2_-)=u_C(t)\big|_{t=2_-}\\&=10\left(1-e^{\frac{-t}{0.01}}\right)\Bigg|_{t=2_-}=10\left(1-e^{\frac{-2}{0.01}}\right)\text{V}=10(1-e^{-200})\approx10\ \text{V}\end{aligned}$$

$u_C(\infty)=-20$ V

RC 电路为全响应，根据三要素法，有

$$\begin{aligned}u_C(t)&=u_C(\infty)+[u_C(2_+)-u_C(\infty)]e^{-100(t-2)}\\&=-20+[10(1-e^{-200})-(-20)]e^{-100(t-2)}\ \text{V}\\&\approx[-20+30e^{-100(t-2)}]\ \text{V}\end{aligned}$$

在 $t\geqslant3$ s 区间，按换路定则，有

$$\begin{aligned}u_C(3_+)&=u_C(3_-)=u_C(t)\big|_{t=3_-}\\&=-20+30e^{-100(t-2)}\big|_{t=3_-}=(-20+30e^{-100(3-2)})\ \text{V}\approx-20\ \text{V}\end{aligned}$$

$u_C(\infty)=0$

RC 电路为零输入响应，根据三要素法，有

$$u_C(t)=u_C(3_+)e^{-100(t-3)}=-20e^{-100(t-3)}\ \text{V}$$

(2) 用一个表达式写出 $u(t)$

$$u(t)=[10\varepsilon(t)-30\varepsilon(t-2)+20\varepsilon(t-3)]$$

设输入波形为单位阶跃函数 $u'(t)=\varepsilon(t)$ V，其响应为 $u'_C(t)$。因 $u'_C(0_+)=u'_C(0_-)=0$，$u'_C(\infty)=1$ V，$\tau=RC=10^3\times10\times10^{-6}$ s$=0.01$ s

单位阶跃响应

$$u'_C(t)=u'_C(\infty)(1-e^{\frac{-t}{\tau}})=(1-e^{-100t})\varepsilon(t)$$

根据齐性定理和叠加定理，其延迟的阶跃响应为

$$u_C(t)=\{10(1-e^{-100t})\varepsilon(t)-30[1-e^{-100(t-2)}]\varepsilon(t-2)+20[1-e^{-100(t-3)}]\varepsilon(t-3)\}\ \text{V}$$

7-33 题 7-33 图所示电路中，$u_{S1}=\varepsilon(t)$ V，$u_{S2}=5\varepsilon(t)$ V，试求电路响应 $i_L(t)$。

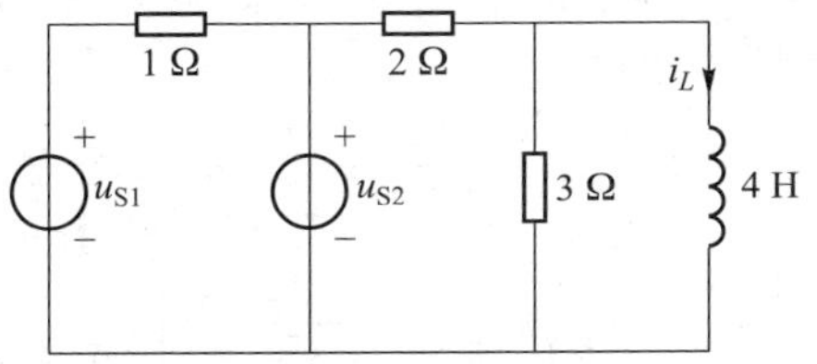

题 7-33 图

解：题 7-33 图中电压源分别单独作用的分电路如题 7-33 解图(a)(b)所示。

题 7-33 解图(a)中，当 $t>0$ 时，$u_{S1}=1$ V，根据换路定则，有 $i_L^{(1)}(0_+)=i_L^{(1)}(0_-)=0$ A，$i_L^{(1)}(\infty)=0$ A，$i_L^{(1)}(t)=0$ A。

题 7-33 解图(b)中,当 $t>0$ 时,$u_{S1}=5\ \text{V}$,根据换路定则,有

$$i_L^{(2)}(0_+)=i_L^{(2)}(0_-)=0\ \text{A}$$

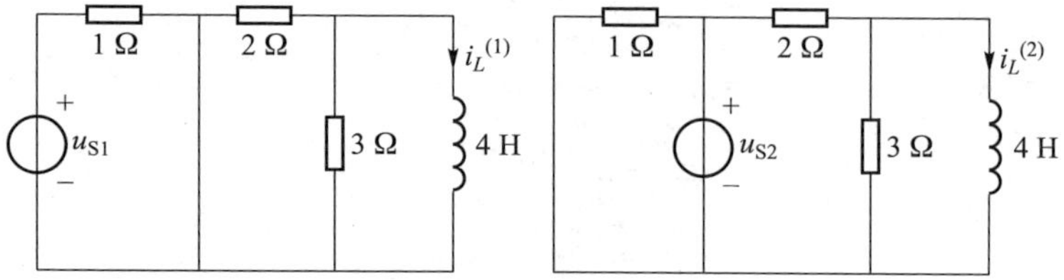

(a) (b)

题 7-33 解图

$t\to\infty$ 时,电感相当于"短路",$i_L^{(2)}(\infty)=\dfrac{u_{S2}}{2}=\dfrac{5}{2}\text{A}=2.5\ \text{A}$

将 u_{S2} 短路,电感左侧的等效电阻 $R_{eq}=\dfrac{2\times3}{2+3}\Omega=1.2\ \Omega$,$\tau=\dfrac{L}{R_{eq}}=\dfrac{4}{1.2}\text{s}=\dfrac{10}{3}\text{s}$

根据三要素公式,有

$$i_L^{(2)}(t)=i_L^{(2)}(\infty)\left(1-e^{\frac{-t}{\tau}}\right)=2.5\left(1-e^{-\frac{3}{10}t}\right)\varepsilon(t)\ \text{A}$$

$$i_L(t)=i_L^{(1)}(t)+i_L^{(2)}(t)=i_L^{(2)}(t)=2.5\left(1-e^{-\frac{3}{10}t}\right)\varepsilon(t)\ \text{A}$$

7-34 题 7-34 图所示电路中,已知 $i_S=10\varepsilon(t)\ \text{A}$,$R_1=1\ \Omega$,$R_2=2\ \Omega$,$C=1\ \mu\text{F}$,$u_C(0_-)=2\ \text{V}$,$g=0.25\ \text{S}$。求全响应 $i_1(t)$、$i_C(t)$、$u_C(t)$。

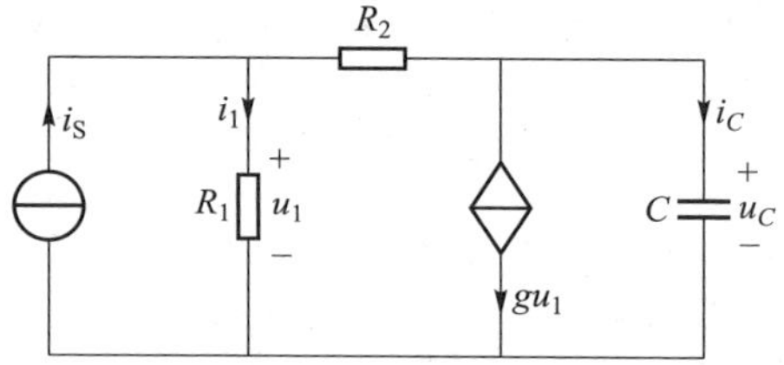

题 7-34 图

解:题 7-34 图中,在 $t>0$ 时,$i_S=10\ \text{A}$,按换路定则,有 $u_C(0_+)=u_C(0_-)=2\ \text{V}$,其电路如题 7-34 解图所示。

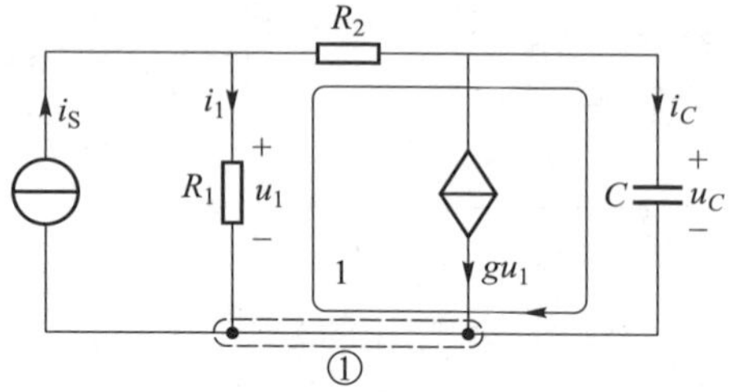

$t>0$

题 7-34 解图

题 7-34 解图中,对节点①,列 KCL 方程

$$i_1+gu_1+i_C=i_S\ \Rightarrow\ i_1+gR_1i_1+i_C=i_S\ \Rightarrow\ (1+gR_1)i_1+C\frac{du_C}{dt}=i_S \quad \langle 1\rangle$$

对回路Ⅰ,列 KVL 方程

$$R_1i_1=R_2(i_S-i_1)+u_C\ \Rightarrow\ (R_1+R_2)i_1-u_C=R_2i_S \quad \langle 2\rangle$$

由〈2〉式,得 $i_1=\dfrac{R_2i_S+u_C}{R_1+R_2}$,代入〈1〉式,得

$$(1+gR_1)\frac{R_2i_S+u_C}{R_1+R_2}+C\frac{du_C}{dt}=i_S$$

$$\Rightarrow\ (1+gR_1)\frac{R_2i_S}{R_1+R_2}+\frac{1+gR_1}{R_1+R_2}u_C+C\frac{du_C}{dt}=i_S$$

$$\Rightarrow\ C\cdot\frac{R_1+R_2}{1+gR_1}\cdot\frac{du_C}{dt}+u_C=\frac{R_1(1-gR_2)}{1+gR_1}i_S$$

$$\Rightarrow\ 10^{-6}\times\frac{1+2}{1+0.25\times1}\cdot\frac{du_C}{dt}+u_C=\frac{1\times(1-0.25\times2)}{1+0.25\times1}\times10$$

$$\Rightarrow\ 2.4\times10^{-6}\frac{du_C}{dt}+u_C=4$$

由上述微分方程得出 $\tau=2.4\times10^{-6}\text{s}$,$u_C(\infty)=4\ \text{V}$。

根据三要素法,有

$$u_C(t)=u_C(\infty)+[u_C(0_+)-u_C(\infty)]e^{\frac{-t}{\tau}}=[4+(2-4)e^{-\frac{10^6}{2.4}t}]\ \text{V}=\left(4-2e^{-\frac{10^6}{2.4}t}\right)\text{V}$$

$$i_1=\frac{R_2i_S+u_C}{R_1+R_2}=\frac{2\times10+4-2e^{-\frac{10^6}{2.4}t}}{1+2}\text{A}=\left(8-\frac{2}{3}e^{-\frac{10^6}{2.4}t}\right)\text{A}$$

$$i_C=i_S-(1+gR_1)i_1=\left\{10-(1+0.25\times1)\left(8-\frac{2}{3}e^{-\frac{10^6}{2.4}t}\right)\right\}\text{A}=0.833e^{-\frac{10^6}{2.4}t}\ \text{A}$$

***7-35** 题 7-35 图(a)所示电路中,N 为无源线性电阻网络。已知激励为单位阶跃电压源时,电容电压的全响应为 $u_C=(2+6e^{-2t})\text{V}\ (t>0)$。求输入电压的波形如题 7-35 图(b)所示时,电容电压的零状态响应。

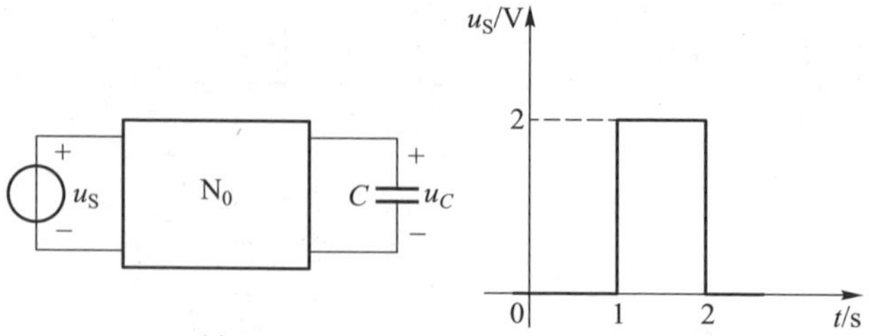

(a) (b)

题 7-35 图

解：由已知激励为单位阶跃电压源 $u_S'=\varepsilon(t)$ V 时，电容电压全响应 u_C 的表达式为

$$u_C(t)=u_C(\infty)+[u_C(0_+)-u_C(\infty)]e^{-\frac{t}{\tau}}=(2+6e^{-2t})\text{ V}$$

得 $u_C(\infty)=2$ V

u_C 的全响应表达式又可写为零输入响应 $u_{C(1)}(t)$ 与零状态响应 $u_{C(2)}(t)$ 之和，即

$$u_C(t)=u_{C(1)}(t)+u_{C(2)}(t)=u_C(0_+)e^{-\frac{t}{\tau}}+u_C(\infty)(1-e^{-\frac{t}{\tau}})$$

u_C 的零状态响应为 $\quad u_{C(2)}=u_C(\infty)(1-e^{-\frac{t}{\tau}})=2(1-e^{-2t})\text{ V},\quad t>0$

单位阶跃电压源 $u_S'=\varepsilon(t)$ V 输入下的零状态响应为

$$u_{C(2)}(t)=2(1-e^{-2t})\varepsilon(t)\text{ V}$$

当电压源 u_S 为题 7-35 图(b)所示时，电压源 u_S 的表达式为

$$u_S=[2\varepsilon(t-1)-2\varepsilon(t-2)]\text{ V}$$

所以，电容电压在 u_S 作用下的零状态响应为

$$u_C=\{4[1-e^{-2(t-1)}]\varepsilon(t-1)-4[1-e^{-2(t-2)}]\varepsilon(t-2)\}\text{ V}$$

7-36 题 7-36 图(a)电路中，$u_S(t)=\varepsilon(t)$ V，$C=2$ F，其零状态响应为

$$u_2(t)=\left(\frac{1}{2}+\frac{1}{8}e^{-0.25t}\right)\varepsilon(t)\text{ V}$$

如果用 $L=2$ H 的电感代替电容 C，如题 7-36 图(b)所示，试求零状态响应 $u_2(t)$。

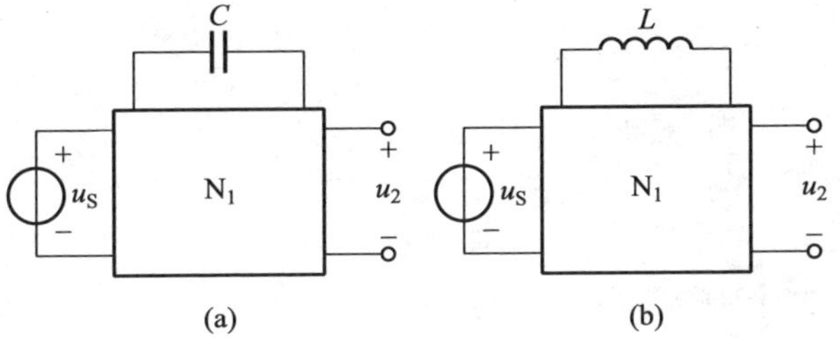

题 7-36 图

解：题 7-36 图(a)中，已知 $u_2(t)$ 为零状态响应，即 $u_C(0_-)=0$。当 $t>0$ 时，$u_S(t)=1$ V，电路为直流输入，按换路定则，有

$$u_C(0_+)=u_C(0_-)=0$$

当 $t=0_+$ 时，电容此时相当于"短路"，其等效电路如题 7-36 解图(a1)所示。当 $t\to\infty$ 时，直流电路达到稳态，此时，电容又相当于"开路"，其等效电路如题 7-36 解图(a2)所示。

按三要素法，已知 $u_2(t)=\left\{u_2(\infty)+[u_2(0_+)-u_2(\infty)]e^{\frac{-t}{\tau_1}}\right\}\varepsilon(t)$

$$=\left(\frac{1}{2}+\frac{1}{8}e^{-0.25t}\right)\varepsilon(t)$$

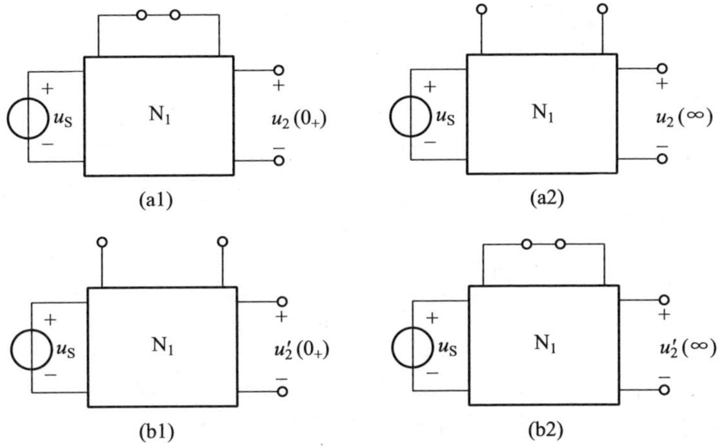

题 7-36 解图

由此式中，得出 $u_2(\infty)=\frac{1}{2}\text{V},u_2(0_+)-u_2(\infty)=\frac{1}{8}\text{V}$

$$\Rightarrow u_2(0_+)=\frac{1}{8}+u_2(\infty)=\left(\frac{1}{8}+\frac{1}{2}\right)\text{V}=\frac{5}{8}\text{V}$$

$$\tau_1=\frac{1}{0.25}\text{s}=4\text{ s}$$

由 $\tau_1=R_iC$，得 $\quad R_i=\frac{\tau_1}{C}=\frac{4}{2}\Omega=2\ \Omega$

题 7-36 图(b)中，已知 $u_2(t)$ 为零状态响应，即 $i_L(0_-)=0$。为避免与题 7-36 图(a)混淆，令 $u_2'(t)=u_2(t)$。当 $t>0$ 时，$u_S(t)=1$ V，为直流输入，按换路定则，有 $i_L(0_+)=i_L(0_-)=0$；当 $t=0_+$ 时，电感此时相当于"开路"，其等效电路如题 7-36 解图(b1)所示；当 $t\to\infty$ 时，直流电路达到稳态，此时，电感又相当于"短路"，其等效电路如题 7-36 解图(b2)所示。由于题 7-36 解图(b2)与题 7-36 解图(a1)完全相同，即有

$$u_2'(\infty)=u_2(0_+)=\frac{5}{8}\text{V}$$

而题 7-36 解图(b1)与题 7-36 解图(a2)完全相同，则有

$$u_2'(0_+)=u_2(\infty)=\frac{1}{2}\text{V},\tau_2=\frac{L}{R_i}=\frac{2}{2}\text{s}=1\text{ s}$$

按三要素公式，有

$$u_2(t)=u_2'(t)=\left\{u_2'(\infty)+[u_2'(0_+)-u_2'(\infty)]e^{\frac{-t}{\tau_2}}\right\}\varepsilon(t)$$

$$=\left[\frac{5}{8}+\left(\frac{1}{2}-\frac{5}{8}\right)e^{-t}\right]\varepsilon(t)\text{ V}=\left(\frac{5}{8}-\frac{1}{8}e^{-t}\right)\varepsilon(t)\text{ V}$$

7-37 题 7-37 图所示电路中含有理想运算放大器，试求零状态响应 $u_C(t)$，已知 $u_i=5\varepsilon(t)$ V。

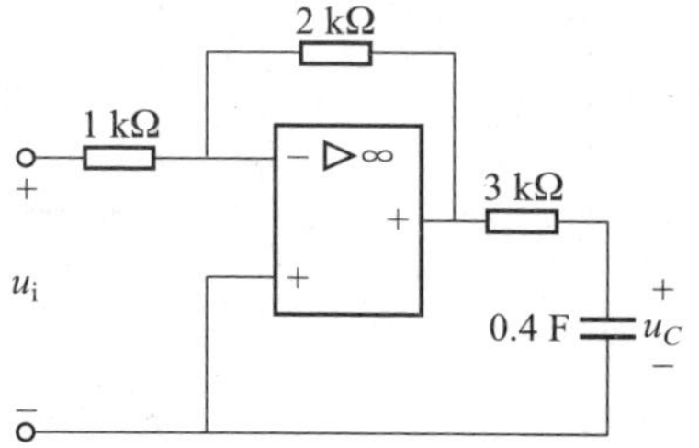

题 7-37 图

解：题 7-37 图中，求 $u_C(t)$ 的零状态响应，即 $u_C(0_-)=0$。

当 $t>0$ 时，$u_i=5$ V，电路为直流输入，按换路定则，有 $u_C(0_+)=u_C(0_-)=0$。

应用分析理想运放的两条规则，有 $i^-=i^+=0$（理想运放的输入端"虚断路"，在输入端用"×"标记），$u^+=u^-$（理想运放输入端"虚短路"）。标注节点①、②，如题 7-37 解图(a)所示。

对节点①，列节点电压方程，有

$$\begin{cases}\dfrac{u_i-u_{n1}}{10^3}=\dfrac{u_{n1}-u_{n2}}{2\times10^3}\\ u_{n1}=u^-=u^+=0\end{cases}\quad\Rightarrow\quad u_{n2}=-2u_i\qquad\langle1\rangle$$

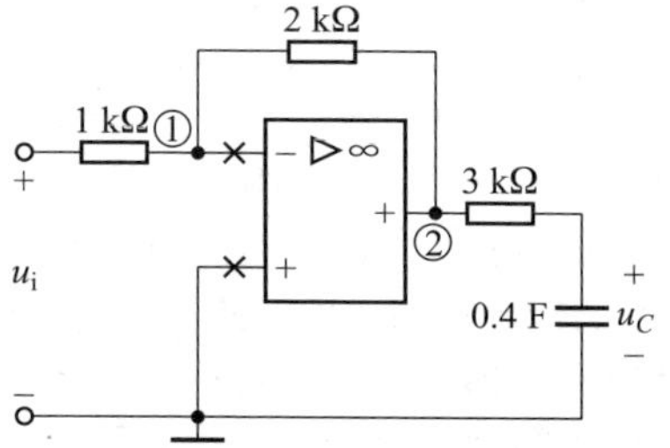

(a)

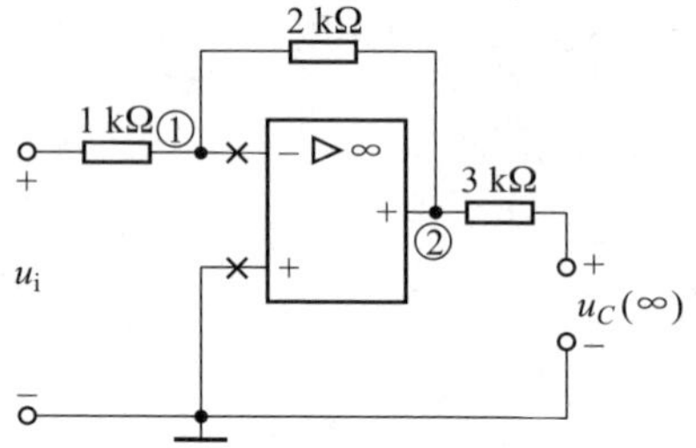

(b)

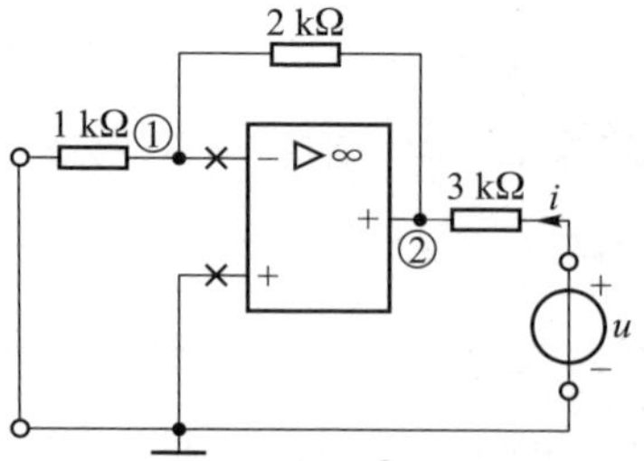

(c)

题 7-37 解图

当 $t\to\infty$ 时，题 7-37 解图(a)中电容相当于"开路"，如题 7-37 解图(b)所示。

由〈1〉式，得

$$u_{n2}(\infty)=-2u_i(\infty)=-2\times5\ \text{V}=-10\ \text{V}$$

$$u_C(\infty)=u_{n2}(\infty)=-10\ \text{V}$$

求电容左侧的输入电阻 R_i，将题 7-37 解图(a)中输入信号端短路，即令 $u_i=0$，在移去的电容位置接一未知电压源 u，如题 7-37 解图(c)所示。

题 7-37 解图(c)中，列输出回路的 KVL 方程 $u=3\times10^3 i+u_{n2}$，由〈1〉式，得 $u_{n2}=0$。所以

$$u=3\times10^3 i$$

输入电阻 $R_i=\dfrac{u}{i}=3\times10^3\ \Omega$

$$\tau=R_iC=3\times10^3\times0.4\ \text{s}=1200\ \text{s}$$

按三要素公式，有

$$u_C(t)=u_C(\infty)(1-e^{\frac{-t}{\tau}})\varepsilon(t)=-10\left(1-e^{\frac{-t}{1200}}\right)\varepsilon(t)\ \text{V}$$

7-38 题 7-38 图所示电路中 $i_L(0_-)=0$，$R_1=6\ \Omega$，$R_2=4\ \Omega$，$L=100$ mH。求冲激响应 i_L 和 u_L。

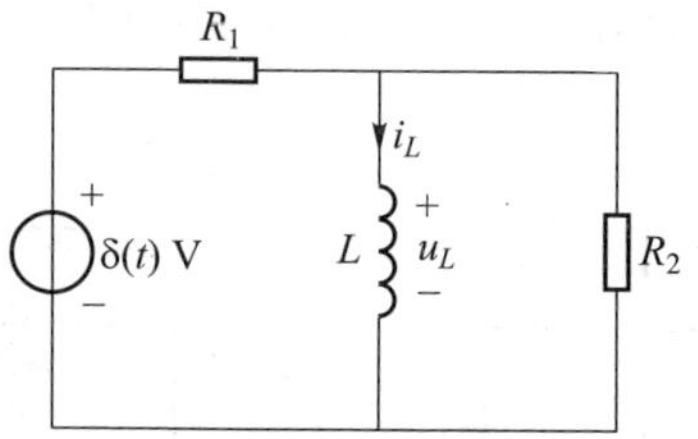

题 7-38 图

解：如题 7-38 图所示，列 KCL 方程

$$i_L+i_{R_2}=i\quad\Rightarrow i_L+\frac{u_L}{R_2}=\frac{\delta(t)-u_L}{R_1}\quad\Rightarrow\quad i_L+\frac{R_1+R_2}{R_1R_2}u_L=\frac{\delta(t)}{R_1}$$

代入 $u_L=L\dfrac{di_L}{dt}$，得 $i_L+\dfrac{R_1+R_2}{R_1R_2}L\dfrac{di_L}{dt}=\dfrac{\delta(t)}{R_1}\quad\Rightarrow\quad\dfrac{L}{R_{eq}}\dfrac{di_L}{dt}+i_L=\dfrac{\delta(t)}{R_1}\quad\Rightarrow\quad\tau\dfrac{di_L}{dt}+i_L=\dfrac{\delta(t)}{R_1}$

以上各式中：$R_{eq}=\dfrac{R_1R_2}{R_1+R_2}=\dfrac{6\times4}{6+4}\Omega=2.4\ \Omega$，$\tau=\dfrac{L}{R_{eq}}=\dfrac{100\times10^{-3}}{2.4}\text{s}=\dfrac{1}{24}\text{s}$

整理得微分方程为 $\begin{cases}\tau\dfrac{di_L}{dt}+i_L=\dfrac{\delta(t)}{R_1}\\ i_L(0_-)=0\end{cases}$

当 $t\geqslant0_+$ 时，$\delta(t)=0$，有 $\tau\dfrac{di_L}{dt}+i_L=0$

解得 $i_L=i_L(0_+)\mathrm{e}^{-\frac{t}{\tau}}$

当 $0_-\leqslant t\leqslant 0_+$ 时，微分方程为 $\tau\dfrac{\mathrm{d}i_L}{\mathrm{d}t}+i_L=\dfrac{\delta(t)}{R_1}$

对方程两侧求积分，得

$$\int_{0_-}^{0_+}\tau\frac{\mathrm{d}i_L}{\mathrm{d}t}\mathrm{d}t+\int_{0_-}^{0_+}i_L\mathrm{d}t=\int_{0_-}^{0_+}\frac{\delta(t)}{R_1}\mathrm{d}t\quad\Rightarrow\tau\int_{i_L(0_-)}^{i_L(0_+)}\mathrm{d}i_L+0=\frac{1}{R_1}\quad\Rightarrow\tau[i_L(0_+)-i_L(0_-)]=\frac{1}{R_1}$$

已知 $i_L(0_-)=0$，得 $i_L(0_+)=\dfrac{1}{\tau R_1}=\dfrac{1}{\frac{1}{24}\times 6}\text{A}=4\ \text{A}$

当 $t\geqslant 0_+$ 时，有 $i_L=i_L(0_+)\mathrm{e}^{-\frac{t}{\tau}}=4\mathrm{e}^{-24t}$ A

当 $t\geqslant 0_-$ 时，有 $i_L=4\mathrm{e}^{-24t}\varepsilon(t)$ A

$$u_L=L\frac{\mathrm{d}i_L}{\mathrm{d}t}=100\times10^{-3}\frac{\mathrm{d}}{\mathrm{d}t}[4\mathrm{e}^{-24t}\varepsilon(t)]\ =0.4[-24\mathrm{e}^{-24t}\varepsilon(t)+\mathrm{e}^{-24t}\delta(t)]\text{V}$$

$$u_L=[-9.6\mathrm{e}^{-24t}\varepsilon(t)+0.4\delta(t)]\text{V}$$

7-39 电路如题 7-39 图所示，当(1) $i_S=\delta(t)$ A，$u_C(0_-)=0$；(2) $i_S=\delta(t)$ A，$u_C(0_-)=1$ V；(3) $i_S=3\delta(t-2)$ A，$u_C(0_-)=2$ V 时，试求响应 $u_C(t)$。

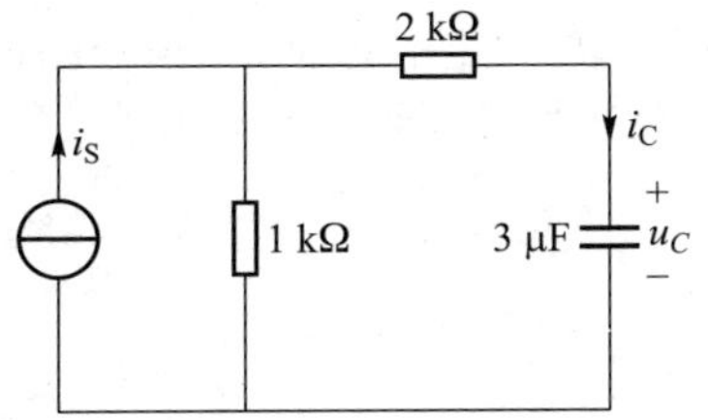

题 7-39 图

解：题 7-39 图中，对右网孔，列 KVL 方程

$$10^3\times(i_S-i_C)=2\times10^3 i_C+u_C\quad\Rightarrow\quad 3\times10^3 i_C+u_C=10^3 i_S$$

将 $i_C=C\dfrac{\mathrm{d}u_C}{\mathrm{d}t}$ 代入，得

$$3\times10^3 C\frac{\mathrm{d}u_C}{\mathrm{d}t}+u_C=10^3 i_S\quad\Rightarrow\quad 3\times10^3\times3\times10^{-6}\frac{\mathrm{d}u_C}{\mathrm{d}t}+u_C=10^3 i_S$$

$$\Rightarrow\quad 9\times10^{-3}\frac{\mathrm{d}u_C}{\mathrm{d}t}+u_C=10^3 i_S$$

设冲激电流源 $i_S=I_S\delta(t-t_0)$，在 $t_{0_-}<t<t_{0_+}$ 期间，求解微分方程

$$\begin{cases}9\times10^{-3}\dfrac{\mathrm{d}u_C}{\mathrm{d}t}+u_C=10^3 i_S\\ u_C(t_{0_-})=U_0\end{cases}\qquad\langle 1\rangle$$

当 $t>t_{0_+}$ 时，冲激电源 $i_S=0$，则微分方程为 $\begin{cases}9\times10^{-3}\dfrac{\mathrm{d}u_C}{\mathrm{d}t}+u_C=0\\ u_C(t_{0_+})=U_0\end{cases}\qquad\langle 2\rangle$

在 $t_{0_-}<t<t_{0_+}$ 期间，对〈1〉式两边求积分

$$\int_{t_{0_-}}^{t_{0_+}}9\times10^{-3}\frac{\mathrm{d}u_C}{\mathrm{d}t}\cdot\mathrm{d}t+\int_{t_{0_-}}^{t_{0_+}}u_C(t)\mathrm{d}t=\int_{t_{0_-}}^{t_{0_+}}10^3 i_S(t)\mathrm{d}t$$

$$\Rightarrow\quad 9\times10^{-3}[u_C(t_{0_+})-u_C(t_{0_-})]+0=10^3\int_{t_{0_-}}^{t_{0_+}}i_S(t)\mathrm{d}t$$

$$\Rightarrow\quad u_C(t_{0_+})=\frac{10^6}{9}\int_{t_{0_-}}^{t_{0_+}}i_S(t)\mathrm{d}t+u_C(t_{0_-})\qquad\langle 3\rangle$$

(1) 当 $i_S=\delta(t)$ A 时，$t_0=0$，已知 $u_C(0_-)=0$，由〈3〉式得

$$u_C(0_+)=\frac{10^6}{9}\int_{0_-}^{0_+}\delta(t)\mathrm{d}t+u_C(0_-)=\frac{10^6}{9}\text{V}$$

当 $t>0_+$ 时，由〈2〉式，求得单位冲激响应

$$h_{u_C}(t)=u_C(t)=u_C(0_+)\mathrm{e}^{-\frac{t}{\tau}}\varepsilon(t)=\frac{10^6}{9}\mathrm{e}^{-\frac{10^3}{9}t}\varepsilon(t)\text{V}$$

(2) 当 $i_S=\delta(t)$ A 时，$t_0=0$，已知 $u_C(0_-)=1$ V，由〈3〉式，得

$$u_C(0_+)=\frac{10^6}{9}\int_{0_-}^{0_+}\delta(t)\mathrm{d}t+u_C(0_-)=\left(\frac{10^6}{9}+1\right)\text{V}$$

当 $t>0_+$ 时，由〈2〉式，得单位冲激响应

$$h_{u_C}(t)=u_C(t)=\left(\frac{10^6}{9}+1\right)\mathrm{e}^{-\frac{10^3}{9}t}\varepsilon(t)\text{V}$$

(3) 当 $i_S=3\delta(t-2)$ A 时，$t_0=2$，已知 $u_C(0_-)=2$ V，所求响应可看成是在 $i_S=3\delta(t-2)$、$u_C(0_-)=0$ 时的延迟冲激响应 $u_C^{(1)}$ 与 $i_S=0$、$u_C(0_-)=2$ V 时的零输入响应 $u_C^{(2)}$ 之和。

由(1)问计算的结果，得

$$u_C^{(1)}=3\left[u_C(0_+)\mathrm{e}^{\frac{-\xi}{\tau}}\varepsilon(\xi)\Big|_{\xi=t-2}\right]=3\times\frac{10^6}{9}\mathrm{e}^{-\frac{10^3}{9}(t-2)}\varepsilon(t-2)\text{V}$$

$$=\frac{10^6}{3}\mathrm{e}^{-\frac{10^3}{9}(t-2)}\varepsilon(t-2)\text{V}$$

$i_S=0$ 时，$u_C^{(2)}$ 为零输入响应，根据换路定则，有

$$u_C^{(2)}(0_+)=u_C(0_-)=2\text{ V}$$

$$u_C^{(2)}=u_C^{(2)}(0_+)\mathrm{e}^{\frac{-t}{\tau}}\varepsilon(t)=2\mathrm{e}^{-\frac{10^3}{9}t}\varepsilon(t)\text{V}$$

根据叠加定理，延迟的冲激响应

$$u_C=u_C^{(1)}+u_C^{(2)}=\left[\frac{10^6}{3}\mathrm{e}^{-\frac{10^6}{9}(t-2)}\varepsilon(t-2)+2\mathrm{e}^{-\frac{10^3}{9}t}\varepsilon(t)\right]\text{V}$$

7-40 题 7-40 图所示电路中电容原未充电，求当 i_S 给定为下列情况时的 u_C 和 i_C：(1) $i_S=25\varepsilon(t)$ mA；(2) $i_S=\delta(t)$ mA。

解：题 7-40 图中，当 $t<0$ 时，$u_C(0_-)=0$。

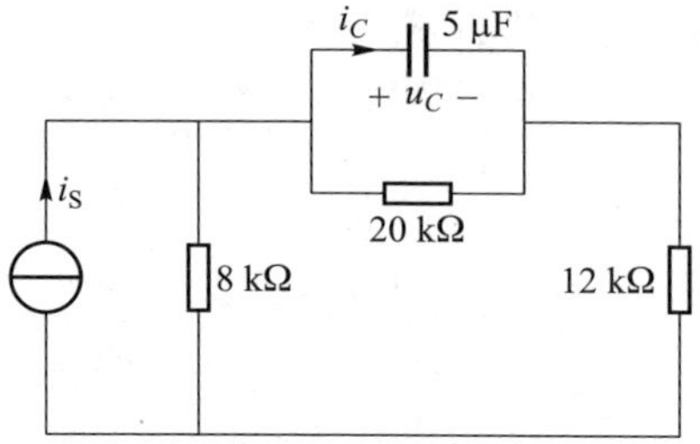

题 7-40 图

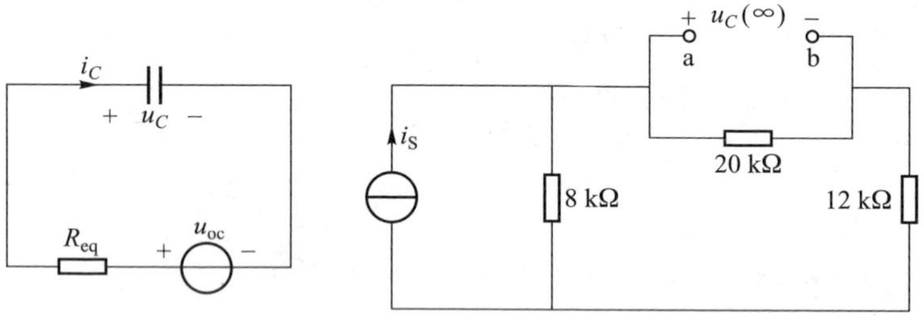

题 7-40 解图

当 $t>0$ 时，求从电容两端向下看进去的戴维南等效电路，如题 7-40 解图(a)所示。

当 $t\to\infty$ 时，如题 7-40 解图(b)所示。由题 7-40 解图(b)，求戴维南等效电路的开路电压 u_{oc} 和等效电阻 R_{eq}。因 $u_{oc}=u_C(\infty)$，$u_C(\infty)=20\times\dfrac{8}{8+20+12}\times i_S=4i_S$。

将 i_S 开路，求 a，b 端的等效电阻

$$R_{eq}=(8+12)\,/\!/\,20\ \text{k}\Omega=10\ \text{k}\Omega$$

$$\tau=R_{eq}C=10\times10^3\times5\times10^{-6}\ \text{s}=0.05\ \text{s}$$

(1) $i_S=25\varepsilon(t)$ mA 时，当 $t>0$ 时，按换路定则，有

$$u_C(0_+)=u_C(0_-)=0,\ i_S=25\ \text{mA},\ u_C(\infty)=4i_S=4\times25\ \text{V}=100\ \text{V}$$

根据三要素法，有阶跃响应

$$u_C(t)=u_C(\infty)(1-e^{\frac{-t}{\tau}})\varepsilon(t)=100(1-e^{-20t})\varepsilon(t)\ \text{V}$$

题 7-40 解图(a)中，$i_C(t)=\dfrac{u_{oc}-u_C}{R_{eq}}=\dfrac{100-100(1-e^{-20t})}{10}\text{mA}=10e^{-20t}\varepsilon(t)\ \text{mA}$

单位阶跃响应为 $s_{u_C}(t)=\dfrac{u_C}{25}=4(1-e^{-20t})\varepsilon(t)\ \text{V}$

$$s_{i_C}(t)=\frac{i_C}{25}=0.4e^{-20t}\varepsilon(t)\ \text{mA}$$

(2) $i_S=\delta(t)$ mA 时，利用冲激电源与阶跃电源的关系 $i_S=\delta(t)\text{mA}=\dfrac{d\varepsilon(t)}{dt}\text{mA}$，得冲激响应与阶跃响应的关系 $h(t)=\dfrac{ds(t)}{dt}$

单位冲激响应 $u_C(t)=h_{u_C}(t)=\dfrac{ds_{u_C}(t)}{dt}=\dfrac{d}{dt}[4(1-e^{-20t})\varepsilon(t)]$

$$=[4(-20)(-e^{-20t})\varepsilon(t)+4(1-e^{-20t})\delta(t)]\ \text{V}$$
$$=80e^{-20t}\varepsilon(t)\ \text{V}$$

$$i_C(t)=h_{i_C}(t)=\frac{ds_{i_C}(t)}{dt}=\frac{d}{dt}[0.4e^{-20t}\varepsilon(t)]$$
$$=[0.4\times(-20)e^{-20t}\varepsilon(t)+0.4e^{-20t}\delta(t)]\ \text{mA}$$
$$=[-8e^{-20t}\varepsilon(t)+0.4e^{-20t}\delta(t)]\ \text{mA}$$
$$=[0.4\delta(t)-8e^{-20t}\varepsilon(t)]\ \text{mA}$$

7-41 题 7-41 图所示电路中，电源 $u_S=[50\varepsilon(t)+2\delta(t)]$ V，求 $t>0$ 时电感支路的电流 $i(t)$。

解：题 7-41 图中，将 u_S 短路，电感左侧的等效电阻 $R_{eq}=10/\!/10=5\ \Omega$，画出电感左侧的戴维南等效电路为题 7-41 解图所示求得

$$u_{oc}=\frac{10}{10+10}u_S=\frac{1}{2}[50\varepsilon(t)+2\delta(t)]\ \text{V}=[25\varepsilon(t)+\delta(t)]\ \text{V}$$

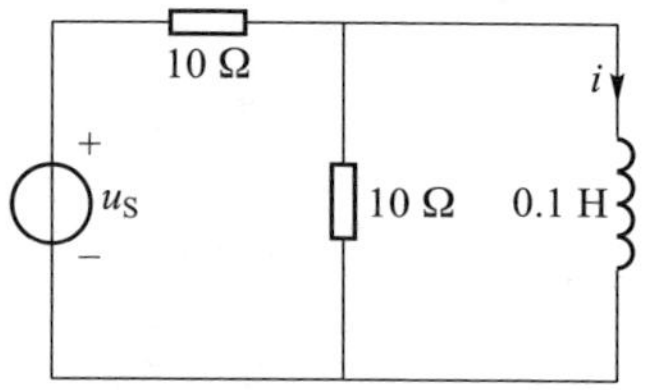

题 7-41 图

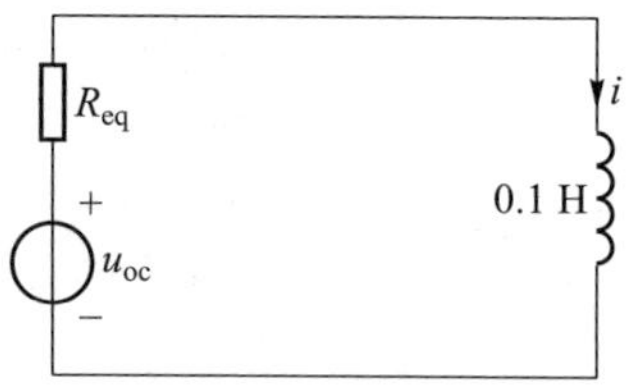

题 7-41 解图

设 $25\varepsilon(t)$ 与 $\delta(t)$ 分别单独作用产生的电流为 $i^{(1)}$、$i^{(2)}$。

在 $25\varepsilon(t)$ 单独作用下，当 $t>0$ 时按换路定则，有 $i^{(1)}(0_+)=i^{(1)}(0_-)=0$，$\tau=\dfrac{L}{R_{eq}}=\dfrac{0.1}{5}\text{s}=\dfrac{1}{50}\text{s}$，$i^{(1)}(\infty)=\dfrac{25}{R_{eq}}=\dfrac{25}{5}\text{A}=5\ \text{A}$

根据三要素法，有 $i^{(1)}(t)=i^{(1)}(\infty)(1-e^{\frac{-t}{\tau}})\varepsilon(t)=5(1-e^{-50t})\varepsilon(t)\ \text{A}$

在 $\delta(t)$ 单独作用下，$i^{(2)}(0_-)=0$，由题 7-41 解图，列 KVL 方程

$$L\frac{di^{(2)}}{dt}+R_{eq}i^{(2)}=\delta(t)$$

在 $0_-<t<0_+$ 时，对微分方程两边求积分，得

$$\int_{0_-}^{0_+} L\frac{\mathrm{d}i^{(2)}}{\mathrm{d}t}\mathrm{d}t + \int_{0_-}^{0_+} R_{\mathrm{eq}}i^{(2)}\mathrm{d}t = \int_{0_-}^{0_+}\delta(t)\mathrm{d}t$$

$$\Rightarrow \quad Li^{(2)}(t)\Big|_{i^{(2)}(0^-)}^{i^{(2)}(0^+)} + 0 = 1 \quad \Rightarrow \quad L[i^{(2)}(0_+) - i^{(2)}(0_-)] = 1$$

$$\Rightarrow \quad i^{(2)}(0_+) = \frac{1}{L} + i^{(2)}(0_-) = \left(\frac{1}{0.1} + 0\right)\ \mathrm{A} = 10\ \mathrm{A}$$

在 $t>0$ 时，$\delta(t)=0$，$i^{(2)}(t)=i^{(2)}(0_+)\mathrm{e}^{\frac{-t}{\tau}}\varepsilon(t)=10\mathrm{e}^{-50t}\varepsilon(t)\mathrm{A}$

根据叠加定理

$$i(t)=i^{(1)}(t)+i^{(2)}(t)=5(1-\mathrm{e}^{-50t})\varepsilon(t)+10\mathrm{e}^{-50t}\varepsilon(t)=(5+5\mathrm{e}^{-50t})\varepsilon(t)\mathrm{A}$$

7-42 题 7-42 图所示电路中含理想运算放大器，且电容的初始电压为零，试分别求：(1) $u_i=U\varepsilon(t)\mathrm{V}$；(2) $u_i=\delta_u(t)\mathrm{V}$ 时电路的输出电压 u_o。

解：题 7-42 图中，应用分析理想运放的两条规则，有

$i^-=i^+=0$（理想运放的输入端“虚断路”，在输入端用“×”标记）

$u^+=u^-$（理想运放输入端“虚短路”）

标注节点①，如题 7-42 解图所示。

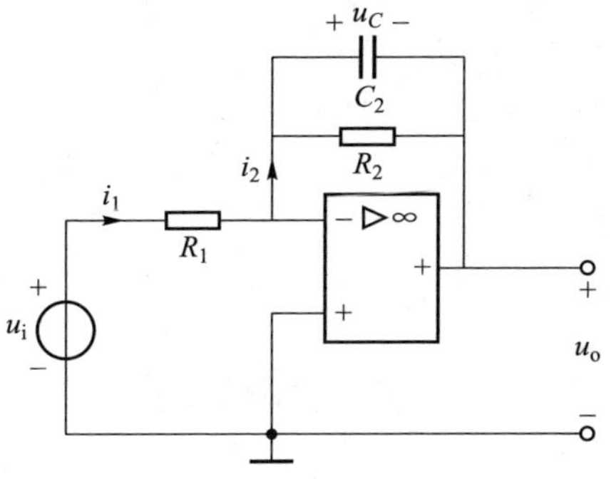

题 7-42 图

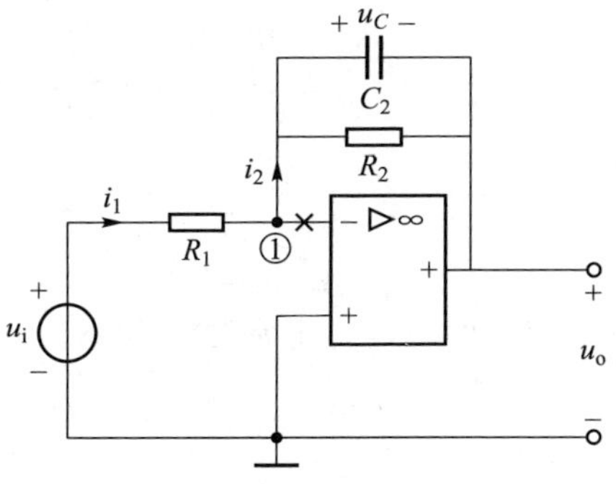

题 7-42 解图

对节点①列 KCL 方程 $\dfrac{u_i-u_{n1}}{R_1}=\dfrac{u_C}{R_2}+C_2\dfrac{\mathrm{d}u_C}{\mathrm{d}t}$

因 $u_{n1}=u_C+u_o$，$u_{n1}=u^-=u^+=0$

所以

$$u_C=-u_o$$

$$\frac{u_i}{R_1}=\frac{-u_o}{R_2}-C_2\frac{\mathrm{d}u_o}{\mathrm{d}t} \quad \Rightarrow \quad R_2C_2\frac{\mathrm{d}u_o}{\mathrm{d}t}+u_o=-\frac{R_2}{R_1}u_i$$

(1) 在 $u_i=U\varepsilon(t)\mathrm{V}$ 时，当 $t>0$ 时，微分方程为

$$R_2C_2\frac{\mathrm{d}u_o}{\mathrm{d}t}+u_o=-\frac{R_2}{R_1}U$$

已知$u_C(0_-)=0$，按换路定则，有

$$u_C(0_+)=u_C(0_-)=0$$

由微分方程得知 $\tau=R_2C_2$，$u_o(\infty)=-\dfrac{R_2}{R_1}U$，所以阶跃响应

$$u_o(t)=u_o(\infty)(1-\mathrm{e}^{\frac{-t}{\tau}})\varepsilon(t)=-\frac{R_2}{R_1}U(1-\mathrm{e}^{\frac{-t}{R_2C_2}})\varepsilon(t)$$

其单位阶跃响应为 $u'_o(t)=s_{u_o}(t)=-\dfrac{R_2}{R_1}(1-\mathrm{e}^{\frac{-t}{R_2C_2}})\varepsilon(t)$。

(2) 当 $u_i=\delta_u(t)\mathrm{V}$ 时，单位冲激响应

$$u_o(t)=h_{u_o}(t)=\frac{\mathrm{d}s_{u_o}(t)}{\mathrm{d}t}=\frac{R_2}{R_1}\cdot\left(-\frac{1}{R_2C_2}\right)\mathrm{e}^{\frac{-t}{R_2C_2}}\varepsilon(t)-\frac{R_1}{R_2}(1-\mathrm{e}^{\frac{-t}{R_2C_2}})\delta(t)$$

$$=-\frac{1}{R_1C_2}\mathrm{e}^{\frac{-t}{R_2C_2}}\varepsilon(t)$$

7-43 题 7-43 图所示电路中，$G=5\ \mathrm{S}$、$L=0.25\ \mathrm{H}$、$C=1\ \mathrm{F}$。求：(1) $i_S(t)=\varepsilon(t)\mathrm{A}$ 时，电路的阶路响应 $i_L(t)$。(2) $i_S(t)=\delta(t)\mathrm{A}$ 时，电路的冲激响应 $u_C(t)$。

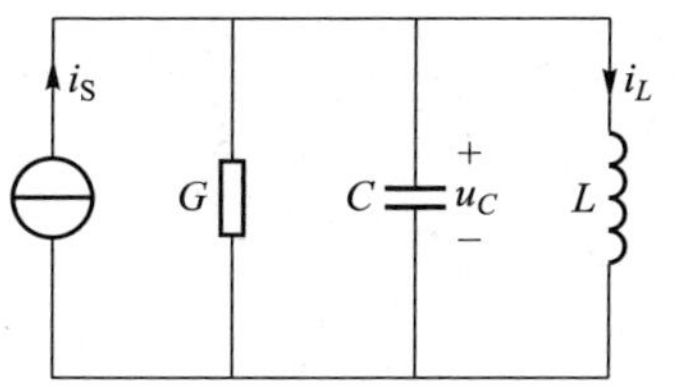

题 7-43 图

解：题 7-43 图中，(1) 当 $i_S(t)=\varepsilon(t)\mathrm{A}$ 时，按换路定则，有 $u_C(0_+)=u_C(0_-)=0$，$i_L(0_+)=i_L(0_-)=0$，$u_C(0_+)=u_L(0_+)=L\dfrac{\mathrm{d}i_L}{\mathrm{d}t}\Big|_{0_+}=0 \quad \Rightarrow \quad \dfrac{\mathrm{d}i_L}{\mathrm{d}t}\Big|_{0_+}=\dfrac{u_C(0_+)}{L}=0$

按 KCL，有

$$Gu_C+C\frac{\mathrm{d}u_C}{\mathrm{d}t}+i_L=i_S$$

将 $u_C=L\dfrac{\mathrm{d}i_L}{\mathrm{d}t}$代入，得 $LC\dfrac{\mathrm{d}^2i_L}{\mathrm{d}t^2}+GL\dfrac{\mathrm{d}i_L}{\mathrm{d}t}+i_L=i_S$

求解微分方程

$$\begin{cases} LC\dfrac{\mathrm{d}^2i_L}{\mathrm{d}t^2}+GL\dfrac{\mathrm{d}i_L}{\mathrm{d}t}+i_L=\varepsilon(t) \\ i_L(0_+)=0 \\ \dfrac{\mathrm{d}i_L}{\mathrm{d}t}\Big|_{0_+}=0 \end{cases}$$

微分方程的通解 $i_L(t)=i'_L+i''_L$，$i'_L=\varepsilon(t)$ 为方程的特解，i''_L是非齐次微分方程转换为齐次方程后的通解，即

$$LC\frac{d^2i_L''}{dt^2}+GL\frac{di_L''}{dt}+i_L''=0$$

其特征方程为 $LCp^2+GLp+1=0$

解出特征根为

$$p_{1,2}=-\frac{G}{2C}\pm\sqrt{\left(\frac{G}{2C}\right)^2-\frac{1}{LC}}=-\frac{5}{2\times1}\pm\sqrt{\left(\frac{5}{2\times1}\right)^2-\frac{1}{0.25\times1}}=-2.5\pm1.5$$

得

$$p_1=-1,p_2=-4$$

将齐次方程的通解 $i_L''=A_1e^{p_1t}+A_2e^{p_2t}$ 代入微分方程的通解，得

$$i_L(t)=\varepsilon(t)+A_1e^{p_1t}+A_2e^{p_2t}=\varepsilon(t)+A_1e^{-t}+A_2e^{-4t}$$

由初始条件确定待定常数 A_1、A_2，

$$\begin{cases}i_L(0_+)=[\varepsilon(t)+A_1e^{-t}+A_2e^{-4t}]|_{t=0_+}=1+A_1+A_2=0\\ \left.\frac{di_L}{dt}\right|_{0_+}=[\delta(t)-A_1e^{-t}-4A_2e^{-4t}]|_{t=0_+}=-A_1-4A_2=0\end{cases}\Rightarrow\begin{cases}A_1=-\frac{4}{3}\\ A_2=\frac{1}{3}\end{cases}$$

因此，单位阶跃响应 $s_{i_L}(t)=i_L(t)=\left(1-\frac{4}{3}e^{-t}+\frac{1}{3}e^{-4t}\right)\varepsilon(t)$ A

(2) 当 $i_S(t)=\delta(t)$ A 时，因 $h_{i_L}(t)=\frac{ds_{i_L}(t)}{dt}$，所以由(1)问的计算结果可求得(2)问的单位冲激响应，即

$$h_{i_L}(t)=i_L(t)=\frac{ds_{i_L}(t)}{dt}=\frac{d}{dt}\left[\left(1-\frac{4}{3}e^{-t}+\frac{1}{3}e^{-4t}\right)\varepsilon(t)\right]$$

$$=\left[-\frac{4}{3}\times(-1)e^{-t}+\frac{1}{3}\times(-4)e^{-4t}\right]\varepsilon(t)\text{ A}+\left(1-\frac{4}{3}e^{-t}+\frac{1}{3}e^{-4t}\right)\delta(t)\text{ A}$$

$$=\frac{4}{3}(e^{-t}-e^{-4t})\varepsilon(t)\text{ A}$$

$$h_{u_C}(t)=u_C(t)=u_L(t)=L\frac{di_L}{dt}=0.25\frac{d}{dt}\left[\frac{4}{3}(e^{-t}-e^{-4t})\varepsilon(t)\right]$$

$$=\frac{1}{3}[-e^{-t}-(-4)e^{-4t}]\varepsilon(t)\text{ V}+\frac{1}{3}(e^{-t}-e^{-4t})\delta(t)\text{ V}$$

$$=\frac{1}{3}(4e^{-4t}-e^{-t})\varepsilon(t)\text{ V}=\left(\frac{4}{3}e^{-4t}-\frac{1}{3}e^{-t}\right)\varepsilon(t)\text{ V}$$

7-44 当 $u_S(t)$ 为下列情况时，求题 7-44 图所示电路的响应 u_C：(1) $u_S(t)=10\varepsilon(t)$ V；(2) $u_S(t)=10\delta(t)$ V。

解：(1) 当 $u_S(t)=10\varepsilon(t)$ V 时，按换路定则，有

$$u_C(0_+)=u_C(0_-)=0,\qquad i_L(0_+)=i_L(0_-)=0$$

当 $t>0$ 时，按 KVL，有 $\qquad u_L+u_C=u_S$

按 KCL，有 $\qquad i_L=\frac{u_C}{R}+i_C$

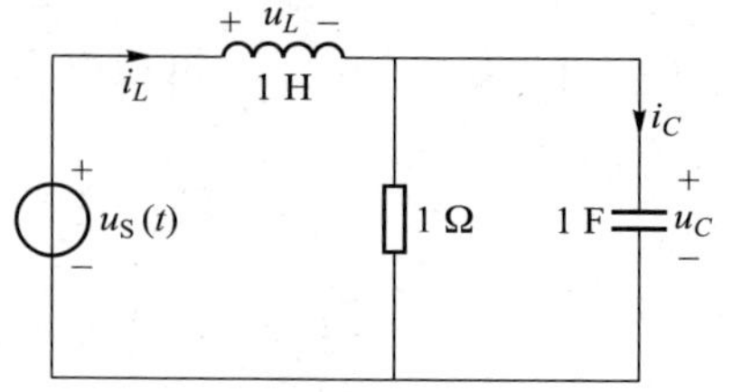

题 7-44 图

将 $i_C=C\frac{du_C}{dt}$ 和 $u_L=L\frac{di_L}{dt}$ 代入，得

$$LC\frac{d^2u_C}{dt^2}+\frac{L}{R}\frac{du_C}{dt}+u_C=u_S=10$$

u_C 的通解为 $u_C=u_C'+u_C''$，u_C' 为微分方程的特解，$u_C'=10$ V，u_C'' 为对应的齐次微分方程的通解，即 $LC\frac{d^2u_C''}{dt^2}+\frac{L}{R}\frac{du_C''}{dt}+u_C''=0$

特征方程的特征根

$$p_{1,2}=-\frac{1}{2RC}\pm\sqrt{\left(\frac{1}{2RC}\right)^2-\frac{1}{LC}}=-\frac{1}{2\times1\times1}\pm\sqrt{\left(\frac{1}{2}\right)^2-\frac{1}{1\times1}}=-0.5\pm j\frac{\sqrt{3}}{2}$$

$$\delta=0.5,\quad \omega=\frac{\sqrt{3}}{2}=0.866$$

$$u_C''=Ae^{-\delta t}\sin(\omega t+\theta),\quad u_C=u_C'+u_C''=10+Ae^{-\delta t}\sin(\omega t+\theta)$$

由初始条件确定待定常数 A 和 θ

$$u_C(0_+)=10+A\sin\theta=0\quad\Rightarrow\quad A=-\frac{10}{\sin\theta}$$

$$i_L(0_+)=\frac{u_C(0_+)}{R}+C\left.\frac{du_C}{dt}\right|_{0_+}=0\quad\Rightarrow\quad\left.\frac{du_C}{dt}\right|_{0_+}=0$$

$$\left.\frac{du_C}{dt}\right|_{0_+}=A(-\delta)\sin\theta+A\omega\cos\theta=0\quad\Rightarrow\quad\tan\theta=\frac{\omega}{\delta}=\frac{\frac{\sqrt{3}}{2}}{0.5}=\sqrt{3}$$

$$\Rightarrow\quad\beta=\theta=60^\circ$$

所以 $A=-\frac{10}{\sin\beta}=-\frac{10}{\sin60^\circ}=-\frac{20}{\sqrt{3}}$

阶跃响应 $s(t)=u_C(t)=[10+Ae^{-\delta t}\sin(\omega t+\beta)]\varepsilon(t)$

$$=\left[10-\frac{20}{\sqrt{3}}e^{-0.5t}\sin\left(\frac{\sqrt{3}}{2}t+60^\circ\right)\right]\varepsilon(t)$$

(2) 当 $u_S=10\delta(t)$ V 时，利用冲激函数与阶跃函数的关系 $\delta(t)=\frac{d\varepsilon(t)}{dt}$，其

对应响应的关系为

$$h(t)=u_C(t)=\frac{\mathrm{d}s(t)}{\mathrm{d}t}=\frac{\mathrm{d}}{\mathrm{d}t}\{[10+A\mathrm{e}^{-\delta t}\sin(\omega t+\beta)]\varepsilon(t)\}$$

$$=A[-\delta\mathrm{e}^{-\delta t}\sin(\omega t+\beta)+\mathrm{e}^{-\delta t}\omega\cos(\omega t+\beta)]\varepsilon(t)+[10+A\mathrm{e}^{-\delta t}\sin(\omega t+\beta)]\delta(t)$$

$$=-A\mathrm{e}^{-\delta t}\sqrt{\delta^2+\omega^2}\left[\frac{\delta}{\sqrt{\delta^2+\omega^2}}\sin(\omega t+\beta)-\frac{\omega}{\sqrt{\delta^2+\omega^2}}\cos(\omega t+\beta)\right]\varepsilon(t)+0$$

$$=-A\mathrm{e}^{-\delta t}\sqrt{\delta^2+\omega^2}[\cos\beta\sin(\omega t+\beta)-\sin\beta\cos(\omega t+\beta)]\varepsilon(t)$$

$$=(-A\mathrm{e}^{-\delta t}\sqrt{\delta^2+\omega^2}\sin\omega t)\varepsilon(t)$$

$$=\left[-\left(-\frac{20}{\sqrt{3}}\right)\mathrm{e}^{-0.5t}\sqrt{0.5^2+\left(\frac{\sqrt{3}}{2}\right)^2}\times\sin\omega t\right]\varepsilon(t)\ \mathrm{V}$$

$$=\left[\frac{20}{\sqrt{3}}\mathrm{e}^{-0.5t}\sin\left(\frac{\sqrt{3}}{2}t\right)\right]\varepsilon(t)\ \mathrm{V}$$

7-45 题 7-45 图所示电路中电感的初始电流为零，设$u_S(t)=U_0\mathrm{e}^{-at}\varepsilon(t)$，试用卷积积分求 $u_L(t)$。

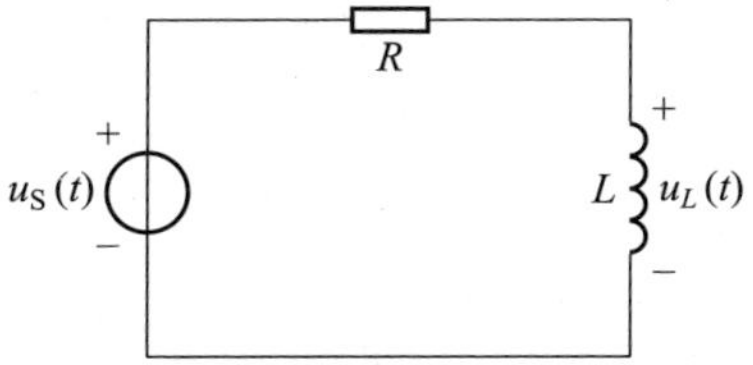

题 7-45 图

解：题 7-45 图中，设电感电流 $i_L(t)$ 与电压 $u_L(t)$ 取关联参考方向。此题分两步计算。

第一步，在 $u'_S(t)=\delta_u(t)$ 时，求电路的单位冲激响应 $h(t)=i'_L(t)$。对电路列 KVL 方程

$$u'_L+Ri'_L=u'_S,\ L\frac{\mathrm{d}i'_L}{\mathrm{d}t}+Ri'_L=\delta_u(t),\ i'_L(0_-)=0$$

解得单位冲激响应 $h(t)=i'_L(t)=\dfrac{1}{L}\mathrm{e}^{-\frac{R}{L}t}\varepsilon(t)$

第二步，在 $u_S(t)=U_0\mathrm{e}^{-at}\varepsilon(t)$ 时，用卷积公式 $r(t)=\int_0^t e(t-\xi)h(\xi)\mathrm{d}\xi$ 求电路的响应 $i_L(t)$，即 $i_L(t)=\int_0^t u_S(t-\xi)h(\xi)\mathrm{d}\xi$，再求$u_L(t)$。

$$i_L(t)=\int_0^t U_0\mathrm{e}^{-a(t-\xi)}\cdot\frac{1}{L}\mathrm{e}^{-\frac{R}{L}\xi}\mathrm{d}\xi=\frac{U_0}{L}\mathrm{e}^{-at}\int_0^t\mathrm{e}^{\left(a-\frac{R}{L}\right)\xi}\mathrm{d}\xi=\frac{U_0}{L}\cdot\frac{\mathrm{e}^{-at}}{a-\dfrac{R}{L}}\mathrm{e}^{\left(a-\frac{R}{L}\right)\xi}\Bigg|_0^t$$

$$=\frac{U_0\mathrm{e}^{-at}}{aL-R}\left[\mathrm{e}^{\left(a-\frac{R}{L}\right)t}-1\right]=\frac{U_0}{aL-R}\left(\mathrm{e}^{-\frac{R}{L}t}-\mathrm{e}^{-at}\right)$$

即 $i_L(t)=\dfrac{U_0}{aL-R}\left(\mathrm{e}^{-\frac{R}{L}t}-\mathrm{e}^{-at}\right)\varepsilon(t)$

所以 $u_L(t)=L\dfrac{\mathrm{d}i_L}{\mathrm{d}t}$

$$=\frac{LU_0}{aL-R}\left(-\frac{R}{L}\mathrm{e}^{-\frac{R}{L}t}+a\mathrm{e}^{-at}\right)\varepsilon(t)+\frac{U_0}{aL-R}\left(\mathrm{e}^{-\frac{R}{L}t}-\mathrm{e}^{-at}\right)\delta(t)$$

$$=\frac{U_0}{R-aL}\left(R\mathrm{e}^{-\frac{R}{L}t}-aL\mathrm{e}^{-at}\right)\varepsilon(t)$$

7-46 题 7-46 图(a)所示电路的激励波形如题 7-46 图(b)所示，试用卷积积分求零状态响应 $i(t)$。

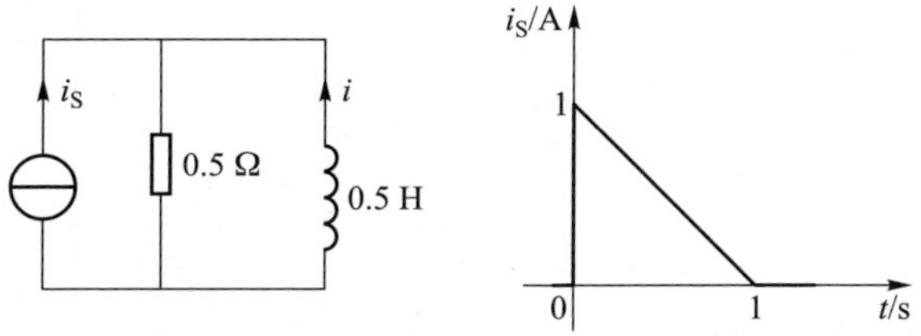

(a) (b)

题 7-46 图

解：如题 7-46 图(a)所示，按题意，已知 $i(0_-)=0$，

列 KCL 方程 $i+i_R=i_S\ \Rightarrow\ i+\dfrac{u_L}{R}=i_S\ \Rightarrow\ i+\dfrac{L}{R}\dfrac{\mathrm{d}i}{\mathrm{d}t}=i_S\ \Rightarrow\ \tau\dfrac{\mathrm{d}i}{\mathrm{d}t}+i=i_S$

第一步求出电路的单位冲激响应，即令 $i_S(t)=\delta(t)$ A 时，求得的响应为 $h(t)=i(t)$，

$$\tau\frac{\mathrm{d}h(t)}{\mathrm{d}t}+h(t)=\delta(t)$$

当 $t\neq0$ 时，$\delta(t)=0$，有 $\tau\dfrac{\mathrm{d}h(t)}{\mathrm{d}t}+h(t)=0$

当 $t\geqslant0_+$时，解得 $h(t)=i(t)=i(0_+)\mathrm{e}^{-\frac{t}{\tau}}$

当 $0_-\geqslant t\geqslant0_+$时，微分方程为 $\tau\dfrac{\mathrm{d}h(t)}{\mathrm{d}t}+h(t)=\delta(t)$

$$\int_{0_-}^{0_+}\tau\frac{\mathrm{d}h(t)}{\mathrm{d}t}\mathrm{d}t+\int_{0_-}^{0_+}h(t)\mathrm{d}t=\int_{0_-}^{0_+}\delta(t)\mathrm{d}t$$

$$\int_{h(0_-)}^{h(0_+)}\tau\mathrm{d}h(t)+\int_{0_-}^{0_+}h(t)\mathrm{d}t=1$$

$\tau[h(0_+)-h(0_-)]=1$，已知 $h(0_-)=0$，$h(0_+)=\dfrac{1}{\tau}=\dfrac{R}{L}=\dfrac{0.5}{0.5}\mathrm{A}=1\ \mathrm{A}$

当 $t\geqslant0_+$时，$h(t)=\mathrm{e}^{-t}\varepsilon(t)$ A

在 $0<t<1$ 区间，激励 $i_S(t)$ 的表达式为 $i_S(t)=1-t$，当 $t>1$ 时，$i_S(t)=0$，

$$i(t)=\int_0^t i_S(\xi)h(t-\xi)\mathrm{d}\xi=\int_0^t(1-\xi)\mathrm{e}^{-(t-\xi)}\mathrm{d}\xi=\int_0^t[\mathrm{e}^{-(t-\xi)}-\xi\mathrm{e}^{-(t-\xi)}]\mathrm{d}\xi$$

$$=\mathrm{e}^{-t}\int_0^t(\mathrm{e}^{\xi}-\xi\mathrm{e}^{\xi})\mathrm{d}\xi=\mathrm{e}^{-t}\left(\int_0^t\mathrm{e}^{\xi}\mathrm{d}\xi-\int_0^t\xi\mathrm{e}^{\xi}\mathrm{d}\xi\right)=\mathrm{e}^{-t}\left(\int_0^t\mathrm{e}^{\xi}\mathrm{d}\xi-\int_0^t\xi\mathrm{d}\mathrm{e}^{\xi}\right)$$

$$=\mathrm{e}^{-t}\left(\int_0^t\mathrm{e}^{\xi}\mathrm{d}\xi-\xi\mathrm{e}^{\xi}\Big|_0^t+\int_0^t\mathrm{e}^{\xi}\mathrm{d}\xi\right)=\mathrm{e}^{-t}\left(2\int_0^t\mathrm{e}^{\xi}\mathrm{d}\xi-\xi\mathrm{e}^{\xi}\Big|_0^t\right)$$

$$=\mathrm{e}^{-t}[2(\mathrm{e}^{t}-1)-t\mathrm{e}^{t}]\mathrm{A}=(2-t-2\mathrm{e}^{-t})\mathrm{A}$$

在 $t>1$ 时，$i(t)=\int_0^1(1-\xi)\mathrm{e}^{-(t-\xi)}\mathrm{d}\xi=\mathrm{e}^{-t}\left(2\int_0^1\mathrm{e}^{\xi}\mathrm{d}\xi-\xi\mathrm{e}^{\xi}\Big|_0^1\right)$

$$=\mathrm{e}^{-t}[2(\mathrm{e}-1)-\mathrm{e}]\mathrm{A}=\mathrm{e}^{-t}[\mathrm{e}-2]\mathrm{A}$$

$$=[\mathrm{e}^{-(t-1)}-2\mathrm{e}^{-t}]\mathrm{A}$$

第八章　相　量　法

内容提要

表 8-1　复数的表示及四则运算

表示复数的几种形式

1. 代数形式：$\boldsymbol{F}=a+\mathrm{j}b$

$a=\mathrm{Re}[\boldsymbol{F}]$—实部，$b=\mathrm{Im}[\boldsymbol{F}]$—虚部，$\mathrm{j}=\sqrt{-1}$—虚单位

2. 向量形式：

$|\boldsymbol{F}|=\sqrt{a^2+b^2}$—$\boldsymbol{F}$ 的模

$\tan\theta=\dfrac{b}{a}$，θ—$\boldsymbol{F}$ 的辐角

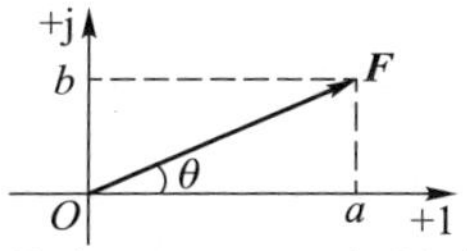

在复平面上的向量表示

3. 三角形式：$\boldsymbol{F}=|\boldsymbol{F}|\cos\theta+\mathrm{j}|\boldsymbol{F}|\sin\theta$

4. 指数形式：$\boldsymbol{F}=|\boldsymbol{F}|\mathrm{e}^{\mathrm{j}\theta}$

5. 极坐标形式：$\boldsymbol{F}=|\boldsymbol{F}|\angle\theta$

例　$\boldsymbol{F}=4+\mathrm{j}3=5\angle 36.87°$

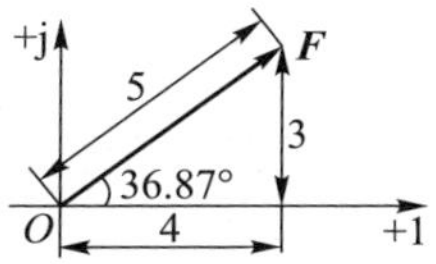

复数的四则运算

设 $\boldsymbol{F}_1=a_1+\mathrm{j}b_1=|\boldsymbol{F}_1|\mathrm{e}^{\mathrm{j}\theta_1}=|\boldsymbol{F}_1|\angle\theta_1$，$\boldsymbol{F}_2=a_2+\mathrm{j}b_2=|\boldsymbol{F}_2|\mathrm{e}^{\mathrm{j}\theta_2}=|\boldsymbol{F}_2|\angle\theta_2$

加减运算

$$\boldsymbol{F}_1\pm\boldsymbol{F}_2=(a_1+\mathrm{j}b_1)\pm(a_2+\mathrm{j}b_2)=(a_1\pm a_2)+\mathrm{j}(b_1\pm b_2)$$

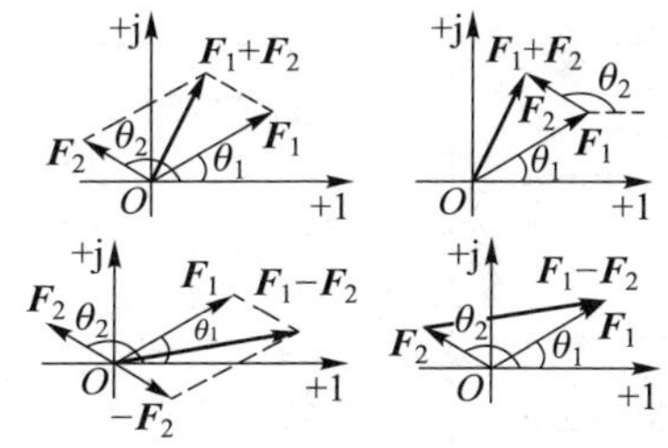

乘法运算

$$\boldsymbol{F}_1\cdot\boldsymbol{F}_2=(a_1+\mathrm{j}b_1)\cdot(a_2+\mathrm{j}b_2)=(a_1a_2-b_1b_2)+\mathrm{j}(a_1b_2+a_2b_1)$$

$$\boldsymbol{F}_1\cdot\boldsymbol{F}_2=|\boldsymbol{F}_1|\cdot|\boldsymbol{F}_2|\mathrm{e}^{\mathrm{j}(\theta_1+\theta_2)}=|\boldsymbol{F}_1|\cdot|\boldsymbol{F}_2|\angle\theta_1+\theta_2$$

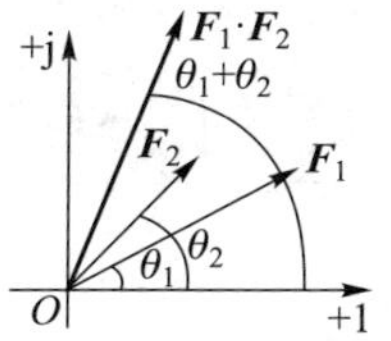

除法运算

$$\frac{\boldsymbol{F}_1}{\boldsymbol{F}_2}=\frac{(a_1+\mathrm{j}b_1)(a_2-\mathrm{j}b_2)}{(a_2+\mathrm{j}b_2)(a_2-\mathrm{j}b_2)}=\frac{a_1a_2+b_1b_2}{a_2^2+b_2^2}+\mathrm{j}\frac{a_2b_1-a_1b_2}{a_2^2+b_2^2}$$

$$\frac{\boldsymbol{F}_1}{\boldsymbol{F}_2}=\frac{|\boldsymbol{F}_1|}{|\boldsymbol{F}_2|}\mathrm{e}^{\mathrm{j}(\theta_1-\theta_2)}=\frac{|\boldsymbol{F}_1|\angle\theta_1}{|\boldsymbol{F}_2|\angle\theta_2}=\frac{|\boldsymbol{F}_1|}{|\boldsymbol{F}_2|}\angle\theta_1-\theta_2$$

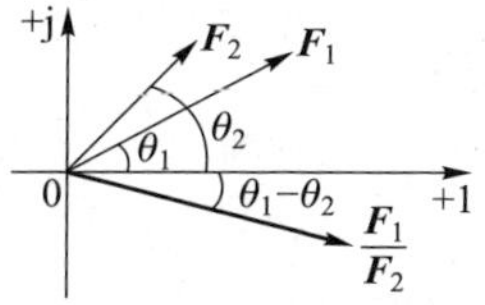

表 8-2　电压、电流正弦量及其相量

正弦量	正弦量时域表示	振幅	有效值	振幅与有效值关系	角频率（弧度/秒）	周期（秒）	频率（赫兹）	ω、T、f 的关系	初相位（度或弧度）	正弦量的相量
电压	$u(t)=U_\mathrm{m}\cos(\omega t+\phi_u)$ V $u(t)=\sqrt{2}U\cos(\omega t+\phi_u)$ V	U_m(V)	U(V)	$U_\mathrm{m}=\sqrt{2}U$	ω(rad/s)	T(s)	f(Hz)	$f=\dfrac{1}{T}$ $\omega=2\pi f$ $\omega=\dfrac{2\pi}{T}$	ϕ_u(°或 rad)	$\dot{U}=U\angle\phi_u$(V)
电流	$i(t)=I_\mathrm{m}\cos(\omega t+\phi_i)$ A $i(t)=\sqrt{2}I\cos(\omega t+\phi_i)$ A	I_m(A)	I(A)	$I_\mathrm{m}=\sqrt{2}I$					ϕ_i(°或 rad)	$\dot{I}=I\angle\phi_i$(A)

表 8-3　正弦量波形及相位比较

正弦量电流 i 的波形	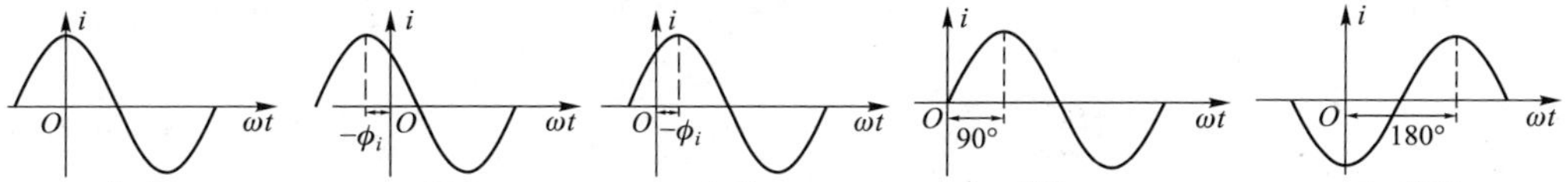 $\phi_i=0$　$\phi_i>0$　$\phi_i<0$　$\phi_i=-90°$　$\phi_i=180°$
两个同频率正弦量 u 和 i 的相位差	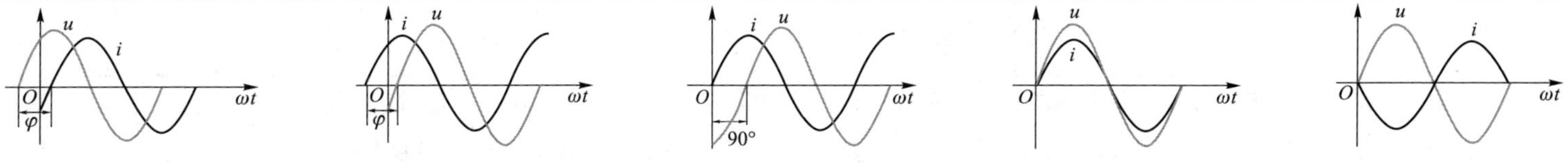 $\varphi=\phi_u-\phi_i>0$ 电压超前电流 φ；$\varphi=\phi_u-\phi_i<0$ 电压滞后电流 $\|\varphi\|$；$\varphi=\phi_u-\phi_i=-90°$ 电压滞后电流90°（正交）；$\varphi=\phi_u-\phi_i=0$ 电压与电流同相；$\varphi=\phi_u-\phi_i=180°$ 电压与电流反相

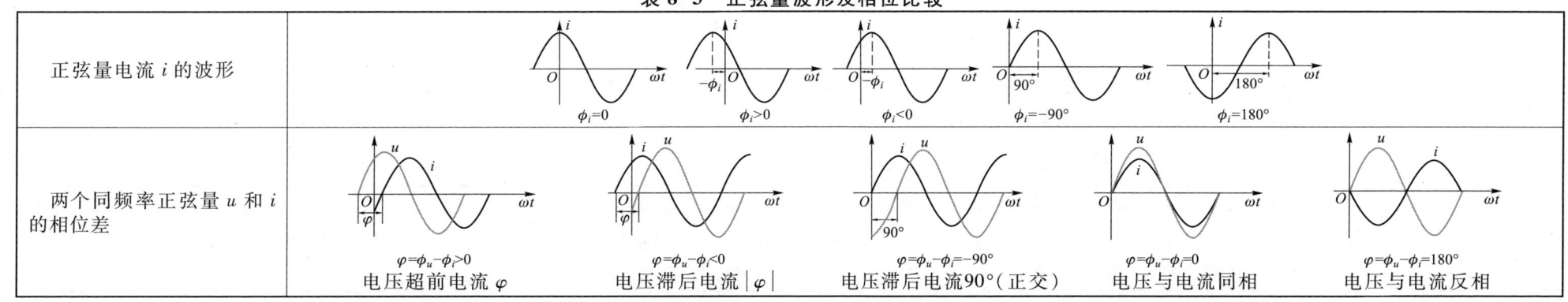

表 8-4　电路基本元件的伏安关系、基尔霍夫定律的时域形式和相量形式

元件名称(符号)			元件模型	元件上 u-i 伏安关系(式中±符号由 u、i 参考方向确定)	元件相量模型	元件阻抗与导纳值、单位名称/符号	元件上 $\dot{U}$-$\dot{I}$ 相量伏安关系(式中±符号由 $\dot{U}$、$\dot{I}$ 参向确定)
无源元件		电阻(R)	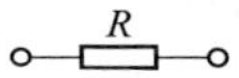	$u=\pm Ri$ 或 $i=\pm Gu$	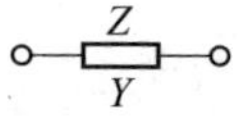	阻抗值 $Z=R$、欧[姆]/Ω 导纳值 $Y=\dfrac{1}{Z}=G=\dfrac{1}{R}$、西[门子]/S	$\dot{U}=\pm Z\dot{I}$ 或 $\dot{I}=\pm Y\dot{U}$
		电感(L)		$u=\pm L\dfrac{\mathrm{d}i}{\mathrm{d}t}$ 或 $i=\pm\dfrac{1}{L}\int_{-\infty}^{t}u(\xi)\,\mathrm{d}\xi$	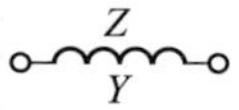	阻抗值 $Z=\mathrm{j}\omega L$、欧[姆]/Ω 导纳值 $Y=\dfrac{1}{Z}=\dfrac{1}{\mathrm{j}\omega L}=-\mathrm{j}\dfrac{1}{\omega L}$、西[门子]/S	
		电容(C)		$i=\pm C\dfrac{\mathrm{d}u}{\mathrm{d}t}$ 或 $u=\pm\dfrac{1}{C}\int_{-\infty}^{t}i(\xi)\,\mathrm{d}\xi$	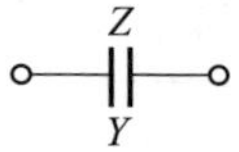	阻抗值 $Z=\dfrac{1}{\mathrm{j}\omega C}=-\mathrm{j}\dfrac{1}{\omega C}$、欧[姆]/Ω 导纳值 $Y=\dfrac{1}{Z}=\mathrm{j}\omega C$、西[门子]/S	
有源元件	独立源	电压源(u_S)	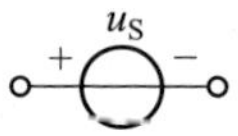	$u=\pm u_S$	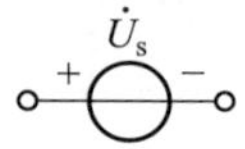	电压值 $\dot{U}_S$、伏[特]/V	$\dot{U}=\pm\dot{U}_S$
		电流源(i_S)	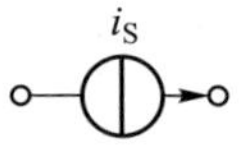	$i=\pm i_S$	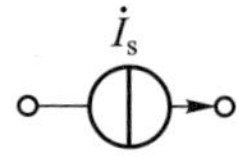	电流值 $\dot{I}_S$、安[培]/A	$\dot{I}=\pm\dot{I}_S$
	受控源(非独立源)	受电压控制电压源(VCVS)	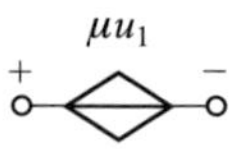	$u=\pm\mu u_1$	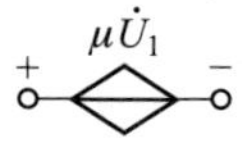	电压值 $\mu\dot{U}_1$、伏[特]/V	$\dot{U}=\pm\mu\dot{U}_1$
		受电流控制电压源(CCVS)	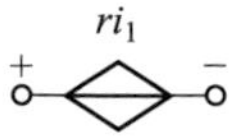	$u=\pm ri_1$	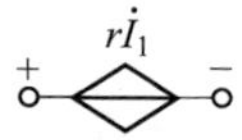	电压值 $r\dot{I}_1$、伏[特]/V	$\dot{U}=\pm r\dot{I}_1$
		受电压控制电流源(VCCS)	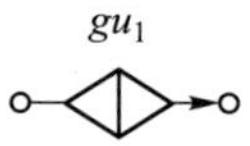	$i=\pm gu_1$	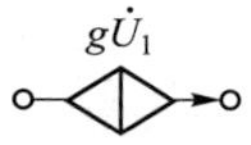	电流值 $g\dot{U}_1$、安[培]/A	$\dot{I}=\pm g\dot{U}_1$
		受电流控制电流源(CCCS)	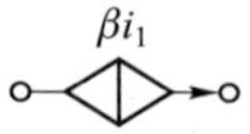	$i=\pm\beta i_1$	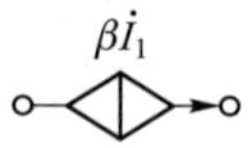	电流值 $\beta\dot{I}_1$、安[培]/A	$\dot{I}=\pm\beta\dot{I}_1$
基尔霍夫定律			时域形式:KCL　$\sum i_k=0$　KVL　$\sum u_k=0$		相量形式:KCL　$\sum\dot{I}_k=0$　KVL　$\sum\dot{U}_k=0$		

说明:1. 对比上述元件的伏安关系及基尔霍夫定律的时域形式和相量形式,除电容和电感元件外,其他元件的伏安关系以及基尔霍夫定律的数学表达式,其时域形式和相量形式是相似的,只是将变量 i、i_S、i_1、u、u_S、u_1 书写成相量 $\dot{I}$、$\dot{I}_S$、$\dot{I}_1$、$\dot{U}$、$\dot{U}_S$、$\dot{U}_1$ 的形式,且电阻、电容和电感元件的相量伏安关系与欧姆定律在形式上完全一样。

2. 由电阻、电容和电感元件组成的一端口,其端口上的相量伏安关系与欧姆定律在形式上也完全一样

电路思维导图应用范例(参照附录 B 中第八章思维导图助记知识要点)

例 8-1 已知正弦电流 $i=5\sin(100\pi t+\phi_i)$ A，正弦电压 $u=10\sin(100\pi t+\phi_u)$ V，当 $t=\frac{1}{300}$s 时，$i\left(\frac{1}{300}\right)=2.5$ A，$u\left(\frac{1}{300}\right)=10$ V，则 i 超前 u 的相位差 φ 为多少度？

解：$2.5=5\sin\left(100\pi\times\frac{1}{300}+\phi_i\right)$，$\phi_i=-\frac{\pi}{6}$

$10=10\sin\left(100\pi\frac{1}{300}+\phi_u\right)$，$\phi_u=\frac{\pi}{6}$，$\varphi=\phi_i-\phi_u=-\frac{\pi}{6}-\frac{\pi}{6}=-60°$

例 8-2 某正弦电流 $i=I_m\cos\left(\omega t+\frac{\pi}{3}\right)$ A，当 $t=\frac{1}{3}$ms 时，电流波形第一次过零，求该正弦电流的频率 f 和周期 T。

解：$0=I_m\cos\left(\omega\frac{1}{3}\times10^{-3}+\frac{\pi}{3}\right)$，$\omega\frac{1}{3}\times10^{-3}+\frac{\pi}{3}=\frac{\pi}{2}$

$\omega=\frac{\pi}{2}\times10^3$，$f=\frac{\omega}{2\pi}=250$ Hz，$T=\frac{1}{f}=0.004$ s

例 8-3 求正弦波 $4\sin(15t+30°)$ 的振幅、有效值、初相角是多少？再求正弦波 $6\sin 2t\cos 2t$ 的振幅、有效值。

解：$4\sin(15t+30°)=4\cos(15t+30°-90°)=4\cos(15t-60°)$

其振幅为 4，有效值为 $4/\sqrt{2}=2.83$，初相角为 $-60°$。

$6\sin 2t\cos 2t=3\sin 4t=3\cos(4t-90°)$，振幅为 3，有效值为 $3/\sqrt{2}=2.12$，初相角为 $-90°$

例 8-4 已知某正弦电压 $u=10\sin(100\pi t+\phi)$ V，当 $t=\frac{1}{300}$s 时，$u\left(\frac{1}{300}\right)=5$ V，求该正弦电压所对应的相量 $\dot{U}$。

解：$5=10\sin\left(100\pi\frac{1}{300}+\phi\right)$，$\phi=-30°$，$\dot{U}=7.07\angle-30°-90°$ V $=7.07\angle-120°$ V

例 8-5 某正弦电压的初相角 $\phi=45°$，$t=0$ 时的瞬时值 $u(0)=220$ V，则该正弦电压的有效值。

解：$u(t)=\sqrt{2}U\cos(\omega t+45°)$ V

$u(0)=\sqrt{2}U\cos 45°$，$220=\sqrt{2}U\frac{\sqrt{2}}{2}$

所以正弦电压的有效值为 $U=220$ V

例 8-6 如图 1 所示正弦交流电路中，若 $\dot{U}_{12}=(20+j40)$ V，$\dot{U}_{32}=(20-j40)$ V，$\dot{U}_{34}=50\angle-36.9°$ V，则 $\dot{U}_{14}$ 是多少？

解：$\dot{U}_{14}=\dot{U}_{12}-\dot{U}_{32}+\dot{U}_{34}$
$=(40+j50)$ V

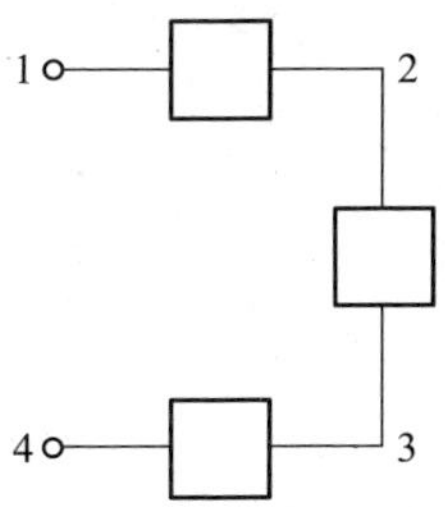

图 1 例 8-6 图

例 8-7 图 2 所示正弦交流电路中电压相量 $\dot{U}=10\angle0°$ V，$\dot{U}_1=6\angle-53.1°$ V，$\dot{U}_4=6\angle53.1°$ V，求电压 $\dot{U}_{ab}$。

解：$\dot{U}_{ab}=\dot{U}-\dot{U}_1-\dot{U}_4$
$=(10\angle0°-6\angle-53.1°-6\angle53.1°)$ V
$=2.8\angle0°$ V

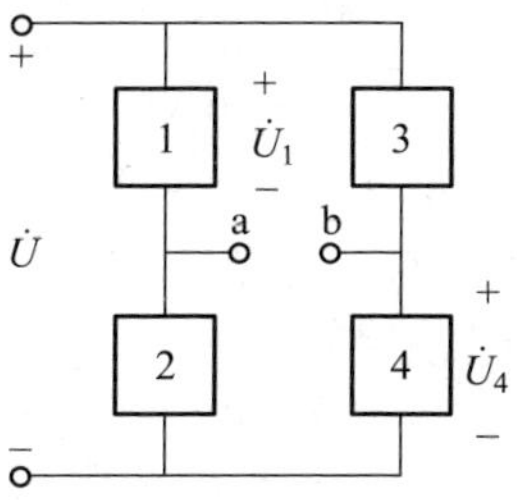

图 2 例 8-7 图

例 8-8 如图 3 所示的电流 $i_1=4\cos(\omega t+30°)$ A，$i_2=3\sin(\omega t+30°)$ A，试求 i_3，并绘相量图。

解：$i_2=3\sin(\omega t+30°)=3\cos(\omega t+30°-90°)=3\cos(\omega t-60°)$ A

$i_3=i_2-i_1$，$\dot{I}_3=\dot{I}_2-\dot{I}_1$，$\dot{I}_1=\frac{4}{\sqrt{2}}\angle30°$ A，$\dot{I}_2=\frac{3}{\sqrt{2}}\angle-60°$ A

$\dot{I}_3=\left(\frac{3}{\sqrt{2}}\angle-60°-\frac{4}{\sqrt{2}}\angle30°\right)$ A $=\frac{5}{\sqrt{2}}\angle-113.1°$ A

$i_3=5\cos(\omega t-113.1°)$ A，其相量图如图 4 所示

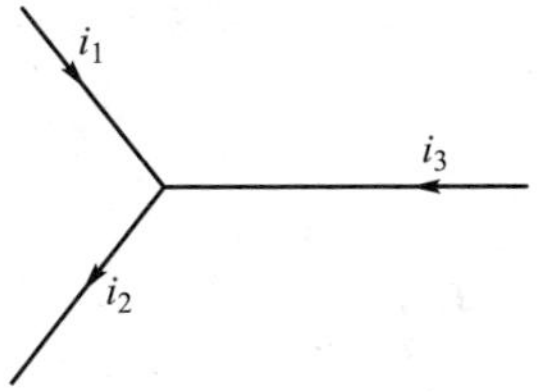

图 3 例 8-8 图

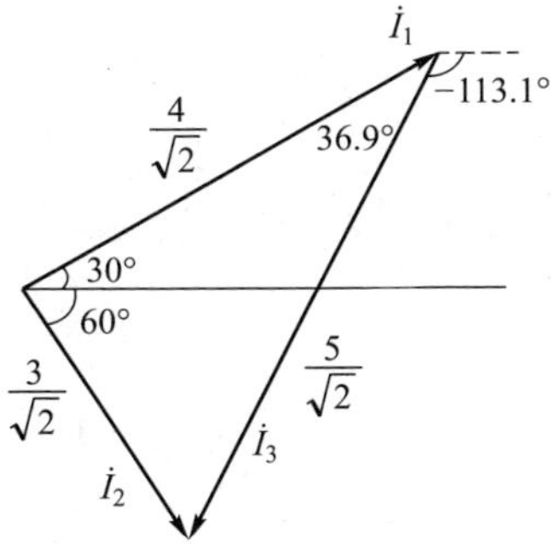

图 4 例 8-8 解图

例 8-9 两正弦电流波形如图 5 所示，比较其相位关系可得 i_1 超前 i_2 的相位差 φ=？

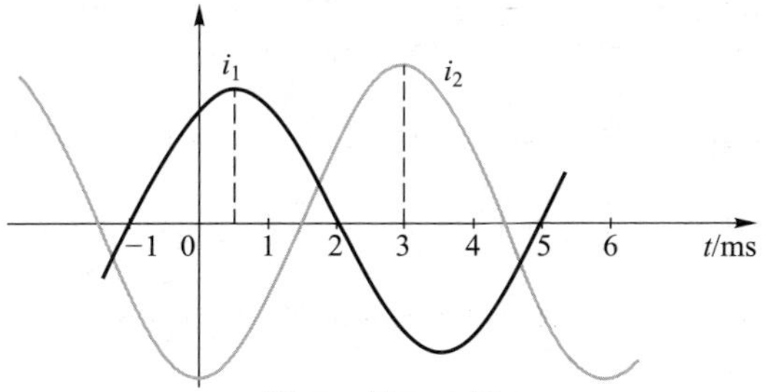

图 5 例 8-9 图

解：$T=[5-(-1)]\times10^{-3}$ s $=6$ ms，$f=\frac{1}{T}=\frac{1}{6\times10^{-3}}$Hz $=\frac{1}{6}\times10^3$ Hz，$t=0.5$ ms 时，i_1 达振幅值，$\omega\times0.5\times10^{-3}+\phi_{i_1}=0$，$\phi_{i_1}=-2\pi f\times0.5\times10^{-3}$；

$t=3$ ms 时，i_2 达振幅值，有 $\omega\times3\times10^{-3}+\phi_{i_2}=0$

$\phi_{i_2}=-2\pi f\times3\times10^{-3}$

$\varphi=\phi_{i_1}-\phi_{i_2}=2\pi f\times(-0.5+3)\times10^{-3}=2\pi\times\frac{1}{6}\times10^3\times(-0.5+3)\times10^{-3}=\frac{5\pi}{6}=150°$

本章习题与解答

8-1 将下列复数化为极坐标形式：

(1) $\boldsymbol{F}_1=-5-\text{j}5$；(2) $\boldsymbol{F}_2=-4+\text{j}3$；(3) $\boldsymbol{F}_3=20+\text{j}40$；(4) $\boldsymbol{F}_4=\text{j}10$；(5) $\boldsymbol{F}_5=-3$；(6) $\boldsymbol{F}_6=2.78-\text{j}9.20$。

解：(1) $\boldsymbol{F}_1=-5-\text{j}5=\sqrt{(-5)^2+(-5)^2}\ \angle\arctan\dfrac{-5}{-5}=5\sqrt{2}\angle-135°$

(2) $\boldsymbol{F}_2=-4+\text{j}3=\sqrt{(-4)^2+3^2}\ \angle\arctan\dfrac{3}{-4}=5\angle143.13°$

(3) $\boldsymbol{F}_3=20+\text{j}40=\sqrt{20^2+40^2}\ \angle\arctan\dfrac{40}{20}=44.70\angle63.43°$

(4) $\boldsymbol{F}_4=\text{j}10=10\angle90°$

(5) $\boldsymbol{F}_5=-3=3\angle180°$

(6) $\boldsymbol{F}_6=2.78-\text{j}9.20=\sqrt{(2.78)^2+(-9.20)^2}\ \angle\arctan\dfrac{-9.20}{2.78}$

$=9.61\angle-73.19°$

8-2 将下列复数化为代数形式：(1) $\boldsymbol{F}_1=10\angle-73°$；(2) $\boldsymbol{F}_2=15\angle112.6°$；(3) $\boldsymbol{F}_3=1.2\angle52°$；(4) $\boldsymbol{F}_4=10\angle-90°$；(5) $\boldsymbol{F}_5=5\angle-180°$；(6) $\boldsymbol{F}_6=10\angle-135°$。

解：(1) $\boldsymbol{F}_1=10\angle-73°=10\cos(-73°)+\text{j}10\sin(-73°)=2.92-\text{j}9.56$

(2) $\boldsymbol{F}_2=15\angle112.6°=15\cos112.6°+\text{j}15\sin112.6°=-5.76+\text{j}13.85$

(3) $\boldsymbol{F}_3=1.2\angle52°=1.2\cos52°+\text{j}1.2\sin52°=0.74+\text{j}0.95$

(4) $\boldsymbol{F}_4=10\angle-90°=10\cos(-90°)+\text{j}10\sin(-90°)=-\text{j}10$

(5) $\boldsymbol{F}_5=5\angle-180°=5\cos(-180°)+\text{j}5\sin(-180°)=-5$

(6) $\boldsymbol{F}_6=10\angle-135°=10\cos(-135°)+\text{j}10\sin(-135°)$

$$=10\left(-\frac{\sqrt{2}}{2}\right)+\text{j}10\left(-\frac{\sqrt{2}}{2}\right)=-5\sqrt{2}-\text{j}5\sqrt{2}=-7.07-\text{j}7.07$$

8-3 若 $100\angle0°+A\angle60°=175\angle\varphi$，求 A 和 φ。

解：$100\angle0°+A\angle60°=100+A\cos60°+\text{j}A\sin60°=\left(100+\dfrac{A}{2}\right)+\text{j}\dfrac{A\sqrt{3}}{2}$

$$=\sqrt{\left(100+\frac{A}{2}\right)^2+\left(\frac{A\sqrt{3}}{2}\right)^2}\ \angle\arctan\frac{\frac{A\sqrt{3}}{2}}{100+\frac{A}{2}}=175\angle\varphi$$

$$100^2+100A+\frac{A^2}{4}+\frac{3}{4}A^2=175^2\quad\Rightarrow\quad A^2+100A+100^2-175^2=0$$

$$\Rightarrow\quad A^2+100A-20625=0$$

解得

$$A=\frac{-100\pm\sqrt{100^2+4\times20625}}{2\times1}=\frac{-100\pm304.14}{2}$$

$$=\begin{cases}102.07\\-202.07\text{（舍去，}A\text{ 为复数的模，应 }A\geqslant0\text{）}\end{cases}$$

$$\varphi=\arctan\frac{\frac{A\sqrt{3}}{2}}{100+\frac{A}{2}}=\arctan\frac{\frac{102.07\times\sqrt{3}}{2}}{100+\frac{102.07}{2}}=\arctan0.585=30.34°$$

$\Rightarrow\quad A=102.07,\varphi=30.34°$

8-4 求题 8-1 中的 $\boldsymbol{F}_2\cdot\boldsymbol{F}_6$ 和 $\dfrac{\boldsymbol{F}_2}{\boldsymbol{F}_6}$。

解：由题 8-1 中的 $\boldsymbol{F}_2=-4+\text{j}3=5\angle143.13°$，$\boldsymbol{F}_6=2.78-\text{j}9.20=9.61\angle-73.19°$，则

$$\boldsymbol{F}_2\cdot\boldsymbol{F}_6=5\angle143.13°\times9.61\angle-73.19°=48.05\angle69.94°$$

$$\frac{\boldsymbol{F}_2}{\boldsymbol{F}_6}=\frac{5\angle143.13°}{9.61\angle-73.19°}=0.52\angle216.32°=0.52\angle-143.68°$$

（辐角 φ 应取 $|\varphi|\leqslant180°$）

8-5 求题 8-2 中的 $\boldsymbol{F}_1+\boldsymbol{F}_5$ 和 $-\boldsymbol{F}_1+\boldsymbol{F}_5$。

解：$\boldsymbol{F}_1+\boldsymbol{F}_5=(2.92-\text{j}9.56)+(-5)=-2.08-\text{j}9.56$

$-\boldsymbol{F}_1+\boldsymbol{F}_5=(-2.92+\text{j}9.56)+(-5)=-7.92+\text{j}9.56$

8-6 已知 $\boldsymbol{F}_1=|\boldsymbol{F}_1|\angle60°$，$\boldsymbol{F}_2=-7.07-\text{j}7.07$。求 $|\boldsymbol{F}_1+\boldsymbol{F}_2|$ 最小时的 $\boldsymbol{F}_1$。

解 1：因 $\boldsymbol{F}_1=|\boldsymbol{F}_1|\cos60°+\text{j}|\boldsymbol{F}_1|\sin60°=|\boldsymbol{F}_1|\dfrac{1}{2}+\text{j}|\boldsymbol{F}_1|\dfrac{\sqrt{3}}{2}$，则

$$\boldsymbol{F}_1+\boldsymbol{F}_2=|\boldsymbol{F}_1|\frac{1}{2}+\text{j}|\boldsymbol{F}_1|\frac{\sqrt{3}}{2}-7.07-\text{j}7.07=\left(|\boldsymbol{F}_1|\frac{1}{2}-7.07\right)+\text{j}\left(|\boldsymbol{F}_1|\frac{\sqrt{3}}{2}-7.07\right)$$

$$|\boldsymbol{F}_1+\boldsymbol{F}_2|=\sqrt{\left(|\boldsymbol{F}_1|\frac{1}{2}-7.07\right)^2+\left(|\boldsymbol{F}_1|\frac{\sqrt{3}}{2}-7.07\right)^2}$$

若要求 $|\boldsymbol{F}_1+\boldsymbol{F}_2|$ 最小，对根号内部的未知量 $|\boldsymbol{F}_1|$ 求导，并令其导数值等于 0，即

$$\frac{\text{d}}{\text{d}|\boldsymbol{F}_1|}(|\boldsymbol{F}_1+\boldsymbol{F}_2|)^2=0$$

$$\Rightarrow\quad 2\left(|\boldsymbol{F}_1|\frac{1}{2}-7.07\right)\times\frac{1}{2}+2\left(|\boldsymbol{F}_1|\frac{\sqrt{3}}{2}-7.07\right)\times\frac{\sqrt{3}}{2}=0$$

$$\Rightarrow\quad |\boldsymbol{F}_1|-14.14+3|\boldsymbol{F}_1|-14.14\sqrt{3}=0$$

$$\Rightarrow\quad 4|\boldsymbol{F}_1|=14.14(1+\sqrt{3})$$

$$\Rightarrow \quad |\boldsymbol{F}_1| = \frac{14.14(1+\sqrt{3})}{4} = 9.66, \text{得 } \boldsymbol{F}_1 = 9.66\angle 60^\circ$$

解 2: 相量图如题 8-6 解图所示,若 $|\boldsymbol{F}_1+\boldsymbol{F}_2|$ 最小,$\boldsymbol{F}_1+\boldsymbol{F}_2$ 的终点到 $\boldsymbol{F}_1$ 直线上的 O 点距离最短,即 $\boldsymbol{F}_1+\boldsymbol{F}_2$ 相量与 $\boldsymbol{F}_1$ 相量应垂直(夹角为90°),$\angle \boldsymbol{F}_1+\boldsymbol{F}_2 = \angle 60^\circ + \angle 90^\circ = \angle 150^\circ$。

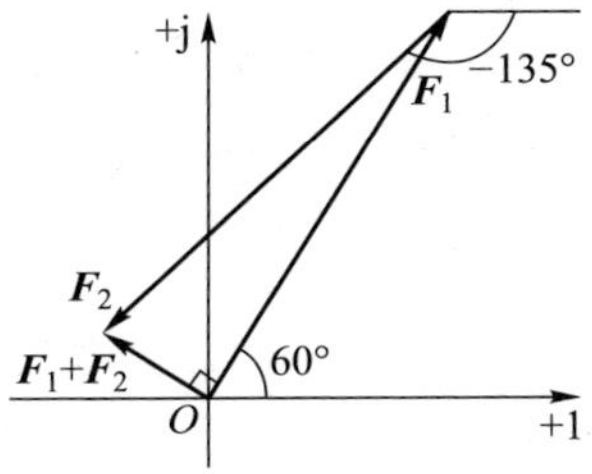

题 8-6 解图

$$\frac{|\boldsymbol{F}_1|\dfrac{\sqrt{3}}{2}-7.07}{|\boldsymbol{F}_1|\dfrac{1}{2}-7.07} = \tan 150^\circ = -\tan 30^\circ = -\frac{\sqrt{3}}{3}$$

$$\Rightarrow \quad |\boldsymbol{F}_1|\frac{\sqrt{3}}{2}-7.07 = -\frac{\sqrt{3}}{3}\left(|\boldsymbol{F}_1|\frac{1}{2}-7.07\right)$$

$$\Rightarrow \quad |\boldsymbol{F}_1| = \frac{(2\sqrt{3}+6)\times 7.07}{4\sqrt{3}} = 9.66$$

8-7 若已知两个同频正弦电压的相量分别为 $\dot{U}_1 = 50\angle 30^\circ$ V,$\dot{U}_2 = -100\cdot\angle -150^\circ$ V,其频率 $f=100$ Hz。求:

(1) 写出 u_1、u_2 的时域形式;(2) u_1 与 u_2 的相位差。

解:(1) $u_1(t) = 50\sqrt{2}\cos(2\pi ft+30^\circ)$ V $= 50\sqrt{2}\cos(628t+30^\circ)$ V

$\dot{U}_2 = -100\angle -150^\circ$ V $= 100\angle 180^\circ-150^\circ$ V $= 100\angle 30^\circ$ V

$u_2(t) = 100\sqrt{2}\cos(2\pi ft+30^\circ)$ V $= 100\sqrt{2}\cos(628t+30^\circ)$ V

(2) u_1 与 u_2 的相位差 $\varphi = \phi_1-\phi_2 = 30^\circ-30^\circ = 0^\circ$

8-8 已知一段电路的电压、电流为 $u = 10\sin(10^3t-20^\circ)$ V,$i = 2\cos(10^3t-50^\circ)$ A。

(1) 画出它们的波形图,求出它们的有效值、频率 f 和周期 T;

(2) 写出它们的相量并画出其相量图,求出它们的相位差;

(3) 如把电压 u 的参考方向反向,重新回答问题(1)和(2)。

解:电压 $u = 10\sin(10^3t-20^\circ)$ V $= 10\cos(10^3t-20^\circ-90^\circ)$ V

$= 10\cos(10^3t-110^\circ)$ V

(1) u、i 波形图如题 8-8 解图(a)(b)所示。

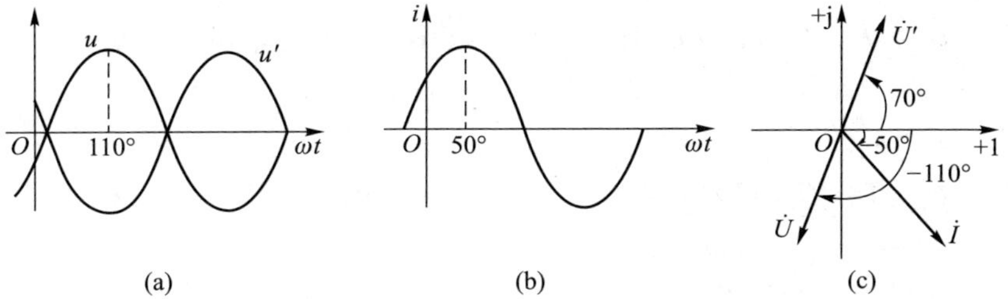

题 8-8 解图

有效值 $U = \frac{10}{\sqrt{2}}$ V $= 7.07$ V, $I = \frac{2}{\sqrt{2}}$ A $= 1.414$ A

频率 $f = \frac{\omega}{2\pi} = \frac{10^3}{2\times 3.14}$ Hz $= 159.24$ Hz, 周期 $T = \frac{1}{f} = 6.28\times 10^{-3}$ s

(2) 相量 $\dot{U} = 7.07\angle -110^\circ$ V,$\dot{I} = 1.414\angle -50^\circ$ A,其相量图如题 8-8 解图(c)所示,相位差 $\varphi = \phi_u-\phi_i = -110^\circ-(-50^\circ) = -60^\circ$

(3) 如把电压 u 的参考方向反向,设 $u' = -u$,则波形图如题8-8 解图(a)中 u' 所示,其相量

$$\dot{U}' = -\dot{U} = -7.07\angle -110^\circ = 7.07\angle -110^\circ+180^\circ = 7.07\angle 70^\circ$$

相量图如题 8-8 解图(c)所示,$\varphi' = \phi_{u'}-\phi_i = 70^\circ-(-50^\circ) = 120^\circ$。

8-9 已知题 8-9 图所示 3 个电压源的电压分别为

$$u_a = 220\sqrt{2}\cos(\omega t+10^\circ) \text{ V}$$

$$u_b = 220\sqrt{2}\cos(\omega t-110^\circ) \text{ V}$$

$$u_c = 220\sqrt{2}\cos(\omega t+130^\circ) \text{ V}$$

(1) 求 3 个电压的和。(2) 求 u_{ab}、u_{bc}。(3) 画出它们的相量图。

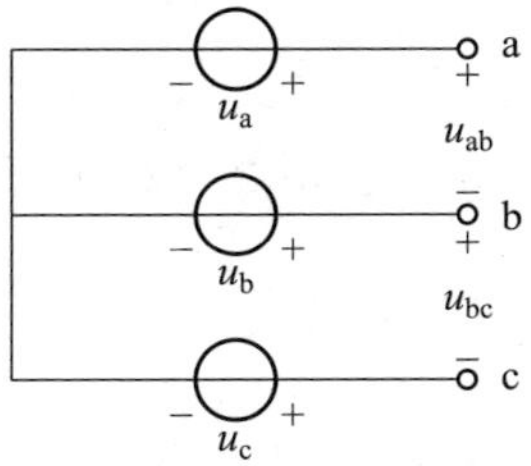

题 8-9 图

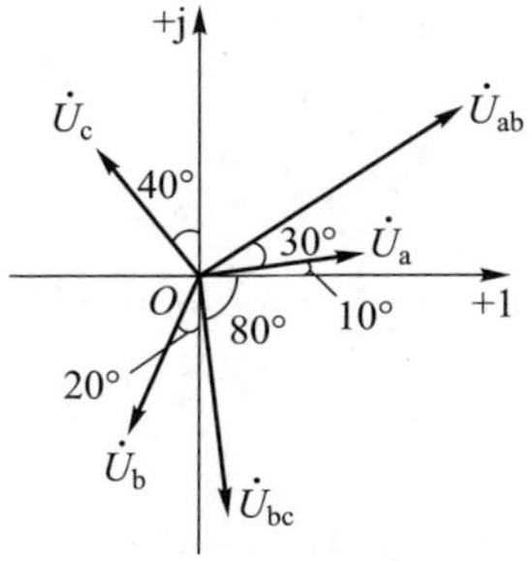

题 8-9 解图

解:(1) $u(t) = u_a+u_b+u_c = 0$ V

$$\dot{U} = \dot{U}_a+\dot{U}_b+\dot{U}_c = (220\angle 10^\circ + 220\angle -110^\circ + 220\angle 130^\circ) \text{ V} = 0 \text{ V}$$

(2) $u_{ab}=u_a-u_b$

$$\dot{U}_{ab}=\dot{U}_a-\dot{U}_b=(220\angle 10^\circ-220\angle -110^\circ)\ \text{V}=220\sqrt{3}\angle 40^\circ\ \text{V}$$

$$u_{ab}=220\sqrt{3}\cdot\sqrt{2}\cos(\omega t+40^\circ)\ \text{V}=380\sqrt{2}\cos(\omega t+40^\circ)\ \text{V}$$

$$u_{bc}=u_b-u_c$$

$$\dot{U}_{bc}=\dot{U}_b-\dot{U}_c=(220\angle -110^\circ-220\angle 130^\circ)\ \text{V}=220\sqrt{3}\angle -80^\circ\ \text{V}$$

$$u_{bc}=380\sqrt{2}\cos(\omega t-80^\circ)\ \text{V}$$

(3) 相量图如题 8-9 解图所示。

8-10 已知题 8-10 图(a)中电压表读数为 V_1:30 V,V_2:60 V;题 8-10 图(b)中的 V_1:15 V,V_2:80 V,V_3:100 V(电压表的读数为正弦电压的有效值)。求图中电压 u_S 的有效值 U_S。

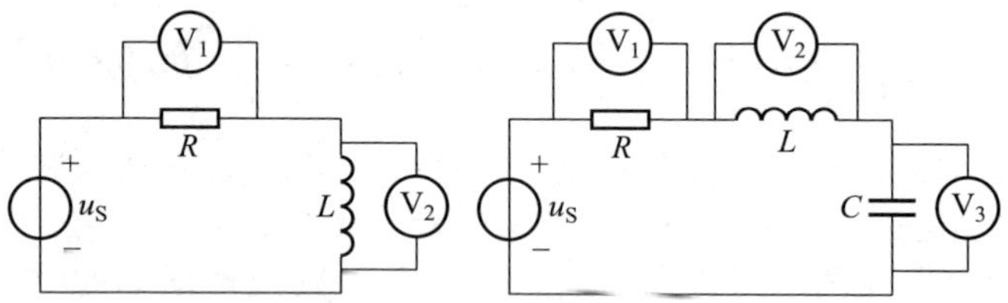

(a) (b)

题 8-10 图

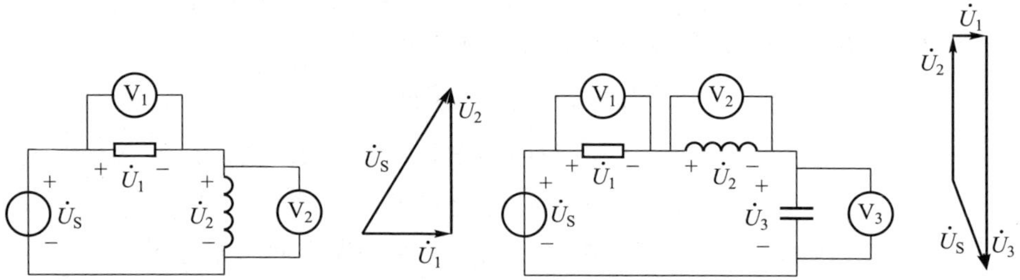

(a1) (a2) (b1) (b2)

题 8-10 解图

解:题 8-10 图(a)(b)中标注各电压相量及参考方向如题 8-10 解图(a1)(b1)所示。题 8-10 解图(a1)中,$\dot{U}_S=\dot{U}_1+\dot{U}_2$,其相量图如题 8-10 解图(a2)所示。

$$U_S=\sqrt{U_1^2+U_2^2}=\sqrt{30^2+60^2}\ \text{V}=30\sqrt{5}\ \text{V}$$

题 8-10 解图(b1)中,$\dot{U}_S=\dot{U}_1+\dot{U}_2+\dot{U}_3$,其相量图如题8-10 解图(b2)所示。

$$U_S=\sqrt{U_1^2+(U_3-U_2)^2}=\sqrt{15^2+(100-80)^2}\ \text{V}=25\ \text{V}$$

8-11 如果维持《电路》书中例 8-5 图 8-14 所示电路中 A_1 的读数不变,而把电源的频率提高一倍,求电流表 A 的读数。

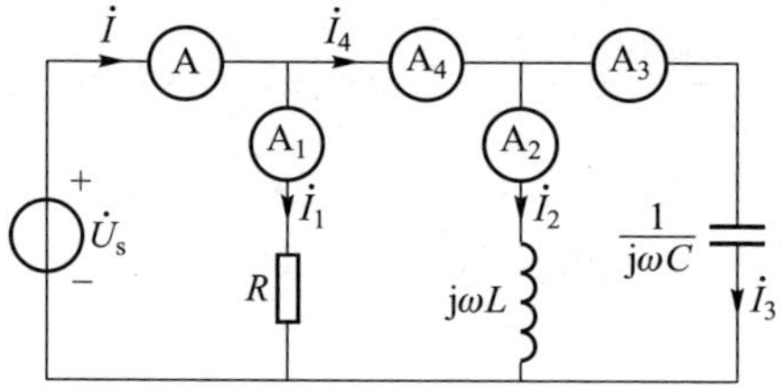

题 8-11 解图

解:将《电路》书中例 8-5 图 8-14 重画如题 8-11 解图所示。令 $\dot{U}_S=U_S\angle 0^\circ$,则

$$\dot{I}_1=\frac{\dot{U}_S}{R}=5\angle 0^\circ\ \text{A}$$

$$\dot{I}_2=\frac{\dot{U}_S}{\text{j}\omega L}=-\text{j}20\ \text{A}$$

$$\dot{I}_3=\text{j}\omega C\dot{U}_S=\text{j}25\ \text{A}$$

$$\dot{I}=\dot{I}_1+\dot{I}_2+\dot{I}_3=(5+\text{j}5)\ \text{A}=5\sqrt{2}\angle 45^\circ\ \text{A}$$

$$I=\sqrt{5^2+5^2}\ \text{A}=7.07\ \text{A}$$

若把 ω 提高到 ω',且 $\omega'=2\omega$,$\dot{I}_1$ 不变,$\dot{I}_1=5\angle 0^\circ$ A,$\dot{I}_2$变为 $\dot{I}_2'$

$$\dot{I}_2'=\frac{\dot{U}_S}{\text{j}2\omega L}=\frac{-\text{j}20}{2}\text{A}=-\text{j}10\ \text{A}$$

$\dot{I}_3$变为 $\dot{I}_3'$,$\dot{I}_3'=\text{j}2\omega C\dot{U}_S=2\times\text{j}25\ \text{A}=\text{j}50\ \text{A}$

$\dot{I}$ 变为 $\dot{I}'$,$\dot{I}'=\dot{I}_1+\dot{I}_2'+\dot{I}_3'=(5-\text{j}10+\text{j}50)\ \text{A}=(5+\text{j}40)\ \text{A}$

$\dot{I}'$的有效值 $I'=\sqrt{5^2+40^2}\ \text{A}=40.31\ \text{A}$,电流表 A 读数为 40. 31 A。

8-12 对 RC 并联电路作如下 2 次测量:(1) 端口加 120 V 直流电压($\omega=0$)时,输入电流为 4 A;(2) 端口加频率为 50 Hz,有效值为 120 V 的正弦电压时,输入电流有效值为 5 A。求 R 和 C 的值。

解:(1) 按题意,画出电路如题 8-12 解图(a)所示,$R=\dfrac{120}{4}\Omega=30\ \Omega$;

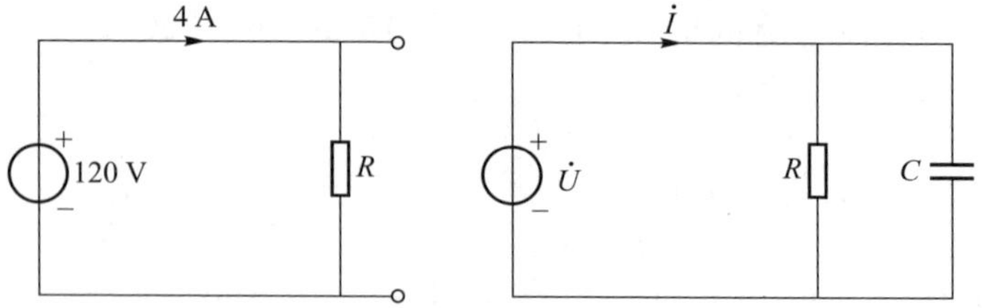

(a) (b)

题 8-12 解图

（2）按题意，电路如题 8-12 解图（b）所示。

$$\omega=2\pi f=2\times3.14\times50\ \text{rad/s}=314\ \text{rad/s}$$

令 $\dot U=120\underline{/0^\circ}\ \text{V}$，$\dot I=\left(\dfrac{1}{R}+\text{j}\omega C\right)\dot U=\left(\dfrac{1}{30}+\text{j}314C\right)\times120\underline{/0^\circ}=5\underline{/\phi_1}$，

$$I=\sqrt{\left(\frac{1}{30}\right)^2+(314C)^2}\times120\ \text{A}=5\ \text{A}$$

$$314C=\sqrt{\left(\frac{5}{120}\right)^2-\left(\frac{1}{30}\right)^2}=0.025.$$

$$C=\frac{0.025}{314}\text{F}=79.6\ \mu\text{F}$$

8-13 某一元件的电压、电流（关联方向）分别为下述 4 种情况时，它可能是什么元件？

（1）$\begin{cases}u=10\cos(10t+45^\circ)\ \text{V}\\ i=2\sin(10t+135^\circ)\ \text{A}\end{cases}$；（2）$\begin{cases}u=10\sin(100t)\ \text{V}\\ i=2\cos(100t)\ \text{A}\end{cases}$；

（3）$\begin{cases}u=-10\cos t\ \text{V}\\ i=-\sin t\ \text{A}\end{cases}$；（4）$\begin{cases}u=10\cos(314t+45^\circ)\ \text{V}\\ i=2\cos(314t)\ \text{A}\end{cases}$。

解：（1）$i=2\sin(10t+135^\circ)=2\cos(10t+135^\circ-90^\circ)=2\cos(10t+45^\circ)\ \text{A}$，$u$ 与 i 同相位，元件应为电阻元件，即 $R=\dfrac{U_\text{m}}{I_\text{m}}=\dfrac{10}{2}\Omega=5\ \Omega$。

（2）$u=10\sin(100t)=10\cos(100t-90^\circ)\ \text{V}$，$u$ 滞后 i 90°，元件应为电容元件，即 $\text{j}\omega C=\dfrac{\dot I}{\dot U}$，$C=\dfrac{I}{\omega U}=\dfrac{2/\sqrt2}{100\times10/\sqrt2}\text{F}=2\times10^{-3}\ \text{F}$。

（3）$i=-\sin t=-\cos(t-90^\circ)\ \text{A}$，$u$ 超前 i 90°，元件应为电感元件，即

$$\text{j}\omega L=\frac{\dot U}{\dot I}$$

$$L=\frac{U}{\omega I}=\frac{10/\sqrt2}{1\times1/\sqrt2}\text{H}=10\ \text{H}$$

（4）$$\frac{\dot U}{\dot I}=\frac{(10/\sqrt2)\underline{/45^\circ}}{(2/\sqrt2)\underline{/0^\circ}}=5\underline{/45^\circ}=5\cos45^\circ+\text{j}5\sin45^\circ$$

$$=\frac{5\sqrt2}{2}+\text{j}\frac{5\sqrt2}{2}=R+\text{j}X$$

此情况不是单一 R、L、C 元件，可看为两个串联元件，即可能是电阻元件 R 与电感元件（$X>0$）的串联，$R=\dfrac{5\sqrt2}{2}\Omega=3.54\ \Omega$。

设 $X=\omega L=314L=\dfrac{5\sqrt2}{2}\quad\Rightarrow\quad L=\dfrac{5\sqrt2}{314\times2}\text{H}=0.0113\ \text{H}$

8-14 电路由电压源 $u_\text{S}=100\cos(10^3t)\ \text{V}$ 及 R 和 $L=0.025\ \text{H}$ 串联组成，电感端电压的有效值为 25 V。求 R 值和电流的表达式。

解：由题意，画出电路模型与相量图如题 8-14 解图（a）（b）所示。

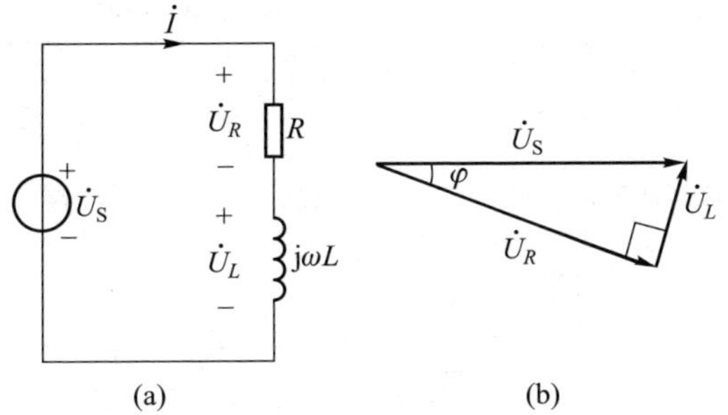

题 8-14 解图

因 $\dot U_\text{S}=\dfrac{100}{\sqrt2}\underline{/0^\circ}\ \text{V}$，由题 8-14 解图（b）中相量图得

$$U_R=\sqrt{U_\text{S}^2-U_L^2}=\sqrt{\left(\frac{100}{\sqrt2}\right)^2-25^2}=66.14\ \text{V}$$

$$\tan|\varphi|=\frac{U_L}{U_R}=\frac{25}{66.14}=0.378,\quad |\varphi|=20.70^\circ,\varphi=-20.70^\circ$$

$$I=\frac{U_L}{\omega L}=\frac{25}{10^3\times0.025}=1\ \text{A},\quad \dot I=1\underline{/-20.70}\ \text{A}（\dot I\ 与\ \dot U_\text{R}\ 同相）$$

$R=\dfrac{U_R}{I}=66.14\ \Omega$，电流的表达式 $i=\sqrt2\cos(10^3t-20.7^\circ)\ \text{A}$。

8-15 已知题 8-15 图所示电路中 $I_1=I_2=10\ \text{A}$。求 $\dot I$ 和 $\dot U_\text{S}$。

解：题 8-15 图中，设 $\dot I_1=10\underline{/0^\circ}\ \text{A}$，按 KCL，有 $\dot I=\dot I_1+\dot I_2$，因 $I_1=I_2$，其相量图如题 8-15 解图所示。

$I=\sqrt{I_1^2+I_2^2}=\sqrt{10^2+10^2}\ \text{A}=10\sqrt2\ \text{A}$，即 $\dot I=10\sqrt2\underline{/45^\circ}\ \text{A}$

对左网孔，列 KVL 方程，有

$$\begin{aligned}\dot U_\text{S}&=\text{j}10\dot I+10\dot I_1=(10\underline{/90^\circ}\times10\sqrt2\underline{/45^\circ}+10\times10\underline{/0^\circ})\ \text{V}\\&=(100\sqrt2\underline{/135^\circ}+100)\ \text{V}\\&=[100\sqrt2(\cos135^\circ+\text{j}\sin135^\circ)+100]\ \text{V}\\&=\left[100\sqrt2\left(-\frac{\sqrt2}{2}+\text{j}\frac{\sqrt2}{2}\right)+100\right]\text{V}=\text{j}100\ \text{V}=100\underline{/90^\circ}\ \text{V}\end{aligned}$$

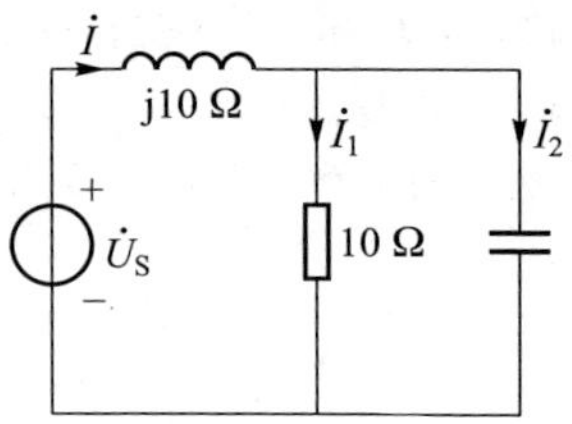

题 8-15 图

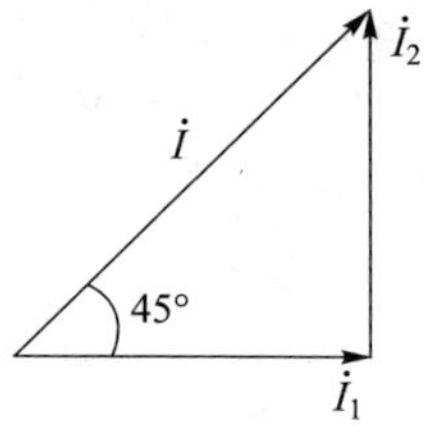

题 8-15 解图

8-16 题 8-16 图所示电路中 $\dot{I}_S=2\underline{/0°}$ A。求电压 $\dot{U}$。

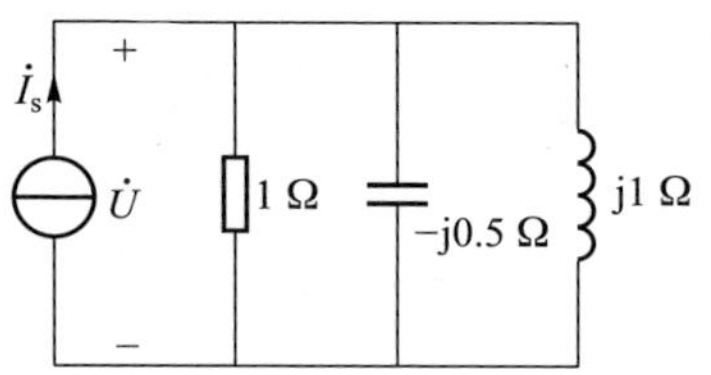

题 8-16 图

解：题 8-16 图中，电源右侧总导纳 $Y=\dfrac{1}{1}+\dfrac{1}{-\mathrm{j}0.5}+\dfrac{1}{\mathrm{j}1}=(1+\mathrm{j})$ S

$$Z=\frac{1}{Y}=\frac{1}{1+\mathrm{j}1}\Omega=\frac{1}{\sqrt{2}\underline{/45°}}\Omega,\quad \dot{U}=Z\dot{I}_S=\frac{2\underline{/0°}}{\sqrt{2}\underline{/45°}}=\sqrt{2}\underline{/-45°}\ \mathrm{V}$$

8-17 电路如题 8-17 图所示。已知 $C=1\ \mu\mathrm{F}$，$L=1\ \mu\mathrm{H}$，$u_S=1.414\cos(10^6t+\phi_u)$ V。当电路稳定时，在 $t=t_1$ 时刻打开开关，有 $i_L(t_1)=0.6786$ A，求 $t\geqslant t_1$ 时的电流 i_L。

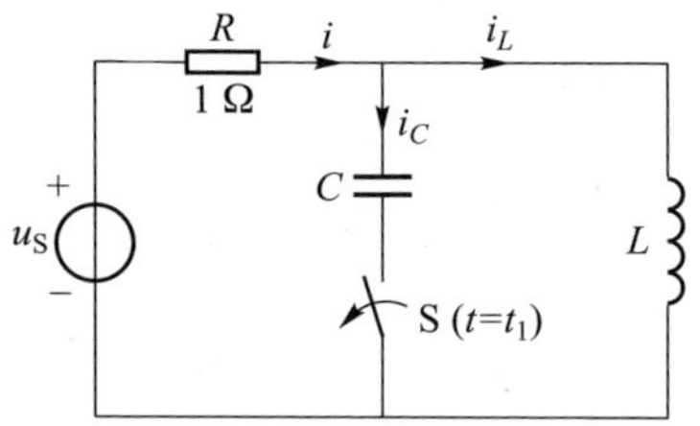

题 8-17 图

解：如题 8-17 图，为一阶动态电路问题，用三要素法求解，分析如下：

$t<t_1$ 时，开关未打开（换路前），当电路稳定时，为正弦稳态电路，其相量电路模型如题 8-17 解图（a）所示，求出 $i_L(t_{1-})$。

在 $t=t_1$ 时刻，开关打开，当 $t\geqslant t_1$ 时（换路后），为一阶 RL 动态电路，如题 8-17 解图（b）所示，求出 $i_L(t_{1+})$ 和 τ。

当 $t\to\infty$ 时，电路又达到稳定，换路后的正弦稳态电路的相量电路模型如题 8-17 解图（c）所示，求出特解 $i_L'(t)$。

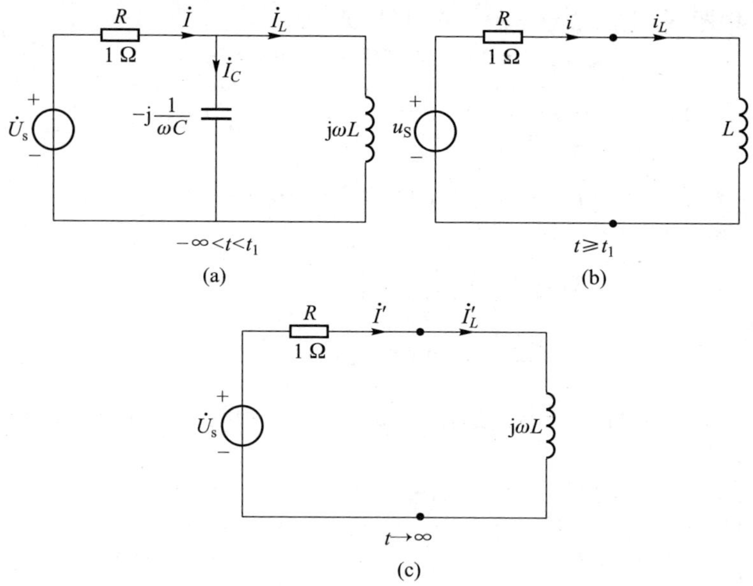

题 8-17 解图

当 $t<t_1$ 时（换路前），如题 8-17 解图（a），$\mathrm{j}\omega L=\mathrm{j}10^6\times10^{-6}\ \Omega=\mathrm{j}\ \Omega$，$-\mathrm{j}\dfrac{1}{\omega C}=-\mathrm{j}\dfrac{1}{10^6\times10^{-6}}\Omega=-\mathrm{j}\ \Omega$。

因 L、C 并联电路部分导纳为 $-\mathrm{j}+\mathrm{j}=0$，所以 $\dot{I}=0$。

又因 $\dot{U}_S=1\underline{/\phi_u}$ V，$\dot{I}_L=\dfrac{\dot{U}_S}{\mathrm{j}}=1\underline{/\phi_u-90°}$ A，则

$$i_L(t)=\sqrt{2}\cos(10^6t+\phi_u-90°)\ \mathrm{A}=\sqrt{2}\sin(10^6t+\phi_u)\ \mathrm{A}$$

在 $t=t_1$ 时刻（换路），$i_L(t_1)=\sqrt{2}\sin(10^6t_1+\phi_u)$ A $=0.6786$ A

已知 $i_L(t_{1-})=0.6786$ A，根据换路定则，有

$i_L(t_{1+})=i_L(t_{1-})=\sqrt{2}\sin(10^6t_1+\phi_u)$ A $=0.6786$ A

设 $\sin\phi_u'=\sin(10^6t_1+\phi_u)=\dfrac{0.6786}{\sqrt{2}}=0.4799$，则

$$\phi_u'=28.68°\text{或}151.32°,\quad \phi_u=\phi_u'-10^6t_1$$

即 $\phi_u=28.68°-10^6t_1$ 或 $\phi_u=151.32°-10^6t_1$。

时间常数 $\tau=\dfrac{L}{R}=\dfrac{10^{-6}}{1}\mathrm{s}=10^{-6}$ s

当 $t\to\infty$ 时（换路后），如题 8-17 解图（c），为正弦稳态电路的求解问题（打开开关），$\dot{I}_L'=\dfrac{\dot{U}_S}{1+\mathrm{j}}=\dfrac{1.414/\sqrt{2}\underline{/\phi_u}}{\sqrt{2}\underline{/45°}}\mathrm{A}=\dfrac{\sqrt{2}}{2}\underline{/\phi_u-45°}$ A。

$$i_L'(t)=\cos(10^6t+\phi_u-45°)\ \text{A}=\cos(10^6t+28.68°-10^6t_1-45°)\ \text{A}$$
$$=\cos[10^6(t-t_1)-16.32°]\ \text{A}$$

或 $$i_L'(t)=\cos(10^6t+\phi_u-45°)\ \text{A}=\cos(10^6t+151.32°-10^6t_1-45°)\ \text{A}$$
$$=\cos[10^6(t-t_1)+106.32°]\ \text{A}$$

则 $i_L'(t_1)=\cos 16.32°\ \text{A}=0.96\ \text{A}$ 或 $i_L'(t_1)=\cos 106.32°\ \text{A}=-0.282\ \text{A}$

根据三要素公式,有

$$i_L(t)=i_L'(t)+[i_L(t_{1+})-i_L'(t_{1+})]\mathrm{e}^{\frac{-(t-t_1)}{\tau}}$$

将 $i_L(t_{1+})$、$i_L'(t)$、τ 代入三要素公式,得

$$i_L(t)=\cos[10^6(t-t_1)-16.32°]+(0.6786-0.96)\mathrm{e}^{-10^6(t-t_1)}\ \text{A}$$
$$=\{\cos[10^6(t-t_1)-16.32°]-0.282\mathrm{e}^{-10^6(t-t_1)}\}\ \text{A},t\geqslant t_1$$

或 $$i_L(t)=\cos[10^6(t-t_1)+106.32°]+[0.6786-(-0.282)]\mathrm{e}^{-10^6(t-t_1)}\ \text{A}$$
$$=\{\cos[10^6(t-t_1)+106.32°]+0.96\mathrm{e}^{-10^6(t-t_1)}\}\ \text{A},t\geqslant t_1$$

8-18 已知题 8-18 图中 $U_S=10\ \text{V}$(直流),$L=1\ \mu\text{H}$,$R_1=1\ \Omega$,$i_S=2\cos(10^6t+45°)\ \text{A}$。用叠加定理求电压 u_C 和电流 i_L。

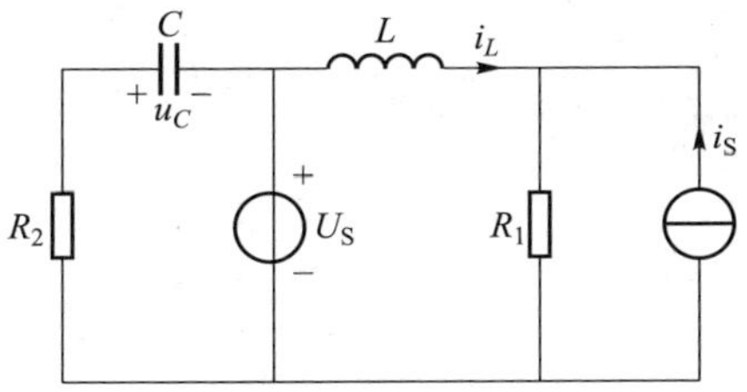

题 8-18 图

解:题 8-18 图中,U_S 单独作用时的电路如题 8-18 解图(a)所示。此时为直流稳态电路,电容相当于"开路",电感相当于"短路"。i_S 单独作用时为正弦稳态电路,其电路的相量模型如题 8-18 解图(b)所示。

题 8-18 解图(a)中,$u_C^{(1)}=-U_S=-10\ \text{V}$,$i_L^{(1)}=\dfrac{U_S}{R_1}=\dfrac{10}{1}\text{A}=10\ \text{A}$

题 8-18 解图(b)中,$\dot U_C^{(2)}=0$,$u_C^{(2)}=0$,$\dot I_S=\dfrac{2}{\sqrt2}\angle 45°\ \text{A}$

$$\dot I_L^{(2)}=-\frac{R_1}{R_1+\mathrm{j}\omega L}\dot I_S=-\frac{1}{1+\mathrm{j}\,10^6\times1\times10^{-6}}\times\frac{2}{\sqrt2}\angle 45°\ \text{A}$$
$$=-\frac{\sqrt2\angle 45°}{1+\mathrm{j}}=-1\ \text{A}$$

$i_L^{(2)}(t)=-\sqrt2\cos(10^6t)\ \text{A}$

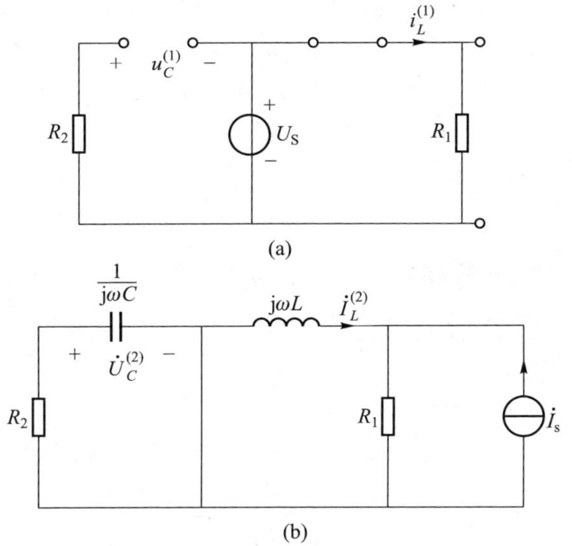

题 8-18 解图

根据叠加定理,有 $u_C=u_C^{(1)}+u_C^{(2)}=-10\ \text{V}$

$i_L=i_L^{(1)}+i_L^{(2)}=[10-\sqrt2\cos(10^6t)]\ \text{A}$

8-19 求题 8-19 图中所示的电流 $\dot I$(分三种情况:$\beta>1$,$\beta<1$ 和 $\beta=1$)。

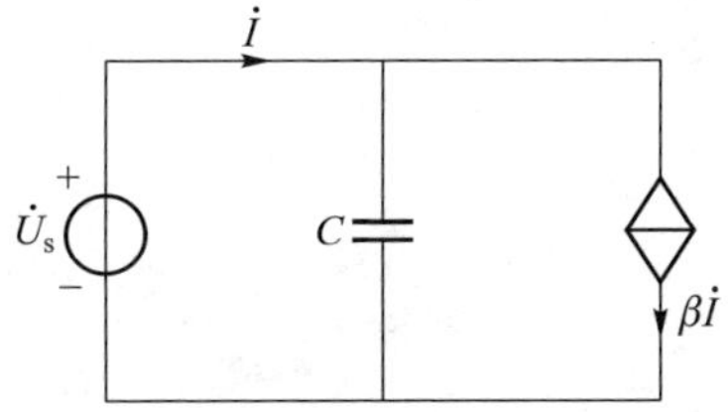

题 8-19 图

解:设 $\dot U_S=U_S\angle 0°$,列 KCL 方程,$\dot I=\mathrm{j}\omega C\dot U_S+\beta\dot I$,得

$$\dot I=\frac{\mathrm{j}\omega C}{1-\beta}\dot U_S=\frac{\omega CU_S}{1-\beta}\angle 90°$$

当 $\beta>1$ 时,$\dot I=\dfrac{\omega CU_S}{\beta-1}\angle -90°$;当 $\beta<1$ 时,$\dot I=\dfrac{\omega CU_S}{1-\beta}\angle 90°$;当 $\beta=1$ 时,$\dot I\to\infty$。

8-20 已知题 8-20 图中 $u_S=25\sqrt2\cos(10^6t-126.87°)\ \text{V}$,$R=3\ \Omega$,$C=0.2\ \mu\text{F}$,$u_C=20\sqrt2\cos(10^6t-90°)\ \text{V}$。

(1) 求各支路电流;

(2) 支路 1 可能是什么元件?

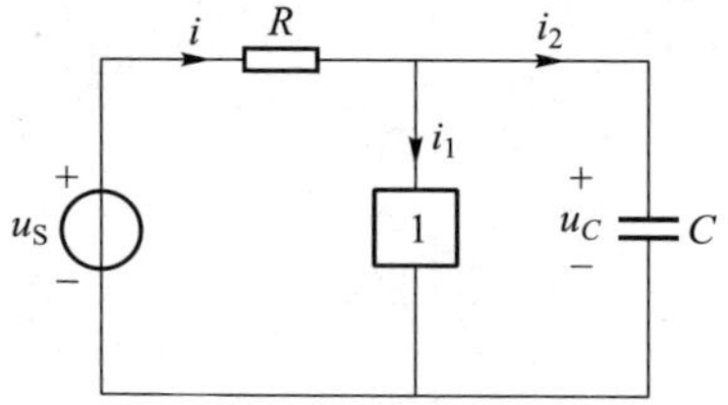

题 8-20 图

解:题 8-20 图的相量模型如题 8-20 解图所示。

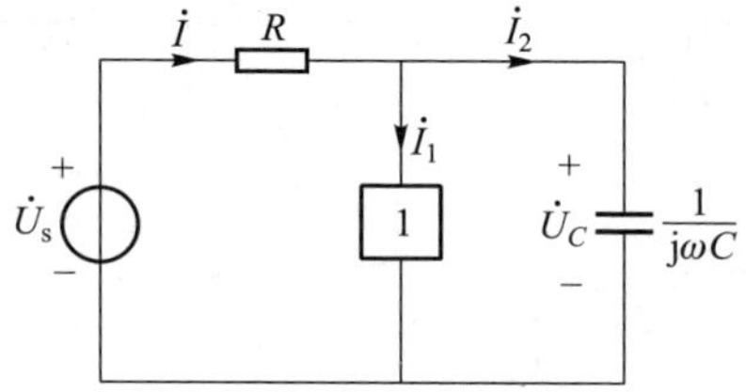

题 8-20 解图

因 $\dot{U}_S=25\angle -126.87°\ V=[25\cos(-126.87°)+j25\sin(-126.87°)]\ V$
$=[25\times(-0.6)-j25\times0.8]\ V=(-15-j20)\ V$

$$\dot{U}_C=20\angle -90°\ V=-j20\ V$$

$$\dot{I}_2=j\omega C\dot{U}_C=j\ 10^6\times0.2\times10^{-6}\times20\angle -90°\ A=4\angle 0°\ A$$

$$\dot{I}=\frac{\dot{U}_S-\dot{U}_C}{R}=\frac{-15-j20+j20}{3}A=-5\ A=5\angle 180°\ A$$

$$\dot{I}_1=\dot{I}-\dot{I}_2=(-5-4)\ A=9\angle 180°\ A$$

支路 1 的阻抗为 Z_1,$Z_1=\frac{\dot{U}_C}{\dot{I}_1}=\frac{20\angle -90°}{9\angle -180°}\Omega=\frac{20}{9}\angle 90°\ \Omega$,支路 1 可能是电感元件,因为电感的电压、电流取关联参考方向时,其电压超前电流90°(阻抗角)。

第九章　正弦稳态电路的分析

内容提要

表 9-1　一端口的阻抗与导纳

无源一端口 N_0 的等效阻抗(导纳) 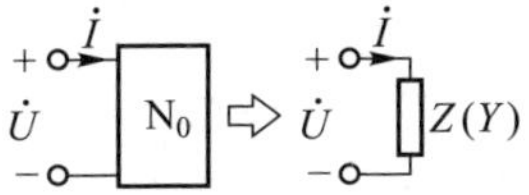 $Z=\frac{1}{Y}$	无源一端口 N_0 的阻抗 Z 定义为: $Z=\frac{\dot U}{\dot I}=\frac{U\angle\phi_u}{I\angle\phi_i}=\frac{U}{I}\angle(\phi_u-\phi_i)=\lvert Z\rvert\angle\varphi_Z=R+jX$	阻抗三角形 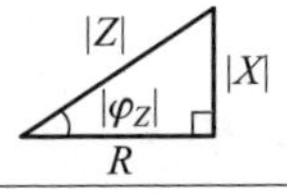	$Z=\lvert Z\rvert\angle\varphi_Z \xrightleftharpoons[\lvert Z\rvert=\sqrt{R^2+X^2},\ \varphi_Z=\arctan\left(\frac{X}{R}\right)]{R=\lvert Z\rvert\cos\varphi_Z,\ X=\lvert Z\rvert\sin\varphi_Z} Z=R+jX$
	无源一端口 N_0 的导纳 Y 定义为: $Y=\frac{\dot I}{\dot U}=\frac{I\angle\phi_i}{U\angle\phi_u}=\frac{I}{U}\angle(\phi_i-\phi_u)=\lvert Y\rvert\angle\varphi_Y=G+jB$	导纳三角形 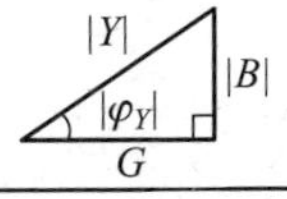	$Y=\lvert Y\rvert\angle\varphi_Y \xrightleftharpoons[\lvert Y\rvert=\sqrt{G^2+B^2},\ \varphi_Y=\arctan\left(\frac{B}{G}\right)]{G=\lvert Y\rvert\cos\varphi_Y,\ B=\lvert Y\rvert\sin\varphi_Y} Y=G+jB$

表 9-2　阻抗与导纳的等效互换

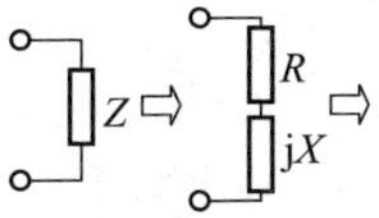 $Z=R+jX \xrightleftharpoons[R=\frac{G}{G^2+B^2},\ X=\frac{-B}{G^2+B^2}]{G=\frac{R}{R^2+X^2},\ B=\frac{-X}{R^2+X^2}} Y=G+jB$ 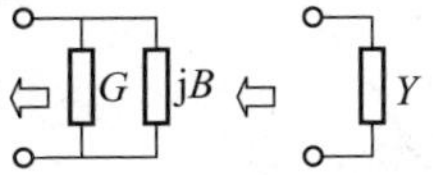	当 $X>0$(或 $B<0$)时,且 $R\neq0$,Z 为感性阻抗(或 Y 为感性导纳),$Z(Y)$ 可等效为电阻和电感两个元件的组合。 当 $X<0$(或 $B>0$)时,且 $R\neq0$,Z 为容性阻抗(或 Y 为容性导纳),$Z(Y)$ 可等效为电阻和电容两个元件的组合
感性阻抗 Z 等效为电阻 R_1 和电感 L_1 二元件的串联,感性导纳 Y 等效为电导 G_2 和电感 L_2 二元件的并联 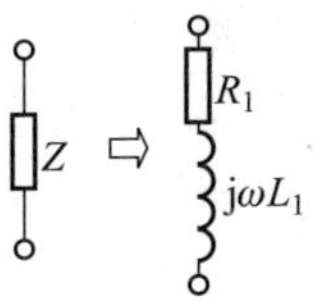 $Z=R_1+j\omega L_1$ $\xrightleftharpoons[R_1=\frac{G_2}{G_2^2+\left(\frac{1}{\omega L_2}\right)^2},\ \omega L_1=\frac{\frac{1}{\omega L_2}}{G_2^2+\left(\frac{1}{\omega L_2}\right)^2}]{G_2=\frac{R_1}{R_1^2+(\omega L_1)^2},\ \frac{1}{\omega L_2}=\frac{\omega L_1}{R_1^2+(\omega L_1)^2}}$ 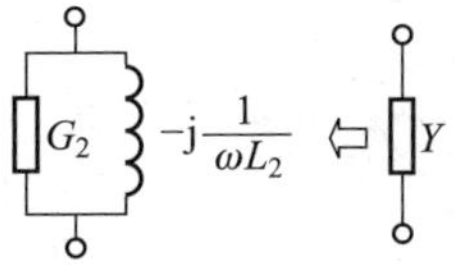 $Y=G_2-j\frac{1}{\omega L_2}$	容性阻抗 Z 等效为电阻 R_1 和电容 C_1 二元件的串联,容性导纳 Y 等效为电导 G_2 和电容 C_2 二元件的并联 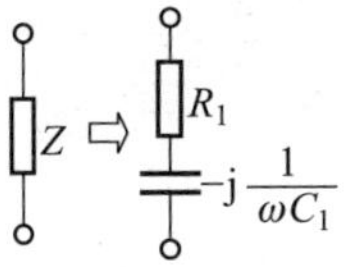 $Z=R_1-j\frac{1}{\omega C_1}$ $\xrightleftharpoons[R_1=\frac{G_2}{G_2^2+(\omega C_2)^2},\ \frac{1}{\omega C_1}=\frac{\omega C_2}{G_2^2+(\omega C_2)^2}]{G_2=\frac{R_1}{R_1^2+\left(\frac{1}{\omega C_1}\right)^2},\ \omega C_2=\frac{\frac{1}{\omega C_1}}{R_1^2+\left(\frac{1}{\omega C_1}\right)^2}}$ 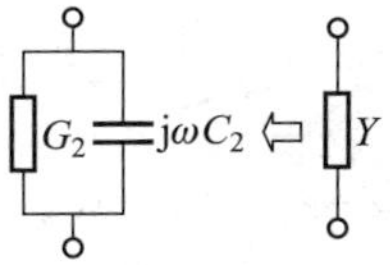 $Y=G_2+j\omega C_2$

表 9-3　正弦稳态电路的功率及功率三角形

		瞬时功率	有功功率(平均功率)	无功功率	视在功率	复功率	功率三角形
一端口 N	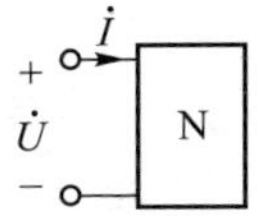	$p=u\cdot i$ 单位:瓦(特)/W	$P=UI\cos\varphi$ 单位:瓦(特)/W	$Q=UI\sin\varphi$ 单位:无功伏安或乏/Var	$S=UI$ 单位:伏安/VA	$\bar S=\dot U\cdot\dot I^*=S\angle\varphi=P+jQ$ 单位:伏安/VA	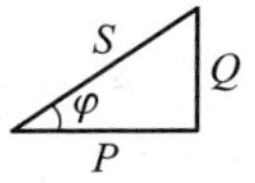 $\varphi=\arctan\frac{Q}{P}$ $S=\sqrt{P^2+Q^2}$ $\cos\varphi=\frac{P}{S}$
无源一端口 N_0	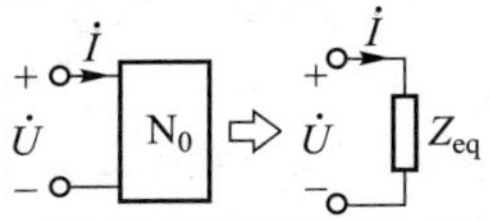	$p=u\cdot i$	$P=R_{eq}I^2$	$Q=X_{eq}I^2$	$S=\lvert Z_{eq}\rvert I^2$	$\bar S=Z_{eq}I^2=\lvert Z_{eq}\rvert I^2\angle\varphi$	
	若一端口 N_0 中含 b 个无源元件	$p=\sum_{k=1}^{b}p_k$	$P=\sum_{k=1}^{b}P_k$	$Q=\sum_{k=1}^{b}Q_k$	注:$S\neq\sum_{k=1}^{b}S_k$	$\bar S=\sum_{k=1}^{b}\bar S_k$	

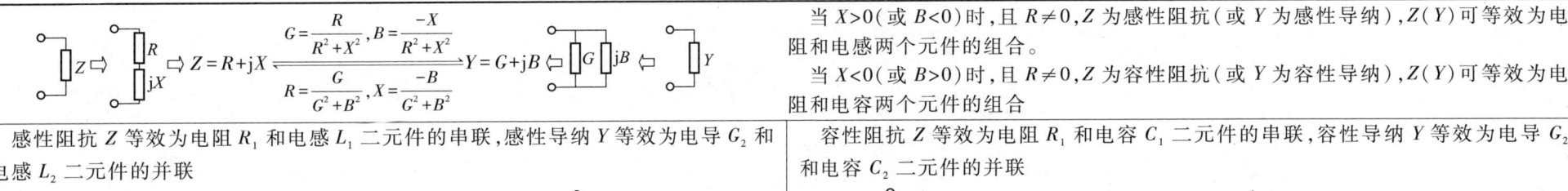

表 9-4　R、L、C 单一元件及其串联组合的 u-i 伏安关系（u、i 取关联参考方向）

电路类型	电压与电流时域关系（u-i 瞬时值关系）	u-i 相位关系波形图（u 与 i 的相位差 $\varphi=\phi_u-\phi_i$）	相量模型	电压与电流相量关系（$\dot{U}$-$\dot{I}$ 相量关系）	$\dot{U}$-$\dot{I}$ 相量图（设 $\dot{I}=I\angle 0°$）
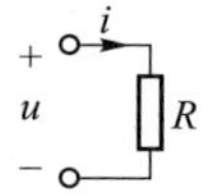	$u=Ri$	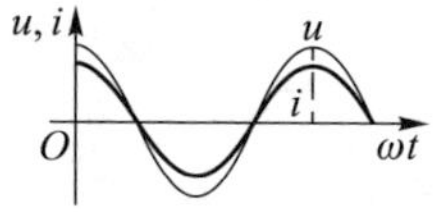 $\varphi=0°$	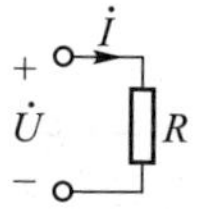	$\dot{U}=Z\dot{I}$ 其中：$Z=R$	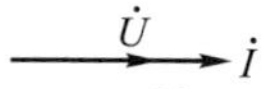 $\varphi=0°$
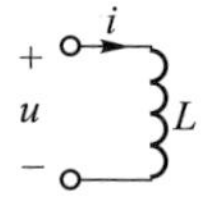	$u=L\dfrac{\mathrm{d}i}{\mathrm{d}t}$	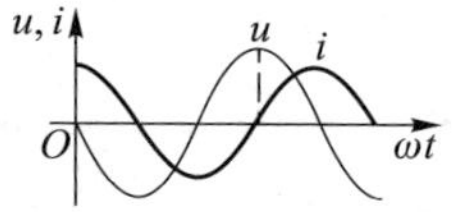 $\varphi=90°$	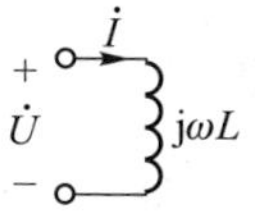	$\dot{U}=Z\dot{I}$ 其中：$Z=\mathrm{j}\omega L$	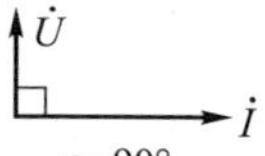 $\varphi=90°$
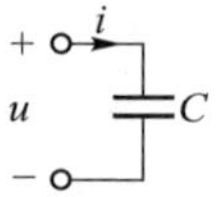	$u=\dfrac{1}{C}\int_0^t i(\xi)\mathrm{d}\xi$ 设 $u(0)=0$	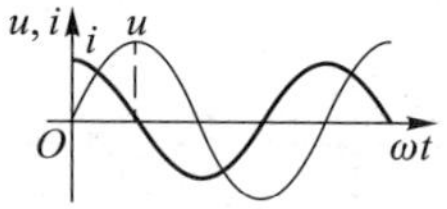 $\varphi=-90°$	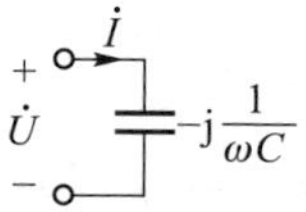	$\dot{U}=Z\dot{I}$ 其中：$Z=-\mathrm{j}\dfrac{1}{\omega C}$	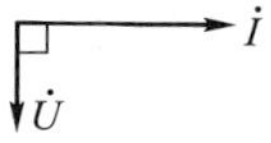 $\varphi=-90°$
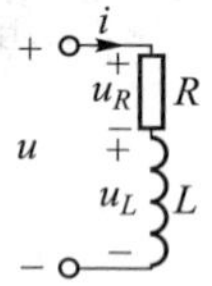	$u=Ri+L\dfrac{\mathrm{d}i}{\mathrm{d}t}$	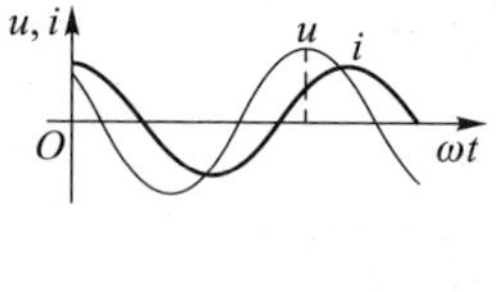 $0°<\varphi<90°$感性 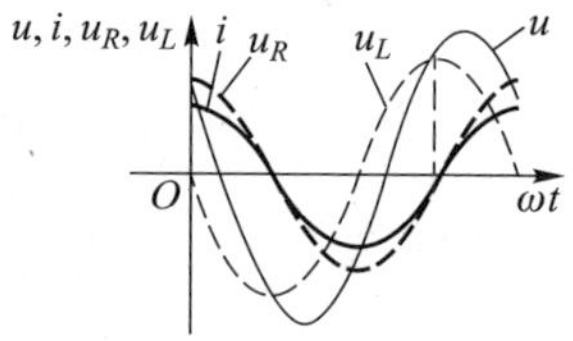	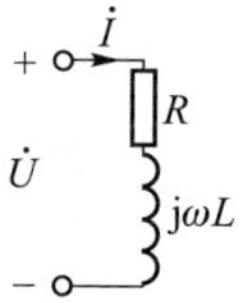	$\dot{U}=Z\dot{I}$ 其中：$Z=R+\mathrm{j}\omega L$	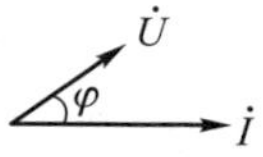 $0°<\varphi<90°$
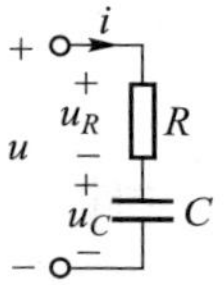	$u=Ri+\dfrac{1}{C}\int_0^t i(\xi)\mathrm{d}\xi$ $u_C(0)=0$	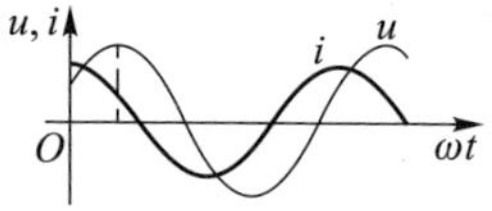 $-90°<\varphi<0°$容性 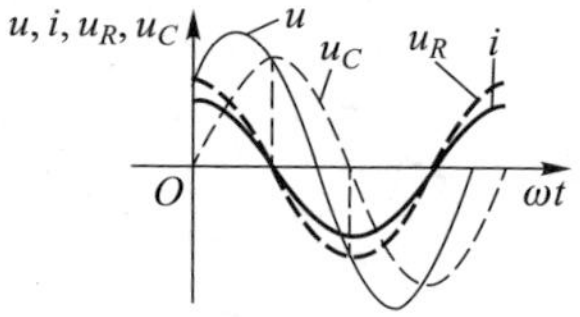	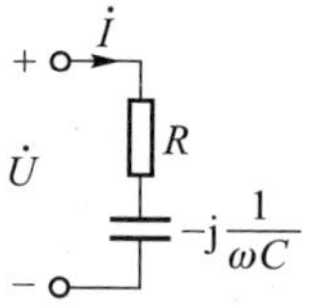	$\dot{U}=Z\dot{I}$ 其中：$Z=R-\mathrm{j}\dfrac{1}{\omega C}$	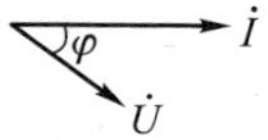 $-90°<\varphi<0°$
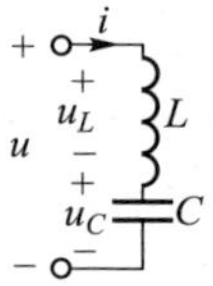	$u=L\dfrac{\mathrm{d}i}{\mathrm{d}t}+\dfrac{1}{C}\int_0^t i(\xi)\mathrm{d}\xi$ $u_C(0)=0$	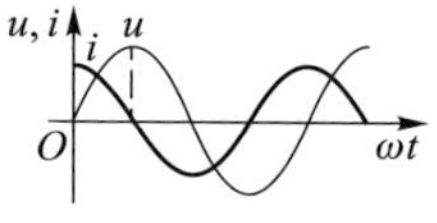 $\varphi=-90°$ 容性 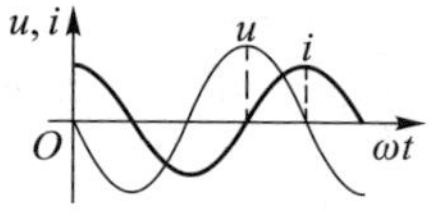 $\varphi=90°$ 感性	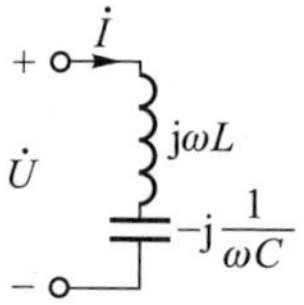	$\dot{U}=Z\dot{I}$ 其中： $Z=\mathrm{j}\left(\omega L-\dfrac{1}{\omega C}\right)$ 设 $\omega L\neq\dfrac{1}{\omega C}$	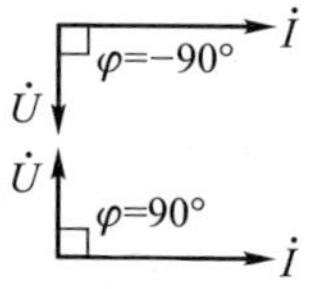 $\varphi=-90°$或$90°$
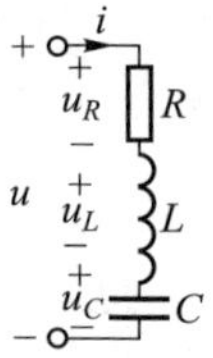	$u=Ri+L\dfrac{\mathrm{d}i}{\mathrm{d}t}+\dfrac{1}{C}\int_0^t i(\xi)\mathrm{d}\xi$ $u_C(0)=0$	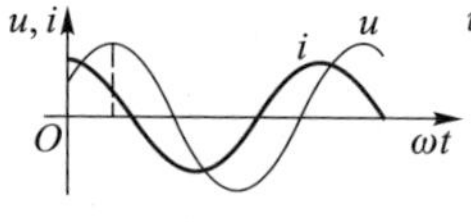 $-90°<\varphi<0°$ 容性 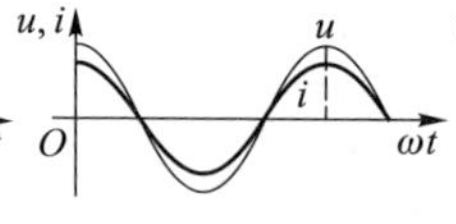 $\varphi=0°$ 阻性(谐振) 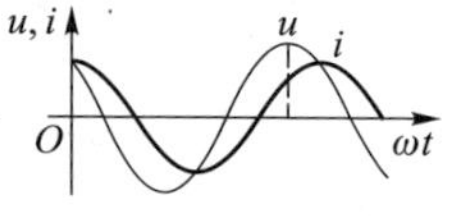 $0°<\varphi<90°$ 感性 （详见第十一章）	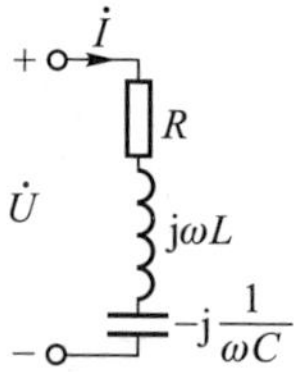	$\dot{U}=Z\dot{I}$ 其中： $Z=R+\mathrm{j}\left(\omega L-\dfrac{1}{\omega C}\right)$	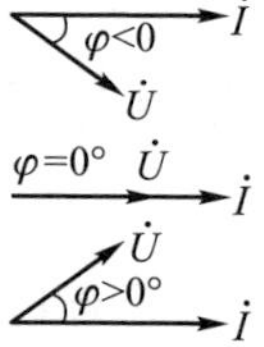 $-90°<\varphi<90°$

表 9-5　R、L、C 单一元件及其串联组合的相量伏安关系及其功率

电路类型（相量模型）	（复）阻抗 $Z=\dot{U}/\dot{I}=\lvert Z\rvert\angle\varphi$	阻抗模 $\lvert Z\rvert=U/I=\sqrt{R^2+X^2}$	有效值 $U=\lvert Z\rvert I$	相位差（阻抗角 φ_Z） $\varphi=\phi_u-\phi_i=\varphi_Z$	相量图 设 $\dot{I}=I\angle 0°$	有功功率 $P=UI\cos\varphi$	无功功率 $Q=UI\sin\varphi$	视在功率 $S=UI$
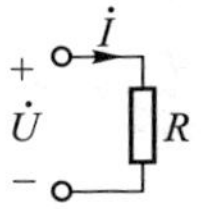	$Z=R$	$\lvert Z\rvert=R$	$U=RI$	$\varphi=0°$	 $\varphi=0°$	$P=UI$ $=I^2R$	$Q=0$	$S=UI$
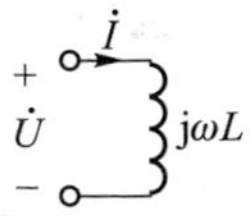	$Z=\mathrm{j}X_L=\mathrm{j}\omega L$	$\lvert Z\rvert=X_L=\omega L$	$U=X_LI$	$\varphi=90°$	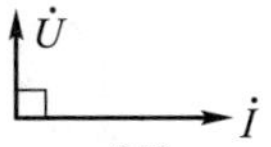 $\varphi=90°$	$P=0$	$Q=UI$ $=I^2\omega L$	$S=UI$
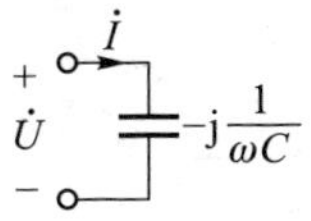	$Z=\mathrm{j}X_C=-\mathrm{j}\dfrac{1}{\omega C}$	$\lvert Z\rvert=\lvert X_C\rvert=\dfrac{1}{\omega C}$	$U=\lvert X_C\rvert I$	$\varphi=-90°$	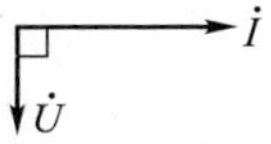 $\varphi=-90°$	$P=0$	$Q=-UI$ $=-I^2\dfrac{1}{\omega C}$	$S=UI$
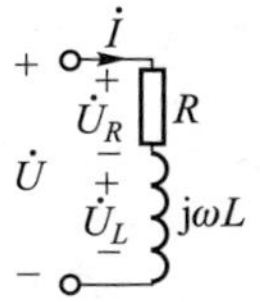	$Z=R+\mathrm{j}X_L$ $=R+\mathrm{j}\omega L$	$\lvert Z\rvert=\sqrt{R^2+X_L^2}$	$U=\lvert Z\rvert I$	$\varphi=\arctan\dfrac{X_L}{R}$ $0<\varphi<90°$	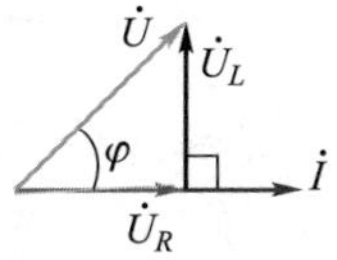 $0°<\varphi<90°$	$P=U_RI$ $=I^2R$	$Q=U_LI$ $=I^2\omega L$	$S=UI$
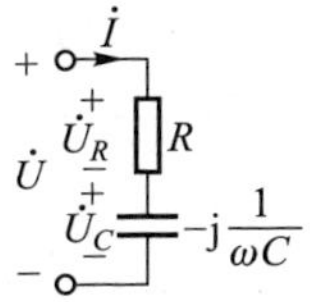	$Z=R+\mathrm{j}X_C$ $=R-\mathrm{j}\dfrac{1}{\omega C}$	$\lvert Z\rvert=\sqrt{R^2+X_C^2}$	$U=\lvert Z\rvert I$	$\varphi=\arctan\dfrac{X_C}{R}$ $-90°<\varphi<0$	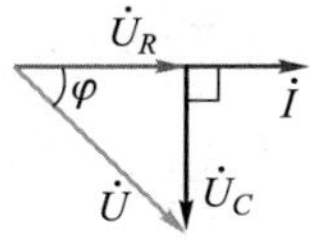 $-90°<\varphi<0°$	$P=U_RI$ $=I^2R$	$Q=-U_CI$ $=-I^2\dfrac{1}{\omega C}$	$S=UI$
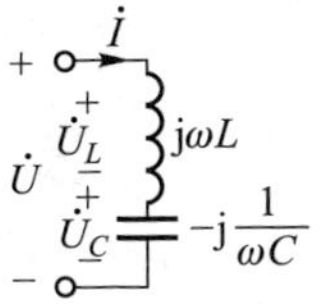	$Z=\mathrm{j}X=\mathrm{j}(X_L+X_C)$ $=\mathrm{j}\left(\omega L-\dfrac{1}{\omega C}\right)$ 设 $X\neq0$	$\lvert Z\rvert=\lvert X\rvert=\lvert X_L+X_C\rvert$	$U=\lvert Z\rvert I$	设 $\varphi\neq0°$ $\varphi=-90°$或$90°$	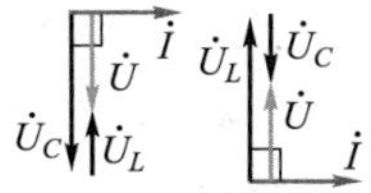 $\varphi=-90°$或$90°$	$P=0$	$Q=UI$ $=(U_L-U_C)I$ $=I^2X$	$S=UI$
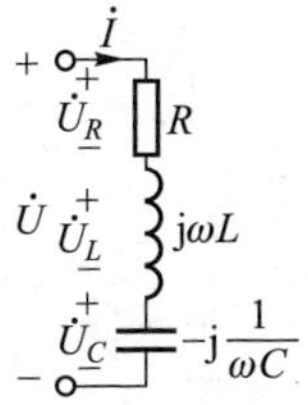	$Z=R+\mathrm{j}X=R+\mathrm{j}(X_L+X_C)$ $=R+\mathrm{j}\left(\omega L-\dfrac{1}{\omega C}\right)$ 设 $X\neq0$ $X>0$ 感性阻抗 $X<0$ 容性阻抗 X—电抗	$\lvert Z\rvert=\sqrt{R^2+X^2}$ $\lvert Z\rvert=\sqrt{R^2+(X_L+X_C)^2}$ $X_L=\omega L>0$ 电感电抗 $X_C=-\dfrac{1}{\omega C}<0$ 电容电抗	$U=\lvert Z\rvert I$	设 $\varphi\neq0°$ $\varphi=\arctan\dfrac{X}{R}$ $-90°<\varphi<90°$ （注：$X=0$，即 $\varphi=0°$ 的情况详见第十一章）	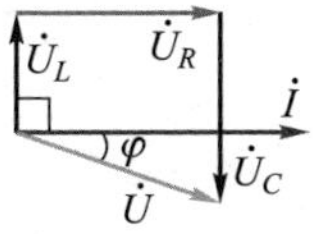 $-90°<\varphi<0°$ 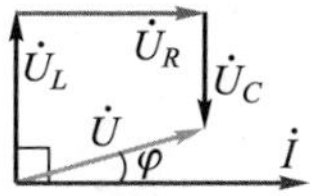 $0°<\varphi<90°$	$P=U_RI$ $=I^2R$	$Q=UI$ $=(U_L-U_C)I$ $=I^2X$	$S=UI$

表 9-6　R、L、C 单一元件及其并联组合的 u~i 伏安关系(u、i 取关联参考方向)

电路类型	电压与电流时域关系 (u-i 瞬时值关系)	u-i 波形图 (u 与 i 的相位差 $\varphi=\phi_u-\phi_i$)		相量模型	电压与电流相量关系 ($\dot U$-$\dot I$ 相量关系)	$\dot U$-$\dot I$ 相量图 设 $\dot U=U\angle 0°$
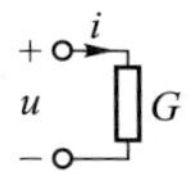	$i=Gu$	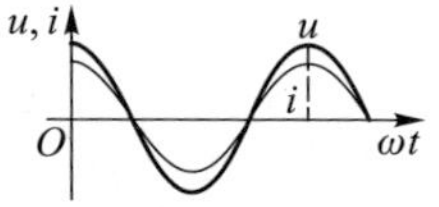 $\varphi=0°$		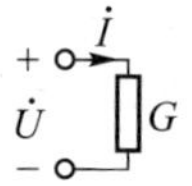	$\dot I=Y\dot U$ 其中:$Y=G$	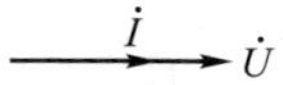 $\varphi=0°$
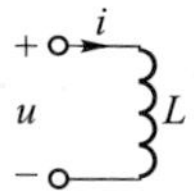	$i=\frac{1}{L}\int_0^t u(\xi)\,d\xi$ 设 $i(0)=0$	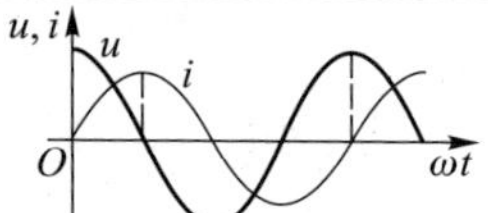 $\varphi=90°$		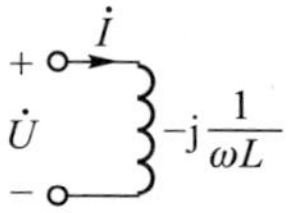	$\dot I=Y\dot U$ 其中:$Y=-j\frac{1}{\omega L}$	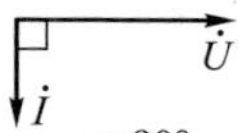 $\varphi=90°$
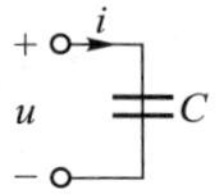	$i=C\frac{du}{dt}$	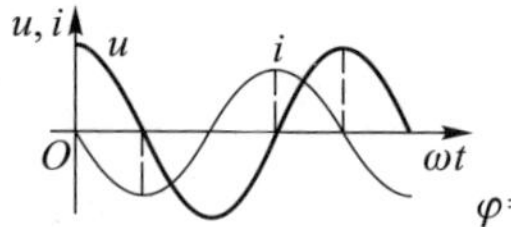 $\varphi=-90°$		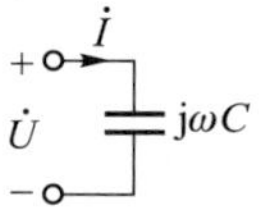	$\dot I=Y\dot U$ 其中: $Y=j\omega C$	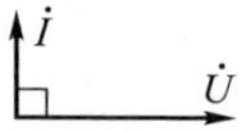 $\varphi=-90°$
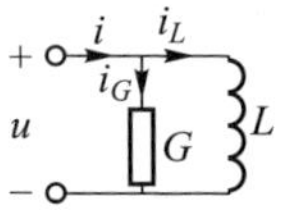	$i=Gu+\frac{1}{L}\int_0^t u(\xi)\,d\xi$ $i_L(0)=0$	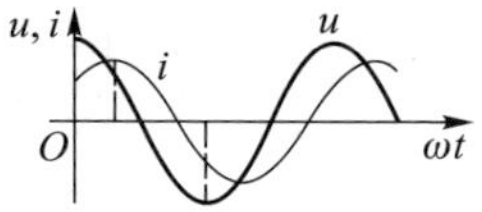 $0°<\varphi<90°$感性	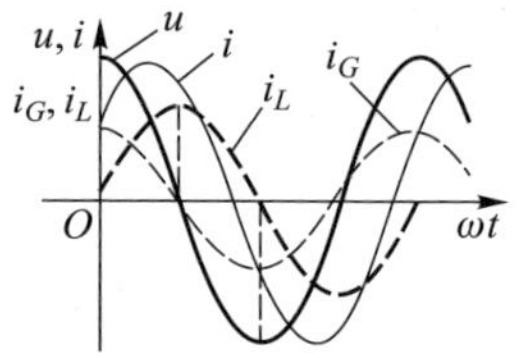	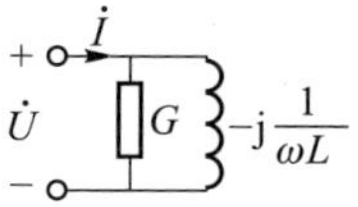	$\dot I=Y\dot U$ 其中:$Y=G-j\frac{1}{\omega L}$	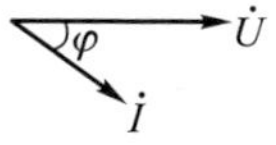 $0°<\varphi<90°$
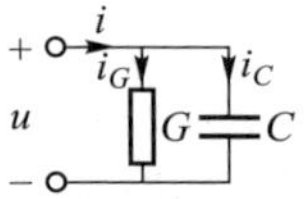	$i=Gu+C\frac{du}{dt}$	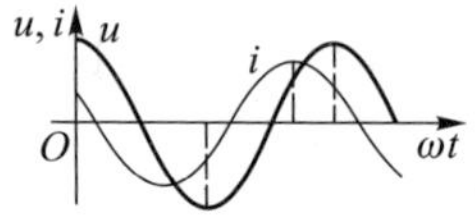 $-90°<\varphi<0°$容性	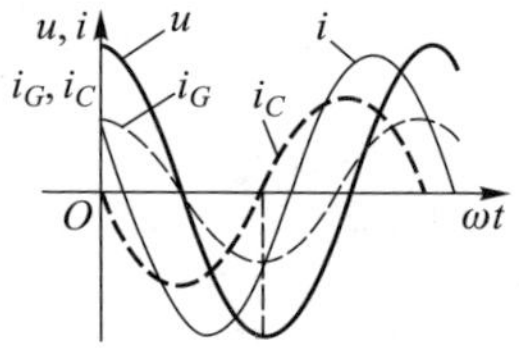	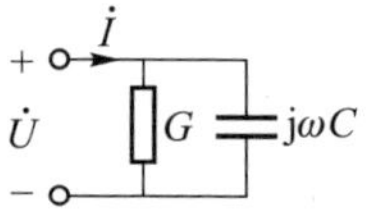	$\dot I=Y\dot U$ 其中:$Y=G+j\omega C$	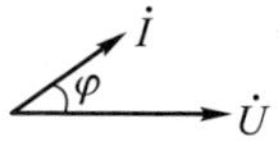 $-90°<\varphi<0°$
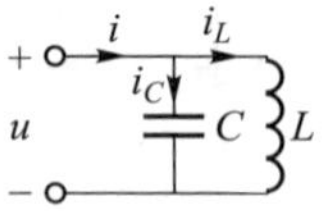	$i=C\frac{du}{dt}+\frac{1}{L}\int_0^t u(\xi)\,d\xi$ $i_L(0)=0$	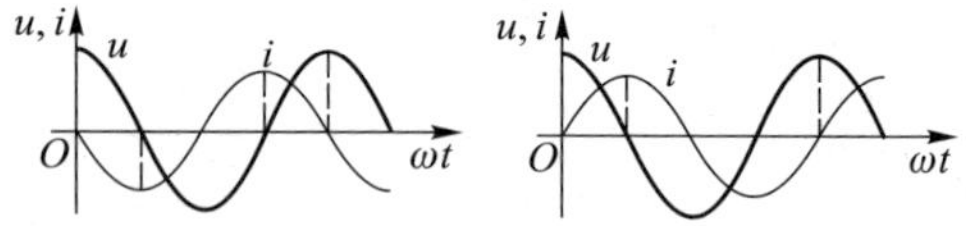 $\varphi=-90°$ 容性　　$\varphi=90°$ 感性		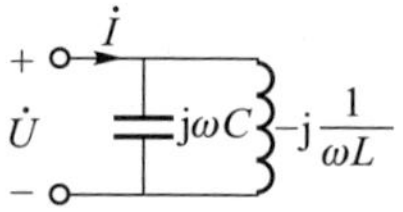	$\dot I=Y\dot U$ 其中:$Y=j\left(\omega C-\frac{1}{\omega L}\right)$ 设 $\omega C\neq\frac{1}{\omega L}$	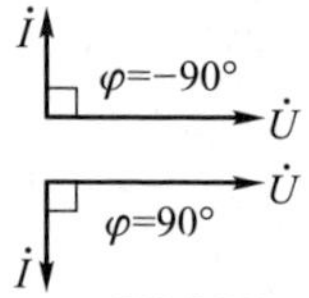 $\varphi=-90°$或$90°$
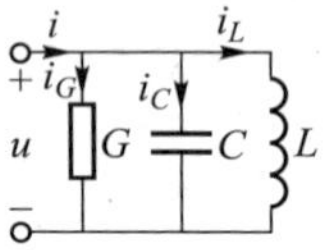	$i=Gu+C\frac{du}{dt}+$ $\frac{1}{L}\int_0^t u(\xi)\,d\xi$ $i_L(0)=0$	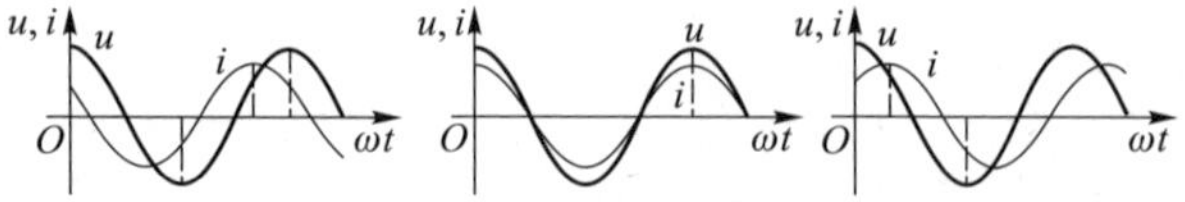 $-90°<\varphi<0°$ 容性　　$\varphi=0°$ 阻性(谐振)　　$0°<\varphi<90°$ 感性 (详见第十一章)		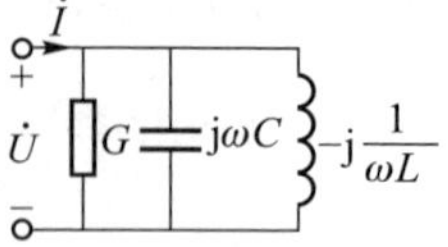	$\dot I=Y\dot U$ 其中:$Y=G+j\left(\omega C-\frac{1}{\omega L}\right)$	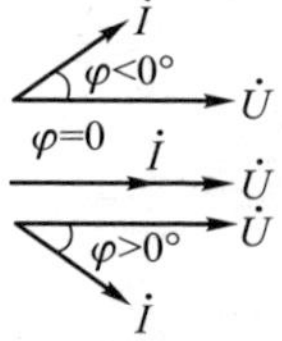 $-90°<\varphi<90°$

表 9-7 R、L、C 单一元件及其并联组合的相量伏安关系及其功率

电路类型（相量模型）	（复）导纳 $Y=\dot{I}/\dot{U}=\lvert Y\rvert\angle\varphi_Y$	导纳模 $\lvert Y\rvert=I/U=\sqrt{G^2+B^2}$	有效值 $I=\lvert Y\rvert U$	相位差（负导纳角 $-\varphi_Y$） $\varphi=\phi_u-\phi_i=-\varphi_Y$	相量图 设 $\dot{U}=U\angle 0°$	有功功率 $P=UI\cos\varphi$	无功功率 $Q=UI\sin\varphi$	视在功率 $S=UI$
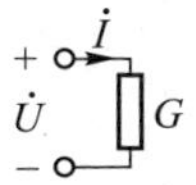	$Y=G$	$\lvert Y\rvert=G$	$I=GU$	$\varphi=0°$	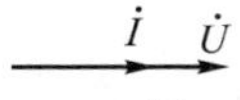 $\varphi=0°$	$P=UI$ $=GU^2$	$Q=0$	$S=UI$
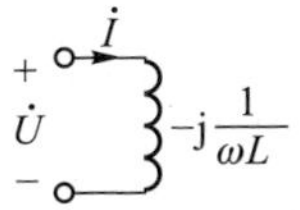	$Y=\mathrm{j}B_L=-\mathrm{j}\dfrac{1}{\omega L}$	$\lvert Y\rvert=\lvert B_L\rvert=\dfrac{1}{\omega L}$	$I=\lvert B_L\rvert U$	$\varphi=90°$	 $\varphi=90°$	$P=0$	$Q=UI$ $=\dfrac{1}{\omega L}U^2$	$S=UI$
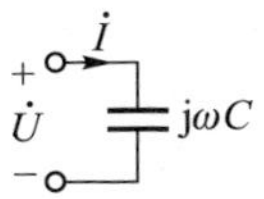	$Y=\mathrm{j}B_C=\mathrm{j}\omega C$	$\lvert Y\rvert=B_C=\omega C$	$I=B_C U$	$\varphi=-90°$	 $\varphi=-90°$	$P=0$	$Q=-UI$ $=-\omega CU^2$	$S=UI$
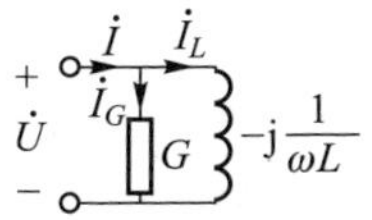	$Y=G+\mathrm{j}B_L$ $=R-\mathrm{j}\dfrac{1}{\omega L}$	$Y=\sqrt{G^2+B_L^2}$	$I=\lvert Y\rvert U$	$\varphi_Y=\arctan\dfrac{B_L}{G}$ $0°<\varphi<90°$	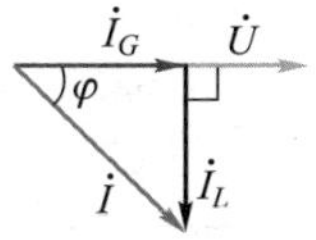 $0°<\varphi<90°$	$P=UI_G$ $=GU^2$	$Q=UI_L$ $=\dfrac{1}{\omega L}U^2$	$S=UI$
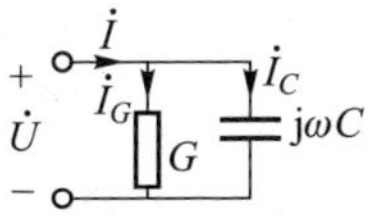	$Y=G+\mathrm{j}B_C$ $=G+\mathrm{j}\omega C$	$\lvert Y\rvert=\sqrt{G^2+B_C^2}$	$I=\lvert Y\rvert U$	$\varphi_Y=\arctan\dfrac{B_C}{G}$ $-90°<\varphi<0°$	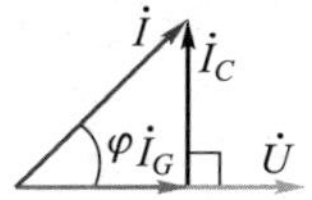 $-90°<\varphi<0°$	$P=UI_G$ $=GU^2$	$Q=-UI_C$ $=-\omega CU^2$	$S=UI$
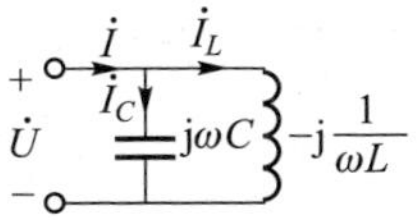	$Y=\mathrm{j}B$ $=\mathrm{j}(B_C+B_L)$ $=\mathrm{j}\left(\omega C-\dfrac{1}{\omega L}\right)$	$\lvert Y\rvert=\lvert B\rvert=\lvert B_C+B_L\rvert$	$I=\lvert Y\rvert U$	设 $\varphi\neq 0°$ $\varphi=-90°$或$90°$	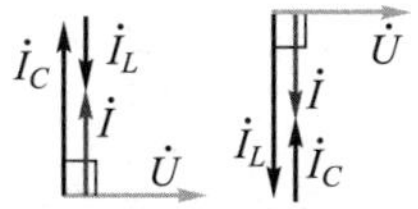 $\varphi=-90°$或$90°$	$P=0$	$Q=UI$ $=U(I_C-I_L)$ $=U^2B$	$S=UI$
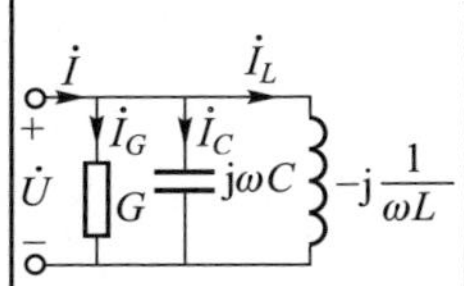	$Y=G+\mathrm{j}B$ $=G+\mathrm{j}(B_C+B_L)$ $=R+\mathrm{j}\left(\omega C-\dfrac{1}{\omega L}\right)$ 设 $B\neq 0$ $B>0$ 容性导纳 $B<0$ 感性导纳 B—电纳	$\lvert Y\rvert=\sqrt{G^2+B^2}$ $\lvert Y\rvert=\sqrt{G^2+(B_C+B_L)^2}$ $B_C=\omega C>0$ 电容电纳 $B_L=-\dfrac{1}{\omega L}<0$ 电感电纳	$I=\lvert Y\rvert U$	设 $\varphi\neq 0°$ $\varphi_Y=\arctan\dfrac{B}{G}$ $-90°<\varphi<90°$ （注：$B=0$，即 $\varphi=0°$ 详见第十一章）	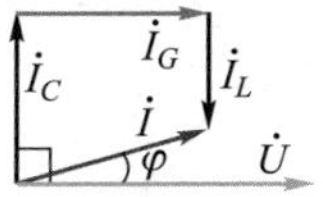 $-90°<\varphi<0°$ 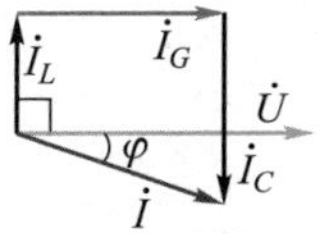 $0°<\varphi<90°$	$P=UI_G$ $=GU^2$	$Q=UI$ $=U(I_C-I_L)$ $=U^2B$	$S=UI$

表 9-8　*R*、*L*、*C* 及其组合的等效阻抗的串联、并联、混联（串-并联）、三角形（Δ 形、π 形）联结与星形（Y 形、T 形）联结及平衡电桥的等效变换

连接方式	电路模型	等效电路	等效电路元件值计算
串联阻抗	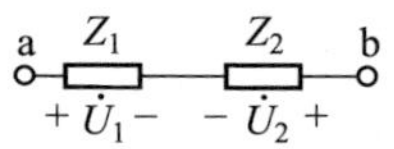	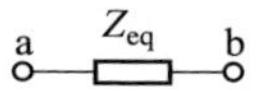	$Z_{eq}=Z_1+Z_2$，分压公式：$\dot{U}_1=\dfrac{Z_1}{Z_1+Z_2}\dot{U}_{ab}$，$\dot{U}_2=-\dfrac{Z_2}{Z_1+Z_2}\dot{U}_{ab}$
			当 n 个阻抗串联时：$Z_{eq}=Z_1+Z_2+\cdots+Z_n$，分压公式：$\dot{U}_k=\pm\dfrac{Z_k}{Z_{eq}}\dot{U}_{ab}\ (k=1,2,\cdots,n)$
并联阻抗	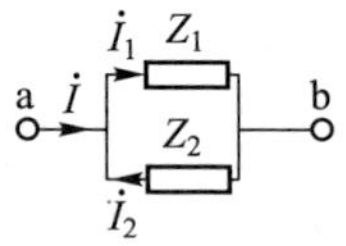	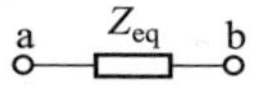	$Y_{eq}=Y_1+Y_2$，$Z_{eq}=\dfrac{Z_1Z_2}{Z_1+Z_2}$，分流公式：$\dot{I}_1=\dfrac{Z_2}{Z_1+Z_2}\dot{I}$，$\dot{I}_2=-\dfrac{Z_1}{Z_1+R_2}\dot{I}$
			当 n 个阻抗并联时：$Y_{eq}=Y_1+Y_2+\cdots+Y_n$，分流公式：$\dot{I}_k=\pm\dfrac{Y_k}{Y_{eq}}\dot{I}\ (k=1,2,\cdots,n)$ $\dfrac{1}{Z_{eq}}=\dfrac{1}{Z_1}+\dfrac{1}{Z_2}+\cdots+\dfrac{1}{Z_1}$，分流公式：$\dot{I}_k=\pm\dfrac{Z_{eq}}{Z_k}\dot{I}\ (k=1,2,\cdots,n)$
串-并联（混联阻抗）	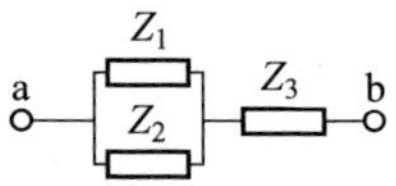	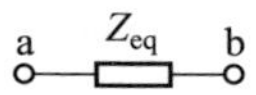	$Z_{eq}=\dfrac{Z_1Z_2}{Z_1+Z_2}+Z_3$
星形阻抗（Y 形阻抗）（T 形阻抗）	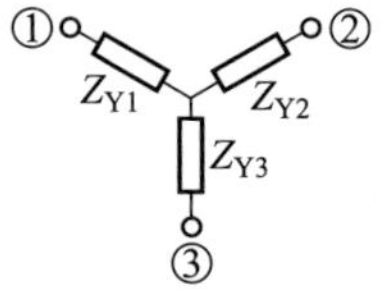	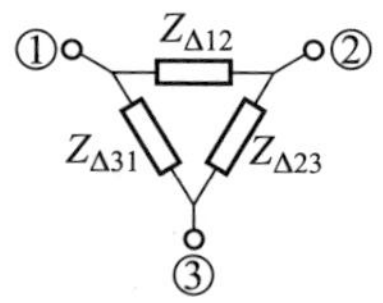	$Z_{\Delta 12}=\dfrac{Z_{Y1}Z_{Y2}+Z_{Y2}Z_{Y3}+Z_{Y3}Z_{Y1}}{Z_{Y3}}$，$Z_{\Delta 23}=\dfrac{Z_{Y1}Z_{Y2}+Z_{Y2}Z_{Y3}+Z_{Y3}Z_{Y1}}{Z_{Y1}}$，$Z_{\Delta 31}=\dfrac{Z_{Y1}Z_{Y2}+Z_{Y2}Z_{Y3}+Z_{Y3}Z_{Y1}}{Z_{Y2}}$ 或 $Z_{\Delta 12}=Z_{Y1}+Z_{Y2}+\dfrac{Z_{Y1}Z_{Y2}}{Z_{Y3}}$，$Z_{\Delta 23}=Z_{Y2}+Z_{Y3}+\dfrac{Z_{Y2}Z_{Y3}}{Z_{Y1}}$，$Z_{\Delta 31}=Z_{Y3}+Z_{Y1}+\dfrac{Z_{Y3}Z_{Y1}}{Z_{Y2}}$
三角形阻抗（Δ 形阻抗）（π 形阻抗）	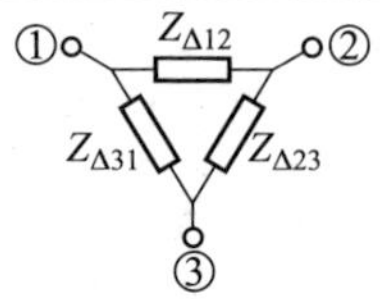	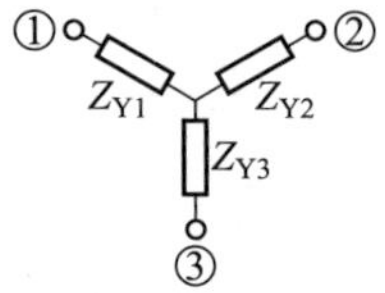	$Z_{Y1}=\dfrac{Z_{\Delta 12}Z_{\Delta 31}}{Z_{\Delta 12}+Z_{\Delta 23}+Z_{\Delta 31}}$，$Z_{Y2}=\dfrac{Z_{\Delta 12}Z_{\Delta 23}}{Z_{\Delta 12}+Z_{\Delta 23}+Z_{\Delta 31}}$，$Z_{Y3}=\dfrac{Z_{\Delta 23}Z_{\Delta 31}}{Z_{\Delta 12}+Z_{\Delta 23}+Z_{\Delta 31}}$
			当 $Z_{\Delta 1}=Z_{\Delta 2}=Z_{\Delta 3}=Z_{\Delta}$ 时，则有 $Z_{Y1}=Z_{Y2}=Z_{Y3}=Z_Y$，且有 $Z_{\Delta}=3Z_Y$
平衡电桥	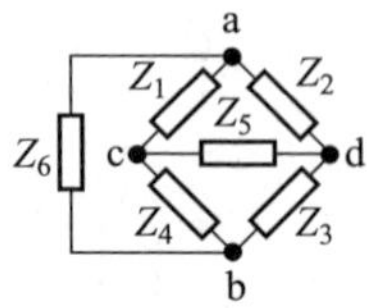 **电桥平衡条件** $Z_1\cdot Z_3=Z_2\cdot Z_4$	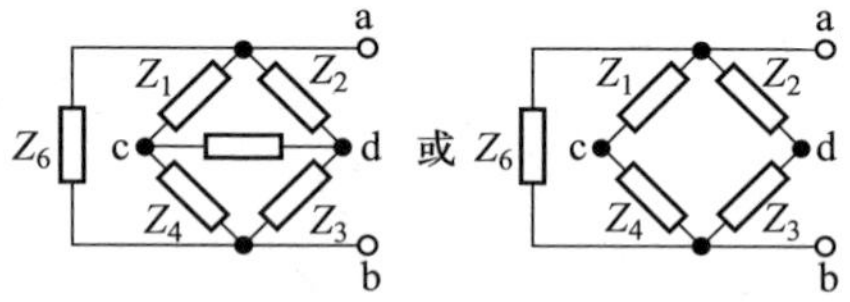	求 ab 端口的等效阻抗 Z_{ab} 时，可将 Z_5 短路或开路。 若将 Z_5 短路，$Z_{ab}=(Z_1 /\!/ Z_2+Z_3 /\!/ Z_4) /\!/ Z_6$ 若将 Z_5 开路，$Z_{ab}=(Z_1+Z_4) /\!/ (Z_2+Z_3) /\!/ Z_6$
		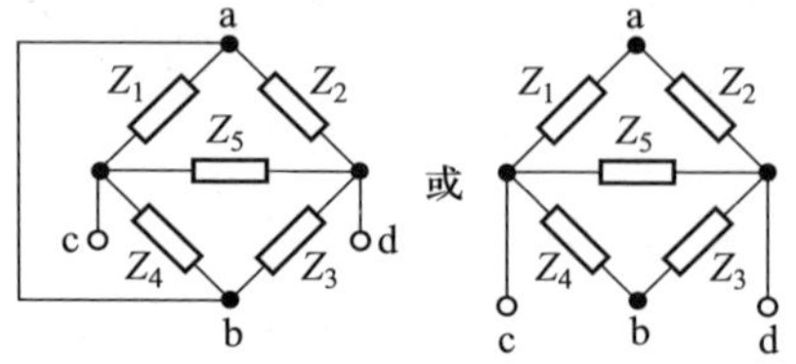	求 cd 端口的等效阻抗 Z_{cd} 时，可将 Z_6 短路或开路。 若将 Z_6 短路，$Z_{cd}=(Z_1 /\!/ Z_4+Z_2 /\!/ Z_3) /\!/ Z_5$ 若将 Z_6 开路，$Z_{cd}=(Z_1+Z_2) /\!/ (Z_3+Z_4) /\!/ Z_5$

表 9-9　含阻抗、受控源的一端口电路的等效变换及输入阻抗

一端口	等效电路	等效电路阻抗值计算			
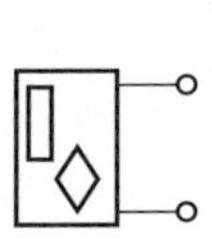	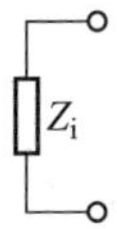 	在一端口上接一个未知电压源相量 $\dot U_s$，其与端口未知电流相量 $\dot I$ 之比为输入阻抗 Z_i。	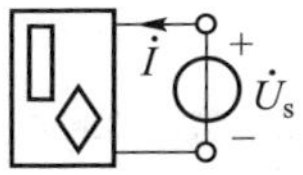 $Z_i=\frac{\dot U_s}{\dot I}$ 注意：$\dot U_s$、$\dot I$ 参考方向	在一端口上接一个未知电流源相量 $\dot I_s$，其端口未知电压相量 $\dot U$ 与 $\dot I_s$ 之比为输入阻抗 Z_i。	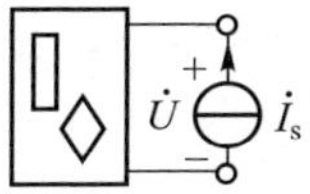 $Z_i=\frac{\dot U}{\dot I_s}$ 注意：$\dot U$、$\dot I_s$ 参考方向

表 9-10　含阻抗（或导纳）、独立电压源、独立电流源（各独立源频率相同）电路的等效变换的相量形式

连接方式	电路模型	等效电路	等效元件值计算	连接方式	电路模型	等效电路	等效元件值计算
电压源串联	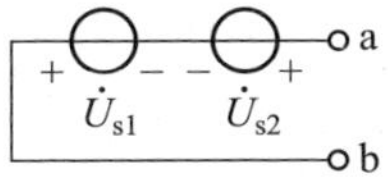 	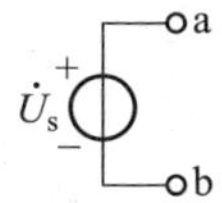 	$\dot U_s=\dot U_{s1}-\dot U_{s2}$ 当 n 个电压源串联时： $\dot U_s=\pm\dot U_{s1}\pm\dot U_{s2}\pm\cdots\pm\dot U_{sn}$	电流源并联	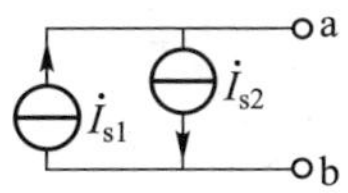 	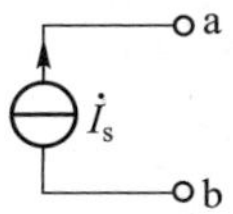 	$\dot I_s=\dot I_{s1}-\dot I_{s2}$ 当 n 个电流源并联时： $\dot I_s=\pm\dot I_{s1}\pm\dot I_{s2}\pm\cdots\pm\dot I_{sn}$
电压源并联	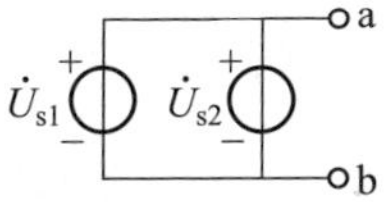 	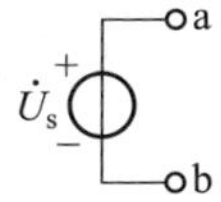 	$\dot U_s=\dot U_{s1}$　或　$\dot U_s=\dot U_{s2}$ 当两电压源极性一致，数值相等时，可并联，否则不允许并联	电流源串联	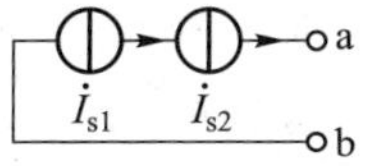 	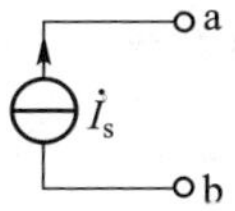 	$\dot I_s=\dot I_{s1}$　或　$\dot I_s=\dot I_{s2}$ 当两电流源极性一致，数值相等时，可串联，否则不允许串联
电压源与电流源并联	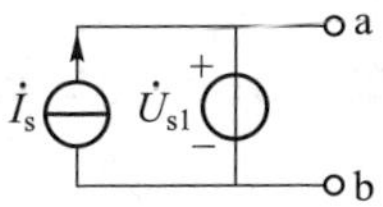 	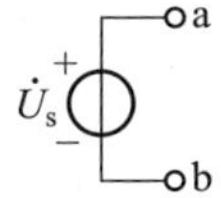 	$\dot U_s=\dot U_{s1}$	电流源与电压源串联	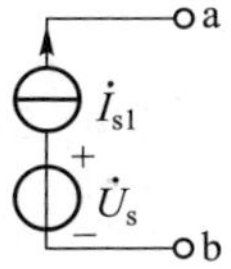 	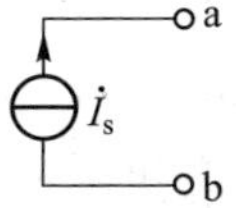 	$\dot I_s=\dot I_{s1}$
电压源与阻抗并联	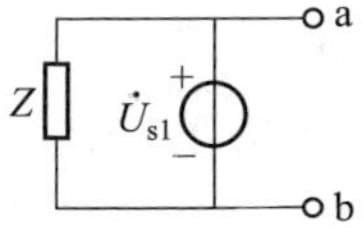 	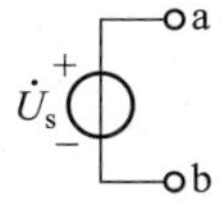 	$\dot U_s=\dot U_{s1}$	电流源与阻抗串联	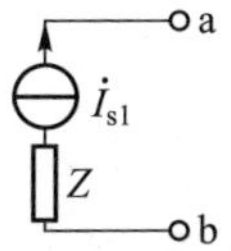 	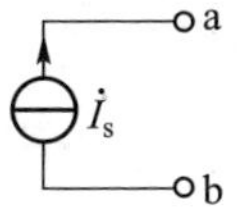 	$\dot I_s=\dot I_{s1}$
电压源与一端口 N 并联	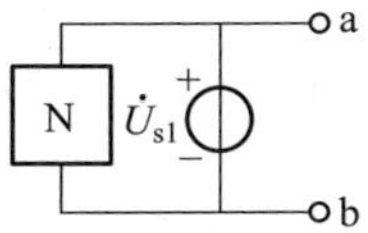 	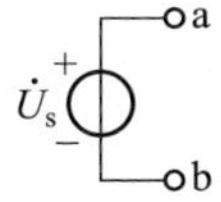 	$\dot U_s=\dot U_{s1}$ 注：一端口 N 不含有受控源及受控源的控制量	电流源与一端口 N 串联	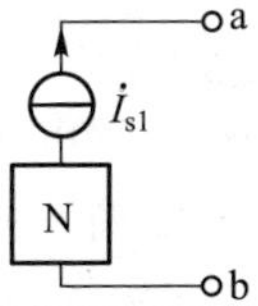 	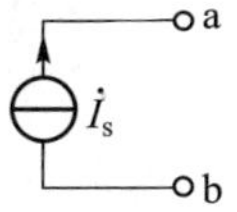 	$\dot I_s=\dot I_{s1}$ 注：一端口 N 不含有受控源及受控源的控制量

表 9-11　有伴电压源与有伴电流源互相等效变换的相量形式

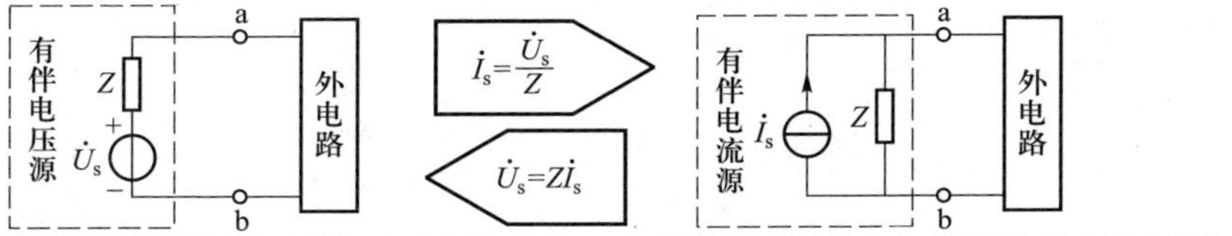 有伴电压源（电压源与阻抗串联组合）⟺有伴电流源（电流源与阻抗并联组合）	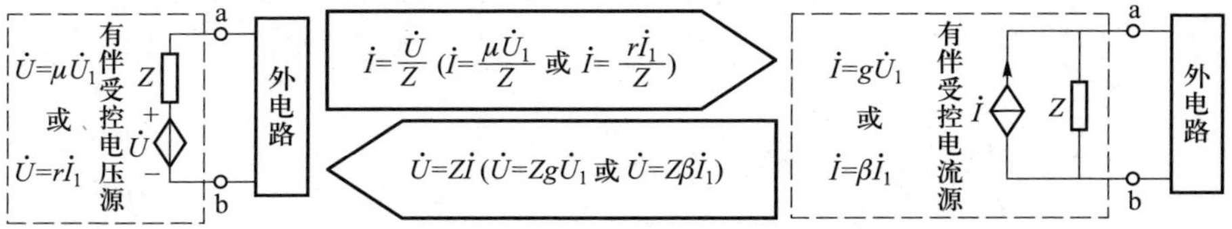 当控制量 $\dot U_1$ 或 $\dot I_1$ 处在外电路时，有伴受控电压源 ⟺ 有伴受控电流源

表 9-12　电路的一般分析法的相量形式（方程分析的相量形式）

<table>
<tr><th>2b 法</th><th>支路电流法</th><th>回路电流法</th><th>节点电压法</th></tr>
<tr>
<td rowspan="3">电路变量：支路电流相量 $\dot{I}$
支路电压相量 $\dot{U}$
列写相量方程的规则：
(1) 对 $n-1$ 个独立节点列写 KCL 方程；
(2) 对 $b-n+1$ 个独立回路列写 KVL 方程；
(3) 对 b 个支路列写支路方程(支路上的伏安关系)。
电路相量方程的一般形式：
KCL　$\sum \dot{I}_k=0$
KVL　$\sum \dot{U}_k=0$
支路方程 $\dot{U}_k=f(\dot{I}_k)$ 或 $\dot{I}_k=f(\dot{U}_k)$</td>
<td rowspan="3">电路变量：支路电流相量 $\dot{I}$
列写相量方程的规则：
(1) 对 $n-1$ 个独立节点列写 KCL 方程；
(2) 对 $b-n+1$ 个独立回路列写 KVL 方程，阻抗的电压用支路电流表示；
(3) 受控源的控制量用支路电流表示；
(4) 含电流源的回路不列写 KVL 方程。
电路相量方程的一般形式：
$\begin{cases} \text{KCL} & \sum \dot{I}_k=0 \\ \text{KVL} & \sum Z_k\dot{I}_k=\sum\dot{U}_{sk}+\sum Z_k\dot{I}_{sk} \end{cases}$
上式中：
$\sum Z_k\dot{I}_k$——某回路上的各阻抗与其所在支路的电流乘积的代数和。支路电流 $\dot{I}_k$ 的参考方向与回路绕行方向一致时，$Z_k\dot{I}_k$ 项前取“+”；$\dot{I}_k$ 的参考方向与回路绕行方向相反时，$Z_k\dot{I}_k$ 项前取“-”。
$\sum\dot{U}_{sk}$——某回路上的所有电压源的代数和。电压源 $\dot{U}_{sk}$ 方向与回路绕行方向一致时，$\dot{U}_{sk}$ 项前取“-”；$\dot{U}_{sk}$ 方向与回路绕行方向相反时，$\dot{U}_{sk}$ 项前取“+”。
$\sum Z_k\dot{I}_{sk}$——某回路上的有伴电流源(电流源 $\dot{I}_{sk}$ 与阻抗 Z_k 并联支路)变换为有伴电压源(电压源 $Z_k\dot{I}_{sk}$ 与阻抗 Z_k 串联支路)后，其等效变换得到的等效电压源的代数和。电流源 $\dot{I}_{sk}$ 的参考方向与回路绕行方向一致时，等效电压源 $Z_k\dot{I}_{sk}$ 项前取“+”；电流源 $\dot{I}_{sk}$ 的参考方向与回路绕向相反时，等效电压源 $Z_k\dot{I}_{sk}$ 项前取“-”</td>
<td>电路变量：回路电流相量 $\dot{I}_l$
列写回路电流相量方程的规则：
(1) 选一组 $b-n+1$ 个独立回路，指定回路绕行方向；
(2) 对独立回路列写 KVL 方程；
(3) 受控源的控制量用回路电流表示；
(4) 如有电流源只含在一个回路中，则该回路电流由此电流源确定，不必列写 KVL 方程。
电路相量方程的一般形式：
$Z_{11}\dot{I}_{l1}+Z_{12}\dot{I}_{l2}+\cdots+Z_{1k}\dot{I}_{lk}+\cdots+Z_{1l}\dot{I}_{ll}=\dot{U}_{s11}$
$Z_{21}\dot{I}_{l1}+Z_{22}\dot{I}_{l2}+\cdots+Z_{2k}\dot{I}_{lk}+\cdots+Z_{2l}\dot{I}_{ll}=\dot{U}_{s22}$
$Z_{31}\dot{I}_{l1}+Z_{32}\dot{I}_{l2}+\cdots+Z_{3k}\dot{I}_{lk}+\cdots+Z_{3l}\dot{I}_{ll}=\dot{U}_{s33}$
…………
$Z_{l1}\dot{I}_{l1}+Z_{l2}\dot{I}_{l2}+\cdots+Z_{lk}\dot{I}_{lk}+\cdots+Z_{ll}\dot{I}_{ll}=\dot{U}_{sll}$
上式中：
Z_{kk}——自阻抗(第 k 个回路的阻抗之和)，总取“+”。
Z_{jk}——互阻抗(第 j 与第 k 个回路的公共支路阻抗之和)。当 $\dot{I}_{lj}$ 与 $\dot{I}_{lk}$ 同向流过互阻抗时，互阻抗 Z_{jk} 为“+”；当 $\dot{I}_{lj}$ 与 $\dot{I}_{lk}$ 反向流过互阻抗时，互阻抗 Z_{jk} 为“-”。
$\dot{U}_{skk}$——为 $\sum\dot{U}_{sk}+\sum Z_k\dot{I}_{sk}$，$\sum\dot{U}_{sk}$ 第 k 个回路上的所有电压源的代数和，电压源 $\dot{U}_{sk}$ 方向与回路绕行方向一致时，$\dot{U}_{sk}$ 项前取“-”，反之取“+”。$\sum Z_k\dot{I}_{sk}$ 为第 k 个回路上的有伴电流源变换为有伴电压源后的等效电压源代数和，电流源 $\dot{I}_{sk}$ 方向与回路绕向一致时，$Z_k\dot{I}_{sk}$ 项前取“+”，反之取“-”</td>
<td rowspan="3">电路变量：节点电压相量 $\dot{U}_n$
列写节点电压相量方程的规则：
(1) 选一参考节点；
(2) 对 $n-1$ 个独立节点列写 KCL 方程；
(3) 受控源的控制量用节点电压表示；
(4) 如参考节点在电压源的一端，则另一端的节点电压由该电压源确定，不必列写 KCL 方程。
电路相量方程的一般形式：
$Y_{11}\dot{U}_{n1}+Y_{12}\dot{U}_{n2}+\cdots+Y_{1k}\dot{U}_{nk}+\cdots+Y_{1(n-1)}\dot{U}_{n(n-1)}=\dot{I}_{s11}$
$Y_{21}\dot{U}_{n1}+Y_{22}\dot{U}_{n2}+\cdots+Y_{2k}\dot{U}_{nk}+\cdots+Y_{2(n-1)}\dot{U}_{n(n-1)}=\dot{I}_{s22}$
$Y_{31}\dot{U}_{n1}+Y_{32}\dot{U}_{n2}+\cdots+Y_{3k}\dot{U}_{nk}+\cdots+Y_{3(n-1)}\dot{U}_{n(n-1)}=\dot{I}_{s33}$
…………
$Y_{(n-1)1}\dot{U}_{n1}+\cdots+Y_{(n-1)(n-1)}\dot{U}_{n(n-1)}=\dot{I}_{s(n-1)(n-1)}$
上式中：
Y_{kk}——自导纳(第 k 个节点上所有支路的导纳之和)，总取“+”。
Y_{jk}——互导纳(第 j 个节点与第 k 个节点之间连接的所有公共支路的导纳之和)，总取“-”。
$\dot{I}_{skk}$——为 $\sum\dot{I}_{sk}+\sum Y_k\dot{U}_{sk}$，$\sum\dot{I}_{sk}$ 为第 k 个节点上的所有电流源的代数和，电流源 $\dot{I}_{sk}$ 方向指向 k 节点时，$\dot{I}_{sk}$ 项前取“+”，而电流源 $\dot{I}_{sk}$ 方向流出 k 节点时，$\dot{I}_{sk}$ 项前取“-”；$\sum Y_k\dot{U}_{sk}$ 为第 k 个节点上的有伴电压源变换为有伴电流源后的等效电流源代数和，等效电流源方向指向 k 节点(即有伴电压源 $\dot{U}_{sk}$ 的“+”极性端靠近 k 节点)时，$Y_k\dot{U}_{sk}$ 项前取“+”，反之 $Y_k\dot{U}_{sk}$ 项前取“-”</td>
</tr>
<tr><th>网孔电流法</th></tr>
<tr><td>电路变量：网孔电流相量 $\dot{I}_m$
列写电路网孔电流方程可参照回路电流法。
当网孔电流绕行方向都取顺时针(或都取逆时针)时，则互阻抗总为“-”</td></tr>
</table>

表 9-13　定理分析法的相量形式

定理名称	图解应用电路定理分析正弦稳态电路	
叠加定理	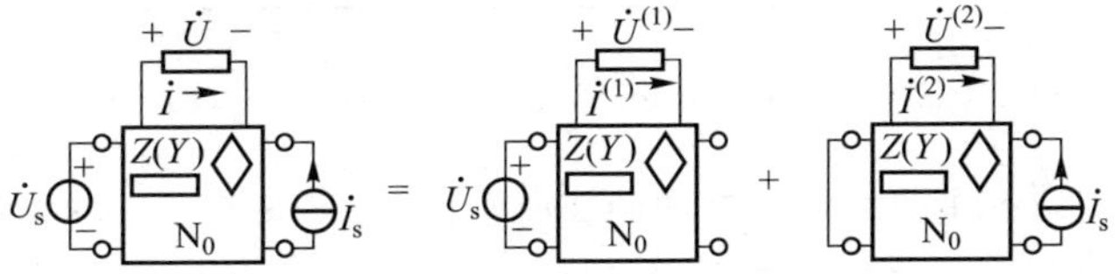 注：电路中各独立源为同频率正弦电源	$\dot I=\dot I^{(1)}+\dot I^{(2)}$，$\dot I\Rightarrow i$，$\dot U=\dot U^{(1)}+\dot U^{(2)}$，$\dot U\Rightarrow u$
等效电源定理（等效发电机定理）：戴维南定理	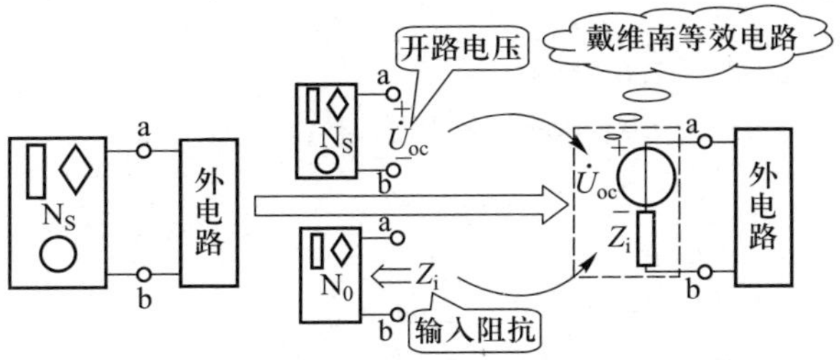	计算输入阻抗 Z_i 的三种方法：方法①$Z_i=Z_{eq}$ 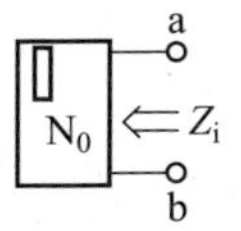 方法②$Z_i=\frac{\dot U}{\dot I}$ 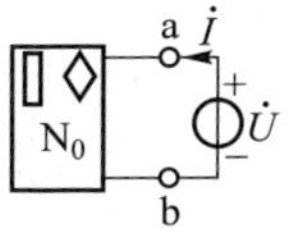 方法③$Z_i=\frac{\dot U_{oc}}{\dot I_{sc}}$ 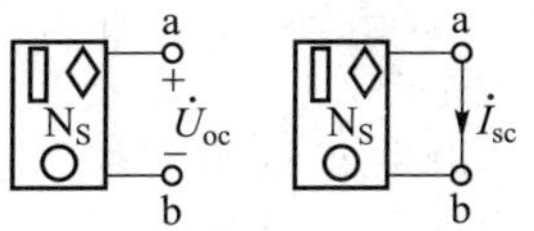
等效电源定理（等效发电机定理）：诺顿定理	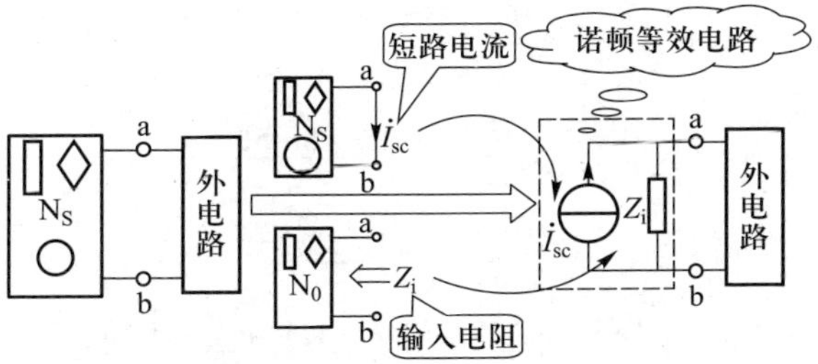	计算输入导纳 Y_i 的三种方法：诺顿等效电路的输入导纳 Y_i 的计算方法与戴维南定理计算输入阻抗 Z_i 方法完全相同。求得输入阻抗 Z_i，即可求得输入导纳 $Y_i=\frac{1}{Z_i}$
最大功率传输定理	任何一个含独立电源、线性电阻、电感、电容和线性受控源的一端口 N_S，外接一可变负载阻抗 Z_L，当负载阻抗 Z_L 等于一端口 N_S 的输入阻抗的共轭值 Z_i^* 时，负载 Z_L 从一端口 N_S 可获得最大功率（设 $Z_L=R_L+jX_L$、$Z_i=R_i+jX_i$）	
	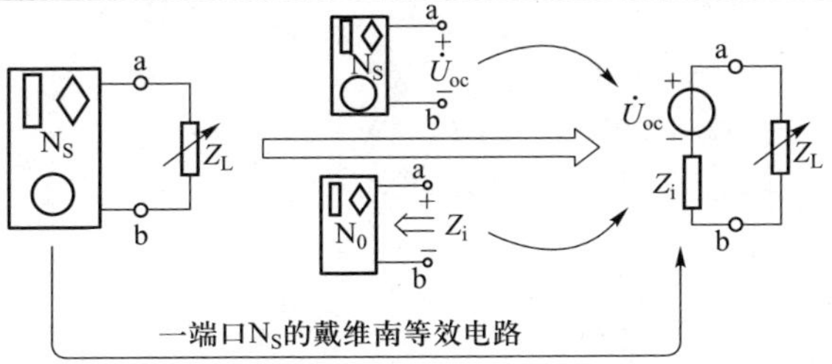 当 $Z_L=Z_i^*=R_i-jX_i$ 时，有最大功率 $P_{Z_{L\max}}=\frac{U_{oc}^2}{4R_i}$	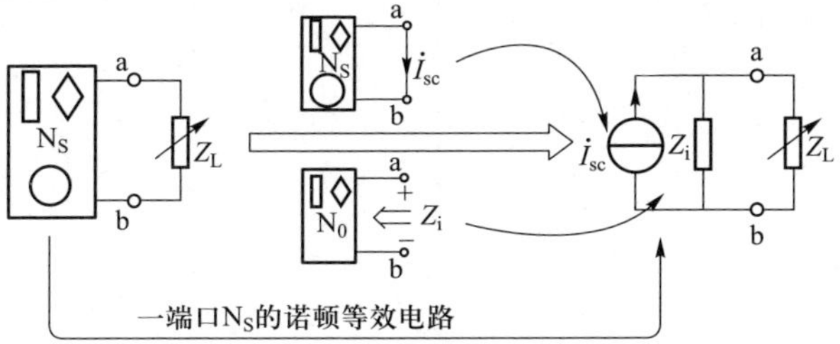 当 $Y_L=Y_i^*$ 时（或 $Z_L=Z_i^*$ 时），有最大功率 $P_{Z_{L\max}}=\frac{I_{sc}^2}{4G_i}=\frac{R_i}{4}I_{sc}^2$
	注：当可变负载为纯电阻 R_L 时，则当 $R_L=\vert Z_i\vert$ 时，有最大功率 $P_{R_{L\max}}=\frac{U_{oc}^2}{2(R_i+\vert Z_i\vert)}$	

相量图分析（略）

电路思维导图应用范例(参照附录 B 中第九章思维导图助记知识要点)

1. 正弦稳态电路分析

正弦稳态电路分析一般步骤:

第一步　画出电路的相量模型,并写出已知正弦量的相量。

第二步　按相量模型,仿照分析电阻电路的各种公式、定理及分析方法对未知相量列方程。

第三步　求解相量,并写出相应的正弦量(时间函数,一般用余弦函数表示);有时要求画出相量图。

(借助相量图有时可简化分析计算)

注:正弦稳态电路为电阻电路时不必用相量法

例 9-1　如图 1 所示,$R_1=R_2=3\ \Omega$,$L=20\ \text{mH}$,$C=2\times10^{-3}\ \text{F}$,$u_S(t)=7.7\cos(200t+51.01°)\ \text{V}$。求 i_C、i_L、i_{R1}、u_C。

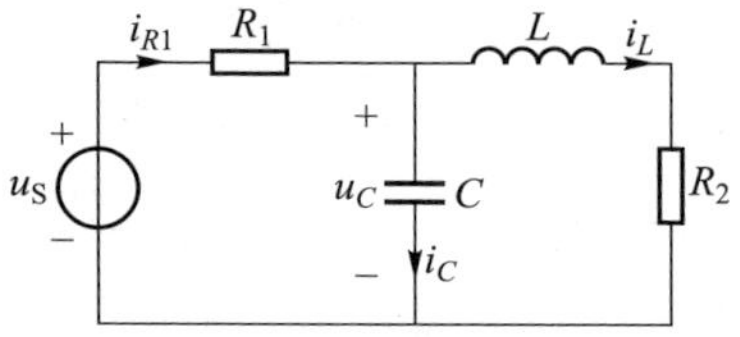

图 1　例 9-1 图

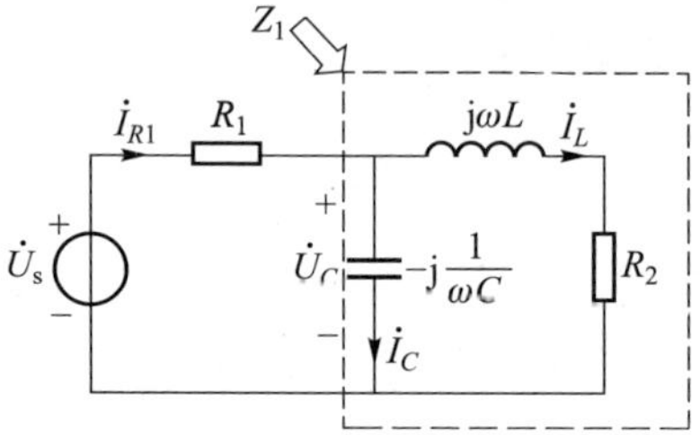

图 2　例 9-1 解图

分析过程:$\dot U_S$、$Z\Rightarrow \dot I_{R1}\Rightarrow \dot U_C\Rightarrow \dot I_C$、$\dot I_L$

解: 第一步　画出图 1 的相量模型如图 2 所示,写出已知正弦量的相量 $\dot U_S$;

$$\dot U_S=\frac{7.7}{\sqrt2}\angle 51.01°\ \text{V}=5.44\angle 51.01°\ \text{V}$$

第二步

$$-j\frac{1}{\omega C}=-j\frac{1}{200\times2\times10^{-3}}=-j2.5\ \Omega$$

$$j\omega C=j0.4\ \text{S},\ j\omega L=j200\times20\times10^{-3}=j4\ \Omega$$

$$Z=R_1+Z_1=R_1+\frac{-j\frac{1}{\omega C}(R_2+j\omega L)}{-\frac{1}{j\omega C}+(R_2+j\omega L)}=\left[3+\frac{-j2.5(3+j4)}{-j2.5+3+j4}\right]\Omega=\left[3+\left(\frac{5}{3}-j\frac{10}{3}\right)\right]\Omega$$

$$=\left(\frac{14}{3}-j\frac{10}{3}\right)\Omega=5.735\angle -35.54°\ \Omega,\text{其中 } Z_1=\left(\frac{5}{3}-j\frac{10}{3}\right)\Omega$$

$$\dot I_{R1}=\frac{\dot U_S}{Z}=\frac{5.44\angle 51.01°}{5.735\angle -35.54°}\text{A}=0.95\angle 86.55°\ \text{A}$$

$$\dot U_C=Z_1\dot I_{R1}=\left(\frac{5}{3}-j\frac{10}{3}\right)\dot I_{R1}=3.54\angle 23.13°\ \text{V}$$

$$\dot I_C=j\omega C\dot U_C=j0.4\times3.54\angle 23.13°\ \text{A}=1.414\angle 113.13°\ \text{A}$$

$$\dot I_L=\frac{\dot U_C}{R_2+j\omega L}=\frac{\dot U_C}{3+j4}=\frac{3.54\angle 23.13°}{5\angle 53.13°}\text{A}=0.707\angle -30°\ \text{A}$$

第三步

$i_{R1}(t)=1.34\cos(200t+86.55°)\ \text{A}$

$u_C(t)=5\cos(200t+23.13°)\ \text{V}$

$i_C(t)=2\cos(200t+113.13°)\ \text{A}$

$i_L(t)=\cos(200t-30°)\ \text{A}$

2. 等效变换分析法、方程分析法及定理分析法

例 9-2 图 3 中的图(a)为电阻电路,图(b)为正弦稳态电路,试用等效变换法、方程分析法及定理分析法求图 3(a)与(b)中的 u(注意对比时域分析与相量分析)。

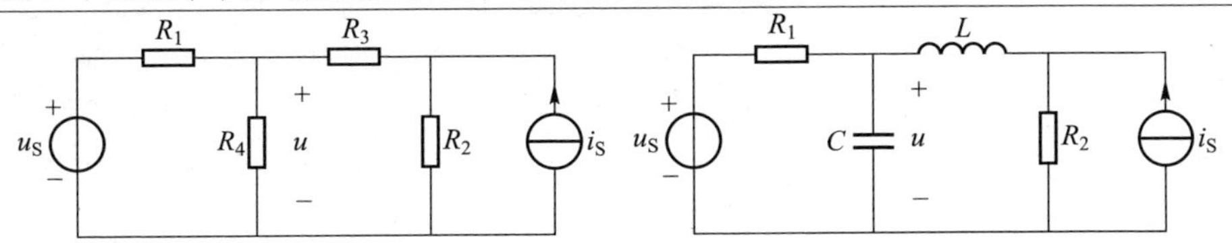

图 3 例 9-2 图

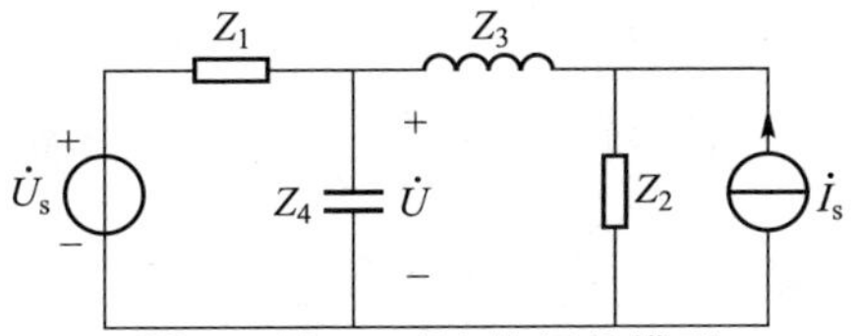

图 4 例 9-2(b)的相量模型

下面分别用 5 种解法求例 9-2 中图 3(a)和(b)中的 u。图 3(b)的相量模型如图 4 所示,其中 $Z_1 = R_1$,$Z_2 = R_2$,$Z_3 = j\omega L$,$Z_4 = -j\dfrac{1}{\omega C}$。

解法 1:用等效变换法求图 3(a)中的 u。

由图 3(a),其等效变换的过程如图 5(a)(b)(c)所示。

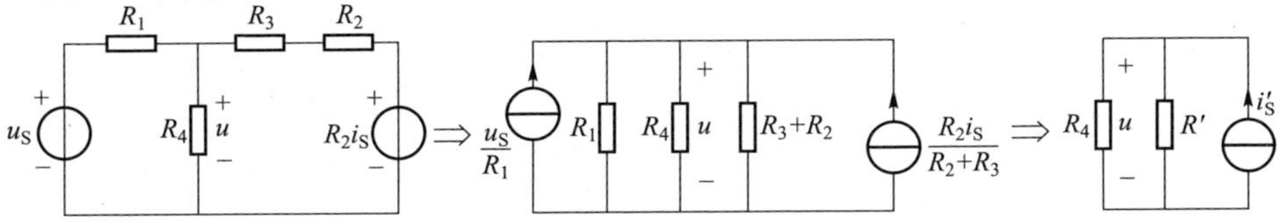

图 5 例 9-2 解图(a)——等效变换

将图 3(a)中的 R_2 与 i_s 并联支路变换为 R_2 与等效电压源 $R_2 i_s$ 串联支路,如图 5(a)所示。

将图 5(a)中的 $R_2 + R_3$ 与 $R_2 i_s$ 串联支路再变换为 $R_2 + R_3$ 与等效电流源 $\dfrac{R_2 i_s}{R_2 + R_3}$ 并联支路,如图 5(b)所示,再变换为图 5(c)。

图 5(c)中,$R' = \dfrac{R_1(R_2 + R_3)}{R_1 + R_2 + R_3}$,$i_s' = \dfrac{u_s}{R_1} + \dfrac{R_2 i_s}{R_2 + R_3}$,求得 $u = \dfrac{R_4 R'}{R_4 + R'} i_s'$

解法 1:用等效变换法求图 3(b)中的 u。

由图 4,其等效变换过程如图 6(a)(b)(c)所示。

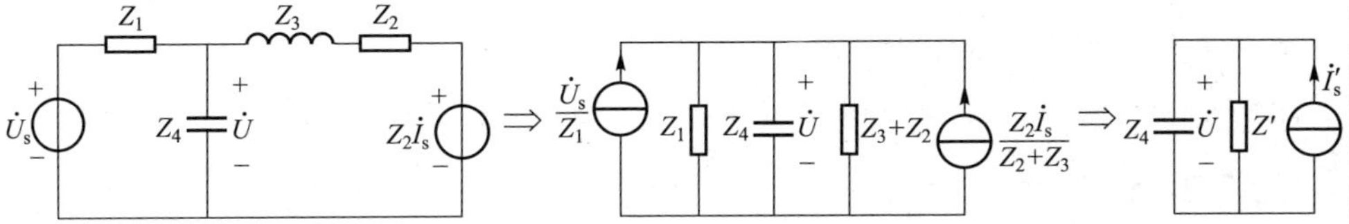

图 6 例 9-2 解图(b)——等效变换

将图 4 中的 Z_2 与 $\dot{I}_s$ 并联支路变换为 Z_2 与等效电压源 $Z_2 \dot{I}_s$ 串联支路,如图 6(a)所示。

将图 6(a)中的 $Z_2 + Z_3$ 与 $Z_2 \dot{I}_s$ 串联支路再变换为 $Z_2 + Z_3$ 与等效电流源 $\dfrac{Z_2 \dot{I}_s}{Z_2 + Z_3}$ 并联支路,如图 6(b)所示,再变换为图 6(c)。

图 6(c)中,$Z' = \dfrac{Z_1(Z_2 + Z_3)}{Z_1 + Z_2 + Z_3}$,$\dot{I}_s' = \dfrac{\dot{U}_s}{Z_1} + \dfrac{Z_2 \dot{I}_s}{Z_2 + Z_3}$,求得 $\dot{U} = \dfrac{Z_4 Z'}{Z_4 + Z'} \dot{I}_s'$

将求得的 $\dot{U}$ 相量变为正弦量,即求得 u

解法 2:用回路电流法求图 3(a)中的 u。

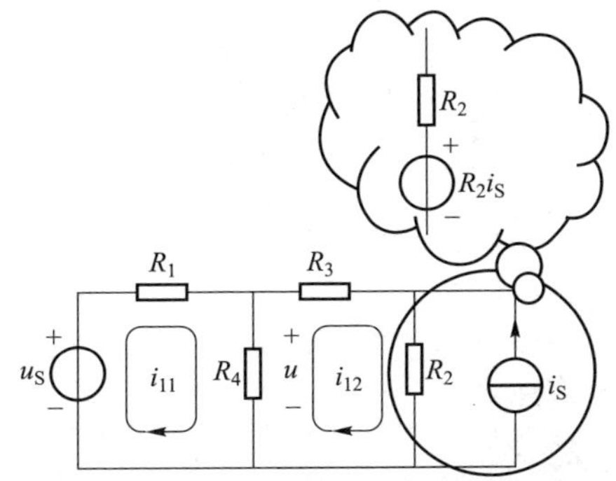

图 7 例 9-2 解图(a)——回路电流法

设图 3(a)中的回路电流变量 i_{l1}、i_{l2},并标出绕行方向,如图 7 所示。

回路 1 $(R_1 + R_4) i_{l1} - R_4 i_{l2} = u_s$

回路 2 $-R_4 i_{l1} + (R_2 + R_3 + R_4) i_{l2}$
$\qquad\qquad = -R_2 i_s$

又 $u = R_4(i_{l1} - i_{l2})$

求解 u

解法 2:用回路电流法求图 3(b)中的 u。

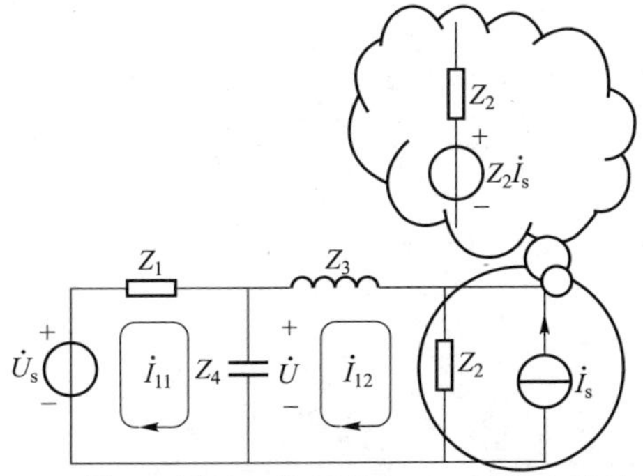

图 8 例 9-2 解图(b)——回路电流法

设图 4 中的回路电流相量 $\dot{I}_{l1}$、$\dot{I}_{l2}$,并标出绕行方向,如图 8 所示。

回路 1:

$(Z_1 + Z_4) \dot{I}_{l1} - Z_4 \dot{I}_{l2} = \dot{U}_s$

回路 2:

$-Z_4 \dot{I}_{l1} + (Z_2 + Z_3 + Z_4) \dot{I}_{l2} = -Z_2 \dot{I}_s$

又 $\dot{U} = Z_4(\dot{I}_{l1} - \dot{I}_{l2})$

将求得的 $\dot{U}$ 相量变为正弦量,即求得 u

解法 3:用节点电压法求图 3(a)中的 u。

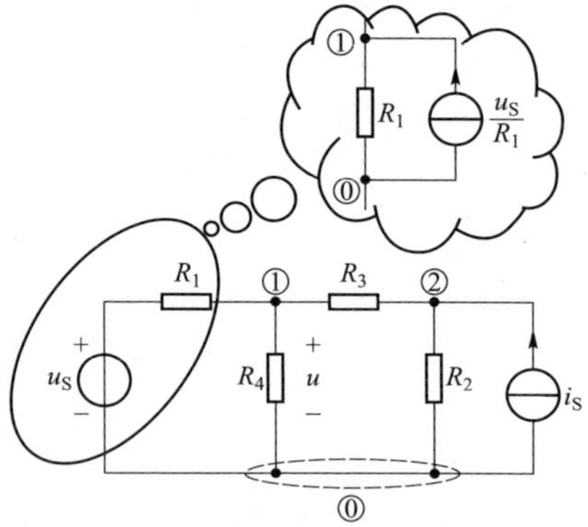

图 9　例 9-2 解图(a)——节点电压法

设图 3(a)中的节点电压变量 u_{n1}、u_{n2},并标出参考点⓪及节点①、②,如图 9 所示。

① $\left(\frac{1}{R_1}+\frac{1}{R_3}+\frac{1}{R_4}\right)u_{n1}-\frac{1}{R_3}u_{n2}=\frac{u_S}{R_1}$

② $-\frac{1}{R_3}u_{n1}+\left(\frac{1}{R_2}+\frac{1}{R_3}\right)u_{n2}=i_S$

解出 u_{n1},又 $u=u_{n1}$

解法 3:用节点电压法求图 3(b)中的 u。

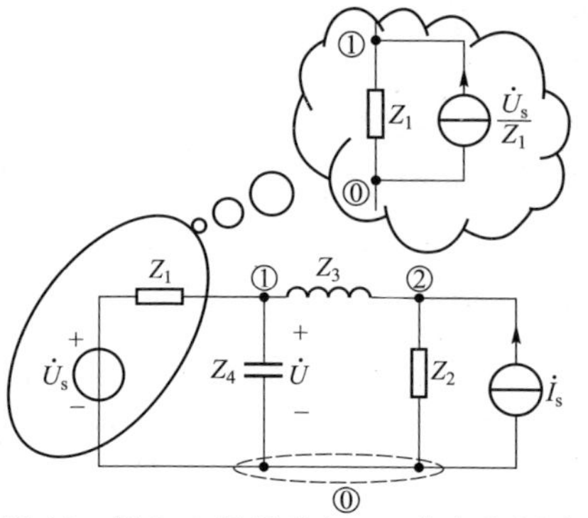

图 10　例 9-2 解图(b)——节点电压法

图 3(b)的相量模型为图 4。

设图 4 中的节点电压相量 $\dot{U}_{n1}$、$\dot{U}_{n2}$,并标出参考点⓪及节点①、②,如图 10 所示。

① $\left(\frac{1}{Z_1}+\frac{1}{Z_3}+\frac{1}{Z_4}\right)\dot{U}_{n1}-\frac{1}{Z_3}\dot{U}_{n2}=\frac{\dot{U}_s}{Z_1}$

② $-\frac{1}{Z_3}\dot{U}_{n1}+\left(\frac{1}{Z_2}+\frac{1}{Z_3}\right)\dot{U}_{n2}=\dot{I}_s$

解出 $\dot{U}_{n1}$,又 $\dot{U}=\dot{U}_{n1}$,

将求得的 $\dot{U}$ 相量变为正弦量,即求得 u

解法 4:用叠加定理求图 3(a)中的 u。

图 3(a)及其两独立源分别单独作用的分电路如图 11(a)(b)(c)所示。

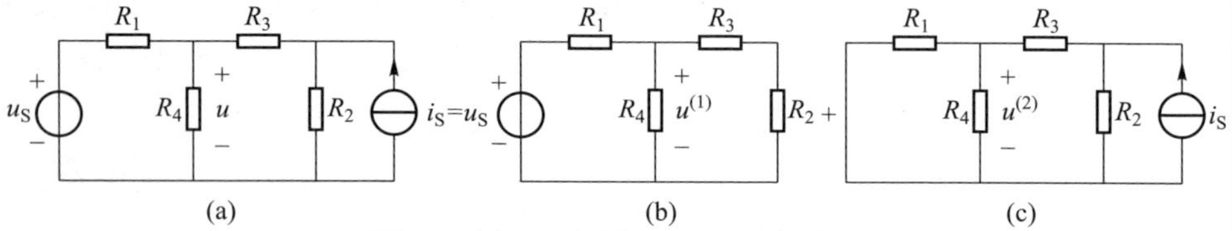

图 11　例 9-2 解图(a)——叠加定理

图 11(b)中,$u^{(1)}=\frac{R_4(R_3+R_2)}{R_1(R_4+R_3+R_2)+R_4(R_3+R_2)}u_S$

图 11(c)中,$u^{(2)}=\frac{R_1R_2R_4}{(R_1+R_4)(R_2+R_3)+R_1R_4}i_S$

根据叠加定理,有 $u=u^{(1)}+u^{(2)}$

解法 4:用叠加定理求图 3(b)中的 u。

图 4 及其两独立源分别单独作用的分电路如图 12(a)(b)(c)所示。

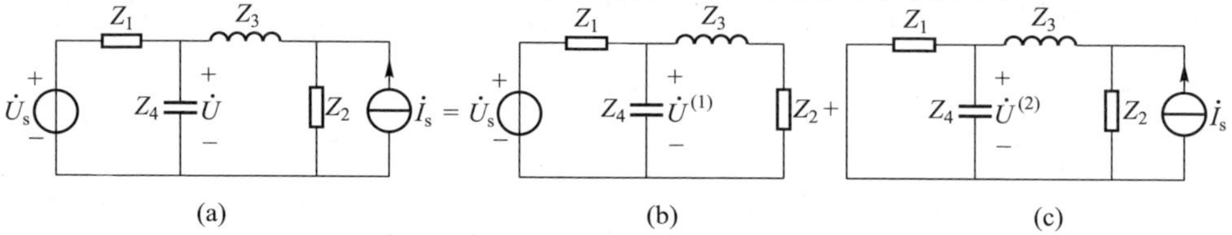

图 12　例 9-2 解图(b)——叠加定理

图 12(b)中,$\dot{U}^{(1)}=\frac{Z_4(Z_3+Z_2)}{Z_1(Z_4+Z_3+Z_2)+Z_4(Z_3+Z_2)}\dot{U}_s$

图 12(c)中,$\dot{U}^{(2)}=\frac{Z_1Z_2Z_4}{(Z_1+Z_4)(Z_2+Z_3)+Z_1Z_4}\dot{I}_s$

根据叠加定理,有 $\dot{U}=\dot{U}^{(1)}+\dot{U}^{(2)}$,将求得的 $\dot{U}$ 相量变为正弦量,即求得 u

解法 5:用戴维南定理求图 13(a)中的 u。

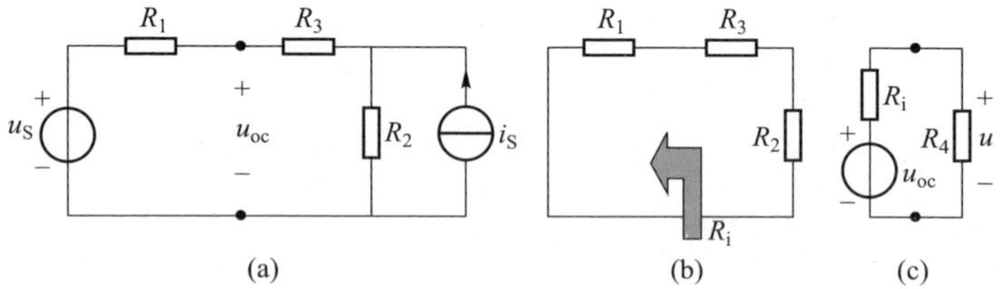

图 13　例 9-2 解图(a)——戴维南定理

图 13(a)中,$u_{oc}=\frac{R_2+R_3}{R_1+R_2+R_3}u_S+\frac{R_1R_2}{R_1+R_2+R_3}i_S$;

图 13(b)中,$R_i=\frac{R_1(R_2+R_3)}{R_1+R_2+R_3}$;图 13(c)中,$u=\frac{R_4u_{oc}}{R_i+R_4}$

解法 5:用戴维南定理求图 3(b)中的 u。

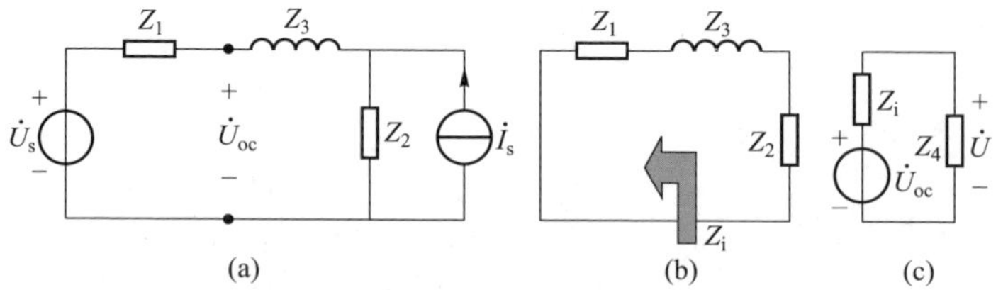

图 14　例 9-2 解图(b)——戴维南定理

图 14(a)中,$\dot{U}_{oc}=\frac{Z_2+Z_3}{Z_1+Z_2+Z_3}\dot{U}_s+\frac{Z_1Z_2}{Z_1+Z_2+Z_3}\dot{I}_s$;

图 14(b)中,$Z_i=\frac{Z_1(Z_2+Z_3)}{Z_1+Z_2+Z_3}$;图 14(c)中,$\dot{U}=\frac{Z_4\dot{U}_{oc}}{Z_i+Z_4}$

将求得的 $\dot{U}$ 相量变为正弦量,即求得 u

3. 相量图分析

例 9-3 如图 15(a)(b)(c)(d)(e)中电流表 A_1、A_2或电压表 V_1、V_2 测得的读数均已标在图中，问电流表 A_0 或电压表 V_0 测得的读数。

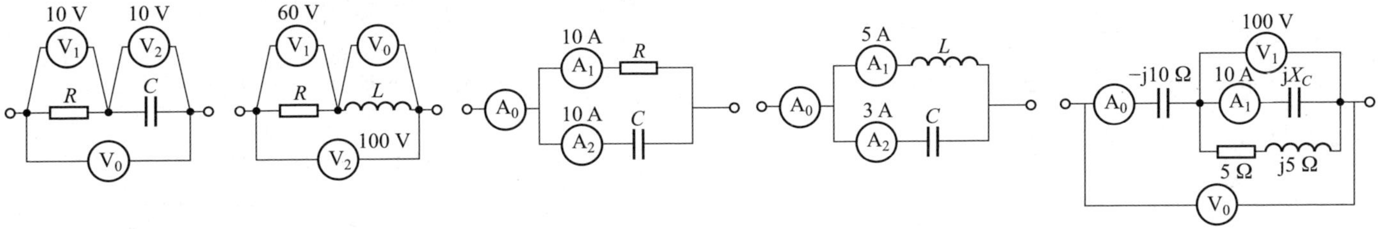

(a) (b) (c) (d) (e)

图 15 例 9-3 图

解:图 15(a)的相量模型如图 16(a′)所示。

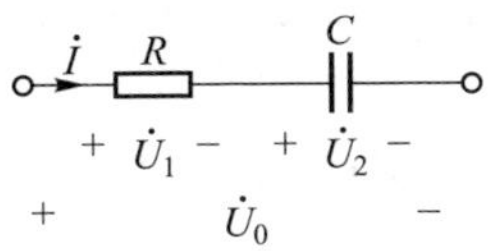

(a′)

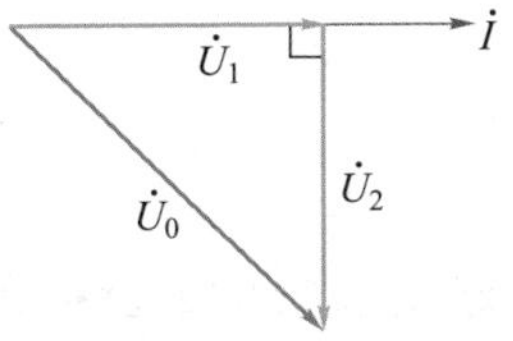

(a″)

图 16 例 9-3 解图(a)

设 $\dot{I}=I\underline{/0^\circ}$ A，因

$$\dot{U}_1+\dot{U}_2=\dot{U}_0$$

画出相量图见图 16(a″)。

图 16(a″)中电压相量的模，即为电压的有效值，也就是电压表的读数。

$$U_0=\sqrt{U_1^2+U_2^2}=\sqrt{10^2+10^2}\ \text{V}=14.14\ \text{V}$$

解:图 15(b)的相量模型如图 17(b′)所示。

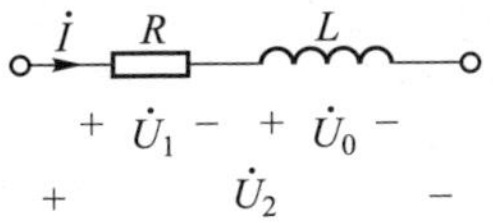

(b′)

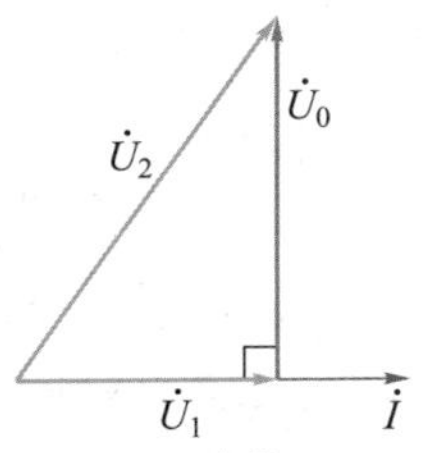

(b″)

图 17 例 9-3 解图(b)

设 $\dot{I}=I\underline{/0^\circ}$ A，因

$$\dot{U}_1+\dot{U}_0=\dot{U}_2$$

画出相量图见图 17(b″)。

图 17(b″)中电压相量的模，即为电压的有效值，也就是电压表的读数。

$$U_0=\sqrt{U_2^2-U_1^2}=\sqrt{100^2-60^2}\ \text{V}=80\ \text{V}$$

解:图 15(c)的相量模型如图 18(c′)所示。

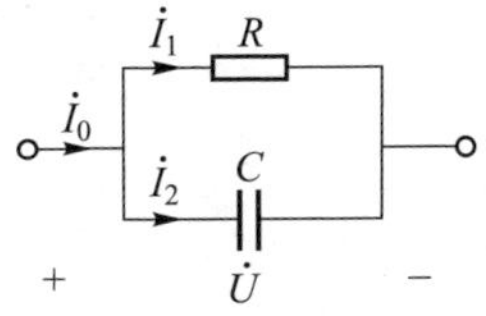

(c′)

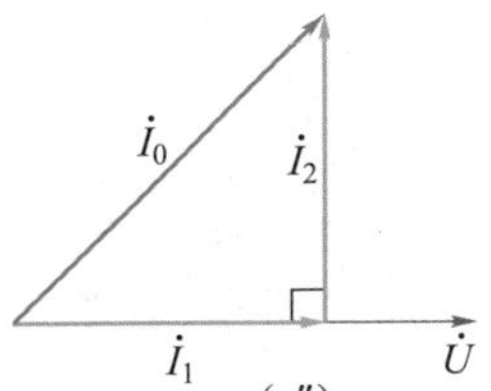

(c″)

图 18 例 9-3 解图(c)

设 $\dot{U}=U\underline{/0^\circ}$ V，因

$$\dot{I}_1+\dot{I}_2=\dot{I}_0$$

画出相量图见图 18(c″)。

图 18(c″)中电流相量的模，即为电流的有效值，也就是电流表的读数。

$$I_0=\sqrt{I_1^2+I_2^2}=\sqrt{10^2+10^2}\ \text{A}=14.14\ \text{A}$$

解:图 15(d)的相量模型如图 19(d′)所示。

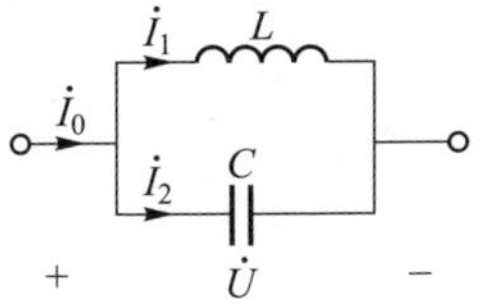

(d′)

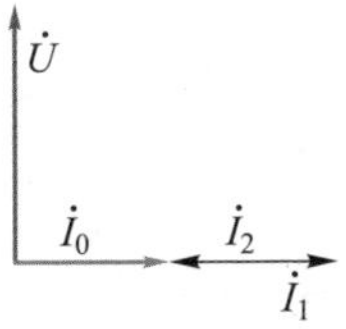

(d″)

图 19 例 9-3 解图(d)

设 $\dot{I}_1=5\underline{/0^\circ}$ A，因

$$\dot{I}_1+\dot{I}_2=\dot{I}_0$$

画出相量图见图 19(d″)。

图 19(d″)中电流相量的模，即为电流的有效值，也就是电流表的读数。

$$I_0=I_1-I_2=(5-3)\ \text{A}=2\ \text{A}$$

解:图 15(e)的相量模型如图 20(e′)所示。

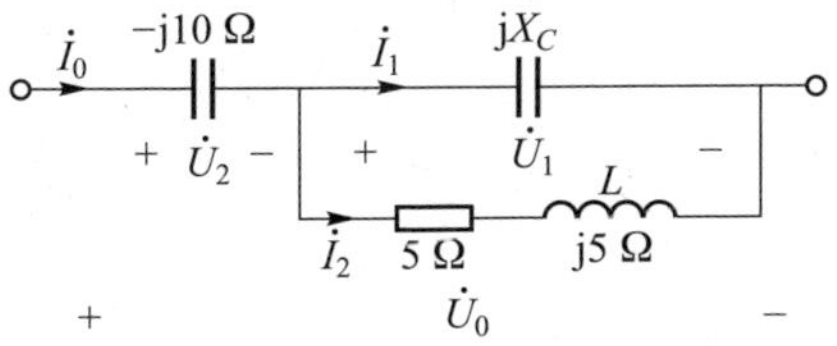

(e′)

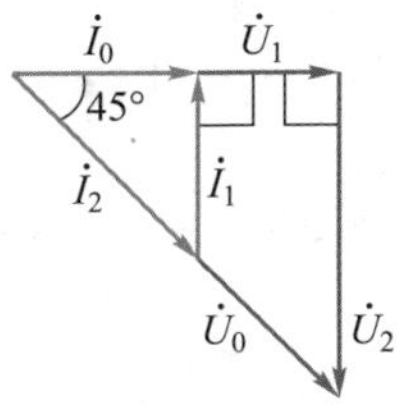

(e″)

图 20 例 9-3 解图(e)

设 $\dot{U}_1=100\underline{/0^\circ}$ V，画出相量图见图 20(e″)。

$$\dot{I}_2=\frac{\dot{U}_1}{5+\text{j}5}=10\sqrt{2}\underline{/-45^\circ}\ \text{A}$$

$$\dot{I}_0=\dot{I}_1+\dot{I}_2,\ I_0=I_1=10\ \text{A}$$

$$\dot{U}_2=-\text{j}10\,\dot{I}_0=-\text{j}10\times10\ \text{V}=100\underline{/-90^\circ}\ \text{V}$$

$$\dot{U}_0=\dot{U}_1+\dot{U}_2$$

$$U_0=\sqrt{U_1^2+U_2^2}=100\sqrt{2}\ \text{V}=141.4\ \text{V}$$

本章习题与解答

9-1 试求题 9-1 图所示各电路的输入阻抗 Z 和导纳 Y。

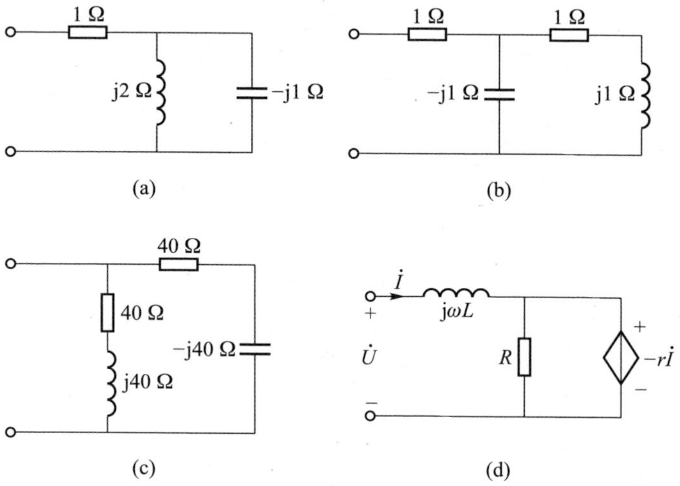

题 9-1 图

解: 题 9-1 图(a), $Z=\left[1+\dfrac{j2\times(-j)}{j2-j}\right]\Omega=\left(1+\dfrac{2}{j}\right)\Omega=(1-j2)\Omega$

$$Y=\frac{1}{Z}=\left(\frac{1}{1-j2}\right)S=\frac{1+j2}{1^2+2^2}S=\left(\frac{1}{5}+j\frac{2}{5}\right)S=(0.2+j0.4)S$$

题 9-1 图(b), $Z=\left[1+\dfrac{-j\times(1+j)}{-j+1+j}\right]\Omega=(1-j+1)\Omega=(2-j)\Omega$

$$Y=\frac{1}{Z}=\frac{1}{2-j}S=\frac{2+j}{2^2+1^2}S=\left(\frac{2}{5}+j\frac{1}{5}\right)S=(0.4+j0.2)S$$

题 9-1 图(c), $Y=\left(\dfrac{1}{40+j40}+\dfrac{1}{40-j40}\right)S=\left(\dfrac{40-j40}{40^2+40^2}+\dfrac{40+j40}{40^2+40^2}\right)S$

$$=\frac{80}{3200}S=\frac{1}{40}S=0.025\ S$$

$$Z=\frac{1}{Y}=40\ \Omega$$

题 9-1 图(d), $Z=\dfrac{\dot{U}}{\dot{I}}=\dfrac{j\omega L\dot{I}-r\dot{I}}{\dot{I}}=-r+j\omega L$

$$Y=\frac{1}{Z}=\frac{1}{-r+j\omega L}=\frac{-r}{r^2+(\omega L)^2}-j\frac{\omega L}{r^2+(\omega L)^2}$$

9-2 将题 9-2 图中所示三角形[图(a)]和星形[图(b)]联结的电路转换为等效星形和三角形联结的电路。

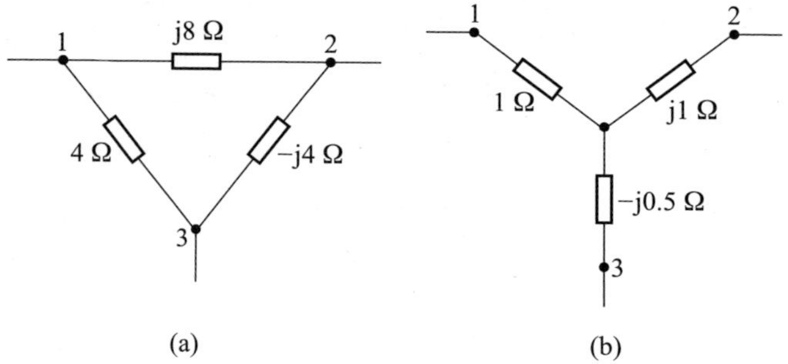

题 9-2 图

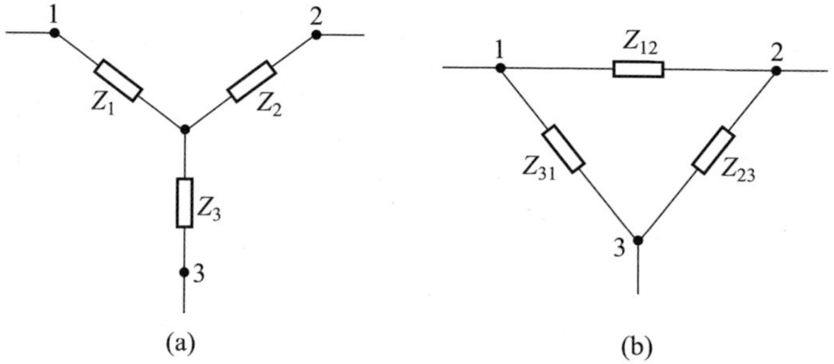

题 9-2 解图

解: 题 9-2 图(a)中,三角形联结阻抗等效为星形联结的阻抗如题9-2 解图(a)所示,其等效星形阻抗 Z_1、Z_2、Z_3 分别为

$$Z_1=\frac{4\times j8}{4+j8-j4}\Omega=\frac{j32}{4+j4}\Omega=(4+j4)\Omega$$

$$Z_2=\frac{j8\times(-j4)}{4+j8-j4}\Omega=\frac{32}{4+j4}\Omega=(4-j4)\Omega$$

$$Z_3=\frac{4\times(-j4)}{4+j8-j4}\Omega=\frac{-j16}{4+j4}\Omega=(-2-j2)\Omega$$

题 9-2 图(b)等效的三角形阻抗如题 9-2 解图(b)所示,其三角形阻抗 Z_{12}、Z_{23}、Z_{31} 分别为

$$Z_{12}=\frac{1\times j+j\times(-j0.5)+1\times(-j0.5)}{-j0.5}\Omega=\frac{0.5+j0.5}{-j0.5}\Omega=\frac{1+j}{-j}\Omega=(-1+j)\Omega$$

$$Z_{23}=\frac{0.5+j0.5}{1}\Omega=(0.5+j0.5)\Omega$$

$$Z_{31}=\frac{0.5+j0.5}{j}\Omega=(0.5-j0.5)\Omega$$

9-3 题 9-3 图中 N 为不含独立源的一端口，端口电压 u、电流 i 分别如下列各式所示。试求每一种情况下的输入阻抗 Z 和导纳 Y，并给出等效电路图（包括元件的参数值）。

（1）$\begin{cases} u=200\cos(314t)\ \text{V} \\ i=10\cos(314t)\ \text{A} \end{cases}$；

（2）$\begin{cases} u=10\cos(10t+45°)\ \text{V} \\ i=2\cos(10t-90°)\ \text{A} \end{cases}$；

（3）$\begin{cases} u=100\cos(2t+60°)\ \text{V} \\ i=5\cos(2t-30°)\ \text{A} \end{cases}$；

（4）$\begin{cases} u=40\cos(100t+17°)\ \text{V} \\ i=8\sin\left(100t+\dfrac{\pi}{2}\right)\ \text{A} \end{cases}$。

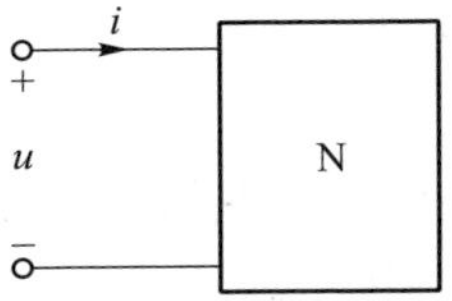

题 9-3 图

解：（1）$Z=\dfrac{\dot U}{\dot I}=\dfrac{\dfrac{200}{\sqrt2}\angle 0°}{\dfrac{10}{\sqrt2}\angle 0°}\ \Omega=20\ \Omega$

$$Y=\frac{1}{Z}=\frac{1}{20}\text{S}=0.05\ \text{S}$$

其等效电路如题 9-3 解图(a)所示，为一个电阻。

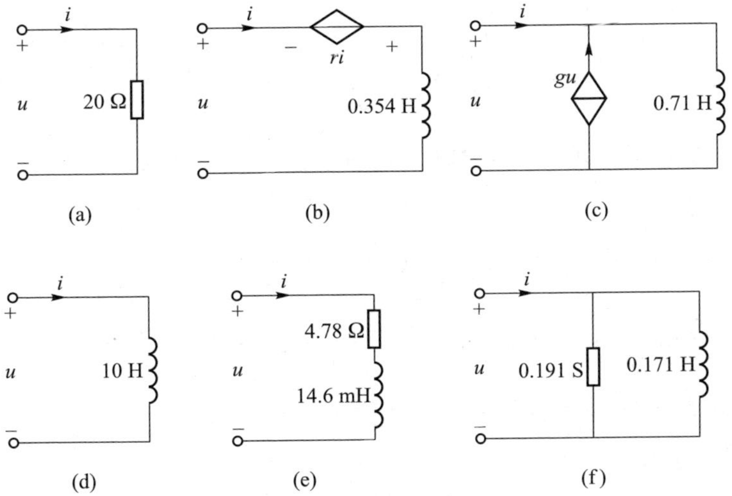

题 9-3 解图

（2）$Z=\dfrac{\dot U}{\dot I}=\dfrac{\dfrac{10}{\sqrt2}\angle 45°}{\dfrac{2}{\sqrt2}\angle -90°}\ \Omega=5\angle 135°\ \Omega=(-3.54+\text{j}3.54)\ \Omega$

$$Y=\frac{1}{Z}=\frac{1}{5\angle 135°}\text{S}=0.2\angle(-135°)\ \text{S}=(-0.14-\text{j}0.14)\ \text{S}$$

$$\dot U=Z\dot I=(-3.54+\text{j}3.54)\dot I=-3.54\dot I+\text{j}3.54\dot I$$

设 $\dot U=-r\dot I+\text{j}\omega L\dot I$，则 $r=3.54\ \Omega$，$\omega L=3.54\ \Omega$，$L=\dfrac{3.54}{10}\text{H}=0.354\ \text{H}$

其等效电路如题9-3 解图(b)所示，为一个控制系数 $r=3.54\ \Omega$ 的受控源（电流控制的电压源）和电感元件的串联。

另外，$\dot I=Y\dot U=(-0.14-\text{j}0.14)\dot U=-0.14\dot U+(-\text{j}0.14)\dot U$

设 $\dot I=-g\dot U+\text{j}\left(-\dfrac{1}{\omega L}\right)\dot U$，$g=0.14\ \text{S}$，$\dfrac{1}{\omega L}=0.14\ \Omega$，$L=\dfrac{1}{10\times0.14}\text{H}=0.71\ \text{H}$

其等效电路如题 9-3 解图(c)所示，为一个控制系数 $g=0.14\ \text{S}$ 的受控源（电压控制的电流源）和电感元件的并联。

（3）$Z=\dfrac{\dot U}{\dot I}=\dfrac{\dfrac{100}{\sqrt2}\angle 60°}{\dfrac{5}{\sqrt2}\angle -30°}\ \Omega=20\angle 90°\ \Omega=\text{j}20\ \Omega$

$$Y=\frac{1}{Z}=\frac{1}{\text{j}20}\text{S}=-\text{j}0.05\ \text{S}$$

其等效电路如题 9-3 解图(d)所示，为一个电感，$\text{j}\omega L=\text{j}20$，$L=\dfrac{20}{\omega}=\dfrac{20}{2}=10\ \text{H}$。

（4）$i=8\sin\left(100t+\dfrac{\pi}{2}\right)\ \text{A}=8\cos\left(100t+\dfrac{\pi}{2}-90°\right)\ \text{A}=8\cos(100t)\ \text{A}$

$$Z=\frac{\dot U}{\dot I}=\frac{\dfrac{40}{\sqrt2}\angle 17°}{\dfrac{8}{\sqrt2}\angle 0°}\ \Omega=5\angle 17°\ \Omega=(4.78+\text{j}1.46)\ \Omega$$

$$Y=\frac{1}{Z}=\frac{1}{5\angle 17°}\text{S}=0.2\angle -17°\ \text{S}=(0.191-\text{j}0.0585)\ \text{S}$$

其等效电路为一个电阻和电感的串联，如题 9-3 解图(e)所示，元件值为

$$R=4.78\ \Omega,L=\frac{1.46}{\omega}=\frac{1.46}{100}\text{H}=14.6\ \text{mH}$$

另外，还可等效为一个电导和电感的并联，$G=0.191\ \text{S}$，$-\dfrac{1}{\omega L}=-0.058\ \text{S}$，$L=\dfrac{1}{100\times0.0585}\text{H}=0.171\text{H}$，其等效电路如题 9-3 解图(f)所示。

9-4 已知题 9-4 图所示电路中 $u_S=16\sqrt{2}\sin(\omega t+30^\circ)$ V，电流表 A 的读数为 5 A，$\omega L=4\ \Omega$，求电流表 A_1、A_2 的读数。

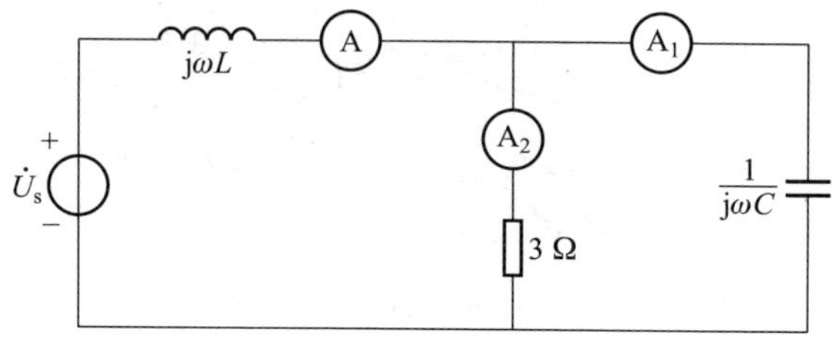

题 9-4 图

解：$u_S=16\sqrt{2}\sin(\omega t+30^\circ)\ \text{V}=16\sqrt{2}\cos(\omega t+30^\circ-90^\circ)\ \text{V}$

$=16\sqrt{2}\cos(\omega t-60^\circ)\ \text{V}$

$\dot U_s=16\angle -60^\circ\ \text{V}$

从电压源两端向右侧看进去的等效阻抗

$$Z=\frac{\dot U_s}{\dot I}=\mathrm{j}\omega L+\frac{1}{\frac{1}{3}+\mathrm{j}\omega C}\quad\Rightarrow\quad \frac{\dot U_s}{\dot I}\left(\frac{1}{3}+\mathrm{j}\omega C\right)-\mathrm{j}\omega L\left(\frac{1}{3}+\mathrm{j}\omega C\right)+1$$

$$\Rightarrow\quad \frac{\dot U_s}{\dot I}\left(\frac{1}{3}+\mathrm{j}\omega C\right)=\frac{\mathrm{j}\omega L}{3}+1-\omega L\omega C$$

$$\Rightarrow\quad \left|\frac{\dot U_s}{\dot I}\left(\frac{1}{3}+\mathrm{j}\omega C\right)\right|=\left|\mathrm{j}\,\frac{4}{3}+1-4\omega C\right|$$

$$\Rightarrow\quad \frac{U_s}{I}\sqrt{\left(\frac{1}{3}\right)^2+(\omega C)^2}=\sqrt{\left(\frac{4}{3}\right)^2+(1-4\omega C)^2}$$

$$\Rightarrow\quad \left(\frac{16}{5}\right)^2\left[\frac{1}{9}+(\omega C)^2\right]=\left(\frac{4}{3}\right)^2+(1-4\omega C)^2$$

$$\Rightarrow\quad \frac{16^2}{25}\times\frac{1}{9}+\frac{16^2}{25}(\omega C)^2=\frac{16}{9}+1-8\omega C+16\times(\omega C)^2$$

$$\Rightarrow\quad 5.76\,(\omega C)^2-8\omega C+1.64=0$$

解得

$$\omega C=\frac{8\pm\sqrt{8^2-4\times5.76\times1.64}}{2\times5.76}=\frac{8\pm5.12}{2\times5.76}=\begin{cases}1.139\\0.25\end{cases}$$

设题 9-4 图所示电路中各电流及其参考方向如题 9-4 解图(a)所示，其电流相量图如题 9-4 解图(b)所示。

题 9-4 解图(a)中，由分流公式，有

$$\dot I_1=\frac{3}{3+\frac{1}{\mathrm{j}\omega C}}\dot I\quad\Rightarrow\quad I_1=\frac{3}{\sqrt{3^2+\left(\frac{1}{\omega C}\right)^2}}\times5$$

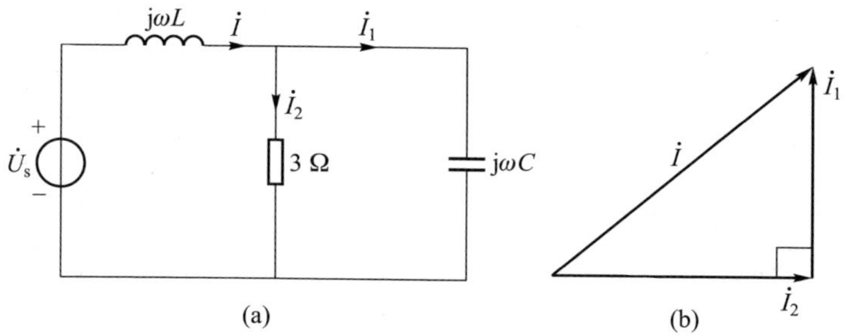

题 9-4 解图

由题 9-4 解图(b)，有 $I_2=\sqrt{I^2-I_1^2}$

当 $\omega C=1.139$ 时，$I_1=\dfrac{3}{\sqrt{3^2+\left(\dfrac{1}{1.139}\right)^2}}\times5\ \text{A}=4.799\ \text{A}$

$$I_2=\sqrt{5^2-4.799^2}\ \text{A}=1.404\ \text{A}$$

当 $\omega C=0.25$ 时，$I_1=\dfrac{3}{\sqrt{3^2+\left(\dfrac{1}{0.25}\right)^2}}\times5\ \text{A}=3\ \text{A}$

$$I_2=\sqrt{5^2-3^2}\ \text{A}=4\ \text{A}$$

9-5 题 9-5 图所示电路中，$I_2=10$ A，$U_s=\dfrac{10}{\sqrt{2}}$V，求电流 $\dot I$ 和电压 $\dot U_s$，并画出电路的相量图。

解：题 9-5 图中，设 $\dot I_2=10\angle 0^\circ$ A。

$$\dot I=\frac{-\mathrm{j}\,\dot I_2}{1}+\dot I_2=(1-\mathrm{j})\,\dot I_2=\sqrt{2}\angle -45^\circ\times10\angle 0^\circ\ \text{A}=10\sqrt{2}\angle -45^\circ\ \text{A}$$

$$\dot U_s=\mathrm{j}\omega L\dot I+(-\mathrm{j})\,\dot I_2=\mathrm{j}\omega L(1-\mathrm{j})\,\dot I_2-\mathrm{j}\,\dot I_2$$

整理得

$$\dot U_s=[\omega L+\mathrm{j}(\omega L-1)]\,\dot I_2\qquad\langle 1\rangle$$

两边取模的平方，得

$$U_s^2=[(\omega L)^2+(\omega L-1)^2]I_2^2$$

代入数据，得

$$\left(\frac{10}{\sqrt{2}}\right)^2=[2(\omega L)^2-2\omega L+1]\times10^2$$

整理得

$$4(\omega L)^2-4\omega L+1=(2\omega L-1)^2=0$$

解得 $\omega L=\dfrac{1}{2}$，代入〈1〉式，得

$$\dot U_s=\left[\frac{1}{2}+\mathrm{j}\left(\frac{1}{2}-1\right)\right]\times 10\angle 0^\circ\ \mathrm{V}=(5-\mathrm{j}5)\ \mathrm{V}=5\sqrt{2}\angle -45^\circ\ \mathrm{V}$$

电路相量图如题 9-5 解图所示。

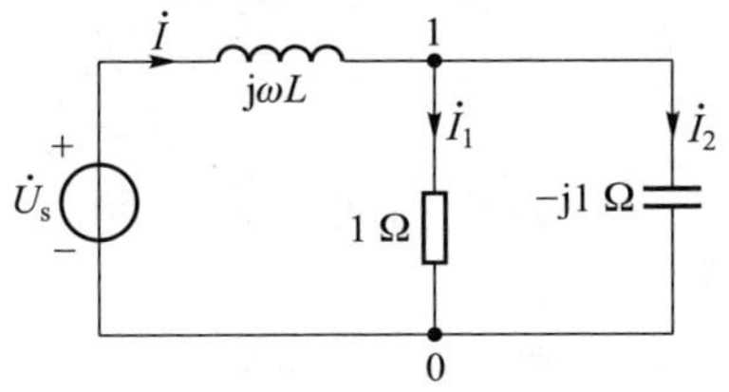

题 9-5 图

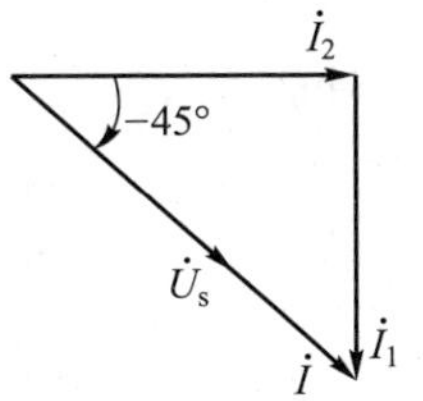

题 9-5 解图

9-6 题 9-6 图中 $i_S=14\sqrt{2}\cos(\omega t+\phi)$ mA，调节电容，使电压 $\dot U=U\angle\phi$，电流表 A_1 的读数为 50 mA。求电流表 A_2 的读数。

解：题 9-6 图中，标注各电流如题 9-6 解图(a)所示，由于 $\dot I_s$ 与 $\dot U$ 同相位，则 $\dot I_2$ 超前 $\dot I_s$ 90°（电容的 $\dot I_2$ 超前 $\dot U$ 90°）。设 $\phi>0$ 为锐角，$\dot I_s=\dot I_1+\dot I_2$，其相量图如题 9-6 解图(b)所示，可得

$$I_2=\sqrt{I_1^2-I_s^2}=\sqrt{50^2-14^2}\ \mathrm{mA}=48\ \mathrm{mA}$$

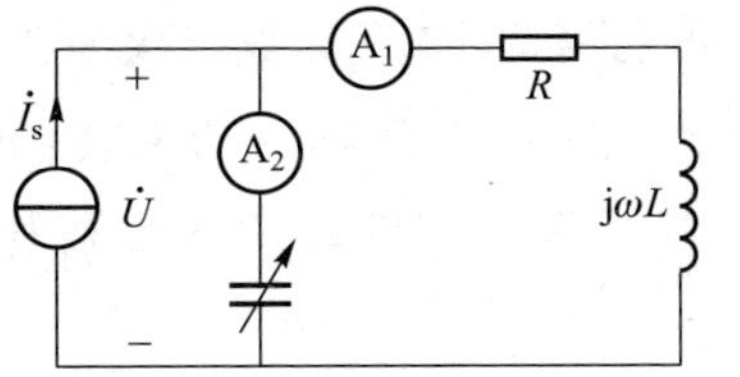

题 9-6 图

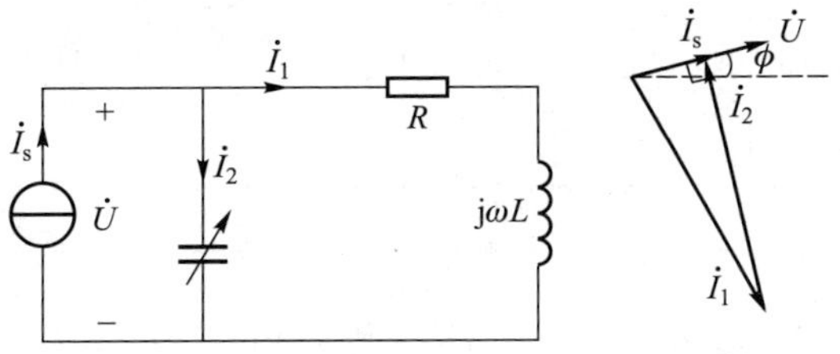

(a) (b)

题 9-6 解图

9-7 题 9-7 图中 $Z_1=(10+\mathrm{j}50)\ \Omega$，$Z_2=(400+\mathrm{j}1000)\ \Omega$，如果要使 $\dot I_2$ 和 $\dot U_s$ 的相位差为90°（正交），β 应等于多少？如果把图 CCCS 换为可变电容 C，求 ωC。

解：题 9-7 图中，$\dot I=\dot I_2+\beta\dot I_2=(1+\beta)\dot I_2$ 〈1〉

又 $\dot U_s=Z_1\dot I+Z_2\dot I_2$，将〈1〉式代入其中，得

$$\dot U_s=Z_1(1+\beta)\dot I_2+Z_2\dot I_2=[Z_1(1+\beta)+Z_2]\dot I_2 \qquad \langle 2\rangle$$

设 $\dot U_s=U_s\angle\phi$，若使 $\dot I_2$ 和 $\dot U_s$ 的相位差为90°，则 $\dot I_2$ 应为

$$\dot I_2=I_2\angle(\phi\pm 90^\circ)$$

代入〈2〉式得

$$U_s\angle\phi=[Z_1(1+\beta)+Z_2]I_2\angle(\phi\pm 90^\circ)$$

所以阻抗 $[Z_1(1+\beta)+Z_2]$ 的阻抗角应为 ∓90°，也即 $[Z_1(1+\beta)+Z_2]$ 的实部为 0。

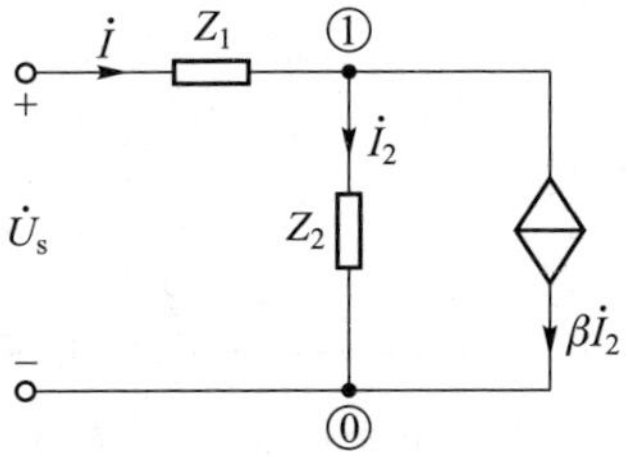

题 9-7 图

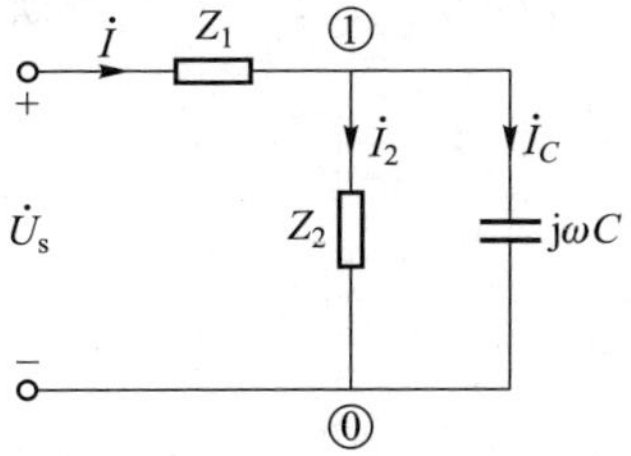

题 9-7 解图

$$\begin{aligned}\mathrm{Re}[Z_1(1+\beta)+Z_2]&=\mathrm{Re}[(10+\mathrm{j}50)(1+\beta)+400+\mathrm{j}1000]\\&=\mathrm{Re}[10(1+\beta)+\mathrm{j}50(1+\beta)+400+\mathrm{j}1000]\end{aligned}$$

则得 $10(1+\beta)+400=0$，求得 $\beta=-\dfrac{400}{10}-1=-41$。

如把图中的 CCCS 换为电容 C，如题 9-7 解图所示，则

$$\dot I=\dot I_2+\dot I_C=\dot I_2+\mathrm{j}\omega CZ_2\dot I_2=(1+\mathrm{j}\omega CZ_2)\dot I_2$$

对比〈1〉式，得 $\beta=\mathrm{j}\omega CZ_2$，代入〈2〉式，得

$$\begin{aligned}U_s\angle\phi&=[Z_1(1+\mathrm{j}\omega CZ_2)+Z_2]\cdot I_2\angle(\phi\pm 90^\circ)\\&=[Z_1+Z_2+\mathrm{j}\omega CZ_2Z_1]\cdot I_2\angle(\phi\pm 90^\circ)\end{aligned}$$

所以阻抗 $[Z_1+Z_2+\mathrm{j}\omega CZ_2Z_1]$ 的角度应为 ∓90°，也即 $[Z_1+Z_2+\mathrm{j}\omega CZ_2Z_1]$ 的实部为 0

$$\begin{aligned}&\mathrm{Re}[Z_1+Z_2+\mathrm{j}\omega CZ_1Z_2]\\&=\mathrm{Re}[10+\mathrm{j}50+400+\mathrm{j}1000+\mathrm{j}\omega C(10+\mathrm{j}50)(400+\mathrm{j}1000)]\\&=\mathrm{Re}[410+\mathrm{j}1050-\mathrm{j}10000\omega C-30000\omega C]\end{aligned}$$

得

$$410-30000\omega C=0 \quad \Rightarrow \quad \omega C=\frac{410}{30000}\text{S}=0.0137\ \text{S}$$

9-8 已知题 9-8 图所示电路中 $U=8\ \text{V}$，$Z=(1-\text{j}0.5)\ \Omega$，$Z_1=(1+\text{j}1)\ \Omega$，$Z_2=(3-\text{j}1)\ \Omega$。求各支路的电流和电路的输入导纳，画出电路的相量图。

解：题 9-8 图中，设 $\dot{U}=8\angle 0^\circ\ \text{V}$，输入导纳

$$Y_\text{i}=\frac{1}{Z_\text{i}}=\frac{1}{Z+\dfrac{Z_1Z_2}{Z_1+Z_2}}=\frac{1}{1-\text{j}0.5+\dfrac{(1+\text{j}1)(3-\text{j}1)}{1+\text{j}1+3-\text{j}1}}\text{S}=0.5\ \text{S}$$

$$\dot{I}=Y_\text{i}\dot{U}=0.5\times 0.8\angle 0^\circ\ \text{A}=4\angle 0^\circ\ \text{A}$$

$$\dot{I}_1=\frac{Z_2}{Z_1+Z_2}\dot{I}=\frac{3-\text{j}}{1+\text{j}+3-\text{j}}\cdot 4\angle 0^\circ\ \text{A}=(3-\text{j})\ \text{A}=\sqrt{10}\angle -18.44^\circ\ \text{A}$$

$$\dot{I}_2=\dot{I}-\dot{I}_1=(4-3+\text{j})\ \text{A}=(1+\text{j})\ \text{A}=1.414\angle 45^\circ\ \text{A}$$

电路的相量图如题 9-8 解图所示。

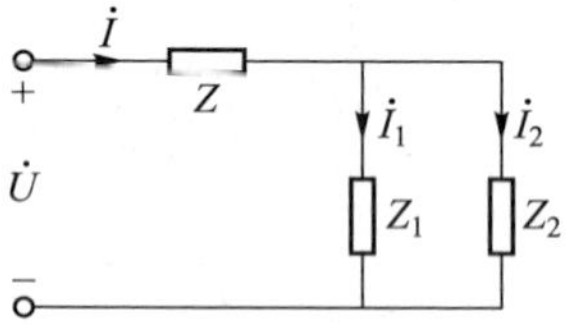

题 9-8 图

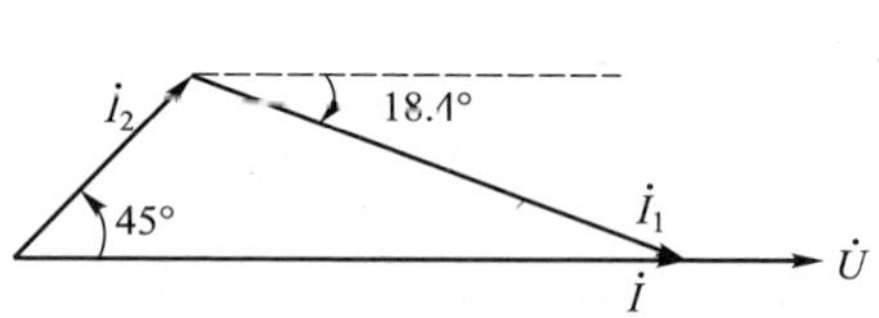

题 9-8 解图

9-9 已知题 9-9 图所示电路中，$U=100\ \text{V}$，$U_C=100\sqrt{3}\ \text{V}$，$X_C=-100\sqrt{3}\ \Omega$，阻抗 Z_x 的阻抗角 $|\varphi_\text{x}|=60^\circ$。求 Z_x 和电路的输入阻抗。

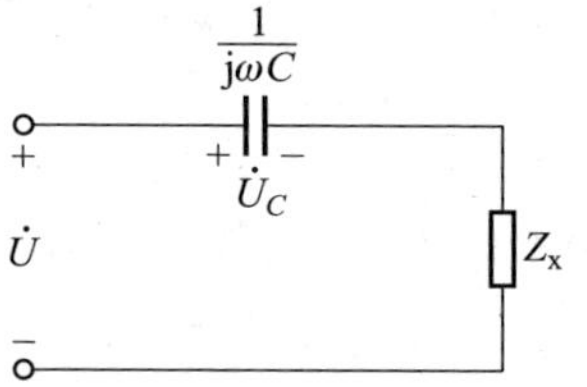

题 9-9 图

解：设 $\dot{I}=I\angle 0^\circ\ \text{A}$，$\dot{U}=100\angle \phi\ \text{V}$，且 $\dot{I}$ 由电压 $\dot{U}$ 正极流入。

$$I=\frac{U_C}{|X_C|}=\frac{100\sqrt{3}}{100\sqrt{3}}\text{A}=1\ \text{A}$$

$$\dot{U}_C=100\sqrt{3}\angle -90^\circ\ \text{V}$$

$$Z_\text{x}=\frac{\dot{U}-\dot{U}_C}{\dot{I}}=\frac{100\angle\phi-100\sqrt{3}\angle -90^\circ}{1\angle 0^\circ}=100\cos\phi+\text{j}100\sin\phi+\text{j}100\sqrt{3}$$

阻抗 Z_x 的实部为 $|Z_\text{x}|\cos\varphi_\text{x}=100\cos\phi$，得

$$\frac{1}{2}|Z_\text{x}|=100\cos\phi \qquad \langle 1\rangle$$

阻抗 Z_x 的虚部为 $|Z_\text{x}|\sin\varphi_\text{x}=100\sin\phi+100\sqrt{3}$，得

$$|Z_\text{x}|\sin\varphi_\text{x}-100\sqrt{3}=100\sin\phi \qquad \langle 2\rangle$$

将〈1〉式与〈2〉式各取平方再相加，得

$$\left(\frac{1}{2}|Z_\text{x}|\right)^2+(|Z_\text{x}|\sin\varphi_\text{x}-100\sqrt{3})^2=100^2(\cos^2\phi+\sin^2\phi)=100^2 \qquad \langle 3\rangle$$

当 $\varphi_\text{x}=60^\circ$ 时，〈3〉式为

$$\frac{1}{4}|Z_\text{x}|^2+\left(\frac{\sqrt{3}}{2}|Z_\text{x}|\right)^2-2|Z_\text{x}|\frac{\sqrt{3}}{2}\times 100\sqrt{3}+(100\sqrt{3})^2=100^2$$

$$\Rightarrow \quad \left(\frac{1}{4}+\frac{3}{4}\right)|Z_\text{x}|^2-300|Z_\text{x}|+3\times 10^4=10^4$$

$$\Rightarrow \quad |Z_\text{x}|^2-300|Z_\text{x}|+2\times 10^4=0$$

$$\Rightarrow \quad (|Z_\text{x}|-100)(|Z_\text{x}|-200)=0$$

解得 $|Z'_\text{x}|=100$ 或 $|Z''_\text{x}|=200$，即有 $Z'_\text{x}=100\angle 60^\circ\ \Omega$ 或 $Z''_\text{x}=200\angle 60^\circ\ \Omega$。

当 $\varphi_\text{x}=-60^\circ$ 时，$|Z_\text{x}|^2+300|Z_\text{x}|+2\times 10^4=0$，

解得 $|Z'_\text{x}|=-100$ 或 $|Z''_\text{x}|=-200$（不合理，因模 $|Z_\text{x}|>0$）

$$Z_\text{i}=\text{j}X_C+Z_\text{x}=-\text{j}100\sqrt{3}+Z_\text{x}$$

求得 $Z'_\text{i}=-\text{j}100\sqrt{3}+Z'_\text{x}=(-\text{j}100\sqrt{3}+100\angle 60^\circ)\ \Omega=(50-\text{j}50\sqrt{3})\ \Omega$

$Z''_\text{i}=-\text{j}100\sqrt{3}+Z''_\text{x}=(-\text{j}100\sqrt{3}+200\angle 60^\circ)\ \Omega=100\ \Omega$

9-10 题 9-10 图所示电路中，当 S 闭合时，各表读数如下：V 为 220 V、A 为 10 A、W 为 1000 W；当 S 打开时，各表读数依次为 220 V、12 A 和 1600 W。求阻抗 Z_1 和 Z_2，设 Z_1 为感性（图中表 W 称为功率表，其读数 $=\text{Re}[\dot{U}\dot{I}^*]$，$\dot{U}$ 为表 W 跨接的电压相量，$\dot{I}$ 为从 * 端流进表 W 的电流相量）。

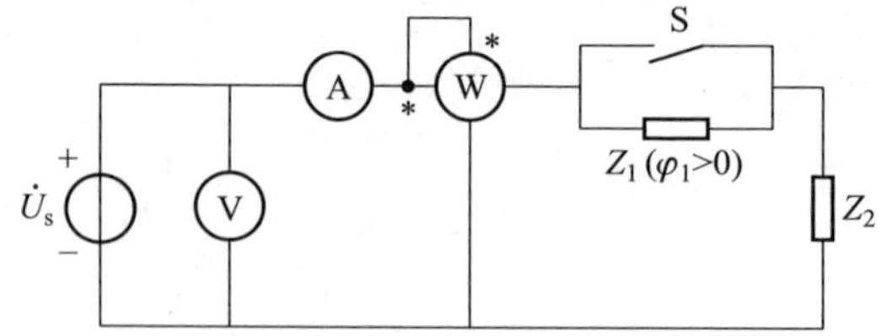

题 9-10 图

解：题 9-10 图中，设 $Z_1=R_1+\text{j}X_1$，$Z_2=R_2+\text{j}X_2$

当 S 闭合时，$P_1=R_2I_1^2$，$R_2=\dfrac{P_1}{I_1^2}=\dfrac{1000}{10^2}=10\ \Omega$，$|Z_2|=\dfrac{U_1}{I_1}=\dfrac{220}{10}\Omega=22\ \Omega$，

$X_2=\pm\sqrt{|Z_2|^2-R_2^2}=\pm\sqrt{22^2-10^2}\ \Omega=\pm19.6\ \Omega$

当 S 打开时，$P_2=(R_1+R_2)I_2^2 \quad\Rightarrow\quad R_1=\dfrac{P_2}{I_2^2}-R_2=\left(\dfrac{1600}{12^2}-10\right)\Omega=1.11\ \Omega$

$$|Z_1+Z_2|=|R_1+R_2+\mathrm{j}(X_1+X_2)|=\frac{U_2}{I_2}$$

两边取模的平方，得

$$(R_1+R_2)^2+(X_1+X_2)^2=\left(\frac{220}{12}\right)^2$$

$$\Rightarrow\quad (X_1+X_2)^2=\left(\frac{220}{12}\right)^2-(R_1+R_2)^2=\left(\frac{220}{12}\right)^2-11.11^2$$

解得 $X_1=\pm\sqrt{\left(\dfrac{220}{12}\right)^2-11.11^2}-X_2=\pm14.58-X_2$

当 $X_2=19.6\ \Omega$ 时，$X_1<0$（不合题意，舍去，因 Z_1 为感性，$X_1>0$）。

当 $X_2=-19.6\ \Omega$ 时，$X'_1=(14.58+19.6)\Omega=34.18\ \Omega$

或 $X''_1=(-14.58+19.6)\Omega=5.02\ \Omega$

所以 $Z_1=1.11+\mathrm{j}34.18\ \Omega$ 或 $Z_1=1.11+\mathrm{j}5.02\ \Omega$，$Z_2=10-\mathrm{j}19.6\ \Omega$

9-11 已知题 9-11 图所示电路中，各交流电表的读数分别为 V：100 V；V_1：171 V；V_2：240 V。$I=4$ A，$P_1=240$ W（Z_1 吸收），求阻抗 Z_1 和 Z_2。

解：设 $\dot{I}=4\angle0°$ A，$P_1=U_1I\cos\varphi_1$，$\cos\varphi_1=\dfrac{P_1}{U_1I}=\dfrac{240}{171\times4}=0.351$

得

$$\varphi_1=\pm69.42°,\ Z_1=\frac{U_1}{I}\angle\varphi_1=\frac{171}{4}\angle\varphi_1=\frac{171}{4}\cos\varphi_1+\mathrm{j}\frac{171}{4}\sin\varphi_1,$$

代入 φ_1，得

$$Z_1=(15+\mathrm{j}40)\Omega \text{ 或 } Z_1=(15-\mathrm{j}40)\Omega$$

$$Z_2=\frac{U_2}{I}\angle\varphi_2=\frac{240}{4}\angle\varphi_2=60\angle\varphi_2$$

$$|Z_1+Z_2|=\frac{U_s}{I}=\frac{100}{4}\Omega=25\ \Omega$$

设 $Z_2=a_1+\mathrm{j}a_2$，$|Z_2|=\sqrt{a_1^2+a_2^2}=60$，$a_1^2+a_2^2=3600$

当 $Z_1=(15+\mathrm{j}40)\Omega$ 时，$|Z_1+Z_2|=|15+\mathrm{j}40+a_1+\mathrm{j}a_2|=25$

$$(a_1+15)^2+(a_2+40)^2=625$$

与 $a_1^2+a_2^2=3600$ 联立，得 $a_1=0$，$a_2=-60$。

当 $Z_1=(15-\mathrm{j}40)\Omega$ 时，$|Z_1+Z_2|=|15-\mathrm{j}40+a_1+\mathrm{j}a_2|=25$

$$(a_1+15)^2+(a_2-40)^2=625$$

与 $a_1^2+a_2^2=3600$ 联立，得 $a_1=0$，$a_2=60$。

求得阻抗 $Z_1=(15+\mathrm{j}40)\Omega$ 和 $Z_2=-\mathrm{j}60\ \Omega$，或 $Z_1=(15-\mathrm{j}40)\Omega$ 和 $Z_2=\mathrm{j}60\ \Omega$。

9-12 如果题 9-12 图所示电路中 R 改变时电流 I 保持不变，L、C 应满足什么条件？

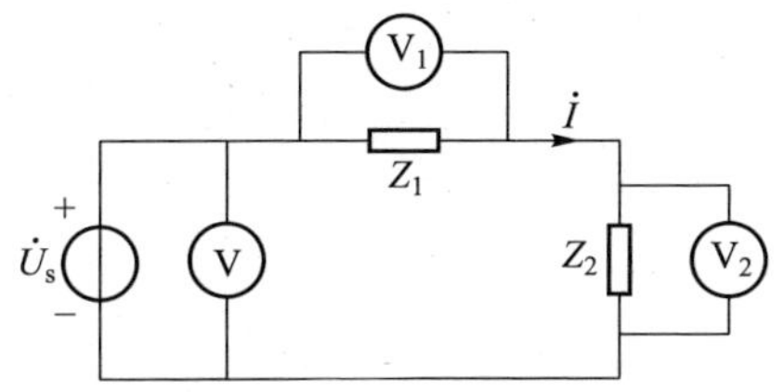

题 9-11 图

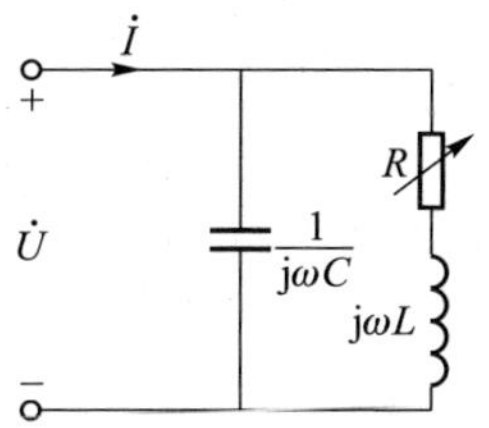

题 9-12 图

解：由 $\dot{I}=Y\dot{U}=\left(\mathrm{j}\omega C+\dfrac{1}{R+\mathrm{j}\omega L}\right)\dot{U}$，$I=|Y|U$

显然 $|Y|$ 与 R 有关，若 R 改变时，而 I 保持不变，则应使 $|Y|$ 不随 R 改变。

$$|Y|=\left|\mathrm{j}\omega C+\frac{1}{R+\mathrm{j}\omega L}\right|=\left|\mathrm{j}\omega C\left(1+\frac{\frac{1}{\mathrm{j}\omega C}}{R+\mathrm{j}\omega L}\right)\right|=\left|\mathrm{j}\omega C\cdot\frac{R+\mathrm{j}\omega L-\mathrm{j}\frac{1}{\omega C}}{R+\mathrm{j}\omega L}\right|$$

$$=|\mathrm{j}\omega C|\frac{\left|R+\mathrm{j}\left(\omega L-\frac{1}{\omega C}\right)\right|}{|R+\mathrm{j}\omega L|}$$

当 $|Y|$ 中的 $\left|R+\mathrm{j}\left(\omega L-\dfrac{1}{\omega C}\right)\right|=|R+\mathrm{j}\omega L|$ 时，$|Y|=|\mathrm{j}\omega C|$，此时 $|Y|$ 与 R 无关。

即
$$\omega L-\frac{1}{\omega C}=\pm\omega L,\quad 取\ \omega L-\frac{1}{\omega C}=-\omega L$$

得
$$2\omega L=\frac{1}{\omega C},\quad LC=\frac{1}{2\omega^2}$$

当 $LC=\dfrac{1}{2\omega^2}$ 时，R 改变，电流 I 保持不变，且 $I=\omega CU$。

9-13 题 9-13 图所示电路在任意频率下都有 $U_{cd}=U_s$。试求：（1）满足上述要求的条件；（2）U_{cd} 相位的可变范围。

解：（1）题 9-13 图中，$\dot{U}_{cd}=\dfrac{\frac{1}{\mathrm{j}\omega C}}{R_1+\frac{1}{\mathrm{j}\omega C}}\dot{U}_s-\dfrac{\mathrm{j}\omega L}{R_2+\mathrm{j}\omega L}\dot{U}_s=\left(\dfrac{1}{\mathrm{j}\omega CR_1+1}-\dfrac{\mathrm{j}\omega L}{R_2+\mathrm{j}\omega L}\right)\dot{U}_s$

$$=\frac{R_2+\omega^2LCR_1}{R_2-\omega^2LCR_1+\mathrm{j}(\omega CR_1R_2+\omega L)}\dot{U}_s$$

依题意，有 $U_{cd}=U_s$，所以

$$\left|\frac{R_2+\omega^2LCR_1}{R_2-\omega^2LCR_1+\mathrm{j}(\omega CR_1R_2+\omega L)}\right|=1$$

$$\Rightarrow\quad (R_2+\omega^2LCR_1)^2=(R_2-\omega^2LCR_1)^2+(\omega CR_1R_2+\omega L)^2$$

$$\Rightarrow\quad (\omega CR_1R_2)^2-2\omega^2LCR_1R_2+(\omega L)^2=0$$

$$\Rightarrow\quad (\omega CR_1R_2-\omega L)^2=0\quad\Rightarrow\quad R_1R_2=\frac{L}{C}$$

满足在任意频率下都有 $U_{cd}=U_s$ 的条件。

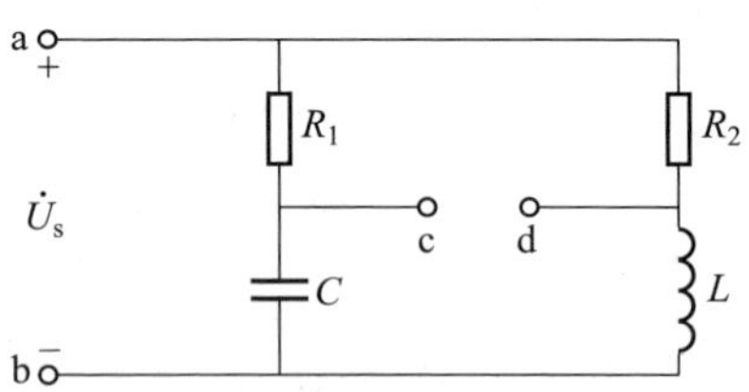

题 9-13 图

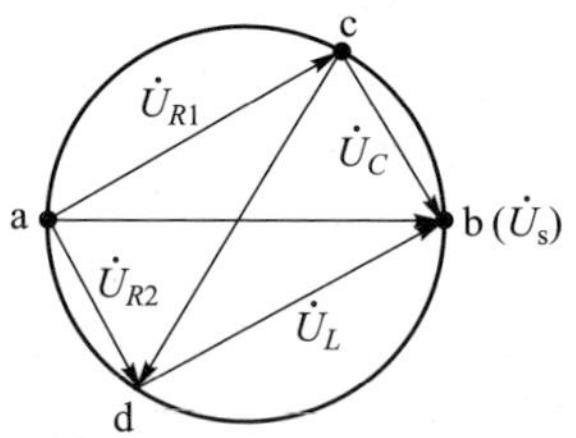

题 9-13 解图

(2) 设 $\dot{U}_s=U_s\angle 0°$ V,两并联支路电压的相量图 $\dot{U}_{ad}+\dot{U}_{db}=\dot{U}_{ab}$ 与 $\dot{U}_{ac}+\dot{U}_{cb}=\dot{U}_{ab}$ 如题 9-13 解图所示,且 $\dot{U}_{ad}=\dot{U}_{R2}$、$\dot{U}_{db}=\dot{U}_L$、$\dot{U}_{ac}=\dot{U}_{R1}$,$\dot{U}_{cb}=\dot{U}_C$,$\dot{U}_{ab}=\dot{U}_s$,而由 $\dot{U}_{ad}$、$\dot{U}_{db}$、$\dot{U}_{ab}$ 构成直角三角形(△adb),由 $\dot{U}_{ac}$、$\dot{U}_{cb}$、$\dot{U}_{ab}$ 构成直角三角形(△acb)。

若以 $\dot{U}_{ab}$ 为直径画圆,构成直角三角形△adb 的三个顶点和直角三角形△acb 的三个顶点必在同一圆周上。

因 $\dot{U}_{ab}=\dot{U}_s$,又 $U_{cd}=U_s$,cd 连线与 ab 必交于圆心,c 点的变化范围在上半圆弧$\widehat{ab}$之间,d 点变化的范围在下半圆弧$\widehat{ab}$之间。c 点在 b 点时,d 点与 a 点重合,此时$\angle\dot{U}_{cd}=-180°$,c 点在 a 点时,则 d 点在 b 点,此时$\angle\dot{U}_{cd}=0°$,所以 $\dot{U}_{cd}$ 相位的可变范围为−180°~0°。

9-14 已知题 9-14 图所示电路中的电压源为正弦量,$L=1$ mH、$R_0=1$ kΩ、$Z=(3+\mathrm{j}5)$ Ω。试求:(1) 当 $\dot{I}_0=0$ 时,C 值为多少?

(2) 当条件(1)满足时,试证明输入阻抗为 R_0。

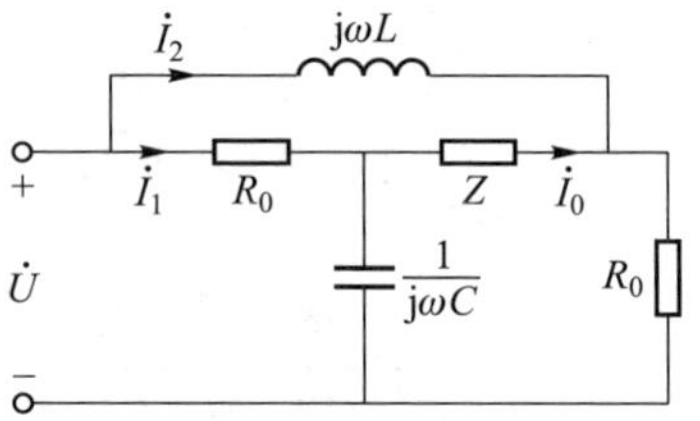

题 9-14 图

解:(1) 题 9-14 图中,此电路为电桥,当 $\dot{I}_0=0$ 时,电桥平衡,四个阻抗 $\mathrm{j}\omega L$、R_0、$\frac{1}{\mathrm{j}\omega C}$、$R_0$ 应满足 $R_0^2=\mathrm{j}\omega L\cdot\frac{1}{\mathrm{j}\omega C}$(电桥平衡条件),所以

$$C=\frac{L}{R_0^2}=\frac{1\times10^{-3}}{(1\times10^3)^2}\text{F}=10^{-9}\text{ F}$$

(2) 当 $\dot{I}_0=0$ 时,Z 相当于"开路"(或"短路"),则

$$Z_i=\frac{\left(R_0+\frac{1}{\mathrm{j}\omega C}\right)(R_0+\mathrm{j}\omega L)}{R_0+\frac{1}{\mathrm{j}\omega C}+R_0+\mathrm{j}\omega L}=\frac{R_0^2+R_0\frac{1}{\mathrm{j}\omega C}+\mathrm{j}R_0\omega L+\frac{L}{C}}{2R_0+\mathrm{j}\left(\omega L-\frac{1}{\omega C}\right)}=\frac{2R_0^2+R_0\mathrm{j}\left(\omega L-\frac{1}{\omega C}\right)}{2R_0+\mathrm{j}\left(\omega L-\frac{1}{\omega C}\right)}=R_0$$

9-15 在题 9-15 图所示电路中,已知 $U=100$ V,$R_2=6.5$ Ω,$R=20$ Ω,当调节触点 c 使 $R_{ac}=4$ Ω 时,电压表的读数最小,其值为 30 V。求阻抗 Z。

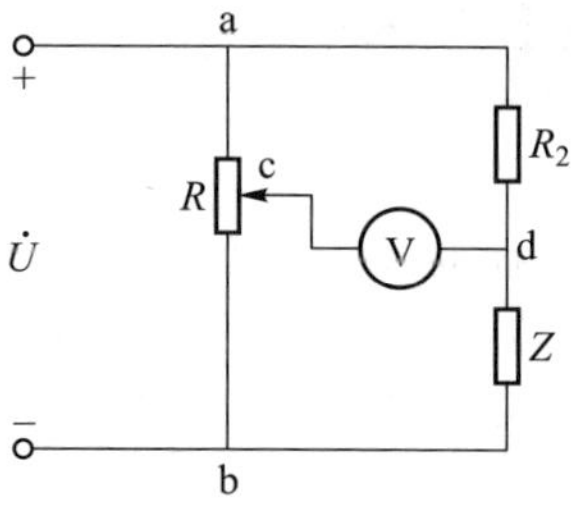

题 9-15 图

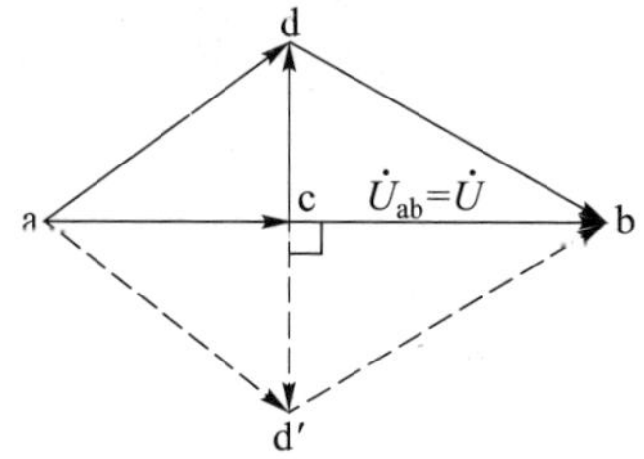

题 9-15 解图

解:题 9-15 图中,设 $\dot{U}=100\angle 0°$ V,因

$$\dot{U}_{ac}+\dot{U}_{cb}=\dot{U}_{ab}$$

$$\dot{U}_{ad}+\dot{U}_{db}=\dot{U}_{ab}、\dot{U}_{cd}=\dot{U}_{ad}-\dot{U}_{ac}=\frac{R_2}{R_2+Z}\dot{U}-\frac{R_{ac}}{R}\dot{U}=\left(\frac{R_2}{R_2+Z}-\frac{R_{ac}}{R}\right)\dot{U}$$

其相量图如题 9-15 解图所示(由题意,接在 cd 间的电压表的读数最小,即 d 点与直线上的 c 点的距离应最短,则 $\dot{U}_{cd}$ 与 $\dot{U}_{ab}$ 应垂直),则有

$$\dot{U}_{cd}=30\angle\pm90°\text{ V}=\pm\mathrm{j}30\text{ V},\pm\mathrm{j}30=\left(\frac{R_2}{R_2+Z}-\frac{R_{ac}}{R}\right)\dot{U}$$

从中解出

$$Z=\frac{R_2}{\frac{\pm\mathrm{j}30}{\dot{U}}+\frac{R_{ac}}{R}}-R_2=\left(\frac{6.5}{\pm\mathrm{j}0.3+0.2}-6.5\right)\Omega=(3.5\mp\mathrm{j}15)\Omega$$

9-16 已知题 9-16 图所示电路中,当 $Z=0$ 时,$\dot{U}_{11'}=\dot{U}_0$;当 $Z\to\infty$ 时,$\dot{U}_{11'}=\dot{U}_k$。端口 2-2′的输入阻抗为 Z_A。试证明 Z 为任意值时有

$$\dot U_{11'} = \dot U_{k} + \frac{(\dot U_{0} - U_{k})Z_{A}}{Z+Z_{A}}$$

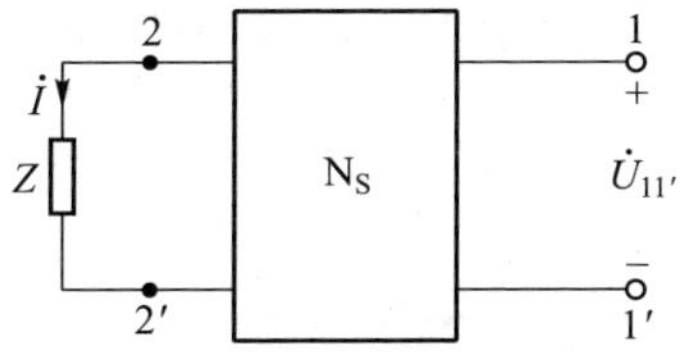

题 9-16 图

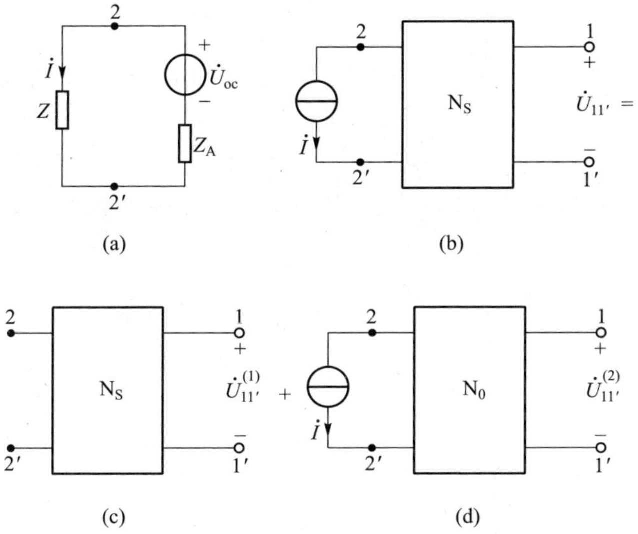

题 9-16 解图

证明：题 9-16 图中，按题意，从端口 2-2′看进去的戴维南等效电路如题 9-16解图(a)所示。当 Z 为任意值时，有

$$\dot I = \frac{\dot U_{oc}}{Z+Z_{A}} \qquad \langle 1\rangle$$

另外，对题 9-16 图应用替代定理，将 Z 用电流源 $\dot I$ 替代，如题9-16 解图(b)所示，再对解图(b)应用叠加定理，其分电路如题9-16 解图(c)(N_S 网络内部的独立源共同作用)和(d)(N_S 网络化为 N_0 网络后，电流源单独作用)所示。

当 $Z\to\infty$ 时，题 9-16 图等效为题 9-16 解图(c)，依题意，$\dot U^{(1)}_{11'} = \dot U_{k}$。

在题 9-16 解图(d)中仅有一个独立源，根据齐性定理，响应与激励成正比，即有 $\dot U^{(2)}_{11'} = K\dot I$，根据叠加定理，有

$$\dot U_{11'} = \dot U^{(1)}_{11'} + \dot U^{(2)}_{11'} = \dot U_{k} + K\dot I \qquad \langle 2\rangle$$

按题意，当 $Z=0$ 时，$\dot U_{11'} = \dot U_{0}$，题 9-16 解图(a)中 $\dot I$ 为短路电流，即此时 $\dot I = \dot I_{sc} = \dfrac{\dot U_{oc}}{Z_{A}}$，代入〈2〉式中，得 $\dot U_{0} = \dot U_{k} + K\dfrac{\dot U_{oc}}{Z_{A}}$ 〈3〉

由〈3〉式解出 $K = \dfrac{Z_{A}(\dot U_{0} - \dot U_{k})}{\dot U_{oc}}$，代入〈2〉式中，得

$$\dot U_{11'} = \dot U_{k} + \frac{Z_{A}(\dot U_{0} - \dot U_{k})}{\dot U_{oc}}\dot I \qquad \langle 4\rangle$$

将〈1〉式代入〈4〉式中，得 $\dot U_{11'} = \dot U_{k} + \dfrac{Z_{A}(\dot U_{0} - \dot U_{k})}{\dot U_{oc}} \dfrac{\dot U_{oc}}{Z+Z_{A}}$，即当 Z 为任意值时，有 $\dot U_{11'} = \dot U_{k} + \dfrac{(\dot U_{0} - U_{k})Z_{A}}{Z+Z_{A}}$，证毕。

9-17 列出题 9-17 图所示电路的回路电流方程和节点电压方程。已知 $u_S = 14.14\cos(2t)\,V$，$i_S = 1.414\cos(2t+30°)\,A$。

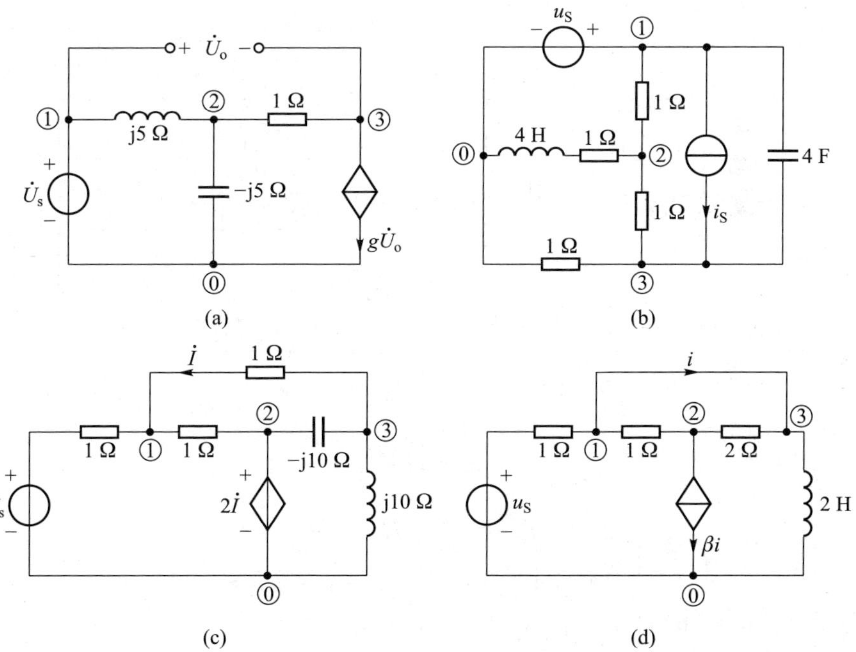

题 9-17 图

解：题 9-17 图中，画出图(a)(b)(c)(d)的相量电路模型并标注回路电流如题 9-17 解图(a)(b)(c)(d)所示。列写题9-17 解图(a)(b)(c)(d)的回路

电流相量方程，$\dot{U}_s=10\angle 0^\circ$ V，$\dot{I}_s=1\angle 30^\circ$ A。

由题 9-17 解图(a)，$\begin{cases}[\mathrm{j}5+(-\mathrm{j}5)]\dot{I}_{11}-(-\mathrm{j}5)\dot{I}_{12}=\dot{U}_s\\ \dot{I}_{12}=g\dot{U}_0\\ \dot{U}_0=\mathrm{j}5\dot{I}_{11}+1\times\dot{I}_{12}\end{cases}$

$$\Rightarrow\begin{cases}\mathrm{j}5\dot{I}_{12}=10\angle 0^\circ\\ -\mathrm{j}5g\dot{I}_{11}+(1-g)\dot{I}_{12}=0\end{cases}$$

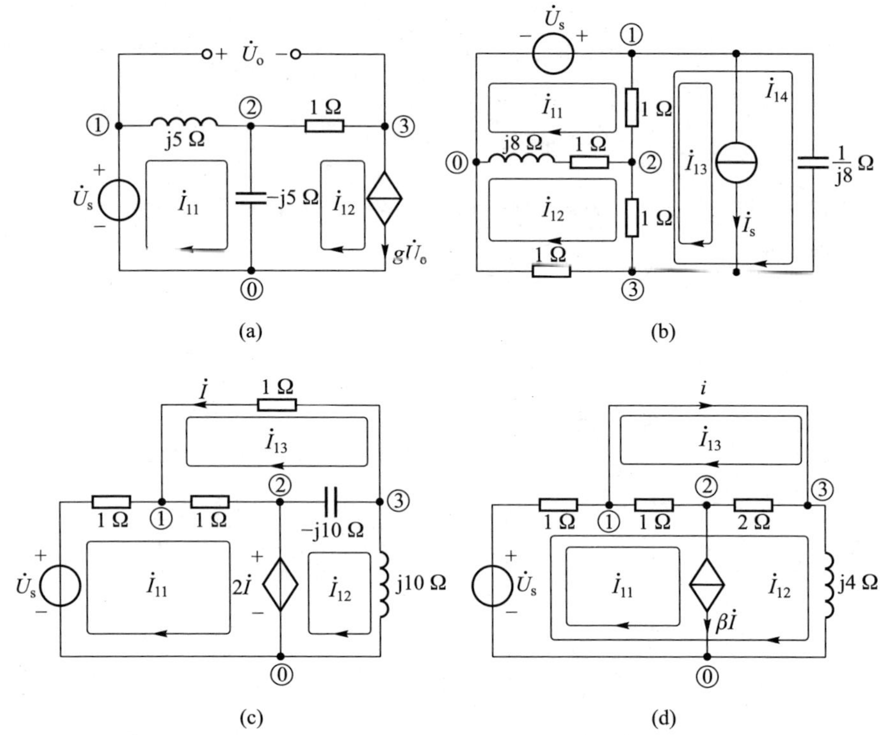

题 9-17 解图

由题 9-17 解图(b)，$\begin{cases}(2+\mathrm{j}8)\dot{I}_{11}-(1+\mathrm{j}8)\dot{I}_{12}-\dot{I}_{13}-\dot{I}_{14}=10\angle 0^\circ\\ -(1+\mathrm{j}8)\dot{I}_{11}+(3+\mathrm{j}8)\dot{I}_{12}-\dot{I}_{13}-\dot{I}_{14}=0\\ \dot{I}_{13}=1\angle 30^\circ\\ -\dot{I}_{11}-\dot{I}_{12}+2\dot{I}_{13}+\left(2-\mathrm{j}\dfrac{1}{8}\right)\dot{I}_{14}=0\end{cases}$

题 9-17 解图(c)，$\begin{cases}2\dot{I}_{11}-1\cdot\dot{I}_{13}=\dot{U}_s-2\dot{I}\\ (-\mathrm{j}10+\mathrm{j}10)\dot{I}_{12}-(-\mathrm{j}10)\dot{I}_{13}=2\dot{I}\\ -\dot{I}_{11}-(-\mathrm{j}10)\dot{I}_{12}+(2-\mathrm{j}10)\dot{I}_{13}=0\\ \dot{I}=-\dot{I}_{13}\end{cases}$

$$\Rightarrow\begin{cases}2\dot{I}_{11}-3\dot{I}_{13}=10\angle 0^\circ\\ (2+\mathrm{j}10)\dot{I}_{13}=0\\ -\dot{I}_{11}+\mathrm{j}10\dot{I}_{12}+(2-\mathrm{j}10)\dot{I}_{13}=0\end{cases}$$

由题 9-17 解图(d)，$\begin{cases}\dot{I}_{11}=\beta\dot{I}\\ 2\dot{I}_{11}+(4+\mathrm{j}4)\dot{I}_{12}-3\dot{I}_{13}=10\angle 0^\circ\\ -\dot{I}_{11}-3\dot{I}_{12}+3\dot{I}_{13}=0\\ \dot{I}=\dot{I}_{13}\end{cases}$

列写题 9-17 解图(a)(b)(c)(d)的节点电压相量方程：

由题 9-17 解图(a)，$\begin{cases}\dot{U}_{n1}=\dot{U}_s\\ -\dfrac{1}{\mathrm{j}5}\dot{U}_{n1}+\left(\dfrac{1}{\mathrm{j}5}+\dfrac{1}{-\mathrm{j}5}+1\right)\dot{U}_{n2}-\dot{U}_{n3}=0\\ -\dot{U}_{n2}+\dot{U}_{n3}=-g\dot{U}_0\\ \dot{U}_0=\dot{U}_{n1}-\dot{U}_{n3}\end{cases}$

$$\Rightarrow\begin{cases}\dot{U}_{n1}=10\angle 0^\circ\\ \mathrm{j}0.2\dot{U}_{n1}+\dot{U}_{n2}-\dot{U}_{n3}=0\\ g\dot{U}_{n1}-\dot{U}_{n2}+(1-g)\dot{U}_{n3}=0\end{cases};$$

由题 9-17 解图(b)，$\begin{cases}\dot{U}_{n1}=10\angle 0^\circ\\ -\dot{U}_{n1}+\left(2+\dfrac{1}{1+\mathrm{j}8}\right)\dot{U}_{n2}-\dot{U}_{n3}=0\\ -\mathrm{j}8\dot{U}_{n1}-\dot{U}_{n2}+(2+\mathrm{j}8)\dot{U}_{n3}=1\angle 30^\circ\end{cases}$

由题 9-17 解图(c)，$\begin{cases}\left(\dfrac{1}{1}+\dfrac{1}{1}+\dfrac{1}{1}\right)\dot{U}_{n1}-\dot{U}_{n2}-\dot{U}_{n3}=\dfrac{\dot{U}_s}{1}\\ \dot{U}_{n2}=2\dot{I}\\ -\dot{U}_{n1}-\dfrac{1}{-\mathrm{j}10}\dot{U}_{n2}+\left(1+\dfrac{1}{-\mathrm{j}10}+\dfrac{1}{\mathrm{j}10}\right)\dot{U}_{n3}=0\\ \dot{I}=\dfrac{\dot{U}_{n3}-\dot{U}_{n2}}{1}\end{cases}$

$$\Rightarrow\begin{cases}3\dot{U}_{n1}-\dot{U}_{n2}-\dot{U}_{n3}=10\underline{/0^\circ}\\3\dot{U}_{n2}-2\dot{U}_{n3}=0\\-\dot{U}_{n1}-\mathrm{j}0.1\dot{U}_{n2}+\dot{U}_{n3}=0\end{cases}$$

由题 9-17 解图(d)，$\begin{cases}\left(\dfrac{1}{1}+\dfrac{1}{1}\right)\dot{U}_{n1}-\dot{U}_{n2}+\dot{I}=\dfrac{\dot{U}_s}{1}\\-\dot{U}_{n1}+\left(1+\dfrac{1}{2}\right)\dot{U}_{n2}-\dfrac{1}{2}\dot{U}_{n3}=-\beta\dot{I}\\-\dfrac{1}{2}\dot{U}_{n2}+\left(\dfrac{1}{2}+\dfrac{1}{\mathrm{j}4}\right)\dot{U}_{n3}=\dot{I}\\\dot{U}_{n1}-\dot{U}_{n3}=0\end{cases}$

$$\Rightarrow\begin{cases}2\dot{U}_{n1}-\dfrac{3}{2}\dot{U}_{n2}+\left(\dfrac{1}{2}-\mathrm{j}\dfrac{1}{4}\right)\dot{U}_{n3}=10\underline{/0^\circ}\\-\dot{U}_{n1}+\dfrac{3-\beta}{2}\dot{U}_{n2}-\left(\dfrac{1+\beta}{2}-\mathrm{j}\dfrac{\beta}{4}\right)\dot{U}_{n3}=0\\\dot{U}_{n1}-\dot{U}_{n3}=0\end{cases}$$

因 $\dot{U}_{n3}=\dot{U}_{n1}$，得$\begin{cases}(2.5-\mathrm{j}0.25)\dot{U}_{n1}-1.5\dot{U}_{n2}=10\underline{/0^\circ}\\\left(-\dfrac{3+\beta}{2}+\mathrm{j}\dfrac{\beta}{4}\right)\dot{U}_{n1}+\dfrac{3-\beta}{2}\dot{U}_{n2}=0\end{cases}$

9-18 已知题 9-18 图所示电路中，$I_s=10$ A，$\omega=5000$ rad/s，$R_1=R_2=10\ \Omega$，$C=10\ \mu$F，$\mu=0.5$。求电源发出的复功率。

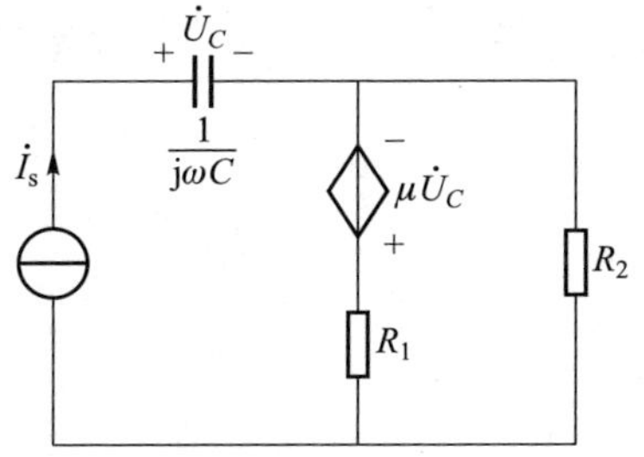

题 9-18 图

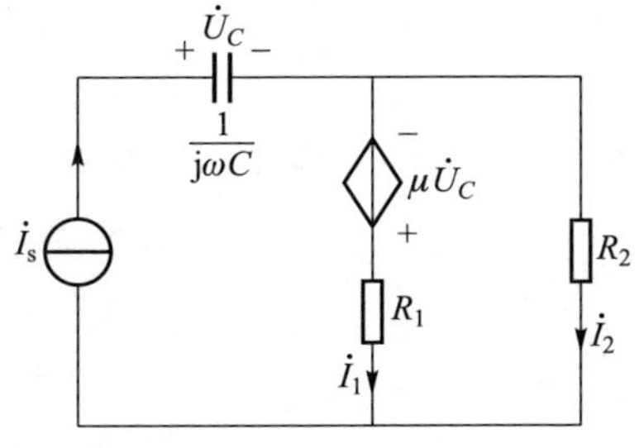

题 9-18 解图

解：标注题 9-18 图中的支路电流如题 9-18 解图所示。设 $\dot{I}_s=10\underline{/0^\circ}$ A，则

$$\dot{U}_C=\frac{1}{\mathrm{j}\omega C}\dot{I}_s=\frac{10\underline{/0^\circ}}{\mathrm{j}5000\times10\times10^{-6}}\mathrm{V}=-\mathrm{j}200\ \mathrm{V}$$

列右网孔 KVL 方程，有 $R_1\dot{I}_1-\mu\dot{U}_C=R_2\dot{I}_2$

代入 $\dot{I}_1=\dot{I}_s-\dot{I}_2$，得

$$R_1(\dot{I}_s-\dot{I}_2)-\mu\dot{U}_C=R_2\dot{I}_2\quad\Rightarrow\quad(R_1+R_2)\dot{I}_2=R_1\dot{I}_s-\mu\dot{U}_C$$

求得
$$\dot{I}_2=\frac{R_1\dot{I}_S-\mu\dot{U}_C}{R_1+R_2}=\frac{10\times10\underline{/0^\circ}-0.5\times(-\mathrm{j}200)}{10+10}\mathrm{A}$$
$$=(5+\mathrm{j}5)\ \mathrm{A}=5\sqrt{2}\underline{/45^\circ}\ \mathrm{A}$$

电流源发出的复功率为

$$\bar{S}_{I_s}=(\dot{U}_C+R_2\dot{I}_2)\times\dot{I}_s^*=[-\mathrm{j}200+10\times(5+\mathrm{j}5)]\times10\ \mathrm{V\cdot A}$$
$$=(500-\mathrm{j}1500)\ \mathrm{V\cdot A}$$

9-19 题 9-19 图所示电路中 R 可变动，$\dot{U}_s=200\underline{/0^\circ}$ V。试求 R 为何值时，电源 $\dot{U}_s$ 发出的功率最大(有功功率)？

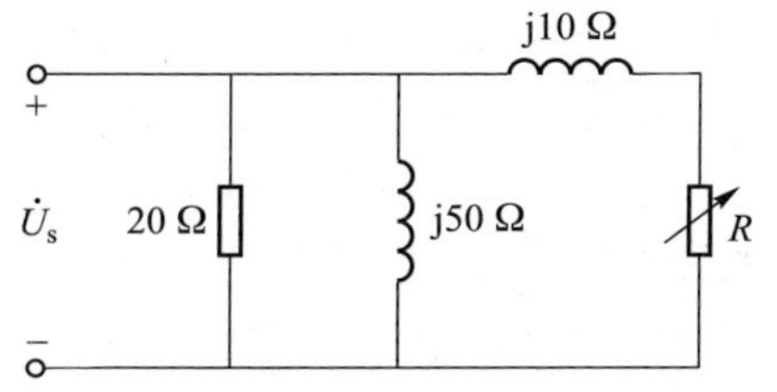

题 9-19 图

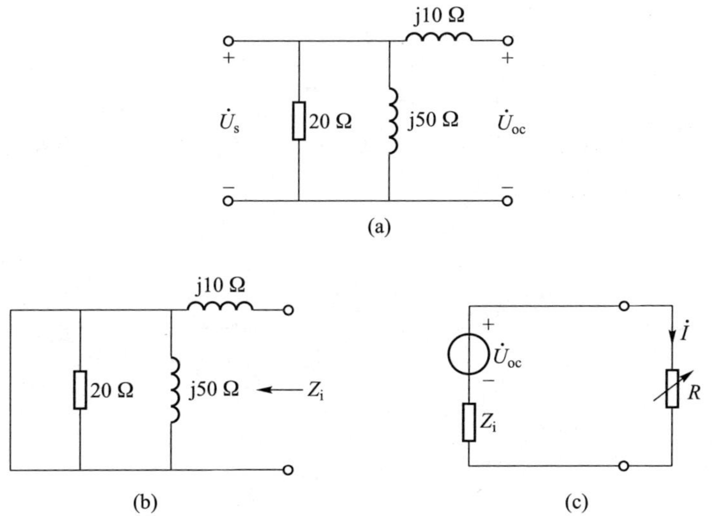

题 9-19 解图

解：题 9-19 图中，求 R 两端的开路电压 $\dot{U}_{oc}$、输入阻抗 Z_i 及其戴维南等效电路如题 9-19 解图 (a)(b)(c) 所示。

由题 9-19 解图(a)求开路电压，得 $\dot{U}_{oc}=\dot{U}_s=200\underline{/0^\circ}$ V；

由题 9-19 解图(b)求输入阻抗,得 $Z_i=j10\ \Omega, R_i=0$;

题 9-19 解图(c)中,当 $R=|Z_i|=|j10|=10\ \Omega$ 时,有

$$P_{R\max}=\frac{U_{oc}^2}{2(R_i+|Z_i|)}=\frac{200^2}{2(0+10)}\text{W}=2\ \text{kW}$$

9-20 求题 9-3(2)(4)电路吸收的复功率。

解: 由题 9-3 图

(2) 电路的复功率为

$$\bar{S}=\dot{U}\dot{I}^*=\frac{10}{\sqrt{2}}\angle 45^\circ\times\left[\frac{2}{\sqrt{2}}\angle(-90^\circ)\right]^*\ \text{V}\cdot\text{A}=10\angle 135^\circ\ \text{V}\cdot\text{A}$$

$$=(-7.07+j7.07)\ \text{V}\cdot\text{A}$$

(4) 电路的复功率

$$\bar{S}=\dot{U}\dot{I}^*=\frac{40}{\sqrt{2}}\angle 17^\circ\times\left(\frac{8}{\sqrt{2}}\angle 0^\circ\right)^*\ \text{V}\cdot\text{A}=160\angle 17^\circ\ \text{V}\cdot\text{A}=(153+j46.8)\ \text{V}\cdot\text{A}$$

9-21 题 9-21 图所示电路中,已知 $I_s=0.6\ \text{A}$、$R=1\ \text{k}\Omega$、$C=1\ \mu\text{F}$。如果电流源的角频率可变,问在什么频率时,RC 串联部分获得最大功率?

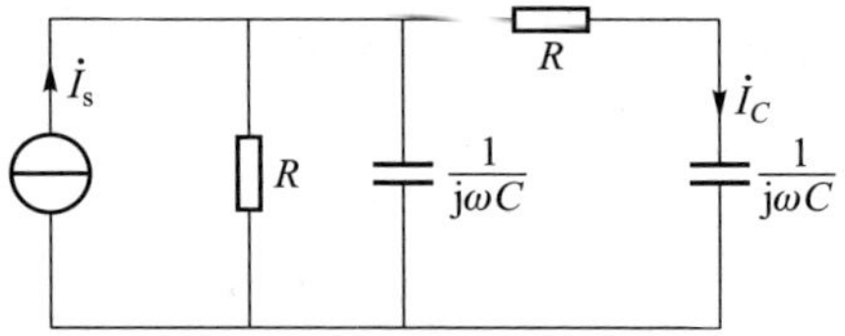

题 9-21 图

解: 题 9-21 图中,设 $\dot{I}_s=0.6\angle 0^\circ\ \text{A}$。$RC$ 串联部分的最大功率可由 $P=RI_C^2$ 在 I_C 为最大值时求得。

$$\dot{I}_C=\frac{\dfrac{1}{R+\dfrac{1}{j\omega C}}}{\dfrac{1}{R}+j\omega C+\dfrac{1}{R+\dfrac{1}{j\omega C}}}\cdot\dot{I}_s=\frac{\dot{I}_s}{\left(\dfrac{1}{R}+j\omega C\right)\left(R+\dfrac{1}{j\omega C}\right)+1}$$

$$=\frac{\dot{I}_s}{3+j\omega CR+\dfrac{1}{j\omega CR}}=\frac{\dot{I}_s}{3+j\left(\omega CR-\dfrac{1}{\omega CR}\right)}$$

当 $\omega CR-\dfrac{1}{\omega CR}=0$ 时,RC 串联部分发生串联谐振,此时 $\dot{I}_C$ 达到最大值,谐振角频率

$$\omega=\omega_0=\frac{1}{RC}=\frac{1}{10^3\times10^{-6}}\text{rad/s}=10^3\ \text{rad/s}$$

即当 $f_0=\dfrac{\omega_0}{2\pi}=\dfrac{10^3}{2\times3.14}\text{Hz}=159.16\ \text{Hz}$ 时,有

$$\dot{I}_{C\max}=\frac{\dot{I}_s}{3}=\frac{0.6\angle 0^\circ}{3}\text{A}=0.2\angle 0^\circ\ \text{A}$$

$$P_{\max}=RI_{C\max}^2=10^3\times0.2^2\ \text{W}=40\ \text{W}$$

9-22 题 9-22 图所示电路中 $R_1=R_2=10\ \Omega$,电压表的读数为 20 V,功率表的读数为 120 W。试求 $\dfrac{\dot{U}_2}{\dot{U}_s}$ 和电源发出的复功率 $\bar{S}$($L=0.25\ \text{H}, C=10^{-3}\ \text{F}$)。

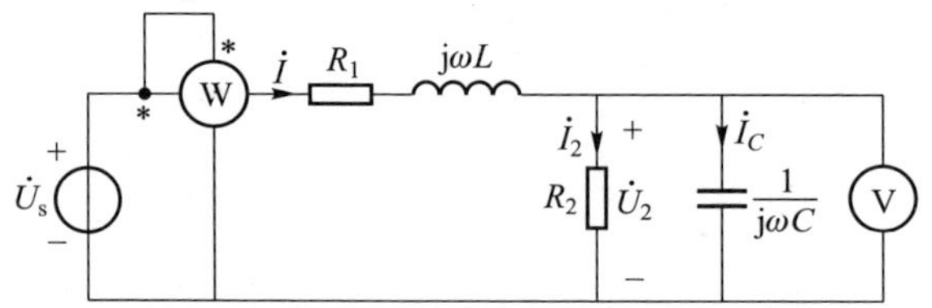

题 9-22 图

解: 设 $\dot{U}_2=20\angle 0^\circ\ \text{V}$,$\dot{I}_2=\dfrac{\dot{U}_2}{R_2}=\dfrac{20\angle 0^\circ}{10}\text{A}=2\angle 0^\circ\ \text{A}$

因 $P=P_{R1}+P_{R2}$,$P_{R2}=\dfrac{U_2^2}{R_2}=\dfrac{20^2}{10}\text{W}=40\ \text{W}$

$P_{R1}=P-P_{R2}=(120-40)\ \text{W}=80\ \text{W}$,又 $P_{R1}=R_1I^2$,$I=\sqrt{\dfrac{P_{R1}}{R_1}}=\sqrt{\dfrac{80}{10}}\text{A}=2\sqrt{2}\ \text{A}$

由 $\dot{I}=\dot{I}_2+\dot{I}_C=2+jI_C$,$\dot{I}_C$ 超前 $\dot{U}_2\ 90^\circ$,可写 $\dot{I}_C=jI_C$,得

$$I^2=2^2+I_C^2,\ I_C=\sqrt{I^2-2^2}=\sqrt{(2\sqrt{2})^2-4}\ \text{A}=2\ \text{A}$$

$$\dot{I}_C=j2=2\angle 90^\circ\ \text{A},\ \dot{I}=(2+j2)\ \text{A}=2\sqrt{2}\angle 45^\circ\ \text{A}$$

$$j\omega C=\frac{\dot{I}_C}{\dot{U}_2}=\frac{2\angle 90^\circ}{20\angle 0^\circ}\text{S}=j0.1\ \text{S},\qquad \omega=\frac{0.1}{C}=\frac{0.1}{10^{-3}}\text{rad/s}=100\ \text{rad/s}$$

按分压公式,有 $\dot{U}_2=\dfrac{\dfrac{1}{\dfrac{1}{R_2}+j\omega C}}{R_1+j\omega L+\dfrac{1}{\dfrac{1}{R_2}+j\omega C}}\dot{U}_s$,得

$$\frac{\dot{U}_2}{\dot{U}_s}=\frac{1}{(R_1+j\omega L)\left(\frac{1}{R_2}+j\omega C\right)+1}=\frac{1}{(10+j100\times0.25)\left(\frac{1}{10}+j0.1\right)+1}$$

$$=\frac{1}{0.1(1+j)(10+j25)+1}=\frac{1}{-0.5+j3.5}=0.283\underline{/-98.13^\circ}$$

$$\dot{U}_s=\frac{\dot{U}_2}{0.283\underline{/-98.13^\circ}}$$

$$\bar{S}_{\dot{U}_s}=\dot{U}_s\cdot\dot{I}^*=\frac{\dot{U}_2}{0.283\underline{/-98.13^\circ}}\times(2\sqrt{2}\underline{/45^\circ})^*$$

$$=\frac{20\underline{/0^\circ}\times2\sqrt{2}\underline{/-45^\circ}}{0.283\underline{/-98.13^\circ}}\text{V}\cdot\text{A}=199.8\underline{/53.13^\circ}\ \text{V}\cdot\text{A}=(120+j160)\text{V}\cdot\text{A}$$

***9-23** 题 9-23 图中 $R_1=R_2=100\ \Omega, L_1=L_2=1\ \text{H}, C=100\ \mu\text{F}$, $\dot{U}_s=100\underline{/0^\circ}\ \text{V}, \omega=100\ \text{rad/s}$。求 Z_L 能获得的最大功率。

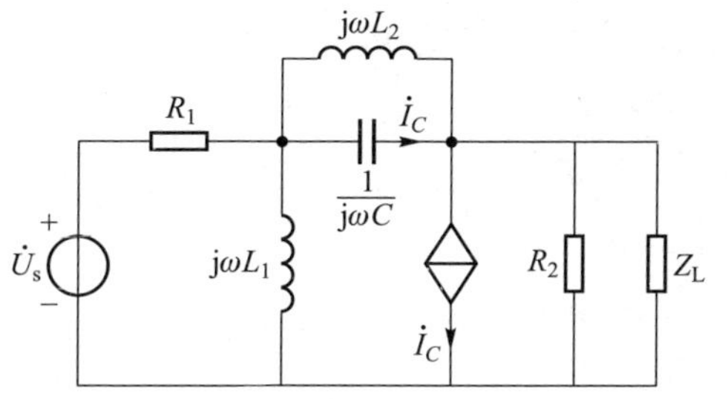

题 9-23 图

解:求 Z_L 左侧的开路电压 $\dot{U}_{oc}$ 及短路电流 $\dot{I}_{sc}$ 的电路如题 9-23 解图(a)(b)所示。

题 9-23 解图(a)中,对节点①、②,列节点电压方程,有

$$\begin{cases}\left(\frac{1}{R_1}+\frac{1}{j\omega L_1}+\frac{1}{j\omega L_2}+j\omega C\right)\dot{U}_{n1}-\left(\frac{1}{j\omega L_2}+j\omega C\right)\dot{U}_{n2}=\frac{\dot{U}_s}{R_1}\\-\left(\frac{1}{j\omega L_2}+j\omega C\right)\dot{U}_{n1}+\left(\frac{1}{R_2}+\frac{1}{j\omega L_2}+j\omega C\right)\dot{U}_{n2}=-\dot{I}'_C\\\dot{I}'_C=j\omega C(\dot{U}_{n1}-\dot{U}_{n2})\end{cases}$$

上式中,$j\omega C=j100\times100\times10^{-6}\ \Omega=j\ 10^{-2}\ \Omega, \frac{1}{j\omega L_1}=\frac{1}{j\omega L_2}=\frac{1}{j100\times1}\Omega=-j\ 10^{-2}\ \Omega$,代入上述方程组,整理得

$$\begin{cases}(0.01-j0.01)\dot{U}_{n1}=1\underline{/0^\circ} & \langle1\rangle\\0.01\dot{U}_{n2}=-j0.01(\dot{U}_{n1}-\dot{U}_{n2}) & \langle2\rangle\end{cases}$$

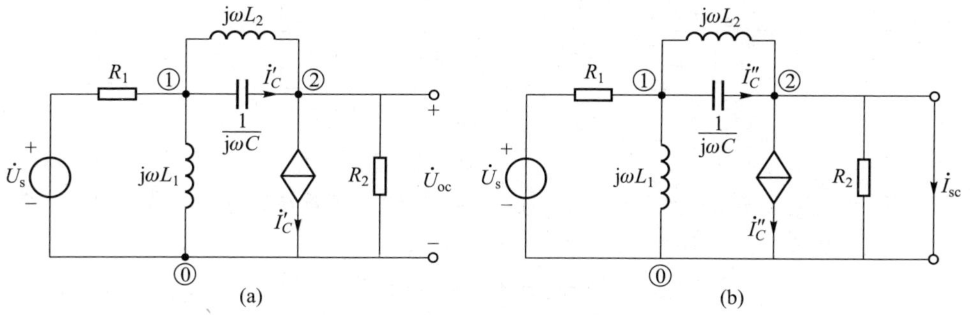

题 9-23 解图

由〈1〉式,得

$$\dot{U}_{n1}=\frac{1\underline{/0^\circ}}{0.01(1-j)}\text{V}=\frac{1+j}{0.01(1^2-j^2)}\text{V}=\frac{1+j}{0.02}\text{V}=(50+j50)\text{V}$$

将 $\dot{U}_{n1}$ 代入〈2〉式,得

开路电压 $\dot{U}_{oc}=\dot{U}_{n2}=\frac{-j0.01\dot{U}_{n1}}{0.01-j0.01}=\frac{-j(50+j50)}{1-j}\text{V}=\frac{50(1-j)}{1-j}\text{V}=50\underline{/0^\circ}\ \text{V}$

题 9-23 解图(b)中,因 $\dot{U}_{n2}=0$,列节点①的节点电压方程,有

$$\left(\frac{1}{R_1}+\frac{1}{j\omega L_1}+\frac{1}{j\omega L_2}+j\omega C\right)\dot{U}_{n1}=\frac{\dot{U}_s}{R_1}\quad\Rightarrow\quad(0.01-j0.01)\dot{U}_{n1}=1\underline{/0^\circ}$$

求得 $\dot{U}_{n1}=\frac{1\underline{/0^\circ}}{(0.01-j0.01)}\text{V}=\frac{1+j}{0.01\times2}\text{V}=(50+j50)\text{V}$

列节点②的 KCL 方程,R_2 中无电流,则短路电流

$$\dot{I}_{sc}=\frac{\dot{U}_{n1}}{j\omega L_2}+\dot{I}''_C-\dot{I}''_C=\frac{50+j50}{j100}\text{A}=(0.5-j0.5)\text{A}$$

输入阻抗 $Z_i=\frac{\dot{U}_{oc}}{\dot{I}_{sc}}=\frac{50\underline{/0^\circ}}{0.5-j0.5}\Omega=\frac{50(1+j)}{0.5\times2}\Omega=(50+j50)\Omega$

当 $Z_L=Z_i^*=(50-j50)\Omega$ 时,有 $P_{Lmax}=\frac{U_{oc}^2}{4R_i}=\frac{50^2}{4\times50}\text{W}=12.5\ \text{W}$。

9-24 题 9-24 图中的独立电源为同频正弦量,当 S 打开时,电压表的读数为 25 V。电路中的阻抗为 $Z_1=(6+j12)\Omega, Z_2=2Z_1$。求 S 闭合后 $-j\frac{1}{\omega C}$ 为何值时,图中电压表 V 的读数最大?并求此时电压表 V 的读数。

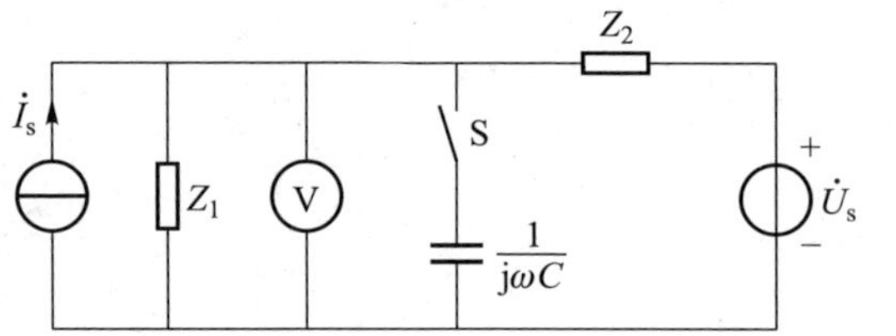

题 9-24 图

解:求电容两端的开路电压 $\dot{U}_{oc}$、输入阻抗 Z_i 及其戴维南等效电路如题 9-24 解图 (a)(b)(c) 所示。

题 9-24 解图 (a) 中,S 打开,设电压表的电压为 $\dot{U}=25\underline{/0°}$ V,开路电压 $\dot{U}_{oc}=\dot{U}=25\underline{/0°}$ V。

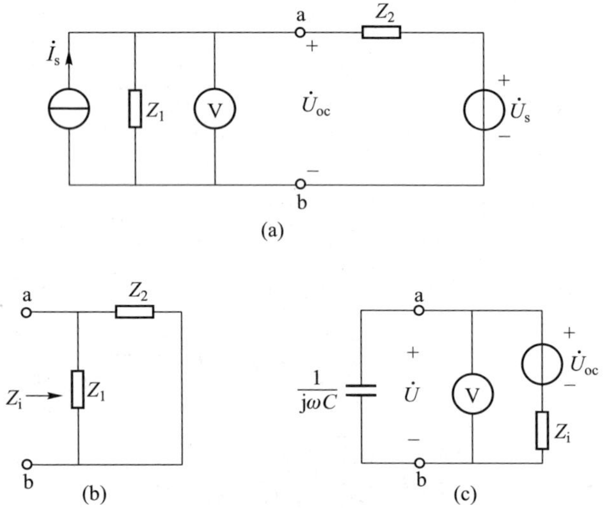

题 9-24 解图

题 9-24 解图(b) 中,$Z_i=\dfrac{Z_1Z_2}{Z_1+Z_2}=\dfrac{Z_1\times 2Z_1}{Z_1+2Z_1}=\dfrac{2Z_1}{3}=\dfrac{2(6+j12)}{3}\Omega=(4+j8)\Omega$。

题 9-24 解图(c) 中,S 闭合,求回路总阻抗

$$Z_{总}=Z_i-j\frac{1}{\omega C}=4+j8-j\frac{1}{\omega C}=4+j\left(8-\frac{1}{\omega C}\right)$$

若使电压表 V 的读数最大(U 最大),总阻抗 $Z_{总}$ 应达到最小,即 $\dfrac{1}{\omega C}=8\ \Omega$ 时,$Z_{总}$ 达到最小。

由分压公式,得 $\dot{U}=\left(-j\dfrac{1}{\omega C}\right)\cdot\dfrac{\dot{U}_{oc}}{Z_i-j\dfrac{1}{\omega C}}=(-j8)\times\dfrac{25}{4+j8-j8}\text{ V}=-j50\text{ V}=50\underline{/-90°}$ V,此时电压表 V 的读数为 50 V。

9-25 把 3 个负载并联接到 220 V 正弦电源上,各负载取用的功率和电流分别为:$P_1=4.4$ kW,$I_1=44.7$ A(感性);$P_2=8.8$ kW,$I_2=50$ A(感性);$P_3=6.6$ kW,$I_3=60$ A(容性)。求题 9-25 图中表 A、W 的读数和电路的功率因数。

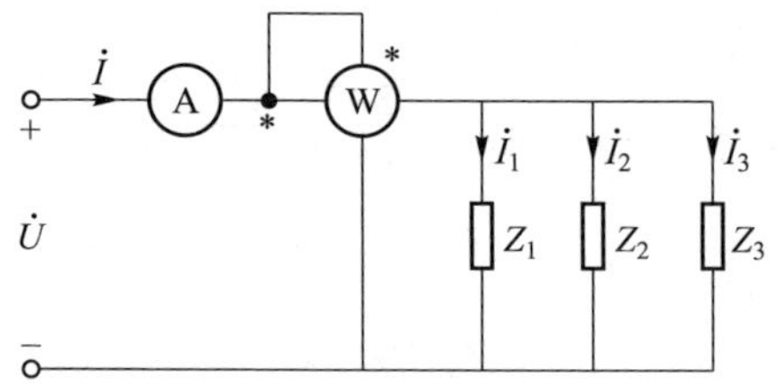

题 9-25 图

解:题 9-25 图中,设 $\dot{U}=220\underline{/0°}$ V

$$\cos\varphi_1=\frac{P_1}{UI_1}=\frac{4.4\times10^3}{220\times44.7}=0.4474,\varphi_1>0(\text{感性})$$

$$\sin\varphi_1=\sqrt{1-\cos^2\varphi_1}=0.894$$

$$\cos\varphi_2=\frac{P_2}{UI_2}=\frac{8.8\times10^3}{220\times50}=0.8,\varphi_2>0(\text{感性}),\sin\varphi_2=0.6$$

$$\cos\varphi_3=\frac{P_3}{UI_3}=\frac{6.6\times10^3}{220\times60}=0.5,\varphi_3<0(\text{容性}),\sin|\varphi_3|=0.866$$

$$\begin{aligned}\dot{I}&=\dot{I}_1+\dot{I}_2+\dot{I}_3=I_1\underline{/\phi_1}+I_2\underline{/\phi_2}+I_3\underline{/\phi_3}\\&=I_1\underline{/-\varphi_1}+I_2\underline{/-\varphi_2}+I_3\underline{/|\varphi_3|}\\&=44.7\cos\varphi_1-j44.7\sin\varphi_1+50\cos\varphi_2-j50\sin\varphi_2+60\cos|\varphi_3|+j60\sin|\varphi_3|\\&=(44.7\times0.4474-j44.7\times0.894+50\times0.8-j50\times0.6+60\times0.5+j60\times0.866)\text{ A}\\&=(20-j39.96+40-j30+30+j51.96)\text{ A}\\&=(90-j18)\text{ A}=91.78\underline{/-11.31°}\text{ A}\end{aligned}$$

$$\varphi=\underline{/\dot{U}}-\underline{/\dot{I}}=0°-(-11.31°)=11.31°$$

$$\cos\varphi=\cos 11.31°=0.981$$

$$P=UI\cos\varphi=220\times91.78\times0.981\text{ W}=19.81\text{ kW}$$

另外,P、$\cos\varphi$ 还可计算为

$$P=P_1+P_2+P_3=(4.4+8.8+6.6)\times10^3\ \text{W}$$
$$=19.8\times10^3\ \text{W}=19.8\ \text{kW}$$
$$\cos\varphi=\frac{P}{UI}=\frac{19.8\times10^3}{220\times91.78}=0.981$$

因此，电流表 A 读数为 91.78 A，功率表 W 读数为 19.81 kW，功率因数为 0.981。

9-26 已知题 9-26 图中 $u(t)=20\cos(10^3t+75°)$ V ，$i(t)=\sqrt{2}\sin(10^3t+120°)$ A，N_0 中无独立源。求 N_0 吸收的复功率和输入阻抗 Z_i。

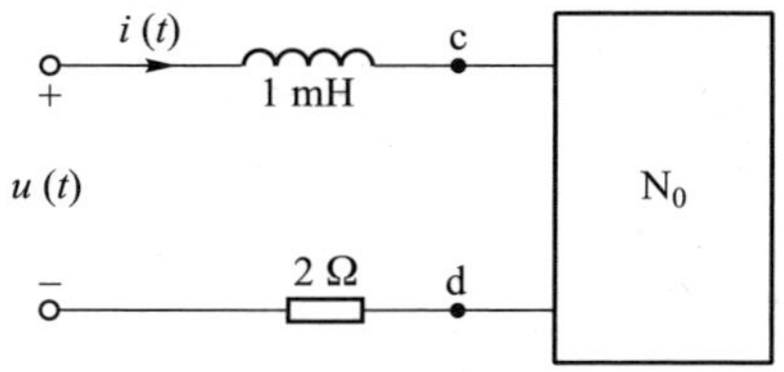

题 9-26 图

解：$i(t)=\sqrt{2}\sin(10^3t+120°)\ \text{A}=\sqrt{2}\cos(10^3t+30°)\ \text{A}$，$\dot{I}=\frac{\sqrt{2}}{\sqrt{2}}\angle 30°\ \text{A}=1\angle 30°\ \text{A}$，$\dot{U}=\frac{20}{\sqrt{2}}\angle 75°\ \text{V}=10\sqrt{2}\angle 75°\ \text{V}$

由 $\frac{\dot{U}}{\dot{I}}=\text{j}\omega L+Z_i+2$，代入 $\frac{\dot{U}}{\dot{I}}=\frac{10\sqrt{2}\angle 75°}{1\angle 30°}\Omega=10\sqrt{2}\angle 45°\ \Omega=(10+\text{j}10)\ \Omega$

求出 $Z_i=10+\text{j}10-\text{j}\omega L-2=(8+\text{j}10-\text{j}\ 10^3\times10^{-3})\ \Omega=(8+\text{j}9)\ \Omega$

N_0 吸收的复功率为

$$\bar{S}_{N_0}=\dot{U}_{cd}\cdot\dot{I}^*=Z_i\dot{I}\cdot\dot{I}^*=Z_iI^2=(8+\text{j}9)\times1^2\ \text{V}\cdot\text{A}=(8+\text{j}9)\ \text{V}\cdot\text{A}$$

9-27 已知题 9-27 图中 $\dot{U}_s=100\angle 90°$ V，$\dot{I}_s=5\angle 0°$ A。求当 Z_L 获最大功率时各独立源发出的复功率。

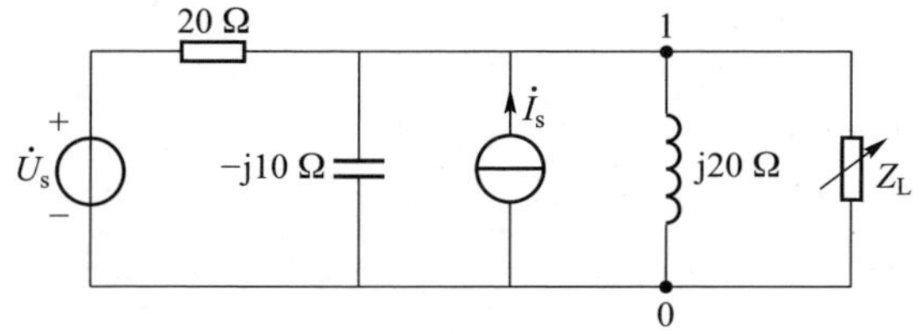

题 9-27 图

解：求 Z_L 左侧部分的开路电压 $\dot{U}_{oc}$、输入阻抗 Z_i 及其戴维南等效电路如题 9-27 解图(a)(b)(c)所示。

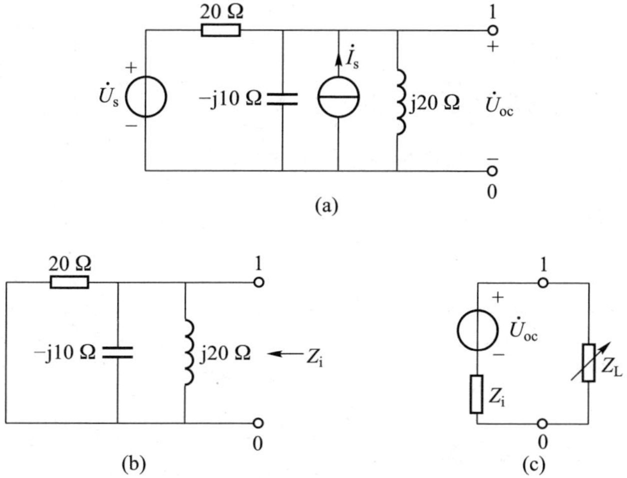

题 9-27 解图

题 9-27 解图(a)中，求开路电压

$$\dot{U}_{oc}=\frac{1}{\frac{1}{20}+\frac{1}{-\text{j}10}+\frac{1}{\text{j}20}}\cdot\left(\frac{\dot{U}_s}{20}+\dot{I}_s\right)=\frac{\frac{\text{j}100}{20}+5}{0.05+\text{j}0.05}\text{V}=100\angle 0°\ \text{V},$$

题 9-27 解图(b)中，求输入阻抗

$$Z_i=\frac{1}{\frac{1}{20}+\frac{1}{-\text{j}10}+\frac{1}{\text{j}20}}\Omega=\frac{1}{0.05+\text{j}0.05}\Omega=(10-\text{j}10)\ \Omega$$

题 9-27 解图(c)中，当 $Z_L=Z_i^*=(10+\text{j}10)\ \Omega$ 时，Z_L 获最大功率。

$$\dot{U}_{10}=\frac{Z_L}{Z_i+Z_L}\dot{U}_{oc}=\frac{10(1+\text{j})}{10-\text{j}10+10+\text{j}10}\times100\angle 0°\ \text{V}=(50+\text{j}50)\ \text{V}$$

$$\bar{S}_{I_s}=\dot{U}_{10}\dot{I}_s^*=(50+\text{j}50)\times5\angle 0°\ \text{V}\cdot\text{A}=(250+\text{j}250)\ \text{V}\cdot\text{A}\text{（发出功率）}$$

$$\bar{S}_{U_s}=\dot{U}_s\left(\frac{\dot{U}_S-\dot{U}_{10}}{20}\right)^*=\dot{U}_s\left[\frac{\text{j}100-(50+\text{j}50)}{20}\right]^*$$
$$=\text{j}100\cdot\frac{-50-\text{j}50}{20}\text{V}\cdot\text{A}=(250-\text{j}250)\ \text{V}\cdot\text{A}$$

第十章　含有耦合电感的电路

内容提要

表10-1　描述耦合电感电路的术语和概念

名词术语	基本定义
磁耦合	载流线圈之间通过彼此的磁场相互联系的物理现象称为磁耦合
耦合系数(k)	两线圈的耦合系数表示两线圈耦合的紧密程度,$k\overset{\text{def}}{=\!=}\dfrac{M}{\sqrt{L_1L_2}}\leqslant 1$,$k$ 与两线圈结构、相对位置和周围磁介质有关
同名端	当两线圈中的电流所产生的磁通链相互增强时,流入(或流出)电流的两端称为两个线圈的同名端,用符号"•"或"*"或"△"标记

表 10-2　耦合电感元件及伏安关系

耦合电感(符号)	耦合电感元件模型 元件参数值,单位名称/符号	元件上 u-i 关系(伏安关系)(式中±符号由 u、i 参考方向及同名端确定)	元件相量模型 元件参数值,单位名称/符号	元件上 $\dot{U}$-$\dot{I}$ 关系(相量伏安关系)(式中±符号由 $\dot{U}$、$\dot{I}$ 参考方向及同名端确定)
两个电感耦合(M)	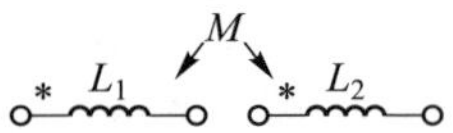 自感值 L_1、L_2,亨[利]/H 互感值 M,亨[利]/H	$u_1=\pm L_1\dfrac{di_1}{dt}\pm M\dfrac{di_2}{dt}$ $u_2=\pm L_2\dfrac{di_2}{dt}\pm M\dfrac{di_1}{dt}$	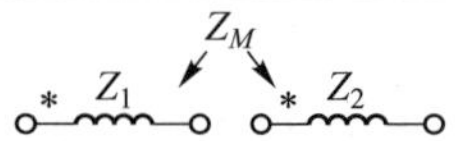 自感阻抗值 $Z_1=j\omega L_1$、$Z_2=j\omega L_2$,欧[姆]/Ω 互感阻抗值 $Z_M=j\omega M$,欧[姆]/Ω	$\dot{U}_1=\pm Z_1\dot{I}_1\pm Z_M\dot{I}_2$ $\dot{U}_2=\pm Z_2\dot{I}_2\pm Z_M\dot{I}_1$
三个电感耦合(M_{12}、M_{23}、M_{13})	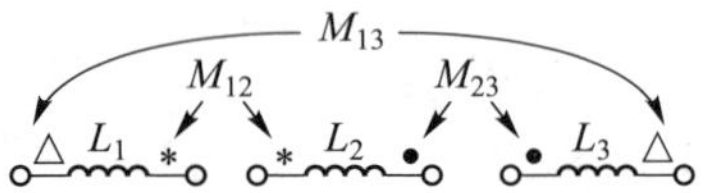 自感值 L_1、L_2、L_3,亨[利]/H 互感值 M_{12}、M_{23}、M_{13},亨[利]/H	$u_1=\pm L_1\dfrac{di_1}{dt}\pm M_{12}\dfrac{di_2}{dt}\pm M_{13}\dfrac{di_3}{dt}$ $u_2=\pm L_2\dfrac{di_2}{dt}\pm M_{12}\dfrac{di_1}{dt}\pm M_{23}\dfrac{di_3}{dt}$ $u_3=\pm L_3\dfrac{di_3}{dt}\pm M_{13}\dfrac{di_1}{dt}\pm M_{23}\dfrac{di_2}{dt}$	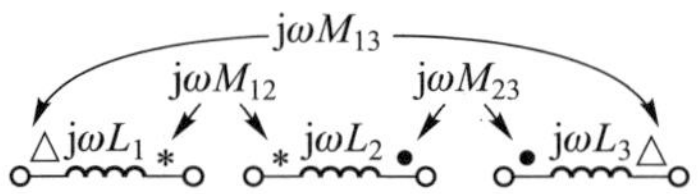 自感阻抗值 $j\omega L_1$、$j\omega L_2$、$j\omega L_3$,欧[姆]/Ω 互感阻抗值 $j\omega M_{12}$、$j\omega M_{23}$、$j\omega M_{13}$,欧[姆]/Ω	$\dot{U}_1=\pm j\omega L_1\dot{I}_1\pm j\omega M_{12}\dot{I}_2\pm j\omega M_{13}\dot{I}_3$ $\dot{U}_2=\pm j\omega L_2\dot{I}_2\pm j\omega M_{12}\dot{I}_1\pm j\omega M_{23}\dot{I}_3$ $\dot{U}_3=\pm j\omega L_3\dot{I}_3\pm j\omega M_{13}\dot{I}_1\pm j\omega M_{23}\dot{I}_2$

表 10-3　变压器及伏安关系

元件名称	元件模型	元件参数值,单位名称/符号	元件上 u-i 关系(伏安关系)(式中±符号由 u、i 参考方向及同名端确定)	元件相量模型	元件参数值,单位名称/符号	元件上 $\dot{U}$-$\dot{I}$ 关系(相量伏安关系)(式中±符号由 $\dot{U}$、$\dot{I}$ 参考方向及同名端确定)
空心变压器	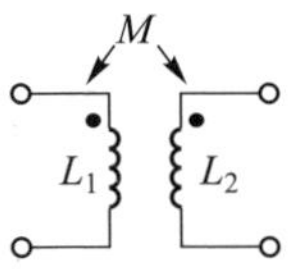	自感值 L_1、L_2,亨[利]/H 互感值 M,亨[利]/H 耦合系数 $k=\dfrac{M}{\sqrt{L_1L_2}}$	$u_1=\pm L_1\dfrac{di_1}{dt}\pm M\dfrac{di_2}{dt}$ $u_2=\pm L_2\dfrac{di_2}{dt}\pm M\dfrac{di_1}{dt}$	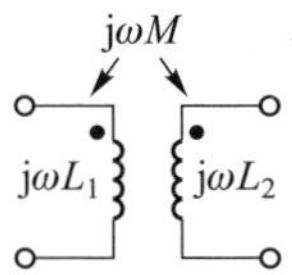	自感阻抗值 $Z_1=j\omega L_1$、$Z_2=j\omega L_2$,欧[姆]/Ω 互感阻抗值 $Z_M=j\omega M$,欧[姆]/Ω	$\dot{U}_1=\pm j\omega L_1\dot{I}_1\pm j\omega M\dot{I}_2$ $\dot{U}_2=\pm j\omega L_2\dot{I}_2\pm j\omega M\dot{I}_1$
理想变压器	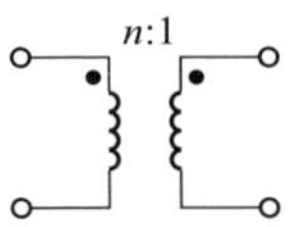	变比$\dfrac{N_1}{N_2}=n$(无量纲) 耦合系数 $k=1$(全耦合) 自感、互感值均为无穷大	$\dfrac{u_1}{u_2}=\pm\dfrac{N_1}{N_2}=\pm n$ $\dfrac{i_1}{i_2}=\mp\dfrac{N_2}{N_1}=\mp\dfrac{1}{n}$	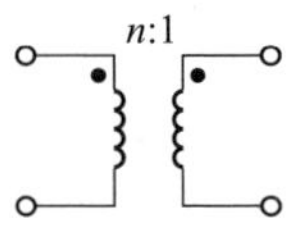	变比$\dfrac{N_1}{N_2}=n$(无量纲)	$\dfrac{\dot{U}_1}{\dot{U}_2}=\pm\dfrac{N_1}{N_2}=\pm n$ $\dfrac{\dot{I}_1}{\dot{I}_2}=\mp\dfrac{N_2}{N_1}=\mp\dfrac{1}{n}$

表 10-4　两耦合电感元件的串联、并联、单端接及无端接电路的等效变换

连接方式		耦合电感电路模型	去耦等效电路及等效电感值		耦合电感电路相量模型	去耦等效电路相量模型及等效阻抗值	
串联	同向	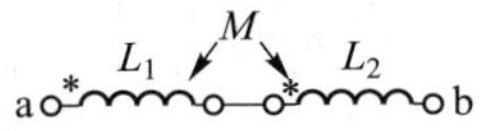		$L_{eq}=L_1+L_2+2M$	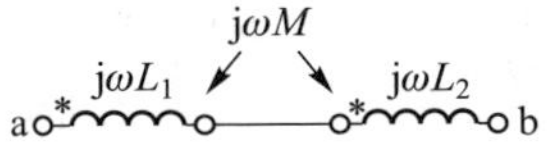		$Z_{eq}=j\omega L_{eq}$
	反向	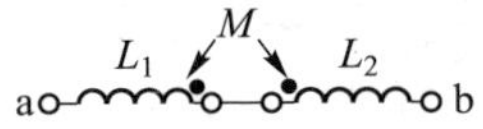		$L_{eq}=L_1+L_2-2M$	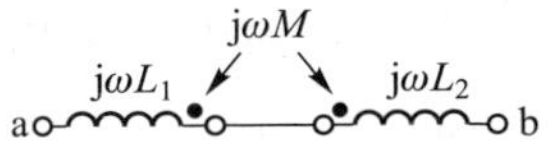		$Z_{eq}=j\omega L_{eq}$
并联	同侧并联	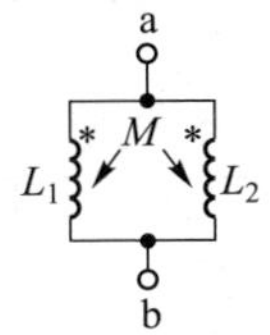	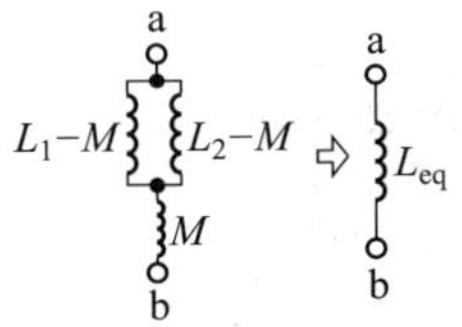	$L_{eq}=\dfrac{L_1L_2-M^2}{L_1+L_2-2M}$	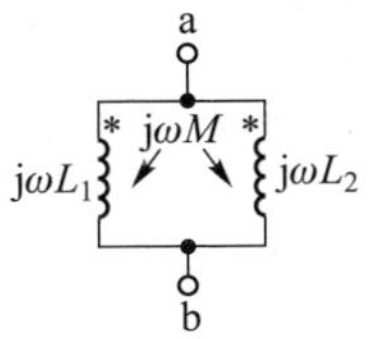	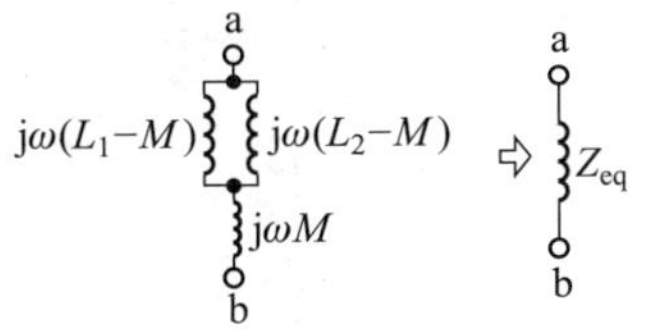	$Z_{eq}=j\omega L_{eq}$
	异侧并联	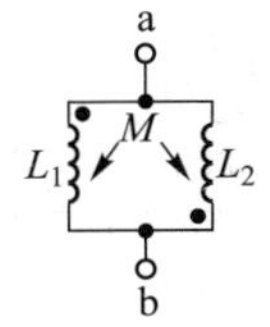	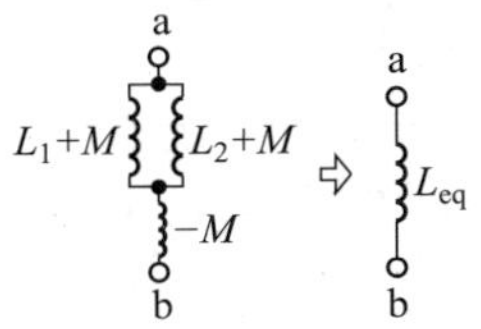	$L_{eq}=\dfrac{L_1L_2-M^2}{L_1+L_2+2M}$	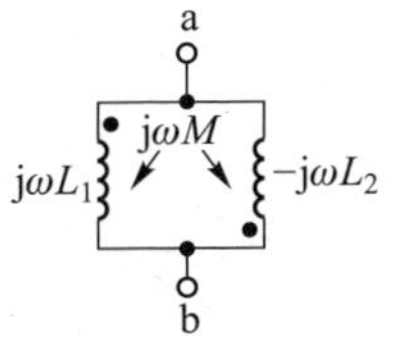	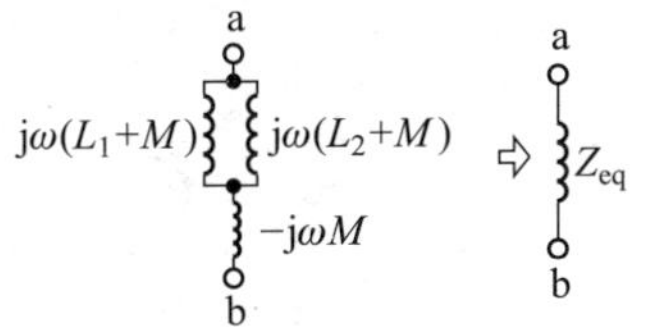	$Z_{eq}=j\omega L_{eq}$
单端接	单端同侧接	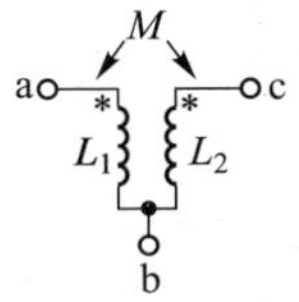	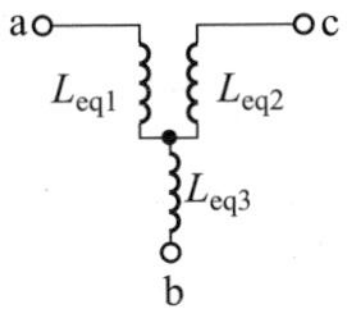	$L_{eq1}=L_1-M$ $L_{eq2}=L_2-M$ $L_{eq3}=M$	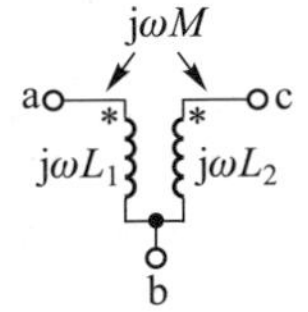	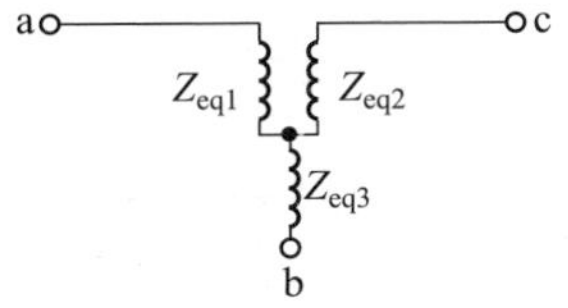	$Z_{eq1}=j\omega L_{eq1}$ $Z_{eq2}=j\omega L_{eq2}$ $Z_{eq3}=j\omega M$
	单端异侧接	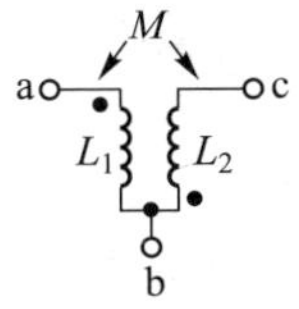	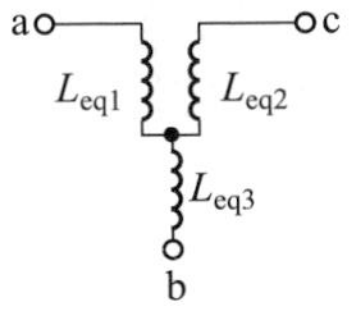	$L_{eq1}=L_1+M$ $L_{eq2}=L_2+M$ $L_{eq3}=-M$	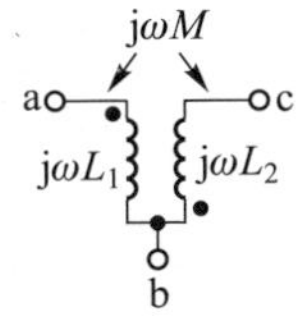	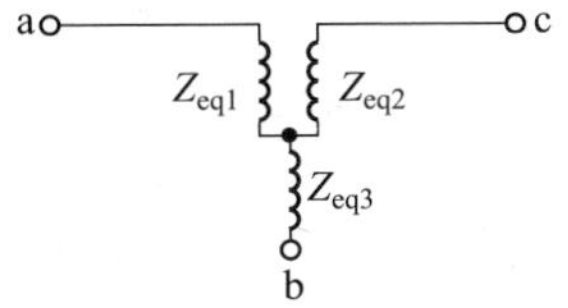	$Z_{eq1}=j\omega L_{eq1}$ $Z_{eq2}=j\omega L_{eq2}$ $Z_{eq3}=-j\omega M$
无端接	无端接一型	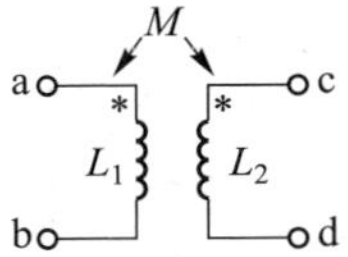	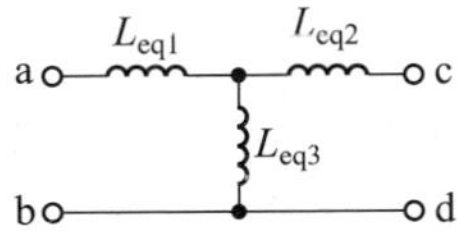	$L_{eq1}=L_1-M$ $L_{eq2}=L_2-M$ $L_{eq3}=M$	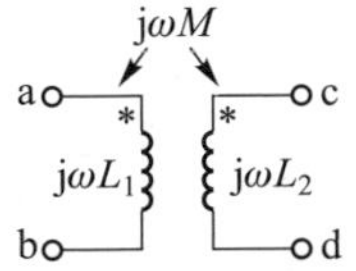	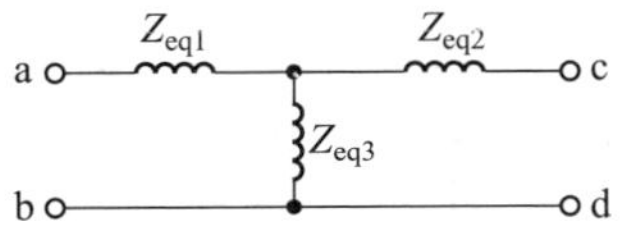	$Z_{eq1}=j\omega L_{eq1}$ $Z_{eq2}=j\omega L_{eq2}$ $Z_{eq3}=j\omega M$
	无端接二型	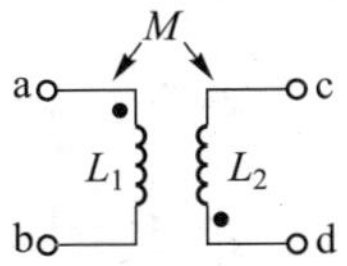	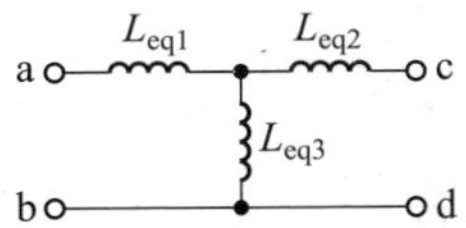	$L_{eq1}=L_1+M$ $L_{eq2}=L_2+M$ $L_{eq3}=-M$	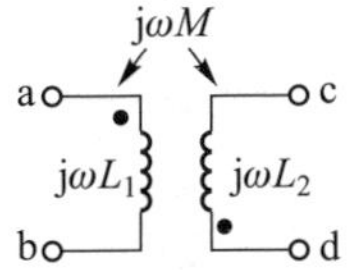	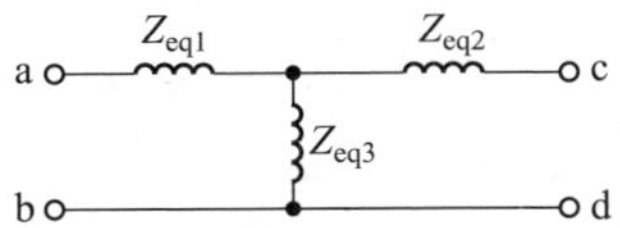	$Z_{eq1}=j\omega L_{eq1}$ $Z_{eq2}=j\omega L_{eq2}$ $Z_{eq3}=-j\omega M$

表 10-5 变压器伏安关系的几种常见形式及含变压器电路的等效变换

空心变压器

变压器模型	伏安关系	变压器相量模型	相量伏安关系
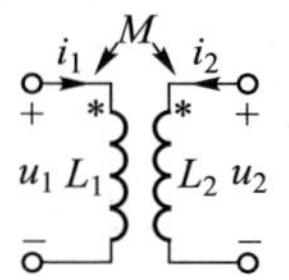	$u_1=L_1\dfrac{di_1}{dt}+M\dfrac{di_2}{dt}$ $u_2=L_2\dfrac{di_2}{dt}+M\dfrac{di_1}{dt}$	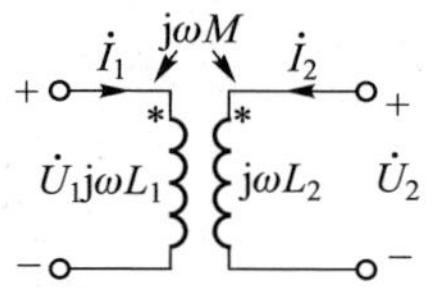	$\dot{U}_1=j\omega L_1\dot{I}_1+j\omega M\dot{I}_2$ $\dot{U}_2=j\omega L_2\dot{I}_2+j\omega M\dot{I}_1$
含空心变压器电路		**一次侧等效电路**	**二次侧的一种等效电路**
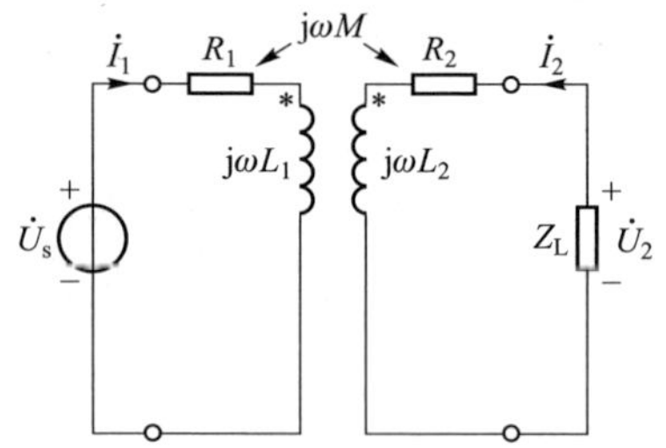		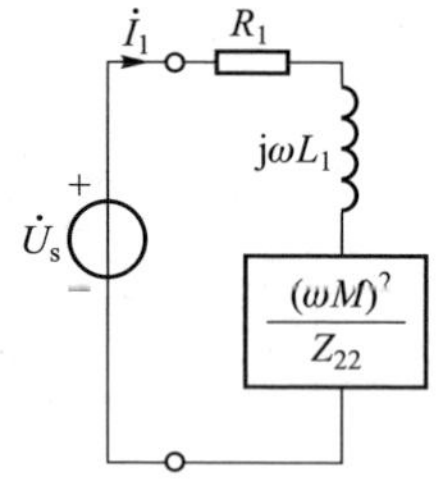	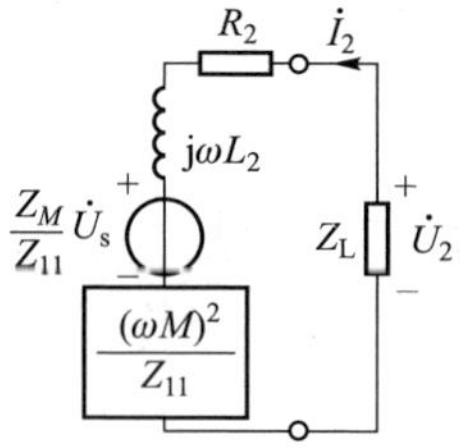
变压器模型	**伏安关系**	**变压器相量模型**	**相量伏安关系**
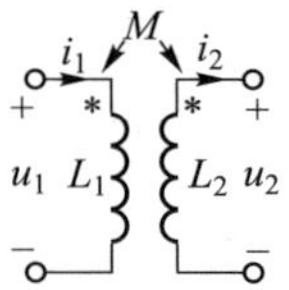	$u_1=L_1\dfrac{di_1}{dt}-M\dfrac{di_2}{dt}$ $u_2=-L_2\dfrac{di_2}{dt}+M\dfrac{di_1}{dt}$	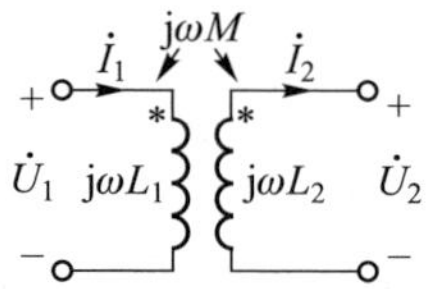	$\dot{U}_1=j\omega L_1\dot{I}_1-j\omega M\dot{I}_2$ $\dot{U}_2=-j\omega L_2\dot{I}_2+j\omega M\dot{I}_1$
含空心变压器电路		**一次侧等效电路**	**二次侧的一种等效电路**
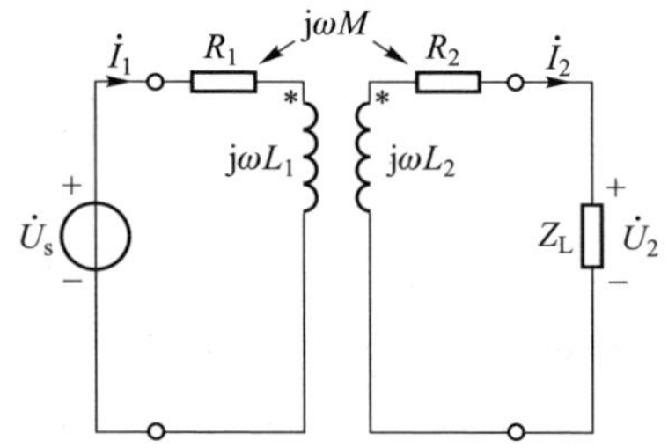		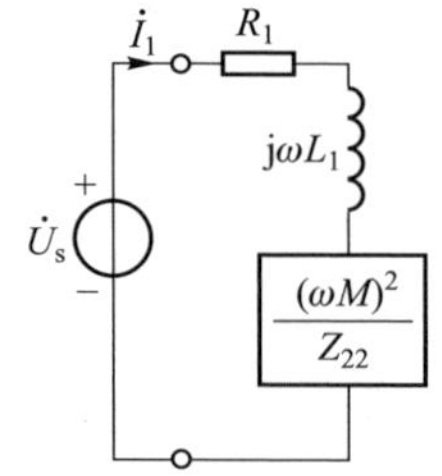	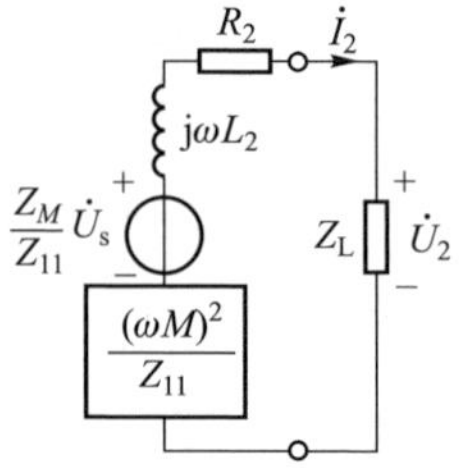

理想变压器

变压器模型	伏安关系	变压器相量模型	相量伏安关系
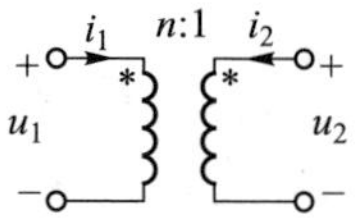	$\dfrac{u_1}{u_2}=\dfrac{N_1}{N_2}=n$ $\dfrac{i_1}{i_2}=-\dfrac{N_2}{N_1}=-\dfrac{1}{n}$	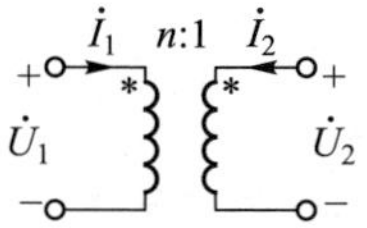	$\dfrac{\dot{U}_1}{\dot{U}_2}=\dfrac{N_1}{N_2}=n$ $\dfrac{\dot{I}_1}{\dot{I}_2}=-\dfrac{N_2}{N_1}=-\dfrac{1}{n}$
含理想变压器电路		**一次侧等效电路**	**二次侧等效电路**
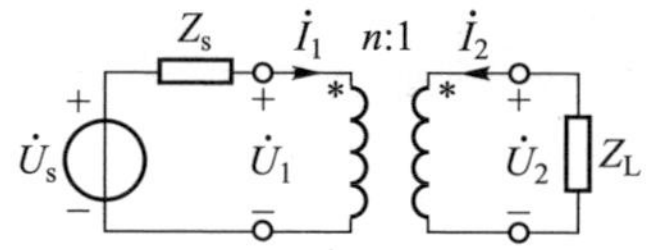		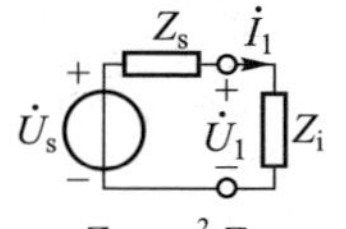 $Z_i=n^2Z_L$	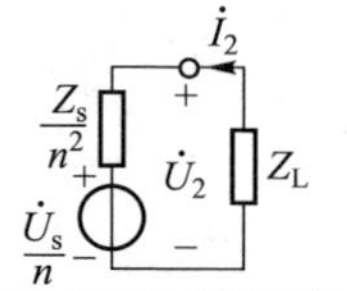
变压器模型	**伏安关系**	**变压器相量模型**	**相量伏安关系**
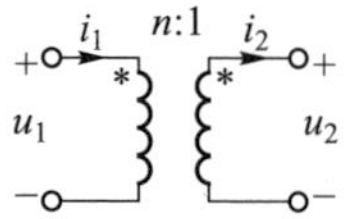	$\dfrac{u_1}{u_2}=n$ $\dfrac{i_1}{i_2}=\dfrac{1}{n}$	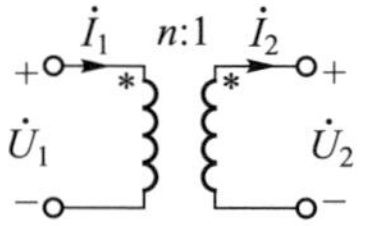	$\dfrac{\dot{U}_1}{\dot{U}_2}=n$ $\dfrac{\dot{I}_1}{\dot{I}_2}=\dfrac{1}{n}$
含理想变压器电路		**一次侧等效电路**	**二次侧等效电路**
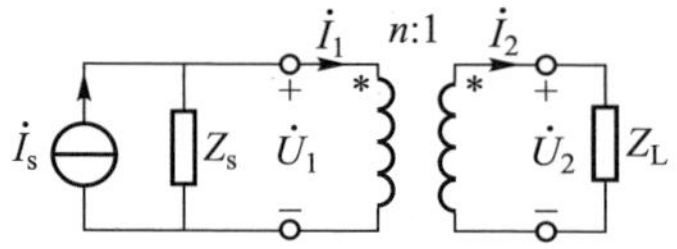		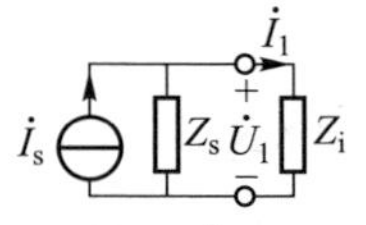 $Z_i=n^2Z_L$	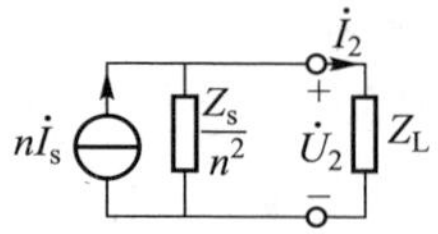
变压器模型	**伏安关系**	**变压器相量模型**	**相量伏安关系**
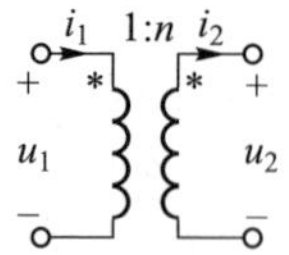	$\dfrac{u_1}{u_2}=\dfrac{1}{n}$ $\dfrac{i_1}{i_2}=n$	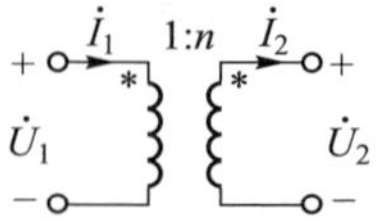	$\dfrac{\dot{U}_1}{\dot{U}_2}=\dfrac{1}{n}$ $\dfrac{\dot{I}_1}{\dot{I}_2}=n$
含理想变压器电路		**一次侧等效电路**	**二次侧等效电路**
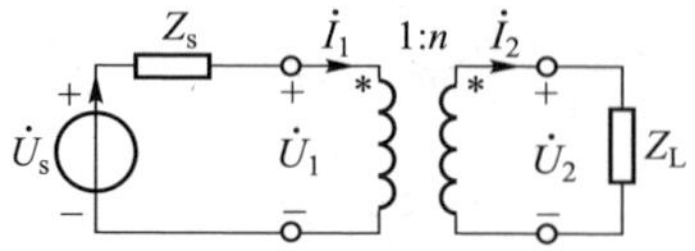		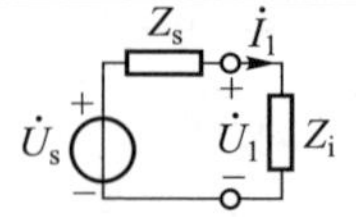 $Z_i=\dfrac{1}{n^2}Z_L$	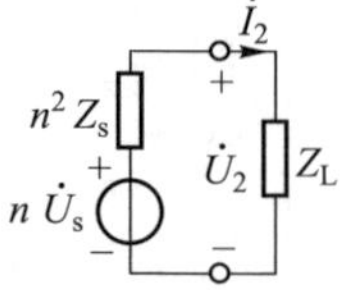

电路思维导图应用范例（参照附录 B 中第十章思维导图助记知识要点）

1. 耦合电感的方程

列写耦合电感（空心变压器）方程的方法：

两耦合电感元件伏安关系的一般形式为

$$u_1=\pm L_1\frac{\mathrm{d}i_1}{\mathrm{d}t}\pm M\frac{\mathrm{d}i_2}{\mathrm{d}t}$$

$$u_2=\pm L_2\frac{\mathrm{d}i_2}{\mathrm{d}t}\pm M\frac{\mathrm{d}i_1}{\mathrm{d}t}$$

上式中，自感电压 $L_1\frac{\mathrm{d}i_1}{\mathrm{d}t}$ 与 $L_2\frac{\mathrm{d}i_2}{\mathrm{d}t}$，互感电压 $M\frac{\mathrm{d}i_1}{\mathrm{d}t}$ 与 $M\frac{\mathrm{d}i_2}{\mathrm{d}t}$ 的符号确定如下。

$L_1\frac{\mathrm{d}i_1}{\mathrm{d}t}$ 的符号：由 u_1 与 i_1 参考方向决定。L_1 上的 u_1 与 i_1 取关联参考方向为“+”，取非关联参考方向为“-”。

$L_2\frac{\mathrm{d}i_2}{\mathrm{d}t}$ 的符号：由 u_2 与 i_2 参考方向决定。L_2 上的 u_2 与 i_2 取关联参考方向为“+”，取非关联参考方向为“-”。

$M\frac{\mathrm{d}i_2}{\mathrm{d}t}$ 的符号：由 u_1、i_2 参考方向决定。u_1 的参考方向与 L_1 的同名端一致（或不一致），i_2 的参考方向与 L_2 的同名端一致（或不一致），均取“+”。

若 u_1 的参考方向与 L_1 的同名端一致（或不一致），i_2 的参考方向与 L_2 的同名端不一致（或一致），均取“-”。

$M\frac{\mathrm{d}i_1}{\mathrm{d}t}$ 的符号：由 u_2、i_1 参考方向决定。u_2 的参考方向与 L_2 的同名端一致（或不一致），i_1 的参考方向与 L_1 的同名端一致（或不一致），均取“+”。

若 u_2 的参考方向与 L_2 的同名端不一致（或一致），i_1 的参考方向与 L_1 的同名端一致（或不一致），均取“-”

例 10-1 如图 1(a) 和 (b)，列写耦合电感元件伏安关系（u-i 关系）的时域形式和相量形式。

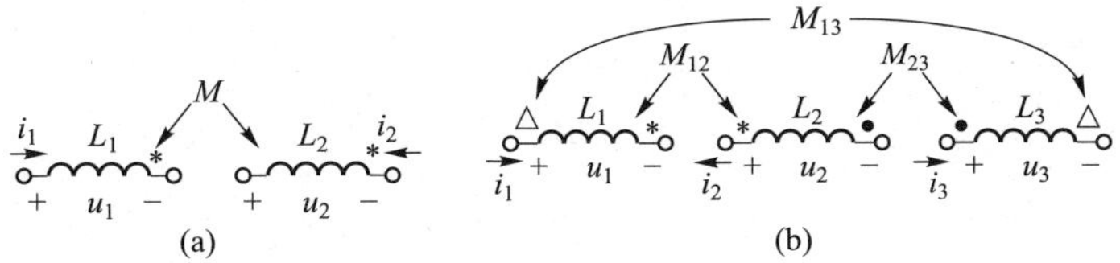

图 1 例 10-1 图

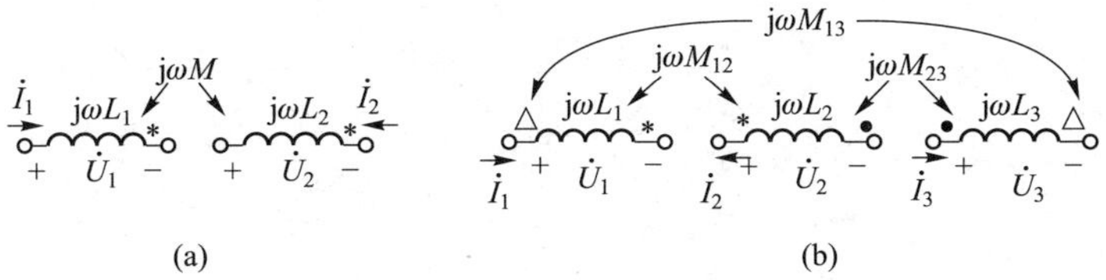

图 2 例 10-1 图相量模型

解：列写 u-i 关系的时域形式：图 1(a) 中，$u_1=L_1\frac{\mathrm{d}i_1}{\mathrm{d}t}-M\frac{\mathrm{d}i_2}{\mathrm{d}t}$，$u_2=-L_2\frac{\mathrm{d}i_2}{\mathrm{d}t}+M\frac{\mathrm{d}i_1}{\mathrm{d}t}$。

图 1(b) 中，$u_1=L_1\frac{\mathrm{d}i_1}{\mathrm{d}t}+M_{12}\frac{\mathrm{d}i_2}{\mathrm{d}t}-M_{13}\frac{\mathrm{d}i_3}{\mathrm{d}t}$，$u_2=-L_2\frac{\mathrm{d}i_2}{\mathrm{d}t}-M_{12}\frac{\mathrm{d}i_1}{\mathrm{d}t}-M_{23}\frac{\mathrm{d}i_3}{\mathrm{d}t}$，$u_3=L_3\frac{\mathrm{d}i_3}{\mathrm{d}t}-M_{13}\frac{\mathrm{d}i_1}{\mathrm{d}t}+M_{23}\frac{\mathrm{d}i_2}{\mathrm{d}t}$。

图 (a) 说明：列写 u_1 式，L_1 上的 u_1 与 i_1 取关联参考方向，$L_1\frac{\mathrm{d}i_1}{\mathrm{d}t}$ 项为“+”，u_1 的参考方向与 L_1 的同名端“＊”不一致，i_2 的参考方向与 L_2 的同名端“＊”一致，$M\frac{\mathrm{d}i_2}{\mathrm{d}t}$ 项取“-”。列写 u_2 式，L_2 上的 u_2 与 i_2 取非关联参考方向，$L_2\frac{\mathrm{d}i_2}{\mathrm{d}t}$ 项为“-”，u_2 的参考方向与 L_2 的同名端“＊”不一致，i_1 的参考方向与 L_1 的同名端“＊”不一致，$M\frac{\mathrm{d}i_1}{\mathrm{d}t}$ 取“+”。

图 (b) 说明：列写 u_1 式，L_1 上的 u_1 与 i_1 取关联参考方向，$L_1\frac{\mathrm{d}i_1}{\mathrm{d}t}$ 项为“+”，u_1 的参考方向与 L_1 的同名端“＊”不一致，i_2 的参考方向与 L_2 的同名端“＊”不一致，$M_{12}\frac{\mathrm{d}i_2}{\mathrm{d}t}$ 项取“+”，u_1 的参考方向与 L_1 的同名端“△”一致，i_3 的参考方向与 L_3 的同名端“△”不一致，$M_{13}\frac{\mathrm{d}i_3}{\mathrm{d}t}$ 项取“-”。列写 u_2 式，L_2 上的 u_2 与 i_2 取非关联参考方向，$L_2\frac{\mathrm{d}i_2}{\mathrm{d}t}$ 项为“-”，u_2 的参考方向与 L_2 的同名端“＊”一致，i_1 的参考方向与 L_1 的同名端“＊”不一致，$M_{12}\frac{\mathrm{d}i_1}{\mathrm{d}t}$ 项取“-”，u_2 的参考方向与 L_2 的同名端“·”不一致，i_3 的参考方向与 L_3 的同名端“·”一致，$M_{23}\frac{\mathrm{d}i_3}{\mathrm{d}t}$ 项取“-”。列写 u_3 式，L_3 上的 u_3 与 i_3 取关联参考方向，$L_3\frac{\mathrm{d}i_3}{\mathrm{d}t}$ 项为“+”，u_3 的参考方向与 L_3 的同名端“△”不一致，i_1 的参考方向与 L_1 的同名端“△”一致，$M_{13}\frac{\mathrm{d}i_1}{\mathrm{d}t}$ 项取“-”，u_3 的参考方向与 L_3 的同名端“·”一致，i_2 的参考方向与 L_2 的同名端“·”一致，$M_{23}\frac{\mathrm{d}i_2}{\mathrm{d}t}$ 项取“+”。

画出图 1(a) 和 (b) 的相量模型如图 2(a) 和 (b) 所示，列写 u-i 关系的相量形式：

图 2(a) 中，$\dot{U}_1=\mathrm{j}\omega L_1\dot{I}_1-\mathrm{j}\omega M\dot{I}_2$，$\dot{U}_2=-\mathrm{j}\omega L_2\dot{I}_2+\mathrm{j}\omega M\dot{I}_1$。

图 2(b) 中，$\dot{U}_1=\mathrm{j}\omega L_1\dot{I}_1+\mathrm{j}\omega M_{12}\dot{I}_2-\mathrm{j}\omega M_{13}\dot{I}_3$，$\dot{U}_2=-\mathrm{j}\omega L_2\dot{I}_2-\mathrm{j}\omega M_{12}\dot{I}_1-\mathrm{j}\omega M_{23}\dot{I}_3$，$\dot{U}_3=\mathrm{j}\omega L_3\dot{I}_3-\mathrm{j}\omega M_{13}\dot{I}_1+\mathrm{j}\omega M_{23}\dot{I}_2$

例 10-2 耦合电感电路如图 3 所示。请按顺时针方向列写次级回路的 KVL 方程。

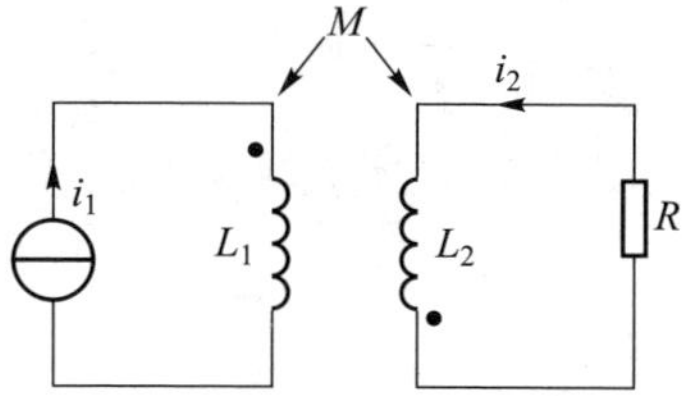

图 3 例 10-2 图

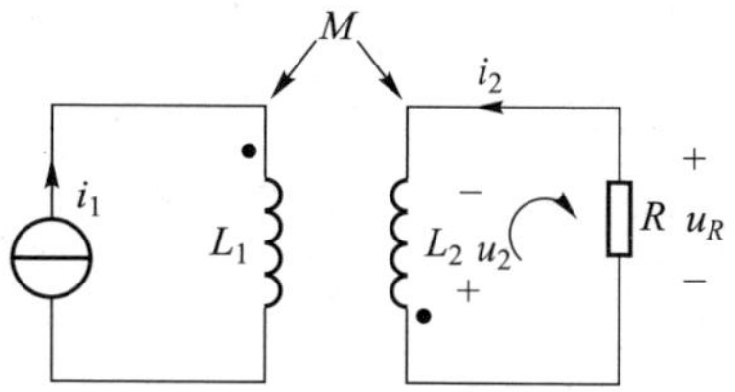

图 4 例 10-2 解图

解:在图 3 中标注 L_2 与 R 的电压 u_2 和 u_R 及其参考方向如图 4 所示,按顺时针方向列写次级回路的 KVL 方程为 $u_2+u_R=0$。

因 $u_2=-L_2\dfrac{di_2}{dt}+M\dfrac{di_1}{dt}$,$u_R=-Ri_2$,则有

$$M\frac{di_1}{dt}-L_2\frac{di_2}{dt}-Ri_2=0$$

例 10-3 含理想变压器电路如图 5 所示,已知 $\dot{U}_s=120\angle 0°\ V$,$Z_1=(300-j400)\ \Omega$,$Z_2=(3+j4)\ \Omega$,求电路中一次侧、二次侧电流,电压 $\dot{I}_1$、$\dot{I}_2$、$\dot{U}_1$、$\dot{U}_2$。

解:图 5 的一次侧等效电路如图 6 所示。

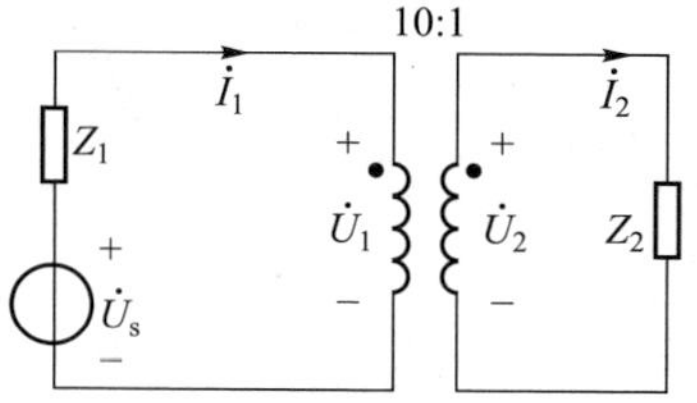

图 5 例 10-3 图

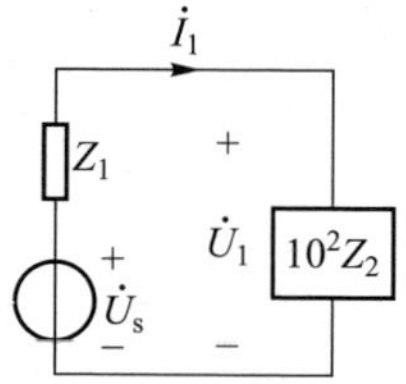

图 6 例 10-3 解图

图 6 中 $\dot{I}_1=\dfrac{\dot{U}_s}{Z_1+10^2Z_2}=\dfrac{120\angle 0°}{300-j400+100(3+j4)}\ A=0.2\angle 0°\ A$,

$$\dot{I}_2=10\dot{I}_1=2\angle 0°\ A$$

$$\dot{U}_1=10^2Z_2\dot{I}_1=100\angle 53.10°\ V,\qquad \dot{U}_2=\frac{\dot{U}_1}{10}=10\angle 53.10°\ V$$

例 10-4 求图 7(a)和(b)所示电路 a-b 端的戴维南等效电路的电压源电压、等效(复)阻抗。

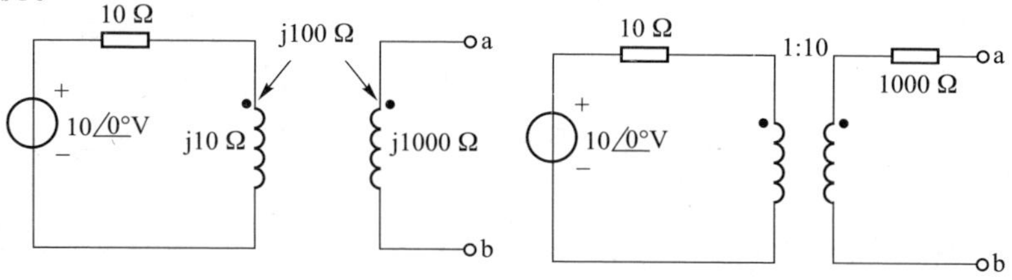

(a) (b)

图 7 例 10-4 图

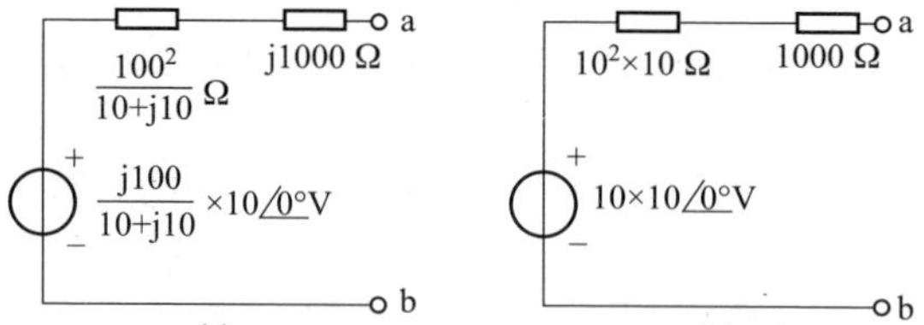

(a) (b)

图 8 例 10-4 解图

解:图 7(a)和(b)的二次侧等效电路如图 8(a)和(b)所示。

图 8(a)中,$\dot{U}_{oc}=\dfrac{j100\times 10\angle 0°}{10+j10}V=70.7\angle 45°\ V$,$Z_i=\left(\dfrac{100^2}{10+j10}+j1000\right)\Omega=707\angle 45°\ \Omega$

图 8(b)中,$\dot{U}_{oc}=10\times 10\angle 0°\ V=100\angle 0°\ V$,$Z_i=(10^2\times 10+1000)\ \Omega=2000\ \Omega$

例 10-5 图 9 所示电路中,设正弦电压 u_S 的相量为 $\dot{U}_s$,网孔电流 i_1、i_2 的相量为 $\dot{I}_1$、$\dot{I}_2$,试写出电路网孔电流方程的相量形式。

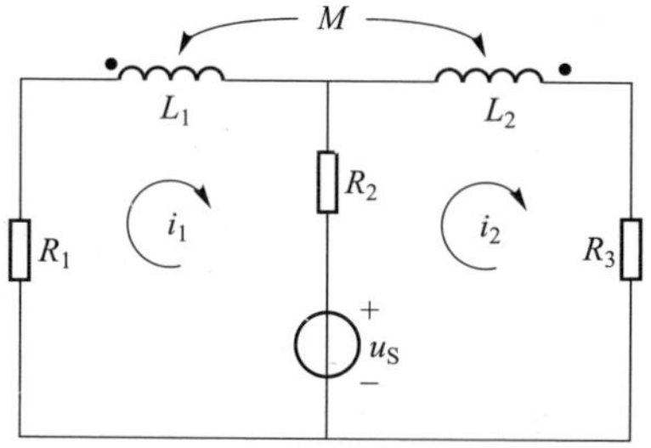

图 9 例 10-5 图

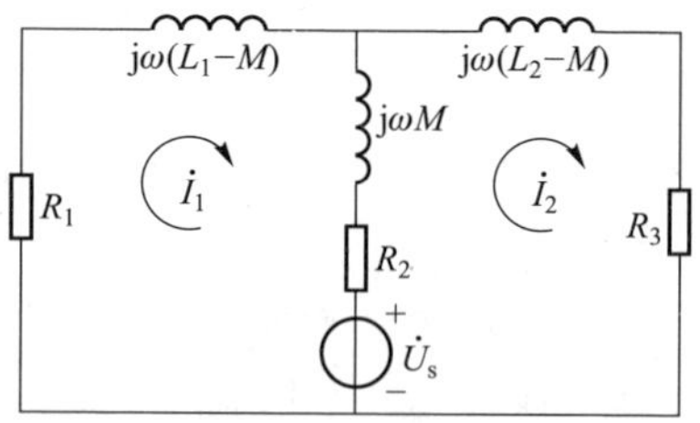

图 10 例 10-5 解图

解:画出图 9 所示电路的等效去耦电路的相量模型,如图 10 所示。

网孔电流方程为

$$\begin{cases}[R_1+j\omega(L_1-M)+j\omega M+R_2]\dot{I}_1-(j\omega M+R_2)\dot{I}_2=-\dot{U}_s\\-(j\omega M+R_2)\dot{I}_1+[R_2+j\omega M+j\omega(L_2-M)+R_3]\dot{I}_2=\dot{U}_s\end{cases}$$

整理方程得

$$\begin{cases}(R_1+R_2+j\omega L_1)\dot{I}_1-(R_2+j\omega M)\dot{I}_2=-\dot{U}_s\\-(R_2+j\omega M)\dot{I}_1+(R_2+R_3+j\omega L_2)\dot{I}_2=\dot{U}_s\end{cases}$$

本章习题与解答

10-1 试确定题 10-1 图所示耦合线圈的同名端。

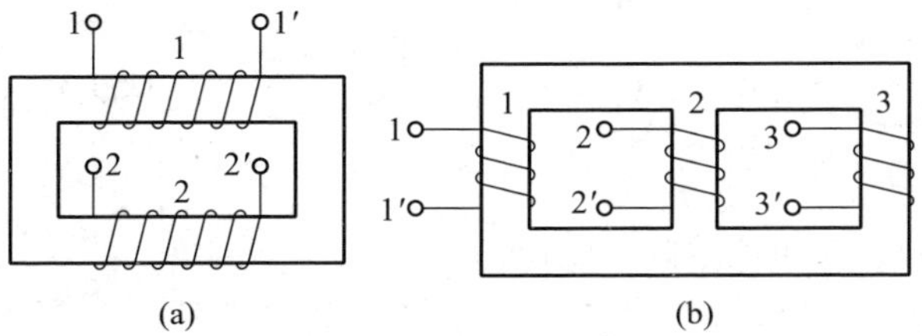

题 10-1 图

解:根据标注同名端的原则,用右手螺旋法则判定。

题 10-1 图(a)中,线圈 1 与线圈 2 的同名端为(1 和 2′端)或(1′和 2 端)。

题 10-1 图(b)中,线圈 1 与线圈 2 的同名端为(1 和 2′端)或(1′和 2 端);线圈 1 与线圈 3 的同名端为(1 和 3′端)或(1′和 3 端);线圈 2 与线圈 3 的同名端为(2 和 3′端)或(2′和 3 端)。

10-2 两个耦合的线圈如题 10-2 图所示(黑盒子)。试根据图中开关 S 闭合时或闭合后再打开时,毫伏表的偏转方向确定同名端。

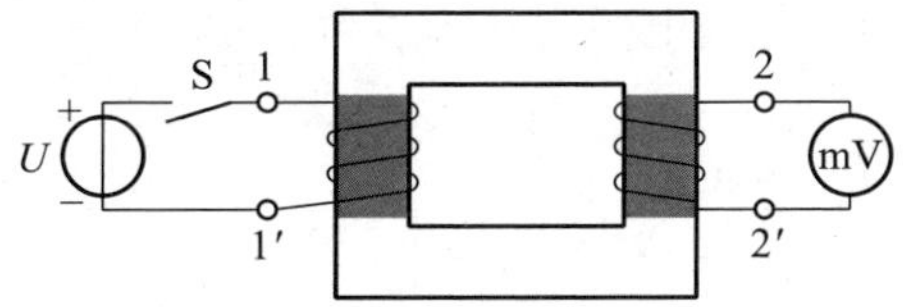

题 10-2 图

解:题 10-2 图中,当开关 S 瞬间闭合时,线圈 1 中的电流由 0 增大为 i_1,从电压源正极流入端子 1,而从端子 1′流出,此时$\dfrac{\mathrm{d}i_1(t)}{\mathrm{d}t}>0$。

若毫伏表正向偏转,则毫伏表标有"+"的端钮与电压源"+"极端子 1 为同名端,即 2 端与 1 端为同名端;

若毫伏表反向偏转,则毫伏表标有"-"的端钮与电压源"+"极端子 1 为同名端,即 2 端与 1 端为同名端。

当开关 S 闭合后再打开时,线圈 1 中的电流由 i_1 减小为 0,此时$\dfrac{\mathrm{d}i_1(t)}{\mathrm{d}t}<0$。

若毫伏表正向偏转,则毫伏表标有"-"的端钮与端子 1 为同名端,即 2 端与 1 端为同名端;

若毫伏表反向偏转,则毫伏表标有"+"的端钮与端子 1 为同名端,即 2 端与 1 端为同名端。

10-3 若有电流 $i_1=2+5\cos(10t+30°)$ A,$i_2=10\mathrm{e}^{-5t}$ A,各从题 10-1 图(a)所示线圈的 1 端和 2 端流入,并设线圈 1 的电感 $L_1=6$ H,线圈 2 的电感 $L_2=3$ H,互感为 $M=4$ H。试求:

(1) 各线圈的磁通链;(2) 端电压 $u_{11'}$和 $u_{22'}$;(3) 耦合因数 k。

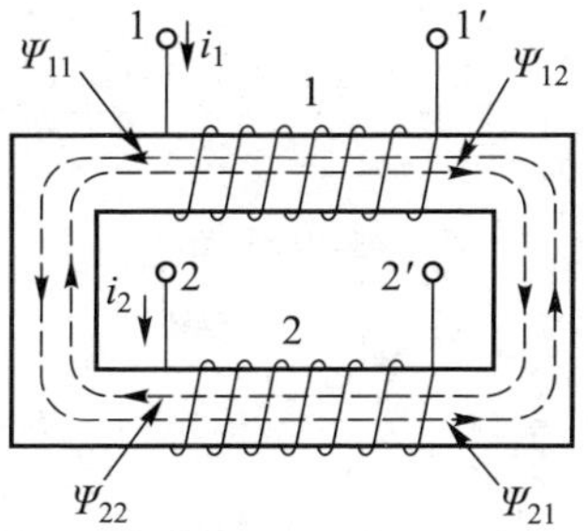

题 10-3 解图

解:(1) 依题意,i_1、i_2 各从题 10-1 图(a)所示线圈的 1 端和 2 端流入,分别产生磁通链 Ψ_{11}、Ψ_{22},如题 10-3 解图所示。

$$\begin{aligned}\Psi_1&=\Psi_{11}-\Psi_{12}=L_1i_1-Mi_2\\&=\{6\times[2+5\cos(10t+30°)]-4\times10\mathrm{e}^{-5t}\}\ \mathrm{Wb}\\&=[12+30\cos(10t+30°)-40\mathrm{e}^{-5t}]\ \mathrm{Wb}\end{aligned}$$

$$\begin{aligned}\Psi_2&=\Psi_{22}-\Psi_{21}=L_2i_2-Mi_1\\&=\{3\times10\mathrm{e}^{-5t}-4\times[2+5\cos(10t+30°)]\}\ \mathrm{Wb}\\&=[30\mathrm{e}^{-5t}-8-20\cos(10t+30°)]\ \mathrm{Wb}\end{aligned}$$

(2) $u_{11'}=\dfrac{\mathrm{d}\Psi_1}{\mathrm{d}t}=[-300\sin(10t+30°)+200\mathrm{e}^{-5t}]\ \mathrm{V}$

$$u_{22'}=\frac{\mathrm{d}\Psi_2}{\mathrm{d}t}=[-150\mathrm{e}^{-5t}+200\sin(10t+30°)]\ \mathrm{V}$$

(3) $k=\dfrac{M}{\sqrt{L_1L_2}}=\dfrac{4}{\sqrt{6\times3}}=0.943$

10-4 题 10-4 图所示电路中,(1)$L_1=8$ H,$L_2=2$ H,$M=2$ H;(2)$L_1=8$ H,$L_2=2$ H,$M=4$ H;(3)$L_1=L_2=M=4$ H。试求以上三种情况从端子 1-1′看进去的等效电感。

解:题 10-4 图(a)(b)(c)(d)中,各支路电流如题 10-4 解图(a)(b)(c)(d)所示。

推导端子 1-1′上的 $u_{11'}-i$ 关系式,整理成 $u_{11'}=L_{\mathrm{eq}}\dfrac{\mathrm{d}i}{\mathrm{d}t}$的形式,即求得等效电感 L_{eq}。

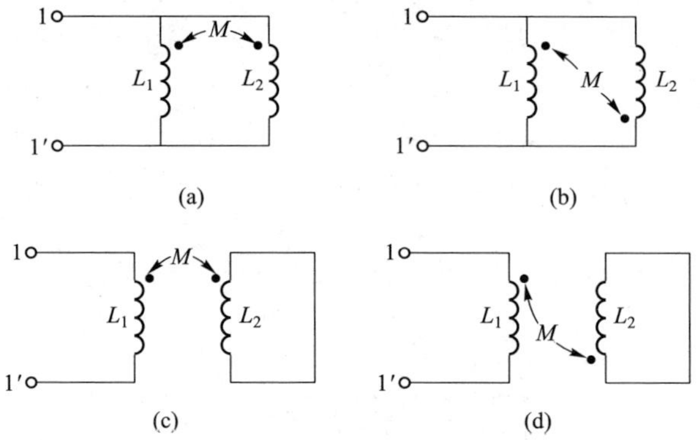

题 10-4 图

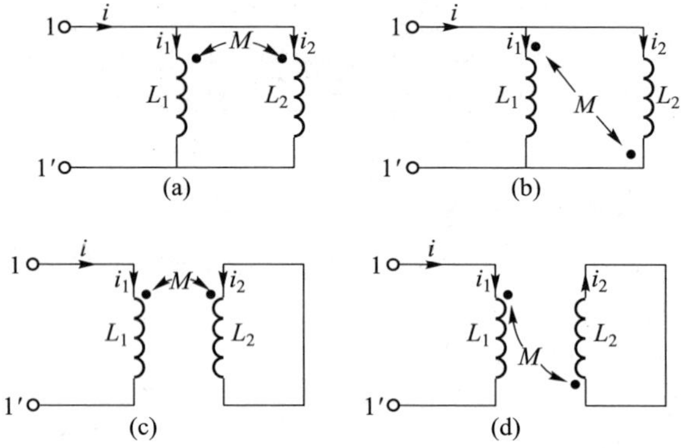

题 10-4 解图

题 10-4 解图(a)中,左侧电感电压 $u_{11'}=L_1\dfrac{di_1}{dt}+M\dfrac{di_2}{dt}$　　〈1〉

右侧电感电压 $u_{11'}=L_2\dfrac{di_2}{dt}+M\dfrac{di_1}{dt}$　　〈2〉

节点的 KCL 方程为 $i_2=i-i_1$　　〈3〉

将〈3〉式代入〈1〉和〈2〉式,得

$$u_{11'}=L_1\frac{di_1}{dt}+M\frac{d(i-i_1)}{dt}=(L_1-M)\frac{di_1}{dt}+M\frac{di}{dt}\qquad〈4〉$$

$$u_{11'}=L_2\frac{d(i-i_1)}{dt}+M\frac{di_1}{dt}=L_2\frac{di}{dt}-(L_2-M)\frac{di_1}{dt}\qquad〈5〉$$

由〈4〉式得 $\dfrac{di_1}{dt}=\dfrac{1}{L_1-M}\left(u_{11'}-M\dfrac{di}{dt}\right)$,代入〈5〉式,得

$$u_{11'}=L_2\frac{di}{dt}-\frac{L_2-M}{L_1-M}\left(u_{11'}-M\frac{di}{dt}\right)$$

$$\Rightarrow\quad\left(1+\frac{L_2-M}{L_1-M}\right)u_{11'}=\left(L_2+\frac{L_2-M}{L_1-M}\cdot M\right)\frac{di}{dt}$$

$$\Rightarrow\quad u_{11'}=\frac{L_1L_2-M^2}{L_1+L_2-2M}\cdot\frac{di}{dt}$$

即等效电感 $L_{eq}=\dfrac{L_1L_2-M^2}{L_1+L_2-2M}$。

(1) $L_{eq}=\dfrac{8\times2-2^2}{8+2-2\times2}H=2$ H;(2) $L_{eq}=\dfrac{8\times2-4^2}{8+2-2\times4}H=0$ H;(3) 由〈4〉式,因 $L_1-M=0$,则 $L_{eq}=M=4$ H。

题 10-4 图解(b)中,左侧电感电压 $u_{11'}=L_1\dfrac{di_1}{dt}-M\dfrac{d(i-i_1)}{dt}$　　〈1′〉

右侧电感电压 $u_{11'}=L_2\dfrac{d(i-i_1)}{dt}-M\dfrac{di_1}{dt}$　　〈2′〉

联立〈1′〉和〈2′〉式求解,得

$u_{11'}=\dfrac{L_1L_2-M^2}{L_1+L_2+2M}\cdot\dfrac{di}{dt}$,即等效电感 $L_{eq}=\dfrac{L_1L_2-M^2}{L_1+L_2+2M}$

(1) $L_{eq}=\dfrac{8\times2-2^2}{8+2+2\times2}H=\dfrac{12}{14}H=0.857$ H;(2) $L_{eq}=\dfrac{8\times2-4^2}{8+2+2\times4}H=0$ H;(3) $L_{eq}=\dfrac{4\times4-4^2}{4+4+2\times4}H=0$ H。

题 10-4 解图(c)中,左侧电感电压 $u_{11'}=L_1\dfrac{di}{dt}+M\dfrac{di_2}{dt}$　　〈1″〉

右侧电感电压 $0=L_2\dfrac{di_2}{dt}+M\dfrac{di}{dt}$　　〈2″〉

由〈2″〉式,得 $\dfrac{di_2}{dt}=-\dfrac{M}{L_2}\cdot\dfrac{di}{dt}$

代入〈1″〉式,得

$$u_{11'}=L_1\frac{di}{dt}+M\times\left(-\frac{M}{L_2}\cdot\frac{di}{dt}\right)=\left(L_1-\frac{M^2}{L_2}\right)\frac{di}{dt}$$

即等效电感 $L_{eq}=L_1-\dfrac{M^2}{L_2}$

(1) $L_{eq}=\left(8-\dfrac{2^2}{2}\right)H=6$ H;(2) $L_{eq}=\left(8-\dfrac{4^2}{2}\right)H=0$ H;

(3) $L_{eq}=\left(4-\dfrac{4^2}{4}\right)H=0$ H。

题 10-4 解图(d)与题 10-4 解图(c)完全相同,则

(1) $L_{eq}=\left(8-\dfrac{2^2}{2}\right)H=6$ H;(2) $L_{eq}=\left(8-\dfrac{4^2}{2}\right)H=0$ H;(3) $L_{eq}=\left(4-\dfrac{4^2}{4}\right)H=0$ H

10-5　求题 10-5 图所示电路的输入阻抗 $Z(\omega=1\ \text{rad/s})$。

解:题 10-5 图(a)(b)(c)的 1-1′端等效去耦电路的相量模型如题 10-5 解图(a)(b)(c)所示。

题 10-5 图解(a)中,输入阻抗 $Z=\left(\mathrm{j}+\dfrac{1}{1+\mathrm{j}2}\right)\ \Omega=(0.2+\mathrm{j}0.6)\ \Omega$。

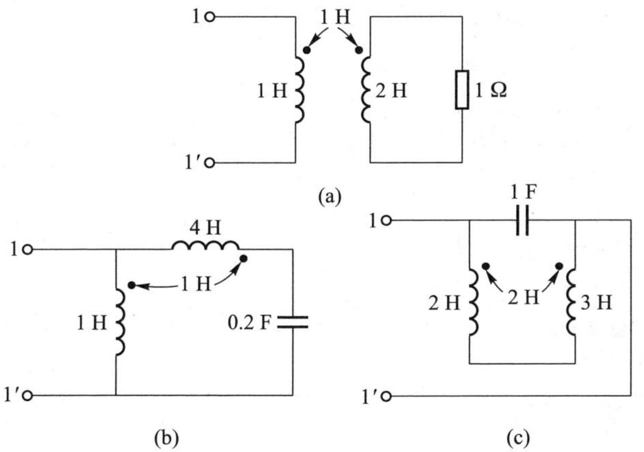

题 10-5 图

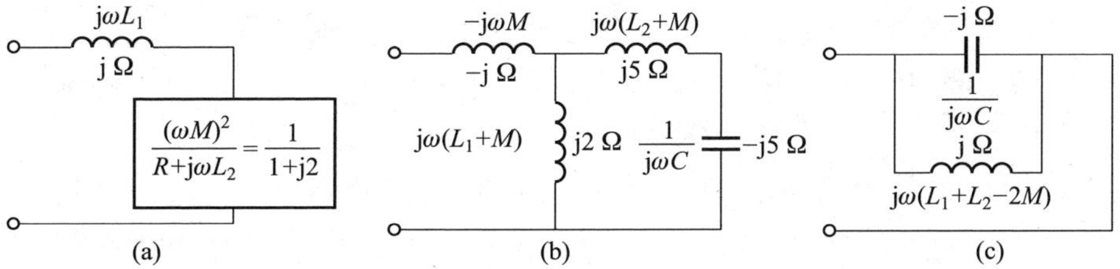

题 10-5 解图

题 10-5 图解(b)中,因 j5+(−j5)=0,输入阻抗 $Z=-\mathrm{j}\ \Omega$。

题 10-5 图解(c)中,输入阻抗 $Z=\dfrac{1}{-\mathrm{j}+\mathrm{j}}\to\infty$,此时发生 LC 并联谐振,谐振角频率

$$\omega_0=\frac{1}{\sqrt{(L_1+L_2-2M)C}}=\frac{1}{\sqrt{(2+3-2\times2)\times1}}\mathrm{rad/s}=1\ \mathrm{rad/s}。$$

10-6 题 10-6 图所示电路中,$R_1=R_2=1\ \Omega$,$\omega L_1=3\ \Omega$,$\omega L_2=2\ \Omega$,$\omega M=2\ \Omega$,$U_1=100\ \mathrm{V}$。求:

(1) 开关 S 打开和闭合时的电流 $\dot{I}_1$;(2) S 闭合时各部分的复功率。

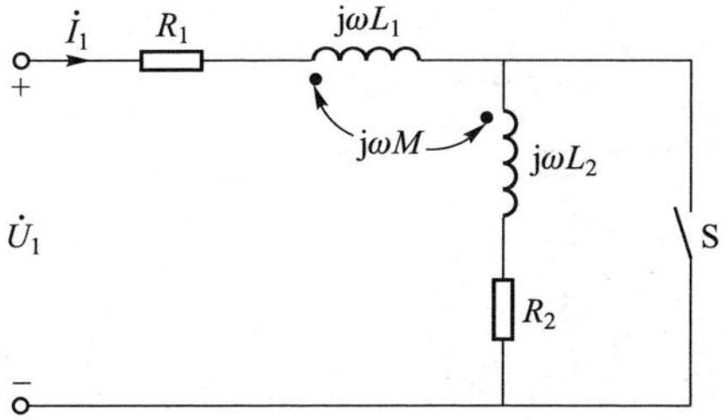

题 10-6 图

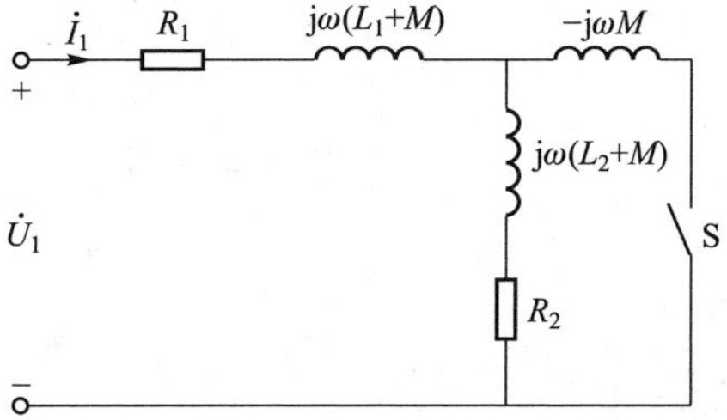

题 10-6 解图

解:题 10-6 图所示电路的去耦等效电路如题 10-6 解图所示,设 $\dot{U}_1=100\underline{/0°}\ \mathrm{V}$。

(1) 当开关 S 打开时

$$\dot{I}_1=\frac{\dot{U}_1}{R_1+R_2+\mathrm{j}\omega(L_1+M)+\mathrm{j}\omega(L_2+M)}$$
$$=\frac{100\underline{/0°}}{1+1+\mathrm{j}(3+2+2\times2)}\mathrm{A}=\frac{100\underline{/0°}}{2+\mathrm{j}9}\mathrm{A}$$
$$=\frac{100\underline{/0°}}{9.22\underline{/77.47°}}\mathrm{A}=10.85\underline{/-77.47°}\ \mathrm{A}$$

当开关 S 闭合时,

$$\dot{I}_1=\frac{\dot{U}_1}{R_1+\mathrm{j}\omega(L_1+M)+\dfrac{[R_2+\mathrm{j}\omega(L_2+M)](-\mathrm{j}\omega M)}{[R_2+\mathrm{j}\omega(L_2+M)]+(-\mathrm{j}\omega M)}}$$
$$=\frac{100\underline{/0°}}{1+\mathrm{j}5+\dfrac{(1+\mathrm{j}4)(-\mathrm{j}2)}{(1+\mathrm{j}4)+(-\mathrm{j}2)}}\mathrm{A}$$
$$=43.85\underline{/-37.88°}\ \mathrm{A}$$

(2) 当开关 S 闭合时

$$\bar{S}_{电源}=\dot{U}_1\dot{I}_1^*=100\underline{/0°}\times43.85\underline{/37.88°}\ \mathrm{VA}$$
$$=4385\underline{/37.88°}\ \mathrm{VA}(发出功率)$$

R_2、L_2 支路被短路,电压为零,则 $\bar{S}_2=0$,R_1、L_1 支路的复功率为

$$\bar{S}_1=\dot{U}_1\dot{I}_1^*=4385\underline{/37.88°}\ \mathrm{VA}(吸收功率)$$

10-7 把两个线圈串联起来接到 50 Hz、220 V 的正弦电源上,同向串联时得电流 $I=2.7$ A,吸收的功率为 218.7 W;反向串联时电流为 7 A。求互感 M。

解:两线圈同向串联时,其等效阻抗为 $R_1+R_2+\mathrm{j}\omega(L_1+L_2+2M)=\dfrac{\dot{U}}{\dot{I}}$,两边取模的平方,则有

$$(R_1+R_2)^2+[\omega(L_1+L_2+2M)]^2=\left(\frac{U}{I}\right)^2 \qquad \langle 1\rangle$$

因 $P=(R_1+R_2)\cdot I^2$,得

$$R_1+R_2=\frac{P}{I^2}=\frac{218.7}{2.7^2}\Omega=30\ \Omega$$

两线圈反向串联时,其等效阻抗为 $R_1+R_2+\mathrm{j}\omega(L_1+L_2-2M)=\dfrac{\dot{U}}{\dot{I}'}$,两边取模的平方,则有

$$(R_1+R_2)^2+[\omega(L_1+L_2-2M)]^2=\left(\frac{U}{I'}\right)^2 \qquad \langle 2\rangle$$

由〈1〉式,得 $L_1+L_2+2M=\dfrac{1}{\omega}\sqrt{\left(\dfrac{U}{I}\right)^2-(R_1+R_2)^2}$ 〈3〉

由〈2〉式,得 $L_1+L_2-2M=\dfrac{1}{\omega}\sqrt{\left(\dfrac{U}{I'}\right)^2-(R_1+R_2)^2}$ 〈4〉

〈3〉式减〈4〉式,得

$$4M=\frac{1}{2\pi f}\left[\sqrt{\left(\frac{U}{I}\right)^2-(R_1+R_2)^2}-\sqrt{\left(\frac{U}{I'}\right)^2-(R_1+R_2)^2}\right]$$

$$\Rightarrow \quad M=\frac{1}{4\times2\times3.14\times50}\left[\sqrt{\left(\frac{220}{2.7}\right)^2-30^2}-\sqrt{\left(\frac{220}{7}\right)^2-30^2}\right]\text{ H}$$

$$=0.05286\text{ H}=52.86\text{ mH}$$

10-8 电路如题 10-8 图所示,已知两个线圈的参数为:$R_1=R_2=100\ \Omega$,$L_1=3$ H,$L_2=10$ H,$M=5$ H,正弦电源的电压 $U=220$ V,$\omega=100$ rad/s。

(1) 试求两个线圈端电压,并作出电路的相量图;

(2) 证明两个耦合电感反向串联时不可能有 $L_1+L_2-2M\leqslant0$;

(3) 电路中串联多大的电容可使 $\dot{U}$、$\dot{I}$ 同相?

(4) 画出该电路的去耦等效电路。

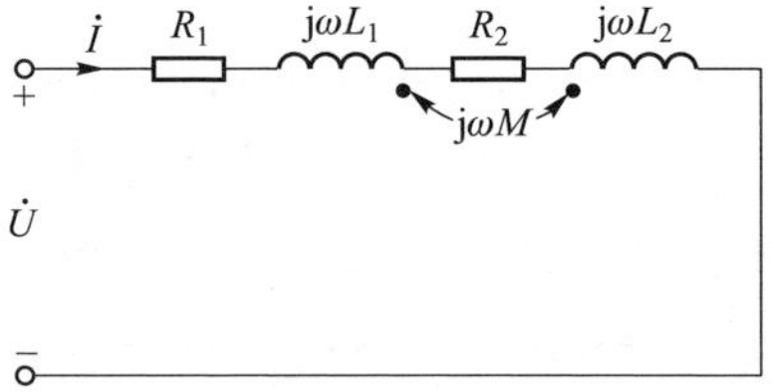

题 10-8 图

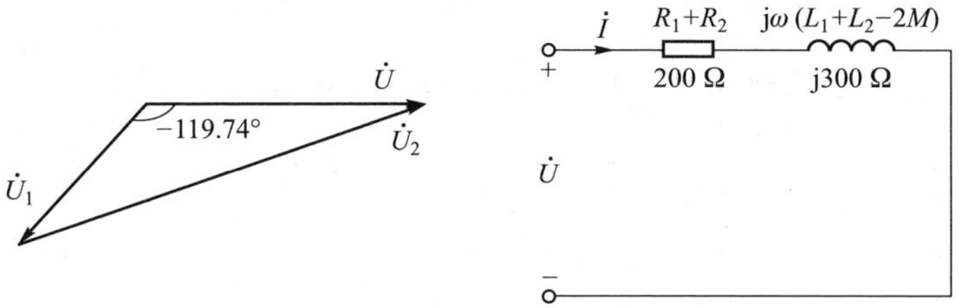

(a) (b)

题 10-8 解图

解:题 10-8 图中,设 $\dot{U}=220\underline{/0^\circ}$ V。

(1) $\dot{U}=R_1\dot{I}+\mathrm{j}\omega L_1\dot{I}-\mathrm{j}\omega M\dot{I}+R_2\dot{I}+\mathrm{j}\omega L_2\dot{I}-\mathrm{j}\omega M\dot{I}$,则

$$\dot{I}=\frac{\dot{U}}{R_1+R_2+\mathrm{j}\omega(L_1+L_2-2M)}=\frac{220\underline{/0^\circ}}{200+\mathrm{j}300}\text{A}=0.61\underline{/-56.31^\circ}\text{ A}$$

设两个线圈的端电压与电流取关联参考方向,则

线圈 1 的端电压:

$$\dot{U}_1=(R_1+\mathrm{j}\omega L_1)\dot{I}-\mathrm{j}\omega M\dot{I}=[R_1+\mathrm{j}\omega(L_1-M)]\dot{I}$$
$$=(100-\mathrm{j}200)\times0.61\underline{/-56.31^\circ}\text{ V}=136.4\underline{/-119.74^\circ}\text{ V}$$

线圈 2 的端电压:

$$\dot{U}_2=(R_2+\mathrm{j}\omega L_2)\dot{I}-\mathrm{j}\omega M\dot{I}=[R_2+\mathrm{j}\omega(L_2-M)]\dot{I}$$
$$=(100+\mathrm{j}500)\times0.61\underline{/-56.31^\circ}\text{ V}=311.04\underline{/22.38^\circ}\text{ V}$$

作出电路的相量图如题 10-8 解图(a)所示。

(2) 证明:因 $k=\dfrac{M}{\sqrt{L_1L_2}}\leqslant0$,则 $M\leqslant\sqrt{L_1L_2}$,又因$(\sqrt{L_1}-\sqrt{L_2})^2=L_1-2\sqrt{L_1L_2}+L_2\geqslant0$,所以 $L_1+L_2\geqslant2\sqrt{L_1L_2}\geqslant2M$,也即 $L_1+L_2-2M\geqslant0$,故两耦合电感反向串联时不可能有 $L_1+L_2-2M<0$。

(3) $\dot{U}$、$\dot{I}$ 同相,发生串联谐振,

$\omega=\dfrac{1}{\sqrt{L_{eq}C}}$,$L_{eq}=L_1+L_2-2M=3$ H,串联电容 $C=\dfrac{1}{\omega^2L_{eq}}=\dfrac{1}{100^2\times3}\text{F}=33.33\ \mu\text{F}$。

(4) 该电路的去耦等效电路如题 10-8 解图(b)所示。

10-9 题 10-9 图电路中,$L_1=0.2$ H,$L_2=M=0.1$ H,$u_S=10\sqrt{2}\cos(2t+30^\circ)$ V。求图中表 W 读数,并说明该读数有无意义。

解:画出题 10-9 图的相量电路模型如图 10-9 解图所示,$\dot{U}_s=10\underline{/30^\circ}$ V $=(5\sqrt{3}+\mathrm{j}5)$ V,$\mathrm{j}\omega L_1=\mathrm{j}2\times0.2\ \Omega=\mathrm{j}0.4\ \Omega$,$\mathrm{j}\omega L_2=\mathrm{j}\omega M=\mathrm{j}2\times0.1\ \Omega=\mathrm{j}0.2\ \Omega$,功率表 W 的读数为 $P_W=\mathrm{Re}[\dot{U}_2\cdot\dot{I}_1^*]$。

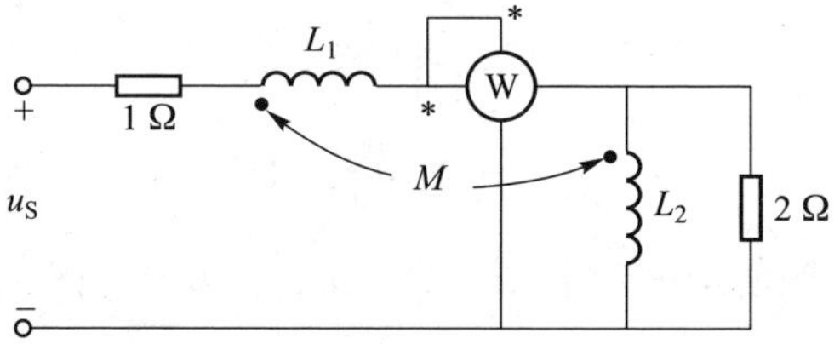

题 10-9 图

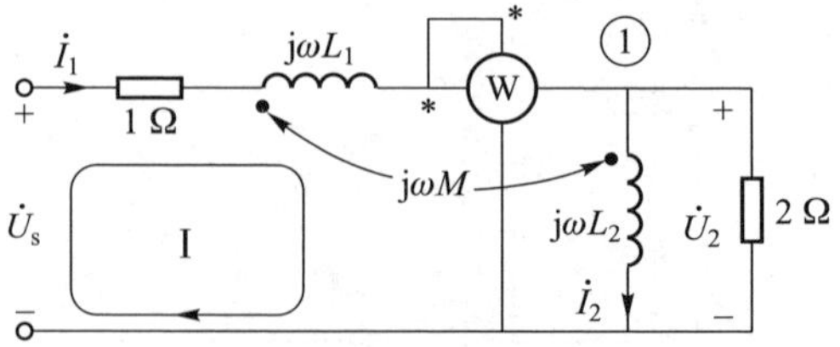

题 10-9 解图

对回路 I,列 KVL 方程,有 $(R_1+\mathrm{j}\omega L_1)\dot{I}_1+\mathrm{j}\omega M\dot{I}_2+\dot{U}_2=\dot{U}_s$,得

$$(1+\mathrm{j}0.4)\dot{I}_1+\mathrm{j}0.2\dot{I}_2+\dot{U}_2=\dot{U}_s \qquad \langle 1\rangle$$

对节点①,列 KCL 方程,有 $\dot{I}_1=\dot{I}_2+\dfrac{\dot{U}_2}{R_2}$,得 $\dot{I}_1=\dot{I}_2+\dfrac{\dot{U}_2}{2}$ $\qquad\langle 2\rangle$

而 $\dot{U}_2=\mathrm{j}\omega L_2\dot{I}_2+\mathrm{j}\omega M\dot{I}_1=\mathrm{j}0.2\dot{I}_2+\mathrm{j}0.2\dot{I}_1$,得 $\qquad \dot{I}_1+\dot{I}_2=\dfrac{\dot{U}_2}{\mathrm{j}0.2}$ $\qquad\langle 3\rangle$

将〈3〉式减〈2〉式,得 $\qquad 2\dot{I}_2=\left(\dfrac{1}{\mathrm{j}0.2}-\dfrac{1}{2}\right)\dot{U}_2$

$$\dot{I}_2=\left(\frac{1}{\mathrm{j}0.4}-\frac{1}{4}\right)\dot{U}_2 \qquad \langle 4\rangle$$

将 $\dot{I}_2$代入〈2〉式,得

$$\dot{I}_1=\left(\frac{1}{\mathrm{j}0.4}-\frac{1}{4}\right)\dot{U}_2+\frac{1}{2}\dot{U}_2,\text{得 }\dot{I}_1=\left(\frac{1}{\mathrm{j}0.4}+\frac{1}{4}\right)\dot{U}_2 \qquad \langle 5\rangle$$

将〈5〉式 $\dot{I}_1$、〈4〉式 $\dot{I}_2$代入〈1〉式,得

$$(1+\mathrm{j}0.4)\times\left(\frac{1}{\mathrm{j}0.4}+\frac{1}{4}\right)\dot{U}_2+\mathrm{j}0.2\times\left(\frac{1}{\mathrm{j}0.4}-\frac{1}{4}\right)\dot{U}_2+\dot{U}_2=\dot{U}_s$$

$$\Rightarrow\quad \left(\frac{1}{\mathrm{j}0.4}+\frac{1}{4}+1+\mathrm{j}0.1+0.5-\mathrm{j}0.05+1\right)\dot{U}_2=\dot{U}_s$$

$$\Rightarrow\quad (2.75-\mathrm{j}2.45)\dot{U}_2=\dot{U}_s$$

$$\dot{U}_2=\frac{\dot{U}_s}{2.75-\mathrm{j}2.45}=\frac{10\angle 30^\circ}{2.75-\mathrm{j}2.45}\mathrm{V}$$

$$=\frac{5\sqrt{3}+\mathrm{j}5}{2.75-\mathrm{j}2.45}\mathrm{V}=\frac{5(\sqrt{3}+\mathrm{j})}{2.75-\mathrm{j}2.45}\mathrm{V}=(0.853+\mathrm{j}2.578)\ \mathrm{V}$$

代入〈5〉式,得

$$\dot{I}_1=\left(\frac{1}{\mathrm{j}0.4}+\frac{1}{4}\right)(0.853+\mathrm{j}2.578)\,\mathrm{A}=(6.658-\mathrm{j}1.488)\,\mathrm{A}$$

$$\begin{aligned}P_W&=\mathrm{Re}[\dot{U}_2\cdot\dot{I}_1^*]=\mathrm{Re}[(0.853+\mathrm{j}2.578)(6.658+\mathrm{j}1.488)]\,\mathrm{W}\\&=\mathrm{Re}[1.843+\mathrm{j}18.43]\,\mathrm{W}\\&=1.843\ \mathrm{W}\end{aligned}$$

由于功率表 W 是测读平均功率的,只有 $R_1=1\ \Omega$、$R_2=2\ \Omega$ 电阻才有平均功率(即有功功率),电感无有功功率。故

$$P_{R1}=R_1I_1^2=1\times(6.658^2+1.488^2)\,\mathrm{W}=46.54\ \mathrm{W}$$

$$P_{R2}=\frac{U_2^2}{R_2}=\frac{0.853^2+2.578^2}{2}\mathrm{W}=3.687\ \mathrm{W}$$

$$\begin{aligned}P_{\text{总}}&=\mathrm{Re}[\dot{U}_s\cdot\dot{I}_1^*]=\mathrm{Re}[(5\sqrt{3}+\mathrm{j}5)(6.658+\mathrm{j}1.488)]\,\mathrm{W}\\&=\mathrm{Re}[50.227+\mathrm{j}46.18]\,\mathrm{W}=50.227\ \mathrm{W}\end{aligned}$$

$$P_{R1}+P_{R2}=(46.54+3.687)\,\mathrm{W}=50.227\ \mathrm{W}=P_{\text{总}}$$

所以此题 10-9 图中功率表的读数无实际意义(P_W 与 P_{R1}、P_{R2}、$P_{\text{总}}$均不等)。

10-10 当题 10-10 图所示电路中的电流 $\dot{I}_1$与 $\dot{I}_2$正交时,试证明:$R_1R_2=\dfrac{L_2}{C}$,并对此结果进行分析。

解:题 10-10 图的相量模型如题 10-10 解图所示。

因 $R_1\dot{I}_1=\dfrac{1}{\dfrac{1}{R_1}+\mathrm{j}\omega C}\dot{I}$,得 $\dot{I}=(\mathrm{j}\omega CR_1+1)\dot{I}_1$ $\qquad\langle 1\rangle$

列二次侧回路电压方程 $(R_2+\mathrm{j}\omega L_2)\dot{I}_2-\mathrm{j}\omega M\dot{I}=0$ $\qquad\langle 2\rangle$

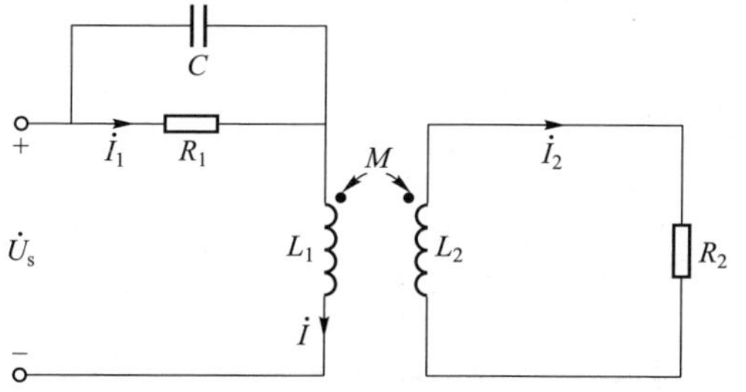

题 10-10 图

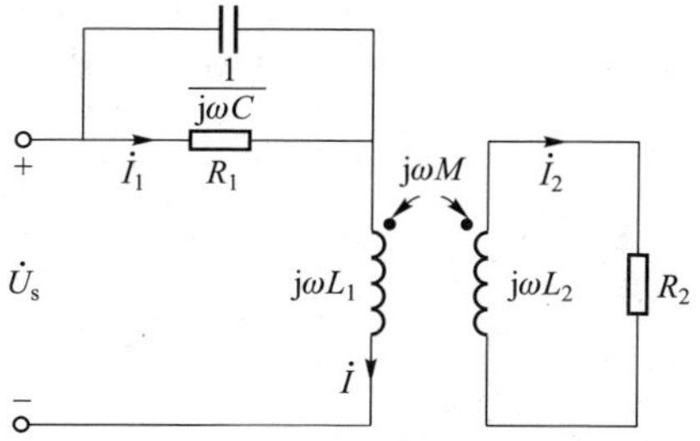

题 10-10 解图

将〈1〉式代入〈2〉式,得 $(R_2+\mathrm{j}\omega L_2)\dot{I}_2-\mathrm{j}\omega M(\mathrm{j}\omega CR_1+1)\dot{I}_1=0$,则有

$$\begin{aligned}\frac{\dot{I}_1}{\dot{I}_2}&=\frac{R_2+\mathrm{j}\omega L_2}{\mathrm{j}\omega M(\mathrm{j}\omega CR_1+1)}=\frac{R_2+\mathrm{j}\omega L_2}{-\omega^2MCR_1+\mathrm{j}\omega M}\\&=\frac{(R_2+\mathrm{j}\omega L_2)(-\omega^2MCR_1-\mathrm{j}\omega M)}{(\omega^2MCR_1)^2+(\omega M)^2}\\&=\frac{-\omega^2MCR_1R_2+\omega^2L_2M-\mathrm{j}(\omega^3ML_2CR_1+\omega MR_2)}{(\omega^2MCR_1)^2+(\omega M)^2}=\frac{I_1}{I_2}\angle\varphi\end{aligned}$$

依题意,电流 $\dot{I}_1$与 $\dot{I}_2$正交,上式实部应为零,即

$$-\omega^2MCR_1R_2+\omega^2L_2M=0\quad\Rightarrow\quad CR_1R_2=L_2$$

证明得 $R_1R_2=\dfrac{L_2}{C}$,因虚部为负,有 $\varphi=-90^\circ$,结果为

$$\frac{\dot{I}_1}{\dot{I}_2}=\frac{-\mathrm{j}(\omega^3ML_2CR_1+\omega MR_2)}{(\omega^2MCR_1)^2+(\omega M)^2}=\frac{-\mathrm{j}(\omega^2L_2CR_1+R_2)}{\omega^3MC^2R_1^2+\omega M}$$

$$=-\mathrm{j}\frac{\omega^2L_2\cdot\dfrac{L_2}{R_2}+R_2}{\omega^3M\left(\dfrac{L_2}{R_2}\right)^2+\omega M}=-\mathrm{j}\frac{(\omega^2L_2^2+R_2^2)\times\dfrac{1}{R_2}}{\dfrac{\omega M}{R_2^2}(\omega^2L_2^2+R_2^2)}$$

$$=-\mathrm{j}\frac{R_2}{\omega M}=\frac{R_2}{\omega M}\angle -90^\circ$$

10-11 试求题 10-11 图所示电路中电压源的角频率为何值时，功率表 W 的读数为零（图中元件的参数已知）？

解：题 10-11 图的去耦电路相量模型如题 10-11 解图（a）所示，将其中的①、②、③节点上的三角形阻抗 Z_{12}、Z_{23}、Z_{31} 再等效变换为星形阻抗 Z_1、Z_2、Z_3，如题 10-11 解图（b）所示。

题 10-11 解图（a）中，三角形阻抗的值分别为

$$Z_{12}=-\mathrm{j}\frac{1}{\omega C}$$

$$Z_{23}=\mathrm{j}\omega(L_2-M)$$

$$Z_{31}=\frac{1}{\mathrm{j}\omega C}+\mathrm{j}\omega(L_1-M)=\mathrm{j}\left[\omega(L_1-M)-\frac{1}{\omega C}\right]$$

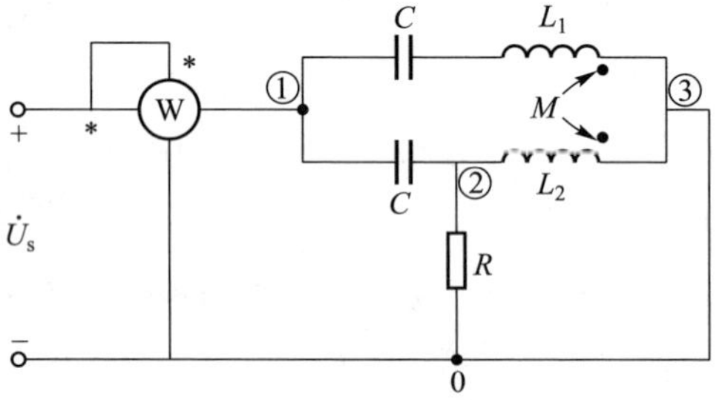

题 10-11 图

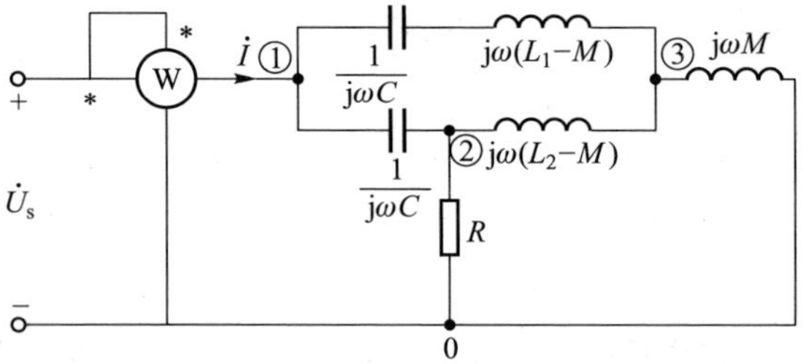

(a)

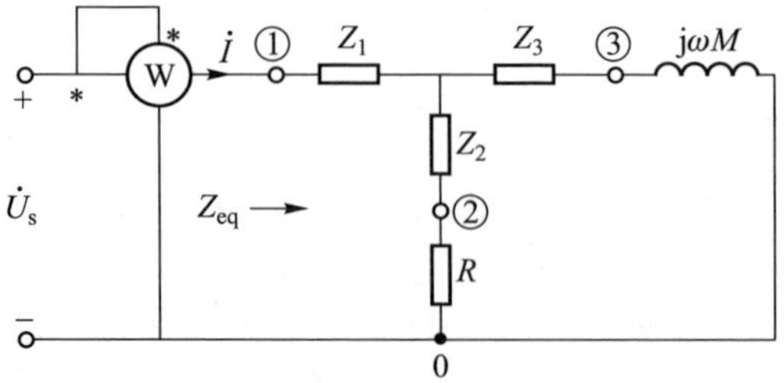

(b)

题 10-11 解图

题 10-11 解图（b）中，

$$Z_1=\frac{Z_{12}Z_{31}}{Z_{12}+Z_{23}+Z_{31}}=\frac{-\mathrm{j}\frac{1}{\omega C}\times \mathrm{j}\left[\omega(L_1-M)-\frac{1}{\omega C}\right]}{-\mathrm{j}\frac{1}{\omega C}+\mathrm{j}\omega(L_2-M)+\mathrm{j}\left[\omega(L_1-M)-\frac{1}{\omega C}\right]}$$

$$=\frac{-\mathrm{j}\times\mathrm{j}\left[\frac{L_1-M}{C}-\frac{1}{(\omega C)^2}\right]}{\mathrm{j}\left[\omega(L_1+L_2-2M)-\frac{2}{\omega C}\right]}=\frac{-\mathrm{j}\left[\frac{L_1-M}{C}-\frac{1}{(\omega C)^2}\right]}{\omega(L_1+L_2-2M)-\frac{2}{\omega C}}$$

$$Z_2=\frac{Z_{12}Z_{23}}{Z_{12}+Z_{23}+Z_{31}}=\frac{-\mathrm{j}\frac{1}{\omega C}\times\mathrm{j}\omega(L_2-M)}{\mathrm{j}\left[\omega(L_1+L_2-2M)-\frac{2}{\omega C}\right]}$$

$$=\frac{-\mathrm{j}\frac{L_2-M}{C}}{\omega(L_1+L_2-2M)-\frac{2}{\omega C}}$$

$$Z_3=\frac{Z_{31}Z_{23}}{Z_{12}+Z_{23}+Z_{31}}=\frac{\mathrm{j}\left[\omega(L_1-M)-\frac{1}{\omega C}\right]\times\mathrm{j}\omega(L_2-M)}{\mathrm{j}\left[\omega(L_1+L_2-2M)-\frac{2}{\omega C}\right]}$$

$$=\frac{\mathrm{j}\left[\omega^2(L_1-M)(L_2-M)-\frac{L_2-M}{C}\right]}{\omega(L_1+L_2-2M)-\frac{2}{\omega C}}$$

因 Z_1、Z_2、Z_3 均无实部，设 $Z_1=-\mathrm{j}X_1$，$Z_2=-\mathrm{j}X_2$，$Z_3=\mathrm{j}X_3$，$Z_3+\mathrm{j}\omega M=\mathrm{j}X_4$

$$Z_{eq}=Z_1+\frac{(Z_3+\mathrm{j}\omega M)(Z_2+R)}{Z_3+\mathrm{j}\omega M+Z_2+R}=-\mathrm{j}X_1+\frac{\mathrm{j}X_4(R-\mathrm{j}X_2)}{\mathrm{j}X_4+R-\mathrm{j}X_2}$$

$$=\frac{RX_2X_4+RX_4(X_4-X_2)}{R^2+(X_4-X_2)^2}+\mathrm{j}\left[\frac{X_4R^2-X_2X_4(X_4-X_2)}{R^2+(X_4-X_2)^2}-X_1\right]$$

$$P_W=\mathrm{Re}[\dot{U}_s\dot{I}^*]=\mathrm{Re}[Z_{eq}I^2]$$

若 $P=0$，则 $\mathrm{Re}[Z_{eq}]=0$，即

$$RX_2X_4+RX_4(X_4-X_2)=0\quad\Rightarrow\quad X_2=X_4+X_2\quad\Rightarrow\quad X_4=0$$

$$X_4=X_3+\omega M=\frac{\omega^2(L_1-M)(L_2-M)-\frac{L_2-M}{C}}{\omega(L_1+L_2-2M)-\frac{2}{\omega C}}+\omega M=0$$

$$\Rightarrow \quad \omega^2(L_1-M)(L_2-M)-\frac{L_2-M}{C}+\omega M\left[\omega(L_1+L_2-2M)-\frac{2}{\omega C}\right]=0$$

$$\Rightarrow \quad \omega^2 L_1 L_2-\omega^2 M^2-\frac{L_2-M}{C}-\frac{2M}{C}=0$$

$$\Rightarrow \quad \omega^2(L_1 L_2-M^2)=\frac{L_2}{C}+\frac{M}{C}，得$$

$$\omega=\sqrt{\frac{L_2+M}{C(L_1 L_2-M^2)}}$$

10-12 题 10-12 图所示电路中 $R_1=1\ \Omega, \omega L_1=2\ \Omega, \omega L_2=32\ \Omega$，耦合因数 $k=1, \frac{1}{\omega C}=32\ \Omega$。求电流 $\dot{I}_1$ 和电压 $\dot{U}_2$。

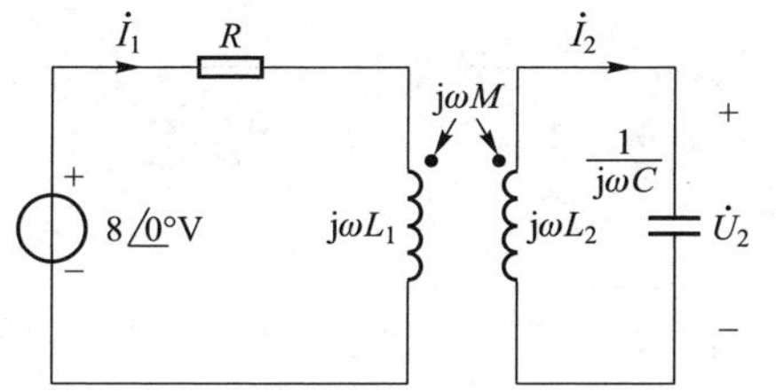

题 10-12 图

解：题 10-12 图中，设电容电流 $\dot{I}_2$ 与电压 $\dot{U}_2$ 取关联参考方向，因 $k=\frac{M}{\sqrt{L_1 L_2}}=1$，则 $M=\sqrt{L_1 L_2}$，$\omega M=\sqrt{\omega L_1 \cdot \omega L_2}=\sqrt{2\times 32}\,\Omega=8\ \Omega$，列一、二次侧 KVL 方程

$$\begin{cases}(R_1+\mathrm{j}\omega L_1)\dot{I}_1-\mathrm{j}\omega M\dot{I}_2=8\underline{/0^\circ} \\ -\mathrm{j}\omega M\dot{I}_1+\left(\mathrm{j}\omega L_2-\mathrm{j}\dfrac{1}{\omega C}\right)\dot{I}_2=0\end{cases}$$

$$\Rightarrow \begin{cases}(1+\mathrm{j}2)\dot{I}_1-\mathrm{j}8\dot{I}_2=8\underline{/0^\circ} & \langle 1\rangle \\ -\mathrm{j}8\dot{I}_1+(\mathrm{j}32-\mathrm{j}32)\dot{I}_2=0 & \langle 2\rangle\end{cases}$$

由〈2〉式得 $\dot{I}_1=0$，将 $\dot{I}_1$ 代入〈1〉式中，得

$$-\mathrm{j}8\dot{I}_2=8\underline{/0^\circ} \quad \Rightarrow \quad \dot{I}_2=\frac{8\underline{/0^\circ}}{-\mathrm{j}8}\mathrm{A}=1\underline{/90^\circ}\ \mathrm{A}$$

而 $\dot{U}_2=\frac{1}{\mathrm{j}\omega C}\dot{I}_2=-\mathrm{j}32\times 1\underline{/90^\circ}\ \mathrm{V}=32\underline{/0^\circ}\ \mathrm{V}$

10-13 已知空心变压器如题 10-13 图(a)所示，一次侧的周期性电流源波形如题 10-13 图(b)所示（一个周期），二次侧的电压表读数（有效值）为 25 V。

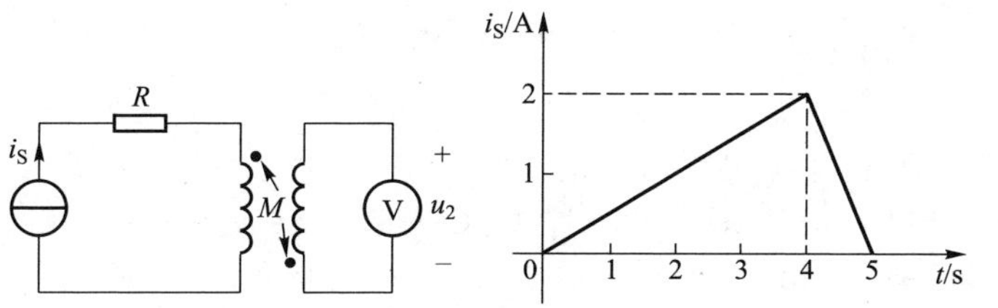

(a) (b)

题 10-13 图

（1）画出一、二次侧电压的波形，并计算互感 M；（2）给出它的等效受控源（CCVS）电路；（3）如果同名端弄错，对（1）和（2）的结果有无影响？

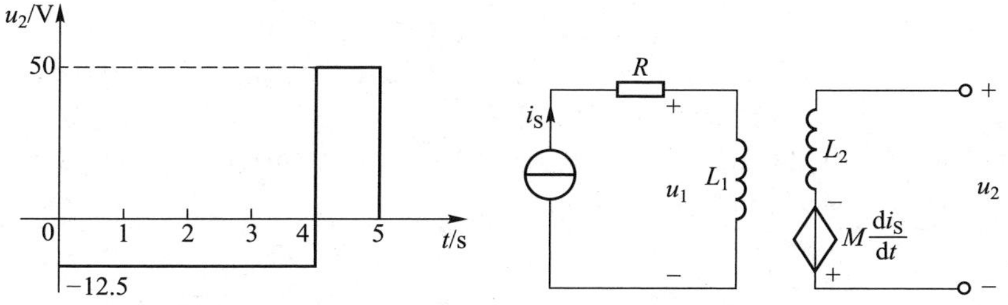

(a) (b)

题 10-13 解图

解：写出题 10-13 图(b)所示 i_S 波形的表达式为

$$i_S(t)=\begin{cases}\dfrac{1}{2}t, & 0\leqslant t\leqslant 4\ \mathrm{s} \\ -2(t-5), & 4\ \mathrm{s}<t\leqslant 5\ \mathrm{s}\end{cases}$$

（1）题 10-13 图(a)中，二次侧测量 u_2，应视为开路电压，其电流 $i_2=0$，二次侧电压为 $u_2=-M\frac{\mathrm{d}i_S}{\mathrm{d}t}=\begin{cases}-\dfrac{M}{2}, & 0\leqslant t\leqslant 4\ \mathrm{s} \\ 2M, & 4\ \mathrm{s}<t\leqslant 5\ \mathrm{s}\end{cases}$

u_2 的有效值为 $U_2=\sqrt{\frac{1}{T}\int_0^T u_2^2\mathrm{d}t}$

$$=\sqrt{\frac{1}{5}\left[\int_0^4\left(-\frac{M}{2}\right)^2\mathrm{d}t+\int_4^5(2M)^2\mathrm{d}t\right]}$$

$$=\sqrt{\frac{1}{5}\left[\frac{M^2}{4}\times 4+4M^2(5-4)\right]}=25\ \mathrm{V}$$

解得 $M=25$ H，所以

$$u_2 = -25\frac{\mathrm{d}i_s}{\mathrm{d}t} = \begin{cases} -\dfrac{25}{2} = -12.5 \text{ V}, & 0 \text{ s} \leqslant t \leqslant 4 \text{ s} \\ 2\times 25 = 50 \text{ V}, & 4 \text{ s} < t \leqslant 5 \text{ s} \end{cases}$$

u_2 波形如题 10-13 解图(a)所示。

（2）题 10-13 图(a)的等效受控源（CCVS）电路如题 10-13 解图(b)所示。

（3）如同名端弄错了,假设一次侧的同名端不变,二次侧的同名端标在了 u_2 的"+"极上。此时的一、二次侧电压为 u_1'、u_2',则

$$u_1' = L_1\frac{\mathrm{d}i_s}{\mathrm{d}t} = u_1$$

$$u_2' = M\frac{\mathrm{d}i_s}{\mathrm{d}t} = -u_2 = \begin{cases} 12.5 \text{ V}, & 0 \text{ s} \leqslant t \leqslant 4 \text{ s} \\ -50 \text{ V}, & 4 \text{ s} < t \leqslant 5 \text{ s} \end{cases}$$

M 仍为 25 H,电压表读数仍为 25 V,u_2' 波形为题 10-13 解图(a)中 u_2 的负值,此时,题 10-13 图(a)的等效受控源（CCVS）电路与题 10-13 解图(b)中所示的等效受控源（CCVS）的参考方向相反。

10-14 题 10-14 图所示电路中 $R_1 = 50 \ \Omega$,$L_1 = 70 \text{ mH}$,$L_2 = 25 \text{ mH}$,$M = 25 \text{ mH}$,$C = 1 \ \mu\text{F}$,正弦电源的电压 $\dot{U} = 500 \underline{/0°}\text{V}$,$\omega = 10^4 \text{ rad/s}$。求各支路电流。

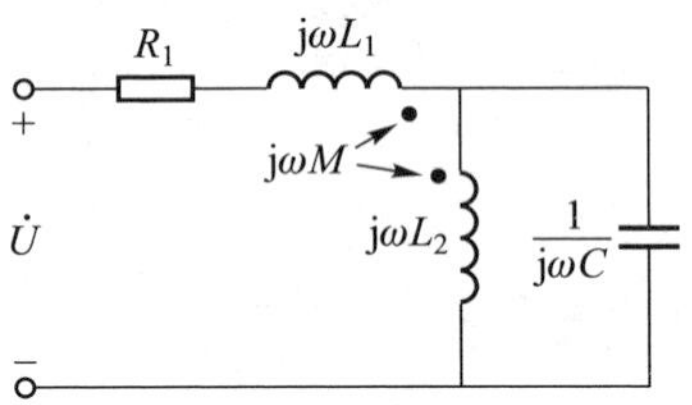

题 10-14 图　　　　题 10-14 解图

解:画出题 10-14 图的去耦等效电路如题 10-14 解图所示,选取支路电流、节点及回路,对①节点和Ⅰ、Ⅱ回路列写支路电流方程如下:

$$\begin{cases} \dot{I}_1 + \dot{I}_2 = \dot{I} \\ [R_1 + \mathrm{j}\omega(L_1 - M)]\dot{I} - \mathrm{j}\omega(L_2 - M)\dot{I}_1 = \dot{U} \\ -\mathrm{j}\omega(L_2 - M)\dot{I}_1 + \left(\mathrm{j}\omega M - \mathrm{j}\dfrac{1}{\omega C}\right)\dot{I}_2 = 0 \end{cases}$$

$$\Rightarrow \begin{cases} \dot{I}_1 + \dot{I}_2 = \dot{I} \\ [50 + \mathrm{j}(700 - 250)]\dot{I} - \mathrm{j}(250 - 250)\dot{I}_1 = \dot{U} \\ -\mathrm{j}(250 - 250)\dot{I}_1 + \mathrm{j}(250 - 100)\dot{I}_2 = 0 \end{cases}$$

$$\Rightarrow \begin{cases} \dot{I}_1 + \dot{I}_2 = \dot{I} & \langle 1\rangle \\ (50 + \mathrm{j}450)\dot{I} = 500\underline{/0°} & \langle 2\rangle \\ \mathrm{j}150\dot{I}_2 = 0 & \langle 3\rangle \end{cases}$$

由〈2〉、〈3〉式得 $\dot{I} = \dfrac{500\underline{/0°}}{50 + \mathrm{j}450}\text{A} = \dfrac{10\underline{/0°}}{1 + \mathrm{j}9}\text{A} = 1.104\underline{/-83.66°} \text{ A}$,$\dot{I}_2 = 0 \text{ A}$,代入〈1〉式得 $\dot{I}_1 = \dot{I} = 1.104\underline{/-83.66°} \text{ A}$。

10-15 列出题 10-15 图所示电路的回路电流方程。

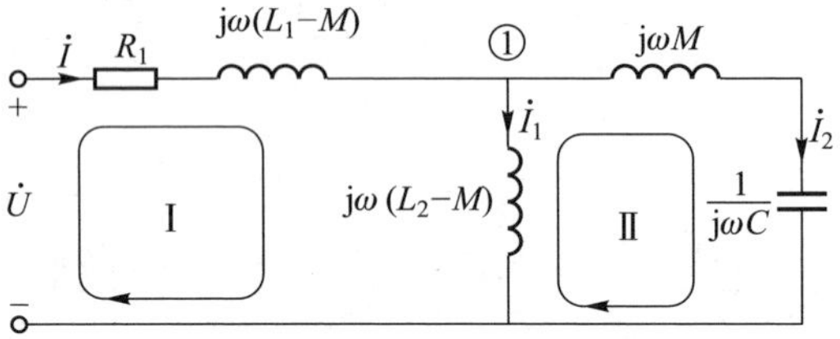

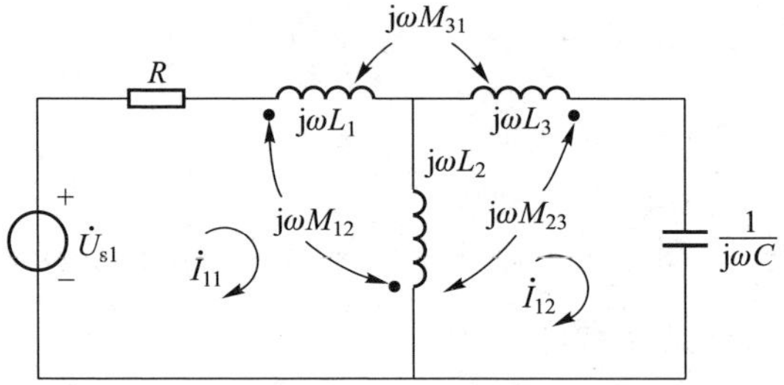

题 10-15 图

解:题 10-15 图的去耦等效电路如题 10-15 解图所示,其中 $L_{eq1} = L_1 - M_{12} + M_{23} - M_{31}$,$L_{eq2} = L_2 - M_{12} - M_{23} + M_{31}$,$L_{eq3} = L_3 + M_{12} - M_{23} - M_{31}$。

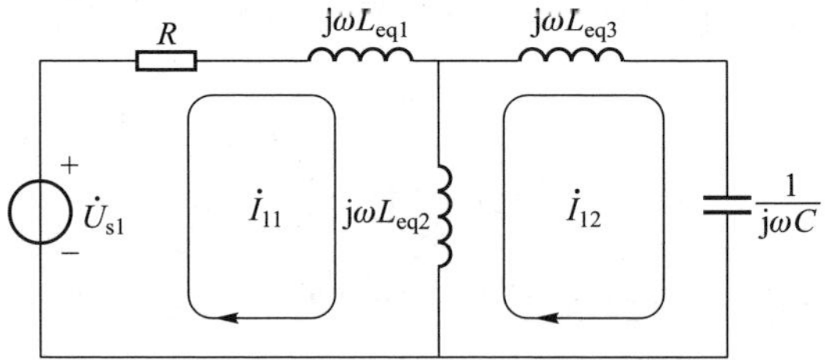

题 10-15 解图

如题 10-15 解图中,列写电路的回路电流方程,有

$$\begin{cases} (R + \mathrm{j}\omega L_{eq1} + \mathrm{j}\omega L_{eq2})\dot{I}_{l1} - \mathrm{j}\omega L_{eq2}\dot{I}_{l2} = \dot{U}_{s1} \\ -\mathrm{j}\omega L_{eq2}\dot{I}_{l1} + \left(\mathrm{j}\omega L_{eq2} + \mathrm{j}\omega L_{eq3} - \mathrm{j}\dfrac{1}{\omega C}\right)\dot{I}_{l2} = 0 \end{cases}$$

$$\text{即}\begin{cases} [R + \mathrm{j}\omega(L_1 + L_2 - 2M_{12})]\dot{I}_{l1} - \mathrm{j}\omega(L_2 - M_{12} - M_{23} + M_{31})\dot{I}_{l2} = \dot{U}_{s1} \\ -\mathrm{j}\omega(L_2 - M_{12} - M_{23} + M_{31})\dot{I}_{l1} + \mathrm{j}\omega\left(L_2 + L_3 - 2M_{23} - \dfrac{1}{\omega^2 C}\right)\dot{I}_{l2} = 0 \end{cases}$$

10-16 已知题 10-16 图中 $u_s = 100\sqrt{2}\cos(\omega t) \text{ V}$,$\omega L_2 = 120 \ \Omega$,$\omega M = \dfrac{1}{\omega C} = 20 \ \Omega$。求负载 Z_L 为何值时获得最大功率,并求出最大功率。

解:首先标注题 10-16 图中二个耦合电感的同名端(均在上端标注"·"),并对去耦等效电路求负载 Z_L 两端左侧的开路电压 $\dot{U}_{oc}$、短路电流 $\dot{I}_{sc}$ 及戴维南等效电路,分别如题 10-16 解图(a)(b)(c)所示。

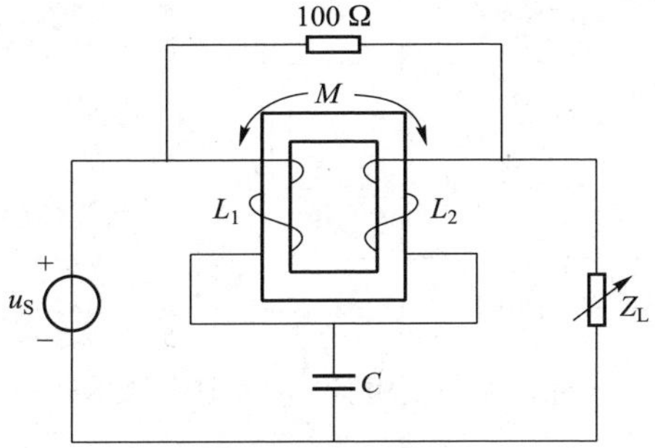

题 10-16 图

题 10-16 解图(a)中，列写Ⅰ、Ⅱ、Ⅲ回路的 KVL 方程，有

$$\begin{cases} j\omega(L_1-M)\dot{I}_1+\left(j\omega M+\dfrac{1}{j\omega C}\right)(\dot{I}_1+\dot{I}_2)=\dot{U}_s \\ j\omega(L_1-M)\dot{I}_1=[R+j\omega(L_2-M)]\dot{I}_2 \\ \dot{U}_{oc}=-R\dot{I}_2+\dot{U}_s \end{cases}$$

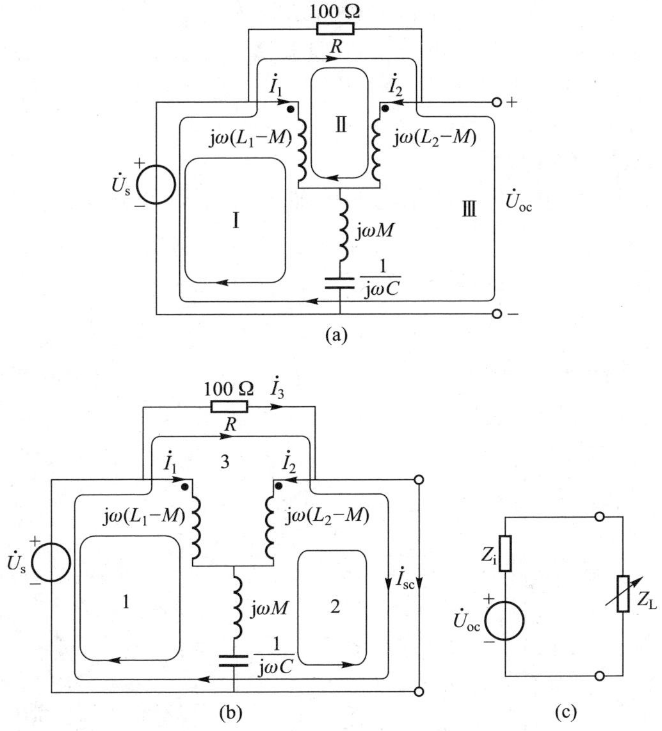

题 10-16 解图

$$\Rightarrow\begin{cases} j\left(\omega L_1-\dfrac{1}{\omega C}\right)\dot{I}_1+j\left(\omega M-\dfrac{1}{\omega C}\right)\dot{I}_2=\dot{U}_s \\ j(\omega L_1-\omega M)\dot{I}_1=[R+j(\omega L_2-\omega M)]\dot{I}_2 \\ \dot{U}_{oc}=-R\dot{I}_2+\dot{U}_s \end{cases}$$

$$\Rightarrow\begin{cases} j(\omega L_1-20)\dot{I}_1=100\angle 0^\circ \\ j(\omega L_1-20)\dot{I}_1=[100+j(120-20)]\dot{I}_2 \\ \dot{U}_{oc}=-100\dot{I}_2+100\angle 0^\circ \end{cases}$$

$$\Rightarrow\begin{cases} j(\omega L_1-20)\dot{I}_1=100\angle 0^\circ & \langle 1\rangle \\ j(\omega L_1-20)\dot{I}_1-(100+j100)\dot{I}_2=0 & \langle 2\rangle \\ \dot{U}_{oc}=-100\dot{I}_2+100\angle 0^\circ & \langle 3\rangle \end{cases}$$

将〈1〉式减〈2〉式，得$(100+j100)\dot{I}_2=100\angle 0^\circ$，则

$$\dot{I}_2=\frac{100\angle 0^\circ}{100+j100}=\frac{100\angle 0^\circ}{100(1+j)}=\frac{1}{2}(1-j)\ \text{A}=\frac{1}{\sqrt{2}}\angle -45^\circ\ \text{A}$$

将 $\dot{I}_2$代入〈3〉式，得

$$\dot{U}_{oc}=\left[-100\times\frac{1}{2}(1-j)+100\angle 0^\circ\right]\ \text{V}=(50+j50)\ \text{V}=50\sqrt{2}\angle 45^\circ\ \text{V}$$

题 10-16 解图(b)中，列 1、2、3 回路的 KVL 方程，有

$$\begin{cases} j\omega(L_1-M)\dot{I}_1+\left(j\omega M+\dfrac{1}{j\omega C}\right)(\dot{I}_1+\dot{I}_2)=\dot{U}_s \\ j\omega(L_2-M)\dot{I}_2+\left(j\omega M+\dfrac{1}{j\omega C}\right)(\dot{I}_1+\dot{I}_2)=0 \\ R\dot{I}_3=\dot{U}_s \end{cases}$$

$$\Rightarrow\begin{cases} j\left(\omega L_1-\dfrac{1}{\omega C}\right)\dot{I}_1+j\left(\omega M-\dfrac{1}{\omega C}\right)\dot{I}_2=\dot{U}_s \\ j\left(\omega M-\dfrac{1}{\omega C}\right)\dot{I}_1+j\left(\omega L_2-\dfrac{1}{\omega C}\right)\dot{I}_2=0 \\ R\dot{I}_3=\dot{U}_s \end{cases}$$

$$\Rightarrow\begin{cases} j(\omega L_1-20)\dot{I}_1=100\angle 0^\circ \\ j(120-20)\dot{I}_2=0 \\ 100\dot{I}_3=100\angle 0^\circ \end{cases}$$

$$\Rightarrow\begin{cases} \mathrm{j}(\omega L_1-20)\dot{I}_1=100\angle 0^\circ & \langle 4\rangle \\ \mathrm{j}100\dot{I}_2=0 & \langle 5\rangle \\ 100\dot{I}_3=100\angle 0^\circ & \langle 6\rangle \end{cases}$$

解得 $\dot{I}_2=0,\ \dot{I}_3=\dfrac{\dot{U}_s}{100}=\dfrac{100\angle 0^\circ}{100}\mathrm{A}=1\angle 0^\circ\ \mathrm{A}$

求得 $\dot{I}_{sc}=\dot{I}_3-\dot{I}_2=\dot{I}_3=1\angle 0^\circ\ \mathrm{A}$

输入阻抗 $Z_i=\dfrac{\dot{U}_{oc}}{\dot{I}_{sc}}=\dfrac{50+\mathrm{j}50}{1\angle 0^\circ}\Omega=(50+\mathrm{j}50)\ \Omega$

题 10-16 解图(c)中，当 $Z_L=Z_i^*=(50+\mathrm{j}50)^*=(50-\mathrm{j}50)\ \Omega$ 时，有 $P_{Z\mathrm{Lmax}}=\dfrac{U_{oc}^2}{4R_i}=\dfrac{(50\sqrt{2})^2}{4\times 50}\mathrm{W}=25\ \mathrm{W}$

10-17 如果使 10 Ω 电阻能获得最大功率，试确定题 10-17 图所示电路中理想变压器的变比 n。

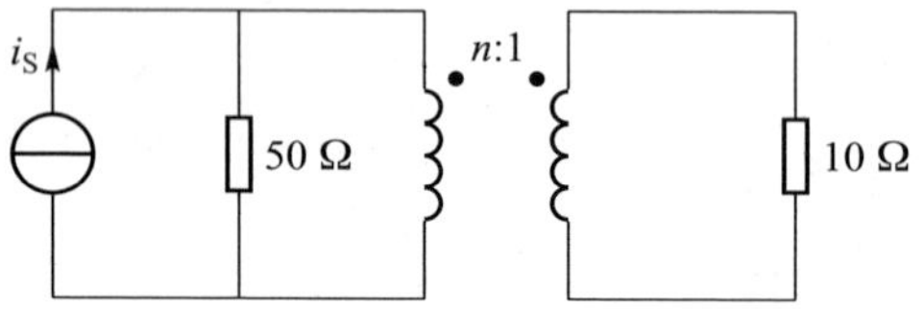

题 10-17 图

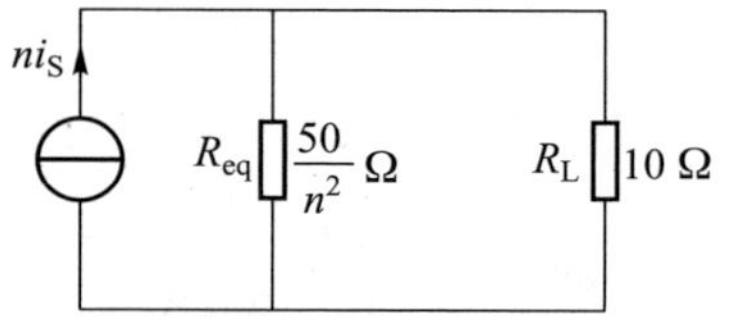

题 10-17 解图

解：题 10-17 图二次侧等效电路如题 10-17 解图所示，其中 $R_{eq}=\dfrac{50}{n^2}$。当 $R_L=R_{eq}$ 时，10 Ω 电阻获得最大功率，即 $\dfrac{50}{n^2}=10$，得 $n=\sqrt{5}=2.236$。

10-18 求题 10-18 图所示电路中的阻抗 Z。已知电流表的读数为 10 A，正弦电压有效值 $U=10$ V。

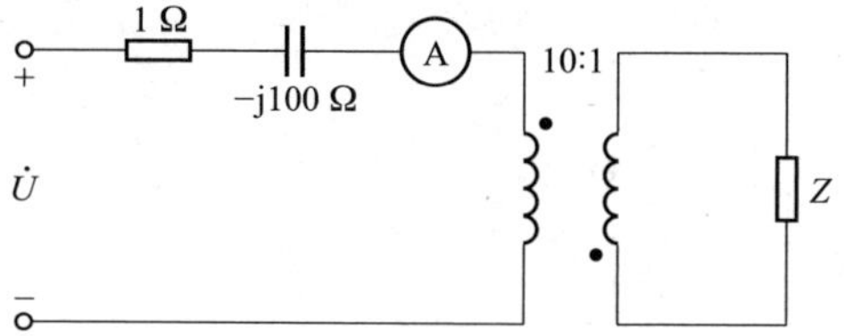

题 10-18 图

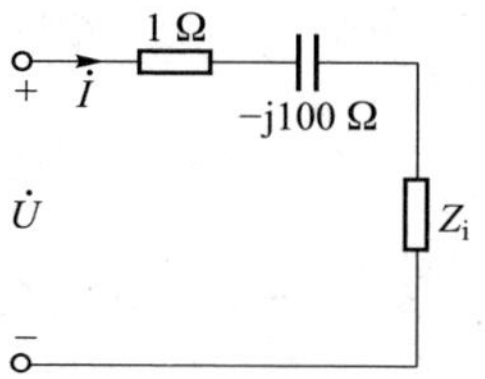

题 10-18 解图

解 1：题 10-18 图的一次侧等效电路如题 10-18 解图所示，$Z_i=10^2Z$。

$\left|\dfrac{\dot{U}}{\dot{I}}\right|=\dfrac{10}{10}=|1+(-\mathrm{j}100)+Z_i|=1\ \Omega$，则 $-\mathrm{j}100+Z_i=0$，即

$-\mathrm{j}100+10^2Z=100(Z-\mathrm{j})=0$，求出 $Z=\mathrm{j}\ \Omega$。

解 2：电阻电压有效值 $U_R=1\times I=10\ \mathrm{V}=U$，电路发生了串联谐振，$I=\dfrac{U_R}{R}=\dfrac{U}{R}=10$ A 达到最大值，Z_i 无实部，即 $Z_i=100Z=100\mathrm{j}X$，则题 10-18 解图中电抗部分为零，即

$$\begin{aligned} &\mathrm{Im}[-\mathrm{j}100+Z_i]=0 \\ &\mathrm{Im}[-\mathrm{j}100+100\mathrm{j}X] \\ &=-100+100X \\ &=0 \end{aligned}$$

得 $X=1\ \Omega$，即 $Z=\mathrm{j}\ \Omega$

10-19 已知题 10-19 图所示电路的输入电阻 $R_{ab}=0.25\ \Omega$。求理想变压器的变比 n。

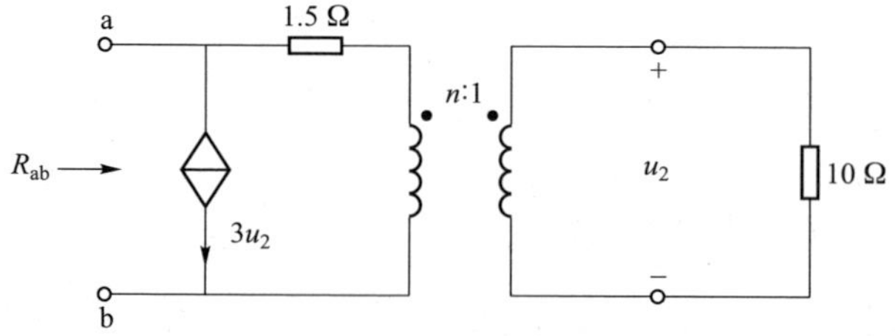

题 10-19 图

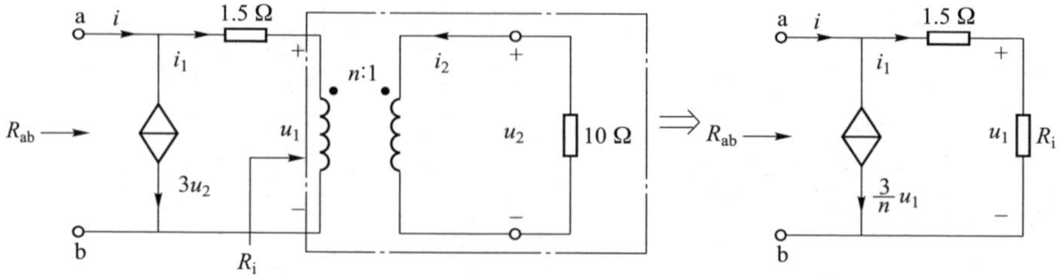

题 10-19 解图

解：根据理想变压器变换阻抗的特性，题 10−19 图一次侧等效电路如题 10−19 解图所示。

对理想变压器，有$\dfrac{u_1}{u_2}=n$，　$\dfrac{i_1}{i_2}=-\dfrac{1}{n}$，　$R_i=n^2\times10$

$$u_{ab}=1.5i_1+u_1=1.5i_1+R_ii_1=1.5i_1+10n^2i_1=(1.5+10n^2)i_1$$

$$i=i_1+\frac{3}{n}u_1=i_1+3\times\frac{10n^2i_1}{n}=(1+30n)i_1$$

$$R_{ab}=\frac{u_{ab}}{i}=\frac{(1.5+10n^2)i_1}{(1+30n)i_1}=\frac{1.5+10n^2}{1+30n}=0.25\ \Omega$$

$$\Rightarrow\quad 1.5+10n^2-0.25-30\times0.25n=0\quad\Rightarrow\quad n^2-0.75n-0.125=0$$

$$\Rightarrow\quad (n-0.5)(n-0.25)=0$$

解得 $n=0.5$ 或 $n=0.25$。

10−20　题 10−20 图所示电路中开关 S 闭合时 $u_S=10\sqrt{2}\cos t$ V，求电流 i_1 和 i_2，并根据结果给出含理想变压器的等效电路。

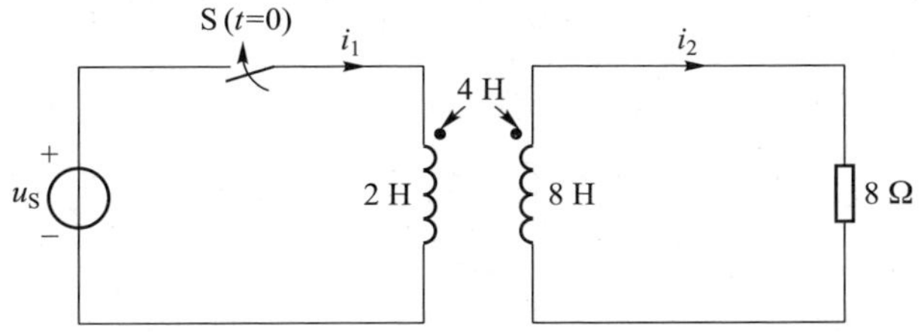

题 10−20 图

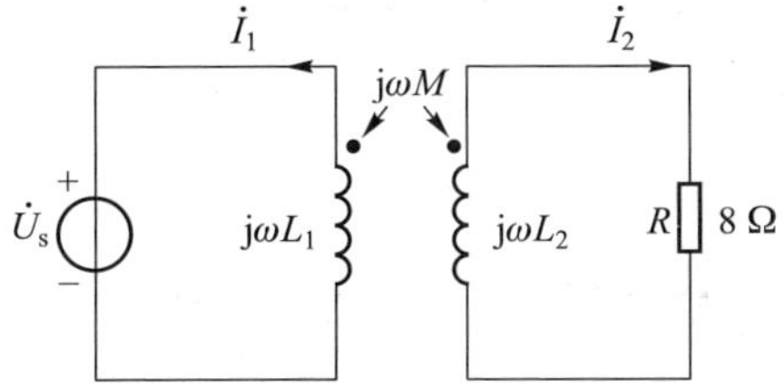

(a)

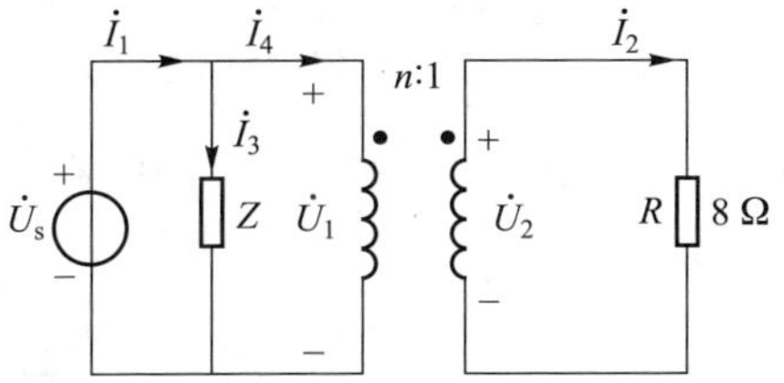

(b)

题 10−20 解图

解：题 10−20 图中开关 S 闭合后的电路相量模型如题 10−20 解图(a)所示。已知 $\omega=1$ rad/s，则 $j\omega L_1=j2\ \Omega$，$j\omega L_2=j8\ \Omega$，$j\omega M=j4\ \Omega$。

题 10−20 解图(a)中，列一、二次侧回路的 KVL 方程，有

$$\begin{cases}j\omega L_1\dot{I}_1-j\omega M\dot{I}_2=\dot{U}_s\\(R+j\omega L_2)\dot{I}_2-j\omega M\dot{I}_1=0\end{cases}\quad\Rightarrow\quad\begin{cases}j2\dot{I}_1-j4\dot{I}_2=\dot{U}_s & \langle1\rangle\\(8+j8)\dot{I}_2-j4\dot{I}_1=0 & \langle2\rangle\end{cases}$$

由〈2〉式，得

$$\dot{I}_2=\frac{j4}{8+j8}\dot{I}_1=\frac{j}{2(1+j)}\dot{I}_1\text{，即 }\dot{I}_2=\frac{1+j}{4}\dot{I}_1\qquad\langle3\rangle$$

将〈3〉式带入〈1〉式，得 $j2\dot{I}_1-j4\times\dfrac{1+j}{4}\dot{I}_1=\dot{U}_s$，则

$$\dot{I}_1=\frac{\dot{U}_s}{j2-j(1+j)}=\frac{10\underline{/0^\circ}}{1+j}\text{A}=\frac{10\underline{/0^\circ}}{\sqrt{2}\underline{/45^\circ}}\text{A}=5\sqrt{2}\underline{/-45^\circ}\ \text{A}$$

将 $\dot{I}_1$代入〈3〉式，得 $\dot{I}_2=\dfrac{1+j}{4}\times\dfrac{10\underline{/0^\circ}}{1+j}\text{A}=2.5\underline{/0^\circ}\ \text{A}$

即 $i_1=10\cos(t-45^\circ)$ A，$i_2=2.5\sqrt{2}\cos t$ A

因二次侧的 KVL 方程为$(R+j\omega L_2)\dot{I}_2-j\omega M\dot{I}_1=0$，得

$$\dot{I}_1=\frac{R}{j\omega M}\dot{I}_2+\frac{L_2}{M}\dot{I}_2\qquad\langle4\rangle$$

由〈4〉式得到启发，设 $\dot{I}_1=\dot{I}_3+\dot{I}_4$，$\dot{I}_3=\dfrac{R}{j\omega M}\dot{I}_2$，$\dot{I}_4=\dfrac{L_2}{M}\dot{I}_2$，可将空心变压器一次侧（$\dot{I}_1$支路）看成由一阻抗 Z（$\dot{I}_3$支路）与理想变压器一次侧（$\dot{I}_4$支路）的并联，根据上述分析结果，得出含理想变压器的等效电路如题 10−20 解图(b)所示。

由于 $\dot{U}_s=\dot{U}_1=n\dot{U}_2=nR\dot{I}_2$，$\dot{I}_4=\dfrac{1}{n}\dot{I}_2$

又 $\dot{I}_1=\dot{I}_3+\dot{I}_4=\dfrac{\dot{U}_1}{Z}+\dfrac{1}{n}\dot{I}_2=\dfrac{nR\dot{I}_2}{Z}+\dfrac{1}{n}\dot{I}_2$，与〈4〉式对比，得

$$\frac{R}{j\omega M}=\frac{nR}{Z},\quad\frac{L_2}{M}=\frac{1}{n}$$

解得 $n=\dfrac{M}{L_2}=\dfrac{4}{8}=0.5$，$Z=nj\omega M=0.5\times j4\ \Omega=j2\ \Omega$。

10−21　已知题 10−21 图所示电路中 $u_S=10\sqrt{2}\cos(\omega t)$ V，$R_1=10\ \Omega$，$L_1=L_2=0.1$ mH，$M=0.02$ mH，$C_1=C_2=0.01\ \mu$F，$\omega=10^6$ rad/s。求 R_2 为何值时获最大功率，并求出最大功率。

解：画出题 10−21 图中空心变压器的二次侧等效电路的相量模型如

图 10-21解图(a)所示,其戴维南等效电路如图 10-21 解图(b)所示。

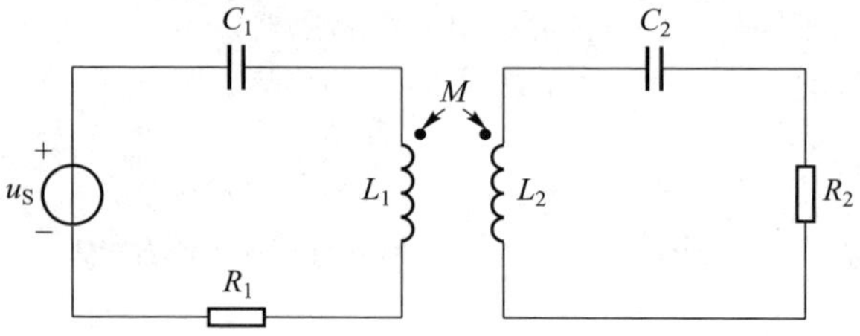

题 10-21 图

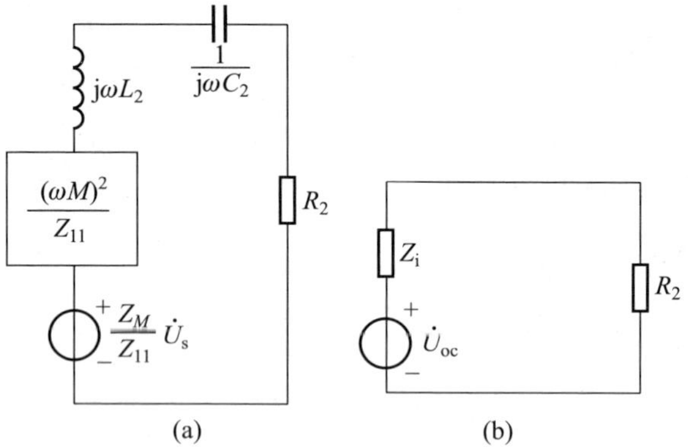

题 10-21 解图

题 10-21 解图(a)中,

$$j\omega L_1=j10^6\times0.1\times10^{-3}\ \Omega=j100\ \Omega,\frac{1}{j\omega C_1}=\frac{1}{j10^6\times0.01\times10^{-6}}\Omega=-j100\ \Omega$$

$$Z_M=j\omega M=j10^6\times0.02\times10^{-3}\ \Omega=j20\ \Omega,j\omega L_2=j100\ \Omega,\frac{1}{j\omega C_2}=-j100\ \Omega$$

一次侧网孔的自阻抗 $Z_{11}=R_1+j\omega L_1+\frac{1}{j\omega C_1}=(10+j100-j100)\Omega=10\ \Omega$

$$\frac{(\omega M)^2}{Z_{11}}=\frac{20^2}{10}=40\ \Omega$$

$$\dot{U}_{oc}=\frac{Z_M}{Z_{11}}\dot{U}_s=\frac{j20}{10}\times10\angle0°\ V=j20\ V$$

求 R_2 左侧的输入阻抗 Z_i

$$Z_i=j\omega L_2-j\frac{1}{\omega C_2}+\frac{(\omega M)^2}{Z_{11}}=(j100-j100+40)\ \Omega=40\ \Omega=R_i$$

当 $R_2=R_i=40\ \Omega$ 时,有

$$P_{R2\max}=\frac{U_{oc}^2}{4R_i}=\frac{20^2}{4\times40}W=2.5\ W$$

10-22 题 10-22 图所示电路中 $C_1=10^{-3}$ F,$L_1=0.3$ H,$L_2=0.6$ H,$M=0.2$ H,$R=10\ \Omega$,$u_1=100\sqrt{2}\cos(100t-30°)$ V,C 可变动。C 为何值时,R 可获得最大功率?并求出最大功率。

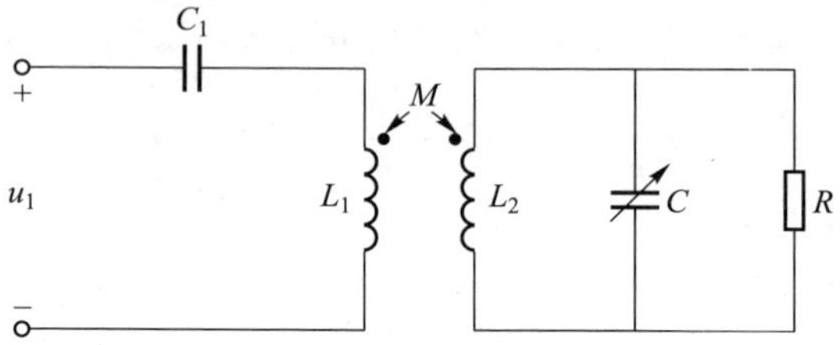

题 10-22 图

解:画出题 10-22 图中当 R 开路时的空心变压器二次侧等效电路的相量模型如题 10-22 解图(a)所示,其戴维南等效电路如图 10-22 解图(b)所示。

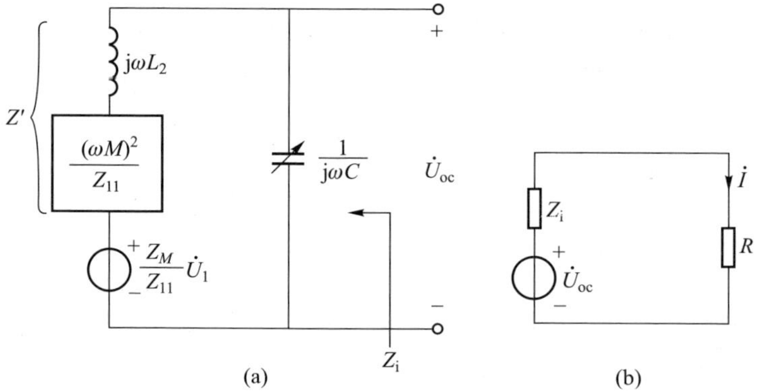

题 10-22 解图

题 10-22 解图(a)中,$j\omega L_1=j100\times0.3\ \Omega=j30\ \Omega$

$$\frac{1}{j\omega C_1}=\frac{1}{j100\times10^{-3}}\Omega=-j10\ \Omega$$

$$j\omega L_2=j100\times0.6\ \Omega=j60\ \Omega$$

$$Z_M=j\omega M=j100\times0.2\ \Omega=j20\ \Omega$$

一次侧回路的自阻抗 $Z_{11}=j\omega L_1+\frac{1}{j\omega C_1}=(j30-j10)\Omega=j20\ \Omega$

$$\frac{Z_M}{Z_{11}}=1,\frac{(\omega M)^2}{Z_{11}}=\frac{20^2}{j20}\Omega=-j20\ \Omega$$

$$Z'=j\omega L_2+\frac{(\omega M)^2}{Z_{11}}=[j60+(-j20)]\Omega=j40\ \Omega$$

$$Z_i=\frac{Z'\cdot\frac{1}{j\omega C}}{Z'+\frac{1}{j\omega C}}=\frac{Z'}{j\omega C\cdot Z'+1}=\frac{j40}{1-4000C}$$

$$\dot{U}_{oc}=\frac{\frac{1}{j\omega C}}{Z'+\frac{1}{j\omega C}}\cdot\frac{Z_M}{Z_{11}}\dot{U}_1=\frac{\dot{U}_1}{Z'j\omega C+1}=\frac{\dot{U}_1}{j40\times j\omega C+1}=\frac{\dot{U}_1}{1-4000C}$$

题 10-22 解图(b)中,电阻 R 的电流

$$\dot{I}=\frac{\dot{U}_{oc}}{Z_i+R}=\frac{\frac{\dot{U}_1}{1-4000C}}{\frac{j40}{1-4000C}+10}=\frac{\dot{U}_1}{j40+10-40000C}$$

$$I=\frac{100}{\sqrt{(10-40000C)^2+40^2}}$$

若使电阻 R 的功率 P_R 最大,则 I 应为最大,即上式 $\dot{I}$ 的分母的实部应为 0,即 $10-40000C=0$,求得

$$C=\frac{10}{40000}\text{F}=0.00025\ \text{F}=250\ \mu\text{F}$$

所以 R 可获得最大功率

$$P_{R\max}=RI^2=10\times\left(\frac{100}{40}\right)^2\ \text{W}=62.5\ \text{W}$$

第十一章　电路的频率响应

内容提要

表 11-1　描述电路的术语和概念

名词术语	基本定义
网络函数	电路在单一的正弦电源激励下，其正弦稳态响应 $r(t)$ 的相量 $\dot{R}(j\omega)$ 与正弦激励 $e(t)$ 的相量 $\dot{E}(j\omega)$ 之比定义为该电路的网络函数 $H(j\omega)$，即 $H(j\omega)=\dfrac{\dot{R}(j\omega)}{\dot{E}(j\omega)}$。其中，$e(t)$ 是正弦电压源或正弦电流源，$r(t)$ 是正弦稳态电压响应或电流响应。 网络函数的六种形式：$\dfrac{\dot{U}_k(j\omega)}{\dot{I}_{sk}(j\omega)}$、$\dfrac{\dot{I}_k(j\omega)}{\dot{U}_{sk}(j\omega)}$、$\dfrac{\dot{U}_j(j\omega)}{\dot{I}_{sk}(j\omega)}$、$\dfrac{\dot{I}_j(j\omega)}{\dot{U}_{sk}(j\omega)}$、$\dfrac{\dot{U}_j(j\omega)}{\dot{U}_{sk}(j\omega)}$、$\dfrac{\dot{I}_j(j\omega)}{\dot{I}_{sk}(j\omega)}$
谐振	正弦稳态电路中，含电感、电容或电阻的无独立源的一端口网络，其端口电压相量 $\dot{U}$ 和电流相量 $\dot{I}$ 同相位，即相位差 $\varphi=0$，称电路发生了谐振
频率特性 （幅频特性、相频特性） 频率响应 （幅频响应、相频响应）	正弦稳态电路中，网络函数 $H(j\omega)$ 或响应相量 $\dot{R}(j\omega)$ 随频率变化的特性称频率特性或频率响应（简称频响）。 网络函数 $H(j\omega)$ 是一个复数，它的模与频率的关系 $\lvert H(j\omega)\rvert-\omega$ 称为幅度频率特性（简称幅频特性或幅频响应），它的幅角与频率的关系 $\varphi(j\omega)-\omega$ 称为相位频率特性（简称相频特性或相频响应）。 当 $\dot{R}(j\omega)=\dot{I}(j\omega)$ 时，$\lvert \dot{I}(j\omega)\rvert-\omega$ 称为电流的幅频响应。当 $\dot{R}(j\omega)=\dot{U}(j\omega)$ 时，$\lvert \dot{U}(j\omega)\rvert-\omega$ 称为电压的幅频响应
波特图	用对数坐标描绘的频率响应图称为频响波特图。$\ln[H(j\omega)]=\ln[\lvert H(j\omega)\rvert]+j\varphi(j\omega)$，其实部为 $H(j\omega)$ 的对数模，虚部为 $H(j\omega)$ 的相移函数。用对数坐标画图时，要画两个图：① 幅频波特图，用分贝（dB）表示对数模，记为 H_{dB}，$H_{dB}=20\lg[\lvert H(j\omega)\rvert]$；②相频波特图，$\varphi(j\omega)=\mathrm{arc}[H(j\omega)]$
通频带（通带）	电路在全频域内都有信号的输出，但只有在谐振点附近的临域内输出幅度较大，具有工程实际应用价值。为此，工程上设定一个输出幅度指标来界定频率范围，划分出谐振电路的通频带（简称通带）和阻带。通带限定的频域范围称为带宽，记为 BW，此频域范围内的电流值（或输出电压值）等于或大于其在谐振频率时的 70.7%。 $BW=\omega_2-\omega_1=\dfrac{\omega_0}{Q}$　或　$BW=f_2-f_1=\dfrac{f_0}{Q}$ 其中：ω_1 或 f_1——下截止角频率或频率，称为通带的下界（位于谐振点 ω_0 或 f_0 左侧）； ω_2 或 f_2——上截止角频率或频率，称为通带的上界（位于谐振点 ω_0 或 f_0 右侧）； ω_0 或 f_0——谐振角频率或谐振频率，又称中心频率； BW——通带带宽，单位：弧度/秒（rad/s）或赫兹（Hz）； Q——品质因数 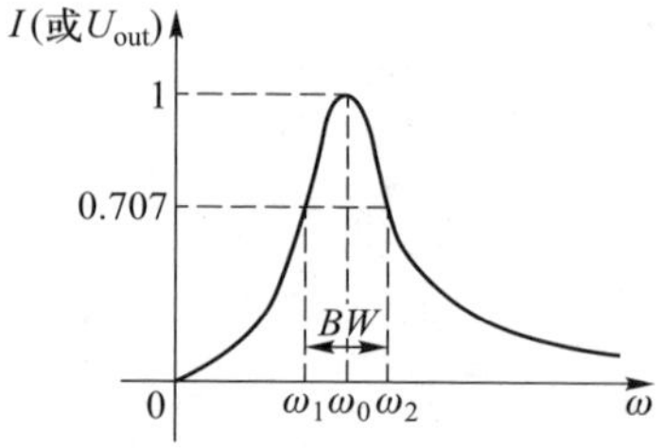

表 11-2 正弦交流电路中的谐振电路分析

类型	谐振电路模型	谐振时 $u-i$ 波形	相量模型	谐振角频率、频率	谐振时相量图	谐振特征	谐振品质因数
串联谐振电路	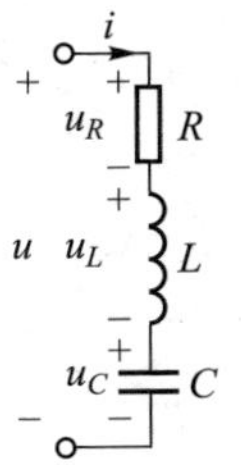	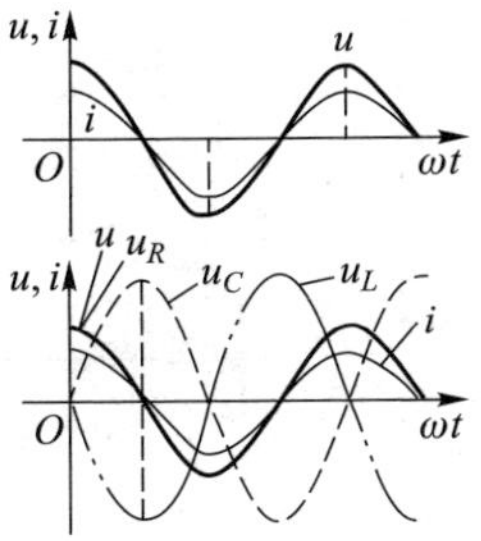	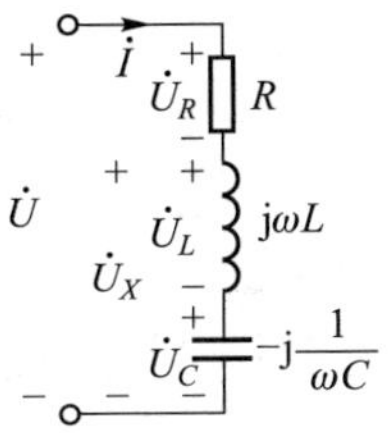	$\omega_0=\frac{1}{\sqrt{LC}}$ $f_0=\frac{1}{2\pi\sqrt{LC}}$	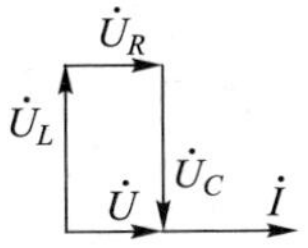	$\dot U$ 与 $\dot I$ 同相 $Z(\mathrm{j}\omega_0)=Z_0=R$(最小) $\dot I=\dot I_0=\frac{\dot U}{R}$(最大) $\dot U=\dot U_R,\dot U_L=-\dot U_C,\dot U_X=0$ $U_L=U_C=Q_串 U$	$Q_串=\frac{1}{R}\sqrt{\frac{L}{C}}$ $=\frac{\sqrt{L/C}}{R}$ $Q_串=\frac{U_L}{U}=\frac{U_C}{U}$ $=\frac{\omega_0 L}{R}=\frac{1}{\omega_0 CR}$
并联谐振电路	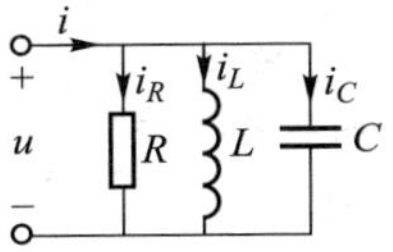	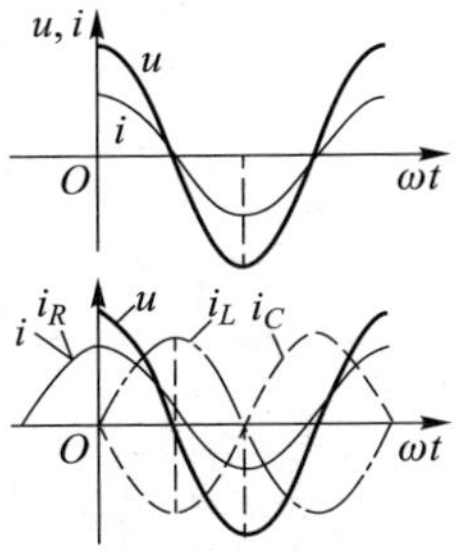	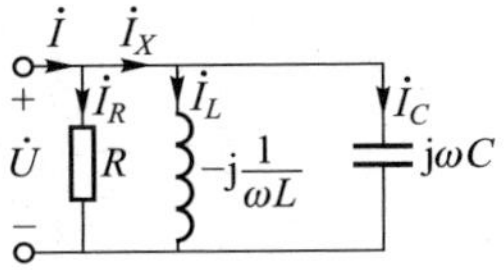	$\omega_0=\frac{1}{\sqrt{LC}}$ $f_0=\frac{1}{2\pi\sqrt{LC}}$	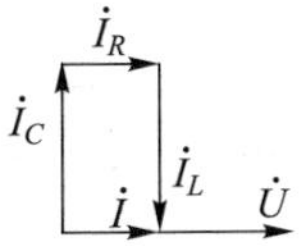	$\dot I$ 与 $\dot U$ 同相 $Y(\mathrm{j}\omega_0)=Y_0=G=\frac{1}{R}$(最小) $Z(\mathrm{j}\omega_0)=Z_0=R$(最大) $\dot U=\dot U_0=R\dot I$(最大) $\dot I=\dot I_R,\dot I_L=-\dot I_C,\dot I_X=0$ $I_L=I_C=Q_并 I$	$Q_并=\frac{1}{G}\sqrt{\frac{C}{L}}$ $=\frac{R}{\sqrt{L/C}}$ $Q_并=\frac{I_L}{I}=\frac{I_C}{I}$ $=\frac{R}{\omega_0 L}=\omega_0 CR$
	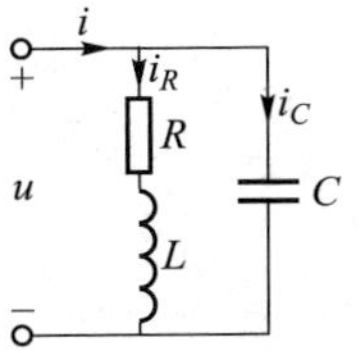 线圈与电容并联	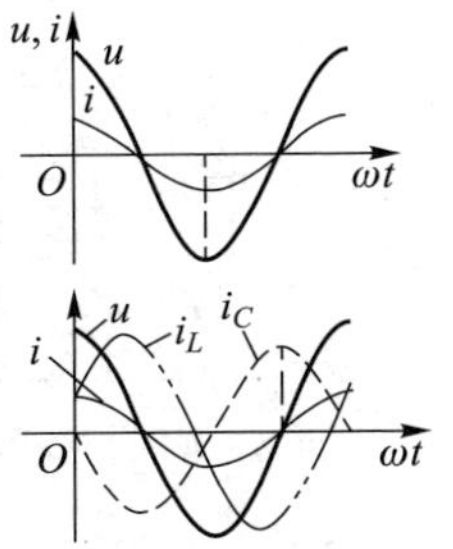	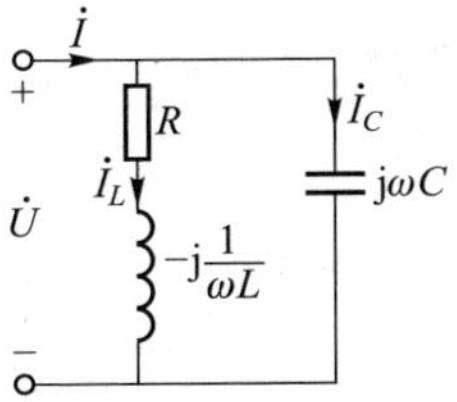	当 $R\ll\omega_0 L$ 时 $\omega_0\approx\frac{1}{\sqrt{LC}}$ $f_0\approx\frac{1}{2\pi\sqrt{LC}}$	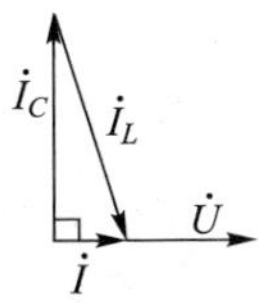	$\dot I$ 与 $\dot U$ 同相 $Y(\mathrm{j}\omega_0)=Y_0=\frac{RC}{L}$(不最小) $\dot I=\frac{RC}{L}\dot U$(不最小) 当 $R\ll\omega_0 L$ 时，$\dot I_L\approx-\dot I_C$ $I_L\approx I_C\approx Q_并 I$	$Q_并\approx\frac{I_L}{I}\approx\frac{I_C}{I}$ $\approx\frac{R}{\omega_0 L}\approx\omega_0 CR$

电路思维导图应用范例(参照附录 B 中第十一章思维导图助记知识要点)

例 11-1 给出下面表格中的谐振电路的谐振条件、谐振角频率及谐振频率，并填入表格中。

	LC 串联谐振	*LC* 并联谐振	*LC* 串-并联谐振		*LC* 并-串联谐振		
谐振电路	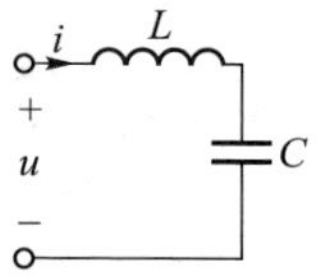	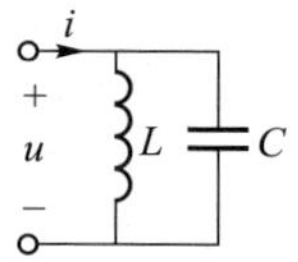	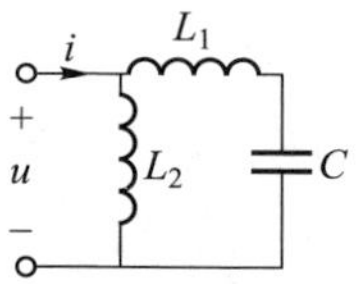	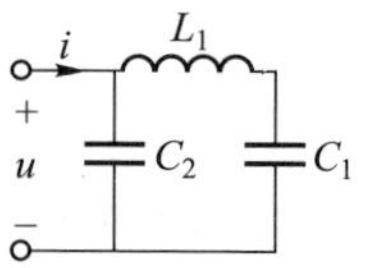	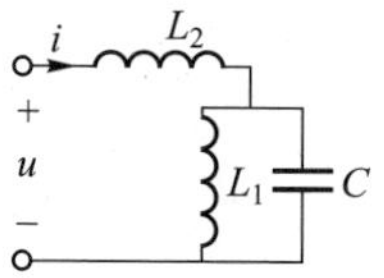	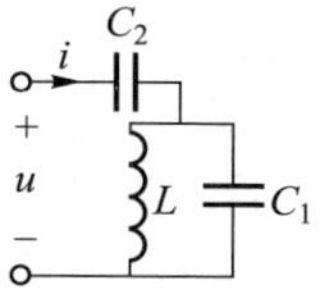	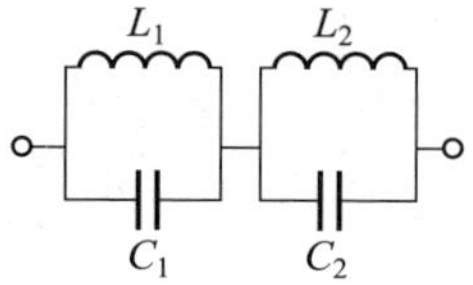
谐振条件	$\omega L=\frac{1}{\omega C}$	$\omega C=\frac{1}{\omega L}$	$\frac{1}{\omega L_2}=\frac{1}{\frac{1}{\omega C}-\omega L_1}$	$\omega C_2=\frac{1}{\frac{1}{\omega C_1}-\omega L}$	$\omega L_2=\frac{1}{\omega C-\frac{1}{\omega L_1}}$	$\frac{1}{\omega C_2}=\frac{1}{\frac{1}{\omega L}-\omega C_1}$	$\frac{1}{\omega C_1-\frac{1}{\omega L_1}}=\frac{1}{\frac{1}{\omega L_2}-\omega C_2}$
谐振角频率	$\omega_0=\frac{1}{\sqrt{LC}}$	$\omega_0=\frac{1}{\sqrt{LC}}$	$\omega_{01}=\frac{1}{\sqrt{L_1C}}$ $\omega_{02}=\frac{1}{\sqrt{(L_1+L_2)C}}$	$\omega_{01}=\frac{1}{\sqrt{LC_1}}$ $\omega_{02}=\frac{1}{\sqrt{\frac{C_1C_2}{C_1+C_2}L}}$	$\omega_{01}=\frac{1}{\sqrt{L_1C}}$ $\omega_{02}=\frac{1}{\sqrt{\frac{L_1L_2}{L_1+L_2}C}}$	$\omega_{01}=\frac{1}{\sqrt{LC_1}}$ $\omega_{02}=\frac{1}{\sqrt{(C_1+C_2)L}}$	$\omega_{01}=\frac{1}{\sqrt{L_1C_1}},\omega_{02}=\frac{1}{\sqrt{L_2C_2}}$ $\omega_{03}=\frac{1}{\sqrt{\frac{L_1L_2}{L_1+L_2}(C_1+C_2)}}$
谐振频率	$f_0=\frac{1}{2\pi\sqrt{LC}}$	$f_0=\frac{1}{2\pi\sqrt{LC}}$	$f_{01}=\frac{1}{2\pi\sqrt{L_1C}}$ $f_{02}=\frac{1}{2\pi\sqrt{(L_1+L_2)C}}$	$f_{01}=\frac{1}{2\pi\sqrt{LC_1}}$ $f_{02}=\frac{1}{2\pi\sqrt{\frac{C_1C_2}{C_1+C_2}L}}$	$f_{01}=\frac{1}{2\pi\sqrt{L_1C}}$ $f_{02}=\frac{1}{2\pi\sqrt{\frac{L_1L_2}{L_1+L_2}C}}$	$f_{01}=\frac{1}{2\pi\sqrt{LC_1}}$ $f_{02}=\frac{1}{2\pi\sqrt{(C_1+C_2)L}}$	$f_{01}=\frac{1}{2\pi\sqrt{L_1C_1}}$ $f_{02}=\frac{1}{2\pi\sqrt{L_2C_2}}$ $f_{03}=\frac{1}{2\pi\sqrt{\frac{L_1L_2}{L_1+L_2}(C_1+C_2)}}$

例 11-2 如图 1 所示，$u=100\sqrt{2}\sin 10^4 t$ V，电容调至 $C=0.2$ μF 时，电流表读数最大，$I_{max}=10$ A，求 R、L。

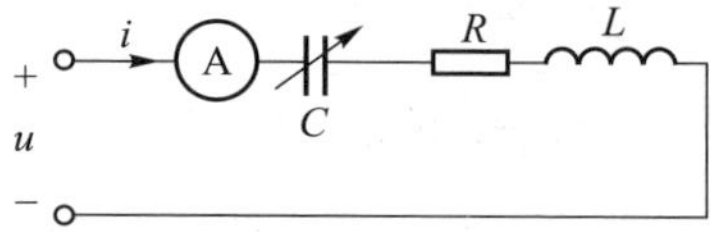

图 1 例 11-2 图

解：电路为串联谐振，$R=\frac{U}{I_{max}}=\frac{100}{10}\Omega=10\ \Omega$

$$L=\frac{1}{\omega^2 C}=\frac{1}{10^8\times0.2\times10^{-6}}\text{H}=0.05\ \text{H}$$

例 11-3 在 RLC 串联电路中 $L=200$ μH，$C=200$ pF，$R=12.5\ \Omega$，电路两端总电压的有效值为 10 mV。求：(1) 谐振频率 f_0 和品质因数 Q；(2) 谐振时电路中的电流 I_0 及电容电压 U_{C0}。

解：(1) $f_0=\frac{1}{2\pi\sqrt{LC}}=\frac{1}{2\pi\sqrt{2\times10^{-4}\times2\times10^{-10}}}\text{Hz}$

$$=\frac{1}{4\pi}\times10^7\ \text{Hz}=795.78\ \text{kHz}$$

$$Q=\frac{2\pi f_0 L}{R}=80$$

(2) $I_0=\frac{U}{R}=\frac{10\times10^{-3}}{12.5}\text{A}=0.8\ \text{mA}$

$$U_{C0}=QU=80\times10\times10^{-3}\ \text{V}=0.8\ \text{V}$$

例 11-4 如图 2 所示正弦交流电路中，已知电流有效值分别为 $I=5$ A，$I_R=5$ A，$I_L=3$ A，求 I_C；若 $I=5$ A，$I_R=4$ A，$I_L=3$ A，求 I_C。

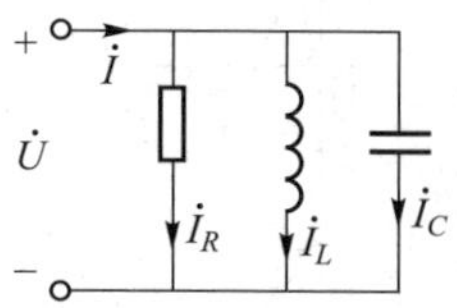

图 2 例 11-4 图

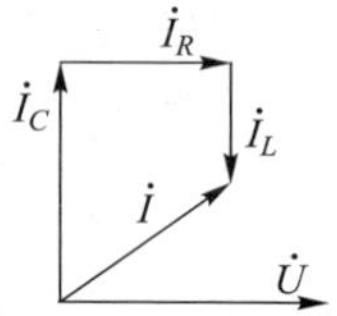

图 3 例 11-4 解图

解：因 $I=I_R=5$ A，电路发生了并联谐振，$I_C=I_L=3$ A；第二问的相量图如图 3 所示，$I_C=\sqrt{5^2-4^2}+I_L=6$ A

本章习题与解答

11-1 求题 11-1 图所示电路端口 1-1′的驱动点阻抗 $\dfrac{\dot U}{\dot I_1}$、转移电流比 $\dfrac{\dot I_C}{\dot I_1}$ 和转移阻抗 $\dfrac{\dot U_2}{\dot I_1}$。

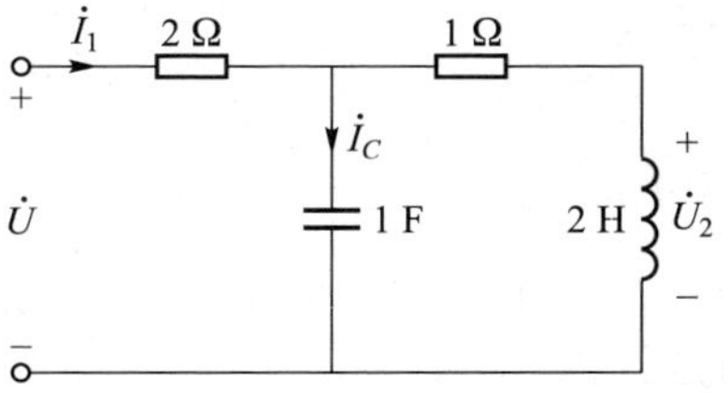

题 11-1 图

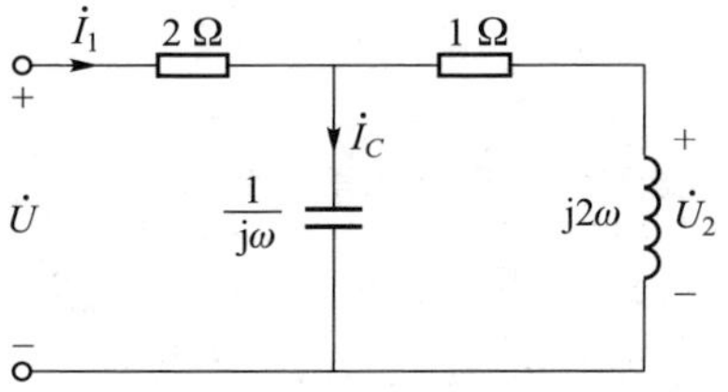

题 11-1 解图

解: 将题 11-1 图中的电容、电感用阻抗标注,如题 11-1 解图所示,则驱动点阻抗为

$$\frac{\dot U}{\dot I_1}=2+\frac{\dfrac{1}{j\omega}(1+j2\omega)}{\dfrac{1}{j\omega}+(1+j2\omega)}=2+\frac{1+j2\omega}{1+j\omega(1+j2\omega)}$$

$$=\frac{2+2j\omega(1+j2\omega)+1+j2\omega}{1+j\omega(1+j2\omega)}=\frac{3-4\omega^2+j4\omega}{1-2\omega^2+j\omega}$$

应用分流公式,有

$$\dot I_C=\frac{1+j2\omega}{\dfrac{1}{j\omega}+(1+j2\omega)}\dot I_1=\frac{j\omega(1+j2\omega)}{1+j\omega(1+j2\omega)}\dot I_1=\frac{-2\omega^2+j\omega}{1-2\omega^2+j\omega}\dot I_1$$

$$\Rightarrow \quad \text{转移电流比}\frac{\dot I_C}{\dot I_1}=\frac{-2\omega^2+j\omega}{1-2\omega^2+j\omega}$$

由分压公式,有

$$\dot U_2=\frac{j2\omega}{1+j2\omega}\cdot\frac{1}{j\omega}\dot I_C=\frac{j2\omega}{j\omega(1+j2\omega)}\cdot\frac{j\omega(1+j2\omega)}{1+j\omega(1+j2\omega)}\dot I_1$$

$$=\frac{j2\omega}{1+j\omega(1+j2\omega)}\dot I_1=\frac{j2\omega}{1-2\omega^2+j\omega}\dot I_1$$

$$\Rightarrow \quad \text{转移阻抗}\frac{\dot U_2}{\dot I_1}=\frac{j2\omega}{1-2\omega^2+j\omega}$$

11-2 求题 11-2 图所示电路的转移电压比 $\dfrac{\dot U_2}{\dot U_1}$ 和驱动点导纳 $\dfrac{\dot I_1}{\dot U_1}$。

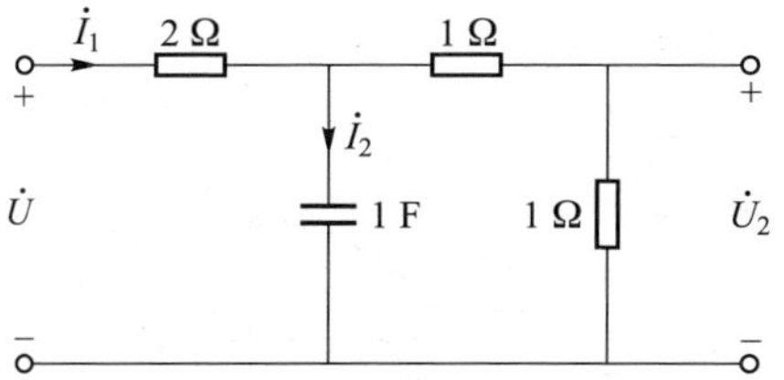

题 11-2 图

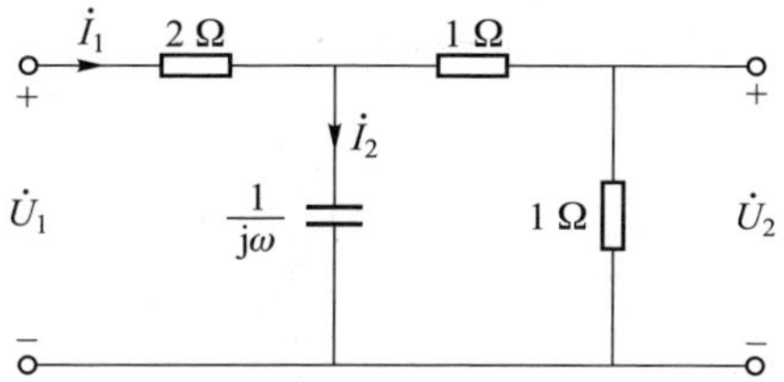

题 11-2 解图

解: 将题 11-2 图中的电容用阻抗标注,如题 11-2 解图所示。

右侧串联电阻的电压为电容的电压,1 Ω 的分压为

$$\dot U_2=\frac{1}{2}\times\frac{1}{j\omega}\dot I_2 \quad\Rightarrow\quad \dot I_2=2j\omega\dot U_2$$

$$\dot U_1=2\dot I_1+\frac{\dot I_2}{j\omega}=2\left(\dot I_2+\frac{\dot U_2}{1}\right)+\frac{\dot I_2}{j\omega}=\left(2+\frac{1}{j\omega}\right)\dot I_2+2\dot U_2=\left(2+\frac{1}{j\omega}\right)\times 2j\omega\dot U_2+2\dot U_2$$

$$=4(1+j\omega)\dot U_2$$

由此得转移电压比

$$\frac{\dot U_2}{\dot U_1}=\frac{1}{4(1+j\omega)}$$

驱动点导纳 $$\frac{\dot I_1}{\dot U_1}=\frac{1}{2+\dfrac{\dfrac{1}{j\omega}(1+1)}{\dfrac{1}{j\omega}+(1+1)}}=\frac{1}{2+\dfrac{2}{1+j2\omega}}=\frac{1+j2\omega}{4+j4\omega}=\frac{1+j2\omega}{4(1+j\omega)}$$

11-3 *RLC* 串联电路中 $R=1\ \Omega, L=0.01\ \text{H}, C=1\ \mu\text{F}$。求:

(1) 输入阻抗与频率 ω 的关系;(2) 画出阻抗的频率响应;(3) 谐振频率 ω_0;(4) 谐振电路的品质因数 Q;(5) 通频带的宽度 BW。

解: (1) 输入阻抗 $Z_i=R+j\left(\omega L-\dfrac{1}{\omega C}\right)=1+j\left(0.01\omega-\dfrac{1}{\omega\times10^{-6}}\right)$

$$=1+j\left(0.01\omega-\frac{10^6}{\omega}\right)$$

(2) 由 $Z_i(j\omega)=|Z_i(j\omega)|\underline{/\varphi_Z(j\omega)}=\sqrt{1+\left(0.01\omega-\dfrac{10^6}{\omega}\right)^2}\ \underline{/\arctan\left(0.01\omega-\dfrac{10^6}{\omega}\right)}$

$$\tan\varphi_Z(j\omega)=0.01\omega-\frac{10^6}{\omega}$$

因 $\cos\varphi_Z=\dfrac{1}{\sqrt{1+\tan^2\varphi_Z}}=\dfrac{1}{|Z_i(j\omega)|}$

所以阻抗的频率响应为 $|Z_i(j\omega)|=\dfrac{1}{\cos\ \varphi_Z(j\omega)}$，$\varphi_Z(j\omega)=\arctan\left(0.01\omega-\dfrac{10^6}{\omega}\right)$。阻抗的幅频响应和相频响应如题 11-3 解图(a)和(b)所示。

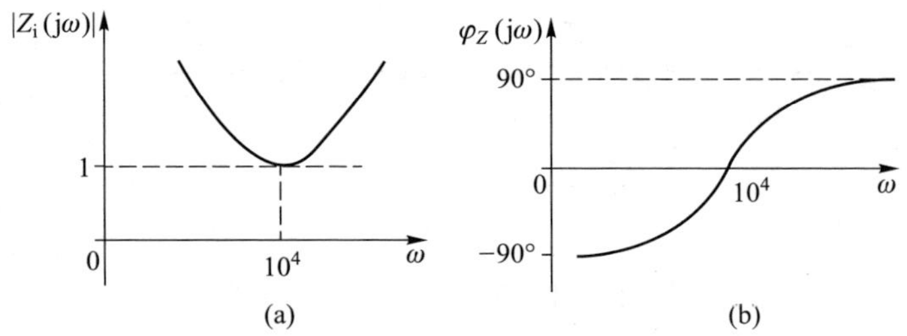

题 11-3 解图

(3) 谐振时，Z_i 的虚部为 0，即 $0.01\omega_0-\dfrac{10^6}{\omega_0}=0$

$\Rightarrow$ 谐振角频率$\omega_0=\sqrt{\dfrac{10^6}{0.01}}$ rad/s $=10^4$ rad/s

(4) 品质因数 $Q=\dfrac{1}{R}\sqrt{\dfrac{L}{C}}=\dfrac{1}{1}\times\sqrt{\dfrac{0.01}{10^{-6}}}=100$

(5) 通频带的宽度 $BW=\dfrac{\omega_0}{Q}=\dfrac{10^4}{100}$ rad/s $=100$ rad/s

11-4 *RLC* 并联电路中 $R=10\ \text{k}\Omega$，$L=1$ mH，$C=0.1\ \mu\text{F}$。求习题 11-3 中所列各项。

解：(1) $Y_i(j\omega)=\dfrac{1}{R}+j\omega C+\dfrac{1}{j\omega L}=\dfrac{1}{10\times10^3}+j\left(0.1\times10^{-6}\omega-\dfrac{1}{1\times10^{-3}\omega}\right)$

$$=10^{-4}\left[1+j\left(10^{-3}\omega-\frac{10^7}{\omega}\right)\right]$$

(2) 由 $Y_i(j\omega)=|Y_i(j\omega)|\underline{/\varphi_Y(j\omega)}=$

$10^{-4}\sqrt{1+\left(10^{-3}\omega-\dfrac{10^7}{\omega}\right)^2}\ \underline{/\arctan\left(10^{-3}\omega-\dfrac{10^7}{\omega}\right)}$，$\tan\ \varphi_Y(j\omega)=10^{-3}\omega-\dfrac{10^7}{\omega}$

因 $\cos\ \varphi_Y=\dfrac{1}{\sqrt{1+\tan^2\varphi_Y}}$，所以 $|Y_i(j\omega)|=\dfrac{10^{-4}}{\cos[\varphi_Y(j\omega)]}$

$\varphi_Y(j\omega)=\arctan\left(10^{-3}\omega-\dfrac{10^7}{\omega}\right)$，其导纳的频率响应如题 11-4 解图(a)和(b)所示。

(3) 谐振时，Y_i 的虚部为 0，即$10^{-3}\omega_0-\dfrac{10^7}{\omega_0}=0$，$\omega_0^2=10^{10}$，$\omega_0=10^5$ rad/s

(4) 品质因数 $Q=\dfrac{1}{G}\sqrt{\dfrac{C}{L}}=10\times10^3\times\sqrt{\dfrac{0.1\times10^{-6}}{1\times10^{-3}}}=10^4\sqrt{10^{-4}}=100$

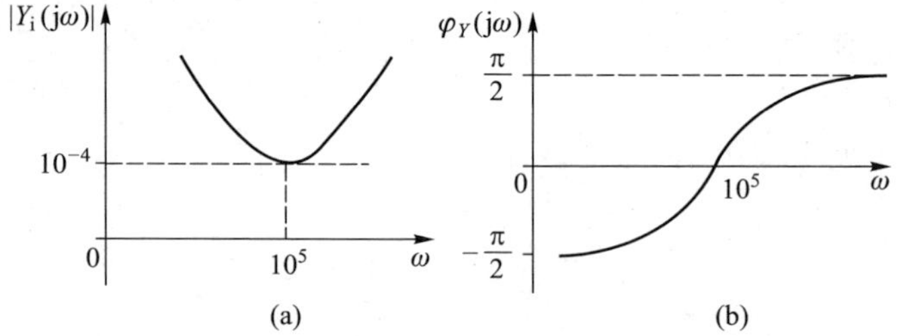

题 11-4 解图

(5) 通频带宽度 $BW=\dfrac{\omega_0}{Q}=\dfrac{10^5}{10^2}$ rad/s $=1000$ rad/s

11-5 已知 *RLC* 串联电路中，$R=50\ \Omega$，$L=400$ mH，谐振角频率 $\omega_0=5000$ rad/s，$U_s=1$ V。求电容 C 及各元件电压的瞬时表达式。

解：因 $\omega_0=\dfrac{1}{\sqrt{LC}}$，则 $C=\dfrac{1}{\omega_0^2L}=\dfrac{1}{5000^2\times400\times10^{-3}}$ F $=0.1\ \mu$F。

令 $\dot{U}_s=1\underline{/0^\circ}$ V，设 $\dot{I}$ 与 $\dot{U}_s$、$\dot{U}_R$、$\dot{U}_L$、$\dot{U}_C$取关联参考方向。

谐振时，有 $\dot{U}_R=\dot{U}_s$，$\dot{I}=\dfrac{\dot{U}_s}{R}=\dfrac{1\underline{/0^\circ}}{50}$ A $=0.02\underline{/0^\circ}$ A

$$\dot{U}_L=j\omega L\dot{I}=j5000\times400\times10^{-3}\times0.02\underline{/0^\circ}\text{ V}=40\underline{/90^\circ}\text{ V}$$

$$\dot{U}_C=-\dot{U}_L=40\underline{/-90^\circ}\text{ V}$$

所以 $u_R(t)=\sqrt{2}\cos(5000t)$ V

$$u_L(t)=40\sqrt{2}\cos(5000t+90^\circ)\text{ V}$$

$$u_C(t)=40\sqrt{2}\cos(5000t-90^\circ)\text{ V}$$

11-6 求题 11-6 图所示电路在哪些频率时短路或开路？

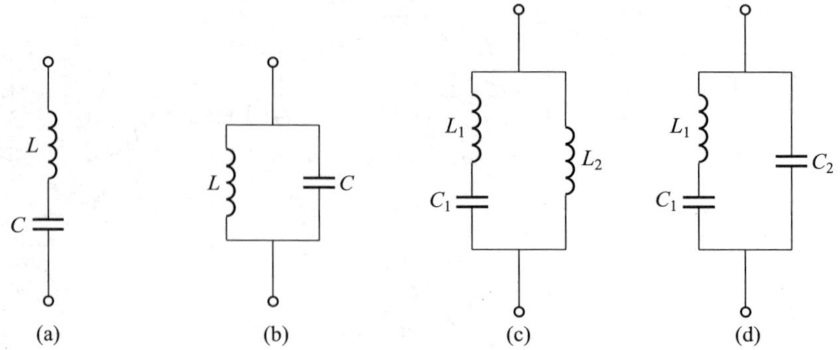

题 11-6 图

解:题 11-6 图(a)中,$Z=\mathrm{j}\left(\omega L-\dfrac{1}{\omega C}\right)$,当 $\omega L=\dfrac{1}{\omega C}$时,$Z=0$,电路相当于"短路",此时电路发生串联谐振,谐振角频率 $\omega=\omega_0=\dfrac{1}{\sqrt{LC}}$。

当 $\omega=0$ 或 $\omega\to\infty$ 时,$|Z|\to\infty$,电路相当于"开路"。

题 11-6 图(b)中,$Y=\mathrm{j}\left(\omega C-\dfrac{1}{\omega L}\right)$,当 $\omega C=\dfrac{1}{\omega L}$时,$Y=0$,电路相当于"开路",此时电路发生并联谐振,谐振角频率 $\omega=\omega_0=\dfrac{1}{\sqrt{LC}}$。

当 $\omega=0$ 或 $\omega\to\infty$ 时,$|Y|\to\infty$,电路相当于"短路"。

题 11-6 图(c)中,$Z=\dfrac{\mathrm{j}\omega L_2\times\left(\mathrm{j}\omega L_1-\mathrm{j}\dfrac{1}{\omega C_1}\right)}{\mathrm{j}\omega L_2+\left(\mathrm{j}\omega L_1-\mathrm{j}\dfrac{1}{\omega C_1}\right)}=\dfrac{-\omega^2L_1L_2+\dfrac{L_2}{C_1}}{\mathrm{j}\left[\omega(L_1+L_2)-\dfrac{1}{\omega C_1}\right]}$

当 Z 式中的分子为 0 时,即$-\omega^2L_1L_2+\dfrac{L_2}{C_1}=0$时,则 $Z=0$。

电路相当于"短路",此时电路 L_1 与 C_1 串联部分发生谐振,谐振角频率 $\omega=\omega_1=\dfrac{1}{\sqrt{L_1C_1}}$。

当 $\omega=0$ 时,$Z=0$,电路亦相当于"短路"。

当 Z 式中的分母为 0 时,即 $\omega(L_1+L_2)=\dfrac{1}{\omega C_1}$,则 $Z\to\infty$,电路相当于"开路",此时电路发生并联谐振,

谐振角频率 $\omega=\omega_2=\dfrac{1}{\sqrt{(L_1+L_2)C_1}}$

当 $\omega\to\infty$ 时,$Z\to\infty$,电路亦相当于"开路"。

题 11-6 图(d)中,$Y=\dfrac{1}{\mathrm{j}\left(\omega L_1-\dfrac{1}{\omega C_1}\right)}+\mathrm{j}\omega C_2=\dfrac{1+\mathrm{j}\omega C_2\times\mathrm{j}\left(\omega L_1-\dfrac{1}{\omega C_1}\right)}{\mathrm{j}\left(\omega L_1-\dfrac{1}{\omega C_1}\right)}$

$$=\frac{1-\omega^2C_2L_1+\dfrac{C_2}{C_1}}{\mathrm{j}\left(\omega L_1-\dfrac{1}{\omega C_1}\right)}$$

当 $\omega C_1=\dfrac{1}{\omega L_1}$时,$Y\to\infty$,电路相当于"短路",此时电路 L_1 与 C_1 串联部分发生谐振,谐振角频率 $\omega=\omega_1=\dfrac{1}{\sqrt{L_1C_1}}$。

当 $\omega\to\infty$ 时,$Y\to\infty$,电路亦相当于"短路"。

当 $1-\omega^2C_2L_1+\dfrac{C_2}{C_1}=0$ 时,$Y=0$,电路相当于"开路",此时电路发生并联谐振,谐振角频率 $\omega=\omega_2=\sqrt{\dfrac{1}{L_1}\left(\dfrac{1}{C_1}+\dfrac{1}{C_2}\right)}$。

当 $\omega=0$ 时,$Y=0$,电路亦相当于"开路"。

11-7 *RLC* 串联电路中,$L=50\ \mu\mathrm{H}$,$C=100\ \mathrm{pF}$,$Q=50\sqrt{2}=70.71$,电源 $U_s=1\ \mathrm{mV}$。求电路的谐振频率 f_0、谐振时的电容电压 U_C 和通带 BW。

解:谐振频率 $f_0=\dfrac{1}{2\pi\sqrt{LC}}=\dfrac{1}{2\times3.14\sqrt{100\times10^{-12}\times50\times10^{-6}}}\mathrm{Hz}$

$$=\frac{1}{2\times3.14\times10^{-7}\sqrt{0.5}}\mathrm{Hz}=2.25\ \mathrm{MHz}$$

$$\omega_0=\frac{1}{\sqrt{LC}}=\frac{1}{10^{-7}\sqrt{0.5}}\mathrm{rad/s}=14.14\times10^6\mathrm{rad/s}$$

$$U_C=QU_s=70.71\times1\times10^{-3}\ \mathrm{V}=70.71\ \mathrm{mV}$$

$$BW=\frac{\omega_0}{Q}=\frac{14.14\times10^6}{70.71}\mathrm{rad/s}=2\times10^5\ \mathrm{rad/s}$$

11-8 *RLC* 串联电路谐振时,已知 $BW=6.4\ \mathrm{kHz}$,电阻的功耗 $2\ \mu\mathrm{W}$,$u_S(t)=\sqrt{2}\cos(\omega_0t)\mathrm{mV}$ 和 $C=400\ \mathrm{pF}$。求 L、谐振频率 f_0 和谐振时电感电压 U_L。

解:*RLC* 串联谐振时,有 $U_R=U_s$,因 $P_R=\dfrac{U_R^2}{R}$

所以 $R=\dfrac{U_R^2}{P_R}=\dfrac{(1\times10^{-3})^2}{2\times10^{-6}}\Omega=0.5\ \Omega$

谐振时的电流 $I=\dfrac{U_s}{R}=\dfrac{1}{0.5}=2\ \mathrm{A}$,$BW=\dfrac{f_0}{Q}=\dfrac{1}{2\pi\sqrt{LC}}\times\dfrac{1}{\dfrac{1}{R}\sqrt{\dfrac{L}{C}}}=\dfrac{R}{2\pi L}$

$$L=\frac{R}{2\pi BW}=\frac{0.5}{2\times3.14\times6.4\times10^3}\mathrm{H}=12.43\times10^{-6}\ \mathrm{H}=12.43\ \mu\mathrm{H}$$

$$f_0=\frac{1}{2\pi\sqrt{LC}}=\frac{1}{2\times3.14\times\sqrt{12.43\times10^{-6}\times400\times10^{-12}}}\mathrm{Hz}=2.26\times10^6\ \mathrm{Hz}$$

$$=2.26\ \mathrm{MHz}$$

$$Q=\frac{1}{R}\sqrt{\frac{L}{C}}=\frac{1}{0.5}\sqrt{\frac{12.46\times10^{-6}}{400\times10^{-12}}}=352.56$$

$U_L=QU_s=352.56\times1\times10^{-3}\ \text{V}=352.56\ \text{mV}$

11-9 RLC 串联电路中，$U_s=1$ V，电源频率 $f_S=1$ MHz，发生谐振时 $I(\mathrm{j}\omega_0)=$ 100 mA，$U_C(\mathrm{j}\omega_0)=100$ V，试求 R、L 和 C 的值，Q 值和通带 BW。

解：谐振时，$U_R=U_s$，$R=\dfrac{U_s}{I}=\dfrac{1}{100\times10^{-3}}\Omega=10\ \Omega$

谐振角频率 $\omega_0=2\pi f_S=2\times3.14\times1\times10^6\ \text{rad/s}=6.28\times10^6\ \text{rad/s}$

$$U_C=\frac{1}{\omega_0 C}I$$

$$C=\frac{I}{\omega_0 U_C}=\frac{100\times10^{-3}}{6.28\times10^6\times100}\text{F}=159.2\times10^{-12}\ \text{F}=159.2\ \text{pF}$$

$$\omega_0=\frac{1}{\sqrt{LC}}$$

得 $L=\dfrac{1}{\omega_0^2C}=\dfrac{1}{(6.28\times10^6)^2\times159.2\times10^{-12}}\text{H}=159.2\ \mu\text{H}$

$$Q=\frac{1}{R}\sqrt{\frac{L}{C}}=\frac{1}{10}\sqrt{\frac{159.2\times10^{-6}}{159.2\times10^{-12}}}=100$$

$$BW=\frac{\omega_0}{Q}=\frac{6.28\times10^6}{100}\text{rad/s}=6.28\times10^4\ \text{rad/s}$$

11-10 RLC 并联谐振时，$f_0=1$ kHz，$Z(\mathrm{j}\omega_0)=100$ kΩ，$BW=100$ rad/s，求 R、L 和 C。

解：并联谐振时，$Z(\mathrm{j}\omega_0)=R=100\ \text{k}\Omega$，$Q=\dfrac{1}{G}\sqrt{\dfrac{C}{L}}$，$BW=\dfrac{\omega_0}{Q}=\dfrac{\frac{1}{\sqrt{LC}}}{\frac{1}{G}\sqrt{\frac{C}{L}}}=\dfrac{1}{RC}$，

得 $C=\dfrac{1}{R\cdot BW}=\dfrac{1}{100\times10^3\times100}\text{F}=0.1\ \mu\text{F}$

由 $$\omega_0=2\pi f_0=6.28\times10^3\ \text{rad/s},\ \omega_0=\frac{1}{\sqrt{LC}}$$

得 $$L=\frac{1}{\omega_0^2C}=\frac{1}{(6.28\times10^3)^2\times0.1\times10^{-6}}\text{H}=0.253\ \text{H}$$

11-11 求题 11-11 图所示电路的谐振频率及各频段的电抗性质。

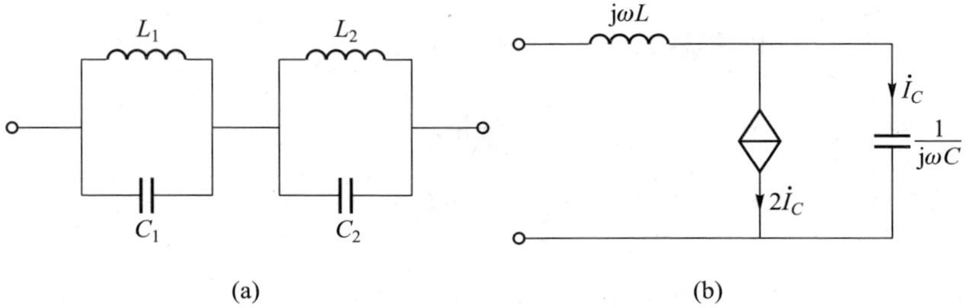

题 11-11 图

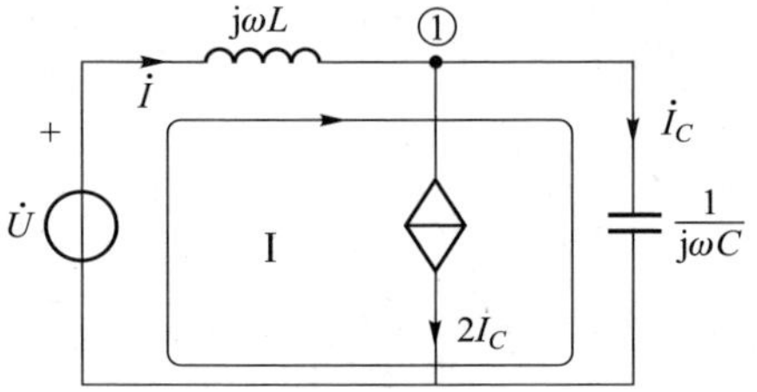

题 11-11 解图

解：题 11-11 图(a)中，
$$Z=\frac{\mathrm{j}\omega L_1\cdot\frac{1}{\mathrm{j}\omega C_1}}{\mathrm{j}\omega L_1+\frac{1}{\mathrm{j}\omega C_1}}+\frac{\mathrm{j}\omega L_2\cdot\frac{1}{\mathrm{j}\omega C_2}}{\mathrm{j}\omega L_2+\frac{1}{\mathrm{j}\omega C_2}}=\frac{\frac{L_1}{C_1}}{\mathrm{j}\left(\omega L_1-\frac{1}{\omega C_1}\right)}+\frac{\frac{L_2}{C_2}}{\mathrm{j}\left(\omega L_2-\frac{1}{\omega C_2}\right)}=-\mathrm{j}\left(\frac{\omega L_1}{\omega^2L_1C_1-1}+\frac{\omega L_2}{\omega^2L_2C_2-1}\right)$$

当 $\omega L_1-\dfrac{1}{\omega C_1}=0$ 时，L_1C_1 并联电路部分发生谐振，并联谐振角频率为 ω_1，即 $\omega=\omega_1=\dfrac{1}{\sqrt{L_1C_1}}$。

当 $\omega L_2-\dfrac{1}{\omega C_2}=0$ 时，L_2C_2 并联电路部分发生谐振，并联谐振角频率为 ω_2，即 $\omega=\omega_2=\dfrac{1}{\sqrt{L_2C_2}}$。

当 Z 的虚部为零时，整个电路发生串联谐振，谐振角频率为ω_3，即

$$\frac{\omega L_1}{\omega^2 L_1 C_1 - 1} + \frac{\omega L_2}{\omega^2 L_2 C_2 - 1} = 0 \quad \Rightarrow \quad L_1(\omega^2 L_2 C_2 - 1) = -L_2(\omega^2 L_1 C_1 - 1)$$

$$\Rightarrow \quad \omega^2 L_1 L_2 C_2 - L_1 + \omega^2 L_1 L_2 C_1 - L_2 = 0$$

得 $$\omega = \omega_3 = \sqrt{\frac{L_1 + L_2}{L_1 L_2 (C_1 + C_2)}}$$

题 11-11 图(b)中，在输入端施加电压 $\dot{U}$，如题 11-11 解图所示，对回路 I 列 KVL 方程，对节点①列 KCL 方程，分别得〈1〉和〈2〉式

$$\begin{cases} \dot{U} = \mathrm{j}\omega L \dot{I} + \dfrac{1}{\mathrm{j}\omega C}\dot{I}_C & \langle 1 \rangle \\ \dot{I} = \dot{I}_C + 2\dot{I}_C = 3\dot{I}_C & \langle 2 \rangle \end{cases}$$

由〈2〉式，得 $\dot{I}_C = \dfrac{1}{3}\dot{I}$，代入〈1〉式，则 $\dot{U} = \mathrm{j}\omega L \dot{I} + \dfrac{1}{\mathrm{j}\omega C} \times \dfrac{\dot{I}}{3} = \mathrm{j}\left(\omega L - \dfrac{1}{3\omega C}\right)\dot{I}$，

$$Z_i = \frac{\dot{U}}{\dot{I}} = \mathrm{j}\left(\omega L - \frac{1}{3\omega C}\right)$$

当 $\omega L - \dfrac{1}{3\omega C} = 0$ 时，电路发生谐振，此时谐振角频率 $\omega = \omega_0 = \dfrac{1}{\sqrt{3LC}}$。

11-12 题 11-12 图所示电路中 $I_s = 20$ mA，$L = 100$ μH，$C = 400$ pF，$R = 10$ Ω。求：电路谐振时的通带 BW 和 R_L 等于何值时能获得最大功率，并求最大功率。

解：求题 11-12 图中 R_L 左侧的诺顿等效电路，如题 11-12 解图所示，$Y_i = \dfrac{1}{R + \mathrm{j}\omega L} + \mathrm{j}\omega C = \dfrac{R}{R^2 + (\omega L)^2} + \mathrm{j}\omega\left[C - \dfrac{L}{R^2 + (\omega L)^2}\right]$。

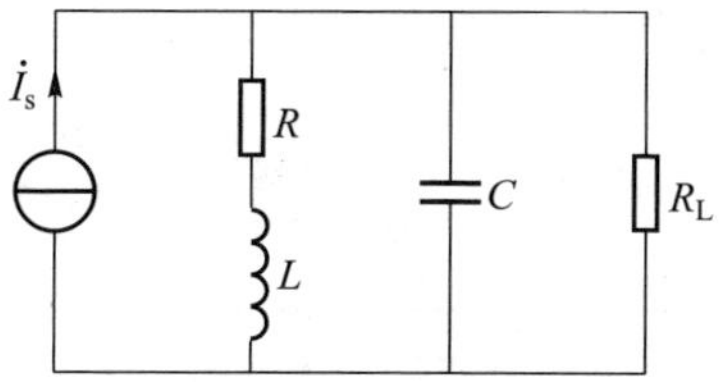

题 11-12 图

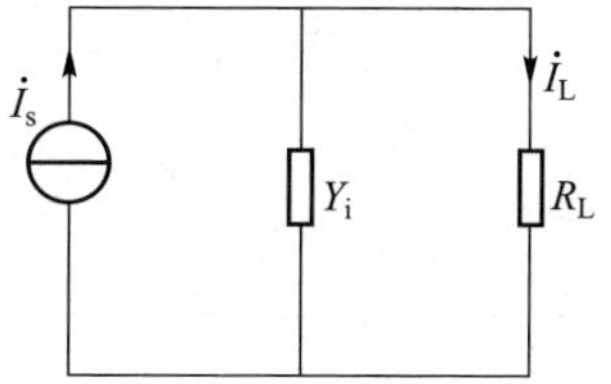

题 11-12 解图

谐振时，谐振角频率为 ω_0，Y_i 的虚部为 0，即

$$C - \frac{L}{R^2 + (\omega_0 L)^2} = 0 \quad \Rightarrow \quad (\omega_0 L)^2 = \frac{L}{C} - R^2 \quad \Rightarrow \quad \omega_0 L = \sqrt{\frac{L}{C} - R^2} = \sqrt{\frac{100 \times 10^{-6}}{400 \times 10^{-12}} - 10^2} \approx 500$$

因 $\omega_0 L \gg R$，

得 $\omega_0 \approx \dfrac{1}{\sqrt{LC}} = 5 \times 10^6$ rad/s

$$Y_i(\mathrm{j}\omega_0) = \frac{R}{R^2 + (\omega_0 L)^2} = \frac{R}{R^2 + \dfrac{L}{C} - R^2} = \frac{RC}{L} = \frac{10 \times 400 \times 10^{-12}}{100 \times 10^{-6}} \mathrm{S}$$

$$= 4 \times 10^{-5} \mathrm{S} = G_i$$

当 $R_L = R_i = \dfrac{1}{G_i} = \dfrac{1}{4 \times 10^{-5}} \Omega = 25 \times 10^3\ \Omega = 25\ \mathrm{k}\Omega$ 时，有

$$P_{R_L\max} = \frac{I_{sc}^2}{4G_i} = \frac{I_s^2}{4G_i} = \frac{(20 \times 10^{-3})^2}{4 \times 4 \times 10^{-5}} \mathrm{W} = 2.5\ \mathrm{W}$$

此时 $Q \approx \dfrac{R_L}{\sqrt{L/C}} = \dfrac{R_L}{\omega_0 L} = \dfrac{25 \times 10^3}{500} = 50$，

$$BW = \frac{\omega_0}{Q} = \frac{5 \times 10^6}{50} = 10^5\ \mathrm{rad/s}$$

11-13 题 11-13 图所示电路中 $R = 10$ Ω，$C = 0.1$ μF，正弦电压 u_S 的有效值 $U_s = 1$ V，电路的 Q 值为 100。求参数 L 和谐振时的 U_L。

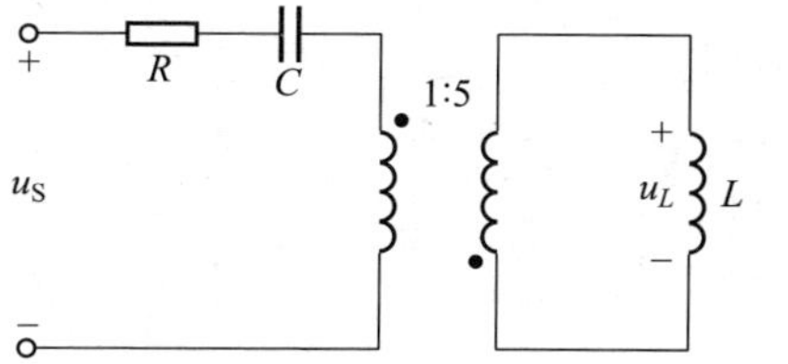

题 11-13 图

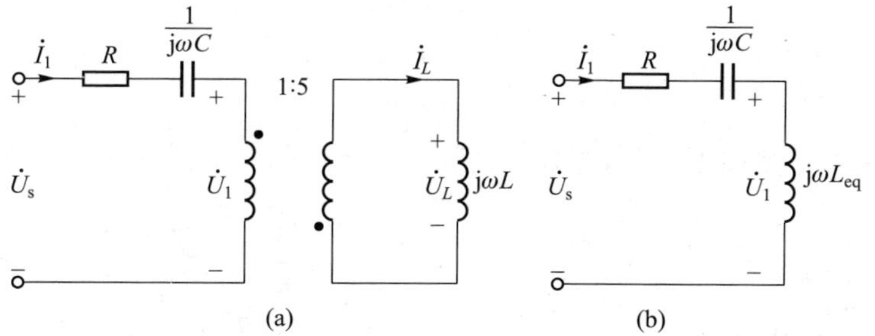

题 11-13 解图

解：画出题 11-13 图的相量模型及一次侧等效电路如题11-13解图(a)和(b)所示，设 $\dot{U}_s = 1\angle 0°$ V。

题 11-13 图中，求理想变压器一次侧等效电感，得 $L_{eq} = \dfrac{1}{5^2}L = \dfrac{L}{25}$。

题 11-13 解图(b)中,串联谐振时,$Q=\dfrac{1}{R}\sqrt{\dfrac{L_{\text{eq}}}{C}} \quad \Rightarrow \quad L_{\text{eq}}=\dfrac{L}{25}=(RQ)^2C$

$\Rightarrow \quad L=25\ (RQ)^2C=25\times(10\times100)^2\times0.1\times10^{-6}\ \text{H}=2.5\ \text{H}$

谐振角频率为 ω_0,有

$$\omega_0=\frac{1}{\sqrt{L_{\text{eq}}C}}=\sqrt{\frac{25}{LC}}=\sqrt{\frac{25}{2.5\times0.1\times10^{-6}}}\ \text{rad/s}$$
$$=10^4\ \text{rad/s}$$

由理想变压器,有$\dfrac{\dot I_1}{\dot I_L}=-5$

因 $\dot I_1=\dfrac{\dot U_s}{R}$,则

$$\dot U_L=\text{j}\omega_0L\dot I_L=\text{j}\omega_0L\left(-\frac{1}{5}\dot I_1\right)=\text{j}\omega_0L\left(-\frac{1}{5}\times\frac{\dot U_s}{R}\right)=\text{j}10^4\times2.5\times\left(-\frac{1}{5}\times\frac{1\angle0^\circ}{10}\right)\ \text{V}$$

$=-\text{j}500\ \text{V}=500\angle-90^\circ\ \text{V}$,即谐振时的 $U_L=500\ \text{V}$。

11-14 题 11-14 图中 $C_2=400\ \text{pF}$,$L_1=100\ \mu\text{H}$。求下列两种条件下,电路的谐振角频率 ω_0:

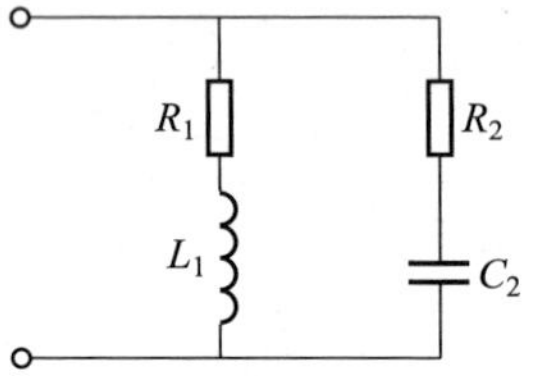

题 11-14 图

(1) $R_1=R_2\neq\sqrt{\dfrac{L_1}{C_2}}$;(2) $R_1=R_2=\sqrt{\dfrac{L_1}{C_2}}$。

解:题 11-14 图中,端口等效导纳为

$$Y=\frac{1}{R_1+\text{j}\omega L_1}+\frac{1}{R_2-\text{j}\dfrac{1}{\omega C_2}}=\frac{R_1}{R_1^2+(\omega L_1)^2}+\frac{R_2}{R_2^2+\left(\dfrac{1}{\omega C_2}\right)^2}+\text{j}\left[\frac{\dfrac{1}{\omega C_2}}{R_2^2+\left(\dfrac{1}{\omega C_2}\right)^2}-\frac{\omega L_1}{R_1^2+(\omega L_1)^2}\right]$$

谐振时,谐振角频率为 ω_0,Y 的虚部为 0,即

$$\frac{\dfrac{1}{\omega_0C_2}}{R_2^2+\dfrac{1}{(\omega_0C_2)^2}}-\frac{\omega_0L_1}{R_1^2+(\omega_0L_1)^2}=0 \qquad \langle1\rangle$$

由解〈1〉式,得

$$\frac{\omega_0C_2}{(R_2C_2\omega_0)^2+1}=\frac{\omega_0L_1}{R_1^2+(\omega_0L_1)^2}$$

$$\Rightarrow \quad C_2[R_1^2+(\omega_0L_1)^2]=L_1[(R_2C_2\omega_0)^2+1]$$

$$\Rightarrow \quad C_2R_1^2+\omega_0^2L_1^2C_2=R_2^2C_2^2L_1\omega_0^2+L_1$$

$$\Rightarrow \quad \omega_0^2(L_1^2C_2-R_2^2C_2^2L_1)=L_1-C_2R_1^2$$

$$\Rightarrow \quad \omega_0^2=\frac{L_1-C_2R_1^2}{L_1^2C_2-R_2^2C_2^2L_1}=\frac{L_1-C_2R_1^2}{L_1C_2(L_1-R_2^2C_2)}$$

$$\Rightarrow \quad \omega_0=\sqrt{\frac{L_1-C_2R_1^2}{L_1C_2(L_1-R_2^2C_2)}}$$

(1) 当 $R_1=R_2\neq\sqrt{\dfrac{L_1}{C_2}}$ 时,$\omega_0=\sqrt{\dfrac{L_1-C_2R_1^2}{L_1C_2(L_1-R_2^2C_2)}}=\dfrac{1}{\sqrt{L_1C_2}}$

(2) $R_1=R_2=\sqrt{\dfrac{L_1}{C_2}}$ 时,$\omega_0=\sqrt{\dfrac{L_1-C_2R_1^2}{L_1C_2(L_1-R_2^2C_2)}}=\dfrac{0}{0}$(任意)

11-15 求题 11-15 图所示电路的转移电压比$\dfrac{\dot U_2}{\dot U_1}$。

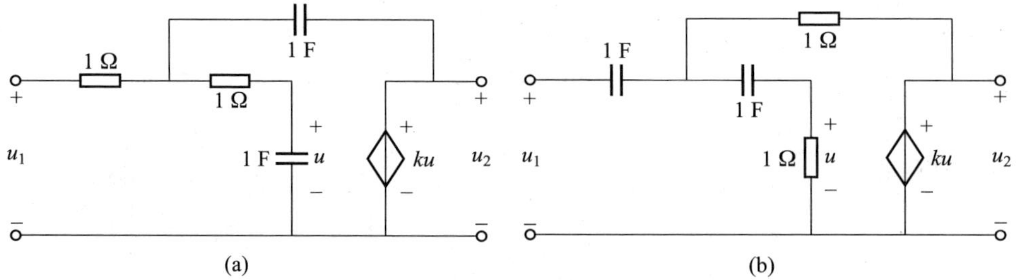

题 11-15 图

解:题 11-15 图(a)和(b)的相量模型如题 11-15 解图(a)和(b)所示。题 11-15 解图(a)中,对节点①列 KCL 方程,有

$$\dot I_1=\dot I_2+\dot I_3 \quad \Rightarrow \quad \frac{\dot U_1-\dot U_{\text{n1}}}{1}=\frac{\dot U_{\text{n1}}-\dot U}{1}+\text{j}\omega(\dot U_{\text{n1}}-\dot U_2)$$

$$\Rightarrow \quad \dot U_1=(2+\text{j}\omega)\dot U_{\text{n1}}-\dot U-\text{j}\omega\dot U_2=(2+\text{j}\omega)\dot U_{\text{n1}}-\dot U-\text{j}\omega k\dot U$$

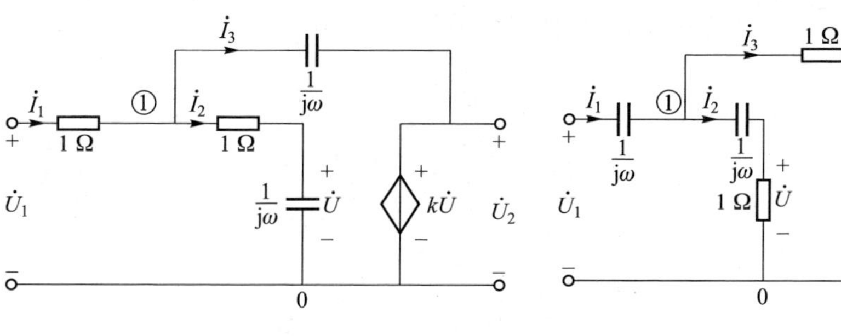

(a) (b)

题 11-15 解图

又 $\dot{U}_{n1}=\left(1+\dfrac{1}{j\omega}\right)\dot{I}_2=\left(1+\dfrac{1}{j\omega}\right)j\omega\dot{U}$，整理方程得〈1〉和〈2〉式

$$\begin{cases}\dot{U}_1=(2+j\omega)\dot{U}_{n1}-(1+j\omega k)\dot{U} & \langle 1\rangle\\ \dot{U}_{n1}=(1+j\omega)\dot{U} & \langle 2\rangle\end{cases}$$

将〈2〉式代入〈1〉式，得 $\dot{U}_1=(2+j\omega)(1+j\omega)\dot{U}-(1+j\omega k)\dot{U}$，则

$$\frac{\dot{U}}{\dot{U}_1}=\frac{1}{(2+j\omega)(1+j\omega)-(1+j\omega k)}$$

$$=\frac{1}{2-\omega^2+j\omega+2j\omega-1-jk\omega}=\frac{1}{1-\omega^2+j\omega(3-k)}$$

所以 $\dfrac{\dot{U}_2}{\dot{U}_1}=\dfrac{k\dot{U}}{\dot{U}_1}=\dfrac{k}{1-\omega^2+j\omega(3-k)}$

题 11-15 解图(b)中，对节点①列 KCL 方程，有

$$j\omega(\dot{U}_1-\dot{U}_{n1})=j\omega(\dot{U}_{n1}-\dot{U})+\frac{\dot{U}_{n1}-\dot{U}_2}{1}$$

$$\dot{U}_1=\left(2+\frac{1}{j\omega}\right)\dot{U}_{n1}-\dot{U}-\frac{\dot{U}_2}{j\omega}=\left(2+\frac{1}{j\omega}\right)\dot{U}_{n1}-\dot{U}-\frac{k\dot{U}}{j\omega}$$

又 $\dot{U}_{n1}=\left(1+\dfrac{1}{j\omega}\right)\dot{I}_2=\left(1+\dfrac{1}{j\omega}\right)\dfrac{\dot{U}_1}{1}$，整理方程得〈3〉和〈4〉式

$$\begin{cases}\dot{U}_1=\left(2+\dfrac{1}{j\omega}\right)\dot{U}_{n1}-\dot{U}-\dfrac{k}{j\omega}\dot{U} & \langle 3\rangle\\ \dot{U}_{n1}=\left(1+\dfrac{1}{j\omega}\right)\dot{U} & \langle 4\rangle\end{cases}$$

将〈4〉式代入〈3〉式，得 $\dot{U}_1=\left(2+\dfrac{1}{j\omega}\right)\left(1+\dfrac{1}{j\omega}\right)\dot{U}-\dot{U}-\dfrac{k}{j\omega}\dot{U}$

$$\Rightarrow\quad\frac{\dot{U}}{\dot{U}_1}=\frac{1}{\left(2+\dfrac{1}{j\omega}\right)\left(1+\dfrac{1}{j\omega}\right)-1-\dfrac{k}{j\omega}}=\frac{j\omega}{(2j\omega+1)(j\omega+1)-j\omega-k}$$

$$=\frac{j\omega}{1-2\omega^2-k+j2\omega}$$

所以

$$\frac{\dot{U}_2}{\dot{U}_1}=\frac{k\dot{U}}{\dot{U}_1}=\frac{j\omega k}{1-2\omega^2-k+j2\omega}$$

11-16 求题 11-16 图所示电路的转移电压比$\dfrac{\dot{U}_2}{\dot{U}_1}$。

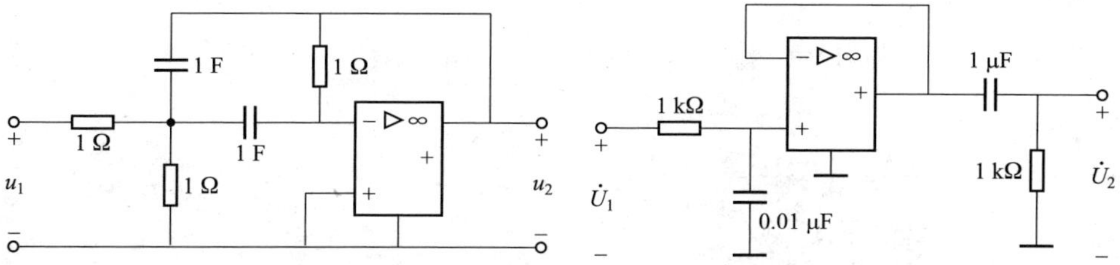

(a) (b)

题 11-16 图

解：题 11-16 图(a)和(b)的相量模型如题 11-16 解图(a)和(b)所示。

由分析理想运放的两条规则，有 $\dot{I}^-=\dot{I}^+=0$(理想运放输入端“虚断路”，在输入端用“×”标记)，$\dot{U}^+=\dot{U}^-$(理想运放输入端“虚短路”)。

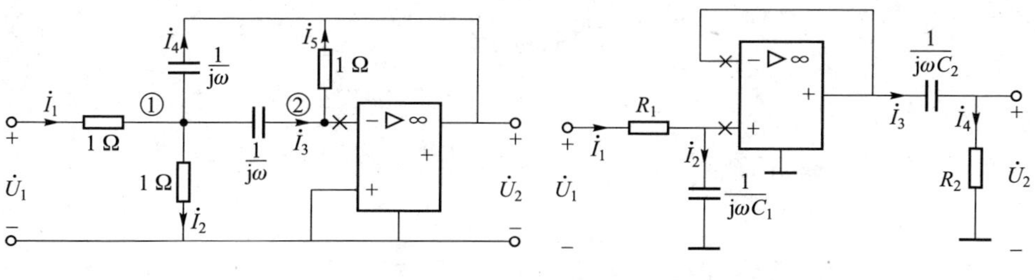

(a) (b)

题 11-16 解图

题 11-16 解图(a)中,列节点①、②的 KCL 方程,有

$$\dot{I}_1=\dot{I}_2+\dot{I}_3+\dot{I}_4,\ \dot{I}_3=\dot{I}_5$$

用节点电压表示为

$$\begin{cases}\dfrac{\dot{U}_1-\dot{U}_{n1}}{1}=\dfrac{\dot{U}_{n1}}{1}+j\omega(\dot{U}_{n1}-\dot{U}_{n2})+j\omega(\dot{U}_{n1}-\dot{U}_2)\\ j\omega(\dot{U}_{n1}-\dot{U}_{n2})=\dfrac{\dot{U}_{n2}-\dot{U}_2}{1}\end{cases}$$

因 $\dot{U}_{n2}=\dot{U}^-=\dot{U}^+=0$,代入两式,整理得

$$\begin{cases}\dot{U}_1=(2+2j\omega)\dot{U}_{n1}-j\omega\dot{U}_2 & \langle 1\rangle\\ \dot{U}_{n1}=-\dfrac{\dot{U}_2}{j\omega} & \langle 2\rangle\end{cases}$$

将〈2〉式代入〈1〉式,得 $\dot{U}_1=(2+2j\omega)\left(-\dfrac{\dot{U}_2}{j\omega}\right)-j\omega\dot{U}_2$

则 $\dfrac{\dot{U}_2}{\dot{U}_1}=\dfrac{1}{(2+2j\omega)\left(-\dfrac{1}{j\omega}\right)-j\omega}=\dfrac{-j\omega}{2-\omega^2+j2\omega}$

题 11-16 解图(b)中,$\dot{I}_1=\dot{I}_2$,$\dot{I}_3=\dot{I}_4$,其用节点电压表示为

$$\begin{cases}\dfrac{\dot{U}_1-\dot{U}^+}{R_1}=j\omega C_1\dot{U}^+\\ j\omega C_2(\dot{U}^--\dot{U}_2)=\dfrac{\dot{U}_2}{R_2}\end{cases}\Rightarrow\begin{cases}\dot{U}^+=\dfrac{\dot{U}_1}{1+j\omega C_1R_1} & \langle 3\rangle\\ \dot{U}^-=\left(1+\dfrac{1}{j\omega C_2R_2}\right)\dot{U}_2 & \langle 4\rangle\end{cases}$$

因 $\dot{U}^+=\dot{U}^-$,〈3〉式与〈4〉式相等,则 $\dfrac{\dot{U}_1}{1+j\omega C_1R_1}=\left(1+\dfrac{1}{j\omega C_2R_2}\right)\dot{U}_2$

所以 $$\dfrac{\dot{U}_2}{\dot{U}_1}=\dfrac{1}{(1+j\omega C_1R_1)\left(1+\dfrac{1}{j\omega C_2R_2}\right)}=\dfrac{j\omega C_2R_2}{(1+j\omega C_1R_1)(1+j\omega C_2R_2)}$$

$$=\dfrac{j\omega\times10^{-6}\times10^3}{(1+j\omega\times0.01\times10^{-6}\times10^3)(1+j\omega\times10^{-6}\times10^3)}$$

$$=\dfrac{j\omega\times10^5}{(10^5+j\omega)(10^3+j\omega)}$$

11-17 题 11-17 图所示电路中 $RC=1$ s。求 $\dfrac{\dot{U}_2}{\dot{U}_1}$ 和 $\dfrac{U_2}{U_1}-\omega$。

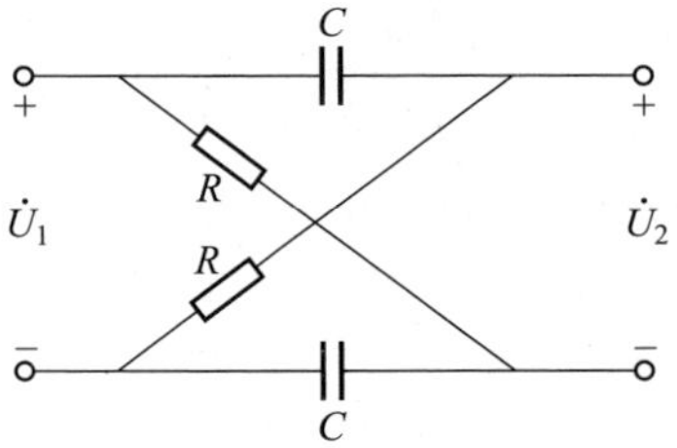

题 11-17 图

解:题 11-17 图的相量模型如题 11-17 解图(a)所示,$\dot{U}_1=\dfrac{1}{j\omega C}\dot{I}_1+\dot{U}_2+\dfrac{1}{j\omega C}\dot{I}_2$,

因 $\dot{I}_1=\dot{I}_2$,则 $\dot{U}_1=\dfrac{2}{j\omega C}\dot{I}_1+\dot{U}_2$。

将 $\dot{I}_1=\dfrac{\dot{U}_1}{R+\dfrac{1}{j\omega C}}$ 代入,得

$$\dot{U}_1=\dfrac{2}{j\omega C}\times\dfrac{\dot{U}_1}{R+\dfrac{1}{j\omega C}}+\dot{U}_2=\dfrac{2\dot{U}_1}{j\omega CR+1}+\dot{U}_2$$

整理得

$$\dfrac{\dot{U}_2}{\dot{U}_1}=1-\dfrac{2}{j\omega CR+1}=\dfrac{j\omega CR+1-2}{j\omega CR+1}=\dfrac{j\omega-1}{1+j\omega}$$

$$\dfrac{U_2}{U_1}=|H(j\omega)|=\left|\dfrac{j\omega-1}{1+j\omega}\right|=\sqrt{\dfrac{\omega^2+(-1)^2}{1+\omega^2}}=1$$

$\dfrac{U_2}{U_1}-\omega$ 关系为幅频特性 $|H(j\omega)|$,如题 11-17 解图(b)所示。

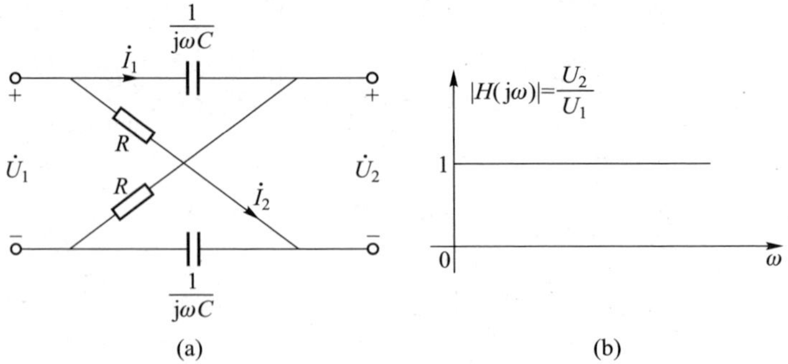

题 11-17 解图

11−18 题 11−18 图(a)所示系统的网络函数 $H(\mathrm{j}\omega)=\dfrac{\dot{U}_2}{\dot{U}_s}$，其幅频特性 $|H(\mathrm{j}\omega)|-\omega$ 和相频特性 $\varphi(\mathrm{j}\omega)-\omega$ 如题 11−18 图(b)所示。当 $u_S=10-6.4\sin t-3.2\sin(2t)-2.1\sin(3t)+\cdots$ 时，求输出 u_2。

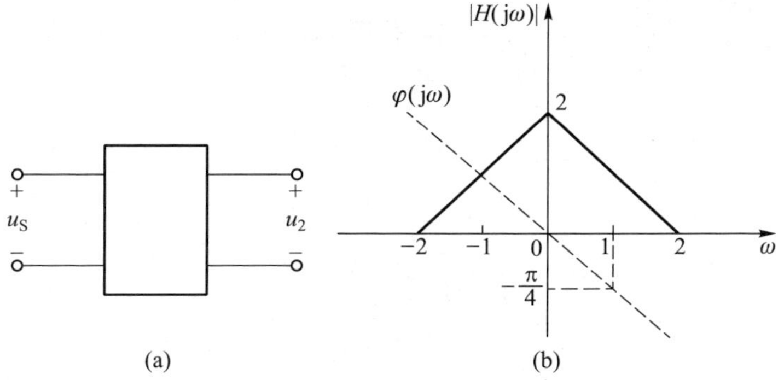

题 11−18 图

解：题 11−18 图(b)中，当 $\omega=0$ 时，$H(\mathrm{j}0)=2\angle 0^\circ$；

当 $\omega=1$ 时，$H(\mathrm{j}1)=1\angle\left(-\dfrac{\pi}{4}\right)$；

当 $\omega=2,3,\cdots$ 时，$H(\mathrm{j}\omega)=0$。

所以只有 u_S 的前两项，即 $U_{s(0)}-u_{S(1)}=(10-6.4\sin t)$ 通过输入端传送到输出端，则输出为 $u_2=U_{2(0)}-u_{2(1)}$。

当恒定分量 $U_{s(0)}=10\ \mathrm{V}$ 单独作用时($\omega=0$)，$U_{2(0)}=|H(\mathrm{j}0)|U_{s(0)}=2\times 10\ \mathrm{V}=20\ \mathrm{V}$。

当 u_S 的一次谐波分量 $u_{S(1)}$ 单独作用时($\omega=1$)，

$$u_{S(1)}=6.4\sin t\mathrm{V}=6.4\cos\left(t-\frac{\pi}{2}\right)\mathrm{V},\ \dot{U}_{s(1)}=\frac{6.4}{\sqrt{2}}\angle\left(-\frac{\pi}{2}\right)\ \mathrm{V}$$

$$\dot{U}_{2(1)}=H(\mathrm{j}1)\dot{U}_{s(1)}=1\angle\left(-\frac{\pi}{4}\right)\times\frac{6.4}{\sqrt{2}}\angle\left(-\frac{\pi}{2}\right)\ \mathrm{V}$$

$$=\frac{6.4}{\sqrt{2}}\angle\left(-\frac{\pi}{4}-\frac{\pi}{2}\right)\ \mathrm{V}=\frac{6.4}{\sqrt{2}}\angle-\frac{3\pi}{4}\ \mathrm{V}$$

$$u_{2(1)}=6.4\cos\left(t-\frac{3\pi}{4}\right)$$

所以
$$u_2=U_{2(0)}-u_{2(1)}=\left[20-6.4\cos\left(t-\frac{3\pi}{4}\right)\right]\mathrm{V}$$

$$=\left[20+6.4\cos\left(t+\frac{\pi}{4}\right)\right]\mathrm{V}=\left[20-6.4\sin\left(t-\frac{\pi}{4}\right)\right]\mathrm{V}$$

11−19 作下列网络函数 $H(\mathrm{j}\omega)$ 的波特图。

(1) $H(\mathrm{j}\omega)=\dfrac{1}{10+\mathrm{j}\omega}$；(2) $H(\mathrm{j}\omega)=\dfrac{5(\mathrm{j}\omega+2)}{\mathrm{j}\omega(\mathrm{j}\omega+10)}$

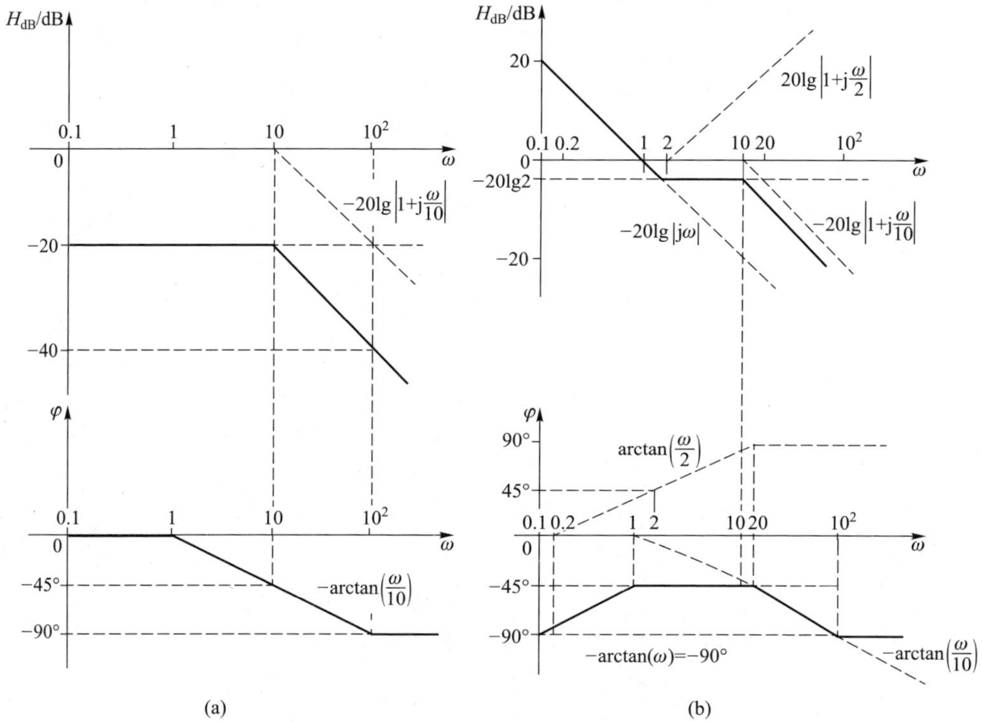

说明：图(a)与(b)纵坐标对应“−45°”的横线对齐

题 11−19 解图

解：(1)
$$H(\mathrm{j}\omega)=\frac{1}{10+\mathrm{j}\omega}=\frac{\frac{1}{10}}{1+\mathrm{j}\frac{\omega}{10}}=\frac{\frac{1}{10}}{\left|1+\mathrm{j}\frac{\omega}{10}\right|}\angle-\arctan\left(\frac{\omega}{10}\right)$$

$$|H(\mathrm{j}\omega)|=\frac{\frac{1}{10}}{\left|1+\mathrm{j}\frac{\omega}{10}\right|}$$

$$H_{dB}=20\lg\left(\frac{1}{10}\right)-20\lg\left|1+j\frac{\omega}{10}\right|=-20-20\lg\left|1+j\frac{\omega}{10}\right|$$

$$\varphi(\omega)=-\arctan\left(\frac{\omega}{10}\right)$$

其波特图如题 11-19 解图(a)所示。

(2) $H(j\omega)=\dfrac{5(j\omega+2)}{j\omega(j\omega+10)}=\dfrac{1+j\dfrac{\omega}{2}}{j\omega\left(1+j\dfrac{\omega}{10}\right)}$

$$=\frac{\left|1+j\frac{\omega}{2}\right|}{|j\omega|\cdot\left|1+j\frac{\omega}{10}\right|}\angle\arctan\left(\frac{\omega}{2}\right)-90°-\arctan\left(\frac{\omega}{10}\right)$$

$$H_{dB}=20\lg\left|1+j\frac{\omega}{2}\right|-20\lg|j\omega|-20\lg\left|1+j\frac{\omega}{10}\right|$$

$\varphi(\omega)=\arctan\left(\dfrac{\omega}{2}\right)-90°-\arctan\left(\dfrac{\omega}{10}\right)$,其波特图如题 11-19 解图(b)所示。

第十二章　三 相 电 路

内容提要

表 12-1　描述三相电路的术语

名词术语	基本定义
对称三相电源	三个正弦电压源分别为 A 相、B 相和 C 相，它们的振幅相等、频率相同、相位互差120°，如图 1、图 2 所示 N_1 网络为对称三相电源
相序	三相电源 A 相、B 相和 C 相三者相位排列的次序
正序（顺序）	以 A 相为参考，三相电源相序按 A→B→C 依次落后120°的相位次序排列的相序
反序（逆序）	若以 C 相为参考，三相电源相序按 C→B→A（或以 A 相为参考，按 A→C→B）依次落后120°的相位次序排列的相序
对称三相负载	每个负载为一相，三个负载阻抗相等的星形联结或三角形联结的三相负载，如图 1、图 2 中 N_2 网络三个阻抗 Z 为对称三相负载
不对称负载	三相负载阻抗不相等的负载
传输线 端线（火线）	从对称三相电源 A、B、C 端引出的输出线，称传输线，又称端线，俗称火线。其与三相负载 A′、B′、C′端连接组成三相电路。如图 1、图 2 中的端线 A-A′、B-B′和 C-C′。Z_1 称端线阻抗
中点	星形电源公共联结点，星形负载公共联结点。如图 1 中的星形电源联结点 N，星形负载联结点 N′
中线	星形联结电源的中点与星形联结负载的中点的连线。如图 1 中的中线 N-N′，Z_N 称中线阻抗
相电压（U_p）	每相电源的电压称为电源端相电压，见图 1 中的 $\dot{U}_A$、$\dot{U}_B$、$\dot{U}_C$；每相负载阻抗的电压称为负载端相电压，如图 1 中的 $\dot{U}_{A'N'}$、$\dot{U}_{B'N'}$、$\dot{U}_{C'N'}$
线电压（U_l）	端线之间的电压。三相电路中从电源 A、B、C 端引出的端线之间的电压称为电源端的线电压，从负载 A′、B′、C′端引出的端线之间的电压称为负载端的线电压。如图 1、图 2 中电源端的线电压 $\dot{U}_{AB}$、$\dot{U}_{BC}$、$\dot{U}_{CA}$；负载端的线电压 $\dot{U}_{A'B'}$、$\dot{U}_{B'C'}$、$\dot{U}_{C'A'}$
相电流（I_p）	每相电源中的电流或每相负载阻抗的电流。如图 2 所示，电源端的相电流为 $\dot{I}_A$、$\dot{I}_B$、$\dot{I}_C$，负载端的相电流为 $\dot{I}_{AB}$、$\dot{I}_{BC}$、$\dot{I}_{CA}$
线电流（I_l）	端线中的电流。三相电路中从电源 A、B、C 端引出的端线中的电流或从负载 A′、B′、C′端引出的端线中的电流。如图 1、图 2 中电源端的线电流及负载端的线电流均为 $\dot{I}_A$、$\dot{I}_B$、$\dot{I}_C$
三相电路	由三相电源和三相负载组成的电路系统
对称三相电路	由对称三相电源和对称三相负载组成（如端线阻抗不可忽略，要求三个端线阻抗相等）的三相电路，见图 1、图 2
不对称三相电路	三相电源部分、三相端线阻抗部分、三相负载部分中有任一部分不对称时组成的三相电路
三相三线制	由三根端线将对称三相电源和三相负载连接起来的三相电路，有 Y-Y、Y-Δ、Y-Δ、Δ-Δ 连接的形式，如图 3 所示
三相四线制	由三根端线、一根中线将对称三相星形电源和三相星形负载连接起来的三相电路。如图 1、图 4 所示，仅有 Y-Y 连接形式

举例说明

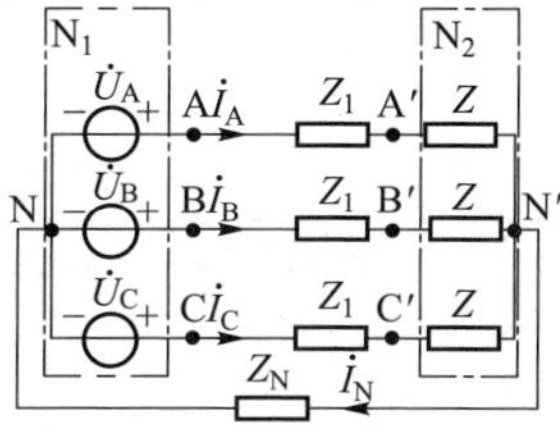

图 1

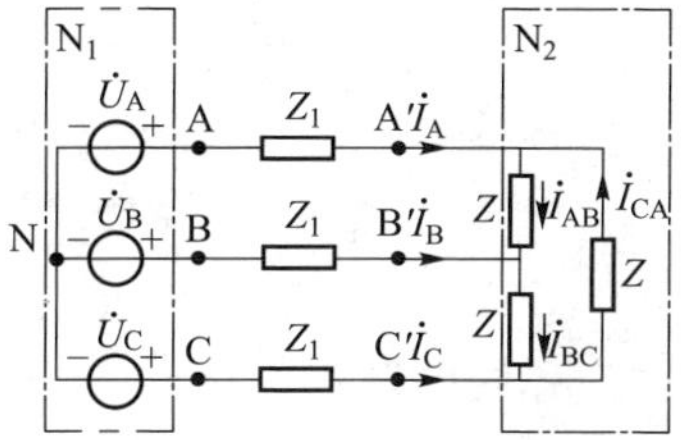

图 2

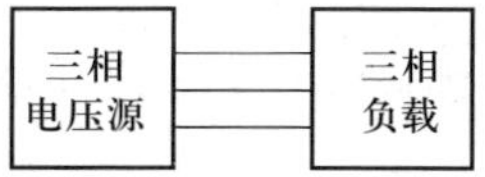

图 3

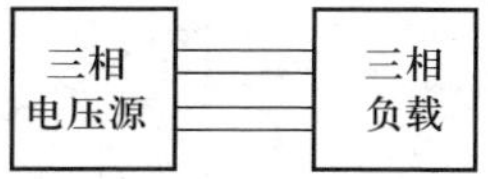

图 4

表 12-2 对称三相电源、三相负载及连接方式

对称三相电压源				对称三相电压源、对称三相负载连接方式			
时域表示形式		波形图	相量表示形式	星形（Y 形、T 形）联结		三角形（Δ 形、Π 形）联结	
$u_A(t)=U_m\cos(\omega t)$ $u_B(t)=U_m\cos(\omega t-120°)$ $u_C(t)=U_m\cos(\omega t+120°)$ U_m 为相电压的振幅	$u_A(t)=\sqrt{2}U_p\cos(\omega t)$ $u_B(t)=\sqrt{2}U_p\cos(\omega t-120°)$ $u_C(t)=\sqrt{2}U_p\cos(\omega t+120°)$ U_p 为相电压的有效值	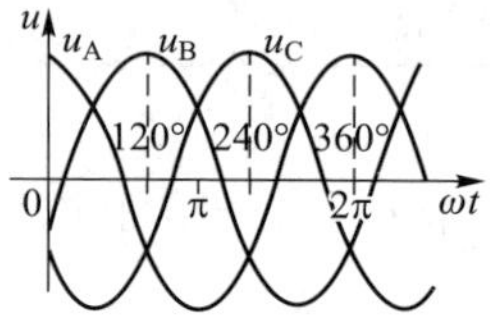	对称相电压 $\dot{U}_A=U_p\angle 0°$ $\dot{U}_B=U_p\angle -120°$ $\dot{U}_C=U_p\angle 120°$	星接电压源 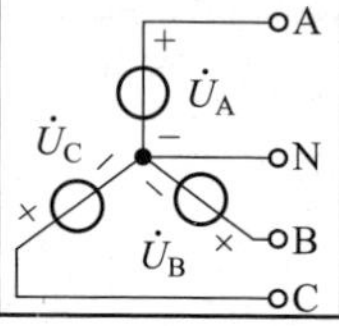	星接负载 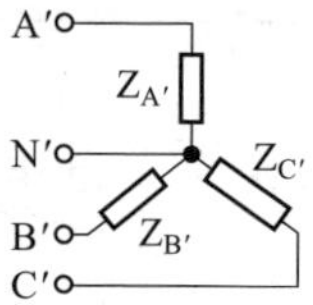	角接电压源 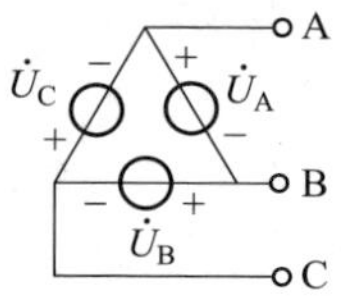	角接负载 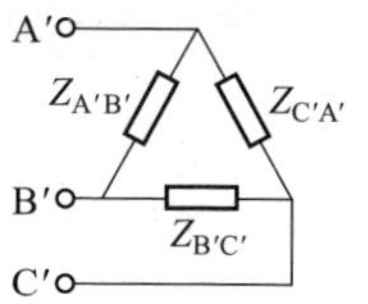

表 12-3 对称三相电路的线电压与相电压、线电流与相电流的关系

对称三相电源 $\dot{U}_A$、$\dot{U}_B$、$\dot{U}_C$ 的线电压与相电压的关系		对称三相负载的线电压与相电压、线电流与相电流的关系	
对称 Y 形联结电源	对称 Δ 形联结电源	对称 Y 形联结负载	对称 Δ 形联结负载
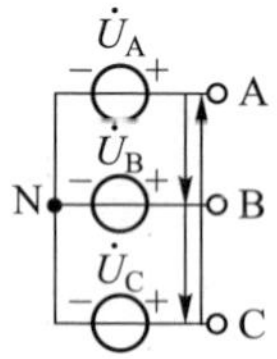 对称相电压：设 $\dot{U}_A=U_A\angle 0°$ $\dot{U}_B=\dot{U}_A\angle -120°$ $\dot{U}_C=\dot{U}_A\angle 120°$ 对称线电压： $\dot{U}_{AB}=\sqrt{3}\dot{U}_A\angle 30°$ $\dot{U}_{BC}=\dot{U}_{AB}\angle -120°$ $\dot{U}_{CA}=\dot{U}_{AB}\angle 120°$ 对称线电压与相电压的关系及相量图为 $\dot{U}_{AB}=\sqrt{3}\dot{U}_A\angle 30°$ $\dot{U}_{BC}=\sqrt{3}\dot{U}_B\angle 30°$ $\dot{U}_{CA}=\sqrt{3}\dot{U}_C\angle 30°$ 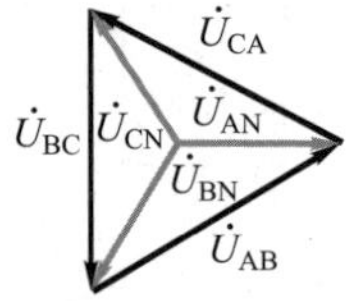 对应线、相电流相等 注：相量图中线、相电压的方向与下角标相反	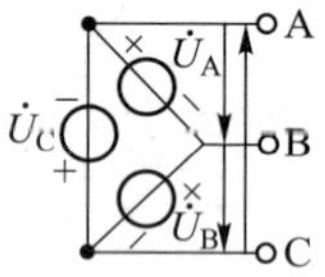 对称相电压： 设 $\dot{U}_A=U_A\angle 0°$ $\dot{U}_B=\dot{U}_A\angle -120°$ $\dot{U}_C=\dot{U}_A\angle 120°$ 对应线、相电压相等，即 $\dot{U}_{AB}=\dot{U}_A$ $\dot{U}_{BC}=\dot{U}_B$ $\dot{U}_{CA}=\dot{U}_C$	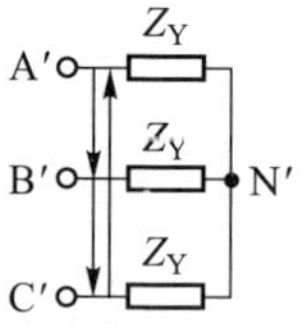 已知对称相电压 $\dot{U}_{A'N'}$、$\dot{U}_{B'N'}$、$\dot{U}_{C'N'}$ 则对称线电压： $\dot{U}_{A'B'}=\sqrt{3}\dot{U}_{A'N'}\angle 30°$ $\dot{U}_{B'C'}=\dot{U}_{A'B'}\angle -120°$ $\dot{U}_{C'A'}=\dot{U}_{A'B'}\angle 120°$ 对称线电压与相电压的关系及相量图为 $\dot{U}_{A'B'}=\sqrt{3}\dot{U}_{A'N'}\angle 30°$ $\dot{U}_{B'C'}=\sqrt{3}\dot{U}_{B'N'}\angle 30°$ $\dot{U}_{C'A'}=\sqrt{3}\dot{U}_{C'N'}\angle 30°$ 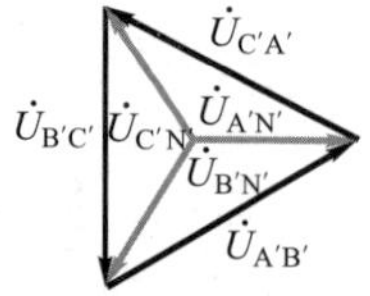 对应线、相电流相等，即 $\dot{I}_{A'}=\dot{I}_{A'N'}$，$\dot{I}_{B'}=\dot{I}_{B'N'}$，$\dot{I}_{C'}=\dot{I}_{C'N'}$ 注：相量图中线、相电压的方向与下角标相反	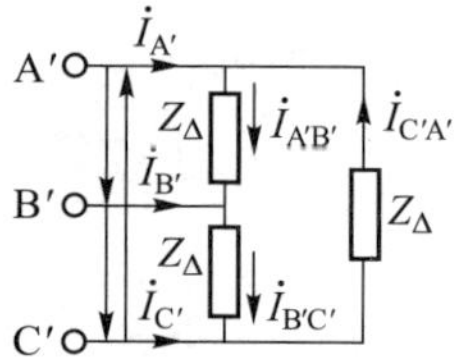 已知对称相电流 $\dot{I}_{A'B'}$、$\dot{I}_{B'C'}$、$\dot{I}_{C'A'}$ 则对称线电流： $\dot{I}_{A'}=\sqrt{3}\dot{I}_{A'B'}\angle -30°$ $\dot{I}_{B'}=\dot{I}_{A'}\angle -120°$ $\dot{I}_{C'}=\dot{I}_{A'}\angle 120°$ 对称线电流与相电流的关系及相量图： $\dot{I}_{A'}=\sqrt{3}\dot{I}_{A'B'}\angle -30°$ $\dot{I}_{B'}=\sqrt{3}\dot{I}_{B'C'}\angle -30°$ $\dot{I}_{C'}=\sqrt{3}\dot{I}_{C'A'}\angle -30°$ 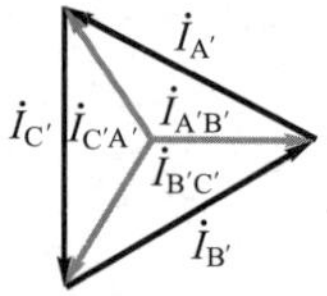 对应线、相电压相等 注：相量图中线、相电流的方向与下角标相反

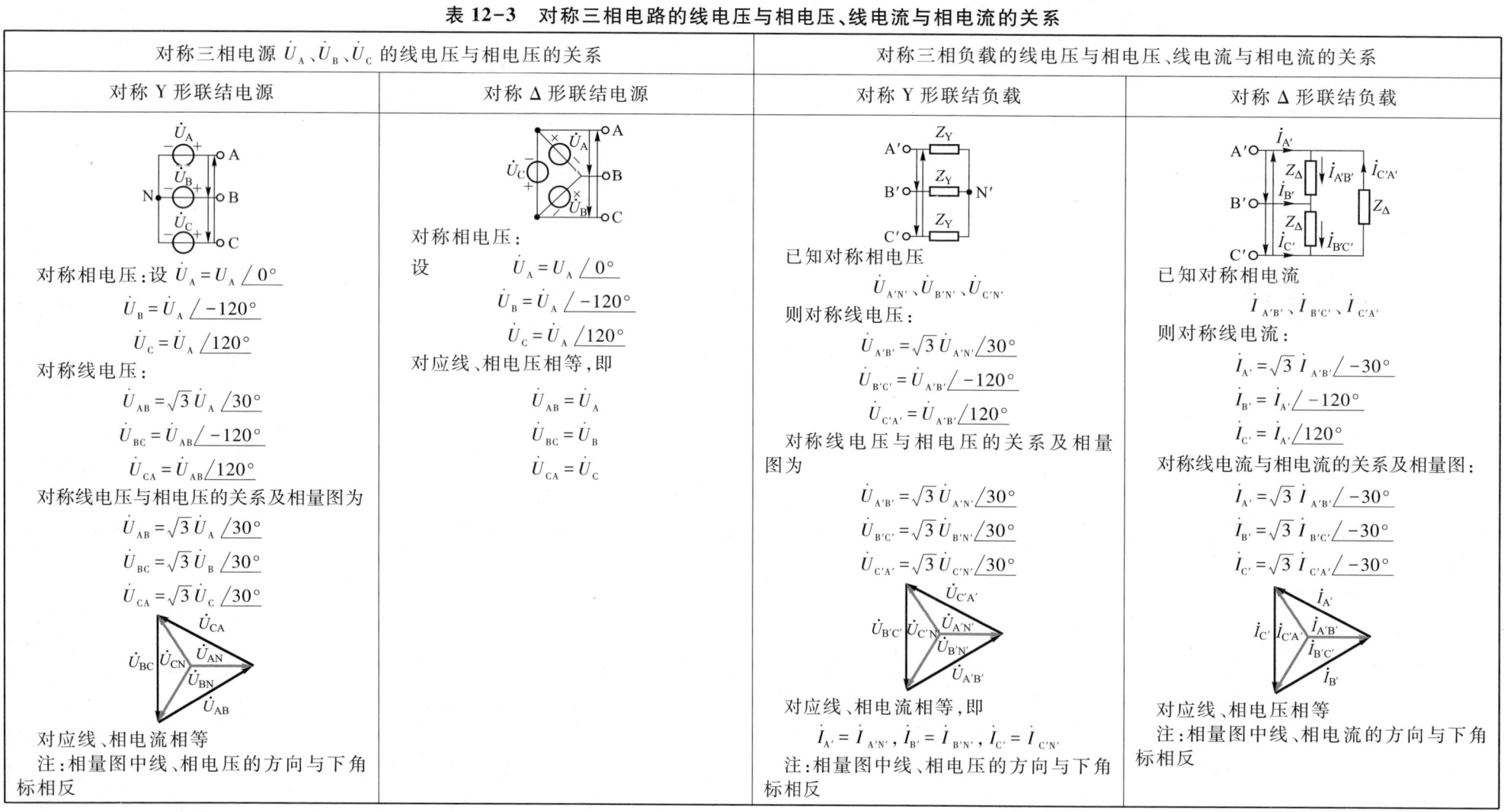

表 12-4 对称三相电路的分析方法——采用“一相电路”计算法

	对称三相电路	已知对称星形电源	计算对称负载的线电压 $\dot U_l$、相电压 $\dot U_p$ 和线电流 $\dot I_l$、相电流 $\dot I_p$				
			线电压对称组	相电压对称组	线电流对称组	相电流对称组	线、相电压及线、相电流关系
Y形联结负载	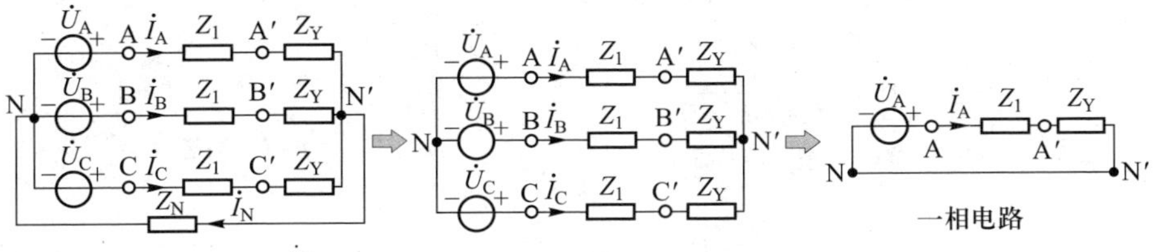 $\boxed{\text{一相计算法}}$：$\boxed{\dot I_A}=\dfrac{\dot U_A}{Z_Y+Z_1}$，$\boxed{\dot U_{A'N'}}=Z_Y\dot I_A$，其余的量根据相、线关系及对称性直接写出。 对称三相四线制 Y-Y 联结电路⇒三相三线制 Y-Y 联结电路⇒一相电路 因 $\dot U_{N'N}=0$，电流 $\dot I_N=0$，故此对称三相电路接中线或开路或短路均可	相电压对称组 $\dot U_A=U_p\angle 0^\circ$ $\dot U_B=U_p\angle -120^\circ$ $\dot U_C=U_p\angle 120^\circ$ 线电压对称组 $\dot U_{AB}=U_l\angle 30^\circ$ $\dot U_{BC}=U_l\angle -90^\circ$ $\dot U_{CA}=U_l\angle 150^\circ$	$\dot U_{A'B'}$ $\dot U_{B'C'}$ $\dot U_{C'A'}$	$\boxed{\dot U_{A'N'}}$ $\dot U_{B'N'}$ $\dot U_{C'N'}$	$\boxed{\dot I_A}$ $\dot I_B=\dot I_A\angle -120^\circ$ $\dot I_C=\dot I_A\angle 120^\circ$	$\dot I_A$ $\dot I_B$ $\dot I_C$	$\dot U_{A'B'}=\sqrt3\,\dot U_{A'N'}\angle 30^\circ$ $\dot U_{B'C'}=\dot U_{A'B'}\angle -120^\circ$ $\dot U_{C'A'}=\dot U_{A'B'}\angle 120^\circ$ 对应的线、相电流相同
Δ形联结负载	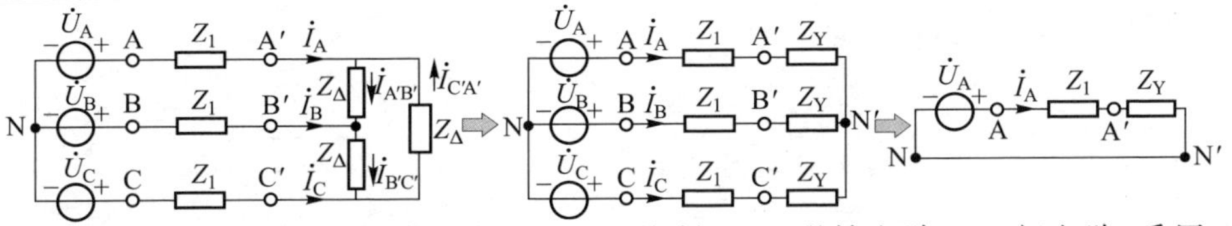 对称三相三线制 Y-Δ 联结电路⇒三相三线制 Y-Y 联结电路⇒一相电路，采用一相计算法分析。 $\boxed{\text{一相计算法}}$：$Z_Y=\dfrac{Z_\Delta}{3}$，$\boxed{\dot I_A}=\dfrac{\dot U_A}{Z_Y+Z_1}$，$\dot U_{A'N'}=Z_Y\dot I_A$，$\boxed{\dot U_{A'B'}}=\sqrt3\,\dot U_{A'N'}\angle 30^\circ$	同上	$\dot U_{A'B'}$ $\dot U_{B'C'}$ $\dot U_{C'A'}$	$\boxed{\dot U_{A'B'}}$ $\dot U_{B'C'}$ $\dot U_{C'A'}$	$\boxed{\dot I_A}$ $\dot I_B=\dot I_A\angle -120^\circ$ $\dot I_C=\dot I_A\angle 120^\circ$	$\dot I_{A'B'}$ $\dot I_{B'C'}$ $\dot I_{C'A'}$	对应的线、相电压相同 $\dot I_{A'B'}=\dfrac{1}{\sqrt3}\dot I_A\angle 30^\circ$ $\dot I_{B'C'}=\dot I_{A'B'}\angle -120^\circ$ $\dot I_{C'A'}=\dot I_{A'B'}\angle 120^\circ$

表 12-5 不对称三相电路的分析

	不对称三相电路	已知对称星形电源		计算不对称负载的线电流 $\dot I_l$、相电流 $\dot I_p$ 和线电压 $\dot U_l$、相电压 $\dot U_p$					
		相电压对称组	线电压对称组	线电压	相电压	线、相电压关系	线电流	相电流	线、相电流关系
星形联结负载	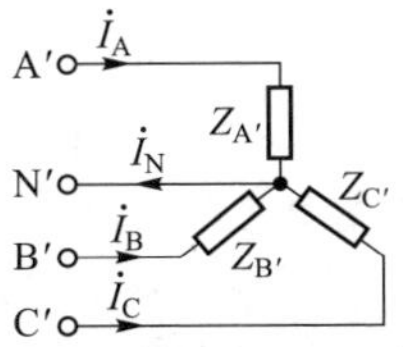 不对称三相四线制 Y-Y 联结电路 （三相星形负载阻抗不相等） 中线电流 $\dot I_N=\dot I_A+\dot I_B+\dot I_C\neq 0$	$\dot U_A$ 为已知 $\dot U_B=\dot U_A\angle -120^\circ$ $\dot U_C=\dot U_A\angle 120^\circ$ 设 $\dot U_A=U_p\angle 0^\circ$ $\dot U_B=U_p\angle -120^\circ$ $\dot U_C=U_p\angle 120^\circ$	$\dot U_{AB}=\sqrt3\,\dot U_A\angle 30^\circ$ $\dot U_{BC}=\sqrt3\,\dot U_B\angle 30^\circ$ $\dot U_{CA}=\sqrt3\,\dot U_C\angle 30^\circ$ $\dot U_{AB}=U_l\angle 30^\circ$ $\dot U_{BC}=U_l\angle -90^\circ$ $\dot U_{CA}=U_l\angle 150^\circ$	$\dot U_{A'B'}$ $\dot U_{B'C'}$ $\dot U_{C'A'}$	$\dot U_{A'N'}$ $\dot U_{B'N'}$ $\dot U_{C'N'}$	$\dot U_{A'B'}=\dot U_{A'N'}-\dot U_{B'N'}$ $\dot U_{B'C'}=\dot U_{B'N'}-\dot U_{C'N'}$ $\dot U_{C'A'}=\dot U_{C'N'}-\dot U_{A'N'}$	$\dot I_A$ $\dot I_B$ $\dot I_C$	$\dot I_A$ $\dot I_B$ $\dot I_C$	对应的线、相电流相同
三角形联结负载	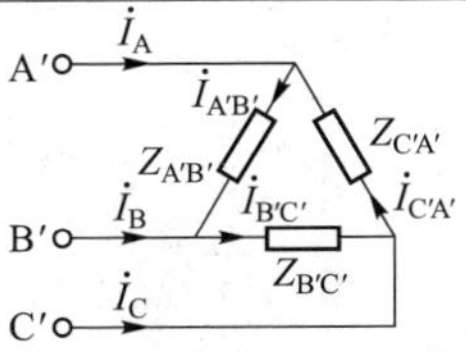 不对称三相三线制 Y-Δ 联结电路 （三相三角形负载阻抗不相等）	同上		$\dot U_{A'B'}$ $\dot U_{B'C'}$ $\dot U_{C'A'}$	$\dot U_{A'B'}$ $\dot U_{B'C'}$ $\dot U_{C'A'}$	对应线、相电压相同	$\dot I_A$ $\dot I_B$ $\dot I_C$	$\dot I_{A'B'}$ $\dot I_{B'C'}$ $\dot I_{C'A'}$	$\dot I_A=\dot I_{A'B'}-\dot I_{C'A'}$ $\dot I_B=\dot I_{B'C'}-\dot I_{A'B'}$ $\dot I_C=\dot I_{C'A'}-\dot I_{B'C'}$
		以上电源端的电压仍为对称三相电源的电压		以上不对称负载端的电压、电流计算不适用对称三相电路分析法					

表 12-6　三相电路的功率计算

对称电源功率	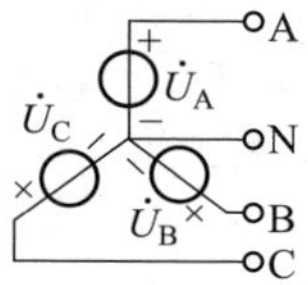	电源有功功率	$P=3P_A$ $P=3U_{\text{p电源}}I_{\text{p电源}}\cos\varphi$ $P=\sqrt{3}U_{\text{l电源}}I_{\text{l电源}}\cos\varphi$ 注 $I_{\text{l电源}}=I_{\text{p电源}}$，$U_{\text{l电源}}=\sqrt{3}U_{\text{p电源}}$	电源无功功率	$Q=3Q_A$ $Q=3U_{\text{p电源}}I_{\text{p电源}}\sin\varphi$ $Q=\sqrt{3}U_{\text{l电源}}I_{\text{l电源}}\sin\varphi$ 注：$I_{\text{l电源}}=I_{\text{p电源}}$，$U_{\text{l电源}}=\sqrt{3}U_{\text{p电源}}$	电源视在功率	$S=3U_{\text{p电源}}I_{\text{p电源}}$ $S=\sqrt{3}U_{\text{l电源}}I_{\text{l电源}}$ $S=\sqrt{P^2+Q^2}$ 注：$S\neq 3S_A$	电源复功率	$\bar{S}=3\bar{S}_A$ $\bar{S}=P+\text{j}Q$ $\bar{S}=3(P_A+\text{j}Q_A)$

	对称三相负载		非对称三相负载	
	星形联结负载	三角形联结负载	星形联结负载	三角形联结负载
负载连接方式	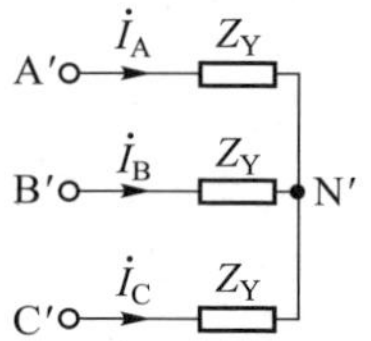	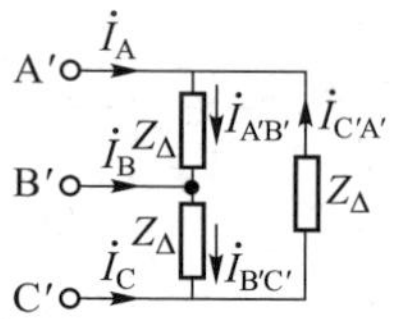	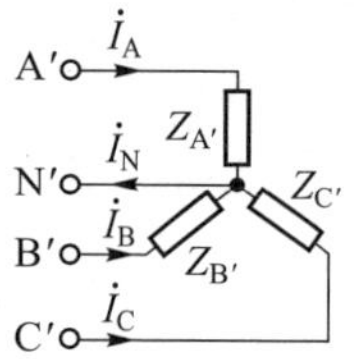	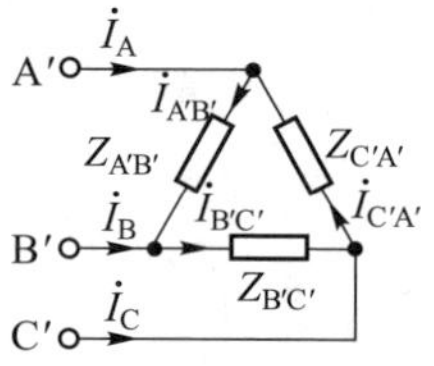
负载有功功率	$P=3P_{A'}$ $P=3U_{\text{p负载}}I_{\text{p负载}}\cos\varphi$ $P=\sqrt{3}U_{\text{l负载}}I_{\text{l负载}}\cos\varphi$ 注：$I_{\text{l负载}}=I_{\text{p负载}}$，$U_{\text{l负载}}=\sqrt{3}U_{\text{p负载}}$ 阻抗角 φ	$P=3P_{A'}$ $P=3U_{\text{p负载}}I_{\text{p负载}}\cos\varphi$ $P=\sqrt{3}U_{\text{l负载}}I_{\text{l负载}}\cos\varphi$ 注：$U_{\text{l负载}}=U_{\text{p负载}}$，$I_{\text{l负载}}=\sqrt{3}I_{\text{p负载}}$ 阻抗角 φ	$P=P_{A'}+P_{B'}+P_{C'}$ $P=U_{A'N'}I_{A'}\cos\varphi_{A'}+U_{B'N'}I_{B'}\cos\varphi_{B'}+U_{C'N'}I_{C'}\cos\varphi_{C'}$ 注：$I_{lA'}=I_{pA'}$，$I_{lB'}=I_{pB'}$，$I_{lC'}=I_{pC'}$ $\varphi_{A'}$、$\varphi_{B'}$、$\varphi_{C'}$为每相阻抗的阻抗角	$P=P_{A'B'}+P_{B'C'}+P_{C'A'}$ $P=U_{A'B'}I_{A'B'}\cos\varphi_{A'}+U_{B'C'}I_{B'C'}\cos\varphi_{B'}+U_{C'A'}I_{C'A'}\cos\varphi_{C'}$ 注：$U_{lA'B'}=U_{pA'B'}$，$U_{lB'C'}=U_{pB'C'}$，$U_{lC'A'}=U_{pC'A'}$ $\varphi_{A'}$、$\varphi_{B'}$、$\varphi_{C'}$为每相阻抗的阻抗角
负载无功功率	$Q=3Q_{A'}$ $Q=3U_{\text{p负载}}I_{\text{p负载}}\sin\varphi$ $Q=\sqrt{3}U_{\text{l负载}}I_{\text{l负载}}\sin\varphi$ 注：$I_{\text{l负载}}=I_{\text{p负载}}$，$U_{\text{l负载}}=\sqrt{3}U_{\text{p负载}}$ 阻抗角 φ	$Q=3Q_{A'}$ $Q=3U_{\text{p负载}}I_{\text{p负载}}\sin\varphi$ $Q=\sqrt{3}U_{\text{l负载}}I_{\text{l负载}}\sin\varphi$ 注：$U_{\text{l负载}}=U_{\text{p负载}}$，$I_{\text{l负载}}=\sqrt{3}I_{\text{p负载}}$ 阻抗角 φ	$Q=Q_{pA'}+Q_{pB'}+Q_{pC'}$ $Q=U_{pA'}I_{pA'}\sin\varphi_A+U_{pB'}I_{pB'}\sin\varphi_B+U_{pC'}I_{pC'}\sin\varphi_C$ 注：$I_{lA'}=I_{pA'}$，$I_{lB'}=I_{pB'}$，$I_{lC'}=I_{pC'}$ $\varphi_{A'}$、$\varphi_{B'}$、$\varphi_{C'}$为每相阻抗的阻抗角	$Q=Q_{A'B'}+Q_{B'C'}+Q_{C'A'}$ $Q=U_{A'B'}I_{A'B'}\sin\varphi_{A'}+U_{B'C'}I_{B'C'}\sin\varphi_{B'}+U_{C'A'}I_{C'A'}\sin\varphi_{C'}$ 注：$U_{lA'B'}=U_{pA'B'}$，$U_{lB'C'}=U_{pB'C'}$，$U_{lC'A'}=U_{pC'A'}$ $\varphi_{A'}$、$\varphi_{B'}$、$\varphi_{C'}$为每相阻抗的阻抗角
总视在功率	$S=3U_{\text{p负载}}I_{\text{p负载}}$ $S=\sqrt{3}U_{\text{l负载}}I_{\text{l负载}}$ $S=\sqrt{P^2+Q^2}$	$S=3U_{\text{p负载}}I_{\text{p负载}}$ $S=\sqrt{3}U_{\text{l负载}}I_{\text{l负载}}$ $S=\sqrt{P^2+Q^2}$	$S=\sqrt{P^2+Q^2}$	$S=\sqrt{P^2+Q^2}$
总复功率	$\bar{S}=3\bar{S}_{A'}$ $\bar{S}=P+\text{j}Q$	$\bar{S}=3\bar{S}_{A'}$ $\bar{S}=P+\text{j}Q$	$\bar{S}=\bar{S}_{A'}+\bar{S}_{B'}+\bar{S}_{C'}$ $\bar{S}=P+\text{j}Q$	$\bar{S}=\bar{S}_{A'}+\bar{S}_{B'}+\bar{S}_{C'}$ $\bar{S}=P+\text{j}Q$

说明：上述变量的下角标 A、A′表示 Y 形电源 A 相及 Y 形负载 A′相，A′B′表示 Δ 形负载 A′B′相，下角标 l、p 表示中文“线、相”之意，是英文 line、phase 的字头

表 12-7 三相电路的功率测量

	三相三线制负载功率的测量——二瓦计法			三相四线制负载功率测量——三瓦计法
功率表连接方式	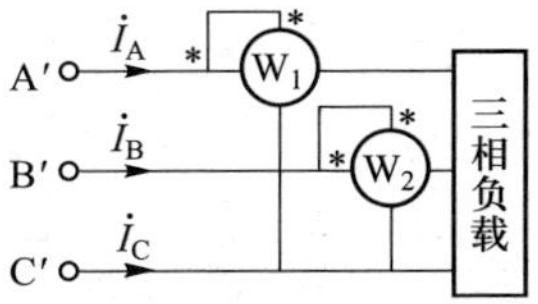 $P=P_1+P_2$	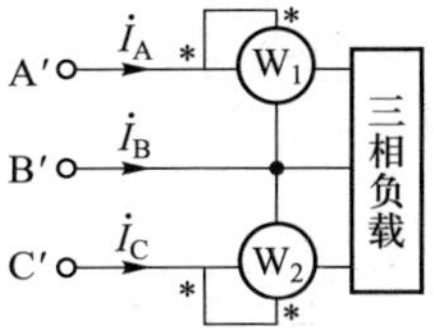 $P=P_1+P_2$	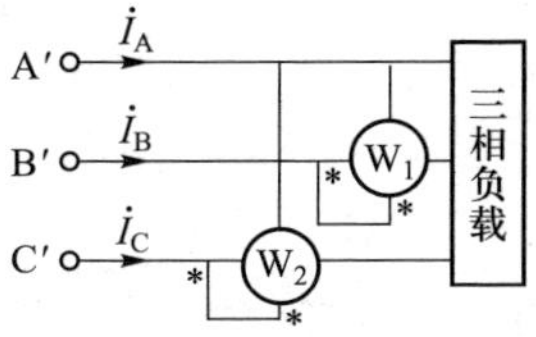 $P=P_1+P_2$	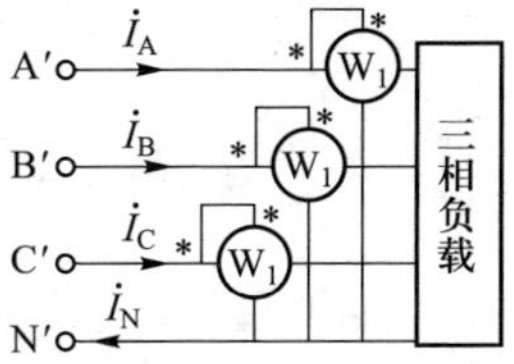 $P=P_1+P_2+P_3$
不对称	$P_1=\mathrm{Re}[\dot U_{A'C'}\dot I_A^*]$，$P_2=\mathrm{Re}[\dot U_{B'C'}\dot I_B^*]$	$P_1=\mathrm{Re}[\dot U_{A'B'}\dot I_A^*]$，$P_2=\mathrm{Re}[\dot U_{C'B'}\dot I_C^*]$	$P_1=\mathrm{Re}[\dot U_{B'A'}\dot I_B^*]$，$P_2=\mathrm{Re}[\dot U_{C'A'}\dot I_C^*]$	$P_1=\mathrm{Re}[\dot U_{A'N'}\dot I_B^*]$，$P_2=\mathrm{Re}[\dot U_{B'N'}\dot I_B^*]$， $P_3=\mathrm{Re}[\dot U_{C'N'}\dot I_C^*]$
对称	$P=U_{A'C'}I_A\cos(\varphi-30°)+U_{B'C'}I_B\cos(\varphi+30°)$ φ 为阻抗角	$P=U_{A'B'}I_A\cos(\varphi+30°)+U_{C'B'}I_C\cos(\varphi-30°)$ φ 为阻抗角	$P=U_{B'A'}I_B\cos(\varphi-30°)+U_{C'A'}I_C\cos(\varphi+30°)$ φ 为阻抗角	$P=3P_1=3P_2=3P_3$
说明	对称或不对称的三相三线制电路用两个功率表测量功率，功率表的接线只触及端线，而与负载和电源的连接方式无关，习惯上称二瓦计法。图中两个功率表读数的代数和为三相负载吸收的平均功率。按照公共点的不同有三种功率表连接方式。 功率表 W_1、W_2 的读数分别为 P_1、P_2，则测量的总功率为 $P=P_1+P_2$			三相四线制不用二瓦计法。可用一个功率表测量，负载不对称时，分别测量每一相的功率

对称三相电路分析方法与步骤：

第 1 步　若电路有端线阻抗 Z_1 时，将对称三相电路化为如图 5 所示的 Y-Y 联结电路形式。

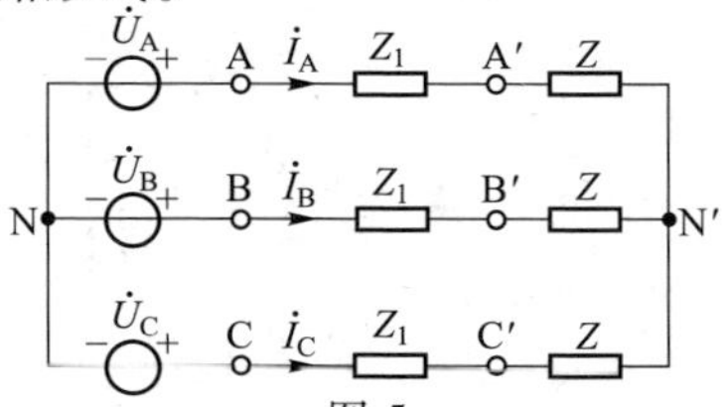

图 5

第 2 步　将 Y-Y 联结对称三相电路化为一相电路如图 6 所示。

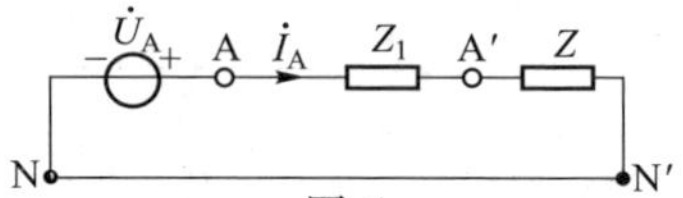

图 6

第 3 步　由一相电路图计算 $\dot{I}_A$ 和 $\dot{U}_{A'N'}$：

$$\dot{I}_A=\frac{\dot{U}_A}{Z+Z_1},\quad \dot{U}_{A'N'}=Z\dot{I}_A$$

第 4 步　由图 5，根据电流、电压的线、相关系得

$$\dot{U}_{A'B'}=\sqrt{3}\,\dot{U}_{A'N'}\angle 30^\circ,\quad \dot{I}_{A'N'}=\dot{I}_A$$

第 5 步　其他变量由线电流、相电流和线电压、相电压的对称组求得：

$$\left\{\begin{array}{l}\boxed{\dot{I}_A=\dfrac{\dot{U}_A}{Z+Z_1}}\\ \dot{I}_B\\ \dot{I}_C\end{array}\right.\quad\left\{\begin{array}{l}\dot{I}_{A'N'}\\ \dot{I}_{B'N'}\\ \dot{I}_{C'N'}\end{array}\right.\quad\left\{\begin{array}{l}\dot{U}_{A'B'}\\ \dot{U}_{B'C'}\\ \dot{U}_{C'A'}\end{array}\right.\quad\left\{\begin{array}{l}\boxed{\dot{U}_{A'N'}=Z\dot{I}_A}\\ \dot{U}_{B'N'}\\ \dot{U}_{C'N'}\end{array}\right.$$

例 12-1　如图 7 所示，已知：$Z=19.2+\mathrm{j}14.4\ \Omega$，$Z_1=3+\mathrm{j}4\ \Omega$，对称电源线电压为 380 V。求负载端的线电压、线电流、相电流。

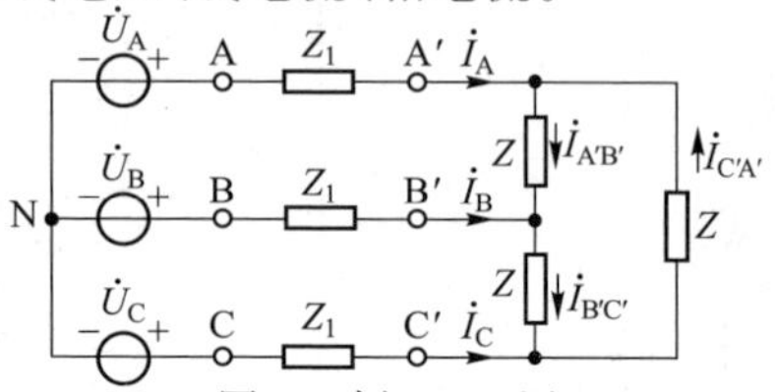

图 7　例 12-1 图

解：设 $\dot{U}_A=U_p\angle 0^\circ=\dfrac{380}{\sqrt{3}}\angle 0^\circ=220\angle 0^\circ$ V

第 1 步　将图 7 中的 Δ 形负载化为 Y 形联结，如图 8 所示。

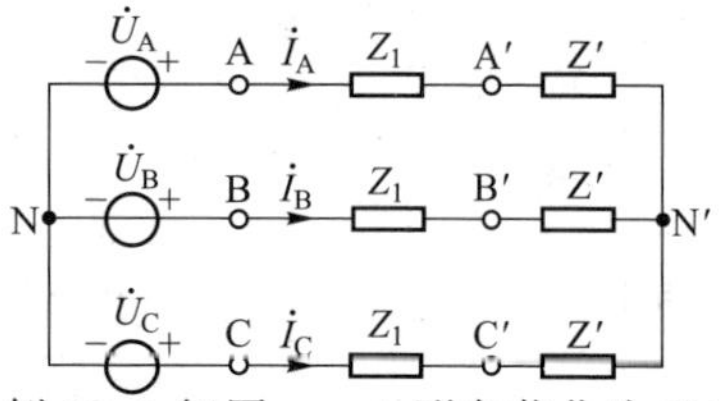

图 8　例 12-1 解图——Δ 形负载化为 Y 形联结

$$Z'=\frac{Z}{3}=\frac{19.2+\mathrm{j}14.4}{3}\Omega=6.4+\mathrm{j}4.8=8\angle 36.9^\circ\ \Omega$$

第 2 步　将图 8 化为一相电路，如图 9 所示。

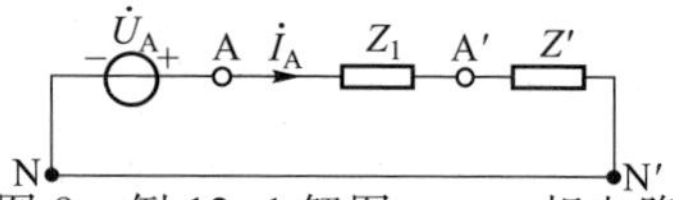

图 9　例 12-1 解图——一相电路

第 3 步　由图 9(一相电路)计算 $\dot{I}_A$ 和 $\dot{U}_{A'N'}$。

$$\dot{I}_A=\frac{\dot{U}_A}{Z_1+Z'}=\frac{220\angle 0^\circ}{3+\mathrm{j}4+6.4+\mathrm{j}4.8}\mathrm{A}=17.1\angle -43.2^\circ\ \mathrm{A}$$

$$\dot{U}_{A'N'}=Z'\dot{I}_A=8\angle 36.9^\circ\times 17.1\angle -43.2^\circ\ \mathrm{V}=136.8\angle -6.3^\circ\ \mathrm{V}$$

第 4 步　由图 7，根据电流、电压的线、相关系得

$$\dot{I}_{A'B'}=\frac{1}{\sqrt{3}}\dot{I}_A\angle 30^\circ=9.87\angle -13.2^\circ\ \mathrm{A},\quad \dot{U}_{A'B'}=\sqrt{3}\,\dot{U}_{A'N'}\angle 30^\circ=236.9\angle 23.7^\circ\ \mathrm{V}$$

第 5 步　其他量由线电流、相电流和线电压、相电压的对称组求得：

$$\dot{U}_{B'C'}=236.9\angle(23.7^\circ-120^\circ)\ \mathrm{V}=236.9\angle -96.3^\circ\ \mathrm{V}$$

$$\dot{U}_{C'A'}=236.9\angle(23.7^\circ+120^\circ)\ \mathrm{V}=236.9\angle 143.7^\circ\ \mathrm{V}$$

$$\dot{I}_B=17.1\angle(-43.2^\circ-120^\circ)\ \mathrm{A}=17.1\angle -163.2^\circ\ \mathrm{A}$$

$$\dot{I}_C=17.1\angle(-43.2^\circ+120^\circ)\ \mathrm{A}=17.1\angle 76.8^\circ\ \mathrm{A}$$

$$\dot{I}_{B'C'}=9.87\angle(-13.2^\circ-120^\circ)\ \mathrm{A}=9.87\angle -133.2^\circ\ \mathrm{A}$$

$$\dot{I}_{C'A'}=9.87\angle(-13.2^\circ+120^\circ)\ \mathrm{A}=9.87\angle 106.8^\circ\ \mathrm{A}$$

例 12-2　如图 10 所示电路，已知：$Z=19.2+\mathrm{j}14.4\ \Omega$，对称电源线电压为 380 V。求负载端的线电压、线电流、相电流。

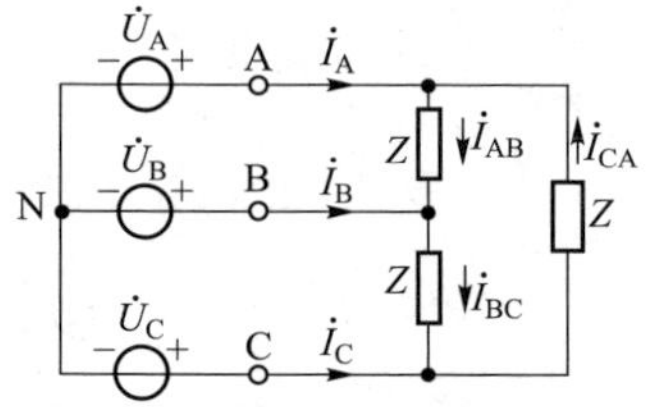

图 10　例 12-2 图

解：设 $\dot{U}_A=U_p\angle 0^\circ=\dfrac{380}{\sqrt{3}}\angle 0^\circ$ V

第 1 步　第 2 步　第 3 步 略。

第 4 步 根据电压的线、相关系

$$\dot{U}_{AB}=\sqrt{3}\,\dot{U}_A\angle 30^\circ=380\angle 30^\circ\ \mathrm{V}$$

由图 10，计算 $\dot{I}_{AB}$：

$$\dot{I}_{AB}=\frac{\dot{U}_{AB}}{Z}=\frac{380\angle 30^\circ}{24\angle 36.9^\circ}\mathrm{A}=15.83\angle -6.9^\circ\ \mathrm{A}$$

根据电流的线、相关系得

$$\dot{I}_A=\sqrt{3}\,\dot{I}_{AB}\angle -30^\circ=27.41\angle -36.9^\circ\ \mathrm{A}$$

第 5 步　其他变量由线电流、相电流和线电压、相电压的对称组求得：

$$\dot{U}_{BC}=\dot{U}_{AB}\angle -120^\circ=380\angle -90^\circ\ \mathrm{V}$$

$$\dot{U}_{CA}=\dot{U}_{AB}\angle 120^\circ=380\angle 150^\circ\ \mathrm{V}$$

$$\dot{I}_B=\dot{I}_A\angle -120^\circ=27.41\angle -156.9^\circ\ \mathrm{A}$$

$$\dot{I}_C=\dot{I}_A\angle 120^\circ=27.41\angle 83.1^\circ\ \mathrm{A}$$

$$\dot{I}_{BC}=\dot{I}_{AB}\angle -120^\circ=15.83\angle -126.9^\circ\ \mathrm{A}$$

$$\dot{I}_{CA}=\dot{I}_{AB}\angle 120^\circ=15.83\angle 113.1^\circ\ \mathrm{A}$$

注：可设 $\dot{U}_{AB}=380\angle 0^\circ$ V 进行计算

本章习题与解答

12-1 已知对称三相电路的星形负载阻抗 $Z=(165+\mathrm{j}84)\ \Omega$，端线阻抗 $Z_1=(2+\mathrm{j}1)\ \Omega$，中性线阻抗 $Z_N=(1+\mathrm{j}1)\ \Omega$，线电压 $U_1=380\ \mathrm{V}$。求负载端的电流和线电压，并作电路的向量图。

解：设 A 相电源电压为 $\dot{U}_A=U_p\angle 0^\circ=\dfrac{U_1}{\sqrt{3}}\angle 0^\circ=\dfrac{380}{\sqrt{3}}\angle 0^\circ\ \mathrm{V}=220\angle 0^\circ\ \mathrm{V}$，画出星形对称三相电路的一相电路（A 相电路），如题 12-1 解图（a）所示。负载端的电流为线电流，则

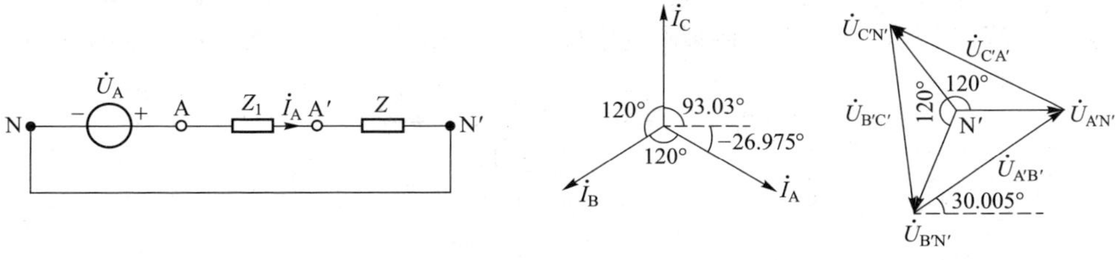

(a) (b) (c)

题 12-1 解图

$$\dot{I}_A=\frac{\dot{U}_A}{Z_1+Z}=\frac{220\angle 0^\circ}{2+\mathrm{j}+165+\mathrm{j}84}\mathrm{A}=\frac{220\angle 0^\circ}{167+\mathrm{j}85}\mathrm{A}=1.174\angle -26.975^\circ\ \mathrm{A}$$

$$\dot{I}_B=\dot{I}_A\angle -120^\circ=1.174\angle -146.975^\circ\ \mathrm{A}$$

$$\dot{I}_C=\dot{I}_A\angle 120^\circ=1.174\angle 93.025^\circ\ \mathrm{A}$$

$$\dot{U}_{A'N'}=Z\dot{I}_A=(165+\mathrm{j}84)\frac{220\angle 0^\circ}{167+\mathrm{j}85}\mathrm{V}=217.37\angle 0.005^\circ\ \mathrm{V}\approx 217.37\angle 0^\circ\ \mathrm{V}$$

负载端线电压 $\dot{U}_{A'B'}=\sqrt{3}\,\dot{U}_{A'N'}\angle 30^\circ=376.5\angle 30.005^\circ\ \mathrm{V}\approx 376.5\angle 30^\circ\ \mathrm{V}$

$$\dot{U}_{B'C'}=\dot{U}_{A'B'}\angle -120^\circ\approx 376.5\angle 90^\circ\ \mathrm{V}$$

$$\dot{U}_{C'A'}=\dot{U}_{A'B'}\angle 120^\circ\approx 376.5\angle 150^\circ\ \mathrm{V}$$

负载端的线电流关系的相量图如题 12-1 解图（b）所示，负载端的各相电压和线电压关系的相量图如题 12-1 解图（c）所示。

12-2 已知对称三相电路的线电压 $U_1=380\ \mathrm{V}$（电源端），三角形负载阻抗 $Z=(4.5+\mathrm{j}14)\ \Omega$，端线阻抗 $Z_1=(1.5+\mathrm{j}2)\ \Omega$。求线电流和负载的相电流，并作相量图。

解：设 A 相电压源电压 $\dot{U}_A=U_p\angle 0^\circ=\dfrac{U_1}{\sqrt{3}}\angle 0^\circ=\dfrac{380}{\sqrt{3}}\angle 0^\circ\ \mathrm{V}=220\angle 0^\circ\ \mathrm{V}$。

三角形负载阻抗 Z 等效为星形阻抗 Z'，即

$$Z'=\frac{Z}{3}=\frac{4.5+\mathrm{j}14}{3}\Omega=(1.5+\mathrm{j}4.67)\ \Omega$$

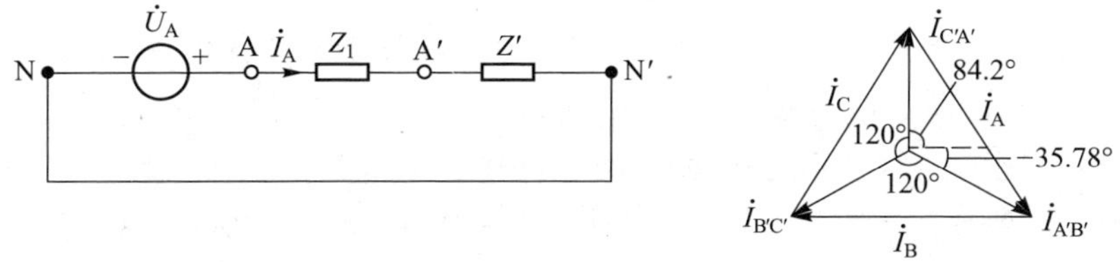

(a) (b)

题 12-2 解图

星形对称三相电路归为一相电路（A 相电路），如题 12-2 解图（a）所示。端线的线电流

$$\dot{I}_A=\frac{\dot{U}_A}{Z_1+Z'}=\frac{220\angle 0^\circ}{1.5+\mathrm{j}2+1.5+\mathrm{j}4.67}\mathrm{A}=\frac{220\angle 0^\circ}{3+\mathrm{j}6.67}\mathrm{A}=30.08\angle -65.78^\circ\ \mathrm{A}$$

$$\dot{I}_B=\dot{I}_A\angle -120^\circ=30.08\angle 174.22^\circ\ \mathrm{A}$$

$$\dot{I}_C=\dot{I}_A\angle 120^\circ=30.08\angle 54.22^\circ\ \mathrm{A}$$

三角形负载 Z 的相电流 $\dot{I}_{A'B'}=\dfrac{1}{\sqrt{3}}\dot{I}_A\angle 30^\circ=17.37\angle -35.78^\circ\ \mathrm{A}$

$$\dot{I}_{B'C'}=\dot{I}_{A'B'}\angle -120^\circ=17.37\angle -155.78^\circ\ \mathrm{A}$$

$$\dot{I}_{C'A'}=\dot{I}_{A'B'}\angle 120^\circ=17.37\angle 84.22^\circ\ \mathrm{A}$$

负载端各相电流和线电流关系的相量图如题 12-2 解图（b）所示。

12-3 将题 12-1 中负载 Z 改为三角形联结（无中性线）。比较两种连接方式中负载所吸收的复功率。

解：在题 12-1 中，负载 Z 为星形联结，已设 $\dot{U}_A=220\angle 0^\circ\ \mathrm{V}$，求得

$$\dot{I}_A=1.174\angle -26.98^\circ\ \mathrm{A}$$

$$\bar{S}_Y=3\dot{U}_{A'N'}\dot{I}_A^*=3Z\dot{I}_A\dot{I}_A^*=3ZI_A^2$$

$$=[3\times(165+\mathrm{j}84)\times 1.174^2]\ \mathrm{V\cdot A}=(682.25+\mathrm{j}347.33)\ \mathrm{V\cdot A}$$

当星形负载阻抗 Z 改为三角形联结时，将此三角形负载阻抗 Z 再等效变为星形阻抗 Z'，电路模型如题 12-2 解图（a）（阻抗值不同）所示。

题 12-2 解图（a）中，$Z'=\dfrac{Z}{3}=\dfrac{165+\mathrm{j}84}{3}\Omega=(55+\mathrm{j}28)\ \Omega$

$$\dot{I}_A=\frac{\dot{U}_A}{Z_1+Z'}=\frac{220\angle 0^\circ}{2+\mathrm{j}+55+\mathrm{j}28}\mathrm{A}=\frac{220\angle 0^\circ}{57+\mathrm{j}29}\mathrm{A}=3.44\angle -26.97^\circ\ \mathrm{A}$$

$$\dot{I}_{A'B'}=\frac{1}{\sqrt{3}}\dot{I}_A\angle 30^\circ=\frac{1}{\sqrt{3}}(3.44\angle -26.97^\circ)\angle 30^\circ\ \mathrm{A}=1.986\angle 3.03^\circ\ \mathrm{A}$$

$$\bar{S}_\Delta = 3\dot{U}_{A'B'}\dot{I}^*_{A'B'} = 3Z\dot{I}_{A'B'}\dot{I}^*_{A'B'} = 3ZI^2_{A'B'}$$
$$= 3\times(165+j84)\times1.986^2\ \text{V·A} = (1952.38+j993.94)\ \text{V·A}$$

比较两种连接方式中负载的复功率，三角形负载比星形负载的复功率大，$\bar{S}_\Delta = 2.86\bar{S}_Y$。如果端线阻抗忽略不计，则 $\bar{S}_\Delta = 3\bar{S}_Y$。

12-4 题 12-4 图所示对称三相耦合电路接于对称三相电源，电源频率为 50 Hz，线电压 $U_1 = 380$ V，$R = 30\ \Omega$，$L = 0.29$ H，$M = 0.12$ H。求相电流和负载吸收的总功率。

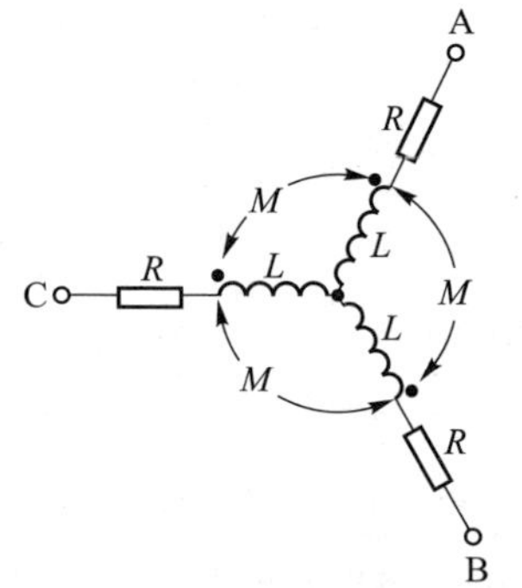

题 12-4 图

解：题 12-4 图的去耦等效电路如题 12-4 解图(a)所示，其 A 相电路如题 12-4 解图(b)所示，设 $\dot{U}_A = \frac{U_1}{\sqrt{3}}\angle 0^\circ\ \text{V} = \frac{380}{\sqrt{3}}\angle 0^\circ\ \text{V} = 220\angle 0^\circ$ V。

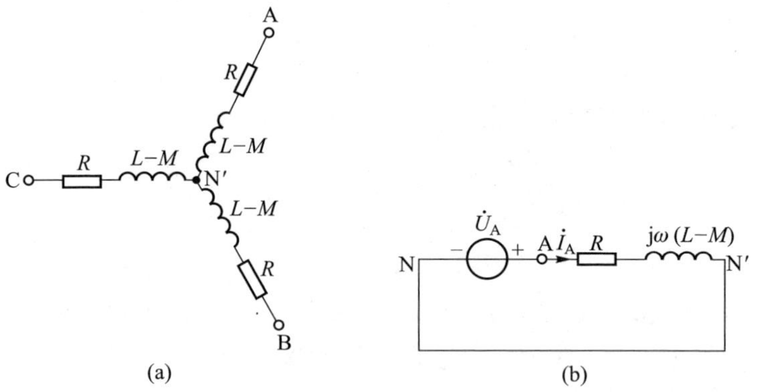

(a) (b)

题 12-4 解图

$$\omega = 2\pi f = 2\times3.14\times50\ \text{rad/s} = 314\ \text{rad/s}$$

$$\dot{I}_A = \frac{\dot{U}_A}{R+j\omega(L-M)} = \frac{220\angle 0^\circ}{30+j314(0.29-0.12)}\ \text{A}$$
$$= \frac{220\angle 0^\circ}{30+j53.38}\ \text{A} = \frac{220\angle 0^\circ}{61.23\angle 60.66^\circ}\ \text{A}$$
$$= 3.593\angle -60.66^\circ\ \text{A}$$

$$\dot{I}_B = \dot{I}_A\angle -120^\circ = 3.593\angle -180.66^\circ\ \text{A} = 3.593\angle 179.34^\circ\ \text{A}$$

$$\dot{I}_C = \dot{I}_A\angle 120^\circ = 3.593\angle 59.34^\circ\ \text{A}$$

$$P = 3U_AI_A\cos\varphi = 3\times220\times3.593\times\cos 60.66^\circ\ \text{W} = 1161.78\ \text{W}$$

(或 $P = 3RI_A^2 = 3\times30\times3.593^2\ \text{W} = 1161.78\ \text{W}$)

12-5 题 12-5 图所示对称 Y-Y 三相电路中，电压表的读数为 1143.16 V，$Z = (15+j15\sqrt{3})\ \Omega$，$Z_1 = (1+j2)\ \Omega$。

(1) 求图中电流表的读数及线电压 U_{AB}；(2) 求三相负载吸收的功率；(3) 如果 A 相的负载阻抗等于零(其他不变)，再求(1)和(2)；(4) 如果 A 相负载开路，再求(1)和(2)；(5) 如果加接零阻抗中性线 $Z_N = 0$，则(3)和(4)将发生怎样的变化？

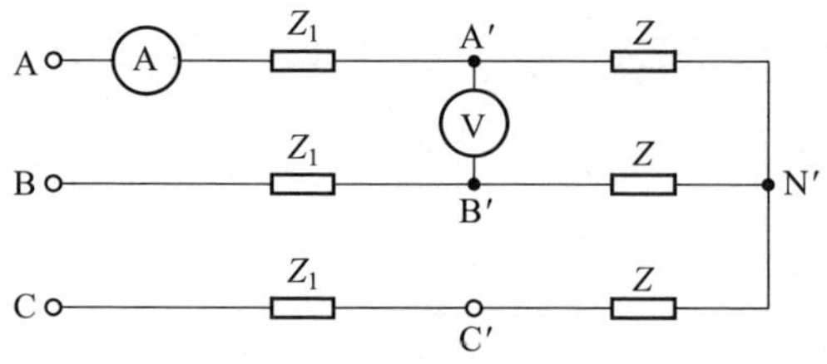

题 12-5 图

解：(1) 题 12-5 图中，已知负载的线电压 $U_{A'B'} = 1143.16$ V，则相电压 $U_{A'N'} = \frac{U_{A'B'}}{\sqrt{3}} = 660$ V。

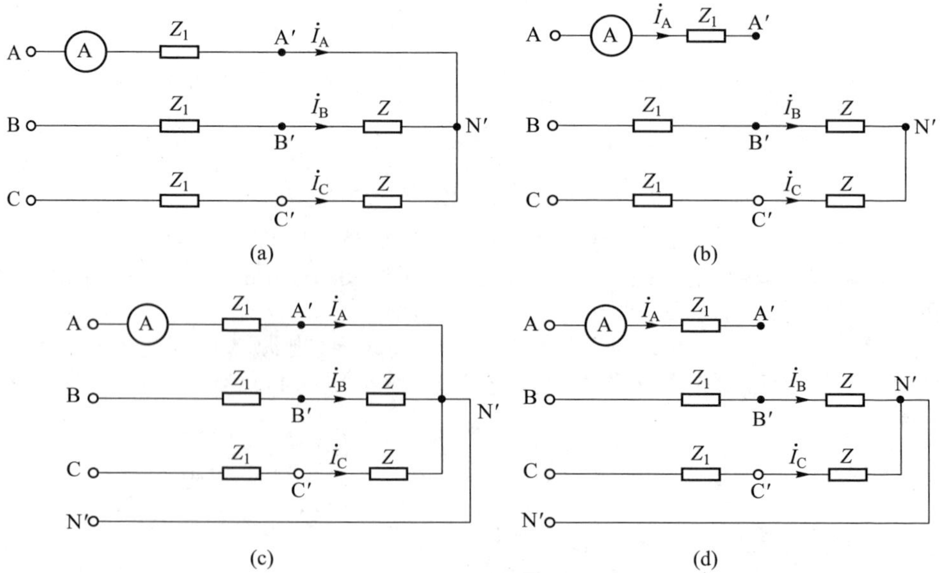

题 12-5 解图

电流表的读数 $I_A=\dfrac{U_{A'N'}}{|Z|}=\dfrac{660}{|15+j15\sqrt{3}|}A=\dfrac{660}{15\times 2}A=22\ A$

$U_{AN'}=|(Z_1+Z)|I_A=|1+j2+15+j15\sqrt{3}|\times 22\ V=32.23\times 22\ V=709.1\ V$

电源端的线电压 $U_{AB}=\sqrt{3}U_{AN'}=\sqrt{3}\times 709.1\ V=1228.2\ V$。

(2) 三相负载吸收的有功功率 $P=3\times 15\times I_A^2=45\times 22^2\ W=21780\ W$。

(3) 如果A相的负载阻抗等于零(其他不变),三相电路不对称,但三相电源是对称的,如题12-5解图(a)所示。

在(1)问中,已求得电压源的线电压 $U_{AB}=1228.2\ V$,设 $\dot{U}_{AB}=1228.2\angle 0°\ V$。列两回路的KVL方程

$\dot{U}_{AB}=Z_1\dot{I}_A-(Z_1+Z)\dot{I}_B$,得 $-\dot{I}_B=\dfrac{\dot{U}_{AB}-Z_1\dot{I}_A}{Z_1+Z}$

$\dot{U}_{CA}=(Z_1+Z)\dot{I}_C-Z_1\dot{I}_A$,得 $\dot{I}_C=\dfrac{\dot{U}_{CA}+Z_1\dot{I}_A}{Z_1+Z}$

对节点N′,有 $\dot{I}_A=-\dot{I}_B-\dot{I}_C$,将 $\dot{I}_B$、$\dot{I}_C$ 代入,得

$$\dot{I}_A=\frac{\dot{U}_{AB}}{Z_1+Z}-\frac{Z_1}{Z_1+Z}\dot{I}_A-\frac{\dot{U}_{CA}}{Z_1+Z}-\frac{Z_1}{Z_1+Z}\dot{I}_A$$

$$\dot{I}_A=\frac{\dot{U}_{AB}-\dot{U}_{CA}}{(Z_1+Z)\left(1+\dfrac{2Z_1}{Z_1+Z}\right)}=\frac{\dot{U}_{AB}-\dot{U}_{AB}\angle 120°}{3Z_1+Z}=\frac{\dot{U}_{AB}(1-1\angle 120°)}{3Z_1+Z}$$

$$=\frac{1228.2\angle 0°\times\left(1+\dfrac{1}{2}-j\dfrac{\sqrt{3}}{2}\right)}{3(1+j2)+15+j15\sqrt{3}}A=\frac{1228.2\times\left(1.5-j\dfrac{\sqrt{3}}{2}\right)}{18+j(6+15\sqrt{3})}A$$

$$=\frac{1228.2\times\sqrt{1.5^2+\left(\dfrac{\sqrt{3}}{2}\right)^2}\angle -30°}{\sqrt{18^2+(6+15\sqrt{3})^2}\angle 60.6°}A=57.97\angle -90.63°\ A$$

$=(-0.64-j57.96)A$,电流表的读数 $I_A=57.97\ A$,由 $\dot{I}_A$ 求得 $\dot{I}_B$。

$$\dot{I}_B=-\frac{1228.2\angle 0°-(1+j2)(-0.64-j57.96)}{1+j2+15+j15\sqrt{3}}A$$

$$=-\frac{1112.92+j59.22}{16+j(2+15\sqrt{3})}A=-\frac{1114.5\angle 3.08°}{32.23\angle 60.24°}A$$

$$=-34.58\angle -57.19°\ A=(-18.73+j29.06)A$$

求得 $\dot{I}_C=-\dot{I}_A-\dot{I}_B=(0.64+j57.96+18.73-j29.06)A=(19.37+j28.9)A$,$I_C=34.78\ A$。

再求(2)问,两相负载吸收的功率

$$P=\mathrm{Re}[Z]\times I_B^2+\mathrm{Re}[Z]\times I_C^2=15\times(I_B^2+I_C^2)$$
$$=15(34.58^2+34.78^2)W=36081.37\ W$$

(4) A相负载开路,如题12-5解图(b)所示。在(1)问中,已求得电压源的线电压 $U_{AB}=1228.2\ V$,设 $\dot{U}_{AB}=1228.2\angle 0°\ V$。电流表的读数 $I_A=0\ A$,

$$\dot{I}_B=\frac{\dot{U}_{BC}}{2(Z_1+Z)}=\frac{\dot{U}_{AB}\angle -120°}{2(Z_1+Z)}=\frac{1228.2\angle -120°}{2(1+j2+15+j15\sqrt{3})}A=\frac{614.1\angle 120°}{16+j(2+15\sqrt{3})}A$$

$I_B=\dfrac{614.1}{\sqrt{16^2+(2+15\sqrt{3})^2}}A=\dfrac{614.1}{32.23}A=19.054\ A$,$\dot{I}_C=-\dot{I}_B$

再求(2)问,两相负载吸收的有功功率

$$P=15\times I_B^2+15\times I_C^2=30\times I_B^2=30\times 19.054^2\ W=10891.27\ W$$

(5) 如果A相负载短路,且加零阻抗中线,如题12-5解图(c)所示。

$$\dot{I}_A=\frac{\dot{U}_A}{Z_1}=\frac{\dot{U}_A}{1+j2}$$

电流表的读数 $I_A=\dfrac{709.1}{\sqrt{5}}A=317.12\ A$。

$$\dot{I}_B=\frac{\dot{U}_B}{Z_1+Z}=\frac{\dot{U}_A\angle -120°}{Z_1+Z}=\frac{\dot{U}_A\angle -120°}{16+j(2+15\sqrt{3})}$$

$$I_B=\frac{709.1}{\sqrt{16^2+(2+15\sqrt{3})^2}}A=22\ A$$

$$\dot{I}_C=\frac{\dot{U}_C}{Z_1+Z},\ I_C=I_B=22\ A$$

两相负载吸收的有功功率 $P=15I_B^2+15I_C^2=2\times 15\times 22^2\ W=14520\ W$

如果A相负载开路,加零阻抗中线,如题12-5解图(d)所示,电流表的读数

$I_A=0\ A$,$I_B=\dfrac{U_B}{|Z_1+Z|}=\dfrac{U_C}{|Z_1+Z|}=I_C=22\ A$

两相负载吸收的有功功率 $P=15(I_B^2+I_C^2)=14520\ W$。

12-6 题12-6图所示对称三相电路中,$U_{A'B'}=380\ V$,三相电动机吸收的功率为1.4 kW,其功率因数 $\lambda=0.866$(滞后),$Z_1=-j55\ \Omega$。求 U_{AB} 和电源端的功率因数 λ'。

解: 题12-6图中,因 $U_{A'N'}=\dfrac{1}{\sqrt{3}}U_{A'B'}=\dfrac{380}{\sqrt{3}}=220\ V$

设 $\dot{U}_{A'N'}=220\angle 0°\ V$,三相电动机吸收的功率 $P=\sqrt{3}U_{A'B'}I_A\cos\varphi$。

已知 $\lambda=\cos\varphi=0.866$,则 $\varphi=30°$(滞后),求得

$$I_A=\frac{P}{\sqrt{3}\,U_{A'B'}\cos\varphi}=\frac{1.4\times10^3}{\sqrt{3}\times380\times0.866}\text{ A}=2.46\text{ A}$$

$$\varphi=\angle\dot{U}_{A'N'}-\angle\dot{I}_A\quad\Rightarrow\quad\angle\dot{I}_A=\angle\dot{U}_{AN'}-\varphi=-\varphi=-30^\circ$$

$$\dot{I}_A=I_A\angle-30^\circ=2.46\angle-30^\circ\text{ A}$$

$$\begin{aligned}\dot{U}_{AN'}&=Z_1\dot{I}_A+\dot{U}_{A'N'}=(-j55\times2.46\angle-30^\circ+220\angle0^\circ)\text{ V}\\&=(-j135.3\angle-30^\circ+220)\text{ V}=(152.35-j117.17)\text{ V}\\&=192.2\angle-37.5^\circ\text{ V}\end{aligned}$$

$$\dot{U}_{AB}=\sqrt{3}\,\dot{U}_{AN'}\angle30^\circ=\sqrt{3}\times192.2\angle-7.5^\circ\text{ V}=332.9\angle-7.5^\circ\text{ V}$$

$$\varphi'=\angle\dot{U}_{AN'}-\angle\dot{I}_A=-37.5^\circ-(-30^\circ)=-7.5^\circ$$

$$\lambda'=\cos\varphi'=\cos(-7.5^\circ)=0.992。$$

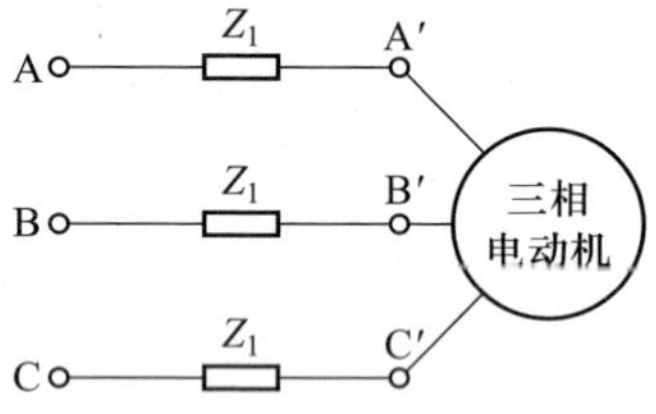

题 12-6 图

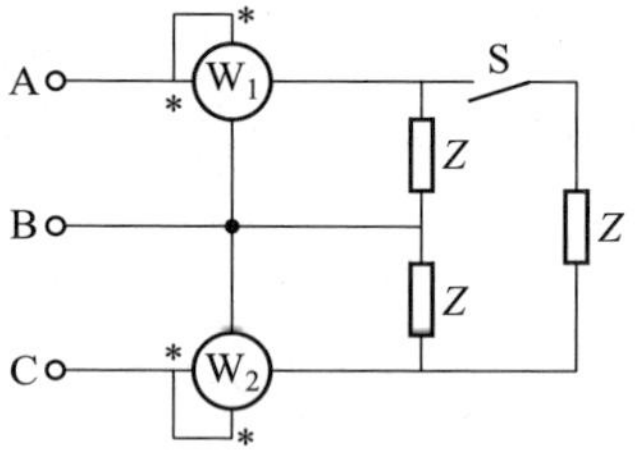

题 12-7 图

12-7 题 12-7 图所示对称 Y-△三相电路中，$U_{AB}=380$ V，图中功率表的读数为 W_1:782 W，W_2:1976.44 W。求：

（1）负载吸收的复功率 $\bar{S}$ 和阻抗 Z；（2）开关 S 打开后，功率表的读数。

解：题 12-7 图中，（1）设 $\dot{U}_{AB}=380\angle30^\circ$ V，$\dot{I}_A=\sqrt{3}\,\dot{I}_{AB}\angle-30^\circ=\sqrt{3}\dfrac{\dot{U}_{AB}}{Z}\angle-30^\circ=$

$$\frac{\sqrt{3}\times380\angle30^\circ}{Z}\angle-30^\circ=\frac{\sqrt{3}\times380}{Z}$$

按图中功率表的接线，有

$$\begin{cases}P_1=U_{AB}I_A\cos(\varphi+30^\circ)=782\text{ W}\\P_2=U_{CB}I_C\cos(\varphi-30^\circ)=1976.44\text{ W}\end{cases}$$

$$\begin{cases}P_1=\dfrac{\sqrt{3}}{|Z|}\times380^2\times\cos(30^\circ+\varphi)=782\text{ W} & \langle1\rangle\\[2ex]P_2=\dfrac{\sqrt{3}}{|Z|}\times380^2\times\cos(\varphi-30^\circ)=1976.44\text{ W} & \langle2\rangle\end{cases}$$

〈1〉和〈2〉式中，有 $I_A=I_C=\sqrt{3}\dfrac{380}{|Z|}$，$U_{AB}=U_{CB}=380$ V。

联立〈1〉和〈2〉式，得

$$\frac{\sqrt{3}}{|Z|}\times380^2=\frac{782}{\cos(30^\circ+\varphi)}\text{和}\frac{\sqrt{3}}{|Z|}\times380^2=\frac{1976.44}{\cos(\varphi-30^\circ)}$$

则有

$$\begin{aligned}&782\cos(\varphi-30^\circ)=1976.44\cos(30^\circ+\varphi)\\\Rightarrow\ &782(\cos30^\circ\cos\varphi+\sin30^\circ\sin\varphi)=1976.44(\cos30^\circ\cos\varphi-\sin30^\circ\sin\varphi)\\\Rightarrow\ &2758.44\sin30^\circ\sin\varphi=1194.44\cos30^\circ\cos\varphi\\\Rightarrow\ &\frac{\sin\varphi}{\cos\varphi}=\frac{1194.44\cos30^\circ}{2758.44\sin30^\circ}=\frac{1194.44\times\frac{\sqrt{3}}{2}}{2758.44\times\frac{1}{2}}=0.75,\ \tan\varphi=0.75\end{aligned}$$

解出

$$\cos\varphi=\frac{1}{\sqrt{1+\tan^2\varphi}}=\frac{1}{\sqrt{1+0.75^2}}=0.8$$

$$\sin\varphi=\sqrt{1-\cos^2\varphi}=\sqrt{1-0.8^2}=0.6,\varphi=36.87^\circ$$

由〈1〉式，得

$$\begin{aligned}|Z|&=\frac{\sqrt{3}\times380^2\cos(30^\circ+\varphi)}{782}=319.82(\cos30^\circ\cos\varphi-\sin30^\circ\sin\varphi)\\&=319.82\times\left(\frac{\sqrt{3}}{2}\times0.8-\frac{1}{2}\times0.6\right)\Omega=319.82\times0.39\ \Omega=125.6\ \Omega\end{aligned}$$

求得阻抗　　$Z=|Z|\angle\varphi=125.6\angle36.87^\circ\ \Omega$

负载吸收的复功率

$$\begin{aligned}\bar{S}&=P+jQ=P+jP\tan\varphi=P(1+j\tan\varphi)=(P_1+P_2)(1+j\tan\varphi)\\&=(782+1976.44)(1+j0.75)\text{ V}\cdot\text{A}=2758.44(1+j0.75)\text{ V}\cdot\text{A}\\&=(2758.44+j2068.83)\text{ V}\cdot\text{A}\end{aligned}$$

（2）开关 S 打开后，$P_1=\text{Re}[\dot{U}_{AB}\dot{I}_A^*]=\text{Re}\left[\dot{U}_{AB}\left(\dfrac{\dot{U}_{AB}}{Z}\right)^*\right]$

$$\begin{aligned}&=\text{Re}\left[U_{AB}^2\frac{1}{|Z|}\angle36.87^\circ\right]=\frac{380^2}{125.6}\cos36.87^\circ\text{ W}\\&=\frac{380^2}{125.6}\times0.8\text{ W}=919.75\text{ W}\end{aligned}$$

$$\begin{aligned}P_2&=\text{Re}[\dot{U}_{CB}\dot{I}_C^*]=\text{Re}\left[\dot{U}_{CB}\left(\frac{\dot{U}_{CB}}{Z}\right)^*\right]=\text{Re}\left[\dot{U}_{CB}\left(\frac{\dot{U}_{CB}^*}{|Z|\angle-36.87^\circ}\right)\right]\\&=\text{Re}\left[\frac{U_{CB}^2}{|Z|}\angle36.87^\circ\right]=\frac{380^2}{125.6}\cos36.87^\circ\text{ W}\\&=\frac{380^2}{125.6}\times0.8\text{ W}=919.75\text{ W}\end{aligned}$$

功率表 W_1、W_2 的读数均为 919.75 W。

12-8 题 12-8 图所示电路中，对称三相电源端的线电压为 $U_1=380\ \text{V}$，$Z=(50+\text{j}50)\ \Omega$，$Z_1=(100+\text{j}100)\ \Omega$，$Z_A$ 由 R、L、C 串联组成，$R=50\ \Omega$，$X_L=314\ \Omega$，$X_C=-264\ \Omega$。

（1）求开关 S 打开时的线电流；（2）若用二瓦计法测量电源端的三相功率，试画出接线图，并求两个功率表的读数（S 闭合时）。

解：题 12-8 图中，设 $\dot{U}_A=\dfrac{U_1}{\sqrt{3}}\angle 0^\circ=220\angle 0^\circ\ \text{V}$

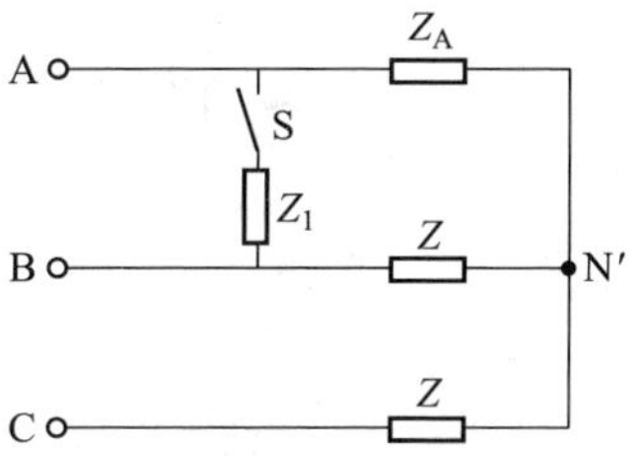

题 12-8 图

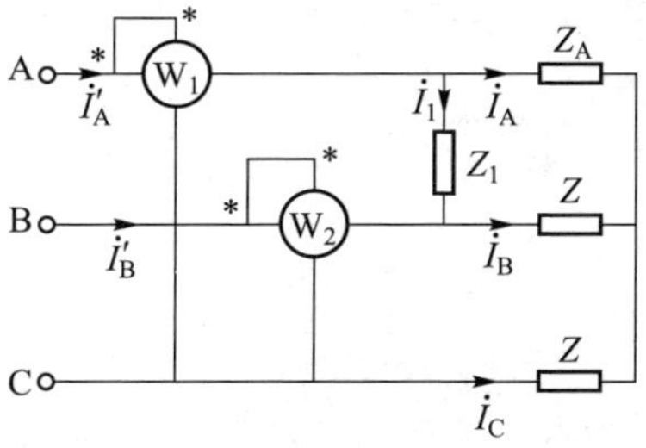

题 12-8 解图

$$Z_A=R+\text{j}(X_L+X_C)=[50+\text{j}(314-264)]\ \Omega=(50+\text{j}50)\ \Omega$$

（1）开关 S 打开时，$Z_A=Z$，电路为对称三相电路，其线电流为

$$\dot{I}_A=\frac{\dot{U}_A}{Z_A}=\frac{220\angle 0^\circ}{50+\text{j}50}\text{A}=3.11\angle -45^\circ\ \text{A}$$

$$\dot{I}_B=\dot{I}_A\angle -120^\circ=3.11\angle -165^\circ\ \text{A}$$

$$\dot{I}_C=\dot{I}_A\angle 120^\circ=3.11\angle 75^\circ\ \text{A}$$

（2）开关 S 闭合时，用二瓦计法测量电源端三相功率的接线图如题 12-8 解图所示。虽然三相电路不对称，但三相电源是对称的。因 $Z_A=Z$，星形对称阻抗 Z_A、Z、Z 部分的线、相电压与电流未变，仍是对称的，只是电源的线电流变为不对称了。阻抗 Z_1 的电压 $\dot{U}_{AB}=\sqrt{3}\dot{U}_A\angle 30^\circ=380\angle 30^\circ\ \text{V}$

$$\dot{I}_1=\frac{\dot{U}_{AB}}{Z_1}=\frac{380\angle 30^\circ}{100+\text{j}100}\text{A}=\frac{380\angle 30^\circ}{100\sqrt{2}\angle 45^\circ}\text{A}=2.687\angle -15^\circ\ \text{A}$$

$$\dot{I}'_A=\dot{I}_A+\dot{I}_1=(3.11\angle -45^\circ+2.687\angle -15^\circ)\ \text{A}=5.6\angle -31.12^\circ\ \text{A}$$

$$\dot{I}'_B=\dot{I}_B-\dot{I}_1=(3.11\angle -165^\circ-2.687\angle -15^\circ)\ \text{A}=5.6\angle -178.87^\circ\ \text{A}$$

两个功率表 W_1（$\dot{I}'_A$流入）、W_2（$\dot{I}'_B$流入）的读数分别为：

$$P_1=\text{Re}[\dot{U}_{AC}\dot{I}'^*_A]=\text{Re}[-\dot{U}_{AB}\angle 120^\circ\ \dot{I}'^*_A]=\text{Re}[380\angle -30^\circ\times 5.6\angle 31.12^\circ]\ \text{W}$$
$$=\text{Re}[2128\angle 1.12^\circ]\ \text{W}=2128\cos 1.12^\circ=2127.6\ \text{W}$$

$$P_2=\text{Re}[\dot{U}_{BC}\dot{I}'^*_B]=\text{Re}[\dot{U}_{AB}\angle -120^\circ\ \dot{I}'^*_B]$$
$$=\text{Re}[380\angle -90^\circ\times 5.6\angle 178.87^\circ]\ \text{W}=\text{Re}[2128\angle 88.87^\circ]\ \text{W}$$
$$=2128\cos 88.87^\circ\ \text{W}=41.97\ \text{W}$$

电源端三相功率为 $P=P_1+P_2=(2127.6+41.97)\ \text{W}=2169.57\ \text{W}$。

12-9 题 12-9 图所示电路中，电源为对称三相电源。

（1）L、C 满足什么条件时，线电流对称？

（2）若 $R\to\infty$（开路），再求线电流。

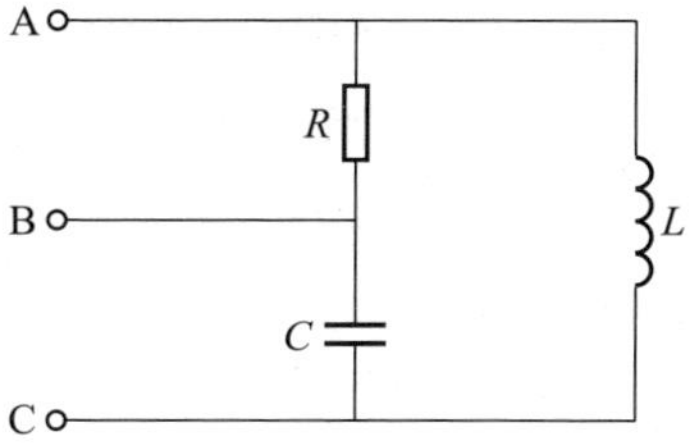

题 12-9 图

解：（1）题 12-9 图的相量模型如题 12-9 解图（a）所示，设 $\dot{U}_{AB}=U_{AB}\angle 0^\circ\ \text{V}$。

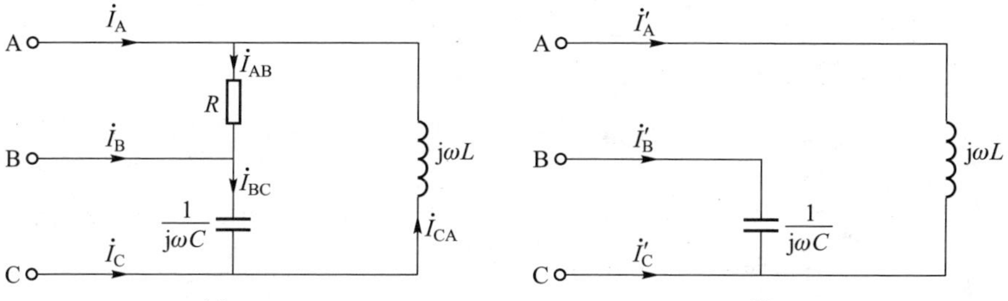

(a) (b)

题 12-9 解图

$$\dot{I}_A=\dot{I}_{AB}-\dot{I}_{CA}=\frac{\dot{U}_{AB}}{R}-\frac{\dot{U}_{CA}}{\text{j}\omega L}=\frac{\dot{U}_{AB}}{R}-\frac{\dot{U}_{AB}\angle 120^\circ}{\text{j}\omega L}=\dot{U}_{AB}\left(\frac{1}{R}-\frac{1\angle 30^\circ}{\omega L}\right)$$
$$=\dot{U}_{AB}\left(\frac{1}{R}-\frac{\cos 30^\circ+\text{j}\sin 30^\circ}{\omega L}\right)=\dot{U}_{AB}\left[\left(\frac{1}{R}-\frac{\sqrt{3}}{2\omega L}\right)-\text{j}\frac{1}{2\omega L}\right]$$

$$\dot{I}_B=\dot{I}_{BC}-\dot{I}_{AB}=\text{j}\omega C\dot{U}_{BC}-\frac{\dot{U}_{AB}}{R}=\text{j}\omega C\dot{U}_{BC}-\frac{\dot{U}_{BC}\angle 120^\circ}{R}$$
$$=\dot{U}_{BC}\left(\text{j}\omega C+\frac{1}{R}\angle -60^\circ\right)=\dot{U}_{BC}\left[\frac{1}{2R}+\text{j}\left(\omega C-\frac{\sqrt{3}}{2R}\right)\right]$$

$$\dot{I}_C=\dot{I}_{CA}-\dot{I}_{BC}=\frac{\dot{U}_{CA}}{\text{j}\omega L}-\text{j}\omega C\dot{U}_{BC}=\frac{\dot{U}_{CA}}{\text{j}\omega L}-\text{j}\omega C\dot{U}_{CA}\angle 120^\circ$$
$$=\dot{U}_{CA}\left(\frac{1}{\text{j}\omega L}+\omega C\angle 30^\circ\right)=\dot{U}_{CA}\left[\frac{\omega C\sqrt{3}}{2}+\text{j}\left(\frac{\omega C}{2}-\frac{1}{\omega L}\right)\right]$$

因上述线电流表达式中的线电压 $\dot U_{AB}$、$\dot U_{BC}$、$\dot U_{CA}$为对称，若 $\dot I_A$、$\dot I_B$、$\dot I_C$为对称线电流，则上述表达式中方括号部分应相等，即

$$\left(\frac{1}{R}-\frac{\sqrt3}{2\omega L}\right)-j\frac{1}{2\omega L}=\frac{1}{2R}+j\left(\omega C-\frac{\sqrt3}{2R}\right) \qquad \langle 1\rangle$$

$$\left(\frac{1}{R}-\frac{\sqrt3}{2\omega L}\right)-j\frac{1}{2\omega L}=\frac{\omega C\sqrt3}{2}+j\left(\frac{\omega C}{2}-\frac{1}{\omega L}\right) \qquad \langle 2\rangle$$

〈1〉式中，两边实部相等，有

$$\frac{1}{R}-\frac{\sqrt3}{2\omega L}=\frac{1}{2R}$$

$$\Rightarrow \frac{1}{\omega L}=\frac{1}{\sqrt3 R} \qquad \langle 3\rangle$$

〈2〉式中，两边虚部相等，有

$$-\frac{1}{2\omega L}=\left(\frac{\omega C}{2}-\frac{1}{\omega L}\right)$$

$$\Rightarrow \omega C-\frac{1}{\omega L} \qquad \langle 4\rangle$$

由〈3〉和〈4〉式，得

$\omega C=\frac{1}{\omega L}=\frac{1}{\sqrt3 R}$，即 $\omega=\frac{1}{\sqrt{LC}}$时，线电流 $\dot I_A$、$\dot I_B$、$\dot I_C$为正序对称

$$\dot I_A=\dot U_{AB}\left[\left(\frac{1}{R}-\frac{\sqrt3}{2\omega L}\right)-j\frac{1}{2\omega L}\right]=\dot U_{AB}\left(\frac{1}{2R}-j\frac{1}{2\sqrt3 R}\right)$$

$$=\frac{\dot U_{AB}}{2R}\left(1-j\frac{1}{\sqrt3}\right)=\frac{\dot U_{AB}}{\sqrt3 R}\angle-30^\circ=\frac{\dot U_{AB}}{\omega L}\angle-30^\circ$$

$$\dot I_B=\dot U_{BC}\left[\frac{1}{2R}+j\left(\omega C-\frac{\sqrt3}{2R}\right)\right]=\dot U_{BC}\left(\frac{1}{2R}-j\frac{1}{2\omega L}\right)$$

$$=\dot U_{BC}\left(\frac{1}{2R}-j\frac{1}{2\sqrt3 R}\right)=\frac{\dot U_{BC}}{2R}\left(1-j\frac{1}{\sqrt3}\right)=\frac{\dot U_{BC}}{\sqrt3 R}\angle-30^\circ$$

$$=\frac{\dot U_{AB}}{\omega L}\angle-150^\circ=\dot I_A\angle-120^\circ$$

$$\dot I_C=\dot U_{CA}\left[\frac{\omega C\sqrt3}{2}+j\left(\frac{\omega C}{2}-\frac{1}{\omega L}\right)\right]=\dot U_{CA}\left(\frac{1}{2R}-j\frac{1}{2\sqrt3 R}\right)$$

$$=\frac{\dot U_{CA}}{2R}\left(1-j\frac{1}{\sqrt3}\right)=\frac{\dot U_{CA}}{\sqrt3 R}\angle-30^\circ=\frac{\dot U_{AB}}{\sqrt3 R}\angle90^\circ=\frac{\dot U_{AB}}{\omega L}\angle90^\circ$$

$$=\omega C\dot U_{AB}\angle90^\circ=\dot I_A\angle120^\circ$$

（2）当 $R\to\infty$ 时，题 12-9 图的相量模型如题 12-9 解图(b)所示。

$$\dot I'_A=\frac{\dot U_{AC}}{j\omega L}=-\frac{\dot U_{CA}}{j\omega L}=-\frac{\dot U_{AB}\angle120^\circ}{j\omega L}=\frac{\dot U_{AB}}{\omega L}\angle-150^\circ$$

$$\dot I'_B=j\omega C\dot U_{BC}=j\omega C\dot U_{AB}\angle-120^\circ=\omega C\dot U_{AB}\angle-30^\circ$$

$$\dot I'_C=-\dot I'_A-\dot I'_B=-\frac{\dot U_{AB}}{\omega L}\angle-150^\circ-\omega C\dot U_{AB}\angle-30^\circ=\frac{\dot U_{AB}}{\omega L}\angle30^\circ+\omega C\dot U_{AB}\angle150^\circ$$

$=\dot U_{AB}\left(\frac{1}{\omega L}\angle30^\circ+\omega C\angle150^\circ\right)$，$\dot I'_C$ 与题 12-9 解图(a)中的 $\dot I_C$ 相同，

$$\dot I'_C=\dot I_C=\dot U_{CA}\left[\frac{\omega C\sqrt3}{2}+j\left(\frac{\omega C}{2}-\frac{1}{\omega L}\right)\right]=\dot U_{AB}\angle120^\circ\left[\frac{\omega C\sqrt3}{2}+j\left(\frac{\omega C}{2}-\frac{1}{\omega L}\right)\right]$$

若$\frac{1}{\omega L}=\omega C$，则 $\dot I'_A=\omega C\dot U_{AB}\angle-150^\circ$，$\dot I'_B=\dot I'_A\angle120^\circ$

$$\dot I'_C=\dot U_{AB}\angle120^\circ\left(\frac{\omega C\sqrt3}{2}-j\frac{\omega C}{2}\right)=\dot U_{AB}\angle120^\circ\frac{\omega C}{2}(\sqrt3-j1)=\dot U_{AB}\angle120^\circ\cdot\omega C\angle-30^\circ$$

$=\omega C\dot U_{AB}\angle90^\circ=\dot I'_A\angle-120^\circ$，线电流 $\dot I'_A$、$\dot I'_B$、$\dot I'_C$ 为逆序对称。

12-10 已知对称三相电路中性线电压为 380 V，$f=50$ Hz，负载吸收的功率为 2.4 kW（参阅题 12-7 图），功率因数为 0.4（感性）。

（1）求两个功率表的读数（用二瓦计法量功率时）。（2）怎样才能使负载端的功率因数提高到 0.8？并再求出两个功率表的读数。

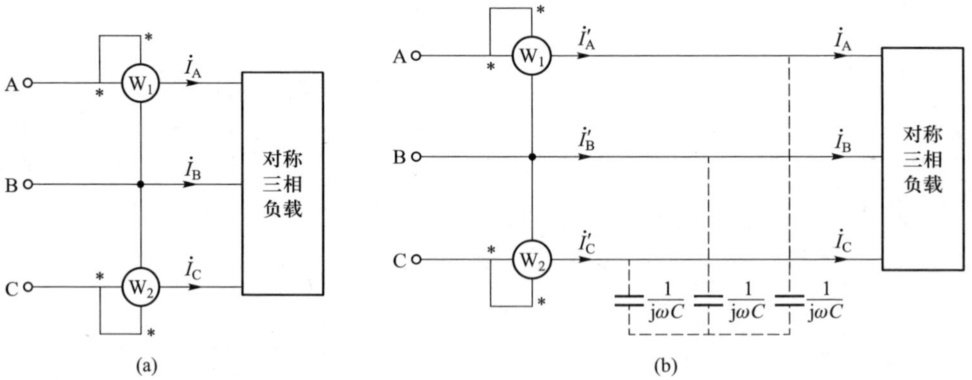

题 12-10 解图

解：按题意，参阅题 12-7 图画出对称三相电路相量模型如题 12-10 解图(a)所示，设 $\dot U_{AB}=380\angle0^\circ$ V，三相负载吸收的功率 $P=\sqrt3 U_{AB}I_A\cos\varphi=2400$ W，

$U_{AB}I_A=\frac{2400}{\sqrt3\cos\varphi}=\frac{2400}{\sqrt3\times0.4}=3464.1$，$\varphi=\arccos 0.4=66.42^\circ$。

(1) 题 12-10 解图(a)中,功率表 W_1、W_2 测量的功率分别为

$$P_1=U_{AB}I_A\cos(\varphi+30°)=3464.1\cos(66.42°+30°)\text{ W}$$
$$=-3464.1\sin 6.42°\text{ W}=-3464.1×0.1119\text{ W}=-387.6\text{ W}$$
$$P_2=U_{CB}I_C\cos(\varphi-30°)=3464.1\cos(66.42°-30°)\text{ W}$$
$$=3464.1\cos 36.42°\text{ W}=3464.1×0.8047\text{ W}=2787.6\text{ W}$$

另外 P_2 可求得为 $P_2=P-P_1=[2400-(-387.6)]\text{ W}=2787.6\text{ W}$。功率表 W_1 和 W_2 的读数为-387.6 W 和 2787.6 W。

(2) 因负载阻抗为感性,所以应在三相负载的端线上连接三个星形联结电容 C,如题 12-10 解图(b)所示。

因 $\cos\varphi'=0.8$,则 $\varphi'=±36.87°$。

取 $\varphi'=36.87°$,则

$$C=\frac{P_A}{\omega U^2}(\tan\varphi-\tan\varphi')=\frac{P_A}{\omega U^2}(\tan 66.42°-\tan 36.87°)$$
$$=\frac{2400/3}{2\pi×50×380^2}(2.291-0.75)\text{ F}=27.19\ \mu\text{F}$$

接入三相电容后,W_1 和 W_2 读数为 P_1'、P_2',且负载吸收的三相总功率不变,即

$$P=P_1'+P_2'=2400\text{ W}$$
$$P=\sqrt{3}U_{AB}I_A'\cos\varphi'=2400\text{ W}$$
$$\Rightarrow\quad U_{AB}I_A'=\frac{2400}{\sqrt{3}\cos\varphi'}=\frac{2400}{\sqrt{3}×0.8}\text{ W}=1732.06\text{ W}$$
$$P_1'=U_{AB}I_A'\cos(\varphi'+30°)=1732.06\cos(36.87°+30°)\text{ W}$$
$$=1732.06\cos 66.87°=1732.06×0.3928\text{ W}=680.4\text{ W}$$
$$P_2'=U_{CB}I_C'\cos(\varphi'-30°)=1732.06\cos(36.87°-30°)\text{ W}$$
$$=1732.06\cos 6.87°\text{ W}=1732.06×0.9928\text{ W}=1719.6\text{ W}$$

另外 P_2' 可求得为 $P_2'=P-P_1'=(2400-680.4)\text{ W}=1719.6\text{ W}$。

12-11 题 12-11 图所示三相(四线)制电路中,$Z_1=-\text{j}10\ \Omega$,$Z_2=(5+\text{j}12)\Omega$,对称三相电源的线电压为 380 V,图中电阻 R 吸收的功率为 24200 W(S 闭合时)。

(1) 求开关 S 闭合时图中各表的读数。根据功率表的读数能否求得整个负载吸收的总功率?

(2) 开关 S 打开时图中各表的读数有无变化?功率表的读数有无意义?

解:(1) 题 12-11 图在 S 闭合时,Y 形和 Δ 形两组负载均处于"对称状态",为便于识图,将 R 上端移接到 Z_2 的上端,如题 12-11 解图(a)所示。

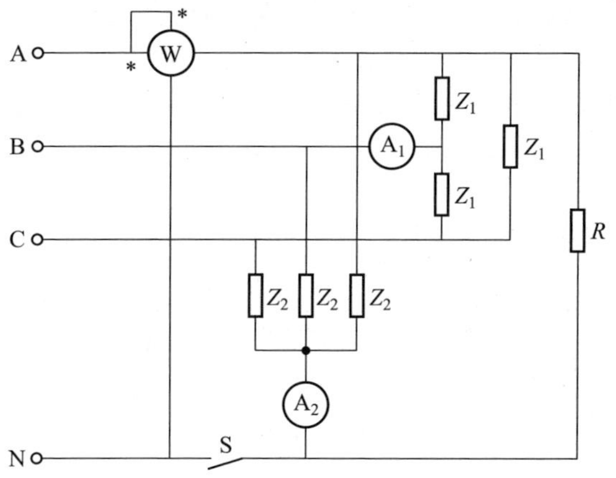

题 12-11 图

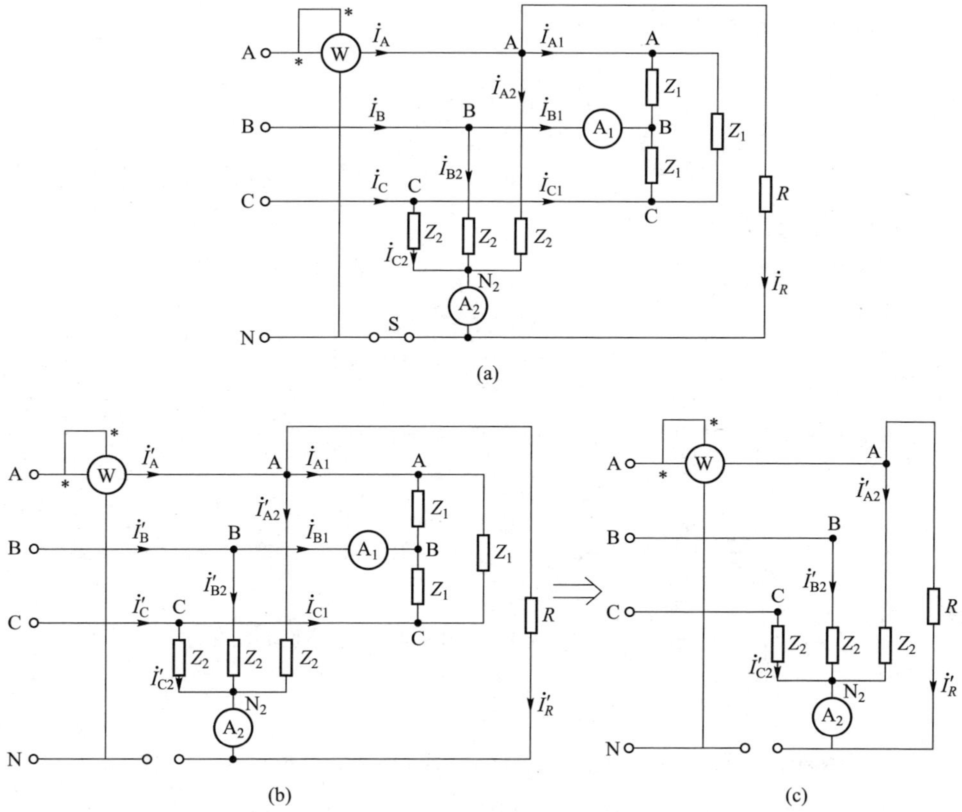

题 12-11 解图

设 $\dot{U}_{AN}=\dfrac{U_1}{\sqrt{3}}\angle 0°=\dfrac{380}{\sqrt{3}}\angle 0°\ V=220\angle 0°\ V$，则 $\dot{U}_{AB}=380\angle 30°\ V$

按对称三相电路的相、线电流关系，$\dot{I}_{B1}$为 Δ 形阻抗 Z_1 的线电流，B、C 间的 Z_1 中的相电流为 $\dot{I}_{BC}$。

线、相电流 $\dot{I}_{B1}$与 $\dot{I}_{BC}$的关系为

$$\dot{I}_{B1}=\sqrt{3}\ \dot{I}_{BC}\angle -30°=\sqrt{3}\frac{\dot{U}_{BC}}{Z_1}\angle -30°=\sqrt{3}\frac{\dot{U}_{AB}\angle -120°}{10\angle -90°}\angle -30°$$

$$=\sqrt{3}\frac{380\angle 30°}{10}\angle -60°\ A=65.82\angle -30°\ A$$

电流表 A_1 的读数为 $I_{B1}=65.82\ A$，三个 Y 形负载 Z_2 中的电流是对称的，即 $\dot{I}_{A2}+\dot{I}_{B2}+\dot{I}_{C2}=0$，所以电流表 A_2 的读数为 0 A，中点 N 和 N_2 为等电位点。

功率表 W 测量的功率为

$$P_W=\mathrm{Re}[\dot{U}_{AN}\dot{I}_A^*]$$

$$\dot{I}_A=\dot{I}_{A2}+\dot{I}_{A1}+\dot{I}_R=\frac{\dot{U}_{AN}}{Z_2}+\dot{I}_{B1}\angle 120°+\dot{I}_R$$

$$P_R=\frac{U_{AN}^2}{R}$$

$$R=\frac{U_{AN}^2}{P_R}=\frac{220^2}{24200}\Omega=2\ \Omega$$

电阻电流 $\dot{I}_R$与其电压 $\dot{U}_{AN}$同相位，即 $\dot{I}_R=110\angle 0°\ A$

所以

$$\dot{I}_A=\left(\frac{220\angle 0°}{5+j12}+65.82\angle -30°\times 1\angle 120°+110\angle 0°\right)A$$

$$=\left(\frac{1100}{169}-j\frac{2640}{169}+j65.82+110\right)A=(116.51+j50.2)\ A$$

$$=126.86\angle 23.31°\ A$$

$$P_W=\mathrm{Re}[\dot{U}_{AN}\dot{I}_A^*]=\mathrm{Re}[220\angle 0°(116.51+j50.2)^*]\ W$$

$$=\mathrm{Re}[220(116.51-j50.2)]\ W=220\times 116.51\ W=25632.2\ W$$

整个负载吸收的总功率

$$P_{负载}=P_Y+P_\Delta+P_R=3(P_W-P_R)+P_R=3P_W-2P_R$$

$$=(3\times 25632.2-2\times 24200)\ W=28496.6\ W$$

（2）当 S 打开时，如题 12-11 解图（b）所示，Δ 形负载 Z_1 仍处于“对称状态”，而 Y 形负载 Z_2 处于“不对称状态”，三个 Z_1 的电压分别为线电压 $\dot{U}_{AB}$、$\dot{U}_{BC}$、$\dot{U}_{CA}$，其 Z_1 的线、相电流未变，即电流表 A_1 的读数不变，仍为 65.82 A，与题 12-11 解图（a）相同，故可等效为题 12-11 解图（c）。

题 12-11 解图（c）中，设参考点为 N，对独立节点 N_2 列节点电压方程，有

$$\left(\frac{3}{Z_2}+\frac{1}{R}\right)\dot{U}_{N_2N}=\left(\frac{1}{Z_2}+\frac{1}{R}\right)\dot{U}_{AN}+\frac{1}{Z_2}\dot{U}_{BN}+\frac{1}{Z_2}\dot{U}_{CN}$$

$$\Rightarrow \dot{U}_{N_2N}=\frac{\left(\dfrac{1}{Z_2}+\dfrac{1}{R}\right)\dot{U}_{AN}+\dfrac{1}{Z_2}\dot{U}_{BN}+\dfrac{1}{Z_2}\dot{U}_{CN}}{\dfrac{3}{Z_2}+\dfrac{1}{R}}=\frac{\dfrac{\dot{U}_{AN}+\dot{U}_{BN}+\dot{U}_{CN}}{Z_2}+\dfrac{\dot{U}_{AN}}{R}}{\dfrac{3}{Z_2}+\dfrac{1}{R}}$$

对称的三个相电压，有 $\dot{U}_{AN}+\dot{U}_{BN}+\dot{U}_{CN}=0$，所以

$$\dot{U}_{N_2N}=\frac{\dfrac{\dot{U}_{AN}}{R}}{\dfrac{3}{Z_2}+\dfrac{1}{R}}=\frac{\dfrac{220\angle 0°}{2}}{\dfrac{3}{5+j12}+\dfrac{1}{2}}V=\frac{110}{\dfrac{3(5-j12)}{169}+\dfrac{1}{2}}V=\frac{110}{0.589-j0.213}V$$

$$=\frac{110}{0.626\angle -19.89°}V=175.72\angle 19.89°\ V$$

题 12-11 解图（b）中，$\dot{I}_{A2}'=\dfrac{\dot{U}_{AN_2}}{Z_2}=\dfrac{\dot{U}_{AN}-\dot{U}_{N_2N}}{Z_2}=\dfrac{220\angle 0°-175.72\angle 19.89°}{5+j12}A$

$$=6.24\angle -114.89°\ A$$

$$\dot{I}_R'=\frac{\dot{U}_{AN}-\dot{U}_{N_2N}}{R}=\frac{220\angle 0°-175.72\angle 19.89°}{2}A=40.54\angle -47.51°\ A$$

I_R' 为电流表 A_2 的读数，$I_R'=40.54\ A$

$$\dot{I}_A'=\dot{I}_{A2}'+\dot{I}_{A1}+\dot{I}_R'=(6.24\angle -114.89°+\dot{I}_{B1}\angle 120°+40.54\angle -47.51°)\ A$$

$$=(6.24\angle -114.89°+65.82\angle 90°+40.54\angle -47.51°)\ A$$

$$=39.1\angle 50.72°\ A$$

功率表 W 的读数为

$P_W'=\mathrm{Re}[\dot{U}_{AN}\dot{I}_A'^*]=\mathrm{Re}[220\angle 0°(39.1\angle 50.72°)^*]\ W=\mathrm{Re}[220(39.1\angle -50.72°)]\ W=8602\cos 50.72°\ W=8602\times 0.6336\ W=5450.2\ W$，此读数 P_W' 无

意义。

12-12 题 12-12 图所示为对称三相电路，线电压为 380 V，$R=200\ \Omega$，负载吸收的无功功率为 $1520\sqrt{3}$ var。试求：

（1）各线电流。（2）电源发出的复功率。

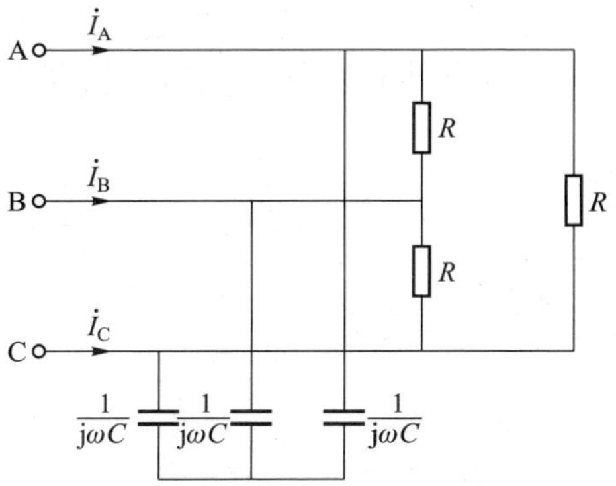

题 12-12 图

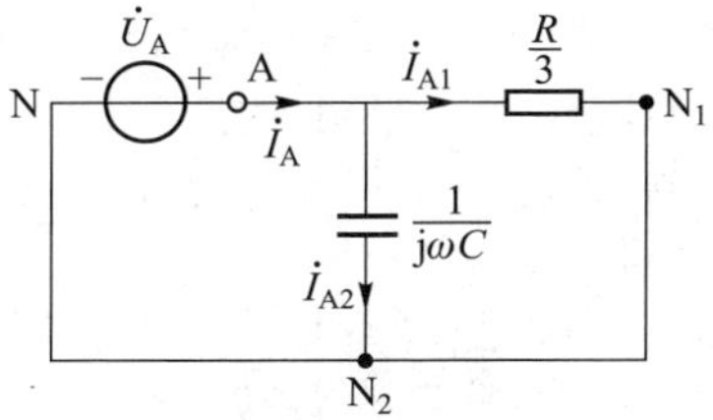

题 12-12 解图

解：题 12-12 图中，设电源相电压 $\dot{U}_A=\dfrac{380}{\sqrt{3}}\angle 0°\ \text{V}=220\angle 0°\ \text{V}$

（1）将题 12-12 图中 Δ 形电阻 R 等效变换为 Y 形电阻 $R/3$，中点为 N_1，Y 形电容 C 中点为 N_2，再归为一相电路（A 相），如题12-12 解图所示。

$$\dot{I}_{A1}=\frac{\dot{U}_A}{R/3}=\frac{220\angle 0°}{200/3}\text{A}=3.3\angle 0°\ \text{A}$$

对称三相电容的无功功率为 $Q=\sqrt{3}\,U_{AB}I_{A2}\sin(-90°)=-1520\sqrt{3}$ var

得

$$I_{A2}=\frac{-1520\sqrt{3}}{\sqrt{3}\times 380\times(-1)}\text{A}=4\ \text{A}$$

$$\dot{I}_{A2}=\text{j}\omega C\dot{U}_A=\text{j}4\ \text{A}=4\angle 90°\ \text{A}$$

$$\dot{I}_A=\dot{I}_{A1}+\dot{I}_{A2}=(3.3+\text{j}4)\ \text{A}=5.186\angle 50.56°\ \text{A}$$

$$\dot{I}_B=\dot{I}_A\angle -120°=5.18\angle -69.44°\ \text{A}$$

$$\dot{I}_C=\dot{I}_A\angle 120°=5.18\angle 170.56°\ \text{A}$$

（2）对称三相电源发出的复功率

$$\overline{S}=3\overline{S}_A=3\dot{U}_A\ \overset{*}{I}_A=3\times 220\angle 0°(3.3-\text{j}4)\ \text{V}\cdot\text{A}=(2178-\text{j}2640)\ \text{V}\cdot\text{A}$$

12-13 题 12-13 图所示为对称三相电路，线电压为 380 V，相电流 $I_{A'B'}=2$ A。求图中功率表的读数。

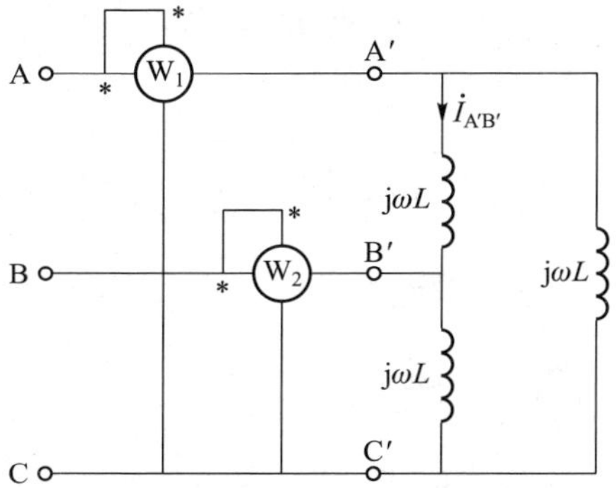

题 12-13 图

解：题 12-13 图中，设 $\dot{U}_{AB}=380\angle 0°$ V，则 $\dot{I}_{A'B'}=2\angle -90°$ A，$\omega L=\dfrac{U_{AB}}{I_{A'B'}}=\dfrac{380}{2}\ \Omega=190\ \Omega$。

又 $\dot{I}_A=\sqrt{3}\ \dot{I}_{A'B'}\angle -30°=\sqrt{3}\times 2\angle -90°\times 1\angle -30°\ \text{A}=2\sqrt{3}\angle -120°\ \text{A}$

则功率表 W_1 测量的功率为

$$\begin{aligned}P_1&=\text{Re}[\dot{U}_{AC}\ \overset{*}{I}_A]=\text{Re}[-\dot{U}_{CA}\ \overset{*}{I}_A]=\text{Re}[-\dot{U}_{AB}\angle 120°\ \overset{*}{I}_A]\\&=\text{Re}[380\angle -60°\times(2\sqrt{3}\angle -120°)^*]\ \text{W}\\&=\text{Re}[1316.36\angle 60°]\ \text{W}=1316.36\cos 60°\ \text{W}=658.2\ \text{W}\end{aligned}$$

因为电感不吸收有功功率，所以三相电路总的有功功率为零，即 $P=P_1+P_2=0$ W，求功率表 W_2 测量的功率，$P_2=P-P_1=-658.2$ W，功率表 W_1、W_2 的读数为 658.2 W、-658.2 W（另外，P_2 可由 $P_2=\text{Re}[\dot{U}_{BC}\ \overset{*}{I}_B]$ 求得）。

12-14 题 12-14 图所示电路中的 $\dot{U}_s$ 是频率 $f=50$ Hz 的正弦电压源。若要使 $\dot{U}_{ao}$、$\dot{U}_{bo}$、$\dot{U}_{co}$ 构成对称三相电压，试求 R、L、C 之间应当满足什么关系？设 $R=20\ \Omega$，求 L 和 C 的值。

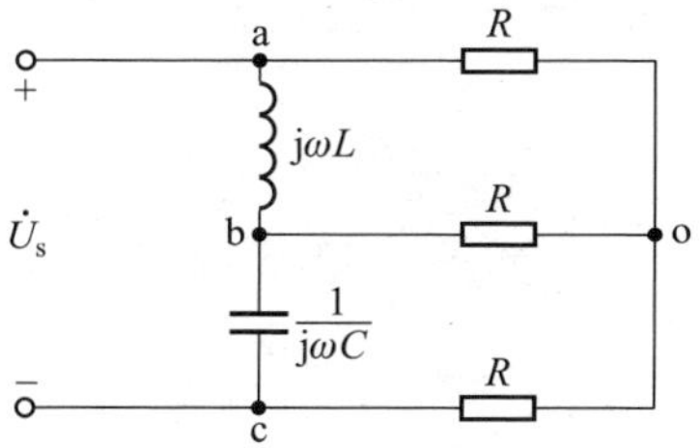

题 12-14 图

解：题 12-14 图中，设 $\dot{U}_{ao}=U_p\angle 0°$，若要使 $\dot{U}_{ao}$、$\dot{U}_{bo}$、$\dot{U}_{co}$ 构成对称三相电压，则有相电压 $\dot{U}_{bo}=\dot{U}_{ao}\angle -120°$，$\dot{U}_{co}=\dot{U}_{ao}\angle 120°$

线电压 $\dot{U}_{ab}=\dot{U}_{ao}-\dot{U}_{bo}=\sqrt{3}\dot{U}_{ao}\angle 30^\circ$，$\dot{U}_{bc}=\sqrt{3}\dot{U}_{bo}\angle 30^\circ=\sqrt{3}\dot{U}_{ao}\angle -90^\circ$

对节点 b，列 KCL 方程

$$\frac{\dot{U}_{ab}}{j\omega L}=\frac{\dot{U}_{bo}}{R}+j\omega C\dot{U}_{bc} \Rightarrow \frac{\sqrt{3}\dot{U}_{ao}\angle 30^\circ}{\omega L\angle 90^\circ}=\frac{\dot{U}_{ao}\angle -120^\circ}{R}+\omega C\angle 90^\circ\times\sqrt{3}\dot{U}_{ao}\angle -90^\circ$$

$$\Rightarrow \frac{\sqrt{3}}{\omega L}\angle -60^\circ=\frac{1}{R}\angle -120^\circ+\omega C\cdot\sqrt{3}$$

$$\Rightarrow \sqrt{3}\angle -60^\circ=\frac{\omega L}{R}\angle -120^\circ+\omega^2 CL\sqrt{3}$$

$$\Rightarrow \sqrt{3}\cos 60^\circ-j\sqrt{3}\sin 60^\circ=\frac{\omega L}{R}\cos 120^\circ-j\frac{\omega L}{R}\sin 120^\circ+\omega^2 CL\sqrt{3}$$

$$\Rightarrow \frac{\sqrt{3}}{2}-j\frac{3}{2}=-\frac{\omega L}{2R}-j\frac{\sqrt{3}\omega L}{2R}+\omega^2 CL\cdot\sqrt{3}$$

方程两侧按实部、虚部分别相等，有

$$\begin{cases}\dfrac{\sqrt{3}}{2}=-\dfrac{\omega L}{2R}+\omega^2 CL\sqrt{3} & \langle 1\rangle\\ -\dfrac{3}{2}=-\dfrac{\sqrt{3}}{2}\dfrac{\omega L}{R} & \langle 2\rangle\end{cases}$$

由〈2〉式，得

$$\omega L=\frac{3R}{\sqrt{3}}=\sqrt{3}R=\sqrt{3}\times 20\ \Omega=34.64\ \Omega$$

所以
$$L=\frac{34.64}{2\pi f}=\frac{34.64}{2\times 3.14\times 50}\text{H}=0.11032\ \text{H}=110.32\ \text{mH}$$

代入〈1〉式，得

$$\omega C=\left(\frac{\sqrt{3}}{2}+\frac{\omega L}{2R}\right)\frac{1}{\omega L\sqrt{3}}$$

$$=\frac{1}{2\omega L}+\frac{1}{2R\sqrt{3}}=\left(\frac{1}{2\times 34.64}+\frac{1}{2\times 20\times\sqrt{3}}\right)\text{S}=0.0289\ \text{S}$$

$$\Rightarrow \quad C=\frac{0.0289}{2\pi f}=\frac{0.0289}{2\times 3.14\times 50}\text{F}=91.9\ \mu\text{F}$$

* **12-15** 试设计一个居民小区的配电站。假设小区住宅楼楼层分别为 18 层、24 层、32 层等，各有若干栋。每栋楼有 2～3 个单元，住宅户型有 105 m^2、120 m^2、140 m^2三种。请读者自己给出小区共有多少栋楼，每栋楼各类户型有多少套。参考第一章习题 1-19 的家用电器用电量表，综合如下因素，设计出该小区共需多大容量的变压器、各住户导线及变压器出线导线、开关容量、电容器组容量等。

（1）各栋楼的位置，配电站的位置。

（2）除了居民家中用电负荷，还要考虑公用负荷。例如每个单元需 1～2 部电梯，楼道和小区照明设施等。

（3）不能简单将家中用电设备容量直接相加作为用户的总负荷，要考虑同时率的问题。

（4）小区配电室是三相电源，但用户家中负荷基本上是单相负荷。应考虑三相电源如何分配至各楼层的用户，以尽可能满足三相负载对称的要求。

（5）功率因数提高，确定电容器组的容量。

（6）可能的用电设施的故障。

（7）根据自定的设计目标，确定变压器容量的计算值，再通过查阅设计手册，确定实际变压器的型号和台数。

解：略。

* **12-16** 选定一个大的工业用户，工业用户的特点是大多数负荷为三相对称负载，但车间和办公区的照明等少量负荷是单相的，根据所选企业的生产情况，包括生产车间用电设备、公用电梯、照明、中央空调等用电设备，设计所选企业配电所的变压器和电容器组的容量和台数。

解：略。

第十三章　非正弦周期电流电路和信号的频谱

内容提要

表 13-1　名词术语和概念

名词术语	基本定义
傅里叶级数	周期函数 $f(t)$ 的周期为 T,将非正弦周期函数 $f(t)$ 分解为傅里叶级数,其展开式有三种形式。 傅里叶级数的表示形式 1——三角函数形式　$f(t)=\dfrac{a_0}{2}+\sum\limits_{k=1}^{\infty}[a_k\cos(k\omega_1 t)+b_k\sin(k\omega_1 t)]$ 傅里叶级数的表示形式 2——三角函数形式　$f(t)=\dfrac{A_0}{2}+\sum\limits_{k=1}^{\infty}A_{km}\cos(k\omega_1 t+\phi_k)$ 傅里叶级数的表示形式 3——指数形式　$f(t)=\sum\limits_{k=-\infty}^{\infty}c_k e^{jk\omega_1 t}$
频谱函数	频谱函数 $A_{km}e^{j\phi_k}=a_k-jb_k$,又 $c_k=A_{km}e^{j\phi_k}=\dfrac{2}{T}\int_0^T f(t)e^{-jk\omega_1 t}dt=\dfrac{2}{T}\int_{-\frac{T}{2}}^{\frac{T}{2}}f(t)e^{-jk\omega_1 t}dt,k=0,1,2,3,\cdots$
频谱(图)	频谱函数 $A_{km}e^{j\phi_k}$ 与频率 $k\omega_1$ 的关系特性,绘制 $A_{km}e^{j\phi_k}-k\omega_1$ 关系特性,称频谱图(简称频谱),其包括幅度频谱和相位频谱。 注:一般无特别说明,频谱专指幅度频谱
幅度频谱	频谱函数的幅值与频率 $k\omega_1$ 的关系特性,即 $A_{km}-k\omega_1$ 关系特性,称幅度频谱
相位频谱	频谱函数的相位 ϕ_k 与频率 $k\omega_1$ 的特性,即 $\phi_k-k\omega_1$ 关系特性,称相位频谱
傅里叶积分 (傅里叶变换)	对非周期函数 $f(t)$,不能展开傅里叶级数,但可设 $T\to\infty$,进行傅里叶变换。应用傅里叶积分变换可以分析任意信号。 傅里叶正变换 $F(j\omega)=\int_{-\infty}^{\infty}f(t)e^{-j\omega t}dt$;傅里叶逆变换 $f(t)=\dfrac{1}{2\pi}\int_{-\infty}^{\infty}F(j\omega)e^{j\omega t}d\omega$

表 13-2　非正弦周期函数 $f(t)$ 展开为傅里叶级数

$f(t)$ 展开式	展开式中的系数计算公式
形式 1　$f(t)=\dfrac{a_0}{2}+\sum\limits_{k=1}^{\infty}[a_k\cos(k\omega_1 t)+b_k\sin(k\omega_1 t)]$	$a_0=\dfrac{2}{T}\int_0^T f(t)\mathrm{d}t=\dfrac{2}{T}\int_{-\frac{T}{2}}^{\frac{T}{2}} f(t)\mathrm{d}t$ $a_k=\dfrac{2}{T}\int_0^T f(t)\cos(k\omega_1 t)\mathrm{d}t=\dfrac{2}{T}\int_{-\frac{T}{2}}^{\frac{T}{2}} f(t)\cos(k\omega_1 t)\mathrm{d}t=\dfrac{1}{\pi}\int_0^{2\pi} f(t)\cos(k\omega_1 t)\mathrm{d}(\omega_1 t)$ $=\dfrac{1}{\pi}\int_{-\pi}^{\pi} f(t)\cos(k\omega_1 t)\mathrm{d}(\omega_1 t)$ $b_k=\dfrac{2}{T}\int_0^T f(t)\sin(k\omega_1 t)\mathrm{d}t=\dfrac{2}{T}\int_{-\frac{T}{2}}^{\frac{T}{2}} f(t)\sin(k\omega_1 t)\mathrm{d}t=\dfrac{1}{\pi}\int_0^{2\pi} f(t)\sin(k\omega_1 t)\mathrm{d}(\omega_1 t)$ $=\dfrac{1}{\pi}\int_{-\pi}^{\pi} f(t)\sin(k\omega_1 t)\mathrm{d}(\omega_1 t)$ $k=1,2,3,\cdots$
形式 2　$f(t)=\dfrac{A_0}{2}+\sum\limits_{k=1}^{\infty}A_{km}\cos(k\omega_1 t+\phi_k)$	$A_0=a_0,A_{km}=\sqrt{a_k^2+b_k^2},\phi_k=\arctan\left(\dfrac{-b_k}{a_k}\right)$
形式 3　$f(t)=\sum\limits_{k=-\infty}^{\infty}c_k\mathrm{e}^{\mathrm{j}k\omega_1 t}$	$c_k=A_{km}\mathrm{e}^{\mathrm{j}\phi_k}=\dfrac{2}{T}\int_0^T f(t)\mathrm{e}^{-\mathrm{j}k\omega_1 t}\mathrm{d}t=\dfrac{2}{T}\int_{-\frac{T}{2}}^{\frac{T}{2}} f(t)\mathrm{e}^{-\mathrm{j}k\omega_1 t}\mathrm{d}t,A_{km}\mathrm{e}^{\mathrm{j}\phi_k}=a_k-\mathrm{j}b_k,k=0,1,2,3,\cdots$ $a_k=A_{km}\cos\phi_k,b_k=-A_{km}\sin\phi_k$

表 13-3　非正弦周期电压 $u(t)$ 分解为傅里叶级数

周期为 T 的电压函数 $u(t)$ ⇒

$$a_0=\frac{2}{T}\int_0^T u(t)\mathrm{d}t=\frac{2}{T}\int_{-\frac{T}{2}}^{\frac{T}{2}}u(t)\mathrm{d}t$$

$$a_k=\frac{2}{T}\int_0^T u(t)\cos(k\omega_1 t)\mathrm{d}t=\frac{2}{T}\int_{-\frac{T}{2}}^{\frac{T}{2}}u(t)\cos(k\omega_1 t)\mathrm{d}t$$

$$b_k=\frac{2}{T}\int_0^T u(t)\sin(k\omega_1 t)\mathrm{d}t=\frac{2}{T}\int_{-\frac{T}{2}}^{\frac{T}{2}}u(t)\sin(k\omega_1 t)\mathrm{d}t$$

⇒ $U_0=\dfrac{a_0}{2},U_{km}=\sqrt{a_k^2+b_k^2},\phi_{uk}=\arctan\left(\dfrac{-b_k}{a_k}\right)$ ⇒ $u(t)=U_0+\sum\limits_{k=1}^{\infty}U_{km}\cos(k\omega_1 t+\phi_{uk})$

表 13-4　非正弦周期电压 $u(t)$、电流 $i(t)$ 分解为傅里叶级数及其有效值

非正弦周期电压 u 分解为傅里叶级数	非正弦周期电流 i 分解为傅里叶级数	非正弦周期电压 u 的有效值	非正弦周期电流 i 的有效值
$u(t)=U_0+\sum\limits_{k=1}^{\infty}U_{km}\cos(k\omega_1 t+\phi_{uk})$	$i(t)=I_0+\sum\limits_{k=1}^{\infty}I_{km}\cos(k\omega_1 t+\phi_{ik})$	$U=\sqrt{U_0^2+U_1^2+U_2^2+\cdots+U_k^2}$	$I=\sqrt{I_0^2+I_1^2+I_2^2+\cdots+I_k^2}$

表 13-5　非正弦周期电流电路分析——谐波分析法

已知电压源 $u_S(t)$ 为非正弦周期函数 ⇒ 将电压源 $u_S(t)$ 展开为上式傅里叶级数 ⇒ $\dot{U}_k=U_k\underline{/\phi_{uk}}$，$\omega_k=k\omega_1$，$k=1,2,\cdots$ ⇒ 由分电路求各分量 ⇒ 根据叠加定理：求得 $i(t)=I_0+i_1(t)+i_2(t)+\cdots+i_k(t)$
图解谐波分析法

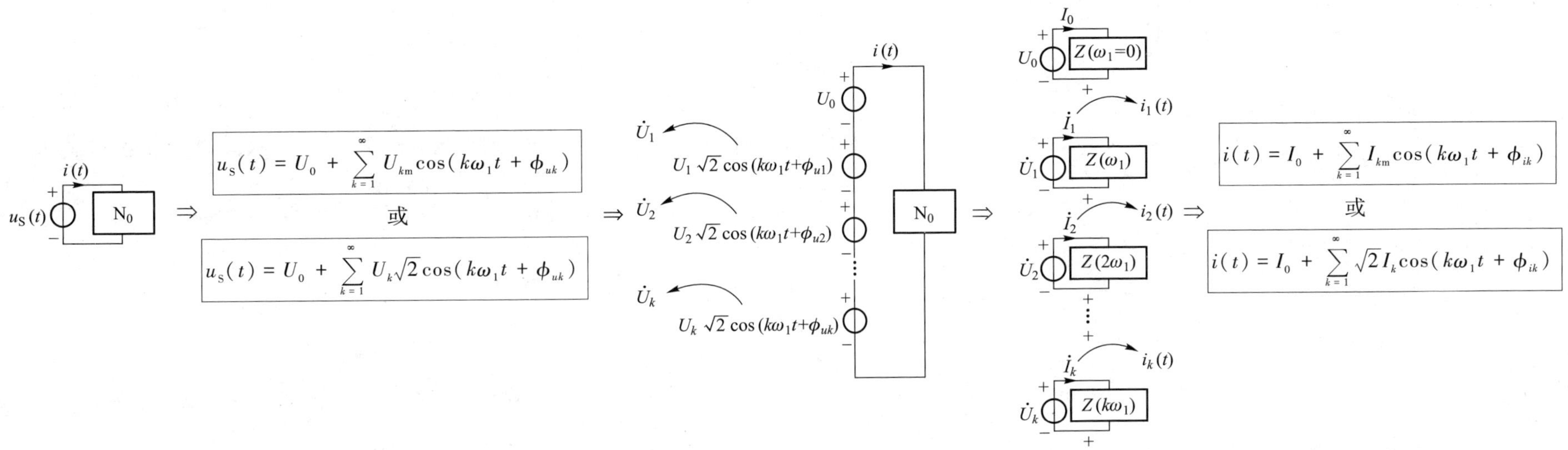

表 13-6　非正弦周期电流电路的平均功率

$P=U_0I_0+\sum\limits_{k=1}^{\infty}U_kI_k\cos\phi_k=U_0I_0+U_1I_1\cos\phi_1+U_2I_2\cos\phi_2+\cdots+U_kI_k\cos\phi_k$，其中 $U_k=U_{km}/\sqrt{2}$，$I_k=I_{km}/\sqrt{2}$，$\varphi_k=\phi_{uk}-\phi_{ik}$，$k=1,2,\cdots$；$P=R(I_0^2+I_1^2+\cdots+I_k^2)$

表 13-7　对称三相电路的高次谐波

三相对称的非正弦周期电压源(时间上依次滞后三分之一周期，正序)的傅里叶级数展开式中的谐波由 3 类对称组构成，即正序对称组，负序对称组，零序对称组

应用谐波分析法分析非正弦周期电流电路的步骤:

第 1 步　将给定的非正弦周期电压源电压或电流源电流分解为傅里叶级数,高次谐波取到第 k 次(视要求而定)。

第 2 步　求出各电源的恒定分量共同作用时的响应分量。此时将电容视为"开路",电感视为"短路"。

第 3 步　用相量法计算各电源的 1 次谐波(基波)分量共同作用时的响应分量。

第 4 步　用相量法计算各电源的 2 次谐波分量共同作用的响应分量。

第 5 步　用相量法计算各电源的 3 次谐波分量共同作用的响应分量。

⋮

第 $n-1$ 步　用相量法计算各电源的 k 次谐波分量共同作用时的响应。

第 n 步　将 第 3 步 至 第 $n-1$ 步 求得的各次谐波响应的相量分量变换为时域形式,应用叠加定理,将恒定响应分量及各次谐波的时域响应分量叠加,即为时域响应。

注意:

① 基波时的感抗 $X_{L(1)}=\omega_1 L$,容抗 $X_{C(1)}=-\dfrac{1}{\omega_1 C}$。

② 对第 k 次谐波来说,感抗对高次谐波(高频)电流有抑制作用,容抗对高次谐波(高频)电流有畅通作用。

感抗 $X_{L(k)}=k\omega_1 L=kX_{L(1)}$

容抗 $X_{C(k)}=-\dfrac{1}{k\omega_1 C}=\dfrac{X_{C(1)}}{k}$

③ 不同频率下的复阻抗(或复导纳)值不同,应分别计算。

④ 电路在某次谐波发生谐振时,该谐波作用下的响应可简化计算

例 13-1　如图 1 所示,已知 $u(t)=[10+141.4\cos\omega_1 t+70.7\cos(3\omega_1 t+30°)]$ V,$R_1=5\ \Omega$,$R_2=10\ \Omega$,$\omega_1 L=2\ \Omega$,$-\dfrac{1}{\omega_1 C}=-15\ \Omega$。求各支路电流及 R_1 支路吸收的平均功率。

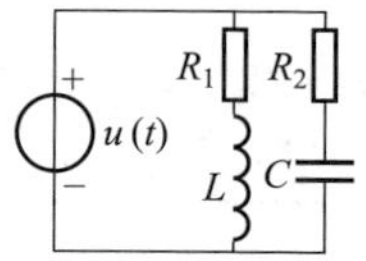

图 1　例 13-1 图

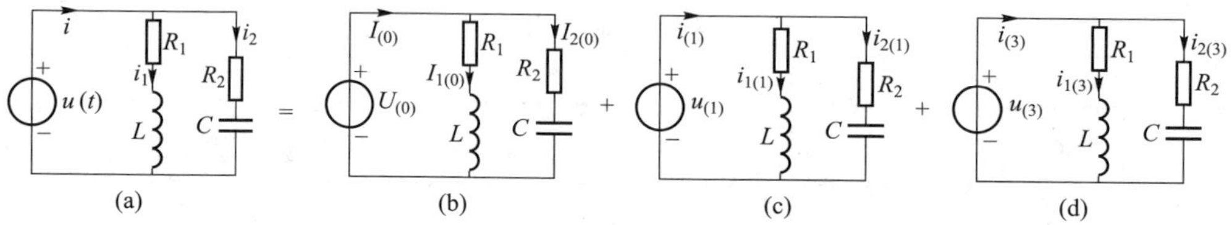

图 2　例 13-1 解图

解:如图 2 所示,图(a)=图(b)+图(c)+图(d),在各图中标注各支路电流及其分量。

第 1 步　已给定非正弦周期电源电压分解的傅里叶级数,标注各支路电流如图 2(a)所示。

第 2 步　计算电源 $u(t)$ 的恒定分量 $U_{(0)}=10$ V 单独作用时的响应,如图 2(b)所示,此时,将电容"开路",电感"短路",等效为图 3。

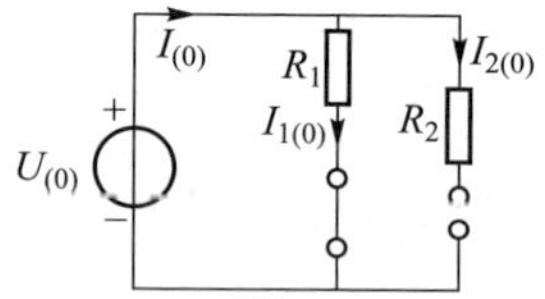

图 3

$$I_{(0)}=I_{1(0)}=\frac{U_{(0)}}{R_1}=\frac{10}{5}\text{A}=2\ \text{A}$$

$$I_{2(0)}=0\ \text{A}$$

第 3 步　计算电源 $u(t)$ 的 1 次谐波分量 $u_{(1)}=141.4\cos(\omega_1 t)$ V 单独作用时的响应,如图 2(c)所示,其相量模型如图 4 所示。

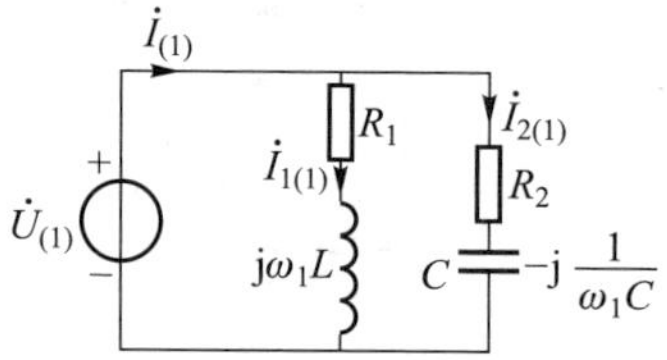

图 4

$$\dot U_{(1)}=\frac{141.4}{\sqrt2}\underline{/0°}\ \text{V}=10\ \underline{/0°}\ \text{V}\qquad \dot I_{1(1)}=\frac{\dot U_{(1)}}{R_1+\text{j}\omega_1 L}=\frac{100\ \underline{/0°}}{5+\text{j}2}\text{A}=18.55\ \underline{/-21.8°}\ \text{A}$$

$$\dot I_{2(1)}=\frac{\dot U_{(1)}}{R_2-\text{j}\dfrac{1}{\omega_1 C}}=\frac{100\ \underline{/0°}}{10-\text{j}15}\text{A}=5.55\ \underline{/56.31°}\ \text{A}$$

$$\dot I_{(1)}=\dot I_{1(1)}+\dot I_{2(1)}=20.43\ \underline{/-6.38°}\ \text{A}$$

第 4 步　计算电源 $u(t)$ 的 3 次谐波分量 $u_{(3)}=70.7\cos(3\omega_1 t+30°)$ V 单独作用时的响应,如图 2(d)所示,其相量模型如图 5 所示。

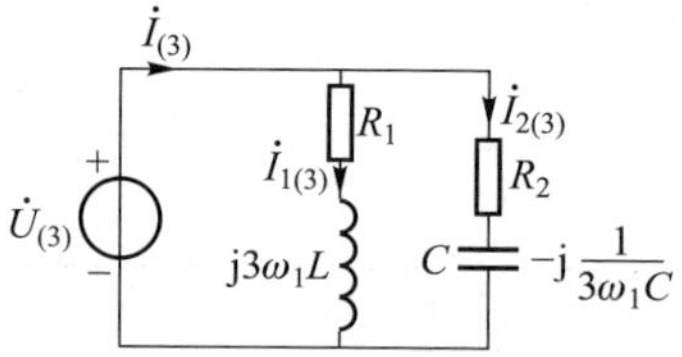

图 5

$$\dot U_{(3)}=\frac{70.7}{\sqrt2}\underline{/30°}\ \text{V}=50\ \underline{/30°}\ \text{V},\qquad \dot I_{1(3)}=\frac{\dot U_{(3)}}{R_1+\text{j}3\omega_1 L}=\frac{50\ \underline{/30°}}{5+\text{j}6}\text{A}=6.4\ \underline{/-20.19°}\ \text{A}$$

$$\dot I_{2(3)}=\frac{\dot U_{(3)}}{R_2-\text{j}\dfrac{1}{3\omega_1 C}}=\frac{50\ \underline{/30°}}{10-\text{j}5}\text{A}=4.47\ \underline{/56.57°}\ \text{A},\qquad \dot I_{(3)}=\dot I_{1(3)}+\dot I_{2(3)}=8.61\ \underline{/10.17°}\ \text{A}$$

第 5 步　用叠加定理,将时域响应分量相加,即为时域响应。

$$\begin{cases}i_1=I_{1(0)}+i_{1(1)}+i_{1(3)}\\ i_2=I_{2(0)}+i_{2(1)}+i_{2(3)}\\ i=I_{(0)}+i_{(1)}+i_{(3)}\end{cases}\Rightarrow\begin{cases}i_1=[2+18.55\sqrt2\cos(\omega_1 t-21.8°)+6.4\sqrt2\cos(3\omega_1 t-20.19°)]\ \text{A}\\ i_2=[5.55\sqrt2\cos(\omega_1 t+56.31°)+4.47\sqrt2\cos(3\omega_1 t+56.57°)]\ \text{A}\\ i=[2+20.43\sqrt2\cos(\omega_1 t-6.38°)+8.61\sqrt2\cos(3\omega_1 t+10.17°)]\ \text{A}\end{cases}$$

本章习题与解答

13-1 求下列非正弦周期函数 $f(t)$ 的频谱函数（傅里叶级数系数），并作频谱图。

（1）$f(t)=\cos(4t)+\sin(6t)$；

（2）$f(t)$ 如题 13-1 图（a）（b）（c）所示。

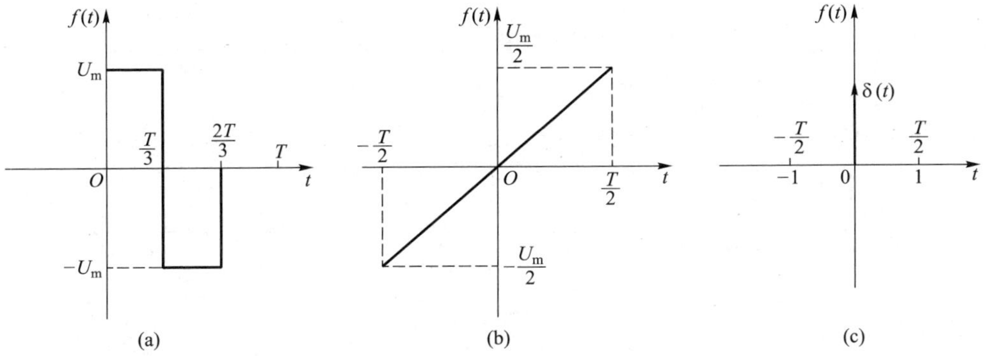

题 13-1 图

解：（1）由已知 $f(t)=\cos(4t)+\sin(6t)=\cos(2\omega_1 t)+\sin(3\omega_1 t)$，设 $\omega_1=2$，所以 $f(t)=\cos(2\omega_1 t)+\sin(3\omega_1 t)=\dfrac{a_0}{2}+\sum\limits_{k=1}^{\infty}a_k\cos k\omega_1 t+\sum\limits_{k=1}^{\infty}b_k\sin k\omega_1 t$

则

$$a_k=\begin{cases}1, & k=2\\ 0, & k\neq 2\end{cases},\quad b_k=\begin{cases}1, & k=3\\ 0, & k\neq 3\end{cases}$$

所以频谱函数

$$A_{km}e^{j\phi_k}=a_k-jb_k=\begin{cases}1=1\cdot e^{j0}, & k=2\\ -j=1\cdot e^{-j\frac{\pi}{2}}, & k=3\\ 0, & k\text{ 取其他值}\end{cases}$$

频谱图如题 13-1 解图（a）所示。

（2）题 13-1 图（a）（b）（c）中的 $f(t)$ 在第一个周期内的表达式分别为

题 13-1 图（a）表达式 $f(t)=\begin{cases}U_m, & 0\leqslant t<\dfrac{T}{3}\\ -U_m, & \dfrac{T}{3}\leqslant t<\dfrac{2}{3}T\\ 0, & \dfrac{2}{3}T\leqslant t\leqslant T\end{cases}$

题 13-1 图（b）表达式 $f(t)=\dfrac{U_m}{T}t\qquad\left(-\dfrac{T}{2}\leqslant t\leqslant\dfrac{T}{2}\right)$

题 13-1 图（c）表达式 $f(t)=\delta(t)\qquad(-1\leqslant t\leqslant 1, T=2)$

题 13-1 图（a）中，

$$\begin{aligned}A_{km}e^{j\phi_k}&=\frac{2}{T}\int_0^T f(t)e^{-jk\omega_1 t}dt\\&=\frac{2}{T}\left[\int_0^{\frac{T}{3}}U_m e^{-jk\omega_1 t}dt-\int_{\frac{T}{3}}^{\frac{2T}{3}}U_m e^{-jk\omega_1 t}dt\right]\\&=\frac{2}{T}\left[\left(-\frac{U_m}{jk\omega_1}e^{-jk\omega_1 t}\right)\Bigg|_0^{\frac{T}{3}}+\left(\frac{U_m}{jk\omega_1}e^{-jk\omega_1 t}\right)\Bigg|_{\frac{T}{3}}^{\frac{2T}{3}}\right]\\&=\frac{2}{T}\cdot\frac{U_m}{jk\omega_1}\left[\left(1-e^{-jk\omega_1\frac{T}{3}}\right)+\left(e^{-jk\omega_1\frac{2T}{3}}-e^{-jk\omega_1\frac{T}{3}}\right)\right]\\&=\frac{2U_m}{jk\omega_1 T}\left(1-e^{-jk\omega_1\frac{T}{3}}\right)^2=\frac{U_m}{jk\pi}\left(1-e^{-jk\frac{2\pi}{3}}\right)^2\\&=\begin{cases}0, & k=3n, n=1,2,3,\cdots\\ \dfrac{U_m}{jk\pi}\left(1-e^{-j\frac{2\pi}{3}}\right)^2, & k=3n+1, n=0,1,2,3,\cdots\\ \dfrac{U_m}{jk\pi}\left(1-e^{j\frac{2\pi}{3}}\right)^2, & k=3n+2, n=0,1,2,3,\cdots\end{cases}\\&=\begin{cases}0, & k=3n, n=1,2,3,\cdots\\ \dfrac{U_m}{jk\pi}\left(\sqrt{3}\,e^{j\frac{\pi}{6}}\right)^2, & k=3n+1, n=0,1,2,3,\cdots\\ \dfrac{U_m}{jk\pi}\left(\sqrt{3}\,e^{-j\frac{\pi}{6}}\right)^2, & k=3n+2, n=0,1,2,3,\cdots\end{cases}\\&=\begin{cases}0, & k=3n, n=1,2,3,\cdots\\ \dfrac{U_m}{jk\pi}3e^{j\frac{\pi}{3}}, & k=3n+1, n=0,1,2,3,\cdots\\ \dfrac{U_m}{jk\pi}3e^{-j\frac{\pi}{3}}, & k=3n+2, n=0,1,2,3,\cdots\end{cases}\\&=\begin{cases}0, & k=3n, n=1,2,3,\cdots\\ \dfrac{3U_m}{k\pi}e^{-j\frac{\pi}{6}}, & k=3n+1, n=0,1,2,3,\cdots\\ \dfrac{3U_m}{k\pi}e^{-j\frac{5\pi}{6}}, & k=3n+2, n=0,1,2,3,\cdots\end{cases}\end{aligned}$$

频谱图如题 13-1 解图（b）所示。

题 13-1 图（b）中，

$$A_{km}e^{j\phi_k}=\frac{2}{T}\int_{-\frac{T}{2}}^{\frac{T}{2}}\frac{U_m}{T}te^{-jk\omega_1 t}dt$$

$$=\frac{2U_{\mathrm{m}}}{T^2}\int_{-\frac{T}{2}}^{\frac{T}{2}}\left(-\frac{t}{\mathrm{j}k\omega_1}\right)\mathrm{d}(\mathrm{e}^{-\mathrm{j}k\omega_1 t})$$

$$=-\frac{2U_{\mathrm{m}}}{T^2\mathrm{j}k\omega_1}\left[(t\mathrm{e}^{-\mathrm{j}k\omega_1 t})\Big|_{-\frac{T}{2}}^{\frac{T}{2}}-\int_{-\frac{T}{2}}^{\frac{T}{2}}\mathrm{e}^{-\mathrm{j}k\omega_1 t}\mathrm{d}t\right]$$

$$=-\frac{2U_{\mathrm{m}}}{T^2\mathrm{j}k\omega_1}\left[\frac{T}{2}\mathrm{e}^{-\mathrm{j}k\omega_1\frac{T}{2}}+\frac{T}{2}\mathrm{e}^{\mathrm{j}k\omega_1\frac{T}{2}}+\left(\frac{1}{\mathrm{j}k\omega_1}\mathrm{e}^{-\mathrm{j}k\omega_1 t}\right)\Big|_{-\frac{T}{2}}^{\frac{T}{2}}\right]$$

$$=-\frac{2U_{\mathrm{m}}}{T^2\mathrm{j}k\omega_1}\left[T\cos k\pi+\frac{1}{\mathrm{j}k\omega_1}(\mathrm{e}^{-\mathrm{j}k\omega_1\frac{T}{2}}-\mathrm{e}^{\mathrm{j}k\omega_1\frac{T}{2}})\right]$$

$$=-\frac{2U_{\mathrm{m}}}{T\mathrm{j}k\omega_1}\left(\cos k\pi-\frac{2}{Tk\omega_1}\sin k\pi\right)$$

$$=-\frac{2U_{\mathrm{m}}}{\mathrm{j}k\omega_1 T}(\cos k\pi-0)$$

$$=\frac{\mathrm{j}U_{\mathrm{m}}}{k\pi}\cos k\pi=\begin{cases}-\dfrac{\mathrm{j}U_{\mathrm{m}}}{k\pi}=\dfrac{U_{\mathrm{m}}}{k\pi}\mathrm{e}^{-\mathrm{j}\frac{\pi}{2}}, & k=1,3,5,\cdots\\ \dfrac{\mathrm{j}U_{\mathrm{m}}}{k\pi}=\dfrac{U_{\mathrm{m}}}{k\pi}\mathrm{e}^{\mathrm{j}\frac{\pi}{2}}, & k=2,4,6,\cdots\end{cases}$$

频谱图如题 13-1 解图(c)所示。

题 13-1 图(c)中,

$$A_{k\mathrm{m}}\mathrm{e}^{\mathrm{j}\phi_k}=\frac{2}{T}\int_{-\frac{T}{2}}^{\frac{T}{2}}\delta(t)\mathrm{e}^{-\mathrm{j}k\omega_1 t}\mathrm{d}t=\frac{2}{2}\int_{0_-}^{0_+}\delta(t)\ \mathrm{d}t=1$$

频谱图如题 13-1 解图(d)所示。

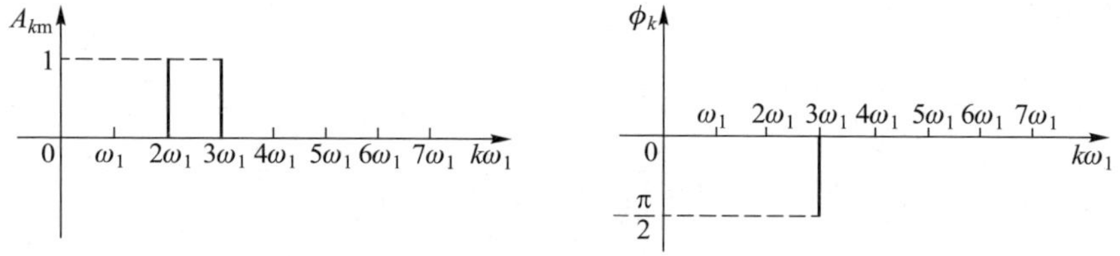

(a)

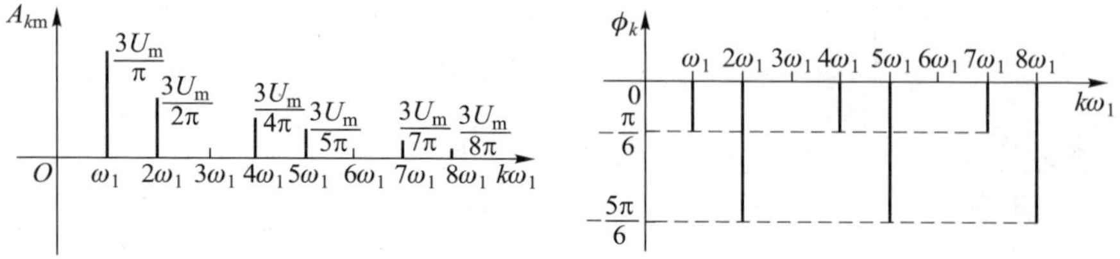

(b)

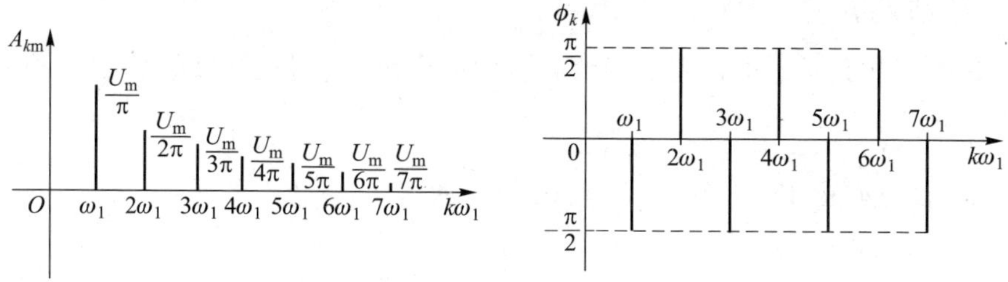

(c)

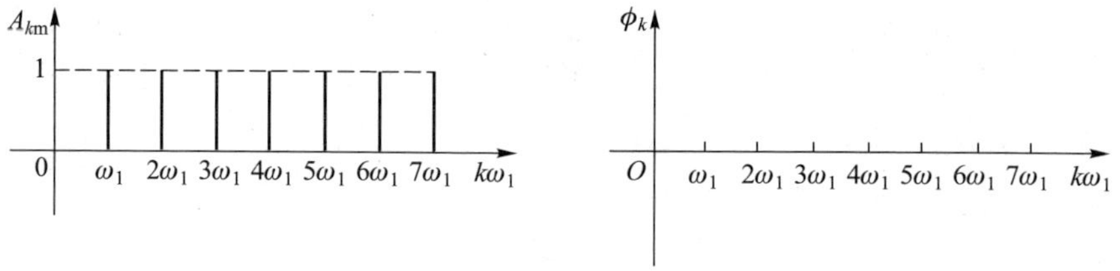

(d)

题 13-1 解图

13-2 设非正弦周期函数 $f(t)$ 的频谱函数为 $A_{k\mathrm{m}}\mathrm{e}^{\mathrm{j}\phi_k}=a_k-\mathrm{j}b_k$。试表述下列与 $f(t)$ 相关函数的频谱函数。

(1) $f(t-t_0)$;(2) $f(t)=f(-t)$;(3) $f(t)=-f(-t)$;(4) $f(t)=-f(t+T/2)$;(5) $\frac{\mathrm{d}}{\mathrm{d}t}f(t)$。

解:设 $f(t)$ 的频谱函数为 $A_{k\mathrm{m}}\mathrm{e}^{\mathrm{j}\phi_k}=a_k-\mathrm{j}b_k$。设与 $f(t)$ 相关函数的频谱函数为 $A'_{k\mathrm{m}}\mathrm{e}^{\mathrm{j}\phi'_k}$

(1) $A'_{k\mathrm{m}}\mathrm{e}^{\mathrm{j}\phi'_k}=\frac{2}{T}\int_0^T f(t-t_0)\mathrm{e}^{-\mathrm{j}k\omega_1 t}\mathrm{d}t$

$$\xlongequal{令\ \xi=t-t_0}\frac{2}{T}\int_{-t_0}^{T-t_0}f(\xi)\mathrm{e}^{-\mathrm{j}k\omega_1(\xi+t_0)}\mathrm{d}\xi=\mathrm{e}^{-\mathrm{j}k\omega_1 t_0}\frac{2}{T}\int_0^T f(t)\mathrm{e}^{-\mathrm{j}k\omega_1 t}\mathrm{d}t=\mathrm{e}^{-\mathrm{j}k\omega_1 t_0}A_{k\mathrm{m}}\mathrm{e}^{\mathrm{j}\phi_k}=A_{k\mathrm{m}}\mathrm{e}^{\mathrm{j}(\phi_k-k\omega_1 t_0)}$$

(2) $f(t)=f(-t)$,即 $f(t)$ 为偶函数。

$$A'_{k\mathrm{m}}\mathrm{e}^{\mathrm{j}\phi'_k}=\frac{2}{T}\int_{-\frac{T}{2}}^{\frac{T}{2}}f(-t)\mathrm{e}^{-\mathrm{j}k\omega_1 t}\mathrm{d}t$$

$$\xlongequal{令\ \xi=-t}\frac{2}{T}\int_{\frac{T}{2}}^{-\frac{T}{2}}[-f(\xi)\mathrm{e}^{\mathrm{j}k\omega_1\xi}]\mathrm{d}\xi$$

$$=\frac{2}{T}\int_{-\frac{T}{2}}^{\frac{T}{2}}f(\xi)\mathrm{e}^{\mathrm{j}k\omega_1\xi}\mathrm{d}\xi=\frac{2}{T}\int_{-\frac{T}{2}}^{\frac{T}{2}}f(t)\mathrm{e}^{\mathrm{j}k\omega_1 t}\mathrm{d}t$$

$$\xlongequal{f(t)=f(-t)}\frac{2}{T}\int_{-\frac{T}{2}}^{\frac{T}{2}}f(-t)\mathrm{e}^{\mathrm{j}k\omega_1 t}\mathrm{d}t=\frac{2}{T}\int_0^T f(-t)\mathrm{e}^{\mathrm{j}k\omega_1 t}\mathrm{d}t=A_{k\mathrm{m}}\mathrm{e}^{-\mathrm{j}\phi_k}$$

(3) $A'_{km}e^{j\phi'_k} = \frac{2}{T}\int_0^T[-f(-t)]e^{-jk\omega_1 t}dt = \frac{2}{T}\int_{-\frac{T}{2}}^{\frac{T}{2}}[-f(-t)]e^{-jk\omega_1 t}dt$

$$\xlongequal{令\xi=-t}\frac{2}{T}\int_{\frac{T}{2}}^{\frac{T}{2}}f(\xi)e^{jk\omega_1\xi}d\xi = \frac{2}{T}\int_{-\frac{T}{2}}^{\frac{T}{2}}-f(\xi)e^{jk\omega_1\xi}d\xi$$

$$= -\frac{2}{T}\int_{-\frac{T}{2}}^{\frac{T}{2}}f(t)e^{jk\omega_1 t}dt$$

$$\xlongequal{f(t)=-f(-t)}-\frac{2}{T}\int_{-\frac{T}{2}}^{\frac{T}{2}}[-f(-t)]e^{jk\omega_1 t}dt$$

$$= -\frac{2}{T}\int_0^T[-f(-t)]e^{jk\omega_1 t}dt = -A_{km}e^{-j\phi_k}$$

(4) $A'_{km}e^{j\phi'_k} = \frac{2}{T}\int_0^T\left[-f\left(t+\frac{T}{2}\right)\right]e^{-jk\omega_1 t}dt = \frac{2}{T}\int_{-\frac{T}{2}}^{\frac{T}{2}}\left[-f\left(t+\frac{T}{2}\right)\right]e^{-jk\omega_1 t}dt$

$$\xlongequal{令\xi=t+\frac{T}{2}}-\frac{2}{T}\int_0^T f(\xi)e^{-jk\omega_1\left(\xi-\frac{T}{2}\right)}d\xi$$

$$= -\frac{2}{T}\int_0^T f(\xi)e^{-jk\omega_1\xi}\cdot e^{j\frac{k\omega_1 T}{2}}d\xi = -e^{j\frac{k\omega_1 T}{2}}\cdot\frac{2}{T}\int_0^T f(t)e^{-jk\omega_1 t}dt$$

$$= e^{jk\pi}(-A_{km}e^{j\phi_k}) = -A_{km}e^{j(\phi_k+k\pi)}$$

(5) $A'_{km}e^{j\phi'_k} = \frac{2}{T}\int_0^T\left[\frac{d}{dt}f(t)\right]e^{-jk\omega_1 t}dt$

$$= \frac{2}{T}\int_0^T e^{-jk\omega_1 t}\,df(t) = \frac{2}{T}[f(t)e^{-jk\omega_1 t}]_0^T - \frac{2}{T}\int_0^T f(t)(-jk\omega_1)e^{-jk\omega_1 t}dt$$

$$= \frac{2}{T}[f(T)e^{-jk\omega_1 T}-f(0)e^{-j0}] + jk\omega_1\cdot\frac{2}{T}\int_0^T f(t)e^{-jk\omega_1 t}dt = jk\omega_1\cdot A_{km}e^{j\phi_k}$$

其中,$f(t)$ 为周期函数,则 $f(T)=f(0)$,$e^{-jk\omega_1 T}=e^{-j0}$。

13-3 已知某信号半周期的波形如题 13-3 图所示。试在下列各不同条件下画出整个周期的波形:

(1) $a_0=0$;(2) 对所有 k,$b_k=0$;(3) 对所有 k,$a_k=0$;(4) 当 k 为偶数时,a_k 和 b_k 为零。

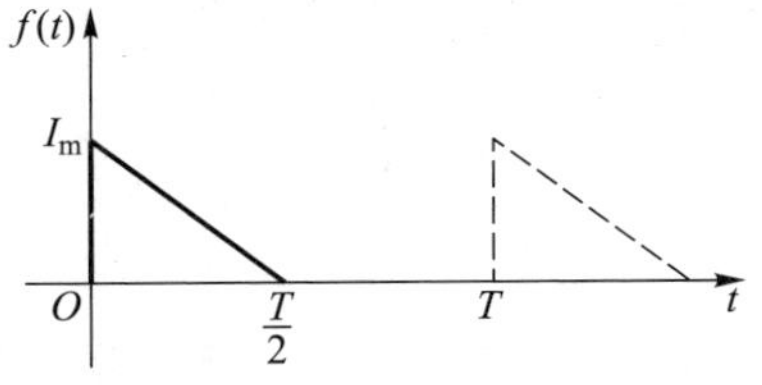

题 13-3 图

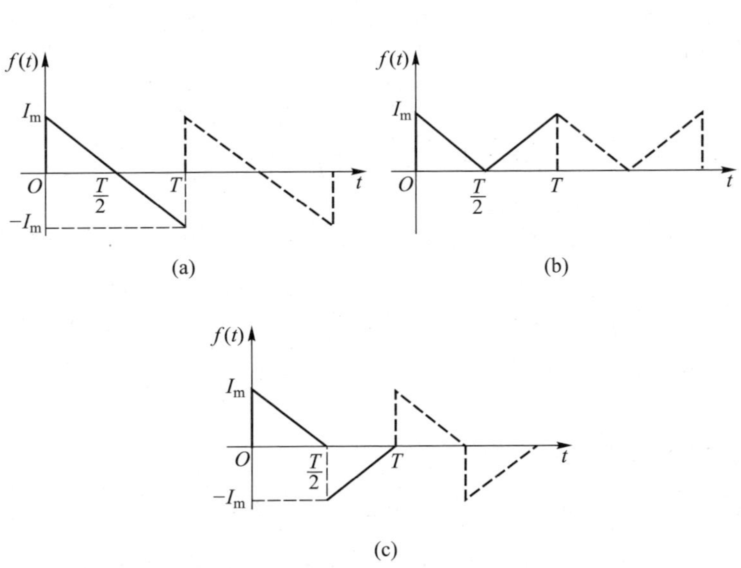

题 13-3 解图

解:(1) 已知 $a_0=0$,因 $a_0=\frac{1}{T}\int_0^T f(t)dt = \frac{1}{T}\left[\int_0^{\frac{T}{2}}f(t)dt+\int_{\frac{T}{2}}^{T}f(t)dt\right]=0$

所以 $\int_0^{\frac{T}{2}}f(t)dt=-\int_{\frac{T}{2}}^{T}f(t)dt$

即 $f(t)$ 在后半个周期与横轴所围的面积应与前半周相等,且为前半周的负值,补画后半周的波形如题 13-3 解图(a)(c)所示。

(2) 对所有 k,$b_k=0$,$f(t)$ 应为偶函数,即 $f(t)=f(-t)$,补画后半周的波形如题 13-3 解图(b)所示。

(3) 对所有 k,$a_k=0$,$f(t)$ 应为奇函数,即 $f(t)=-f(-t)$,补画后半周的波形如题 13-3 解图(a)所示。

(4) a_k 和 b_k 均为零,且 k 为偶数,$f(t)$ 为奇次谐波函数,即 a_k 和 b_k 只在 k 为奇数时可能不为零,即 $f(t)=-f\left(t+\frac{T}{2}\right)$,补画后半周的波形如题 13-3 解图(c)所示。

13-4 一个 RLC 串联电路,其 $R=1\ \Omega$,$\omega_1 L=10\ \Omega$,$\frac{1}{\omega_1 C}=90\ \Omega$,外加电压为 $u_S(t)=f\left(t-\frac{T}{2}\right)+\frac{U_m}{2}$,$f(t)$ 的波形如题 13-1 图(b)所示。$U_m=100$ V,$\omega_1=10$ rad/s。试求电路中的电流 $i(t)$ 和电路消耗的功率。

解:由题 13-1 图(b),写出 $f(t)$ 在一个周期内的表达式,有 $f(t)=\frac{U_m}{T}t$

$\left(-\dfrac{T}{2}\leqslant t\leqslant\dfrac{T}{2}\right)$

所以

$$f\left(t-\frac{T}{2}\right)=\frac{U_{\mathrm{m}}}{T}\left(t-\frac{T}{2}\right)=\frac{U_{\mathrm{m}}}{T}t-\frac{U_{\mathrm{m}}}{2}$$

已知 $u_{\mathrm{S}}(t)=f\left(t-\dfrac{T}{2}\right)+\dfrac{U_{\mathrm{m}}}{2}=\dfrac{U_{\mathrm{m}}}{T}t=\dfrac{100}{T}t$，题 13-1 图(b)中已求得频谱函数为

$$A_{km}\mathrm{e}^{\mathrm{j}\phi_k}=\frac{2}{T}\int_0^T u_{\mathrm{S}}(t)\mathrm{e}^{-\mathrm{j}k\omega_1 t}\mathrm{d}t=\frac{2}{T}\int_0^T\frac{U_{\mathrm{m}}}{T}t\mathrm{e}^{-\mathrm{j}k\omega_1 t}\mathrm{d}t=\mathrm{j}\frac{U_{\mathrm{m}}}{k\pi}\cos(k\pi)$$

所以 $u_{\mathrm{S}}(t)=\dfrac{U_{\mathrm{m}}}{\pi}\left[\cos\ \pi\cos(10t-90^\circ)+\dfrac{1}{2}\cos\ 2\pi\cos(20t+90^\circ)+\cdots\right]$

取到前 4 次谐波，则

$$u_{\mathrm{S}}(t)=\frac{100}{\pi}\left[-\sin(10t)-\frac{1}{2}\sin(20t)-\frac{1}{3}\sin(30t)-\frac{1}{4}\sin(40t)\right]$$

设 $u_{\mathrm{S}}(t)=-u_{\mathrm{S}(1)}(t)-u_{\mathrm{S}(2)}(t)-u_{\mathrm{S}(3)}(t)-u_{\mathrm{S}(4)}(t)$，则 $i(t)=-i_{(1)}(t)-i_{(2)}(t)-i_{(3)}(t)-i_{(4)}(t)$。

当一次谐波 $u_{\mathrm{S}(1)}(t)$ 单独作用时设 $\sin\ \omega t$ 的相量为 $\dfrac{1}{\sqrt{2}}\angle 0^\circ$，有

$$\dot{I}_{(1)}=\frac{\dot{U}_{\mathrm{s}(1)}}{R+\mathrm{j}\left(\omega_1 L-\dfrac{1}{\omega_1 C}\right)}=\frac{\dfrac{100}{\sqrt{2}\pi}\angle 0^\circ}{1+\mathrm{j}(10-90)}\mathrm{A}=\frac{22.52}{1-\mathrm{j}80}\mathrm{A}=0.28\angle 89.28^\circ\ \mathrm{A}$$

当二次谐波 $u_{\mathrm{S}(2)}(t)$ 单独作用时，有

$$\dot{I}_{(2)}=\frac{\dot{U}_{\mathrm{s}(2)}}{R+\mathrm{j}\left(2\omega_1 L-\dfrac{1}{2\omega_1 C}\right)}=\frac{\dfrac{100}{2\sqrt{2}\pi}\angle 0^\circ}{1+\mathrm{j}(20-45)}\mathrm{A}=\frac{11.26}{1-\mathrm{j}25}\mathrm{A}=0.45\angle 87.71^\circ\ \mathrm{A}$$

当三次谐波 $u_{\mathrm{S}(3)}(t)$ 单独作用时，有

$$\dot{I}_{(3)}=\frac{\dot{U}_{\mathrm{s}(3)}}{R+\mathrm{j}\left(3\omega_1 L-\dfrac{1}{3\omega_1 C}\right)}=\frac{\dfrac{100}{3\sqrt{2}\pi}\angle 0^\circ}{1+\mathrm{j}(30-30)}\mathrm{A}=7.5\angle 0^\circ\ \mathrm{A}$$

当四次谐波 $u_{\mathrm{S}(4)}(t)$ 单独作用时，有

$$\dot{I}_{(4)}=\frac{\dot{U}_{\mathrm{s}(4)}}{R+\mathrm{j}\left(4\omega_1 L-\dfrac{1}{4\omega_1 C}\right)}=\frac{\dfrac{100}{4\sqrt{2}\pi}\angle 0^\circ}{1+\mathrm{j}(40-22.5)}\mathrm{A}=\frac{5.63}{1+\mathrm{j}17.5}\mathrm{A}=0.321\angle -86.73^\circ\ \mathrm{A}$$

求得前 4 次谐波的电流为

$$i_{(1)}(t)=0.28\sqrt{2}\sin(10t+89.28^\circ)\mathrm{A}$$

$$i_{(2)}(t)=0.45\sqrt{2}\sin(20t+87.71^\circ)\mathrm{A}$$

$$i_{(3)}(t)=7.5\sqrt{2}\sin(30t)\mathrm{A}$$

$$i_{(4)}(t)=0.321\sqrt{2}\sin(40t-86.73^\circ)\mathrm{A}$$

根据叠加定理，得

$$\begin{aligned}i(t)&=-i_{(1)}(t)-i_{(2)}(t)-i_{(3)}(t)-i_{(4)}(t)\\&=-[0.4\sin(10t+89.28^\circ)+0.636\sin(20t+87.71^\circ)+\\&\quad 10.61\sin(30t)+0.454\sin(40t-86.73^\circ)]\mathrm{A}\end{aligned}$$

$$\begin{aligned}P&=RI^2=1\times[I_{(1)}^2+I_{(2)}^2+I_{(3)}^3+I_{(4)}^4]\\&=(0.28^2+0.45^2+7.5^2+0.321^2)\mathrm{W}=56.63\ \mathrm{W}\end{aligned}$$

13-5 电路如题 13-5 图所示(实线部分)，为了在端口 1-0 获得关于 $u_{\mathrm{S}}(t)$ 的最佳的传输信号，可在端口 1-0 并联 RC 串联支路(图中虚线所示)，使输出电压 $u_{10}(t)$ 为 $u_{10}(t)=ku_{\mathrm{S}}(t)$。式中 $u_{\mathrm{S}}(t)$ 为任意频率的输入信号。求参数 R、C 和 k(实数)。

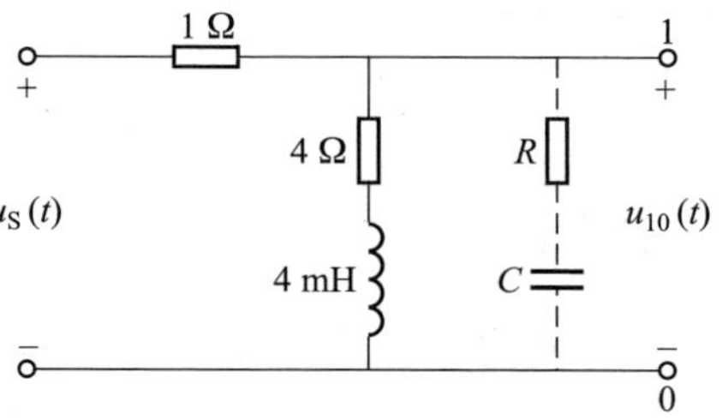

题 13-5 图

解：题 13-5 图中的输入信号设为周期电压源，展开的傅里叶级数为

$$u_{\mathrm{S}}(t)=U_0+\sum_{k=1}^{\infty}U_{km}\cos(k\omega_1 t+\phi_k)$$

在电压源的恒定分量 U_0、k 次谐波分量 $u_{\mathrm{S}(k)}$、∞ 次谐波分量 $u_{\mathrm{S}(\infty)}$ 分别单独作用时，其电路模型或相量模型如题 13-5 解图(a)(b)(c)所示。

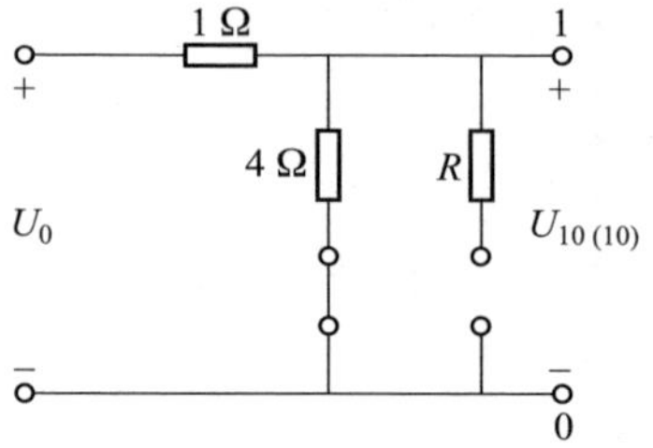

(a)

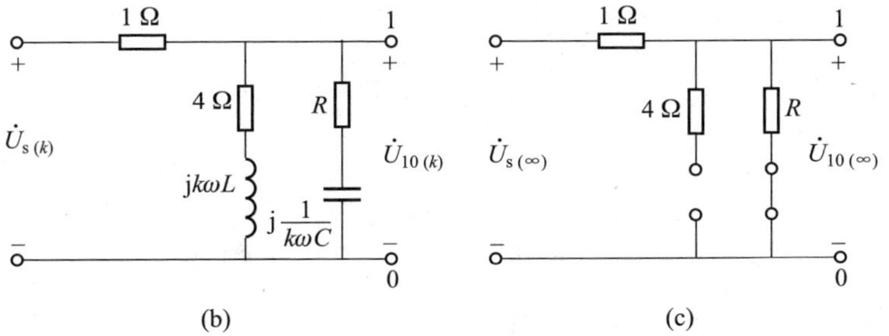

题 13-5 解图

题 13-5 解图(a)中，$U_{10(0)}=\dfrac{4}{1+4}U_0=0.8U_0$。

已知 $u_{10}(t)=ku_S(t)$，则 $U_{10(0)}=kU_0$，得 $k=0.8$。

题 13-5 解图(b)中，要使 k 次谐波 $u_{S(k)}(t)=U_{km}\cos(k\omega_1 t+\phi_k)$ 单独作用时，有 $u_{10(k)}(t)=0.8u_{S(k)}(t)$，即

$$\dot U_{10(k)}=\frac{Z_{10(k)}}{1+Z_{10(k)}}\dot U_{s(k)}=k\dot U_{s(k)}=0.8\dot U_{s(k)}$$

所以 $\dfrac{Z_{10(k)}}{1+Z_{10(k)}}=0.8$，得 $Z_{10(k)}=4\ \Omega$，即

$$\frac{1}{Z_{10(k)}}=\frac{1}{4+\mathrm{j}k\omega L}+\frac{1}{4-\mathrm{j}\dfrac{1}{k\omega C}}=\frac{1}{4}$$

整理得

$$\frac{4-\mathrm{j}k\omega L}{16+(k\omega L)^2}+\frac{4+\mathrm{j}\dfrac{1}{k\omega C}}{16+\dfrac{1}{(k\omega C)^2}}=\frac{1}{4}\qquad\langle 1\rangle$$

〈1〉式等号左边的虚部应为零，电路发生并联谐振，谐振频率为 ω_0，即

$$\frac{-k\omega_0 L}{16+(k\omega_0 L)^2}+\frac{\dfrac{1}{k\omega_0 C}}{16+\dfrac{1}{(k\omega_0 C)^2}}=0$$

整理得

$$16(k\omega_0 C)^2+1=\frac{C}{L}[16+(k\omega_0 L)^2]\qquad\langle 2\rangle$$

由〈2〉式求得

$$(k\omega_0)^2=\frac{16\dfrac{C}{L}-1}{16C^2-CL}=\frac{16C-L}{CL(16C-L)}=\frac{1}{CL}\qquad\langle 3\rangle$$

〈1〉式左边的实部应为 $\dfrac{1}{4}$，即

$$\frac{4}{16+(k\omega_0 L)^2}+\frac{4}{16+\dfrac{1}{(k\omega_0 C)^2}}=\frac{1}{4}$$

得

$$\frac{4}{16+(k\omega_0 L)^2}+\frac{4(k\omega_0 C)^2}{16(k\omega_0 C)^2+1}=\frac{1}{4}$$

将〈2〉式代入，得

$$\frac{4}{16+(k\omega_0 L)^2}+\frac{4(k\omega_0 C)^2}{\dfrac{C}{L}[16+(k\omega_0 L)^2]}=\frac{1}{4}$$

$$\Rightarrow\quad\frac{4\times\dfrac{C}{L}+4(k\omega_0 C)^2}{\dfrac{C}{L}[16+(k\omega_0 L)^2]}=\frac{1}{4}$$

代入〈3〉式，得

$$\frac{4\dfrac{C}{L}+4\dfrac{1}{CL}\times C^2}{\dfrac{C}{L}\left(16+\dfrac{1}{CL}\times L^2\right)}=\frac{1}{4}\quad\Rightarrow\quad\frac{4+4}{16+\dfrac{L}{C}}=\frac{1}{4}$$

解得

$$C=\frac{L}{4\times 8-16}=\frac{4\times10^{-3}}{16}\mathrm{F}=25\times10^{-5}\ \mathrm{F}=250\ \mu\mathrm{F}$$

题 13-5 解图(c)中，当 $k\to\infty$ 时，在电压源的第 ∞ 次谐波分量 $u_{S(\infty)}(t)=U_{\infty m}\cos(\infty\omega_1 t+\phi_\infty)$ 单独作用时，有 $u_{10(\infty)}(t)=0.8u_{S(\infty)}(t)$

因 $\dot U_{10(\infty)}=\dfrac{Z_{10(\infty)}}{1+Z_{10(\infty)}}\dot U_{s(\infty)}=\dfrac{R}{1+R}\dot U_{s(\infty)}=0.8\dot U_{s(\infty)}$

即 $\dfrac{R}{1+R}=0.8\quad\Rightarrow\quad R=4\ \Omega$。

13-6 有效值为 100 V 的正弦电压加在电感 L 两端时，得电流 $I=10$ A，当电压中有 3 次谐波分量，而有效值仍为 100 V 时，得电流 $I=8$ A。试求这一电压的基波和 3 次谐波的有效值。

解： 设电感 L 两端电压、电流相量取关联参考方向。

(1) 加在电感 L 两端的正弦电压为

$$u'(t)=100\sqrt{2}\cos(\omega_1 t+\phi_u')\ \mathrm{V}$$

得

$$i'(t)=10\sqrt{2}\cos(\omega_1 t+\phi_i')\ \mathrm{A}$$

$$\omega_1 L=\frac{U'}{I'}=\frac{100}{10}\Omega=10\ \Omega$$

（2）加在电感 L 两端的正弦电压为

$$u(t)=u_{(1)}(t)+u_{(3)}(t)=U_{(1)}\sqrt{2}\cos(\omega_1 t+\phi_{u1})+U_{(3)}\sqrt{2}\cos(3\omega_1 t+\phi_{u3})$$

求得电流

$$i(t)=i_{(1)}(t)+i_{(3)}(t)=I_{(1)}\sqrt{2}\cos(\omega_1 t+\phi_{i1})+I_{(3)}\sqrt{2}\cos(3\omega_1 t+\phi_{i3})$$
$$=8\sqrt{2}\cos(\omega_1 t+\phi_i)\ \text{A}$$

且电压有效值满足 $U_{(1)}^2+U_{(3)}^2=U^2=100^2$，电流有效值满足

$$I_{(1)}^2+I_{(3)}^2=I^2=8^2 \quad\Rightarrow\quad \left(\frac{U_{(1)}}{\omega_1 L}\right)^2+\left(\frac{U_{(3)}}{3\omega_1 L}\right)^2=I^2$$

$$\Rightarrow\quad \left(\frac{U_{(1)}}{10}\right)^2+\left(\frac{U_{(3)}}{30}\right)^2=8^2 \quad\Rightarrow\quad 9U_{(1)}^2+U_{(3)}^2=240^2$$

联立求解

$$\begin{cases} U_{(1)}^2+U_{(3)}^2=100^2 & \langle 1\rangle \\ 9U_{(1)}^2+U_{(3)}^2=240^2 & \langle 2\rangle \end{cases}$$

〈2〉式减〈1〉式，得

$$8U_{(1)}^2=47600 \quad\Rightarrow\quad U_{(1)}=\sqrt{\frac{47600}{8}}\ \text{V}=77.14\ \text{V}$$

代入〈1〉式，得

$$U_{(3)}=\sqrt{100^2-77.14^2}\ \text{V}=63.64\ \text{V}$$

13-7 已知一 RLC 串联电路的端口电压和电流为 $u(t)=[100\cos(314t)+50\cos(942t-30°)]\ \text{V}$，$i(t)=[10\cos(314t)+1.755\cos(942t+\theta_3)]\ \text{A}$ 试求：（1）R、L、C 的值；（2）θ_3 的值；（3）电路消耗的功率。

解：当基波 $u_{(1)}(t)$ 单独作用时 $\omega_1=314\ \text{rad/s}$，有

$$\dot{U}_{(1)}=\frac{100}{\sqrt{2}}\angle 0°\ \text{V},\ \dot{I}_{(1)}=\frac{10}{\sqrt{2}}\angle 0°\ \text{A},Z_{(1)}=R+\text{j}\left(\omega_1 L-\frac{1}{\omega_1 C}\right)$$

$$Z_{(1)}=\frac{\dot{U}_{(1)}}{\dot{I}_{(1)}}=\frac{\dfrac{100}{\sqrt{2}}\angle 0°}{\dfrac{10}{\sqrt{2}}\angle 0°}=10$$

解得

$$R=10\ \Omega,\qquad \omega_1 L=\frac{1}{\omega_1 C}$$

当三次谐波 $u_{(3)}(t)$ 单独作用时 $3\omega_1=942\ \text{rad/s}$，有

$$\dot{U}_{(3)}=\frac{50}{\sqrt{2}}\angle -30°\ \text{V},\ \dot{I}_{(3)}=\frac{1.755}{\sqrt{2}}\angle \theta_3\ \text{A},Z_{(3)}=R+\text{j}\left(3\omega_1 L-\frac{1}{3\omega_1 C}\right)$$

$$Z_{(3)}=\frac{\dot{U}_{(3)}}{\dot{I}_{(3)}}=\frac{\dfrac{50}{\sqrt{2}}\angle -30°}{\dfrac{1.755}{\sqrt{2}}\angle \theta_3}=28.49\angle -30°-\theta_3$$
$$=28.49\cos(-30°-\theta_3)+\text{j}28.49\sin(-30°-\theta_3)$$

上式实部 $R=28.49\cos(-30°-\theta_3)=10 \quad\Rightarrow\quad -30°-\theta_3=69.45° \quad\Rightarrow\quad \theta_3=-99.45°$

上式虚部 $3\omega_1 L-\dfrac{1}{3\omega_1 C}=-28.49\sin(30°+\theta_3)=-28.49\sin(-69.45°)=26.68$

此式代入 $\omega_1 L=\dfrac{1}{\omega_1 C}$，则 $3\omega_1 L-\dfrac{1}{3\omega_1 C}=3\omega_1 L-\dfrac{\omega_1 L}{3}=\dfrac{8}{3}\omega_1 L=26.68$

得

$$L=\frac{26.68\times 3}{8\omega_1}=\frac{26.68\times 3}{8\times 314}\text{H}=0.03186\ \text{H}=31.86\ \text{mH}$$

又

$$3\omega_1 L-\frac{1}{3\omega_1 C}=\frac{8}{3\omega_1 C}=26.68$$

解得

$$C=\frac{8}{3\omega_1\times 26.68}=\frac{8}{3\times 314\times 26.68}\text{F}=318.3\times 10^{-6}\ \text{F}=318.3\ \mu\text{F}$$

$$P=\frac{100}{\sqrt{2}}\times\frac{10}{\sqrt{2}}\cos 0°+\frac{50}{\sqrt{2}}\times\frac{1.755}{\sqrt{2}}\cos(-30°-\theta_3)=(500+43.875\cos 69.45°)\ \text{W}=515.4\ \text{W}$$

（另外 $P=RI^2=R[I_{(1)}^2+I_{(3)}^2]=10\left[\left(\dfrac{10}{\sqrt{2}}\right)^2+\left(\dfrac{1.755}{\sqrt{2}}\right)^2\right]\ \text{W}=515.4\ \text{W}$）

13-8 题 13-8 图所示为滤波电路，要求负载中不含基波分量，但 $4\omega_1$ 的谐波分量能全部传送至负载。如 $\omega_1=1000\ \text{rad/s}$，$C=1\ \mu\text{F}$，求 L_1 和 L_2。

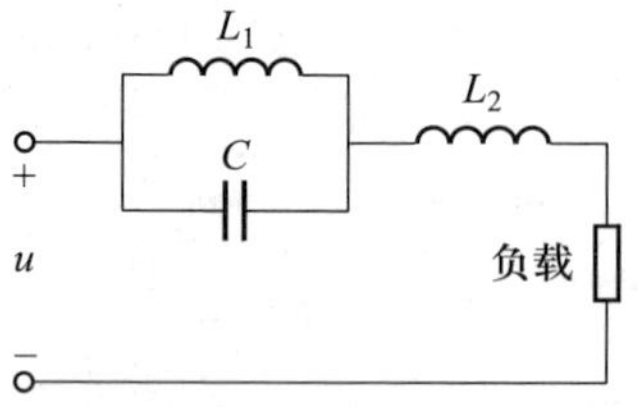

题 13-8 图

解：欲使负载中不含基波分量，应使负载中的电流基波分量为零，可使 L_1 与 C 并联谐振，谐振频率为 ω_1，L_1 与 C 并联部分相当于“开路”，此时有

$$\text{j}\omega_1 C+\frac{1}{\text{j}\omega_1 L_1}=0 \quad\Rightarrow\quad \omega_1 C=\frac{1}{\omega_1 L_1}$$

$$L_1=\frac{1}{\omega_1 C}=\frac{1}{1000^2\times 1\times 10^{-6}}\text{H}=1\ \text{H}$$

欲使 4 次谐波分量能全部传到负载端，则应使 L_1、L_2 与 C 部分相当于“短

路”，其阻抗为 0，即 L_1、C 与 L_2 发生串联谐振，则有

$$\frac{1}{\mathrm{j}4\omega_1 C+\frac{1}{\mathrm{j}4\omega_1 L_1}}+\mathrm{j}4\omega_1 L_2=0$$

整理得

$$\frac{\mathrm{j}4\omega_1 L_1}{1-16\omega_1^2 L_1 C}+\mathrm{j}4\omega L_2=0$$

$$\Rightarrow\quad \frac{4\omega_1 L_1}{1-16\omega_1^2 L_1 C}=-4\omega_1 L_2$$

所以

$$L_2=\frac{L_1}{16\omega_1^2 L_1 C-1}=\frac{1}{16\times1000^2\times1\times10^{-6}-1}\mathrm{H}=0.06667\ \mathrm{H}=66.67\ \mathrm{mH}$$

13-9 题 13-9 图所示电路中 $u_S(t)$ 为非正弦周期电压，其中含有 $3\omega_1$ 及 $7\omega_1$ 的谐波分量。如果要求在输出电压 $u(t)$ 中不含这两个谐波分量，问 L、C 应为多少？

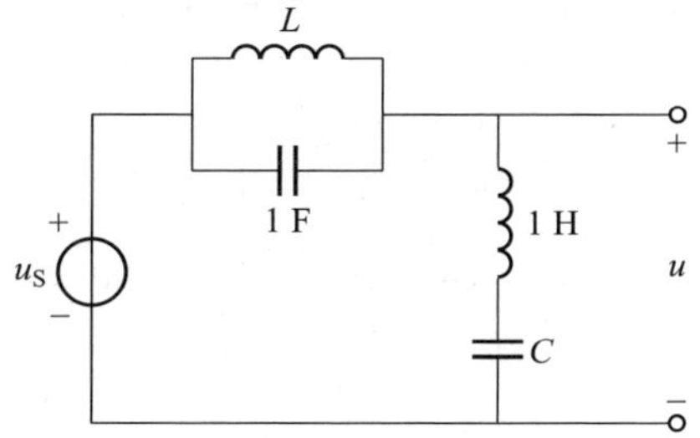

题 13-9 图

解：题 13-9 图中，$u_S(t)$ 在 $3\omega_1$ 和 $7\omega_1$ 的谐波分量单独作用时的电路相量模型分别如题 13-9 解图(a)和(b)所示。若在输出电压 $u(t)$ 中不含 $3\omega_1$ 和 $7\omega_1$ 谐波分量，则有 $\dot{U}_{(3)}=0$、$\dot{U}_{(7)}=0$ 或 $\dot{I}_{(3)}=0$、$\dot{I}_{(7)}=0$，可使输出端在 $3\omega_1$ 或 $7\omega_1$ 谐波分量作用时的 L_1C 串联支路部分相当于“短路”，即 L_1C 串联支路发生串联谐振。

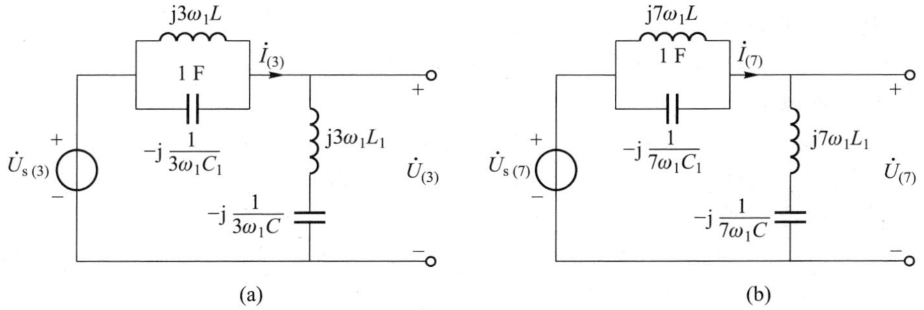

题 13-9 解图

另外，也可使输出端在 $3\omega_1$ 或 $7\omega_1$ 谐波分量作用时的 LC_1 并联支路部分相当于“开路”，即 LC_1 并联支路发生并联谐振。

题 13-9 解图(a)中，在谐振频率为 $3\omega_1$ 时，L_1C 串联发生谐振，有

$$\mathrm{j}\left(3\omega_1 L_1-\frac{1}{3\omega_1 C}\right)=0\quad\Rightarrow\quad C=\frac{1}{(3\omega_1)^2 L_1}$$

已知 $L_1=1\ \mathrm{H}$，$C=\frac{1}{9\omega_1^2}$，又 LC_1 并联发生谐振，有

$$\mathrm{j}\left(3\omega_1 C_1-\frac{1}{3\omega_1 L}\right)=0\quad\Rightarrow\quad L=\frac{1}{9\omega_1^2 C_1}$$

已知 $C_1=1\ \mathrm{F}$，则 $L=\frac{1}{9\omega_1^2}$。

题 13-9 解图(b)中，在谐振频率为 $7\omega_1$ 时，L_1C 串联谐振，有

$$\mathrm{j}\left(7\omega_1 L_1-\frac{1}{7\omega_1 C}\right)=0\quad\Rightarrow\quad C=\frac{1}{(7\omega_1)^2 L_1}$$

代入 $L_1=1\ \mathrm{H}$，则

$$C=\frac{1}{(7\omega_1)^2 L_1}=\frac{1}{49\omega_1^2}$$

又 LC_1 并联谐振，有

$$\mathrm{j}\left(7\omega_1 C_1-\frac{1}{7\omega_1 L}\right)=0\quad\Rightarrow\quad L=\frac{1}{(7\omega_1)^2 C_1}$$

代入 $C_1=1\ \mathrm{F}$，则 $L=\frac{1}{49\omega_1^2}$。

所以 $\quad C=\frac{1}{9\omega_1^2}, L=\frac{1}{49\omega_1^2}$ 或 $L=\frac{1}{9\omega_1^2}, C=\frac{1}{49\omega_1^2}$

13-10 题 13-10 图所示电路中 $i_{S1}(t)=[5+10\cos(10t-30^\circ)-5\sin(30t+60^\circ)]\mathrm{A}$，$u_{S2}(t)=[300\sin(10t)+150\cos(30t-30^\circ)]\mathrm{V}$，$L_1=L_2=2\ \mathrm{H}$，$M=0.5\ \mathrm{H}$。求图中交流电表的读数和电源发出的功率 P。

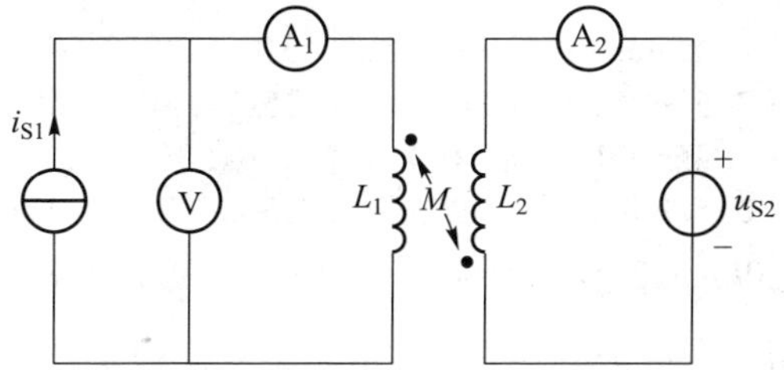

题 13-10 图

解：在题 13-10 图中标注电流源电压 u_1 和电压源电流 i_2 如题 13-10 解图所示。对题 13-10 解图列电压方程

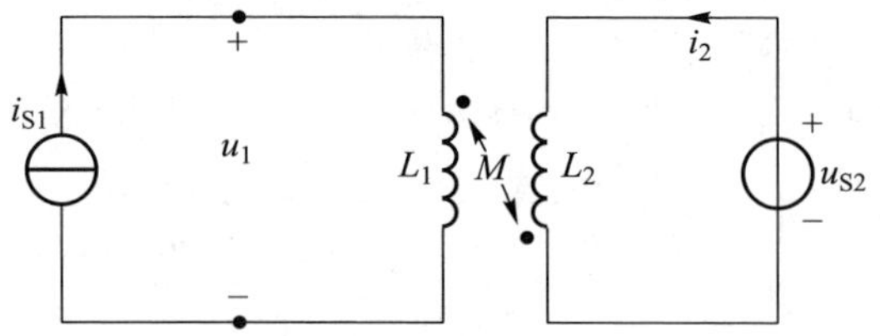

题 13-10 解图

$$\begin{cases} u_1 = L_1\dfrac{di_{S1}}{dt} - M\dfrac{di_2}{dt} & \langle 1\rangle \\ u_{S2} = L_2 \dfrac{di_2}{dt} - M\dfrac{di_{S1}}{dt} & \langle 2 \rangle\end{cases}$$

由〈2〉式解得

$$i_2 = \frac{1}{L_2}\int u_{S2}dt + \frac{M}{L_2}i_{S1} \qquad \langle 3\rangle$$

将〈3〉式代入〈1〉式,得

$$u_1 = L_1 \frac{di_{S1}}{dt} - M\frac{d}{dt}\left(\frac{1}{L_2}\int u_{S2}dt + \frac{M}{L_2}i_{S1}\right) = L_1\frac{di_{S1}}{dt} - \left(\frac{M}{L_2}u_{S2} + \frac{M^2}{L_2}\frac{di_{S1}}{dt}\right)$$

$$= \left(L_1 - \frac{M^2}{L_2}\right)\frac{di_{S1}}{dt} - \frac{M}{L_2}u_{S2} \qquad \langle 4 \rangle$$

由〈3〉式,得

$$i_2 = \left\{\frac{1}{2}\int[300\sin(10t) + 150\cos(30t-30°)]dt + \frac{0.5}{2}[5+10\cos(10t-30°)-5\sin(30t+60°)]\right\}\text{A}$$

$$= \left\{\frac{1}{2}\left[-\frac{300}{10}\cos(10t) + \frac{150}{30}\sin(30t-30°)\right] + \frac{0.5}{2}[5+10\cos(10t-30°)-5\sin(30t+60°)]\right\}\text{A}$$

$$= [-15\cos(10t) + 2.5\sin(30t-30°) + 1.25 + 2.5\cos(10t-30°) - 1.25\sin(30t+60°)]\text{A}$$

$$= [1.25 - 15\cos(10t) + 2.5\cos(30t-120°) + 2.5\cos(10t-30°) + 1.25\cos(30t+150°)]\text{A}$$

$$i_{2(1)} = [-15\cos(10t) + 2.5\cos(10t-30°)]\text{A} = 9.12\sqrt{2}\cos(10t-174.44°)\text{A}$$

(用相量计算 $\dot{I}_{2(1)} = \left(-\frac{15}{\sqrt{2}}\angle 0° + \frac{2.5}{\sqrt{2}}\angle -30°\right)\text{A} = 9.12\angle -174.44°\ \text{A}$)

$$i_{2(3)} = [2.5\cos(30t-120°) + 1.25\cos(30t+150°)]\text{A} = 1.98\sqrt{2}\cos(30t-146.52°)\text{A}$$

(因 $\dot{I}_{2(3)} = \left(\frac{2.5}{\sqrt{2}}\angle -120° + \frac{1.25}{\sqrt{2}}\angle 150°\right)\text{A} = 1.98\angle -146.52°\ \text{A}$)

求得 $i_2 = I_{2(0)} + i_{2(1)} + i_{2(3)}$,即

$$i_2 = [1.25 + 9.12\sqrt{2}\cos(10t-174.44°) + 1.98\cos\sqrt{2}(30t-146.52°)]\text{A}$$

由〈4〉式,得

$$u_1 = \left\{\left(2 - \frac{0.5^2}{2}\right)\frac{d}{dt}[5+10\cos(10t-30°)-5\sin(30t+60°)] - \frac{0.5}{2}[300\sin(10t)+150\cos(30t-30°)]\right\}\text{V}$$

$$= \left\{1.875\frac{d}{dt}[5+10\cos(10t-30°)-5\sin(30t+60°)] - 0.25[300\sin(10t)+150\cos(30t-30°)]\right\}\text{V}$$

$$= \{1.875[-100\sin(10t-30°)-150\cos(30t+60°)] - 0.25[300\sin(10t)+150\cos(30t-30°)]\}\text{V}$$

$$= [187.5\cos(10t+60°) - 281.25\cos(30t+60°) - 75\cos(10t-90°) - 37.5\cos(30t-30°)]\text{V}$$

$$u_{1(1)} = [187.5\cos(10t+60°) - 75\cos(10t-90°)]\text{V} = 180.49\sqrt{2}\cos(10t+68.45°)\text{V}$$

(由相量计算,得 $\dot{U}_{1(1)} = \left(\frac{187.5}{\sqrt{2}}\angle 60° + \frac{75}{\sqrt{2}}\angle 90°\right)\text{V} = 180.49\angle 68.45°\ \text{V}$)

$$u_{1(3)} = [-281.25\cos(30t+60°) - 37.5\cos(30t-30°)]\text{V} = 200.66\sqrt{2}\cos(30t-127.6°)\text{V}$$

(由相量计算,得 $\dot{U}_{1(3)} = \left(-\frac{281.25}{\sqrt{2}}\angle 60° - \frac{37.5}{\sqrt{2}}\angle -30°\right)\text{V} = 200.66\angle -127.6°\ \text{V}$)

求得 $u_1 = [180.49\sqrt{2}\cos(10t+68.45°) + 200.66\sqrt{2}\cos(30t-127.6°)]\text{V}$

电流表 A_1 的读数为电流源 i_{S1}的有效值 I_{s1},即

$$I_{s1} = \sqrt{I_{s1(0)}^2 + I_{s1(1)}^2 + I_{s1(3)}^2} = \sqrt{5^2 + \left(\frac{10}{\sqrt{2}}\right)^2 + \left(\frac{5}{\sqrt{2}}\right)^2}\ \text{A} = 9.354\ \text{A}$$

电流表 A_2 的读数为 i_2 的有效值 I_2,即

$$I_2 = \sqrt{I_{2(0)}^2 + I_{2(1)}^2 + I_{2(3)}^2} = \sqrt{1.25^2 + 9.12^2 + 1.98^2}\ \text{A} = 9.42\ \text{A}$$

电压表 V 读数为 u_1 的有效值 U_1,即

$$U = \sqrt{U_{1(1)}^2 + U_{1(3)}^2} = \sqrt{180.49^2 + 200.66^2}\ \text{V} = 269.89\ \text{V}$$

将电流源写为

$$i_{S1}(t) = i_{S1(0)} + i_{S1(1)} + i_{S1(3)} = [5+10\cos(10t-30°)-5\sin(30t+60°)]\text{A}$$

$$= [5+10\cos(10t-30°)+5\cos(30t+150°)]\text{A}$$

将电压源写为

$$u_{S2}(t) = u_{S2(1)} + u_{S2(3)} = [300\sin(10t)+150\cos(30t-30°)]\text{V}$$

$$= [300\cos(10t-90°)+150\cos(30t-30°)]\text{V}$$

电流源发出的功率

$$P_{i_{S1}} = U_{1(1)}I_{s1(1)}\cos\varphi_1 + U_{1(3)}I_{s1(3)}\cos\varphi_3$$

$$=\{180.49\times7.07\cos[68.45°-(-30°)]+200.66\times3.54\cos(-127.6°-150°)\}\ \text{W}$$
$$=(1276.06\cos 98.45°+710.34\cos 82.4°)\ \text{W}$$
$$=(-1276.06\sin 8.45°+710.34\cos 82.4°)\ \text{W}$$
$$=(-1276.06\times0.147+710.34\times0.1323)\ \text{W}$$
$$=(-187.581+93.98)\ \text{W}=-93.61\ \text{W}$$

电压源发出的功率

$$P_{u_{S2}}=U_{s2(1)}I_{2(1)}\cos\varphi_1'+U_{s2(3)}I_{2(3)}\cos\varphi_3'$$
$$=\left[\frac{300}{\sqrt{2}}\times9.12\cos(-90°+174.44°)+\frac{150}{\sqrt{2}}\times1.98\cos(-30°+146.52°)\right]\ \text{W}$$
$$=(1934.94\cos 84.44°+210.04\cos 116.52°)\ \text{W}$$
$$=(1934.94\cos 84.44°-210.04\sin 26.52°)\ \text{W}$$
$$=(1934.94\times0.0969-210.04\times0.447)\ \text{W}$$
$$=(187.5-93.89)\ \text{W}=93.61\ \text{W}$$

13-11 题 13-11 图所示电路中 $u_{S1}=[1.5+5\sqrt{2}\sin(2t+90°)]$ V，电流源电流 $i_{S2}=2\sin(1.5t)$ A。求 u_R 及 u_{S1} 发出的功率。

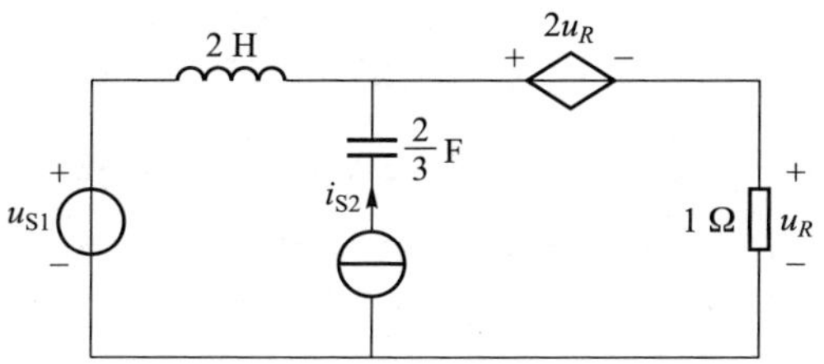

题 13-11 图

解：题 13-11 图中，电压源含有恒定分量和角频率 $\omega_1=2$ rad/s 的谐波分量，电流源的角频率 $\omega_2=1.5$ rad/s 与电压源谐波分量不同。电压源的恒定分量为 $U_{s1(0)}=1.5$ V，在角频率 $\omega_1=2$ rad/s 时的谐波分量为 $u_{S1(1)}=5\sqrt{2}\sin(2t+90°)$ V $=5\sqrt{2}\cos 2t$ V，其相量为 $\dot{U}_{s1(1)}=5\angle 0°$ V。

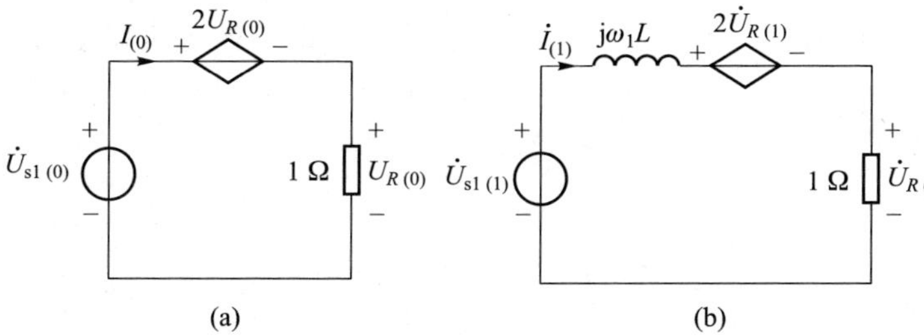

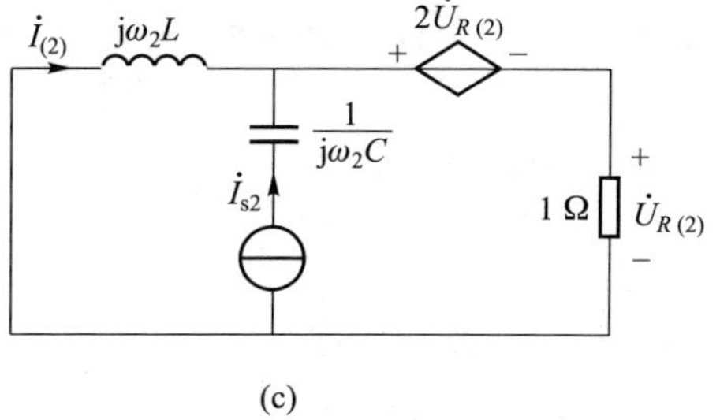

题 13-11 解图

电流源 $i_{S2}=2\sin(1.5t)=2\cos(1.5t-90°)$ A，其相量为 $\dot{I}_{s2}=\sqrt{2}\angle -90°$ A。

题 13-11 图在 $U_{s1(0)}$、$\dot{U}_{s1(1)}$ 和 $\dot{I}_{s2}$ 分别单独作用下的电路模型如题 13-11 解图(a)(b)(c)所示。

题 13-11 解图(a)中，在 $U_{s1(0)}$ 单独作用下，有

$$2U_{R(0)}+U_{R(0)}=U_{s1(0)}\Rightarrow U_{R(0)}=\frac{U_{s1(0)}}{3}=\frac{1.5}{3}\text{V}=0.5\ \text{V}$$

$$I_{(0)}=\frac{U_{R(0)}}{1}=0.5\ \text{A}$$

题 13-11 解图(b)中，在 $\dot{U}_{s1(1)}$ 单独作用下，有

$$\dot{U}_{s1(1)}=j\omega_1L\dot{I}_{(1)}+2\dot{U}_{R(1)}+\dot{U}_{R(1)}=j\omega_1L\frac{\dot{U}_{R(1)}}{1}+3\dot{U}_{R(1)}=(3+j\omega_1L)\dot{U}_{R(1)}$$

所以

$$\dot{U}_{R(1)}=\frac{\dot{U}_{s1(1)}}{3+j\omega_1L}=\frac{5\angle 0°}{3+j2\times2}\text{V}=1\angle -53.13°\ \text{V}$$

$$\dot{I}_{(1)}=\frac{\dot{U}_{R(1)}}{1}=1\angle -53.13°\ \text{A}$$

题 13-11 解图(c)中，在 $\dot{I}_{s2}$ 单独作用下，有

$$\dot{I}_{(2)}+\dot{I}_{s2}=\frac{\dot{U}_{R(2)}}{1}$$

由外回路列 KVL，求得 $\dot{I}_{(2)}=\dfrac{-2\dot{U}_{R(2)}-\dot{U}_{R(2)}}{j\omega_2L}=\dfrac{-3\dot{U}_{R(2)}}{j\omega_2L}$ 代入上式，得

$$\frac{-3\dot{U}_{R(2)}}{j\omega_2L}+\dot{I}_{s2}=\dot{U}_{R(2)}$$

$$\Rightarrow\quad \dot{U}_{R(2)}=\frac{\dot{I}_{s2}}{1+\dfrac{3}{j\omega_2L}}=\frac{\sqrt{2}\angle -90°}{1-j\dfrac{3}{1.5\times2}}\text{V}=\frac{\sqrt{2}\angle -90°}{1-j1}\text{V}=\frac{\sqrt{2}\angle -90°}{\sqrt{2}\angle -45°}\text{V}=1\angle -45°\ \text{V}$$

$$\dot{I}_{(2)}=\frac{-3\dot{U}_{R(2)}}{\mathrm{j}\omega_2 L}=\frac{-3\times1\angle -45^\circ}{\mathrm{j}3}\mathrm{A}=1\angle 45^\circ\ \mathrm{A}$$

应用叠加定理，则 $u_R(t)=U_{R(0)}+u_{R(1)}+u_{R(2)}$

$$i(t)=I_{(0)}+i_{(1)}+i_{(2)}$$

所以

$$u_R(t)=[0.5+\sqrt{2}\cos(2t-53.13^\circ)+\sqrt{2}\cos(1.5t-45^\circ)]\mathrm{V}$$

$$i(t)=[0.5+\sqrt{2}\cos(2t-53.13^\circ)+\sqrt{2}\cos(1.5t+45^\circ)]\mathrm{A}$$

$$P_{u_{S1}}=U_{s1(0)}I_{(0)}+U_{s1(1)}I_{(1)}\cos\varphi_1$$

$$=\{1.5\times0.5+5\times1\cos[0-(-53.13^\circ)]\}\mathrm{W}$$

$$=(0.75+5\cos 53.13^\circ)\mathrm{W}=(0.75+5\times0.6)\mathrm{W}=3.75\ \mathrm{W}$$

13-12 对称三相星形联结的发电机如题 13-12 图所示，其 A 相电压为 $u_A=[215\sqrt{2}\cos(\omega_1 t)-30\sqrt{2}\cos(3\omega_1 t)+10\sqrt{2}\cos(5\omega_1 t)]\mathrm{V}$，在基波频率下 RL 串联负载阻抗为 $Z=(6+\mathrm{j}3)\Omega$，中性线阻抗 $Z_N=(1+\mathrm{j}2)\Omega$。试求各相电流、中性线电流及负载消耗的功率。如不接中性线，再求各相电流及负载消耗的功率；这时中性点电压 $U_{N'N}$ 为多少？

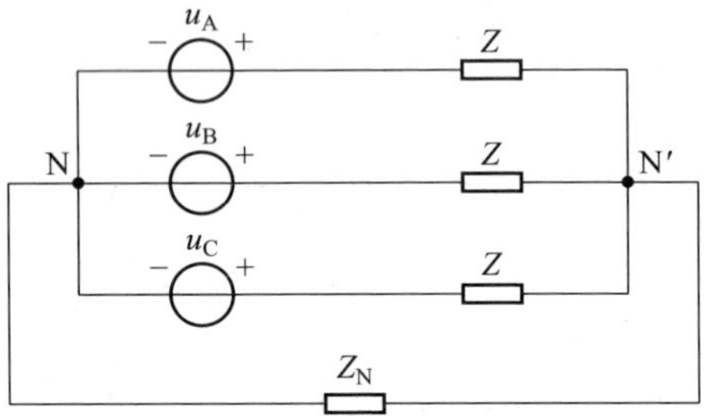

题 13-12 图

解：题 13-12 图中，设 $u_A=u_{A(1)}-u_{A(3)}+u_{A(5)}$，由题意，在 ω_1 基波频率下，有

$$Z_{(1)}=R+\mathrm{j}\omega_1 L=(6+\mathrm{j}3)\Omega,\ Z_{N(1)}=(1+\mathrm{j}2)\Omega$$

对称三相电压源的基波构成正序对称组，3 次谐波构成零序对称组，5 次谐波构成负序对称组。

对称三相电压源仅在基波对称组、3 次谐波对称组、5 次谐波对称组分别作用时的电路相量模型如题 13-12 解图(a)(b)(c)所示。对三相四线制、基波分量、5 次谐波分量分别可归为一相电路（A 相）分析。

题 13-12 解图(a)中，对称三相电压源仅在基波分量作用时，其归为一相电路（A 相）计算如下：

$$\dot{U}_{A(1)}=215\angle 0^\circ\ \mathrm{V},\qquad Z_{(1)}=(6+\mathrm{j}3)\Omega$$

$$\dot{I}_{A(1)}=\frac{\dot{U}_{A(1)}}{Z_{(1)}}=\frac{215\angle 0^\circ}{6+\mathrm{j}3}\mathrm{A}=32.05\angle -26.57\ \mathrm{A}$$

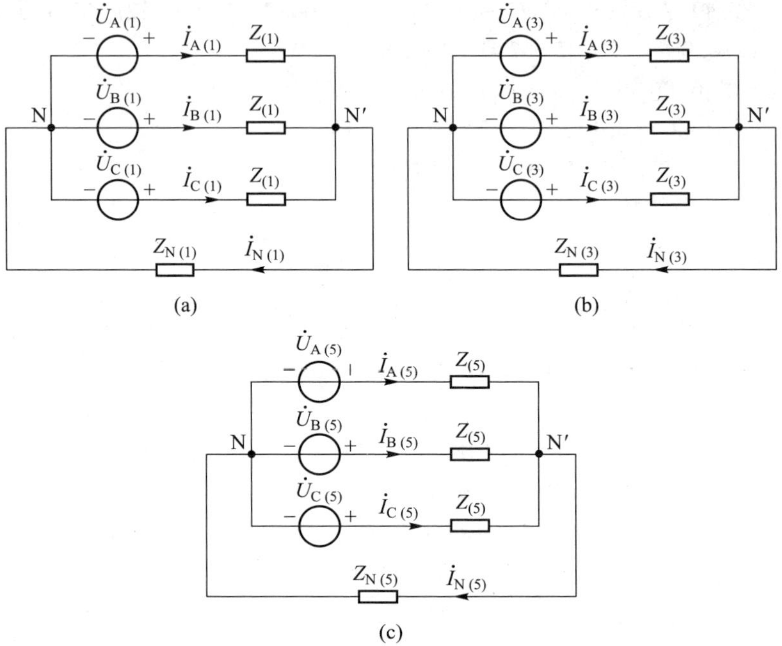

题 13-12 解图

$$\dot{I}_{B(1)}=\dot{I}_{A(1)}\angle -120^\circ=32.05\angle -146.57^\circ\ \mathrm{A}$$

$$\dot{I}_{C(1)}=\dot{I}_{A(1)}\angle 120^\circ=32.05\angle 93.43^\circ\ \mathrm{A},\qquad \dot{U}_{N'N(1)}=0\ \mathrm{V}$$

题 13-12 解图(c)中，对称三相电压源仅在 5 次谐波分量作用时，其归为一相电路（A 相）计算如下：

$$\dot{U}_{A(5)}=10\angle 0^\circ\ \mathrm{V},\quad Z_{(5)}=(6+\mathrm{j}5\times3)\Omega=(6+\mathrm{j}15)\Omega$$

$$\dot{I}_{A(5)}=\frac{\dot{U}_{A(5)}}{Z_{(5)}}=\frac{10\angle 0^\circ}{6+\mathrm{j}15}\mathrm{A}=0.62\angle -68.2^\circ\ \mathrm{A}$$

$$\dot{I}_{B(5)}=\dot{I}_{A(5)}\angle 120^\circ=0.62\angle 51.8^\circ\ \mathrm{A}$$

$$\dot{I}_{C(5)}=\dot{I}_{A(5)}\angle -120^\circ=0.62\angle -188.2^\circ\ \mathrm{A}=0.62\angle 171.8^\circ\ \mathrm{A}$$

$$\dot{U}_{N'N(5)}=0\ \mathrm{V}$$

题 13-12 解图(b)中，对称三相电压源仅在 3 次谐波分量作用时，

$$\dot{U}_{A(3)}=\dot{U}_{B(3)}=\dot{U}_{C(3)}=30\angle 0^\circ\ \mathrm{V},Z_{(3)}=R+\mathrm{j}3\omega_1 L=(6+\mathrm{j}3\times3)\Omega=(6+\mathrm{j}9)\Omega$$

因 $Z_{N(1)}=(1+\mathrm{j}2)\Omega$，则 $Z_{N(3)}=(1+\mathrm{j}6)\Omega$

$$\dot{U}_{N'N(3)}=\frac{3\times\dfrac{\dot{U}_{A(3)}}{Z_{(3)}}}{\dfrac{3}{Z_{(3)}}+\dfrac{1}{Z_{N(3)}}}=\frac{\dfrac{3\times30\angle 0^\circ}{6+\mathrm{j}9}}{\dfrac{3}{6+\mathrm{j}9}+\dfrac{1}{1+\mathrm{j}6}}\mathrm{V}=\frac{90\angle 0^\circ\times(1+\mathrm{j}6)}{3(1+\mathrm{j}6)+6+\mathrm{j}9}\mathrm{V}=\frac{90\angle 0^\circ\times(1+\mathrm{j}6)}{9+\mathrm{j}27}\mathrm{V}$$

$$=\frac{10\angle 0^\circ\times(1+\mathrm{j}6)}{1+\mathrm{j}3}\mathrm{V}=19.236\angle 8.968^\circ\ \mathrm{V}$$

$$\dot I_{A(3)}=\dot I_{B(3)}=\dot I_{C(3)}=\frac{\dot U_{A(3)}-\dot U_{N'N(3)}}{Z_{(3)}}=\frac{30\angle 0^\circ-19.236\angle 8.968^\circ}{6+\mathrm{j}9}\mathrm{A}=1.054\angle -71.57^\circ\ \mathrm{A}$$

$$\dot I_{N(3)}=3\dot I_{A(3)}=3\times1.054\angle -71.57^\circ\ \mathrm{A}=3.162\angle -71.57^\circ\ \mathrm{A}$$

三相电流为 $i_A=[32.05\sqrt{2}\cos(\omega_1 t-26.57^\circ)-1.054\sqrt{2}\cos(3\omega_1 t-71.57^\circ)+0.62\sqrt{2}(5\omega_1 t-68.2^\circ)]\mathrm{A}$

$$i_B=[32.05\sqrt{2}\cos(\omega_1 t-146.57^\circ)-1.054\sqrt{2}\cos(3\omega_1 t-71.57^\circ)+0.62\sqrt{2}(5\omega_1 t+51.8^\circ)]\mathrm{A}$$

$$i_C=[32.05\sqrt{2}\cos(\omega_1 t+93.43^\circ)-1.054\sqrt{2}\cos(3\omega_1 t-71.57^\circ)+0.62\sqrt{2}(5\omega_1 t+171.8^\circ)]\mathrm{A}$$

中性线的电流 $i_N=i_{N(3)}=3.162\sqrt{2}\cos(3\omega_1 t-71.57^\circ)\mathrm{A}$

负载消耗的功率 $P=3I_A^2R=3R[I_{A(1)}^2+I_{A(3)}^2+I_{A(5)}^2]$

$$=3\times6\times(32.05^2+1.054^2+0.62^2)\mathrm{W}=18517\ \mathrm{W}$$

中性点 N′、N 之间的电压(中线电压) $\dot U_{N'N}=\dot U_{N'N(3)}=19.236\angle 8.968^\circ\ \mathrm{V}$

不接中性线时,$\dot U_{N'N(3)}=\dot U_{A(3)}$,$\dot I_{A(3)}=\dot I_{B(3)}=\dot I_{C(3)}=0$。

各相电流为

$$i_A=[32.05\sqrt{2}\cos(\omega_1 t-26.57^\circ)+0.62\sqrt{2}(5\omega_1 t-68.2^\circ)]\mathrm{A}$$

$$i_B=[32.05\sqrt{2}\cos(\omega_1 t-146.57^\circ)+0.62\sqrt{2}(5\omega_1 t+51.8^\circ)]\mathrm{A}$$

$$i_C=[32.05\sqrt{2}\cos(\omega_1 t+93.43^\circ)+0.62\sqrt{2}(5\omega_1 t+171.8^\circ)]\mathrm{A}$$

负载消耗的功率 $P=3R(I_{A(1)}^2+I_{A(5)}^2)=3\times6(32.05^2+0.62^2)\mathrm{W}=18497\ \mathrm{W}$。

中性点 N′与 N 之间的电压为 $\dot U_{N'N}=\dot U_{N'N(3)}=\dot U_{A(3)}=30\angle 0^\circ\ \mathrm{V}$,所以 $U_{N'N}=30\ \mathrm{V}$。

13-13 如果将上题中改为三角形联结并计及每相电源的阻抗。

求:(1) 试求测相电压的电压表 V_1 的读数,但三角形电源没有插入电压表 V_2;(2) 打开三角形电源插入电压表 V_2,如题 13-13 图所示,试求此时两个电压表的读数。

解:已知 $u_A=u_{A(1)}-u_{A(3)}+u_{A(5)}=[215\sqrt{2}\cos(\omega_1 t)-30\sqrt{2}\cos(3\omega_1 t)+10\sqrt{2}\cos(5\omega_1 t)]\mathrm{V}$

因对称三相电压源的基波构成正序对称组,3 次谐波构成零序对称组,5 次谐波构成负序对称组,则有

$$u_B=u_{B(1)}-u_{B(3)}+u_{B(5)}$$
$$=[215\sqrt{2}\cos(\omega_1 t-120^\circ)-30\sqrt{2}\cos(3\omega_1 t)+10\sqrt{2}\cos(5\omega_1 t+120^\circ)]\mathrm{V}$$

$$u_C=u_{C(1)}-u_{C(3)}+u_{C(5)}$$
$$=[215\sqrt{2}\cos(\omega_1 t+120^\circ)-30\sqrt{2}\cos(3\omega_1 t)+10\sqrt{2}\cos(5\omega_1 t-120^\circ)]\mathrm{V}$$

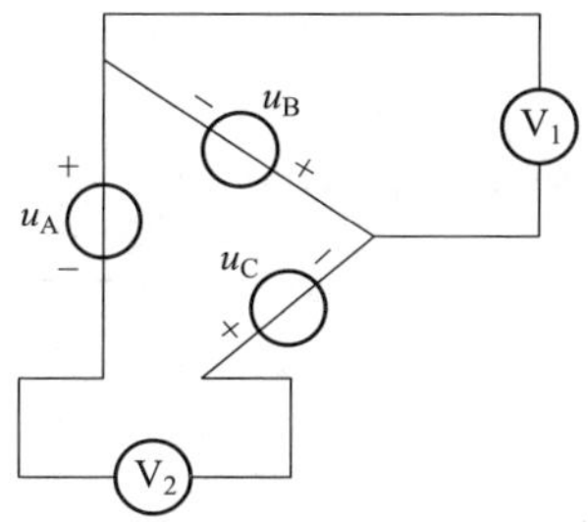

题 13-13 图

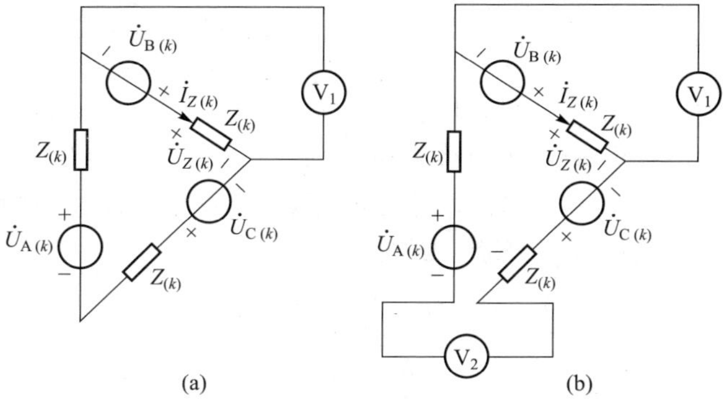

题 13-13 解图

(1) 题 13-13 图中仅接入电压表 V_1 时,电路的相量模型如题 13-13 解图(a)所示。

对称三相电压源仅在基波分量作用时($k=1$)

$$\dot U_{A(1)}+\dot U_{B(1)}+\dot U_{C(1)}=0$$

$$\dot U_{Z(1)}=Z_{(1)}\dot I_{Z(1)}=Z_{(1)}\cdot\frac{\dot U_{A(1)}+\dot U_{B(1)}+\dot U_{C(1)}}{3Z_{(1)}}=0$$

对称三相电压源仅在 3 次谐波分量作用时($k=3$)

$$\dot U_{A(3)}=\dot U_{B(3)}=\dot U_{C(3)}$$

$$\dot U_{Z(3)}=Z_{(3)}\dot I_{Z(3)}=Z_{(3)}\cdot\frac{\dot U_{A(3)}+\dot U_{B(3)}+\dot U_{C(3)}}{3Z_{(3)}}=\frac{3\dot U_{B(3)}}{3}=\dot U_{B(3)}$$

对称三相电压源仅在 5 次谐波分量作用时($k=5$)

$$\dot U_{A(5)}+\dot U_{B(5)}+\dot U_{C(5)}=0$$

$$\dot U_{Z(5)}=Z_{(5)}\dot I_{Z(5)}=Z_{(5)}\frac{\dot U_{A(5)}+\dot U_{B(5)}+\dot U_{C(5)}}{3Z_{(5)}}=0$$

$$u_Z=u_{Z(1)}-u_{Z(3)}+u_{Z(5)}=-u_{Z(3)}=-u_{B(3)}$$

电压表 V_1 的电压 $u_1=u_B-u_Z=u_{B(1)}-u_{B(3)}+u_{B(5)}-[-u_{B(3)}]=u_{B(1)}+u_{B(5)}$

电压表 V_1 的读数为 $U_1=\sqrt{U_{B(1)}^{\ 2}+U_{B(5)}^{\ 2}}=\sqrt{215^2+10^2}\ \mathrm{V}=215.232\ \mathrm{V}$

(2) 当插入电压表 V_2 时,三个电源串联,且电压表 V_2 两端相当于"开路",电路的相量模型如题 13-13 解图(b)所示。

对称三相电压源仅在基波分量作用时($k=1$)

$$\dot U_{A(1)}+\dot U_{B(1)}+\dot U_{C(1)}=0,\ \dot U_{Z(1)}=0$$

对称三相电压源仅在 3 次谐波分量作用时($k=3$)

$$\dot U_{A(3)}=\dot U_{B(3)}=\dot U_{C(3)},\ \dot U_{Z(3)}=0$$

对称三相电压源仅在 5 次谐波分量作用时($k=5$)

$$\dot{U}_{A(5)}+\dot{U}_{B(5)}+\dot{U}_{C(5)}=0,\dot{U}_{Z(5)}=0$$

$$u_Z=u_{Z(1)}-u_{Z(3)}+u_{Z(5)}=0$$

电压表 V_1 的电压 $u_1=u_B-u_Z=u_B=u_{B(1)}-u_{B(3)}+u_{B(5)}$

电压表 V_1 的电压读数

$$U_1=|\dot{U}_B|=U_B=\sqrt{U_{B(1)}^2+U_{B(3)}^2+U_{B(5)}^2}=\sqrt{215^2+30^2+10^2}\text{ V}=217.31\text{ V}$$

电压表 V_2 的电压

$$\begin{aligned}u_2&=u_A-u_B+u_C\\&=u_{A(1)}-u_{A(3)}+u_{A(5)}+u_{B(1)}-u_{B(3)}+u_{B(5)}+u_{C(1)}-u_{C(3)}+u_{C(5)}\\&=-u_{A(3)}-u_{B(3)}-u_{C(3)}=-3u_{A(3)}\end{aligned}$$

电压表 V_2 的电压读数

$$U_2=3|\dot{U}_{A(3)}|=3U_{A(3)}=3\times30\text{ V}=90\text{ V}$$

第十四章　线性动态电路的复频域分析

内容提要

表 14-1　拉普拉斯变换定义及常用函数的拉普拉斯正、反变换

拉普拉斯变换定义	拉普拉斯反变换定义
一个定义在[0,∞)区间的函数$f(t)$，它的拉普拉斯变换式$F(s)$定义为 $F(s)=\int_{0_-}^{\infty} f(t)\mathrm{e}^{-st}\mathrm{d}t$ 式中，$s=\sigma+\mathrm{j}\omega$为复数，$F(s)$称为$f(t)$的象函数，$f(t)$称为$F(s)$的原函数。拉普拉斯变换简称拉氏变换。$F(s)$用符号$\mathscr{L}[f(t)]$表示。 拉氏变换是将时域函数$f(t)$变换到复频域函数$F(s)$的一种变换。变量$s$称为复频率	如果已知象函数$F(s)$，要求出与它对应的原函数$f(t)$，由$F(s)$到$f(t)$的变换称为拉普拉斯反变换，它定义为 $f(t)=\dfrac{1}{2\pi\mathrm{j}}\int_{c-\mathrm{j}\infty}^{c+\mathrm{j}\infty}F(s)\mathrm{e}^{st}\mathrm{d}s$ 式中，c为正的有限常数。用符号$\mathscr{L}^{-1}[F(s)]$表示对方括号里的复变函数作拉氏反变换

常用函数的拉普拉斯变换表

原函数$f(t)$	象函数$F(s)$	原函数$f(t)$	象函数$F(s)$	原函数$f(t)$	象函数$F(s)$
$A\delta(t)$	A	$\frac{1}{2}t^2$	$\frac{1}{s^3}$	$\cos(\omega t)$	$\frac{s}{s^2+\omega^2}$
$A\varepsilon(t)$	$\frac{A}{s}$	$\frac{1}{n!}t^n$	$\frac{1}{s^{n+1}}$	$\sin(\omega t+\phi)$	$\frac{s\sin\phi+\omega\cos\phi}{s^2+\omega^2}$
$A\mathrm{e}^{-\alpha t}$	$\frac{A}{s+\alpha}$	$t\mathrm{e}^{-\alpha t}$	$\frac{1}{(s+\alpha)^2}$	$\cos(\omega t+\phi)$	$\frac{s\cos\phi-\omega\sin\phi}{s^2+\omega^2}$
$1-\mathrm{e}^{-\alpha t}$	$\frac{\alpha}{s(s+\alpha)}$	$\frac{1}{n!}t^n\mathrm{e}^{-\alpha t}$	$\frac{1}{(s+\alpha)^{n+1}}$	$\mathrm{e}^{-\alpha t}\sin(\omega t)$	$\frac{\omega}{(s+\alpha)^2+\omega^2}$
t	$\frac{1}{s^2}$	$\sin(\omega t)$	$\frac{\omega}{s^2+\omega^2}$	$\mathrm{e}^{-\alpha t}\cos(\omega t)$	$\frac{s+\alpha}{(s+\alpha)^2+\omega^2}$

表 14-2　拉普拉斯变换的基本性质

线性性质	微分性质	积分性质	延迟性质	位移性质
设$\mathscr{L}[f_1(t)]=F_1(s)$和$\mathscr{L}[f_2(t)]=F_2(s)$，$A_1$和$A_2$是两个任意实常数，则有 $\mathscr{L}[A_1f_1(t)+A_2f_2(t)]=A_1F_1(s)+A_2F_2(s)$	若$\mathscr{L}[f(t)]=F(s)$，则函数$f(t)$的象函数与其导数$f'(t)=\dfrac{\mathrm{d}f(t)}{\mathrm{d}t}$的象函数之间有如下关系： $\mathscr{L}[f'(t)]=\mathscr{L}\left[\dfrac{\mathrm{d}f(t)}{\mathrm{d}t}\right]=sF(s)-f(0_-)$	若$\mathscr{L}[f(t)]=F(s)$，则函数$f(t)$的象函数与其积分$\int_{0_-}^{t}f(\xi)\mathrm{d}\xi$的象函数之间有如下关系： $\mathscr{L}\left[\int_{0_-}^{t}f(\xi)\mathrm{d}\xi\right]=\dfrac{F(s)}{s}$	若$\mathscr{L}[f(t)]=F(s)$，则函数$f(t)$的象函数与其延迟函数$f(t-t_0)$的象函数之间有如下关系： $\mathscr{L}[f(t-t_0)]=\mathrm{e}^{-st_0}F(s)$	若$\mathscr{L}[f(t)]=F(s)$，则函数$\mathrm{e}^{-\alpha t}f(t)$的象函数为 $\mathscr{L}[\mathrm{e}^{-\alpha t}f(t)]=F(s+\alpha)$

表 14-3　卷积定理及应用

卷积	卷积定理	卷积定理在电路分析中的应用	
设有两个时间函数$f_1(t)$和$f_2(t)$，它们在$t<0$时为零，$f_1(t)$和$f_2(t)$的卷积定义为 $f_1(t)*f_2(t)=\int_{0_-}^{t}f_1(t-\xi)f_2(\xi)\mathrm{d}\xi$ 上式的积分式称为卷积积分。 又$f_1(t)*f_2(t)=f_2(t)*f_1(t)$ $f_2(t)*f_1(t)=\int_{0_-}^{t}f_2(t-\xi)f_1(\xi)\mathrm{d}\xi$	设$f_1(t)$和$f_2(t)$的拉氏变换分别为$F_1(s)$和$F_2(s)$，有 $\mathscr{L}[f_1(t)*f_2(t)]=F_1(s)\cdot F_2(s)$ 或 $\mathscr{L}[f_2(t)*f_1(t)]=F_2(s)\cdot F_1(s)$	设$e(t)$为任意外施激励，其象函数$E(s)=\mathscr{L}[e(t)]$ $H(s)$表示网络函数，网络响应象函数为$R(s)$，则 $R(s)=E(s)\cdot H(s)$ 求$R(s)$的拉氏反变换，得到时域响应$r(t)$	图解应用卷积定理 给定激励$e(t)$⇨ N_0 ⇨零状态响应$r(t)=$？ 第 1 步　输入$\mathscr{L}[\delta(t)]=1$⇨ N_0 ⇨输出$H(s)=$？ 第 2 步　$E(s)=\mathscr{L}[e(t)]$，应用卷积定理 $R(s)=E(s)\cdot H(s)$ 第 3 步　$r(t)=\mathscr{L}^{-1}[R(s)]$

表 14-4 用分解定理(部分分式展开)求拉普拉斯反变换

电路响应 $f(t)$ 的象函数 $F(s)$ 通常可表示为两个关于 s 的实系数多项式之比,即 s 的一个有理分式

$$F(s)=\frac{N(s)}{D(s)}=\frac{a_0s^m+a_1s^{m-1}+a_2s^{m-2}+\cdots+a_m}{b_0s^n+b_1s^{n-1}+b_2s^{n-2}+\cdots+b_n}$$

式中,m 和 n 为正整数,且 $n\geqslant m$(在电路分析中,通常不会出现 $n<m$)。把 $F(s)$ 分解成若干简单项之和,而这些简单项可以在拉氏变换表中查到对应的原函数,这种方法称为部分分式展开法,或称分解定理。其分解步骤如下:

第 1 步 将 $F(s)$ 化为真分式。若 $n=m$,则 $F(s)=\dfrac{N(s)}{D(s)}=A+\dfrac{N_0(s)}{D(s)}$,式中 A 是一个常数,其对应的时间函数为 $A\delta(t)$,余数项 $\dfrac{N_0(s)}{D(s)}$ 是真分式。若 $n>m$,则 $F(s)$ 为真分式,即 $F(s)=\dfrac{N_0(s)}{D(s)}$。

第 2 步 将真分式 $F(s)\left(\text{设为}\dfrac{N_0(s)}{D(s)}\right)$ 用部分分式展开,先求出 $D(s)=0$ 的根。其根可以是单根和重根两种情况。

情况 1:如果 $D(s)=0$ 有 n 个单根,设其分别是 $p_1,p_2,\cdots,p_n$。于是 $F(s)$ 可以展开为

$$F(s)=\frac{N_0(s)}{D(s)}=\frac{N_0(s)}{(s-p_1)(s-p_2)\cdots(s-p_n)}=\frac{K_1}{s-p_1}+\frac{K_2}{s-p_2}+\cdots+\frac{K_n}{s-p_n}=\sum_{i=1}^{n}\frac{K_i}{s-p_i}$$

其原函数为 $f(t)=\mathscr{L}^{-1}[F(s)]=\mathscr{L}^{-1}\left[\sum\limits_{i=1}^{n}\dfrac{K_i}{s-p_i}\right]=\sum\limits_{i=1}^{n}K_i\mathrm{e}^{p_it}$

式中待定系数 K_i 可用两种方法确定:① $K_i=[(s-p_i)F(s)]_{s=p_i},i=1,2,\cdots,n$;② 用罗比塔法则 $K_i=\left.\dfrac{N_0(s)}{D'(s)}\right|_{s=p_i}$ $i=1,2,\cdots,n$。

情况 2:如果 $D(s)=0$ 有 1 个重根,设 p_1 为 q 重根,其余为单根,设其分别是 $p_2,p_3,\cdots,p_{n-q+1}$,$F(s)$ 可展开为

$$F(s)=\frac{N_0(s)}{D(s)}=\frac{N_0(s)}{(s-p_1)^q(s-p_2)(s-p_3)\cdots(s-p_{n-q+1})}$$

$$=\frac{K_{1q}}{s-p_1}+\frac{K_{1,q-1}}{(s-p_1)^2}+\cdots+\frac{K_{11}}{(s-p_1)^q}+\frac{K_2}{s-p_2}+\frac{K_3}{s-p_3}+\cdots+\frac{K_{n-q+1}}{s-p_{n-q+1}}=\sum_{j=0}^{q-1}\frac{K_{1(q-j)}}{(s-p_1)^{j+1}}+\sum_{i=2}^{n-q+1}\frac{K_i}{s-p_i}$$

其原函数为 $f(t)=\mathscr{L}^{-1}[F(s)]=\mathscr{L}^{-1}\left[\sum\limits_{j=0}^{q-1}\dfrac{K_{1(q-j)}}{(s-p_1)^{j+1}}\right]+\mathscr{L}^{-1}\left[\sum\limits_{i=2}^{n-q+1}\dfrac{K_i}{s-p_i}\right]$

$$=\sum_{j=0}^{q-1}K_{1,(q-j)}\frac{1}{j!}t^j\mathrm{e}^{p_1t}+\sum_{i=2}^{n-q+1}K_i\mathrm{e}^{p_it}$$

式中待定系数:$K_{11}=[(s-p_1)^qF(s)]_{s=p_1}$

$$K_{12}=\frac{\mathrm{d}}{\mathrm{d}s}[(s-p_1)^qF(s)]_{s=p_1}$$

……

$$K_{1q}=\frac{1}{(q-1)!}\cdot\frac{\mathrm{d}^{q-1}}{\mathrm{d}s^{q-1}}[(s-p_1)^qF(s)]_{s=p_1}$$

$$K_i=[(s-p_i)F(s)]_{s=p_i},i=2,3,\cdots,n-q+1$$

举例:如果 $D(s)=0$ 有 5 个根,设 p_1 为 3 重根,其余为单根,分别是 p_2、p_3。于是 $F(s)$ 可以展开为

$$F(s)=\frac{N_0(s)}{D(s)}=\frac{N_0(s)}{(s-p_1)^3(s-p_2)(s-p_3)}$$

$$F(s)=\frac{K_{13}}{s-p_1}+\frac{K_{12}}{(s-p_1)^2}+\frac{K_{11}}{(s-p_1)^3}+\frac{K_2}{s-p_2}+\frac{K_3}{s-p_3}$$

式中待定系数:

$$K_{11}=[(s-p_1)^3F(s)]_{s=p_1}$$

$$K_{12}=\frac{\mathrm{d}}{\mathrm{d}s}[(s-p_1)^3F(s)]_{s=p_1}$$

$$K_{13}=\frac{1}{2!}\cdot\frac{\mathrm{d}^2}{\mathrm{d}s^2}[(s-p_1)^3F(s)]_{s=p_1}$$

$$K_2=[(s-p_2)F(s)]_{s=p_2}$$

$$K_3=[(s-p_3)F(s)]_{s=p_3}$$

其原函数为:

$$f(t)=\mathscr{L}^{-1}[F(s)]=\mathscr{L}^{-1}\left[\frac{N_0(s)}{D(s)}\right]$$

$$=\mathscr{L}^{-1}\left[\frac{K_{13}}{s-p_1}+\frac{K_{12}}{(s-p_1)^2}+\frac{K_{11}}{(s-p_1)^3}+\frac{K_2}{s-p_2}+\frac{K_3}{s-p_3}\right]$$

$$f(t)=K_{13}\mathrm{e}^{p_1t}+K_{12}t\mathrm{e}^{p_1t}+K_{11}\frac{t^2}{2!}\mathrm{e}^{p_1t}+K_2\mathrm{e}^{p_2t}+K_3\mathrm{e}^{p_3t}$$

如果两单根为一对共轭复根,即 $p_2=\alpha+\mathrm{j}\omega$、$p_3=\alpha-\mathrm{j}\omega$

则对应的象函数为

$$\frac{K_2}{s-p_2}+\frac{K_3}{s-p_3}=\frac{\omega}{(s+\alpha)^2+\omega^2}\quad\text{或}\quad\frac{K_2}{s-p_2}+\frac{K_3}{s-p_3}=\frac{s+\alpha}{(s+\alpha)^2+\omega^2}$$

可将 $K_2\mathrm{e}^{p_2t}+K_3\mathrm{e}^{p_3t}$ 两项合并写成 $\mathrm{e}^{-\alpha t}\sin(\omega t)$ 或 $\mathrm{e}^{-\alpha t}\cos(\omega t)$

表 14-5　电路基本元件的伏安关系、基尔霍夫定律的运算形式

元件名称(符号)			元件模型	元件运算模型	元件参数值，单位名称/符号	元件上 $U(s)-I(s)$ 运算伏安关系（式中±或∓符号由 $U(s)$、$I(s)$ 的参考方向确定）	
无源元件		电阻(R)	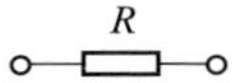	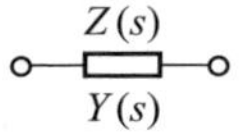	运算阻抗 $Z(s)=R$，欧[姆]/Ω 运算导纳 $Y(s)=G$，西[门子]/S	$\boxed{U(s)=\pm RI(s)}$ 或 $\boxed{I(s)=\pm GU(s)}$	当电感电流 $i(0_-)=0$ 和电容电压 $u(0_-)=0$ 时，运算模型无附加电源，则电阻、电感、电容上的 $U(s)-I(s)$ 关系均为 $\boxed{U(s)=\pm Z(s)I(s)}$ 或 $\boxed{I(s)=\pm Y(s)U(s)}$
无源元件		电感(L)		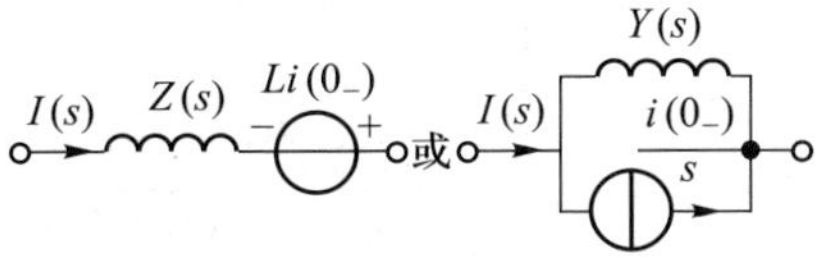 附加电源的方向由电感电流 i 方向决定	运算阻抗 $Z(s)=sL$，欧[姆]/Ω 运算导纳 $Y(s)=\dfrac{1}{sL}$，西[门子]/S 附加电压源 $Li(0_-)$，伏[特]/V 附加电流源 $i(0_-)/s$，安[培]/A	$\boxed{U(s)=\pm sLI(s)\mp Li(0_-)}$ 或 $\boxed{I(s)=\pm\dfrac{1}{sL}U(s)+\dfrac{i(0_-)}{s}}$	
无源元件		电容(C)	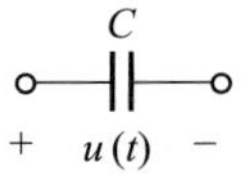	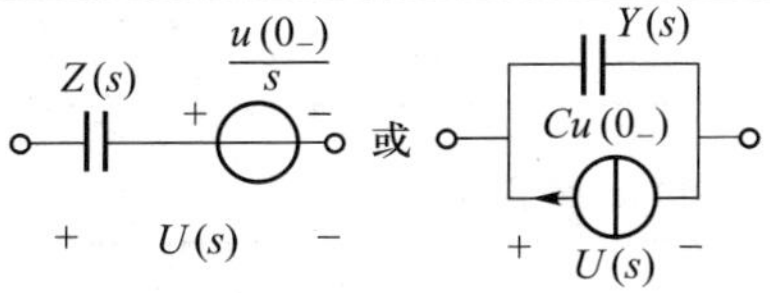 附加电源的方向由电容电压 u 方向决定	运算阻抗 $Z(s)=\dfrac{1}{sC}$，欧[姆]/Ω 运算导纳 $Y(s)=sC$，西[门子]/S 附加电压源 $u(0_-)/s$，伏[特]/V 附加电流源 $Cu(0_-)$，安[培]/A	$\boxed{U(s)=\pm\dfrac{1}{sC}I(s)+\dfrac{u(0_-)}{s}}$ 或 $\boxed{I(s)=\pm sCU(s)\mp Cu(0_-)}$	
有源元件	独立源	电压源(u_S)	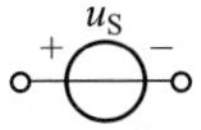	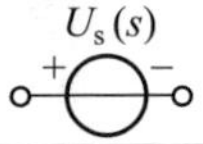	电压象函数 $U_s(s)$，伏[特]/V	$\boxed{U(s)=\pm U_s(s)}$	
有源元件	独立源	电流源(i_S)	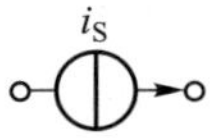	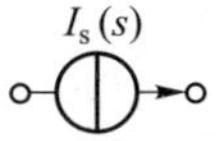	电流象函数 $I_s(s)$，安[培]/A	$\boxed{I(s)=\pm I_s(s)}$	
有源元件	受控源(非独立源)	受电压控制电压源(VCVS)	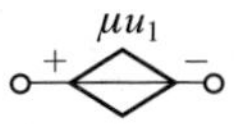	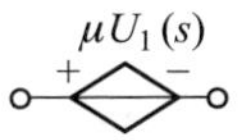	电压象函数 $\mu U_1(s)$，伏[特]/V	$\boxed{U(s)=\pm\mu U_1(s)}$	
有源元件	受控源(非独立源)	受电流控制电压源(CCVS)	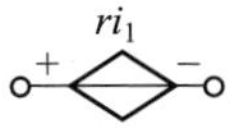	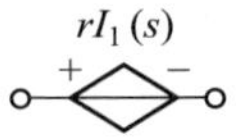	电压象函数 $rI_1(s)$，伏[特]/V	$\boxed{U(s)=\pm rI_1(s)}$	
有源元件	受控源(非独立源)	受电压控制电流源(VCCS)	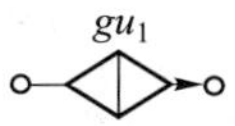	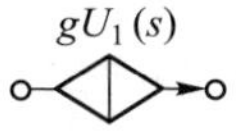	电流象函数 $gU_1(s)$，安[培]/A	$\boxed{I(s)=\pm gU_1(s)}$	
有源元件	受控源(非独立源)	受电流控制电流源(CCCS)	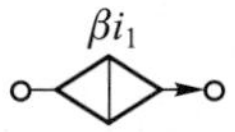	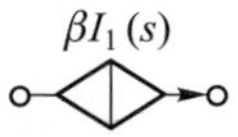	电流象函数 $\beta I_1(s)$，安[培]/A	$\boxed{I(s)=\pm\beta I_1(s)}$	
基尔霍夫定律			时域形式：KCL　$\sum i_k=0$　KVL　$\sum u_k=0$　运算形式：KCL　$\boxed{\sum I_k(s)=0}$　KVL　$\boxed{\sum U_k(s)=0}$				

说明：1. 对比上述元件的伏安关系与基尔霍夫定律的时域形式和运算形式，除电容和电感元件外，其他元件的伏安关系以及基尔霍夫定律的数学表达形式均没有改变，只是将变量 i、i_S、i_1、u、u_S、u_1 写成了 $I(s)$、$I_s(s)$、$I_1(s)$、$U(s)$、$U_s(s)$、$U_1(s)$ 象函数表达形式。

2. 当电感电流 $i(0_-)\neq0$ 及电容电压 $u(0_-)\neq0$ 时，电容和电感元件的运算模型含有附加电源。当电感电流 $i(0_-)=0$ 及电容电压 $u(0_-)=0$ 时，无附加电源，则电阻、电容和电感元件的运算伏安关系与欧姆定律形式完全一样。此时，由电阻、电容和电感元件组成的一端口，其运算伏安关系与欧姆定律形式也完全一样

表 14-6　耦合电感(空心变压器)、理想变压器及其伏安关系的运算形式

元件名称 (符号)	元件模型	元件运算模型	元件参数值,单位名称/符号	元件上 $U(s)-I(s)$ 运算伏安关系 (式中±符号由 $U(s)$、$I(s)$ 参考方向及同名端确定)
耦合电感(M) (互感 M) 空心变压器	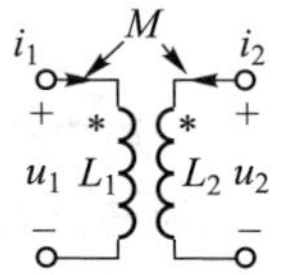	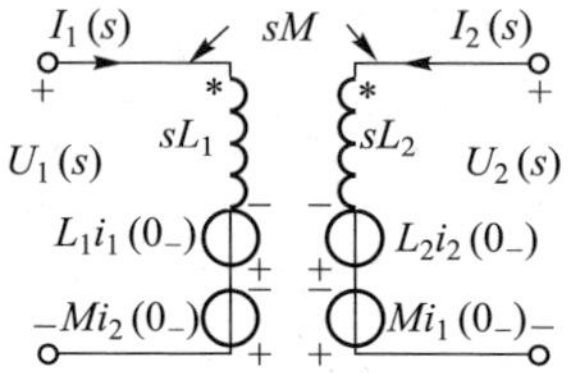	自感运算阻抗值 $Z_L(s)=sL$,欧[姆]/Ω 互感运算阻抗值 $Z_M(s)=sM$,欧[姆]/Ω 附加电压源值 $L_1i_1(0_-)/L_2i_2(0_-)/Mi_1(0_-)/Mi_2(0_-)$,伏[特]/V	$U_1(s)=sL_1I_1(s)-L_1i_1(0_-)+sMI_2(s)-Mi_2(0_-)$ $U_2(s)=sL_2I_2(s)-L_2i_2(0_-)+sMI_1(s)-Mi_1(0_-)$
理想变压器	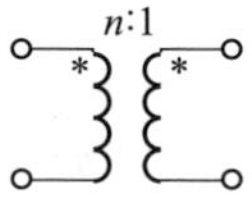	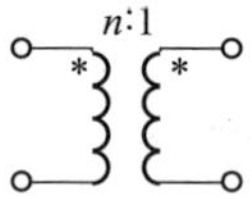	变比 $n=\dfrac{N_1}{N_2}$,无量纲	$\dfrac{U_1(s)}{U_2(s)}=\pm\dfrac{N_1}{N_2}=\pm n$,　$\dfrac{I_1(s)}{I_2(s)}=\mp\dfrac{N_2}{N_1}=\mp\dfrac{1}{n}$ 一次侧和二次侧电压、电流为 $U_1(s)$、$I_1(s)$ 和 $U_2(s)$、$I_2(s)$

表 14-7　电路一般分析法的运算形式(方程分析法的运算形式)

2b 法	支路电流法	回路电流法	节点电压法
电路变量:支路电流象函数 $I(s)$ 支路电压象函数 $U(s)$ 电路方程的一般形式: KCL $\sum I_k(s)=0$ KVL $\sum U_k(s)=0$ 支路方程: $U_k(s)=f[I_k(s)]$ 或 $I_k(s)=g[U_k(s)]$	电路变量:支路电流象函数 $I(s)$ 电路方程的一般形式: $\begin{cases}\text{KCL}\sum I_k(s)=0\\ \text{KVL}\sum Z_k(s)I_k(s)=\sum U_{sk}(s)\end{cases}$ 上式中,$\sum Z_k(s)I_k(s)$ 为某回路上的各阻抗与其所在支路的支路电流乘积的代数和,电流 $I_k(s)$ 的参考方向与回路绕行方向一致时,$Z_k(s)I_k(s)$ 项前取"+",反之取"-"。 $\sum U_{sk}(s)$ 为某回路上的所有电压源的代数和,电压源 $U_{sk}(s)$ 方向与回路绕行方向一致时,$U_{sk}(s)$ 项前取"-",反之取"+"	电路变量:回路电流象函数 $I_l(s)$ 电路方程的一般形式: $Z_{11}(s)I_{l1}(s)+Z_{12}(s)I_{l2}(s)+\cdots+Z_{1l}(s)I_{ll}(s)=U_{s11}(s)$ $Z_{21}(s)I_{l1}(s)+Z_{22}(s)I_{l2}(s)+\cdots+Z_{2l}(s)I_{ll}(s)=U_{s22}(s)$ $Z_{31}(s)I_{l1}(s)+Z_{32}(s)I_{l2}(s)+\cdots+Z_{3l}(s)I_{ll}(s)=U_{s33}(s)$ ………… $Z_{l1}(s)I_{l1}(s)+Z_{l2}(s)I_{l2}(s)+\cdots+Z_{ll}(s)I_{ll}(s)=U_{sll}(s)$ 上式中: $Z_{kk}(s)$——运算自阻抗,总为正(第 k 个回路的阻抗之和); $Z_{jk}(s)$——运算互阻抗,有正负(第 j 与第 k 个回路的公共支路阻抗之和。当 $I_{lk}(s)$ 与 $I_{lj}(s)$ 流过互阻抗时同向,互阻抗为正,反之为负; $U_{skk}(s)$——为 $\sum U_{sk}(s)+\sum Z_k(s)I_{sk}(s)$,第 k 个回路上的所有电压源的代数和。电压源 $U_{sk}(s)$ 方向与绕行方向一致时,$U_{sk}(s)$ 项前取"-",反之取"+" 网孔电流法 电路变量:网孔电流象函数 $I_m(s)$	电路变量:节点电压象函数 $U_n(s)$ 电路方程的一般形式: $Y_{11}(s)U_{n1}(s)+Y_{12}(s)U_{n2}(s)+Y_{13}(s)U_{n3}(s)+\cdots+Y_{1(n-1)}(s)U_{n(n-1)}(s)=I_{s11}(s)$ $Y_{21}(s)U_{n1}(s)+Y_{22}(s)U_{n2}(s)+Y_{23}(s)U_{n3}(s)+\cdots+Y_{2(n-1)}(s)U_{n(n-1)}(s)=I_{s22}(s)$ $Y_{31}(s)U_{n1}(s)+Y_{32}(s)U_{n2}(s)+Y_{33}(s)U_{n3}(s)+\cdots+Y_{3(n-1)}(s)U_{n(n-1)}(s)=I_{s33}(s)$ ………… $Y_{(n-1)1}(s)U_{n1}(s)+Y_{(n-1)2}(s)U_{n2}(s)+\cdots+Y_{(n-1)(n-1)}(s)U_{n(n-1)}(s)=I_{s(n-1)(n-1)}(s)$ 上式中: $Y_{kk}(s)$——运算自导纳,总为正(第 k 个节点上所有支路的运算导纳之和); $Y_{jk}(s)$——运算互导纳,总为负(第 j 个节点与第 k 个节点的公共支路的运算导纳之和); $I_{skk}(s)$——$\sum I_{sk}(s)+\sum Y_k(s)U_{sk}(s)$,第 k 个节点上的所有电流源的代数和。当电流源 $I_{skk}(s)$ 方向指向 k 节点时,$I_{skk}(s)$ 项前取"+",反之取"-"

表 14-8　网络函数

网络函数定义	电路在单一的独立激励作用下，其零状态响应 $r(t)$ 的象函数 $R(s)$ 与激励 $e(t)$ 的象函数 $E(s)$ 之比定义为该电路的网络函数 $H(s)$，即 $H(s)=\dfrac{R(s)}{E(s)}$。 注：$e(t)$ 可以是独立电压源或独立电流源，$E(s)=\mathscr{L}[e(t)]$，$r(t)$ 可以是电压响应或电流响应，$R(s)=\mathscr{L}[r(t)]$
网络函数 $H(s)$ 表示	网络函数的六种表示形式（见下表）

网络函数 $H(s)$ 表示：网络函数的六种表示形式

	驱动点（网络）函数		转移（网络）函数			
	驱动点阻抗函数	驱动点导纳函数	转移阻抗函数	转移导纳函数	电压转移函数	电流转移函数
网络函数在 s 域的表示形式 $H(s)=\dfrac{R(s)}{E(s)}$	$\dfrac{U_k(s)}{I_{sk}(s)}$	$\dfrac{I_k(s)}{U_{sk}(s)}$	$\dfrac{U_j(s)}{I_{sk}(s)}$	$\dfrac{I_j(s)}{U_{Sk}(s)}$	$\dfrac{U_j(s)}{U_{sk}(s)}$	$\dfrac{I_j(s)}{I_{sk}(s)}$
网络函数在 ω 域的表示形式 $H(j\omega)=\dfrac{\dot{R}(j\omega)}{\dot{E}(j\omega)}$	$\dfrac{\dot{U}_k}{\dot{I}_{sk}}$	$\dfrac{\dot{I}_k}{\dot{U}_{sk}}$	$\dfrac{\dot{U}_j}{\dot{I}_{sk}}$	$\dfrac{\dot{I}_j}{\dot{U}_{sk}}$	$\dfrac{\dot{U}_j}{\dot{U}_{sk}}$	$\dfrac{\dot{I}_j}{\dot{I}_{sk}}$

网络函数的原函数 $h(t)$	若 $E(s)=1$，则 $R(s)=H(s)$，此时网络函数就是该响应的象函数。而当 $E(s)=\mathscr{L}[e(t)]=1$ 时，$e(t)=\delta(t)$ 为单位冲激输入，此时 $r(t)=\mathscr{L}^{-1}[R(s)]=\mathscr{L}^{-1}[H(s)]=h(t)$ 为电路的单位冲激响应，所以网络函数的原函数 $h(t)$ 是电路的单位冲激响应
网络函数的极点和零点	网络函数是 s 的实系数有理函数，其分子和分母都是 s 的多项式，故其一般形式可写为 $H(s)=\dfrac{N(s)}{D(s)}=\dfrac{a_0s^m+a_1s^{m-1}+a_2s^{m-2}+\cdots+a_m}{b_0s^n+b_1s^{n-1}+b_2s^{n-2}+\cdots+b_n}=H_0\dfrac{(s-z_1)(s-z_2)\cdots(s-z_i)\cdots(s-z_m)}{(s-p_1)(s-p_2)\cdots(s-p_j)\cdots(s-p_n)}=H_0\dfrac{\prod_{i=1}^{m}(s-z_i)}{\prod_{j=1}^{n}(s-p_j)}$ 其中 H_0 为一常数，z_i 是 $N(s)=0$ 的根，p_j 是 $D(s)=0$ 的根。当 $s=z_i$ 时，$N(s)=0$，$H(s)=0$，故 z_i 称为网络函数的零点。 当 $s=p_j$ 时，$D(s)=0$，$H(s)\to\infty$，故 p_j 称为网络函数的极点
网络函数的零、极点图	网络函数 $H(s)$ 的零点和极点可能是实数或复数。如果以复数的实部 σ 为横轴，虚部 $j\omega$ 为纵轴就得到一个复频率平面，简称为复平面或 s 平面。在复平面上画出 $H(s)$ 的零点用"○"表示，极点用"×"表示，即绘制出网络函数的零、极点图
网络函数的极点与冲激响应	网络函数 $H(s)$ 的极点都位于左半 s 平面上，电路的冲激响应 $h(t)$ 将随 t 的增大而衰减，这时电路是稳定的。 $H(s)=\dfrac{K}{s-p_i}$ 时，极点 $p_i=\sigma$（实根）， 当 $\sigma<0$（稳定），$\sigma>0$（不稳定）。 $H(s)=\dfrac{K}{(s-p_i)(s-p_j)}$ 时，极点 $p_{i,j}=\sigma\pm j\omega$（共轭复根）， 当 $\sigma=0$（等幅振荡）；$\sigma<0$（稳定），$\sigma>0$（不稳定）。 上述 5 种情况电路的冲激响应 $h(t)$ 的波形如右图所示

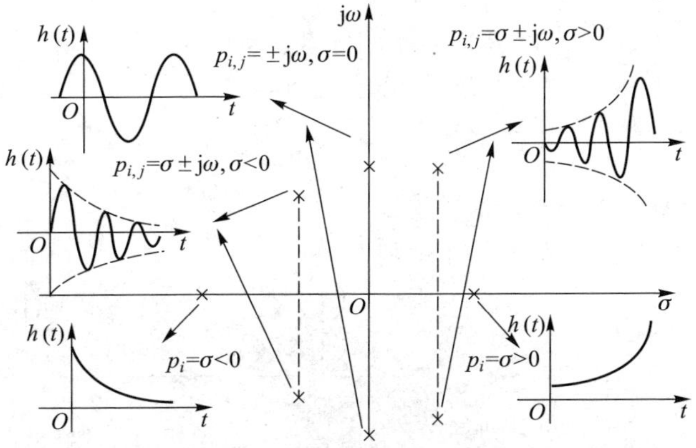

拉氏变换电路分析法=复频域分析法=运算法

用运算法分析电路的一般步骤:

第 1 步　写出已知变量的象函数,画出 0_- 时刻的电路并求 $i_L(0_-)$,$u_C(0_-)$ 的值。

第 2 步　画出原电路的运算电路模型。注意:L、C 及 M 含有附加电源如图 1、图 2、图 3 所示。

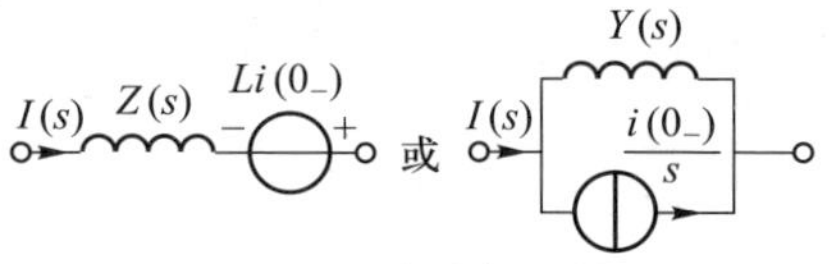

图 1　电感元件运算模型

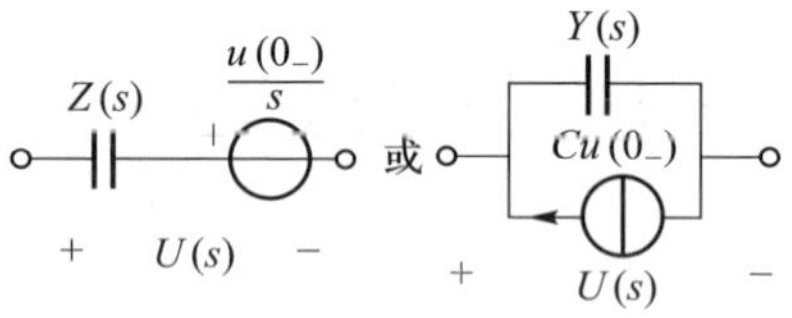

图 2　电容元件运算模型

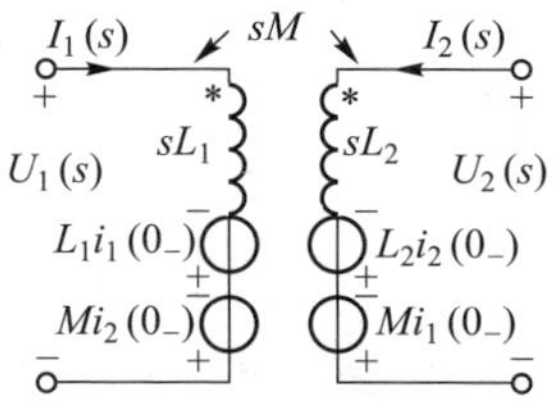

图 3　耦合电感元件运算模型

第 3 步　按运算模型,仿照电阻电路的各种分析方法列电路方程。

第 4 步　解出未知量的象函数(注:L、C 元件上的电流、电压的象函数包含附加电源)。

第 5 步　将解出的未知象函数进行拉氏反变换,即求出原函数(时间函数)。

例 14-1　如图 4 所示,已知 $U_{C_0}=100\ \mathrm{V}$、$u(t)=200\ \mathrm{V}$、$R_1=30\ \Omega$、$R_2=10\ \Omega$、$L=0.1\ \mathrm{H}$,$C=10^3\ \mathrm{mF}$。当 S 合上后($t\geqslant 0$),画出运算电路模型。

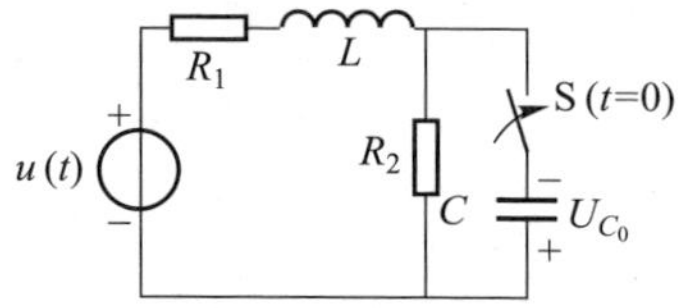

图 4　例 14-1 图

解: 图 4 在 0_- 时,如图 5(a)所示。

第 1 步　$i_L(0_-)=\dfrac{200}{30+10}\mathrm{A}=5\ \mathrm{A}$

附加电压源 $Li_L(0_-)=0.5$

$$\frac{u_C(0_-)}{s}=\frac{U_{C_0}}{s}=\frac{100}{s}$$

附加电流源 $Cu_C(0_-)=0.1$。

第 2 步　画出两种运算电路如图 5(b)和(c)所示。

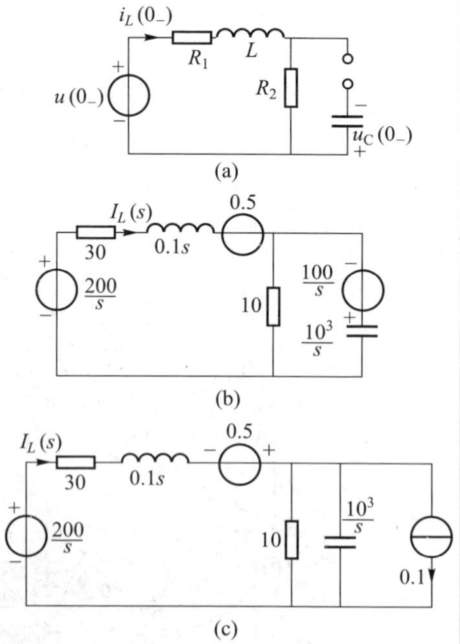

图 5　例 14-1 解图

例 14-2　如图 6 图所示,求电容电压 $u(t)$ 的单位阶跃响应。

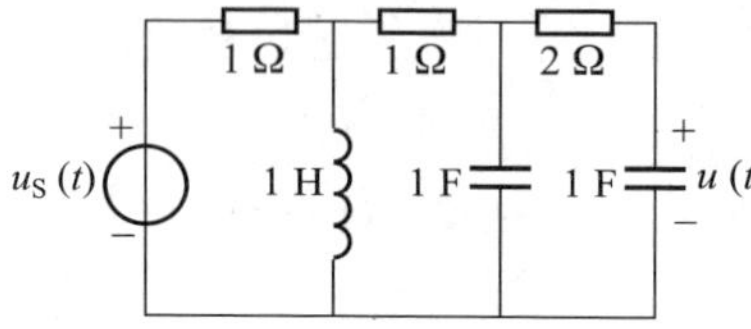

图 6　例 14-2 图

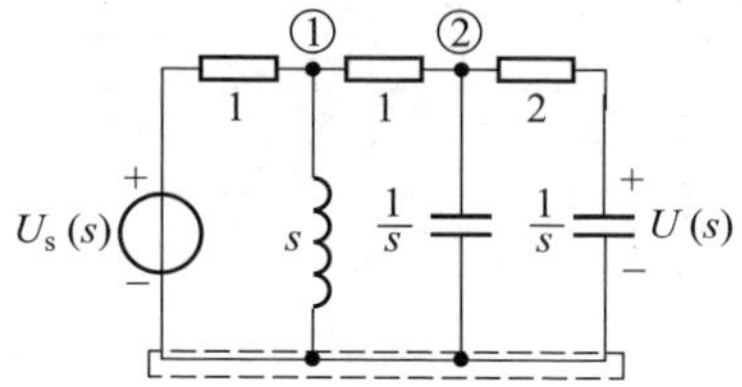

图 7　例 14-2 解图

解: 图 6 的运算电路如图 7 所示。按题意,$u_S(t)=\varepsilon(t)\mathrm{V}$,$U_s(s)=\dfrac{1}{s}$,用节点法列方程,有

$$\begin{cases}\left(\dfrac{1}{1}+\dfrac{1}{s}+\dfrac{1}{1}\right)U_{n1}(s)-\dfrac{1}{1}U_{n2}(s)=\dfrac{U_s(s)}{1}\\-\dfrac{1}{1}U_{n1}(s)+\left(\dfrac{1}{1}+s+\dfrac{1}{2+1/s}\right)U_{n2}(s)=0\\U(s)=\dfrac{1/s}{2+1/s}U_{n2}(s)\end{cases}\Rightarrow\begin{cases}\left(2+\dfrac{1}{s}\right)U_{n1}(s)-U_{n2}(s)=\dfrac{1}{s} & \langle 1\rangle\\-U_{n1}(s)+\left(1+s+\dfrac{s}{2s+1}\right)U_{n2}(s)=0 & \langle 2\rangle\\U(s)=\dfrac{1}{2s+1}U_{n2}(s) & \langle 3\rangle\end{cases}$$

由〈2〉式得

$$U_{n1}(s)=\left(1+s+\frac{s}{2s+1}\right)U_{n2}(s)$$

代入〈1〉式得

$$\left(2+\frac{1}{s}\right)\left(1+s+\frac{1}{2+1/s}\right)U_{n2}(s)-U_{n2}(s)=\frac{1}{s}$$

$$U_{n2}(s)=\frac{1}{s}\cdot\frac{1}{\left(2+\dfrac{1}{s}\right)\left(1+s+\dfrac{s}{2s+1}\right)-1}=\frac{1}{(s+1)(2s+1)}$$

代入〈3〉式,得

$$U(s)=\frac{1}{2s+1}U_{n2}(s)=\frac{1}{(s+1)(2s+1)^2}=\frac{1/4}{(s+1)(s+0.5)^2}$$

$$=\frac{K_{12}}{s+0.5}+\frac{K_{11}}{(s+0.5)^2}+\frac{K_2}{s+1}$$

$$K_{11}=[(s+0.5)^2F(s)]_{s=-0.5}=\left.\frac{1/4}{(s+1)}\right|_{s=-0.5}=\frac{1}{2}$$

$$K_{12}=\frac{\mathrm{d}}{\mathrm{d}s}[(s+0.5)^2F(s)]_{s=-0.5}=\left.\frac{-1/4}{(s+1)^2}\right|_{s=-0.5}=-1$$

$$K_2=[(s+1)F(s)]_{s=-1}=\left.\frac{1/4}{(s+0.5)^2}\right|_{s=-1}=1$$

$$U(s)=\frac{-1}{s+0.5}+\frac{1/2}{(s+0.5)^2}+\frac{1}{s+1}$$

所以 $u(t)=\mathscr{L}^{-1}[U(s)]=\left(\dfrac{1}{2}t\mathrm{e}^{-0.5t}-\mathrm{e}^{-0.5t}+\mathrm{e}^{-t}\right)\varepsilon(t)\ \mathrm{V}$

本章习题与解答

14-1 求下列各函数的象函数

(1) $f(t)=1-e^{-at}$　　(2) $f(t)=\sin(\omega t+\varphi)$

(3) $f(t)=e^{-at}(1-at)$　　(4) $f(t)=\dfrac{1}{a}(1-e^{-at})$

(5) $f(t)=t^2$　　(6) $f(t)=t+2+3\delta(t)$

(7) $f(t)=t\cos(at)$　　(8) $f(t)=e^{-at}+at-1$

解:(1) $F(s)=\mathscr{L}[f(t)]=\mathscr{L}[1-e^{-at}]=\dfrac{1}{s}-\dfrac{1}{s+a}=\dfrac{a}{s(s+a)}$

(2) $F(s)=\mathscr{L}[\sin(\omega t+\varphi)]=\dfrac{s\sin\varphi+\omega\cos\varphi}{s^2+\omega^2}$

(3) $F(s)=\mathscr{L}[e^{-at}(1-at)]=\dfrac{1}{s+a}-\dfrac{a}{(s+a)^2}=\dfrac{s}{(s+a)^2}$

(4) $F(s)=\mathscr{L}\left[\dfrac{1}{a}(1-e^{-at})\right]=\dfrac{1}{as}-\dfrac{1}{a(s+a)}=\dfrac{1}{s(s+a)}$

(5) $F(s)=\mathscr{L}[t^2]=\dfrac{2!}{s^{2+1}}=\dfrac{2}{s^3}$

(6) $F(s)=\mathscr{L}[t+2+3\delta(t)]=\dfrac{1}{s^2}+\dfrac{2}{s}+3=\dfrac{3s^2+2s+1}{s^2}$

(7) $F(s)=\mathscr{L}[t\cos(at)]=\mathscr{L}\left[t\cdot\dfrac{e^{jat}+e^{-jat}}{2}\right]=\dfrac{1}{2}\left[\dfrac{1}{(s-ja)^2}+\dfrac{1}{(s+ja)^2}\right]$

$=\dfrac{s^2-a^2}{(s^2+a^2)^2}$

(8) $F(t)=\mathscr{L}[e^{-at}+at-1]=\dfrac{1}{s+a}+\dfrac{a}{s^2}-\dfrac{1}{s}=\dfrac{a^2}{s^2(s+a)}$

14-2 求下列各函数的原函数

(1) $\dfrac{(s+1)(s+3)}{s(s+2)(s+4)}$　　(2) $\dfrac{2s^2+16}{(s^2+5s+6)(s+12)}$

(3) $\dfrac{2s^2+9s+9}{s^2+3s+2}$　　(4) $\dfrac{s^3}{(s^2+3s+2)s}$

解:(1) 令已知象函数 $F(s)$ 的分母多项式为零,即 $s(s+2)(s+4)=0$,得 $p_1=0,p_2=-2,p_3=-4$ 三个单实根,则象函数 $F(s)$ 展开为

$$F(s)=\frac{(s+1)(s+3)}{s(s+2)(s+4)}=\frac{K_1}{s}+\frac{K_2}{s+2}+\frac{K_3}{s+4}$$

其待定系数为

$$K_1=[sF(s)]_{s=0}=\frac{(s+1)(s+3)}{(s+2)(s+4)}\bigg|_{s=0}=\frac{3}{8}$$

$$K_2=[(s+2)F(s)]_{s=-2}=\frac{(s+1)(s+3)}{s(s+4)}\bigg|_{s=-2}=\frac{1}{4}$$

$$K_3=[(s+4)F(s)]_{s=-4}=\frac{(s+1)(s+3)}{s(s+2)}\bigg|_{s=-4}=\frac{3}{8}$$

求得原函数为

$$f(t)=\mathscr{L}^{-1}[F(s)]=\mathscr{L}^{-1}\left[\frac{K_1}{s}+\frac{K_2}{s+2}+\frac{K_3}{s+4}\right]$$

$$=K_1+K_2e^{-2t}+K_3e^{-4t}=\frac{3}{8}+\frac{1}{4}e^{-2t}+\frac{3}{8}e^{-4t}=\frac{1}{8}(3+2e^{-2t}+3e^{-4t})$$

(2) 令已知象函数 $F(s)$ 的分母多项式为零,即

$$(s^2+5s+6)(s+12)=(s+2)(s+3)(s+12)=0$$

得 $p_1=-2,p_2=-3,p_3=-12$ 三个单实根,则象函数 $F(s)$ 展开为

$$F(s)=\frac{2s^2+16}{(s^2+5s+6)(s+12)}=\frac{2s^2+16}{(s+2)(s+3)(s+12)}$$

$$=\frac{K_1}{s+2}+\frac{K_2}{s+3}+\frac{K_3}{s+12}$$

其待定系数为

$$K_1=[(s+2)F(s)]_{s=-2}=\frac{2s^2+16}{(s+3)(s+12)}\bigg|_{s=-2}=\frac{12}{5}$$

$$K_2=[(s+3)F(s)]_{s=-3}=\frac{2s^2+16}{(s+2)(s+12)}\bigg|_{s=-3}=-\frac{34}{9}$$

$$K_3=[(s+12)F(s)]_{s=-12}=\frac{2s^2+16}{(s+2)(s+3)}\bigg|_{s=-12}=\frac{152}{45}$$

求得原函数为

$$f(t)=\mathscr{L}^{-1}[F(s)]=\mathscr{L}^{-1}\left[\frac{K_1}{s+2}+\frac{K_2}{s+3}+\frac{K_3}{s+12}\right]=K_1e^{-2t}+K_2e^{-3t}+K_3e^{-12t}$$

$$=\frac{12}{5}e^{-2t}-\frac{34}{9}e^{-3t}+\frac{152}{45}e^{-12t}$$

(3) 由已知象函数得

$$F(s)=\frac{2s^2+9s+9}{s^2+3s+2}=2+F_0(s)=2+\frac{3s+5}{s^2+3s+2}$$

令 $F_0(s)$ 的分母多项式为零,即

$$s^2+3s+2=(s+1)(s+2)=0$$

解得 $p_1=-1,p_2=-2$ 两个单实根,则象函数 $F_0(s)$ 展开为

$F_0(s)=\dfrac{3s+5}{s^2+3s+2}=\dfrac{K_1}{s+1}+\dfrac{K_2}{s+2}$,其待定系数为

$$K_1=[(s+1)F_0(s)]_{s=-1}=\frac{3s+5}{s+2}\bigg|_{s=-1}=2$$

$$K_2=[(s+2)F_0(s)]_{s=-2}=\frac{3s+5}{s+1}\bigg|_{s=-2}=1$$

$$f(t)=\mathscr{L}^{-1}[F(s)]=\mathscr{L}^{-1}[2+F_0(s)]$$
$$=\mathscr{L}^{-1}\left[2+\frac{K_1}{s+1}+\frac{K_2}{s+2}\right]=2\delta(t)+K_1\mathrm{e}^{-t}+K_2\mathrm{e}^{-2t}$$
$$=2\delta(t)+2\mathrm{e}^{-t}+\mathrm{e}^{-2t}$$

（4）由已知象函数得

$$F(s)=\frac{s^3}{s(s^2+3s+2)}=\frac{s^2}{s^2+3s+2}=1-\frac{3s+2}{s^2+3s+2}=1-F_0(s)$$

设 $F_0(s)=\dfrac{3s+2}{s^2+3s+2}$，令 $F_0(s)$ 的分母多项式为零，即

$$D(s)=s^2+3s+2=(s+1)(s+2)=0$$

上式的根为 $p_1=-1, p_2=-2$ 两个单实根，则象函数 $F_0(s)$ 展开为

$$F_0(s)=\frac{3s+2}{s^2+3s+2}=\frac{K_1}{s+1}+\frac{K_2}{s+2}$$

其待定系数为

$$K_1=[(s+1)F_0(s)]_{s=-1}=\left.\frac{3s+2}{s+2}\right|_{s=-1}=-1$$
$$K_2=[(s+2)F_0(s)]_{s=-2}=\left.\frac{3s+2}{s+1}\right|_{s=-2}=4$$
$$f(t)=\mathscr{L}^{-1}[F(s)]=\mathscr{L}^{-1}[1-F_0(s)]$$
$$=\mathscr{L}^{-1}\left[1-\frac{K_1}{s+1}-\frac{K_2}{s+2}\right]$$
$$=\mathscr{L}^{-1}\left[1-\frac{-1}{s+1}-\frac{4}{s+2}\right]$$
$$=\delta(t)+\mathrm{e}^{-t}-4\mathrm{e}^{-2t}$$

14-3 求下列各函数的原函数：

（1）$\dfrac{1}{(s+1)(s+2)^2}$　　（2）$\dfrac{s+1}{s^3+2s^2+2s}$

（3）$\dfrac{s^2+6s+5}{s(s^2+4s+5)}$　　（4）$\dfrac{s}{(s^2+1)^2}$

解：（1）令已知象函数 $F(s)$ 的分母多项式为零，即

$$D(s)=(s+1)(s+2)^2=0$$

得 $p_1=-2$（二重实根），$p_2=-1$（单实根），则象函数 $F(s)$ 展开为

$$F(s)=\frac{1}{(s+1)(s+2)^2}=\frac{K_{12}}{s+2}+\frac{K_{11}}{(s+2)^2}+\frac{K_2}{s+1}$$

其待定系数为

$$K_{11}=[(s+2)^2F(s)]_{s=-2}=\left.\frac{1}{s+1}\right|_{s=-2}=-1$$
$$K_{12}=\frac{\mathrm{d}}{\mathrm{d}s}[(s+2)^2F(s)]_{s=-2}=\frac{\mathrm{d}}{\mathrm{d}s}\left[\frac{1}{s+1}\right]_{s=-2}=-\left.\frac{1}{(s+1)^2}\right|_{s=-2}=-1$$
$$K_2=[(s+1)F(s)]_{s=-1}=\left.\frac{1}{(s+2)^2}\right|_{s=-1}=1$$

求得原函数为

$$f(t)=\mathscr{L}^{-1}\left[\frac{K_{12}}{s+2}+\frac{K_{11}}{(s+2)^2}+\frac{K_2}{s+1}\right]$$
$$=K_{12}\mathrm{e}^{-2t}+K_{11}t\mathrm{e}^{-2t}+K_2\mathrm{e}^{-t}=\mathrm{e}^{-t}-\mathrm{e}^{-2t}-t\mathrm{e}^{-2t}$$

（2）令已知象函数 $F(s)$ 的分母多项式为零，即

$$D(s)=s^3+2s^2+2s=s(s^2+2s+2)=0$$

得 $p_1=0$（单实根），$p_2=-1-\mathrm{j}, p_3=-1+\mathrm{j}$（共轭复根），则象函数 $F(s)$ 展开为

$$F(s)=\frac{s+1}{s^3+2s^2+2s}=\frac{s+1}{s(s^2+2s+2)}=\frac{K_1}{s}+\frac{K_2}{s+1+\mathrm{j}}+\frac{K_3}{s+1-\mathrm{j}}$$

其待定系数为

$$K_1=[sF(s)]_{s=0}=\left.\frac{s+1}{s^2+2s+2}\right|_{s=0}=\frac{1}{2}$$
$$K_2=[(s+1+\mathrm{j})F(s)]_{s=-1-\mathrm{j}}=\left.\frac{s+1}{s(s+1-\mathrm{j})}\right|_{s=-1-\mathrm{j}}$$
$$=\frac{-\mathrm{j}}{(-1-\mathrm{j})(-2\mathrm{j})}=\frac{-1}{2\sqrt{2}\angle 45^\circ}=\frac{1}{2\sqrt{2}}\angle 135^\circ$$
$$K_3=[(s+1-\mathrm{j})F(s)]_{s=-1+\mathrm{j}}=\left.\frac{s+1}{s(s+1+\mathrm{j})}\right|_{s=-1+\mathrm{j}}$$
$$=\frac{\mathrm{j}}{(-1+\mathrm{j})(2\mathrm{j})}=\frac{1}{2\sqrt{2}\angle 135^\circ}=\frac{1}{2\sqrt{2}}\angle -135^\circ$$
$$f(t)=\mathscr{L}^{-1}[F(s)]=K_1+K_2\mathrm{e}^{-(1+\mathrm{j})t}+K_3\mathrm{e}^{-(1-\mathrm{j})t}$$
$$=\frac{1}{2}+\frac{1}{2\sqrt{2}}\mathrm{e}^{\mathrm{j}135^\circ}\cdot\mathrm{e}^{-(1+\mathrm{j})t}+\frac{1}{2\sqrt{2}}\mathrm{e}^{-\mathrm{j}135^\circ}\cdot\mathrm{e}^{-(1-\mathrm{j})t}$$
$$=\frac{1}{2}+\frac{1}{2\sqrt{2}}\mathrm{e}^{-t}[\mathrm{e}^{-\mathrm{j}(t-135^\circ)}+\mathrm{e}^{+\mathrm{j}(t-135^\circ)}]$$
$$=\frac{1}{2}+\frac{1}{\sqrt{2}}\mathrm{e}^{-t}\cos(t-135^\circ)=0.5+0.707\mathrm{e}^{-t}\cos(t-135^\circ)$$

（3）令已知象函数 $F(s)$ 的分母多项式为零，即 $s(s^2+4s+5)=0$，得 $p_1=0$（单实根），$p_2=-2-\mathrm{j}, p_3=-2+\mathrm{j}$（共轭复根），则象函数 $F(s)$ 展开为

$$F(s)=\frac{s^2+6s+5}{s(s^2+4s+5)}=\frac{K_1}{s}+\frac{K_2}{s+2+\mathrm{j}}+\frac{K_3}{s+2-\mathrm{j}}$$

其待定系数为

$$K_1=[sF(s)]_{s=0}=\left.\frac{s^2+6s+5}{s^2+4s+5}\right|_{s=0}=1$$
$$K_2=[(s+2+\mathrm{j})F(s)]_{s=-2-\mathrm{j}}=\left.\frac{s^2+6s+5}{s(s+2-\mathrm{j})}\right|_{s=-2-\mathrm{j}}$$

$$=\frac{(-2-j+1)(-2-j+5)}{(-2-j)(-2j)}$$

$$=\frac{-4-j2}{(-4-j2)(-j)}=j$$

$$K_3=[(s+2-j)F(s)]_{s=-2+j}=\left.\frac{s^2+6s+5}{s(s+2+j)}\right|_{s=-2+j}$$

$$=\frac{(-2+j+1)(-2+j+5)}{(-2+j)(2j)}=\frac{-4+j2}{(-4+j2)j}=-j$$

$$f(t)=K_1+K_2e^{-(2+j)t}+K_3e^{-(2-j)t}=1+je^{-(2+j)t}-je^{-(2-j)t}$$

$$=1+je^{-2t}(e^{-jt}-e^{jt})$$

$$=1+2e^{-2t}\left(\frac{e^{jt}-e^{-jt}}{j2}\right)=1+2e^{-2t}\sin t$$

（4）令已知象函数 $F(s)$ 的分母多项式为零，即

$$(s^2+1)^2=(s+j)^2(s-j)^2=0$$

得 $p_1=-j,p_2=j$（二重共轭复根），则象函数 $F(s)$ 展开为

$$F(s)=\frac{s}{(s^2+1)^2}=\frac{s}{(s+j)^2(s-j)^2}=\frac{K_{12}}{s+j}+\frac{K_{11}}{(s+j)^2}+\frac{K_{21}}{s-j}+\frac{K_{22}}{(s-j)^2}$$

其待定系数为

$$K_{11}=[(s+j)^2F(s)]_{s=-j}=\left.\frac{s}{(s-j)^2}\right|_{s=-j}=\frac{-j}{(-2j)^2}=j\frac{1}{4}$$

$$K_{22}=[(s-j)^2F(s)]_{s=j}=\left.\frac{s}{(s+j)^2}\right|_{s=j}=\frac{j}{(2j)^2}=-j\frac{1}{4}$$

$$K_{12}=\frac{d}{ds}[(s+j)^2F(s)]_{s=-j}=\frac{d}{ds}\left[\frac{s}{(s-j)^2}\right]_{s=-j}$$

$$=\left.\frac{(s-j)^2-2s(s-j)}{(s-j)^4}\right|_{s=-j}=\left.\frac{(s-j)(-s-j)}{(s-j)^4}\right|_{s=-j}=0$$

$$K_{21}=\frac{d}{ds}[(s-j)^2F(s)]_{s=j}=\frac{d}{ds}\left[\frac{s}{(s+j)^2}\right]_{s=j}$$

$$=\left.\frac{(s+j)^2-2s(s+j)}{(s+j)^4}\right|_{s=j}=\left.\frac{(s+j)(-s+j)}{(s+j)^4}\right|_{s=j}=0$$

$$f(t)=\mathscr{L}^{-1}[F(s)]=K_{11}te^{-jt}+K_{22}te^{jt}$$

$$=j\frac{1}{4}te^{-jt}-j\frac{1}{4}te^{jt}=\frac{t}{2}\left(\frac{e^{jt}-e^{-jt}}{j2}\right)=\frac{1}{2}t\sin t$$

14-4 题 14-4 图(a)(b)(c)所示电路原已达稳态，$t=0$ 时把开关 S 合上，分别画出运算电路。

解：题 14-4 图(a)(b)(c)在开关 S 未合上时，电路均已达稳态，直流稳态电路中，电容相当于“开路”，电感相当于“短路”，即 $t=0_-$ 时，其等效电路分别如题 14-4解图(a1)(b1)(c1)所示，其运算电路分别如题 14-4 解图(a2)(b2)(c2)所示。

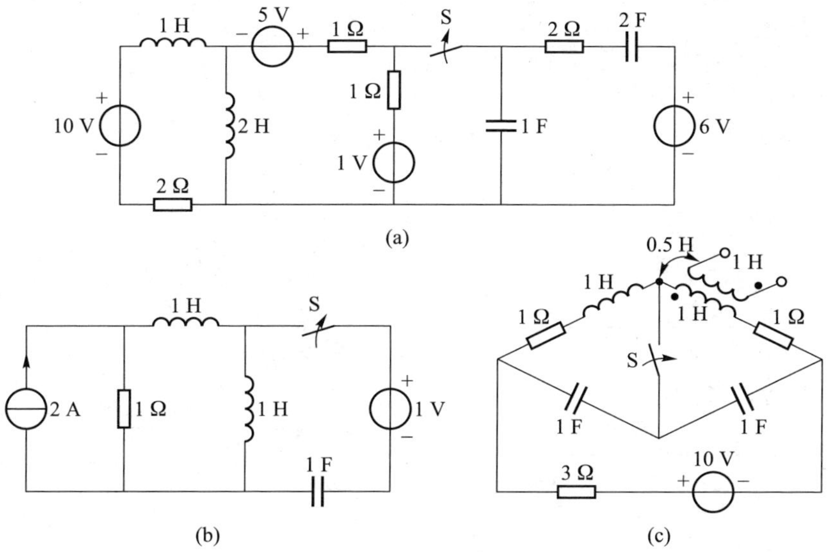

题 14-4 图

在题 14-4 解图(a1)中，$i_1(0_-)=\frac{10}{2}A=5\ A,i_2(0_-)=i_1(0_-)+\frac{1-5}{1+1}A=3\ A$，列 KVL 方程 $u_1(0_-)+u_2(0_-)=6$

因 $C_1u_1(0_-)=C_2u_2(0_-)\quad\Rightarrow\quad 1\times u_1(0_-)=2\times u_2(0_-)$

得 $u_1(0_-)=2u_2(0_-)$，代入上式，得

$$2u_2(0_-)+u_2(0_-)=6\quad\Rightarrow\quad u_2(0_-)=\frac{6}{2+1}V=2\ V$$

$$u_1(0_-)=6-u_2(0_-)=4\ V$$

所以附加电压源为

$$L_1i_1(0_-)=1\times5=5,\qquad L_2i_2(0_-)=2\times3=6$$

$$\frac{u_1(0_-)}{s}=\frac{4}{s},\qquad \frac{u_2(0_-)}{s}=\frac{2}{s}$$

在题 14-4 解图(b1)中，$i_1(0_-)=i_2(0_-)=2\ A,u_C(0_-)=0\ V$，所以附加电压源为 $L_1i_1(0_-)=1\times2=2,L_2i_2(0_-)=2$

在题 14-4 解图(c1)中，$i_1(0_-)=i_2(0_-)=\frac{10}{3+1+1}A=2\ A$

$$u_1(0_-)+u_2(0_-)=(1+1)i_1(0_-)=4\ V$$

$$u_1(0_-)=u_2(0_-)=2\ V$$

所以附加电压源为 $L_1i_1(0_-)=2,L_2i_2(0_-)=2,\frac{u_1(0_-)}{s}=\frac{2}{s},\frac{u_2(0_-)}{s}=\frac{2}{s}$。

$Mi_2(0_-)=1$

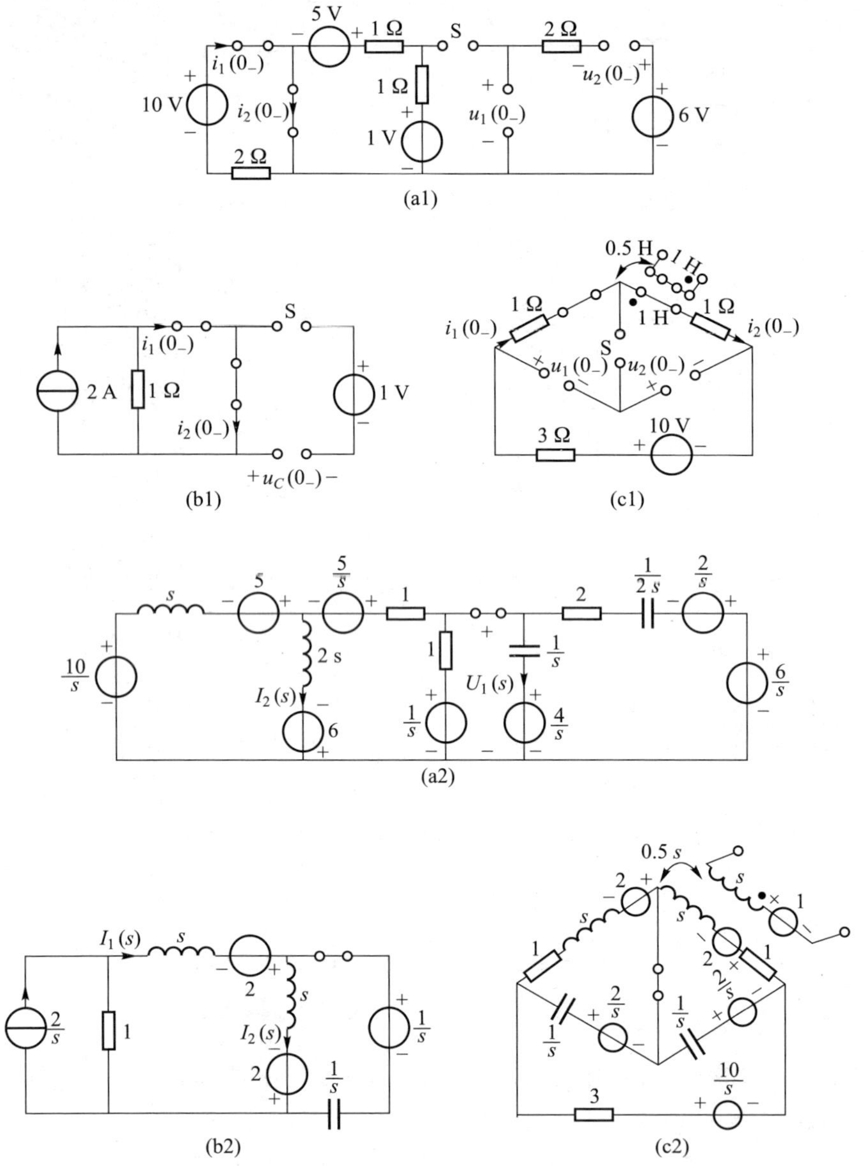

题 14-4 解图

14-5 题 14-5 图所示电路原处于零状态，$t=0$ 时合上开关 S，试求电流 i_L。

解：由题 14-5 图可得 $i_L(0_-)=0$ A，$u_C(0_-)=0$ V 其运算电路如题 14-5 解图所示。

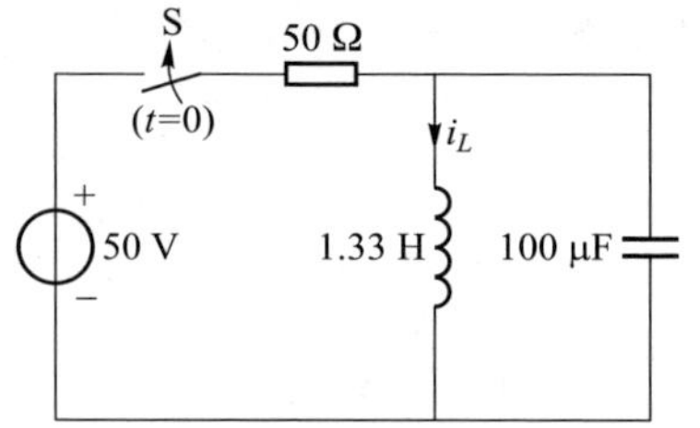

题 14-5 图

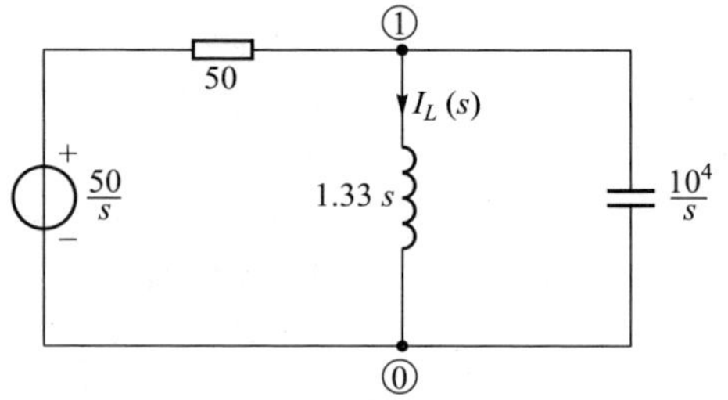

题 14-5 解图

$$I_L(s)=\frac{U_{n1}(s)}{1.33s}=\frac{1}{1.33s}\times\frac{\dfrac{50}{s}\Big/50}{\dfrac{1}{50}+\dfrac{1}{1.33s}+\dfrac{s}{10^4}}=\frac{\dfrac{1}{1.33}}{s^2\left(\dfrac{1}{50}+\dfrac{1}{1.33s}+\dfrac{s}{10^4}\right)}$$

$$=\frac{\dfrac{10^4}{1.33}}{s\left(s^2+200s+\dfrac{10^4}{1.33}\right)}=\frac{7500}{s(s+50)(s+150)}$$

令象函数 $I_L(s)$ 的分母多项式为零，即 $s(s+50)(s+150)=0$，得 $p_1=0$，$p_2=-50$，$p_3=-150$（三个单实根），则象函数 $I_L(s)$ 展开为

$$I_L(s)=\frac{7500}{s(s+50)(s+150)}=\frac{K_1}{s}+\frac{K_2}{s+50}+\frac{K_3}{s+150}$$

其待定系数为

$$K_1=[sI_L(s)]_{s=0}=\frac{7500}{(s+50)(s+150)}\bigg|_{s=0}=1$$

$$K_2=[(s+50)I_L(s)]_{s=-50}=\frac{7500}{s(s+150)}\bigg|_{s=-50}=\frac{7500}{-50\times100}=-1.5$$

$$K_3=[(s+150)I_L(s)]_{s=-150}=\frac{7500}{s(s+50)}\bigg|_{s=-150}=\frac{7500}{-150\times(-100)}=0.5$$

$$i_L(t)=\mathscr{L}^{-1}[I_L(s)]=\mathscr{L}^{-1}\left[\frac{1}{s}+\frac{-1.5}{s+50}+\frac{0.5}{s+150}\right]$$
$$=(1-1.5e^{-50t}+0.5e^{-150t})\varepsilon(t)\text{ A}$$

14-6 电路如题 14-6 图所示,已知 $i_L(0_-)=0$ A,$t=0$ 时将开关 S 闭合,求 $t>0$时的 $u_L(t)$。

解:已知 $i_L(0_-)=0$ A,其运算电路如题 14-6 解图所示。

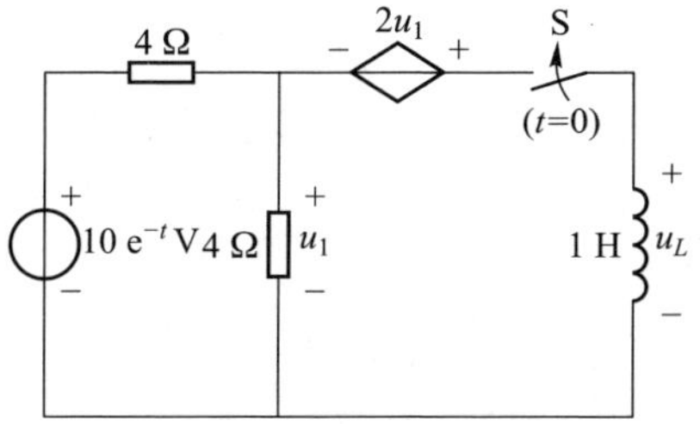

题 14-6 图

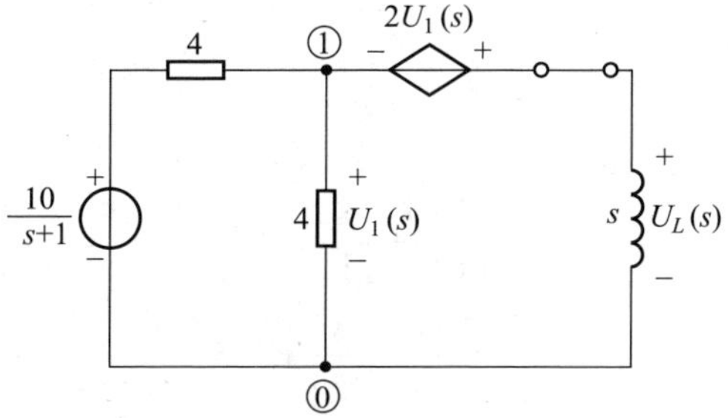

题 14-6 解图

对节点①列节点电压方程

$$\left(\frac{1}{4}+\frac{1}{4}+\frac{1}{s}\right)U_1(s)=\frac{\frac{10}{s+1}}{4}-\frac{2U_1(s)}{s}$$

$$\Rightarrow\quad\left(\frac{1}{2}+\frac{1}{s}\right)U_1(s)=\frac{10}{4(s+1)}-\frac{2U_1(s)}{s}$$

$$\Rightarrow\quad\left(\frac{1}{2}+\frac{1}{s}+\frac{2}{s}\right)U_1(s)=\frac{10}{4(s+1)}$$

得

$$U_1(s)=\frac{10}{4(s+1)\left(\frac{1}{2}+\frac{3}{s}\right)}=\frac{5s}{(s+1)(s+6)}$$

列右网孔 KVL 方程

$$2U_1(s)+U_1(s)=U_L(s)\quad\Rightarrow\quad U_L(s)=3U_1(s)$$

将 $U_1(s)$带入此式中,得

$$U_L(s)=3\cdot\frac{5s}{(s+1)(s+6)}$$

则

$$U_L(s)=\frac{15s}{(s+1)(s+6)}=\frac{K_1}{s+1}+\frac{K_2}{s+6}$$

其待定系数为

$$K_1=[(s+1)U_L(s)]_{s=-1}=\left.\frac{15s}{s+6}\right|_{s=-1}=\frac{-15}{5}=-3$$

$$K_2=[(s+6)U_L(s)]_{s=-6}=\left.\frac{15s}{s+1}\right|_{s=-6}=\frac{15\times(-6)}{-5}=18$$

所以

$$u_L(t)=\mathscr{L}^{-1}[U_L(s)]=\mathscr{L}^{-1}\left[\frac{-3}{s+1}+\frac{18}{s+6}\right]=(-3e^{-t}+18e^{-6t})\varepsilon(t)\text{ V}$$

14-7 电路如题 14-7 图所示,设电容上原有电压 $U_{C0}=100$ V,电源电压 $U_s=200$ V,$R_1=30\ \Omega$,$R_2=10\ \Omega$,$L=0.1$ H,$C=1000\ \mu$F。求 S 合上后电感中的电流 $i_L(t)$。

解:题 14-7 图中,已知 $u_C(0_-)=U_{C0}=100$ V,$i_L(0_-)=\dfrac{U_s}{R_1+R_2}=\dfrac{200}{30+10}$A $=5$ A,$Li_L(0_-)=0.1\times5=0.5$,运算电路模型如题14-7 解图所示。

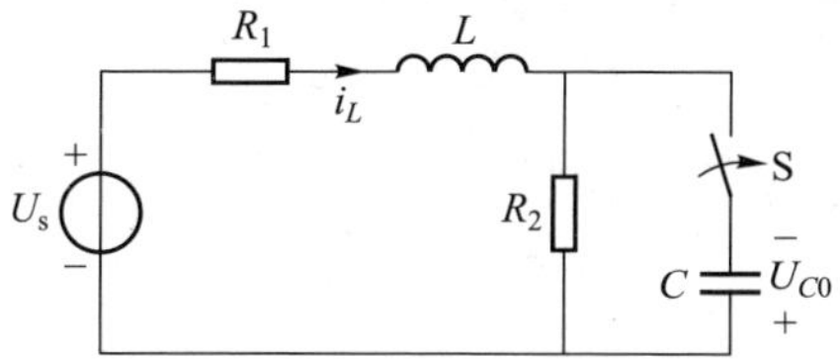

题 14-7 图

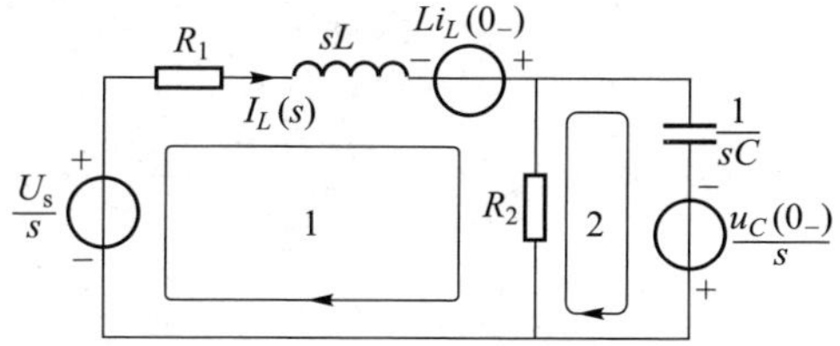

题 14-7 解图

列网孔电流方程为

$$\begin{cases}(R_1+R_2+sL)I_{m1}(s)-R_2I_{m2}(s)=\dfrac{U_s}{s}+Li_L(0_-)\\[2mm]-R_2I_{m1}(s)+\left(R_2+\dfrac{1}{sC}\right)I_{m2}(s)=\dfrac{u_C(0_-)}{s}\end{cases}$$

$$\Rightarrow\begin{cases}(40+0.1s)I_{m1}(s)-10I_{m2}(s)=\dfrac{200}{s}+0.5\\[2mm]-10I_{m1}(s)+\left(10+\dfrac{10^3}{s}\right)I_{m2}(s)=\dfrac{100}{s}\end{cases}$$

$$\Rightarrow\begin{cases}(400s+s^2)I_{m1}(s)-100sI_{m2}(s)=2000+5s & \langle 1\rangle\\-10sI_{m1}(s)+(10s+10^3)I_{m2}(s)=100 & \langle 2\rangle\end{cases}$$

由〈2〉式,得 $I_{m2}(s)=\dfrac{100+10sI_{m1}(s)}{10s+10^3}$,代入〈1〉式,得

$$(400s+s^2)I_{m1}(s)-\frac{10^4s+10^3s^2I_{m1}(s)}{10s+10^3}=2000+5s$$

求得

$$I_{m1}(s)=\frac{2000+5s+\dfrac{10^4s}{10s+10^3}}{400s+s^2-\dfrac{10^3s^2}{10s+10^3}}$$

$$=\frac{2\times10^4s+2\times10^6+50s^2+5\times10^3s+10^4s}{4\times10^3s^2+4\times10^5s+10s^3}$$

$$=\frac{5s^2+3500s+2\times10^5}{s(s^2+400s+4\times10^4)}=\frac{5s^2+3500s+2\times10^5}{s\ (s+200)^2}$$

令象函数 $I_{m1}(s)$的分母多项式为零,即 $s\ (s+200)^2=0$,得$p_1=-200$(二重实

根）,$p_2=0$（单根）,则象函数 $I_{m1}(s)$ 展开为

$$I_{m1}(s)=\frac{5s^2+3500s+2\times10^5}{s\,(s+200)^2}=\frac{K_{12}}{s+200}+\frac{K_{11}}{(s+200)^2}+\frac{K_2}{s}$$

其待定系数为

$$K_2=[sI_{m1}(s)]_{s=0}=\left.\frac{5s^2+3500s+2\times10^5}{(s+200)^2}\right|_{s=0}=5$$

$$K_{11}=[(s+200)^2I_{m1}(s)]_{s=-200}=\left.\frac{5s^2+3500s+2\times10^5}{s}\right|_{s=-200}=1500$$

$$K_{12}=\frac{\mathrm{d}}{\mathrm{d}s}[(s+200)^2I_{m1}(s)]_{s=-200}$$

$$=\left.\frac{(10s+3500)s-(5s^2+3500s+2\times10^5)}{s^2}\right|_{s=-200}=0$$

$$i_L(t)=\mathscr{L}^{-1}[I_L(s)]=\mathscr{L}^{-1}[I_{m1}(s)]=\mathscr{L}^{-1}\left[\frac{1500}{(s+200)^2}+\frac{5}{s}\right]$$

$$=(5+1500te^{-200t})\ \mathrm{A}$$

14-8 题 14-8 图所示电路中的储能元件均为零初始值,$u_S(t)=5\varepsilon(t)$ V,在下列条件下求 $U_1(s)$:(1) $r=-3$;(2) $r=3$。

解:题 14-8 图的运算电路模型如题 14-8 解图所示,$U_s(s)=\dfrac{5}{s}$,对节点①列节点电压方程,有

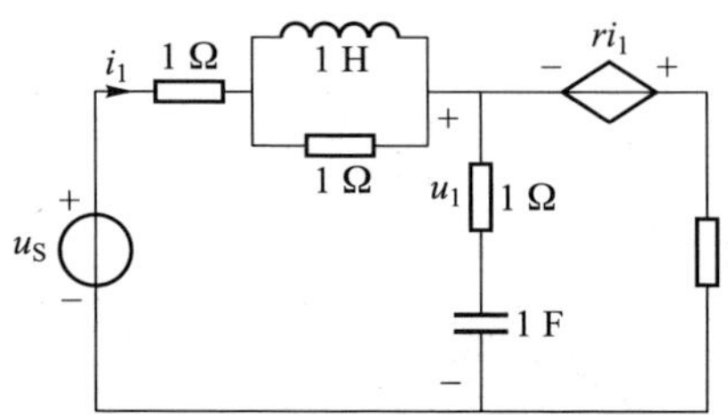

题 14-8 图

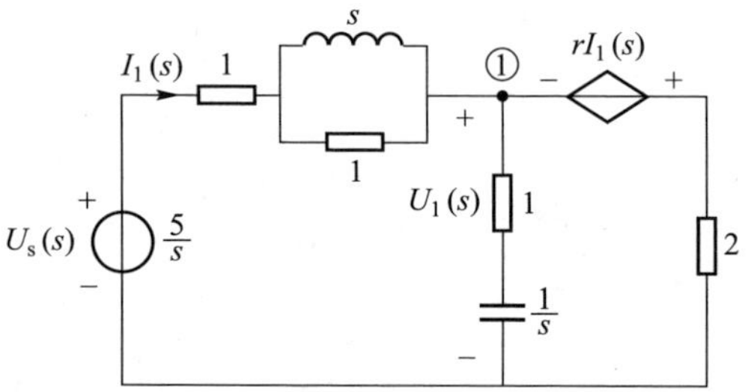

题 14-8 解图

$$\left(\frac{1}{1+\dfrac{s}{1+s}}+\frac{1}{1+\dfrac{1}{s}}+\frac{1}{2}\right)U_1(s)=\frac{\dfrac{5}{s}}{1+\dfrac{s}{1+s}}-\frac{rI_1(s)}{2}$$

整理得

$$\left(\frac{1+s}{1+2s}+\frac{s}{1+s}+0.5\right)U_1(s)=\frac{5(1+s)}{s(1+2s)}-\frac{rI_1(s)}{2} \qquad \langle 1\rangle$$

由左网孔,得 $I_1(s)=\dfrac{\dfrac{5}{s}-U_1(s)}{1+\dfrac{s}{1+s}}=\dfrac{\left[\dfrac{5}{s}-U_1(s)\right](s+1)}{1+2s}$ 〈2〉

将〈2〉式代入〈1〉式得

$$\left(\frac{1+s}{1+2s}+\frac{s}{1+s}+0.5\right)U_1(s)=\frac{5(1+s)}{s(1+2s)}-\frac{r}{2}\cdot\frac{\left[\dfrac{5}{s}-U_1(s)\right](s+1)}{1+2s}$$

$$\Rightarrow\left[\frac{1+s}{1+2s}+\frac{s}{1+s}+0.5-\frac{r(1+s)}{2(1+2s)}\right]U_1(s)=\frac{5(1+s)}{s(1+2s)}\left(1-\frac{r}{2}\right)$$

$$\Rightarrow\quad U_1(s)=\frac{5(1+s)\left(1-\dfrac{r}{2}\right)}{s(1+2s)\left[\dfrac{1+s}{1+2s}+\dfrac{s}{1+s}+0.5-\dfrac{r(1+s)}{2(1+2s)}\right]}$$

$$=\frac{5\left(1-\dfrac{r}{2}\right)(1+s)^2}{s\left[\left(4-\dfrac{r}{2}\right)s^2+(4.5-r)s+1.5-\dfrac{r}{2}\right]}$$

(1) 当 $r=-3$ 时,$U_1(s)=\dfrac{12.5\,(1+s)^2}{s(5.5s^2+7.5s+3)}=\dfrac{25\,(s+1)^2}{s(11s^2+15s+6)}$

(2) 当 $r=3$ 时,$U_1(s)=\dfrac{-5\times0.5\,(1+s)^2}{s(2.5s^2+1.5s)}=-\dfrac{(s+1)^2}{s^2(s+0.6)}$

14-9 题 14-9 图所示电路中,$i_s=2\sin(1000t)$ A,$R_1=R_2=20\ \Omega$,$C=1000\ \mu\mathrm{F}$,$t=0$ 时合上开关 S,用运算法求 $u_C(t)$。

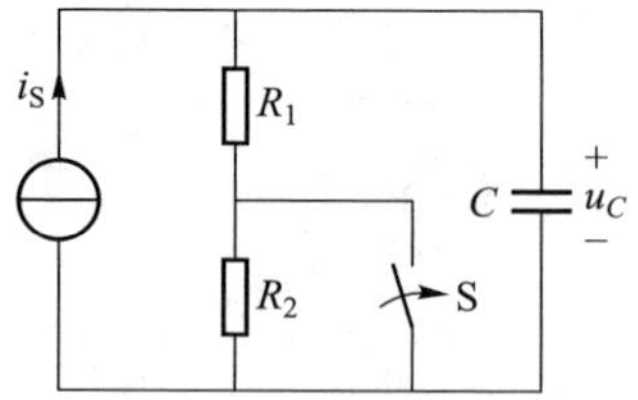

题 14-9 图

解:此题分如下两步计算。第一步:开关 S 未合上时(换路前$t<0$),电路为正弦稳态电路,用相量法求 $t<0$ 时的 $u_C(t)$,题 14-9 图的相量电路模型如题 14-9解图(a)所示。

$$\dot{U}_C=\frac{\dot{I}_s}{\dfrac{1}{R_1+R_2}+\mathrm{j}\omega C}=\frac{\dfrac{2}{\sqrt{2}}\angle-90^\circ}{\dfrac{1}{20+20}+\mathrm{j}\,10^3\times10^3\times10^{-6}}\ \mathrm{V}$$

$$=\frac{\frac{2}{\sqrt{2}}\angle -90^\circ}{0.025+\mathrm{j}}\ \mathrm{V}=\frac{1.9994}{\sqrt{2}}\angle(-90^\circ-88.6^\circ)\ \ \mathrm{V}$$

当 $t<0$ 时

$$u_C(t)=1.9994\sin(1000t-88.6^\circ)\ \mathrm{V}$$

$$u_C(0_-)=u_C(t)\big|_{t=0_-}=1.9994\sin(-88.6^\circ)\ \mathrm{V}$$

$$=-1.9994\times 0.9997\ \mathrm{V}=-1.9988\ \mathrm{V}$$

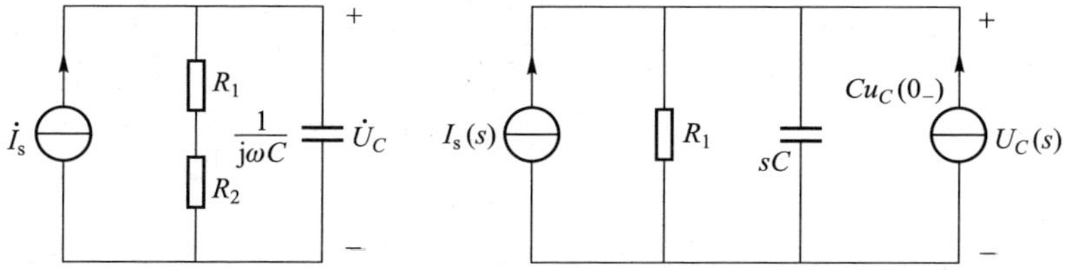

(a) (b)

题 14-9 解图

第二步:开关 S 合上后(换路后),其运算电路模型如题 14-9 解图(b)所示。

$$U_C(s)=\frac{I_s(s)+Cu_C(0_-)}{\frac{1}{R_1}+sC}=\frac{2\times\frac{10^3}{s^2+(10^3)^2}+10^{-3}\times(-1.9988)}{\frac{1}{20}+10^3\times10^{-6}s}$$

$$=\frac{[2\times10^3-10^{-3}\times1.9988(s^2+10^6)]\times10^3}{\left(\frac{1}{20}+10^{-3}s\right)(s^2+10^6)\times10^3}$$

$$=\frac{2\times10^6-1.9988s^2-1.9988\times10^6}{\left(\frac{10^3}{20}+s\right)(s^2+10^6)}$$

$$=\frac{-1.9988s^2+1200}{(s+50)(s^2+10^6)}$$

$$=\frac{K_1}{s+50}+\frac{K_2}{s+\mathrm{j}\,10^3}+\frac{K_3}{s-\mathrm{j}\,10^3}$$

其待定系数为

$$K_1=[(s+50)U_C(s)]_{s=-50}=\frac{-1.9988s^2+1200}{s^2+10^6}\bigg|_{s=-50}$$

$$=\frac{-1.9988\times(-50)^2+1200}{(-50)^2+10^6}=\frac{-3797}{2500+10^6}=-3.788\times10^{-3}$$

$$K_2=[(s+\mathrm{j}\,10^3)U_C(s)]_{s=-\mathrm{j}10^3}$$

$$=\frac{-1.9988s^2+1200}{(s+50)(s-\mathrm{j}10^3)}\bigg|_{s=-\mathrm{j}10^3}=\frac{1.9988\times10^6+1200}{(50-\mathrm{j}10^3)(-2\mathrm{j}10^3)}=\frac{2\times10^6}{-2\times10^6-\mathrm{j}10^5}$$

$$=0.9988\angle 177.14^\circ=0.9988\mathrm{e}^{\mathrm{j}177.14^\circ}$$

$$K_3=[(s-\mathrm{j}10^3)U_C(s)]_{s=\mathrm{j}10^3}=\frac{-1.9988s^2+1200}{(s+50)(s+\mathrm{j}10^3)}\bigg|_{s=\mathrm{j}10^3}$$

$$=\frac{1.9988\times10^6+1200}{(50+\mathrm{j}10^3)(2\mathrm{j}10^3)}=\frac{2\times10^6}{-2\times10^6+\mathrm{j}10^5}$$

$$=0.9988\angle -177.14^\circ$$

$$=0.9988\mathrm{e}^{-\mathrm{j}177.14^\circ}$$

$$u_C(t)=\mathscr{L}^{-1}[U_C(s)]=\mathscr{L}^{-1}\left[\frac{K_1}{s+50}+\frac{K_2}{s+\mathrm{j}10^3}+\frac{K_3}{s-\mathrm{j}10^3}\right]$$

$$=K_1\mathrm{e}^{-50t}+K_2\mathrm{e}^{-\mathrm{j}10^3t}+K_3\mathrm{e}^{\mathrm{j}10^3t}$$

$$=K_1\mathrm{e}^{-50t}+0.9988(\mathrm{e}^{\mathrm{j}177.14^\circ}\cdot\mathrm{e}^{-\mathrm{j}10^3t}+\mathrm{e}^{-\mathrm{j}177.14^\circ}\cdot\mathrm{e}^{\mathrm{j}10^3t})$$

$$=\left\{-3.788\times10^{-3}\mathrm{e}^{-50t}+0.9988\times2\left[\frac{\mathrm{e}^{-\mathrm{j}(10^3t-177.14^\circ)}+\mathrm{e}^{\mathrm{j}(10^3t-177.14^\circ)}}{2}\right]\right\}\mathrm{V}$$

$$=[-3.788\times10^{-3}\mathrm{e}^{-50t}+1.9976\cos(10^3t-177.14^\circ)]\,\mathrm{V}$$

14-10 题 14-10 图所示电路中,$L_1=1$ H,$L_2=4$ H,$M=2$ H,$R_1=R_2=1$ Ω,$U_s=1$ V,电感中原无磁场能量。$t=0$ 时合上开关 S,用运算法求 i_1、i_2。

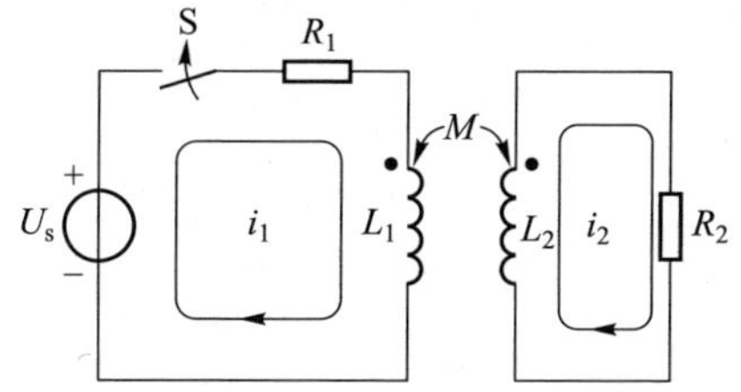

题 14-10 图

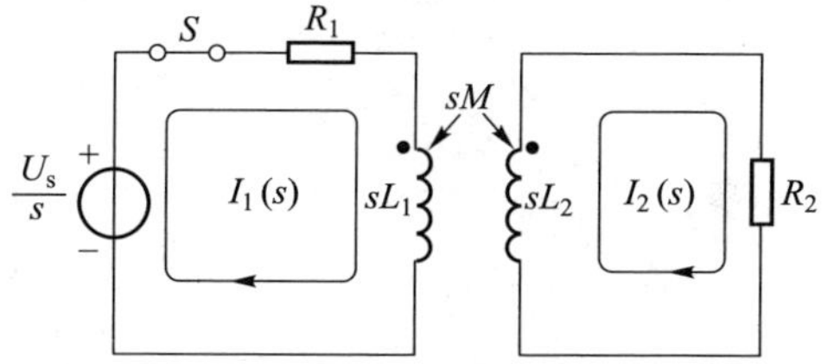

题 14-10 解图

解:题 14-10 图中开关 S 未合上时,$i_1(0_-)=0$ A,$i_2(0_-)=0$ A,其运算电路如题 14-10 解图所示。

对含有互感的电路,应用回路电流法列方程

$$\begin{cases}(R_1+sL_1)I_1(s)-sMI_2(s)=\frac{U_s}{s} & \langle 1\rangle\\ -sMI_1(s)+(R_2+sL_2)I_2(s)=0 & \langle 2\rangle\end{cases}$$

由⟨2⟩式,得

$$I_1(s)=\frac{R_2+sL_2}{sM}I_2(s)$$

代入⟨1⟩式,得

$$\frac{(R_1+sL_1)(R_2+sL_2)}{sM}I_2(s)-sMI_2(s)=\frac{U_s}{s}$$

$$I_2(s)=\frac{\dfrac{U_s}{s}}{\dfrac{(R_1+sL_1)(R_2+sL_2)}{sM}-sM}$$

$$=\frac{MU_s}{(R_1+sL_1)(R_2+sL_2)-(sM)^2}$$

$$=\frac{MU_s}{R_1R_2+(R_2L_1+R_1L_2)s+L_1L_2s^2-s^2M^2}$$

$$=\frac{2\times1}{1\times1+(1\times1+1\times4)s+1\times4s^2-2^2s^2}$$

$$=\frac{2}{1+5s}=\frac{2}{5}\cdot\frac{1}{s+0.2}$$

$$I_1(s)=\frac{R_2+sL_2}{sM}\cdot I_2(s)=\frac{1+4s}{2s}\times\frac{2}{5}\times\frac{1}{s+0.2}$$

$$=\frac{0.2+0.8s}{s(s+0.2)}=\frac{K_1}{s}+\frac{K_2}{s+0.2}$$

$$K_1=[sI_1(s)]_{s=0}=\left.\frac{0.2+0.8s}{s+0.2}\right|_{s=0}=1$$

$$K_2=[(s+0.2)I_1(s)]_{s=-0.2}=\left.\frac{0.2+0.8s}{s}\right|_{s=-0.2}$$

$$=\frac{0.2+0.8\times(-0.2)}{-0.2}=-0.2$$

$$i_1(t)=\mathscr{L}^{-1}[I_1(s)]=\mathscr{L}^{-1}\left[\frac{1}{s}-\frac{0.2}{s+0.2}\right]=(1-0.2e^{-0.2t})\text{ A}$$

$$i_2(t)=\mathscr{L}^{-1}[I_2(s)]=\mathscr{L}^{-1}\left[\frac{2}{5}\cdot\frac{1}{s+0.2}\right]=0.4e^{-0.2t}\text{A}$$

14-11 题 14-11 图所示电路，当 $t<0$ 时开关 S 打开，电路已稳定；当 $t=0$ 时闭合开关 S。求当 $t>0$ 时的电流 $i_2(t)$。

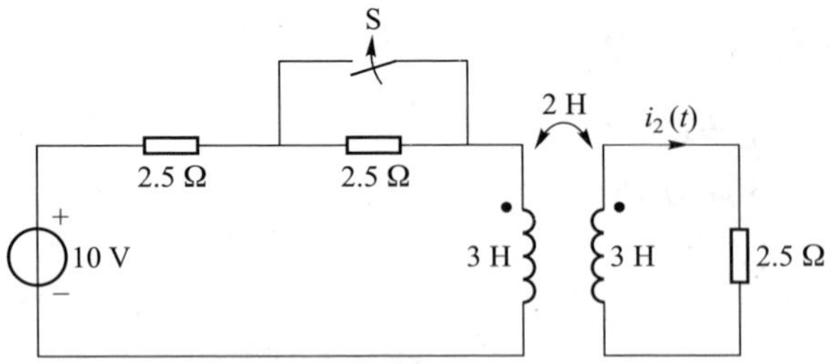

题 14-11 图

解：如题 14-11 图，当 $t<0$ 时，开关 S 打开（换路前），为直流稳态电路，电感相当于“短路”，$t=0_-$ 时，如题 14-11 解图(a)所示。

$$i_1(0_-)=\frac{10}{2.5+2.5}\text{A}=2\text{ A},\qquad i_2(0_-)=0\text{ A}$$

开关 S 闭合后，其运算电路模型如题 14-11 解图(b)所示，其附加电压源为 $L_1i_1(0_-)=3\times2=6$，$Mi_1(0_-)=2\times2=4$，

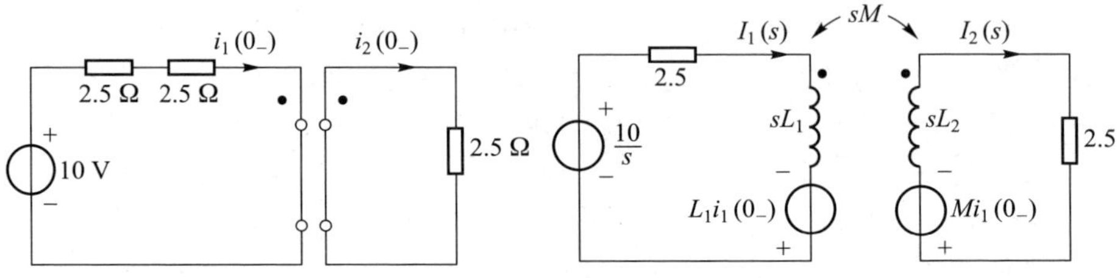

(a) (b)

题 14-11 解图

列网孔电流方程为

$$\begin{cases}(2.5+sL_1)I_1(s)-sMI_2(s)=\dfrac{10}{s}+L_1i_1(0_-)\\-sMI_1(s)+(2.5+sL_2)I_2(s)=-Mi_1(0_-)\end{cases}$$

$$\Rightarrow\begin{cases}(2.5+3s)I_1(s)-2sI_2(s)=\dfrac{10}{s}+6 & \langle1\rangle\\-2sI_1(s)+(2.5+3s)I_2(s)=-4 & \langle2\rangle\end{cases}$$

由〈2〉式，得

$$I_1(s)=\frac{-4-(2.5+3s)I_2(s)}{-2s}=\frac{4+(2.5+3s)I_2(s)}{2s}$$

代入〈1〉式，得

$$(2.5+3s)\frac{4+(2.5+3s)I_2(s)}{2s}-2sI_2(s)=\frac{10}{s}+6$$

则

$$I_2(s)=\frac{20+12s-4(2.5+3s)}{(2.5+3s)^2-(2s)^2}=\frac{10}{(5s+2.5)(s+2.5)}$$

$$=\frac{2}{(s+0.5)(s+2.5)}=\frac{K_1}{s+0.5}+\frac{K_2}{s+2.5}$$

$$=\frac{K_1s+2.5K_1+K_2s+0.5K_2}{(s+0.5)(s+2.5)}$$

由 $K_1s+2.5K_1+K_2s+0.5K_2=2$，得

$$\begin{cases}K_1+K_2=0\\2.5K_1+0.5K_2=2\end{cases}\Rightarrow\begin{cases}K_1=1\\K_2=-1\end{cases}$$

$$i_2(t)=\mathscr{L}^{-1}[I_2(s)]=\mathscr{L}^{-1}\left[\frac{1}{s+0.5}+\frac{-1}{s+2.5}\right]=(e^{-0.5t}-e^{-2.5t})\varepsilon(t)\text{A}$$

14-12 题 14-12 图所示电路含理想运算放大器，已知 $R_1=1\text{ k}\Omega$，$R_2=2\text{ k}\Omega$，$C_1=1\ \mu\text{F}$，$C_2=2\ \mu\text{F}$，$u_S(t)=2\varepsilon(t)\text{V}$，试求电压 $u_2(t)$。

解：题 14-12 图的运算电路模型如题 14-12 解图所示，$U_s(s)=\dfrac{2}{s}$。

根据分析理想运放的规则，有

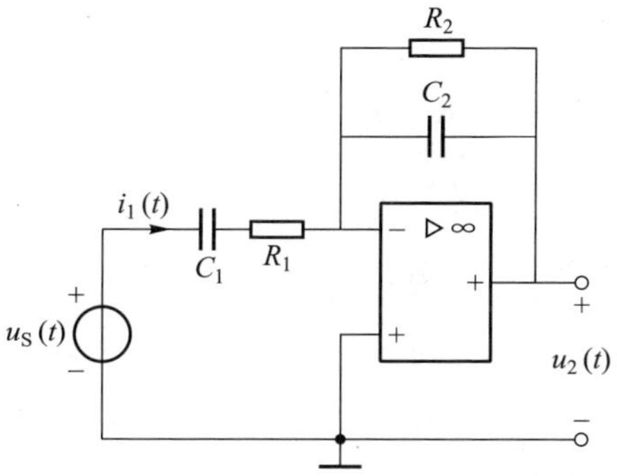

题 14-12 图

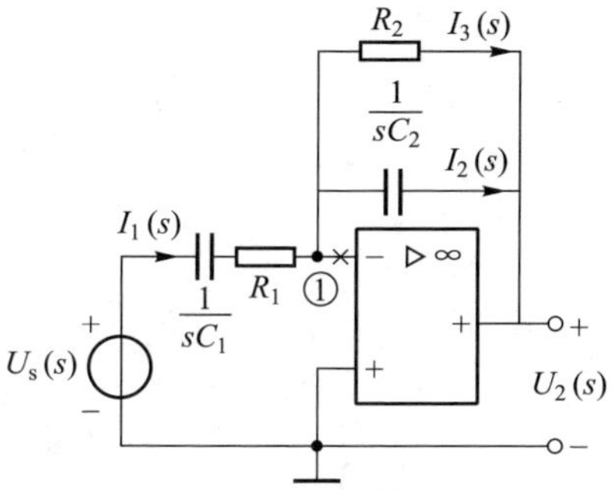

题 14-12 解图

$I^-(s)=I^+(s)=0$（理想运放输入端“虚断路”，在输入端用“×”标记）

$U^-(s)=U^+(s)$（理想运放输入端“虚短路”）

对节点①，列 KCL 方程 $I_1(s)=I_2(s)+I_3(s)$

$$\Rightarrow\quad \frac{U_s(s)-U_{n1}(s)}{R_1+\dfrac{1}{sC_1}}=sC_2[U_{n1}(s)-U_2(s)]+\frac{1}{R_2}[U_{n1}(s)-U_2(s)]$$

运放输入端电压“虚短路”，即

$$U^-(s)=U^+(s)=U_{n1}(s)=0$$

代入上式，得

$$\frac{U_s(s)}{R_1+\dfrac{1}{sC_1}}=-sC_2U_2(s)-\frac{1}{R_2}U_2(s)$$

求出

$$U_2(s)=\frac{-U_s(s)}{\left(R_1+\dfrac{1}{sC_1}\right)\left(sC_2+\dfrac{1}{R_2}\right)}$$

$$=\frac{-sC_1R_2U_s(s)}{s^2C_1C_2R_1R_2+s(R_1C_1+R_2C_2)+1}$$

$$=\left(-s\times10^{-6}\times2\times10^3\times\frac{2}{s}\right)/[s^2\times10^{-6}\times2\times10^{-6}\times10^3\times$$

$$2\times10^3+s(10^3\times10^{-6}+2\times10^3\times2\times10^{-6})+1]$$

$$=\frac{-4\times10^3}{4s^2+5\times10^3s+10^6}=\frac{-10^3}{(s+250)(s+1000)}$$

象函数 $U_2(s)$ 展开为

$$U_2(s)=\frac{-10^3}{(s+250)(s+1000)}=\frac{K_1}{s+250}+\frac{K_2}{s+1000}$$

其待定系数为

$$K_1=[(s+250)U_2(s)]_{s=-250}=\left.\frac{-10^3}{s+1000}\right|_{s=-250}=-\frac{4}{3}$$

$$K_2=[(s+1000)U_2(s)]_{s=-1000}=\left.\frac{-10^3}{s+250}\right|_{s=-1000}=\frac{4}{3}$$

$$u_2(t)=\mathscr{L}^{-1}[U_2(s)]=\mathscr{L}^{-1}\left[\frac{K_1}{s+250}+\frac{K_2}{s+1000}\right]=\frac{4}{3}(e^{-1000t}-e^{-250t})\varepsilon(t)\text{ V}$$

14-13 题 14-13 图所示电路含理想变压器，已知 $R=1\ \Omega$，$C_1=1$ F，$C_2=2$ F，$i_S(t)=e^{-t}\varepsilon(t)$ A，试求电路的零状态响应 $u(t)$。

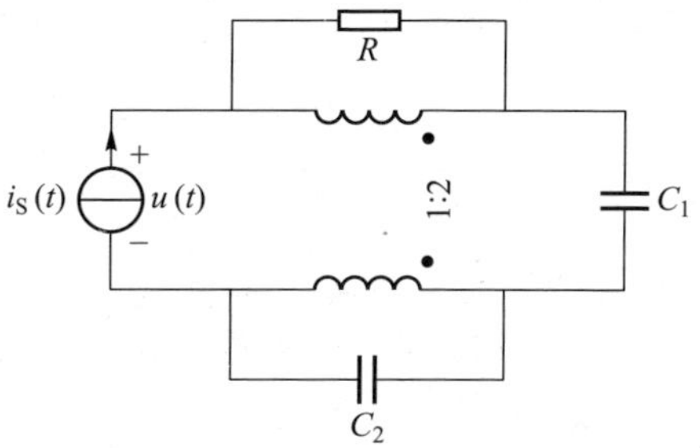

题 14-13 图

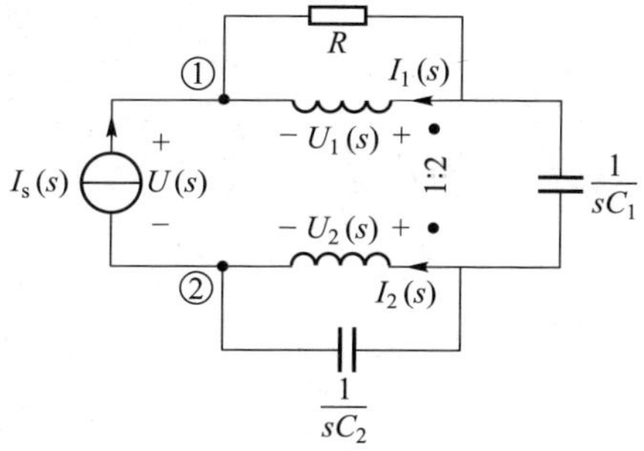

题 14-13 解图

解：在零状态下，理想变压器的一、二次侧电流均为零，其运算电路模型如题 14-13 解图所示，$I_s(s)=\mathscr{L}[i_S(t)]=\mathscr{L}[e^{-t}\varepsilon(t)]=\dfrac{1}{1+s}$。

对节点①、②列 KCL 方程

$$\begin{cases}I_s(s)=-\left[I_1(s)+\dfrac{U_1(s)}{R}\right]\\ I_s(s)=I_2(s)+sC_2U_2(s)\end{cases}$$

$$\Rightarrow\quad\begin{cases}\dfrac{1}{s+1}=-[I_1(s)+U_1(s)] & \langle1\rangle\\ \dfrac{1}{s+1}=I_2(s)+2sU_2(s) & \langle2\rangle\end{cases}$$

对理想变压器，有

$$U_1(s)=2U_2(s),\qquad I_1(s)=-\frac{1}{2}I_2(s)$$

代入〈1〉式，得

$$\frac{1}{s+1}=-\left[-\frac{1}{2}I_2(s)+2U_2(s)\right]=\frac{1}{2}I_2(s)-2U_2(s)$$

$$\Rightarrow\quad\frac{2}{s+1}=I_2(s)-4U_2(s)\qquad\langle3\rangle$$

〈2〉式减〈3〉式，得

$$-\frac{1}{s+1}=(2s+4)U_2(s)\quad\Rightarrow\quad U_2(s)=-\frac{1}{(s+1)(2s+4)}$$

$$U_1(s)=2U_2(s)=-\frac{1}{(s+1)(s+2)}$$

列中间网孔 KVL 方程，有

$$\begin{aligned}U(s)&=U_2(s)+\frac{1}{sC_1}I_s(s)-U_1(s)\\&=\frac{-1}{(s+1)(2s+4)}+\frac{1}{s(s+1)}+\frac{1}{(s+1)(s+2)}\\&=\frac{1}{2(s+1)(s+2)}+\frac{1}{s(s+1)}\\&=\frac{1.5s+2}{s(s+1)(s+2)}\end{aligned}$$

象函数 $U(s)$ 展开为

$$U(s)=\frac{1.5s+2}{s(s+1)(s+2)}=\frac{K_1}{s}+\frac{K_2}{s+1}+\frac{K_3}{s+2}$$

其待定系数为

$$K_1=[sU(s)]_{s=0}=\left.\frac{1.5s+2}{(s+1)(s+2)}\right|_{s=0}=\frac{2}{1\times2}=1$$

$$K_2=[(s+1)U(s)]_{s=-1}=\left.\frac{1.5s+2}{s(s+2)}\right|_{s=-1}=\frac{1.5\times(-1)+2}{(-1)(-1+2)}=-0.5$$

$$K_3=[(s+2)U(s)]_{s=-2}=\left.\frac{1.5s+2}{s(s+1)}\right|_{s=-2}=\frac{1.5(-2)+2}{(-2)(-2+1)}=-0.5$$

$$u(t)=\mathscr{L}^{-1}[U(s)]=\mathscr{L}^{-1}\left[\frac{1}{s}-\frac{0.5}{s+1}-\frac{0.5}{s+2}\right]=(1-0.5\mathrm{e}^{-t}-0.5\mathrm{e}^{-2t})\varepsilon(t)\,\mathrm{V}$$

14-14 题 14-14 图(a)所示电路激励 $u_S(t)$ 的波形如题14-14 图(b)所示，已知 $R_1=6\ \Omega$，$R_2=3\ \Omega$，$L=1\ \mathrm{H}$，$\mu=1$，求电路的零状态响应 $i_L(t)$。

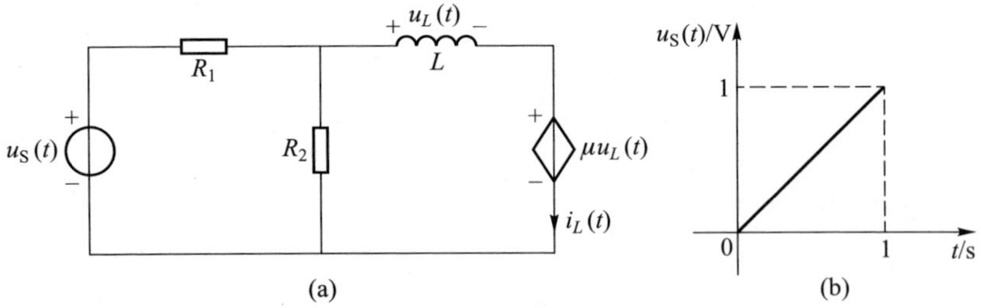

题 14-14 图

解：由题 14-14 图(b)，写出激励表达式

$$\begin{aligned}u_S(t)&=t[\varepsilon(t)-\varepsilon(t-1)]\,\mathrm{V}=[t\varepsilon(t)-t\varepsilon(t-1)]\,\mathrm{V}\\&=[t\varepsilon(t)-(t-1)\varepsilon(t-1)-\varepsilon(t-1)]\,\mathrm{V}\end{aligned}$$

则激励的象函数

$$U_s(s)=\mathscr{L}[u_S(t)]=\frac{1}{s^2}-\frac{1}{s^2}\mathrm{e}^{-s}-\frac{1}{s}\mathrm{e}^{-s}=\frac{1}{s^2}-\frac{s+1}{s^2}\mathrm{e}^{-s}$$

题 14-14 图(a)的运算电路模型如题 14-14 解图所示。

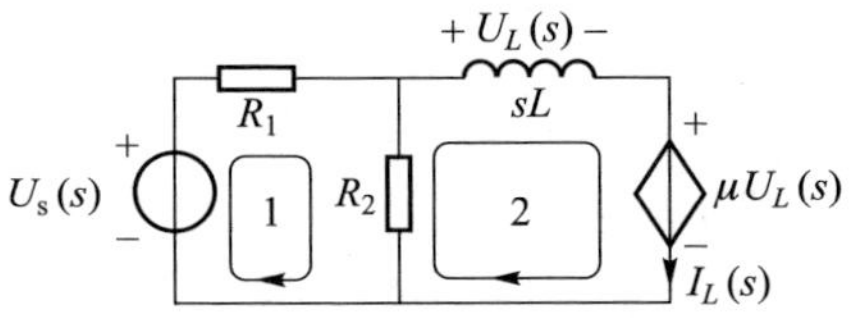

题 14-14 解图

列网孔电流方程，有

$$\begin{cases}(R_1+R_2)I_1(s)-R_2I_2(s)=U_s(s) & \langle 1\rangle\\-R_2I_1(s)+(R_2+sL)I_2(s)=-\mu U_L(s) & \langle 2\rangle\\U_L(s)=sLI_2(s) & \langle 3\rangle\end{cases}$$

〈3〉式代入〈2〉式，得

$$I_1(s)=\frac{1}{R_2}(\mu sL+R_2+sL)I_2(s)$$

代入〈1〉式，得

$$(R_1+R_2)\frac{1}{R_2}(\mu sL+R_2+sL)I_2(s)-R_2I_2(s)=U_s(s)$$

$$\begin{aligned}\Rightarrow\quad I_2(s)&=\frac{R_2U_s(s)}{(R_1+R_2)(\mu sL+R_2+sL)-R_2^2}\\&=\frac{3U_s(s)}{(6+3)(2s+3)-3^2}=\left(\frac{1}{s^2}-\frac{s+1}{s^2}\mathrm{e}^{-s}\right)\frac{1}{6(s+1)}\\&=\frac{1}{6}\left[\frac{1}{s^2(s+1)}-\frac{1}{s^2}\mathrm{e}^{-s}\right]=\frac{1}{6}\left[F_0(s)-\frac{1}{s^2}\mathrm{e}^{-s}\right]\end{aligned}$$

设 $F_0(s)=\dfrac{1}{s^2(s+1)}=\dfrac{K_{12}}{s}+\dfrac{K_{11}}{s^2}+\dfrac{K_2}{s+1}$

其待定系数为

$$K_{11}=[s^2F_0(s)]_{s=0}=\left.\frac{1}{s+1}\right|_{s=0}=1$$

$$K_{12}=\left.\frac{\mathrm{d}}{\mathrm{d}s}[s^2F_0(s)]\right|_{s=0}=\left.\frac{\mathrm{d}}{\mathrm{d}s}\left(\frac{1}{s+1}\right)\right|_{s=0}=\left.-\frac{1}{(s+1)^2}\right|_{s=0}=-1$$

$$K_2=[(s+1)F_0(s)]|_{s=-1}=\left.\frac{1}{s^2}\right|_{s=-1}=1$$

$$\begin{aligned}i_L(t)=i_2(t)&=\mathscr{L}^{-1}[I_2(s)]=\mathscr{L}^{-1}\left[\frac{1}{6}\left(\frac{-1}{s}+\frac{1}{s^2}+\frac{1}{s+1}-\frac{1}{s^2}\mathrm{e}^{-s}\right)\right]\\&=\frac{1}{6}[\mathrm{e}^{-t}+(t-1)\varepsilon(t)-(t-1)\varepsilon(t-1)]\,\mathrm{A}\end{aligned}$$

14-15 题 14-15 图所示各电路在 $t=0$ 时合上开关 S，用运算法求 $i(t)$ 及 $u_C(t)$。

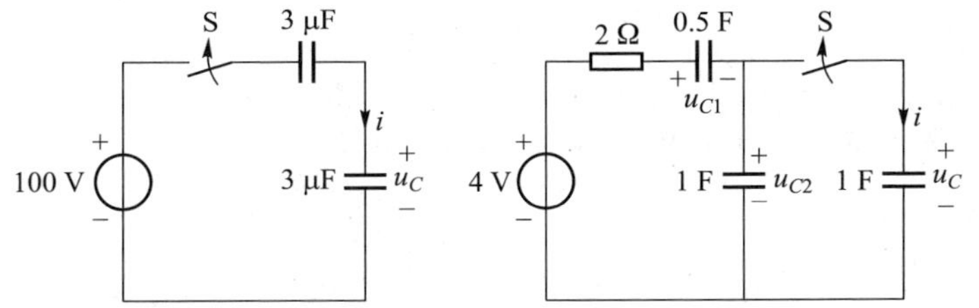

(a) (b)

题 14-15 图

解： 题 14-15 图（a）中，两个电容的初始状态均为零，其运算电路模型如题 14-15 解图（a）所示。

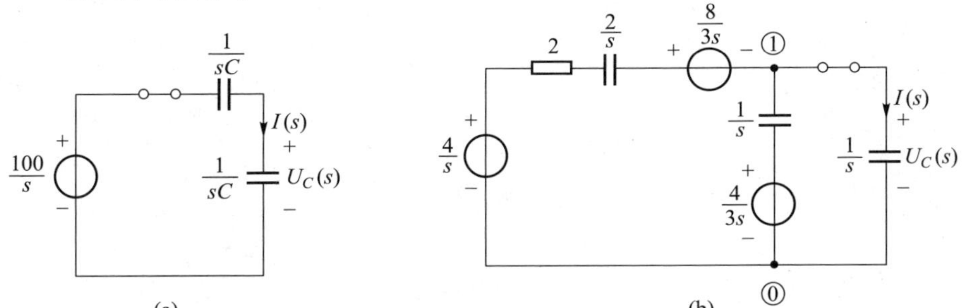

(a) (b)

题 14-15 解图

题 14-15 解图（a）中

$$I(s)=\frac{\frac{100}{s}}{\frac{1}{sC}+\frac{1}{sC}}=50C=50\times3\times10^{-6}=0.15\times10^{-3}$$

$$U_C(s)=\frac{1}{sC}I(s)=\frac{1}{sC}\times50C=\frac{50}{s}$$

$$i(t)=\mathscr{L}^{-1}[I(s)]=0.15\delta(t)\ \text{A}$$

$$u_C(t)=\mathscr{L}^{-1}[U_C(s)]=50\varepsilon(t)\ \text{V}$$

题 14-15 图（b）中，当 $t=0_-$ 时，有

$$\begin{cases}u_{C1}(0_-)+u_{C2}(0_-)=4 & \langle1\rangle\\ 0.5u_{C1}(0_-)=1\cdot u_{C2}(0_-) & \langle2\rangle\end{cases}$$

〈2〉式代入〈1〉式，得

$$u_{C1}(0_-)+0.5u_{C1}(0_-)=4\quad\Rightarrow\quad u_{C1}(0_-)=\frac{4}{1.5}\text{V}=\frac{8}{3}\text{V}$$

代入〈2〉式，得 $u_{C2}(0_-)=0.5u_{C1}(0_-)=0.5\times\frac{8}{3}\text{V}=\frac{4}{3}\text{V}$，$u_C(0_-)=0\ \text{V}$

题 14-15 图（b）的运算电路模型如题 14-15 解图（b）所示。应用节点电压法列写方程为

$$\left[\frac{1}{2+\frac{2}{s}}+s+s\right]U_{n1}(s)=\frac{\frac{4}{s}-\frac{8}{3s}}{2+\frac{2}{s}}+\frac{\frac{4}{3s}}{\frac{1}{s}}$$

$$\Rightarrow\quad\left[\frac{s}{2(s+1)}+2s\right]U_{n1}(s)=\frac{4}{3}\left[\frac{1}{2(s+1)}+1\right]$$

求得

$$U_C(s)=U_{n1}(s)=\frac{4}{3}\left[\frac{1}{2(s+1)}+1\right]\cdot\frac{1}{\frac{s}{2(s+1)}+2s}=\frac{4}{3}\cdot\frac{1+2(s+1)}{s+4s(s+1)}=\frac{4(2s+3)}{3s(4s+5)}$$

$$=\frac{\frac{2}{3}s+1}{s(s+1.25)}=\frac{K_1}{s}+\frac{K_2}{s+1.25}$$

其待定系数为

$$K_1=[sU_C(s)]=\frac{(2/3)s+1}{s+1.25}\bigg|_{s=0}=\frac{4}{5}$$

$$K_2=[(s+1.25)U_C(s)]=\frac{(2/3)s+1}{s}\bigg|_{s=-1.25}=\frac{(2/3)(-1.25)+1}{(-1.25)}=-\frac{2}{15}$$

又

$$I(s)=sU_C(s)=\frac{4(2s+3)}{3(4s+5)}=\frac{8}{12}\times\frac{s+\frac{3}{2}}{s+\frac{5}{4}}=\frac{2}{3}\times\frac{s+\frac{5}{4}+\frac{1}{4}}{s+\frac{5}{4}}$$

$$=\frac{2}{3}+\frac{2}{3}\times\frac{\frac{1}{4}}{s+\frac{5}{4}}=\frac{2}{3}+\frac{1}{6\left(s+\frac{5}{4}\right)}$$

$$u_C(t)=\mathscr{L}^{-1}[U_C(s)]=\mathscr{L}^{-1}\left[\frac{\frac{4}{5}}{s}+\frac{\frac{-2}{15}}{s+\frac{5}{4}}\right]=\left(\frac{4}{5}-\frac{2}{15}e^{-\frac{5}{4}t}\right)\varepsilon(t)\ \text{V}$$

$$i(t)=\mathscr{L}^{-1}[I(s)]=\left[\frac{2}{3}\delta(t)+\frac{1}{6}e^{-\frac{5}{4}t}\varepsilon(t)\right]\text{A}$$

14-16 电路如题 14-16 图所示，已知 $u_{S1}(t)=\varepsilon(t)\ \text{V}$，$u_{S2}(t)=\delta(t)\ \text{V}$，试求 $u_1(t)$ 和 $u_2(t)$。

解： $u_1(0_-)=0$，$u_2(0_-)=0$，$\mathscr{L}[u_{S1}(t)]=\mathscr{L}[\varepsilon(t)]=\frac{1}{s}$，$\mathscr{L}[u_{S2}(t)]=\mathscr{L}[\delta(t)]=1$，题 14-16 图的运算电路模型如题 14-16 解图所示。

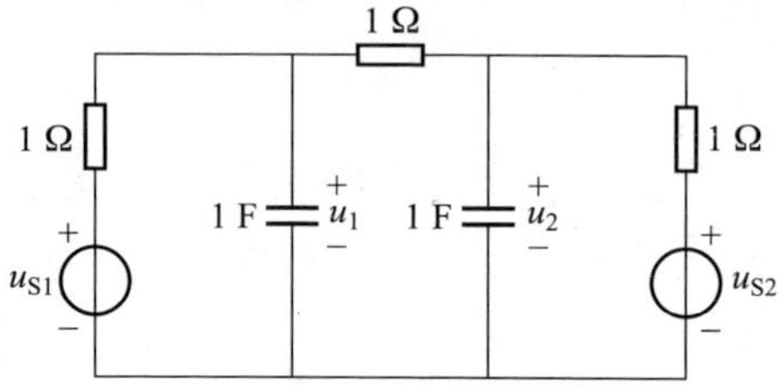

题 14-16 图

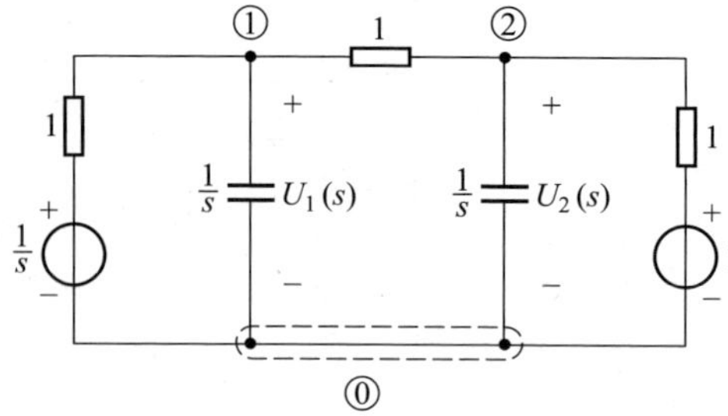

题 14-16 解图

列节点电压方程

$$\begin{cases}(1+1+s)U_1(s)-U_2(s)=\dfrac{1}{s\times1}\\-U_1(s)+(1+1+s)U_2(s)=\dfrac{1}{1}\end{cases}$$

$$\Rightarrow\begin{cases}(2s+s^2)U_1(s)-sU_2(s)=1 & \langle1\rangle\\-U_1(s)+(2+s)U_2(s)=1 & \langle2\rangle\end{cases}$$

由〈2〉式，得

$$U_1(s)=(2+s)U_2(s)-1$$

将 $U_1(s)$ 代入〈1〉式，得

$$(2s+s^2)(2+s)U_2(s)-(2s+s^2)-sU_2(s)=1$$

$$\Rightarrow\quad U_2(s)=\frac{1+2s+s^2}{(2s+s^2)(2+s)-s}=\frac{(s+1)^2}{s(s^2+4s+3)}=\frac{s+1}{s(s+3)}=\frac{1}{3s}+\frac{2}{3(s+3)}$$

代入 $U_1(s)$，得

$$U_1(s)=(2+s)U_2(s)-1=(2+s)\frac{(s+1)}{s(s+3)}-1=\frac{2+3s+s^2-s^2-3s}{s(s+3)}$$

$$=\frac{2}{s(s+3)}=\frac{2}{3}\left(\frac{1}{s}-\frac{1}{s+3}\right)$$

$$u_1(t)=\mathscr{L}^{-1}[U_1(s)]=\mathscr{L}^{-1}\left[\frac{2}{3}\left(\frac{1}{s}-\frac{1}{s+3}\right)\right]=\frac{2}{3}(1-e^{-3t})\varepsilon(t)\ \mathrm{V}$$

$$u_2(t)=\mathscr{L}^{-1}[U_2(s)]=\mathscr{L}^{-1}\left[\frac{1}{3s}+\frac{2}{3(s+3)}\right]=\frac{1}{3}(1+2e^{-3t})\varepsilon(t)\ \mathrm{V}$$

14-17 电路如题 14-17 图所示，已知 $u_S(t)=[\varepsilon(t)+\varepsilon(t-1)-2\varepsilon(t-2)]\ \mathrm{V}$，求 $i_L(t)$。

解：$i_L(0_-)=0\ \mathrm{A}$，$U_s(s)=\mathscr{L}^{-1}[u_S(t)]=\dfrac{1}{s}+\dfrac{1}{s}e^{-s}-\dfrac{2}{s}e^{-2s}=\dfrac{1}{s}(1+e^{-s}-2e^{-2s})$

题 14-17 图的运算电路模型如题 14-17 解图所示。

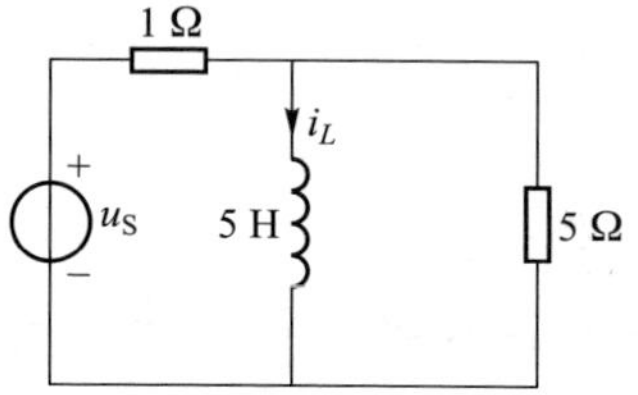

题 14-17 图

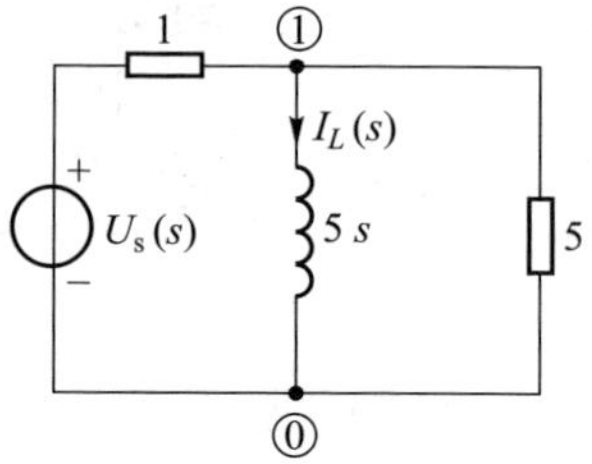

题 14-17 解图

节点①的节点电压为

$$U_{n1}(s)=\frac{U_s(s)/1}{1+\dfrac{1}{5s}+\dfrac{1}{5}}=\frac{5sU_s(s)}{6s+1}$$

$$I_L(s)=\frac{U_{n1}(s)}{5s}=\frac{U_s(s)}{6s+1}$$

$$=\frac{1}{6s+1}\cdot\frac{1}{s}(1+e^{-s}-2e^{-2s})$$

$$=\frac{1}{s(6s+1)}(1+e^{-s}-2e^{-2s})$$

设 $F_0(s)=\dfrac{1}{s(6s+1)}$，则

$$I_L(s)=F_0(s)(1+e^{-s}-2e^{-2s})$$

$F_0(s)$ 的展开式为

$$F_0(s)=\frac{1}{s(6s+1)}=\frac{K_1}{s}+\frac{K_2}{s+\dfrac{1}{6}}$$

其待定系数为

$$K_1=[sF_0(s)]_{s=0}=\frac{1}{6s+1}\bigg|_{s=0}=1$$

$$K_2=\left[\left(s+\frac{1}{6}\right)F_0(s)\right]_{s=-\frac{1}{6}}=\frac{1}{6s}\bigg|_{s=-\frac{1}{6}}=-1$$

所以

$$I_L(s)=\left(\frac{1}{s}-\frac{1}{s+\frac{1}{6}}\right)(1+e^{-s}-2e^{-2s})$$

$$=\frac{1}{s}-\frac{1}{s+\frac{1}{6}}+\left(\frac{1}{s}-\frac{1}{s+\frac{1}{6}}\right)e^{-s}-2\left(\frac{1}{s}-\frac{1}{s+\frac{1}{6}}\right)e^{-2s}$$

$i_L(t)=\mathscr{L}^{-1}[I_L(s)]$

$=\{(1-e^{-\frac{1}{6}t})\varepsilon(t)+[1-e^{-\frac{1}{6}(t-1)}]\varepsilon(t-1)-2[1-e^{-\frac{1}{6}(t-2)}]\varepsilon(t-2)\}\ \text{A}$

14-18 电路如题 14-18 图所示,开关 S 原是闭合的,电路处于稳态。若 S 在 $t=0$ 时打开,已知 $U_s=2\ \text{V}$,$L_1=L_2=1\ \text{H}$,$R_1=R_2=1\ \Omega$。试求 $t\geqslant 0$ 时的$i_1(t)$和 $u_{L_2}(t)$。

解:题 14-18 图中,开关 S 闭合时,为直流稳态电路,电感相当于"短路",$i_1(0_-)=\frac{U_s}{R_2}=\frac{2}{1}\text{A}=2\ \text{A}$,$i_2(0_-)=0$。其运算电路模型如题 14-18 解图所示。

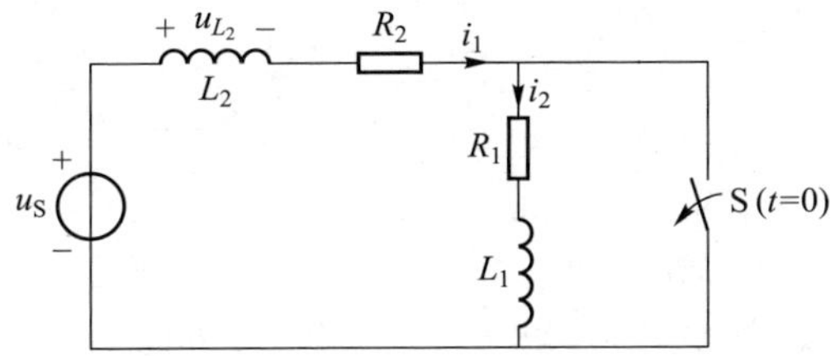

题 14-18 图

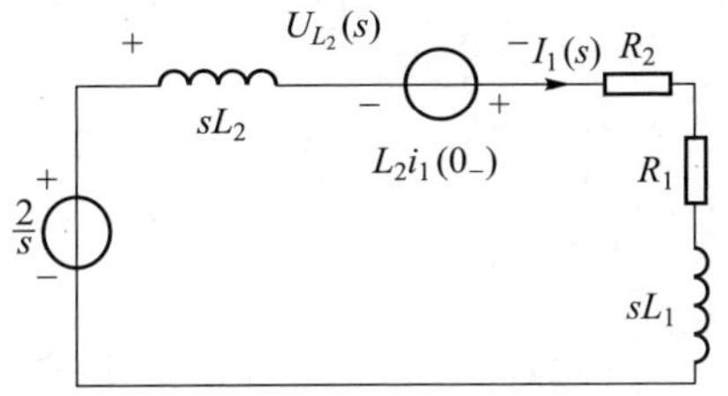

题 14-18 解图

$$I_1(s)=\frac{L_2i_1(0_-)+\frac{2}{s}}{R_1+R_2+sL_1+sL_2}=\frac{1\times 2+\frac{2}{s}}{1+1+s(1+1)}$$

$$=\frac{2s+2}{(2s+2)s}=\frac{1}{s}$$

$$U_{L_2}(s)=sL_2I_1(s)-L_2i_1(0_-)=s\times\frac{1}{s}-2=-1$$

$$i_1(t)=\mathscr{L}^{-1}[I_1(s)]=\mathscr{L}^{-1}\left[\frac{1}{s}\right]=\varepsilon(t)\ \text{A}$$

$$u_{L_2}(t)=\mathscr{L}^{-1}[U_{L_2}(s)]=\mathscr{L}^{-1}[-1]=-\delta(t)\ \text{V}$$

14-19 题 14-19 图所示电路中 U_s 为恒定值,$u_{C_2}(0_-)=0\ \text{V}$,开关闭合前电路已达稳态,$t=0$ 时 S 闭合。求开关闭合后的电容电压 u_{C_1} 和 u_{C_2}、电流 i_{C_1} 和 i_{C_2}。

解:题 14-19 图中,$t=0_-$时,$u_{C_1}(0_-)=U_s$,已知 $u_{C_2}(0_-)=0\ \text{V}$,开关闭合后的运算电路模型如题 14-19 解图所示。

列写节点电压方程

$$\left(\frac{1}{R}+sC_1+sC_2\right)U_{n1}(s)=\frac{\frac{U_s}{s}}{R}+sC_1\frac{U_s}{s}$$

得$$U_{n1}(s)=\frac{U_s(1+sRC_1)}{s[1+R(C_1+C_2)s]}=\frac{U_s(1+sRC_1)}{R(C_1+C_2)s\left[s+\frac{1}{R(C_1+C_2)}\right]}$$

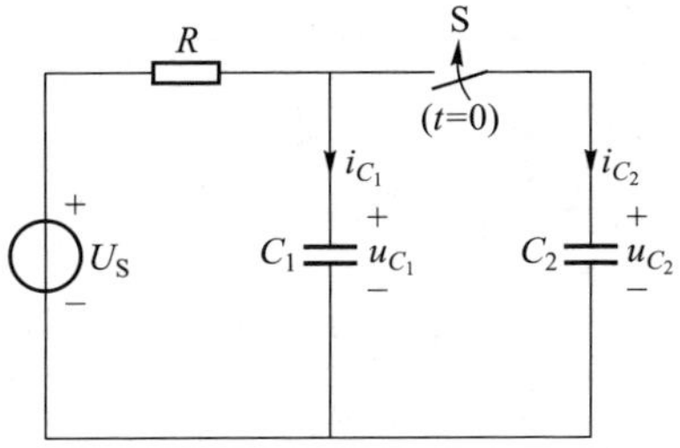

题 14-19 图

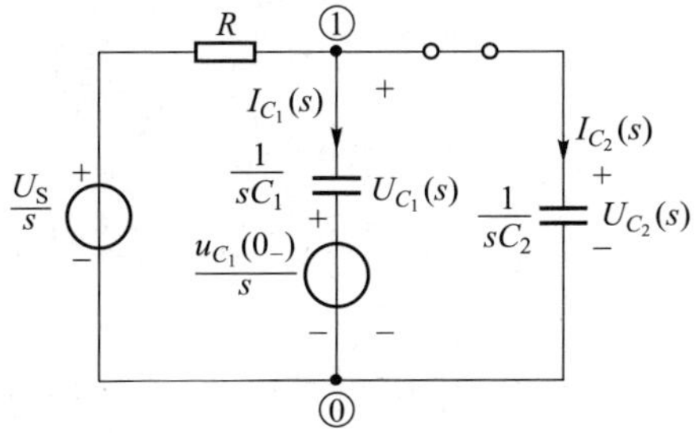

题 14-19 解图

象函数 $U_{n1}(s)$展开为

$$U_{n1}(s)=\frac{U_s(1+sRC_1)}{R(C_1+C_2)s\left[s+\frac{1}{R(C_1+C_2)}\right]}=\frac{K_1}{s}+\frac{K_2}{s+\frac{1}{R(C_1+C_2)}}$$

其待定系数为

$$K_1=[sU_{n1}(s)]_{s=0}=\left.\frac{U_s(1+sRC_1)}{1+R(C_1+C_2)s}\right|_{s=0}=U_s$$

$$K_2=\left[\left(s+\frac{1}{R(C_1+C_2)}\right)U_{n1}(s)\right]_{s=-\frac{1}{R(C_1+C_2)}}$$

$$=\left.\frac{U_s(1+sRC_1)}{R(C_1+C_2)s}\right|_{s=-\frac{1}{R(C_1+C_2)}}=-\frac{C_2U_s}{C_1+C_2}$$

所以

$$U_{n1}(s)=\frac{U_s}{s}-\frac{\frac{C_2}{C_1+C_2}U_s}{s+\frac{1}{R(C_1+C_2)}}$$

$$I_{C_1}(s)=sC_1\left[U_{n1}(s)-\frac{U_s}{s}\right]=-\frac{\frac{C_1C_2}{C_1+C_2}U_s\cdot s}{s+\frac{1}{R(C_1+C_2)}}$$

$$=-\frac{C_1C_2}{C_1+C_2}U_s+\frac{\frac{C_1C_2}{R(C_1+C_2)^2}U_s}{s+\frac{1}{R(C_1+C_2)}}$$

$$I_{C_2}(s)=sC_2U_{n1}(s)=\frac{C_2U_s(1+sRC_1)}{1+sR(C_1+C_2)}$$

$$=\frac{C_1C_2}{C_1+C_2}U_s+\frac{C_2^2}{R(C_1+C_2)^2}\cdot U_s\frac{1}{s+\frac{1}{R(C_1+C_2)}}$$

$$u_{C_1}(t)=u_{C_2}(t)=u_{n1}(t)=\mathscr{L}^{-1}[U_{n1}(s)]=U_s\left[1-\frac{C_2}{C_1+C_2}e^{\frac{-t}{R(C_1+C_2)}}\right]$$

$$i_{C_1}(t)=\mathscr{L}^{-1}[I_{C_1}(s)]=\left[\frac{C_1C_2U_s}{R(C_1+C_2)^2}e^{\frac{-t}{R(C_1+C_2)}}-\frac{C_1C_2U_s}{C_1+C_2}\delta(t)\right]$$

$$i_{C_2}(t)=\mathscr{L}^{-1}[I_{C_2}(s)]=\left[\frac{C_1C_2U_s}{C_1+C_2}\delta(t)+\frac{C_2^2U_s}{R(C_1+C_2)^2}e^{\frac{-t}{R(C_1+C_2)}}\right]$$

14-20 题 14-20 图所示电路中两电容原来未充电，在 $t=0$ 时将开关 S 闭合，已知 $U_s=10$ V，$R=5$ Ω，$C_1=2$ F，$C_2=3$ F。求 $t\geqslant0$ 时的 u_{C_1}、u_{C_2} 及 i_1、i_2、i。

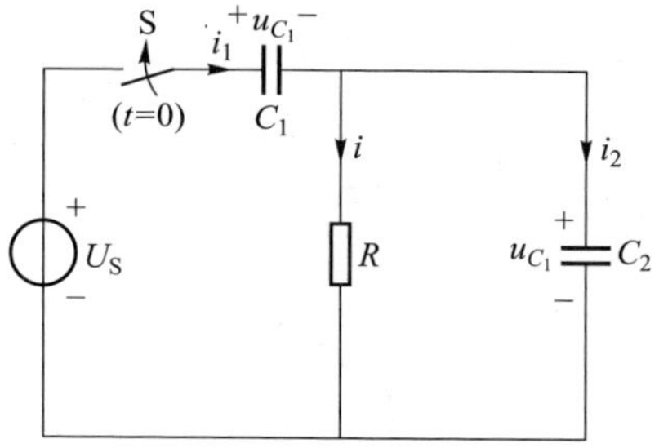

题 14-20 图

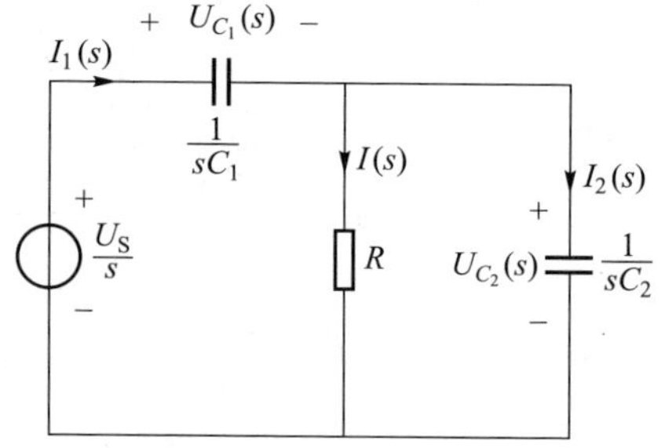

题 14-20 解图

解：已知 $u_{C_1}=(0_-)=0$ V，$u_{C_2}(0_-)=0$ V。题 14-20 图的运算电路模型如题 14-20解图所示。电压源右侧的总阻抗为

$$Z(s)=\frac{1}{sC_1}+\frac{R\cdot\frac{1}{sC_2}}{R+\frac{1}{sC_2}}=\frac{1}{sC_1}+\frac{R}{sRC_2+1}=\frac{sR(C_1+C_2)+1}{sC_1(sRC_2+1)}$$

$$I_1(s)=\frac{\frac{U_s}{s}}{Z(s)}=\frac{C_1(sRC_2+1)U_s}{sR(C_1+C_2)+1}=\frac{20(15s+1)}{25s+1}$$

$$=12+\frac{8}{25s+1}=12+\frac{0.32}{s+0.04}$$

$$I_2(s)=\frac{R}{R+\frac{1}{sC_2}}I_1(s)=\frac{sRC_2}{sRC_2+1}I_1(s)=\frac{15s}{15s+1}\cdot\frac{20(15s+1)}{25s+1}$$

$$=\frac{20\times15s}{25s+1}=12+\frac{-12}{25s+1}=12-\frac{0.48}{s+0.04}$$

$$I(s)=I_1(s)-I_2(s)=12+\frac{0.32}{s+0.04}-12+\frac{0.48}{s+0.04}=\frac{0.8}{s+0.04}$$

$$U_{C_1}(s)=\frac{1}{sC_1}I_1(s)=\frac{1}{s\times2}\times\frac{20(15s+1)}{25s+1}$$

$$=\frac{10(15s+1)}{s(25s+1)}=\frac{10}{s}-\frac{4}{s+0.04}$$

$$U_{C_2}(s)=\frac{1}{sC_2}I_2(s)=\frac{1}{s\times3}\times\frac{20\times15s}{25s+1}=\frac{100}{25s+1}=\frac{4}{s+0.04}$$

$$u_{C_1}(t)=\mathscr{L}^{-1}[U_{C_1}(s)]=\mathscr{L}^{-1}\left(\frac{10}{s}-\frac{4}{s+0.04}\right)=(10-4e^{-0.04t})\varepsilon(t)\text{ V}$$

$$u_{C_2}(t)=\mathscr{L}^{-1}[U_{C_2}(s)]=\mathscr{L}^{-1}\left(\frac{4}{s+0.04}\right)=4e^{-0.04t}\varepsilon(t)\text{ V}$$

$$i_1(t)=\mathscr{L}^{-1}[I_1(s)]=12\delta(t)+0.32e^{-0.04t}\text{ A}$$

$$i_2(t)=\mathscr{L}^{-1}[I_2(s)]=12\delta(t)-0.48e^{-0.04t}\text{ A}$$

$$i(t)=\mathscr{L}^{-1}[I(s)]=0.8e^{-0.04t}\text{ A}$$

14-21 电路如题 14-21 图所示，已知电容 C_1 和 C_2 原带电荷，方向如图所示，$C_1=3$ F，$q_{C_1}(0_-)=15$ C，$C_2=6$ F，$q_{C_2}(0_-)=60$ C，$t=0$ 时，开关 S 闭合，求开关 S 闭合后电压 $u(t)$。

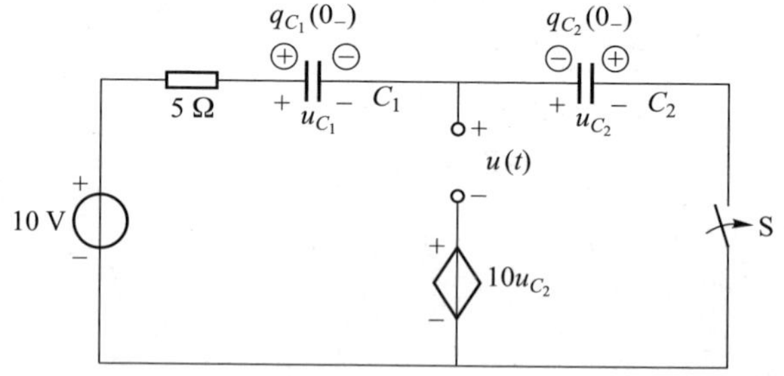

题 14-21 图

解：题 14-21 图中，当 $t=0_-$ 时，$q_{C_1}(0_-)=C_1u_{C_1}(0_-)$，$u_{C_1}(0_-)=\frac{q_{C_1}(0_-)}{C_1}=\frac{15}{3}\text{ V}=5$ V，$q_{C_2}(0_-)=-C_2u_{C_2}(0_-)$，$u_{C_2}(0_-)=-\frac{q_{C_2}(0_-)}{C_2}=-\frac{60}{6}\text{ V}=-10$ V

开关 S 闭合后的运算电路模型如题 14-21 解图所示。

$$I(s)=\frac{\frac{10}{s}-\frac{u_{C_1}(0_-)}{s}-\frac{u_{C_2}(0_-)}{s}}{5+\frac{1}{sC_1}+\frac{1}{sC_2}}=\frac{10-5+10}{5s+\frac{1}{3}+\frac{1}{6}}=\frac{3}{s+0.1}$$

$$U(s)=U_{C_2}(s)-10U_{C_2}(s)=-9U_{C_2}(s)$$

$$=-9\left[\frac{1}{sC_2}I(s)+\frac{u_{C_2}(0_-)}{s}\right]=-9\left[\frac{1}{6s}\left(\frac{3}{s+0.1}\right)-\frac{10}{s}\right]$$

$$=-\frac{9}{s}\left[\frac{1}{2(s+0.1)}-10\right]=\frac{90s+4.5}{s(s+0.1)}$$

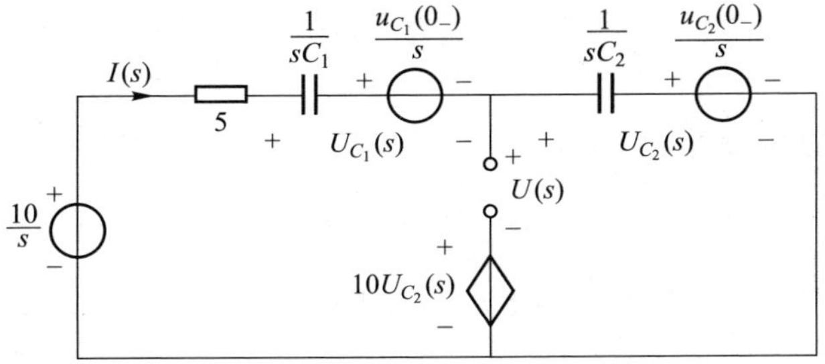

题 14-21 解图

象函数 $U(s)$ 展开为

$$U(s)=\frac{90s+4.5}{s(s+0.1)}=\frac{K_1}{s}+\frac{K_1}{s+0.1}$$

其待定系数为

$$K_1=[sU(s)]_{s=0}=\left.\frac{90s+4.5}{s+0.1}\right|_{s=0}=45$$

$$K_2=[(s+0.1)U(s)]_{s=-0.1}=\left.\frac{90s+4.5}{s}\right|_{s=-0.1}=45$$

$$u(t)=\mathscr{L}^{-1}[U(s)]=\mathscr{L}^{-1}\left(\frac{45}{s}+\frac{45}{s+0.1}\right)=45(1+e^{-0.1t})\varepsilon(t)\text{V}$$

14-22 绘出 $H(s)=\dfrac{2s^2-12s+16}{s^3+4s^2+6s+3}$ 的零、极点图。

解：$H(s)=\dfrac{2s^2-12s+16}{s^3+4s^2+6s+3}=\dfrac{2(s^2-6s+8)}{s^3+s^2+3s^2+6s+3}$

$$=\frac{2(s-2)(s-4)}{s^2(s+1)+3(s+1)^2}=\frac{2(s-2)(s-4)}{(s+1)(s^2+3s+3)}$$

$$=\frac{2(s-2)(s-4)}{(s+1)\left(s+\frac{3}{2}+j\frac{\sqrt{3}}{2}\right)\left(s+\frac{3}{2}-j\frac{\sqrt{3}}{2}\right)}$$

$H(s)$ 有二个零点 $z_1=2,z_2=4$，有三个极点 $p_1=-1,p_2=-\frac{3}{2}-j\frac{\sqrt{3}}{2},p_3=-\frac{3}{2}+j\frac{\sqrt{3}}{2}$，其零、极点图如题 14-22 解图所示。

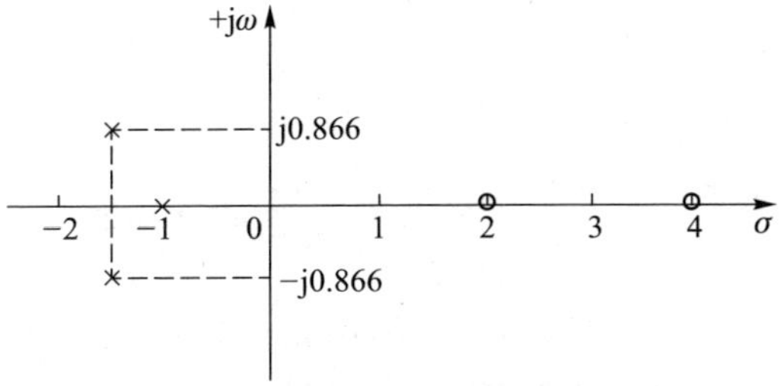

题 14-22 解图

14-23 试求题 14-23 图所示线性一端口网络的驱动点阻抗 $Z(s)$ 的表达式，并在 s 平面上绘出极点和零点。已知 $R=1\ \Omega,L=0.5\ \text{H},C=0.5\ \text{F}$。

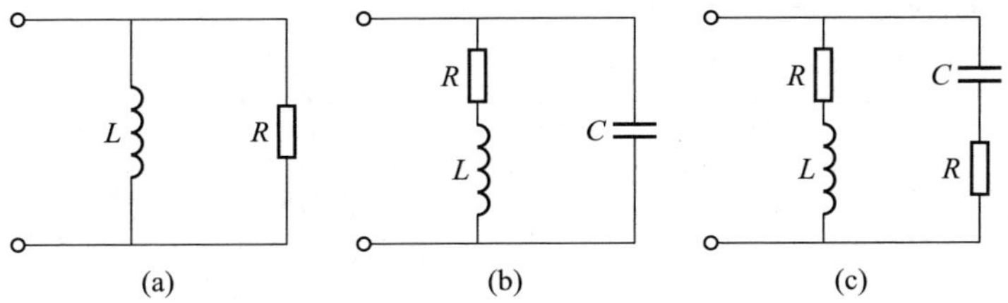

题 14-23 图

解：题 14-23 图(a)(b)(c)中的各电感、电容的阻抗分别为 sL 和 $\frac{1}{sC}$。

题 14-23 图(a)中，驱动点阻抗

$$Z(s)=\frac{R\cdot sL}{R+sL}=\frac{1\times0.5s}{1+0.5s}=\frac{s}{s+2}$$

其零点为 $z_1=0$，极点为 $p_1=-2$。

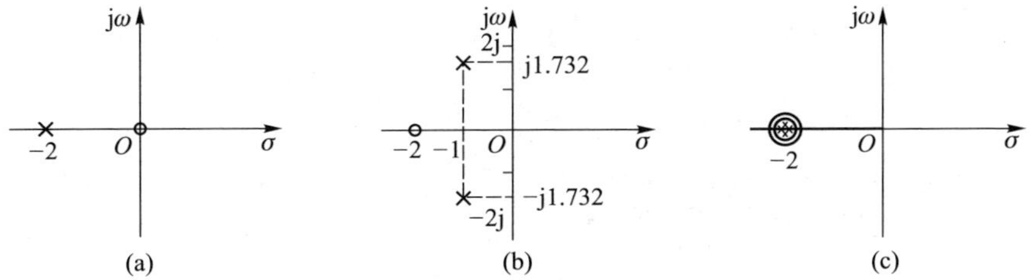

题 14-23 解图

题 14-23 图(b)中，驱动点阻抗

$$Z(s)=\frac{1}{\frac{1}{R+sL}+sC}=\frac{sL+R}{sC(sL+R)+1}=\frac{sL+R}{s^2LC+sRC+1}$$

$$=\frac{0.5s+1}{s^2\times0.5\times0.5+0.5s+1}=\frac{2(s+2)}{s^2+2s+4}$$

其零点 $z_1=-2$，两个极点为 $p_1=-1+\mathrm{j}1.732$，$p_2=-1-\mathrm{j}1.732$。

题 14-23 图(c)中，驱动点阻抗

$$Z(s)=\frac{(R+sL)\left(R+\dfrac{1}{sC}\right)}{R+sL+R+\dfrac{1}{sC}}=\frac{(R+sL)(sRC+1)}{2RCs+s^2LC+1}$$

$$=\frac{(1+0.5s)(0.5s+1)}{2\times1\times0.5s+0.5\times0.5s^2+1}=\frac{(s+2)^2}{s^2+4s+4}$$

其两个零点为 $z_1=z_2=-2$，两个极点为 $p_1=p_2=-2$。

题 14-23 图(a)(b)(c)的极点和零点图如题 14-23 解图(a)(b)(c)所示。

14-24 求题 14-24 图所示各电路的驱动点阻抗 $Z(s)$ 的表达式，并在 s 平面上绘出极点和零点。

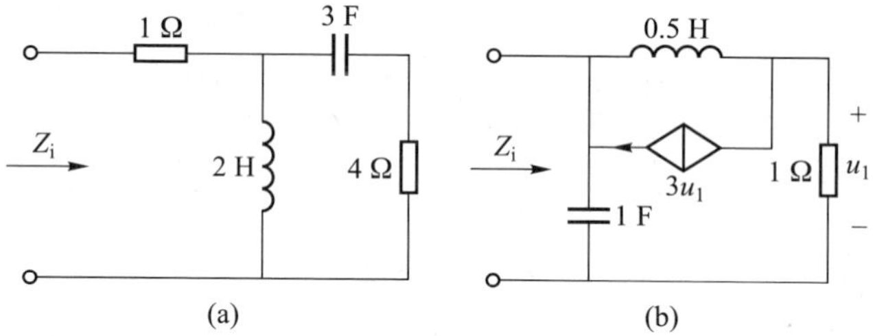

(a) (b)

题 14-24 图

解：题 14-24 图(a)(b)的运算模型如题 14-24 解图(a1)(b1)所示。

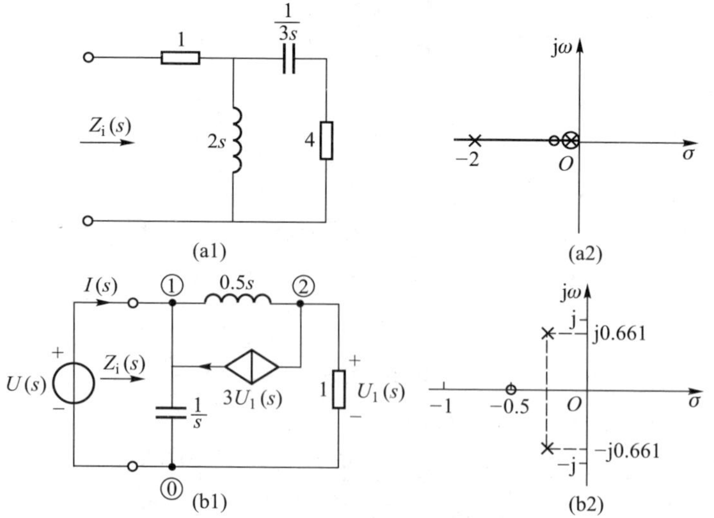

(a1) (a2) (b1) (b2)

题 14-24 解图

题 14-24 解图(a1)中，驱动点阻抗

$$Z_{\mathrm{i}}(s)=\frac{2s\left(4+\dfrac{1}{3s}\right)}{2s+\left(4+\dfrac{1}{3s}\right)}+1=\frac{2s(12s+1)}{6s^2+12s+1}+1=\frac{30s^2+14s+1}{6s^2+12s+1}$$

令 $30s^2+14s+1=0$，则 $Z_{\mathrm{i}}(s)$ 的零点为 $z_1=-0.088$，$z_2=-0.379$

令 $6s^2+12s+1=0$，则 $Z_{\mathrm{i}}(s)$ 的极点为 $p_1=-0.0871$，$p_2=-1.913$

其零、极点图如题 14-24 解图(a2)所示。

题 14-24 图(b1)中，在驱动点处施加一电压源，因节点电压

$$U_{\mathrm{n1}}(s)=U(s),\qquad U_{\mathrm{n2}}(s)=U_1(s)$$

$$I(s)=sU(s)+\frac{U_1(s)}{1}\qquad\langle 1\rangle$$

节点②的节点电压方程为

$$-\frac{1}{0.5s}U(s)+\left(\frac{1}{0.5s}+\frac{1}{1}\right)U_1(s)=-3U_1(s)$$

$$\Rightarrow\quad\left(\frac{1}{0.5s}+4\right)U_1(s)=\frac{1}{0.5s}U(s)\qquad\langle 2\rangle$$

由〈2〉式，得

$$U_1(s)=\frac{1}{1+2s}U(s)$$

代入〈1〉式，得

$$I(s)=sU(s)+\frac{1}{2s+1}U(s)=\left(s+\frac{1}{2s+1}\right)U(s)=\frac{2s^2+s+1}{2s+1}U(s)$$

驱动点阻抗

$$Z_{\mathrm{i}}(s)=\frac{U(s)}{I(s)}=\frac{2s+1}{2s^2+s+1}$$

零点为 $z_1=-0.5$，极点为 $p_1=-0.25+\mathrm{j}0.661$，$p_2=-0.25-\mathrm{j}0.661$，在 s 平面上的零、极点图如题 14-24 解图(b2)所示。

14-25 题 14-25 图所示为一线性电路，输入电流源的电流为 i_{S}。

(1) 试计算驱动点阻抗 $Z_{\mathrm{d}}(s)=\dfrac{U_1(s)}{I_{\mathrm{S}}(s)}$；(2) 试计算转移阻抗 $Z_{\mathrm{t}}(s)=\dfrac{U_2(s)}{I_{\mathrm{s}}(s)}$；(3) 在 s 平面上绘出 $Z_{\mathrm{d}}(s)$ 和 $Z_{\mathrm{t}}(s)$ 的极点和零点。

解：题 14-25 图的运算电路模型如题 14-25 解图(a)所示。

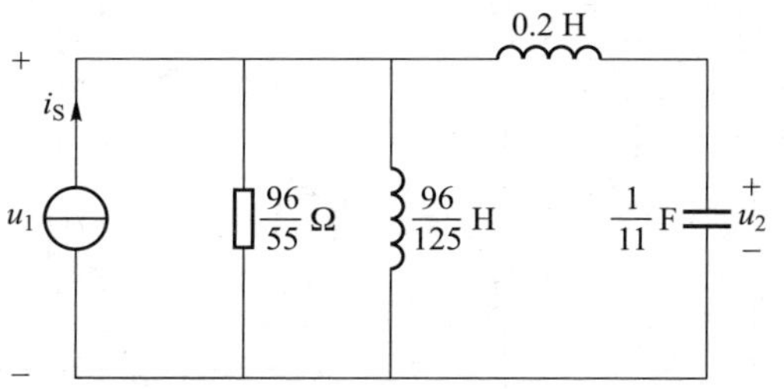

题 14-25 图

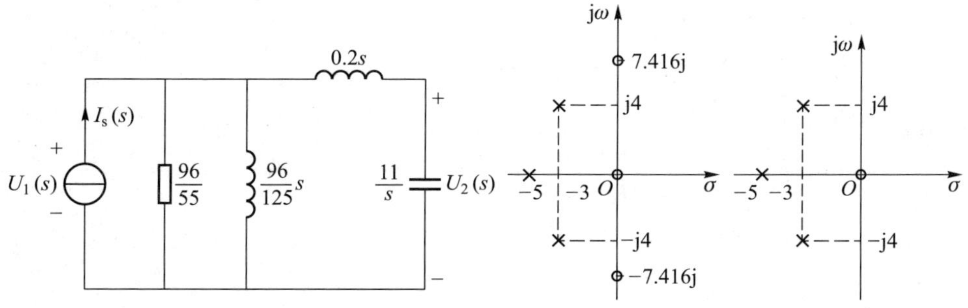

(a) (b) (c)

题 14-25 解图

(1) $Z_d(s)=\dfrac{U_1(s)}{I_s(s)}=\dfrac{1}{\dfrac{55}{96}+\dfrac{125}{96s}+\dfrac{1}{0.2s+\dfrac{11}{s}}}$

$$=\frac{96s(s^2+55)}{55(s^3+11s^2+55s+125)}=\frac{96s(s^2+55)}{55(s+5)(s^2+6s+25)}$$

$$=\frac{96s(s+j7.416)(s-j7.416)}{55(s+5)(s+3+j4)(s+3-j4)}$$

$Z_d(s)$有三个零点 $z_1=0, z_2=-j7.416, z_3=j7.416$；有三个极点 $p_1=-5, p_2=-3-j4$, $p_3=-3+j4$。

(2) $Z_t(s)=\dfrac{U_2(s)}{I_s(s)}=\dfrac{\dfrac{\dfrac{11}{s}}{0.2s+\dfrac{11}{s}}U_1(s)}{I_s(s)}$

$$=\frac{55}{s^2+55}\cdot\frac{96s(s^2+55)}{55(s+5)(s^2+6s+25)}$$

$$=\frac{96s}{(s+5)(s^2+6s+25)}$$

$$=\frac{96s}{(s+5)(s+3+j4)(s+3-j4)}$$

$Z_t(s)$有一个零点 $z_1=0$，有三个极点 $p_1=-5, p_2=-3-j4, p_3=-3+j4$。

(3) $Z_d(s)$和 $Z_t(s)$的极点和零点如题 14-25 解图(b)和(c)所示。

14-26 电路如题 14-26 图所示，已知 $u_S(t)=4\varepsilon(t)$ V，(1) 求网络函数 $H(s)=\dfrac{U_o(s)}{U_s(s)}$。(2) 绘出 $H(s)$的零点、极点图。

解：题 14-26 图的运算电路模型如题 14-26 解图(a)所示。

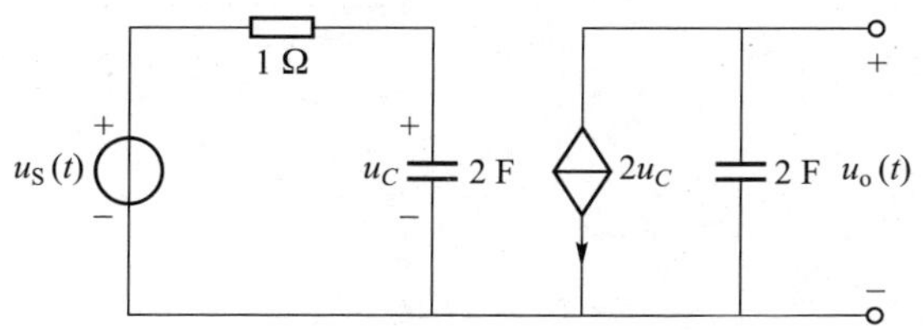

题 14-26 图

$$U_o(s)=-\frac{1}{2s}\times 2U_C(s)=-\frac{1}{s}\cdot\frac{\frac{1}{2s}}{1+\frac{1}{2s}}U_s(s)$$

$$=-\frac{1}{s(2s+1)}U_s(s)=\frac{-0.5}{s(s+0.5)}U_s(s)$$

$$H(s)=\frac{U_o(s)}{U_s(s)}=\frac{-0.5}{s(s+0.5)}$$

$H(s)$的极点为 $p_1=0, p_2=-0.5$，无零点，其极点图如题 14-26 解图(b)所示。

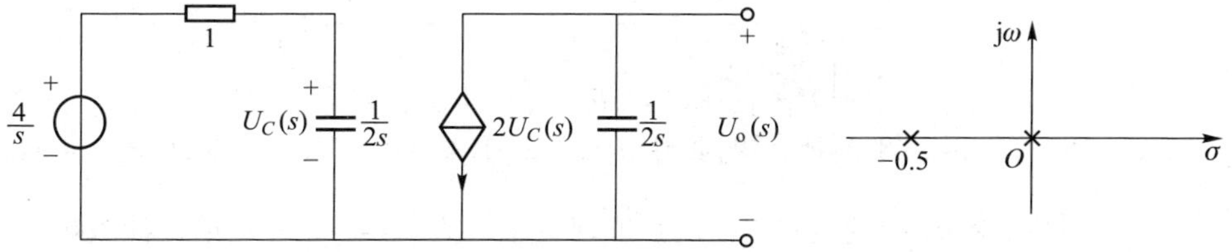

(a) (b)

题 14-26 解图

14-27 题 14-27 图所示为 RC 电路,求它的转移函数 $H(s)=\dfrac{U_o(s)}{U_i(s)}$。

解:题 14-27 的运算电路模型如题 14-27 解图所示。

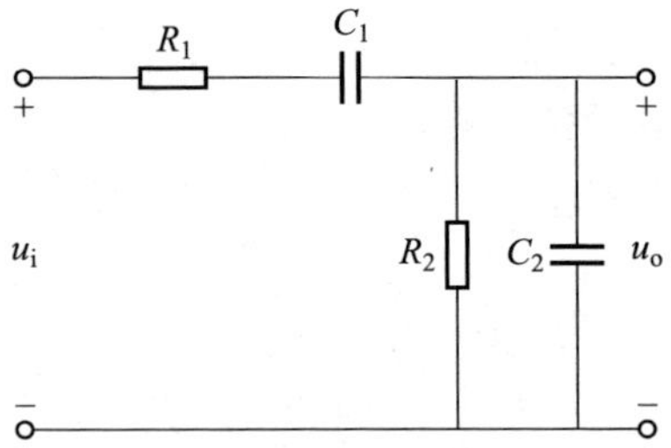

题 14-27 图

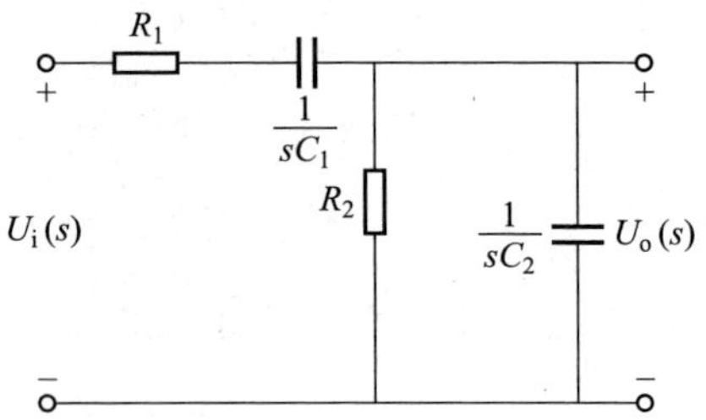

题 14-27 解图

用分压公式求得

$$U_o(s)=\frac{\dfrac{1}{\dfrac{1}{R_2}+sC_2}}{R_1+\dfrac{1}{sC_1}+\dfrac{1}{\dfrac{1}{R_2}+sC_2}}U_i(s)$$

$$=\frac{1}{\left(\dfrac{1}{R_2}+sC_2\right)\left(R_1+\dfrac{1}{sC_1}\right)+1}U_i(s)$$

$$=\frac{R_2C_1s}{R_1R_2C_1C_2s^2+(R_1C_1+R_2C_2+R_2C_1)s+1}U_i(s)$$

$$H(s)=\frac{U_o(s)}{U_i(s)}=\frac{R_2C_1s}{R_1R_2C_1C_2s^2+(R_1C_1+R_2C_2+R_2C_1)s+1}$$

$$=\frac{\dfrac{1}{R_1C_2}s}{s^2+\left(\dfrac{1}{R_2C_2}+\dfrac{1}{R_1C_1}+\dfrac{1}{R_1C_2}\right)s+\dfrac{1}{R_1R_2C_1C_2}}$$

14-28 题 14-28 图所示电路中 $L=0.2$ H,$C=0.1$ F,$R_1=6$ Ω,$R_2=4$ Ω,$u_S(t)=7e^{-2t}$ V,求 R_2 中的电流 $i_2(t)$,并求网络函数 $H(s)=\dfrac{I_2(s)}{U_s(s)}$及单位冲激响应。

解:题 14-28 图的运算电路模型如题 14-28 解图所示。

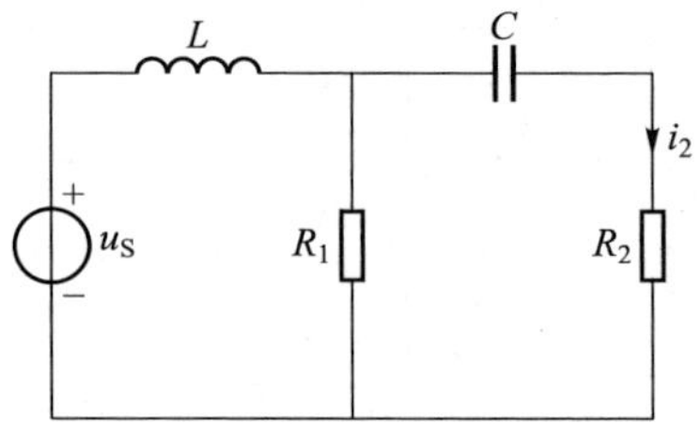

题 14-28 图

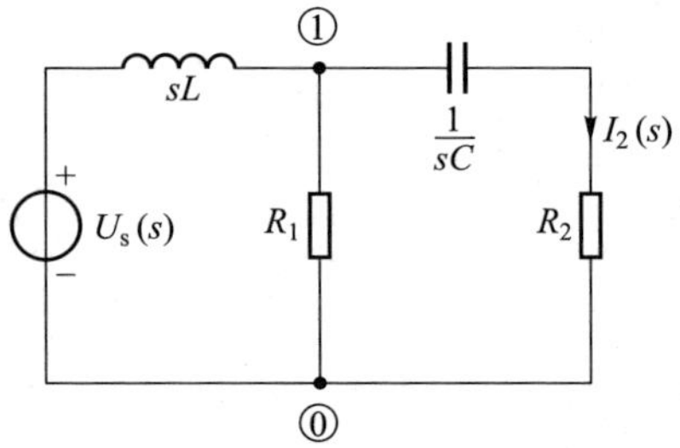

题 14-28 解图

$$U_s(s)=\mathscr{L}[u_S(t)]=\mathscr{L}[7e^{-2t}]=\frac{7}{s+2}$$

列节点电压方程

$$\left(\frac{1}{R_1}+\frac{1}{sL}+\frac{1}{R_2+\dfrac{1}{sC}}\right)U_{n1}(s)=\frac{U_s(s)}{sL}$$

求得

$$U_{n1}(s)=\frac{R_1U_s(s)}{sL+R_1+\dfrac{s^2CLR_1}{sCR_2+1}}=\frac{R_1(sCR_2+1)U_s(s)}{(sL+R_1)(sCR_2+1)+s^2CLR_1}$$

$$I_2(s)=\frac{U_{n1}(s)}{R_2+\dfrac{1}{sC}}=\frac{sC}{sCR_2+1}\times\frac{R_1(sCR_2+1)U_s(s)}{(sL+R_1)(sCR_2+1)+s^2CLR_1}$$

$$=\frac{sCR_1U_s(s)}{s^2CLR_2+sCR_1R_2+sL+R_1+s^2CLR_1}$$

$$=\frac{sCR_1U_s(s)}{s^2LC(R_1+R_2)+s(CR_1R_2+L)+R_1}$$

$$=\frac{0.6s}{0.2s^2+2.6s+6}\cdot\left(\frac{7}{s+2}\right)$$

$$=\frac{21s}{(s+2)(s^2+13s+30)}=\frac{21s}{(s+2)(s+3)(s+10)}$$

$$=\frac{K_1}{s+2}+\frac{K_2}{s+3}+\frac{K_3}{s+10}$$

其待定系数为

$$K_1=[(s+2)I_2(s)]_{s=-2}=\left.\frac{21s}{(s+3)(s+10)}\right|_{s=-2}$$

$$=\frac{21\times(-2)}{(-2+3)\times(-2+10)}=-5.25$$

$$K_2=[(s+3)I_2(s)]_{s=-3}=\left.\frac{21s}{(s+2)(s+10)}\right|_{s=-3}$$

$$=\frac{21\times(-3)}{(-3+2)\times(-3+10)}=9$$

$$K_3=[(s+10)I_2(s)]_{s=-10}=\left.\frac{21s}{(s+2)(s+3)}\right|_{s=-10}$$

$$=\frac{21(-10)}{(-10+2)(-10+3)}=-3.75$$

$$i_2(t)=\mathscr{L}^{-1}[I_2(s)]=\mathscr{L}^{-1}\left[\frac{-5.25}{s+2}+\frac{9}{s+3}+\frac{-3.75}{s+10}\right]$$

$$=(9e^{-3t}-5.25e^{-2t}-3.75e^{-10t})\text{ A}$$

$$H(s)=\frac{I_2(s)}{U_s(s)}=\frac{0.6s}{0.2s^2+2.6s+6}=\frac{3s}{s^2+13s+30}=\frac{3s}{(s+3)(s+10)}$$

$$=\frac{K_1'}{s+3}+\frac{K_2'}{s+10}$$

其待定系数为

$$K_1'=[(s+3)H(s)]_{s=-3}=\left.\frac{3s}{s+10}\right|_{s=-3}=\frac{3(-3)}{-3+10}=-\frac{9}{7}$$

$$K_2'=[(s+10)H(s)]_{s=-10}=\left.\frac{3s}{s+3}\right|_{s=-10}=\frac{3(-10)}{-10+3}=\frac{30}{7}$$

单位冲激响应

$$h(t)=\mathscr{L}^{-1}[H(s)]=\mathscr{L}^{-1}\left[\frac{K_1'}{s+3}+\frac{K_2'}{s+10}\right]=\left(-\frac{9}{7}e^{-3t}+\frac{30}{7}e^{-10t}\right)\varepsilon(t)\text{ A}$$

14-29 已知网络函数为(1) $H(s)=\dfrac{2}{s-0.3}$;(2) $H(s)=\dfrac{s-5}{s^2-10s+125}$;(3) $H(s)=\dfrac{s+10}{s^2+20s+500}$。试定性做出单位冲激响应的波形。

解:(1) 单位冲激响应 $h(t)=\mathscr{L}^{-1}[H(s)]=\mathscr{L}^{-1}\left[\dfrac{2}{s-0.3}\right]=2e^{0.3t}$。

当 $t=0$ 时,$h(0)=2$;当 $t\to\infty$ 时,$h(\infty)\to\infty$,$h(t)$ 的波形图如题 14-29 解图(a)所示。

(2) $$H(s)=\frac{s-5}{s^2-10s+125}=\frac{K_1}{s-5-j10}+\frac{K_2}{s-5+j10}$$

$$K_1=[(s-5-j10)H(s)]_{s=5+j10}=\left.\frac{s-5}{s-5+j10}\right|_{s=5+j10}=\frac{j10}{2j10}=\frac{1}{2}$$

$$K_2=[(s-5+j10)H(s)]_{s=5-j10}=\left.\frac{s-5}{s-5-j10}\right|_{s=5-j10}=\frac{-j10}{-2j10}=\frac{1}{2}$$

单位冲激响应

$$h(t)=\mathscr{L}^{-1}[H(s)]=\frac{1}{2}[e^{(5+j10)t}+e^{(5-j10)t}]=\frac{1}{2}e^{5t}(e^{j10}+e^{-j10})$$

$$=e^{5t}\cos(10t)$$

当 $t=0$ 时,$h(0)=1$,当 $t\to\infty$ 时,$h(t)\to\infty$,$h(t)$ 的波形图如题 14-29 解图(b)所示。

(3) $$H(s)=\frac{s+10}{s^2+20s+500}=\frac{s+10}{(s+10)^2+20^2}$$

单位冲激响应

$$h(t)=\mathscr{L}^{-1}\left[\frac{s+10}{(s+10)^2+20^2}\right]=e^{-10t}\cos(20t)$$

当 $t=0$ 时,$h(0)=1$,当 $t\to\infty$ 时,$h(t)=0$,$h(t)$ 的波形图如题 14-29 解图(c)所示。

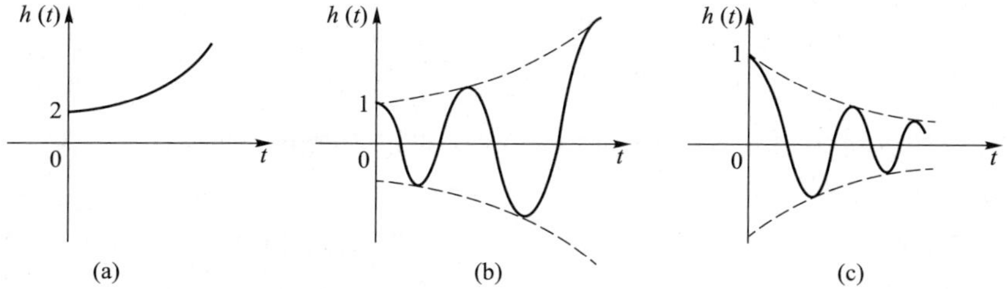

题 14-29 解图

14-30 设某线性电路的冲激响应 $h(t)=e^{-t}+2e^{-2t}$,试求相应的网络函数,并绘出零、极点图。

解:电路的网络函数为

$$H(s)=\mathscr{L}[h(t)]=\mathscr{L}[e^{-t}+2e^{-2t}]=\frac{1}{s+1}+\frac{2}{s+2}=\frac{3s+4}{(s+1)(s+2)}$$

$H(s)$ 的零点为 $3s+4=0$ 的根,即 $z_1=-\dfrac{4}{3}$;$H(s)$ 的极点为 $(s+1)(s+2)=0$ 的根,即 $p_1=-1$,$p_2=-2$。其零、极点图如题 14-30 解图所示。

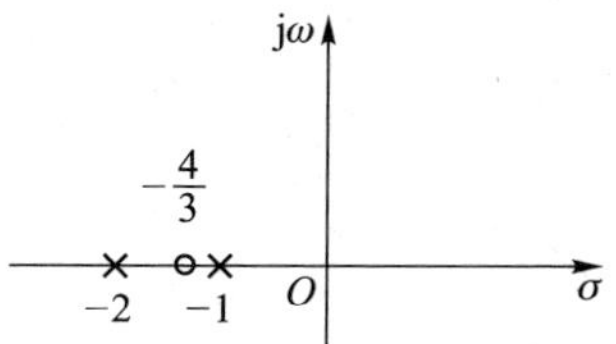

题 14-30 解图

14-31 设网络的冲激响应为（1）$h(t)=\delta(t)+\dfrac{3}{5}e^{-t}$；（2）$h(t)=e^{-at}\sin(\omega t+\theta)$；（3）$h(t)=\dfrac{3}{5}e^{-t}-\dfrac{7}{9}te^{-3t}+3t$。试求相应的网络函数的极点。

解：（1）网络函数 $H(s)=\mathscr{L}[h(t)]=\mathscr{L}\left[\delta(t)+\dfrac{3}{5}e^{-t}\right]=1+\dfrac{3}{5}\cdot\dfrac{1}{s+1}=\dfrac{5s+8}{5(s+1)}$

令 $H(s)$ 的分母多项式为零，即 $5(s+1)=0$，得极点 $p_1=-1$。

（2）$H(s)=\mathscr{L}[e^{-at}\sin(\omega t+\theta)]=\mathscr{L}[e^{-at}(\sin\omega t\cos\theta+\cos\omega t\sin\theta)]$

$$=\frac{\omega\cos\theta}{(s+a)^2+\omega^2}+\frac{(s+a)\sin\theta}{(s+a)^2+\omega^2}=\frac{\omega\cos\theta+(s+a)\sin\theta}{(s+a)^2+\omega^2}$$

令 $H(s)$ 的分母多项式为零，即 $(s+a)^2+\omega^2=0$，得极点 $p_1=-a+j\omega$，$p_2=-a-j\omega$。

（3）$H(s)=\mathscr{L}\left[\dfrac{3}{5}e^{-t}-\dfrac{7}{9}te^{-3t}+3t\right]=\dfrac{3}{5(s+1)}-\dfrac{7}{9(s+3)^2}+\dfrac{3}{s^2}$

$$=\frac{27s^4+262s^3+1153s^2+2025s+1215}{45s^2(s+1)(s+3)^2}$$

$H(s)$ 的分母多项式 $s^2(s+1)(s+3)^2=0$ 的根为极点，即共有 5 个极点 $p_1=p_2=0$，$p_3=-1$，$p_4=p_5=-3$。

14-32 画出与题 14-32 图所示零、极点分布相应的幅频响应 $|H(j\omega)|-\omega$ 曲线。

解：题 14-32 图（a）中，网络函数 $H(s)$ 只有一个极点在负实轴上，设 $p_1=-a$（a 为正实数），则 $H(s)=\dfrac{H_0}{s+a}$（H_0 为正实数），其幅频响应为 $|H(j\omega)|=\left|\dfrac{H_0}{j\omega+a}\right|=\dfrac{H_0}{\sqrt{a^2+\omega^2}}$。

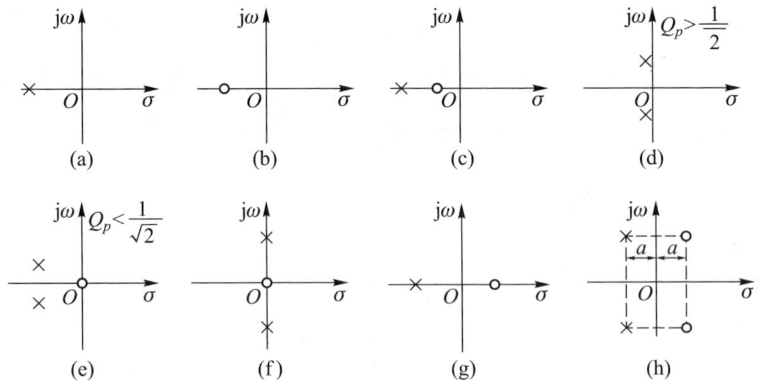

题 14-32 图

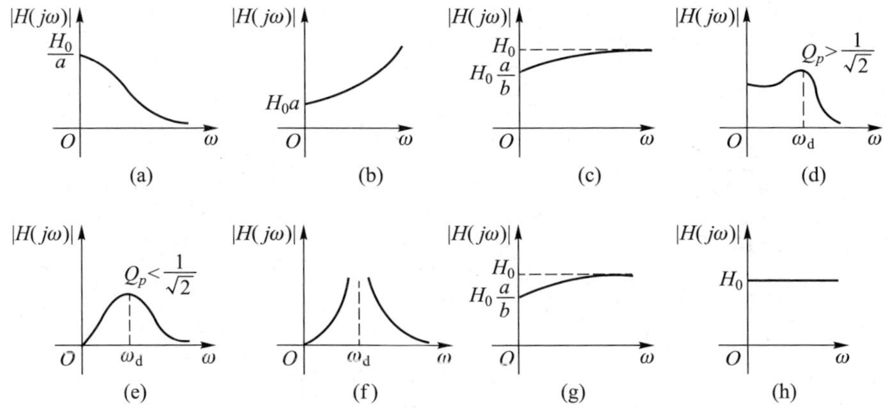

题 14-32 解图

当 $\omega=0$ 时，$|H(j0)|=\dfrac{H_0}{a}$；当 $\omega\to\infty$ 时，$|H(j\omega)|\to 0$。

题 14-32 图（b），网络函数 $H(s)$ 只有一个零点，在负实轴上，设 $z_1=-a$（a 为正实数），则 $H(s)=H_0(s+a)$（H_0 为正实数）。

$$|H(j\omega)|=|H_0(j\omega+a)|=H_0\sqrt{\omega^2+a^2}$$

当 $\omega=0$ 时，$|H(j0)|=H_0a$；当 $\omega\to\infty$ 时，$|H(j\omega)|\to\infty$。

题 14-32 图（c），网络函数 $H(s)$ 有一个零点，设 $z_1=-a$，有一个极点，设 $p_1=-b$，（a、b 为正实数），则 $H(s)=H_0\dfrac{s+a}{s+b}$（H_0 为正实数）。

$$|H(j\omega)|=\left|H_0\frac{j\omega+a}{j\omega+b}\right|=H_0\frac{\sqrt{\omega^2+a^2}}{\sqrt{\omega^2+b^2}}$$

当 $\omega=0$ 时，$|H(j0)|=H_0\dfrac{a}{b}<H_0$；当 $\omega\to\infty$ 时，$|H(j\infty)|=H_0$。

题 14-32 图（d），网络函数 $H(s)$ 有一对极点为共轭复数，设 $p_1=-\delta+j\omega_d$，$p_2=-\delta-j\omega_d$，则 $H(s)=\dfrac{H_0}{(s+\delta)^2+\omega_d^2}$（$\delta$、$\omega_d$、$H_0$ 为正实数）

$$|H(j\omega)|=\left|\frac{H_0}{(j\omega+\delta)^2+\omega_d^2}\right|=\frac{H_0}{\sqrt{(2\delta\omega)^2+(\delta^2+\omega_d^2-\omega^2)^2}}$$

当 $\omega=0$ 时，$|H(j0)|=\dfrac{H_0}{\delta^2+\omega_d^2}$；已知 $Q_p>\dfrac{1}{\sqrt{2}}$，则当 $\omega=\omega_d\approx\omega_0$ 时，$|H(j\omega_d)|$ 将出现峰值，当 $\omega\to\infty$ 时，$|H(j\infty)|=0$。

题 14-32 图（e），网络函数 $H(s)$ 有一个零点 $z_1=0$ 和一对极点（为共轭复数）。设 $p_1=-\delta+j\omega_d$，$p_2=-\delta-j\omega_d$，则

$$H(s)=\frac{H_0 s}{(s+\delta)^2+\omega_d^2}(\delta、\omega_d、H_0 \text{ 为正实数})$$

$$|H(j\omega)|=\left|\frac{H_0 j\omega}{(j\omega+\delta)^2+\omega_d^2}\right|=\frac{H_0\omega}{\sqrt{(2\delta\omega)^2+(\delta^2+\omega_d^2-\omega^2)^2}}$$

当 $\omega=0$ 时，$|H(j0)|=0$；当 $\omega=\omega_d\approx\omega_0$ 时，$|H(j\omega_d)|$达到最大值，已知 $Q_p<\frac{1}{\sqrt{2}}$，所以$|H(j\omega)|$随 ω 的变化较为平坦，当 $\omega\to\infty$ 时，$|H(j\infty)|=0$。

题 14-32 图(f)，网络函数 $H(s)$有一个零点 $z_1=0$ 和有一对极点。设 $p_1=j\omega_d$，$p_2=-j\omega_d$，则

$$H(s)=\frac{H_0 s}{s^2+\omega_d^2}(\omega_d、H_0 \text{ 为正实数})$$

$$|H(j\omega)|=\left|\frac{H_0 j\omega}{(j\omega)^2+\omega_d^2}\right|=\frac{H_0\omega}{|\omega_d^2-\omega^2|}$$

当 $\omega=0$ 时，$|H(j0)|=0$；当 $\omega=\omega_d$ 时，$|H(j\omega_d)|\to\infty$，当 $\omega\to\infty$ 时，$|H(j\infty)|=0$。

题 14-32 图(g)，网络函数 $H(s)$有一个零点，设 $z_1=a$，有一个极点。设 $p_1=-b$，(a、b 为正实数)，则

$$H(s)=H_0\frac{s-a}{s+b}(H_0 \text{ 为正实数})$$

$$|H(j\omega)|=\left|\frac{H_0(j\omega-a)}{j\omega+b}\right|=\frac{H_0\sqrt{\omega^2+a^2}}{\sqrt{\omega^2+b^2}}$$

当 $\omega=0$ 时，$H(j0)=H_0\frac{a}{b}$，当 $\omega\to\infty$ 时，$|H(j\infty)|\to H_0$。

题 14-32 图(h)，网络函数 $H(s)$有一对零点 $z_1=a+j\omega_d$，$z_2=a-j\omega_d$ 和一对极点 $p_1=-a+j\omega_d$，$p_2=-a-j\omega_d$(a、ω_d 为正实数)，则

$$H(s)=H_0\frac{(s-a)^2+\omega_d^2}{(s+a)^2+\omega_d^2}(H_0 \text{ 为正实数})$$

$$|H(j\omega)|=\left|H_0\frac{(j\omega-a)^2+\omega_d^2}{(j\omega+a)^2+\omega_d^2}\right|=H_0$$

$$H(j0)=H_0,\ |H(j\infty)|\to H_0$$

题 14-32 图(a)～(h)的幅频响应$|H(j\omega)|$-ω 曲线如题 14-32 解图(a)～(h)所示。

14-33 已知电路如题 14-33 图所示，求网络函数 $H(s)=\frac{U_2(s)}{U_s(s)}$，定性画出幅频特性和相频特性示意图。

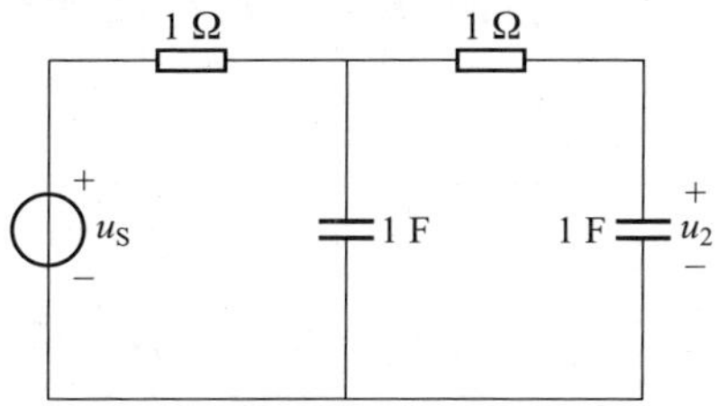

题 14-33 图

解：题 14-33 图的运算电路模型如题 14-33 解图(a)所示。列写节点电压方程

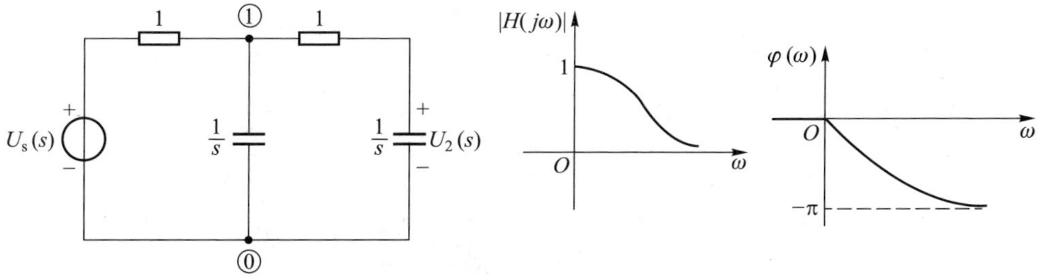

(a) (b) (c)

题 14-33 解图

$$\left(1+s+\frac{1}{1+\frac{1}{s}}\right)U_{n1}(s)=\frac{U_s(s)}{1}\quad\Rightarrow\quad U_{n1}(s)=\frac{s+1}{s^2+3s+1}U_s(s)$$

应用分压公式得

$$U_2(s)=\frac{\frac{1}{s}}{1+\frac{1}{s}}U_{n1}(s)=\frac{1}{s+1}U_{n1}(s)=\frac{U_s(s)}{s^2+3s+1}$$

所以网络函数

$$H(s)=\frac{U_2(s)}{U_s(s)}=\frac{1}{s^2+3s+1}$$

令 $H(s)$ 的分母多项式 $s^2+3s+1=0$，根为 $H(s)$ 的极点 $p_1=-0.382$，$p_2=-2.618$，其幅频特性$|H(j\omega)|$和相频特性 $\varphi(\omega)$分别为

$$|H(j\omega)|=\frac{1}{|(j\omega)^2+3j\omega+1|}=\frac{1}{\sqrt{(1-\omega^2)^2+(3\omega)^2}}$$

$$\varphi(\omega)=\arctan|H(j\omega)|=-\arctan\frac{3\omega}{1-\omega^2}$$

幅频特性和相频特性如题 14-33 解图(b)(c)所示。

14-34 题 14-34 图所示电路为 RLC 并联电路，试用网络函数的图解法分析 $H(s)=\dfrac{U_2(s)}{I_s(s)}$ 的频率响应特性。

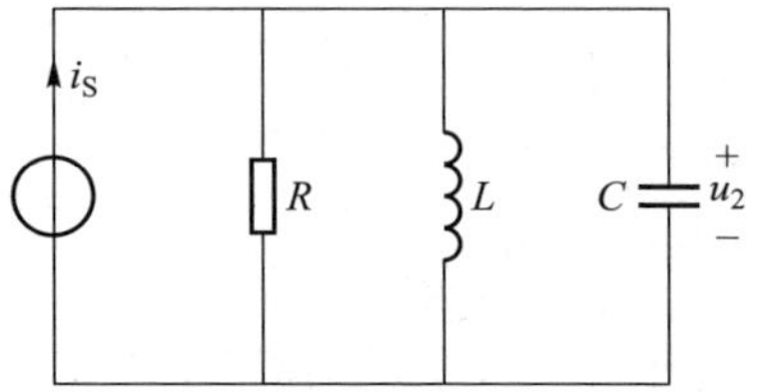

题 14-34 图

解： 题 14-34 图的运算电路模型如题 14-34 解图(a)所示。

因 $U_2(s)=\dfrac{I_s(s)}{\dfrac{1}{R}+\dfrac{1}{sL}+sC}$，网络函数

$$H(s)=\frac{U_2(s)}{I_s(s)}=\frac{1}{\dfrac{1}{R}+\dfrac{1}{sL}+sC}=\frac{\dfrac{1}{C}s}{s^2+\dfrac{1}{RC}s+\dfrac{1}{LC}}=H_0\frac{s}{(s-p_1)(s-p_2)}$$

$H(s)$ 有一个零点 $z=0$，有两个极点 $p_{1,2}=-\dfrac{1}{2RC}\pm j\sqrt{\dfrac{1}{LC}-\left(\dfrac{1}{2RC}\right)^2}=-\delta\pm j\omega_d$，$\omega_d=\sqrt{\omega_0^2-\delta^2}$，$\omega_0=\dfrac{1}{\sqrt{LC}}=\sqrt{\omega_d^2+\delta^2}$，画出 $H(s)$ 的零、极点图如题14-34 解图(b)所示。

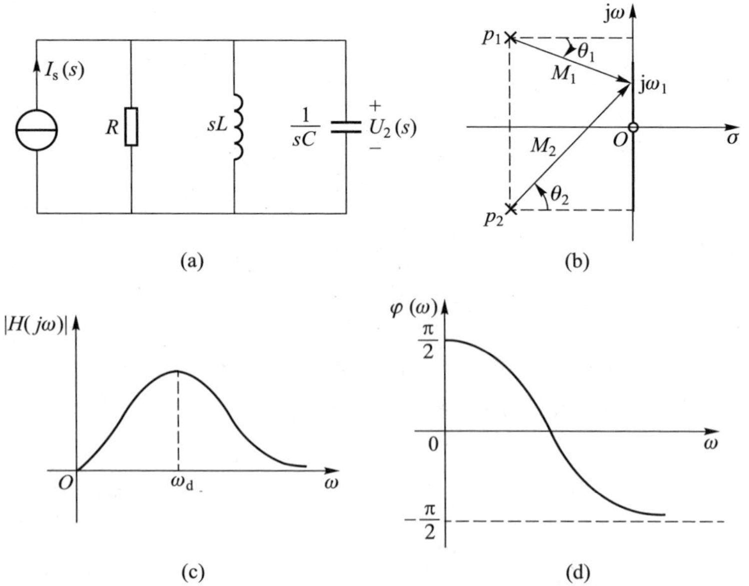

题 14-34 解图

当 $\omega=\omega_1$ 时，有

$$|H(j\omega_1)|=\frac{H_0|j\omega_1|}{|j\omega_1-p_1||j\omega_1-p_2|}=\frac{H_0\omega_1}{M_1M_2}$$

$$\varphi(\omega_1)=\arg[H(j\omega_1)]=\frac{\pi}{2}-(\theta_1+\theta_2)$$

当 $\omega=0$ 时，$|H(j0)|=0$，$\varphi(0)=\dfrac{\pi}{2}$；当 $\omega\to\infty$ 时，$|H(j\infty)|=0$，$\varphi(\infty)=-\dfrac{\pi}{2}$；当 $\omega\approx\omega_0$ 时，$|H(j\omega_d)|$ 达最大值，$\varphi(\omega_d)=0$。

幅频特性和相频特性如题 14-34 解图(c)(d)所示。

14-35 题 14-35 图所示电路，试求：

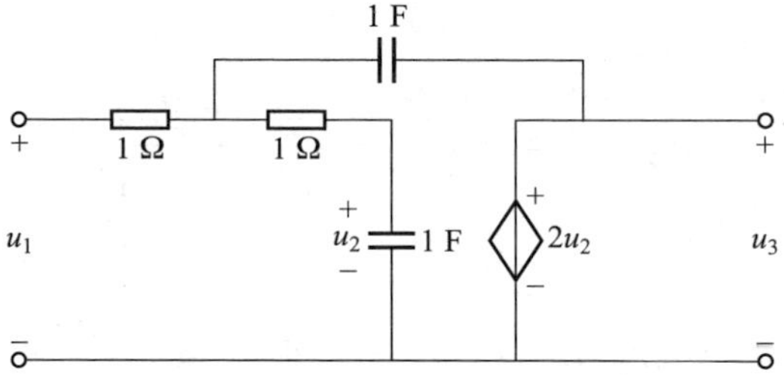

题 14-35 图

(1) 网络函数 $H(s)=\dfrac{U_3(s)}{U_1(s)}$，并绘出幅频特性示意图；(2) 冲激响应 $h(t)$。

解： 题 14-35 图的运算电路模型如题 14-35 解图(a)所示。

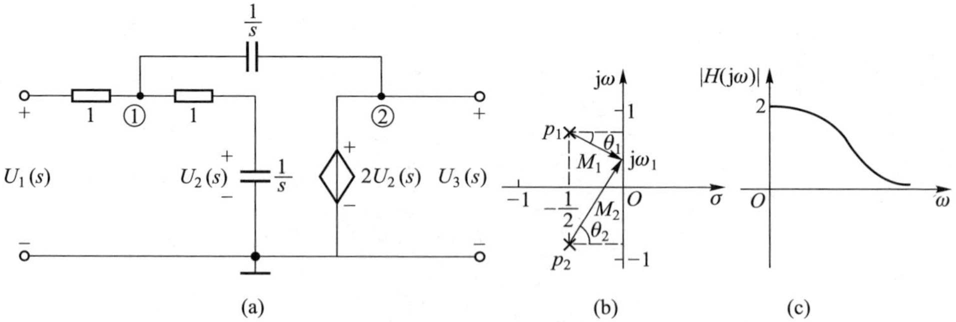

题 14-35 解图

(1) 对节点①，列 KCL 方程，有

$$\frac{U_1(s)-U_{n1}(s)}{1}=\frac{U_{n1}(s)}{1+1/s}+s[U_{n1}(s)-U_3(s)]$$

整理得

$$U_1(s)=\left(\frac{1}{1+1/s}+s+1\right)U_{n1}(s)-sU_3(s) \qquad \langle 1\rangle$$

又 $U_3(s)=2U_2(s)=2\times\dfrac{1/s}{1+1/s}U_{n1}(s)$

则

$$U_{n1}(s)=\frac{s+1}{2}U_3(s)$$

代入〈1〉式，得

$$\begin{aligned}U_1(s)&=\left(\frac{1}{1+1/s}+s+1\right)\frac{s+1}{2}U_3(s)-sU_3(s)\\&=\left[\left(\frac{s}{s+1}+s+1\right)\frac{s+1}{2}-s\right]U_3(s)\\&=\frac{1}{2}[s+(s+1)^2]U_3(s)-sU_3(s)\\&=\frac{1}{2}(s^2+s+1)U_3(s)\end{aligned}$$

网络函数 $H(s)=\dfrac{U_3(s)}{U_1(s)}=\dfrac{2}{s^2+s+1}=\dfrac{2}{(s-p_1)(s-p_2)}$

$$p_{1,2}=-\frac{1}{2}\pm j\frac{\sqrt{3}}{2}=-0.5\pm j0.866$$

频率特性为 $H(j\omega)=\dfrac{2}{(j\omega-p_1)(j\omega-p_2)}$

当 $\omega=\omega_1$ 时，有 $|H(j\omega_1)|=\dfrac{2}{|j\omega_1-p_1||j\omega_1-p_2|}=\dfrac{2}{M_1M_2}$

零、极点图和幅频特性如题 14-35 解图(b)(c)所示。

(2) 网络函数 $H(s)=\dfrac{2}{s^2+s+1}=\dfrac{2}{\sqrt{3}/2}\times\dfrac{\sqrt{3}/2}{\left(s+\dfrac{1}{2}\right)^2+(\sqrt{3}/2)^2}$

$$=\frac{4}{\sqrt{3}}\times\frac{\sqrt{3}/2}{\left(s+\dfrac{1}{2}\right)^2+(\sqrt{3}/2)^2}$$

冲激响应 $h(t)=\mathscr{L}^{-1}[H(s)]=\mathscr{L}^{-1}\left[\dfrac{4}{\sqrt{3}}\times\dfrac{\sqrt{3}/2}{(s+0.5)^2+(\sqrt{3}/2)^2}\right]$

$$=2.31e^{-0.5t}\sin\left(\frac{\sqrt{3}}{2}t\right)\text{ V}$$

14-36 求题 14-36 图所示电路的电压转移函数 $H(s)=\dfrac{U_o(s)}{U_i(s)}$，设运放是理想的。

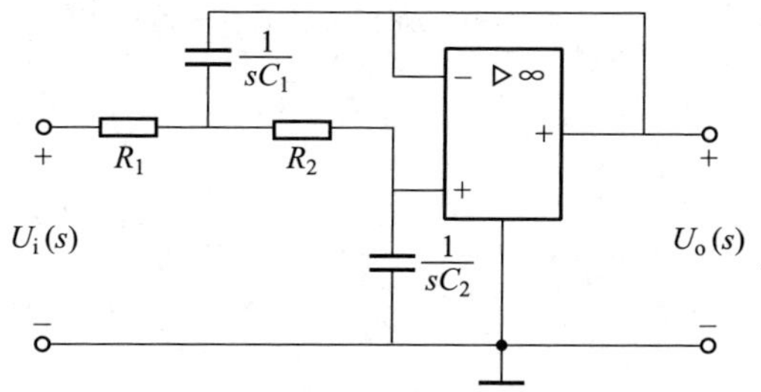

题 14-36 图

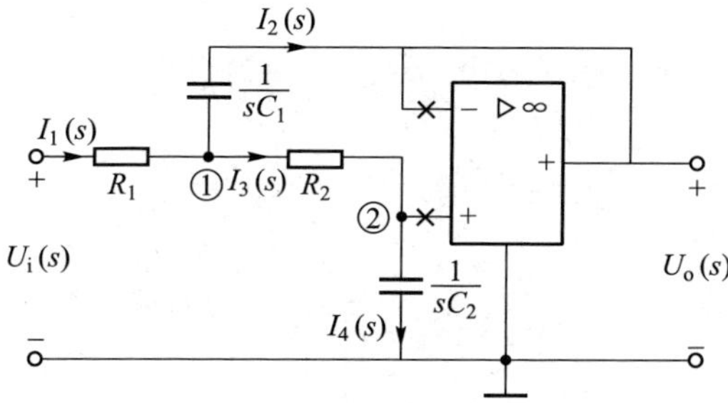

题 14-36 解图

解：标注节点①、②及其支路电流，如题 14-36 解图所示。分析理想运放的两条规则，有 $I^+(s)=I^-(s)=0$（理想运放的输入端"虚断路"，在输入端用"×"标记），$U^+(s)=U^-(s)$（理想运放输入端"虚短路"），列节点①的 KCL 方程有

$$I_1(s)=I_2(s)+I_3(s)$$

用节点电压表示支路电流，

$$\frac{U_i(s)-U_{n1}(s)}{R_1}=sC_1[U_{n1}(s)-U_o(s)]+\frac{U_{n1}(s)}{R_2+\dfrac{1}{sC_2}}$$

得

$$U_i(s)=\left(\frac{sR_1C_2}{R_2C_2s+1}+sR_1C_1+1\right)U_{n1}(s)-sR_1C_1U_o(s)\quad\langle 1\rangle$$

列节点②的 KCL 方程

$$I_3(s)=I_4(s)$$

$$\frac{U_{n1}(s)-U_{n2}(s)}{R_2}=sC_2U_{n2}(s)$$

得

$$U_{n1}(s)=(R_2C_2s+1)U_{n2}(s)$$

因 $U_{n2}(s)=U^+(s)=U^-(s)=U_o(s)$，所以 $U_{n1}(s)=(R_2C_2s+1)U_o(s)$。

代入〈1〉式得

$$U_i(s)=\left[\left(\frac{sR_1C_2}{R_2C_2s+1}+sR_1C_1+1\right)(R_2C_2s+1)-sR_1C_1\right]U_o(s)$$
$$=[sR_1C_2+(sR_1C_1+1)(R_2C_2s+1)-sR_1C_1]U_o(s)$$

$$\frac{U_o(s)}{U_i(s)}=\frac{1}{sR_1C_2+s^2C_1C_2R_1R_2+sR_2C_2+1}=\frac{\dfrac{1}{C_1C_2R_1R_2}}{s^2+s\left(\dfrac{1}{R_2C_1}+\dfrac{1}{R_1C_1}\right)+\dfrac{1}{C_1C_2R_1R_2}}$$

14-37 题 14-37 图所示电路为一低通滤波器，若已知冲激响应为 $h(t)=\left[\sqrt{2}\,e^{-\frac{\sqrt{2}}{2}t}\sin\left(\frac{1}{\sqrt{2}}t\right)\right]\varepsilon(t)$

求：(1) L、C 值；(2) 幅频响应 $|H(j\omega)|-\omega$ 曲线。

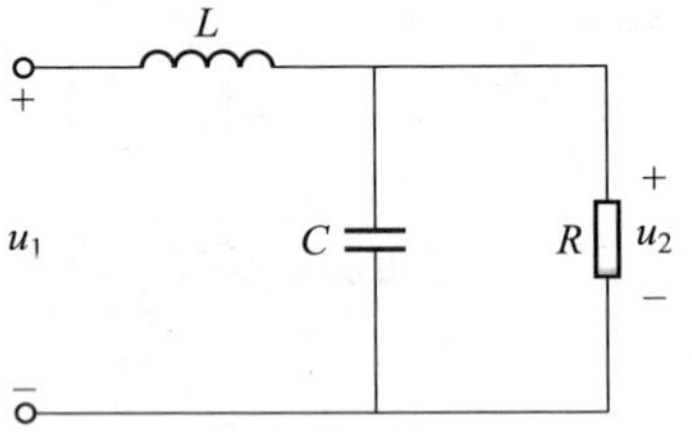

题 14-37 图

解：(1) 题 14-37 图的运算电路模型如题 14-37 解图(a)所示。应用分压公式，有

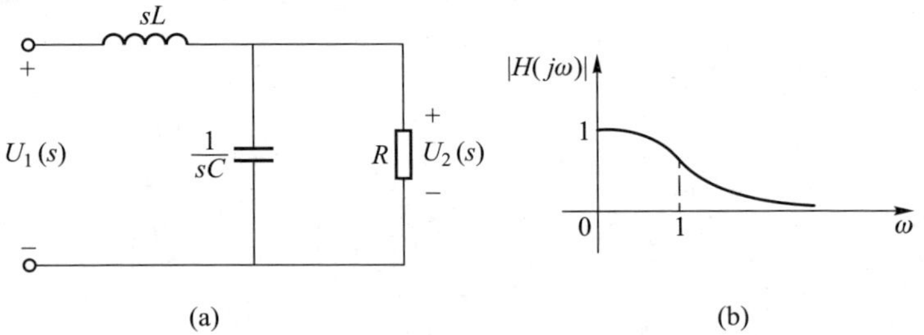

题 14-37 解图

$$U_2(s)=\frac{\dfrac{1}{sC+\dfrac{1}{R}}}{sL+\dfrac{1}{sC+\dfrac{1}{R}}}U_1(s)=\frac{U_1(s)}{s^2LC+s\dfrac{L}{R}+1}$$

得网络函数

$$H(s)=\frac{U_2(s)}{U_1(s)}=\frac{1}{s^2LC+s\dfrac{L}{R}+1}$$

已知

$$H(s)=\mathscr{L}[h(t)]=\sqrt{2}\times\frac{\dfrac{1}{\sqrt{2}}}{\left(s+\dfrac{\sqrt{2}}{2}\right)^2+\left(\dfrac{1}{\sqrt{2}}\right)^2}=\frac{1}{s^2+\sqrt{2}s+1}$$

则有

$$\frac{1}{s^2LC+s\dfrac{L}{R}+1}=\frac{1}{s^2+\sqrt{2}s+1}$$

式中对应系数应相等，即 $LC=1$，$\frac{L}{R}=\sqrt{2}$，求得 $L=\sqrt{2}R$，$C=\frac{1}{L}=\frac{1}{\sqrt{2}R}$。

(2) $H(j\omega)=\dfrac{\dot{U}_2}{\dot{U}_1}=\dfrac{1}{(j\omega)^2+\sqrt{2}j\omega+1}$

$$|H(j\omega)|=\frac{1}{|1-\omega^2+j\sqrt{2}\omega|}=\frac{1}{\sqrt{(1-\omega^2)^2+2\omega^2}}=\frac{1}{\sqrt{1+\omega^4}}$$

幅频响应 $|H(j\omega)|-\omega$ 曲线如题 14-37 解图(b)所示。

14-38 电路如题 14-38 图所示，已知激励 $u(t)=10e^{-at}[\varepsilon(t)-\varepsilon(t-1)]$ V，试用卷积定理求电流 $i(t)$。

解：题 14-38 图的运算电路模型如题 14-38 解图所示，应用卷积定理求解。

$$U(s)=\mathscr{L}[u(t)]=\mathscr{L}\{10e^{-at}[\varepsilon(t)-\varepsilon(t-1)]\}$$
$$=\mathscr{L}[10e^{-at}\varepsilon(t)-10e^{-a}\cdot e^{-a(t-1)}\varepsilon(t-1)]$$
$$=\frac{10}{s+a}-\frac{10e^{-a}}{s+a}e^{-s}=\frac{10}{s+a}(1-e^{-a}e^{-s})$$

题 14-38 解图中，$H(s)=\dfrac{I(s)}{U(s)}=\dfrac{1}{s+2}$

应用卷积定理，有

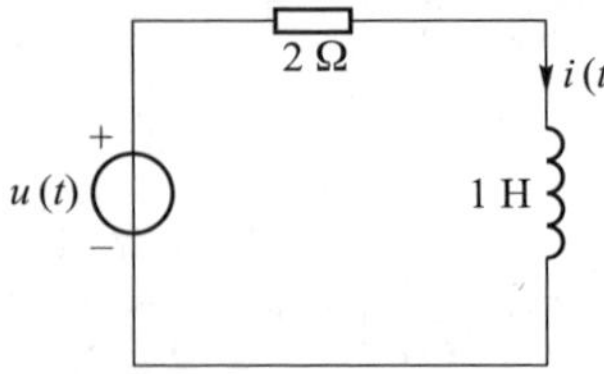

题 14-38 图

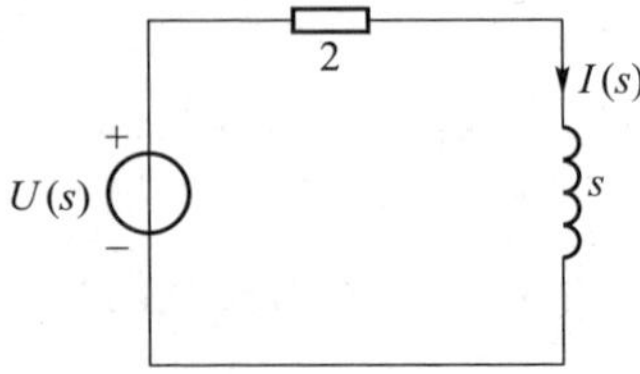

题 14-38 解图

$$I(s)=U(s)\cdot H(s)=\left[\frac{10}{s+a}(1-\mathrm{e}^{-a}\mathrm{e}^{-s})\right]\cdot\frac{1}{s+2}$$

$$=\frac{10}{(s+a)(s+2)}(1-\mathrm{e}^{-a}\mathrm{e}^{-s})$$

设 $F_0(s)=\dfrac{10}{(s+a)(s+2)}$，则 $I(s)=F_0(s)(1-\mathrm{e}^{-a}\mathrm{e}^{-s})$。

展开象函数 $F_0(s)=\dfrac{10}{(s+a)(s+2)}=\dfrac{K_1}{s+a}+\dfrac{K_2}{s+2}$，其待定系数为

$$K_1=[(s+a)F_0(s)]_{s=-a}=\left.\frac{10}{s+2}\right|_{s=-a}=\frac{10}{2-a}$$

$$K_2=[(s+2)F_0(s)]_{s=-2}=\left.\frac{10}{s+a}\right|_{s=-2}=-\frac{10}{2-a}$$

所以

$$i(t)=\mathscr{L}^{-1}[I(s)]=\mathscr{L}^{-1}\left[\frac{10}{2-a}\left(\frac{1}{s+a}-\frac{1}{s+2}\right)(1-\mathrm{e}^{-a}\mathrm{e}^{-s})\right]$$

$$=\frac{10}{2-a}\{(\mathrm{e}^{-at}-\mathrm{e}^{-2t})\varepsilon(t)-\mathrm{e}^{-a}[\mathrm{e}^{-a(t-1)}-\mathrm{e}^{-2(t-1)}]\varepsilon(t-1)\}\ \mathrm{A}$$

$$=\frac{10}{2-a}\{(\mathrm{e}^{-at}-\mathrm{e}^{-2t})\varepsilon(t)-[\mathrm{e}^{-at}-\mathrm{e}^{-2(t-1)-a}]\varepsilon(t-1)\}\ \mathrm{A}$$

***14-39** 电路如题 14-39 图所示，网络 N 为线性无源网络，已知其网络函数 $H(s)=\dfrac{I(s)}{U(s)}=\dfrac{s}{s^2+2s+2}$。

(1) 给出该网络的一种结构及合适的元件值；(2) 判断该网络冲激响应的性质。

解：(1) 题 14-39 图中，已知 $H(s)=\dfrac{I(s)}{U(s)}=\dfrac{s}{s^2+2s+2}$，求网络 N 的运算阻抗，得

$$Z(s)=\frac{U(s)}{I(s)}=\frac{1}{H(s)}=\frac{s^2+2s+2}{s}=s+2+\frac{2}{s}$$

$Z(s)$ 可看成三个元件的串联，对应电感 $L=1$ H，电阻 $R=2$ Ω，电容 $C=\dfrac{1}{2}$F，其运算阻抗分别为 s、2、$\dfrac{2}{s}$，如题 14-39 解图所示。

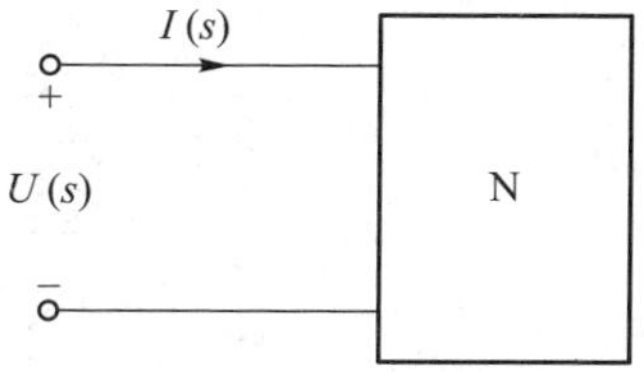

题 14-39 图

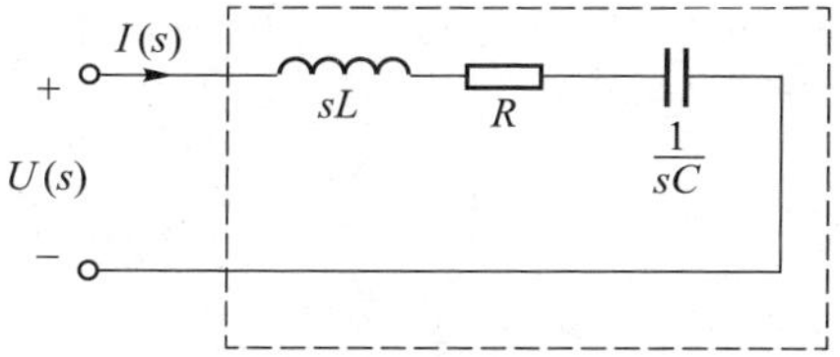

题 14-39 解图

(2) $H(s)=\dfrac{s}{s^2+2s+2}=\dfrac{s}{(s+1+\mathrm{j})(s+1-\mathrm{j})}$，极点 $p_1=-1-\mathrm{j}$，$p_2=-1+\mathrm{j}$，冲激响应 $h(t)$ 是以指数曲线 e^{-t} 为包络线的衰减的正弦响应。

14-40 电路如题 14-40 图所示，网络函数 $H(s)=\dfrac{U(s)}{I(s)}$，其零、极点分布如题 14-40 图(b)所示，且 $H(0)=1$，求 R、L、C 的值。

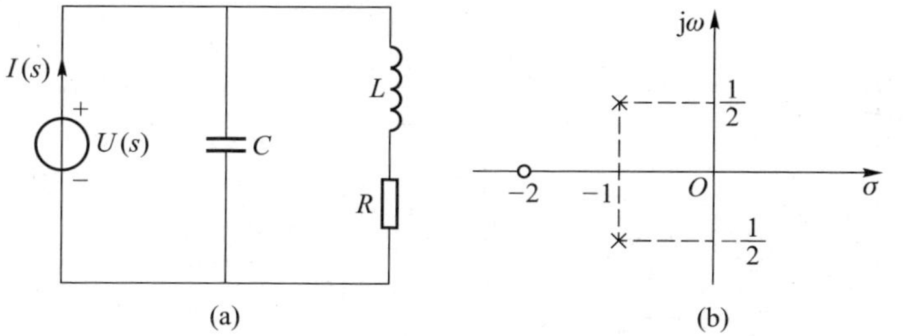

题 14-40 图

解：由题 14-40 图(a)，得

$$H(s)=\frac{U(s)}{I(s)}=\frac{1}{sC+\dfrac{1}{R+sL}}=\frac{\dfrac{R}{LC}+\dfrac{s}{C}}{s^2+\dfrac{R}{L}s+\dfrac{1}{LC}}=\frac{\dfrac{R}{LC}+\dfrac{1}{C}s}{(s-p_1)(s-p_2)}$$

当 $s=0$ 时，$H(0)=R$。已知 $H(0)=1$，故 $R=1$ Ω。

由题 14-40 图(b)，$H(s)$ 有两个极点 $p_1=-1+\mathrm{j}\dfrac{1}{2}$，$p_2=-1-\mathrm{j}\dfrac{1}{2}$。

由 $H(s)$ 的分母多项式

$$(s-p_1)(s-p_2)=\left(s+1-\mathrm{j}\frac{1}{2}\right)\left(s+1+\mathrm{j}\frac{1}{2}\right)=s^2+2s+\frac{5}{4}$$

对比等式 $s^2+\dfrac{R}{L}s+\dfrac{1}{LC}=s^2+2s+\dfrac{5}{4}$ 的系数，有

$$\frac{R}{L}=2,\quad \frac{1}{LC}=\frac{5}{4}$$

求得 $L=\dfrac{R}{2}=\dfrac{1}{2}$H，$C=\dfrac{1}{L}\times\dfrac{4}{5}=2\times\dfrac{4}{5}$F $=1.6$ F

14-41 电路如题 14-41 图所示，已知 $R_1=R_2=1$ Ω，$C=\dfrac{1}{2}$F，$L=2$ H，$g=\dfrac{1}{2}$S。

(1) 求电压转移函数 $H(s)=\dfrac{U_o(s)}{U_s(s)}$ 及其冲激响应；

(2) 定性绘出 $|H(\mathrm{j}\omega)|-\omega$ 及 $\arg[H(\mathrm{j}\omega)]-\omega$ 曲线。

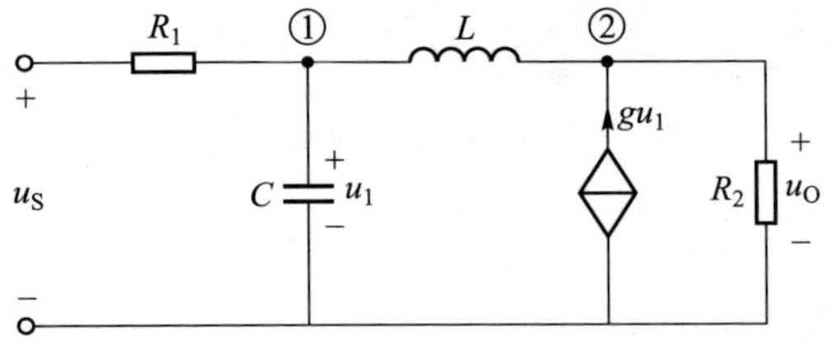

题 14-41 图

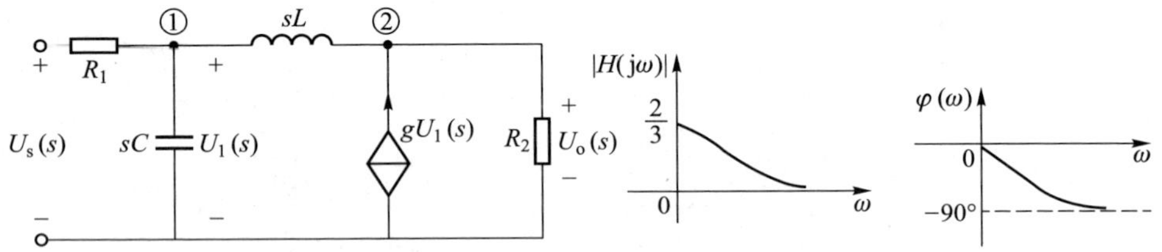

(a) (b) (c)

题 14-41 解图

解:(1) 题 14-41 图的运算电路模型如题 14-41 解图(a)所示。列节点电压方程如下

$$\begin{cases}\left(\dfrac{1}{R_1}+sC+\dfrac{1}{sL}\right)U_{n1}(s)-\dfrac{1}{sL}U_{n2}(s)=\dfrac{U_s(s)}{R_1}\\-\dfrac{1}{sL}U_{n1}(s)+\left(\dfrac{1}{sL}+\dfrac{1}{R_2}\right)U_{n2}(s)=gU_1(s)\end{cases}$$

$$\Rightarrow\begin{cases}\left(1+\dfrac{1}{2}s+\dfrac{1}{2s}\right)U_1(s)-\dfrac{1}{2s}U_o(s)=U_s(s) & \langle 1\rangle\\-\dfrac{1}{2s}U_1(s)+\left(\dfrac{1}{2s}+1\right)U_o(s)=\dfrac{1}{2}U_1(s) & \langle 2\rangle\end{cases}$$

其中 $U_{n1}(s)=U_1(s)$,$U_{n2}(s)=U_o(s)$。

由⟨2⟩式,得

$$U_1(s)=\frac{\dfrac{1}{2s}+1}{\dfrac{1}{2}+\dfrac{1}{2s}}U_o(s)=\frac{2s+1}{s+1}U_o(s)$$

代入⟨1⟩式,得

$$\left(1+\frac{1}{2}s+\frac{1}{2s}\right)\cdot\frac{2s+1}{s+1}U_o(s)-\frac{1}{2s}U_o(s)=U_s(s)$$

$$\Rightarrow\quad\frac{2s^3+5s^2+3s}{2s(s+1)}U_o(s)=U_s(s)$$

$$H(s)=\frac{U_o(s)}{U_s(s)}=\frac{2s(s+1)}{2s^3+5s^2+3s}$$

$$=\frac{2(s+1)}{2s^2+5s+3}=\frac{1}{s+1.5}$$

$$h(t)=\mathscr{L}^{-1}[H(s)]=\mathscr{L}^{-1}\left[\frac{1}{s+1.5}\right]=e^{-1.5t}\varepsilon(t)\text{ V}$$

(2) $|H(j\omega)|=\left|\dfrac{1}{j\omega+1.5}\right|=\dfrac{1}{\sqrt{\omega^2+1.5^2}}$,$H(j0)=\dfrac{2}{3}$,$H(j\infty)\to 0$

$$\varphi(\omega)=\arctan[H(j\omega)]=-\arctan\frac{\omega}{1.5},\quad\left(-\arctan\frac{\omega}{1.5}\right)\bigg|_{\omega=0}=0$$

$$\left(-\arctan\frac{\omega}{1.5}\right)\bigg|_{\omega\to\infty}=-90°$$

$|H(j\omega)|-\omega$ 与 $\arg|H(j\omega)|-\omega$ 曲线如题 14-41 解图(b)和(c)所示。

第十五章 电路方程的矩阵形式

内容提要

表 15-1 描述电路拓扑图论的名词术语和概念

名词术语（符号）	基本定义	举例说明
图（G）	图是节点和支路的一个集合。每条支路的两端都联到相应的节点上。用 G 表示	
电路的“图”（无向图）	由支路和节点组成。每条支路代表一个电路元件或几个不同元件的特定组合（如图 1 所示）	
孤立节点	没有支路连接的节点	
有向图	对电路的图的每一支路指定一个方向为该支路电流的参考方向（电压一般取同向），称有向图（如图 2 所示）	
路径	从图 G 的某一点出发，沿着一些支路连续移动，从而到达另一指定节点，这样的一系列支路构成了图 G 的一条路径	
连通图、非连通图	图 G 的任意两点间至少存在一条路径，则此图 G 称为连通图，否则称非连通图	
子图、连通子图	若图 G_1 的每个节点和支路也是图 G 的节点和支路，则称图 G_1 为图 G 的一个子图；若图 G、G_1 又都是连通的，则图 G_1 为图 G 的一个连通子图	
树（T）	树是连通图 G 的一个连通子图，其包含 G 的全部节点，但不包含回路。用 T 表示（G 有许多不同树，图 3 中实线为树）	
树支和连支	对一连通图 G，当确定了它的树 T 后，凡是 G 的支路又属于这个树的称为图 G 的树支，不属于这个树 T 的支路为图 G 的连支（图 3 中实线为树支，虚线为连支）	
树支数和连支数	设连通图 G 的节点数为 n，支路数为 b，则该图 G 的树支数为 $(n-1)$ 个，连支数为 $b-(n-1)$ 个（图 3 中树支数为 $n-1=3$，连支数为 $l=b-n+1=3$）	
闭合路径	一条路径的起点和终点重合	
回路	当一条路径从起点回到原出发点所经过的节点都是不同的，则此闭合路径就构成了图的一个回路（一个连通图有很多回路）	
单连支回路（基本回路）	由于连通图的一个树不包含回路，而所有节点全部被树支联结。对任一个树，每加进一个连支便形成了一个只包含该连支的回路，构成此回路的其他支路均为树支。此回路称为单连支回路或基本回路（如图 3 中树支 1，3，4 与连支 2 构成基本回路）	
单连支回路组（基本回路组）	由某树 T 的全部单连支回路构成的回路组称为单连支回路组或称基本回路组。显然这组回路是独立的。 独立回路的个数 l = 连支数 $=b-(n-1)$（图 3 中的三个单连支回路构成基本回路组，如图 4 所示）	
平面图	若能使图 G 中的各支路不交叉地（除节点外）画在平面上，则该图 G 称为平面图。平面图的全部内网孔为一组独立回路，且数目为该图的独立回路数	
割集（Q）	连通图 G 的一个割集是 G 的一个支路集合，用 Q 表示，把这些支路都移去，将使 G 分离为两个部分，但如少移去一条支路，图 G 仍是连通的。任何连支的集合不构成割集，每一个割集中应至少含有一个树支（G 有许多不同的割集，如图 5 中的 Q_1,Q_2,Q_3）	
单树支割集（基本割集）	由树的一个树支与一些连支所构成的割集，称为单树支割集或基本割集（如图 5 中的单树支割集 Q_3）	
单树支割集组（基本割集组）	对于一个具有 n 个节点、b 条支路的连通图其树支数为 $(n-1)$；因此每一个树可构成 $(n-1)$ 个单树支割集。称此割集组为单树支割集组或基本割集组。单树支割集组为独立割集组。基本割集的个数 = 树支数 $=n-1$	
复合支路	没有统一的定义，一般规定复合支路最多可以包含一个独立电压源、一个独立电流源、一个无源元件（单一的电阻、电感或电容）、一个受控源及其连接方式。可以缺少某些元件（如图 6、图 7 所示）	

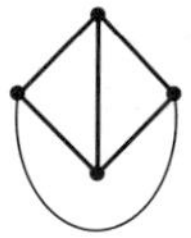

图 1

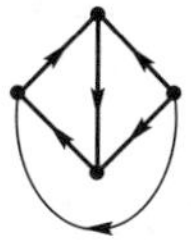

图 2

图 3

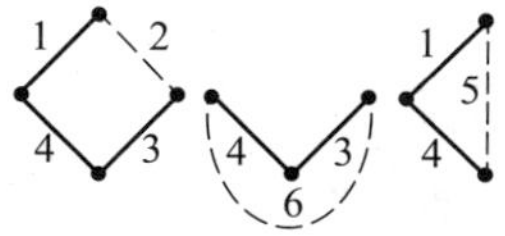

图 4

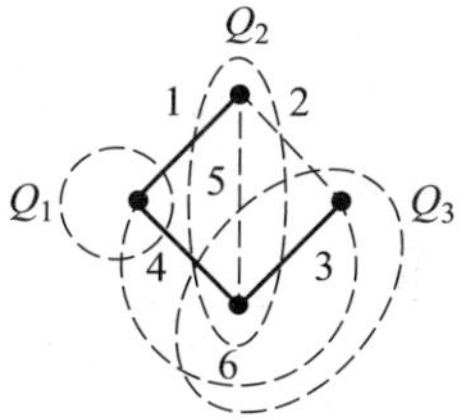

图 5

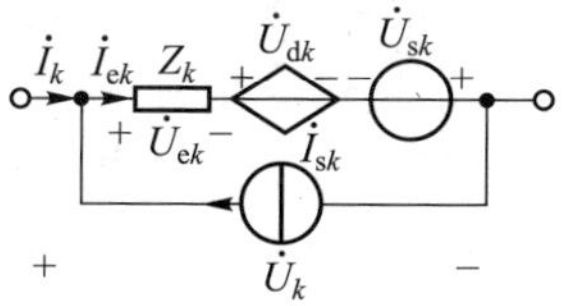

图 6

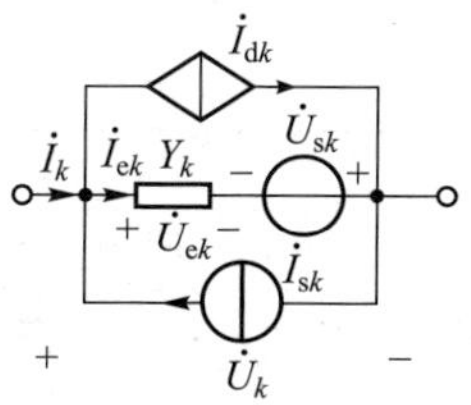

图 7

表 15-2　描述电路拓扑性质的三个矩阵

矩阵名称(符号)	矩阵定义	举例说明	
关联矩阵(A_a) 降阶关联矩阵(A)	描述节点与支路关系的矩阵,称关联矩阵,用 A_a 表示,其阶数为 $n\times b$。描述独立节点与支路关系的矩阵,即将 A_a 中的任一行划去(该节点可当作参考节点),则称降阶关联矩阵(仍简称关联矩阵),用 A 表示,阶数为$(n-1)\times b$。 设一有向图 G,对节点与支路分别编号,则该有向图的关联矩阵 A_a(或 A)的行对应节点,列对应支路,其任一元素 a_{jk} 填写如下: $a_{jk}=\pm1$,表支路 k 与节点 j 关联,其支路 k 的方向背离节点 j 取"+"、指向节点 j 取"-";$a_{jk}=0$,表支路 k 与节点 j 无关联	节点 $\downarrow$　$1\ \cdots\ k\ \cdots\ b$ ←支路 $A_a=\begin{array}{c}1\\ \vdots\\ j\\ \vdots\\ n\end{array}\begin{bmatrix} & \vdots & \\ & \vdots & \\ \cdots\ \cdots & a_{jk} & \\ & & \\ & & \end{bmatrix}$	独立节点 $\downarrow$　$1\ \cdots\ k\ \cdots\ b$ ←支路 $A=\begin{array}{c}1\\ \vdots\\ j\\ \vdots\\ n-1\end{array}\begin{bmatrix} & \vdots & \\ & \vdots & \\ \cdots\ \cdots & a_{jk} & \\ & & \\ & & \end{bmatrix}$
回路矩阵(B) 基本回路矩阵(B_f)	描述独立回路与支路关系的矩阵,称回路矩阵,用 B 表示。描述基本回路(单连支回路)与支路关系的矩阵,称基本回路矩阵,用B_f 表示,其阶数为 $l\times b$,独立回路数 $l=b-(n-1)$。 设一有向图 G,对独立回路与支路分别加以编号,并标出回路的绕行方向,则该有向图的回路矩阵 B(或B_f)的行对应独立回路、列对应支路,其任一元素 b_{jk}填写如下: $b_{jk}=\pm1$,表支路 k 与回路 j 关联,其支路 k 的方向与回路 j 的绕行方向一致取"+",相反取"-";$b_{jk}=0$ 表支路 k 与回路 j 无关联	独立回路 $\downarrow$　$1\ \cdots\ k\ \cdots\ b$ ←支路 $B=\begin{array}{c}1\\ \vdots\\ j\\ \vdots\\ l\end{array}\begin{bmatrix} & \vdots & \\ & \vdots & \\ \cdots\ \cdots & b_{jk} & \\ & & \\ & & \end{bmatrix}$	基本回路 $\downarrow$　$1\ \cdots\ k\ \cdots\ b$ ←支路 $B_f=\begin{array}{c}1\\ \vdots\\ j\\ \vdots\\ l\end{array}\begin{bmatrix} & \vdots & \\ & \vdots & \\ \cdots\ \cdots & b_{jk} & \\ & & \\ & & \end{bmatrix}$
割集矩阵(Q) 基本割集矩阵(Q_f)	描述独立割集与支路关系的矩阵,称割集矩阵,用 Q 表示。描述基本割集(单树支割集)与支路关系的矩阵,称基本割集矩阵,用Q_f 表示,其阶数为$(n-1)\times b$。 设一有向图 G,对独立割集与支路分别加以编号,并标出割集的参考方向,则该有向图的割集矩阵 Q(或Q_f)的行对应独立割集、列对应支路,其任一元素 q_{jk}填写如下: $q_{jk}=\pm1$,表支路 k 与割集 j 关联,其支路 k 的方向与割集 j 的方向一致取"+",相反取"-";$q_{jk}=0$ 表支路 k 与割集 j 无关联	独立割集 $\downarrow$　$1\ \cdots\ k\ \cdots\ b$ ←支路 $Q=\begin{array}{c}1\\ \vdots\\ j\\ \vdots\\ n-1\end{array}\begin{bmatrix} & \vdots & \\ & \vdots & \\ \cdots\ \cdots & q_{jk} & \\ & & \\ & & \end{bmatrix}$	基本割集 $\downarrow$　$1\ \cdots\ k\ \cdots\ b$ ←支路 $Q_f=\begin{array}{c}1\\ \vdots\\ j\\ \vdots\\ n-1\end{array}\begin{bmatrix} & \vdots & \\ & \vdots & \\ \cdots\ \cdots & q_{jk} & \\ & & \\ & & \end{bmatrix}$

表 15-3　用 *A* 矩阵、*B* 矩阵、*Q* 矩阵表示的基尔霍夫定律及支路方程的矩阵形式

方程名称	用关联矩阵 A 表示方程		用回路矩阵 B(或 B_f)表示方程		用割集矩阵 Q(或 Q_f)表示方程	
	时域方程	相量方程	时域方程	相量方程	时域方程	相量方程
KCL	$Ai=0$	$A\dot{I}=0$	$i=B^{T}i_l$(或 $i=B_f^{T}i_l$)	$\dot{I}=B^{T}\dot{I}_l$(或 $\dot{I}=B_f^{T}\dot{I}_l$)	$Qi=0$(或$Q_fi=0$)	$Q\dot{I}=0$(或 $Q_f\dot{I}=0$)
KVL	$u=A^{T}u_n$	$\dot{U}=A^{T}\dot{U}_n$	$Bu=0$(或 $B_fu=0$)	$B\dot{U}=0$(或 $B_f\dot{U}=0$)	$u=Q^{T}u_t$(或 $u=Q_f^{T}u_t$)	$\dot{U}=Q^{T}\dot{U}_t$(或 $\dot{U}=Q_f^{T}\dot{U}_t$)
支路方程	复合支路的方程:$\dot{U}=Z(\dot{I}+\dot{I}_s)-\dot{U}_s$ 或 $\dot{I}=Y(\dot{U}+\dot{U}_s)-\dot{I}_s$					

表 15-4 A 矩阵、B_f 矩阵、Q_f 矩阵及其相互关系

A 矩阵、B_f 矩阵、Q_f 矩阵之间的关系	举例说明	

A 矩阵、B_f 矩阵、Q_f 矩阵之间的关系

对于同一个连通图 G,在统一的支路排列顺序下写出的矩阵 A、B 和 Q,有

$$AB^T = 0 \text{ 或 } BA^T = 0, QB^T = 0 \text{ 或 } BQ^T = 0。$$

若选择该连通图 G 的一个树 T,找出 b 条复合支路(包括树支支路 $n-1$ 个和连支支路 $b-n+1$ 个),$n-1$ 个独立节点,l 个基本回路组(单连支回路组),$n-1$ 个基本割集组(单树支割集组),标出支路参考方向(即把连通图化为有向图 G),设定有向图 G 的参考节点为 0。

对支路、独立节点、基本回路、基本割集分别加以编号,指明回路绕行方向和割集方向,具体操作如下:

(1) 支路编号按先树支、后连支的顺序排列编号;基本回路的编号及绕行方向与组成该回路的单连支编号相同、方向一致,基本割集的编号及方向与组成该割集的单树支编号相同、方向一致,写出 A、B_f、Q_f 矩阵,使得

$$A = [A_t \vdots A_l]$$
$$B_f = [B_t \vdots 1_l]$$
$$Q_f = [1_t \vdots Q_l]$$

则有 $B_t^T = -A_t^{-1}A_l$,$Q_l = -B_t^T = A_t^{-1}A_l$。

(2) 若支路编号按先连支、后树支的顺序排列编号;基本回路编号及绕行方向与组成该回路的单连支编号相同、方向一致,基本割集编号及方向与组成该割集的单树支编号相同、方向一致,写出 A、B_f、Q_f 矩阵,使得

$$A = [A_l \vdots A_t]$$
$$B_f = [1_l \vdots B_t]$$
$$Q_f = [Q_l \vdots 1_t]$$

则有 $B_t^T = -A_t^{-1}A_l$, $Q_l = -B_t^T = A_t^{-1}A_l$。

举例说明

设一个有向图 G 的支路数 $b=9$,节点数 $n=6$,则基本回路数 $l=b-n+1=4$,基本割集数 $n-1=5$。填写矩阵 A、B_f、Q_f,其中元素 a_{jk}、b_{jk}、q_{jk} 均仅有三种取值+1、-1 和 0。

左侧:支路编号按先树支、后连支顺序编号

(降阶)关联矩阵 $A = [A_t \vdots A_l]$

独立节点号 ↓ 1 2 3 4 5 6 7 8 9 ←支路号

$$A = \begin{matrix} 1 \\ 2 \\ 3 \\ 4 \\ 5 \end{matrix}\begin{bmatrix} a_{11} & a_{12} & a_{13} & a_{14} & a_{15} & a_{16} & a_{17} & a_{18} & a_{19} \\ a_{21} & a_{22} & a_{23} & a_{24} & a_{25} & a_{26} & a_{27} & a_{28} & a_{29} \\ a_{31} & a_{32} & a_{33} & a_{34} & a_{35} & a_{36} & a_{37} & a_{38} & a_{39} \\ a_{41} & a_{42} & a_{43} & a_{44} & a_{45} & a_{46} & a_{47} & a_{48} & a_{49} \\ a_{51} & a_{52} & a_{53} & a_{54} & a_{55} & a_{56} & a_{57} & a_{58} & a_{59} \end{bmatrix}$$

└1 2 3 4 5┘(树支号) └6 7 8 9┘(连支号)

基本回路矩阵 $B_f = [B_t \vdots 1_l]$

基本回路号(行序号) ↓ 1 2 3 4 5 6 7 8 9 ←支路号

$$B_f = \begin{matrix} 6(1) \\ 7(2) \\ 8(3) \\ 9(4) \end{matrix}\begin{bmatrix} b_{11} & b_{12} & b_{13} & b_{14} & b_{15} & 1 & 0 & 0 & 0 \\ b_{21} & b_{22} & b_{23} & b_{24} & b_{25} & 0 & 1 & 0 & 0 \\ b_{31} & b_{32} & b_{33} & b_{34} & b_{35} & 0 & 0 & 1 & 0 \\ b_{41} & b_{42} & b_{43} & b_{44} & b_{45} & 0 & 0 & 0 & 1 \end{bmatrix}$$

└1 2 3 4 5┘(树支号) └6 7 8 9┘(连支号)

基本割集矩阵 $Q_f = [1_t \vdots Q_l]$

基本割集号 ↓ 1 2 3 4 5 6 7 8 9 ←支路号

$$Q_f = \begin{matrix} 1 \\ 2 \\ 3 \\ 4 \\ 5 \end{matrix}\begin{bmatrix} 1 & 0 & 0 & 0 & 0 & q_{16} & q_{17} & q_{18} & q_{19} \\ 0 & 1 & 0 & 0 & 0 & q_{26} & q_{27} & q_{28} & q_{29} \\ 0 & 0 & 1 & 0 & 0 & q_{36} & q_{37} & q_{38} & q_{39} \\ 0 & 0 & 0 & 1 & 0 & q_{46} & q_{47} & q_{48} & q_{49} \\ 0 & 0 & 0 & 0 & 1 & q_{56} & q_{57} & q_{58} & q_{59} \end{bmatrix}$$

└1 2 3 4 5┘(树支号) └6 7 8 9┘(连支号)

右侧:支路编号按先连支、后树支顺序编号

$A = [A_l \vdots A_t]$

独立节点号 ↓ 1 2 3 4 5 6 7 8 9 ←支路号

$$A = \begin{matrix} 1 \\ 2 \\ 3 \\ 4 \\ 5 \end{matrix}\begin{bmatrix} a_{11} & a_{12} & a_{13} & a_{14} & a_{15} & a_{16} & a_{17} & a_{18} & a_{19} \\ a_{21} & a_{22} & a_{23} & a_{24} & a_{25} & a_{26} & a_{27} & a_{28} & a_{29} \\ a_{31} & a_{32} & a_{33} & a_{34} & a_{35} & a_{36} & a_{37} & a_{38} & a_{39} \\ a_{41} & a_{42} & a_{43} & a_{44} & a_{45} & a_{46} & a_{47} & a_{48} & a_{49} \\ a_{51} & a_{52} & a_{53} & a_{54} & a_{55} & a_{56} & a_{57} & a_{58} & a_{59} \end{bmatrix}$$

└1 2 3 4┘(连支号) └5 6 7 8 9┘(树支号)

$B_f = [1_l \vdots B_t]$

基本回路号 ↓ 1 2 3 4 5 6 7 8 9 ←支路号

$$B_f = \begin{matrix} 1 \\ 2 \\ 3 \\ 4 \end{matrix}\begin{bmatrix} 1 & 0 & 0 & 0 & b_{15} & b_{16} & b_{17} & b_{18} & b_{19} \\ 0 & 1 & 0 & 0 & b_{25} & b_{26} & b_{27} & b_{28} & b_{29} \\ 0 & 0 & 1 & 0 & b_{35} & b_{36} & b_{37} & b_{38} & b_{39} \\ 0 & 0 & 0 & 1 & b_{45} & b_{46} & b_{47} & b_{48} & b_{49} \end{bmatrix}$$

└1 2 3 4┘(连支号) └5 6 7 8 9┘(树支号)

$Q_f = [Q_l \vdots 1_t]$

基本割集号(行序号) ↓ 1 2 3 4 5 6 7 8 9 ←支路号

$$Q_f = \begin{matrix} 5(1) \\ 6(2) \\ 7(3) \\ 8(4) \\ 9(5) \end{matrix}\begin{bmatrix} q_{11} & q_{12} & q_{13} & q_{14} & 1 & 0 & 0 & 0 & 0 \\ q_{21} & q_{22} & q_{23} & q_{24} & 0 & 1 & 0 & 0 & 0 \\ q_{31} & q_{32} & q_{33} & q_{34} & 0 & 0 & 1 & 0 & 0 \\ q_{41} & q_{42} & q_{43} & q_{44} & 0 & 0 & 0 & 1 & 0 \\ q_{51} & q_{52} & q_{53} & q_{54} & 0 & 0 & 0 & 0 & 1 \end{bmatrix}$$

└1 2 3 4┘(连支号) └5 6 7 8 9┘(树支号)

表 15-5　回路法、节点法、割集法、列表法列写方程的矩阵形式

<table>
<tr><th>回路法列方程的矩阵形式</th><th>节点法列方程的矩阵形式</th><th>割集法列方程的矩阵形式</th></tr>
<tr>
<td>$\boldsymbol{BZB}^{T}\dot{\boldsymbol{I}}_{l}=\boldsymbol{B}\dot{\boldsymbol{U}}_{s}-\boldsymbol{BZ}\dot{\boldsymbol{I}}_{s}$
$\boldsymbol{Z}_{l}\dot{\boldsymbol{I}}_{l}=\dot{\boldsymbol{E}}_{l}$——回路电流方程的矩阵形式(缩写);
$\boldsymbol{Z}_{l}=\boldsymbol{BZB}^{T}$——回路阻抗矩阵($l$ 阶方阵);
$\boldsymbol{Z}$——支路阻抗矩阵(b 阶方阵);
$\dot{\boldsymbol{E}}_{l}=\boldsymbol{B}\dot{\boldsymbol{U}}_{s}-\boldsymbol{BZ}\dot{\boldsymbol{I}}_{s}$——独立电压源引起的回路电压升列向量</td>
<td>$\boldsymbol{AYA}^{T}\dot{\boldsymbol{U}}_{n}=\boldsymbol{A}\dot{\boldsymbol{I}}_{s}-\boldsymbol{AY}\dot{\boldsymbol{U}}_{s}$
$\boldsymbol{Y}_{n}\dot{\boldsymbol{U}}_{n}=\dot{\boldsymbol{J}}_{n}$——节点电压方程的矩阵形式(缩写);
$\boldsymbol{Y}_{n}=\boldsymbol{AYA}^{T}$——节点导纳矩阵($n-1$ 阶方阵);
$\boldsymbol{Y}$——支路导纳矩阵(b 阶方阵);
$\dot{\boldsymbol{J}}_{n}=\boldsymbol{A}\dot{\boldsymbol{I}}_{s}-\boldsymbol{AY}\dot{\boldsymbol{U}}_{s}$——独立电流源流入节点的电流列向量</td>
<td>$\boldsymbol{QYQ}^{T}\dot{\boldsymbol{U}}_{t}=\boldsymbol{Q}\dot{\boldsymbol{I}}_{s}-\boldsymbol{QY}\dot{\boldsymbol{U}}_{s}$
$\boldsymbol{Y}_{t}\dot{\boldsymbol{U}}_{t}=\dot{\boldsymbol{J}}_{t}$——割集电压方程的矩阵形式(缩写);
$\boldsymbol{Y}_{t}=\boldsymbol{QYQ}^{T}$——割集导纳矩阵($n-1$ 阶方阵);
$\boldsymbol{Y}$——支路导纳矩阵(b 阶方阵);
$\dot{\boldsymbol{J}}_{t}=\boldsymbol{Q}\dot{\boldsymbol{I}}_{s}-\boldsymbol{QY}\dot{\boldsymbol{U}}_{s}$——独立电流源流入割集的电流列向量</td>
</tr>
<tr>
<td>回路法采用图 8 所示的复合支路定义 b 条支路。
第 k 条复合支路定义:只可能含有一个独立电压源 $\dot{U}_{sk}$、一个独立电流源 $\dot{I}_{sk}$、一个无源元件阻抗 Z_k(单一的电阻 R_k 或电感 $j\omega L_k$ 或电容 $\frac{1}{j\omega C_k}$)、一个受控电压源 $\dot{U}_{dk}$(复合支路中无受控电流源,也不允许存在无伴电流源支路)。
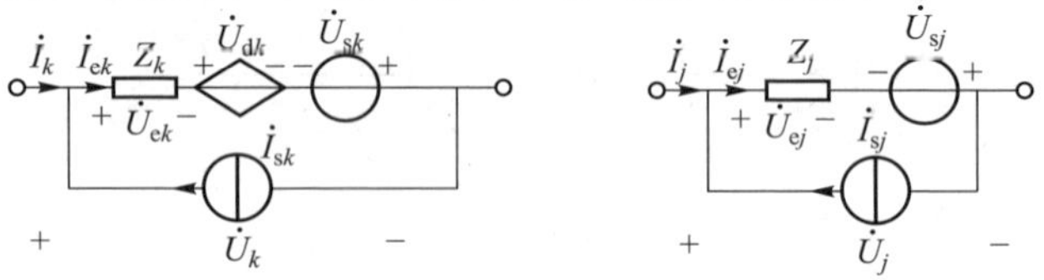

(a) 第k条复合支路　(b) 第j条复合支路 (控制量所在支路)
图 8　回路法复合支路定义
支路方程矩阵形式为 $\dot{\boldsymbol{U}}=\boldsymbol{Z}(\dot{\boldsymbol{I}}+\dot{\boldsymbol{I}}_{s})-\dot{\boldsymbol{U}}_{s}$。</td>
<td colspan="2">节点法和割集法采用图 9 所示的复合支路定义 b 条支路。
第 k 条复合支路定义:只可能含有一个独立电压源 $\dot{U}_{sk}$、一个独立电流源 $\dot{I}_{sk}$、一个无源元件导纳 Y_k(单一的电导 G_k 或电感 $\frac{1}{j\omega L_k}$ 或电容 $j\omega C_k$)、一个受控电流源 $\dot{I}_{dk}$(复合支路中无受控电压源,也不允许存在无伴电压源支路)。
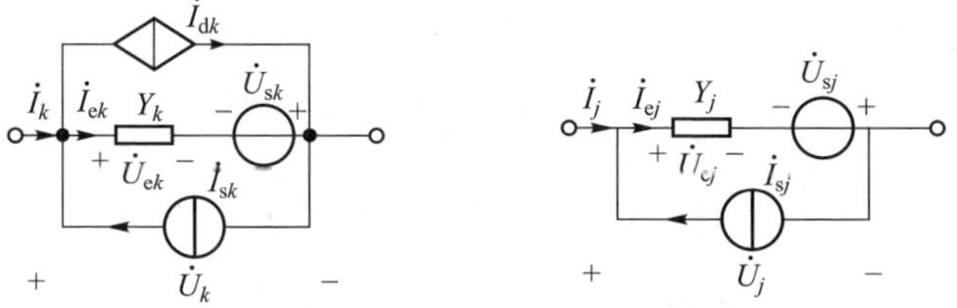

(a) 第k条复合支路　(b) 第j条复合支路 (控制量所在支路)
图 9　节点法和割集法复合支路定义
支路方程矩阵形式为 $\dot{\boldsymbol{I}}=\boldsymbol{Y}(\dot{\boldsymbol{U}}+\dot{\boldsymbol{U}}_{s})-\dot{\boldsymbol{I}}_{s}$</td>
</tr>
<tr>
<td colspan="3">说明:以上方程中填写的相关矩阵对应一个具有 n 个节点、b 条复合支路的有向图。并假设其支路电流 $\dot{I}_k$、支路电压 $\dot{U}_k$,取关联参考方向;其支路上的独立源与支路参考方向相反,受控源与支路参考方向一致。第 1~b 条复合支路中,各电流、电压的列向量表示如下:
支路电流列向量 $\dot{\boldsymbol{I}}$　支路电压列向量 $\dot{\boldsymbol{U}}$　支路电流源列向量 $\dot{\boldsymbol{I}}_{s}$　支路电压源列向量 $\dot{\boldsymbol{U}}_{s}$　回路电流列向量 $\dot{\boldsymbol{I}}_{l}$　节点电压列向量 $\dot{\boldsymbol{U}}_{n}$　树支(割集)电压列向量 $\dot{\boldsymbol{U}}_{t}$
$\dot{\boldsymbol{I}}=\begin{bmatrix}\dot{I}_1\\ \dot{I}_2\\ \vdots\\ \dot{I}_k\\ \vdots\\ \dot{I}_b\end{bmatrix}$　$\dot{\boldsymbol{U}}=\begin{bmatrix}\dot{U}_1\\ \dot{U}_2\\ \vdots\\ \dot{U}_k\\ \vdots\\ \dot{U}_b\end{bmatrix}$　$\dot{\boldsymbol{I}}_{s}=\begin{bmatrix}\dot{I}_{s1}\\ \dot{I}_{s2}\\ \vdots\\ \dot{I}_{sk}\\ \vdots\\ \dot{I}_{sb}\end{bmatrix}$　$\dot{\boldsymbol{U}}_{s}=\begin{bmatrix}\dot{U}_{s1}\\ \dot{U}_{s2}\\ \vdots\\ \dot{U}_{sk}\\ \vdots\\ \dot{U}_{sb}\end{bmatrix}$　$\dot{\boldsymbol{I}}_{l}=\begin{bmatrix}\dot{I}_{l1}\\ \dot{I}_{l2}\\ \vdots\\ \dot{I}_{lk}\\ \vdots\\ \dot{I}_{ll}\end{bmatrix}$　$\dot{\boldsymbol{U}}_{n}=\begin{bmatrix}\dot{U}_{n1}\\ \dot{U}_{n2}\\ \vdots\\ \dot{U}_{nk}\\ \vdots\\ \dot{U}_{n(n-1)}\end{bmatrix}$　$\dot{\boldsymbol{U}}_{t}=\begin{bmatrix}\dot{U}_{t1}\\ \dot{U}_{t2}\\ \vdots\\ \dot{U}_{tk}\\ \vdots\\ \dot{U}_{t(n-1)}\end{bmatrix}$</td>
</tr>
</table>

<table>
<tr><th>节点列表方程的矩阵形式</th><th>状态方程及输出方程的矩阵形式</th></tr>
<tr>
<td>$\begin{bmatrix}\boldsymbol{0} & \boldsymbol{0} & \boldsymbol{A}\\ -\boldsymbol{A}^{T} & \boldsymbol{1}_{b} & \boldsymbol{0}\\ \boldsymbol{0} & \boldsymbol{F} & \boldsymbol{H}\end{bmatrix}\begin{bmatrix}\dot{\boldsymbol{U}}_{n}\\ \dot{\boldsymbol{U}}\\ \dot{\boldsymbol{I}}\end{bmatrix}=\begin{bmatrix}\boldsymbol{0}\\ \boldsymbol{0}\\ \dot{\boldsymbol{U}}_{s}+\dot{\boldsymbol{I}}_{s}\end{bmatrix}$
说明:规定一个元件为一条支路</td>
<td>$\dot{\boldsymbol{x}}=\tilde{\boldsymbol{A}}\boldsymbol{x}+\tilde{\boldsymbol{B}}\boldsymbol{v}$——状态方程的标准形式　$\boldsymbol{y}=\tilde{\boldsymbol{C}}\boldsymbol{x}+\tilde{\boldsymbol{D}}\boldsymbol{v}$——输出方程一般形式
设电路具有 n 个状态变量 x_k,m 个输入变量 v_j,$\boldsymbol{x}$ 为状态向量,$\dot{\boldsymbol{x}}$ 为状态变量的一阶导数向量,$\boldsymbol{v}$ 为输入向量,$\tilde{\boldsymbol{A}}$ 为 $n\times n$ 阶方阵,$\tilde{\boldsymbol{B}}$ 为 $n\times m$ 阶矩阵,$\boldsymbol{y}$ 为输出向量</td>
</tr>
</table>

电路思维导图应用范例(参照附录 B 中第十五章思维导图助记知识要点)

1. 矩阵应用范例

例 15-1 已知图 G 的关联矩阵 $A=\begin{bmatrix}-1 & -1 & 1 & 0 & 0 & 0\\ 0 & 0 & -1 & -1 & 0 & 1\\ 1 & 0 & 0 & 1 & 1 & 0\end{bmatrix}$,画出图 G。

解:由已知的矩阵得知:图 G 有三个独立节点(编号①、②、③),六条支路(编号 1、2、3、4、5、6),设参考节点⊥为⓪。支路 1 由③至①,支路 2 由⓪至①,支路 3 由①至②,支路 4 由③至②,支路 5 由③至⓪,支路 6 由②至⓪。画出图 G 如图 10 所示。

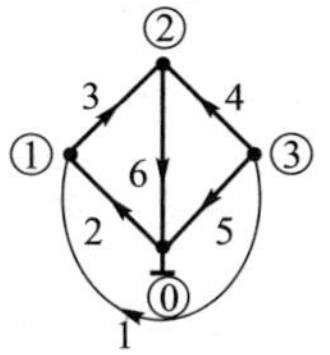

图 10 例 15-1 解图

例 15-2 如图 11 所示图 G,(1) 写出对应的基本回路矩阵与 KVL 方程的矩阵形式;(2) 写出对应的基本割集矩阵与 KCL 方程的矩阵形式。

解:在图 11 中选一树 T,支路编号按先连支、后树支的顺序排列编号,如图 12(a)所示。

连支 L 编号(1,2,3,4),树支 T 编号(5,6,7,8,9)。

基本回路组如图 12(b)所示。

回路[1]($\dot{1}$,5,6,7,8),其绕行方向与支路 1 相同;

回路[2]($\dot{2}$,6,7),其绕行方向与支路 2 相同;

回路[3]($\dot{3}$,7,8,9),其绕行方向与支路 3 相同;

回路[4]($\dot{4}$,5,6,7,8,9),其绕行方向与支路 4 相同。

基本回路(单连支回路)矩阵 $\boldsymbol{B}_{\mathrm{f}}=[\boldsymbol{1}_{\mathrm{l}}\ \vdots\ \boldsymbol{B}_{\mathrm{t}}]$

KVL $\boldsymbol{B}_{\mathrm{f}}\boldsymbol{u}=\boldsymbol{0}$

基本割集组如图 12(c)所示。

割集 Q_1(1,4,$\dot{5}$),其方向与支路 5 相同;

割集 Q_2(1,2,4,$\dot{6}$),其方向与支路 6 相同;

割集 Q_3(1,2,3,4,$\dot{7}$),其方向与支路 7 相同;

割集 Q_4(1,3,4,$\dot{8}$),其方向与支路 8 相同;

割集 Q_5(3,4,$\dot{9}$),其方向与支路 9 相同。

基本割集(单树支割集)矩阵 $\boldsymbol{Q}_{\mathrm{f}}=[\boldsymbol{Q}_{\mathrm{l}}\ \vdots\ \boldsymbol{1}_{\mathrm{t}}]$,

KCL $\boldsymbol{Q}_{\mathrm{f}}\boldsymbol{i}=\boldsymbol{0}$

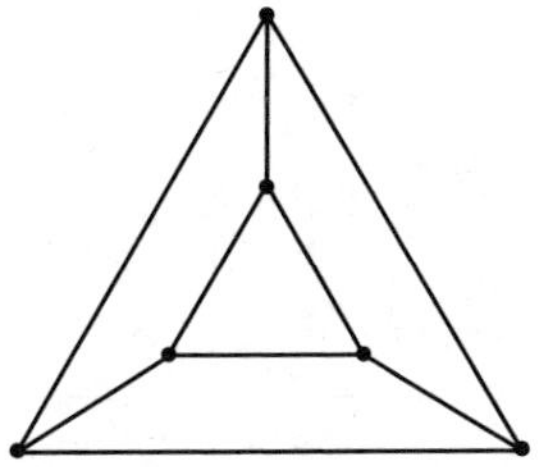

图 11 例 15-2 图

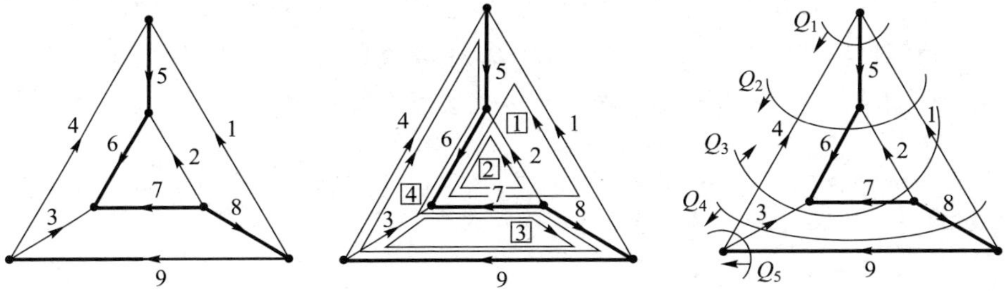

(a) (b) (c)

图 12 例 15-2 解图

$$\boldsymbol{B}_{\mathrm{f}}=[\boldsymbol{1}_{\mathrm{l}}\ \vdots\ \boldsymbol{B}_{\mathrm{t}}]=\begin{bmatrix}1 & 0 & 0 & 0 & 1 & 1 & -1 & 1 & 0\\ 0 & 1 & 0 & 0 & 0 & 1 & -1 & 0 & 0\\ 0 & 0 & 1 & 0 & 0 & 0 & -1 & 1 & 1\\ 0 & 0 & 0 & 1 & 1 & 1 & -1 & 1 & 1\end{bmatrix},$$

$$\boldsymbol{Q}_{\mathrm{f}}=[\boldsymbol{Q}_{\mathrm{l}}\ \vdots\ \boldsymbol{1}_{\mathrm{t}}]=\begin{bmatrix}-1 & 0 & 0 & -1 & 1 & 0 & 0 & 0 & 0\\ -1 & -1 & 0 & -1 & 0 & 1 & 0 & 0 & 0\\ 1 & 1 & 1 & 1 & 0 & 0 & 1 & 0 & 0\\ -1 & 0 & -1 & -1 & 0 & 0 & 0 & 1 & 0\\ 0 & 0 & -1 & -1 & 0 & 0 & 0 & 0 & 1\end{bmatrix},$$

$$\boldsymbol{B}_{\mathrm{f}}\boldsymbol{u}=\begin{bmatrix}1 & 0 & 0 & 0 & 1 & 1 & -1 & 1 & 0\\ 0 & 1 & 0 & 0 & 0 & 1 & -1 & 0 & 0\\ 0 & 0 & 1 & 0 & 0 & 0 & -1 & 1 & 1\\ 0 & 0 & 0 & 1 & 1 & 1 & -1 & 1 & 1\end{bmatrix}\begin{bmatrix}u_1\\ u_2\\ u_3\\ u_4\\ u_5\\ u_6\\ u_7\\ u_8\\ u_9\end{bmatrix}=\begin{bmatrix}0\\ 0\\ 0\\ 0\end{bmatrix},$$

$$\boldsymbol{Q}_{\mathrm{f}}\boldsymbol{i}=\begin{bmatrix}-1 & 0 & 0 & -1 & 1 & 0 & 0 & 0 & 0\\ -1 & -1 & 0 & -1 & 0 & 1 & 0 & 0 & 0\\ 1 & 1 & 1 & 1 & 0 & 0 & 1 & 0 & 0\\ -1 & 0 & -1 & -1 & 0 & 0 & 0 & 1 & 0\\ 0 & 0 & -1 & -1 & 0 & 0 & 0 & 0 & 1\end{bmatrix}\begin{bmatrix}i_1\\ i_2\\ i_3\\ i_4\\ i_5\\ i_6\\ i_7\\ i_8\\ i_9\end{bmatrix}=\begin{bmatrix}0\\ 0\\ 0\\ 0\\ 0\end{bmatrix}$$

2. 回路电流方程的矩阵应用范例

列写回路电流方程矩阵的步骤：

说明：此方法规定的复合支路不允许存在受控电流源，也不允许存在无伴电流源支路，如图 13 所示。

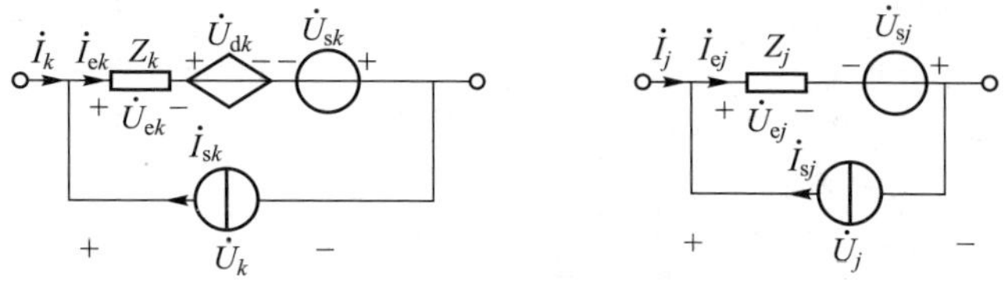

(a) 第k条复合支路　　(b) 第j条复合支路 (控制量所在支路)

图 13　回路法规定的复合支路

第 1 步　首先找出电路的 b 条复合支路，标出各复合支路参考方向，画出有向图 G。

第 2 步　填写回路矩阵 $\boldsymbol{B}$（或基本回路矩阵 $\boldsymbol{B}_f$）。选择该图 G 的一个树 T（树支支路 $n-1$ 个和连支支路 $b-n+1$ 个），找出 l 个独立回路组（或单连支回路组），对支路、基本回路分别加以编号，指明回路绕行方向。填写 $\boldsymbol{B}_f$ 的具体操作如下：

支路编号按先树支、后连支的顺序排列编号；基本回路的绕行方向与组成该回路的单连支方向一致，写出 $\boldsymbol{B}_f$ 矩阵，使得 $\boldsymbol{B}_f=[\boldsymbol{B}_t \vdots \boldsymbol{1}_l]$。或按先连支、后树支的顺序排列编号使得 $\boldsymbol{B}_f=[\boldsymbol{1}_l \vdots \boldsymbol{B}_t]$。

第 3 步　填写支路阻抗矩阵 $\boldsymbol{Z}$。

设第 1 至第 g 条支路之间均有互感，又设第 k 支路含受控电压源 $\dot U_{dk}$，其控制量在第 j 支路。

$$\dot U_{dk}=Z_{kj}(\dot I_j+\dot I_{sj}),\quad Z_{kj}=\begin{cases} r_{kj} & (\text{CCVS})\\ \mu_{kj}Z_j & (\text{VCVS})\end{cases}$$

$$\text{填写 }\boldsymbol{Z}=\begin{bmatrix}
\mathrm{j}\omega L_1 & \pm\mathrm{j}\omega M_{12} & \cdots & \pm\mathrm{j}\omega M_{1g} & 0 & \cdots & 0 & \cdots & 0 & \cdots & 0\\
\pm\mathrm{j}\omega M_{21} & \mathrm{j}\omega L_2 & \cdots & \pm\mathrm{j}\omega M_{2g} & 0 & \cdots & 0 & \cdots & 0 & \cdots & 0\\
\vdots & \vdots & & \vdots & \vdots & & \vdots & & \vdots & & \vdots\\
\pm\mathrm{j}\omega M_{g1} & \pm\mathrm{j}\omega M_{g2} & \cdots & \mathrm{j}\omega L_g & 0 & \cdots & 0 & \cdots & 0 & \cdots & 0\\
0 & 0 & 0 & 0 & Z_h & \cdots & 0 & \cdots & 0 & \cdots & 0\\
\vdots & \vdots & \vdots & \vdots & \vdots & & \vdots & & \vdots & & \vdots\\
0 & 0 & 0 & 0 & 0 & \cdots & Z_j & \cdots & 0 & \cdots & 0\\
\vdots & \vdots & \vdots & \vdots & \vdots & & \vdots & & \vdots & & \vdots\\
0 & 0 & 0 & 0 & 0 & \cdots & Z_{kj} & \cdots & Z_k & \cdots & 0\\
\vdots & \vdots & \vdots & \vdots & \vdots & & \vdots & & \vdots & & \vdots\\
0 & 0 & 0 & 0 & 0 & \cdots & 0 & \cdots & 0 & \cdots & Z_b
\end{bmatrix}$$

第 4 步　将 $\boldsymbol{Z}$、$\boldsymbol{B}_f$（或 $\boldsymbol{B}$）、$\dot{\boldsymbol{I}}_l$、$\dot{\boldsymbol{U}}_s$、$\dot{\boldsymbol{I}}_s$ 代入回路电流方程 $\boldsymbol{B}_f\boldsymbol{Z}\boldsymbol{B}_f^{\mathrm{T}}\dot{\boldsymbol{I}}_l=\boldsymbol{B}_f\dot{\boldsymbol{U}}_s-\boldsymbol{B}_f\boldsymbol{Z}\dot{\boldsymbol{I}}_s$，整理得 $\boldsymbol{Z}_l\dot{\boldsymbol{I}}_l=\dot{\boldsymbol{E}}_l$

例 15-3　如图 14 所示，写出支路方程及回路电流方程的矩阵形式。

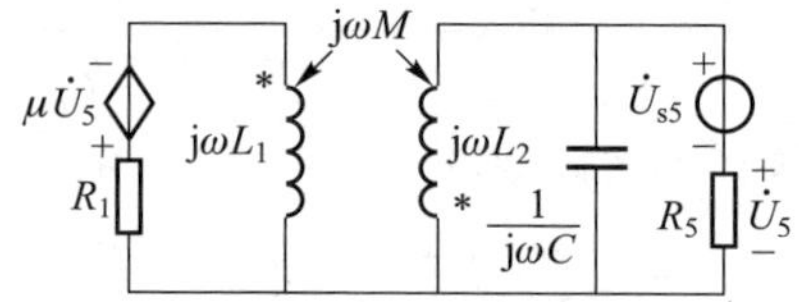

图 14　例 15-3 图

解：第 1 步　画出有向图 G，如图 15 所示。

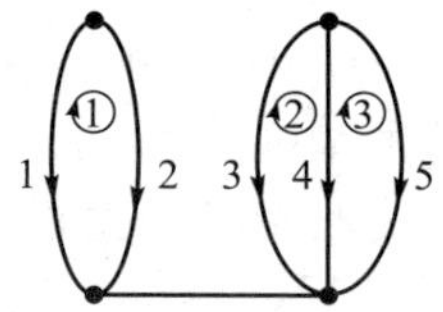

图 15　例 15-3 解图

第 2 步　填写回路矩阵 $\boldsymbol{B}$。

$$\boldsymbol{B}=\begin{array}{c} \\ 1\\ 2\\ 3\end{array}\begin{array}{c}\begin{array}{ccccc}1 & 2 & 3 & 4 & 5\end{array}\\ \begin{bmatrix}-1 & 1 & 0 & 0 & 0\\ 0 & 0 & -1 & 1 & 0\\ 0 & 0 & 0 & -1 & 1\end{bmatrix}\end{array}$$

第 3 步　填写支路阻抗矩阵 $\boldsymbol{Z}$（支路方程矩阵形式包括 $\boldsymbol{Z}$）。填写支路方程矩阵形式 $\dot{\boldsymbol{U}}=\boldsymbol{Z}(\dot{\boldsymbol{I}}+\dot{\boldsymbol{I}}_s)-\dot{\boldsymbol{U}}_s=\boldsymbol{Z}\dot{\boldsymbol{I}}-\dot{\boldsymbol{U}}_s$

$$\begin{bmatrix}\dot U_1\\ \dot U_2\\ \dot U_3\\ \dot U_4\\ \dot U_5\end{bmatrix}=\begin{bmatrix}R_1 & 0 & 0 & 0 & -\mu_{15}R_5\\ 0 & \mathrm{j}\omega L_1 & -\mathrm{j}\omega M & 0 & 0\\ 0 & -\mathrm{j}\omega M & \mathrm{j}\omega L_2 & 0 & 0\\ 0 & 0 & 0 & \dfrac{1}{\mathrm{j}\omega C} & 0\\ 0 & 0 & 0 & 0 & R_5\end{bmatrix}\begin{bmatrix}\dot I_1\\ \dot I_2\\ \dot I_3\\ \dot I_4\\ \dot I_5\end{bmatrix}-\begin{bmatrix}0\\ 0\\ 0\\ 0\\ -\dot U_{s5}\end{bmatrix}$$

第 4 步　将 $\boldsymbol{Z}$、$\boldsymbol{B}$、$\dot{\boldsymbol{I}}_s$、$\dot{\boldsymbol{U}}_s$ 代入回路电流方程 $\boldsymbol{B}\boldsymbol{Z}\boldsymbol{B}^{\mathrm{T}}\dot{\boldsymbol{I}}_l=\boldsymbol{B}\dot{\boldsymbol{U}}_s-\boldsymbol{B}\boldsymbol{Z}\dot{\boldsymbol{I}}_s$，整理得 $\boldsymbol{Z}_l\dot{\boldsymbol{I}}_l=\dot{\boldsymbol{E}}_l$：

$$\begin{bmatrix}R_1+\mathrm{j}\omega L_1 & \mathrm{j}\omega M & \mu_{15}R_5\\ \mathrm{j}\omega M & \mathrm{j}\omega L_2-\mathrm{j}\dfrac{1}{\omega C} & \mathrm{j}\dfrac{1}{\omega C}\\ 0 & \mathrm{j}\dfrac{1}{\omega C} & R_5-\mathrm{j}\dfrac{1}{\omega C}\end{bmatrix}\begin{bmatrix}\dot I_{l1}\\ \dot I_{l2}\\ \dot I_{l3}\end{bmatrix}=\begin{bmatrix}0\\ 0\\ -\dot U_{s5}\end{bmatrix}$$

3. 节点电压方程的矩阵应用范例

列写节点电压方程矩阵的步骤：

说明：此方法规定的复合支路不允许存在受控电压源，也不允许存在无伴电压源支路，如图 16 所示。

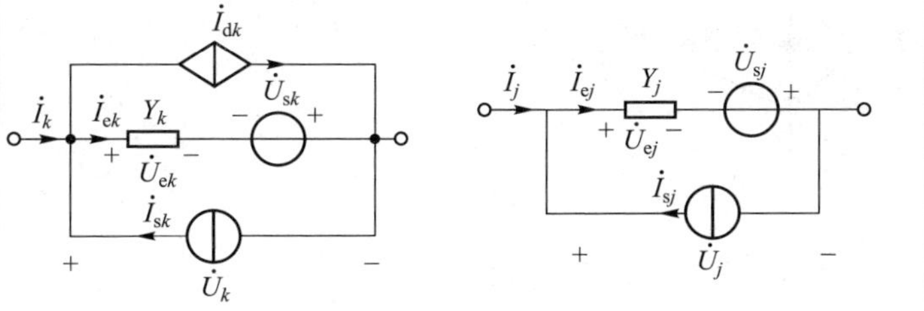

(a) 第k条复合支路　(b) 第j条复合支路（控制量所在支路）

图 16　节点法规定的复合支路

第 1 步 首先找出电路的 b 条复合支路、n 个节点，标出各复合支路参考方向，画出电路的有向图 G。

第 2 步 填写关联矩阵 $\boldsymbol{A}$。设定有向图 G 的参考节点为⓪，对支路、独立节点分别加以编号。

第 3 步 填写支路导纳矩阵 $\boldsymbol{Y}$。若含有互感，一般不能直接填写 $\boldsymbol{Y}$ 矩阵，需先写出支路阻抗矩阵 $\boldsymbol{Z}$（参见回路电流法），再求 $\boldsymbol{Y}=\boldsymbol{Z}^{-1}$（$\boldsymbol{Z}$ 的逆矩阵）。

若不含有互感，设第 k 支路含受控电流源 $\dot{I}_{dk}$，其控制量在第 j 支路。

$$\dot{I}_{dk}=Y_{kj}(\dot{U}_j+\dot{U}_{sj}),\ Y_{kj}=\begin{cases} g_{kj}\ (\text{VCCS}) \\ \beta_{kj}Y_j\ (\text{CCCS}) \end{cases},$$

填写

$$\boldsymbol{Y}=\begin{bmatrix} Y_1 & 0 & \cdots & 0 & \cdots & 0 & \cdots & 0 \\ 0 & Y_2 & \cdots & 0 & \cdots & 0 & \cdots & 0 \\ \vdots & \vdots & & \vdots & & \vdots & & \vdots \\ 0 & 0 & \cdots & Y_j & \cdots & 0 & \cdots & 0 \\ \vdots & \vdots & & \vdots & & \vdots & & \vdots \\ 0 & 0 & \cdots & Y_{kj} & \cdots & Y_k & \cdots & 0 \\ \vdots & \vdots & & \vdots & & \vdots & & \vdots \\ 0 & 0 & \cdots & 0 & \cdots & 0 & \cdots & Y_b \end{bmatrix}$$

第 4 步 将 $\boldsymbol{A}$、$\boldsymbol{Y}$、$\dot{\boldsymbol{U}}_n$、$\dot{\boldsymbol{I}}_s$、$\dot{\boldsymbol{U}}_s$ 代入节点电压方程 $\boldsymbol{AYA}^{\mathrm{T}}\dot{\boldsymbol{U}}_n=\boldsymbol{A}\dot{\boldsymbol{I}}_s-\boldsymbol{AY}\dot{\boldsymbol{U}}_s$，整理得 $\boldsymbol{Y}_n\dot{\boldsymbol{U}}_n=\dot{\boldsymbol{J}}_n$

例 15-4　如图 17 所示，列写电路的支路方程和节点电压方程的矩阵形式（其中 $\dot{I}_{d2}=g_{21}\dot{U}_1$，$\dot{I}_{d4}=\beta_{46}\dot{I}_6$）。

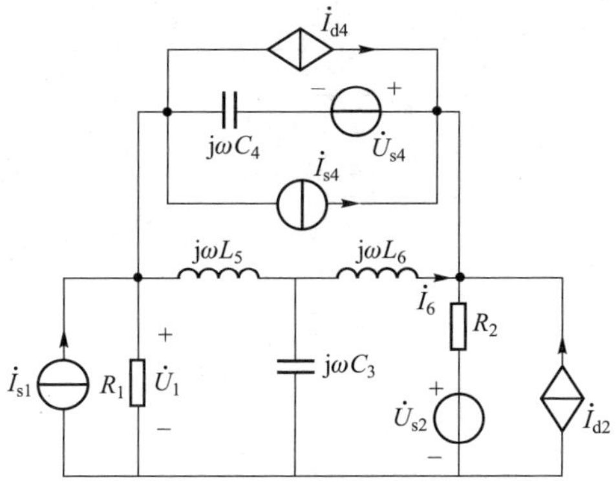

图 17　例 15-4 图

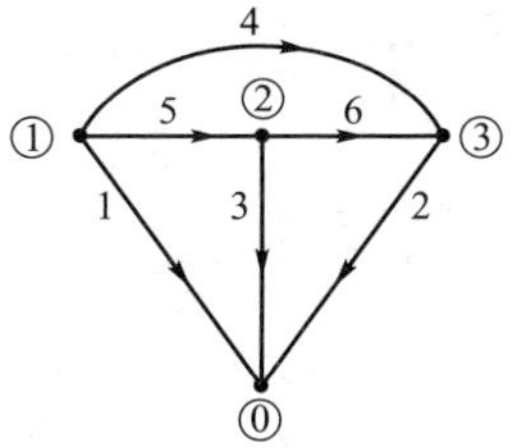

图 18　例 15-4 解图

解：第 1 步 画出有向图 G，如图 18 所示。

第 2 步 填写关联矩阵 $\boldsymbol{A}$。

$$\boldsymbol{A}=\begin{array}{c} \\ 1 \\ 2 \\ 3 \end{array}\begin{array}{c} \begin{array}{cccccc} 1 & 2 & 3 & 4 & 5 & 6 \end{array} \\ \begin{bmatrix} 1 & 0 & 0 & 1 & 1 & 0 \\ 0 & 0 & 1 & 0 & -1 & 1 \\ 0 & 1 & 0 & -1 & 0 & -1 \end{bmatrix} \end{array}$$

第 3 步 填写支路导纳矩阵 $\boldsymbol{Y}$（支路方程矩阵形式包括 $\boldsymbol{Y}$）。填写支路方程矩阵形式 $\dot{\boldsymbol{I}}=\boldsymbol{Y}(\dot{\boldsymbol{U}}+\dot{\boldsymbol{U}}_s)-\dot{\boldsymbol{I}}_s$：

$$\begin{bmatrix} \dot{I}_1 \\ \dot{I}_2 \\ \dot{I}_3 \\ \dot{I}_4 \\ \dot{I}_5 \\ \dot{I}_6 \end{bmatrix}=\begin{bmatrix} 1/R_1 & 0 & 0 & 0 & 0 & 0 \\ -g_{21} & 1/R_2 & 0 & 0 & 0 & 0 \\ 0 & 0 & \mathrm{j}\omega C_3 & 0 & 0 & 0 \\ 0 & 0 & 0 & \mathrm{j}\omega C_4 & 0 & \beta_{46}/\mathrm{j}\omega L_6 \\ 0 & 0 & 0 & 0 & 1/\mathrm{j}\omega L_5 & 0 \\ 0 & 0 & 0 & 0 & 0 & 1/\mathrm{j}\omega L_6 \end{bmatrix}\left(\begin{bmatrix} \dot{U}_1 \\ \dot{U}_2 \\ \dot{U}_3 \\ \dot{U}_4 \\ \dot{U}_5 \\ \dot{U}_6 \end{bmatrix}+\begin{bmatrix} 0 \\ 0 \\ 0 \\ \dot{U}_{s4} \\ 0 \\ 0 \end{bmatrix}\right)-\begin{bmatrix} 0 \\ 0 \\ 0 \\ -\dot{I}_{s4} \\ 0 \\ 0 \end{bmatrix}$$

第 4 步 将 $\boldsymbol{A}$、$\boldsymbol{Y}$、$\dot{\boldsymbol{U}}_n$、$\dot{\boldsymbol{I}}_s$、$\dot{\boldsymbol{U}}_s$ 代入节点电压方程 $\boldsymbol{AYA}^{\mathrm{T}}\dot{\boldsymbol{U}}_n=\boldsymbol{A}\dot{\boldsymbol{I}}_s-\boldsymbol{AY}\dot{\boldsymbol{U}}_s$，整理得 $\boldsymbol{Y}_n\dot{\boldsymbol{U}}_n=\dot{\boldsymbol{J}}_n$：

$$\begin{bmatrix} \left(\dfrac{1}{R_1}+\mathrm{j}\omega C_4+\dfrac{1}{\mathrm{j}\omega L_5}\right) & \left(-\dfrac{1}{\mathrm{j}\omega L_5}+\dfrac{\beta_{46}}{\mathrm{j}\omega L_6}\right) & \left(-\mathrm{j}\omega C_4-\dfrac{\beta_{46}}{\mathrm{j}\omega L_6}\right) \\ -\dfrac{1}{\mathrm{j}\omega L_5} & \left(\mathrm{j}\omega C_3+\dfrac{1}{\mathrm{j}\omega L_5}+\dfrac{1}{\mathrm{j}\omega L_6}\right) & -\dfrac{1}{\mathrm{j}\omega L_6} \\ -\mathrm{j}\omega C_4 & \left(-\dfrac{1}{\mathrm{j}\omega L_6}-\dfrac{\beta_{46}}{\mathrm{j}\omega L_6}\right) & \left(\dfrac{1}{R_2}+\mathrm{j}\omega C_4+\dfrac{1}{\mathrm{j}\omega L_6}+\dfrac{\beta_{46}}{\mathrm{j}\omega L_6}\right) \end{bmatrix}\begin{bmatrix} \dot{U}_{n1} \\ \dot{U}_{n2} \\ \dot{U}_{n3} \end{bmatrix}=\begin{bmatrix} (\dot{I}_{s1}-\dot{I}_{s4}-\mathrm{j}\omega C_4\dot{U}_{s4}) \\ 0 \\ \left(\dot{I}_{s4}+\dfrac{\dot{U}_{s2}}{R_2}+\mathrm{j}\omega C_4\dot{U}_{s4}\right) \end{bmatrix}$$

列写状态方程矩阵的步骤：(利用特有树列写状态方程)

第 1 步 选状态变量，画电路的有向图(一个元件为一条支路)，选特有树。

第 2 步 对每一个含电容的单树支割集列写 KCL 方程。

第 3 步 对每一个含电感的单连支回路列写 KVL 方程。

第 4 步 消去非状态变量，整理写成状态方程的矩阵形式：

$$\dot{\boldsymbol{x}}=\widetilde{\boldsymbol{A}}\boldsymbol{x}+\widetilde{\boldsymbol{B}}\boldsymbol{v}$$

第 5 步 必要时，写出输出方程：

$$\boldsymbol{y}=\widetilde{\boldsymbol{C}}\boldsymbol{x}+\widetilde{\boldsymbol{D}}\boldsymbol{v}$$

特有树定义：

(1) 树支包含电路中所有电压源和电容支路。

(2) 连支包含电路中所有的电流源和电感支路。

当电路中不存在仅由电容和电压源构成的回路及仅由电感和电流源构成的割集时，特有树总是存在的

例 15-5 如图 19 所示，列写状态方程及节点电压的输出方程。

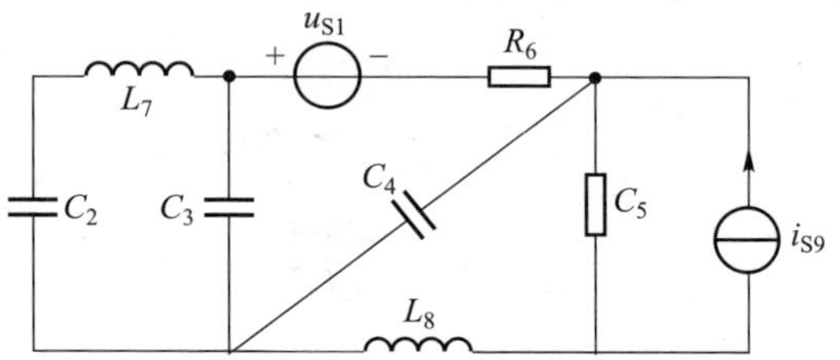

图 19 例 15-5 图

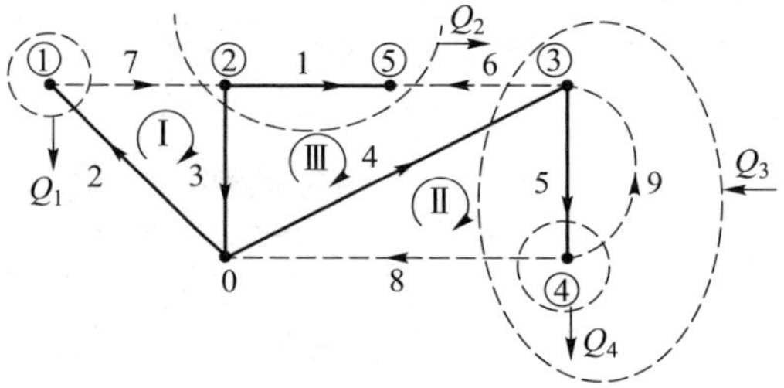

图 20 例 15-5 解图

解： 第 1 步 选状态变量为：u_2、u_3、u_4、i_7、i_8。

画电路的有向图，选择有树 T(1,2,3,4,5) 如图 20 所示。

第 2 步 对每一个含电容的树支 2、3、4 构成的单树支割集 Q_1、Q_2、Q_3 列 KCL 方程：$C_2\dfrac{du_2}{dt}=i_7$，$C_3\dfrac{du_3}{dt}=i_6+i_7$，$C_4\dfrac{du_4}{dt}=i_6+i_8$。

第 3 步 对每一个含电感的连支 7、8 构成的单连支回路 Ⅰ、Ⅱ 列 KVL 方程：$L_7\dfrac{di_7}{dt}=-u_2-u_3$，$L_8\dfrac{di_8}{dt}=-u_4-u_5$。

第 4 步 消去非状态变量 u_5、i_6，整理写成状态方程组：

$$u_5=\frac{1}{G_5}i_5=\frac{1}{G_5}(i_8+i_{S9}),\ i_6=\frac{u_6}{R_6}=\frac{1}{R_6}(u_{S1}-u_3-u_4),$$

$$\text{状态方程组整理}\begin{cases}\dfrac{du_2}{dt}=\dfrac{1}{C_2}i_7\\ \dfrac{du_3}{dt}=-\dfrac{1}{R_6C_3}u_3-\dfrac{1}{R_6C_3}u_4+\dfrac{1}{C_3}i_7+\dfrac{1}{R_6C_3}u_{S1}\\ \dfrac{du_4}{dt}=-\dfrac{1}{R_6C_4}u_3-\dfrac{1}{R_6C_4}u_4+\dfrac{1}{C_4}i_8+\dfrac{1}{R_6C_4}u_{S1}\\ \dfrac{di_7}{dt}=-\dfrac{1}{L_7}u_2-\dfrac{1}{L_7}u_3\\ \dfrac{di_8}{dt}=-\dfrac{1}{L_8}u_4-\dfrac{1}{L_8G_5}i_8-\dfrac{1}{L_8G_5}i_{S9}\end{cases}$$

令 $x_1=u_2$、$x_2=u_3$、$x_3=u_4$、$x_4=i_7$、$x_5=i_8$，则

状态方程的矩阵形式 $\dot{\boldsymbol{x}}=\widetilde{\boldsymbol{A}}\boldsymbol{x}+\widetilde{\boldsymbol{B}}\boldsymbol{v}$，即

$$\begin{bmatrix}\dot{x}_1\\ \dot{x}_2\\ \dot{x}_3\\ \dot{x}_4\\ \dot{x}_5\end{bmatrix}=\begin{bmatrix}0&0&0&\dfrac{1}{C_2}&0\\ 0&\dfrac{-1}{R_6C_3}&\dfrac{-1}{R_6C_3}&\dfrac{1}{C_3}&0\\ 0&\dfrac{-1}{R_6C_4}&\dfrac{-1}{R_6C_4}&0&\dfrac{1}{C_4}\\ \dfrac{-1}{L_7}&\dfrac{-1}{L_7}&0&0&0\\ 0&0&\dfrac{-1}{L_8}&0&\dfrac{-1}{L_8G_5}\end{bmatrix}\begin{bmatrix}x_1\\ x_2\\ x_3\\ x_4\\ x_5\end{bmatrix}+\begin{bmatrix}0&0\\ \dfrac{1}{R_6C_3}&0\\ \dfrac{1}{R_6C_4}&0\\ 0&0\\ 0&\dfrac{-1}{L_8G_5}\end{bmatrix}\begin{bmatrix}u_{S1}\\ i_{S9}\end{bmatrix}$$

第 5 步 因 $u_{n1}=u_2$、$u_{n2}=u_3$、$u_{n3}=u_4$、$u_{n4}=-u_4-\dfrac{1}{G_5}(i_8+i_{S9})$、$u_{n5}=u_3-u_{S1}$，写出输出方程 $\boldsymbol{y}=\widetilde{\boldsymbol{C}}\boldsymbol{x}+\widetilde{\boldsymbol{D}}\boldsymbol{v}$

$$\begin{bmatrix}u_{n1}\\ u_{n2}\\ u_{n3}\\ u_{n4}\\ u_{n5}\end{bmatrix}=\begin{bmatrix}-1&0&0&0&0\\ 0&1&0&0&0\\ 0&0&-1&0&0\\ 0&0&-1&0&\dfrac{-1}{G_5}\\ 0&1&0&0&0\end{bmatrix}\begin{bmatrix}x_1\\ x_2\\ x_3\\ x_4\\ x_5\end{bmatrix}+\begin{bmatrix}0&0\\ 0&0\\ 0&0\\ 0&\dfrac{-1}{G_5}\\ -1&0\end{bmatrix}\begin{bmatrix}u_{S1}\\ i_{S9}\end{bmatrix}$$

本章习题与解答

15-1 以节点⑤参考，写出题 15-1 图所示有向图的关联矩阵 $\boldsymbol{A}$。

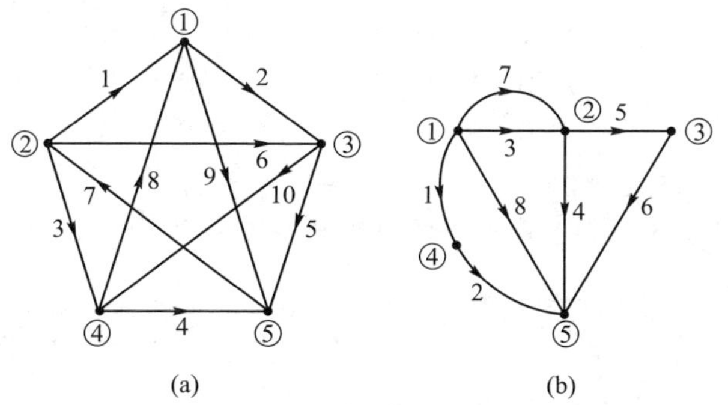

题 15-1 图

解：题 15-1 图(a)中

$$\boldsymbol{A}=\begin{matrix} & 1 & 2 & 3 & 4 & 5 & 6 & 7 & 8 & 9 & 10 \\ ① & -1 & 1 & 0 & 0 & 0 & 0 & 0 & -1 & 1 & 0 \\ ② & 1 & 0 & 1 & 0 & 0 & 1 & -1 & 0 & 0 & 0 \\ ③ & 0 & -1 & 0 & 0 & 1 & -1 & 0 & 0 & 0 & 1 \\ ④ & 0 & 0 & -1 & 1 & 0 & 0 & 0 & 1 & 0 & -1 \end{matrix}$$

题 15-1 图(b)中

$$\boldsymbol{A}=\begin{matrix} & 1 & 2 & 3 & 4 & 5 & 6 & 7 & 8 \\ ① & 1 & 0 & 1 & 0 & 0 & 0 & 1 & 1 \\ ② & 0 & 0 & -1 & 1 & 1 & 0 & -1 & 0 \\ ③ & 0 & 0 & 0 & 0 & -1 & 1 & 0 & 0 \\ ④ & -1 & 1 & 0 & 0 & 0 & 0 & 0 & 0 \end{matrix}$$

15-2 对于题 15-2 图(a)和(b)，与用虚线画出的闭合面 S 相切割的支路集合是否构成割集？为什么？

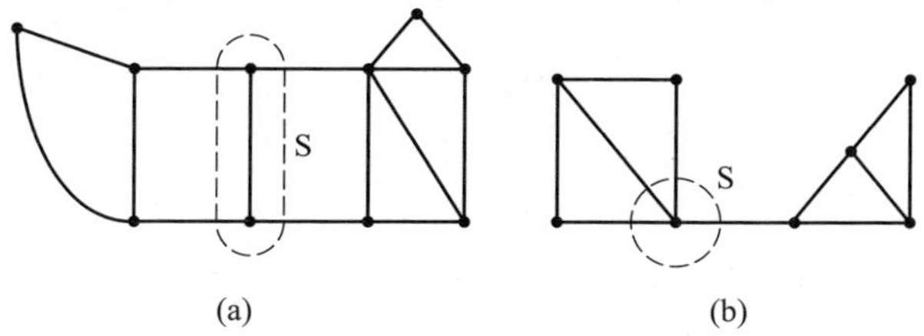

题 15-2 图

解：题 15-2 图(a)和(b)中闭合面 S 切割的支路集合不构成割集。因为把闭合面 S 切割的支路全部移走后，连通图分成了三部分，少移去一条支路仍不连通。

15-3 对于题 15-3 图所示有向图，若选支路 1、2、3、7 为树支，试写出基本割集矩阵和基本回路矩阵；另外，以网孔作为回路写出回路矩阵。

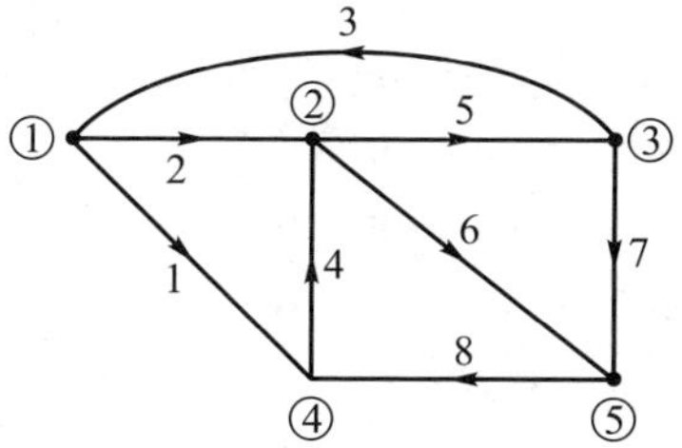

题 15-3 图

解：在题 15-3 图中选树(树支为 1、2、3、7 支路，用粗线表示)，如题 15-3 解图所示，并选基本割集由单树支割集 Q_1(1,4,8)、Q_2(2,4,5,6)、Q_3(3,5,6,8)、Q_4(6,7,8)组成，割集方向与割集所含单树支方向一致，选基本回路由单连支回路 $l_{\rm I}$(1,2,4)、$l_{\rm II}$(2,3,5)、$l_{\rm III}$(2,3,7,6)、$l_{\rm IV}$(1,3,7,8)组成，回路绕向与回路所含单连支方向一致，选网孔为 $m_{\rm I}$(1,2,4)、$m_{\rm II}$(2,3,5)、$m_{\rm III}$(4,6,8)、$m_{\rm IV}$(5,6,7)，网孔绕向均为顺时针。矩阵填写时，列的序号(1~8 列顺序号与支路编号不同)按先连支(4、5、6、8 支路，按支路编号递增顺序)后树支(1、2、3、7 支路，按支路编号递增顺序)排列，则基本割集矩阵为

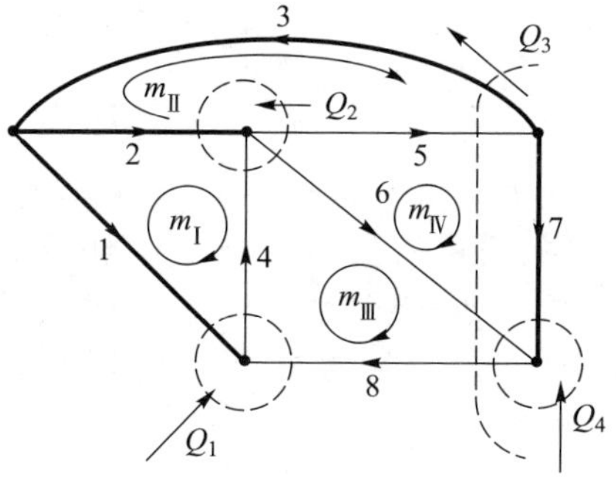

题 15-3 解图

$$\boldsymbol{Q}_{\rm f}=\begin{matrix} & 4 & 5 & 6 & 8 & 1 & 2 & 3 & 7 \\ Q_1 & -1 & 0 & 0 & 1 & 1 & 0 & 0 & 0 \\ Q_2 & 1 & -1 & -1 & 0 & 0 & 1 & 0 & 0 \\ Q_3 & 0 & -1 & -1 & 1 & 0 & 0 & 1 & 0 \\ Q_4 & 0 & 0 & 1 & -1 & 0 & 0 & 0 & 1 \end{matrix}=[\boldsymbol{Q}_1 \vdots 1_{\rm t}]$$

基本回路矩阵为

4 5 6 8 1 2 3 7

$$\boldsymbol{B}_{\mathrm{f}}=\begin{array}{c} l_{\mathrm{I}}\\ l_{\mathrm{II}}\\ l_{\mathrm{III}}\\ l_{\mathrm{IV}}\end{array}\begin{bmatrix} 1&0&0&0&1&-1&0&0\\ 0&1&0&0&0&1&1&0\\ 0&0&1&0&0&1&1&-1\\ 0&0&0&1&-1&0&-1&1 \end{bmatrix}=[\,1_{\mathrm{l}}\ \vdots\ \boldsymbol{B}_{\mathrm{t}}\,]$$

以网孔为回路的回路矩阵为

4 5 6 8 1 2 3 7

$$\boldsymbol{B}=\begin{array}{c} m_{\mathrm{I}}\\ m_{\mathrm{II}}\\ m_{\mathrm{III}}\\ m_{\mathrm{IV}}\end{array}\begin{bmatrix} -1&0&0&0&-1&1&0&0\\ 0&-1&0&0&0&-1&-1&0\\ 1&0&1&1&0&0&0&0\\ 0&1&-1&0&0&0&0&1 \end{bmatrix}$$

15-4 对于题 15-4 图所示有向图，若选支路 1、2、3、5、8 为树支，试写出基本割集矩阵和基本回路矩阵。

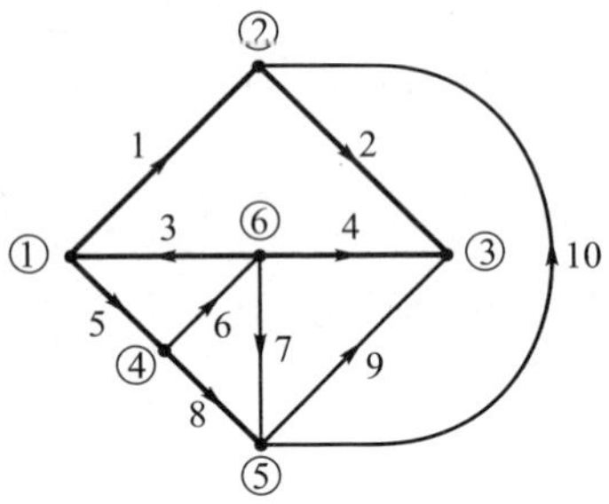

题 15-4 图

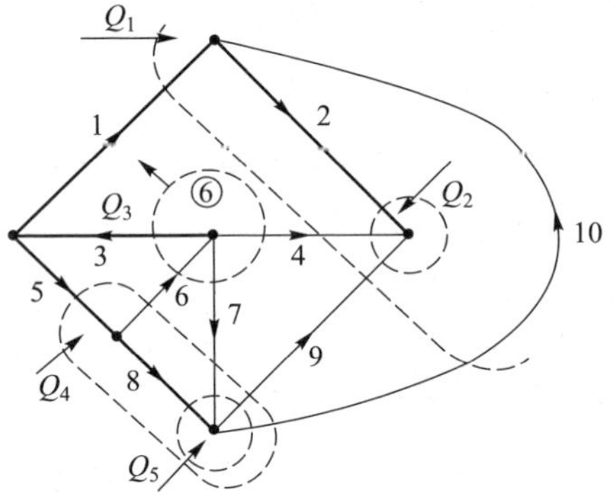

题 15-4 解图

解：在题 15-4 图中选树（树支为 1、2、3、5、8 支路，用粗线表示），如题 15-4解图所示，选基本割集由单树支割集 Q_1、Q_2、Q_3、Q_4、Q_5 组成，选基本回路由单连支回路 $l_{\mathrm{I}}(1,2,3,4)$、$l_{\mathrm{II}}(3,5,6)$、$l_{\mathrm{III}}(3,5,8,7)$、$l_{\mathrm{IV}}(1,2,5,8,9)$、$l_{\mathrm{V}}(1,5,8,10)$ 组成，矩阵填写时，支路所在列的序号按先连支后树支排列，则有 $\boldsymbol{Q}_{\mathrm{f}}=[\,\boldsymbol{Q}_{\mathrm{l}}\ \vdots\ 1_{\mathrm{t}}\,]$，$\boldsymbol{B}_{\mathrm{f}}=[\,1_{\mathrm{l}}\ \vdots\ \boldsymbol{B}_{\mathrm{t}}\,]$。

基本割集矩阵为

4 6 7 9 10 1 2 3 5 8

$$\boldsymbol{Q}_{\mathrm{f}}=\begin{array}{c} Q_1\\ Q_2\\ Q_3\\ Q_4\\ Q_5\end{array}\begin{bmatrix} 1&0&0&1&1&1&0&0&0&0\\ 1&0&0&1&0&0&1&0&0&0\\ 1&-1&1&0&0&0&0&1&0&0\\ 0&-1&1&-1&-1&0&0&0&1&0\\ 0&0&1&-1&-1&0&0&0&0&1 \end{bmatrix}$$

基本回路矩阵为

4 6 7 9 10 1 2 3 5 8

$$\boldsymbol{B}_{\mathrm{f}}=\begin{array}{c} l_{\mathrm{I}}\\ l_{\mathrm{II}}\\ l_{\mathrm{III}}\\ l_{\mathrm{IV}}\\ l_{\mathrm{V}}\end{array}\begin{bmatrix} 1&0&0&0&0&-1&-1&-1&0&0\\ 0&1&0&0&0&0&0&1&1&0\\ 0&0&1&0&0&0&0&-1&-1&-1\\ 0&0&0&1&0&-1&-1&0&1&1\\ 0&0&0&0&1&-1&0&0&1&1 \end{bmatrix}$$

15-5 对题 15-5 图所示有向图，若选节点⑤为参考点，并选支路 1、2、4、5 为树支。试写出关联矩阵、基本回路矩阵和基本割集矩阵；并验证 $\boldsymbol{B}_{\mathrm{t}}^{\mathrm{T}}=-\boldsymbol{A}_{\mathrm{t}}^{-1}\boldsymbol{A}_{\mathrm{l}}$ 和 $\boldsymbol{Q}_{\mathrm{l}}=-\boldsymbol{B}_{\mathrm{t}}^{\mathrm{T}}$。

解：题 15-5 解图中，选支路 1、2、4、5 为树，基本回路由单连支回路 $l_{\mathrm{I}}(1,2,3)$、$l_{\mathrm{II}}(4,5,6)$、$l_{\mathrm{III}}(1,2,4,7)$ 组成，基本割集由单树支割集 $Q_1(1,3,7)$、$Q_2(2,3,7)$、$Q_3(4,6,7)$、$Q_4(5,6)$ 组成，矩阵填写时，支路所在列的序号按先树支后连支排列，则有 $\boldsymbol{A}=[\,\boldsymbol{A}_{\mathrm{t}}\ \vdots\ \boldsymbol{A}_{\mathrm{l}}\,]$，$\boldsymbol{B}_{\mathrm{f}}=[\,\boldsymbol{B}_{\mathrm{t}}\ \vdots\ \boldsymbol{1}_{\mathrm{l}}\,]$，$\boldsymbol{Q}_{\mathrm{f}}=[\,\boldsymbol{1}_{\mathrm{t}}\ \vdots\ \boldsymbol{Q}_{\mathrm{l}}\,]$，即

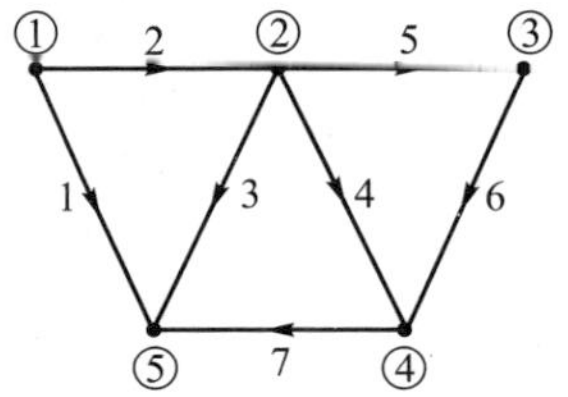

题 15-5 图

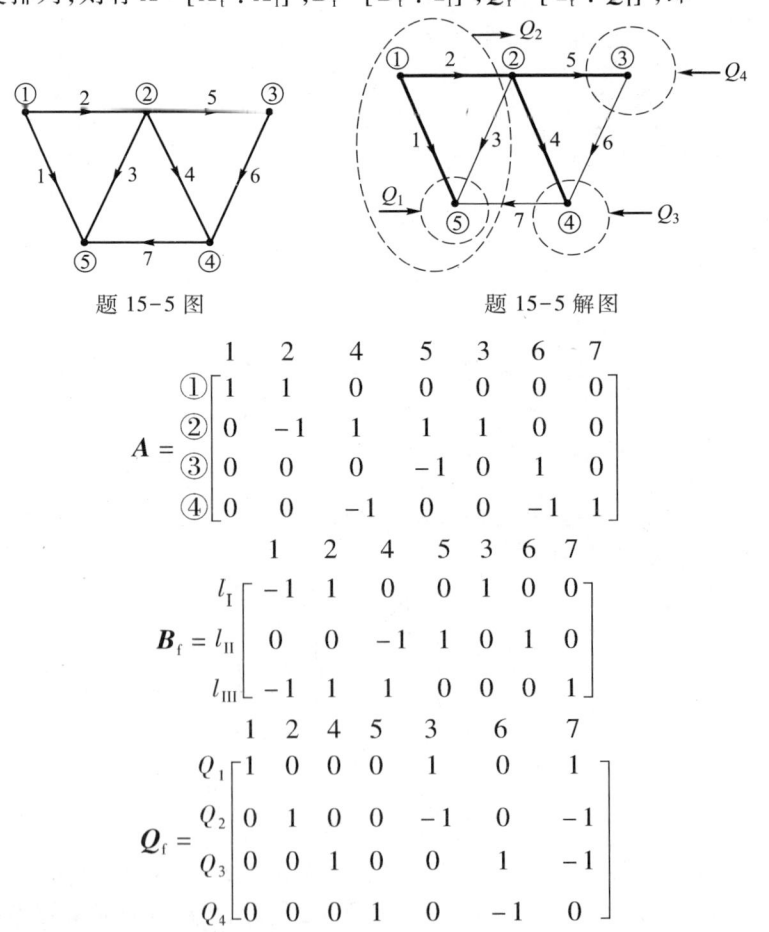

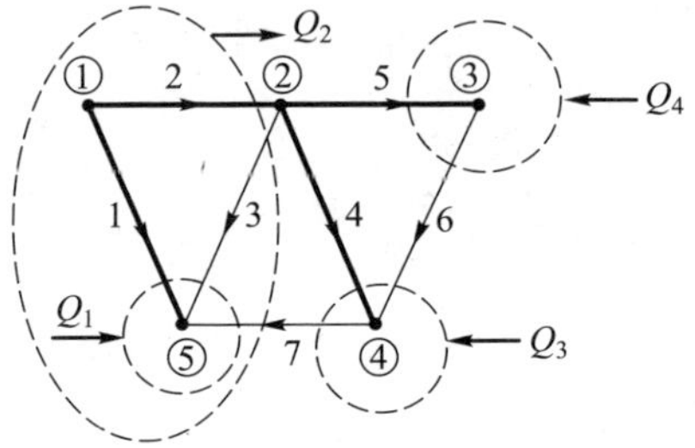

题 15-5 解图

1 2 4 5 3 6 7

$$\boldsymbol{A}=\begin{array}{c} ①\\ ②\\ ③\\ ④\end{array}\begin{bmatrix} 1&1&0&0&0&0&0\\ 0&-1&1&1&1&0&0\\ 0&0&0&-1&0&1&0\\ 0&0&-1&0&0&-1&1 \end{bmatrix}$$

1 2 4 5 3 6 7

$$\boldsymbol{B}_{\mathrm{f}}=\begin{array}{c} l_{\mathrm{I}}\\ l_{\mathrm{II}}\\ l_{\mathrm{III}}\end{array}\begin{bmatrix} -1&1&0&0&1&0&0\\ 0&0&-1&1&0&1&0\\ -1&1&1&0&0&0&1 \end{bmatrix}$$

1 2 4 5 3 6 7

$$\boldsymbol{Q}_{\mathrm{f}}=\begin{array}{c} Q_1\\ Q_2\\ Q_3\\ Q_4\end{array}\begin{bmatrix} 1&0&0&0&1&0&1\\ 0&1&0&0&-1&0&-1\\ 0&0&1&0&0&1&-1\\ 0&0&0&1&0&-1&0 \end{bmatrix}$$

由此得

$$\boldsymbol{A}_t=\begin{bmatrix}1&1&0&0\\0&-1&1&1\\0&0&0&-1\\0&0&-1&0\end{bmatrix},\quad \boldsymbol{A}_l=\begin{bmatrix}0&0&0\\1&0&0\\0&1&0\\0&-1&1\end{bmatrix},\quad \boldsymbol{B}_t=\begin{bmatrix}-1&1&0&0\\0&0&-1&1\\-1&1&1&0\end{bmatrix}$$

$$\boldsymbol{Q}_l=\begin{bmatrix}1&0&1\\-1&0&-1\\0&1&-1\\0&-1&0\end{bmatrix}$$

因 $-\boldsymbol{B}_t^{\mathrm{T}}=\begin{bmatrix}1&0&1\\-1&0&-1\\0&1&-1\\0&-1&0\end{bmatrix}$，即验证了 $\boldsymbol{Q}_l=-\boldsymbol{B}_t^{\mathrm{T}}$。

欲验证 $\boldsymbol{B}_t^{\mathrm{T}}=-\boldsymbol{A}_t^{-1}\boldsymbol{A}_l$，可验证 $-\boldsymbol{A}_t\boldsymbol{B}_t^{\mathrm{T}}=\boldsymbol{A}_l$，即

$$-\boldsymbol{A}_t\boldsymbol{B}_t^{\mathrm{T}}=\begin{bmatrix}1&1&0&0\\0&-1&1&1\\0&0&0&-1\\0&0&-1&0\end{bmatrix}\begin{bmatrix}1&0&1\\-1&0&-1\\0&1&-1\\0&-1&0\end{bmatrix}=\begin{bmatrix}0&0&0\\1&0&0\\0&1&0\\0&-1&1\end{bmatrix}=\boldsymbol{A}_l$$

则 $\boldsymbol{B}_t^{\mathrm{T}}=-\boldsymbol{A}_t^{\mathrm{T}}\boldsymbol{A}_l$，验证毕。

15-6 对题 15-6 图所示电路，选支路 1、2、4、7 为树支，用矩阵形式列出其回路电流方程。各支路电阻均为 5 Ω，各电压源电压均为 3 V，各电流源均为 2 A。

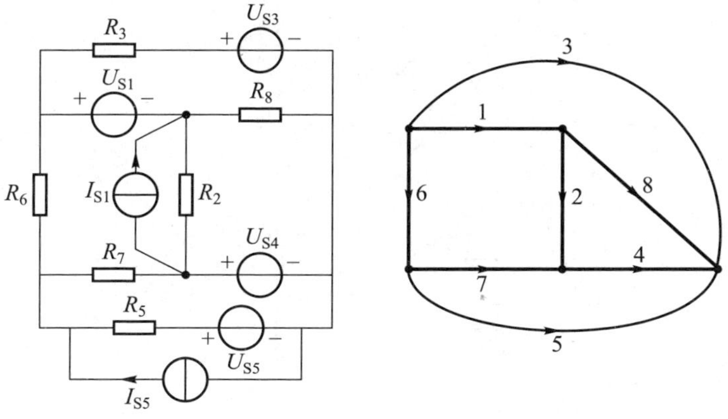

(a) (b)

题 15-6 图

解：题 15-6 图(b)中，选支路 1、2、4、7 为树，其独立回路组由单连支回路 l_{I}、l_{II}、l_{III}、l_{IV} 组成，如题 15-6 解图所示。

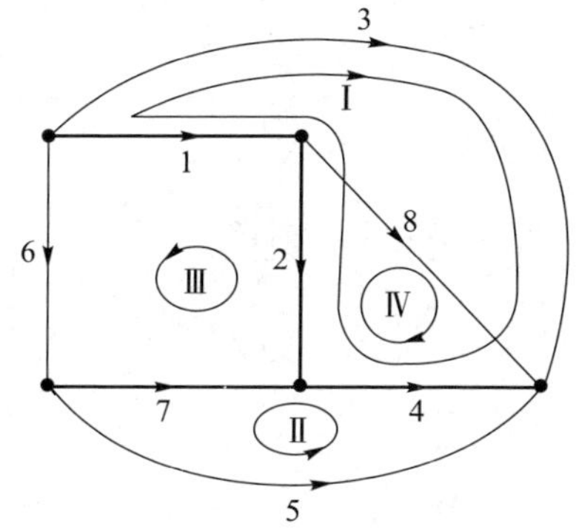

题 15-6 解图

$$\boldsymbol{B}=\begin{matrix} & 1 & 2 & 3 & 4 & 5 & 6 & 7 & 8\\ l_{\mathrm{I}} & -1 & -1 & 1 & -1 & 0 & 0 & 0 & 0\\ l_{\mathrm{II}} & 0 & 0 & 0 & -1 & 1 & 0 & -1 & 0\\ l_{\mathrm{III}} & -1 & -1 & 0 & 0 & 0 & 1 & 1 & 0\\ l_{\mathrm{IV}} & 0 & -1 & 0 & -1 & 0 & 0 & 0 & 1\end{matrix}$$

$$\boldsymbol{Z}=\mathrm{diag}[0,R_2,R_3,0,R_5,R_6,R_7,R_8]$$

$$\boldsymbol{U}_S=[-U_{S1}\quad 0\quad -U_{S3}\quad -U_{S4}\quad -U_{S5}\quad 0\quad 0\quad 0]^{\mathrm{T}}$$

$$\boldsymbol{I}_S=[0\quad I_{S2}\quad 0\quad 0\quad I_{S5}\quad 0\quad 0\quad 0]^{\mathrm{T}}$$

$$\boldsymbol{Z}_l=\boldsymbol{BZB}^{\mathrm{T}}=\begin{bmatrix}R_2+R_3&0&R_2&R_2\\0&R_5+R_7&-R_7&0\\R_2&-R_7&R_2+R_6+R_7&R_2\\R_2&0&R_2&R_2+R_8\end{bmatrix}$$

$$\boldsymbol{E}_l=\boldsymbol{BU}_S-\boldsymbol{BZI}_S=\begin{bmatrix}U_{S1}-U_{S3}+U_{S4}+R_2I_{S2}\\U_{S4}-U_{S5}-R_5I_{S5}\\U_{S1}+R_2I_{S2}\\U_{S4}+R_2I_{S2}\end{bmatrix}$$

回路电流方程的矩阵形式为 $\boldsymbol{Z}_l\boldsymbol{I}_l=\boldsymbol{E}_l$，代入数据，得

$$\begin{bmatrix}10&0&5&5\\0&10&-5&0\\5&-5&15&5\\5&0&5&10\end{bmatrix}\begin{bmatrix}I_{l1}\\I_{l2}\\I_{l3}\\I_{l4}\end{bmatrix}=\begin{bmatrix}13\\-10\\13\\13\end{bmatrix}$$

15-7 对题 15-7 图所示电路，用运算形式（设零值初始条件）在下列 2 种不同情况下列出网孔电流方程：(1) 电感 L_5 和 L_6 之间无互感；(2) L_5 和 L_6 之间有互感 M。

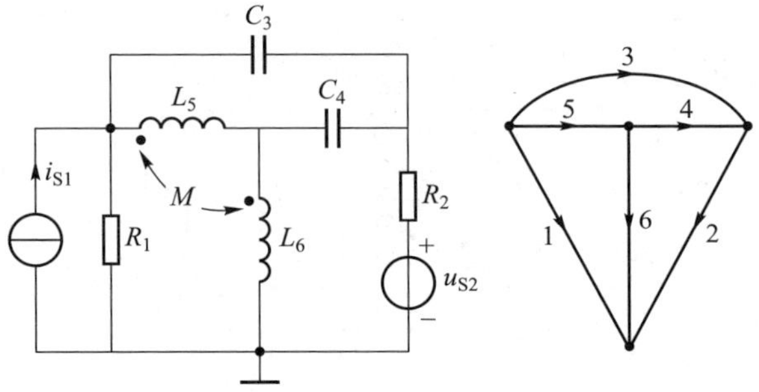

(a)　　(b)

题 15-7 图

解：题 15-7 图(a)的运算电路模型如题 15-7 解图(a)所示，题 15-7 图(b)中取网孔为独立回路如题 15-7 解图(b)所示。

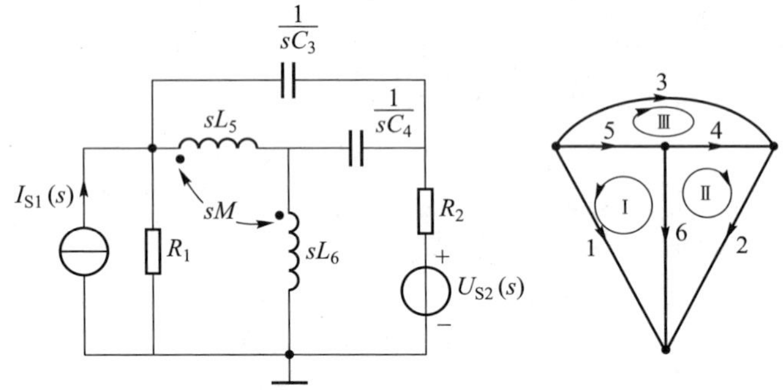

(a)　　(b)

题 15-7 解图

$$\boldsymbol{B}=\begin{array}{c} \\ m_{\text{I}} \\ m_{\text{II}} \\ m_{\text{III}}\end{array}\begin{array}{c}\begin{array}{cccccc}1 & 2 & 3 & 4 & 5 & 6\end{array}\\ \begin{bmatrix}1 & 0 & 0 & 0 & -1 & -1\\ 0 & 1 & 0 & 1 & 0 & -1\\ 0 & 0 & 1 & -1 & -1 & 0\end{bmatrix}\end{array}$$

(1) $\boldsymbol{Z}(s)=\text{diag}\left[R_1,R_2,\frac{1}{sC_3},\frac{1}{sC_4},sL_5,sL_6\right]$

$\boldsymbol{U}_S(s)=[0-U_{S2}(s)\quad 0\quad 0\quad 0\quad 0]^T$

$\boldsymbol{I}_S(s)=[I_{S1}(s)\quad 0\quad 0\quad 0\quad 0\quad 0]^T$

$\boldsymbol{Z}_1(s)=\boldsymbol{B}\boldsymbol{Z}(s)\boldsymbol{B}^T$

$\boldsymbol{E}_1(s)=\boldsymbol{B}\boldsymbol{U}_S(s)-\boldsymbol{B}\boldsymbol{Z}(s)\boldsymbol{I}_S(s)$

运算形式的网孔电流方程的矩阵形式 $\boldsymbol{Z}_1(s)\boldsymbol{I}_1(s)=\boldsymbol{E}_1(s)$

$$\begin{bmatrix}R_1+s(L_5+L_6) & sL_6 & sL_5\\ sL_6 & R_2+\frac{1}{sC_4}+sL_6 & -\frac{1}{sC_4}\\ sL_5 & -\frac{1}{sC_4} & \frac{1}{sC_3}+\frac{1}{sC_4}+sL_5\end{bmatrix}\begin{bmatrix}I_{m1}(s)\\ I_{m2}(s)\\ I_{m3}(s)\end{bmatrix}=\begin{bmatrix}-R_1I_{S1}(s)\\ -U_{S2}(s)\\ 0\end{bmatrix}$$

(2) $$\boldsymbol{Z}(s)=\begin{bmatrix}R_1 & 0 & 0 & 0 & 0 & 0\\ 0 & R_2 & 0 & 0 & 0 & 0\\ 0 & 0 & \frac{1}{sC_3} & 0 & 0 & 0\\ 0 & 0 & 0 & \frac{1}{sC_4} & 0 & 0\\ 0 & 0 & 0 & 0 & sL_5 & sM\\ 0 & 0 & 0 & 0 & sM & SL_6\end{bmatrix}$$

运算形式的网孔电流方程的矩阵形式为

$$\begin{bmatrix}R_1+s(L_5+L_6+2M) & s(L_6+M) & s(L_5+M)\\ s(L_6+M) & R_2+\frac{1}{sC_4}+sL_6 & -\frac{1}{sC_4}+sM\\ s(L_5+M) & -\frac{1}{sC_4}+sM & \frac{1}{sC_3}+\frac{1}{sC_4}+sL_5\end{bmatrix}\begin{bmatrix}I_{m1}(s)\\ I_{m2}(s)\\ I_{m3}(s)\end{bmatrix}=\begin{bmatrix}-R_1I_{S1}(s)\\ -U_{S2}(s)\\ 0\end{bmatrix}$$

15-8　对题 15-8 图所示电路，选支路 1、2、3、4、5 为树支，试写出此电路回路电流方程的矩阵形式。

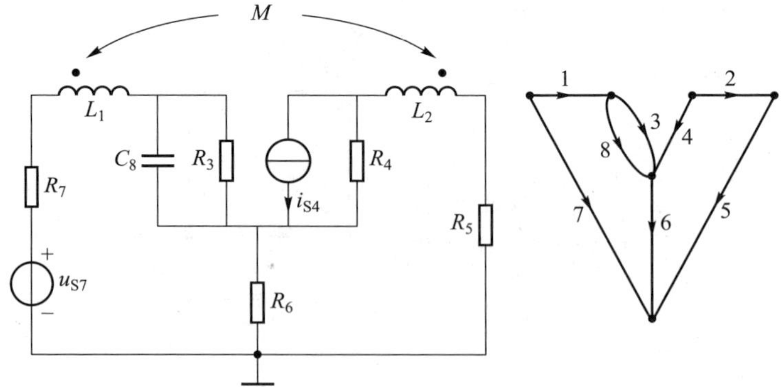

(a)　　(b)

题 15-8 图

解：题 15-8 图(a)的相量电路模型如题 15-8 解图(a)所示，题15-8图(b)中选支路 1、2、3、4、5 为树，选单连支回路如题 15-8 解图(b)所示。

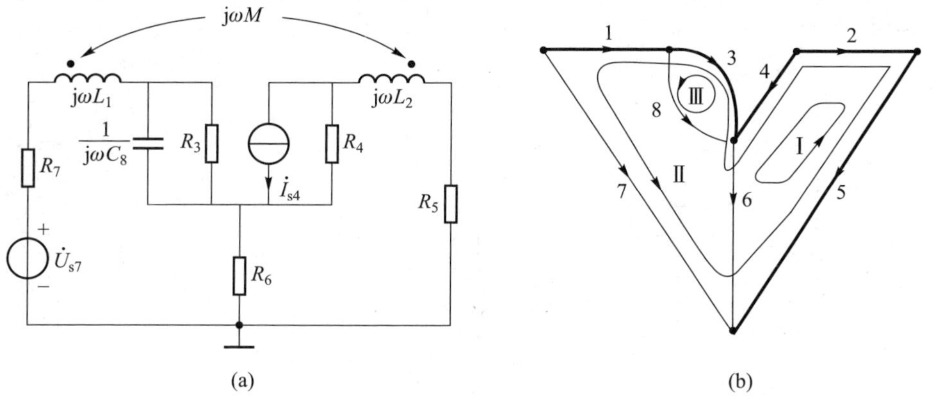

题 15-8 解图

$$\boldsymbol{B}_{\mathrm{f}}=\begin{matrix} l_{\mathrm{I}} \\ l_{\mathrm{II}} \\ l_{\mathrm{III}} \end{matrix}\overset{\begin{matrix}1 & 2 & 3 & 4 & 5 & 6 & 7 & 8\end{matrix}}{\begin{bmatrix} 0 & -1 & 0 & 1 & -1 & 1 & 0 & 0 \\ -1 & -1 & -1 & 1 & -1 & 0 & 1 & 0 \\ 0 & 0 & -1 & 0 & 0 & 0 & 0 & 1 \end{bmatrix}}$$

回路电流相量方程的矩阵形式为 $\boldsymbol{Z}_{\mathrm{l}}\dot{\boldsymbol{I}}_{\mathrm{l}}=\dot{\boldsymbol{E}}_{\mathrm{l}},\ \boldsymbol{Z}_{\mathrm{l}}=\boldsymbol{B}_{\mathrm{f}}\boldsymbol{Z}\boldsymbol{B}_{\mathrm{f}}^{\mathrm{T}},\ \dot{\boldsymbol{E}}_{\mathrm{l}}=\boldsymbol{B}\dot{\boldsymbol{U}}_{\mathrm{s}}-\boldsymbol{B}\boldsymbol{Z}\dot{\boldsymbol{I}}_{\mathrm{s}}$

$$\boldsymbol{Z}=\begin{bmatrix} \mathrm{j}\omega L_1 & -\mathrm{j}\omega M & 0 & 0 & 0 & 0 & 0 & 0 \\ -\mathrm{j}\omega M & \mathrm{j}\omega L_2 & 0 & 0 & 0 & 0 & 0 & 0 \\ 0 & 0 & R_3 & 0 & 0 & 0 & 0 & 0 \\ 0 & 0 & 0 & R_4 & 0 & 0 & 0 & 0 \\ 0 & 0 & 0 & 0 & R_5 & 0 & 0 & 0 \\ 0 & 0 & 0 & 0 & 0 & R_6 & 0 & 0 \\ 0 & 0 & 0 & 0 & 0 & 0 & R_7 & 0 \\ 0 & 0 & 0 & 0 & 0 & 0 & 0 & -\mathrm{j}\dfrac{1}{\omega C_8} \end{bmatrix}$$

$\dot{\boldsymbol{U}}_{\mathrm{s}}=\begin{bmatrix}0 & 0 & 0 & 0 & 0 & 0 & -\dot{U}_{\mathrm{s7}} & 0\end{bmatrix}^{\mathrm{T}},\ \dot{\boldsymbol{I}}_{\mathrm{s}}=\begin{bmatrix}0 & 0 & 0 & -\dot{I}_{\mathrm{s4}} & 0 & 0 & 0 & 0\end{bmatrix}^{\mathrm{T}}$

回路电流方程的矩阵形式为

$$\begin{bmatrix} R_4+R_5+R_6+\mathrm{j}\omega L_2 & R_4+R_5+\mathrm{j}\omega(L_2-M) & 0 \\ R_4+R_5+\mathrm{j}\omega(L_2-M) & R_3+R_4+R_5+R_7+\mathrm{j}\omega(L_1+L_2-2M) & R_3 \\ 0 & R_3 & R_3-\mathrm{j}\dfrac{1}{\omega C_8} \end{bmatrix}\begin{bmatrix}\dot{I}_{\mathrm{l1}} \\ \dot{I}_{\mathrm{l2}} \\ \dot{I}_{\mathrm{l3}}\end{bmatrix}=\begin{bmatrix}R_4\dot{I}_{\mathrm{s4}} \\ R_4\dot{I}_{\mathrm{s4}}-\dot{U}_{\mathrm{s7}} \\ 0\end{bmatrix}$$

15-9 写出题 15-9 图所示电路网孔电流方程的矩阵形式。

解:题 15-9 图的有向图及网孔电流方向如题 15-9 解图所示。

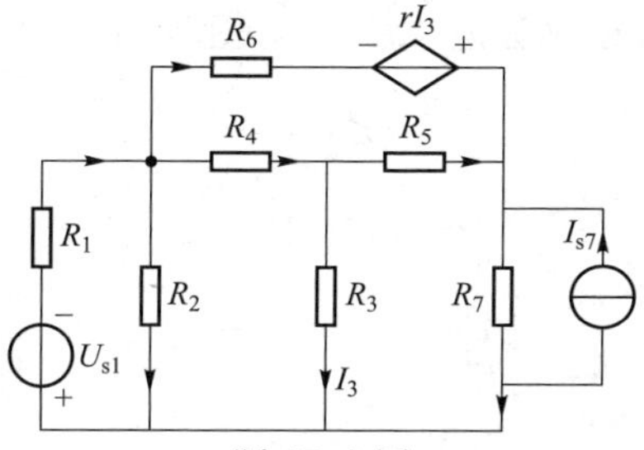

题 15-9 图

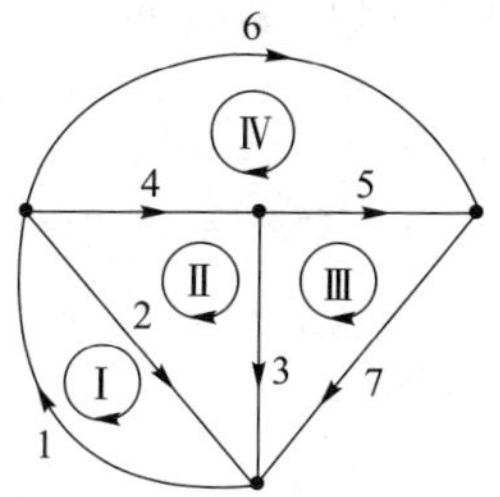

题 15-9 解图

$$\boldsymbol{B}=\begin{matrix} m_{\mathrm{I}} \\ m_{\mathrm{II}} \\ m_{\mathrm{III}} \\ m_{\mathrm{IV}} \end{matrix}\overset{\begin{matrix}1 & 2 & 3 & 4 & 5 & 6 & 7\end{matrix}}{\begin{bmatrix} -1 & 1 & 0 & 0 & 0 & 0 & 0 \\ 0 & -1 & 1 & 1 & 0 & 0 & 0 \\ 0 & 0 & -1 & 0 & 1 & 0 & 1 \\ 0 & 0 & 0 & -1 & -1 & 1 & 0 \end{bmatrix}}$$

$$\boldsymbol{R}=\begin{bmatrix} R_1 & 0 & 0 & 0 & 0 & 0 & 0 \\ 0 & R_2 & 0 & 0 & 0 & 0 & 0 \\ 0 & 0 & R_3 & 0 & 0 & 0 & 0 \\ 0 & 0 & 0 & R_4 & 0 & 0 & 0 \\ 0 & 0 & 0 & 0 & R_5 & 0 & 0 \\ 0 & 0 & 0 & 0 & 0 & R_6 & 0 \\ 0 & 0 & 0 & 0 & 0 & 0 & R_7 \end{bmatrix}$$

$\boldsymbol{U}_{\mathrm{s}}=\begin{bmatrix}-U_{\mathrm{s1}} & 0 & 0 & 0 & 0 & 0 & 0\end{bmatrix}^{\mathrm{T}},\ \boldsymbol{I}_{\mathrm{s}}=\begin{bmatrix}0 & 0 & 0 & 0 & 0 & 0 & I_{\mathrm{s7}}\end{bmatrix}^{\mathrm{T}}$

网孔电流方程的矩阵形式为 $\boldsymbol{R}_{\mathrm{l}}\boldsymbol{I}_{\mathrm{l}}=\boldsymbol{E}_{\mathrm{l}},\ \boldsymbol{R}_{\mathrm{l}}=\boldsymbol{B}\boldsymbol{R}\boldsymbol{B}^{\mathrm{T}},\ \boldsymbol{E}_{\mathrm{l}}=\boldsymbol{B}\boldsymbol{U}_{\mathrm{s}}-\boldsymbol{B}\boldsymbol{R}\boldsymbol{I}_{\mathrm{s}}$,即

$$\begin{bmatrix} R_1+R_2 & -R_2 & 0 & 0 \\ -R_2 & R_2+R_3+R_4 & -R_3 & -R_4 \\ 0 & -R_3 & R_3+R_5+R_7 & -R_5 \\ 0 & -r-R_4 & r-R_5 & R_4+R_5+R_6 \end{bmatrix}\begin{bmatrix}I_{\mathrm{m1}} \\ I_{\mathrm{m2}} \\ I_{\mathrm{m3}} \\ I_{\mathrm{m4}}\end{bmatrix}=\begin{bmatrix}-U_{\mathrm{s1}} \\ 0 \\ -R_7I_{\mathrm{s7}} \\ 0\end{bmatrix}$$

15-10 题 15-10 图所示电路中电源角频率为 ω,试以节点④为参考节点,列写出该电路节点电压方程的矩阵形式。

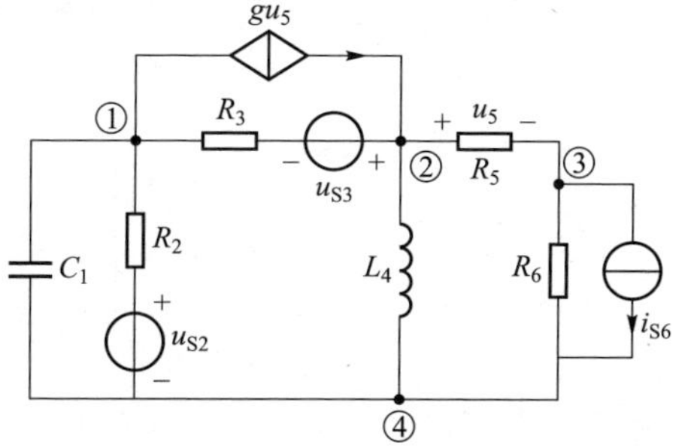

题 15-10 图

解：题 15-10 图的有向图及相量模型如题 15-10 解图(a)(b)所示。

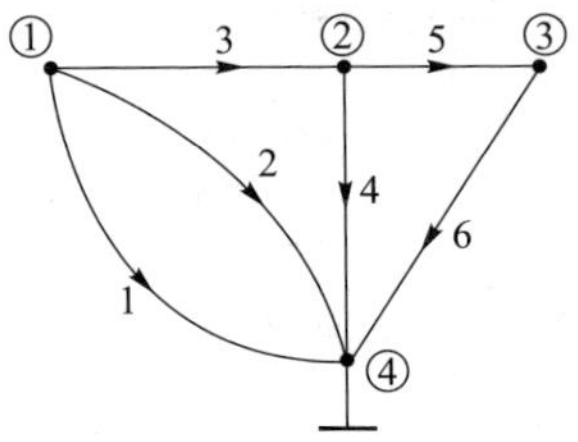

(a)

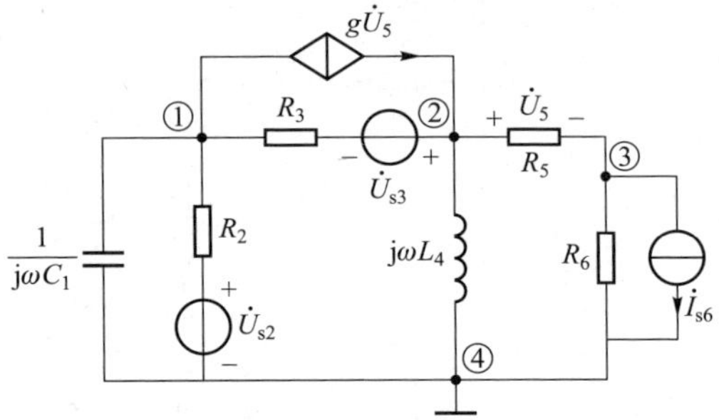

(b)

题 15-10 解图

$$\text{关联矩阵 } \boldsymbol{A}=\begin{array}{c} \\ ① \\ ② \\ ③ \end{array}\begin{array}{c}\begin{matrix}1 & 2 & 3 & 4 & 5 & 6\end{matrix}\\ \begin{bmatrix}1 & 1 & 1 & 0 & 0 & 0\\ 0 & 0 & -1 & 1 & 1 & 0\\ 0 & 0 & 0 & 0 & -1 & 1\end{bmatrix}\end{array}$$

，支路方程的矩阵形式为

$$\dot{\boldsymbol I}=\boldsymbol Y(\dot{\boldsymbol U}+\dot{\boldsymbol U}_s)-\dot{\boldsymbol I}_s$$

$$\begin{bmatrix}\dot I_1\\ \dot I_2\\ \dot I_3\\ \dot I_4\\ \dot I_5\\ \dot I_6\end{bmatrix}=\begin{bmatrix}j\omega C_1 & 0 & 0 & 0 & 0 & 0\\ 0 & \frac{1}{R_2} & 0 & 0 & 0 & 0\\ 0 & 0 & \frac{1}{R_3} & 0 & g & 0\\ 0 & 0 & 0 & -j\frac{1}{\omega L_4} & 0 & 0\\ 0 & 0 & 0 & 0 & \frac{1}{R_5} & 0\\ 0 & 0 & 0 & 0 & 0 & \frac{1}{R_6}\end{bmatrix}\left(\begin{bmatrix}\dot U_1\\ \dot U_2\\ \dot U_3\\ \dot U_4\\ \dot U_5\\ \dot U_6\end{bmatrix}+\begin{bmatrix}0\\ -\dot U_{s2}\\ \dot U_{s3}\\ 0\\ 0\\ 0\end{bmatrix}\right)-\begin{bmatrix}0\\ 0\\ 0\\ 0\\ 0\\ -\dot I_{s6}\end{bmatrix}$$

节点电压相量方程的矩阵形式 $\boldsymbol Y_n\dot{\boldsymbol U}_n=\dot{\boldsymbol J}_n$，$\boldsymbol Y_n=\boldsymbol{AYA}^{T}$，$\dot{\boldsymbol J}_n=\boldsymbol A\dot{\boldsymbol I}_s-\boldsymbol{AY}\dot{\boldsymbol U}_s$

$$\begin{bmatrix}j\omega C_1+\frac{1}{R_2}+\frac{1}{R_3} & g-\frac{1}{R_3} & -g\\ -\frac{1}{R_3} & \frac{1}{R_3}-j\frac{1}{\omega L_4}+\frac{1}{R_5}-g & g-\frac{1}{R_5}\\ 0 & -\frac{1}{R_5} & \frac{1}{R_5}+\frac{1}{R_6}\end{bmatrix}\begin{bmatrix}\dot U_{n1}\\ \dot U_{n2}\\ \dot U_{n3}\end{bmatrix}=\begin{bmatrix}\frac{\dot U_{s2}}{R_2}-\frac{\dot U_{s3}}{R_3}\\ \frac{\dot U_{s3}}{R_3}\\ -\dot I_{s6}\end{bmatrix}$$

***15-11** 试以节点⑥为参考节点，列出题 15-11 图所示电路矩阵形式的节点电压方程。

解：题 15-11 图的有向图如题 15-11 解图所示。以节点⑥为参考节点，其关联矩阵为

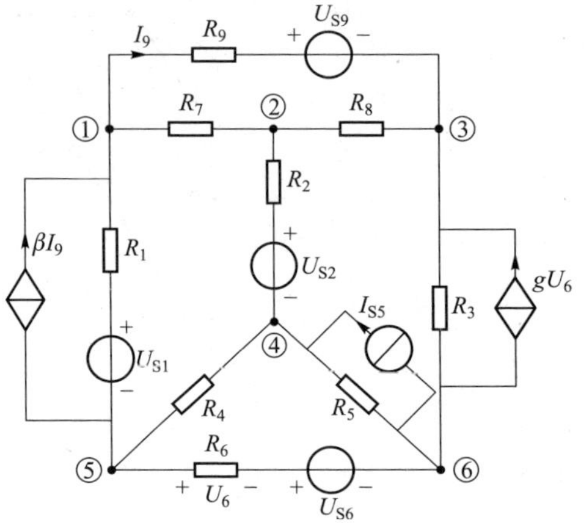

题 15-11 图

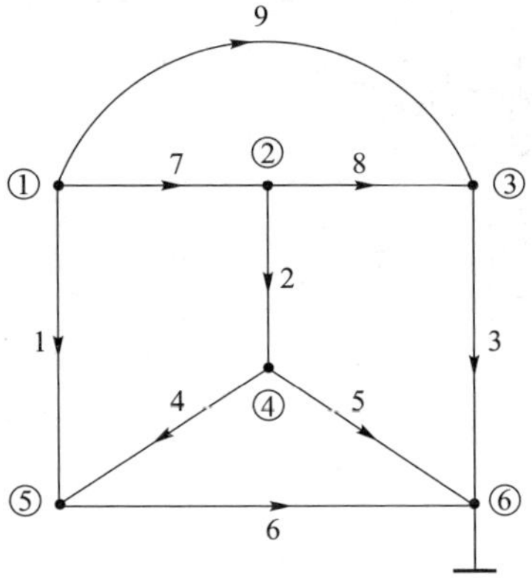

题 15-11 解图

$$\boldsymbol A=\begin{array}{c} \\ ① \\ ② \\ ③ \\ ④ \\ ⑤ \end{array}\begin{array}{c}\begin{matrix}1 & 2 & 3 & 4 & 5 & 6 & 7 & 8 & 9\end{matrix}\\ \begin{bmatrix}1 & 0 & 0 & 0 & 0 & 0 & 1 & 0 & 1\\ 0 & 1 & 0 & 0 & 0 & 0 & -1 & 1 & 0\\ 0 & 0 & 1 & 0 & 0 & 0 & 0 & -1 & -1\\ 0 & -1 & 0 & 1 & 1 & 0 & 0 & 0 & 0\\ -1 & 0 & 0 & -1 & 0 & 1 & 0 & 0 & 0\end{bmatrix}\end{array}$$

支路方程的矩阵形式为　$\boldsymbol I=\boldsymbol G(\boldsymbol U+\boldsymbol U_S)-\boldsymbol I_S$

$$\begin{bmatrix}I_1\\ I_2\\ I_3\\ I_4\\ I_5\\ I_6\\ I_7\\ I_8\\ I_9\end{bmatrix}=\begin{bmatrix}G_1 & 0 & 0 & 0 & 0 & 0 & 0 & 0 & -\beta G_9\\ 0 & G_2 & 0 & 0 & 0 & 0 & 0 & 0 & 0\\ 0 & 0 & G_3 & 0 & 0 & -g & 0 & 0 & 0\\ 0 & 0 & 0 & G_4 & 0 & 0 & 0 & 0 & 0\\ 0 & 0 & 0 & 0 & G_5 & 0 & 0 & 0 & 0\\ 0 & 0 & 0 & 0 & 0 & G_6 & 0 & 0 & 0\\ 0 & 0 & 0 & 0 & 0 & 0 & G_7 & 0 & 0\\ 0 & 0 & 0 & 0 & 0 & 0 & 0 & G_8 & 0\\ 0 & 0 & 0 & 0 & 0 & 0 & 0 & 0 & G_9\end{bmatrix}\left(\begin{bmatrix}U_1\\ U_2\\ U_3\\ U_4\\ U_5\\ U_6\\ U_7\\ U_8\\ U_9\end{bmatrix}+\begin{bmatrix}-U_{S1}\\ -U_{S2}\\ 0\\ 0\\ 0\\ -U_{S6}\\ 0\\ 0\\ -U_{S9}\end{bmatrix}\right)-\begin{bmatrix}0\\ 0\\ 0\\ 0\\ I_{S5}\\ 0\\ 0\\ 0\\ 0\end{bmatrix}$$

节点电压方程的矩阵形式为 $\boldsymbol G_n\boldsymbol U_n=\boldsymbol J_n$，$\boldsymbol G_n=\boldsymbol{AGA}^{T}$，$\boldsymbol J_n=\boldsymbol{AI}_S-\boldsymbol{AGU}_S$。

$$\begin{bmatrix}G_1+G_7+G_9-\beta G_9 & -G_7 & -G_9+\beta G_9 & 0 & -G_1\\ -G_7 & G_2+G_7+G_8 & -G_8 & -G_2 & 0\\ -G_9 & -G_8 & G_3+G_8+G_9 & 0 & -g\\ 0 & -G_2 & 0 & G_2+G_4+G_5 & -G_4\\ -G_1+\beta G_9 & 0 & -\beta G_9 & -G_4 & G_1+G_4+G_6\end{bmatrix}\begin{bmatrix}U_{n1}\\ U_{n2}\\ U_{n3}\\ U_{n4}\\ U_{n5}\end{bmatrix}$$

$$= \begin{bmatrix} G_1U_{S1}+G_9U_{S9}-\beta G_9U_{S9} \\ G_2U_{S9} \\ -gU_{S6}-G_9U_{S9} \\ I_{S5}-G_2U_{S2} \\ -G_1U_{S1}+G_6U_{S6}+\beta G_9U_{S9} \end{bmatrix}$$

或写为

$$\begin{bmatrix} \frac{1}{R_1}+\frac{1}{R_7}+\frac{1}{R_9}-\frac{\beta}{R_9} & -\frac{1}{R_7} & -\frac{1}{R_9}+\frac{\beta}{R_9} & 0 & -\frac{1}{R_1} \\ -\frac{1}{R_7} & \frac{1}{R_2}+\frac{1}{R_7}+\frac{1}{R_8} & -\frac{1}{R_8} & -\frac{1}{R_2} & 0 \\ -\frac{1}{R_9} & -\frac{1}{R_8} & \frac{1}{R_3}+\frac{1}{R_8}+\frac{1}{R_9} & 0 & -g \\ 0 & -\frac{1}{R_2} & 0 & \frac{1}{R_2}+\frac{1}{R_4}+\frac{1}{R_5} & -\frac{1}{R_4} \\ -\frac{1}{R_1}+\frac{\beta}{R_9} & 0 & -\frac{\beta}{R_9} & -\frac{1}{R_4} & \frac{1}{R_1}+\frac{1}{R_4}+\frac{1}{R_6} \end{bmatrix} \begin{bmatrix} U_{n1} \\ U_{n2} \\ U_{n3} \\ U_{n4} \\ U_{n5} \end{bmatrix}$$

$$= \begin{bmatrix} \frac{U_{S1}}{R_1}+\frac{U_{S9}}{R_9}-\frac{\beta U_{S9}}{R_9} \\ \frac{U_{S2}}{R_2} \\ -gU_{S6}-\frac{U_{S9}}{R_9} \\ I_{S5}-\frac{U_{S2}}{R_2} \\ -\frac{U_{S1}}{R_1}+\frac{U_{S6}}{R_6}+\frac{\beta U_{S9}}{R_9} \end{bmatrix}$$

15-12 电路如题 15-12 图(a)所示,题 15-12 图(b)为其有向图。选支路 1、2、6、7 为树,列出矩阵形式的割集电压方程。

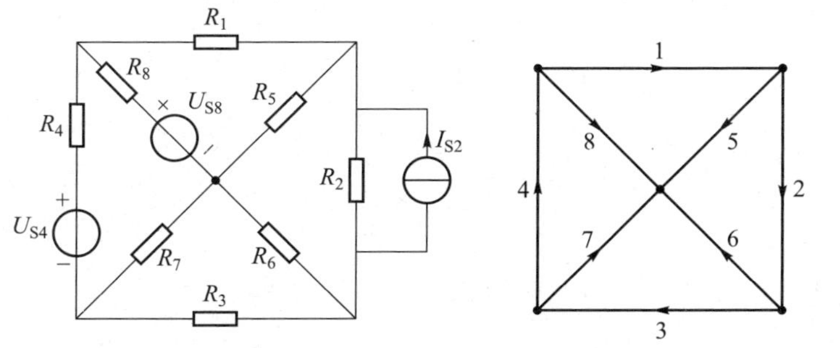

(a) (b)

题 15-12 图

解:在题 15-12 图(b)中,选支路 1、2、6、7 为树,其单树支割集如题 15-12 解图所示,其基本割集矩阵为

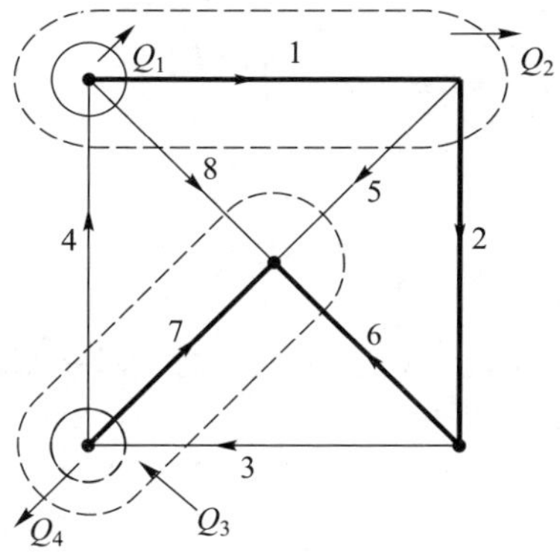

题 15-12 解图

$$\boldsymbol{Q}_f = \begin{array}{c} \\ Q_1 \\ Q_2 \\ Q_3 \\ Q_4 \end{array} \begin{array}{c} \begin{array}{cccccccc} 1 & 2 & 3 & 4 & 5 & 6 & 7 & 8 \end{array} \\ \begin{bmatrix} 1 & 0 & 0 & -1 & 0 & 0 & 0 & 1 \\ 0 & 1 & 0 & -1 & 1 & 0 & 0 & 1 \\ 0 & 0 & 1 & -1 & 1 & 1 & 0 & 1 \\ 0 & 0 & -1 & 1 & 0 & 0 & 1 & 0 \end{bmatrix} \end{array}$$

割集电压方程的矩阵形式为$\boldsymbol{G}_t\boldsymbol{U}_t=\boldsymbol{J}_t$,$\boldsymbol{Q}_f\boldsymbol{G}\,\boldsymbol{Q}_f^{T}\boldsymbol{U}_t=\boldsymbol{Q}_f\,\boldsymbol{I}_S-\boldsymbol{Q}_f\boldsymbol{G}\boldsymbol{U}_S$,

支路电导矩阵 $\boldsymbol{G}=\mathrm{diag}\left[\frac{1}{R_1},\ \frac{1}{R_2},\ \frac{1}{R_3},\ \frac{1}{R_4},\ \frac{1}{R_5},\ \frac{1}{R_6},\ \frac{1}{R_7},\ \frac{1}{R_8}\right]$。

$\boldsymbol{I}_S=[0\quad I_{S2}\quad 0\quad 0\quad 0\quad 0\quad 0\quad 0]^T$,$\boldsymbol{U}_S=[0\quad 0\quad 0\quad U_{S4}\quad 0\quad 0\quad 0\quad -U_{S8}]^T$

上述代入$\boldsymbol{G}_t\,\boldsymbol{U}_t=\boldsymbol{J}_t$,即

$$\begin{bmatrix} \frac{1}{R_1}+\frac{1}{R_4}+\frac{1}{R_8} & \frac{1}{R_4}+\frac{1}{R_8} & \frac{1}{R_4}+\frac{1}{R_8} & -\frac{1}{R_4} \\ \frac{1}{R_4}+\frac{1}{R_8} & \frac{1}{R_2}+\frac{1}{R_4}+\frac{1}{R_5}+\frac{1}{R_8} & \frac{1}{R_4}+\frac{1}{R_5}+\frac{1}{R_8} & -\frac{1}{R_4} \\ \frac{1}{R_4}+\frac{1}{R_8} & \frac{1}{R_4}+\frac{1}{R_5}+\frac{1}{R_8} & \frac{1}{R_3}+\frac{1}{R_4}+\frac{1}{R_5}+\frac{1}{R_6}+\frac{1}{R_8} & -\left(\frac{1}{R_3}+\frac{1}{R_4}\right) \\ -\frac{1}{R_4} & -\frac{1}{R_4} & -\left(\frac{1}{R_3}+\frac{1}{R_4}\right) & \frac{1}{R_3}+\frac{1}{R_4}+\frac{1}{R_7} \end{bmatrix} \begin{bmatrix} U_{t1} \\ U_{t2} \\ U_{t3} \\ U_{t4} \end{bmatrix}$$

$$
=\begin{bmatrix} \dfrac{U_{S4}}{R_4}+\dfrac{U_{S8}}{R_8} \\ I_{S2}+\dfrac{U_{S4}}{R_4}+\dfrac{U_{S8}}{R_8} \\ \dfrac{U_{S4}}{R_4}+\dfrac{U_{S8}}{R_8} \\ -\dfrac{U_{S4}}{R_4} \end{bmatrix}
$$

***15-13** 电路如题 15-13 图(a)所示,题 15 13 图(b)为其有向图。试写出节点列表法中支路方程的矩阵形式。

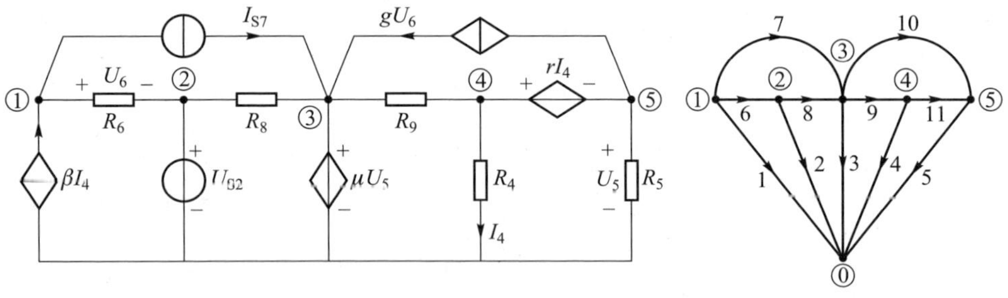

(a) (b)

题 15-13 图

解:节点列表法的支路方程的矩阵形式为 $\boldsymbol{FU}+\boldsymbol{HI}=\boldsymbol{U}_S+\boldsymbol{I}_S$

各支路方程为 $I_1+\beta I_4=0, U_2=U_{S2}, U_3-\mu U_5=0, U_4-R_4I_4=0, U_5-R_5I_5=0, U_6-R_6I_6=0, I_7=I_{S7}, U_8-R_8I_8=0, U_9-R_9I_9=0, I_{10}+gU_6=0, U_{11}-rI_4=0$。

$$
\boldsymbol{F}=\begin{array}{c} \\ 1\\2\\3\\4\\5\\6\\7\\8\\9\\10\\11 \end{array}
\begin{array}{c}
\begin{array}{ccccccccccc} 1&2&3&4&5&6&7&8&9&10&11 \end{array}\\
\begin{bmatrix}
0&0&0&0&0&0&0&0&0&0&0\\
0&1&0&0&0&0&0&0&0&0&0\\
0&0&1&0&-\mu&0&0&0&0&0&0\\
0&0&0&1&0&0&0&0&0&0&0\\
0&0&0&0&1&0&0&0&0&0&0\\
0&0&0&0&0&1&0&0&0&0&0\\
0&0&0&0&0&0&0&0&0&0&0\\
0&0&0&0&0&0&0&1&0&0&0\\
0&0&0&0&0&0&0&0&1&0&0\\
0&0&0&0&0&g&0&0&0&0&0\\
0&0&0&0&0&0&0&0&0&0&1
\end{bmatrix}
\end{array}
$$

$$
\boldsymbol{H}=\begin{array}{c} \\ 1\\2\\3\\4\\5\\6\\7\\8\\9\\10\\11 \end{array}
\begin{array}{c}
\begin{array}{ccccccccccc} 1&2&3&4&5&6&7&8&9&10&11 \end{array}\\
\begin{bmatrix}
1&0&0&\beta&0&0&0&0&0&0&0\\
0&0&0&0&0&0&0&0&0&0&0\\
0&0&0&0&0&0&0&0&0&0&0\\
0&0&0&-R_4&0&0&0&0&0&0&0\\
0&0&0&0&-R_5&0&0&0&0&0&0\\
0&0&0&0&0&-R_6&0&0&0&0&0\\
0&0&0&0&0&0&1&0&0&0&0\\
0&0&0&0&0&0&0&-R_8&0&0&0\\
0&0&0&0&0&0&0&0&-R_9&0&0\\
0&0&0&0&0&g&0&0&0&1&0\\
0&0&0&-r&0&0&0&0&0&0&0
\end{bmatrix}
\end{array}
$$

$\boldsymbol{U}_S=[0\ \ U_{S2}\ \ 0\ \ 0\ \ 0\ \ 0\ \ 0\ \ 0\ \ 0\ \ 0\ \ 0]^T$, $\boldsymbol{I}_S=[0\ \ 0\ \ 0\ \ 0\ \ 0\ \ 0\ \ I_{S7}\ \ 0\ \ 0\ \ 0\ \ 0]^T$。

15-14 电路如题 15-14 图(a)所示,题 15-14 图(b)为其有向图。列出节点列表方程的矩阵形式。

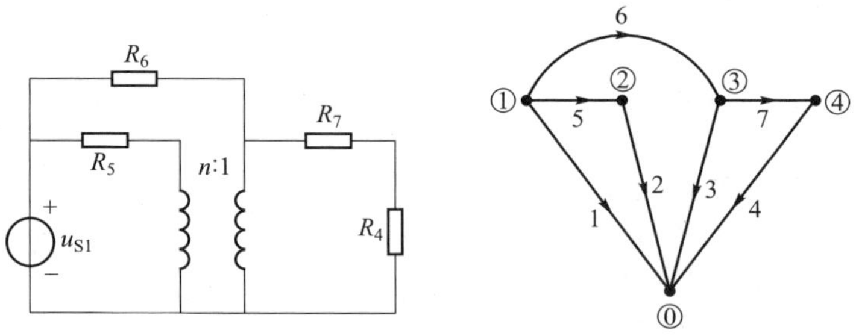

(a) (b)

题 15-14 图

解:节点列表方程的矩阵形式(电压、电流用相量表示)为

$$
\begin{bmatrix} \boldsymbol{0} & \boldsymbol{0} & \boldsymbol{A} \\ -\boldsymbol{A}^T & \boldsymbol{1}_b & \boldsymbol{0} \\ \boldsymbol{0} & \boldsymbol{F} & \boldsymbol{H} \end{bmatrix}\begin{bmatrix} \dot{\boldsymbol{U}}_n \\ \dot{\boldsymbol{U}} \\ \dot{\boldsymbol{I}} \end{bmatrix}=\begin{bmatrix} \boldsymbol{0} \\ \boldsymbol{0} \\ \dot{\boldsymbol{U}}_s+\dot{\boldsymbol{I}}_s \end{bmatrix}
$$

题 15-14 图(a)电路中支路方程的矩阵形式为

$$
\boldsymbol{F}\dot{\boldsymbol{U}}+\boldsymbol{H}\dot{\boldsymbol{I}}=\dot{\boldsymbol{U}}_s+\dot{\boldsymbol{I}}_s
$$

如题 15-14 图(b)中的有向图,其降阶关联矩阵为 $\boldsymbol{A}$

$$A = \begin{matrix} & 1 & 2 & 3 & 4 & 5 & 6 & 7 \\ ① & 1 & 0 & 0 & 0 & 1 & 1 & 0 \\ ② & 0 & 1 & 0 & 0 & -1 & 0 & 0 \\ ③ & 0 & 0 & 1 & 0 & 0 & -1 & 1 \\ ④ & 0 & 0 & 0 & 1 & 0 & 0 & -1 \end{matrix}$$

根据有向图中的支路方向,可写出题 15-14 图(a)电路中各支路方程

$\dot{U}_1 = \dot{U}_{s1}, \dot{U}_2 - n\dot{U}_2 = 0, n\dot{I}_2 + \dot{I}_3 = 0, \dot{U}_4 - R_4\dot{I}_4 = 0, \dot{U}_5 - R_5\dot{I}_5 = 0, \dot{U}_6 - R_6\dot{I}_6 = 0, \dot{U}_7 - R_7\dot{I}_7 = 0$

$$则\ F = \begin{matrix} 1 \\ 2 \\ 3 \\ 4 \\ 5 \\ 6 \\ 7 \end{matrix} \begin{bmatrix} 1 & 0 & 0 & 0 & 0 & 0 & 0 \\ 0 & 1 & -n & 0 & 0 & 0 & 0 \\ 0 & 0 & 0 & 0 & 0 & 0 & 0 \\ 0 & 0 & 0 & 1 & 0 & 0 & 0 \\ 0 & 0 & 0 & 0 & 1 & 0 & 0 \\ 0 & 0 & 0 & 0 & 0 & 1 & 0 \\ 0 & 0 & 0 & 0 & 0 & 0 & 1 \end{bmatrix}, H = \begin{matrix} 1 \\ 2 \\ 3 \\ 4 \\ 5 \\ 6 \\ 7 \end{matrix} \begin{bmatrix} 0 & 0 & 0 & 0 & 0 & 0 & 0 \\ 0 & 0 & 0 & 0 & 0 & 0 & 0 \\ 0 & n & 1 & 0 & 0 & 0 & 0 \\ 0 & 0 & 0 & -R_4 & 0 & 0 & 0 \\ 0 & 0 & 0 & 0 & -R_5 & 0 & 0 \\ 0 & 0 & 0 & 0 & 0 & -R_6 & 0 \\ 0 & 0 & 0 & 0 & 0 & 0 & -R_7 \end{bmatrix}, \dot{U}_{s1} = \begin{matrix} 1 \\ 2 \\ 3 \\ 4 \\ 5 \\ 6 \\ 7 \end{matrix} \begin{bmatrix} \dot{U}_{S1} \\ 0 \\ 0 \\ 0 \\ 0 \\ 0 \\ 0 \end{bmatrix}$$

因 $\dot{I}_s = 0$,将矩阵 A, $-A^T$, $\mathbf{1}_b$, F, H, $\dot{U}_s$ 代入节点列表方程的矩阵形式中,得

$$\begin{bmatrix} 0 & 0 & A \\ -A^T & 1_b & 0 \\ 0 & F & H \end{bmatrix} \begin{bmatrix} \dot{U}_n \\ \dot{U} \\ \dot{I} \end{bmatrix} = \begin{bmatrix} 0 \\ 0 \\ \dot{U}_s \end{bmatrix}。$$

15-15 列出题 15-15 图所示电路的状态方程。若选节点①和②的节点电压为输出量,写出输出方程。

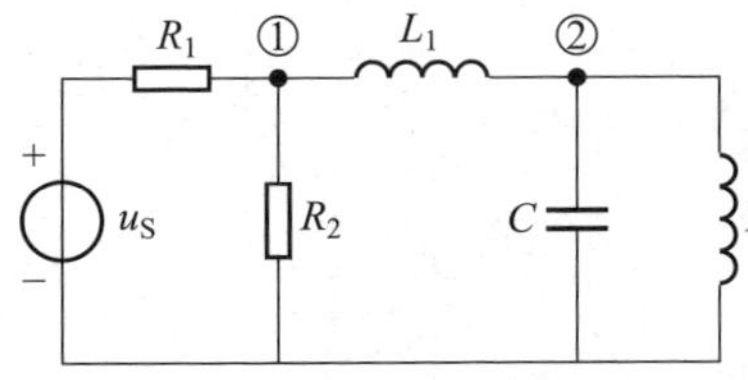

题 15-15 图　　　　　题 15-15 解图

解:画题 15-15 图的有向图,如题 15-15 解图所示,标支路号。选特有树(电压源、电容所在支路 5、6 应选为树支,电感所在支路 1、2 应选为连支),所以特有树由支路 3、5、6 构成,找出含电容的单树支割集(节点②)和含一个电感的单连支回路 Ⅰ、Ⅱ。

题 15-15 解图中,选状态变量 u_C、i_{L_1}、i_{L_2} 分别对应有向图中的 u_6、i_1、i_2。

对单树支割集(节点②),列 KCL 方程,$C\dfrac{du_6}{dt} = i_1 - i_2$ 〈1〉

对单连支回路 Ⅰ、Ⅱ,列 KVL 方程,$L_1\dfrac{di_1}{dt} = u_3 - u_6$ 〈2〉

$$L_2\frac{di_2}{dt} = u_6 \qquad 〈3〉$$

消去〈2〉式中的非状态变量 u_3。

由 $u_3 = R_2 i_3 = R_2(i_4 - i_1) = R_2\left(\dfrac{u_s - u_3}{R_1} - i_1\right) = \dfrac{R_2}{R_1}u_s - \dfrac{R_2}{R_1}u_3 - R_2 i_1$,得

$$u_3 = \frac{1}{1 + \dfrac{R_2}{R_1}}\left(\frac{R_2}{R_1}u_s - R_2 i_1\right) = \frac{-R_1 R_2}{R_1 + R_2}i_1 + \frac{R_2}{R_1 + R_2}u_s$$

代入〈2〉式,并整理〈1〉、〈2〉、〈3〉式,得

$$\begin{cases} \dfrac{du_6}{dt} = \dfrac{1}{C}i_1 - \dfrac{1}{C}i_2 \\[2mm] \dfrac{di_1}{dt} = -\dfrac{1}{L_1}u_6 - \dfrac{R_1 R_2}{L_1(R_1 + R_2)}i_1 + \dfrac{R_2}{L_1(R_1 + R_2)}u_s \\[2mm] \dfrac{di_2}{dt} = \dfrac{1}{L_2}u_6 \end{cases}$$

令 $x_1 = u_6, x_2 = i_1, x_3 = i_2$,则状态方程矩阵的标准形式为 $\dot{x} = \tilde{A}x + \tilde{B}v$,即

$$\begin{bmatrix} \dot{x}_1 \\ \dot{x}_2 \\ \dot{x}_3 \end{bmatrix} = \begin{bmatrix} 0 & \dfrac{1}{C} & -\dfrac{1}{C} \\[2mm] -\dfrac{1}{L_1} & -\dfrac{R_1 R_2}{L_1(R_1 + R_2)} & 0 \\[2mm] \dfrac{1}{L_2} & 0 & 0 \end{bmatrix}\begin{bmatrix} x_1 \\ x_2 \\ x_3 \end{bmatrix} + \begin{bmatrix} 0 \\ \dfrac{R_2}{L_1(R_1 + R_2)} \\ 0 \end{bmatrix}[u_S]$$

以节点电压为输出量,$u_{n1} = u_3 = -\dfrac{R_1 R_2}{R_1 + R_2}i_1 + \dfrac{R_2}{R_1 + R_2}u_S$,$u_{n2} = u_6$

输出方程的矩阵形式为 $y = \tilde{C}x + \tilde{D}v$,即

$$\begin{bmatrix} u_{n1} \\ u_{n2} \end{bmatrix} = \begin{bmatrix} 0 & -\dfrac{R_1 R_2}{R_1 + R_2} & 0 \\[2mm] 1 & 0 & 0 \end{bmatrix}\begin{bmatrix} x_1 \\ x_2 \\ x_3 \end{bmatrix} + \begin{bmatrix} \dfrac{R_2}{R_1 + R_2} \\ 0 \end{bmatrix}[u_S]$$

15-16 列出题 15-16 图所示电路的状态方程。设 $C_1 = C_2 = 1F, L_1 = 1H, L_2 = 2H, R_1 = R_2 = 1\ \Omega, R_3 = 2\ \Omega, u_S = 2\sin t\ V, i_S = 2e^{-t}\ A$。

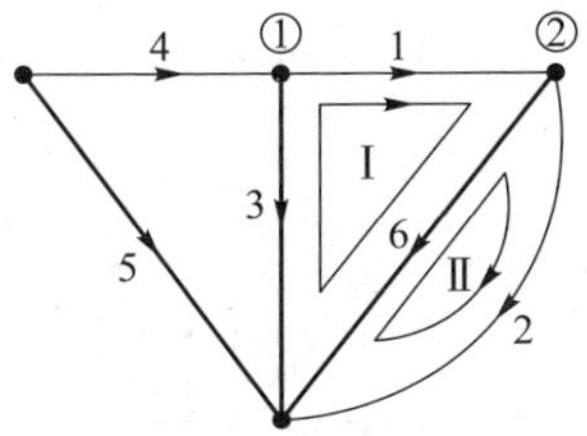

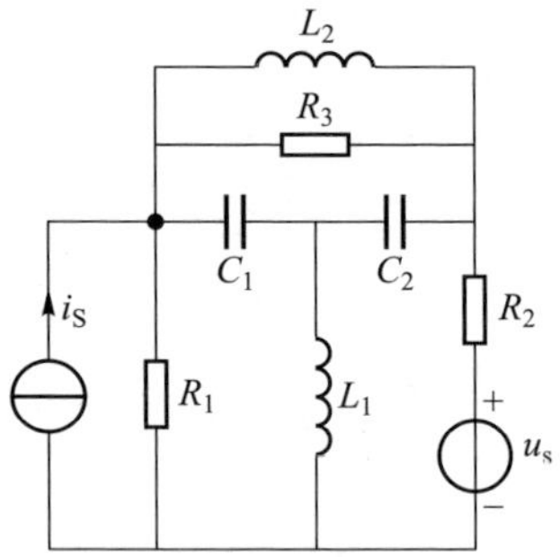

题 15-16 图

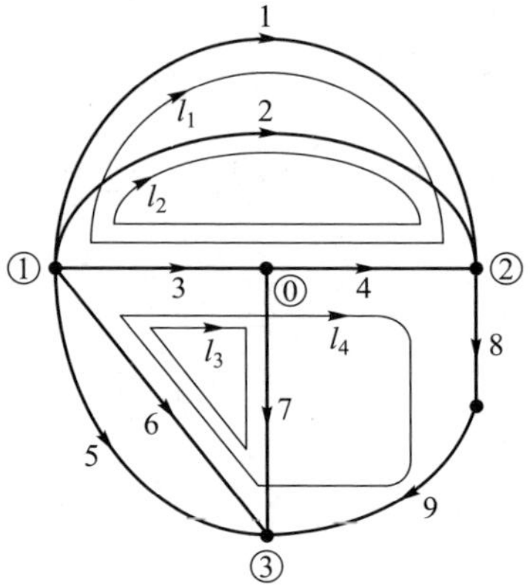

题 15-16 解图

解：如题 15-16 图所示，选状态变量 u_{C1}、u_{C2}、i_{L1}、i_{L2}。画出有向图，标注支路号，节点号和回路号及绕行方向如题 15-16 解图所示。本题取两个电容的公共节点为参考节点⓪（因列写该节点的 KCL 方程时，会在此方程中同时出现 $i_{C1}=C_1\dfrac{\mathrm{d}u_{C1}}{\mathrm{d}t}$ 和 $i_{C2}=C_2\dfrac{\mathrm{d}u_{C2}}{\mathrm{d}t}$ 两个状态变量的导数项）。按照每个独立节点上只能有一个电容（此节点的 KCL 方程中只出现一个状态变量的导数项 $i_C=C\dfrac{\mathrm{d}u_C}{\mathrm{d}t}$），每个独立回路上只能有一个电感（此回路的 KVL 方程中只出现一个状态变量的导数项 $u_L=L\dfrac{\mathrm{d}i_L}{\mathrm{d}t}$）。

对独立节点①、②列 KCL 方程，选回路 l_3、l_1 列 KVL 方程。

节点① $i_1+i_2+i_3+i_5+i_6=0 \Rightarrow i_{L2}+i_2+C_1\dfrac{\mathrm{d}u_{C1}}{\mathrm{d}t}-i_S+i_6=0 \Rightarrow \dfrac{\mathrm{d}u_{C1}}{\mathrm{d}t}=-i_{L2}-i_2+i_S-i_6$ 〈1〉

节点② $i_1+i_2+i_4-i_8=0 \Rightarrow i_{L2}+i_2+C_2\dfrac{\mathrm{d}u_{C2}}{\mathrm{d}t}-i_8=0 \Rightarrow \dfrac{\mathrm{d}u_{C2}}{\mathrm{d}t}=-i_{L2}-i_2+i_8$ 〈2〉

回路 l_3 $u_3-u_6+u_7=0 \Rightarrow u_{C1}-R_1i_6+L_1\dfrac{\mathrm{d}i_{L1}}{\mathrm{d}t}=0 \Rightarrow \dfrac{\mathrm{d}i_{L1}}{\mathrm{d}t}=-u_{C1}+i_6$ 〈3〉

回路 l_1 $u_1-u_3-u_4=0 \Rightarrow L_2\dfrac{\mathrm{d}i_{L2}}{\mathrm{d}t}-u_{C1}-u_{C2}=0 \Rightarrow \dfrac{\mathrm{d}i_{L2}}{\mathrm{d}t}=\dfrac{1}{2}u_{C1}+\dfrac{1}{2}u_{C2}$ 〈4〉

以上各式中，消去非状态变量 i_2、i_6、i_8，需补充方程，对节点③和回路 l_2、l_4 列三个方程，

节点③ $i_5+i_6+i_7+i_9=0 \Rightarrow -i_S+i_6+i_{L1}+i_8=0 \Rightarrow i_6=-i_{L1}-i_8+i_S$ 〈5〉

回路 l_2 $u_2-u_3-u_4=0 \Rightarrow R_3i_2=u_{C1}+u_{C2} \Rightarrow i_2=\dfrac{1}{2}u_{C1}+\dfrac{1}{2}u_{C2}$ 〈6〉

回路 l_4 $u_3+u_4-u_6+u_8+u_9=0 \Rightarrow u_{C1}+u_{C2}-R_1i_6+R_2i_8+u_s=0 \Rightarrow$
$u_{C1}+u_{C2}-i_6+i_8+u_s=0$ 〈7〉

将〈5〉式代入〈7〉式，得

$u_{C1}+u_{C2}+i_{L1}+i_8-i_S+i_8+u_s=0 \Rightarrow i_8=\dfrac{-u_{C1}-u_{C2}-i_{L1}+i_S-u_s}{2}$，代入〈5〉式，

$i_6=-i_{L1}-\dfrac{-u_{C1}-u_{C2}-i_{L1}+i_S-u_s}{2}+i_S \Rightarrow i_6=-\dfrac{1}{2}i_{L1}+\dfrac{1}{2}u_{C1}+\dfrac{1}{2}u_{C2}+\dfrac{1}{2}u_s+\dfrac{1}{2}i_S$

将 i_2、i_6、i_8 代入〈1〉~〈3〉式。

$$\frac{\mathrm{d}u_{C1}}{\mathrm{d}t}=-i_{L2}-\frac{1}{2}u_{C1}-\frac{1}{2}u_{C2}+i_S+\frac{1}{2}i_{L1}-\frac{1}{2}u_{C1}-\frac{1}{2}u_{C2}-\frac{1}{2}u_s-\frac{1}{2}i_S$$

$$\frac{\mathrm{d}u_{C2}}{\mathrm{d}t}=-i_{L2}-\frac{1}{2}u_{C1}-\frac{1}{2}u_{C2}+\frac{-u_{C1}-u_{C2}-i_{L1}+i_S-u_s}{2}$$

$$\frac{\mathrm{d}i_{L1}}{\mathrm{d}t}=-u_{C1}-\frac{1}{2}i_{L1}+\frac{1}{2}u_{C1}+\frac{1}{2}u_{C2}+\frac{1}{2}u_s+\frac{1}{2}i_S$$

$$\frac{\mathrm{d}i_{L2}}{\mathrm{d}t}=\frac{1}{2}u_{C1}+\frac{1}{2}u_{C2}$$

整理得

$$\frac{\mathrm{d}u_{C1}}{\mathrm{d}t}=-u_{C1}-u_{C2}+\frac{1}{2}i_{L1}-i_{L2}-\frac{1}{2}u_s+\frac{1}{2}i_S$$

$$\frac{\mathrm{d}u_{C2}}{\mathrm{d}t}=-u_{C1}-u_{C2}-\frac{i_{L1}}{2}-i_{L2}-\frac{1}{2}u_s+\frac{1}{2}i_S$$

$$\frac{\mathrm{d}i_{L1}}{\mathrm{d}t}=-\frac{1}{2}u_{C1}+\frac{1}{2}u_{C2}-\frac{1}{2}i_{L1}+\frac{1}{2}u_s+\frac{1}{2}i_S$$

$$\frac{\mathrm{d}i_{L2}}{\mathrm{d}t}=\frac{1}{2}u_{C1}+\frac{1}{2}u_{C2}$$

状态方程的矩阵形式：

$$\begin{bmatrix}\dfrac{\mathrm{d}u_{C1}}{\mathrm{d}t}\\ \dfrac{\mathrm{d}u_{C2}}{\mathrm{d}t}\\ \dfrac{\mathrm{d}i_{L1}}{\mathrm{d}t}\\ \dfrac{\mathrm{d}i_{L2}}{\mathrm{d}t}\end{bmatrix}=\begin{bmatrix}-1 & -1 & \dfrac{1}{2} & -1\\ -1 & -1 & -\dfrac{1}{2} & -1\\ -\dfrac{1}{2} & \dfrac{1}{2} & -\dfrac{1}{2} & 0\\ \dfrac{1}{2} & \dfrac{1}{2} & 0 & 0\end{bmatrix}\begin{bmatrix}u_{C1}\\ u_{C2}\\ i_{L1}\\ i_{L2}\end{bmatrix}+\begin{bmatrix}-\dfrac{1}{2} & \dfrac{1}{2}\\ -\dfrac{1}{2} & \dfrac{1}{2}\\ \dfrac{1}{2} & \dfrac{1}{2}\\ 0 & 0\end{bmatrix}\begin{bmatrix}2\sin t\ \mathrm{A}\\ 2\mathrm{e}^{-t}\ \mathrm{V}\end{bmatrix}$$

第十六章　二端口网络

内容提要

表 16-1　描述二端口电路的术语和概念

名词术语	基本定义
二端口	二端口网络(二端口电路),简称二端口。二端口有三端网络和四端网络两种形式。某些电路虽有四个引出端钮,但不满足端口条件,只构成四端网络,但不是二端口。二端口用图形“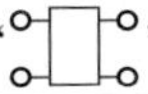”表示。本章二端口由线性电阻、电感(含耦合电感)、电容和受控源组成,规定二端口内不含独立源且为零状态
二端口的方程	二端口的输入端口与输出端口上的电压、电流 u_1、i_1、u_2、i_2 之间关系的方程
二端口的参数	二端口方程中的系数称为二端口的参数,描述了端口的特性,它只与二端口内部的元件结构、元件值、工作频率有关,与外电路无关
二端口的转移函数	二端口的输出量与输入量的象函数之比称二端口的转移网络函数(简称转移函数,又称传递函数),它与网络函数 $H(s)$ 中的转移函数相同

表 16-2　二端口网络的参数方程的相量形式

二端口相量模型	参数名称		参数方程的一般形式	参数方程矩阵	参数矩阵	参数	互易网络条件	电气对称网络条件
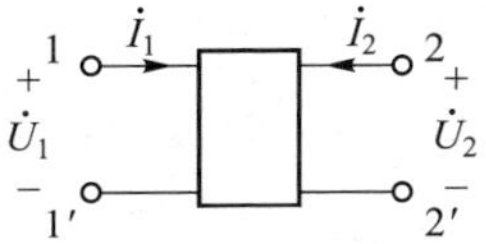 本章二端口的参数方程的一般形式中电流、电压的参考方向一律按上图标注为准	开路阻抗参数	Z 参数	$\dot U_1=Z_{11}\dot I_1+Z_{12}\dot I_2$ $\dot U_2=Z_{21}\dot I_1+Z_{22}\dot I_2$	$\begin{bmatrix}\dot U_1\\ \dot U_2\end{bmatrix}=\boldsymbol{Z}\begin{bmatrix}\dot I_1\\ \dot I_2\end{bmatrix}$	$\boldsymbol{Z}=\begin{bmatrix}Z_{11}&Z_{12}\\ Z_{21}&Z_{22}\end{bmatrix}$	Z_{11},　Z_{12} Z_{21},　Z_{22}	$Z_{21}=Z_{12}$	$Z_{12}=Z_{21}$ $Z_{11}=Z_{22}$
	短路导纳参数	Y 参数	$\dot I_1=Y_{11}\dot U_1+Y_{12}\dot U_2$ $\dot I_2=Y_{21}\dot U_1+Y_{22}\dot U_2$	$\begin{bmatrix}\dot I_1\\ \dot I_2\end{bmatrix}=\boldsymbol{Y}\begin{bmatrix}\dot U_1\\ \dot U_2\end{bmatrix}$	$\boldsymbol{Y}=\begin{bmatrix}Y_{11}&Y_{12}\\ Y_{21}&Y_{22}\end{bmatrix}$	Y_{11},　Y_{12} Y_{21},　Y_{22}	$Y_{21}=Y_{12}$	$Y_{12}=Y_{21}$ $Y_{11}=Y_{22}$
	传输参数 或 一般参数	T 参数 或 A 参数	$\dot U_1=A\dot U_2-B\dot I_2$ $\dot I_1=C\dot U_2-D\dot I_2$	$\begin{bmatrix}\dot U_1\\ \dot I_1\end{bmatrix}=\boldsymbol{T}\begin{bmatrix}\dot U_2\\ -\dot I_2\end{bmatrix}$	$\boldsymbol{T}=\begin{bmatrix}A&B\\ C&D\end{bmatrix}$	A,　B C,　D	$AD-BC=1$	$AD-BC=1$ $A=D$
			$\dot U_1=A_{11}\dot U_2-A_{12}\dot I_2$ $\dot I_1=A_{21}\dot U_2-A_{22}\dot I_2$	$\begin{bmatrix}\dot U_1\\ \dot I_1\end{bmatrix}=\boldsymbol{A}\begin{bmatrix}\dot U_2\\ -\dot I_2\end{bmatrix}$	$\boldsymbol{A}=\begin{bmatrix}A_{11}&A_{12}\\ A_{21}&A_{22}\end{bmatrix}$	A_{11},　A_{12} A_{21},　A_{22}	$A_{11}A_{22}-A_{12}A_{21}=1$	$A_{11}A_{22}-A_{12}A_{21}=1$ $A_{11}=A_{22}$
	混合参数	H 参数	$\dot U_1=H_{11}\dot I_1+H_{12}\dot U_2$ $\dot I_2=H_{21}\dot I_1+H_{22}\dot U_2$	$\begin{bmatrix}\dot U_1\\ \dot I_2\end{bmatrix}=\boldsymbol{H}\begin{bmatrix}\dot I_1\\ \dot U_2\end{bmatrix}$	$\boldsymbol{H}=\begin{bmatrix}H_{11}&H_{12}\\ H_{21}&H_{22}\end{bmatrix}$	H_{11},　H_{12} H_{21},　H_{22}	$H_{21}=-H_{12}$	$H_{21}=-H_{12}$ $H_{11}H_{22}-H_{21}H_{12}=1$
	(逆)传输参数 或 (逆)一般参数	T'参数 或 B 参数	$\dot U_2=A'\dot U_1-B'\dot I_1$ $\dot I_2=C'\dot U_1-D'\dot I_1$	$\begin{bmatrix}\dot U_2\\ \dot I_2\end{bmatrix}=\boldsymbol{T}'\begin{bmatrix}\dot U_1\\ -\dot I_1\end{bmatrix}$	$\boldsymbol{T}'=\begin{bmatrix}A'&B'\\ C'&D'\end{bmatrix}$	A',　B' C',　D'	$A'D'-B'C'=1$	$A'D'-B'C'=1$ $A'=D'$
			$\dot U_2=B_{11}\dot U_1-B_{12}\dot I_1$ $\dot I_2=B_{21}\dot U_1-B_{22}\dot I_1$	$\begin{bmatrix}\dot U_2\\ \dot I_2\end{bmatrix}=\boldsymbol{B}\begin{bmatrix}\dot U_1\\ -\dot I_1\end{bmatrix}$	$\boldsymbol{B}=\begin{bmatrix}B_{11}&B_{12}\\ B_{21}&B_{22}\end{bmatrix}$	B_{11},　B_{12} B_{21},　B_{22}	$B_{11}B_{22}-B_{12}B_{21}=1$	$B_{11}B_{22}-B_{12}B_{21}=1$ $B_{11}=B_{22}$
	(逆)混合参数	G 参数	$\dot I_1=G_{11}\dot U_1+G_{12}\dot I_2$ $\dot U_2=G_{21}\dot U_1+G_{22}\dot I_2$	$\begin{bmatrix}\dot I_1\\ \dot U_2\end{bmatrix}=\boldsymbol{G}\begin{bmatrix}\dot U_1\\ \dot I_2\end{bmatrix}$	$\boldsymbol{G}=\begin{bmatrix}G_{11}&G_{12}\\ G_{21}&G_{22}\end{bmatrix}$	G_{11},　G_{12} G_{21},　G_{22}	$G_{21}=-G_{12}$	$G_{21}=-G_{12}$ $G_{11}G_{22}-G_{21}G_{12}=1$
说明:① 对一个具体的二端口网络,不是每一种参数都存在;② 同一个二端口网络可用不同参数描述,各种参数之间可以互相转换;③ 二端口在电气上对称,但并不一定结构对称,二端口结构对称,则一定为对称二端口,此时仅有两个参数独立								

表 16-3　二端口网络的参数方程的运算形式

二端口运算模型	参数名称		参数方程的一般形式	参数方程矩阵	参数矩阵	参数
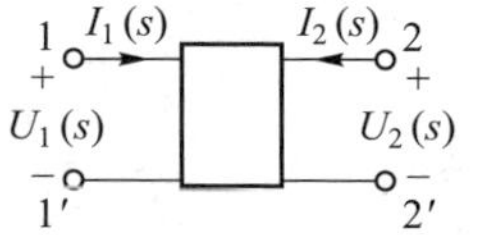 电流、电压的参考方向一律按上图标注为准	开路阻抗参数	Z 参数	$U_1(s)=Z_{11}(s)I_1(s)+Z_{12}(s)I_2(s)$ $U_2(s)=Z_{21}(s)I_1(s)+Z_{22}(s)I_2(s)$	$\begin{bmatrix}U_1(s)\\U_2(s)\end{bmatrix}=\boldsymbol{Z}(s)\begin{bmatrix}I_1(s)\\I_2(s)\end{bmatrix}$	$\boldsymbol{Z}(s)=\begin{bmatrix}Z_{11}(s) & Z_{12}(s)\\Z_{21}(s) & Z_{22}(s)\end{bmatrix}$	$Z_{11}(s)$，$Z_{12}(s)$ $Z_{21}(s)$，$Z_{22}(s)$
	短路导纳参数	Y 参数	$I_1(s)=Y_{11}(s)U_1(s)+Y_{12}(s)U_2(s)$ $I_2(s)=Y_{21}(s)U_1(s)+Y_{22}(s)U_2(s)$	$\begin{bmatrix}I_1(s)\\I_2(s)\end{bmatrix}=\boldsymbol{Y}(s)\begin{bmatrix}U_1(s)\\U_2(s)\end{bmatrix}$	$\boldsymbol{Y}(s)=\begin{bmatrix}Y_{11}(s) & Y_{12}(s)\\Y_{21}(s) & Y_{22}(s)\end{bmatrix}$	$Y_{11}(s)$，$Y_{12}(s)$ $Y_{21}(s)$，$Y_{22}(s)$
	传输参数或 一般参数	T 参数或 A 参数	$U_1(s)=A(s)U_2(s)-B(s)I_2(s)$ $I_1(s)=C(s)U_2(s)-D(s)I_2(s)$	$\begin{bmatrix}U_1(s)\\I_1(s)\end{bmatrix}=\boldsymbol{T}(s)\begin{bmatrix}U_2(s)\\-I_2(s)\end{bmatrix}$	$\boldsymbol{T}(s)=\begin{bmatrix}A(s) & B(s)\\C(s) & D(s)\end{bmatrix}$	$A(s)$，$B(s)$ $C(s)$，$D(s)$
	混合参数	H 参数	$U_1(s)=H_{11}(s)I_1(s)+H_{12}(s)U_2(s)$ $I_2(s)=H_{21}(s)I_1(s)+H_{22}(s)U_2(s)$	$\begin{bmatrix}U_1(s)\\I_2(s)\end{bmatrix}=\boldsymbol{H}(s)\begin{bmatrix}I_1(s)\\U_2(s)\end{bmatrix}$	$\boldsymbol{H}(s)=\begin{bmatrix}H_{11}(s) & H_{12}(s)\\H_{21}(s) & H_{22}(s)\end{bmatrix}$	$H_{11}(s)$，$H_{12}(s)$ $H_{21}(s)$，$H_{22}(s)$
	（逆）传输参数或 （逆）一般参数	T' 参数或 B 参数	$U_2(s)=A'(s)U_1(s)-B'(s)I_1(s)$ $I_2(s)=C'(s)U_1(s)-D'(s)I_1(s)$	$\begin{bmatrix}U_2(s)\\I_2(s)\end{bmatrix}=\boldsymbol{T}'(s)\begin{bmatrix}U_1(s)\\-I_1(s)\end{bmatrix}$	$\boldsymbol{T}'(s)=\begin{bmatrix}A'(s) & B'(s)\\C'(s) & D'(s)\end{bmatrix}$	$A'(s)$，$B'(s)$ $C'(s)$，$D'(s)$
	（逆）混合参数	G 参数	$I_1(s)=G_{11}(s)U_1(s)+G_{12}(s)I_2(s)$ $U_2(s)=G_{21}(s)U_1(s)+G_{22}(s)I_2(s)$	$\begin{bmatrix}I_1(s)\\U_2(s)\end{bmatrix}=\boldsymbol{G}(s)\begin{bmatrix}U_1(s)\\I_2(s)\end{bmatrix}$	$\boldsymbol{G}(s)=\begin{bmatrix}G_{11}(s) & G_{12}(s)\\G_{21}(s) & G_{22}(s)\end{bmatrix}$	$G_{11}(s)$，$G_{12}(s)$ $G_{21}(s)$，$G_{22}(s)$

表 16-4　二端口元件伏安关系的时域形式和频域形式（相量形式、运算形式）

元件名称	元件模型	元件参数值，单位名称/符号	元件上 u-i 关系（伏安关系）（式中符号由端口 u、i 参考方向确定）	元件上 $\dot{U}$-$\dot{I}$ 相量伏安关系（式中符号由 $\dot{U}$、$\dot{I}$ 参考方向确定）	元件上 $U(s)$-$I(s)$ 象函数伏安关系（式中符号由 $U(s)$、$I(s)$ 参考方向确定）
理想变压器	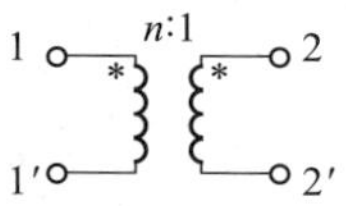	变比 $\frac{N_1}{N_2}=n$，无量纲	$u_1=nu_2$，$i_1=-\frac{1}{n}i_2$	$\dot{U}_1=n\dot{U}_2$，$\dot{I}_1=-\frac{1}{n}\dot{I}_2$	$U_1(s)=nU_2(s)$，$I_1(s)=-\frac{1}{n}I_2(s)$
回转器	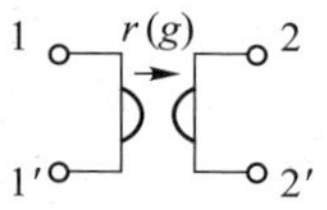	回转电阻值 r，欧[姆]/Ω 回转电导值 g，西[门子]/S r、g——回转常数[回转比] $g=\frac{1}{r}$	$u_1=-ri_2$，$u_2=ri_1$ 或 $i_1=gu_2$，$i_2=-gu_1$	$\dot{U}_1=-r\dot{I}_2$，$\dot{U}_2=r\dot{I}_1$ 或 $\dot{I}_1=g\dot{U}_2$，$\dot{I}_2=-g\dot{U}_1$	$U_1(s)=-rI_2(s)$，$U_2(s)=rI_1(s)$ 或 $I_1(s)=gU_2(s)$，$I_2(s)=-gU_1(s)$
电流反向型负阻抗变换器（CINIC）	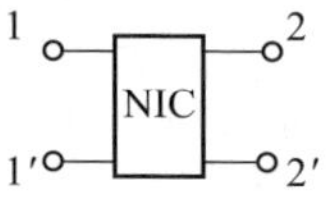	k——变流比、无量纲	$u_1=u_2$ $i_1=ki_2$	$\dot{U}_1=\dot{U}_2$ $\dot{I}_1=k\dot{I}_2$	$U_1(s)=U_2(s)$ $I_1(s)=kI_2(s)$
电压反向型负阻抗变换器（VINIC）	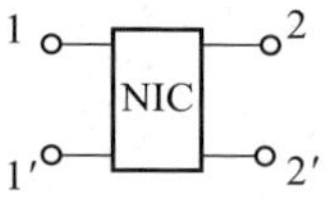	k——变压比、无量纲	$u_1=-ku_2$ $i_1=-i_2$	$\dot{U}_1=-k\dot{U}_2$ $\dot{I}_1=-\dot{I}_2$	$U_1(s)=-kU_2(s)$ $I_1(s)=-I_2(s)$
说明：以上各元件伏安关系中电流、电压的参考方向一律按标准标注					

表 16-5　二端口元件、常见简单二端口的 T 参数(A 参数)方程的时域形式和频域形式(相量形式、运算形式)

二端口名称	电路模型	T 参数(A 参数)方程	T 参数(A 参数)方程矩阵	相量模型	T 参数(A 参数)相量方程矩阵	T 参数(A 参数)运算方程矩阵
理想变压器	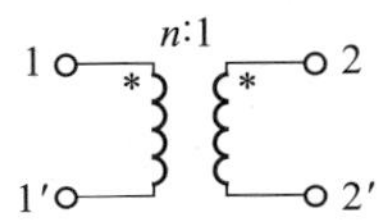	$u_1=nu_2$ $i_1=-\frac{1}{n}i_2$	$\begin{bmatrix}u_1\\i_1\end{bmatrix}=\begin{bmatrix}n&0\\0&\frac{1}{n}\end{bmatrix}\begin{bmatrix}u_2\\-i_2\end{bmatrix}$	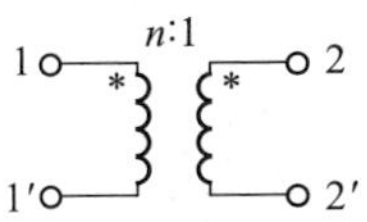	$\begin{bmatrix}\dot U_1\\\dot I_1\end{bmatrix}=\begin{bmatrix}n&0\\0&\frac{1}{n}\end{bmatrix}\begin{bmatrix}\dot U_2\\-\dot I_2\end{bmatrix}$	$\begin{bmatrix}U_1(s)\\I_1(s)\end{bmatrix}=\begin{bmatrix}n&0\\0&\frac{1}{n}\end{bmatrix}\begin{bmatrix}U_2(s)\\-I_2(s)\end{bmatrix}$
回转器	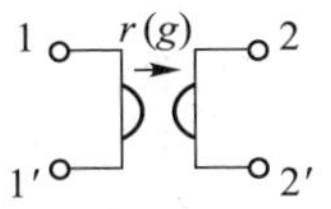	$u_1=-ri_2$ $i_1=\frac{1}{r}u_2$	$\begin{bmatrix}u_1\\i_1\end{bmatrix}=\begin{bmatrix}0&r\\\frac{1}{r}&0\end{bmatrix}\begin{bmatrix}u_2\\-i_2\end{bmatrix}$	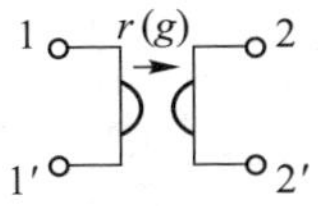	$\begin{bmatrix}\dot U_1\\\dot I_1\end{bmatrix}=\begin{bmatrix}0&r\\\frac{1}{r}&0\end{bmatrix}\begin{bmatrix}\dot U_2\\-\dot I_2\end{bmatrix}$	$\begin{bmatrix}U_1(s)\\I_1(s)\end{bmatrix}=\begin{bmatrix}0&r\\\frac{1}{r}&0\end{bmatrix}\begin{bmatrix}U_2(s)\\-I_2(s)\end{bmatrix}$
电流反向型负阻抗变换器(CINIC)	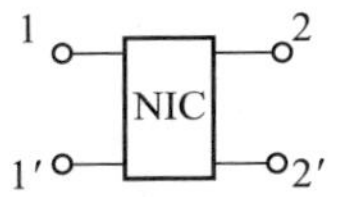	$u_1=u_2$ $i_1=ki_2$	$\begin{bmatrix}u_1\\i_1\end{bmatrix}=\begin{bmatrix}1&0\\0&-k\end{bmatrix}\begin{bmatrix}u_2\\-i_2\end{bmatrix}$	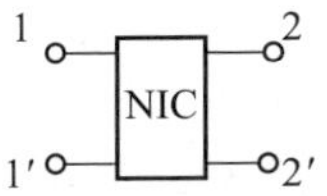	$\begin{bmatrix}\dot U_1\\\dot I_1\end{bmatrix}=\begin{bmatrix}1&0\\0&-k\end{bmatrix}\begin{bmatrix}\dot U_2\\-\dot I_2\end{bmatrix}$	$\begin{bmatrix}U_1(s)\\I_1(s)\end{bmatrix}=\begin{bmatrix}1&0\\0&-k\end{bmatrix}\begin{bmatrix}U_2(s)\\-I_2(s)\end{bmatrix}$
电压反向型负阻抗变换器(VINIC)	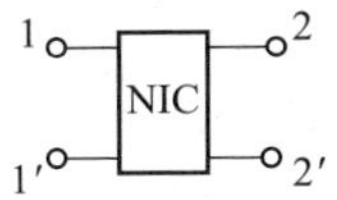	$u_1=-ku_2$ $i_1=-i_2$	$\begin{bmatrix}u_1\\i_1\end{bmatrix}=\begin{bmatrix}-k&0\\0&1\end{bmatrix}\begin{bmatrix}u_2\\-i_2\end{bmatrix}$	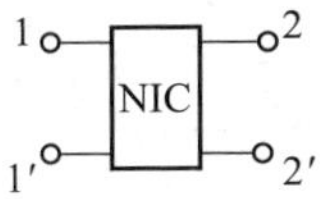	$\begin{bmatrix}\dot U_1\\\dot I_1\end{bmatrix}=\begin{bmatrix}-k&0\\0&1\end{bmatrix}\begin{bmatrix}\dot U_2\\-\dot I_2\end{bmatrix}$	$\begin{bmatrix}U_1(s)\\I_1(s)\end{bmatrix}=\begin{bmatrix}-k&0\\0&1\end{bmatrix}\begin{bmatrix}U_2(s)\\-I_2(s)\end{bmatrix}$
简单二端口	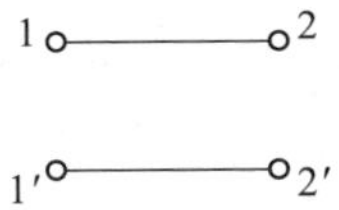	$u_1=u_2$ $i_1=-i_2$	$\begin{bmatrix}u_1\\i_1\end{bmatrix}=\begin{bmatrix}1&0\\0&1\end{bmatrix}\begin{bmatrix}u_2\\-i_2\end{bmatrix}$	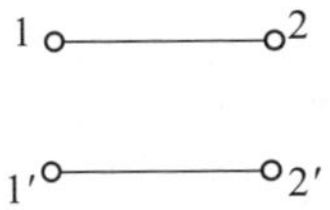	$\begin{bmatrix}\dot U_1\\\dot I_1\end{bmatrix}=\begin{bmatrix}1&0\\0&1\end{bmatrix}\begin{bmatrix}\dot U_2\\-\dot I_2\end{bmatrix}$	$\begin{bmatrix}U_1(s)\\I_1(s)\end{bmatrix}=\begin{bmatrix}1&0\\0&1\end{bmatrix}\begin{bmatrix}U_2(s)\\-I_2(s)\end{bmatrix}$
	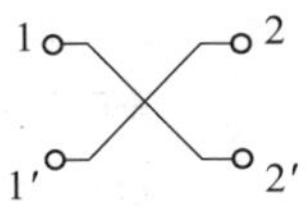	$u_1=-u_2$ $i_1=i_2$	$\begin{bmatrix}u_1\\i_1\end{bmatrix}=\begin{bmatrix}-1&0\\0&-1\end{bmatrix}\begin{bmatrix}u_2\\-i_2\end{bmatrix}$	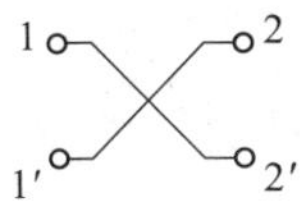	$\begin{bmatrix}\dot U_1\\\dot I_1\end{bmatrix}=\begin{bmatrix}-1&0\\0&-1\end{bmatrix}\begin{bmatrix}\dot U_2\\-\dot I_2\end{bmatrix}$	$\begin{bmatrix}U_1(s)\\I_1(s)\end{bmatrix}=\begin{bmatrix}-1&0\\0&-1\end{bmatrix}\begin{bmatrix}U_2(s)\\-I_2(s)\end{bmatrix}$
	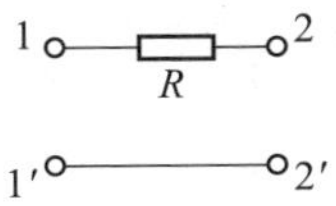	$u_1=u_2-Ri_2$ $i_1=-i_2$	$\begin{bmatrix}u_1\\i_1\end{bmatrix}=\begin{bmatrix}1&R\\0&1\end{bmatrix}\begin{bmatrix}u_2\\-i_2\end{bmatrix}$	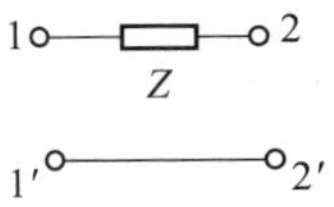	$\begin{bmatrix}\dot U_1\\\dot I_1\end{bmatrix}=\begin{bmatrix}1&Z\\0&1\end{bmatrix}\begin{bmatrix}\dot U_2\\-\dot I_2\end{bmatrix}$	$\begin{bmatrix}U_1(s)\\I_1(s)\end{bmatrix}=\begin{bmatrix}1&Z(s)\\0&1\end{bmatrix}\begin{bmatrix}U_2(s)\\-I_2(s)\end{bmatrix}$
	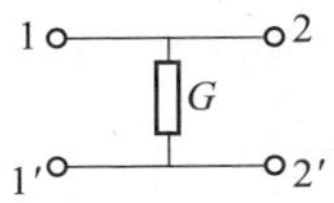	$u_1=u_2$ $i_1=Gu_2-i_2$	$\begin{bmatrix}u_1\\i_1\end{bmatrix}=\begin{bmatrix}1&0\\G&1\end{bmatrix}\begin{bmatrix}u_2\\-i_2\end{bmatrix}$	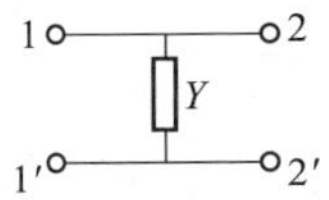	$\begin{bmatrix}\dot U_1\\\dot I_1\end{bmatrix}=\begin{bmatrix}1&0\\Y&1\end{bmatrix}\begin{bmatrix}\dot U_2\\-\dot I_2\end{bmatrix}$	$\begin{bmatrix}U_1(s)\\I_1(s)\end{bmatrix}=\begin{bmatrix}1&0\\Y(s)&1\end{bmatrix}\begin{bmatrix}U_2(s)\\-I_2(s)\end{bmatrix}$
说明:以上各二端口电流、电压的参考方向一律按标准标注						

表 16-6　Z 参数、Y 参数、T(A) 参数、H 参数之间的相互转换表

	Z 参数	Y 参数	T(A) 参数	H 参数
Z 参数	Z_{11},　Z_{12} Z_{21},　Z_{22}	$\frac{Y_{22}}{\Delta_Y}$,　$-\frac{Y_{12}}{\Delta_Y}$ $-\frac{Y_{21}}{\Delta_Y}$,　$\frac{Y_{11}}{\Delta_Y}$	$\frac{A}{C}$,　$\frac{\Delta_T}{C}$ $\frac{1}{C}$,　$\frac{D}{C}$	$\frac{\Delta_H}{H_{22}}$,　$\frac{H_{12}}{H_{22}}$ $-\frac{H_{21}}{H_{22}}$,　$\frac{1}{H_{22}}$
Y 参数	$\frac{Z_{22}}{\Delta_Z}$,　$-\frac{Z_{12}}{\Delta_Z}$ $-\frac{Z_{21}}{\Delta_Z}$,　$\frac{Z_{11}}{\Delta_Z}$	Y_{11},　Y_{12} Y_{21},　Y_{22}	$\frac{D}{B}$,　$-\frac{\Delta_T}{B}$ $-\frac{1}{B}$,　$\frac{A}{B}$	$\frac{1}{H_{11}}$,　$-\frac{H_{12}}{H_{11}}$ $\frac{H_{21}}{H_{11}}$,　$\frac{\Delta_H}{H_{11}}$
T(A) 参数	$\frac{Z_{11}}{Z_{21}}$,　$\frac{\Delta_Z}{Z_{21}}$ $\frac{1}{Z_{21}}$,　$\frac{Z_{22}}{Z_{21}}$	$-\frac{Y_{22}}{Y_{21}}$,　$-\frac{1}{Y_{21}}$ $-\frac{\Delta_Y}{Y_{21}}$,　$-\frac{Y_{11}}{Y_{21}}$	A,　B C,　D	$-\frac{\Delta_H}{H_{21}}$,　$-\frac{H_{11}}{H_{21}}$ $-\frac{H_{22}}{H_{21}}$,　$-\frac{1}{H_{21}}$
H 参数	$\frac{\Delta_Z}{Z_{22}}$,　$\frac{Z_{12}}{Z_{22}}$ $-\frac{Z_{21}}{Z_{22}}$,　$\frac{1}{Z_{22}}$	$\frac{1}{Y_{11}}$,　$-\frac{Y_{12}}{Y_{11}}$ $\frac{Y_{21}}{Y_{11}}$,　$\frac{\Delta_Y}{Y_{11}}$	$\frac{B}{D}$,　$\frac{\Delta_T}{D}$ $-\frac{1}{D}$,　$\frac{C}{D}$	H_{11},　H_{12} H_{21},　H_{22}

说　明

表中：

$$\Delta_Z=\begin{vmatrix}Z_{11} & Z_{12}\\ Z_{21} & Z_{22}\end{vmatrix},\Delta_Y=\begin{vmatrix}Y_{11} & Y_{12}\\ Y_{21} & Y_{22}\end{vmatrix},\Delta_T=\begin{vmatrix}A & B\\ C & D\end{vmatrix},\Delta_H=\begin{vmatrix}H_{11} & H_{12}\\ H_{21} & H_{22}\end{vmatrix}$$

1. 表中各参数间的相互转换关系由各参数方程的线性变换推导得出。

2. 表中用四种参数描述同一个二端口，对于一个具体的二端口网络而言，并不一定四种参数同时存在。

3. 四种参数的实际应用：

① 在电子离子管电路中多用 Z 参数；

② 高频电路中多用 Y 参数；

③ 在信号传输电路中多用 T(A) 参数；

④ 在晶体管电路中多用 H 参数

表 16-7　二端口的等效电路

二端口的 T 形等效电路（已知 Z 参数）

无受控源：

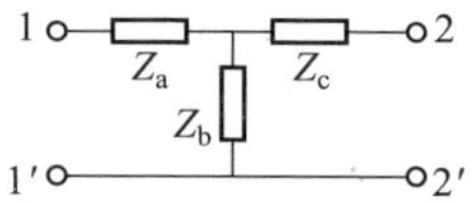

因 $Z_{21}=Z_{12}$（无受控源）。

$Z_a=Z_{11}-Z_{12}$，$Z_b=Z_{12}$，$Z_c=Z_{22}-Z_{12}$

含受控源：

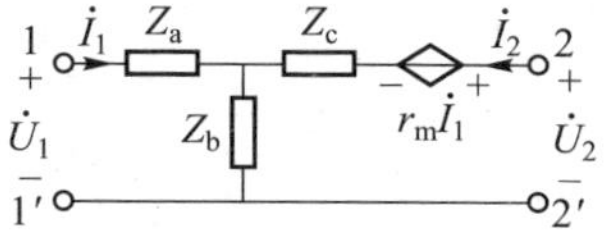

$Z_a=Z_{11}-Z_{12}$，　$Z_b=Z_{12}$

$Z_c=Z_{22}-Z_{12}$，　$r_m=Z_{21}-Z_{12}$

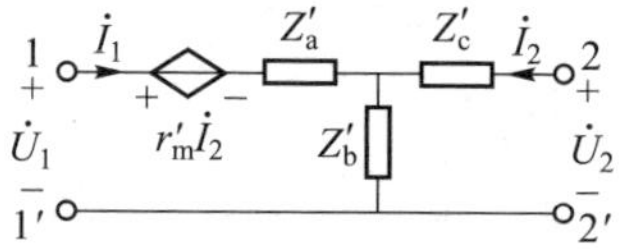

$Z'_a=Z_{11}-Z_{21}$，　$Z'_b=Z_{21}$

$Z'_c=Z_{22}-Z_{21}$，　$r'_m=Z_{12}-Z_{21}$

二端口的 Π 形等效电路（已知 Y 参数）

无受控源：

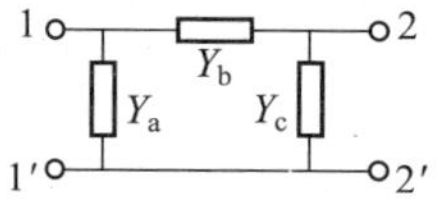

因 $Y_{21}=Y_{12}$（无受控源）。

$Y_a=Y_{11}+Y_{12}$，$Y_b=-Y_{12}$，$Y_c=Y_{22}+Y_{12}$

含受控源：

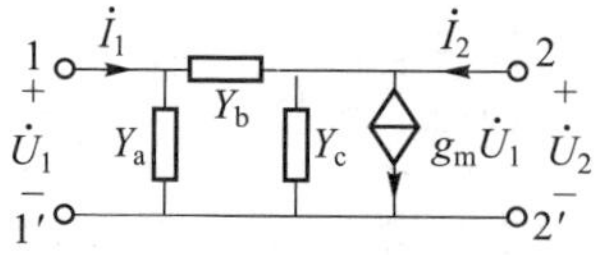

$Y_a=Y_{11}+Y_{12}$，　$Y_b=-Y_{12}$

$Y_c=Y_{22}+Y_{12}$，　$g_m=Y_{21}-Y_{12}$

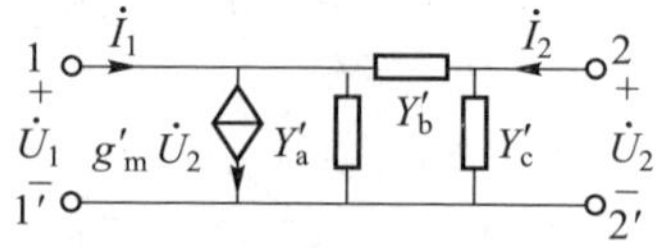

$Y'_a=Y_{11}+Y_{21}$，　$Y'_b=-Y_{21}$

$Y'_c=Y_{22}+Y_{21}$，　$g'_m=Y_{12}-Y_{21}$

由二端口参数方程直接得到的等效电路

Z_{11}、Z_{12}、Z_{21}、Z_{22} 参数为四个元件值的等效电路

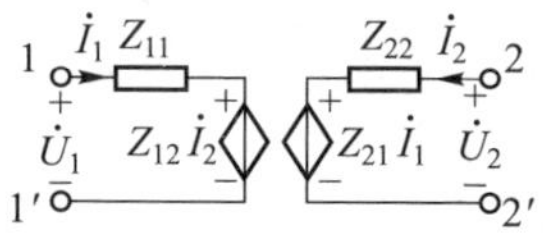

$\dot U_1=Z_{11}\dot I_1+Z_{12}\dot I_2$

$\dot U_2=Z_{21}\dot I_1+Z_{22}\dot I_2$

等效电路的四个元件值为：Z_{11}、Z_{12}、Z_{21}、Z_{22}

Y_{11}、Y_{12}、Y_{21}、Y_{22} 参数为四个元件值的等效电路

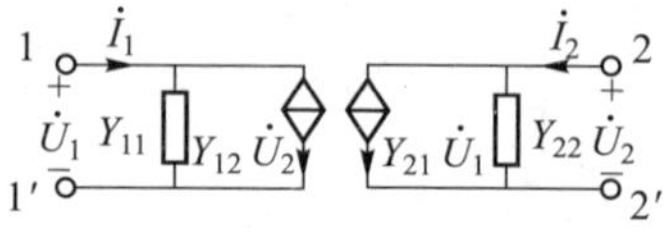

$\dot I_1=Y_{11}\dot U_1+Y_{12}\dot U_2$

$\dot I_2=Y_{21}\dot U_1+Y_{22}\dot U_2$

等效电路的四个元件值为：Y_{11}、Y_{12}、Y_{21}、Y_{22}

H_{11}、H_{12}、H_{21}、H_{22} 参数为四个元件值的等效电路

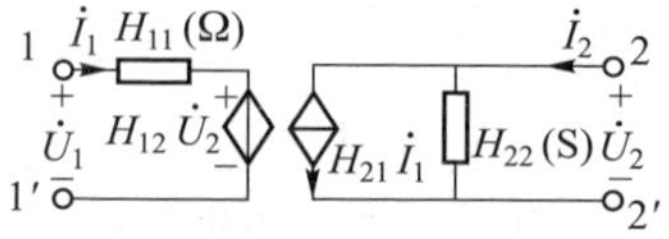

$\dot U_1=H_{11}\dot I_1+H_{12}\dot U_2$

$\dot I_2=H_{21}\dot I_1+H_{22}\dot U_2$

等效电路的四个元件值为 H_{11}、H_{12}、H_{21}、H_{22}

表 16-8　二端口的网络函数(无端接、单端接或双端接)

无端接二端口转移网络函数

二端口运算/相量模型	转移阻抗函数 $[I_2(s)=0]$ 运算形式	转移阻抗函数 相量形式	转移导纳函数 $[U_2(s)=0]$ 运算形式	转移导纳函数 相量形式	电压转移函数 $[I_2(s)=0]$ 运算形式	电压转移函数 相量形式	电流转移函数 $[U_2(s)=0]$ 运算形式	电流转移函数 相量形式
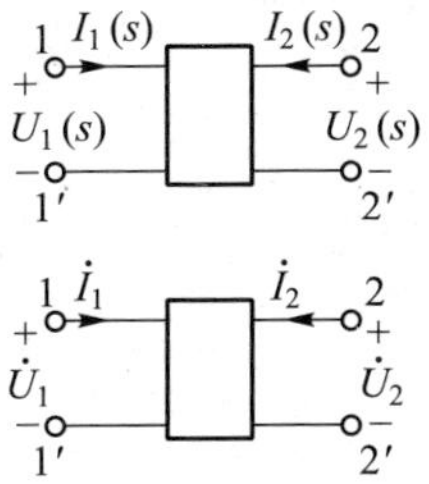	$\frac{U_2(s)}{I_1(s)}=-\frac{Y_{21}(s)}{\Delta_Y(s)}=Z_{21}(s)=\frac{1}{C(s)}=-\frac{H_{21}(s)}{H_{22}(s)}$	$\frac{\dot{U}_2}{\dot{I}_1}=-\frac{Y_{21}}{\Delta_Y}=Z_{21}=\frac{1}{C}=-\frac{H_{21}}{H_{22}}$	$\frac{I_2(s)}{U_1(s)}=Y_{21}(s)=-\frac{Z_{21}(s)}{\Delta_Z(s)}=-\frac{1}{B(s)}=\frac{H_{21}(s)}{H_{11}(s)}$	$\frac{\dot{I}_2}{\dot{U}_1}=Y_{21}=-\frac{Z_{21}}{\Delta_Z}=-\frac{1}{B}=\frac{H_{21}}{H_{11}}$	$\frac{U_2(s)}{U_1(s)}=-\frac{Y_{21}(s)}{Y_{22}(s)}=\frac{Z_{21}(s)}{Z_{11}(s)}=\frac{1}{A(s)}=-\frac{H_{21}(s)}{\Delta_H(s)}$	$\frac{\dot{U}_2}{\dot{U}_1}=-\frac{Y_{21}}{Y_{22}}=\frac{Z_{21}}{Z_{11}}=\frac{1}{A}=-\frac{H_{21}}{\Delta_H}$	$\frac{I_2(s)}{I_1(s)}=\frac{Y_{21}(s)}{Y_{11}(s)}=-\frac{Z_{21}(s)}{Z_{22}(s)}=-\frac{1}{D(s)}=H_{21}(s)$	$\frac{\dot{I}_2}{\dot{I}_1}=\frac{Y_{21}}{Y_{11}}=-\frac{Z_{21}}{Z_{22}}=-\frac{1}{D}=H_{21}$

单端接二端口的网络函数

输出端接 $Z_L(s)$ 的二端口的网络函数(以 T 参数表示)

运算形式

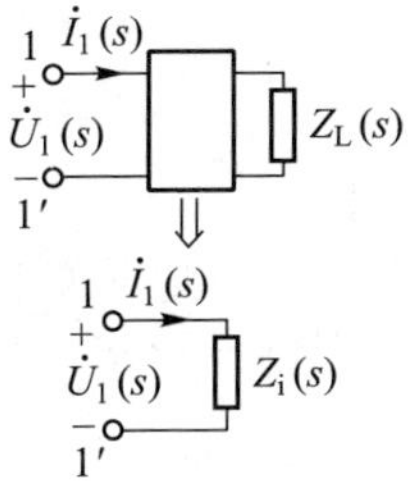

输入阻抗 $Z_i(s)=\frac{U_1(s)}{I_1(s)}=\frac{A(s)Z_L(s)+B(s)}{C(s)Z_L(s)+D(s)}$

输入导纳 $Y_i(s)=\frac{1}{Z_i(s)}$

电压比 $\frac{U_2(s)}{U_1(s)}=\frac{Z_L(s)}{A(s)Z_L(s)+B(s)}$,电流比 $\frac{I_2(s)}{I_1(s)}=\frac{-1}{C(s)Z_L(s)+D(s)}$

转移阻抗 $\frac{U_2(s)}{I_1(s)}=\frac{Z_L(s)}{C(s)Z_L(s)+D(s)}$,转移导纳 $\frac{I_2(s)}{U_1(s)}=\frac{-1}{A(s)Z_L(s)+B(s)}$

相量形式

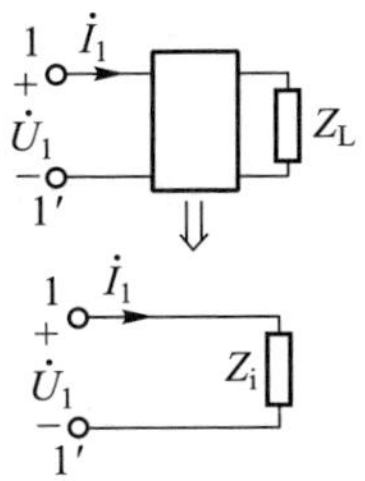

输入阻抗 $Z_i=\frac{\dot{U}_1}{\dot{I}_1}=\frac{AZ_L+B}{CZ_L+D}$,输入导纳 $Y_i=\frac{1}{Z_i}$

电压比 $\frac{\dot{U}_2}{\dot{U}_1}=\frac{Z_L}{AZ_L+B}$,电流比 $\frac{\dot{I}_2}{\dot{I}_1}=\frac{-1}{CZ_L+D}$

转移阻抗 $\frac{\dot{U}_2}{\dot{I}_1}=\frac{Z_L}{CZ_L+D}$,转移导纳 $\frac{\dot{I}_2}{\dot{U}_1}=\frac{-1}{AZ_L+B}$

输入端接 $Z_s(s)$ 及 $U_s(s)$ 的二端口的网络函数(以 T 参数表示)

运算形式

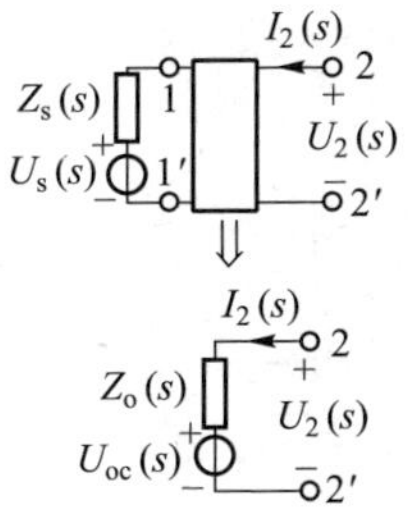

输出端口的戴维南等效电路:

输出端开路电压 $U_{oc}(s)=\frac{U_s(s)}{A(s)+C(s)Z_s(s)}$

输出阻抗 $Z_o(s)=\left.\frac{U_2(s)}{I_2(s)}\right|_{U_s(s)=0}=\frac{D(s)Z_s(s)+B(s)}{C(s)Z_s(s)+A(s)}$

输出导纳 $Y_o(s)=\frac{1}{Z_o(s)}$

相量形式

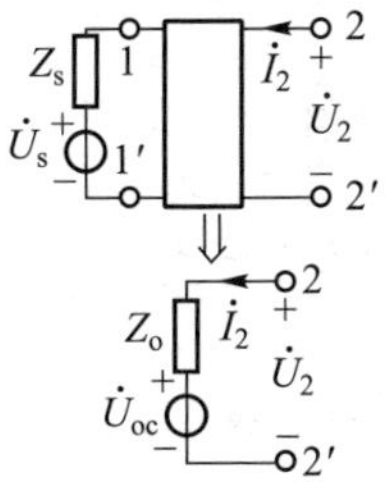

输出端口的戴维南等效电路:

输出端开路电压 $\dot{U}_{oc}=\frac{\dot{U}_s}{A+CZ_s}$

输出阻抗 $Z_o=\left.\frac{\dot{U}_2}{\dot{I}_2}\right|_{\dot{U}_s=0}=\frac{DZ_s+B}{CZ_s+A}$

输出导纳 $Y_o=\frac{1}{Z_o}$

双端接二端口的网络函数及分析

运算形式

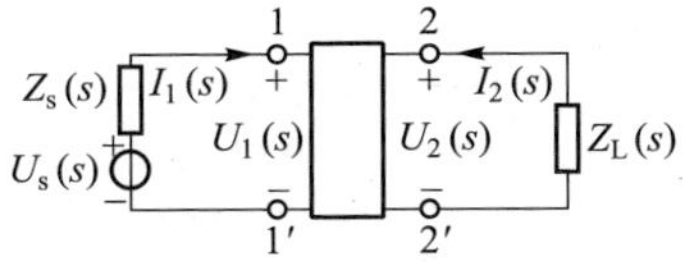

列 $T(A)$ 参数方程 $\begin{cases}U_1(s)=A(s)U_2(s)-B(s)I_2(s)\\ I_1(s)=C(s)U_2(s)-D(s)I_2(s)\end{cases}$ 与 $\begin{cases}\text{输入端口 } U_1(s)=U_s(s)-Z_s(s)I_1(s)\\ \text{输出端口 } U_2(s)=-Z_L(s)I_2(s)\end{cases}$ 方程联立求得网络函数

相量形式

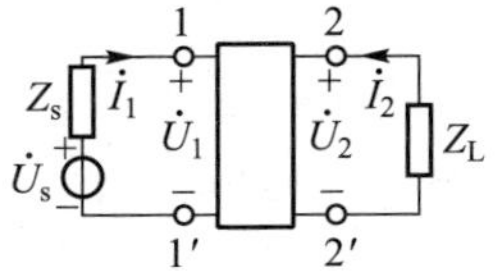

列 $T(A)$ 参数方程 $\begin{cases}\dot{U}_1=A\dot{U}_2-B\dot{I}_2\\ \dot{I}_1=C\dot{U}_2-D\dot{I}_2\end{cases}$ 与 $\begin{cases}\dot{U}_1=\dot{U}_s-Z_s\dot{I}_1\\ \dot{U}_2=-Z_L\dot{I}_2\end{cases}$ 方程联立求得网络函数

上述是以 $T(A)$ 参数为例进行分析。同样可以列 Z、Y 和 H 参数方程与 $\begin{cases}U_1(s)=U_s(s)-Z_s(s)I_1(s)\\ U_2(s)=-Z_L(s)I_2(s)\end{cases}$ 或 $\begin{cases}\dot{U}_1=\dot{U}_s-Z_s\dot{I}_1\\ \dot{U}_2=-Z_L\dot{I}_2\end{cases}$ 联立进行分析

表 16-9　二端口的连接

连接方式	两个二端口 P_1、P_2 连接的电路模型	等效复合二端口 P	二端口 P_1、P_2 及等效复合二端口 P 的参数矩阵				等效复合二端口 P 的参数矩阵计算
				二端口 P_1	二端口 P_2	复合二端口 P	
级联	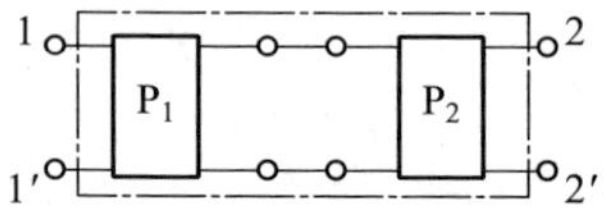	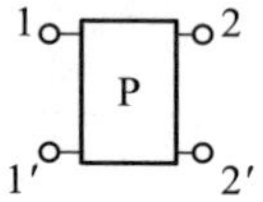	T 参数矩阵	$\boldsymbol{T}'=\begin{bmatrix} A' & B' \\ C' & D' \end{bmatrix}$	$\boldsymbol{T}''=\begin{bmatrix} A'' & B'' \\ C'' & D'' \end{bmatrix}$	$\boldsymbol{T}=\begin{bmatrix} A & B \\ C & D \end{bmatrix}$	$\boldsymbol{T}=\boldsymbol{T}'\boldsymbol{T}''$ 若 n 个二端口的级联，则有 $\boldsymbol{T}=\boldsymbol{T}'\boldsymbol{T}''\cdots\boldsymbol{T}'''\cdots$
串-串联（串联）	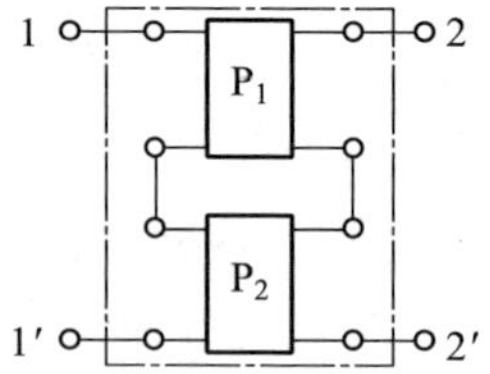	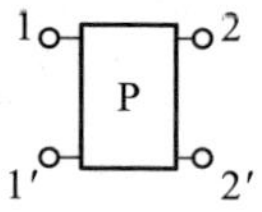	Z 参数矩阵	$\boldsymbol{Z}'=\begin{bmatrix} Z'_{11} & Z'_{12} \\ Z'_{21} & Z'_{22} \end{bmatrix}$	$\boldsymbol{Z}''=\begin{bmatrix} Z''_{11} & Z''_{12} \\ Z''_{21} & Z''_{22} \end{bmatrix}$	$\boldsymbol{Z}=\begin{bmatrix} Z_{11} & Z_{12} \\ Z_{21} & Z_{22} \end{bmatrix}$	$\boldsymbol{Z}=\boldsymbol{Z}'+\boldsymbol{Z}''$ 若 n 个二端口的串联，则有 $\boldsymbol{Z}=\boldsymbol{Z}'+\boldsymbol{Z}''+\cdots+\boldsymbol{Z}'''\cdots$
并-并联（并联）	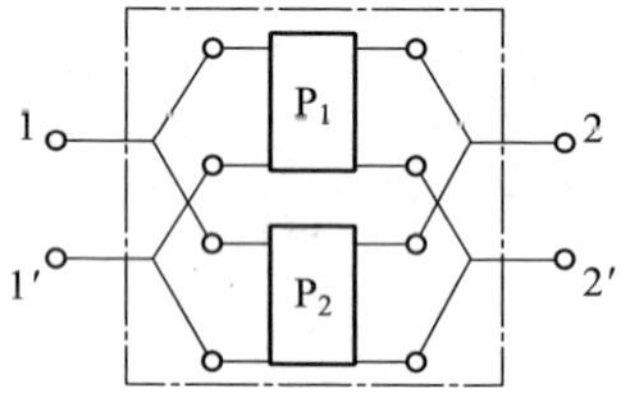	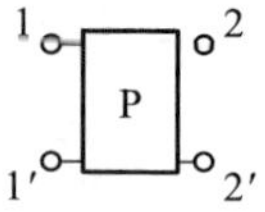	Y 参数矩阵	$\boldsymbol{Y}'=\begin{bmatrix} Y'_{11} & Y'_{12} \\ Y'_{21} & Y'_{22} \end{bmatrix}$	$\boldsymbol{Y}''=\begin{bmatrix} Y''_{11} & Y''_{12} \\ Y''_{21} & Y''_{22} \end{bmatrix}$	$\boldsymbol{Y}=\begin{bmatrix} Y_{11} & Y_{12} \\ Y_{21} & Y_{22} \end{bmatrix}$	$\boldsymbol{Y}=\boldsymbol{Y}'+\boldsymbol{Y}''$ 若 n 个二端口的并联，则有 $\boldsymbol{Y}=\boldsymbol{Y}'+\boldsymbol{Y}''+\cdots+\boldsymbol{Y}'''\cdots$
串-并联	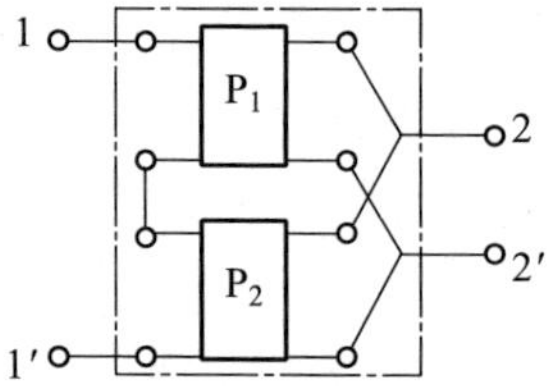	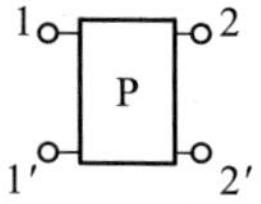	H 参数矩阵	$\boldsymbol{H}'=\begin{bmatrix} H'_{11} & H'_{12} \\ H'_{21} & H'_{22} \end{bmatrix}$	$\boldsymbol{H}''=\begin{bmatrix} H''_{11} & H''_{12} \\ H''_{21} & H''_{22} \end{bmatrix}$	$\boldsymbol{H}=\begin{bmatrix} H_{11} & H_{12} \\ H_{21} & H_{22} \end{bmatrix}$	$\boldsymbol{H}=\boldsymbol{H}'+\boldsymbol{H}''$ 若 n 个二端口的串-并联，则有 $\boldsymbol{H}=\boldsymbol{H}'+\boldsymbol{H}''+\cdots+\boldsymbol{H}'''\cdots$
并-串联	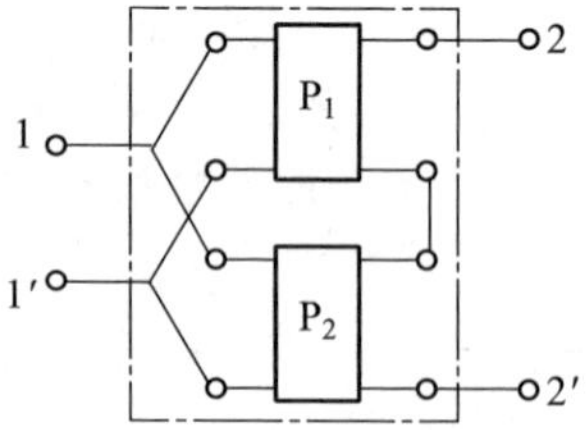	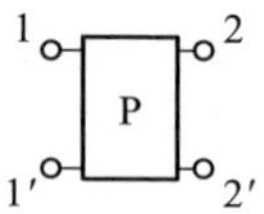	G 参数矩阵	$\boldsymbol{G}'=\begin{bmatrix} G'_{11} & G'_{12} \\ G'_{21} & G'_{22} \end{bmatrix}$	$\boldsymbol{G}''=\begin{bmatrix} G''_{11} & G''_{12} \\ G''_{21} & G''_{22} \end{bmatrix}$	$\boldsymbol{G}=\begin{bmatrix} G_{11} & G_{12} \\ G_{21} & G_{22} \end{bmatrix}$	$\boldsymbol{G}=\boldsymbol{G}'+\boldsymbol{G}''$ 若 n 个二端口的并-串联，则有 $\boldsymbol{G}=\boldsymbol{G}'+\boldsymbol{G}''+\cdots+\boldsymbol{G}'''\cdots$

说明：1. 端口定义：任何时刻，在网络端钮所有可能的连接情况下，从网络的一个端钮 a 流入的电流恒等于从该网络的另一个端钮 b 流出的电流，则称 a、b 二端钮构成一个端口。

2. 当两个二端口 P_1、P_2 之间进行连接后，P_1、P_2 仍满足端口定义条件，其等效复合二端口 P 参数矩阵方可用上述相应参数矩阵计算。若端口条件不满足，上述计算不成立。

电路思维导图应用范例(参照附录 B 中第十六章思维导图助记知识要点)

求二端口参数的方法

方法 1　列写方程，求参数。

若已知二端口内的网络结构和元件参数值，则对两个端口用一般分析法列写方程，并将方程整理成与所求参数对应的参数方程的标准形式一致，对比方程的对应系数，即求得参数。具体求解如下：

① 求 Z 参数：对两个端口用网孔电流法列写电路方程，并将方程整理成

$\begin{cases}\dot{U}_1=f_1(\dot{I}_1,\dot{I}_2)\\ \dot{U}_2=f_2(\dot{I}_1,\dot{I}_2)\end{cases}$形式与$\begin{cases}\dot{U}_1=Z_{11}\dot{I}_1+Z_{12}\dot{I}_2\\ \dot{U}_2=Z_{21}\dot{I}_1+Z_{22}\dot{I}_2\end{cases}$对比对应项的系数，求得 Z 参数。

② 求 Y 参数：对两个端口用节点电压法列写电路方程，并将方程整理成

$\begin{cases}\dot{I}_1=g_1(\dot{U}_1,\dot{U}_2)\\ \dot{I}_2=g_2(\dot{U}_1,\dot{U}_2)\end{cases}$形式与$\begin{cases}\dot{I}_1=Y_{11}\dot{U}_1+Y_{12}\dot{U}_2\\ \dot{I}_2=Y_{21}\dot{U}_1+Y_{22}\dot{U}_2\end{cases}$对比对应项的系数，求得 Y 参数。

③ 求 $T(A)$ 参数：对两个端口用网孔电流法或节点电压法列写电路方程，并将方程整理成$\begin{cases}\dot{U}_1=f_1(\dot{U}_2,\dot{I}_2)\\ \dot{I}_1=f_2(\dot{U}_2,\dot{I}_2)\end{cases}$形式与$\begin{cases}\dot{U}_1=A\dot{U}_2-B\dot{I}_2\\ \dot{I}_1=C\dot{U}_2-D\dot{I}_2\end{cases}$对比对应项系数，求得 T 参数。

④ 求 H 参数：对两个端口用网孔电流法或节点电压法列写电路方程，并将方程整理成$\begin{cases}\dot{U}_1=g_1(\dot{I}_1,\dot{U}_2)\\ \dot{I}_2=g_2(\dot{I}_1,\dot{U}_2)\end{cases}$形式与$\begin{cases}\dot{U}_1=H_{11}\dot{I}_1+H_{12}\dot{U}_2\\ \dot{I}_2=H_{21}\dot{I}_1+H_{22}\dot{U}_2\end{cases}$对比对应项系数，求得 H 参数。

方法 2　用测量的方法，求参数。

① 求 Z 参数：$Z_{11}=\left.\dfrac{\dot{U}_1}{\dot{I}_1}\right|_{\dot{I}_2=0}$，$Z_{21}=\left.\dfrac{\dot{U}_2}{\dot{I}_1}\right|_{\dot{I}_2=0}$，$Z_{22}=\left.\dfrac{\dot{U}_2}{\dot{I}_2}\right|_{\dot{I}_1=0}$，$Z_{12}=\left.\dfrac{\dot{U}_1}{\dot{I}_2}\right|_{\dot{I}_1=0}$。

② 求 Y 参数：$Y_{11}=\left.\dfrac{\dot{I}_1}{\dot{U}_1}\right|_{\dot{U}_2=0}$，$Y_{21}=\left.\dfrac{\dot{I}_2}{\dot{U}_1}\right|_{\dot{U}_2=0}$，$Y_{22}=\left.\dfrac{\dot{I}_2}{\dot{U}_2}\right|_{\dot{U}_1=0}$，$Y_{12}=\left.\dfrac{\dot{I}_1}{\dot{U}_2}\right|_{\dot{U}_1=0}$。

③ 求 $T(A)$ 参数：$A=\left.\dfrac{\dot{U}_1}{\dot{U}_2}\right|_{\dot{I}_2=0}$，$C=\left.\dfrac{\dot{I}_1}{\dot{U}_2}\right|_{\dot{I}_2=0}$，$B=\left.\dfrac{\dot{U}_1}{-\dot{I}_2}\right|_{\dot{U}_2=0}$，$D=\left.\dfrac{\dot{I}_1}{-\dot{I}_2}\right|_{\dot{U}_2=0}$。

④ 求 H 参数：$H_{11}=\left.\dfrac{\dot{U}_1}{\dot{I}_1}\right|_{\dot{U}_2=0}$，$H_{21}=\left.\dfrac{\dot{I}_2}{\dot{I}_1}\right|_{\dot{U}_2=0}$，$H_{12}=\left.\dfrac{\dot{U}_1}{\dot{U}_2}\right|_{\dot{I}_1=0}$，$H_{22}=\left.\dfrac{\dot{I}_2}{\dot{U}_2}\right|_{\dot{I}_1=0}$。

方法 3　已知一种参数值，参照表 16-6(参数之间的相互转换表)，求得另一种参数(此法因烦琐不常用)

例 16-1　求图 1(a)和(b)所示二端口电路的 Y 参数。

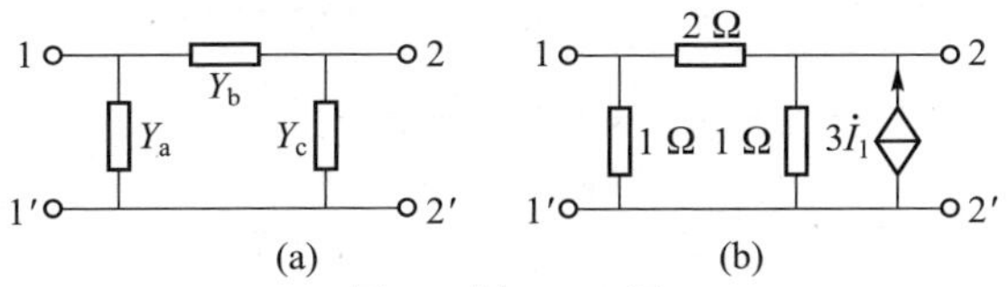

图 1　例 16-1 图

解： 方法 1　图 1(b)中标注端口电压和电流相量如图 2(c)所示，用节点电压法列写电路方程

$$\begin{cases}\left(\dfrac{1}{1}+\dfrac{1}{2}\right)\dot{U}_1-\dfrac{1}{2}\dot{U}_2=\dot{I}_1 & \langle 1\rangle\\ -\dfrac{1}{2}\dot{U}_1+\left(\dfrac{1}{2}+\dfrac{1}{1}\right)\dot{U}_2=\dot{I}_2+3\dot{I}_1 & \langle 2\rangle\end{cases}$$

将〈1〉式代入〈2〉式，得

$$\begin{cases}1.5\dot{U}_1-0.5\dot{U}_2=\dot{I}_1\\ -0.5\dot{U}_1+1.5\dot{U}_2=\dot{I}_2+4.5\dot{U}_1-1.5\dot{U}_2\end{cases}$$

整理得

$$\begin{cases}\dot{I}_1=1.5\dot{U}_1-0.5\dot{U}_2\\ \dot{I}_2=-5\dot{U}_1+3\dot{U}_2\end{cases}\text{与}\begin{cases}\dot{I}_1=Y_{11}\dot{U}_1+Y_{12}\dot{U}_2\\ \dot{I}_2=Y_{21}\dot{U}_1+Y_{22}\dot{U}_2\end{cases}\text{对比，得 } Y=\begin{bmatrix}1.5 & -0.5\\ -5 & 3\end{bmatrix}。$$

注：$Y_{21}\neq Y_{12}$(二端口含受控源)

方法 2　图 1(a)中，将 2-2′和 1-1′端口分别短路，如图 2(a)和(b)所示。

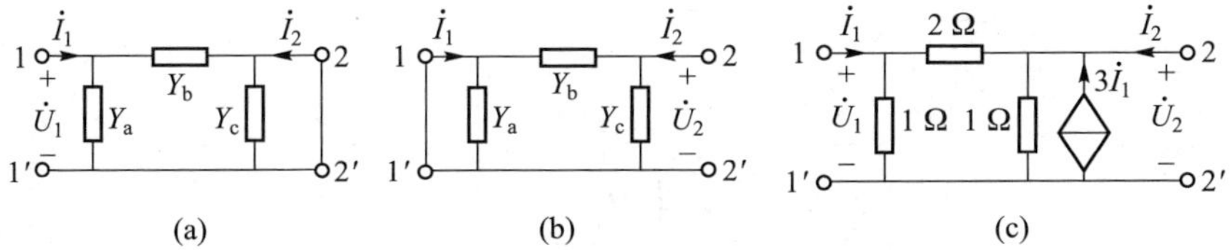

图 2　例 16-1 解图

由图 2(a)列方程，

$$\begin{cases}\dot{I}_1=\dot{U}_1(Y_a+Y_b)\\ \dot{I}_2=-\dot{U}_1Y_b\end{cases}\text{，得 } Y_{11}=\left.\frac{\dot{I}_1}{\dot{U}_1}\right|_{\dot{U}_2=0}=Y_a+Y_b\text{，}Y_{21}=\left.\frac{\dot{I}_2}{\dot{U}_1}\right|_{\dot{U}_2=0}=-Y_b。$$

由图 2(b)列方程，

$$\begin{cases}\dot{I}_2=\dot{U}_2(Y_b+Y_c)\\ \dot{I}_1=-\dot{U}_2Y_b\end{cases}\text{，得 } Y_{22}=\left.\frac{\dot{I}_2}{\dot{U}_2}\right|_{\dot{U}_1=0}=Y_b+Y_c\text{，}Y_{12}=\left.\frac{\dot{I}_1}{\dot{U}_2}\right|_{\dot{U}_1=0}=-Y_b。$$

注：$Y_{21}=Y_{12}=-Y_b$(二端口不含受控源)。

本章习题与解答

16-1　求题 16-1 图所示二端口的 Y 参数、Z 参数和 T 参数的矩阵。

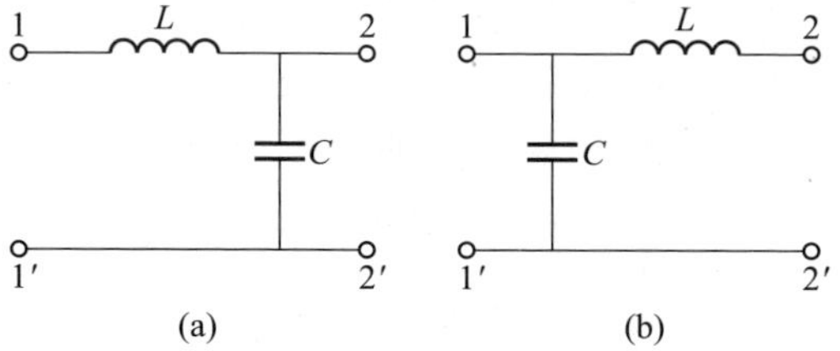

题 16-1 图

解:题 16-1 图(a)(b)的相量模型如题 16-1 解图(a)(b)所示。

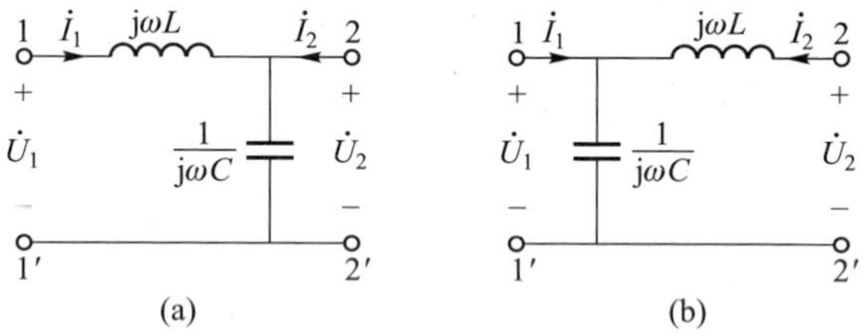

题 16-1 解图

题 16-1 解图(a)中,(1) 列节点电压 $\dot{U}_1$、$\dot{U}_2$ 方程

$$\begin{cases} -\mathrm{j}\dfrac{1}{\omega L}\dot{U}_1+\mathrm{j}\dfrac{1}{\omega L}\dot{U}_2=\dot{I}_1 \\ \mathrm{j}\dfrac{1}{\omega L}\dot{U}_1+\left(\mathrm{j}\omega C-\mathrm{j}\dfrac{1}{\omega L}\right)\dot{U}_2=\dot{I}_2 \end{cases} \text{与} \begin{cases} \dot{I}_1=Y_{11}\dot{U}_1+Y_{12}\dot{U}_2 \\ \dot{I}_2=Y_{21}\dot{U}_1+Y_{22}\dot{U}_2 \end{cases} \text{对照,得}$$

$$\boldsymbol{Y}=\begin{bmatrix} -\mathrm{j}\dfrac{1}{\omega L} & \mathrm{j}\dfrac{1}{\omega L} \\ \mathrm{j}\dfrac{1}{\omega L} & \mathrm{j}\left(\omega C-\dfrac{1}{\omega L}\right) \end{bmatrix}$$

(2) 列网孔电流 $\dot{I}_1$、$\dot{I}_2$ 方程

$$\begin{cases} \left(\mathrm{j}\omega L-\mathrm{j}\dfrac{1}{\omega C}\right)\dot{I}_1-\mathrm{j}\dfrac{1}{\omega C}\dot{I}_2=\dot{U}_1 \\ -\mathrm{j}\dfrac{1}{\omega C}\dot{I}_1-\mathrm{j}\dfrac{1}{\omega C}\dot{I}_2=\dot{U}_2 \end{cases} \text{与} \begin{cases} \dot{U}_1=Z_{11}\dot{I}_1+Z_{12}\dot{I}_2 \\ \dot{U}_2=Z_{21}\dot{I}_1+Z_{22}\dot{I}_2 \end{cases} \text{对照,得}$$

$$\boldsymbol{Z}=\begin{bmatrix} \mathrm{j}\left(\omega L-\dfrac{1}{\omega C}\right) & -\mathrm{j}\dfrac{1}{\omega C} \\ -\mathrm{j}\dfrac{1}{\omega C} & -\mathrm{j}\dfrac{1}{\omega C} \end{bmatrix}$$

(3) 对 1-1′端口,有 $\dot{U}_1=\mathrm{j}\omega L\dot{I}_1+\dot{U}_2$,代入 $\dot{I}_1=\mathrm{j}\omega C\dot{U}_2-\dot{I}_2$,得

$$\dot{U}_1=\mathrm{j}\omega L(\mathrm{j}\omega C\dot{U}_2-\dot{I}_2)+\dot{U}_2=(1-\omega^2LC)\dot{U}_2-\mathrm{j}\omega L\dot{I}_2$$

与 $\dot{I}_1$ 式联立,则有 $\begin{cases} \dot{U}_1=(1-\omega^2LC)\dot{U}_2-\mathrm{j}\omega L\dot{I}_2 \\ \dot{I}_1=\mathrm{j}\omega C\dot{U}_2-\dot{I}_2 \end{cases}$ 与 $\begin{cases} \dot{U}_1=A\dot{U}_2-B\dot{I}_2 \\ \dot{I}_1=C\dot{U}_2-D\dot{I}_2 \end{cases}$ 对照,得

$$\boldsymbol{T}=\begin{bmatrix} 1-\omega^2LC & \mathrm{j}\omega L \\ \mathrm{j}\omega C & 1 \end{bmatrix}$$

题 16-1 解图(b)中,(1) 列节点电压 $\dot{U}_1$、$\dot{U}_2$ 方程

$$\begin{cases} \left(\mathrm{j}\omega C-\mathrm{j}\dfrac{1}{\omega L}\right)\dot{U}_1+\mathrm{j}\dfrac{1}{\omega L}\dot{U}_2=\dot{I}_1 \\ \mathrm{j}\dfrac{1}{\omega L}\dot{U}_1-\mathrm{j}\dfrac{1}{\omega L}\dot{U}_2=\dot{I}_2 \end{cases} \text{与} \begin{cases} \dot{I}_1=Y_{11}\dot{U}_1+Y_{12}\dot{U}_2 \\ \dot{I}_2=Y_{21}\dot{U}_1+Y_{22}\dot{U}_2 \end{cases} \text{对照,得}$$

$$\boldsymbol{Y}=\begin{bmatrix} \mathrm{j}\left(\omega C-\dfrac{1}{\omega L}\right) & \mathrm{j}\dfrac{1}{\omega L} \\ \mathrm{j}\dfrac{1}{\omega L} & -\mathrm{j}\dfrac{1}{\omega L} \end{bmatrix}$$

(2) 列网孔电流 $\dot{I}_1$、$\dot{I}_2$ 方程

$$\begin{cases} -\mathrm{j}\dfrac{1}{\omega C}\dot{I}_1-\mathrm{j}\dfrac{1}{\omega C}\dot{I}_2=\dot{U}_1 \\ -\mathrm{j}\dfrac{1}{\omega C}\dot{I}_1+\left(\mathrm{j}\omega L-\mathrm{j}\dfrac{1}{\omega C}\right)\dot{I}_2=\dot{U}_2 \end{cases} \text{与} \begin{cases} \dot{U}_1=Z_{11}\dot{I}_1+Z_{12}\dot{I}_2 \\ \dot{U}_2=Z_{21}\dot{I}_1+Z_{22}\dot{I}_2 \end{cases} \text{对照,得}$$

$$\boldsymbol{Z}=\begin{bmatrix} -\mathrm{j}\dfrac{1}{\omega C} & -\mathrm{j}\dfrac{1}{\omega C} \\ -\mathrm{j}\dfrac{1}{\omega C} & \mathrm{j}\left(\omega L-\dfrac{1}{\omega C}\right) \end{bmatrix}$$

(3) 对 1-1′端口,有 $\dot{I}_1=\mathrm{j}\omega C\dot{U}_1-\dot{I}_2$,代入 $\dot{U}_1=-\mathrm{j}\omega L\dot{I}_2+\dot{U}_2$,得

$\dot{I}_1=\mathrm{j}\omega C(-\mathrm{j}\omega L\dot{I}_2+\dot{U}_2)-\dot{I}_2=\mathrm{j}\omega C\dot{U}_2-(1-\omega^2LC)\dot{I}_2$

与 $\dot{U}_1$ 式联立,则有

$$\begin{cases} \dot{U}_1=\dot{U}_2-\mathrm{j}\omega L\dot{I}_2 \\ \dot{I}_1=\mathrm{j}\omega C\dot{U}_2-(1-\omega^2LC)\dot{I}_2 \end{cases} \text{与} \begin{cases} \dot{U}_1=A\dot{U}_2-B\dot{I}_2 \\ \dot{I}_1=C\dot{U}_2-D\dot{I}_2 \end{cases} \text{对照,得}$$

$$\boldsymbol{T}=\begin{bmatrix} 1 & \mathrm{j}\omega L \\ \mathrm{j}\omega C & 1-\omega^2LC \end{bmatrix}$$

16-2　求题 16-2 图所示二端口的 Y 参数和 Z 参数矩阵。

解:题 16-2 图(a)(b)中标注电流、电压如题 16-2 解图(a)(b1)所示。

题 16-2 解图(a)中，列写节点电压方程

$$\begin{cases}2\dot{U}_1-\dot{U}_2-\dot{U}_3=\dot{I}_1 & \langle 1\rangle\\ -\dot{U}_1+2\dot{U}_2-\dot{U}_3=\dot{I}_2 & \langle 2\rangle\\ -\dot{U}_1-\dot{U}_2+3\dot{U}_3=0 & \langle 3\rangle\end{cases}$$

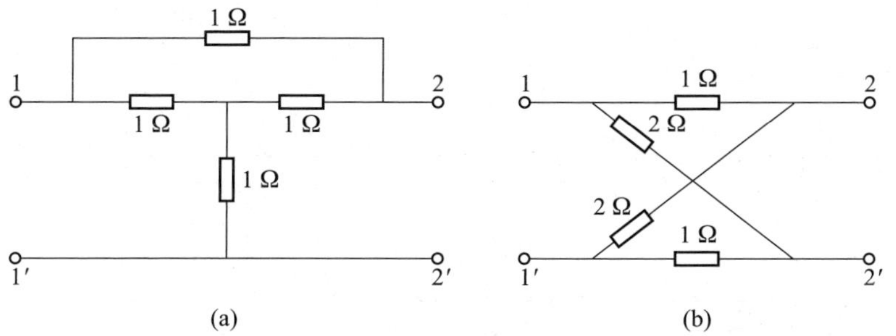

题 16-2 图

由〈3〉式，得

$$\dot{U}_3=\frac{1}{3}\dot{U}_1+\frac{1}{3}\dot{U}_2$$

代入〈1〉和〈2〉式，得

$$\begin{cases}\frac{5}{3}\dot{U}_1-\frac{4}{3}\dot{U}_2=\dot{I}_1 & \langle 4\rangle\\ -\frac{4}{3}\dot{U}_1+\frac{5}{3}\dot{U}_2=\dot{I}_2 & \langle 5\rangle\end{cases}$$ 与 $$\begin{cases}\dot{I}_1=Y_{11}\dot{U}_1+Y_{12}\dot{U}_2\\ \dot{I}_2=Y_{21}\dot{U}_1+Y_{22}\dot{U}_2\end{cases}$$ 对照，得

$$\boldsymbol{Y}=\begin{bmatrix}\frac{5}{3} & -\frac{4}{3}\\ -\frac{4}{3} & \frac{5}{3}\end{bmatrix}\mathrm{S}$$

由〈4〉和〈5〉式，推出

$$\begin{cases}5\dot{U}_1-4\dot{U}_2=3\dot{I}_1 & \langle 6\rangle\\ -4\dot{U}_1+5\dot{U}_2=3\dot{I}_2 & \langle 7\rangle\end{cases}$$

将〈6〉式乘以 4 加〈7〉式乘以 5，得

$$9\dot{U}_2=12\dot{I}_1+15\dot{I}_2 \quad\Rightarrow\quad \dot{U}_2=\frac{4}{3}\dot{I}_1+\frac{5}{3}\dot{I}_2$$

代入〈6〉式，得 $5\dot{U}_1-4\left(\frac{4}{3}\dot{I}_1+\frac{5}{3}\dot{I}_2\right)=3\dot{I}_1 \quad\Rightarrow\quad \dot{U}_1=\frac{5}{3}\dot{I}_1+\frac{4}{3}\dot{I}_2$

联立 $\dot{U}_1$、$\dot{U}_2$ 式，得 $$\begin{cases}\dot{U}_1=\frac{5}{3}\dot{I}_1+\frac{4}{3}\dot{I}_2\\ \dot{U}_2=\frac{4}{3}\dot{I}_1+\frac{5}{3}\dot{I}_2\end{cases}$$

与 $\begin{cases}\dot{U}_1=Z_{11}\dot{I}_1+Z_{12}\dot{I}_2\\ \dot{U}_2=Z_{21}\dot{I}_1+Z_{22}\dot{I}_2\end{cases}$ 对照，得 $\boldsymbol{Z}=\begin{bmatrix}\frac{5}{3} & \frac{4}{3}\\ \frac{4}{3} & \frac{5}{3}\end{bmatrix}\Omega$

题 16-2 解图(b1)中，将 2-2′短路，即 $\dot{U}_2=0$，如题 16-2 解图(b2)所示，则

$$Y_{11}=\frac{\dot{I}_1}{\dot{U}_1}\bigg|_{\dot{U}_2=0}=\frac{1}{\left(\frac{1\times2}{1+2}\right)+\left(\frac{1\times2}{1+2}\right)}\mathrm{S}=\frac{3}{4}\mathrm{S}$$

又 $\dot{I}_3=\frac{2}{1+2}\dot{I}_1$，$\dot{I}_4=\frac{1}{1+2}\dot{I}_1$，$\dot{I}_2=\dot{I}_4-\dot{I}_3=\frac{1}{3}\dot{I}_1-\frac{2}{3}\dot{I}_1=-\frac{1}{3}\dot{I}_1$，

$$\dot{U}_1=\left[\left(\frac{1\times2}{1+2}\right)+\left(\frac{1\times2}{1+2}\right)\right]\dot{I}_1=\frac{4}{3}\dot{I}_1$$

则 $Y_{21}=\frac{\dot{I}_2}{\dot{U}_1}\bigg|_{\dot{U}_2=0}=\frac{-\frac{1}{3}\dot{I}_1}{\frac{4}{3}\dot{I}_1}=-\frac{1}{4}\mathrm{S}$，将 1-1′短路，即 $\dot{U}_1=0$，如题 16-2 解图(b3)所示，

则 $Y_{12}=\frac{\dot{I}_1}{\dot{U}_2}\bigg|_{\dot{U}_1=0}=-\frac{1}{4}\mathrm{S}$，又 $\dot{I}_5=\frac{2}{1+2}\dot{I}_2$，$\dot{I}_6=\frac{1}{1+2}\dot{I}_2$，$\dot{I}_1=\dot{I}_6-\dot{I}_5=\frac{1}{3}\dot{I}_2-\frac{2}{3}\dot{I}_2=-\frac{1}{3}$

$\dot{I}_2$，$\dot{U}_2=\left[\left(\frac{1\times2}{1+2}\right)+\left(\frac{1\times2}{1+2}\right)\right]\dot{I}_2=\frac{4}{3}\dot{I}_2$

则 $Y_{22}=\frac{\dot{I}_2}{\dot{U}_2}\bigg|_{\dot{U}_1=0}=\frac{\dot{I}_2}{\frac{4}{3}\dot{I}_2}=\frac{3}{4}\mathrm{S}$

所以 $\boldsymbol{Y}=\begin{bmatrix}\frac{3}{4} & -\frac{1}{4}\\ -\frac{1}{4} & \frac{3}{4}\end{bmatrix}\mathrm{S}$，写出导纳参数方程 $\begin{cases}\dot{I}_1=\frac{3}{4}\dot{U}_1-\frac{1}{4}\dot{U}_2 & \langle 8\rangle\\ \dot{I}_2=-\frac{1}{4}\dot{U}_1+\frac{3}{4}\dot{U}_2 & \langle 9\rangle\end{cases}$

由〈8〉和〈9〉式将 $\dot{U}_1$ 与 $\dot{U}_2$ 导出(用 $\dot{I}_1$，$\dot{I}_2$ 表示)。

由〈8〉式，得 $\dot{U}_2=-4\dot{I}_1+3\dot{U}_1$ 代入〈9〉式，得

$$\dot I_2=-\frac{1}{4}\dot U_1+\frac{3}{4}(-4\dot I_1+3\dot U_1)=2\dot U_1-3\dot I_1 \quad\Rightarrow\quad \dot U_1=\frac{3}{2}\dot I_1+\frac{1}{2}\dot I_2$$

将 $\dot U_1$ 代入〈8〉式,得

$$\dot I_1=\frac{3}{4}\left(\frac{3}{2}\dot I_1+\frac{1}{2}\dot I_2\right)-\frac{1}{4}\dot U_2 \quad\Rightarrow\quad \dot U_2=\frac{9}{2}\dot I_1+\frac{3}{2}\dot I_2-4\dot I_1=\frac{1}{2}\dot I_1+\frac{3}{2}\dot I_2$$

整理得 $\begin{cases}\dot U_1=\dfrac{3}{2}\dot I_1+\dfrac{1}{2}\dot I_2\\ \dot U_2=\dfrac{1}{2}\dot I_1+\dfrac{3}{2}\dot I_2\end{cases}$ 与 $\begin{cases}\dot U_1=Z_{11}\dot I_1+Z_{12}\dot I_2\\ \dot U_2=Z_{21}\dot I_1+Z_{22}\dot I_2\end{cases}$ 对照,得

$$\boldsymbol{Z}=\begin{bmatrix}\dfrac{3}{2} & \dfrac{1}{2}\\ \dfrac{1}{2} & \dfrac{3}{2}\end{bmatrix}\Omega$$

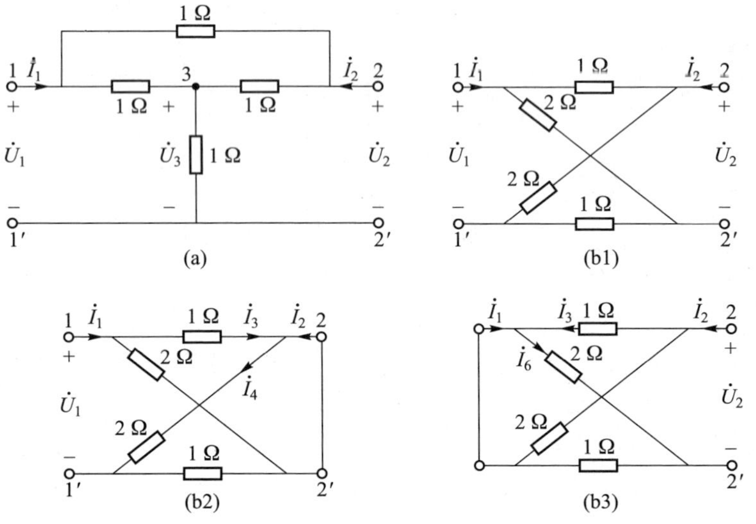

题 16-2 解图

16-3 求题 16-3 图所示二端口的 T 参数矩阵。

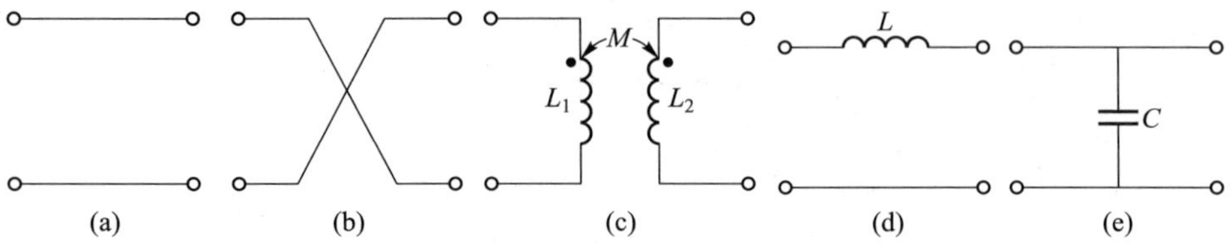

题 16-3 图

解:题 16-3 图(a)(b)(c)(d)(e)的相量模型如题 16-3 解图(a)(b)(c)(d)(e)所示。

题 16-3 解图(a)中,列端口方程

$\begin{cases}\dot U_1=\dot U_2\\ \dot I_1=-\dot I_2\end{cases}$ 与 $\begin{cases}\dot U_1=A\dot U_2-B\dot I_2\\ \dot I_1=C\dot U_2-D\dot I_2\end{cases}$ 对照,得 $\boldsymbol{T}=\begin{bmatrix}1 & 0\\ 0 & 1\end{bmatrix}$

题 16-3 解图(b)中,列端口方程 $\begin{cases}\dot U_1=-\dot U_2\\ \dot I_1=\dot I_2\end{cases}$,得 $\boldsymbol{T}=\begin{bmatrix}-1 & 0\\ 0 & -1\end{bmatrix}$

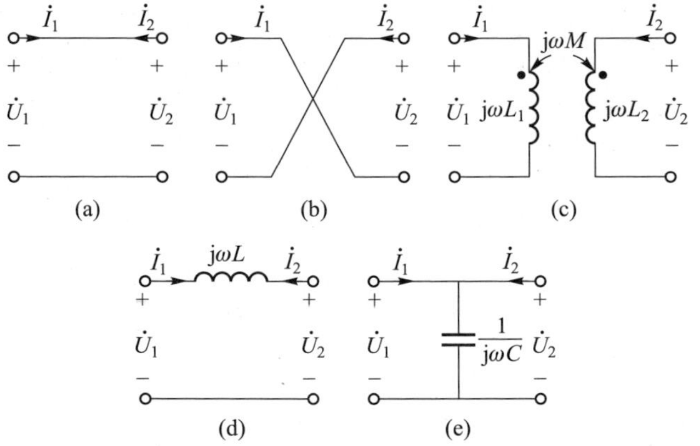

题 16-3 解图

题 16-3 解图(c)中,列端口方程

$$\begin{cases}\dot U_1=\mathrm{j}\omega L_1\dot I_1+\mathrm{j}\,\omega M\dot I_2 & \langle 1\rangle\\ \dot U_2=\mathrm{j}\omega M\dot I_1+\mathrm{j}\omega L_2\dot I_2 & \langle 2\rangle\end{cases}$$

由〈2〉式,得 $\dot I_1=\dfrac{\dot U_2}{\mathrm{j}\omega M}-\dfrac{L_2}{M}\dot I_2$,代入〈1〉式,得

$$\dot U_1=\mathrm{j}\omega L_1\left(\frac{\dot U_2}{\mathrm{j}\omega M}-\frac{L_2}{M}\dot I_2\right)+\mathrm{j}\omega M\dot I_2=\frac{L_1}{M}\dot U_2+\mathrm{j}\omega\left(M-\frac{L_1L_2}{M}\right)\dot I_2$$

与 $\dot I_1$ 式联立,得 $\begin{cases}\dot U_1=\dfrac{L_1}{M}\dot U_2+\mathrm{j}\omega\left(M-\dfrac{L_1L_2}{M}\right)\dot I_2\\ \dot I_1=\dfrac{1}{\mathrm{j}\omega M}\dot U_2-\dfrac{L_2}{M}\dot I_2\end{cases}$ 与 $\begin{cases}\dot U_1=A\dot U_2-B\dot I_2\\ \dot I_1=C\dot U_2-D\dot I_2\end{cases}$ 对照,得

$$\boldsymbol{T}=\begin{bmatrix}\dfrac{L_1}{M} & \mathrm{j}\omega\left(\dfrac{L_1L_2}{M}-M\right)\\ -\mathrm{j}\dfrac{1}{\omega M} & \dfrac{L_2}{M}\end{bmatrix}$$

题 16-3 解图(d)中,列端口方程$\begin{cases}\dot{U}_1=\dot{U}_2-\mathrm{j}\omega L\dot{I}_2\\ \dot{I}_1=-\dot{I}_2\end{cases}$,得 $\boldsymbol{T}=\begin{bmatrix}1 & \mathrm{j}\omega L\\ 0 & 1\end{bmatrix}$;

题 16-3 解图(e)中,列端口方程$\begin{cases}\dot{U}_1=\dot{U}_2\\ \dot{I}_1=\mathrm{j}\omega C\dot{U}_2-\dot{I}_2\end{cases}$,得 $\boldsymbol{T}=\begin{bmatrix}1 & 0\\ \mathrm{j}\omega C & 1\end{bmatrix}$。

16-4 求题 16-4 图所示二端口的 Y 参数矩阵。

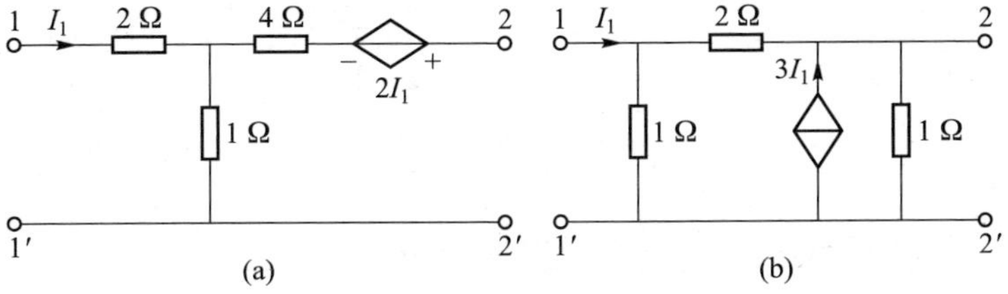

题 16-4 图

解:题 16-4 图(a)(b)中二端口的电压、电流参考方向如题16-4 解图(a)(b)所示。

题 16-4 解图(a)中,用网孔电流法列方程

$$\begin{cases}(2+1)I_1+I_2=U_1\\ I_1+(4+1)I_2=U_2-2I_1\end{cases}\Rightarrow\begin{cases}3I_1+I_2=U_1 & \langle 1\rangle\\ 3I_1+5I_2=U_2 & \langle 2\rangle\end{cases}$$

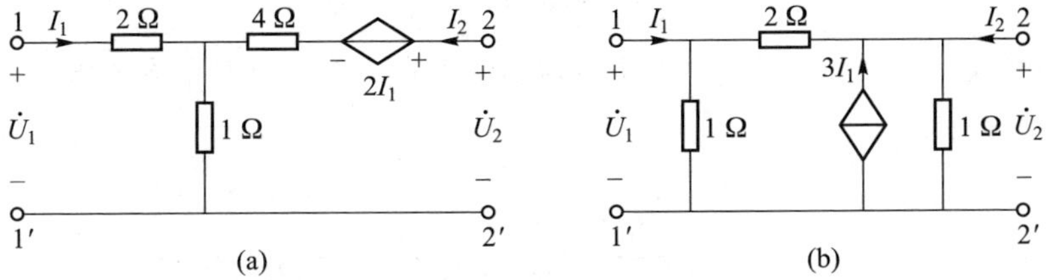

题 16-4 解图

由〈1〉式减〈2〉式,得

$$-4I_2=U_1-U_2\quad\Rightarrow\quad I_2=-\frac{1}{4}U_1+\frac{1}{4}U_2$$

代入〈2〉式,得

$$3I_1+5\left(-\frac{1}{4}U_1+\frac{1}{4}U_2\right)=U_2\quad\Rightarrow\quad I_1=\frac{5}{12}U_1-\frac{1}{12}U_2$$

与 I_2 式联立,得

$$\begin{cases}I_1=\dfrac{5}{12}U_1-\dfrac{1}{12}U_2\\ I_2=-\dfrac{1}{4}U_1+\dfrac{1}{4}U_2\end{cases}\text{与}\begin{cases}I_1=Y_{11}U_1+Y_{12}U_2\\ I_2=Y_{21}U_1+Y_{22}U_2\end{cases}\text{对照,得}$$

$$\boldsymbol{Y}=\begin{bmatrix}\dfrac{5}{12} & -\dfrac{1}{12}\\ -\dfrac{1}{4} & \dfrac{1}{4}\end{bmatrix}\mathrm{S}$$

题 16-4 解图(b)中,用节点电压法列方程

$$\begin{cases}\left(\dfrac{1}{1}+\dfrac{1}{2}\right)U_1-\dfrac{1}{2}U_2=I_1 & \langle 3\rangle\\ -\dfrac{1}{2}U_1+\left(\dfrac{1}{2}+\dfrac{1}{1}\right)U_2=I_2+3I_1 & \langle 4\rangle\end{cases}$$

将〈3〉式代入〈4〉式,得

$$-0.5U_1+1.5U_2=I_2+3\left(\frac{3}{2}U_1-\frac{1}{2}U_2\right)\quad\langle 5\rangle$$

整理〈3〉和〈5〉式,得

$$\begin{cases}I_1=1.5U_1-0.5U_2\\ I_2=-5U_1+3U_2\end{cases},\boldsymbol{Y}=\begin{bmatrix}1.5 & -0.5\\ -5 & 3\end{bmatrix}\mathrm{S}$$

16-5 求题 16-5 图所示二端口的混合(H)参数矩阵。

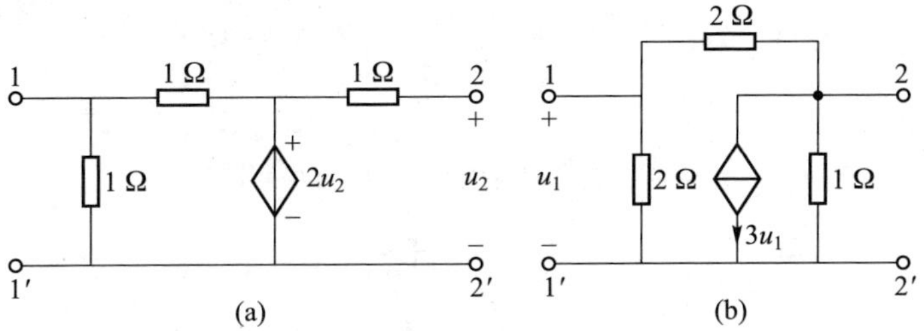

题 16-5 图

解:题 16-5 图(a)(b)中二端口的各电压、电流参考方向如题 16-5 解图(a)(b)所示。

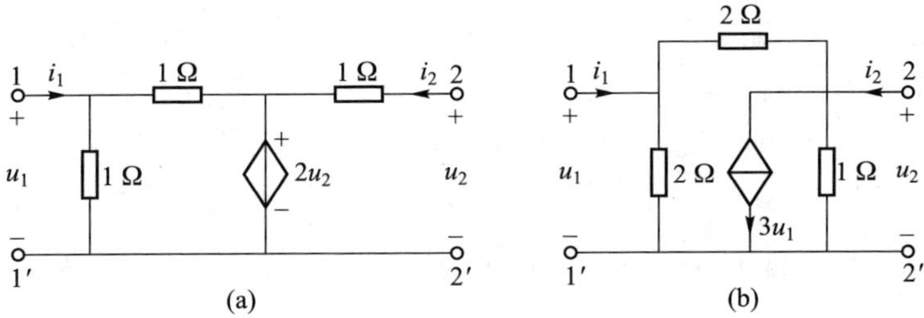

题 16-5 解图

题 16-5 解图(a)中,列端口方程

$$u_1=1\times\left(i_1-\frac{u_1}{1}\right)+2u_2\quad\Rightarrow\quad u_1=\frac{1}{2}i_1+u_2$$

又 $i_2=\dfrac{u_2-2u_2}{1}=-u_2$，联立 u_1，i_2，得

$$\begin{cases}u_1=\dfrac{1}{2}i_1+u_2\\ i_2=-u_2\end{cases} \text{与} \begin{cases}u_1=H_{11}i_1+H_{12}u_2\\ i_2=H_{21}i_1+H_{22}u_2\end{cases} \text{对照，得 } \boldsymbol{H}=\begin{bmatrix}\dfrac{1}{2}\Omega & 1\\ 0 & -1\ \text{S}\end{bmatrix}。$$

题 16-5 解图(b)中，用节点电压法列写方程

$$\begin{cases}\left(\dfrac{1}{2}+\dfrac{1}{2}\right)u_1-\dfrac{1}{2}u_2=i_1\\ -\dfrac{1}{2}u_1+\left(\dfrac{1}{2}+\dfrac{1}{1}\right)u_2=i_2-3u_1\end{cases} \Rightarrow \begin{cases}u_1-\dfrac{1}{2}u_2=i_1 & \langle 1\rangle\\ \dfrac{5}{2}u_1+\dfrac{3}{2}u_2=i_2 & \langle 2\rangle\end{cases}$$

由〈1〉式得 $u_1=i_1+0.5u_2$，代入〈2〉式，得

$$\frac{5}{2}(i_1+0.5u_2)+\frac{3}{2}u_2=i_2 \Rightarrow i_2=\frac{5}{2}i_1+\frac{11}{4}u_2$$

与 u_1 式联立，得

$$\begin{cases}u_1=i_1+0.5u_2\\ i_2=2.5i_1+2.75u_2\end{cases}\text{，则 } \boldsymbol{H}=\begin{bmatrix}1\ \Omega & 0.5\\ 2.5 & 2.75\ \text{S}\end{bmatrix}$$

16-6 已知题 16-6 图所示二端口的 Z 参数矩阵为 $\boldsymbol{Z}=\begin{bmatrix}10 & 8\\ 5 & 10\end{bmatrix}\Omega$，求 R_1、R_2、R_3 和 r 的值。

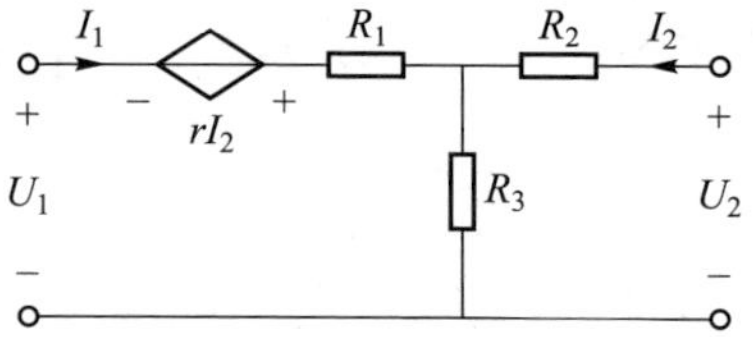

题 16-6 图

解：题 16-6 图中，列写网孔电流 I_1、I_2 方程：

$$\begin{cases}\text{左网孔}：(R_1+R_3)I_1+R_3I_2=U_1-rI_2 \quad \Rightarrow \quad (R_1+R_3)I_1+(R_3+r)I_2=U_1\\ \text{右网孔}：R_3I_1+(R_2+R_3)I_2=U_2\end{cases}$$

联立两网孔电流方程

$$\begin{cases}U_1=(R_1+R_3)I_1+(R_3+r)I_2\\ U_2=R_3I_1+(R_2+R_3)I_2\end{cases} \Rightarrow \boldsymbol{Z}=\begin{bmatrix}R_1+R_3 & R_3+r\\ R_3 & R_2+R_3\end{bmatrix}$$

已知 $\boldsymbol{Z}=\begin{bmatrix}10 & 8\\ 5 & 10\end{bmatrix}\Omega$，故有 $R_1+R_3=10\ \Omega$，$R_3+r=8\ \Omega$，$R_3=5\ \Omega$，$R_2+R_3=10\ \Omega$。求得 $R_1=R_2=R_3=5\ \Omega$，$r=3\ \Omega$。

16-7 已知二端口的 Y 参数矩阵为 $\boldsymbol{Y}=\begin{bmatrix}1.5 & -1.2\\ -1.2 & 1.8\end{bmatrix}$ S，求 H 参数矩阵，并说明该二端口中是否有受控源。

解：由于 $Y_{12}=Y_{21}=-1.2$ S，说明该二端口是互易性的，不含有受控源。由已知的 Y 参数矩阵，写出对应的 Y 参数方程为

$$\begin{cases}I_1=1.5U_1-1.2U_2 & \langle 1\rangle\\ I_2=-1.2U_1+1.8U_2 & \langle 2\rangle\end{cases}$$

由〈1〉式，得 $U_1=\dfrac{1}{1.5}I_1+\dfrac{1.2}{1.5}U_2$ 代入〈2〉式，得

$$I_2=-1.2\left(\frac{1}{1.5}I_1+\frac{1.2}{1.5}U_2\right)+1.8U_2=-\frac{4}{5}I_1+\frac{4.2}{5}U_2$$

与 U_1 式联立，则有

$$\begin{cases}U_1=\dfrac{2}{3}I_1+\dfrac{4}{5}U_2\\ I_2=-\dfrac{4}{5}I_1+\dfrac{4.2}{5}U_2\end{cases} \Rightarrow \boldsymbol{H}=\begin{bmatrix}\dfrac{2}{3}\Omega & \dfrac{4}{5}\\ -\dfrac{4}{5} & \dfrac{4.2}{5}\text{S}\end{bmatrix}=\begin{bmatrix}0.667\ \Omega & 0.8\\ -0.8 & 0.84\ \text{S}\end{bmatrix}$$

16-8 求题 16-8 图所示二端口的 Z 参数、T 参数矩阵。

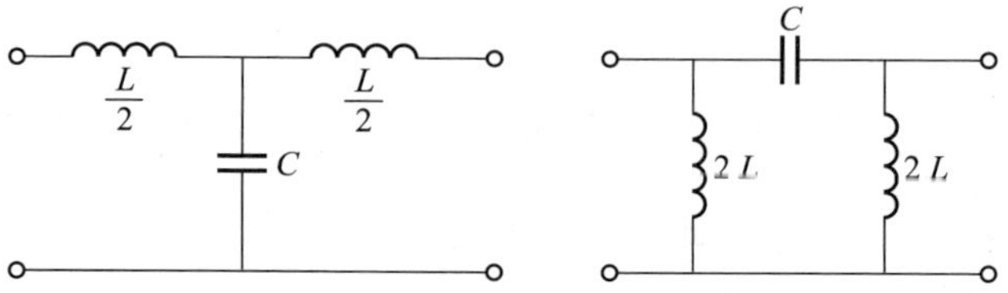

(a) (b)

题 16-8 图

解：题 16-8 图(a)(b)中标注电压、电流及网孔，如题16-8解图(a)(b)中所示。

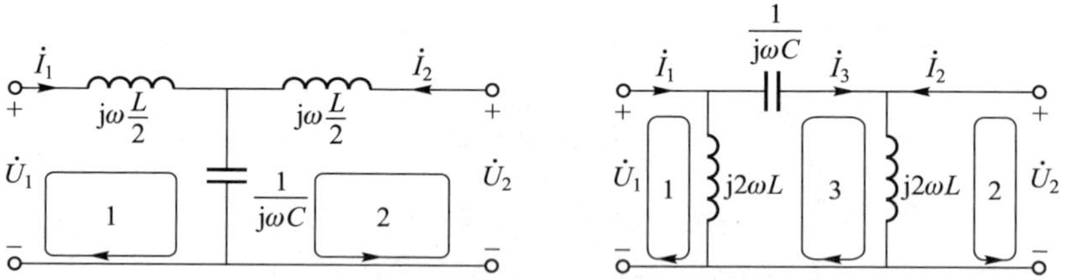

(a) (b)

题 16-8 解图

题 16-8 解图(a)中，列写 $\dot{I}_1$、$\dot{I}_2$ 网孔电流方程

$$\begin{cases}\left(j\omega\dfrac{L}{2}-j\dfrac{1}{\omega C}\right)\dot{I}_1-j\dfrac{1}{\omega C}\dot{I}_2=\dot{U}_1 & \langle 1\rangle\\ -j\dfrac{1}{\omega C}\dot{I}_1+\left(j\omega\dfrac{L}{2}-j\dfrac{1}{\omega C}\right)\dot{I}_2=\dot{U}_2 & \langle 2\rangle\end{cases}$$

得
$$\boldsymbol{Z}=\begin{bmatrix} \mathrm{j}\left(\dfrac{\omega L}{2}-\dfrac{1}{\omega C}\right) & -\mathrm{j}\dfrac{1}{\omega C} \\ -\mathrm{j}\dfrac{1}{\omega C} & \mathrm{j}\left(\dfrac{\omega L}{2}-\dfrac{1}{\omega C}\right) \end{bmatrix}$$

由〈2〉式,得
$$\dot{I}_1=\mathrm{j}\omega C\dot{U}_2+\left(\frac{\omega^2 LC}{2}-1\right)\dot{I}_2 \qquad 〈3〉$$

将〈3〉式代入〈1〉式,得
$$\left(\mathrm{j}\frac{\omega L}{2}-\mathrm{j}\frac{1}{\omega C}\right)\left[\mathrm{j}\omega C\dot{U}_2+\left(\frac{\omega^2 LC}{2}-1\right)\dot{I}_2\right]-\mathrm{j}\frac{1}{\omega C}\dot{I}_2=\dot{U}_1$$
$$\Rightarrow\quad \dot{U}_1=\left(1-\frac{\omega^2 LC}{2}\right)\dot{U}_2-\mathrm{j}\omega L\left(1-\frac{\omega^2 LC}{4}\right)\dot{I}_2 \qquad 〈4〉$$

整理〈3〉和〈4〉式,得
$$\begin{cases} \dot{U}_1=\left(1-\dfrac{\omega^2 LC}{2}\right)\dot{U}_2-\mathrm{j}\omega L\left(1-\dfrac{\omega^2 LC}{4}\right)\dot{I}_2 \\ \dot{I}_1=\mathrm{j}\omega C\dot{U}_2-\left(1-\dfrac{\omega^2 LC}{2}\right)\dot{I}_2 \end{cases}\Rightarrow \boldsymbol{T}=\begin{bmatrix} 1-\dfrac{\omega^2 LC}{2} & \mathrm{j}\omega L\left(1-\dfrac{\omega^2 LC}{4}\right) \\ \mathrm{j}\omega C & 1-\dfrac{\omega^2 LC}{2} \end{bmatrix}$$

题 16-8 解图(b)中,列 $\dot{I}_1$、$\dot{I}_2$、$\dot{I}_3$网孔电流方程
$$\begin{cases} \mathrm{j}2\omega L\dot{I}_1-\mathrm{j}2\omega L\dot{I}_3=\dot{U}_1 \\ \mathrm{j}2\omega L\dot{I}_2+\mathrm{j}2\omega L\dot{I}_3=\dot{U}_2 \\ -\mathrm{j}2\omega L\dot{I}_1+\left(\mathrm{j}2\omega L+\dfrac{1}{\mathrm{j}\omega C}+\mathrm{j}2\omega L\right)\dot{I}_3+\mathrm{j}2\omega L\dot{I}_2=0 \end{cases}$$
$$\Rightarrow\begin{cases} \mathrm{j}2\omega L\dot{I}_1-\mathrm{j}2\omega L\dot{I}_3=\dot{U}_1 & 〈1〉\\ \mathrm{j}2\omega L\dot{I}_2+\mathrm{j}2\omega L\dot{I}_3=\dot{U}_2 & 〈2〉\\ -\mathrm{j}2\omega L\dot{I}_1+\left(\mathrm{j}4\omega L+\dfrac{1}{\mathrm{j}\omega C}\right)\dot{I}_3+\mathrm{j}2\omega L\dot{I}_2=0 & 〈3〉 \end{cases}$$

由〈3〉式,得
$$\dot{I}_3=\frac{\mathrm{j}2\omega L}{4\mathrm{j}\omega L+\dfrac{1}{\mathrm{j}\omega C}}\dot{I}_1-\frac{\mathrm{j}2\omega L}{4\mathrm{j}\omega L+\dfrac{1}{\mathrm{j}\omega C}}\dot{I}_2=\frac{-2\omega^2 LC}{1-4\omega^2 LC}\dot{I}_1+\frac{2\omega^2 LC}{1-4\omega^2 LC}\dot{I}_2 \qquad 〈4〉$$

将〈4〉式代入〈1〉式,得
$$\dot{U}_1=\mathrm{j}2\omega L\dot{I}_1-\mathrm{j}2\omega L\left(\frac{-2\omega^2 LC}{1-4\omega^2 LC}\dot{I}_1+\frac{2\omega^2 LC}{1-4\omega^2 LC}\dot{I}_2\right)$$
$$=\mathrm{j}2\omega L\left(1+\frac{2\omega^2 LC}{1-4\omega^2 LC}\right)\dot{I}_1-\mathrm{j}\frac{4\omega^3 L^2 C}{1-4\omega^2 LC}\dot{I}_2$$
$$\dot{U}_1=\frac{\mathrm{j}2\omega L(1-2\omega^2 LC)}{1-4\omega^2 LC}\dot{I}_1-\mathrm{j}\frac{4\omega^3 L^2 C}{1-4\omega^2 LC}\dot{I}_2 \qquad 〈5〉$$

将〈4〉式代入〈2〉式,得
$$\dot{U}_2=\mathrm{j}2\omega L\dot{I}_2+\mathrm{j}2\omega L\left(\frac{-2\omega^2 LC}{1-4\omega^2 LC}\dot{I}_1+\frac{2\omega^2 LC}{1-4\omega^2 LC}\dot{I}_2\right)$$

整理得
$$\dot{U}_2=-\mathrm{j}\frac{4\omega^3 L^2 C}{1-4\omega^2 LC}\dot{I}_1+\frac{\mathrm{j}2\omega L(1-2\omega^2 LC)}{1-4\omega^2 LC}\dot{I}_2 \qquad 〈6〉$$

由〈5〉和〈6〉式,得
$$\boldsymbol{Z}=\begin{bmatrix} \dfrac{\mathrm{j}2\omega L(1-2\omega^2 LC)}{1-4\omega^2 LC} & -\mathrm{j}\dfrac{4\omega^3 L^2 C}{1-4\omega^2 LC} \\ -\mathrm{j}\dfrac{4\omega^3 L^2 C}{1-4\omega^2 LC} & \dfrac{\mathrm{j}2\omega L(1-2\omega^2 LC)}{1-4\omega^2 LC} \end{bmatrix}$$

由〈6〉式,得
$$\dot{I}_1=\mathrm{j}\frac{1-4\omega^2 LC}{4\omega^3 L^2 C}\dot{U}_2+\frac{2\omega L(1-2\omega^2 LC)}{4\omega^3 L^2 C}\dot{I}_2=\mathrm{j}\frac{1-4\omega^2 LC}{4\omega^3 L^2 C}\dot{U}_2-\left(1-\frac{1}{2\omega^2 LC}\right)\dot{I}_2 \qquad 〈7〉$$

将〈7〉式代入〈5〉式,得
$$\dot{U}_1=\frac{\mathrm{j}2\omega L(1-2\omega^2 LC)}{1-4\omega^2 LC}\left[\mathrm{j}\frac{1-4\omega^2 LC}{4\omega^3 L^2 C}\dot{U}_2+\frac{2\omega L(1-2\omega^2 LC)}{4\omega^3 L^2 C}\dot{I}_2\right]-\mathrm{j}\frac{4\omega^3 L^2 C}{1-4\omega^2 LC}\dot{I}_2$$
$$=\frac{-2\omega L(1-2\omega^2 LC)}{4\omega^3 L^2 C}\dot{U}_2+\mathrm{j}\left\{\frac{[2\omega L(1-2\omega^2 LC)]^2}{(1-4\omega^2 LC)4\omega^3 L^2 C}-\frac{4\omega^3 L^2 C}{1-4\omega^2 LC}\right\}\dot{I}_2$$
$$=\frac{-2\omega L+4\omega^3 L^2 C}{4\omega^3 L^2 C}\dot{U}_2+\mathrm{j}\frac{4\omega^2 L^2-16\omega^4 L^3 C}{(1-4\omega^2 LC)4\omega^3 L^2 C}\dot{I}_2$$
$$\dot{U}_1=\left(1-\frac{1}{2\omega^2 LC}\right)\dot{U}_2+\mathrm{j}\frac{1}{\omega C}\dot{I}_2 \qquad 〈8〉$$

整理〈7〉和〈8〉式,得
$$\begin{cases} \dot{U}_1=\left(1-\dfrac{1}{2\omega^2 LC}\right)\dot{U}_2+\mathrm{j}\dfrac{1}{\omega C}\dot{I}_2 \\ \dot{I}_1=\mathrm{j}\dfrac{1-4\omega^2 LC}{4\omega^3 L^2 C}\dot{U}_2-\left(1-\dfrac{1}{2\omega^2 LC}\right)\dot{I}_2 \end{cases},\boldsymbol{T}=\begin{bmatrix} 1-\dfrac{1}{2\omega^2 LC} & -\mathrm{j}\dfrac{1}{\omega C} \\ \mathrm{j}\dfrac{1-4\omega^2 LC}{4\omega^3 L^2 C} & 1-\dfrac{1}{2\omega^2 LC} \end{bmatrix}$$

16-9 电路如题 16-9 图所示,已知二端口的 H 参数矩阵为 $\boldsymbol{H}=\begin{bmatrix} 40 & 0.4 \\ 10 & 0.1 \end{bmatrix}$,求电压转移函数$\dfrac{U_2(s)}{U_1(s)}$。

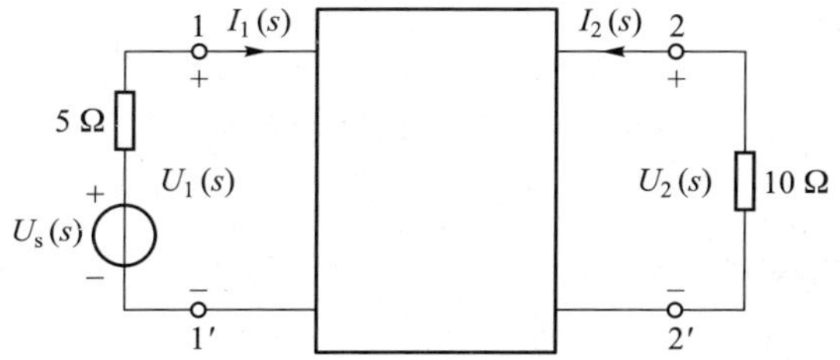

题 16-9 图

解：题 16-9 图中，写出电路已知的 H 参数方程

$$\begin{cases} U_1(s)=40I_1(s)+0.4U_2(s) & \langle 1\rangle \\ I_2(s)=10I_1(s)+0.1U_2(s) & \langle 2\rangle \end{cases}$$

端口两侧外电路的方程为

$$\begin{cases} U_1(s)=U_s(s)-5I_1(s) & \langle 3\rangle \\ U_2(s)=-10I_2(s) & \langle 4\rangle \end{cases}$$

〈2〉式代入〈4〉式，得

$$U_2(s)=-100I_1(s)-U_2(s) \qquad \langle 5\rangle$$

由〈5〉式得

$$I_1(s)=-\frac{1}{50}U_2(s)$$

代入〈1〉式和〈3〉式，得

$$U_1(s)=40\left[-\frac{1}{50}U_2(s)\right]+0.4U_2(s)=-0.4U_2(s) \qquad \langle 6\rangle$$

$$U_1(s)=U_s(s)-5\left[-\frac{1}{50}U_2(s)\right]=U_s(s)+\frac{1}{10}U_2(s) \qquad \langle 7\rangle$$

〈6〉式代入〈7〉式，得

$$-0.4U_2(s)=U_s(s)+\frac{1}{10}U_2(s) \quad \Rightarrow \quad \frac{U_2(s)}{U_s(s)}=-2$$

16-10 已知二端口参数矩阵为

(a) $Z=\begin{bmatrix} \frac{60}{9} & \frac{40}{9} \\ \frac{40}{9} & \frac{100}{9} \end{bmatrix}\Omega$；(b) $Y=\begin{bmatrix} 5 & -2 \\ 0 & 3 \end{bmatrix}$ S。

试问二端口是否有受控源？并求它的等效Π形电路。

解：(a) 已知 Z 参数，得知 $Z_{r2}=Z_{21}$，二端口无受控源，其对应的 T 形等效电路题 16-10 解图(a)所示，T 形电路再等效为Π形电路如题 16-10 解图(b)所示。

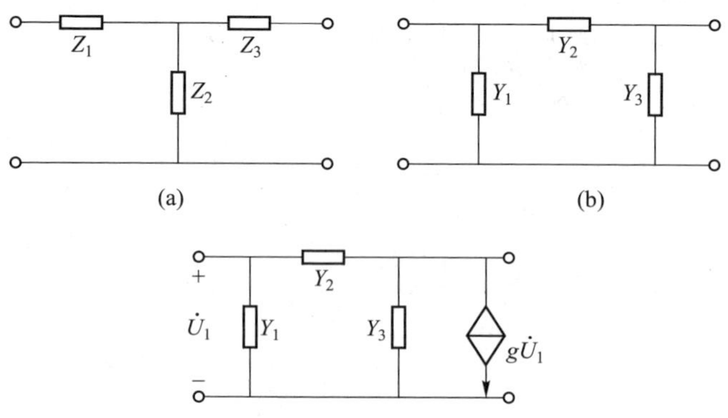

题 16-10 解图

题 16-10 解图(a)中，T 形电路中的阻抗为

$$Z_1=Z_{11}-Z_{12}=\left(\frac{60}{9}-\frac{40}{9}\right)\Omega=\frac{20}{9}\Omega,\ Z_2=Z_{12}=\frac{40}{9}\Omega$$

$$Z_3=Z_{22}-Z_{12}=\left(\frac{100}{9}-\frac{40}{9}\right)\Omega=\frac{60}{9}\Omega$$

题 16-10 解图(b)中，Π形等效电路中的导纳为

$$Y_1=\frac{Z_3}{Z_1Z_2+Z_2Z_3+Z_3Z_1}=\frac{\frac{60}{9}}{\frac{20}{9}\times\frac{40}{9}+\frac{40}{9}\times\frac{60}{9}+\frac{60}{9}\times\frac{20}{9}}\text{S}=\frac{\frac{60}{9}}{\frac{4400}{81}}\text{S}$$

$$=\frac{54}{440}\text{S}=0.1227\ \text{S}$$

$$Y_2=\frac{Z_2}{Z_1Z_2+Z_2Z_3+Z_3Z_1}=\frac{\frac{40}{9}}{\frac{4400}{81}}\text{S}=\frac{36}{440}\text{S}=0.0818\ \text{S}$$

$$Y_3=\frac{Z_1}{Z_1Z_2+Z_2Z_3+Z_3Z_1}=\frac{\frac{20}{9}}{\frac{4400}{81}}\text{S}=\frac{18}{440}\text{S}=0.0409\ \text{S}$$

(b) 已知 Y 参数，得知 $Y_{12}\neq Y_{21}$，故二端口含受控源，其对应的Π形等效电路如题 16-10 解图(c)所示。

$$Y_1=Y_{11}+Y_{12}=(5-2)\text{S}=3\ \text{S}$$
$$Y_2=-Y_{12}=-(-2)\text{S}=2\ \text{S}$$
$$Y_3=Y_{22}+Y_{12}=[3+(-2)]\text{S}=1\ \text{S}$$
$$g=Y_{21}-Y_{12}=[0-(-2)]\text{S}=2\ \text{S}$$

16-11 求题 16-11 图所示双 T 电路的 Y 参数矩阵

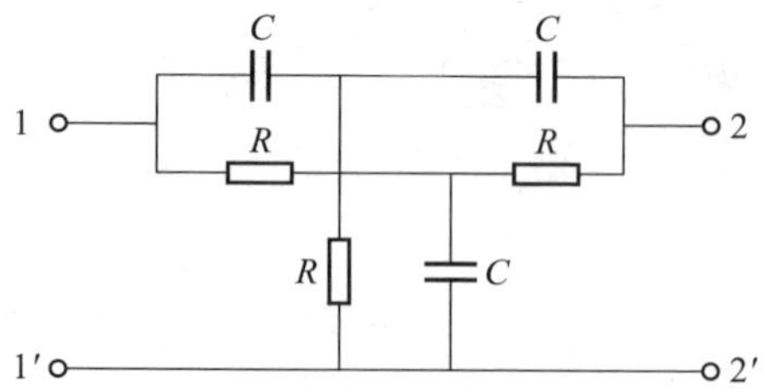

题 16-11 图

解：题 16-11 图的运算模型如题 16-11 解图(a)所示，Y 参数矩阵为 $\boldsymbol{Y}(s)$，此题可视为两个 T 形二端口并-并联组成的复合二端口，两个 T 形二端口分别如题 16-11 解图(b)(c)所示，其 Y 参数矩阵分别为 $\boldsymbol{Y}'(s)$ 与 $\boldsymbol{Y}''(s)$，则有

$$\boldsymbol{Y}(s)=\boldsymbol{Y}'(s)+\boldsymbol{Y}''(s)$$

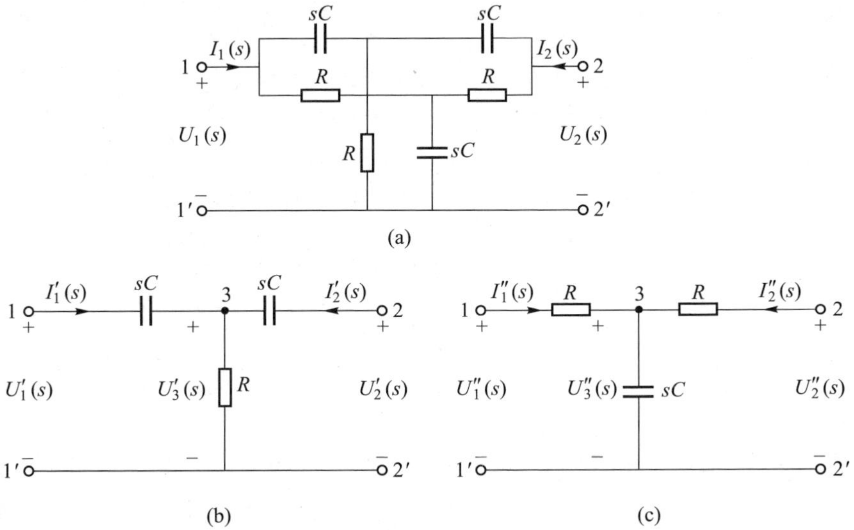

题 16-11 解图

对题 16-11 解图(b),列节点电压方程

$$\begin{cases} sCU'_1(s)-sCU'_3(s)=I'_1(s) & \langle 1\rangle \\ -sCU'_3(s)+sCU'_2(s)=I'_2(s) & \langle 2\rangle \\ -sCU'_1(s)+\left(2sC+\dfrac{1}{R}\right)U'_3(s)-sCU'_2(s)=0 & \langle 3\rangle \end{cases}$$

由〈3〉式,得

$$U'_3(s)=\frac{sC}{2sC+\dfrac{1}{R}}U'_1(s)+\frac{sC}{2sC+\dfrac{1}{R}}U'_2(s)$$

代入〈1〉和〈2〉式,得

$$\begin{cases} I'_1(s)=\dfrac{sC\left(sC+\dfrac{1}{R}\right)}{2sC+\dfrac{1}{R}}U'_1(s)-\dfrac{(sC)^2}{2sC+\dfrac{1}{R}}U'_2(s) \\ \qquad =\dfrac{sC(sRC+1)}{2sRC+1}U'_1(s)-\dfrac{s^2C^2R}{2sRC+1}U'_2(s) \\ I'_2(s)=-\dfrac{s^2C^2R}{2sRC+1}U'_1(s)+\dfrac{sC(sRC+1)}{2sRC+1}U'_2(s) \end{cases}$$

$$\Rightarrow\quad \boldsymbol{Y}'(s)=\begin{bmatrix} \dfrac{s^2C^2R+sC}{2sRC+1} & -\dfrac{s^2C^2R}{2sRC+1} \\ -\dfrac{s^2C^2R}{2sRC+1} & \dfrac{s^2C^2R+sC}{2sRC+1} \end{bmatrix}$$

对题 16-11 解图(c),列节点电压方程

$$\begin{cases} \dfrac{1}{R}U''_1(s)-\dfrac{1}{R}U''_3(s)=I''_1(s) & \langle 4\rangle \\ -\dfrac{1}{R}U''_3(s)+\dfrac{1}{R}U''_2(s)=I''_2(s) & \langle 5\rangle \\ \dfrac{1}{R}U''_1(s)+\left(\dfrac{2}{R}+sC\right)U''_3(s)-\dfrac{1}{R}U''_2(s)=0 & \langle 6\rangle \end{cases}$$

由〈6〉式,得

$$U''_3(s)=\frac{\dfrac{1}{R}}{\dfrac{2}{R}+sC}U''_1(s)+\frac{\dfrac{1}{R}}{\dfrac{2}{R}+sC}U''_2(s)$$

代入〈4〉和〈5〉式,得

$$\begin{cases} I''_1(s)=\dfrac{\dfrac{1}{R}\left(sC+\dfrac{1}{R}\right)}{\dfrac{2}{R}+sC}U''_1(s)-\dfrac{\dfrac{1}{R^2}}{\dfrac{2}{R}+sC}U''_2(s) \\ \qquad =\dfrac{sRC+1}{R(sRC+2)}U''_1(s)-\dfrac{1}{R(sRC+2)}U''_2(s) \\ I''_2(s)=-\dfrac{1}{R(sRC+2)}U''_1(s)+\dfrac{sRC+1}{R(sRC+2)}U''_2(s) \end{cases}$$

$$\Rightarrow\quad \boldsymbol{Y}''(s)=\begin{bmatrix} \dfrac{sRC+1}{R(sRC+2)} & -\dfrac{1}{R(sRC+2)} \\ -\dfrac{1}{R(sRC+2)} & \dfrac{sRC+1}{R(sRC+2)} \end{bmatrix}$$

所以

$$\boldsymbol{Y}(s)=\boldsymbol{Y}'(s)+\boldsymbol{Y}''(s)=\begin{bmatrix} Y'_{11}(s) & Y'_{12}(s) \\ Y'_{21}(s) & Y'_{22}(s) \end{bmatrix}+\begin{bmatrix} Y''_{11}(s) & Y''_{12}(s) \\ Y''_{21}(s) & Y''_{22}(s) \end{bmatrix}$$

$$=\begin{bmatrix} Y'_{11}(s)+Y''_{11}(s) & Y'_{12}(s)+Y''_{12}(s) \\ Y'_{21}(s)+Y''_{21}(s) & Y'_{22}(s)+Y''_{22}(s) \end{bmatrix}=\begin{bmatrix} Y_{11}(s) & Y_{12}(s) \\ Y_{21}(s) & Y_{22}(s) \end{bmatrix}$$

$$
\boldsymbol{Y}(s)=\begin{bmatrix} \dfrac{s^2C^2R+sC}{2sRC+1}+\dfrac{sRC+1}{R(sRC+2)} & -\left[\dfrac{s^2C^2R}{2sRC+1}+\dfrac{1}{R(sRC+2)}\right] \\ -\left[\dfrac{s^2C^2R}{2sRC+1}+\dfrac{1}{R(sRC+2)}\right] & \dfrac{s^2C^2R+sC}{2sRC+1}+\dfrac{sRC+1}{R(sRC+2)} \end{bmatrix}
$$

$$
=\begin{bmatrix} \dfrac{sC\left(s+\dfrac{1}{RC}\right)}{2s+\dfrac{1}{RC}}+\dfrac{s+\dfrac{1}{RC}}{R\left(s+\dfrac{2}{RC}\right)} & -\left(\dfrac{s^2C}{2s+\dfrac{1}{RC}}+\dfrac{\dfrac{1}{R^2C}}{s+\dfrac{2}{RC}}\right) \\ -\left(\dfrac{s^2C}{2s+\dfrac{1}{RC}}+\dfrac{\dfrac{1}{R^2C}}{s+\dfrac{2}{RC}}\right) & \dfrac{sC\left(s+\dfrac{1}{RC}\right)}{2s+\dfrac{1}{RC}}+\dfrac{s+\dfrac{1}{RC}}{R\left(s+\dfrac{2}{RC}\right)} \end{bmatrix}
$$

即 $Y_{11}(s)=Y_{22}(s)$，$Y_{12}(s)=Y_{21}(s)$

16-12　求题 16-12 图所示二端口的 T 参数矩阵，设内部二端口 P_1 的 T 参数矩阵为 $\boldsymbol{T}_1=\begin{bmatrix} A & B \\ C & D \end{bmatrix}$。

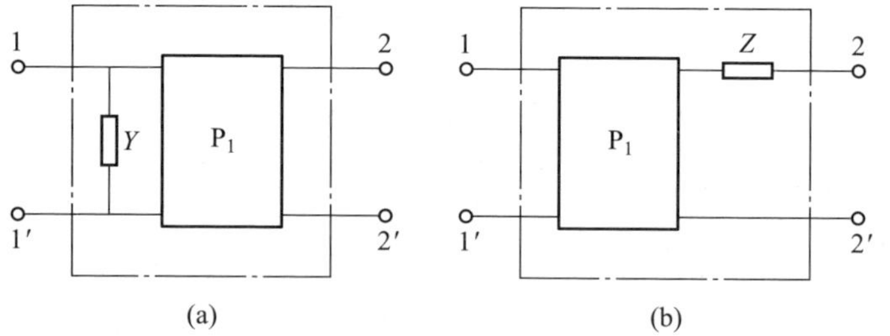

题 16-12 图

解：题 16-12 图(a)可看成仅含导纳 Y 的简单二端口与 P_1 二端口的级联构成的复合二端口，则复合二端口的 T 参数矩阵为

$$
\boldsymbol{T}=\boldsymbol{T}_Y\boldsymbol{T}_1=\begin{bmatrix} 1 & 0 \\ Y & 1 \end{bmatrix}\begin{bmatrix} A & B \\ C & D \end{bmatrix}=\begin{bmatrix} A & B \\ AY+C & BY+D \end{bmatrix}
$$

题 16-12 图(b)，可看成 P_1 二端口与阻抗 Z 的级联构成的复合二端口，则

$$
\boldsymbol{T}=\boldsymbol{T}_1\boldsymbol{T}_Z=\begin{bmatrix} A & B \\ C & D \end{bmatrix}\begin{bmatrix} 1 & Z \\ 0 & 1 \end{bmatrix}=\begin{bmatrix} A & AZ+B \\ C & CZ+D \end{bmatrix}
$$

16-13　利用题 16-1、16-3 的结果，求出题 16-13 图所示二端口的 T 参数矩阵。

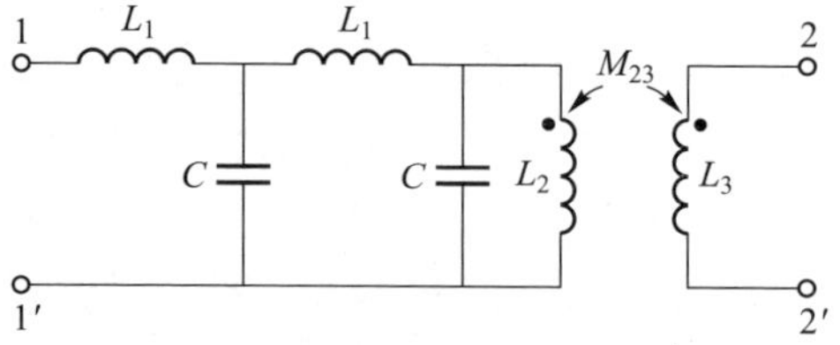

题 16-13 图

设已知 $\omega L_1=10\ \Omega$，$\dfrac{1}{\omega C}=20\ \Omega$，$\omega L_2=\omega L_3=8\ \Omega$，$\omega M_{23}=4\ \Omega$。

解：题 16-13 图可看成三个二端口的级联构成的复合二端口，如题 16-13 解图(a)(b)(c)所示，其 T 参数矩阵分别为 $\boldsymbol{T}_1$、$\boldsymbol{T}_2$、$\boldsymbol{T}_3$。

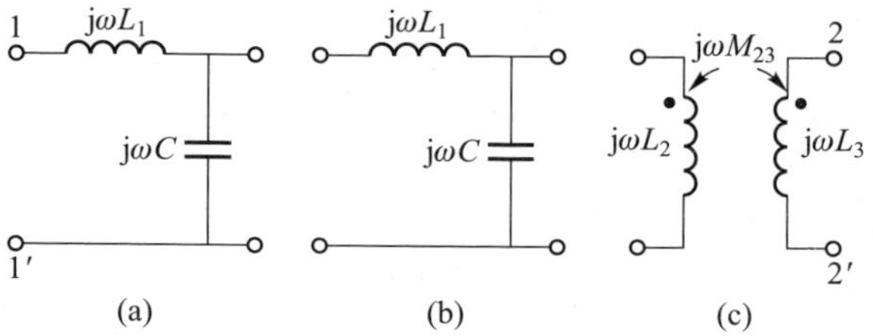

题 16-13 解图

题 16-13 解图(a)(b)的 $\boldsymbol{T}$ 参数矩阵分别为 $\boldsymbol{T}_1$ 和 $\boldsymbol{T}_2$，由题 16-1 图(a)计算结果，可知

$$
\boldsymbol{T}_1=\boldsymbol{T}_2=\begin{bmatrix} 1-\omega^2L_1C & \mathrm{j}\omega L_1 \\ \mathrm{j}\omega C & 1 \end{bmatrix}=\begin{bmatrix} 1-10\times\dfrac{1}{20} & \mathrm{j}10 \\ \mathrm{j}\dfrac{1}{20} & 1 \end{bmatrix}=\begin{bmatrix} \dfrac{1}{2} & \mathrm{j}10 \\ \mathrm{j}\dfrac{1}{20} & 1 \end{bmatrix}
$$

题 16-13 解图(c)的 $\boldsymbol{T}$ 参数矩阵为 $\boldsymbol{T}_3$，由题 16-3 图(c)计算结果，可知

$$
\boldsymbol{T}_3=\begin{bmatrix} \dfrac{L_2}{M_{23}} & \mathrm{j}\omega\left(\dfrac{L_2L_3}{M_{23}}-M_{23}\right) \\ -\mathrm{j}\dfrac{1}{\omega M_{23}} & \dfrac{L_3}{M_{23}} \end{bmatrix}=\begin{bmatrix} \dfrac{8}{4} & \mathrm{j}\left(\dfrac{8\times8}{4}-4\right) \\ -\mathrm{j}\dfrac{1}{4} & \dfrac{8}{4} \end{bmatrix}=\begin{bmatrix} 2 & \mathrm{j}12 \\ -\mathrm{j}\dfrac{1}{4} & 2 \end{bmatrix}
$$

$$
\boldsymbol{T}=\boldsymbol{T}_1\boldsymbol{T}_2\boldsymbol{T}_3=\begin{bmatrix} \dfrac{1}{2} & \mathrm{j}10 \\ \mathrm{j}\dfrac{1}{20} & 1 \end{bmatrix}\begin{bmatrix} \dfrac{1}{2} & \mathrm{j}10 \\ \mathrm{j}\dfrac{1}{20} & 1 \end{bmatrix}\boldsymbol{T}_3=\begin{bmatrix} \dfrac{1}{4}-\dfrac{10}{20} & \mathrm{j}5+\mathrm{j}10 \\ \mathrm{j}\dfrac{1}{40}+\mathrm{j}\dfrac{1}{20} & -\dfrac{1}{2}+1 \end{bmatrix}\boldsymbol{T}_3
$$

$$
=\begin{bmatrix} -\dfrac{1}{4} & \mathrm{j}15 \\ \mathrm{j}\dfrac{3}{40} & \dfrac{1}{2} \end{bmatrix}\begin{bmatrix} 2 & \mathrm{j}12 \\ -\mathrm{j}\dfrac{1}{4} & 2 \end{bmatrix}=\begin{bmatrix} -\dfrac{1}{2}+\dfrac{15}{4} & -\mathrm{j}3+\mathrm{j}30 \\ \mathrm{j}\dfrac{3}{20}-\mathrm{j}\dfrac{1}{8} & -\dfrac{3\times12}{40}+1 \end{bmatrix}=\begin{bmatrix} 3.25 & \mathrm{j}27 \\ \mathrm{j}0.025 & 0.1 \end{bmatrix}
$$

16-14　试证明两个回转器级联后[如题 16-14 图(a)所示]，可等效为一个理想变压器[如题 16-14 图(b)所示]，并求出变比 n 与两个回转器的回转电导 g_1 和 g_2 的关系。

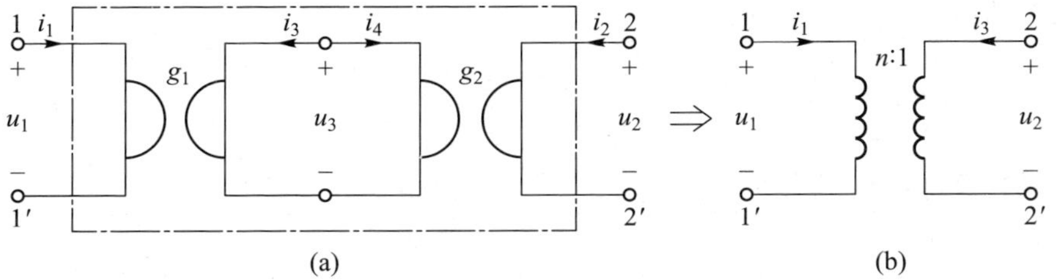

题 16-14 图

证明：指定题 16-14 图(a)(b)中各电流、电压参考方向。题 16-14 图(a)中

$$\begin{cases} u_1=-\dfrac{1}{g_1}i_3=\dfrac{1}{g_1}i_4=\dfrac{1}{g_1}g_2u_2 \\ i_1=g_1u_3=g_1\left(-\dfrac{1}{g_2}i_2\right)=-\dfrac{g_1}{g_2}i_2 \end{cases} \Rightarrow \begin{bmatrix} u_1 \\ i_1 \end{bmatrix}=\begin{bmatrix} \dfrac{g_2}{g_1} & 0 \\ 0 & \dfrac{g_1}{g_2} \end{bmatrix}\begin{bmatrix} u_2 \\ -i_2 \end{bmatrix}$$

题 16-14 图(b)中

$$\begin{cases} u_1=nu_2 \\ i_1=-\dfrac{1}{n}i_2 \end{cases} \Rightarrow \begin{bmatrix} u_1 \\ i_1 \end{bmatrix}=\begin{bmatrix} n & 0 \\ 0 & \dfrac{1}{n} \end{bmatrix}\begin{bmatrix} u_2 \\ -i_2 \end{bmatrix}$$

即当 $n=\dfrac{g_2}{g_1}$时，图(a)等效为图(b)。

16-15 试求题 16-15 图所示电路的输入阻抗 Z_i。已知 $C_1=C_2=1$ F，$G_1=G_2=1$ S，$g=2$ S。

解：题 16-15 图的相量电路模型如题 16-15 解图所示。

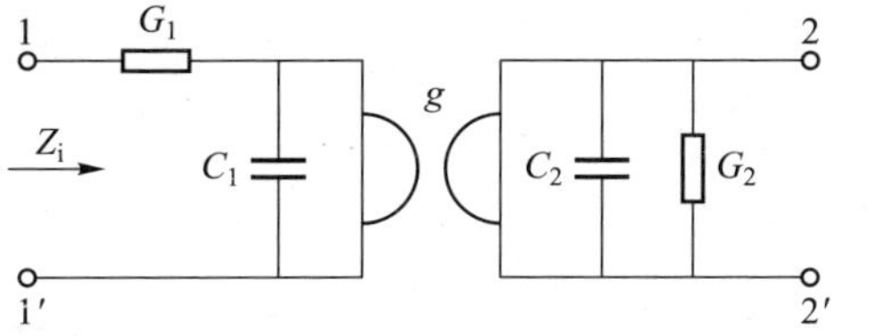

题 16-15 图

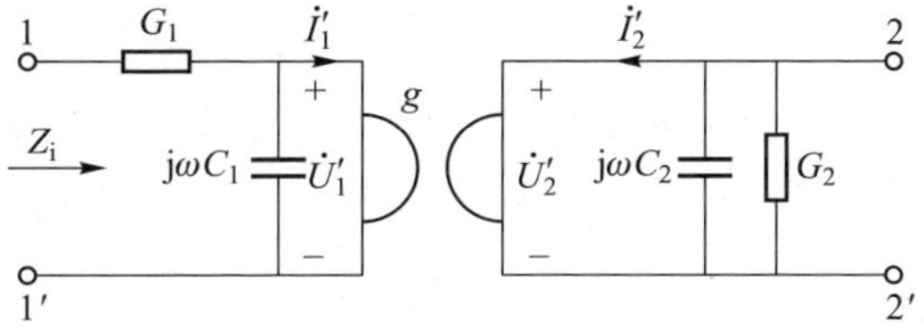

题 16-15 解图

输入阻抗 $Z_i=\dfrac{1}{G_1}+\dfrac{1}{\mathrm{j}\omega C_1+\dfrac{\dot{I}_1'}{\dot{U}_1'}}$

又 $\dfrac{\dot{I}_1'}{\dot{U}_1'}=\dfrac{g\dot{U}_2'}{-\dfrac{1}{g}\dot{I}_2'}=-g^2\dfrac{\dot{U}_2'}{\dot{I}_2'}=-g^2\left(-\dfrac{1}{\mathrm{j}\omega C_2+G_2}\right)=\dfrac{g^2}{\mathrm{j}\omega C_2+G_2}$

所以 $Z_i=\dfrac{1}{G_1}+\dfrac{1}{\mathrm{j}\omega C_1+\dfrac{g^2}{\mathrm{j}\omega C_2+G_2}}=\dfrac{1}{G_1}+\dfrac{\mathrm{j}\omega C_2+G_2}{\mathrm{j}\omega C_1(\mathrm{j}\omega C_2+G_2)+g^2}$

$$=1+\frac{\mathrm{j}\omega+1}{\mathrm{j}\omega(\mathrm{j}\omega+1)+4}=\frac{2\mathrm{j}\omega-\omega^2+5}{\mathrm{j}\omega-\omega^2+4}$$

第十七章　非线性电路

内容提要

表 17-1　非线性电阻、电感、电容元件及半导体二极管

<table>
<tr><td rowspan="2">元件名称(符号)</td><td rowspan="2">元件模型</td><td colspan="3" rowspan="2">非线性元件的静态参数值和动态参数值定义,单位名称/符号</td><td colspan="3">非线性元件定义</td></tr>
<tr><td>电流控制型</td><td>电压控制型</td><td>单调型</td></tr>
<tr><td rowspan="3">非线性电阻(R)</td><td rowspan="3">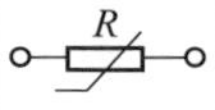</td><td>静态电阻 R,欧[姆]/Ω
$R=\left.\frac{u}{i}\right|_{\text{工作点}P}$</td><td>动态电阻 R_d,欧[姆]/Ω
$R_d=\left.\frac{du}{di}\right|_{\text{工作点}P}$</td><td rowspan="2">在某一工作状态下(工作点 P 点)的非线性电阻特性。
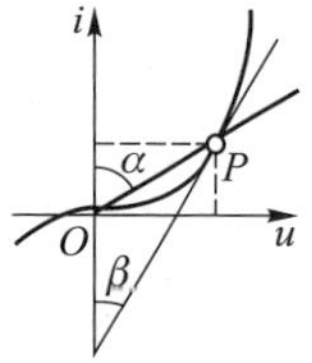</td><td rowspan="3">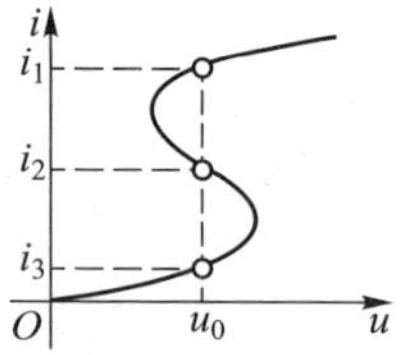
端电压是电流的单值函数,函数关系为
$u=f(i)$
某些充气二极管具有此特性</td><td rowspan="3">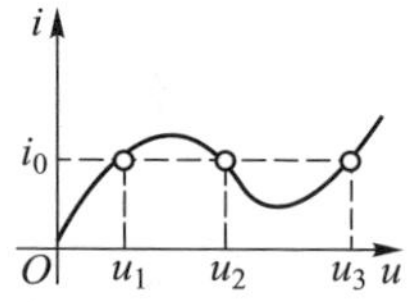
电流是端电压的单值函数,函数关系为
$i=g(u)$
隧道二极管具有此特性</td><td rowspan="3">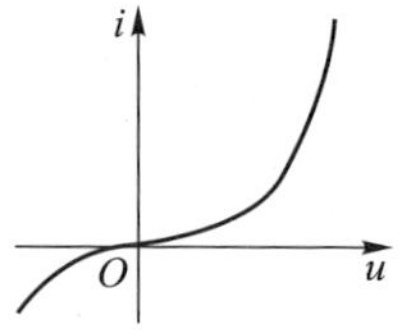
伏安曲线既是电流控制又是电压控制。函数关系为
$u=f(i)$ 或 $i=g(u)$
p-n 结二极管有此特性</td></tr>
<tr><td>静态电导 $G=\frac{1}{R}$,西[门子]/S
$G=\left.\frac{i}{u}\right|_{\text{工作点}P}$</td><td>动态电导 $G_d=\frac{1}{R_d}$,西[门子]/S
$G_d=\left.\frac{di}{du}\right|_{\text{工作点}P}$</td></tr>
<tr><td colspan="3">非线性电阻元件的伏安特性不遵循欧姆定律,元件无固定参数值</td></tr>
<tr><td rowspan="2">非线性电感(L)</td><td rowspan="2"></td><td>静态电感 L,亨[利]/H
$L=\left.\frac{\Psi}{i}\right|_{\text{工作点}P}$</td><td colspan="2">动态电感 L_d,亨[利]/H
$L_d=\left.\frac{d\Psi}{di}\right|_{\text{工作点}P}$</td><td rowspan="2">磁通链是电流的单值函数,函数关系为
$\Psi=f(i)$</td><td rowspan="2">电流是磁通链的单值函数,函数关系为
$i=h(\Psi)$</td><td rowspan="2">韦安曲线既是电流控制又是磁通链控制。函数关系为
$\Psi=f(i)$ 或 $i=h(\Psi)$</td></tr>
<tr><td colspan="3">非线性电感元件的韦安特性不是线性的,元件无固定参数值</td></tr>
<tr><td rowspan="2">非线性电容(C)</td><td rowspan="2"></td><td>静态电容 C,法[拉]/F
$C=\left.\frac{q}{u}\right|_{\text{工作点}P}$</td><td colspan="2">动态电容 C_d,法[拉]/F
$C_d=\left.\frac{dq}{du}\right|_{\text{工作点}P}$</td><td rowspan="2">电荷是其端电压的单值函数,函数关系为
$q=f(u)$</td><td rowspan="2">端电压是电荷的单值函数,函数关系为
$u=h(q)$</td><td rowspan="2">库伏曲线既是电压控制又是电荷控制的。函数关系为
$q=f(u)$ 或 $u=h(q)$</td></tr>
<tr><td colspan="3">非线性电容元件的库伏特性不是线性的,元件无固定参数值</td></tr>
<tr><td>p-n 结二极管
(非线性电阻)</td><td></td><td colspan="6">伏安关系 $i=I_S\left(e^{\frac{qu}{kT}}-1\right)$ 或 $u=\frac{kT}{q}\ln\left(\frac{1}{I_S}i+1\right)$,　在 $T=300$ K(室温下)时,$\frac{q}{kT}=40\ (\text{J/C})^{-1}=40\ \text{V}^{-1}$,　$i=I_S\left(e^{40u}-1\right)$</td></tr>
<tr><td>理想二极管(D)
(非线性电阻)</td><td>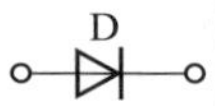</td><td colspan="6">当加正向电压 u 时,二极管完全导通,相当于短路;当加反向电压 u 时,二极管不导通,电流为零,相当于开路。其伏安特性为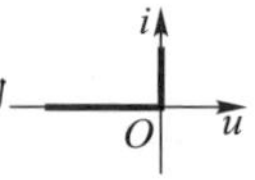</td></tr>
</table>

表 17-2　非线性电阻电路的分析方法

图解法 1(曲线相交法)	图解法 2(曲线相加法)	解析法	小信号分析法	分段线性化方法(折线法)
适用于电路中仅有一个非线性电阻,其他部分均为线性的电路。非线性部分与线性部分的特性曲线的交点为静态工作点	适用于分析非线性电阻串联的电压与并联的电流。 两个流控型电阻 $u_1=f_1(i)$ 与 $u_2=f_2(i)$ 串联,$u=u_1+u_2=f(i)$; 两个压控型电阻 $i_1=g_1(u)$ 与 $i_2=g_2(u)$ 并联,$i=i_1+i_2=g(u)$	适用于非线性电阻元件的电压、电流关系已给出解析式的电路	非线性电路在直流工作点的线性化处理方法。输入信号由直流偏置激励加小信号组成	适用于非线性电阻元件的电压、电流特性可用若干段直线逼近的电路。每段线性段均可用线性电路的分析方法

电路思维导图应用范例(参照附录 B 中第十七章思维导图助记知识要点)

1. 图解法、解析法分析非线性电阻电路

图解法(曲线相交法)分析非线性电阻电路的步骤:

如图 1(a)所示电路,已知非线性电阻的伏安特性 $i=g(u)$ 的曲线如图1(b)所示,求静态工作点 $Q(U_Q,I_Q)$。

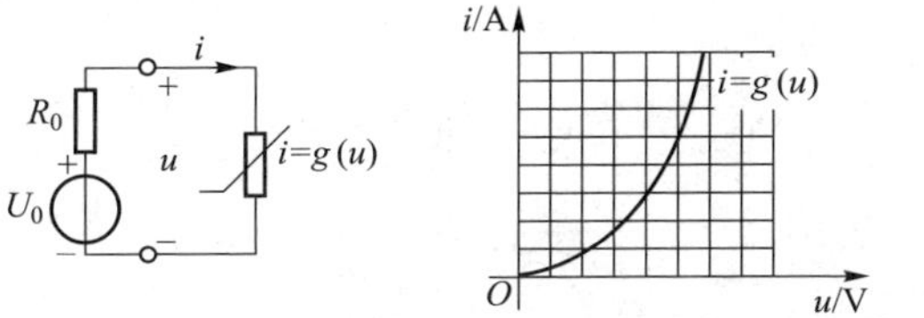

(a) 非线性电阻电路　(b) 非线性电阻的伏安特性

图 1

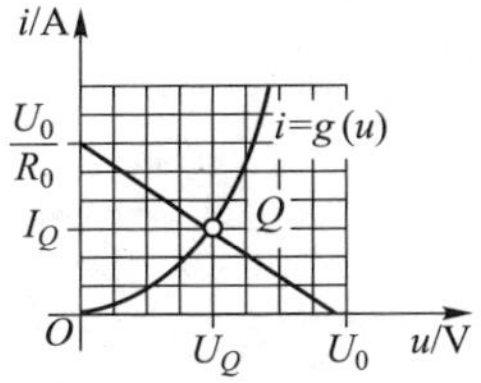

图 2

第 1 步　对图 1(a)左侧线性支路部分,列出方程 $u=U_0-R_0i$。

第 2 步　将直线方程 $u=U_0-R_0i$ 画在图 1(b)上,如图 2 所示。直线与伏安特性曲线的交点即为静态工作点 Q,该点的 $u=U_Q$,$i=I_Q$。

注:此类问题若已知非线性电阻的伏安特性 $i=g(u)$ 的解析式,则可用解析法求解

例 17-1　如图 4(a)所示电路,已知非线性电阻的伏安特性 $i=g(u)$ 的曲线如图 4(b)所示,求静态工作点。

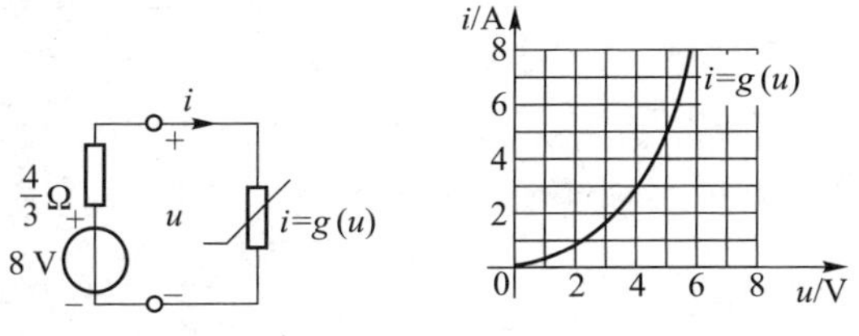

(a)　(b)

图 4　例 17-1 图

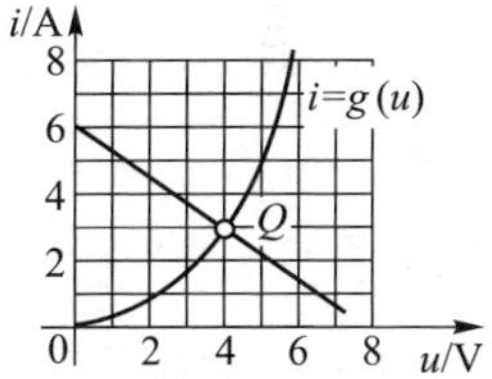

图 5

解:第 1 步　由图 4(a)左侧线性支路部分,列出方程 $u=U_0-R_0i=8-\frac{4}{3}i$。

第 2 步　将直线方程 $u=8-\frac{4}{3}i$ 画在图 4(b)上,如图 5 所示,直线与伏安特性曲线的交点即为静态工作点 Q,该点的 $u=U_Q=4\ \text{V}$,$i=I_Q=3\ \text{A}$,即得静态工作点 $Q(4\ \text{V},3\ \text{A})$。

解析法分析非线性电阻电路的步骤:

如图 3 所示电路,已知其非线性电阻的伏安关系解析式为 $i=g(u)$,求静态工作点 Q 处的电流、电压值。

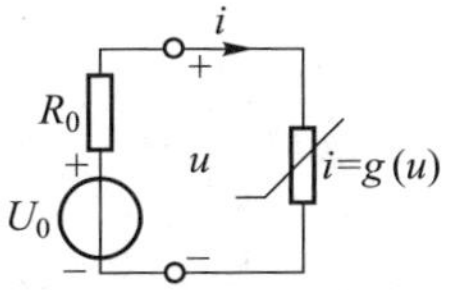

图 3

第 1 步　由图 3 左侧线性支路部分,列出方程 $u=U_0-R_0i$。

第 2 步　联立求解方程 $\begin{cases}u=U_0-R_0i\\ i=g(u)\end{cases}$,解得 $\begin{cases}u=U_Q\\ i=I_Q\end{cases}$,静态工作点为 $Q(U_Q,I_Q)$。

例 17-2　图 6 所示电路,已知其非线性电阻的伏安关系为 $i=g(u)=\begin{cases}u^2\ (u>0)\\ 0\ (u<0)\end{cases}$,求静态工作点。

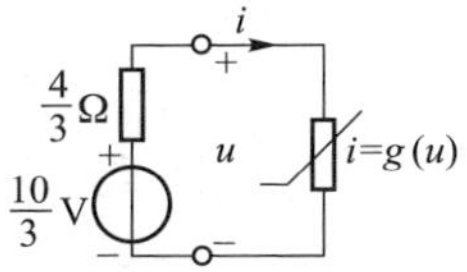

图 6　例 17-2 图

解:第 1 步　由图 6 左侧线性支路部分,列出方程 $u=U_0-R_0i=\frac{10}{3}-\frac{4}{3}i$。

第 2 步　联立求解方程 $\begin{cases}u=\frac{10}{3}-\frac{4}{3}i\\ i=u^2\end{cases}$,解得 $\begin{cases}u=U_Q=2\ \text{V}\\ i=I_Q=4\ \text{A}\end{cases}$,静态工作点为 $Q(2\ \text{V},4\ \text{A})$。

2. 小信号分析法分析非线性电阻电路

小信号分析法分析非线性电阻电路的步骤

如图 7 所示电路，已知其非线性电阻的伏安关系为 $i=g(u)$，输入电压信号 = 小信号电压源 u_S + 直流电压源 U_0，求 u、i。

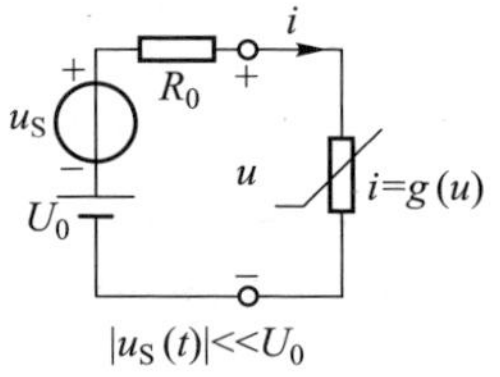

图 7　小信号电路

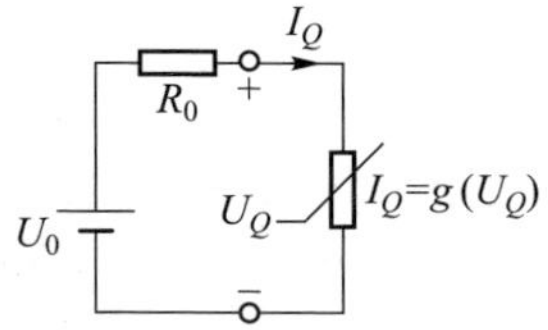

图 8

第 1 步　求静态工作点 $Q(U_Q, I_Q)$。在图 7 中去掉小信号 u_S（即令 $u_S=0$），如图 8 所示，此时电路中的电压、电流即为 U_Q、I_Q。

联立求解方程 $\begin{cases} U_Q=U_0-R_0I_Q \\ I_Q=g(U_Q) \end{cases}$，解得 U_Q、I_Q。

若已知非线性电阻伏安特性曲线，则可用图解法求得静态工作点 $Q(U_Q, I_Q)$。

第 2 步　画小信号等效电路如图 9 所示，求 R_d 及 $u_1(t)$、$i_1(t)$。

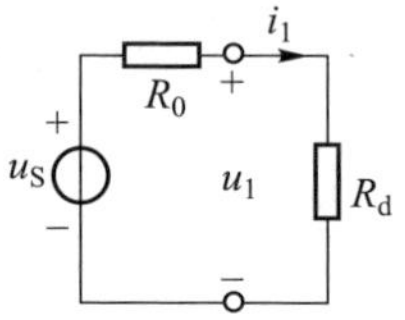

图 9　小信号等效电路

由 $i=g(u)$，求动态电导 $G_d=\frac{1}{R_d}=\frac{di}{du}\Big|_{U_Q}=\frac{dg(u)}{du}\Big|_{U_Q}$。

由图 9，得 $i_1=\frac{u_S(t)}{R_0+R_d}$，$u_1=R_di_1$。

第 3 步　求 u、i。

求得 $\begin{cases} u=U_Q+u_1(t) \\ i=I_Q+i_1(t) \end{cases}$

如图 10 所示电路，已知其非线性电阻的伏安关系为 $u=f(i)$，输入电流信号 = 小信号电流源 i_S + 直流电流源 I_0，求 u、i。

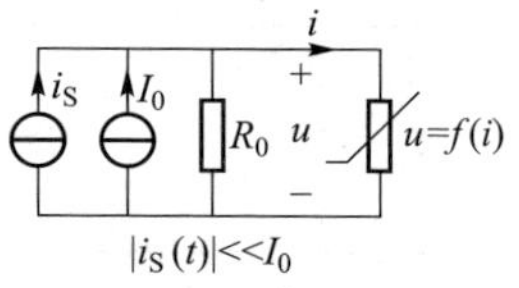

图 10　小信号电路

第 1 步　求静态工作点 $Q(U_Q, I_Q)$。在图 10 中去掉小信号 i_S（即令 $i_S=0$），如图 11 所示，此时电路中的电压、电流即为 U_Q、I_Q。

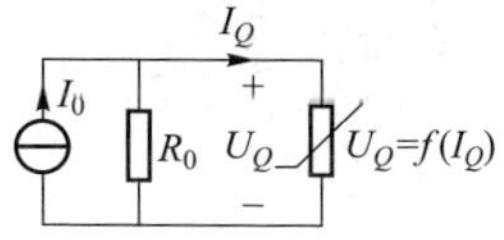

图 11

联立求解方程 $\begin{cases} U_Q=R_0I_0-R_0I_Q \\ U_Q=f(I_Q) \end{cases}$，解得 U_Q、I_Q。

若已知非线性电阻伏安特性曲线，则可用图解法求得静态工作点 $Q(U_Q, I_Q)$。

第 2 步　画小信号等效电路如图 12 所示，求 R_d、$u_1(t)$、$i_1(t)$。

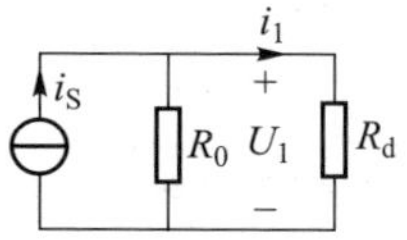

图 12　小信号等效电路

由 $u=f(i)$，求动态电阻 $R_d=\frac{du}{di}\Big|_{I_Q}=\frac{df(i)}{di}\Big|_{I_Q}$，由图 12，得 $i_1=\frac{R_0i_S(t)}{R_0+R_d}$，$u_1=R_di_1$。

第 3 步　求 u、i。

求得 $\begin{cases} u=U_Q+u_1(t) \\ i=I_Q+i_1(t) \end{cases}$

例 17-3　图 13 所示非线性电阻电路中，非线性电阻的伏安特性为 $u(t)=2i+i^2$，已知 $u_S(t)=0$ 时，电流为 1 A。如果 $u_S(t)=\cos(\omega t)$ V，试用小信号分析法求 i。

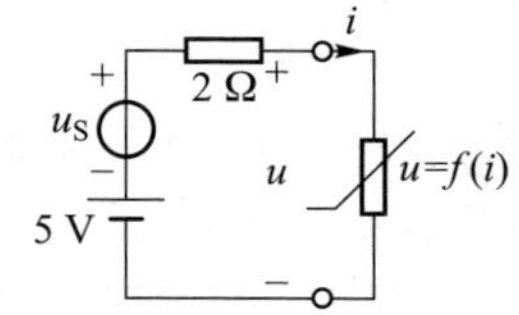

图 13　例 17-3 图

解： 第 1 步　求静态工作点 $Q(U_Q, I_Q)$。已知 $I_Q=1$ A，则 $U_Q=2I_Q+I_Q^2=3$ V。

第 2 步　画小信号等效电路，如图14，求 R_d、$u_1(t)$、$i_1(t)$。

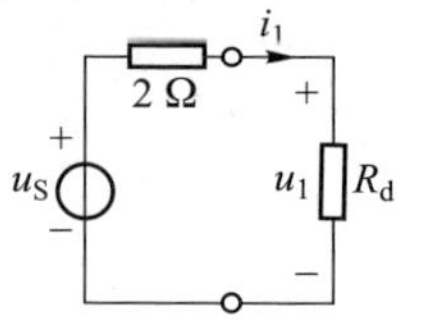

图 14　小信号等效电路

动态电阻 $R_d=\frac{du}{di}\Big|_{i=I_Q}=2+2i\big|_{i=I_Q}=4\ \Omega$

$$i_1=\frac{u_S(t)}{R_0+R_d}=\frac{\cos(\omega t)}{2+4}\text{A}=\frac{1}{6}\cos(\omega t)\text{ A}$$

$$u_1=R_di_1=4\times\frac{1}{6}\cos\omega t\text{ V}=\frac{2}{3}\cos\omega t\text{ V}$$

第 3 步　求 u、i。

$$\begin{cases} u=U_Q+u_1(t)=\left[3+\frac{2}{3}\cos(\omega t)\right]\text{ V} \\ i=I_Q+i_1(t)=\left[1+\frac{1}{6}\cos(\omega t)\right]\text{ A} \end{cases}$$

3. 分段线性化方法(折线法)分析非线性电阻电路

分段线性化方法(折线法) 分析非线性电阻电路的步骤:

第 1 步　将非线性电路的分析过程分成若干个线性区段。

第 2 步　对每个线性区段应用线性电路的分析法进行分析。

分段线性化方法分析 PN 结二极管的步骤:

第 1 步　将 PN 结二极管伏安特性分段线性化,其近似折线为$\overline{BOA}$,可将实际二极管等效为理想二极管与线性电阻串联。

第 2 步　将折线$\overline{BOA}$分成两个线性区段,即理想二极管和电阻伏安特性两区段。

图解分段线性化方法分析 PN 结二极管的分析过程如图 15 所示。

已知如图 15(a)所示。

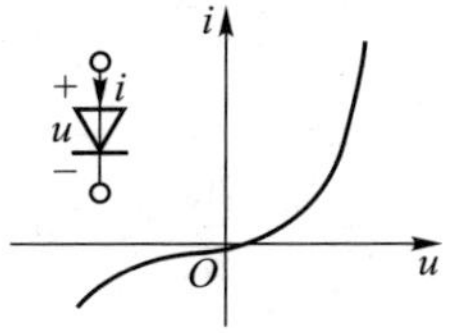

(a) PN结二极管伏安特性

第 1 步　如图 15(b)所示。

由图 15(a)将伏安特性曲线分段线性化如图 15(b)所示。即实际二极管等效为理想二极管 D 与线性电阻 R 的串联。

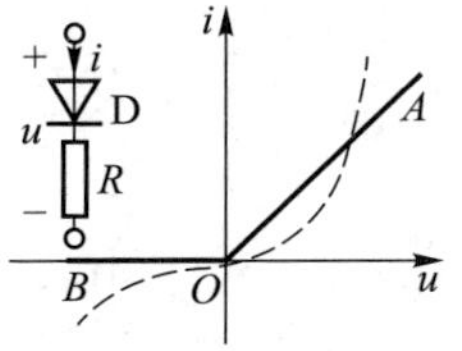

(b) 伏安特性曲线分段线性化

第 2 步　如图 15(c)所示。

由图 15(b)分解为两个曲线之和。即理想二极管和线性电阻伏安特性曲线叠加。

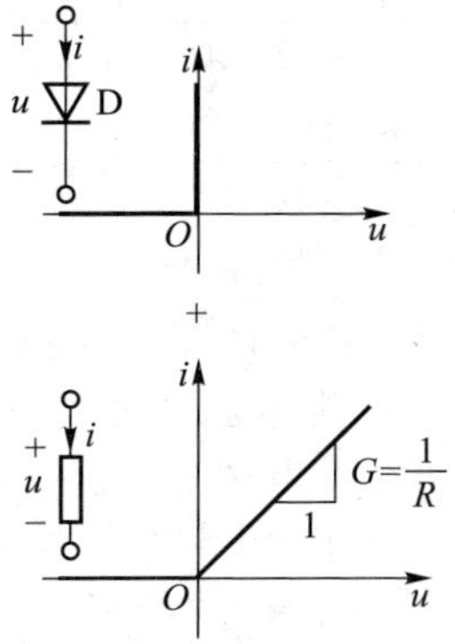

注:在分段线性化方法中,常引用理想二极管模型

(c) 二极管伏安特性分解为理想二极管D和线性电阻两个区段

图 15　图解分段线性化分析 PN 结二极管的分析过程

例 17-4　图 16(a)所示电路由线性电阻 R,理想二极管和直流电压源串联组成。图 16(b)所示电路由线性电阻 R、理想二极管和直流电流源并联组成。电阻 R 的伏安特性如图 16(c)所示。画出图 16(a)的串联电路的伏安特性及图 16(b)的并联电路的伏安特性。

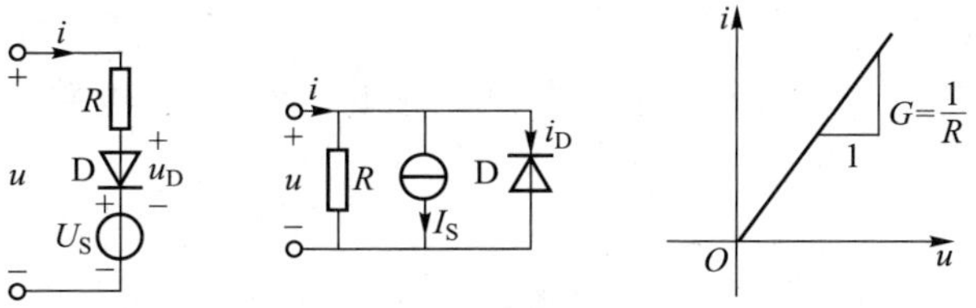

(a)　(b)　(c)

图 16　例 17-4 图

解:图 16(a)中各元件伏安特性示于图 17(a)中,电路方程为 $u=Ri+u_D+U_S$,$i>0$ 时,$u_D=0$。用图解法求得伏安特性如图 17(b)中的折线$\overline{ABC}$(当 $u<U_S$ 时,二极管截止,$i=0$)。

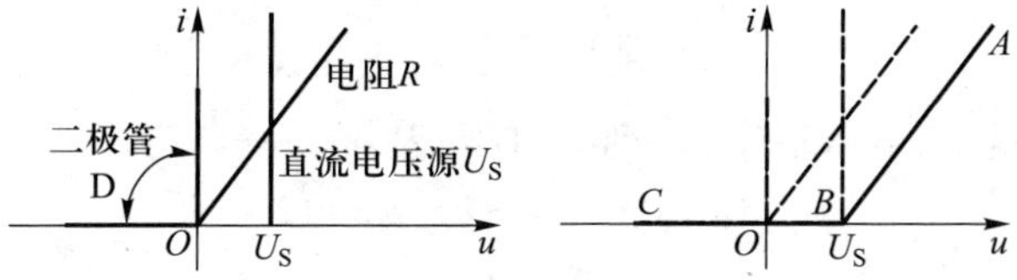

(a)　(b)

图 17　例 17-4 解图 1

图 16(b)中各元件的伏安特性示于图 18(a)中,电路方程为 $i=\frac{u}{R}+I_S+i_D$,$u>0$时,$i_D=0$。用图解法求得伏安特性如图 18(b)中的折线$\overline{ABC}$(当 $i<I_S$ 时,二极管导通,$u=0$)。

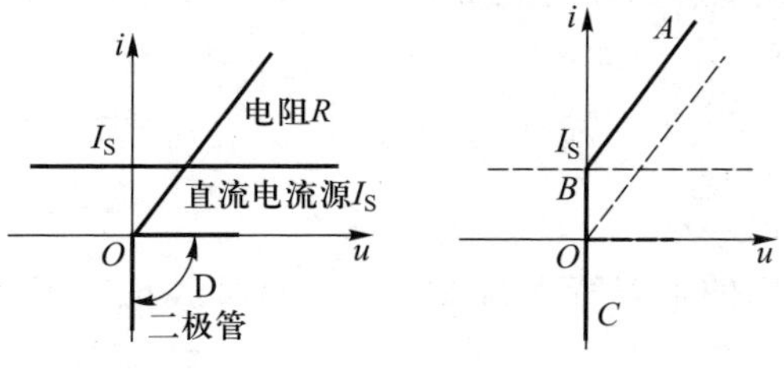

(a)　(b)

图 18　例 17-4 题解图 2

本章习题与解答

17-1 如果通过非线性电阻的电流为 $\cos(\omega t)$ A，要使该电阻两端的电压中含有 4ω 角频率的电压分量，试求该电阻的伏安特性，写出其解析表达式。

解：
$$\begin{aligned}\cos(4\omega t)&=2\cos^2(2\omega t)-1=2\left[2\cos^2(\omega t)-1\right]^2-1\\&=2\left[4\cos^4(\omega t)-4\cos^2(\omega t)+1\right]-1=8\cos^4(\omega t)-8\cos^2(\omega t)+1\end{aligned}$$

$i=\cos(\omega t)$ A，则非线性电阻的伏安特性为 $u=\cos(4\omega t)=8i^4-8i^2+1$，即电阻两端的电压的角频率为 4ω。

17-2 写出题 17-2 图所示电路的节点电压方程，假设电路中各非线性电阻的伏安特性为 $i_1=u_1^3$，$i_2=u_2^2$，$i_3=u_3^{3/2}$。

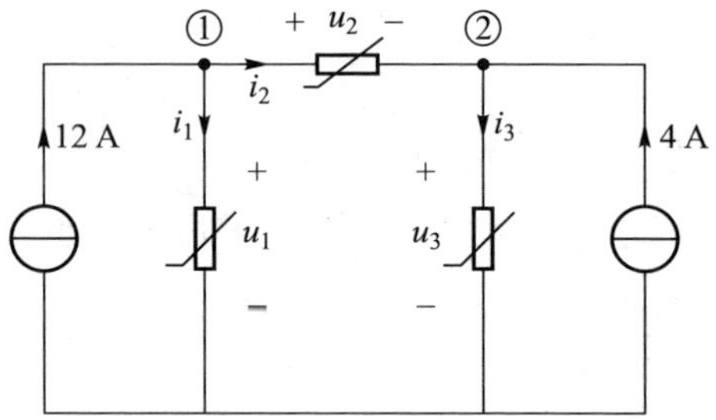

题 17-2 图

解：题 17-2 图中，对节点①、②列 KCL 方程，有

$$\begin{cases}i_1+i_2=12\\-i_2+i_3=4\end{cases}\Rightarrow\begin{cases}u_1^3+u_2^2=12\\-u_2^2+u_3^{\frac{3}{2}}=4\end{cases}$$

将 $u_1=u_{n1}$，$u_2=u_{n1}-u_{n2}$，$u_3=u_{n2}$ 代入上式中，则节点电压方程为

$$\begin{cases}u_{n1}^3+(u_{n1}-u_{n2})^2=12\\-(u_{n1}-u_{n2})^2+u_{n2}^{\frac{3}{2}}=4\end{cases}$$

17-3 一个非线性电容的库伏特性为 $u=1+2q+3q^2$，如果电容从 $q(t_0)=0$ 充电至 $q(t)=1$C。试求此电容储存的能量。

解：储存的能量为

$$W_C=\int_{q(t_0)}^{q(t)}u\mathrm{d}q=\int_{q(t_0)}^{q(t)}(1+2q+3q^2)\mathrm{d}q=(q+q^2+q^3)\Big|_{q(t_0)}^{q(t)}$$
$$=(q+q^2+q^3)\Big|_0^1=3\ \mathrm{J}$$

17-4 非线性电感的韦安特性为 $\Psi=i^3$，当有 2 A 电流通过该电感时，试求此时的静态电感值。

解：在 $i=2$ A 时的静态电感值为

$$L=\frac{\Psi(i)}{i}\bigg|_{i=2\ \mathrm{A}}=\frac{i^3}{i}\bigg|_{i=2\ \mathrm{A}}=i^2\big|_{i=2\ \mathrm{A}}=2^2\mathrm{H}=4\mathrm{H}$$

17-5 已知题 17-5 图所示电路中，$U_S=84$ V，$R_1=2$ kΩ，$R_2=10$ kΩ，非线性电阻 R_3 的伏安特性可表示为 $i_3=0.3u_3+0.04u_3^2$。试求电流 i_1 和 i_3。

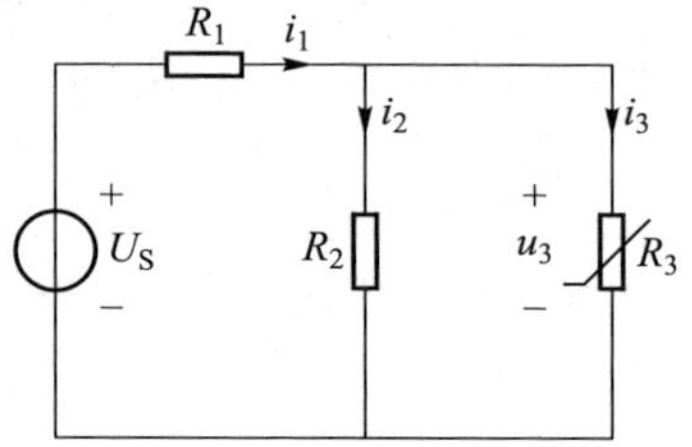

题 17-5 图

解：题 17-5 图中，按 KCL，有 $i_1=i_2+i_3$，将 $i_1=\dfrac{U_S-u_3}{R_1}$，$i_2=\dfrac{u_3}{R_2}$，$i_3=0.3u_3+0.04u_3^2$ 代入，得

$$\frac{U_S-u_3}{R_1}=\frac{u_3}{R_2}+0.3u_3+0.04u_3^2$$
$$\Rightarrow\left(\frac{1}{R_1}+\frac{1}{R_2}\right)u_3+0.3u_3+0.04u_3^2=\frac{U_S}{R_1}$$
$$\Rightarrow\left(\frac{1}{2\times10^3}+\frac{1}{10\times10^3}\right)u_3+0.3u_3+0.04u_3^2=\frac{84}{2\times10^3}$$

整理得

$$40u_3^2+300.6u_3-42=0$$

解得

$$u_3=\frac{-300.6\pm\sqrt{300.6^2-4\times40\times(-42)}}{2\times40}=\begin{cases}0.1372\ \mathrm{V}\\-7.65\ \mathrm{V}(舍去)\end{cases}，则$$

$$i_1=\frac{U_S-u_3}{R_1}=\frac{84-0.1372}{2\times10^3}\mathrm{A}=0.04193\ \mathrm{A}$$

$$i_3=0.3u_3+0.04u_3^2=(0.3\times0.1372+0.04\times0.1372^2)\ \mathrm{A}=0.04191\ \mathrm{A}$$

17-6 题 17-6 图所示电路由一个线性电阻 R、一个理想二极管和一个直流电压源串联组成。已知 $R=2$ Ω，$U_S=1$ V，在 u-i 平面上画出对应的伏安特性。

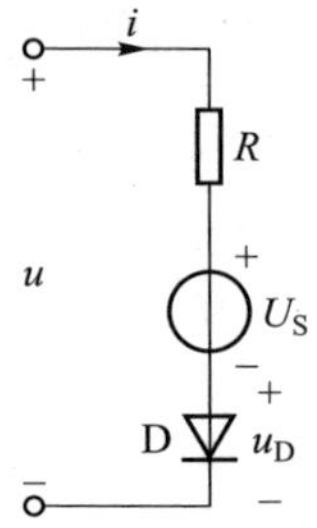

题 17-6 图

解：题 17-6 图中，三个元件伏安特性曲线如题 17-6 解图(a)所示，按 KVL，有 $u=Ri+U_S+u_D=2i+1+u_D$。

$i>0$ 时，$u=2i+U_S=2i+1$；当 $u<U_S=1$ V 时，$i=0$，用图解法在 u-i 平面上画出对应的伏安特性见题 17-6 解图(b)中的折线 $\overline{ABC}$。

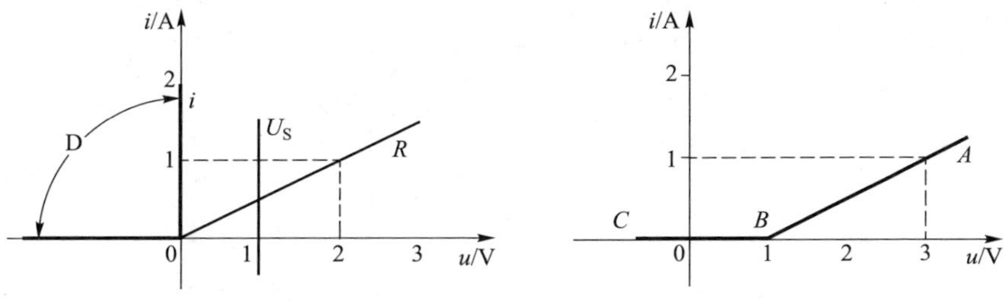

(a) (b)

题 17-6 解图

17-7 题 17-7 图所示电路由一个线性电阻 R，一个理想二极管和一个直流电流源并联组成。已知 $R=1\ \Omega$，$I_S=1\ \text{A}$，在 $u-i$ 平面上画出对应的伏安特性。

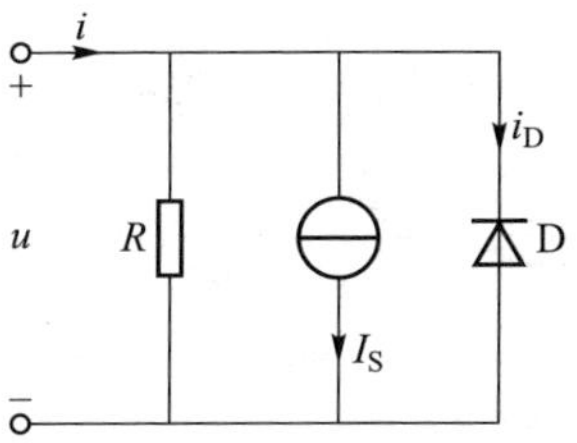

题 17-7 图

解：题 17-7 图中，三个元件的伏安特性曲线如题 17-7 解图(a)所示，按 KCL 有

$$i=\frac{u}{R}+I_S+i_D$$

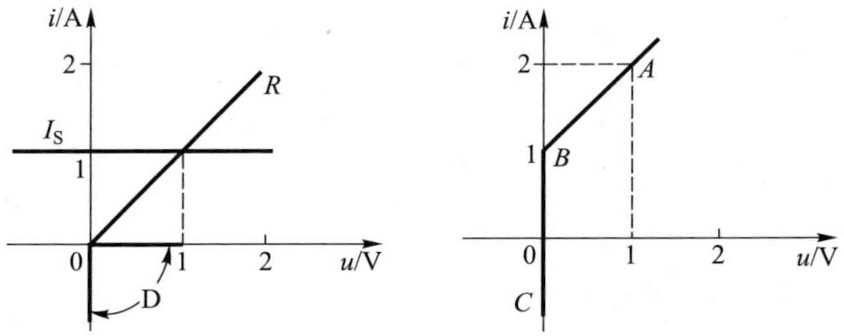

(a) (b)

题 17-7 解图

当 $u>0$ 时，$i_D=0$，$i=\dfrac{u}{R}+I_S=u+1$，当 $i<I_S=1\ \text{A}$ 时，$u=0\ \text{V}$。用图解法在 $u-i$ 平面上画出对应的伏安特性曲线如题 17-7 解图(b)所示。

17-8 试设计一个由线性电阻、独立电源和理想二极管组成的一端口网络，要求它的伏安特性具有题 17-8 图所示特性。

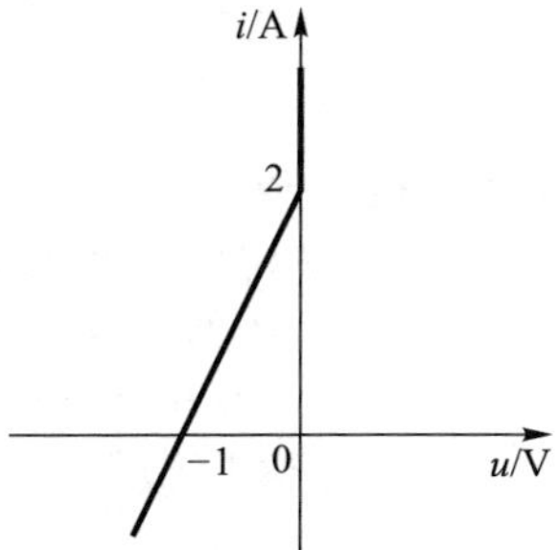

题 17-8 图

解：题 17-8 图中，因 $u=\begin{cases}0, & i\geqslant 2\ \text{A}\\ \dfrac{1}{2}i-1, & i<2\ \text{A}\end{cases}$

所以 $i=2u+2=\dfrac{u}{R}+I_S$，$u<0\ \text{V}$，$i_D=0$。

当 $i>I_S=2\ \text{A}$ 时，$u=0\ \text{V}$，则 $R=\dfrac{1}{2}\Omega$，$I_S=2\ \text{A}$。

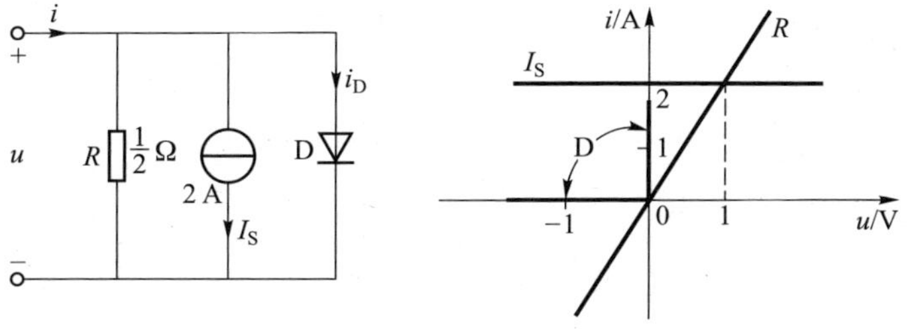

(a) (b)

题 17-8 解图

由电流关系，可设计一端口由线性电阻、独立电流源和理想二极管并联组成，如题 17-8 解图(a)所示，$i=\dfrac{u}{R}+I_S+i_D$。三个元件的伏安特性曲线如题 17-8 解图(b)所示。

17-9 设题 17-9 图所示电路中二极管的伏安特性可用下式表示：

$$i_D=10^{-6}(e^{40u_D}-1)\ \text{A}$$

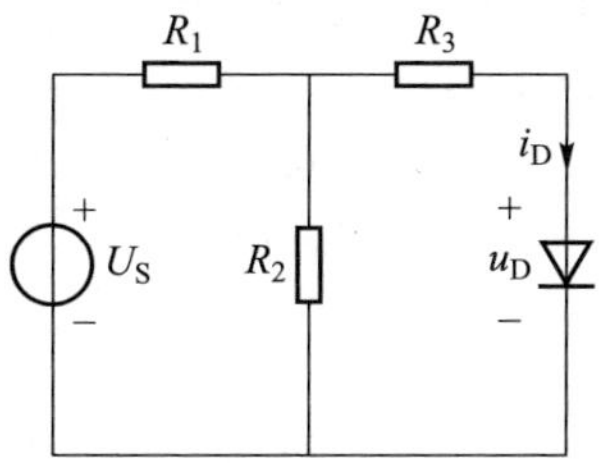

题 17-9 图

式中 u_D 为二极管的电压，其单位为 V。已知 $R_1=0.5\ \Omega$，$R_2=0.5\ \Omega$，$R_3=0.75\ \Omega$，$U_S=2\ \text{V}$。试用图解法求出静态工作点。

解：求题 17-9 图中二极管左侧的戴维南等效电路，如题 17-9 解图(a)(b)(c)所示。

由题 17-9 解图(a)求开路电压 u_{oc}。

$$u_{oc}=\frac{R_2}{R_1+R_2}U_S=\frac{0.5}{0.5+0.5}\times 2\ \text{V}=1\ \text{V}$$

由题 17-9 解图(b)求等效电阻 R_{eq}。

$$R_{eq}=\frac{R_1R_2}{R_1+R_2}+R_3=\left(\frac{0.5}{2}+0.75\right)\Omega=1\ \Omega$$

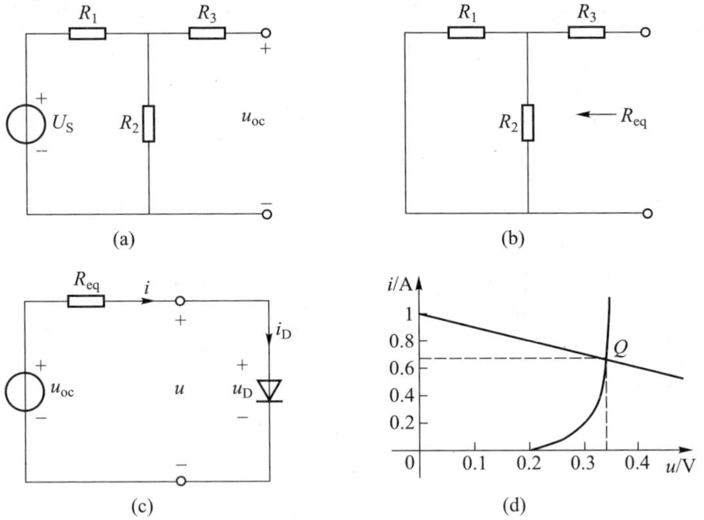

题 17-9 解图

题 17-9 图的戴维南等效电路如题 17-9 解图(c)所示,其左侧的伏安关系为

$$u=u_{oc}-R_{eq}i,u_D=u_{oc}-R_{eq}i_D=1-i_D \qquad \langle 1\rangle$$

二极管的伏安关系为

$$i_D=10^{-6}(e^{40u_D}-1) \qquad \langle 2\rangle$$

作〈1〉和〈2〉式伏安关系曲线,如题 17-9 解图(d)所示,从中读出静态工作点 Q 的值为:$U_Q=0.34\ V,I_Q=0.66\ A$。

17-10 题 17-10 图所示非线性电阻电路中,非线性电阻的伏安特性为$u=2i+i^3$。现已知当 $u_S(t)=0$ V 时,回路中的电流为 1 A。如果 $u_S(t)=\cos(\omega t)$ V 时,试用小信号分析法求回路中的电流 i。

解:题 17-10 图中,当 $u_S(t)=0$ V 时,电路中非线性电阻的电流、电压值即为静态工作点 Q 的值,即 $I_Q=1\ A、U_Q=2I_Q+I_Q^3=3\ V$

动态电阻 $R_d=\left.\dfrac{du}{di}\right|_{I_Q}=2+3i^2\big|_{i=1\ A}=5\ \Omega$,其对应的小信号等效电路如题 17-10 解图所示

$$i_1=\frac{u_S}{2+R_d}=\frac{\cos(\omega t)}{2+5}=\frac{1}{7}\cos(\omega t)$$

题 17-10图中的电流 $i=I_Q+i_1=\left[1+\dfrac{1}{7}\cos(\omega t)\right]$ A。

17-11 题 17-11 图所示电路中,$R=2\ \Omega$,直流电压源 $U_S=9$ V,非线性电阻的伏安特性 $u=-2i+\dfrac{1}{3}i^3$,若 $u_S(t)=\cos t$,试求电流 i。

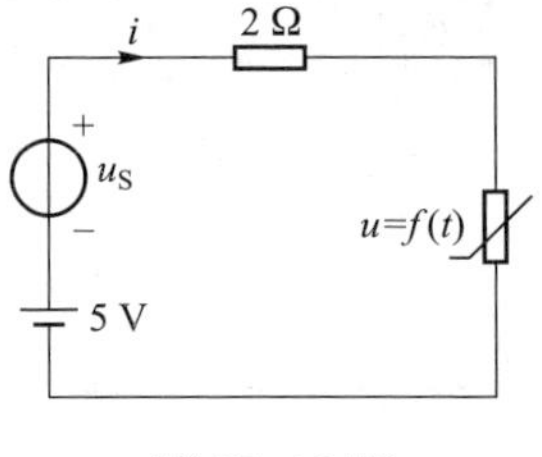

题 17-10 图

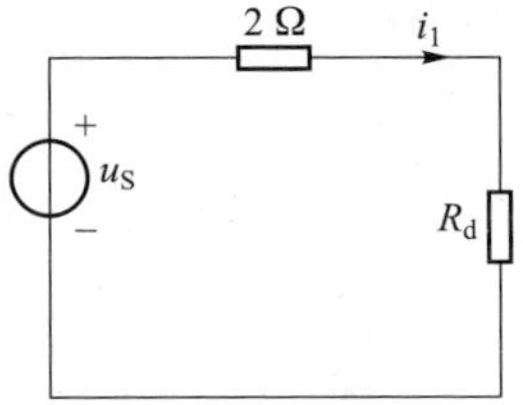

题 17-10 解图

解:题 17-11 图中,当 $u_S(t)=0$ V 时,列 KVL 方程,有

$$Ri+u=U_S$$

求出 $u=U_S-Ri=9-2i$。又已知 $u=-2i+\dfrac{1}{3}i^3$,因此,得

$$9-2i=-2i+\frac{1}{3}i^3$$

即 $i^3=27$,解得 $i=3$ A

则 $u=9-2i=(9-2\times3)\ V=3\ V$

即静态工作点 Q 的值为 $U_Q=3\ V、I_Q=3\ A$。

动态电阻 $R_d=\dfrac{du}{di}\Big|_{I_Q}=-2+i^2\big|_{I_Q=3\ A}=7\ \Omega$,其对应的小信号等效电路如题 17-11 解图所示,其中 $i_1=\dfrac{-u_S}{R+R_d}=\dfrac{-\cos t}{2+7}\ A=-\dfrac{1}{9}\cos t$,题 17-11 图中电流 $i=I_Q+i_1=\left(3-\dfrac{1}{9}\cos t\right)$。

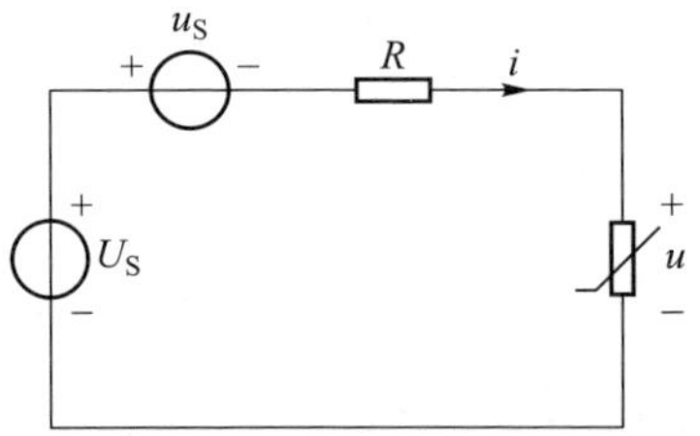

题 17-11 图

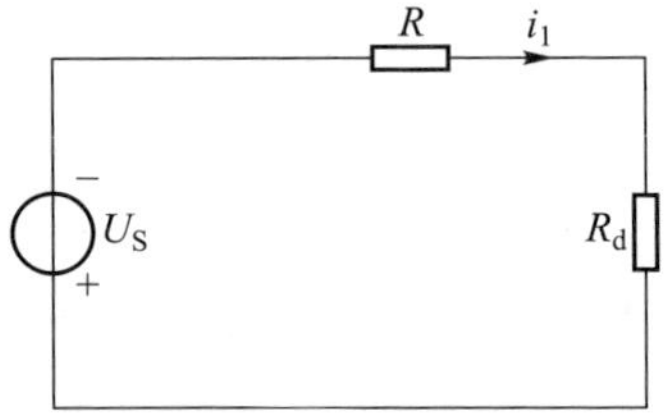

题 17-11 解图

17-12 题 17-12 图(a)所示电路中,直流电压源 $U_S=3.5$ V,$R=1\ \Omega$,非线性电阻的伏安特性曲线如题 17-12 图(b)所示。

(1)试用图解法求静态工作点。(2)如将曲线分成 OC、CD 和 DE 三段折线,试用分段线性化方法求静态工作点,并与(1)的结果相比较。

解:(1)题 17-12 图(a)中,非线性电阻左侧的伏安关系为

$$u=U_S-Ri=3.5-i(\text{直线方程})$$

将该直线画在题 17-12 图(b)所示的 u-i 平面上,如题 17-12 解图(a)所示,其交点为静态工作点 $Q(U_Q,I_Q)$,读出的值为 $U_Q\approx2\ V,I_Q\approx1.5\ A$。

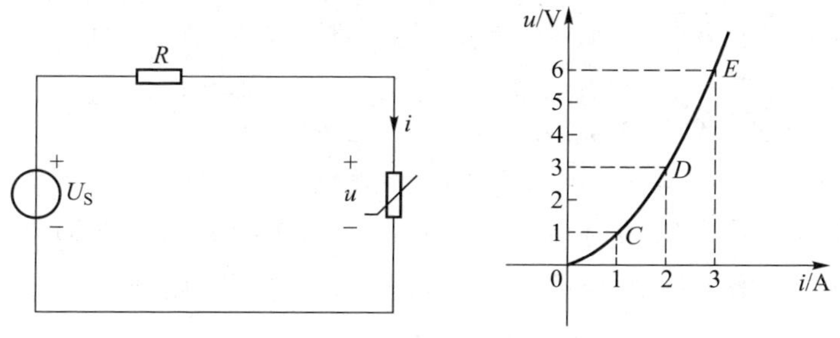

(a)　　　　(b)

题 17-12 图

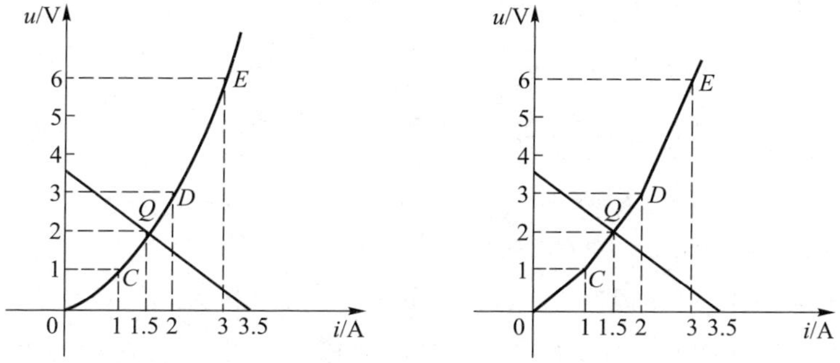

(a)　　　　(b)

题 17-12 解图

（2）如将题 17-12 图（b）所示的曲线分段线性化为 OC、CD 和 DE 三段折线，如题 17-12 解图（b）所示，则三段折线的直线方程如下：

OC 线段：$u=i(0\leqslant i\leqslant 1\ \text{A},0\leqslant u\leqslant 1\ \text{V})$，

CD 线段：$u=2i-1(1\ \text{A}\leqslant i\leqslant 2\ \text{A},1\ \text{V}\leqslant u\leqslant 3\ \text{V})$，

DF 线段：$u=3i-3(2\ \text{A}\leqslant i\leqslant 3\ \text{A},3\ \text{V}\leqslant u\leqslant 6\ \text{V})$。

直线 $u=3.5-i$ 仅与 CD 线段相交，其交点即为静态工作点 $Q(U_Q,I_Q)$，联立方程 $\begin{cases}u=2i-1\\u=3.5-i\end{cases}$，解得 $\begin{cases}u=U_Q=2\ \text{V}\\i=I_Q=1.5\ \text{A}\end{cases}$，与（1）的结果相近。

17-13　题 17-13 图所示电路中，非线性电阻的伏安特性为 $i=u^2$，试求电路的静态工作点及该点的动态电阻 R_d。

解：题 17-13 图中，非线性电阻左侧的伏安关系为

$i=3-\dfrac{u}{0.5}$，将已知非线性电阻的伏安特性 $i=u^2$ 代入，得

$$u^2+2u-3=0\quad\Rightarrow\quad(u+3)(u-1)=0$$

解得 $u=1$ V 或 $u=-3$ V（舍去）。

当 $u=1$ V 时，$i=1$ A，静态工作点 $Q(U_Q,I_Q)$ 为 $U_Q=1$ V，$I_Q=1$ A；非线性电阻 $i=u^2$ 在该点的动态电导

$$G_\text{d}=\left.\frac{\text{d}i}{\text{d}u}\right|_Q=\left.\frac{\text{d}}{\text{d}u}(u^2)\right|_{U_Q}=2u\,|_{U_Q}=2U_Q=2\times1\ \text{S}=2\ \text{S}$$

动态电阻 $R_\text{d}=\dfrac{1}{G_\text{d}}=0.5\ \Omega$

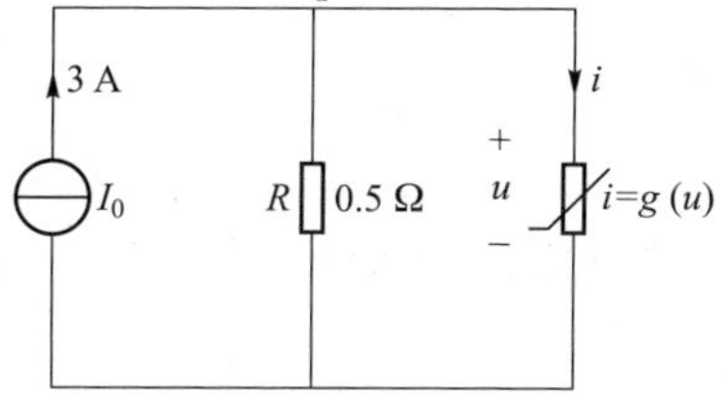

题 17-13 图

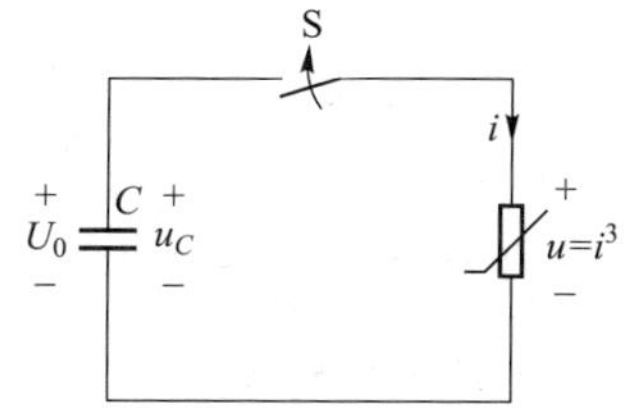

题 17-14 图

17-14　题 17-14 图所示电路中，非线性电阻的伏安特性为 $u=i^3$，如将此电阻突然与一个充电的电容接通，试求电容两端的电压 u_C，设 $u_C(0_+)=U_0$。

解：题 17-14 图中，开关 S 合上后，已知 $u=i^3$，则 $i=u^{\frac{1}{3}}=u_C^{\frac{1}{3}}$，又 $i=-C\dfrac{\text{d}u_C}{\text{d}t}$，因此得微分方程 $\begin{cases}C\dfrac{\text{d}u_C}{\text{d}t}+u_C^{\frac{1}{3}}=0\\u_C(0_+)=U_0\end{cases}$

解微分方程，有

$$\frac{\text{d}u_C}{\text{d}t}=-\frac{1}{C}u_C^{\frac{1}{3}}\quad\Rightarrow\quad u_C^{-\frac{1}{3}}\text{d}u_C=-\frac{1}{C}\text{d}t$$

$$\Rightarrow\quad\int u_C^{-\frac{1}{3}}\text{d}u_C=\int\left(-\frac{1}{C}\right)\text{d}t\quad\Rightarrow\quad\frac{3}{2}\int\text{d}u_C^{\frac{2}{3}}=-\frac{1}{C}\int\text{d}t$$

代入积分上下限 $[0_+,t)$，得

$$\frac{3}{2}\int_{u_C(0_+)}^{u_C(t)}\text{d}u_C^{\frac{2}{3}}=-\frac{1}{C}\int_{0_+}^{t}\text{d}\xi\quad\Rightarrow\quad\frac{3}{2}\left[u_C^{\frac{2}{3}}(t)-u_C^{\frac{2}{3}}(0_+)\right]=-\frac{1}{C}t$$

$$\Rightarrow\quad u_C^{\frac{2}{3}}(t)=-\frac{2}{3C}t+u_C^{\frac{2}{3}}(0_+)=-\frac{2}{3C}t+U_0^{\frac{2}{3}}$$

解得　$u_C(t)=\left(-\dfrac{2}{3C}t+U_0^{\frac{2}{3}}\right)^{\frac{3}{2}}$ V。

***17-15**　在题 17-15 图（a）所示电路中，线性电容通过非线性电阻放电，非线性电阻伏安特性如题 17-15 图（b）所示。已知 $C=1$ F，$u_C(0_-)=3$ V，试求 u_C。

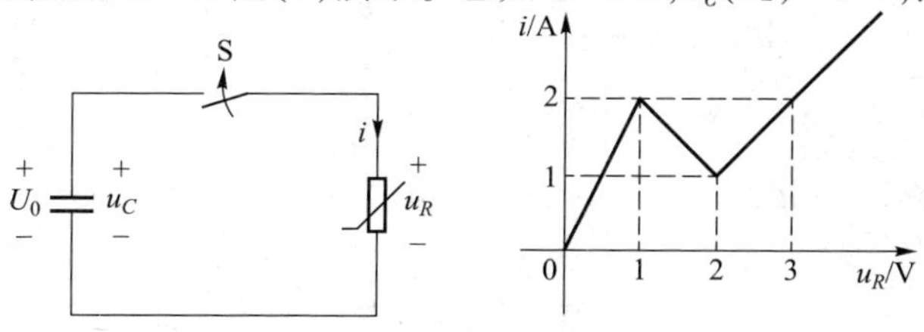

(a)　　　　(b)

题 17-15 图

解：题 17-15 图(a)中，换路前(开关 S 未合上)，$u_R=0, i=0$，且已知 $u_C(0_-)=3\ \text{V}$。

当开关 S 合上后，如题 17-15 解图(a)所示，$i=-C\dfrac{du_C}{dt}$。

按 KVL，有 $u_C=u_R$，所以$\dfrac{du_C}{dt}=\dfrac{du_R}{dt}=-\dfrac{1}{C}i=-i$。

上式中，当 $i>0$ 时，$\dfrac{du_R}{dt}<0$，即随 t 的增加 u_R 减少，按换路定则，有 $u_C(0_+)=u_C(0_-)=3\ \text{V}$，所以 $u_R(0_+)=u_C(0_+)=3\ \text{V}$。

在题 17-15 图(b)中，当 $t=0_+$ 时，$u_R(0_+)=3\ \text{V}$，此时工作在 C 点，如题 17-15 解图(b)所示，C 点随 u_R 的减少向 B 点至 A 点至 O 点移动。

下面就题 17-15 解图(b)中的非线性电阻伏安特性分三段讨论，即 u_R-i 关系在$\overline{BC}$段($0\leqslant t<t_1$)、$\overline{AB}$段($t_1\leqslant t<t_2$)、$\overline{AO}$段($t_2\leqslant t<t_3$)分别均为线性的，所以题 17-15 解图(a)可分别等效为题 17-15 解图(c)(d)(e)。下面分别求 u_R 在$\overline{BC}$、$\overline{AB}$、$\overline{AO}$区段的直线方程及 u_C。

题 17-15 解图(c)中，电路工作在$\overline{BC}$段，$\overline{BC}$线段的直线方程：

$$i-2=\frac{2-1}{3-2}(u_R-3)$$

得 $u_R=i+1$($2\ \text{V}\leqslant u_R\leqslant 3\ \text{V}, 1\ \text{A}\leqslant i\leqslant 2\ \text{A}$)

设 $u_R=R_1i+U_{S1}=i+1$，则有 $R_1=1\ \Omega, U_{S1}=1\ \text{V}$。

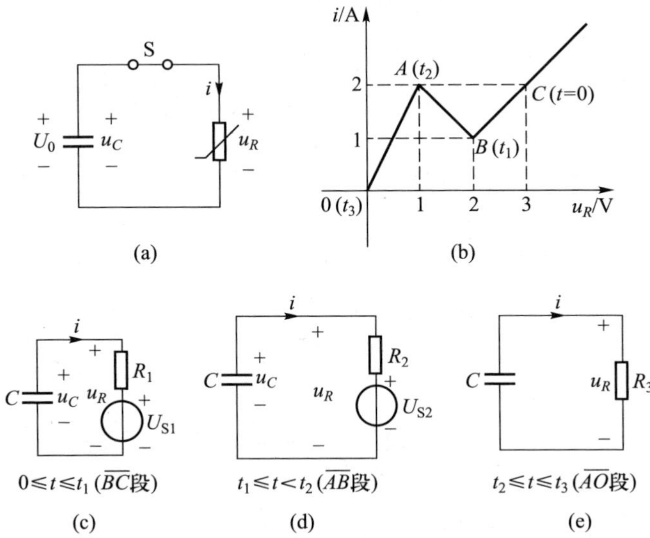

题 17-15 解图

当 $0\leqslant t<t_1$ 时($\overline{BC}$段)，$u_R(0_+)=u_C(0_+)=3\ \text{V}$，$\tau_1=R_1C=1\times1\ \text{s}=1\ \text{s}$

$u_C(t)=U_{S1}+[u_C(0_+)-U_{S1}]e^{-\frac{t}{\tau_1}}=[1+(3-1)e^{-t}]\ \text{V}=(1+2e^{-t})\ \text{V}$

$u_R(t)$从 $u_R(0_+)=3\ \text{V}$ 降到 $u_R(t_1)=u_C(t_1)=2\ \text{V}$

$u_C(t_1)=1+2e^{-t_1}=2\ \text{V} \quad\Rightarrow\quad e^{t_1}=2,\quad t_1=\ln 2\ \text{s}=0.693\ \text{s}$

即非线性电阻工作在$\overline{BC}$段时，$u_C(t)=(1+2e^{-t})\ (0\ \text{s}\leqslant t\leqslant 0.693\ \text{s})$。

题 17-15 解图(d)中，电路工作在$\overline{AB}$段，$\overline{AB}$线段的直线方程：

$$i-2=\frac{2-1}{1-2}(u_R-1)$$

得 $u_R=-i+3$($1\ \text{V}\leqslant u_R\leqslant 2\ \text{V}, 1\ \text{A}\leqslant i\leqslant 2\ \text{A}$)

设 $u_R=R_2i+U_{S2}=-i+3$，则有$R_2=-1\ \Omega, U_{S2}=3\ \text{V}$。

当 $t_1\leqslant t<t_2$ 时($\overline{AB}$段)，$u_R(t_{1+})=u_C(t_{1+})=u_C(t_{1-})=2\ \text{V}$，$\tau_2=R_2C=-1\times1\ \text{s}=-1\ \text{s}$

$u_C(t)=U_{S2}+[u_C(t_{1+})-U_{S2}]e^{-\frac{t-t_1}{\tau_2}}=[3+(2-3)e^{\frac{-(t-t_1)}{-1}}]\ \text{V}=(3-e^{t-t_1})\ \text{V}=(3-e^{t-0.693})\ \text{V}$

$u_R(t)$从 $u_R(t_{1+})=2\ \text{V}$ 降到 $u_R(t_2)=u_C(t_2)=1\ \text{V}$，$u_C(t_2)=3-e^{t_2-t_1}=1\ \text{V}$

$\Rightarrow\quad e^{t_2-t_1}=2, t_2=t_1+\ln 2=(0.693+\ln 2)\ \text{s}=1.386\ \text{s}$

即非线性电阻工作在$\overline{AB}$段时，$u_C(t)=(3-e^{t-0.693})\ \text{V}\ (0.693\ \text{s}\leqslant t\leqslant 1.386\ \text{s})$。

题 17-15 解图(e)中，电路工作在$\overline{AO}$段，$\overline{AO}$线段的直线方程：$u_R=0.5i$($0\ \text{V}\leqslant u_R\leqslant 1\ \text{V}, 0\ \text{A}\leqslant i\leqslant 2\ \text{A}$)。

设 $u_R=R_3i=0.5i$，则有 $R_3=0.5\ \Omega$。

当 $t_2\leqslant t\leqslant t_3$ 时($\overline{AO}$段)，$u_R(t_{2+})=u_C(t_{2+})=u_C(t_{2-})=1\ \text{V}$

$\tau_3=R_3C=0.5\times1\ \text{s}=0.5\ \text{s}$，$u_C(t)=u_C(t_{2+})e^{\frac{-(t-t_2)}{\tau_3}}=e^{-2(t-t_2)}$

$u_R(t)$从 $u_R(t_{2+})=1\ \text{V}$降到 $u_R(t_3)=u_C(t_3)=0\ \text{V}$，$u_C(t_3)=e^{-2(t_3-t_2)}=0$，得 $t_3\to\infty$，即非线性电阻工作在$\overline{AO}$段时 $u_C(t)=e^{-2(t-1.386)}\ \text{V}\ (t>1.386\ \text{s})$。

求得
$$u_C(t)=\begin{cases}1+2e^{-t}, & 0\ \text{s}\leqslant t\leqslant 0.693\ \text{s}\\ 3-e^{t-0.693}, & 0.693\ \text{s}\leqslant t\leqslant 1.386\ \text{s}\\ e^{-2(t-1.386)}, & t>1.386\ \text{s}\end{cases}$$

* **17-16** 含有非线性电感的一阶动态电路如题 17-16 图所示，已知直流电压源 $U_S=40\ \text{V}$，小扰动电压源 $u_s=1.2e^{-10t}\varepsilon(t)\ \text{V}$，线性电阻 $R_1=10\ \Omega$，$R_2=40\ \Omega$，非线性电感 $\Psi=0.5i^3$(Ψ 单位为 Wb，i 单位为 A)。求 $t>0$ 时的响应 $i_L(t)$、$u_2(t)$。

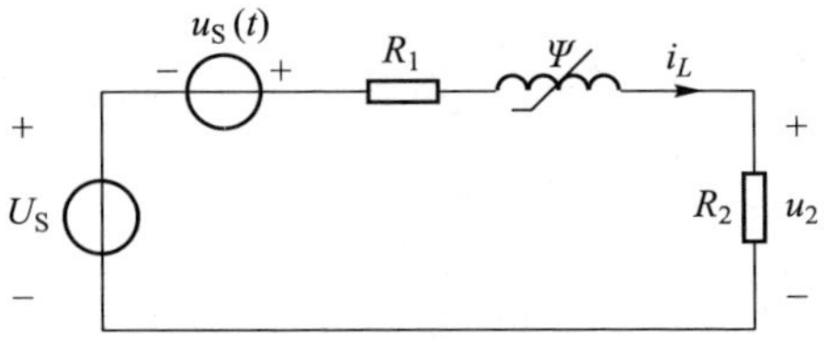

题 17-16 图

解：(1) 由题意可知，当直流电压源单独作用于电路时，由于电感对直流相当于短路，此时等效电路如题 17-16 解图(a)所示。

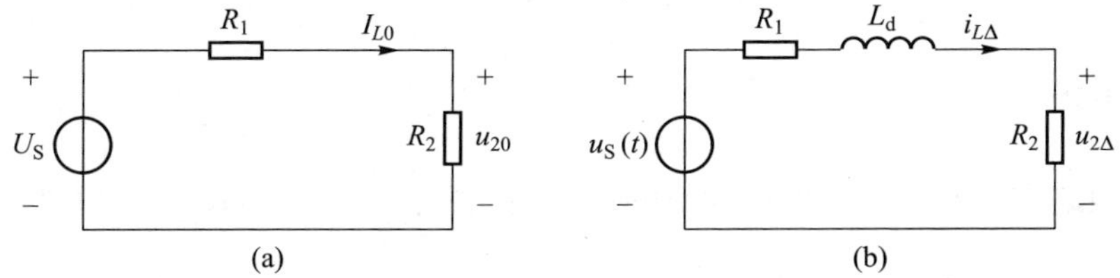

题 17-16 解图

根据等效电路题 17-16 解图(a)，求得

$$I_{L0}=\frac{U_S}{R_1+R_2}=\frac{40}{50}\text{A}=0.8\text{A},\quad U_{20}=R_2I_{L0}=(40\times0.8)\text{ V}=32\text{ V}$$

(2) 电路的动态电感为

$$L_d=\left.\frac{\mathrm{d}\Psi}{\mathrm{d}t}\right|_{i=I_{L0}}=\left.\frac{\mathrm{d}(0.5\times i^3)}{\mathrm{d}t}\right|_{i=I_{L0}}=0.5\times3\times i^2\,|_{i=0.8}=(0.5\times3\times0.8^2)\text{ H}=0.96\text{ H}$$

(3) 根据动态电感值建立的一阶线性动态电路如题 17-16 解图(b)所示，且电路处于零状态，求小扰动电压源激励时的零状态响应 $i_{L\Delta}(t)$。其一阶电路的微分方程为

$$L_d\frac{\mathrm{d}i_{L\Delta}}{\mathrm{d}t}+(R_1+R_2)i_{L\Delta}=u_S(t)$$

代入参数得

$$0.96\frac{\mathrm{d}i_{L\Delta}}{\mathrm{d}t}+(10+40)i_{L\Delta}=1.2\mathrm{e}^{-10t}\text{，即}\frac{\mathrm{d}i_{L\Delta}}{\mathrm{d}t}+52.08i_{L\Delta}=1.25\mathrm{e}^{-10t}$$

此方程为一阶微分方程的标准形式

$$\frac{\mathrm{d}i_{L\Delta}}{\mathrm{d}t}+P(t)i_{L\Delta}=Q(t)\text{，其中 }P(t)=52.08,Q(t)=1.25\mathrm{e}^{-10t}$$

其方程的通解为 $i_{L\Delta}(t)=\mathrm{e}^{-\int P(t)\mathrm{d}t}\left[\int Q(t)\mathrm{e}^{\int P(t)\mathrm{d}t}\mathrm{d}t+A\right]$

则 $i_{L\Delta}(t)=\mathrm{e}^{-\int 52.08\mathrm{d}t}\left(\int 1.25\mathrm{e}^{-10t}\mathrm{e}^{\int 52.08\mathrm{d}t}\mathrm{d}t+A\right)$

$$=\mathrm{e}^{-52.08t}\left(\int 1.25\mathrm{e}^{-10t}\mathrm{e}^{52.08t}\mathrm{d}t+A\right)$$

$$=\mathrm{e}^{-52.08t}\times0.03\mathrm{e}^{42.08t}+A\mathrm{e}^{-52.08t}$$

$$=0.03\mathrm{e}^{-10t}+A\mathrm{e}^{-52.08t}$$

当 $t=0_+$ 时，$i_{L\Delta}(0_+)=i_{L\Delta}(0_-)=0$，故 $A=-0.03$，因此小扰动电压源激励时的零状态响应为

$$i_{L\Delta}(t)=(0.03\mathrm{e}^{-10t}-0.03\mathrm{e}^{-52.08t})\varepsilon(t)\text{ A}$$

$$u_{2\Delta}(t)=R_2i_{L\Delta}(t)=(1.2\mathrm{e}^{-10t}-1.2\mathrm{e}^{-52.08t})\varepsilon(t)\text{ V}$$

因此电路的总响应为

$$i_L(t)=I_{L0}+i_{L\Delta}(t)=[0.8+(0.03\mathrm{e}^{-10t}-0.03\mathrm{e}^{-52.08t})\varepsilon(t)]\text{ A}$$

$$u_2(t)=U_{20}+u_{2\Delta}(t)=[32+(1.2\mathrm{e}^{-10t}-1.2\mathrm{e}^{-52.08t})\varepsilon(t)]\text{ V}$$

***17-17** (综合设计题)已知 Lorenz 混沌系统为

$$\frac{\mathrm{d}x}{\mathrm{d}t}=a(y-x)$$

$$\frac{\mathrm{d}y}{\mathrm{d}t}=bx-xz-y$$

$$\frac{\mathrm{d}z}{\mathrm{d}t}=xy-cx$$

系统参数 $a=10,b=28,c=8/3$，试应用电路元件电阻、电容、运算放大器、乘法器来设计实现混沌系统。

解：由已知，此题利用运算放大器搭建的积分求和电路可以设计实现。

参见本书第五章表 5-2 中的倒向放大器、加法器、积分器。

已知的 Lorenz 混沌系统方程为
$$\begin{cases}\dfrac{\mathrm{d}x}{\mathrm{d}t}=a(y-x)\\ \dfrac{\mathrm{d}y}{\mathrm{d}t}=bx-xz-y\\ \dfrac{\mathrm{d}z}{\mathrm{d}t}=xy-cx\end{cases}\Rightarrow\begin{cases}\dfrac{\mathrm{d}x}{\mathrm{d}t}=-ax-a(-y)\\ \dfrac{\mathrm{d}y}{\mathrm{d}t}=-b(-x)-xz-y\\ \dfrac{\mathrm{d}z}{\mathrm{d}t}=-cx-(-xy)\end{cases}$$

设计实现的电路如题 17-17 解图所示。

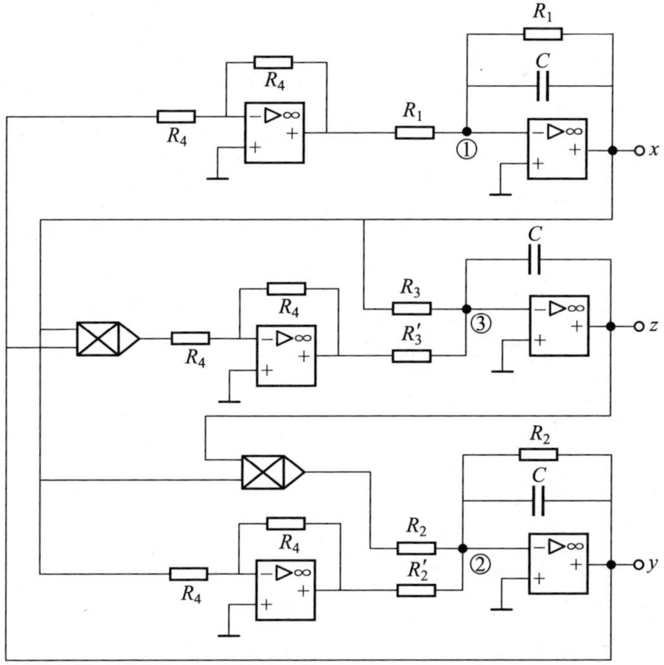

题 17-17 解图

分析题 17-17 解图所示电路。对节点①、②、③，列 KCL 方程，有

节点①　$C\dfrac{\mathrm{d}x}{\mathrm{d}t}=-\dfrac{x}{R_1}-\dfrac{-y}{R_1}\quad\Rightarrow\quad\dfrac{\mathrm{d}x}{\mathrm{d}t}=-\dfrac{x}{R_1C}-\dfrac{-y}{R_1C}$

节点②　$C\dfrac{\mathrm{d}y}{\mathrm{d}t}=-\dfrac{-x}{R'_2}-\dfrac{xz}{R_2}-\dfrac{y}{R_2}\quad\Rightarrow\quad\dfrac{\mathrm{d}y}{\mathrm{d}t}=-\dfrac{-x}{R'_2C}-\dfrac{xz}{R_2C}-\dfrac{y}{R_2C}$

节点③　$C\dfrac{\mathrm{d}z}{\mathrm{d}t}=-\dfrac{x}{R_3}-\dfrac{-xy}{R'_3}\quad\Rightarrow\quad\dfrac{\mathrm{d}z}{\mathrm{d}t}=-\dfrac{x}{R_3C}-\dfrac{-xy}{R'_3C}$

上式与系统方程对比，确定式中 a、b、c 的参数为

$a=\dfrac{1}{R_1C}=10$，$R_1C=0.1\ \mathrm{s}$，$b=\dfrac{1}{R'_2C}=28$，$R'_2C=\dfrac{1}{28}\mathrm{s}$，$R_2C=1\ \mathrm{s}$，$c=\dfrac{1}{R_3C}=\dfrac{8}{3}$，$R_3C=\dfrac{3}{8}\mathrm{s}$，$R'_3C=1\ \mathrm{s}$。

合理选取 C 的值，可确定 $R_1=\dfrac{0.1}{C}$，$R_2=R_1$，$R'_2=\dfrac{1}{28C}$，$R_3=\dfrac{3}{8C}$，$R'_3=R_1$，取 $R_4=R_1$。

第十八章　均匀传输线

本章习题与解答

18-1　一对架空传输线的原参数是 $L_0=2.89\times10^{-3}$ H/km，$C_0=3.85\times10^{-9}$ F/km，$R_0=0.3\ \Omega$/km，$G_0=0$。试求当工作频率为 50 Hz 时的特性阻抗 Z_c，传播常数 γ、相位速度 ν_φ 和波长 λ。如果频率为10^4 Hz，重求上述各参数。

解：当 $f=50$ Hz 时，有

$$\begin{aligned}Z_0&=R_0+\mathrm{j}\omega L_0=R_0+\mathrm{j}2\pi fL_0\\&=(0.3+\mathrm{j}2\times3.14\times50\times2.89\times10^{-3})\ \Omega/\mathrm{km}\\&=(0.3+\mathrm{j}0.908)\ \Omega/\mathrm{km}=0.956\angle71.71^\circ\ \Omega/\mathrm{km}\end{aligned}$$

$$\begin{aligned}Y_0&=G_0+\mathrm{j}\omega C_0=\mathrm{j}2\pi fC_0=(\mathrm{j}2\times3.14\times50\times3.85\times10^{-9})\ \mathrm{S/km}\\&=\mathrm{j}1.209\times10^{-6}\ \mathrm{S/km}=1.209\times10^{-6}\angle90^\circ\ \mathrm{S/km}\end{aligned}$$

特性阻抗

$$Z_c=\sqrt{\frac{Z_0}{Y_0}}=\sqrt{\frac{0.956\angle71.71^\circ}{1.209\times10^{-6}\angle90^\circ}}\ \Omega=889.2\angle-9.15^\circ\ \Omega$$

传播常数

$$\begin{aligned}\gamma&=\sqrt{Z_0Y_0}=\sqrt{0.956\angle71.71^\circ\times1.209\times10^{-6}\angle90^\circ}\ \mathrm{l/km}\\&=(1.075\times10^{-3}\angle80.855^\circ)\ \mathrm{l/km}=(0.171\times10^{-3}+\mathrm{j}1.062\times10^{-3})\ \mathrm{l/km}\end{aligned}$$

又因为

$$\gamma=\alpha+\mathrm{j}\beta$$

所以　　$\alpha=0.171\times10^{-3}$ Np/km，$\beta=1.062\times10^{-3}$ rad/km

相位速度

$$\nu_\varphi=\frac{\omega}{\beta}=\frac{2\pi f}{\beta}=\frac{2\times3.14\times50}{1.062\times10^{-3}}\mathrm{km/s}=2.958\times10^5\ \mathrm{km/s}$$

波长

$$\lambda=\frac{\nu_\varphi}{f}=\frac{2.958\times10^5}{50}\mathrm{km}=5.916\times10^3\ \mathrm{km}$$

当 $f=10^4$ Hz 时，则

$$Z_0=181.58\angle80.91^\circ\ \Omega/\mathrm{km},\ Y_0=2.419\times10^{-4}\angle90^\circ\ \mathrm{S/km}$$

$$Z_c=8.664\times10^2\angle-0.045^\circ\ \Omega$$

$$\gamma=(1.646\times10^{-4}+\mathrm{j}20.958\times10^{-2})\ \mathrm{l/km}$$

即 $\alpha=1.646\times10^{-4}$ Np/km，$\beta=20.958\times10^{-2}$ rad/km

$$\nu_\varphi=\frac{\omega}{\beta}=29.98\times10^4\ \mathrm{km/s},\ \lambda=\frac{\nu_\varphi}{f}=\frac{29.98\times10^4}{10^4}\mathrm{km}=29.98\ \mathrm{km}$$

18-2　一同轴电缆的原参数为：$R_0=7\ \Omega$/km，$L_0=0.3$ mH/km，$C_0=0.2\ \mu$F/km，$G_0=0.5\times10^{-6}$ S/km。试计算当工作频率为 800 Hz 时此电缆的特性阻抗 Z_c、传播常数 γ、相位速度 ν_φ 和波长 λ。

解：由题目所给已知参数，方法同题 18-1。

$$Z_0=R_0+\mathrm{j}\omega L_0=7.16\angle12.16^\circ\ \Omega/\mathrm{km}$$

$$Y_0=G_0+\mathrm{j}\omega C_0=1.01\times10^{-3}\angle89.97^\circ\ \mathrm{S/km}$$

则

特性阻抗　　$Z_c=\sqrt{\dfrac{Z_0}{Y_0}}=84.397\angle-38.91^\circ\ \Omega$

传播常数　$\gamma=\sqrt{Z_0\times Y_0}=(5.33\times10^{-2}+\mathrm{j}6.599\times10^{-2})\ \mathrm{l/km}$

即

$$\alpha=5.332\times10^{-2}\ \mathrm{Np/km},\ \beta=6.599\times10^{-2}\ \mathrm{rad/km}$$

相位速度

$$\nu_\varphi=\frac{\omega}{\beta}=\frac{2\pi\times800}{6.599\times10^{-2}}\mathrm{km/s}=7.616\times10^4\ \mathrm{km/s}$$

波长

$$\lambda=\frac{\nu_\varphi}{f}=95.206\ \mathrm{km}$$

18-3　传输线的长度 $l=70.8$ km，其中 $R_0=1\ \Omega$/km，$\omega C_0=4\times10^{-4}$ S/km，而 $G_0=0$，$L_0=0$。在线的终端所接阻抗 $Z_2=Z_c$。终端的电压 $U_2=3$ V。试求始端的电压 U_1 和电流 I_1。

解：$Z_0=R_0+\mathrm{j}\omega L_0=R_0$，$Y_0=G_0+\mathrm{j}\omega C_0=\mathrm{j}\omega C_0$

$$Z_c=\sqrt{\frac{Z_0}{Y_0}}=\sqrt{\frac{R_0}{\mathrm{j}\omega C_0}}=\sqrt{\frac{1}{\mathrm{j}4\times10^{-4}}}\ \Omega/\mathrm{km}=50\angle-45^\circ\ \Omega/\mathrm{km}$$

$$\gamma=\sqrt{Z_0\cdot Y_0}=\sqrt{R_0\cdot\mathrm{j}\omega C_0}=0.02\angle45^\circ\ \mathrm{l/km}=(1.41\times10^{-2}+\mathrm{j}1.41\times10^{-2})\ \mathrm{l/km}$$

因为负载阻抗等于特性阻抗，即传输线工作在匹配状态。传输线中没有反射波，所以电压分部函数为 $\dot U(x)=\dot U^+\mathrm{e}^{-rx}$

已知 $\dot U(0)=\dot U_2=3\angle0^\circ$ V，得 $\dot U^+=\dot U_2=3\angle0^\circ$ V

则始端电压为 $\dot U_1(-l)=3\angle0^\circ\ \mathrm{e}^{r\times70.8}=8.164\mathrm{e}^{\mathrm{j}1.001}$ V

始端电流为 $\dot I_1(-l)=\dfrac{\dot U_1(-l)}{Z_c}=0.16\mathrm{e}^{\mathrm{j}1.79}$ A

故其始端电压、电流有效值为 $U_1=8.164$ V，$I_1=0.16$ A。

18-4　一高压输电线长 300 km，线路原参数 $R_0=0.06\ \Omega$/km，$L_0=1.40\times10^{-3}$

H/km，$G_0=3.75\times10^{-8}$ S/km，$C_0=9.0\times10^{-9}$ F/km。电源的频率为 50 Hz。终端为一电阻负载，终端的电压为 220 kV，电流为 455 A。试求始端的电压 $\dot{U}_1$ 和电流 $\dot{I}_1$。

解：首先计算 Z_0、Y_0。因

$$Z_0=R_0+\mathrm{j}\omega L_0=0.44\angle 82.3^\circ\ \Omega/\mathrm{km}$$

$$Y_0=G_0+\mathrm{j}\omega C_0=2.83\times10^{-6}\angle 89.24^\circ\ \mathrm{S/km}$$

则得 $Z_c=\sqrt{\dfrac{Z_0}{Y_0}}=396.21\angle -3.47^\circ\ \Omega$

$\gamma=\sqrt{Z_0Y_0}=1.12\times10^{-3}\angle 85.77^\circ\ 1/\mathrm{km}=(8.25\times10^{-5}+\mathrm{j}1.12\times10^{-3})\ 1/\mathrm{km}$

设传输线终端的电压为 $\dot{U}_2=220\angle 0^\circ$ kV，则有 $\dot{I}_2=455\angle 0^\circ$ A（因负载是电阻），则

$$\begin{cases}\dot{U}(0)=\dot{U}_2=\dot{U}^++\dot{U}^- & \langle 1\rangle\\ \dot{I}(0)=\dot{I}_2=\dfrac{\dot{U}^+}{Z_c}-\dfrac{\dot{U}^-}{Z_c} & \langle 2\rangle\end{cases}$$

联立〈1〉和〈2〉式解得

$$\dot{U}^+=\frac{\dot{U}_2+Z_c\dot{I}_2}{2},\ \dot{U}^-=\frac{\dot{U}_2-Z_c\dot{I}_2}{2}$$

故沿线的电压、电流分布函数为

$$\dot{U}(x)=\dot{U}^+\mathrm{e}^{\gamma x}+\dot{U}^-\mathrm{e}^{-\gamma x}=\frac{\dot{U}_2+Z_c\dot{I}_2}{2}\mathrm{e}^{\gamma x}+\frac{\dot{U}_2-Z_c\dot{I}_2}{2}\mathrm{e}^{-\gamma x}=\dot{U}_2\cosh\gamma x+Z_c\dot{I}_2\sinh\gamma x$$

$$\dot{I}(x)=\frac{1}{Z_c}[\dot{U}^+\mathrm{e}^{\gamma x}-\dot{U}^-\mathrm{e}^{-\gamma x}]=\frac{1}{Z_c}\left[\frac{\dot{U}_2+Z_c\dot{I}_2}{2}\mathrm{e}^{\gamma x}-\frac{\dot{U}_2-Z_c\dot{I}_2}{2}\mathrm{e}^{-\gamma x}\right]$$

$$=\dot{I}_2\cosh\gamma x+\frac{\dot{U}_2}{Z_c}\sinh\gamma x$$

当 $x=300$ km 时，$\cosh\gamma x=0.94+\mathrm{j}8.14\times10^{-3}$，$\sinh\gamma x=2.337\times10^{-2}+\mathrm{j}0.33$。由电压，电流分布函数可得始端的电压、电流 $\dot{U}_1=\dot{U}(300)=223.49\angle 15.45^\circ$ kV，$\dot{I}_1=\dot{I}(300)=461.69\angle 23.86^\circ$ A。

18-5 两段特性阻抗分别为 Z_{c1} 和 Z_{c2} 的无损耗线连接的传输线如题 18-5 图所示。已知终端所接负载为 $Z_2=(50+\mathrm{j}50)\ \Omega$。设 $Z_{c1}=75\ \Omega$，$Z_{c2}=50\ \Omega$。两段线的长度都为 0.2λ（λ 为线的工作波长），试求 1-1′端的输入阻抗。

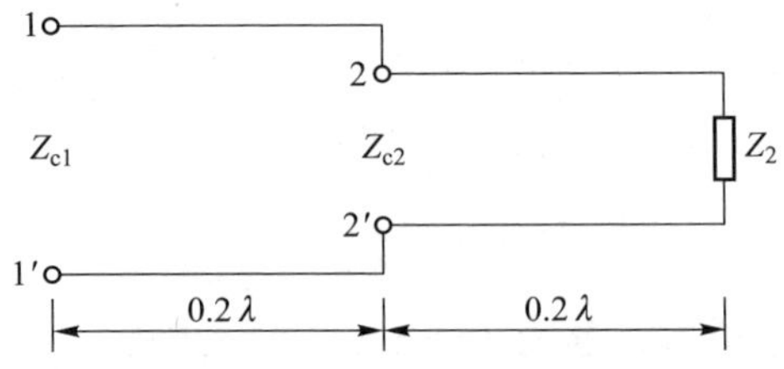

题 18-5 图

解：在理想情况下无损耗传输线的输入阻抗为 $Z_i=\dfrac{\dot{U}(x)}{\dot{I}(x)}=Z_c\dfrac{Z_2+\mathrm{j}Z_c\tan\beta x}{Z_c+\mathrm{j}Z_2\tan\beta x}$。

从 2-2′端向负载端看进去的输入阻抗为

$$Z_{22'}=Z_{c2}\frac{Z_2+\mathrm{j}Z_{c2}\tan(\beta\times0.2\lambda)}{Z_{c2}+\mathrm{j}Z_2\tan(\beta\times0.2\lambda)}$$

其中 $\beta=\dfrac{\omega}{v_\varphi}=\dfrac{2\pi f}{\lambda f}=\dfrac{2\pi}{\lambda}$，$Z_2=50+\mathrm{j}50\ \Omega$，$Z_{c2}=50\ \Omega$

即 $Z_{22'}=(56.53\angle -47.8^\circ)\ \Omega=(37.97-\mathrm{j}41.88)\ \Omega$，同理可得，从1-1′端的输入阻抗为

$$Z_i=Z_{c1}\frac{Z_{22'}+\mathrm{j}Z_{c1}\tan\beta x}{Z_{c1}+\mathrm{j}Z_{22'}\tan\beta x}=61.5\angle 48.82^\circ\ \Omega=(40.5+\mathrm{j}46.29)\ \Omega$$

18-6 特性阻抗为 50 Ω 的同轴线，其中介质为空气，终端连接的负载 $Z_2=(50+\mathrm{j}100)\ \Omega$。试求终端处的反射系数，距负载 2.5 cm 处的输入阻抗和反射系数。已知线的工作波长为10 cm。

解：当频率较高时，同轴线可看作是无损耗的，传输线上任一点的反射系数为该点的反射波电压与入射波电压之比，即

$$n=\frac{\dot{U}^-\mathrm{e}^{-\gamma x'}}{\dot{U}^+\mathrm{e}^{\gamma x'}}=\frac{\dot{U}_2-Z_c\dot{I}_2}{\dot{U}_2+Z_c\dot{I}_2}\mathrm{e}^{-2\gamma x'}=\frac{Z_2-Z_c}{Z_2+Z_c}\mathrm{e}^{-2\gamma x'}$$

无损耗线有 $\gamma=\mathrm{j}\beta$，因此在 $x'=0$ 的终端，反射系数为

$$n_2=\frac{Z_2-Z_c}{Z_2+Z_c}=\frac{\mathrm{j}}{1+\mathrm{j}}=\frac{\sqrt{2}}{2}\angle 45^\circ$$

离负载 2.5 cm 时的反射系数为

$$n=\frac{Z_2-Z_c}{Z_2+Z_c}\mathrm{e}^{-\mathrm{j}2\beta\times2.5}=n_2\mathrm{e}^{-\mathrm{j}\pi}=\frac{\sqrt{2}}{2}\angle -135^\circ\ \Omega\left(\text{其中 }\beta=\frac{\omega}{v_\varphi}=\frac{2\pi f}{\lambda f}=\frac{2\pi}{\lambda},\lambda=10\ \mathrm{cm}\right)$$

距负载 2.5 cm 处的输入阻抗为

$$Z_i=Z_c\frac{Z_2+\mathrm{j}Z_c\tan\left(\dfrac{2\pi}{\lambda}\times2.5\right)}{Z_c+\mathrm{j}Z_2\tan\left(\dfrac{2\pi}{\lambda}\times2.5\right)}=(10-\mathrm{j}20)\ \Omega=22.361\angle -63.435^\circ\ \Omega$$

18-7 试证明无损耗线沿线电压和电流的分布及输入导纳可以表示为下面的形式：

$$\dot{U}=\dot{U}_2\left[\cos(\beta x)+\mathrm{j}\frac{Y_2}{Y_c}\sin(\beta x)\right],\ \dot{I}=\dot{I}_2\left[\cos(\beta x)+\mathrm{j}\frac{Y_c}{Y_2}\sin(\beta x)\right]$$

$$Y_i=Y_c\frac{Y_2+\mathrm{j}Y_c\tan(\beta x)}{Y_c+\mathrm{j}Y_2\tan(\beta x)}$$

其中 $Y_c=\dfrac{1}{Z_c}$，$Y_2=\dfrac{1}{Z_2}$，Z_2 为负载阻抗。

证明：由已知，当传输线为无损耗线时，传播常数为 $\gamma=\mathrm{j}\beta$，线上电压、电流的相量通解为

$$\dot{U}(x')=\dot{U}^{+}\mathrm{e}^{\mathrm{j}\beta x'}+\dot{U}^{-}\mathrm{e}^{-\mathrm{j}\beta x'},\dot{I}(x')=\frac{\dot{U}^{+}}{Z_{\mathrm{c}}}\mathrm{e}^{\mathrm{j}\beta x'}-\frac{\dot{U}^{-}}{Z_{\mathrm{c}}}\mathrm{e}^{-\mathrm{j}\beta x'}$$

把 $x'=0$(终端)代入,有

$$\dot{U}(0)=\dot{U}_2=\dot{U}^{+}+\dot{U}^{-},\ \dot{I}(0)=\dot{I}_2=Y_{\mathrm{c}}(\dot{U}^{+}-\dot{U}^{-})$$

从以上两式可解得

$$\dot{U}^{+}=\frac{1}{2}\left(\dot{U}_2+\frac{\dot{I}_2}{Y_{\mathrm{c}}}\right),\dot{U}^{-}=\frac{1}{2}\left(\dot{U}_2-\frac{\dot{I}_2}{Y_{\mathrm{c}}}\right)$$

则有关系式

$$\dot{U}(x')=\frac{1}{2}\left(\dot{U}_2+\frac{\dot{I}_2}{Y_{\mathrm{c}}}\right)\mathrm{e}^{\mathrm{j}\beta x'}+\frac{1}{2}\left(\dot{U}_2-\frac{\dot{I}_2}{Y_{\mathrm{c}}}\right)\mathrm{e}^{-\mathrm{j}\beta x'}=\dot{U}_2\left[\cos(\beta x')-\mathrm{j}\frac{Y_2}{Y_{\mathrm{c}}}\sin(\beta x')\right]$$

同理可求得

$$\dot{I}(x')=\frac{1}{Z_{\mathrm{c}}}\cdot\frac{1}{2}\left(\dot{U}_2+\frac{\dot{I}_2}{Y_{\mathrm{c}}}\right)\mathrm{e}^{\mathrm{j}\beta x'}-\frac{1}{Z_{\mathrm{c}}}\cdot\frac{1}{2}\left(\dot{U}_2-\frac{\dot{I}_2}{Y_{\mathrm{c}}}\right)\mathrm{e}^{-\mathrm{j}\beta x'}$$

$$=\dot{I}_2\left[\cos(\beta x')-\mathrm{j}\frac{Y_{\mathrm{c}}}{Y_2}\sin(\beta x')\right]$$

则有输入导纳为 $Y_{\mathrm{i}}=\dfrac{\dot{I}(x')}{\dot{U}(x')}=Y_{\mathrm{c}}\dfrac{Y_2-\mathrm{j}Y_{\mathrm{c}}\tan(\beta x')}{Y_{\mathrm{c}}-\mathrm{j}Y_2\tan(\beta x')}$。

当令 $x'=-x$,是沿传输线的坐标看应为负值,则有沿线的电压电流输入导纳为

$$\dot{U}(x)=\dot{U}_2\left[\cos(\beta x)+\mathrm{j}\frac{Y_2}{Y_{\mathrm{c}}}\sin(\beta x)\right]$$

$$\dot{I}(x)=\dot{I}\left[\cos(\beta x)+\mathrm{j}\frac{Y_{\mathrm{c}}}{Y_2}\sin(\beta x)\right]$$

$$Y_{\mathrm{i}}=\frac{\dot{I}(x)}{\dot{U}(x)}=Y_{\mathrm{c}}\frac{Y_2+\mathrm{j}Y_{\mathrm{c}}\tan(\beta x)}{Y_{\mathrm{c}}+\mathrm{j}Y_2\tan(\beta x)}$$

附录 A　磁路和铁心线圈

附录 A 习题与解答

A-1　题 A-1 图所示磁路中的磁通为 3.2×10^{-4} Wb，设填充因数 $k=1$，铸钢和电工钢片的基本磁化曲线用下列表格表示。求磁通势（磁路尺寸单位：mm）。

铸　钢

$H/(\mathrm{A/m})$	200	300	400	500	600	700	800	900	1000	1100
B/T	0.27	0.39	0.50	0.61	0.72	0.82	0.90	0.98	1.05	1.11

电 工 钢 片

$H/(\mathrm{A/m})$	40	60	80	100	120	140	160	180	200
B/T	0.12	0.30	0.45	0.57	0.65	0.70	0.76	0.80	0.85

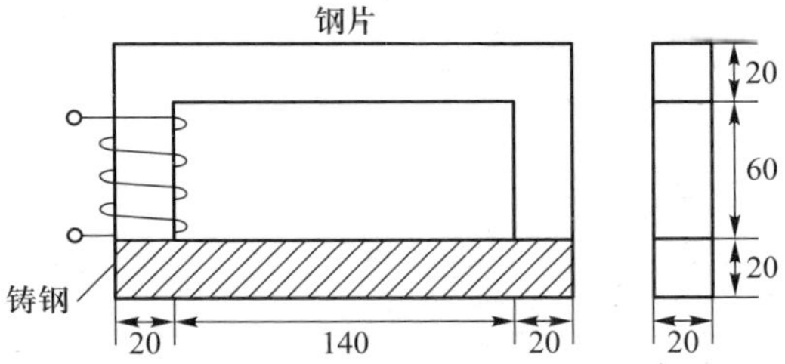

题 A-1 图

解：该磁路由铸钢和电工钢片两种材料组成，且各处截面相同，于是可以分为两段来计算。

磁路的截面积为 $S=k\times20\times20\times10^{-6}\ \mathrm{m}^2=4\times10^{-4}\ \mathrm{m}^2$

铸钢段磁路长度为 $l_1=(140+20+20)\times10^{-3}\ \mathrm{m}=0.18\ \mathrm{m}$

电工钢片段长度为 $l_2=[140+10+10+2\times(60+10)]\times10^{-3}\ \mathrm{m}=0.3\ \mathrm{m}$

该磁路的磁感应强度为 $B=\dfrac{\Phi}{S}=\dfrac{3.2\times10^{-4}}{4\times10^{-4}}\mathrm{T}=0.8\ \mathrm{T}$

铸钢中的磁场强度 H_1 可由磁化曲线利用线性插值法求得，磁场强度为

$$H_1=\left[600+\frac{700-600}{0.82-0.72}\times(0.8-0.72)\right]\ \mathrm{A/m}=680\ \mathrm{A/m}$$

查得电工钢片表格中对应 $B=0.8$ T 的磁场强度 $H_2=180$ A/m

总磁通势为

$$F_{\mathrm{m}}=H_1l_1+H_2l_2=(680\times0.18+180\times0.3)\ \mathrm{At}=176.4\ \mathrm{At}$$

A-2　已知题 A-2 图(a)所示磁路中尺寸单位为 mm，构成磁路的电工钢片的基本磁化曲线如题 A-2 图(b)所示，设 $k=0.91$，计算时要考虑空气隙的扩散作用。设磁通势为 860 At。求空气隙中的磁通。

解：由题意可把磁路分成电工钢片构成的磁路长度 l_1 与气隙磁路长度 l_2 两个部分，于是磁路的平均长度和截面积分别为

$l_1=[(160+40+40+200)\times2-1]\times10^{-3}\ \mathrm{m}=0.879\ \mathrm{m}$

$l_2=1\times10^{-3}\ \mathrm{m}$

$S_1=0.91\times50\times40\times10^{-6}\ \mathrm{m}^2=1.82\times10^{-3}\ \mathrm{m}^2$

$S_2=[(40\times50)+(40+50)\times1]\times10^{-6}\ \mathrm{m}^2=2.09\times10^{-3}\ \mathrm{m}^2$

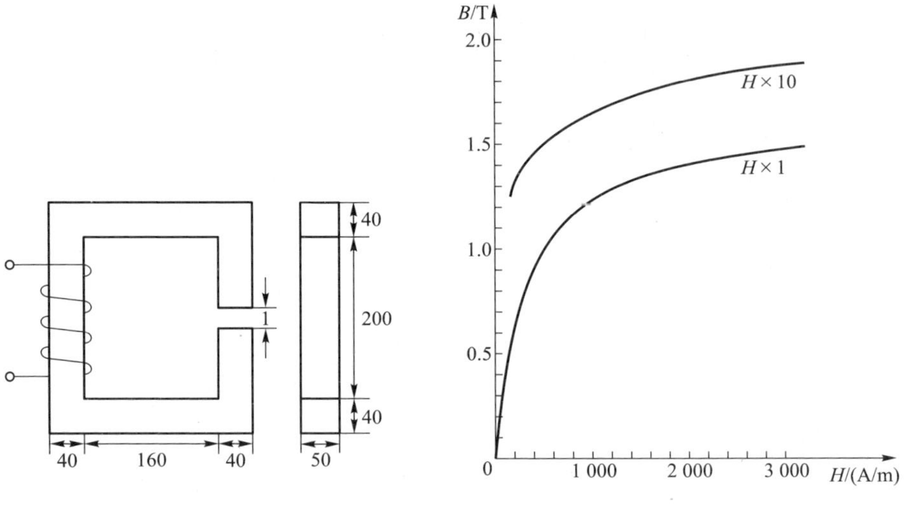

(a)　(b)

题 A-2 图

由于气隙的磁阻较大，设气隙中的磁压占总磁势的 50%，即 860×50% = 430 At，可由试探法，根据磁路的欧姆定律，得第一次试探值为

$$\Phi^{(1)}=\frac{F_2}{R_{\mathrm{m2}}}=\frac{F_2\mu_0S_2}{l_2}=\frac{430\times(4\pi\times10^{-7}\times2.09\times10^{-3})}{1\times10^{-3}}\mathrm{Wb}=1.129\times10^{-3}\ \mathrm{Wb}$$

于是铁心中的磁感应强度为

$B_1^{(1)}=\dfrac{\Phi^{(1)}}{S_1}=\dfrac{1.129\times10^{-3}}{1.82\times10^{-3}}\mathrm{T}=0.62\ \mathrm{T}$，由题 A-2 图(b)，查得 $H_1^{(1)}=160$ A/m

总磁通势 $F=H_1^{(1)}l_1+H_2l_2=H_1^{(1)}l_1+F_2=(160\times0.879+430)\ \mathrm{At}=570.64\ \mathrm{At}$

此时 $F<860$ At，说明假设的磁通偏小。

磁通势相对误差为 $\varepsilon=\dfrac{570.64-860}{860}=-0.336$

于是另设磁通为 $\Phi^{(2)}=\Phi^{(1)}(1-\varepsilon)=1.129\times10^{-3}\times(1+0.336)\ \text{Wb}=1.51\times10^{-3}\ \text{Wb}$

则

$$B_1^{(2)}=\frac{\Phi^{(2)}}{S_1}=\frac{1.51\times10^{-3}}{1.82\times10^{-3}}\ \text{T}=0.829\ \text{T}$$，查图(b)曲线，得 $H_1^{(2)}=220\ \text{A/m}$

总磁通势为 $F_m=H_1^{(2)}l_1+R_{m2}\Phi^{(2)}=H_1^{(2)}l_1+\dfrac{l_2\Phi^{(2)}}{\mu_0S_2}=\left[220\times0.879+\dfrac{10^{-3}\times1.51\times10^{-3}}{4\pi\times10^{-7}\times2.09\times10^{-3}}\right]\text{At}$

$=768.61\ \text{At}$

相对误差 $\varepsilon=\dfrac{768.61-860}{860}=-0.106$

设磁通为 $\Phi^{(3)}=\Phi^{(2)}(1-\varepsilon)=1.51\times10^{-3}\times(1+0.106)\ \text{Wb}=1.67\times10^{-3}\ \text{Wb}$。

则
$$B_1^{(3)}=\frac{\Phi^{(3)}}{S_1}=\frac{1.67\times10^{-3}}{1.82\times10^{-3}}\text{T}=0.918\ \text{T}$$

查图(b)曲线，得 $H_1^{(3)}=265\ \text{A/m}$

于是总磁通为

$$F=H_1^{(3)}l_1+R_{m2}\Phi^{(3)}=H_1^{(3)}l_1+\frac{l_2\Phi^{(3)}}{\mu_0S_2}=\left[265\times0.879+\frac{10^{-3}\times1.67\times10^{-3}}{4\pi\times10^{-7}\times2.09\times10^{-3}}\right]\text{At}$$

$=869.12\ \text{At}$

此时的误差为

$$\varepsilon=\frac{869.12-860}{860}=0.01=1\%$$

可认为磁通为

$$\Phi=\Phi^{(3)}=1.67\times10^{-3}\ \text{Wb}$$

A-3 已知磁路如题 A-3 图所示，其铁心材料的基本磁化曲线同题 A-2 图(b)所示，磁路中的磁通 $\Phi=3.6\times10^{-3}$ Wb，$k=1$，计算时要计及空气隙的扩散作用。图中所示尺寸单位为 mm。求磁通势。

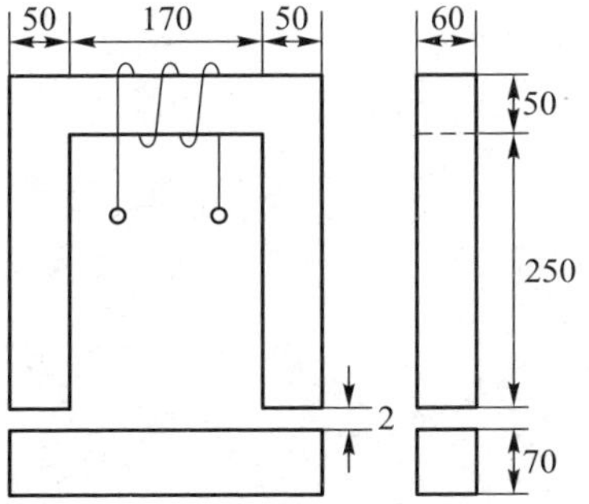

题 A-3 图

解：由题意铁心的长度为

$l_1=[(250+25)\times2+170+50]\times10^{-3}\ \text{m}=0.77\ \text{m}$

铁心截面积为 $S_1=1\times50\times60\times10^{-6}\ \text{m}^2=3\times10^{-3}\ \text{m}^2$

衔铁的长度为 $l_2=(170+50+70)\times10^{-3}\ \text{m}=0.29\ \text{m}$

衔铁的截面积为 $S_2=1\times60\times70\times10^{-6}\ \text{m}^2=4.2\times10^{-3}\ \text{m}^2$

气隙长度为 $l_3=2\times2\times10^{-3}\ \text{m}=4\times10^{-3}\ \text{m}$

气隙表面积为

$$S_3=[50\times60+(50+60)\times2]\times10^{-6}\ \text{m}^2=3.22\times10^{-3}\ \text{m}^2$$

铁心的磁感应强度与磁场强度为

$$B_1=\frac{\Phi}{S_1}=\frac{3.6\times10^{-3}}{3\times10^{-3}}\text{T}=1.2\ \text{T}$$，查题 A-2(b)曲线，得 $H_1=600\ \text{A/m}$

衔铁的磁感应强度与磁场强度为

$$B_2=\frac{\Phi}{S_2}=\frac{3.6\times10^{-3}}{4.2\times10^{-3}}\text{T}=0.857\ \text{T}$$，查题 A-2(b)曲线，得 $H_2=240\ \text{A/m}$

气隙的磁感应强度与磁场强度为

$$B_3=\frac{\Phi}{S_3}=\frac{3.6\times10^{-3}}{3.22\times10^{-3}}\text{T}=1.118\ \text{T},\quad H_3=\frac{\Phi}{\mu_0S_3}=\frac{3.6\times10^{-3}}{4\pi\times3.22\times10^{-3}}\text{A/m}=889686\ \text{A/m}$$

得到总磁通势为

$$F_m=H_1l_1+H_2l_2+H_3l_3$$
$$=(600\times0.77+240\times0.29+889686\times4\times10^{-3})\ \text{At}=4090.34\ \text{At}$$

A-4 题 A-4 图所示为有分支磁路，由同一电工钢片叠成。各段磁路的平均长度和截面面积均示于图中，$l_a\ll l_2$。现在要求出在空气隙中产生磁通 Φ_a 所需磁通势，试给出解题的步骤。

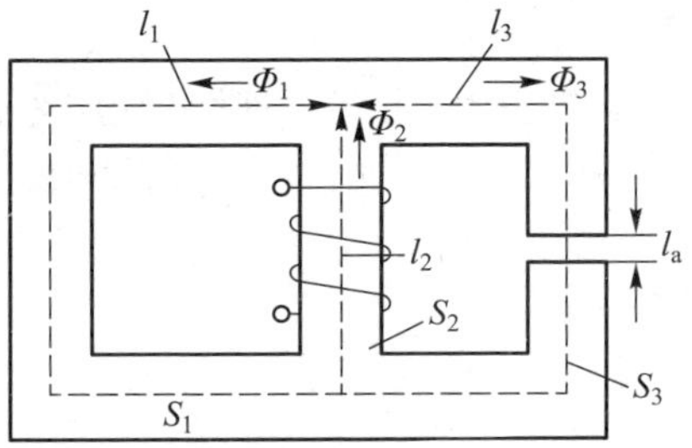

题 A-4 图

解：(1) 由给定的气隙磁通求出气隙磁密磁压降为 $B_3=\dfrac{\Phi_a}{S_3}$，$H_al_a=\dfrac{\Phi_al_a}{\mu_0S_3}$；

(2) 气隙磁密也是 l_3 磁路段的磁密，查磁化曲线得 H_3，于是可求磁路磁压降 H_3l_3；

(3) 按磁路的 KVL 可得 $H_2l_2=H_al_a+H_3l_3$，求出 $H_2=(H_al_a+H_3l_3)/l_2$；

(4) 由 H_2 查磁化曲线得 B_2，从而求出磁通 $\Phi_2=B_2S_2$；

(5) 根据磁路的 KCL 得 $\Phi_1=\Phi_2-\Phi_a$；

(6) 由 Φ_1 求出 $B_1(=\Phi_1/S_1)$，由磁化曲线查得 H_1，求得 H_1l_1；

(7) 根据 $F_m=NI=H_1l_1+H_2l_2$ 求出所需磁通势。

附录 B　电路思维导图说明

电路分析基础内容包括十七章,一般每章对应一幅电路思维导图,学生立于该章的中心主图,向四周环视,犹如是一幅该章的“全景图”。使用电路思维导图便于学生掌握和记忆该章知识要点。围绕着思维导图进行电路教学或学习电路,教与学的思路非常清晰。

电路思维导图

1.“第一章”思维导图(1 幅)
2.“第二章”思维导图(1 幅)
3.“第三章”思维导图(1 幅)
4.“第四章”思维导图(1 幅)
5.“第五章”思维导图(1 幅)
6.“第六章”思维导图(1 幅)
7.“第七章”思维导图(2 幅)
8.“第八章”思维导图(1 幅)
9.“第九章”思维导图(5 幅)
10.“第十章”思维导图(1 幅)
11.“第十一章”思维导图(1 幅)
12.“第十二章”思维导图(1 幅)
13.“第十三章”思维导图(1 幅)
14.“第十四章”思维导图(2 幅)
15.“第十五章”思维导图(1 幅)
16.“第十六章”思维导图(1 幅)
17.“第十七章”思维导图(1 幅)

电路思维导图适用于课堂教学、备课、自学、复习、考试等整个电路教与学过程中的各个环节,且能快速记住知识点。它不仅能提高教与学的效果和效率,还可以培养学生良好的思维品质,提高学生创新思维的能力。

参 考 书 目

[1] 邱关源,罗先觉. 电路[M]. 5 版. 北京:高等教育出版社,2006.
[2] 范世贵. 电路分析基础 导教 · 导学 · 导考[M]. 3 版. 西北工业大学出版社,2006.
[3] Charles K. Alexanderr, Matthew N. O. Sadiku. Fundamentals of Electric Circuits[M]. McGraw-Hill, 2000.
[4] James W. Nilsson, Susan A. Riedel. Electric Circuits[M]. 8th. Prentice Hall, 2008.
[5] Thomas L. Floyd. Electric Circuits Fundamentals[M]. 6th, Prentice Hall, 2004.
[6] 邱关源,罗先觉. 电路[M]. 6 版. 北京:高等教育出版社,2022.
[7] 王竹萍,张涛,黄昆. 电路高效学习指导. 北京:高等教育出版社,2015.

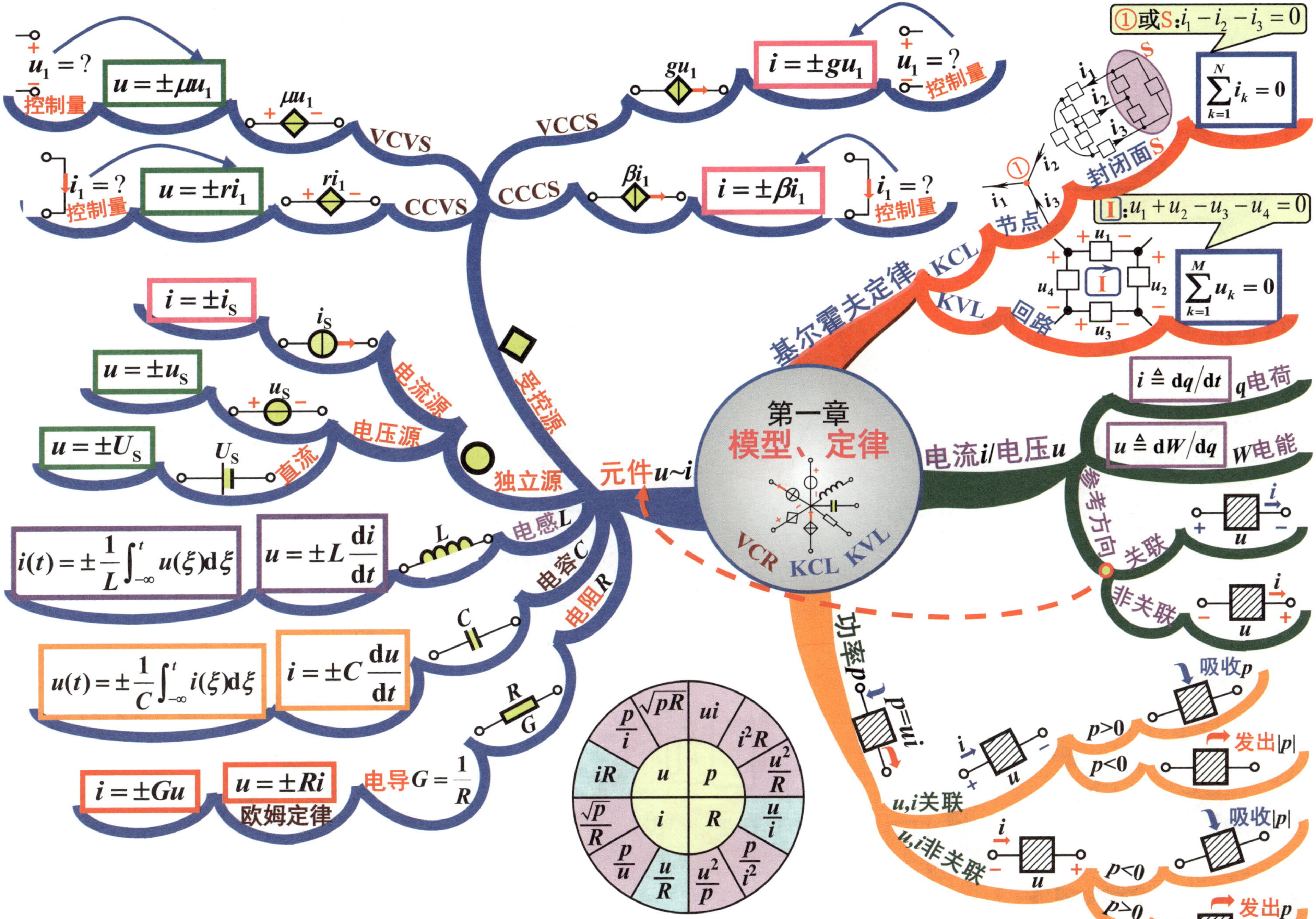

第一章
模型、定律
VCR KCL KVL
元件u~i
受控源
VCVS
$u=\pm\mu u_1$
$u_1=?$
控制量
μu_1
CCVS
$u=\pm ri_1$
$i_1=?$
控制量
ri_1
VCCS
$i=\pm gu_1$
$u_1=?$
控制量
gu_1
CCCS
$i=\pm\beta i_1$
$i_1=?$
控制量
βi_1
独立源
电流源
$i=\pm i_S$
i_S
电压源
$u=\pm u_S$
u_S
直流
$u=\pm U_S$
U_S
电感L
$i(t)=\pm\frac{1}{L}\int_{-\infty}^{t}u(\xi)d\xi$
$u=\pm L\frac{di}{dt}$
L
电容C
$u(t)=\pm\frac{1}{C}\int_{-\infty}^{t}i(\xi)d\xi$
$i=\pm C\frac{du}{dt}$
C
电阻R
R
G
电导$G=\frac{1}{R}$
$i=\pm Gu$
$u=\pm Ri$
欧姆定律
基尔霍夫定律
KCL
节点
封闭面S
①或S: $i_1-i_2-i_3=0$
$\sum_{k=1}^{N}i_k=0$
KVL
回路
I: $u_1+u_2-u_3-u_4=0$
$\sum_{k=1}^{M}u_k=0$
电流i/电压u
$i\triangleq dq/dt$ q电荷
$u\triangleq dW/dq$ W电能
参考方向
关联
非关联
功率p
$p=ui$
u,i关联
p>0 吸收p
p<0 发出|p|
u,i非关联
p<0 吸收|p|
p>0 发出p
$\frac{p}{i}$ $\sqrt{pR}$ ui i^2R $\frac{u^2}{R}$ $\frac{u}{i}$ $\frac{p}{i^2}$ $\frac{u^2}{p}$ $\frac{u}{R}$ $\frac{p}{u}$ $\frac{\sqrt{p}}{R}$ iR
u p i R

“第一章”思维导图

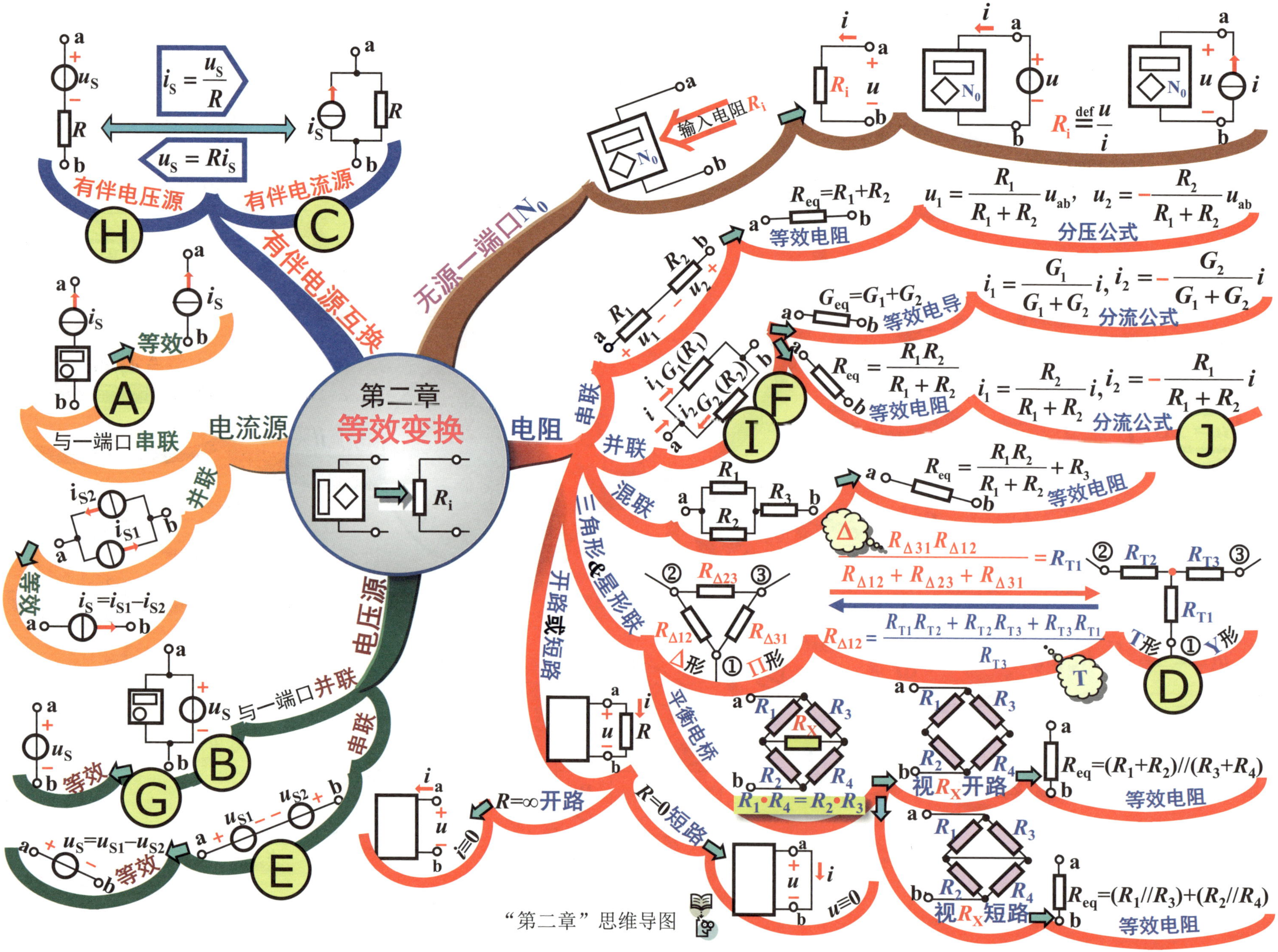

第二章
等效变换
电阻
串联
$R_{eq}=R_1+R_2$
等效电阻
$u_1=\frac{R_1}{R_1+R_2}u_{ab}$, $u_2=-\frac{R_2}{R_1+R_2}u_{ab}$
分压公式
并联
$G_{eq}=G_1+G_2$ 等效电导
$i_1=\frac{G_1}{G_1+G_2}i$, $i_2=-\frac{G_2}{G_1+G_2}i$
分流公式
$R_{eq}=\frac{R_1R_2}{R_1+R_2}$ 等效电阻
$i_1=\frac{R_2}{R_1+R_2}i$, $i_2=-\frac{R_1}{R_1+R_2}i$
分流公式
混联
$R_{eq}=\frac{R_1R_2}{R_1+R_2}+R_3$ 等效电阻
三角形&星形联
$\frac{R_{\Delta31}R_{\Delta12}}{R_{\Delta12}+R_{\Delta23}+R_{\Delta31}}=R_{T1}$
$R_{\Delta12}=\frac{R_{T1}R_{T2}+R_{T2}R_{T3}+R_{T3}R_{T1}}{R_{T3}}$
Δ形 Π形 T形 Y形
平衡电桥
$R_1\cdot R_4=R_2\cdot R_3$
视R_X开路
$R_{eq}=(R_1+R_2)//(R_3+R_4)$ 等效电阻
视R_X短路
$R_{eq}=(R_1//R_3)+(R_2//R_4)$ 等效电阻
开路或短路
$R=\infty$开路 $i=0$
$R=0$短路 $u=0$
无源一端口N_0
输入电阻R_i
$R_i \overset{def}{=} \frac{u}{i}$
有伴电源互换
有伴电压源
有伴电流源
$i_S=\frac{u_S}{R}$
$u_S=Ri_S$
电流源
与一端口串联
等效
并联
$i_S=i_{S1}-i_{S2}$
电压源
与一端口并联
串联
$u_S=u_{S1}-u_{S2}$
A B C D E F G H I J

“第二章”思维导图

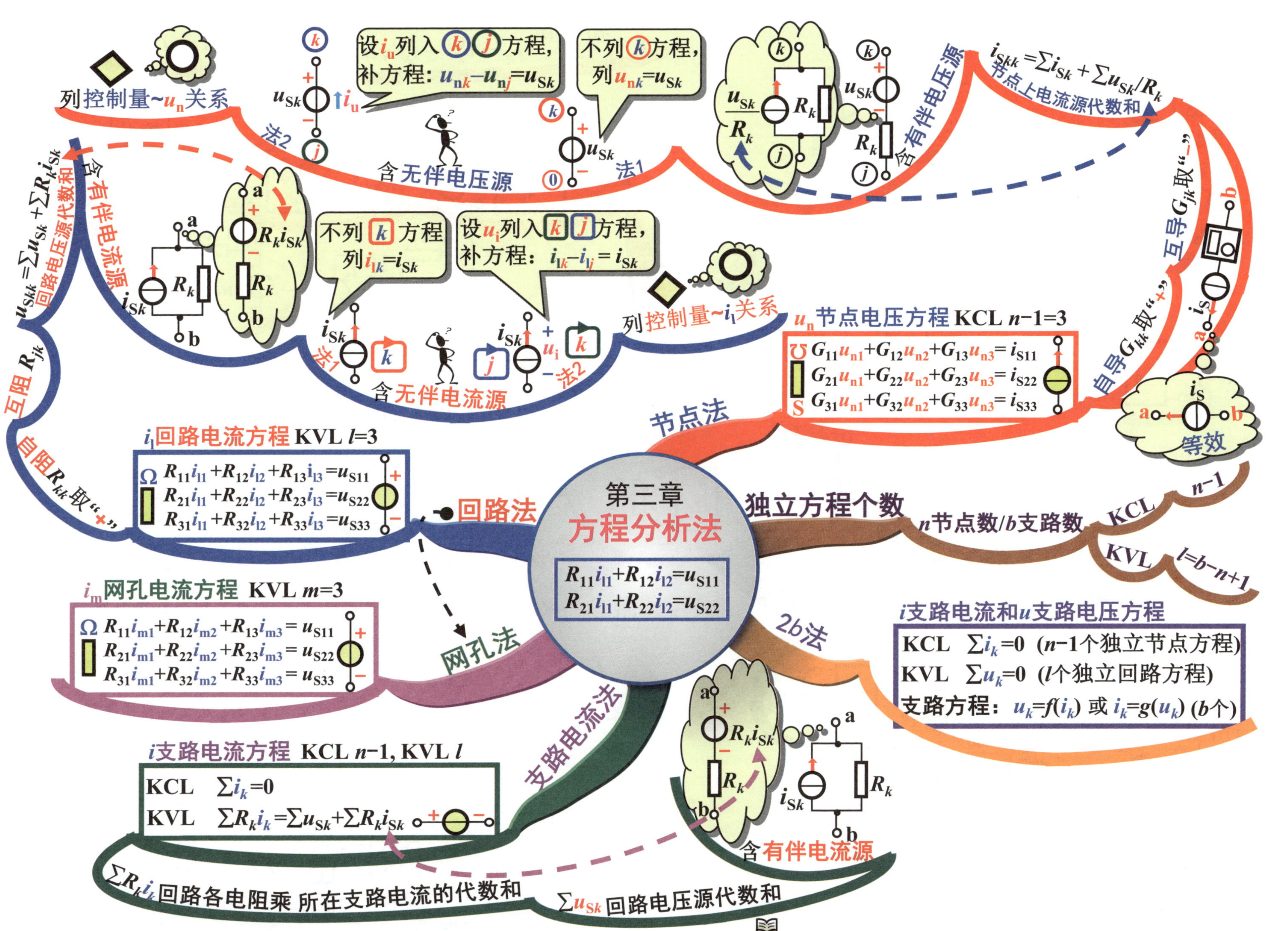

第三章
方程分析法
R11il1+R12il2=uS11
R21il1+R22il2=uS22
节点法
un节点电压方程 KCL n−1=3
G11un1+G12un2+G13un3= iS11
G21un1+G22un2+G23un3= iS22
G31un1+G32un2+G33un3= iS33
自导Gkk取“+”
互导Gjk取“−”
等效
iSkk =ΣiSk +ΣuSk/Rk
节点上电流源代数和
含有伴电压源
不列k方程，列unk=uSk
法1
设iu列入k j方程，补方程：unk−unj=uSk
法2
含无伴电压源
列控制量~un关系
回路法
il回路电流方程 KVL l=3
R11il1 +R12il2 +R13il3 =uS11
R21il1 +R22il2 +R23il3 =uS22
R31il1 +R32il2 +R33il3 =uS33
自阻Rkk取“+”
互阻Rjk
uSkk =ΣuSk +ΣRkiSk
回路电压源代数和
含有伴电流源
不列k方程 列ilk=iSk
设ui列入k j方程，补方程：ilk−ilj = iSk
法1
法2
含无伴电流源
列控制量~il关系
网孔法
im网孔电流方程 KVL m=3
R11im1+R12im2 +R13im3 = uS11
R21im1+R22im2 +R23im3 = uS22
R31im1+R32im2 +R33im3 = uS33
独立方程个数
n节点数/b支路数
KCL n−1
KVL l=b−n+1
2b法
i支路电流和u支路电压方程
KCL Σik=0 (n−1个独立节点方程)
KVL Σuk=0 (l个独立回路方程)
支路方程：uk=f(ik) 或 ik=g(uk) (b个)
支路电流法
i支路电流方程 KCL n−1, KVL l
KCL Σik=0
KVL ΣRkik=ΣuSk+ΣRkiSk
含有伴电流源
ΣRkik回路各电阻乘 所在支路电流的代数和
ΣuSk 回路电压源代数和

“第三章”思维导图

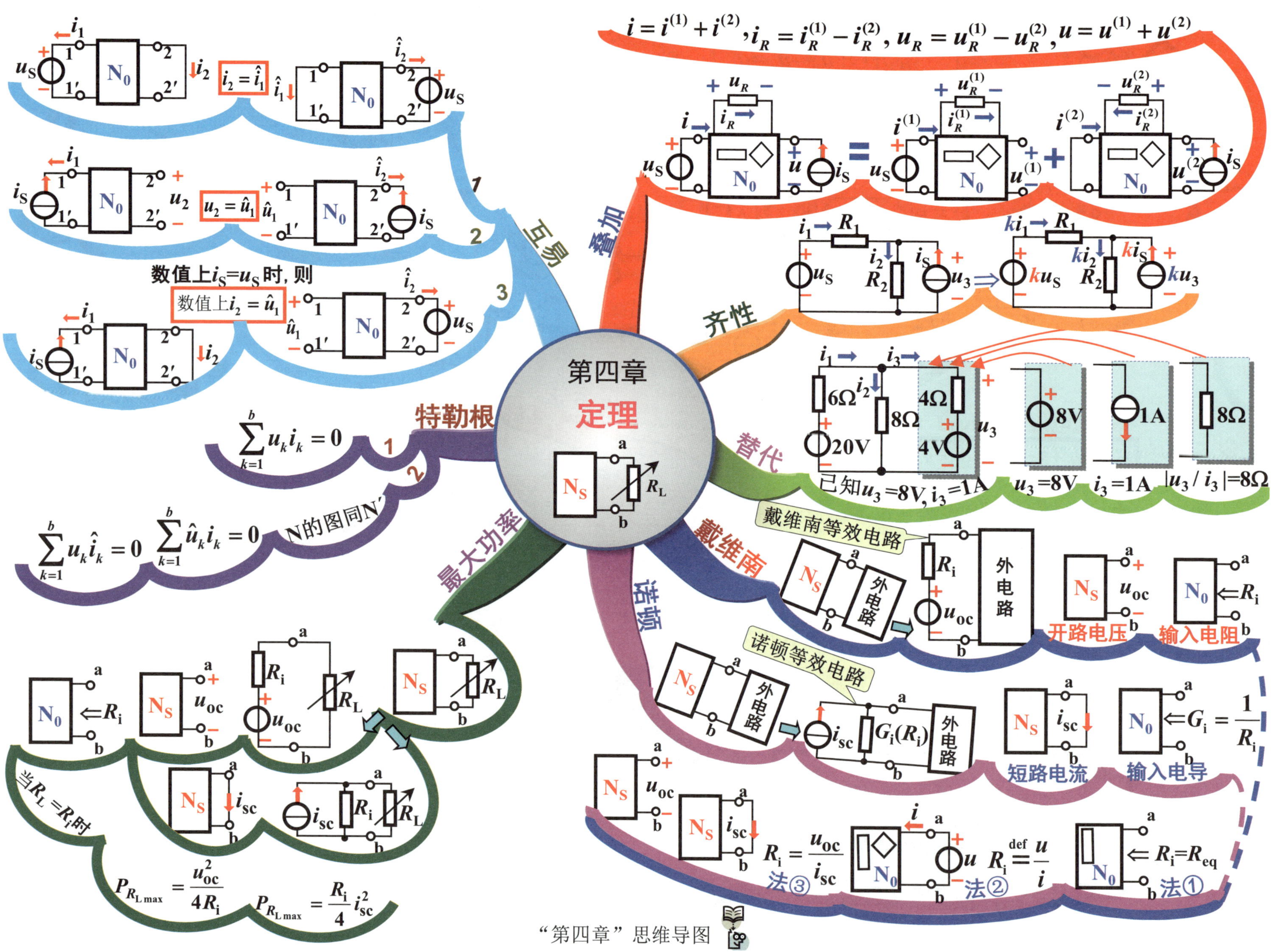
第四章
定理
叠加
$i=i^{(1)}+i^{(2)}, i_R=i_R^{(1)}-i_R^{(2)}, u_R=u_R^{(1)}-u_R^{(2)}, u=u^{(1)}+u^{(2)}$
齐性
替代
已知u_3=8V, i_3=1A
u_3=8V
i_3=1A
$|u_3/i_3|$=8Ω
戴维南
戴维南等效电路
开路电压
输入电阻
诺顿
诺顿等效电路
短路电流
输入电导
$G_i=\frac{1}{R_i}$
$R_i=\frac{u_{oc}}{i_{sc}}$ 法③
$R_i\overset{def}{=}\frac{u}{i}$ 法②
$R_i=R_{eq}$ 法①
最大功率
当$R_L=R_i$时
$P_{R_{L\max}}=\frac{u_{oc}^2}{4R_i}$
$P_{R_{L\max}}=\frac{R_i}{4}i_{sc}^2$
特勒根
$\sum_{k=1}^{b}u_k i_k=0$
$\sum_{k=1}^{b}u_k\hat{i}_k=0$
$\sum_{k=1}^{b}\hat{u}_k i_k=0$
N的图同N′
互易
$i_2=\hat{i}_1$
$u_2=\hat{u}_1$
数值上$i_S=u_S$时，则
数值上$i_2=\hat{u}_1$

“第四章”思维导图

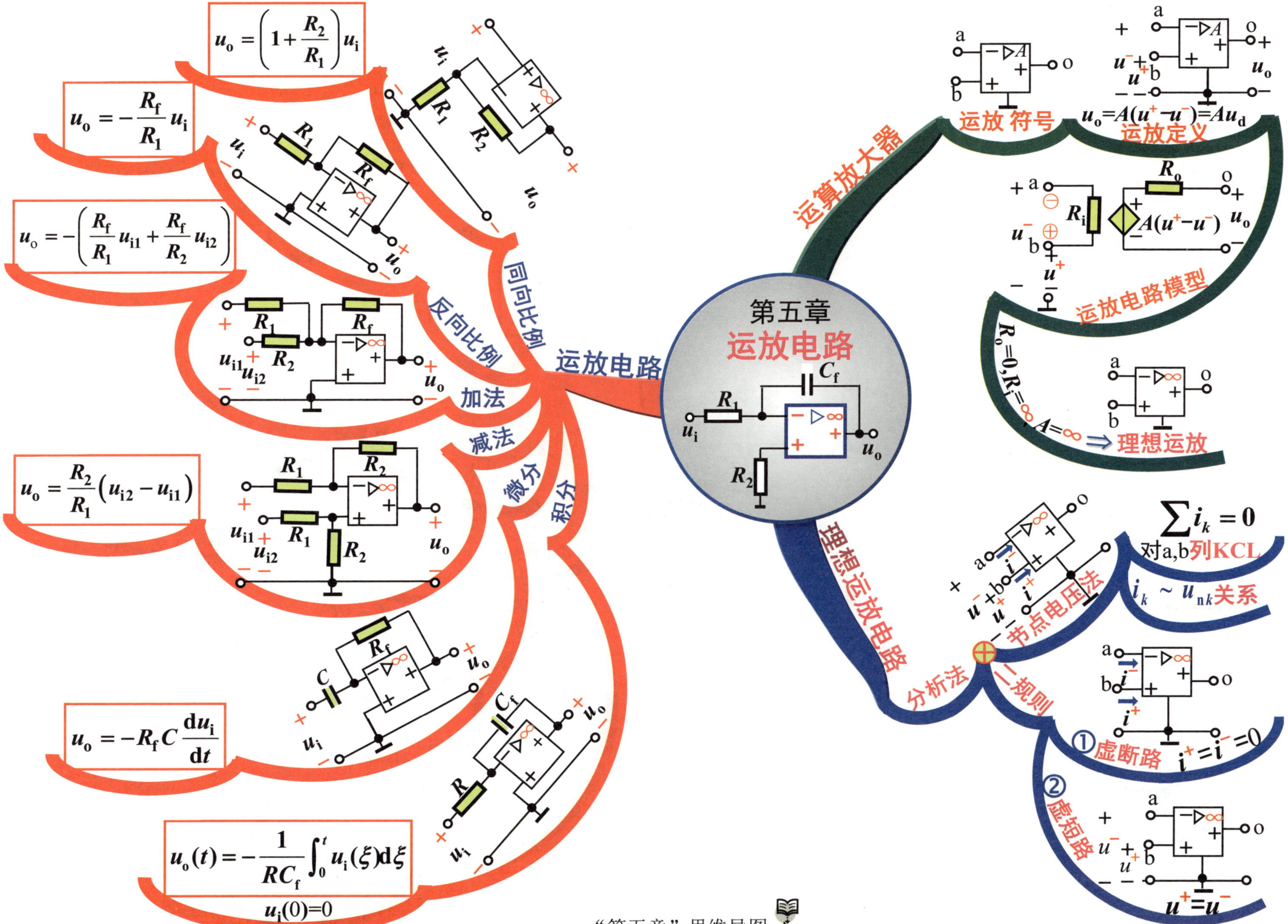
第五章
运放电路
运算放大器
运放符号
$u_o=A(u^+-u^-)=Au_d$
运放定义
运放电路模型
$R_o=0, R_i=\infty, A=\infty \Rightarrow$ 理想运放
理想运放电路
分析法
节点电压法
$\sum i_k=0$
对a,b列KCL
$i_k \sim u_{nk}$关系
二规则
①虚断路 $i^+=i^-=0$
②虚短路 $u^+=u^-$
运放电路
同向比例
$u_o=\left(1+\frac{R_2}{R_1}\right)u_i$
反向比例
$u_o=-\frac{R_f}{R_1}u_i$
加法
$u_o=-\left(\frac{R_f}{R_1}u_{i1}+\frac{R_f}{R_2}u_{i2}\right)$
减法
$u_o=\frac{R_2}{R_1}(u_{i2}-u_{i1})$
微分
$u_o=-R_fC\frac{du_i}{dt}$
积分
$u_o(t)=-\frac{1}{RC_f}\int_0^t u_i(\xi)d\xi$
$u_i(0)=0$

“第五章”思维导图

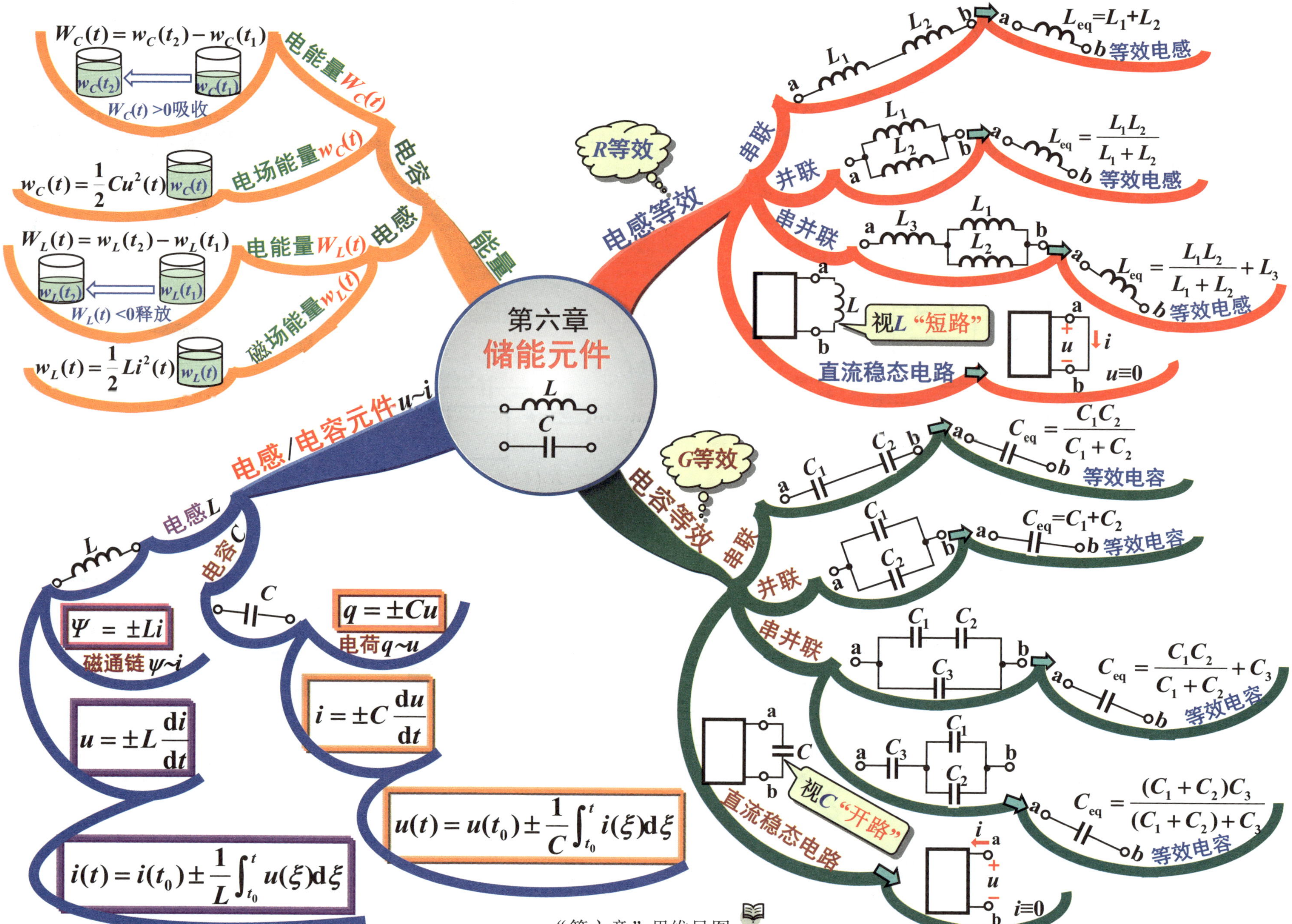

第六章
储能元件
L
C
能量
电容
电能量$W_C(t)$
$W_C(t)=w_C(t_2)-w_C(t_1)$
$w_C(t_2)$
$w_C(t_1)$
$W_C(t)>0$吸收
电场能量$w_C(t)$
$w_C(t)=\frac{1}{2}Cu^2(t)$
$w_C(t)$
电感
电能量$W_L(t)$
$W_L(t)=w_L(t_2)-w_L(t_1)$
$w_L(t_2)$
$w_L(t_1)$
$W_L(t)<0$释放
磁场能量$w_L(t)$
$w_L(t)=\frac{1}{2}Li^2(t)$
$w_L(t)$
电感等效
R等效
串联
$L_{eq}=L_1+L_2$ 等效电感
并联
$L_{eq}=\frac{L_1L_2}{L_1+L_2}$ 等效电感
串并联
$L_{eq}=\frac{L_1L_2}{L_1+L_2}+L_3$ 等效电感
视L“短路”
直流稳态电路
u≡0
电容等效
G等效
串联
$C_{eq}=\frac{C_1C_2}{C_1+C_2}$ 等效电容
并联
$C_{eq}=C_1+C_2$ 等效电容
串并联
$C_{eq}=\frac{C_1C_2}{C_1+C_2}+C_3$ 等效电容
$C_{eq}=\frac{(C_1+C_2)C_3}{(C_1+C_2)+C_3}$ 等效电容
视C“开路”
直流稳态电路
i≡0
电感/电容元件u~i
电感L
$\Psi=\pm Li$
磁通链ψ~i
$u=\pm L\frac{di}{dt}$
$i(t)=i(t_0)\pm\frac{1}{L}\int_{t_0}^{t}u(\xi)d\xi$
电容C
$q=\pm Cu$
电荷q~u
$i=\pm C\frac{du}{dt}$
$u(t)=u(t_0)\pm\frac{1}{C}\int_{t_0}^{t}i(\xi)d\xi$

“第六章”思维导图

$$s(t) = u_C(t) = [U_S(1 - e^{\frac{-t}{\tau}})]\varepsilon(t)$$

$$u_C(t) = U_S(1 - e^{\frac{-t}{\tau}}), t \geq 0$$

$t=0$ R $+$ U_S C u_C $-$

R $U_S\varepsilon(t)$ C u_C

$u_C(0_+) = u_C(0_-) = 0$ 阶跃响应 $s(t) \leftarrow$ 激励 $\varepsilon(t)$ **阶跃响应**

$$\delta(t) = \frac{d\varepsilon(t)}{dt}$$ 冲激响应 $h(t) \leftarrow$ 激励 $\delta(t)$ **冲激响应**

$$h(t) = \frac{ds(t)}{dt}$$

正弦零状态响应

第七章
1.一阶电路

R_1 R_2 $+$ U_S C u_C $S(t=0)$

RC
一阶RL电路直流响应   微分方程求解

$$\begin{cases} \tau \dfrac{df(t)}{dt} + f(t) = F_S \\ f(0_+) = F_0 \end{cases} \quad (t \geq 0_+)$$

解 $f(t) = F_S + [F_0 - F_S]e^{\frac{-t}{\tau}}$

视 $\begin{matrix}C\\L\end{matrix}$ "开路" "短路"

初始值计算

"0_-"电路: $u_C(0_-) = ?$ or $i_L(0_-) = ?$

换路定则 $u_C(0_+) = u_C(0_-)$ or $i_L(0_+) = i_L(0_-)$

"0_+"电路: 求其他 $u(0_+) = ?$, $i(0_+) = ?$

三要素法求解   含 $\begin{matrix}C\\L\end{matrix}$

全响应 = 零输入 + 零状态

全响应 $f(t)$ $\begin{cases} i(t) = i(\infty) + [i(0_+) - i(\infty)]e^{\frac{-t}{\tau}} \\ u(t) = u(\infty) + [u(0_+) - u(\infty)]e^{\frac{-t}{\tau}} \end{cases}(t \geq 0_+)$

响应曲线

$f(t)$

$0 < f(0_+)$

$0.368[f(0_+) - f(\infty)]$ $f(\tau)$

τ

$0 > f(\infty)$

$0 = f(t_1)$ O τ t_1 t

视 $\begin{matrix}C\\L\end{matrix}$ "开路" "短路"

初始值 $u(0_+)$ or $i(0_+)$ 求三要素

"∞"电路: 稳态值 $u(\infty)$ or $i(\infty)$

$f(t)$

$0 < f(\infty)$

$0.368[f(\infty) - f(0_+)]$ $f(\tau)$

τ

$0 = f(t_1)$ O t_1 τ t

$0 > f(0_+)$

R_i u_{oc} C 换路后 N_S C $\tau = R_i C$

时间常数 τ

R_i u_{oc} L 换路后 N_S L $\tau = \dfrac{L}{R_i}$

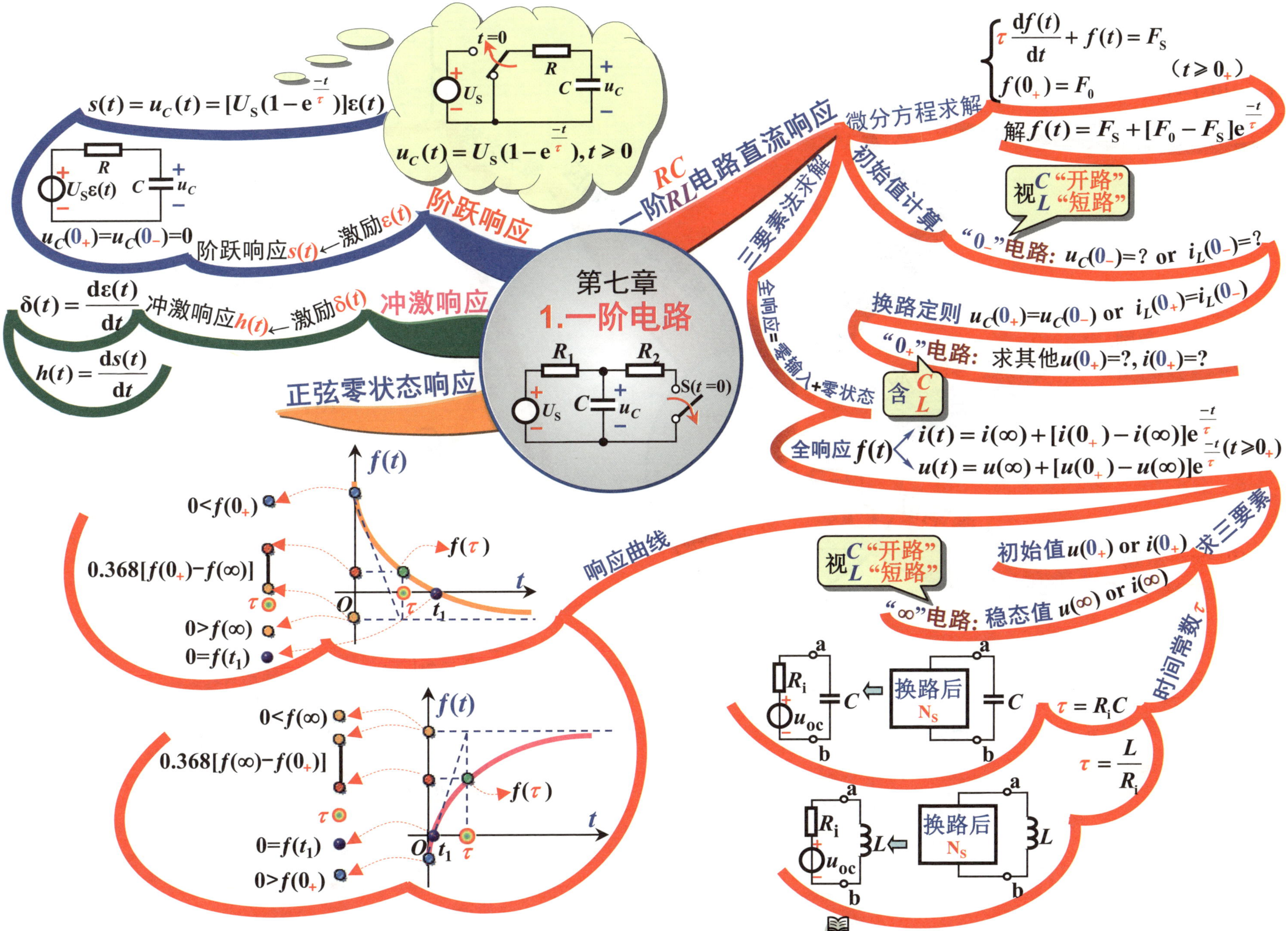

"第七章"思维导图—— 一阶电路

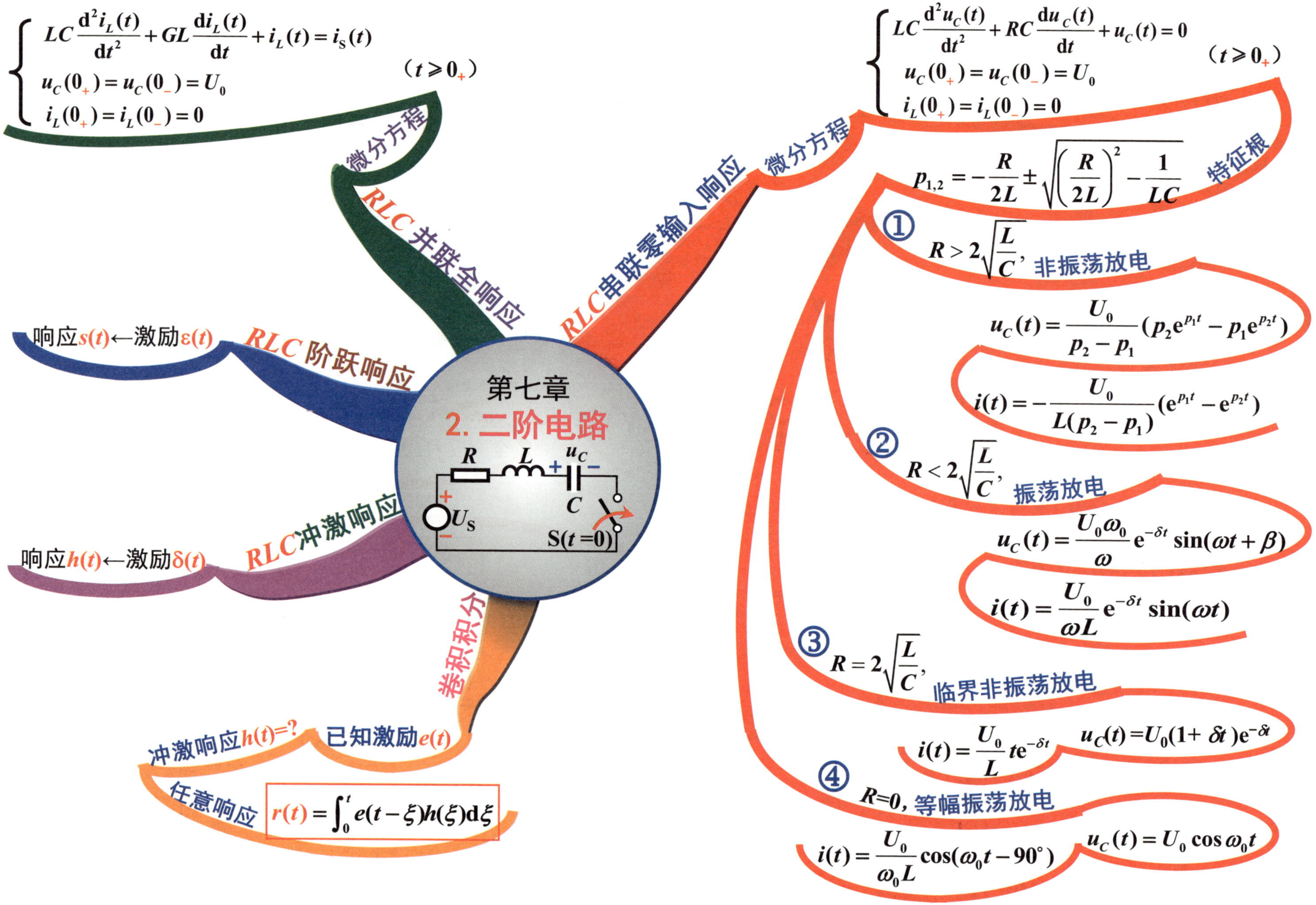
第七章
2. 二阶电路
R L u_C + − C
+ U_S −
$S(t=0)$
RLC串联零输入响应
微分方程
$LC\frac{d^2u_C(t)}{dt^2}+RC\frac{du_C(t)}{dt}+u_C(t)=0$
$u_C(0_+)=u_C(0_-)=U_0$
$i_L(0_+)=i_L(0_-)=0$
$(t\geqslant 0_+)$
特征根
$p_{1,2}=-\frac{R}{2L}\pm\sqrt{\left(\frac{R}{2L}\right)^2-\frac{1}{LC}}$
① $R>2\sqrt{\frac{L}{C}}$，非振荡放电
$u_C(t)=\frac{U_0}{p_2-p_1}(p_2e^{p_1t}-p_1e^{p_2t})$
$i(t)=-\frac{U_0}{L(p_2-p_1)}(e^{p_1t}-e^{p_2t})$
② $R<2\sqrt{\frac{L}{C}}$，振荡放电
$u_C(t)=\frac{U_0\omega_0}{\omega}e^{-\delta t}\sin(\omega t+\beta)$
$i(t)=\frac{U_0}{\omega L}e^{-\delta t}\sin(\omega t)$
③ $R=2\sqrt{\frac{L}{C}}$，临界非振荡放电
$i(t)=\frac{U_0}{L}te^{-\delta t}$
$u_C(t)=U_0(1+\delta t)e^{-\delta t}$
④ $R=0$，等幅振荡放电
$i(t)=\frac{U_0}{\omega_0L}\cos(\omega_0t-90^\circ)$
$u_C(t)=U_0\cos\omega_0t$
RLC并联全响应
微分方程
$LC\frac{d^2i_L(t)}{dt^2}+GL\frac{di_L(t)}{dt}+i_L(t)=i_S(t)$
$u_C(0_+)=u_C(0_-)=U_0$
$i_L(0_+)=i_L(0_-)=0$
$(t\geqslant 0_+)$
RLC阶跃响应
响应$s(t)$←激励$\varepsilon(t)$
RLC冲激响应
响应$h(t)$←激励$\delta(t)$
卷积积分
已知激励$e(t)$
冲激响应$h(t)$=?
任意响应
$r(t)=\int_0^t e(t-\xi)h(\xi)d\xi$

“第七章”思维导图—— 二阶电路

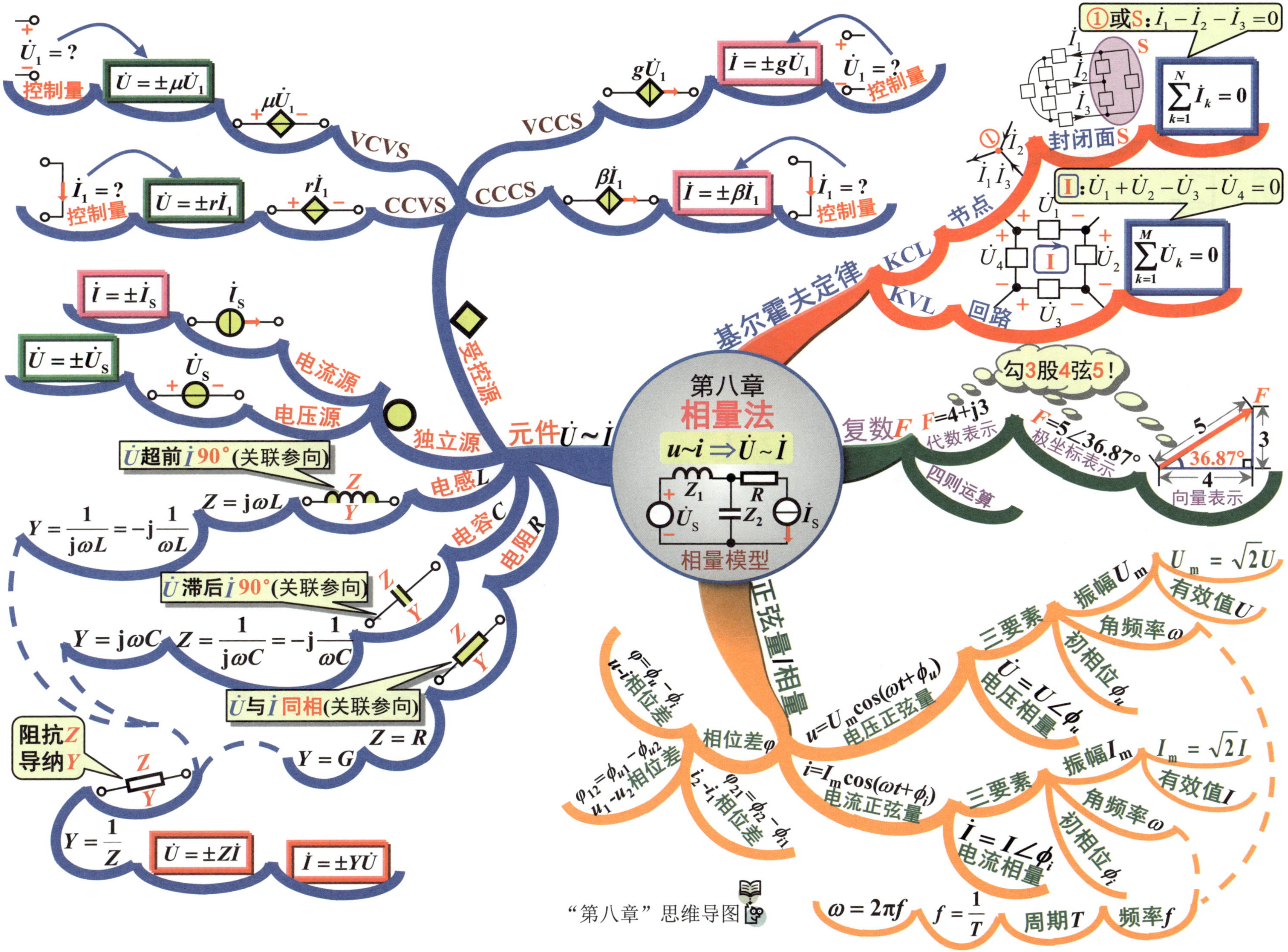
第八章
相量法
$u\sim i \Rightarrow \dot U \sim \dot I$
相量模型
元件$\dot U \sim \dot I$
受控源
VCVS
$\dot U_1 = ?$ 控制量
$\dot U = \pm\mu\dot U_1$
CCVS
$\dot I_1 = ?$ 控制量
$\dot U = \pm r\dot I_1$
VCCS
$\dot U_1 = ?$ 控制量
$\dot I = \pm g\dot U_1$
CCCS
$\dot I_1 = ?$ 控制量
$\dot I = \pm\beta\dot I_1$
独立源
电流源
$\dot I = \pm\dot I_S$
电压源
$\dot U = \pm\dot U_S$
电感L
$\dot U$超前$\dot I$ 90°(关联参向)
$Z = j\omega L$
$Y = \frac{1}{j\omega L} = -j\frac{1}{\omega L}$
电容C
$\dot U$滞后$\dot I$ 90°(关联参向)
$Y = j\omega C$
$Z = \frac{1}{j\omega C} = -j\frac{1}{\omega C}$
电阻R
$\dot U$与$\dot I$同相(关联参向)
$Z = R$
$Y = G$
阻抗Z
导纳Y
$Y = \frac{1}{Z}$
$\dot U = \pm Z\dot I$
$\dot I = \pm Y\dot U$
基尔霍夫定律
KCL
节点
①或S: $\dot I_1 - \dot I_2 - \dot I_3 = 0$
封闭面S
$\sum_{k=1}^{N} \dot I_k = 0$
KVL
回路
Ⅰ: $\dot U_1 + \dot U_2 - \dot U_3 - \dot U_4 = 0$
$\sum_{k=1}^{M} \dot U_k = 0$
复数F
勾3股4弦5!
F=4+j3
代数表示
F=5∠36.87°
极坐标表示
四则运算
向量表示
正弦量/相量
$u=U_m\cos(\omega t+\phi_u)$
电压正弦量
三要素
振幅U_m
$U_m = \sqrt{2}U$
有效值U
角频率ω
初相位ϕ_u
$\dot U = U\angle\phi_u$
电压相量
$i=I_m\cos(\omega t+\phi_i)$
电流正弦量
三要素
振幅I_m
$I_m = \sqrt{2}I$
有效值I
角频率ω
初相位ϕ_i
$\dot I = I\angle\phi_i$
电流相量
相位差φ
$\varphi=\phi_u-\phi_i$
u-i相位差
$\varphi_{12}=\phi_{u1}-\phi_{u2}$
u_1-u_2相位差
$\varphi_{21}=\phi_{i2}-\phi_{i1}$
i_2-i_1相位差
$\omega = 2\pi f$
$f = \frac{1}{T}$
周期T
频率f
"第八章"思维导图

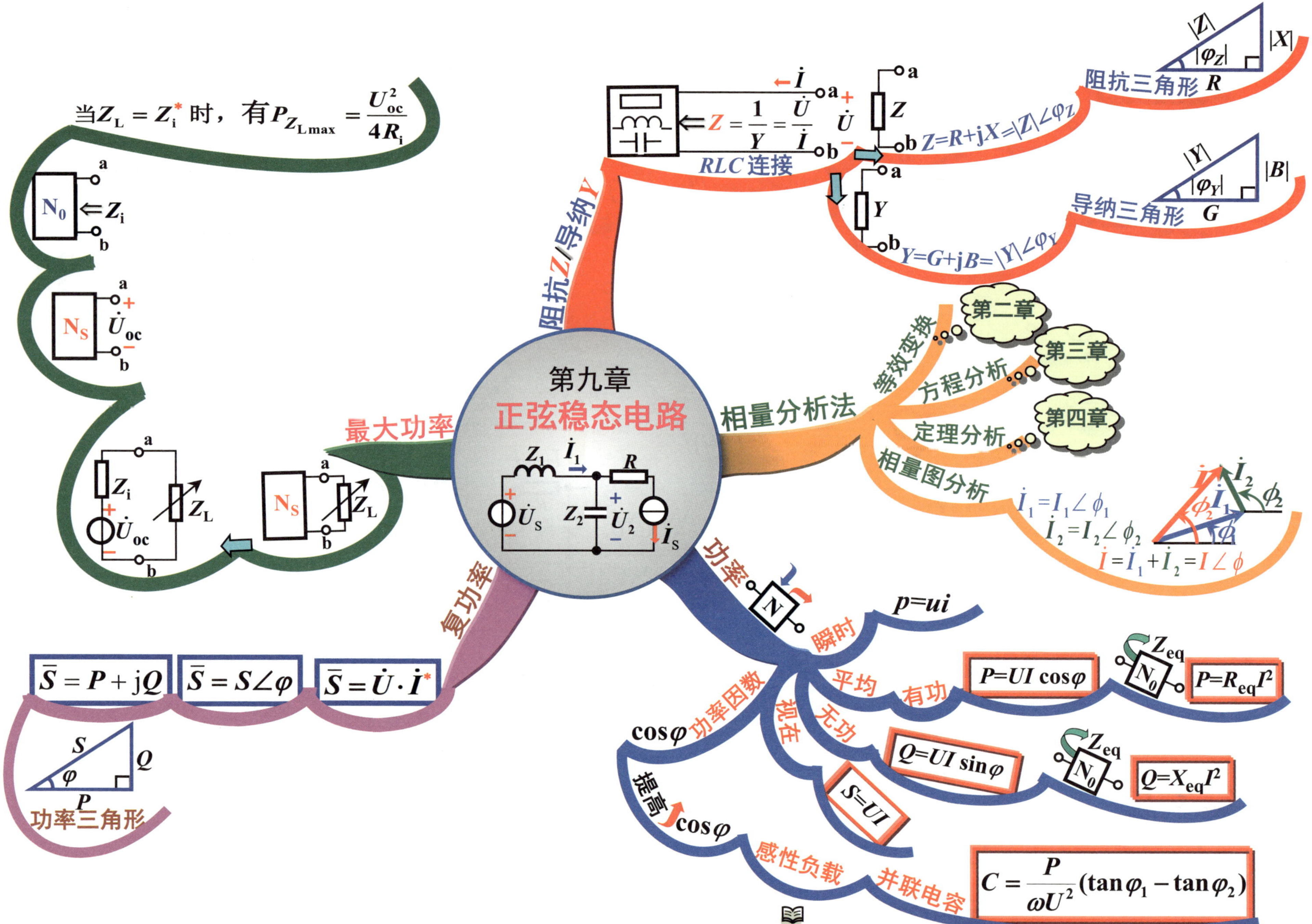
第九章
正弦稳态电路
阻抗Z/导纳Y
RLC连接
$Z=\frac{1}{Y}=\frac{\dot{U}}{\dot{I}}$
$Z=R+jX=|Z|\angle\varphi_Z$
阻抗三角形
$Y=G+jB=|Y|\angle\varphi_Y$
导纳三角形
相量分析法
等效变换
第二章
方程分析
第三章
定理分析
第四章
相量图分析
$\dot{I}_1=I_1\angle\phi_1$
$\dot{I}_2=I_2\angle\phi_2$
$\dot{I}=\dot{I}_1+\dot{I}_2=I\angle\phi$
功率
瞬时
$p=ui$
平均
有功
$P=UI\cos\varphi$
$P=R_{eq}I^2$
无功
$Q=UI\sin\varphi$
$Q=X_{eq}I^2$
视在
$S=UI$
功率因数
$\cos\varphi$
提高$\cos\varphi$
感性负载
并联电容
$C=\frac{P}{\omega U^2}(\tan\varphi_1-\tan\varphi_2)$
复功率
$\bar{S}=P+jQ$
$\bar{S}=S\angle\varphi$
$\bar{S}=\dot{U}\cdot\dot{I}^*$
功率三角形
最大功率
当$Z_L=Z_i^*$时，有$P_{Z_{L\max}}=\frac{U_{oc}^2}{4R_i}$

“第九章”思维导图

$\dot{I}_S = \dfrac{\dot{U}_S}{Z}$

$\dot{U}_S = Z\dot{I}_S$

有伴电压源　　　有伴电流源

有伴电源互换

无源一端口 N_0

输入阻抗 Z_i

$Z_i(Y_i)$

$Z_i \stackrel{\text{def}}{=\!\!=} \dfrac{\dot{U}}{\dot{I}}$　　$Y_i \stackrel{\text{def}}{=\!\!=} \dfrac{\dot{I}}{\dot{U}}$　　$Z_i = \dfrac{1}{Y_i}$

等效

与一端口 串联

并联

等效

$\dot{I}_S = \dot{I}_{S1} - \dot{I}_{S2}$

电流源

第九章
相量法-等效

电压源

与一端口 并联

等效

串联

$\dot{U}_S = \dot{U}_{S1} - \dot{U}_{S2}$

等效

阻抗

串联

$Z_{eq} = Z_1 + Z_2$
等效阻抗

$\dot{U}_1 = \dfrac{Z_1}{Z_1 + Z_2}\dot{U}_{ab}$,　$\dot{U}_2 = -\dfrac{Z_2}{Z_1 + Z_2}\dot{U}_{ab}$
分压公式

并联

$Y_{eq} = Y_1 + Y_2$
等效导纳

$\dot{I}_1 = \dfrac{Y_1}{Y_1 + Y_2}\dot{I}$,　$\dot{I}_2 = -\dfrac{Y_2}{Y_1 + Y_2}\dot{I}$
分流公式

$Z_{eq} = \dfrac{Z_1 Z_2}{Z_1 + Z_2}$
等效阻抗

$\dot{I}_1 = \dfrac{Z_2}{Z_1 + Z_2}\dot{I}$,　$\dot{I}_2 = -\dfrac{Z_1}{Z_1 + Z_2}\dot{I}$
分流公式

串-并联

$Z_{eq} = \dfrac{Z_1 Z_2}{Z_1 + Z_2} + Z_3$
等效阻抗

三角形与星形联结

$\dfrac{Z_{\Delta 31} Z_{\Delta 12}}{Z_{\Delta 12} + Z_{\Delta 23} + Z_{\Delta 31}} = Z_{T1}$

$Z_{\Delta 12} = \dfrac{Z_{T1} Z_{T2} + Z_{T2} Z_{T3} + Z_{T3} Z_{T1}}{Z_{T3}}$

$Z_{\Delta 12} = Z_{T1} + Z_{T2} + \dfrac{Z_{T1} Z_{T2}}{Z_{T3}}$

Δ形 ①　Π形

Y形 ① T形

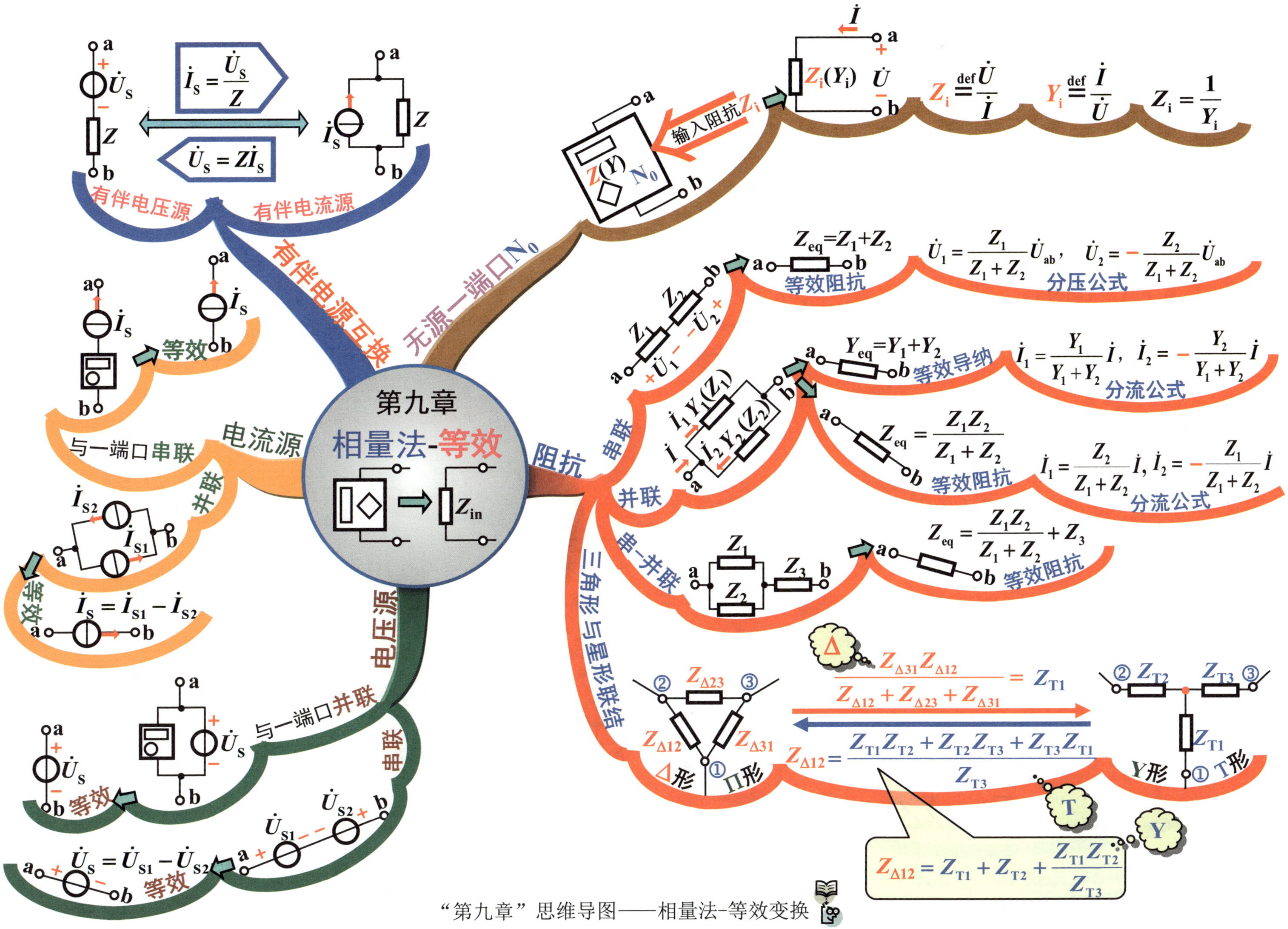

"第九章"思维导图——相量法-等效变换

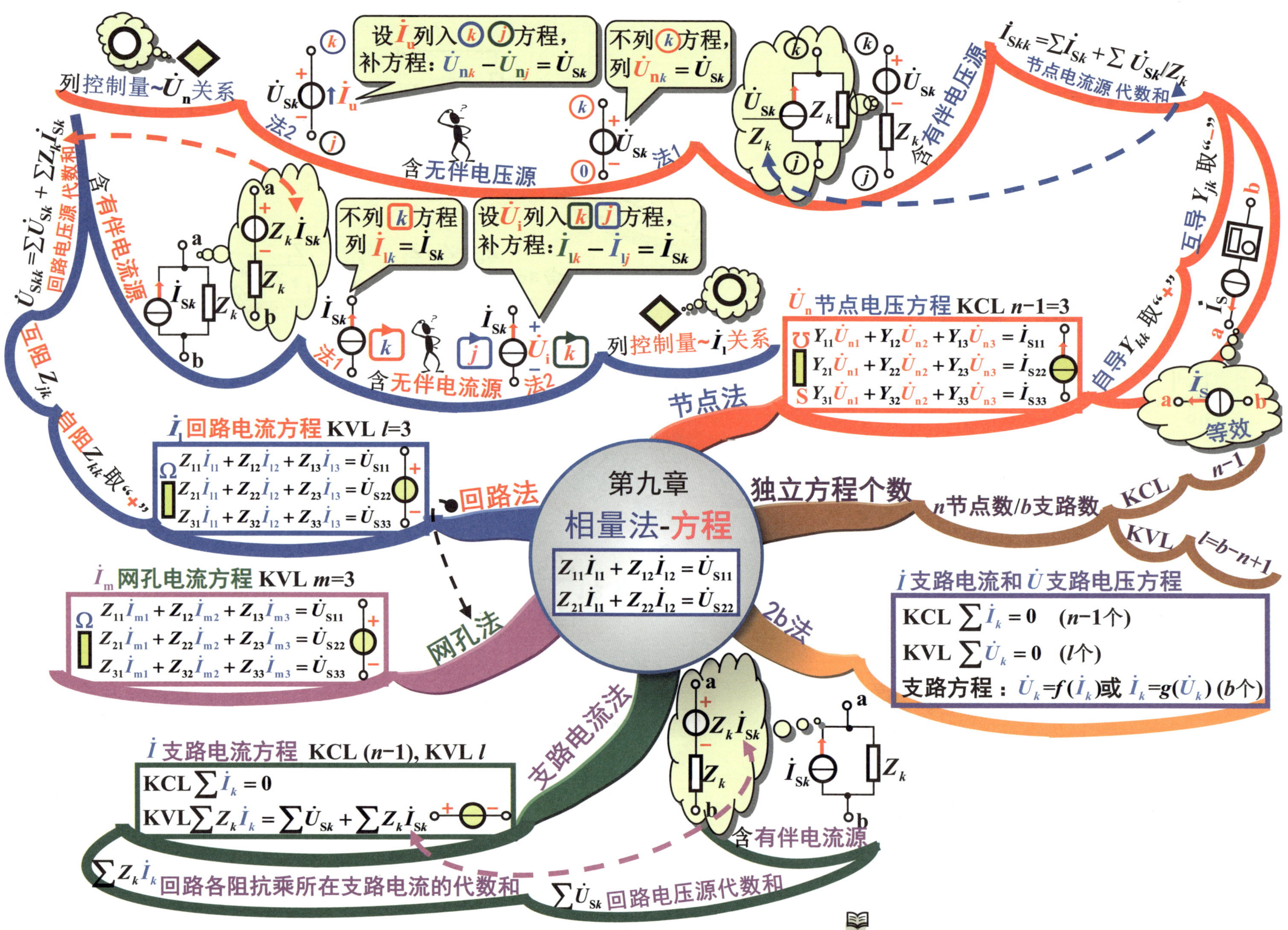

“第九章”思维导图——相量法-方程分析法

$$i \Leftarrow \dot{I} \qquad \dot{I} = \dot{I}^{(1)} + \dot{I}^{(2)}$$

同频电源

$$u \Leftarrow \dot{U} \qquad \dot{U} = \dot{U}^{(1)} + \dot{U}^{(2)}$$

叠加

齐性

$$当Z_L = R_L = |Z_i|时, 有 P_{R_{L\max}} = \frac{U_{oc}^2}{2(R_i + |Z_i|)}$$

$$当Z_L = Z_i^* 时, 有 P_{Z_{L\max}} = \frac{U_{oc}^2}{4R_i}$$

第九章

相量法-定理

戴维南

诺顿

最大功率

戴维南等效电路

开路电压　输入阻抗

诺顿等效电路

短路电流　输入导纳

$$Z_i = \frac{\dot{U}_{oc}}{\dot{I}_{sc}}$$

$$Z_i \stackrel{def}{=} \frac{\dot{U}}{\dot{I}}$$

$$Y_i = \frac{1}{Z_i}$$

法③　法②　法①

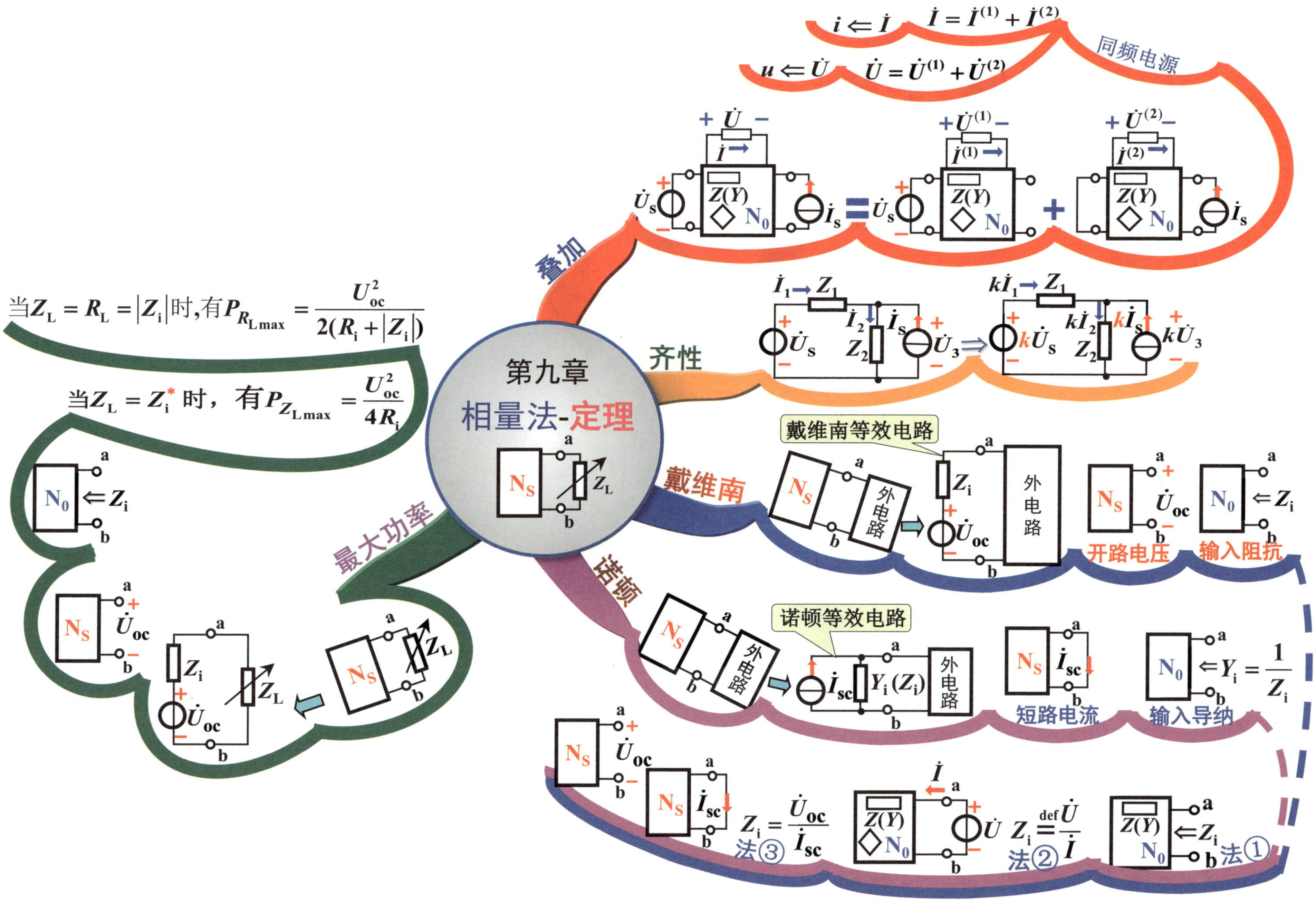

"第九章"思维导图——相量法-定理分析

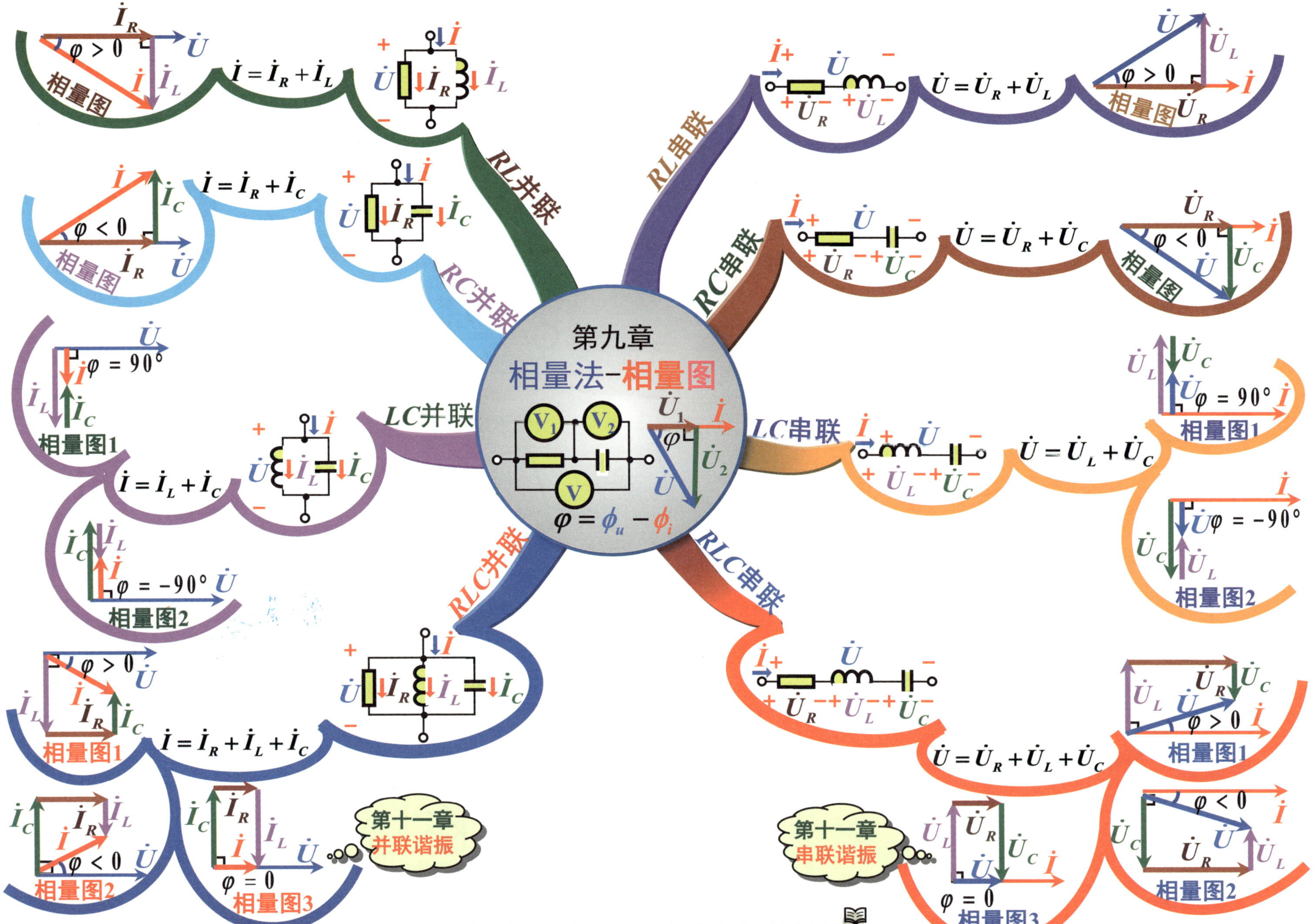

“第九章”思维导图——相量法-相量图分析

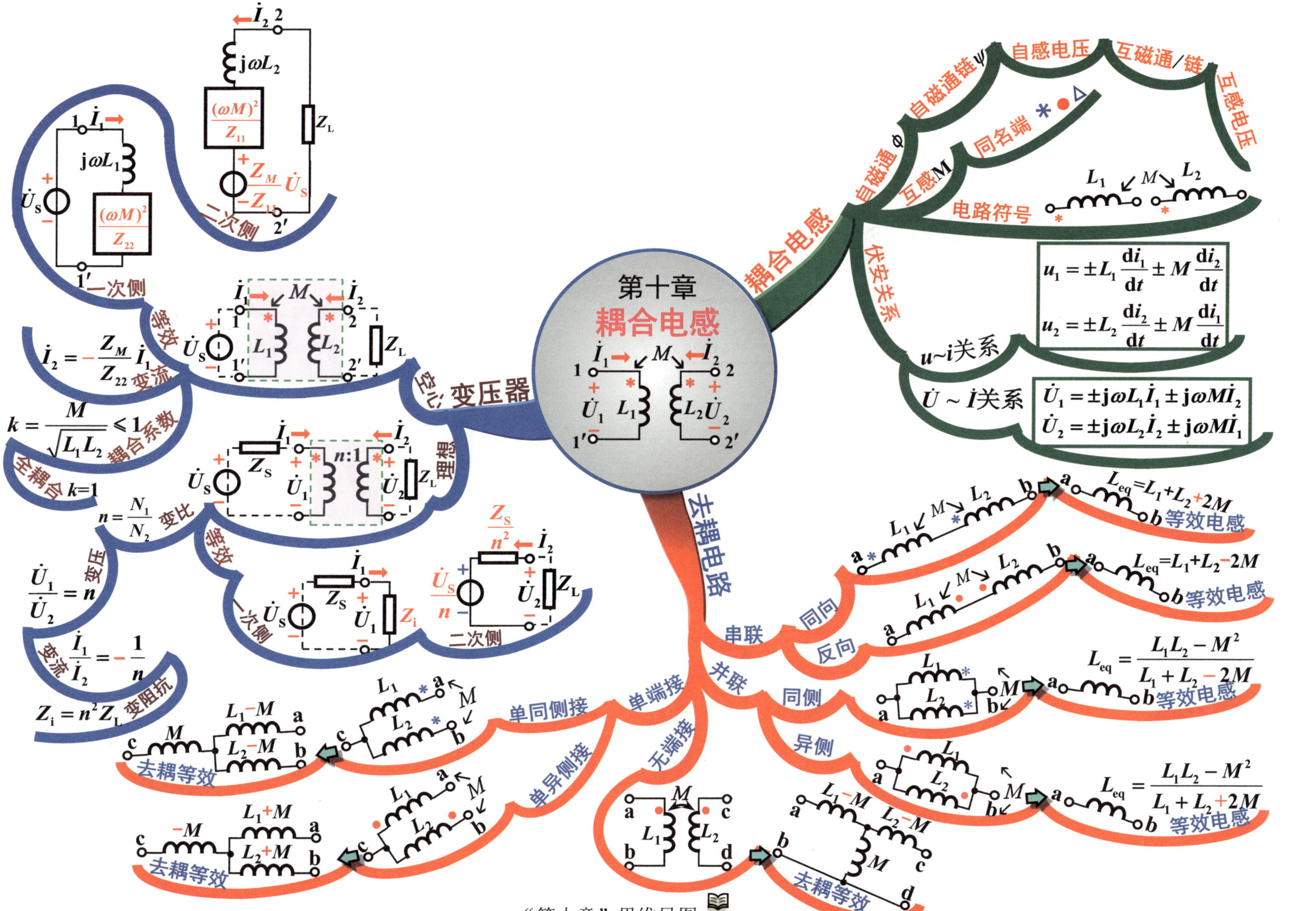
第十章
耦合电感
耦合电感
自磁通链ψ
自感电压
互磁通/链
互感电压
自磁通Φ
同名端 * ● △
互感M
电路符号
伏安关系
u~i关系
$u_1 = \pm L_1 \frac{di_1}{dt} \pm M \frac{di_2}{dt}$
$u_2 = \pm L_2 \frac{di_2}{dt} \pm M \frac{di_1}{dt}$
$\dot{U} \sim \dot{I}$关系
$\dot{U}_1 = \pm j\omega L_1 \dot{I}_1 \pm j\omega M \dot{I}_2$
$\dot{U}_2 = \pm j\omega L_2 \dot{I}_2 \pm j\omega M \dot{I}_1$
去耦电路
串联
同向
$L_{eq} = L_1 + L_2 + 2M$
等效电感
反向
$L_{eq} = L_1 + L_2 - 2M$
等效电感
并联
同侧
$L_{eq} = \frac{L_1 L_2 - M^2}{L_1 + L_2 - 2M}$
等效电感
异侧
$L_{eq} = \frac{L_1 L_2 - M^2}{L_1 + L_2 + 2M}$
等效电感
单端接
单同侧接
去耦等效
单异侧接
去耦等效
无端接
去耦等效
变压器
空心
等效
一次侧
二次侧
$\frac{(\omega M)^2}{Z_{22}}$
$\frac{(\omega M)^2}{Z_{11}}$
$\frac{Z_M}{Z_{11}}\dot{U}_S$
变流
$\dot{I}_2 = -\frac{Z_M}{Z_{22}}\dot{I}_1$
耦合系数
$k = \frac{M}{\sqrt{L_1 L_2}} \leqslant 1$
全耦合 k=1
理想
变比
$n = \frac{N_1}{N_2}$
变压
$\frac{\dot{U}_1}{\dot{U}_2} = n$
变流
$\frac{\dot{I}_1}{\dot{I}_2} = -\frac{1}{n}$
变阻抗
$Z_i = n^2 Z_L$
等效
一次侧
二次侧
$\frac{Z_S}{n^2}$
$\frac{\dot{U}_S}{n}$

“第十章”思维导图

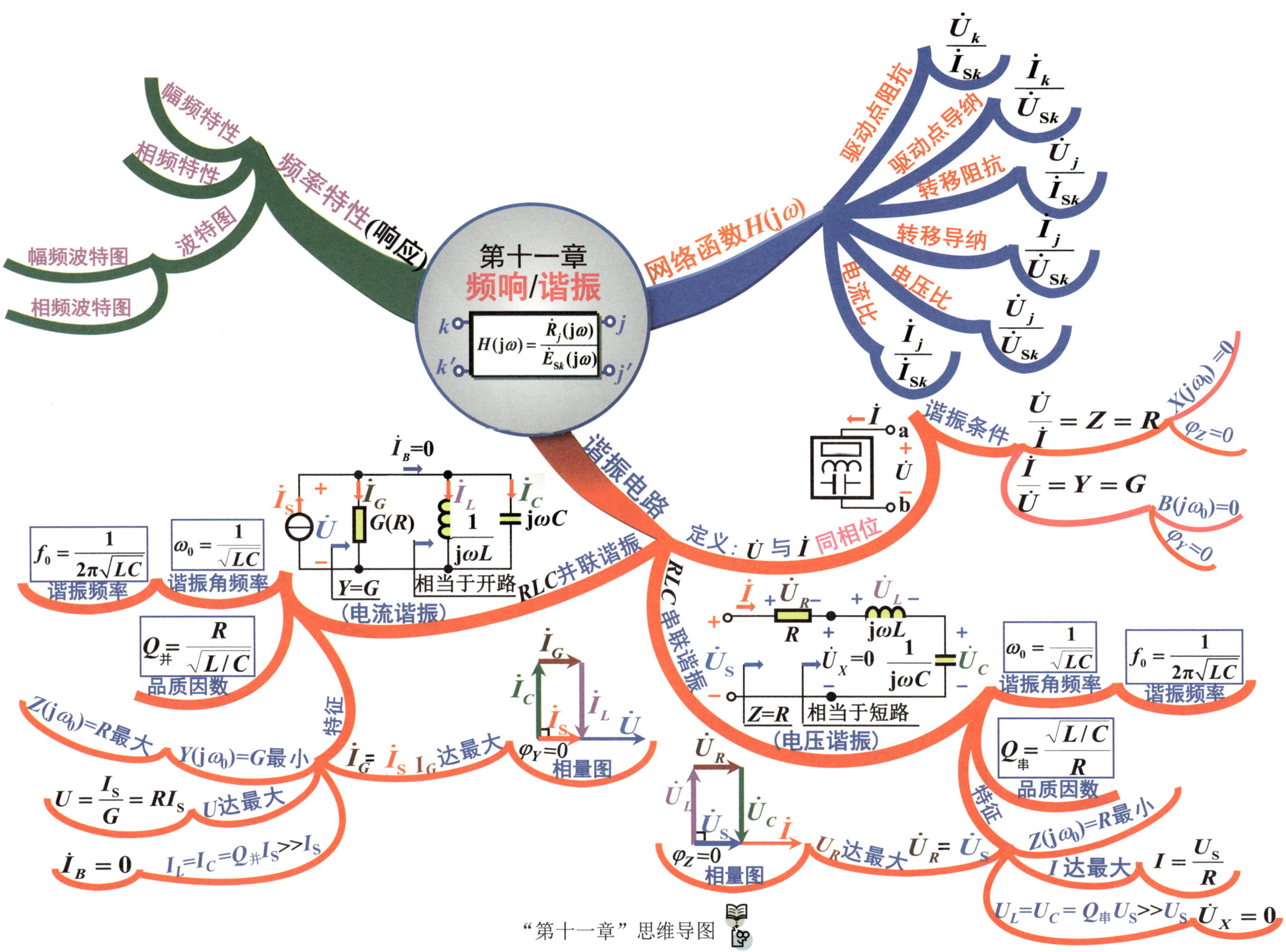
第十一章
频响/谐振
$H(j\omega)=\dfrac{\dot{R}_j(j\omega)}{\dot{E}_{Sk}(j\omega)}$
k
k′
j
j′
频率特性(响应)
幅频特性
相频特性
波特图
幅频波特图
相频波特图
网络函数$H(j\omega)$
驱动点阻抗
$\dfrac{\dot{U}_k}{\dot{I}_{Sk}}$
驱动点导纳
$\dfrac{\dot{I}_k}{\dot{U}_{Sk}}$
转移阻抗
$\dfrac{\dot{U}_j}{\dot{I}_{Sk}}$
转移导纳
$\dfrac{\dot{I}_j}{\dot{U}_{Sk}}$
电压比
$\dfrac{\dot{U}_j}{\dot{U}_{Sk}}$
电流比
$\dfrac{\dot{I}_j}{\dot{I}_{Sk}}$
谐振电路
定义：$\dot{U}$ 与 $\dot{I}$ 同相位
谐振条件
$\dfrac{\dot{U}}{\dot{I}}=Z=R$
$X(j\omega_0)=0$
$\varphi_Z=0$
$\dfrac{\dot{I}}{\dot{U}}=Y=G$
$B(j\omega_0)=0$
$\varphi_Y=0$
RLC并联谐振
$\dot{I}_B=0$
$\dot{I}_S$
$\dot{U}$
$\dot{I}_G$
$G(R)$
$\dot{I}_L$
$\dfrac{1}{j\omega L}$
$\dot{I}_C$
$j\omega C$
Y=G
相当于开路
(电流谐振)
$f_0=\dfrac{1}{2\pi\sqrt{LC}}$
谐振频率
$\omega_0=\dfrac{1}{\sqrt{LC}}$
谐振角频率
$Q_{并}=\dfrac{R}{\sqrt{L/C}}$
品质因数
特征
$Z(j\omega_0)=R$最大
$Y(j\omega_0)=G$最小
$\dot{I}_G=\dot{I}_S$ I_G达最大
$U=\dfrac{I_S}{G}=RI_S$ U达最大
$\dot{I}_B=0$
$I_L=I_C=Q_{并}I_S>>I_S$
$\varphi_Y=0$
相量图
RLC串联谐振
$\dot{I}$
$\dot{U}_R$
R
$\dot{U}_L$
$j\omega L$
$\dot{U}_S$
$\dot{U}_X=0$
$\dfrac{1}{j\omega C}$
$\dot{U}_C$
Z=R
相当于短路
(电压谐振)
$\omega_0=\dfrac{1}{\sqrt{LC}}$
谐振角频率
$f_0=\dfrac{1}{2\pi\sqrt{LC}}$
谐振频率
$Q_{串}=\dfrac{\sqrt{L/C}}{R}$
品质因数
特征
$Z(j\omega_0)=R$最小
U_R达最大 $\dot{U}_R=\dot{U}_S$
I达最大 $I=\dfrac{U_S}{R}$
$U_L=U_C=Q_{串}U_S>>U_S$ $\dot{U}_X=0$
$\varphi_Z=0$
相量图

“第十一章”思维导图

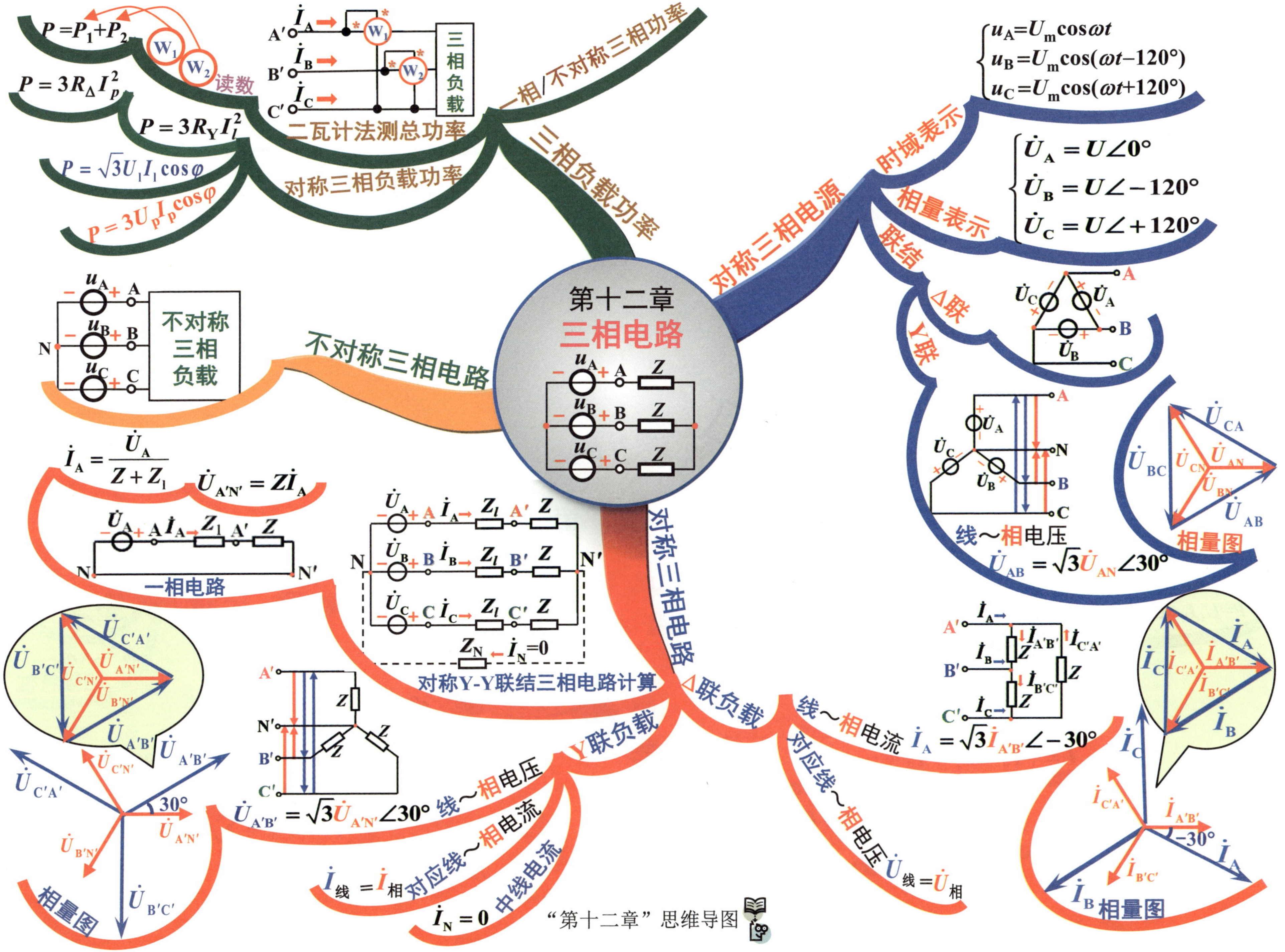

第十二章
三相电路
三相负载功率
一相/不对称三相功率
二瓦计法测总功率
读数
$P=P_1+P_2$
三相负载
对称三相负载功率
$P=3R_\Delta I_p^2$
$P=3R_Y I_l^2$
$P=\sqrt{3}U_lI_l\cos\varphi$
$P=3U_pI_p\cos\varphi$
对称三相电源
时域表示
$u_A=U_m\cos\omega t$
$u_B=U_m\cos(\omega t-120°)$
$u_C=U_m\cos(\omega t+120°)$
相量表示
$\dot U_A=U\angle 0°$
$\dot U_B=U\angle -120°$
$\dot U_C=U\angle +120°$
联结
Δ联
Y联
线～相电压
$\dot U_{AB}=\sqrt{3}\dot U_{AN}\angle 30°$
相量图
不对称三相电路
不对称三相负载
一相电路
$\dot I_A=\frac{\dot U_A}{Z+Z_1}$
$\dot U_{A'N'}=Z\dot I_A$
对称三相电路
对称Y-Y联结三相电路计算
$\dot I_N=0$
Y联负载
线～相电压
$\dot U_{A'B'}=\sqrt{3}\dot U_{A'N'}\angle 30°$
对应线～相电流
$\dot I_线=\dot I_相$
中线电流
$\dot I_N=0$
相量图
Δ联负载
线～相电流
$\dot I_A=\sqrt{3}\dot I_{A'B'}\angle -30°$
对应线～相电压
$\dot U_线=\dot U_相$
相量图

“第十二章”思维导图

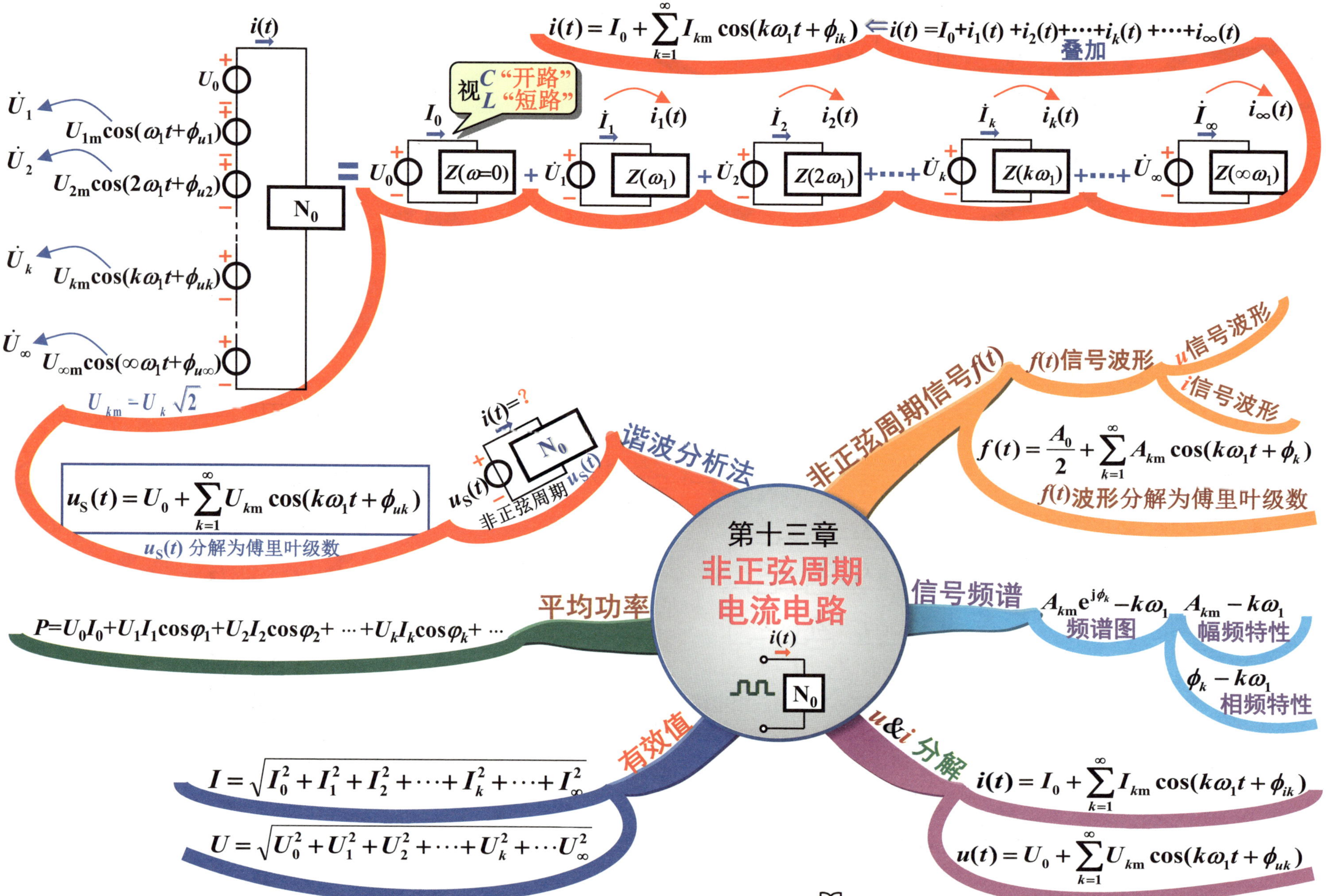

第十三章
非正弦周期电流电路
$i(t)$
N_0
非正弦周期信号$f(t)$
$f(t)$信号波形
u信号波形
i信号波形
$f(t)=\frac{A_0}{2}+\sum_{k=1}^{\infty}A_{km}\cos(k\omega_1 t+\phi_k)$
$f(t)$波形分解为傅里叶级数
信号频谱
$A_{km}e^{j\phi_k}-k\omega_1$
频谱图
$A_{km}-k\omega_1$
幅频特性
$\phi_k-k\omega_1$
相频特性
$u\&i$ 分解
$i(t)=I_0+\sum_{k=1}^{\infty}I_{km}\cos(k\omega_1 t+\phi_{ik})$
$u(t)=U_0+\sum_{k=1}^{\infty}U_{km}\cos(k\omega_1 t+\phi_{uk})$
有效值
$I=\sqrt{I_0^2+I_1^2+I_2^2+\cdots+I_k^2+\cdots+I_\infty^2}$
$U=\sqrt{U_0^2+U_1^2+U_2^2+\cdots+U_k^2+\cdots U_\infty^2}$
平均功率
$P=U_0I_0+U_1I_1\cos\varphi_1+U_2I_2\cos\varphi_2+\cdots+U_kI_k\cos\varphi_k+\cdots$
谐波分析法
$i(t)=?$
$u_S(t)$
非正弦周期$u_S(t)$
$u_S(t)=U_0+\sum_{k=1}^{\infty}U_{km}\cos(k\omega_1 t+\phi_{uk})$
$u_S(t)$ 分解为傅里叶级数
$U_{km}=U_k\sqrt{2}$
$\dot{U}_1$ $U_{1m}\cos(\omega_1 t+\phi_{u1})$
$\dot{U}_2$ $U_{2m}\cos(2\omega_1 t+\phi_{u2})$
$\dot{U}_k$ $U_{km}\cos(k\omega_1 t+\phi_{uk})$
$\dot{U}_\infty$ $U_{\infty m}\cos(\infty\omega_1 t+\phi_{u\infty})$
U_0
视C“开路”
视L“短路”
I_0 U_0 $Z(\omega=0)$ + $\dot{I}_1$ $i_1(t)$ $\dot{U}_1$ $Z(\omega_1)$ + $\dot{I}_2$ $i_2(t)$ $\dot{U}_2$ $Z(2\omega_1)$ +…+ $\dot{I}_k$ $i_k(t)$ $\dot{U}_k$ $Z(k\omega_1)$ +…+ $\dot{I}_\infty$ $i_\infty(t)$ $\dot{U}_\infty$ $Z(\infty\omega_1)$
$i(t)=I_0+\sum_{k=1}^{\infty}I_{km}\cos(k\omega_1 t+\phi_{ik})\Leftarrow i(t)=I_0+i_1(t)+i_2(t)+\cdots+i_k(t)+\cdots+i_\infty(t)$
叠加

“第十三章”思维导图

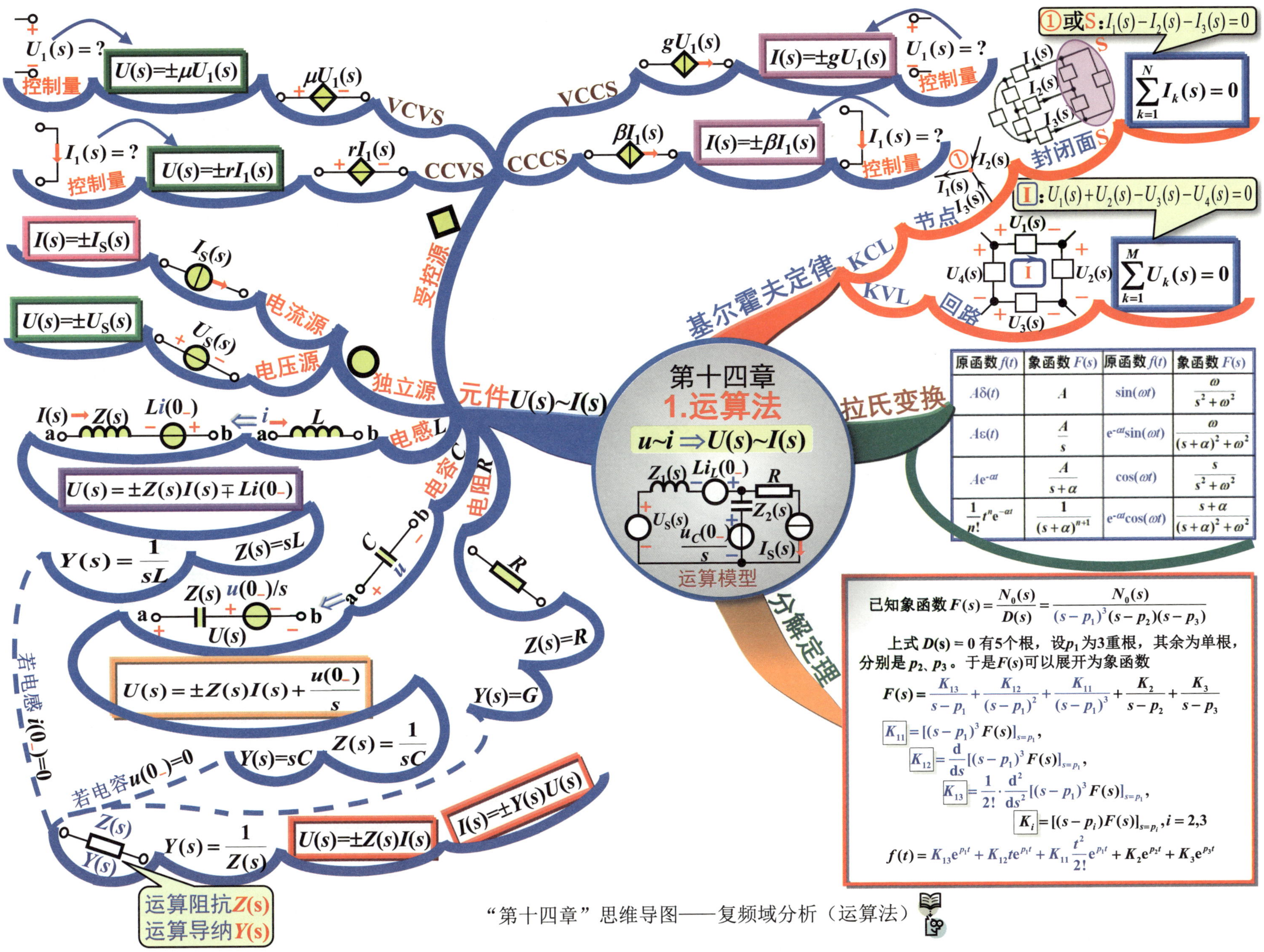

原函数 $f(t)$	象函数 $F(s)$	原函数 $f(t)$	象函数 $F(s)$
$A\delta(t)$	A	$\sin(\omega t)$	$\dfrac{\omega}{s^2+\omega^2}$
$A\varepsilon(t)$	$\dfrac{A}{s}$	$e^{-\alpha t}\sin(\omega t)$	$\dfrac{\omega}{(s+\alpha)^2+\omega^2}$
$Ae^{-\alpha t}$	$\dfrac{A}{s+\alpha}$	$\cos(\omega t)$	$\dfrac{s}{s^2+\omega^2}$
$\dfrac{1}{n!}t^n e^{-\alpha t}$	$\dfrac{1}{(s+\alpha)^{n+1}}$	$e^{-\alpha t}\cos(\omega t)$	$\dfrac{s+\alpha}{(s+\alpha)^2+\omega^2}$

已知象函数 $F(s)=\dfrac{N_0(s)}{D(s)}=\dfrac{N_0(s)}{(s-p_1)^3(s-p_2)(s-p_3)}$

上式 $D(s)=0$ 有5个根，设 p_1 为3重根，其余为单根，分别是 p_2、p_3。于是 $F(s)$ 可以展开为象函数

$$F(s)=\frac{K_{13}}{s-p_1}+\frac{K_{12}}{(s-p_1)^2}+\frac{K_{11}}{(s-p_1)^3}+\frac{K_2}{s-p_2}+\frac{K_3}{s-p_3}$$

$$K_{11}=[(s-p_1)^3F(s)]_{s=p_1},$$

$$K_{12}=\frac{d}{ds}[(s-p_1)^3F(s)]_{s=p_1},$$

$$K_{13}=\frac{1}{2!}\cdot\frac{d^2}{ds^2}[(s-p_1)^3F(s)]_{s=p_1},$$

$$K_i=[(s-p_i)F(s)]_{s=p_i},i=2,3$$

$$f(t)=K_{13}e^{p_1t}+K_{12}te^{p_1t}+K_{11}\frac{t^2}{2!}e^{p_1t}+K_2e^{p_2t}+K_3e^{p_3t}$$

“第十四章”思维导图——复频域分析（运算法）

$r(t) = \mathscr{L}^{-1}[R(s)]$

$R(s) = E(s) \cdot H(s)$ $H(s) = ?$
卷积定理

激励 $e(t)$ ⇒ $H(s)$ ⇒ 零状态响应 $r(t)$

卷积及定理

$h(t) = \mathscr{L}^{-1}[H(s)]$

$r(t) = e(t) * h(t) = \int_0^t e(t - \xi)h(\xi)\mathrm{d}\xi$
卷积求零状态响应

$H(s) = ?$ $H(s)$ 的原函数 $h(t)$

单位冲激响应 $h(t) = \mathscr{L}^{-1}[H(s)]$

第十四章
2.网络函数
$H(s) = \dfrac{R(s)}{E(s)}$
k j
k' j'

网络函数 $H(s)$

驱动点阻抗 $\dfrac{U_k(s)}{I_{Sk}(s)}$

驱动点导纳 $\dfrac{I_k(s)}{U_{Sk}(s)}$

转移阻抗 $\dfrac{U_j(s)}{I_{Sk}(s)}$

转移导纳 $\dfrac{I_j(s)}{U_{Sk}(s)}$

电压比 $\dfrac{U_j(s)}{U_{Sk}(s)}$

电流比 $\dfrac{I_j(s)}{I_{Sk}(s)}$

$\times\ p_1 p_2 \cdots p_n$

$h(t)$ 响应稳定

$H(s)$ 零极点与冲激响应 $h(t)$

$H(s)$ 零极点与频率响应

$H(s)$ 极点、零点图

$H(s) = \dfrac{N(s)}{D(s)} = H_0 \dfrac{\prod\limits_{i=1}^{m}(s - z_i)}{\prod\limits_{j=1}^{n}(s - p_j)}$

z_i 零点 ○ p_j 极点 ×

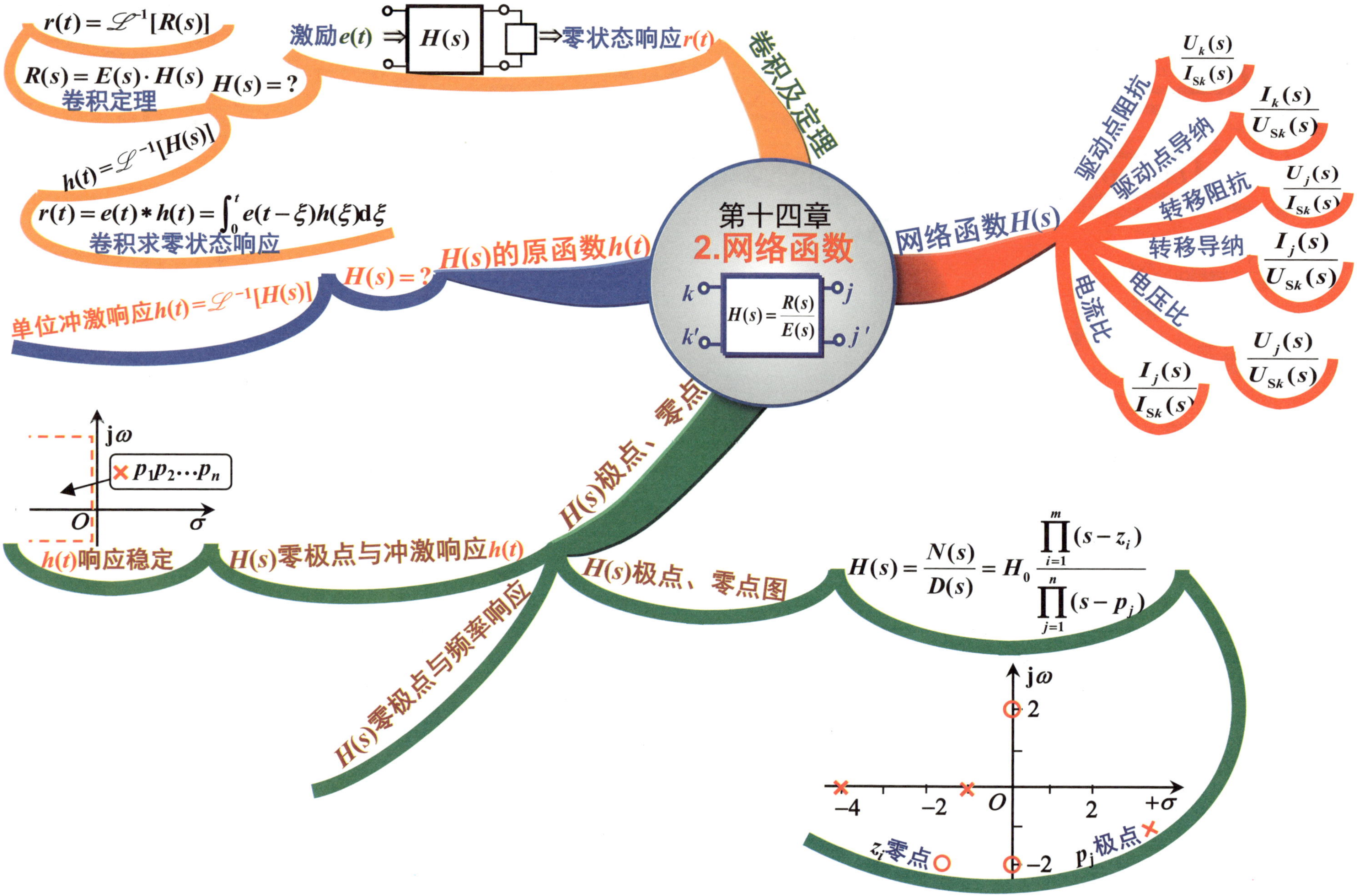

"第十四章"思维导图——复频域分析-网络函数

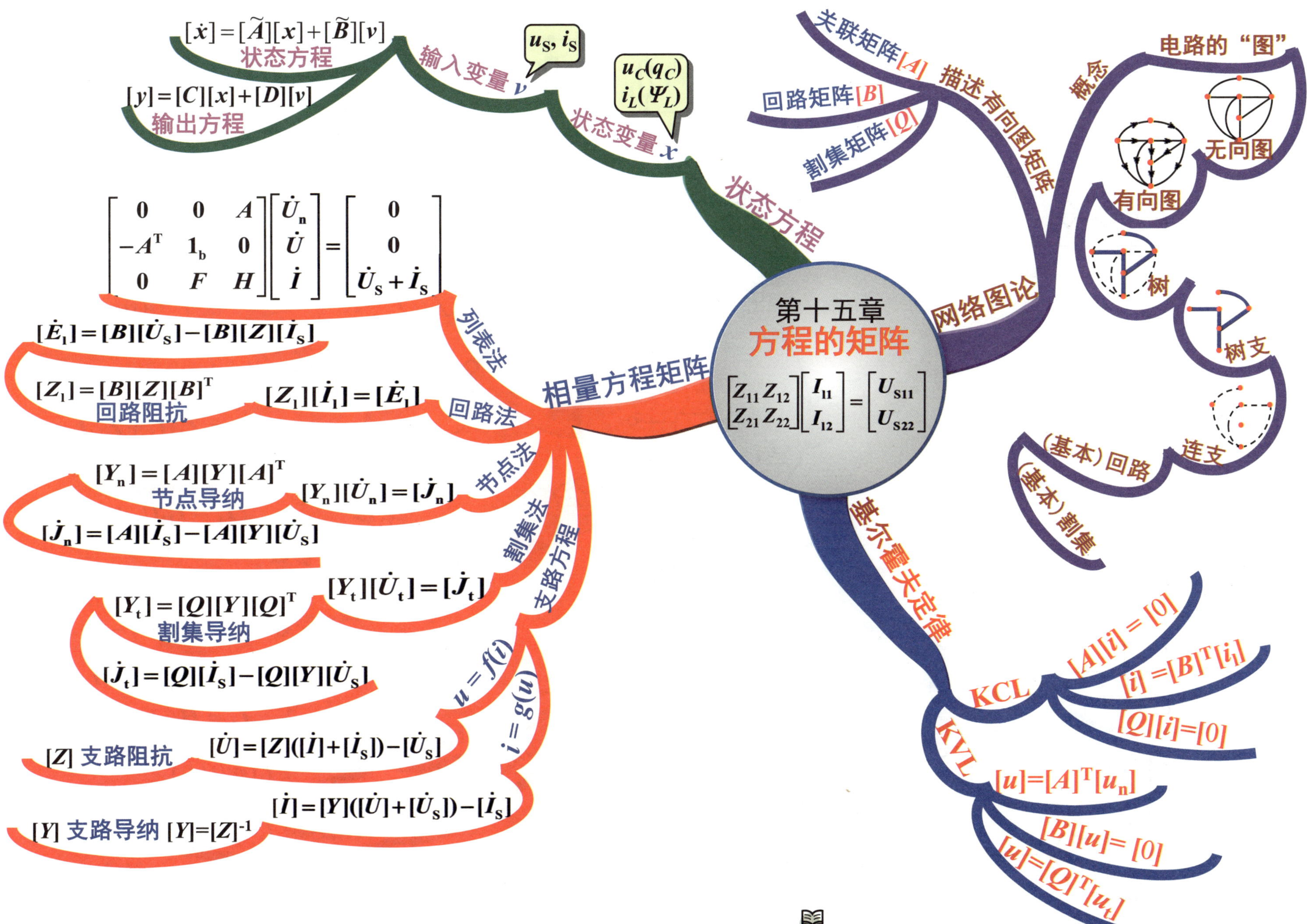
第十五章
方程的矩阵
$\begin{bmatrix} Z_{11} & Z_{12} \\ Z_{21} & Z_{22} \end{bmatrix}\begin{bmatrix} I_{11} \\ I_{12} \end{bmatrix}=\begin{bmatrix} U_{S11} \\ U_{S22} \end{bmatrix}$
状态方程
状态变量 x
$u_C(q_C)$ $i_L(\Psi_L)$
输入变量 v
u_S, i_S
$[\dot{x}]=[\tilde{A}][x]+[\tilde{B}][v]$
状态方程
$[y]=[C][x]+[D][v]$
输出方程
网络图论
描述有向图矩阵
关联矩阵[A]
回路矩阵[B]
割集矩阵[Q]
概念
电路的“图”
无向图
有向图
树
树支
连支
(基本)回路
(基本)割集
基尔霍夫定律
KCL
$[A][i]=[0]$
$[i]=[B]^T[i_l]$
$[Q][i]=[0]$
KVL
$[u]=[A]^T[u_n]$
$[B][u]=[0]$
$[u]=[Q]^T[u_t]$
相量方程矩阵
列表法
$\begin{bmatrix} 0 & 0 & A \\ -A^T & 1_b & 0 \\ 0 & F & H \end{bmatrix}\begin{bmatrix} \dot{U}_n \\ \dot{U} \\ \dot{I} \end{bmatrix}=\begin{bmatrix} 0 \\ 0 \\ \dot{U}_S+\dot{I}_S \end{bmatrix}$
回路法
$[\dot{E}_l]=[B][\dot{U}_S]-[B][Z][\dot{I}_S]$
$[Z_l]=[B][Z][B]^T$
回路阻抗
$[Z_l][\dot{I}_l]=[\dot{E}_l]$
节点法
$[Y_n]=[A][Y][A]^T$
节点导纳
$[Y_n][\dot{U}_n]=[\dot{J}_n]$
$[\dot{J}_n]=[A][\dot{I}_S]-[A][Y][\dot{U}_S]$
割集法
$[Y_t]=[Q][Y][Q]^T$
割集导纳
$[Y_t][\dot{U}_t]=[\dot{J}_t]$
$[\dot{J}_t]=[Q][\dot{I}_S]-[Q][Y][\dot{U}_S]$
支路方程
$u=f(i)$
$i=g(u)$
[Z] 支路阻抗
$[\dot{U}]=[Z]([\dot{I}]+[\dot{I}_S])-[\dot{U}_S]$
[Y] 支路导纳 $[Y]=[Z]^{-1}$
$[\dot{I}]=[Y]([\dot{U}]+[\dot{U}_S])-[\dot{I}_S]$

“第十五章”思维导图

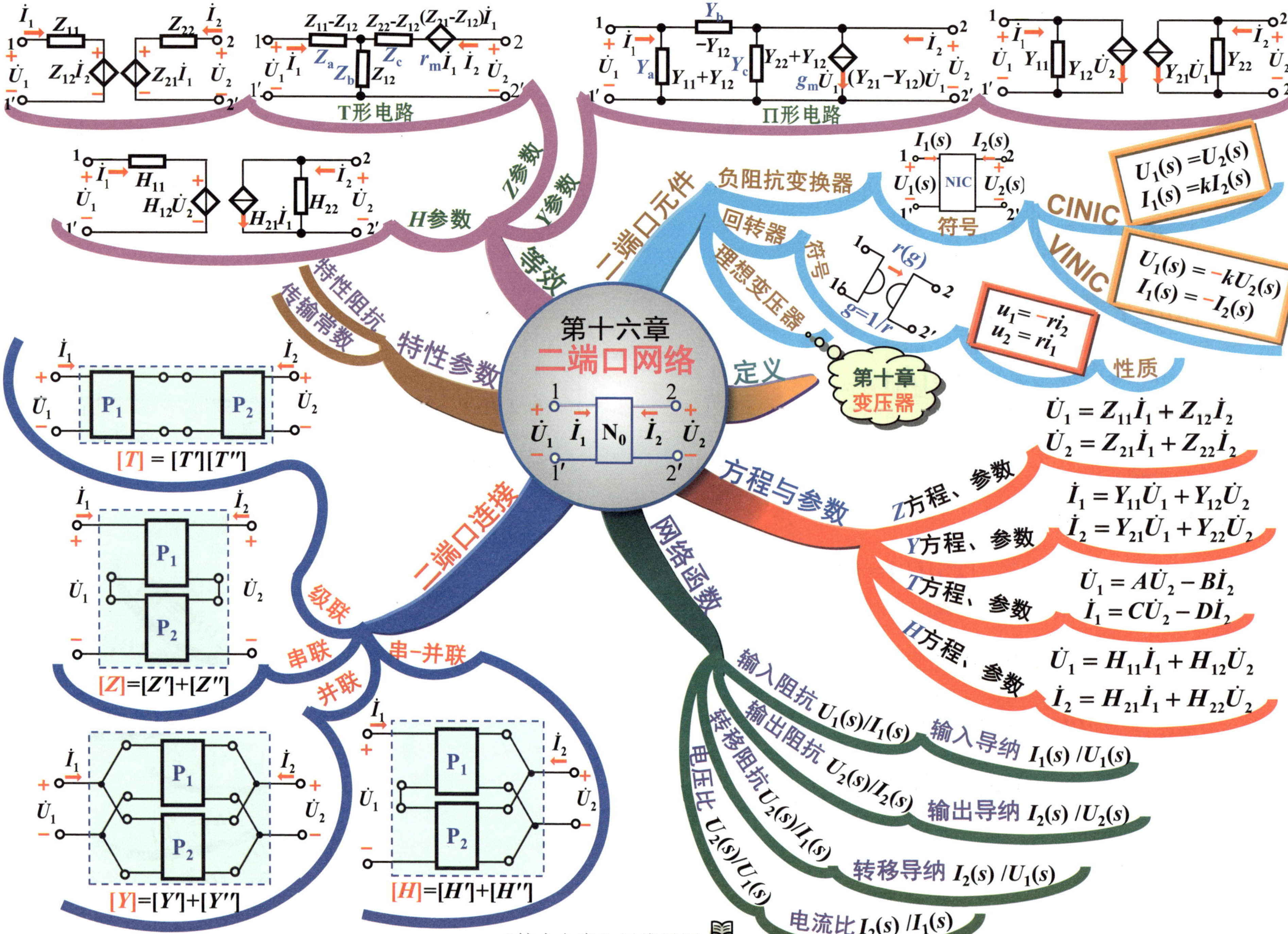

第十六章
二端口网络
定义
第十章 变压器
方程与参数
Z方程、参数
$\dot U_1 = Z_{11}\dot I_1 + Z_{12}\dot I_2$
$\dot U_2 = Z_{21}\dot I_1 + Z_{22}\dot I_2$
Y方程、参数
$\dot I_1 = Y_{11}\dot U_1 + Y_{12}\dot U_2$
$\dot I_2 = Y_{21}\dot U_1 + Y_{22}\dot U_2$
T方程、参数
$\dot U_1 = A\dot U_2 - B\dot I_2$
$\dot I_1 = C\dot U_2 - D\dot I_2$
H方程、参数
$\dot U_1 = H_{11}\dot I_1 + H_{12}\dot U_2$
$\dot I_2 = H_{21}\dot I_1 + H_{22}\dot U_2$
网络函数
输入阻抗 $U_1(s)/I_1(s)$
输入导纳 $I_1(s)/U_1(s)$
输出阻抗 $U_2(s)/I_2(s)$
输出导纳 $I_2(s)/U_2(s)$
转移阻抗 $U_2(s)/I_1(s)$
转移导纳 $I_2(s)/U_1(s)$
电压比 $U_2(s)/U_1(s)$
电流比 $I_2(s)/I_1(s)$
二端口元件
负阻抗变换器
NIC
符号
CINIC
$U_1(s)=U_2(s)$
$I_1(s)=kI_2(s)$
VINIC
$U_1(s)=-kU_2(s)$
$I_1(s)=-I_2(s)$
回转器
符号
r(g)
g=1/r
$u_1=-ri_2$
$u_2=ri_1$
性质
理想变压器
等效
Z参数
Y参数
H参数
T形电路
Π形电路
$Z_{11}-Z_{12}$
$Z_{22}-Z_{12}$
$(Z_{21}-Z_{12})\dot I_1$
Z_a Z_b Z_c Z_{12} $r_m\dot I_1$
Y_b $-Y_{12}$ Y_a $Y_{11}+Y_{12}$ Y_c $Y_{22}+Y_{12}$
$g_m\dot U_1$ $(Y_{21}-Y_{12})\dot U_1$
$Z_{12}\dot I_2$ $Z_{21}\dot I_1$
Y_{11} $Y_{12}\dot U_2$ $Y_{21}\dot U_1$ Y_{22}
H_{11} $H_{12}\dot U_2$ $H_{21}\dot I_1$ H_{22}
特性参数
特性阻抗
传输常数
二端口连接
级联
$[T]=[T'][T'']$
串联
$[Z]=[Z']+[Z'']$
并联
$[Y]=[Y']+[Y'']$
串-并联
$[H]=[H']+[H'']$

“第十六章”思维导图